地球外生命論争
1750-1900

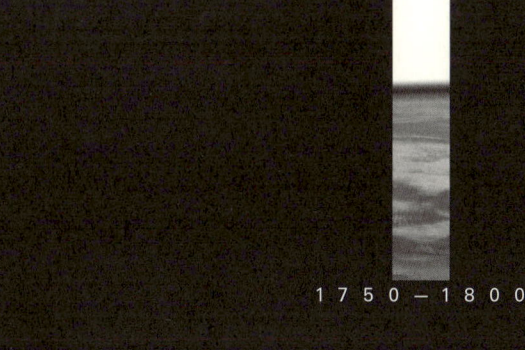

1750—1800

カントからロウエルまでの世界の複数性をめぐる思想大全

The Extraterrestrial Life Debate
1750-1900
The Idea of a Plurality of Worlds
from Kant to Lowell
Michael J. Crowe

マイケル・J・クロウ＝著
鼓 澄治
＋山本啓二
＋吉田 修
＝訳

工作舎

地球外生命論争 I 目次

II

まえがき

天文学者は、明日か一年後か、あるいは一世紀後にも、今までに科学者が追求してきた最も重要な発見のひとつ、地球外文明を発見するかもしれない。そのような文明と接触すれば、おそらく最も急を要する科学的、技術的問題も解決され、さらに驚くべき成果がもたらされるだろう。[★1] また、今までしばしば言われてきたように、地球外生命の決定的な証拠が発見されれば、それは哲学・宗教・社会思想などに対して広範な影響を及ぼすだろう。

本書には、上述の二つの発見のどちらよりも控えめなひとつの発見が含まれている。それはほとんど各頁に現れているが、ひとつの文章で要約することができる。すなわち、地球外生命の問題は今世紀に始まったのではなく、ほとんど歴史の初めから議論されてきたということである。ギリシア文明が最盛期を迎えた紀元前五世紀から一九一七年までの間に、一四〇以上の著作と、何千もの論文、論評、そしてその他の文書で、居住者の存在する世界が宇宙に別にあるかどうかが論じられてきた。さらに本書の中で文献によって立証したように、一七〇〇年頃以来、教育をうけた人の大多数は地球外生命の仮説を受け入れ、多くの場合それに関連した自らの哲学的・宗教的立場を形成してきた。別の言い方をすれば、たとえUFOが空に浮かんでいなくても、地球外生命を信じる気持ちは、人間の意識の中に何百年もの間浮かんでいたのである。月や火星が巨大なレンガのように不毛であるとしても、月人や火星人はずっと以前からわれわれの文化に入り込み、われわれの思想に影響を与え、そして今や映画や文学作品の中でますます大きな役割を占めているのである。ギリシアの神々が存在しないと同じく、われわれの考える地球外生命も存在しないかもしれないが、それらの影響は同様に否定できない。被害妄想が現実の生活を壊したり、無神論者が信仰の影響を認めたりするように、われわれは地球外生命の侵入がずっと前から始まっていたと考えるべきである。要するに本書は、たとえ地球外生命が存在しなくても、その地球上への影響は計り知れないものであったという信念に基づいて書かれているのである。

本書の焦点となっているのは、宇宙の他の天体に生命が存在するかどうかという問題に関して、ひとつの惑星で一七五〇年から一九〇〇年頃までに展開された論争である。しかし本書は、単なる過去の無味乾燥な記述以上のものを構想しているし、この長い論争の現状にささやかな貢献ができることを期待してもいる。ピエール・デュエムが同様の文脈で述べているように、一つの理論の歴史を述べることは、それを批評することでもあるからである。従って、本書で論じる人々が支持した考え方を正確に記述するよう努めるとともに、ためらわずに彼らの立場を検討し、それらに評価を下した。そしてさらにより大きなパターンや原理を追求した。その中には、この論争の中で現在問題となっている事柄に示唆を与えるものがあるように思われる。

一八世紀の半ばから二〇世紀の初頭までの期間に焦点をしぼる決心をしたのは、多くの要因を考慮したからである。古代から一八世紀前半までの展開については、最近スティーヴン・J・ディックが『世界の複数性――デモクリトスからカントにいたる地球外生命論争の起源』(*Plurality of Worlds: The Origins of the Extraterrestrial Life Debate from Democritus to Kant* 以下『世界の複数性』)の中で見事に論じた。この本のおかげで、この期間の資料については簡潔に済ますことが可能となり、本書では第1章だけをその期間に充てた。今回の研究を二〇世紀初頭までに限定したのは、その頃までに現れた資料が膨大な量であることと、それらの資料の大多数(その多くは非常に珍しいもの)から直接得た知識に基づいてこの研究を行おうとしたからである。これらの資料が一般的にカバーしている時代は一九〇〇年までであるが、火星の運河論争に関しては、それが全盛を迎えた一九一〇年頃にまで及んでいる。

頭を痛めた問題は、どの資料を検討すべきかという選択であった。SF作品は長くそして優れた歴史をもつものであるが、このジャンルのものは基本的にすべて除外した。この分野の文献が膨大であること、さらに実際に人間が信じている事ではなくて、想像しうる事について述べる傾向があるという理由で、このように決断せざるをえなかったのである。ただし話を進める上で触れる必要があった二、三の場合は例外である。しかし、本書で扱った話題がSF史の研究家によって光を当てられたこともたびたびあり、本書が彼らにとっても価値あるものとなることを期待する。

この研究で特に対象としてきたのは、天文学関係の文献であり、初めのうちはそれだけに集中した。しかし、科学的な仮説よりも形而上学的な前提あるいは宗教的な原理により近いと思われる観念の研究に際しては、科学的アプローチ、哲学的アプローチ、宗教的アプローチなどと明確に区分しない方が望ましく、またそれが可能でもあるということがすぐに明らかになった。事実、世界の複数性の概念に関しては、天文学・文学・哲学・宗教のそれぞれの立場の議論を隔てる明確な境界がないということが、まさに本書のテーマのひとつなのである。

地理的には、ヨーロッパと北アメリカの国々に集中することになった。これらの国々の間には相互に影響があったが、東洋、アフリカ、南アメリカの考え方とは影響関係が乏しかったということで、著者のこの選択を正当化することはできないであろう。むしろ、著者が東洋やアフリカの諸言語の知識に乏しいために、思想を原典にまで遡って探究しようとした時に、こうした地域を除外せざるをえなかったといわなければならない。

本書を執筆するにあたって想定した読者は、地球外生命に関心をもつすべての人々であり、特に、われわれの最も興味をそそる探究のひとつに、われわれ地球人がどう対応してきたかにまで関心をひろげる人々である。一般の読者はおびただしい出典を無視されてもよい。というのは本書は研究者、特に科学思想史の分野の同僚による、綿密な調査に耐え、それに報いることができることを期して書かれたからである。宗教史家および神学史家もおそらく予想以上の参考資料をここに見いだすことを期待したい。また、文学や哲学の発展に関心を持つ人々も、この研究が彼らに直接関わる問題に光を当ててくれると思われる場合があるかもしれない。こうしたさまざまな分野に言及しても、本書に次々と出てくるおびただしい数の個人をカヴァーするにはまだ十分ではないであろう。しかし論争に加わったアラゴとアリストテレス(A)、バルザックとベートーヴェン(B)、カヴールとチャーマーズ(C)、ダーウィンとドストエフスキー(D)、エマスンとエンゲルス(E)、フラマリオンとフランクリン(F)、ガリレオとグランヴィル(G)、ヘーゲルとハーシェル(H)らの名前を挙げれば、別の世界を考えるという関心はほとんど学問そのものと同じほど広いものであったことが分かるであろう。

読者は、本書が上記の資料を検討しながら英語で書かれた最初の詳細な学問的研究だと思われるかもしれない。しかし既存の多くの著者の出版物から得るところは極めて多かったのである。その中でも、この研究が最も直接的に恩恵を受けた十名は、R・V・チェインバーリン、S・J・ディック、S・L・エンダール、C・フラマリオン、K・S・グトケ、W・G・ホイト、S・L・ジャキ、A・O・ラヴジョイ、G・マコリ、そしてM・H・ニコルスンである。[★2] 彼らの著作は本文の至る所で繰り返し言及されているが、それでも彼らの学識にいかに負うているかを十分に表しているとは言えないだろう。読者はまた、本書が大部であるとはいえ、その構想は決して完成してはいないという著者の思いに気づくかもしれない。確かに地球外生命に関する結論の出ない論争は将来へと続いていくだろうし、過去の論争に関する研究も続いていくことが期待される。

謝辞

本書の研究と執筆のために、多くの人々とさまざまな組織に多大な援助を受けてきた。国立科学財団はこの研究を認可し、援助してくれた。財団と科学史・科学哲学のアシスタント・プログラム・ディレクターのロナルド・J・オウヴァーマン博士に心から感謝の意を表したい。ノートルダム大学は一学期半の休暇、旅行手当て、そして三年分の夏期手当て(最後の年はノートルダム大学の教養学部の奨学協会から)という形で本書のために御協力いただいた。

六か国のほぼ四十の図書館を利用した。ノートルダム大学の司書の方々、すなわちジェイムズ・T・デフェンボー、モーリーン・グリースン、ロバート・J・ハヴリク、ジョウゼフ・ラウク、マリー・K・ローレンス、アントン・C・メイソン、パメラ・ペイドル、ジョウジフ・ロスには深く感謝したい。特に広範囲にわたって助けていただいた、シカゴ大学レーゲンスタイン図書館、エックハルト図書館、ジョン・クリラー図書館、ケンブリッジ大学図書館(特にトリニティ・カレッジと天文学研究所の図書館)、国会図書館、英国図書館のスタッフの方々にも感謝したい。また米国海軍気象台の司書ブレンダ・コービン、そして王立天文学協会の元司書イーニド・レイクからも貴重な援助をしていただいた。

数多くの同僚からは本書に対して率直な助言や批判をいただいた。ノートルダム大学の同僚のうちトマス・セルマン、エルナン・マクマリン、トマス・ワージ、フィリップ・R・スローンの各氏はそれぞれの専門に関わる箇所を読んでコメントをくださった。特にスローンは激励と適切な助言を最後まで続けてくれた。米国海軍気象台のスティーヴン・J・ディックは原稿をすべて読み、広範な知識による詳細なコメントをしてくださった。彼の助言によって数え切れないほどの訂正をすることができた。ロウエル天文台の故ウィリアム・G・ホイトは数章を読んでくれ、書き替えにすばらしい助言を与えてくださった。ニュージャージー歴史協会のリチャード・ウォールドルンは未公刊のフリノウ資料を貸してくださり、第3章第2節に関して助言してくださった。ハーヴァード大学のカール・S・グトケとクラーク大学のウォールター・シャツバーグは第3章第4節を読みコメントをしてくださった。それは彼らの論文にも基づいている。ディキンスン大学の

E・ロバート・ポールは第4、5章に対して極めて有益な助言をしてくださった。またランカスター大学のジョン・ヘドリ・ブルクには第6、7章に関して、ヒューエル論争に関する彼の研究を基に有益な忠告をしていただいた。隕石研究の歴史を研究しているUCLAのジョン・G・バークには第8章第6節について論評をしていただいた。ノリス・S・ヒザリントンとウィリアム・シーハンには第10章について有益で詳細な論評をしていただいた。この研究にさまざまな面から貢献してくれた他の研究者の名を挙げると長くなるだろうが、特に感謝の意を表したいのは、ドナルド・ビーヴァー、アンドルー・バージス、ジョン・バーナム、フレドリック・B・バーナム、E・ジェラード・キャロル、I・バーナード・コウエン、W・ポール・フェイター、アンドレ・ゴッド、マイケル・A・ホスキン、スタンリ・L・ジャキ、ティモシ・ルノー、シドニ・ロス、リチャード・L・ウェストフォールである。しかし、本書における誤りの全責任は著者にある。

ノートルダム大学の多くの学部生、大学院生の方々には何年にもわたって研究を助けてもらった。その中には、トマス・ベリ、オトウ・(バリ)・バード、オーヴィル・R・バトラー、メアリ・ケイン、ウィリアム・ケイン、シェイン・リトル、テレーズ・アン・ブラウン・マシューズ、ダニエル・モールマン、マーク・モウス、トマス・ピアスン、ジョン・ローダ、ケニス・テイラー、マーガレット・ハンフリーズ・ウォーナーなど今や有望な若手研究者もいる。

文献の引用を許可してくれた以下の方々および出版社にも感謝する。ケンブリッジ大学出版部(G・W・ライプニッツ、『人間知性新論』*New Essays on Human Understanding* ピーター・レムナン、ジョナサン・ベネット訳、英国ケンブリッジ、1981)、ハーヴァード大学文書館(ベシ・ザバン・ジョウンズ、ライル・ジフォード・ボイド『ハーヴァード大学天文台——最初の四人の天文台長、1839-1919』*The Harvard College Observatory: The First Four Directorships, 1839-1919* マサチューセッツ、ケンブリッジ、1971に引用されているC・W・エリオット、E・C・ピカリング、W・H・ピカリングの手紙)、科学・芸術関係の出版社ヘルマン(E・M・アントニアーディ、『火星』*La planète Mars* パリ、1930)、ホートン・ミフリン社(アーサー・C・マクジファート・ジュニア編集『若きエマスン語る』*Young Emerson Speaks* 一九三五年版権ラルフ・ウォールドウ・エマスン記念協会、一九六六年新版権アーサー・クシュマン・マクジファート・ジュニアとラルフ・ウォールドウ・エマスン記念協会)、スタンリ・L・ジャキ(カント『天界の一般自然史と理論』の翻訳 *Universal Natural History and Theory of the Heavens* エディンバラ、スコットランド・アカデミー出版、1981; J・H・ランベルト『世界の設計に関する宇宙論的書簡』の翻訳 *Cosmological Letters on the Arrangement of the World-Edifice* ニューヨーク、科学史出版、1976)、オクスフォード大学出版部(G・F・W・ヘーゲル、『自然哲学』*Hegel's Philosophy of Nature* A・V・ミラー訳、オクスフォード、1970)、ラウトリッジ&

キーガン・ポール（ニコラウス・クザーヌス『知ある無知』*Of Learned Ignorance*　ジャーメイン・ヘロン訳、ロンドン、1954）、王立天文学協会（ウィリアム・ハーシェル卿の未発表の原稿からの引用）、ケンブリッジ大学トリニティ・カレッジの学寮長および教官（ウィリアム・ハーシェルの未発表の論文）、アリゾナ大学出版部（ウィリアム・グレイヴズ・ホイト、『ロウエルと火星』*Lowell and Mars*　トゥーソン、1976）。

さまざまな草稿からなる原稿をタイプしてくれた人々は、余りにも多すぎて名前を挙げることができない。しかし最終的な形ができあがるに際して、スーザン・カーティスとチェリル・A・リードによる配慮、忍耐、専門的技術は、本書の完成にとって欠くことのできないものであった。

ケンブリッジ大学出版部のヘレン・ウィーラとリチャード・L・ジマッキは本書の出版を監督し、変わらぬ援助と励ましをくださった。両氏に深く感謝する。

最後に、さまざまな形でこの企画に貢献してくれ、最後にはすべての原稿の校正を手伝ってくれた妻のメアリ・エレンに心から感謝する。この企画の重要性を筆者と共に確信し、支持してくれただけでなく、もっと大事な問題もあることを繰り返し思い出させてくれた。

補遺

本書の再版にあたっては、読者による指摘や、筆者の研究の進展によって得られた情報から作成したこの補遺を入れ、またリチャード・バウム、オルヴィーユ・バトラ、スティーヴン・ディック、マイケル・ハスキン、デイヴィッド・ナイトによって指摘された誤植を正す機会に恵まれた。

ジョージ・ビデル・エアリ：出版物の量や穏健な見解において、エアリに勝る一九世紀の天文学者はほとんどいなかった。このことからも、彼がオリオンのような星雲の研究を促進していたことはなおさら注目に値する。彼によれば、星雲には「太陽と惑星の体系を構成するための」物質が含まれている。「このように考えると、星雲の調査は、われわれが住んでいるような世界が……組織されてきた連続的な段階を研究するの［に資するものとして］新たな関心を呼ぶのである」（『王立天文学会会報』*Royal Astronomical Society Memoirs*, 9(1836), 306）。

デイヴィッド・ブルースター：デイヴィッド・デューハーストとサイモン・シェイファーはブルースターの地球外生命への熱狂を示すさらに別の実例を指摘してくれた。すなわちJ・P・ニコルは（『天界の構造』*Views of the Architecture of the Heavens* エディンバラ、1838, p.40）、ブルースターがある手紙で、望遠鏡の最近の改良によれば、「われわれは［月の］住人によって建てられた建物の発見に絶望することはない……。ウィリアム・ハーシェル卿の四〇フィートの望遠鏡の反射鏡と同じ大きさの対物レンズが必ずこれを果たしてくれるだろう」と述べている箇所を引用しているのである。

ドストエフスキー、フィヨードル：この偉大なロシアの作家の『カラマーゾフの兄弟』に見られる地球外生命のテーマは、彼の最後の短篇「ばかげた男の夢」の中核をなしている。それは、夢の中で罪のない愛情に満ちた生き物が住む惑星に移住した後、一生を愛の教えに捧げるが、結局それらを堕落させる男の物語である。

ジョン・ハーシェルとT・W・ウェブ：リチャード・バウムは、ウェブの「恒星間の惑星の体系」Planetary Systems among the Stars（『インテレクチュアル・オブザーヴァー』*Intellectual Observer*, 3(1863), 296-8）を教えてくれた。ウェブはその中で他の星の周りを回る惑星を発見する可能性を力説し、ハーシェルが（*Royal Astronomical Society Memoirs*, 6, 1833, 78）薄暗い天体が反射光によって輝く実例として五つの二重星を特定したこと、またH・ゴウルドシュミットが（『報告集』*Comptes Rendus*, 56, 1863, 436）シリウスの周りを回る五つの惑星の観測報告をしていたことを指摘している。この情報は、二重星観測者たちがそのような発見を初めから期待していたことを示唆している。

マクローリン、コリン：サイモン・シェイファーは一七四四年のある手紙（『コリン・マクローリン書簡集』*Collected Letters of Colin MacLaurin*, S・ミルズ編集、ナントウィッチ、チェシャー、1982, p.402）を教えてくれた。この傑出したエディンバラの数学者はその中で、当時のある彗星が太陽を通過する時に回転していたかどうかをいかに決定したかを報告している。すなわち、たとえ回転しないとしても、「どこにその住人が徐々に引きこもるにしても……決して太陽にさらされない大きな地域が彗星にあるのだ。もし少しでもそのような地域があれば、それは極端な熱を避けるためなのである。……この彗星のすばらしく楽しい外見は……そこに何かが住んでいると思わせてしまうのだ」。

ジョン・ヘンリ・ニューマン：オーラフ・ペデルセンは、ニューマンが一八五八年四月一三日にE・B・ピューズィ宛てに書いた手紙(『ジョン・ヘンリ・ニューマン書簡・日記集』*Letters and Diaries of John Henry Newman* 一八巻、C・S・デセイン編集、ロンドン、1968, 322)を教えてくれた。ニューマンは、幾人かの科学者が宗教の領域を侵害することを嘆いて、次のように述べている。「複数の世界がキリスト教徒の希望するものであると言い、多かれ少なかれ天文学の上にキリスト教を築いているのはブルースター博士である」。キャサリン・ティルマンはニューマンの『同意の原理』*Grammar of Assent*(1870)九章にある一節を発見した。ニューマンはその中で「世界の複数性に関する論争では、造物主が空に見られる天体を生き物で満たすべきだと考える必要がどうしてもあったので、……それを疑うことが結局はほとんど冒瀆になるほどになったのだ」と述べている。

ウィリアム・スタクリ：恒星天文学の先駆者(ライト、カント、ランベルト)が地球外生命の概念に深く関わっていたという興味深い事実に触れた(五八-九頁)時、筆者は天の川に関する多少近代的な理論を形成する際に、これらの三人より一世代前のスタクリが少なからず関わっていたことに興味を抱いた。天の川の概念をニュートンに説明する一方で、スタクリは「神はその恩恵を蒙るものを無限に増大させ、あらゆる限界と想像力を越えて幸福を拡大するために、常に新たな世界を創造したのであり、今も変わらず新たな世界や体系を創造している」と大胆に推測している。スタクリの『アイザック・ニュートン卿の伝記』*Memoirs of Sir Isaac Newton's Life*, A・H・ホワイト編集、ロンドン、1936, p.73を見よ。

参考文献の補足：Jean d' Estienne [Richard Kirwan], "Considerations nouvelles sur la pluralité possible des mondes," *Le contemporain* 3rd ser.,9(1876)463-93;Isaac Frost,*Two Systems of Astronomy*(London,1846),passim (James Secordによる);Edward Hitchcock,*The Religion of Geology*(London,1851)ch.12;William Scarmell Lean, *"Essay on the Plurality of Worlds," Essays Read before the Literary and Philosophical Society of University College,London*(London,1865),pp.21-39;Thomas Milner,*Astronomy and Scripture*(London,1843), 特にpp.119-21とpp.241-3;Charles Pritchard,*Occasional Thoughts of an Astronomer on Nature & Revelation*(London,1889), 特にpp.97-8;Johann Gustav Reinbeck,*Betrachtungen über die in der Augspurgischen Konfession enthaltene und damit verknüpfte Göttliche Wahrheiten*(Berlin,1740),pp.254ff. Lean,Milner,Reinbeckらがいかに地球外生命に傾倒していたかは、彼らが皆太陽に存在する生命について肯定的に論じていたという事実によって示されている。

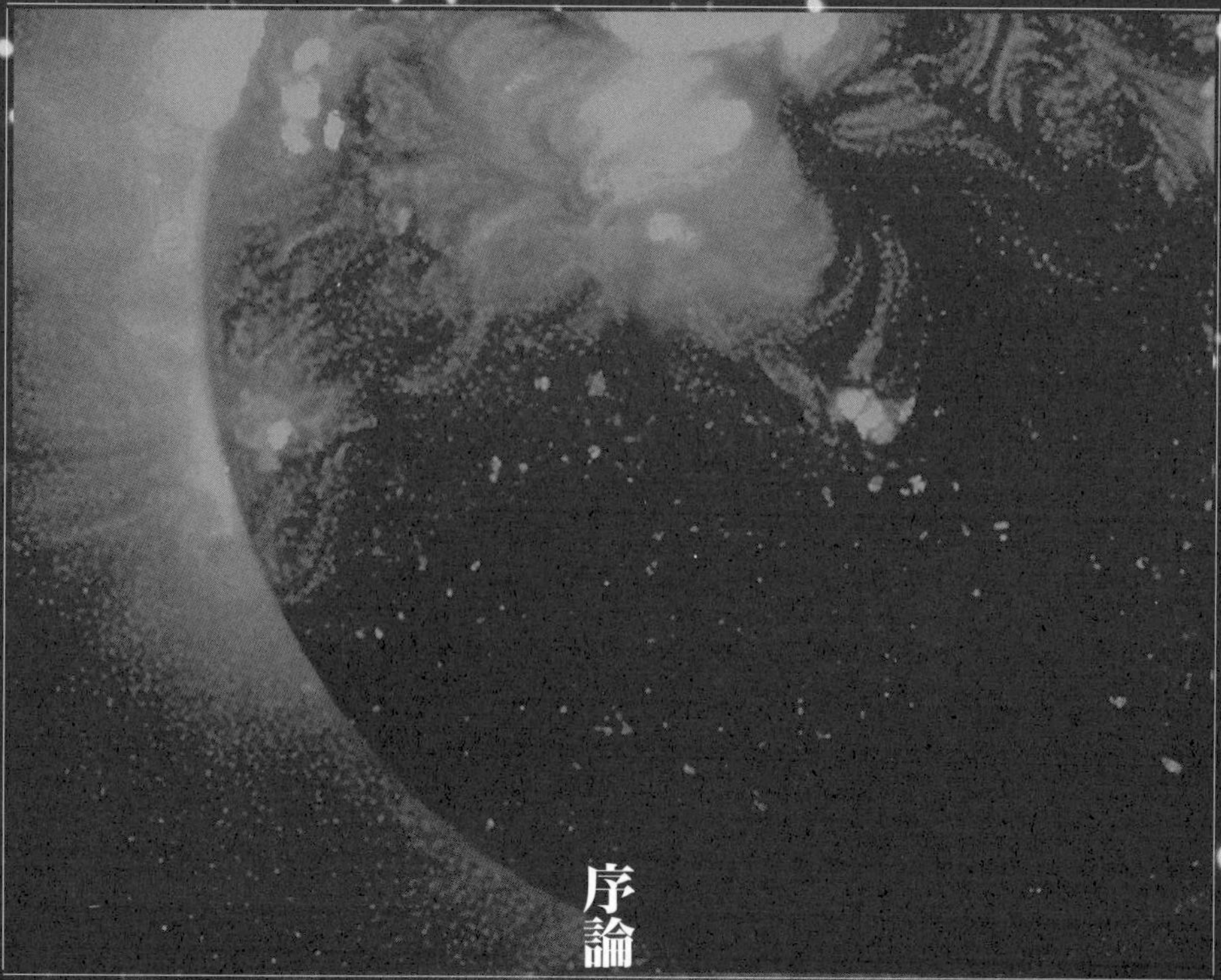

序論

一七五〇年以前

第1章 世界の複数性をめぐる一七五〇年以前の論争——背景概観

1 古代中世の科学と哲学における論争

一七五〇年に起こった世界の複数性に関する論争は、その起源を古代にまで遡ることができる。この章では、スティーヴン・J・ディックによるカントの時代までの論争の歴史と、さらに他の関連研究を利用して、一七五〇年以前の歴史について簡潔に述べ、以後の展開のための舞台を設定してみよう。★1

別の世界が存在することに関しては、古代ギリシア人とローマ人の考え方にはっきりとした違いが見られる。二世紀前のデモクリトスとレウキッポスに始まる思想を発展させたエピクロス(341-270BC)に始まるいわゆるエピクロス学派は、この問題に肯定的であった。今日のわれわれから見て非常に近代的だと思える理論に次のようなものがある。❶物質は原子から成る。❷自然の現在の状態は長い発展過程の結果である。❸生命は宇宙の他の場所にも存在する。❹神は存在しない、あるいは少なくとも人間的な神は存在しない。これらの思想は、われわれにとっては近代的であるように思えるが、明らかに古代に起源を持つものである。古代においてそれらは、無神論を暗示するエピクロスの「ヘロドトスへの手紙」の一節に見ることができる。

……世界は限りなく多くあり、あるものは、われわれのこの世界と類似しているが、あるものは、類似していない。というのは……原子の数は限りなく多くあり、きわめて遠いかなたへも運動してゆくからである。……そういう原子は、一つの世界なり、あるいは、限られた数の世界なりをつくるために使い尽くされたこともないし、また互いに類似している世界なり、あるいは、これらとは異なる世界なりをつくるために使い尽くされたこともないのである。従って、世界が限りなく多くあることを妨げるものは、どこにも存在しないのである[2]。

この手紙のさらに後で、次のように続けている。「すべての世界に、われわれがこの世界で目にする生き物、植物、その他の物が存在すると信じなければならない……[3]」。

これらを読むと、古代の他のほとんどの議論と同じように、そこで使われている「世界」という言葉の意味が、今日のそれとはかなり違っているということを認めざるをえない。エピクロス学派の言う「無数の世界」とは、彼方の星の太陽系のことではなかったのである。つまりギリシア天文学では、一般に星というものがわれわれの太陽系の最も外側の惑星の軌道からそう遠く離れていない天蓋にあると考えられていたのである。むしろエピクロスの考えていた世界は、人間には見えない別個の体系であり、それぞれの世界がそれぞれの地球、太陽、惑星、星を持っていたのである[4]。このことから、エピクロス学派の多元論(多世界論)の根拠は、直接的な観測ではなく、その哲学における形而上学的な唯物論や原子論にあるということが分かる。あらゆる事が可能なのだから、無限の宇宙の中にある無数の原子の偶然の集まりのいくつかは、世界を形成するに違いない、従って、別の世界が存在するに違いないということなのである。エピクロスの同時代人で、彼の直弟子であるキオスのメトロドロスがそのことを説明している。「もし大きな平原の中で穀物のひとつの穂だけが育つとか、無限の中にたったひとつの世界しか存在しないとすれば、それは奇妙なことであろう。原因［すなわち原子］が無限であるということからすると、当然世界が数において無限であるということになる[5]」。エピクロスとメトロドロスの言葉は、アーサー・ラヴジョイが「充満の原理」(the principle of plenitude)と名づけた概念をエピクロス学派が認めていたことをはっきりと示している。充満の原理とは、「存在の真の可能性で実現されないものはない。創造の範囲と豊かさは、存在の可能性と同じくらい大きく、「完全で」無尽の源が有する生産能力につり合わなければならない。そして世界は多くのものを含んでいればいるほどそれだけよいものである」[★6]というものである。エピクロス学派にとってこの「源」とは無限の自然のことであったが、後の宗教作家の中には、それを全能の造物主＝神と同一視した者もいた。

エピクロス派哲学の最も有力な擁護者は、ローマの詩人ルクレティウス(99-55BC頃)であった。ルクレティウスは『事物の本性について』の中で、言語の起源から目の錯覚に至るまで、またワインの甘さから宇宙の発展と構造に至るまで説明するために、エピクロス学派の概念を優雅なラテン詩に盛りこんでいる。宇宙の発展と構造について、詩人は次のように述べている。

それゆえ真実らしいとは決して思えないのである、限りない空間がいたるところ空虚であり、アトムが数知れずあってその総数もかぎりなく、絶え間ない運動によってかきたてられ、無数の仕方でとびまわっていながら、この大地と空だけを作り、かの大量なアトムがほかになにもしないとは。ましてこの世界は自然によって作られたものなのだから。すなわち、ものの種子自身が、自発的に、様々な仕方で、あてもなく、むだにぶつかり、効果もなく結合し、そしてついには思いがけなく結合しては、……大地、海、空、動物の種族の始めとなったのだから。[★7]

この教えから導かれた彼の神学上の結論は、「自然は自由であり、高慢な主人をもたず、神々の係わりなしにみずから気ままにすべてをなしている」ということであった。[★8] 一五世紀にルクレティウスの詩が再発見されると、ガサンディからニュートンやカントにいたる多くの者は、エピクロス学派の原子論、進化論、多元論、無神論が互いに分離できるものかどうかを研究した。

唯物論者、原子論者、多元論者などに対する攻撃は、遅くともプラトンやアリストテレスの時代にまで遡る。両者とも、無数の世界が存在するというデモクリトスやレウキッポスの主張には反対であった。[9] プラトン(428-348BC)は『ティマイオス』の中で、「唯一のものとして生み出され、創造された天が今もそしてこれからも存在する」と言っているが、これは、❶創造者が唯一であるということは創造が唯一であること、❷もし創造が合成であれば、それは分解と衰退を免れないという二つの主張に基づいている。[10] アリストテレス(384-322BC)の著作には世界の複数性に反対する一連の議論が見られる。『天体論』では本来の場所という説を述べている。アリストテレスによれば、土と水の元素は下へ動く、なぜならそれらは自らの本来の場所である地球の中心を求めるからである。それに対して空気と火は上へ動く、やはり自らの本来の場所に向かうからである。もちろん一塊の土は上に上げられることがあるが、それは強制された「力による」運動である。この説の重要な点は、仮に他の世界が存在するとしても、それらはわれわれの世界と同じく土、空気、火、水から構成されていなければならないと述べている点である。そうすると、一塊の土がわれわれの世界では自然な運動として動くが、他の世界では力による運動をしているということは、明白な矛盾となる。『形而上学』には別の議論がはっきりと見てとれる。そこでは、惑星の運動が惑星系の周縁で作用する第一の動者によるものだと説明されている。もし複数の世界が存在するとすれば、複数の第一の動者が必要になるが、こうした考え方はアリストテレスにとって哲学的・宗教的に受け入れられないものであった。[11]

世界の複数性に関する論争は、エピクロス学派とアリストテレス学派との間で最も激しかったが、他の学派や個人もまたそれに関わっていた。例えばピュタゴラス学派は、「月には地球と同じように人が住んでいて、動物は地球のものより大きく、植物はより美しく、美徳と活力に満ちた動物は、地球上のものより一五倍優れていて、排出物は出さない。また、昼は地球より一五倍長い[12]」と信じていたと伝えられている。プルタルコス(46-120頃)もまた『月面について』の中で、月の生命について推測し、またサモサタのルキアノス(120-200頃)は二つの架空の月旅行を創作している。[13]

「世界の複数性」(Plurality of worlds)という表現はある意味で曖昧である。同時に存在する多くの世界を意味することもできるし、時間的に連続する複数の世界を意味することもできるからである。ストア学派は後者を支持した。例えばローマの政治家であり雄弁家であったキケロ(106-43BC)は後者の考え方を是認し、前者の世界の共存という考えは不合理であるとして反対した。ただし月における生命の可能性については態度を保留している。[★14]

初期のキリスト教徒の学者たちは、ギリシア・ローマの著述家たちが提起した複雑な問題に答えられるだけの知的伝統をつくるという難事に直面していた。世界の複数性という考え方に対する彼らの反応は、初めは否定的であった。例えば三世紀のヒッポリュトスも、四世紀のカエサレアの司教エウセビオスや五世紀のキプロスの司教テオドレトスも同じくこの考えを否認している。[★15] ヒッポのアウグスティヌス(354-430)も同様であったが、アウグスティヌスはむしろ連続する世界というストアの考えに反論することに関心を持っていた。充満の原理ばかりでなく、連続する世界や共存する世界という考え方に対する彼の反論は、『神の国』を見れば明らかである。

というのは、もし彼らが、世界の創造以前に無限の時間を考え、その間に神が何もしていなかったはずはないとすれば、同様に世界の外に無限の空間を考えるであろう。そしてそこでは全能の神がその働きを止めていたはずはないと言う人があるなら、彼らはエピクロスとともに無数の世界を考えねばならなくなるのではないだろうか。[★16]

西欧のキリスト教徒の学者が古代の著作を利用できるようになるにつれて、一三世紀には世界の複数性の可能性が論じられるようになった。それらの学者の中で最も重要な人物のひとりであるアルベルトゥス・マグヌス(1193-1280)は、次のように述べている。「自然に関して最も不可思議で高貴な問題は、世界がひとつなのかそれとも多数なのかという問題であるからには、……この問題について探求することはわれわれにとって望ましいことであると思われる」。[★17]

こうした探求は、スペインのマイケル・スコット(1240頃没)、パリのオヴェルニュのギヨーム(1180-1249頃)、そしてオクスフォードのロジャー・ベイコン(1214-92)の著作に見いだされる。アルベルトゥス・マグヌスとその弟子トマス・アクィナス(1224-74)もまたこのテーマについて書いている。そしてこうした人たちすべてが世界の複数性を否認している。アリストテレスの著作に対するこの時代の熱狂を考えると、これは決して驚くべき結果ではない。彼らの反多世界論的議論のほとんどは、直接的にあるいは間接的にアリストテレスの著作に由来しているからである。このことは確かにトマス・アクィナスにも当てはまるが、ひとつ重要な違いがある。それは、彼がひとりのキリスト教徒として、われわれの世界が唯一であることと全能の神を信じることとが決して矛盾しないことを主張せざるをえないと感じたということである。しかしこの目的のために用いた彼の入念な方法に満足できない同時代人もいた。近代科学の主要な要因となったとピエール・デュエムらが主張した皮肉な出来事が一二七七年に起こった。パリ司教エティエンヌ・タンピエが、二一九の譴責命題を布告したのである。神の力を制限するとみなされる教義をアリストテレス寄りの哲学者が擁護していると心配した神学者たちによって圧力をかけられたからである。その中の命題三四は、「第一原因は多くの世界をつくりえない」というものであった。[★18]

一二七七年以後状況は急変し、神は多数の世界を創造することができたことを示そうと多くの著述家たちがさまざまな分析を行った。実際に神が多数の世界を創造したと主張する者はほとんどいなかったが、こうした過程の中で、アリストテレスの反多世界論的議論に対する貴重な再検討と批評が生まれてきた。このような趨勢の実例として、パリ大学学長ジャン・ビュリダン(1295-1358頃)や、オクスフォードで教育を受けたフランシスコ会士オッカムのウィリアム(1280-1347頃)がいる。両者ともに、本来の場所という考え方に基づくアリストテレスの議論に異議を唱えた。ビュリダンが、神は本来の場所を持つ別の元素から成るさまざまな世界を創造できるであろうと主張したのに対して、より急進的なイギリスの同時代人オッカムは、さまざまな場所では同一の元素もそれに応じてさまざまな本来の場所を持つであろうと主張して本来の場所という概念を相対化した。[★19] 特に面白いケースは、後にフランスのシャルル五世となった人物の家庭教師で、最終的にはリズィウの司教となったニコル・オレーム(1325-82)である。オレームはアリストテレス『天体論』の翻訳と注釈の中で、アリストテレスの考えに対してすばらしい批評をしている。時間的に連続する世界あるいは一連の入れ子式同心円の世界が存在するという可能性が、いかなる哲学的・科学的理由によっても妨げられないと認めた後で、空間的に離れている世界の場合を考えて、例えば水の中の木が浮き上がるように、物体の運動は周囲の状況によって支配されると主張している。ディック博士が言うように、「オレームはこの主張によって一挙に、論点を、地球対外側の天球という関係から、物体の置かれている場所とは無関係の、重い物体対軽い物体という関係へ移したのである」[20]。アリストテレスの議論に対するあれこれの批判にもかかわらず、オレームは次のように結論している。「……神はその全能によって、この世界以外に別の世界を、ひとつであろうと複数であろうと、この世界に似たものであろうとなかろうと、造ることができ、また過去においてもそうすることができた。アリストテレスも他の誰もその反対を証明することはできないであろう。しかしもちろん、実体としての複数の世界が今までに存在したことはなく、またこれからも存在しないであろう……」[21]。神が別の世界を創造する可能性を認めることとそうしたことを認めないことのコントラストは、他の著述家以上にオレームにおいて特に顕著であり、その説明が求められるところである。オレームが多世界論を認めなかった理由は、聖書を読んだためなのか、教会権力に対する恐れなのか、多世界論がキリスト教の贖罪の教義と調和するかどうかを疑ったためなのか、あるいはその他の要因が存在するのであろうか。この問題は、一三世紀の終わりから一四世紀にかけての著述家たちが、居住者のいる世界が存在するか否かという問題ではなく、単に別の世界が存在するか否かという問題を検討したことで一層面倒なものになった[22]。聖書が主要な要因であったことを示す直接の証拠はほとんどない。トマス・アクィナスは、ただひとつの世界が存在することを信じる根拠として、「世界は神によって造られた」というヨハネ伝第一章第一節を引用しているが[23]、これは実質的な議論というよりも余談として、彼の著作の中に現れているにすぎない。

ニコラウス・クザーヌスとギョーム・ヴォリロンの場合を考察してみると、教会権力への恐れや贖罪の教義との緊張関係が、この論争に影響を与えたのかどうかが明らかとなる。一般にはニコラウス・クザーヌスとして有名なニコラウス・クレブス(1401-64)は、一四四〇年に、謎めいているとはいえ注目すべき中世の傑作『知ある無知』を発表した。その中でクザーヌスは、人の住む別の世界という考えを支持している。

生命は、人間や動物や植物という形態で地球に存在するが、太陽や星の領域ではより高等な形態で発見されうるだろう。これほど多くの星や天体に居住者がいないで、われわれの地球だけに、しかもおそらくより劣った形態の存在が居住していると考えるよりは、むしろあらゆる領域に居住者がいて、段階によって性質が異なり、すべてその起源を神に負うており、神はすべての星界の中心でもあり周辺部でもあると考える。★24

クザーヌスは、根拠はないと前置きしながらも、地球外生命の性質について推測さえしている。

われわれの世界以外の居住者については、評価するだけの基準がないので、ほとんどわからない。太陽の領域には、太陽人がおり、彼らは聡明で高い文化を持つ居住者であり、おそらく奇人である月の居住者よりも本性的により精神的な存在であると推測される。これに対して、地球上の居住者は、もっと鈍感で物質的であると考えられよう。

クザーヌスは、太陽と月に人が住んでいると仮定して、さらに次のようにも述べている。「われわれは別の星界についても同様の推測をする。すなわち、それらの領域にはいずれも居住者が存在する。というのは、それらは、それぞれわれわれが住む世界と同じであり、ひとつの宇宙の特定の領域であり、この宇宙には星の数と同じだけ無数のそうした領域が存在するからである」。

例えばジョルダーノ・ブルーノが多世界論的信念のために焚殺されたという話を信じるほど地球外生命論争に関して浅い知識しかなければ、クザーヌスのこれらの主張は、たとえ投獄されたり火あぶりにされるほどではないにしても、彼が政治的に受け入れられるような常識のない人物だと思うかもしれない。しかし、ピエール・デュエムは次のように述べている。

ローマ・カトリック世界で初めて、人々が他にも人の住む世界があるということを耳にしたのは、数年前にある公会議で演説をしたこともある、ひとりの神学者がそれを提起した時であった。非常に有名な本の中で、太陽と月の住人の性格について考えようとしたこの人物は、ローマ教皇の信頼を得、［しかも］最も高い教会の栄誉さえも授けられたのである……。★25

これらはすべて正しい。クザーヌスの政治的感性はすぐれており、バーゼルの宗教会議のために一四三七年にコンスタンティノープルに派遣されたほどである。さらに『知ある無知』が出た八年後、クザーヌスはカトリック教会の枢機卿になった。多世界論と、神の受肉や贖罪というキリスト教の諸概念との調和の問題は、クザーヌスによっても、また知られている限りでは一二〇〇年以降別の世界の問題を論じた別の著述家によっても扱われることはなかったが、フランスの神学者ギョーム・ヴォリロン(1463没)はこの問題を論じている。ヴォリロンは、人の住む別の世界を神は創造することができたと信じる根拠を挙げたあと、次のように述べている。

その世界に人が存在するかどうか、そして彼らがアダムと同じく罪を犯したのかどうかと問われれば、私は否と答える。というのは、彼らには罪もなく、またアダムから生じたのでもないからである。……キリストはこの地球上で死ぬことで、別の世界の住人も救うことができるかどうかという問題については、たとえ世界が無数にあったとしても、私は可能であると答える。キリストが別の世界に赴いてもう一度死なねばならないということはないであろう。★26

中世の終わりまでに、複数の世界を創造することのできる神を考えるために、アリストテレスの体系を修正しようとする挑戦がある程度なされてきていたが、それを上回る挑戦がまもなく現れた。そのひとつは、発見されたばかりのルクレティウスの『事物の本性について』が一四七三年に出版されたことに始まる。これによって、西欧人は、容易にはキリスト教と調和しない、古代に現れた別の強力な哲学体系に直面せざるをえなかったのである。そしてちょうどその七〇年後にさらに一層恐るべき挑戦が現れた。すなわちコペルニクスが、われわれの地球が宇宙の中心ではなく惑星のひとつであることを主張したのである。人によっては近いうちに世界の複数性という概念に正当性を与えると思えたその主張は、まさに革命的なものであった。

2 コペルニクス、ブルーノからフォントネル、ニュートン主義者まで

一五〇〇年から一七五〇年までの地球外生命論争を概観する上で、二、三人の信念にすぎなかった多世界論が、この期間にいかにして科学の教科書で教えられ説教壇から説教される教義にまでなったのかを追求することは重要なことである。これまで二つの大まかな説明がなされてきた。すなわち、❶一六〇八年頃望遠鏡の発明によってさまざまな観測が可能になったことばかりでなく、天文学の発展、特にコペルニクス、ケプラー、そしてガリレオによる太陽

中心の天文学が大いに発展したことが決定的に重要である。❷哲学的・宗教的な面で時代精神が変わっていく中で、多世界論を支持する体制が生まれてきたことが重大な要因となったのである。アーサー・ラヴジョイは、名著『大いなる存在の連鎖』の中で後者の見解をとり、次のように主張している。近世と中世の宇宙観を区別する諸特徴は、

……天文学者の実際の発見や技術的な推論によってではなく、……中世思想においては……常に抑えられ、実を結ぶことのなかった、プラトンに由来する形而上学的先入観によって、紹介され、最後には一般にも受け入れられるに至ったのである。……これらの諸特徴は［主に］哲学的・神学的前提に由来するものであった。簡単に言えば、充満の原理の当然の結果だったのである。★27

ラヴジョイは、ブルーノによる充満の原理に基づく多世界論的立場の表明は、フォントネルが地球外生命を擁護する際に用いたデカルト的宇宙論★28に比べても多世界論の受容にほとんど寄与することがなかったことを認め、自分の主張を弱めているが、スティーヴン・J・ディックは、最近著した詳細な『世界の複数性』の中で、当時の時代を分析してラヴジョイの立場の妥当性に異議を唱えているように見える。ディックは公然とラヴジョイの主張に挑んでいるわけではなく、「科学史の見地から［地球外生命論争の発展の］筋道をたどる」★29という意図を言明している。一七五〇年以前の展開を扱うこの概説の中では、このような複雑な問題を解決することはできない。しかし読者は、地球外生命論争の歴史を記述する場合に、この問題が重要な地位を占め、地球外生命に関する現代の議論に対しても有意義であるということを知っておくべきであろう。例えば、宇宙生物学に関する最も最近の著作に特有なさまざまな見解も、現在の立場の背後にあるさまざまな形而上学的前提に由来していることを示唆する人もいる。★30

一五〇〇年から一七五〇年までの時代を研究すると、科学革命の初期の担い手たちが十分成熟した多世界論に対し

て示したためらいや抵抗に唖然とする。事実、仮に多世界論を定義して、地球は太陽系内の人の住む惑星のひとつにすぎず、恒星は人の住む惑星に囲まれた太陽であると言うとすれば、コペルニクス、ケプラー、ブラーエ、ガリレオは、多世界論者とは呼べないであろう。[★31] ニコラウス・コペルニクス(1473-1543)が著作の中では決して別の世界の問題を論じなかったということは、彼の方法が高度に数学的であったということで、ある程度は説明される。しかしまた、彼が用心深く多くの点で保守的な性格であったとも言える。コペルニクスはいろいろな点でジョルダーノ・ブルーノ(1548-1600)とは対照的である。ブルーノの新しいものに対する情熱と大胆さは、『聖灰日の晩餐』(1584)、『無限宇宙および諸世界について』(1584)、『無数のもの』(1591)などの著作の中で擁護した無限の宇宙と同じく絶大なものであった。ブルーノは、熱烈な多世界論者で、惑星ばかりでなく恒星にも人が住み、惑星、恒星、流星そして全体としての宇宙にも霊魂があると考えていたのである。ルクレティウス、クザーヌス、パリンゲニウス、パラケルスス、コペルニクスそしてヘルメス文書など彼が参照した典拠の数のほうが、少なくとも、「科学の殉教者」として再びブルーノに関心が寄せられた一八、一九世紀までの彼の信奉者の数より多かったようである。なるほど彼は一六〇〇年にローマで火あぶりの刑に処せられ、教会権力はそのような行為によって罪を犯したと言えようが、ブルーノの宇宙観よりも彼がキリストの神性を否定したり魔術を主張したりしたことのほうにいっそう頭を痛めたことはほとんど確実である。[★32]

ヨハネス・ケプラー(1571-1630)の多世界論との苦闘は、地球外生命論争史における最も劇的な物語のひとつである。深い関心と先見の明を備えたケプラーは、一六一〇年ガリレオが発表したばかりの『星界の報告』の到着を待っていた。この著作の中でガリレオは、月面の山、木星の四つの衛星、そして肉眼では見えない膨大な数の恒星といった望遠鏡による発見を公表していたからである。ケプラーは、こうした新発見のうわさを聞き、それがケプラーの宇宙よりむしろブルーノの宇宙を支持していることを恐れていた。少なくとも、ガリレオの『星界の報告』に対してケプラーが公にした反応からは、このように推論されるのである。しかしケプラーは安心して次のように述べている。

……私は、あなたの著作を読んである程度生き返ったことをうれしく思っています。もしあなたが恒星の周りを回転する惑星を発見していたとしたら、ブルーノの言う無数のものの間で鎖と牢獄が私を待ち構えていることでしょう。というよりむしろブルーノの無限の空間への追放が待っていると言うべきかもしれません。従って、その四つの惑星が恒星の周りではなく木星の周りを回ると報告することによって、あなたはあなたの本のことを聞いた途端私が襲われた大いなる恐れからさしあたり私を解放してくれたのです。……[★33]

ブルーノの「無数のもの」を憎悪していたにもかかわらず、ケプラーは少なくとも惑星や月に存在する生命に反対してはいなかった。木星の生命を支持する理由は、次の言明の中に示されている。

それらの四つの小さな月は、われわれのためにではなく木星のために存在する。そして居住者のいる各惑星には、それ自身の衛星が与えられているのです。この論法でいくと、われわれはかなりの確率で、木星に人が住んでいるという結論に達します。もっぱらそれらの球体の巨大さだけを考慮して、ティコ・ブラーエもまた同様の推理をしました。[★34]

ブラーエが地球外生命の存在を信じていたということをケプラーはあちこちで述べているが、それはおそらく間違いである。星に「生物」がいるとしたケプラーの手紙を明確に分析したディックが、このことを指摘している。ケプラーはその手紙の中で、「あの不運なブルーノばかりでなく、……わがブラーエもまた星に住人がいるという見解を持っていた」と言っている。ディックの分析によって、地球外生命に対する強い関心のためにケプラーはブラーエによる背理法の論点を誤解し、事実上それを逆転させてしまったことが明らかになった。ブラーエの背理法の論点というのは、もしコペルニクスの理論が本当であれば星は非常に遠くにあることになり、さらにこのことは、もし星に住人がいなければ、膨大な空間の浪費を伴うことになる、ということであった。しかしブラーエにとってそのような住人を考えることは不合理だったので、このデンマークの天文学者はコペルニクスの体系そのものを否認したのである。[★35]

ケプラーは、ガリレオが地球に似た特徴を月に見つけたことを大いに喜んだ。というのは、月の表面が地球の表面に似ているとする議論を望遠鏡を用いないで数年前に発表していたからである。[★36] また、一六〇九年に書かれ死後の一六三四年に出版された、月旅行物語『夢』の中で、ケプラーは月の生命についてさらに議論を進めている。しかし、それにもかかわらずケプラーは「世界の中心が太陽であり」、「地球よりも高貴で人の住むのに適した天体は存在せず」、人間が万物のうちで「優越した生き物」であると確信していた。[★37] 彼はこれらのことを、ガリレオへの返答の中で弁護し、『コペルニクス天文学の概要』(1618-21)の中でさらに詳しく展開している。『コペルニクス天文学の概要』によれば、「地球は思索的な生き物のふるさとになることになっていたのであり、宇宙も世界も人間のために造られたのである」[★38]。ケプラーの場合が劇的に示しているように、人間中心主義はなかなか無くなることはなかった。

ガリレオ・ガリレイ(1564-1642)は、著作の中でも手紙の中でもブルーノにまったく言及しなかったが、[★39] 少なくとも六か所で地球外生命の問題について意見を述べている。ガリレオの意見は、否認から用心深い留保に至るまでさまざまなものがある。一六一三年の『太陽黒点についての書簡』の中には両方の特徴が現れている。

> 木星、金星、土星、そして月に居住者が存在すると考える人々の見解は誤りでありのろわしいものであるとみなす点で、私はアペレス[クリストファー・シャイナー]に同意する。ここで「居住者」とは私たちに似た動物、特に人間のことである。このことは証明できると思う。たとえ、月や惑星に、地球上のものとは単に異なるばかりでなく、私たちの想像からかけ離れた動植物が存在すると少しでも信じることができるとしても、私としては肯定も否定もしないで、私よ

りももっと賢明な人の決定に委ねるであろう。★40

このように、コペルニクス、ブラーエ、ケプラーの著作と同様に、ガリレオの著作にも、十分成熟したブルーノの多世界論を直接支持する言葉はほとんど見られない。しかし間接的な支持ということになれば、別である。コペルニクスの著作が世に出て未だ七年しか経っていない一五五〇年に、ルター派の学者フィリップ・メランヒトン(1497-1560)は、新しい宇宙論に反対し、また世界の複数性を支持する傾向にも反対した。

……神の子はひとりであり、われわれの主イエス・キリストはこの世界で生まれ、死に、そして復活した。彼は他のいかなる場所にも、現れ、死に、復活することはない。従ってキリストが何度も死に、復活すると想像してはならず、神の子を知らない別の世界で人が永遠の命を回復すると考えてもならない。★41

同じ時期、プロテスタントの神学者ランベール・ダノ(1530-95?)は、同様の反多世界論を展開し、特にエピクロス学派を攻撃した。★42 しかし他方イタリアでは、コペルニクス説への初期の転向者であるG・B・ベネデッティ(1530-90)が一五八五年に、惑星に人が住んでいることを示唆したのであった。★43

ガリレオと最も直接的に関係のあった人々の間ですら、ガリレオの用心深さを見習った者は全くいなかった。トンマーゾ・カンパネッラ(1568-1634)は、ナポリの牢獄で『ガリレオの弁明』(1622)を書いた。それにはガリレオやコペルニクスの体系ばかりでなく世界の複数性の概念に対する弁護が含まれている。フランセス・イエイツはカンパネッラの著作にブルーノの影響を見いだしている。★44 カンパネッラは、ガリレオによる観測や聖書に対する再解釈の能力を巧みに活用するばかりでなく、一二七七年の譴責命題とクザーヌスを引用しながら、次のように述べている。もっとも、多世界論を支持したという非難からガリレオを救うためにそれが有益であったかどうかは疑わしい。

仮に他の星にいるかもしれない住人が人間であるとしても、彼らはアダムから生じたのでもないし、その罪によって影響を受けるわけでもない。また、彼らが別の罪を犯していなければ、贖罪の必要もない。私はエペソ人への手紙第一章とコロサイ人への手紙第一章の次の一節に言及せざるを得ない。「その十字架の血によって平和を打ち立て、天にあるものであれ、地にあるものであれ、万物をただ御子によって、御自分と和解させられました」。ガリレオは『太陽黒点についての書簡』の中で、はっきりと人間が他の星に存在することを否定している……、しかしそこにより高等な性質を持つ生き物が存在することは肯定している。ケプラーが『星界の報告』の紹介論文の中で冗談にどんなおどけたことを言っているとしても、その生き物の性質はわれわれの性質と似てはいるが同じではないのだ。★45

これが、ガリレオの『星界の報告』を読んでまもなくの一六一一年に、惑星の住人について考えるよう説得する手紙を書いた人物によるガリレオのための弁明である。★46

カンパネッラの『ガリレオの弁明』、ガリレオの『星界の報告』、そしてケプラーの『夢』はいずれも、『月の世界の発見、あるいはその惑星に居住可能な別の世界があり得ることを証明しようとする論考』(以下『月の世界の発見』)の背景となっている。この書物は、一六三八年のイギリスに匿名で現れたが、著者は、オクスフォード大学出で、後にケンブリッジのトリニティ・カレッジの学寮長になり、さらにチェスターの主教になった、若き日のジョン・ウィルキンズ(1614-72)であった。ウィルキンズは、コペルニクスの理論や月の生命を唱えていく過程で、多世界論一般を支持する多くの議論を展開し、この分野の宗教的反論に答える努力をしている。「可能性の十分ある論点だけを論じる」とたびたび力説し、「[月の]住人はわれわれのような人間ではない……というカンパネッラの……憶測」に好意を持っている。

充満の原理を用いながら、さらに次のように述べている。「人と天使の性質の間には大きな隔たりがある。惑星の住人は両者の中間の性質を持っているかもしれない。神が一部の種類のものしか創造せず、そのためにより一層栄光を自らに与えるということもありえないことではない……[★47]」。天文学上の議論におけるウィルキンズの功績については、未だに論議が続いている[★48]。しかしウィルキンズの『月の世界の発見』の影響力は否定できない。ニコルスン教授は「一七世紀のイギリスにおける、〈一般向け天文学〉の書物の中で……最も影響力があった」と述べている[★49]。

一六四〇年ウィルキンズは、コペルニクス説を支持する二冊目の書物『新惑星論』を出版した。新惑星とは地球のことである。この書物の一節で、ウィルキンズは、コペルニクス説への反論が、アリストテレス＝プトレマイオス的宇宙の中心に置かれていた人間の誇りからくるものであるという広く信じられた考えに異議を唱えている。その一節でウィルキンズが挙げている反コペルニクス説の理由のひとつは、「われわれの地球の下品さ」である。すなわち地球は「宇宙のどの部分よりも下劣で卑しい物質から成っていて、そのために最も悪い場所である中心に位置しなければならないのである。そして、より純粋で清廉な天体、天空から極めて離れたところにあるのである[★50]」。ウィルキンズの『月の世界の発見』が出版された一六三八年にはまた、司教フランシス・ゴドウィン(1552-1633)の月旅行の幻想的作品も公刊されている。ウィルキンズは、これに勇気づけられ、『月の世界の発見』の第三版(1640)では月旅行の可能性に対する好意的な議論を付け加えている。このような考え方は、ウィルキンズをからかおうとする意識を高めることになった。もし地球外ユーモアのアンソロジーを編むとすれば、月で司教職を得ようとするウィルキンズをからかったロバート・サウスの冗談や、月に下宿を求めるウィルキンズに対するニューカースル公爵夫人のからかい、そして特にサミュエル・バトラーのコミックな詩「月の象」などを入れたいところである。最後の話は、天文学者が望遠鏡で象のような獣を見つけたと報告するが、実はねずみが望遠鏡の中に侵入していた、というものである[★51]。

特にウィルキンズの著作以後、月が論戦の場となり、月の生命に関する議論が何百年も続くことになった。確かに

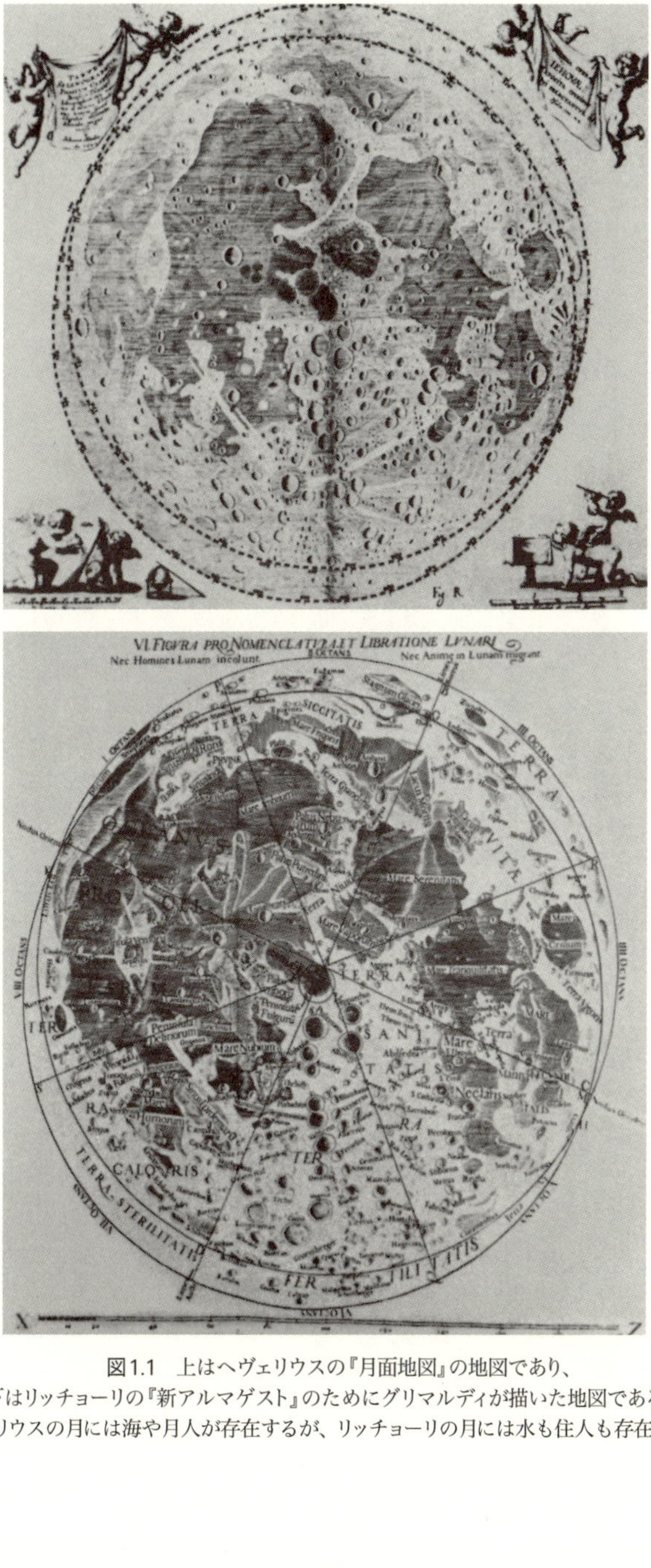

図1.1　上はヘヴェリウスの『月面地図』の地図であり、
下はリッチョーリの『新アルマゲスト』のためにグリマルディが描いた地図である。
ヘヴェリウスの月には海や月人が存在するが、リッチョーリの月には水も住人も存在しない。

さまざまな観測はあったが、決定的な力を持つものはめったになかった。例えば一七世紀半ばの最も優れた月の地図は、ヨハネス・ヘヴェリウス(1611-87)の『月面地図』(1647)とジョバンニ・バッティスタ・リッチョーリ(1598-1671)の『新アルマゲスト』(1651)の中に見られるが、後者はリッチョーリの同僚のイエズス会士F・M・グリマルディ(1618-63)が描いたものであった。ヘヴェリウスが月面に海を描き、月の住人を「月人」(selenites)と呼んでその存在を認めたのに対して、リッチョーリは月面に水があることを否定し、その地図に「月に人は住んでいない」、「いかなる魂も月に移住しはしない」と提言している。(図1.1)

一七世紀初めの六〇年間の多くの知識人たちは、人の住む複数の世界という問題について極めて混乱しており、優柔不断で、また用心深くもあったので、自分の見解を具体的に述べることは困難だったようである。例えばロバート・バートン(1577-1640)は『憂鬱の解剖』(初版は一六二一年であるが、その後繰り返し改訂された)の中で、反多世界論者の立場をとっているという人もいれば、親多世界論者の立場をとっているという人もいる。[52] フランスでは、学問的に鋭いところのあったミニモ会修道士マラン・メルセンヌ(1588-1648)が、コペルニクス説にもその問題の判断にも迷いながらも、結局単一世界説を選んでいる。[53] ブレーズ・パスカル(1623-62)は深遠な宗教的感性ばかりでなく一七世紀で最も進んだ科学的精神の持ち主でもあったので、別の世界の生命に関する彼の結論には特に興味深いものがある。パスカルがこの問題についてあれこれ考えたということは、「この無限の空間の永遠の沈黙は私を恐怖させる」という謎めいた言葉のある『パンセ』から明らかである。パスカルの立場を特徴づけるもののひとつに、ラヴジョイがパスカルの中に見いだした、「コペルニクスの仮説の否認と、ブルーノ説に対する明確な擁護という奇妙な取り合せ」[54]がある。パスカルが反コペルニクス主義者であったかどうかは別にして、ブランスヴィック版『パンセ』に、「無限の空間」というパスカル自身のさきの言葉に続いて、明らかにブルーノ主義者を思わせる「いかに多くの王国が、われわれを知らずにいることだろう」[55]という叫びが見られることは事実である。しかし最も権威あるルイ・ラフュマ版では、「王国」という言葉のある二番目の文を、地球上の話の文脈に移して、パスカルをブルーノ主義者から救出し、「永遠の沈黙」という言い回しの意味を保持している。[★56] ラヴジョイは他の箇所で、「パスカルは人間を死んだ無限の物質の中で孤独な存在だと考えているると思われる……[★57]」と、より正確に書いている。この指摘は、この問題に関連した『パンセ』の別の箇所とも見事に一致する。[★58]

ルネ・デカルト(1596-1650)の著作を調べてみると、多世界論論争に関する彼の自家撞着的な立場が明らかとなる。ディックは、デカルトが『哲学原理』(1644)で詳述している渦動宇宙論にふれて、次のように述べている。「渦動論から推論すると、人の住む惑星が無数に存在しなければならないと思われるが、デカルトはこうした推論を『哲学原理』や私信で行ってはいない[★59]」。実際、多世界論に関するデカルトの議論から考えると、仮にデカルトが長生きして、一六八六年にデカルト的宇宙論の原理に基づいてフォントネルが構成した多世界論的宇宙に出会ったとすれば、彼は喜んだというよりむしろ当惑したのではないだろうか。多世界論に関わるデカルトの公的・私的見解が常に用心深かったということは、彼に見解を求めたシャニュに宛てた一六四七年六月六日付けの手紙によく示されている。キリストの血が多くの人間を救ったことに言及した後、デカルトは次のように述べている。

受肉の神秘や、人間のために神が示したその他すべての恩恵があるからといって、人間以外の無数の生物のために他の大きな無数の恩恵を神が示すことがないとは決して思わない。だからといってどこか別の星に知的生物がいるとも思わないが、いないことを証明するいかなる理由も見つからない。この種の問題については否定したり肯定したりするよりもむしろ常に未決定のままにしておく。[★60]

それにもかかわらず、デカルトはそれぞれの星が太陽であり、おそらく惑星に囲まれているという自然体系を提起することによって、多くの人々が多世界論に向かう扉を開けることになった。実際、ディックとラヴジョイが共に断定しているように、デカルトの体系は一七世紀後半における多世界論的宇宙論の唯一のそして最も重要な拠り所なのであった。[★61]しかし、誰もがデカルトの体系を同じように解釈したわけではない。例えば、最も初期のデカルト主義者であるオランダのヘンリクス・レギウス(1598-1679)は、『自然学の基礎』(1646)の中で、惑星を伴う星を認めることを避けている。またジャック・ロオー(1620-75)の『自然学概論』(1671)も同様であった。両者とも地球外生命は認めなかったのである。[★62]さらに、この両者の立場は、ヘンリ・モア(1614-87)の一六四六年の詩『プラトン主義者デモクリトス、あるいはプラトン的原理から世界の無数性を論ず』の中で支持されている。この論争におけるモアの立場には、特に興味深いものがある。なぜなら『プラトンの精神論』(1642)では世界が無数に存在するというエピクロスの考えを退けているのに対して、一六四六年の作品ではデカルトの言葉を借りて、それを支持しているからである。モアは、「遠回しに言ってはいるが、無数の世界とか、あるいは考えにくいことであるがひとつの無限の世界を考えたに違いない」「あの崇高で鋭敏な機械論者」[★63]とデカルトを引用している。モアは目の付けどころの非常によいケンブリッジのプラトン主義者であったが、『プラトン主義者デモクリトス』の中で多世界論的な主張をすることによってデカルトから距離をおいてもいた。すなわち、

この地球上でなされたことと
同じことがすべての天体でもなされる。(一三節)

……ずっと以前に諸地球が存在し
この地球以前に人と獣が住んでいた、

その後別の地球が再び生じ
別の獣と別の人間が生まれた……。
別のアダムがかつて息を授かり
また別のアダムが何度も繰り返す
これは最後の大火でいつか消滅するに違いない。(七六節)

この詩の背後にある、モアの神に対する考え方は次のようなものである。すなわち神は「その際限のないあふれるばかりの善を至る所にふりまき、それをいくつもの無限の世界に造りだしたのだ……」(五〇節)。モアの多世界論はエピクロスとデカルトに起源をもつが、最後には両者の哲学を退けた。『無神論に対する防御手段』(1653)で、モアは精力的に原子論を攻撃し、『神の対話』(1668)ではデカルトを完全に論破した。しかしモアは多世界論に固執し、後者の著作では、別の惑星の人間がキリストの受肉と贖罪という神秘を啓示する神によって救われると考えている。[★64] モアの多世界論には影響力がないわけではなかった。例えば、彼の同僚であるケンブリッジのプラトン主義者、レイフ・カドワース(1617-88)は、その影響を受け多世界論を認めていた。[★65]

モアの場合で分かるように、一七世紀の多世界論はエピクロスの哲学と密接で複雑な関係にあった。エピクロスが多世界論を支持したのは、無神論的な体系を退けるという別の理由からだと考える者もいたが、その体系に特徴的ないくつかの利点を認め、どのような点でキリスト教と調和するかという扱いにくい問題に取り組む者もいた。一七世紀前半に、フランスの聖職者で科学者であるピエール・ガサンディ(1592-1655)ほど深い関心と広い素養を持ってその仕事に立ち向った人物はいない。その劇的な状況は、行動的な天文観測者であり原子論の熱狂的な支持者であったガサンディが、一六四二年にディジョン大学学長ピエール・ド・カズルから受け取った手紙からわかる。

あなた自身がどう考えるかということよりも、あなたの権威や判断によって我を失い、地球が惑星の間を動くものだということを納得した大多数の人々の考えがどうなるかということをよく考えてください。彼らが最初に下す結論は、地球が疑いもなく惑星のひとつで、人が住んでいるならば、別の惑星にも住人がいて、恒星を欠いてはいないということ、さらに別の星が大きさと完成度において地球より優れているのに応じて、その住人も優れた性質を持ちさえしているということでしょう。このことは、地球が星より前につくられ、星は地球を照らし季節と年を測るために四日目につくられた、という創世記に疑いを抱かせることになるでしょう。そうなれば今度は、ことばの受肉と聖書の真実性という秩序全体が疑われることになるのです。★66

ガサンディは多世界論に関していっそう緊迫した状況に直面した。つまり、彼はキリスト教徒として、自由に振る舞うことのできる造物主＝神を確信していたが、多数の世界を神が創造することができると主張するには慎重になっていた。一六四九年と一六五八年のエピクロス哲学の解説の中では、神はそのような創造はしなかったと結論した。ガサンディは孤立した諸宇宙という古典的な意味での世界の複数性と、星が太陽であるという近代的な考え方とを区別したが、いずれの場合においても原子論に特徴的な考え方を放棄している。★67しかしその際に別の世界の存在という問題がもちあがった。この問題がイギリスで再燃したのは、一六五四年にウォールター・チャールトン(1619-1707)が、原子論の弁護を発表した時であった。★68それには、一六四九年のガサンディの著作の大きな影響が見られ、世界の複数性に関する同じような議論が含まれていた。

一六五七年にフランスのプロテスタントで内科医のピエール・ボレル(1620?-71)は、宇宙全体に存在する生命について論じた書物を出版した。一六五八年に出た英訳の表題は、『世界が多数であることを証明する新論文。惑星には居住者がおり、地球はひとつの星であること、そして地球が第三天界の中心の外にあり、固定した太陽の周りを廻ること。そしてその他めずらしくて好奇心をそそること』というものであった。これは、あるボレル研究者が論評したように、「博識、最新の科学知識、そして純真さの寄せ集め」から成る「奇抜なもの」[★69]である。ボレルの論文の典拠の一部はデカルトであり、彼はデカルトに関する著作も書いている。ボレルはまたルクレティウスからも多く引用し、自分自身の月観測も利用している。[★70]ボレルの純真さは、死んだ時にだけ地上で見られる極楽鳥がわれわれの衛星から来るに違いないと述べて、月の生命の存在を認めている点によく現れている。太陽が宇宙の中心であり、人の住む星の光源でもあるという主張もまた、名誉なものとは言えない。ボレルがしばしば充満の原理を頼みとしている点や、宇宙の中の人間の位置についてよりよい見通しを持つために多世界論が役に立つという主張は、彼の関心が哲学的問題にあったことを示している。総じて、著作からすると、ボレルは大変博学であったと思われるが、科学に関してはそれほどでもなかったと言ってよいであろう。

　デカルト主義的宇宙論による多世界論の可能性は、ベルナール・ル・ボヴィエ・ド・フォントネル(1657-1757)によってさらにより効果的に開拓された。フォントネルは一六八六年に『世界の複数性についての対話』(以下『対話』)によってセンセーションを巻き起こした。一六八六年一月に『メルキュール・ガラン』誌で、科学作品として「女性に優しい体裁のもので粗野なところが全くなく」、女性でも読みうるものと予告された時点では、誰もこのような影響を与えるとは予想もできなかったであろう。[★71]哲学者と魅力的な侯爵夫人との五つの対話として匿名で発表されたが、一六八六年五月には、ピエール・ベールがその著者はフォントネルだと明かした。[★72]そして、一六八七年に六番目の対話が出るとともにカトリックの禁書目録に載せられた。カトリック教会はそれを危険なものだと宣告したのである。一八二五年には態度を軟化させたが、一九〇〇年の禁書目録には再びそれを掲載した。[★73]大衆はその書を楽しいものと賞揚した。一六八八年頃にイギリスの読者は三種類の翻訳でそれを読むことができたが、さらにその後四種類もの翻訳が出た。[★74]他のヨーロッパ人はその後も待たなければならなかったが、一八〇〇年頃にはデンマーク語、オランダ語、ドイツ語、ギリシア語、イタリア語、ポーランド語、ロシア語、スペイン語、スウェーデン語の翻訳が出ていた。

なぜそのような成功をおさめたのだろうか。人気の秘密は、九〇歳を過ぎても若い女性に出会って「ああ、せめて八〇歳だったら」★75と言いえた男の機知にあっただけでなく、フォントネルの優雅で魅力的な散文のおかげでもあった。話題と発表のタイミングもまた人々に訴えるものがあった。フォントネルは、デカルトの渦動宇宙論と当時利用できた数十年にわたる望遠鏡の観測結果を参考にし、一七世紀のSFの草分けたちが創り出した多くの楽しい工夫を取り入れながら、一見もっともらしい科学的状況をつくりだしたのである。例えば作品中の金星人や木星人のアイデアは、物理学の世界ではなくフィクションの世界から取られたものである。フォントネルによれば、金星人は「日に焼けた小さな黒人で、機知に富み、情熱的で、恋におぼれやすく、……女主人に敬意を表して仮面舞踏会や馬上試合を考え出す」。はるかかなたの木星の住人は「冷静で、笑いを知らず、ささいな質問に答えるにも一日かかる……、また非常に堅物なのでカトーを見ても陽気なアンドルーだと思うだろう」★76。地球人もほとんど同様で、「一定した、確固たる性格を持たず、水星の住人のような者もいれば、土星の住人のような者もいる……」という。また別の箇所では、コペルニクス主義に抵抗する地球人は、「ペイライエウスの港に入って来るすべての船が自分の船だと思ったアテネの狂人」に例えられている。★77フォントネルの描く惑星人を見れば、彼が聖書に関わる論争を避けようとした序文をすぐに放棄したことや、彼の考える地球外生命は人間と見なされるべきではないということが分かる。おそらく彼の着想の主たる源であったウィルキンズからこのような留保を受け継いだのであろう。★78フォントネルは、「哲学者」の中の第一人者として、「宗教問題について……過度に敏感な」人々にはほとんど共感を感じなかったように見える。ボレルも背景にいた人物の一人で、金星は地球の四〇分の一であるという考えをフォントネルに提供した。しかし、フォントネルは『対話』の一七〇八年改訂版で、金星を地球の一・五倍の大きさに拡大したが、一七四二年頃には、だいたい正確な、地球と同じ大きさにまで縮小した。★79

フォントネルは科学に無知であったわけでもないし無批判であったわけでもない。コペルニクス主義に関する最初の対話に、月の生命を論じる二つの対話が続いている。これらの対話を見ると、著者が矛盾する主張に気づき結論を出しかねているのが分かる。驚くべきことに、月に関してはためらいがあったのに、他の惑星の衛星に関してはそうしたためらいが無くなっている。他の分野ではデカルト主義者ではなかったが、宇宙論に関してはデカルト主義者だったフォントネルが、★80五番目の対話では、惑星が恒星を取り囲んでいるとしてデカルトを越えはじめている。彗星と同じくこれらの惑星にも居住者を認めたが、太陽や星には認めなかった。六番目の対話には、この書物で扱われた五つの主要な議論の要約が見られる。

❶惑星と人の住む地球との類似性、❷惑星が作られた別の用途を想像することは困難なこと、❸自然の肥沃さと壮大さ、❹太陽から遠く離れている惑星にほど多くの月を与えるという、惑星の住人の必要に応じていると思われる自然の配慮、❺非常に重要なこと、すなわちある面では言い得るが他の面では言えないすべてのこと……★81

これらの議論は、五番目を除いていずれも新しいものではない。独創性はフォントネルによる魅惑的な構成にある。この書物の後の時代になると、科学的によりいっそう発達した多世界論が提示されなければならなくなった。

それは、まもなくフォントネルの読者のひとりによって実現された。オランダの著名な科学者クリスティアン・ホイヘンス(1629-95)である。いわゆる『コスモテオロス』が、ホイヘンスの死後一六九八年にラテン語で出版された。またその年の終わり頃には『発見された天の諸世界——あるいは惑星の諸世界における住人・植物・生産物についての推測』というタイトルの英訳ができ、さらにその後二〇年以内にオランダ語、フランス語、ドイツ語、ロシア語の翻訳も出された。その影響については議論の余地はないが、「偉人の夢と空想から★82」成るというアレクサンダー・フォン・

フンボルトの嘲笑的な評価が正しいかどうかは問われてもよいだろう。ホイヘンスの天分が生み出した他のものと比べて、それは科学的価値のある作品なのであろうか。あるいはいくつかの類似性を持つフォントネルの著作の部類に分類されるべきなのだろうか。実際、前述のフォントネルの五つの主な議論は、すべて『コスモテオロス』の中にも見られる。[★83] 事実をはるかに越える推測という点についても同じである。例えば、「他の惑星はわれわれの地球より威厳が劣るわけではない……という原理」に基づいてホイヘンスが築いた長々とした推論を考えてみるとよく分かる。このことからホイヘンスは、惑星の住人は「われわれと同じくらい［天文学的に］大きな進歩をとげている」に違いないと断定する。さらに、さまざまな道具や、道具を使うのに必要な手のような器官も持っていると考える。そして、書記法や高度な社会構造から幾何学や光学の学識までもが以下続く。惑星の住人の幾何学や音楽がわれわれのものとほとんど同じに違いないなどと主張するところを見ると、ホイヘンスは想像力過剰であるか、あるいは想像力欠如であると思われる。惑星人がわれわれとは別の感覚を持っているかどうかというフォントネルの疑問は、モンテーニュの懐疑論からくるものであるが、これに対するホイヘンスの答えは主として否定的なものである。つまりフォントネルが地球外生命の多様性を進んで認めたのに対して、ホイヘンスは地球上のものとの類似性を強調したのである。[★84]

しかしホイヘンスに批判的なところがないわけではない。「月の住人の愛らしいおとぎ話」を創作したケプラー、「根拠のない不合理なもの」を書いたキルヒャー、また、クザーヌスやブルーノから「さらに仕事を……おし進めること」ができなかったフォントネルらすべてを批判しているし、生き物を「どんな小さな粒かわからないものが偶然の運動によってごた混ぜになったもの」と考えるエピクロス派やデカルト主義者も批判している。すでに『土星の体系』(1659)で多世界論を明らかにし、一六八六年には『コスモテオロス』の草稿を書き始めていたホイヘンスは、[★85] 極めて真剣に自分の仕事を考えていた。ホイヘンスは、一七世紀の末までには地球外生命の証拠の探索が「実行不可能なものではなくなり」、「現実味のある推測をする余地が十分できる」と主張している。さらに、特に『コスモテオロス』では、論考を仕上げるにあたって別の世界の生命と関係のある天文観測を綿密に調べている。しかし彼の論点を分析すると、月の生命に関する反証は詳細でほとんど決定的なものであるが、惑星の生命を認める経験的根拠として彼が見いだしたものは貧弱である。例えば、木星に見える点は雲であり、それ自体で水のある証拠だなどと推論している。しかし、水のさまざまな形態がいろいろな惑星に存在するかもしれないことを示唆して、均一性を強調しないところもある。「金星を取り囲む濃い大気」という経験に基づいた主張は、ホイヘンスに帰される近代的成果の先駆けのひとつであるが、金星の観測者がこの観測の障害をいかに克服するかという問題には答えていない。ホイヘンスは、太陽から内惑星にもたらされるとてつもない熱や、外惑星における熱の少なさを認識してはいるが、そこの住人がこれらの状況にいかに順応しているかという説明はほとんどしていない。要するに、賞賛に値するホイヘンスの意見は、惑星の生命を否定するものか、あるいはそれとは無関係なものである。しかしわれわれの太陽系外の生命の可能性はうまく論じている。太陽の明るさをシリウスと同じくらいにするには太陽をどれだけ遠くに離さなければならないかを分析して星の距離を測ろうとする試みは、賞賛に値する。彼はこのことを利用して恒星の周りに惑星を見つけようとする試みが失敗することは十分予想されると主張する。ホイヘンスは、「われわれの時代の偉大な哲学者たちは皆……恒星と同じ性質の太陽を知っている」などと言って、いくぶん誇張に陥ったり、「なぜこれらの星や太陽はすべてわれわれの太陽のように偉大なお供を持っていないのか、またなぜ惑星は月を持っていないのか……」と問い、語調を弱めているところもある。ともあれ、最初の見解は次第に受け入れられ、次も早晩受け入れられていったのである。

『コスモテオロス』の科学的性格を評価するためには、ホイヘンスがどのように結論を提示しているかを考察することが重要である。この点に関して、彼はきわめて賞賛に値する。すなわち、推測はいろいろあっても、それらを推測だと認め、その相対的可能性を検討しているからである。このような特徴こそ、『コスモテオロス』を科学的著作として正当化するものである。特に、ホイヘンスが名著『光についての論考』の序文の中で擁護した科学の仮説的・演繹的方法論を考慮すると、そういうことが言える。

『コスモテオロス』の影響を最も受けていながらほとんど知られていない人物のひとりに、英国王立天文台の天文学者ジョン・フラムスティード(1646-1719)がいる。彼は『コスモテオロス』をグリニッジの司祭トマス・プルーム大執事(1630-1704)に推薦した。この書に魅せられたプルームは、「天文台を建造し、天文学と経験哲学の教授をおき、天文台と棟続きかあるいはその近くの家を買うか建てるために」[★86]一、九〇二ポンドをケンブリッジ大学に遺産として残した。こうしてケンブリッジに、プルーム記念天文学教授職が設立され、そこに近代の最もすぐれた天文学者が就任したのである。

アイザック・ニュートン(1642-1727)は当時の最もすぐれた科学者だったので、世界の複数性の問題に関心を持つ同世代人や後継者たちは、この問題について彼の立場を示すものをその著作の中に探した。しかし未発表の文書の中にさえ、ほんの少ししか発見できなかった。それでも、一六八七年の『プリンキピア』は、デカルトの宇宙論と宇宙生成論の信用を失墜させ、後に続くほとんどの議論に枠組を与え、この論争に影響を及ぼした。しかしニュートンの体系が評価されるには時間がかかった。ケンブリッジで教育を受け、一六九一年には『プリンキピア』を研究し始めていた牧師、リチャード・ベントリ師(1662-1742)は、誰よりもすみやかにニュートンの天才を認めた。このようなことからベントリは、一六九二年にロバート・ボイル基金による連続講義を始める人物に選ばれたのである。ボイルはその講義が「キリスト教の真なることを示す」[★87]のを目的とするという条件をつけていた。八回の講義の最後の二回を行う前に、ベントリはニュートンに彼の体系が宗教と関わっていることをどのように考えているかを手紙で問い合わせた。気をよくしたニュートンはすぐに、一七五六年に公表されることになる四通の手紙で返答してきた。それらは多くの話題に触れていて、ベントリの世界の連続性に関する言及にも触れている。ニュートンの答えは、「神の力という仲介なしに古い体系から新しい体系が発生するということは、私には明らかに不条理に思える」[★88]というものであった。太陽の「輝ける」物質が惑星の「暗い」物質とどのように区別されたのかを説明する際に生ずる諸問題のために[★89]、太陽系の形成に関して純粋に機械論的な説明をニュートンが退けたことや、先のニュートンの言明は、エピクロス派の宇宙生成論ばかりでなく宇宙についてのどんな進化論的アプローチに対してもニュートンが反感を抱いていたことの証拠だとみなされてきた。

同様にエピクロス主義に反対していたベントリは、七、八回目の講義で、エピクロスの哲学の多くのテーマを扱った。七回目の講義で「すべての恒星はわれわれの太陽と同じ性質を持ち、おそらくそれぞれの周りに惑星を持っている……[★90]」という「天文学者たちによって支持されていた」説を認めていることからして、八回目の講義で別の世界について述べていても不思議ではない。ベントリは、自然の中に明らかに慈善のもくろみが見てとられるということから神の存在を証明しようという宗教的な問題に立ち向かい、しかも一七世紀後半の拡大した宇宙像の中でそれをやろうとしたのである。ベントリは次のように述べている。「われわれは全世界の物体を創造した神の目的を、単に人間の目的や使用に限定し決めつける必要はないし、またそうしもしない[★91]」。しかしベントリはすぐその後で、神は人間のために宇宙を創造したということもありうる、なぜならば、「ひとりの道徳的で敬虔な人の魂は、世界の太陽や惑星やすべての星よりもずっと価値がありすぐれている[★92]」のだからと付け加えている。ベントリはまた、星がわれわれに恩恵を与えるとは「あえて」主張しないが、星が自らのために存在するもの、すなわち住人のいない物質の固まりだとも考えていない[★93]。このことからベントリは、天体が「知的精神のために形成された……」という多世界論的な結論を引き出している。地球が人間のために作られたように、「他のすべての惑星が生命や知性を持つそこの住人のために創造されたのではないということがどうしてありえようか[★94]」。ベントリは、地球外生命とアダムの罪やキリストの受肉との間の問題を次のようにして退けている。すなわち、地球外生命は人である必要はなく、神は「理性的な精神の序列と階級を無数に創造したのかもしれない。つまり、より完成された性質のものもあれば、人間の魂より劣るものもあるのである。［これらは］異なる種を構成しているのであろう……[★95]」。

後に八回目の講義でベントリは、太陽からちょうど寒過ぎず暑過ぎない距離に地球を位置づけた神の叡智を賞賛している。この敬虔な考えは、太陽からの距離が著しく異なるにもかかわらず水星と土星に生存する生命がどのようにして生きているのかという問題を生むことになる。ベントリの答えはこうである。

……各惑星の物質は、さまざまな密度と構造と形態からなり、これらがそれぞれの状況に応じて熱の多少に影響を受けるように各惑星を配置し条件づけているのである。また植物の生長、寿命、食物、繁殖などの法則は、神の恣意的な楽しみであり、すべての惑星で異なっていて……われわれの想像の及ばぬことであろう……。★96

別の諸世界ばかりでなく、また、さまざまな法則に支配されるさまざまな性質、属性、生命形態を持つ物質からなる諸世界も、神の「恣意的な楽しみ」で決められているという、ベントリのラディカルな主張を、ニュートンがどのように見ていたかは興味深いことであろう。ベントリのこの主張は、『プリンキピア』でニュートンが容認したと思われるものよりも主意主義的な見解のように思える。この問題はさて置き、われわれはとりわけ、ベントリの『無神論への反証』の中で、人々が初めてニュートン主義とキリスト教と多世界論が一同に会する場に出会ったということに注目すべきであろう。この取り合せは、二、三〇年もしないうちに常識となったのである。

ニュートンの一七〇〇年以後の論文のうちに四つ多世界論と関わりがある箇所がある。最初は、一七〇六年の『光学』のラテン語版に付けた疑問のひとつの中にある。「初めに神は物質を、固い、充実した、密な、堅い、不可入性の、可動の粒子で形作った」★97と述べて、原子論をエピクロス主義との関係から解放しようとした。そしてさらに「神が物質粒子を、さまざまな大きさと形に創り、空間に対してさまざまな比率にし、またおそらくそれぞれ異なる密度と力をもたせ、そうすることによって自然法則を変え、宇宙のそれぞれの部分に、異なる種類の世界を造りうる」★98と述べている。この一節の後半部分は、前にベントリが八回目の講義で行った、自然の斉一性という前提から出発したラディカルな主張に、驚くほど似ている。このことは、ニュートンがベントリに影響を受けたか、あるいはベントリへの四通の手紙から知られる以上のやりとりがベントリとの間にあったことを示唆している。

二番目の箇所は、『プリンキピア』の一七一三年版にニュートンが付け加えた「注解」に見られる。この版は、一つには当時ケンブリッジのトリニティ・カレッジの学寮長であったベントリの強い勧めによって出版したものであった。[★99] この注解に、「もし恒星が他の同じような体系の中心であれば、同様の賢明なる意図によって形成されたのだから、それらはすべて一者の支配を受けなければならない……」という一節がある。この一者とはすなわち神のことである。[★100] 形式的にはもしという仮定になっているが、この言明からすると、ベントリが確信したのと同じく、ニュートンの宇宙でも恒星が惑星によって取り囲まれていると考えられていたことは確実である。

三番目の箇所は一七一〇年以降に書かれたもので、多くの異文がある。[★101] これは、ニュートンが地球外生命の存在を信じていたことを示すために一八五五年にデイヴィッド・ブルースターがニュートンの伝記を書くに際して明るみに出すまでは公にされていなかった。ブルースターによると、ニュートンは最終判断として次のように述べている。キリストは、

……父なる神に王国を引き渡し、いま準備している場所に神の祝福を受けた人々を導き、残りの者をそれらの功徳に応しい他の場所に送るであろう。というのは、(宇宙である)神の家には多くの大邸宅があり、神は、天を巡りそれらを行き来できる仲介者によってそれらを支配しているからである。もしわれわれが近づけるすべての場所が生き物で満ちているとすれば、雲の上のこれらの果てしない天空が住人を受け入れないということがあるであろうか。[★102]

句読点や綴りなど十余りの違いはさておき、ブルースターの版と手稿との間には注目すべき違いが二つある。ひとつは、「多くの大邸宅」という言葉に続く部分が、ニュートンの手稿では、イタリックでないばかりか線を引いて消されていることであり、もうひとつはイタリックでもなく線で消されてもいない次の文章が最後に付け加えられていることである。「われわれは、洗礼と按手によって社会に入り、集会で聖餐式によってキリストの死を祭る」[★103]。

最後に四番目の箇所は、ニュートンが死ぬ二年前の一七二五年三月七日にニュートンの姪の夫であるジョン・カンディトがニュートンと交わした会話の記録に見られる[★104]。その会話の中でニュートンは、「われわれの太陽がわれわれの惑星を照らすように、別の諸惑星を照らす太陽だと彼が考えたすべての」恒星の諸太陽系に「回転運動」があるという「推測」をカンディトに打ち明けている。ニュートンによれば、これらの回転運動は太陽の放射物に起因する。それらは、惑星の衛星を形成したり、十分大きなものであれば彗星のように飛び去ったりするが、結局は太陽の中に落ちてしまう。それによってそれらの太陽は燃料を補充されるのだが、発生した過度の熱は、太陽によって維持される地球上の生命を破壊するという不幸な副次的影響を与えるのである。カンディトはまた、「天体の公転を指揮する、われわれよりすぐれた知的存在が至高存在の支配のもとで存在しないかどうかをニュートンが疑問に思っていたようだった」と知るのである。そのような回転運動の後でどのようにして地球に再び人が住むようになるのかという問題については、ニュートンは「それにには創造者の力が必要であった」と述べている。もしカンディトの記録が正しければ、ニュートンは、すべての星の周りに惑星の体系があること、この地球上で「諸世界」が連続すること、そして他の多くの場所にほとんど確実に生命が存在することなどを明確に信じていたということが分かる。ニュートンの言う「われわれよりすぐれた知的存在」とは、半神や天使、あるいは地球外生命のある特殊な形態かもしれない。

ニュートン主義や自然神学が多世界論と結びついたのはベントリからであるが、このことは多くの人々によって引き継がれていく。中でもウィリアム・デラム師(1657-1735)ほど見事にそれをなしえた者はいなかった。デラムは、将来の国王ジョージ二世に牧師として仕えていた一七一四年に、『宇宙神学、あるいは天を概観することによる神の存在と属性の証明』を出版した。[★105]『宇宙神学』は、前著『自然神学』の姉妹作品として書かれた。前著が地上界に目を向けて書かれたのに対して、『宇宙神学』は天界に目を向けて神の設計を叙述している。両著とも極めて人気を博し、一七七七年までに『宇宙神学』は英語版で一四回、ドイツ語版で六回版を重ねた。『宇宙神学』は読み書きできる大衆にとっては十分易しく書かれていて、天文学について多くを知ることができたが、同時に天文学の知識がある読者にも得るところのあるものであった。特にドイツでは、この書物の全体的枠組となっているニュートン体系の知識を普及することに貢献した。

この著作は魅力的で宗教的にも訴える力があるのに加え、多世界論に貫かれている。ホイヘンスの『コスモテオロス』から恩恵を受けたからと言って、デラムは、ホイヘンス流の、水も生命もない月に反論しなかったわけではない。地球外生命論争におけるデラムの著作の重要性は、そのような些細な点にあるのではなく、世界体系の問題を印象的にしかもタイミングよく述べたことにある。その体系のうちの三つが「序論」に述べられている。すなわち、彼が否定する「プトレマイオス」の体系と「コペルニクス」の体系、そして彼自身の「新体系」である。「コペルニクス」の体系は彼自身の体系の前段階としてのみ受け入れられている。この第三の体系はコペルニクス主義を取ってはいるが、以下の仮定によってコペルニクスの体系を越えている。すなわち、「われわれが住む体系の他にも、太陽と惑星からなる諸体系が数多く存在する。すなわち、われわれの太陽と同じく、第一の恒星も第二の恒星もすべての恒星は太陽であり、惑星の体系に取り囲まれている」。[★106]この体系を主張する論拠のひとつは、それが「いかなるものよりも崇高であり、無限の造物主にふさわしい……」からということである。

デラムを、一八世紀初頭のイギリスでしだいに受け入れられつつあった多世界論の創始者としてよりも、むしろ象徴とみなすべきだということは、トマス・バーネット(1635?-1715)、ジョン・レイ(1628-1705)、そしてネヘミア・グルー

(1641-1712)に言及すれば明白になる。というのは、彼らは皆、デラムの『宇宙神学』よりも三〇年も前に、自然神学の論文で多世界論を支持していたからである。彼らの著作に見られるアプローチは、レイの『創造に現れた神の叡智』(1691)[★107]という表題によって明らかである。これらの著述家は重要な地位を占め広く読まれたのであるが、デラムによる「新体系」を含む天文学の状況の概念化こそが、コペルニクス以来の天文学が辿った道程を極めて劇的に物語っているのである。論理的に考えれば、デラムの「新体系」はコペルニクスの宇宙からそれほどかけ離れているようには見えないかもしれないが、歴史的には、その二つの体系の間には、ケプラー、ガリレオ、デカルト、ガサンディ、そして大胆にコペルニクスの太陽中心説を擁護したが、デラムによる多世界論的宇宙には躊躇したその他多くの人々が間に入るほどのかなりの隔たりがあったのである。

3 一八世紀前半の多世界論——「この世界は可能なかぎり最善の世界である」のか、それとも「この地球は地獄である」のか

一八世紀前半には、多くの著述家が多世界論の立場を支持していた。デラムもそのひとりであり、ブロケス、フランクリン、ハラー、メイザー、モペルテュイ、ヴォルテール、そしてヤングもそうであった。これらの人々の著作は後にそれぞれ最も適切な箇所で論じよう。これらの著述家たちが辿った多世界論への道はさまざまであった。ある者にとっては宗教が、ある者にとっては天文学が、またほとんどの者にとってはこれら二つとさらにその他のことが要因として働いていた。そして彼らは多世界論をさまざまな方面に推し進めた。ある者は詩を飾るために、ある者は伝統的な敬虔さを阻止するために、またある者は哲学を広めるために、そしてある者は天文学を深めるためにそれを用いた。彼らがどのようにしてそこに到達しようが、またそこから何を引き出そうが、多世界論はしだいに彼らの著作

の中で表に出てきた。さらに多世界論に対する印象も、正当化するには注意を要する急進的な推測にすぎないというものから、他の思考体系へ拡大統合される必要のある認知された教義という印象へと変わっていった。

多世界論が持つ永続的な魅力の源は、それがさまざまな哲学体系に順応するという点にあった。このことは、当時の指導的な四人の哲学者、すなわちロック、バークリ、ライプニッツ、ヴォルフに見られる多世界論の使い方を調べることによって説明できる。ジョン・ロック(1632-1704)は『人間知性論』(1689)の中で、われわれが概念を持つ能力はわれわれの感覚によって限定されているが、「われわれのものよりも完全な感覚や能力」を持つ別の世界の生命は、われわれには獲得できない概念を発展させているかもしれない、と言っている。この著名な経験論者はこうした生命の存在を認め、さらに次のように述べている。「あらゆる事物の創造主の無限の力、知恵、慈愛を考える者は、あまりにも取るに足りず卑しく無力と思われる被造物一つの創造にそうしたもののすべてが費されはしなかったと考えるのは道理だと思うであろう。人間はすべての叡智的存在者の最下位の一つだというのが、どう考えても確からしいのである」[★108]。ロックの後の『自然哲学原理』の中では、多世界論の擁護のために、星がわれわれのためだけに作られたとは信じがたいことや、さきと同様の神学上の理由も述べられている。ちなみに、この『自然哲学原理』の主要な典拠は、ホイヘンスの『コスモテオロス』である[★109]。

アイルランドの主教で観念論者であったジョージ・バークリ(1685-1753)は、ロックと同じく多世界論を有用と考えたが、それは全く異なる哲学上の意図からであった。バークリは『ハイラスとフィロナスの三つの対話』(1713)の二番目の対話の中で、唯物論者ハイラスに向かって、宇宙の複雑な秩序は懐疑論にはなじまないと、代弁者フィロナス(「精神を愛する者」)に反論させている。バークリの言う宇宙は、「完全無欠な精神のエネルギーが無限の形で示され[てい]る」無数の世界[★110]」を含んでいる。多世界論はまた、バークリの「自由思想家と呼ばれる人々に対するキリスト教の弁護」という副題を持つ『アルシフロン、あるいは取るに足らない哲学者』(1732)にも用いられている。「地上に多くの悪徳と少ない美徳」が存在することを理由にするキリスト教攻撃と戦うために、バークリの代弁者ユーファノールは次のように主張する。

そしてたぶん、何人かの罪人がいるこの地点が知的存在の宇宙と比べものにならないのは、地下牢が王国と比べものにならないのと同じであろう。啓示ばかりでなく、常識によっても、つまり、目に見えるものの類推から考えても観察からしても、人間よりも幸福で完全無欠な知的存在の無数の序列があると結論せざるをえないように思われる……。[★111]

人間が下等であるというテーマは、ロックとバークリ両者の多世界論に見られるが、ゴットフリート・ヴィルヘルム・ライプニッツ(1646-1716)の場合には必ずしもそうではない。しばしば言われるように、ライプニッツはわれわれの世界に優る世界はないという考えを持っていた。この問題に関するライプニッツの立場は、ヴォルテールの『カンディード』の風刺からしかそれを知らない者にとっては意外かもしれないが、かなりもっともらしいものである。この点については以下で明らかになるであろうが、多世界論争におけるライプニッツの立場を確定するといういっそう複雑な仕事に関しては、ほんの初歩的なことしかできない。[★112] ライプニッツ研究者でなければ成し遂げられないと思われるこの仕事が複雑で困難であるのは、ライプニッツの著作中に「可能な諸世界」に関する記述はよく見られるにしても、その多くが、存在する宇宙というよりも神が創造しえた宇宙の類型という問題に関係しているためなのである。「可能な諸世界という考え方に対するライプニッツの関心は、早くも一六七六年に書かれた手稿と、一六九八年にヨハン・ベルヌイと交わした書簡にまでさかのぼることができるが、[★113] 最初に自分の見解を広く公にしたのは『弁神論』(1710)においてであった。この著作の初め の方でライプニッツは、神がわれわれの宇宙を創造するに際して可能なすべての宇宙の中から一つを選んだのだと描いている。「現に存在しているこの世界は偶然的なものであり、他の無数の世界もこの世界と同じように可能でそれと同じようにいわば存在へと向かっているのだから、無数の世界から一つを決定するためには、この世界の原因はすべての可能的世界を考慮してそれらと関連づけられていたのでなければならない」[★114]。さらにライプニッツは、「この至高の知恵は、それに劣らず無限な善意と結び付いて、最善を選ばないはずがない」とも述べている。

ライプニッツは、われわれの宇宙が最善のものであるという自分の主張が多くの反論を招くことを知っていた。そして『弁神論』の中でそれらに応じている。例えば、

たしかに、罪も不幸もないような可能的世界を思い描くことはできる。例えば、ユートピアの話やセヴァランブの話などではそのような世界を思い描けよう。しかし他方でこれらの世界そのものがわれわれの世界より善の点で劣るということもあろう。私はこのことについては細かいところまで明らかにすることはできない。というのも、無限にあるものを認識し表現してみたり、それらを相互に比較することなど私にはできないからである。しかしながら、神はこの世界をこのようなものとして選択したのだから、この点で人は私にならって結果から(ab effectu)判断すべきである。われわれはさらに、しばしば悪なるものが善なるものを生ぜしめることを知っている。しかもその悪なしには人は善に達しないこともある。[*佐々木能章訳、工作舎、一九九〇年]

世界になぜ罪と悪があるかという問題に対するライプニッツのさまざまな回答の中には、コペルニクス以前のキリスト教徒には通じなかったものもある。というのは、宇宙に「われわれの地球と同じかそれ以上の大きさの無数の天体があり、そこには、必ずしも人間というわけではないが、地球と同じく理性的な居住者がいてもおかしくないこと」が分からなかったからである。宇宙の中では、「祝福された生き物だけがすべての太陽に居住し」、われわれの地球は

「ほとんど無の中に消え失せるであろう……」。こうした見通しからライプニッツは「われわれの前に立ちふさがるすべての悪はこのほとんど無に等しいもの［われわれの地球］に存在しているだけなのだから、たぶんすべての悪は宇宙にある善と比較するとほとんど無に等しいであろう」と推論している。以上の引用から、ライプニッツの全体的な立場は、「この地球が、最善の宇宙の中で最悪の世界（惑星）」だと言うことができるだろう。ライプニッツはまた、アダムの堕落が結局キリストの受肉と贖罪に通じるのだから、ある意味では「幸運な罪」なのだという伝統的な主張に、新たな意義を与えようともしている。ライプニッツはこの考えを認めるが、それを多世界論的宇宙という文脈の中で位置付け、「さもなければ被造物のうちに存在したかもしれない、いかなるものよりも崇高なものを」キリストは宇宙全体に与えたと述べている。

ライプニッツは、『弁神論』を出版するほんの数年前、ロックの『人間知性論』に対して『人間知性新論』を書いていた。この大部で未完の著作は一七六五年になってやっと出版された。『新論』の中でライプニッツは、ロックの基本的な哲学的立場には同意しないが、存在の連鎖や世界の複数性という概念については同意すると述べている。ライプニッツの代弁者は次のように言う。「……宇宙の完全な調和が受けいれうるすべての事物が、宇宙にはあると思います。隔たった被造物の間に中間的被造物があるというのは、この調和に相応しいことです。もっとも、それが常にひとつの同じ天体もしくは系の内にあるとはかぎりません。……」[115]。この言明は、多世界論にとって重要な彼の見解を伝えるものの一つである。ライプニッツの見解では、宇宙において存在可能なあらゆる形態の存在は、現実性に到達するのであり、それによって、宇宙の美に貢献するのである。ライプニッツが広範に多世界論的文献を読み、神学上の問題にも深い関心を寄せていたことばかりでなく、彼の洗練された機知をも示す一節がすぐ後に続いている。

もし他の誰かが……ゴンザレス［*ゴドウィンの宇宙旅行者］のように……月からやって来たならば、月世界の人として通るでしょう。しかしそれでも、彼は人間という資格で居住権と市民権を与えられるかもしれません。……しかし、もし彼が洗礼を授けてほしいと願い、私たちの信仰の新改宗者として受け入れられることを望むなら、神学者たちの間に大論争が起こるだろうと思います。そして、ホイヘンス氏によれば地球の人々によく似ているというこれら惑星の人々との交流がもし開かれたなら、信仰を伝える仕事を私たちは地球の外にまで広げなければならないかどうかを知るために、公会議を催すことになるでしょう。これについては、疑いなく何人もの人々が、それらの国々の理性ある動物はアダムの子孫ではないから、キリストによる贖罪には与《あず》からないと主張するでしょう。……あるいは、多数決によって、最も安全な道を支持する結論が下され、そうした疑わしい人々にも条件つきで洗礼を施すことになるでしょう。しかし、彼らがローマ教会の司祭として受け入れられうるものかどうかは疑問です。なぜなら、彼らの聖別はずっと疑わしい……からです。幸いにして、私たちは本来これらすべての難問を免れています。それでも、こうした奇妙な虚構は、私たちの観念の本性をよく知るための思弁においてはそれなりの使い道があるのです。［＊谷川多佳子他訳、工作舎、一九九五年］

ライプニッツは『新論』の別の一節で、地球外生命の天文学的探索については悲観的な発言をしている。

デカルト氏が私たちに期待させたような望遠鏡、つまり私たちの家ほどのものを月面上で識別することのできる望遠鏡を発見するまで私たちは、地球とは異なる天体に何があるかを確定することはないでしょう。……従って、どこか別の世界では人間と獣の間に、中間的な種があるかもしれず、また私たちを超える理性的動物がおそらくどこかにいるのでしょうが、私たちが地球においてもっている優越性を異論の余地なく私たちに与えるために、自然はそれらを私たちから隔ててよしとしたのです。［＊同前］

以上のことからして、地球外生命の存在を確信していたライプニッツは、経験的にそれについて何も知ることができないからといって、決してその確信は揺るがなかったということが分かる。

ライプニッツの体系を最初に支持した人物は、クリスティアン・ヴォルフ(1674-1754)であった。ヴォルフはハレとマールブルクでライプニッツの体系を教え、また多くの著作で詳説した。ヴォルフはまた数学と科学も教え、特に宗教と科学を調和させるためにライプニッツの合理主義を利用することに関心を抱いていた。そのような関心から多世界論に向かい、しばしば自然神学的根拠に基づいて多くの著作で多世界論を擁護している。多世界論に関するヴォルフの発言のうちで、木星人の身長の計算を試みている『普遍学原理』第三巻(1735)の一節ほど注目を引くものはない。ヴォルフの方法は次のような前提に基づいている。❶体の大きさは目の大きさに比例する。❷瞳の直径の平方は見える光の強さに反比例する。ヴォルフによれば、木星の太陽からの距離は地球からのそれの26/5倍であり、従って地球上の光の強さの$(5/26)^2$の光を受ける。こうして、木星人の目と体は地球人のそれの26/5倍になる。しかしさらに強い光のもとでは目の膨張はいっそう大きくなるという原則から(?)、彼はこの比を26/10つまり13/5に変えている。ヴォルフは平均的な人間の身長を(5+7/32)パリ・フィートであると考えて、木星人の身長を(13+819/1440)フィートとしている。[★116] 一世紀半以上の間、多世界論論争に関わった人々はこの計算に注目した。賞賛した者もいたが、ヴォルテール、ダランベール、プロクターをはじめとするほとんどの者はばかげたこととして退けた。

一八世紀初頭の知識人たちは、哲学者よりも天文学関係の著述家から多世界論について知ろうとして、ウィリアム・デラムばかりでなく他の作家にも目を向けた。例えばフランス人はピエール・ジュリアン・ブロド・ド・モンシャルヴィル(1711没)を読んだ。ド・モンシャルヴィルは一七〇二年に『存在の証および宇宙の新体系』(パリ)を出版し、居住者のいる何百万もの惑星が存在するかもしれないと主張した。[★117] オクスフォードの学生はサヴィル記念天文学講座教授デイヴィッド・グレゴリ(1661-1708)やその後継者ジョン・キール(1671-1721)から多世界論を学ぶことができた。グレゴリの『自然学的幾何学的天文学原理』(1702)があいまいであったのに対して、キールは率直で、『真正天文学入門』(1718)の中で、「これらの太陽の熱と光によって育成し、生命を吹き込み、活気づけるために……」周りに惑星を配置せずに神が恒星を創造したなどということは「あり得ない」[118]と主張した。当時、オクスフォードのサヴィル記念幾何学講座教授は、一七二〇年に王立天文台長となったエドモンド・ハリー(1656-1742)であった。ハリーは単に多世界論を支持したばかりでなく、すべての惑星は「当然人が住むことができる」という見解から、人の住める球体は地球の表面下にも存在するという可能性まで論じた。地球の磁極の明らかな移動を説明するために地下の球体を提案したのだが、そこでの居住に関しては嬉々として次のように言っている。「こうして私は今まで想像されてきた以上に豊かな創造の可能性を示してきた……」[119]。ケンブリッジでは、一七〇二年にルーカス記念数学講座教授としてニュートンの後任となったウィリアム・ウィストン(1667-1752)が繰り返し多世界論を唱えた。ウィストンは早くも『地球新論』(1696)で、他の惑星や惑星系に道徳上の試練を受けるべき住人が存在すると主張した[120]。その二〇年後『宗教の天文学的原理』の中で、地球、太陽、惑星、彗星の内部に住む居住者を提起して、多世界論をさらに拡大し、また惑星の大気の中で生きている「全く身体がないわけではないが目にみえない存在」をも肯定した[121]。またその間の数年間に、ウィストンはケンブリッジでの天文学講義を出版してニュートンの体系を発展させ、恒星は太陽であると主張したが[122]、一七一〇年に宗教上の異端、特にアリウス主義の罪でルーカス記念教授職を失ったのである。しかしそれにもかかわらずウィストンはさまざまな場所で天文学の講義を続け、多世界論の教義を広めたのだった。

そうした場所のひとつは、ロンドンのバトン喫茶店である。最近の研究によれば、一七一五年にバトンで行ったウィストンの講義は、アリグザンダー・ポウプ(1688-1744)に新たな多世界論的宇宙を知らしめたのである[123]。ポウプが『人間論』で多世界論を打ち出すまでにはその後二〇年かかったが、それが出版されてからはどこでまた何語で読まれようと、[124]「本来の人類の研究」は地球外生命の考察をも含まなければならないという詩の意図は広まっていった。一七五〇年代に宇宙の理論を発表したトマス・ライトとイマヌエル・カントが引用するほど魅せられたものはポウプの次のような詩句に見られる。

広大な空間を見通し、
諸世界が互いに重なってひとつの宇宙を構成するのを見、
体系が互いに連なるのを見、
他の諸惑星が諸太陽の周りを巡り、
それぞれの星にさまざまな存在が住むのを見る者は、
なぜ神がわれわれをこのように造ったのかが分かる。[125]

カントによって引用された多世界論的な一節には、次のようなものがある。

万物の神として平等の目で見れば、
英雄も消え去り、雀も落ち、
原子も体系も崩壊し
ある時は泡が、またある時は世界がはじける。(I,87-90)

天使は、近頃、死すべき人間が

自然の法則すべてを明らかにするのを見て、
地球人のそのような知恵に驚き、
われわれが猿を眺めるように一人のニュートンを眺めた。(II,31-4)

一世紀前にはジョン・ダンが宇宙の混沌を表すために広大な多世界論的宇宙を空想していたのに対して、ポウプが秩序の象徴としてそれを歓迎したということは、西欧人に変化が起こっていたことを示唆している。★126

多世界論はポウプと同時代の多くの文学者たちに受け入れられ、その中には同じくバトンの喫茶店で飲んでいた二人の詩人がいる。ジョン・ゲイ(1685-1732)とジョン・ヒューズ(1677-1720)の二人は共に多世界論のテーマを持つ詩を発表した。★127 一七一三年頃、ウィストンの講義の準備を助けたジョウジフ・アディスン(1672-1719)や『スペクテイター』誌をアディスンと共に刊行していたリチャード・スティール卿(1672-1729)は、多世界論の立場を擁護して、この文芸日刊新聞に評論を寄稿していた。例えば、アディスンは一七一二年一〇月二五日の『スペクテイター』五一九号で、地球上に「莫大な数の動物」が存在すると述べた後、次のように続けている。

『世界の複数性』[*『対話』]の著者は、この考察から、あらゆる惑星に居住者がいるという、大変すぐれた議論を引き出している。すなわち、理性による類推からして非常に可能性のあることだが、もしわれわれに馴染みのあるいかなる物質も不毛でも無駄でもないのならば、われわれから極めて遠く離れているあれらの大きな天体が砂漠のような無人の地であるはずがなく、むしろそれぞれの状況に適した存在が備わっているはずだというのである。★128

この論評の中では「存在の尺度」という概念ばかりでなく「はちきれんばかりに溢れる至高存在の善」という形での充満

の原理も、多世界論を支持するために引き合いに出されている。『スペクテイター』五六五号（一七一四年七月九日）でアディスンは、この広大な宇宙における個人の場所を扱おうとしているが、そこには明らかにパスカルの影響が見られる。アディスンはこの緊張を和らげるために、神は「偏在するもの」で「全知なるもの」だと強調している。★129 スティールの見解は『スペクテイター』四七二号（一七一二年九月一日）にうかがわれ、それぞれの恒星は「太陽であり……それに従属する惑星に対して、光り輝くわれわれの太陽が地球に果たすのと同じ機能を果たしている」と述べている。さらに「観測による調査は……巨大な広がりを経て天の川へと進む。そして、銀河の混じり合った輝きを、個々の太陽とそれに付きものの惑星から成る無数のさまざまな世界に分割する……」と続けている。

『スペクテイター』三三九号（一七一二年三月二九日）で、アディスンは、内科医で詩人のリチャード・ブラックモー（1654-1729）による長編の教訓詩『天地創造』の発刊を歓迎した。アディスンによれば、『天地創造』は「きわめて完成度の高い作品であり、英語の韻文では最も有益ですばらしい創作のひとつと見なされるものである」。ブラックモーの敵対者ジョン・デニスでさえ、その詩を「韻律の美しさではルクレティウスに匹敵し、論法の一貫性と力強さではそれよりはるかに優れている」★130 と評したほどである。デニスがブラックモーの論法が優れていると認めたのは、疑いなく、ブラックモーの関心が「神聖で永遠なる精神の存在を証明しようとした」反ルクレティウス的なものにあったからである。一八〇〇年という時間的隔たりと、全く異なる神学上の見解によって、著しく異なる形態をとっているものの、ブラックモーとルクレティウスは共に多世界論を支持していたのである。このことは『天地創造』の天文学に関する第二巻に明らかである。そこでブラックモーはコペルニクス説を支持することをためらってはいるが、太陽系についてはこう書いている。

これほど多くの世界、このような広大なエーテルの平原を含む

この巨大な体系の中では、
燦然と輝き、溢れるほどの諸世界全体を構成する、
何千もの世界のひとつにすぎない。

これらすべての輝かしい諸世界を、そしてさらに死の世界を
天文学者たちは望遠鏡で探索する。
望遠鏡では発見できない何百万もの世界は
広大なる荒野に迷う。
それらは太陽であり、中心であり、そのすぐれた支配に
さまざまな大きさの惑星が従うのだ。[★131]

第三巻では次のように述べている。

各天体がその地にふさわしい生き物の一種族を
維持していると宣言できる。
最も洗練され燦然と輝く部分は
暗く卑しいものに仕えるだけなのか。

以上のくだりから分かるように、ブラックモーの考えでは、地球は比較的小さく「劣った居住地」であった。

見よ、空を飾る星たちよ、
汝らの広大な球体は、
高さ、大きさ、美しさ、すばらしさにおいて
下の雲間にぶらさがるわれわれの地球よりどれほど勝っていることか。
汝ら自身の間にも違いはある、
大きさも、栄光もさまざまである。

マシュー・プライアー(1664-1721)もまた多世界論に、詩的、宗教的、道徳的価値を認めた。プライアーは『ソロモン――世界の虚しさについて』(1718)の中で、ブラックモーの感情に似たものを聖書の預言者に語らしめている。

われわれが大気とか天空と呼ぶあの空間には、
無数の地球や月や太陽があるが、
人間の目には見えず知られもしない。

それらは知られはしないが、人に教訓を与えるのである。

これらの世界がその輝きを示し、その軌道を導いて行くのは、
汝の役に立ち、汝の誇りを満たすためであろうか。

汝の存在はただの塵、身長はほんの掌
汝の命は一瞬である、愚かなる人間よ。[★132]

一七一〇年から一七五〇年までの間に多世界論に関する一〇余りの書物が出版されたが、この事実ほどその間の多世界論の隆盛をよく示すものはない。[★133] これらの多くは学位論文の形態をとっている。例えばウィリアム・アーンツェン(1704-35)が多数の著述家や観測を引用して月の生命を肯定した論文は、一七二六年にユトレヒト大学に提出されたものである。しかしディックが述べているように、アーンツェンは「地球上の経験をそのまま月の現象に当てはめて解釈するという形而上学的枠組に捕われた犠牲者……」[★134]であった。アーンツェンが月を「別の地球」と呼んだのに対して、エリック・イングマンは、アンダース・セルシアス(1701-44)の指導のもとに一七四〇年にウプサラ大学に提出した学位論文で、月の生命を肯定するために引用される観測に対して別の解釈を提示し、月の大気や月の居住可能性を否定した。[★135] その三年後にセルシアスの論文指導を受けたイサクス・スヴァンステットは科学的議論と神学的議論の両方を展開し、月の生命の可能性を含め、多くの生命が居住する宇宙を擁護した。ドイツの宗教作家三人もまた多世界論の立場で論じ、皆が賛成側についている。聖職者のアンドレアス・エーレンベルク(1726没)は一七一一年の著作で、また学校長のヨハン・シュット(1664-1722)はその十年後の論文で、共に火星の住人にはひとつないしは二つの月が与えられていると推測した。[★136] 両者ともキリスト教の贖罪の教義に対して多世界論が提起する問題に言及しているが、もっぱら多世界論的思想を自然学と統合することに熱心であった。[★137] またエーレンベルクは、自分の著作に対するゲオルク・ペルチュ(1651-1718)の攻撃に答える形で、第二の多世界論的著作を発表した。[★138] 賛美歌学者のダーフィット・シェーバー(1696-1778)は一七四八年の著作で月と惑星について論じ、それらの居住可能性を認め、さらにヴォルフが発展させた方法によって各惑星の住人の大きさすら計算した。しかしシェーバーの主な関心は多世界論とキリスト教の贖罪計画を調和させることであり、それが彼の著作の半分を占めたのである。ドイツの二人の科学者、ヨハン・ヘルテンシュタイン(1676-1741)とヨハン・ヘニングス(1708-64)もまた多世界論を主張した。哲学と天文学の二つの分野の豊富な文献を参照したヘルテンシュタインの著作が、特に惑星間の類似性を強調しているのに対して、ヘニングスのより学問的な論文は惑星には生命があるが衛星にはないとしている。

これらのグループの最後の二冊はイギリス人の手によるものである。イースト・ハトリ教区牧師のダニエル・スターミは一七一一年に『世界の複数性の神学的理論』を出版し、三つの議論によって多世界論を推し進めた。スターミはまず、すべての惑星と衛星に住人がいる証拠として、神の力の完全さとか存在の階梯という概念を引き合いに出している。そこでは惑星人の多様性が次のように強調されている。「澄んだ空気、穏やかな風、太陽の適度な熱が人間の身体に対して快い印象を与えるのと同じように、いくつかの生き物の体に対して……、火は快い印象を与えるかもしれない」[★139]。またその次の節では地球外生命に関する聖書の記述を探し出し、最後の節では、例えば神々しい精神を高め「この世に対する堅固で変わらぬ軽蔑」を助長することによって、多世界論は「実践的神性」を支えるものだと述べている。二五年後、内科医のジョン・ピーター・ビースターは『惑星に居住者のいる可能性の研究』の中で、すべての惑星に生命を認めているが、衛星には認めていない。ビースターの主な関心は、太陽光線がさまざまな惑星に違った強さで当たるという問題である。例えば、水星人は水星の極に住んでいるとか、木星人は木星の赤道に住んでいるというように考えて、さまざまな方法でこの難点を克服しようとしている。ビースターのきわめて勇ましい努力は土星人にまで及び、土星人は季節とともに移動し、土星の環から反射される光線から恩恵を被っているとしている。また熱の苦痛に耐える生き物のためには、やむを得ず神のさまざまな力を引き合いに出している。しかし概してビースターは多くの同時代人たちほど神の全能を用いてはいない。

デラムに前後する何人かの著述家の中には多世界論について懐疑的であるか反対であったものもいた。そのうちのひとりに博学な古物研究家であったトマス・ベイカー(1656-1740)がいる。彼は、何十年もの間ケンブリッジのセント・ジョウンズ・カレッジのフェローだった。ベイカーは『学問について』(1699)の中のある章で、多世界論者たち、特にホイヘンスの主張を批判している。キャトコット、ネアズ、マクスウェルなど後の著述家によって引用された結論に当たる部分で、大きさのみでものを判断し、神が巨大な天体を生命のないままにしているとすれば神はそれらを無駄にしていることになると主張するあの「世界で商売する者たち」に反対している。ベイカーによれば、そのような者たちは次のことを悟るべきなのである。

……太陽という光り輝く天体の中よりも人体の組織の中により多くの美と仕掛があり、物質全体の中によりもひとつの理性的で非物質的な精神の中により多くの完成がある……。そうであれば、すべてのものがこの劣った世界とその住人のために創造されたと言っても不合理であるはずがない。そうした考えを持っている彼らも、それを救うために死んだのが誰であったかということについては考えなかったようだ。[★140]

一七一一年にケンブリッジのセント・ジョウンズ・カレッジの学寮長になったロバート・ジェンキン師(1656-1717)は、ほぼ同じ頃に、『キリスト教の合理性と確実性』の中の一章を反多世界論に充てている。彼の七つの主張のうちのひとつは、諸惑星は住むために作られたのかもしれないが、「正義の人々の住居、あるいは復活後の不正な人々の処罰の場……」[★141]として意図された可能性が高いというものである。賛美歌作者として最もよく知られ、非国教徒であったイギリスの聖職者、アイザック・ウォッツ(1674-1748)は、最近のすぐれた二つの著書の中で、一七〇九年の詩「造物主と被造物」の中の四行を根拠に多世界論の反対者として引用されている。

汝の声は、海と天体を産みだし、
波をとどとかせ、惑星を輝かせた。
しかし汝の広大なこれらの作品のいずれにも
汝の如きものは何も現れない。[★142]

おそらくこれは多世界論に反対する意図で書かれたものであろうが、キリストがこの地球にだけ現れたことを言っているとも解釈できる。後者の解釈をとるのは、『天文学と地理学の第一原理』の中でウォッツが「たぶん〔惑星は〕すべてさまざまな住人のいる居住可能な世界であり、そのことは偉大なる造物主の賞賛につながる」[★143]と言っているからである。これまで、この時代に多世界論について見解を述べたドイツの宗教的著述家や神学者たちについて検討してきたが、そのうち九人は賛成で三人は反対であった。[★144]

パリの文学者ピエール・ボナミ(1694-1770)の多世界論論争における立場はかなり好奇心をそそるものである。彼は一七三六年に、世界の複数性の問題に関する古い文献を概観し、豊富な参考文献をもとに論文を寄稿しているが、[★145]その立場は反多世界論的であったようである。それは次のことからうかがわれる。まずそのようなさまざまな考察を「狂気」だと言ったこと、次にフォントネルの多世界論を「話を面白くするための巧妙な冗談」と評したこと、そして天文学者たちが多世界論を支持することはかえって「それが決して間違いであるはずはない」ことを疑わせる結果になるというコメント、そして最後に、自分の論文を、多世界論者の本当の「心情」に関心を抱いたものではなく、古代人が多世界論を唱えていたことを明らかにするものだと述べていることである。[★146]しかしながら、ベイカーやジェンキンによる反多世界論の立場の表明は、ウォッツやボナミが表明した警告と同じく、この時代を代表するものではなく、多世界論に対してますます増大する関心を抑える効果はほとんどなかったのである。

この章を締めくくるにあたって、多世界論が特別な意味をもった二つのグループ、理神論者と新たな宇宙論の中で地獄の位置を決定しようとした人々について言及しなければならない。理神論者の最も初期のひとりはチャールズ・ブラント(1654-93)で、彼は『理性の神託』(1693)の中で多世界論の立場を支持した。[★147] ブラントより後のさらに著名な理神論者であるジョン・トウランド(1670-1722)は、ブルーノの著作の部分訳である『ジョルダーノ・ブルーノの書、無限の宇宙と無数の世界について』(1726)によって多世界論論争に貢献した。これらの出版物が大多数の伝統的なキリスト教徒に及ぼした影響によって、ブラント、ブルーノ、トウランドそして多世界論も評判を落とす結果になったに違いない。しかし、ブルーノの教義のほとんどは正統からかけ離れていたにせよ、彼の多世界論は予言のように思われ始めたのである。

物質的な宇宙の中で地獄の位置を確定しようとした一八世紀の多くの書物の中で、最も有名なのはトバイアス・スウィンデン(1659-1719)のものであり、最も奇妙なのはジェイコブ・イリヴ(1705-83)のものである。ショーンの教区司祭であったケンブリッジ大学出身のスウィンデンは、フランス語とドイツ語にも翻訳された『地獄の本性と場所についての研究』(1714)によって物議をかもした。スウィンデンによれば、太陽は燃えさかっていて大きさもちょうどよいので、地獄の場所として最も可能性がある。そしてさまざまな恒星は、居住者のいる諸惑星に囲まれた太陽であるという。しかし、たぶん住人は堕落してはいないだろうし、聖書もただひとつの地獄に言及しているだけなので、諸太陽を地獄と結びつけることには躊躇している。[★148] ロンドンの印刷業者イリヴは、主に「多くの家」という聖書の記述に基づいて多世界論を支持した奇妙な本(1733)の中で、地獄の別の場所を提案している。イリヴは地獄をスウィンデンのように太陽にも、また従来考えられていた地球の中にも位置づけずに、著書の副題にもあるように、「この地球が地獄」なのであり、「人間の魂は背教の天使」であると言う。[★149] イリヴとほぼ同時代のジョン・ニコルスは『一八世紀の秘話』の中で、イリヴを「精神にいくぶん異常がある」と評している。イリヴの著作には反論のための証拠がほとんど見られない。このことは、興味をかきたてる多世界論が想像力の過度にたくましい人々にどのように見えたかを物語っている。

多世界論は一七五〇年まで、この時代の最も著名な人物を含む数々の著述家たちによって擁護されてきた。フォントネルによって他に例のない魅力が示され、ホイヘンスとニュートンによって科学界における正当性が与えられ、ベントリとデラムによって宗教と宥和され、ポウプとブラックモーによって詩に取り入れられ、バークリとライプニッツによって哲学体系に組み込まれ、ヴォルフによって教科書の中で、またウィストンによって居酒屋で教えられることによって、世界の複数性の考えは国際的に認められつつあった。それは疑わしい類推による議論、充満の原理のような形而上学的原理、そして乏しい天文観測記録に基づいていたのだから、現在からみればその基盤は弱かったのであるが、この変化は革命的であった。とはいえ、すでに地球外生命の時代は始まっていたのであり、それは現在まで続いていると言えよう。

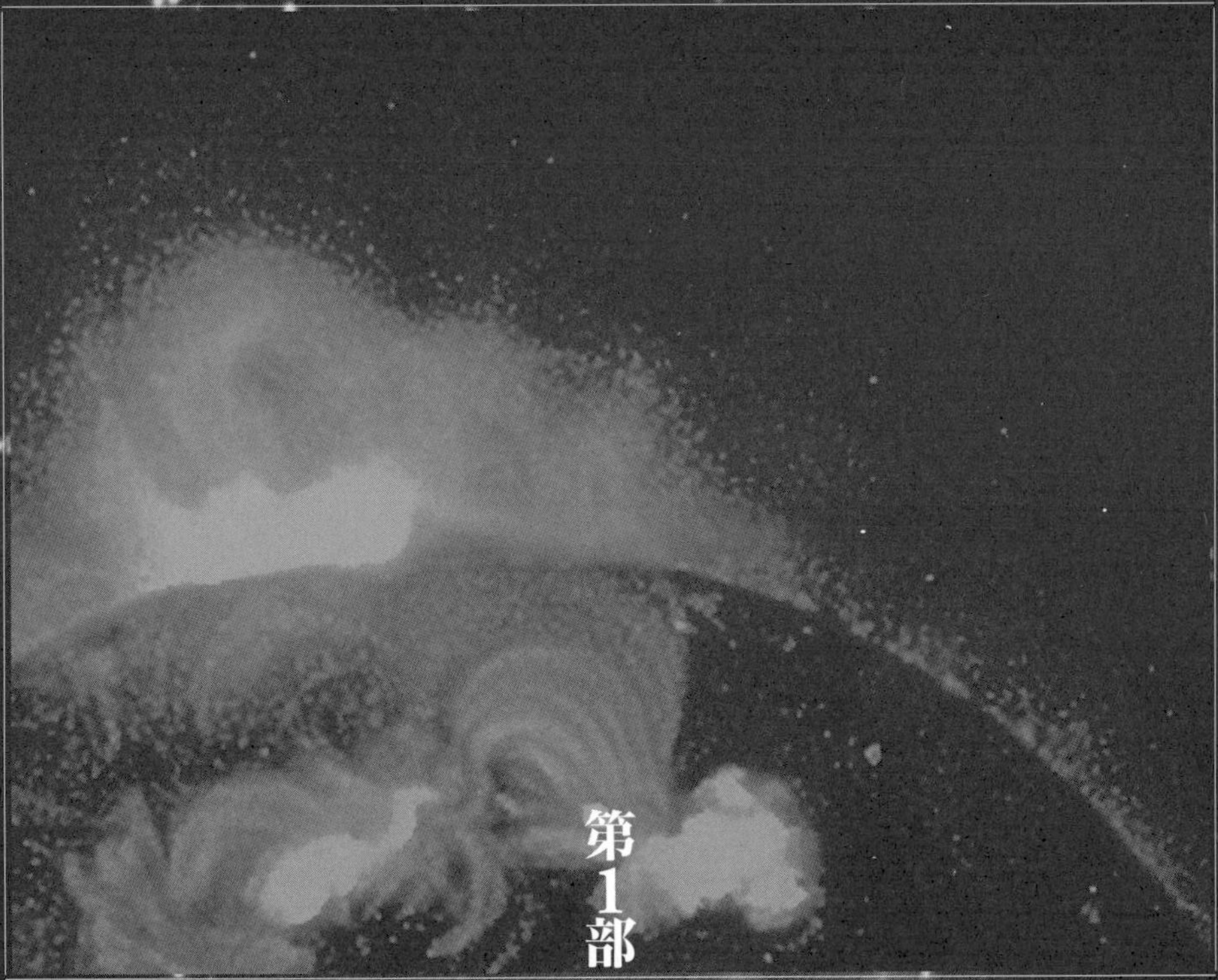

第1部

一七五〇年から一八〇〇年まで

第2章 天文学者と地球外生命

1 ライト、カント、ランベルト——恒星天文学の先駆者と世界の複数性の支持者

一八世紀後半のヨーロッパにおいて、世界の複数性の考えはほとんどではないにしても多くの天文学者の注目を引いた。この章では三つの具体的なテーマを展開しながらこの点を説明しよう。すなわち、❶恒星天文学の誕生というこの半世紀の最も重要な天文学上の進歩における先駆者たち(ライト、カント、ランベルト)の著作に、多世界論的な関心が浸透していたこと、❷当時最高の天文学者(ウィリアム・ハーシェル卿)の活動が、地球外生命のさまざまな観念に深く影響を受けていたこと、❸ハーシェルと同時代の四人の大陸の指導者(シュレーター、ボーデ、ラプラス、ラランド)が、ハーシェルに劣らず多世界論的問題に関係していたことである。

コペルニクス革命の始まりから二世紀後の一七五〇年に、第二の天文学上の革命が始まった。トマス・ライト、イマヌエル・カント、ヨハン・ランベルトが、一七五〇年から一七六一年に出版した著書の中で、恒星と星雲の領域に関する大胆な新理論を打ち出したのである。この第二の恒星に関する革命は、一九二〇年代に全盛をきわめたのであるが、三つの結論をもたらした。すなわち、❶天の川は、ほぼ平面上に何百万もの星がちらばっているために生じる光学的結果である。❷これらの星は、直径が何光年もの巨大な円盤構造を形成している。❸天に見える星雲状部分の多くは、規模においてわれわれの銀河に匹敵する銀河である。ライト、カント、ランベルトの著作について論じる場合に、それぞれがこの革命にどのような貢献をしたかということばかりでなく、いかにして貢献するようになったかを問うことも重要であろう。そうすれば、今日までほとんど認識されなかったことであるが、この革命は地球外生命論

争に密接に関わっていたということがわかるであろう。

　ダラムのトマス・ライトは一七一一年に生まれ、多くの著作を出版したにもかかわらず一七八六年にひっそりとこの世を去った。最も有名な著書は『宇宙についての独創的理論あるいは新仮説』である。過去二世紀にわたるライトに対する評価の移り変わりを検討して見ると、何が彼の天文学書の解釈を困難にしているかが分かる。[★1]恒星に関する革命の明暗両面がライトの立場に影響を及ぼしているのだが、彼を歴史的に位置づける際の中心となる問題は、一八三〇年代にアメリカ人のC・S・ラフィネスクとC・ウェザリルが、また一八四〇年代にイギリス人のオーガストゥス・ド・モーガンが、ライトの評判を回復しようとしたさまざまな努力の中にすでに明白に見てとれる。というのは、彼らは全く異なるライト像を打ち立てていたからである。ド・モーガンは「ライトの思索は、想像の赴くままの精神による偶然の産物ではなく……知識と観測に基づく思考による正当な研究と立派な結論であると考えるのが妥当であって、ライトは一人の発見者である」[★2]と評している。他方ウェザリルとラフィネスクは、ライトが「偏狭なニュートンの代数学的考え方を見下し」、「古代の賢人の知恵」を持ち、「宇宙に関する最も包括的で荘厳で宗教的な概念、つまり無限の創造という概念」[★3]を発展させたという点で賞賛している。いったいライトは天文学者なのか、それとも宗教的賢人なのか。ド・モーガンより一世紀後、F・A・パネスはライトを恒星天文学の先駆者だと繰り返し主張し、「彼は天の川について説明した最初の人物である」[★4]と刻んだ大理石の飾り板をライトの家に設置することさえ提案した。しかしマイケル・ホスキン博士が、ライトの未公刊原稿を使って、宗教的目的が最優先していたこと、そして天の川についてひとつではなく三つの理論を持っていて、そのすべてが間違いで、しかもその間違いが次第に大きなものになっていったことを明らかにした一九七〇年代初めには、パネスの立場は受け入れられないものであることが明らかとなった。[★5]ライトの『宇宙についての独創的理論』も、カントやランベルトの先駆的著作と同じように、地球外生命に関する読物として読みさえすれば、正しく理解されるとも言えようが、今われわれにとって重要なのはホスキンが見たライトである。

ライトは大学教育を受けてはいなかったが、日記に書いているように、一七二九年に「邪悪な忠告を聞いた父が彼を気違いだと思い、手当たりしだいにすべての本を燃やし、勉強させないようにした」[★6]ほど彼は学ぶことに対して激しい情熱を持っていた。一七三四年のライトの手稿から明らかなように、この大工の息子はその時までに、物質的な宇宙の新概念を構築するだけでなく、それを精神の領域に統合するというとてつもない仕事に独力で取り組んでいたのである。天国と地獄、彗星と混沌、星と「天国の家」、惑星と族長、これらすべてと「無数の世界」、これらをライトは巨大な図表に並べて示そうとした。手稿はその説明のために用意されたものであったが、図表は今では失われている。ライトは創造の中心に「全能の神の聖座をとり囲む……死すべきものたちの天国」を位置づけた。その外には死すべき運命の領域があり、そこでは「惑星のような知覚できる存在が、神の御前の周りをあらゆる方向に回転していると想像される……」。最後に星々のこの層の外側に、「地獄に落ちた人々の陰鬱な領域と考えられる絶望の暗闇」[★7]を位置づけた。ライトはこの著作では天の川についてほとんど言及していないが、後に述べるところによれば、この基本的な考えが、「自分の宇宙論のより完全な著作の基礎となった」という。事実この手稿は、アイザック・ニュートンよりもトバイアス・スウィンデンの伝統に立つ思弁的精神を示している。一七四二年までにはライトの学問的レヴェルが向上し、その年に、ブラッドリ、ハリー、ホイヘンス、ニュートン、ウィストンらの天文書を十分参照して、『天の鍵』という表題の、太陽系に関するすばらしい挿絵の入った教科書を出版した。この本はその解説的な内容のために多世界論への言及はあまり見られないが、恒星に関する短い節の中で、恒星は「たぶん他の惑星系の中心である太陽のような火の大球……」[★8]だと言っている。

ライトの『宇宙についての独創的理論あるいは新仮説』(1750)の標題紙は、「目に見える創造の一般的現象、特に天の川を……解明する」と約束しているばかりか、エドワード・ヤングの次の一節を引用して、多世界論的、宗教的方向をも示唆している。

昼はひとつの太陽が輝き、夜は一万の太陽が輝く、
そしてわれわれを神の中へと深く照らし出す。★9

ライトの「序文」も、推測の価値を論ずるホイヘンスの『コスモテオロス』と、世界の複数性を支持するポウプの『人間論』を引用して、同じメッセージを伝えている。ライトの宇宙は「生き物でぎっしり詰まった……無数の世界から成り、すべてはそのさまざまな状態から最終的な完成へと向かっている……」。ライトの著作を構成する九通の書簡のうち、最初のものは多世界論の基本的立場を唱えるものである。多世界論は「これまであらゆる国の学識ある人々の一致した概念であった……」という。そして、ブルーノ、ミルトン、ホイヘンス、ニュートン、デラム、ポウプ、ヤングからの引用によって擁護している。二番目の書簡は主として、多世界論者にとってきわめて重要なアナロジーによる推理を正当化しようとするものである。ライトによれば、「従って、私が賛成すると言っているのは、理性を持った生き物が無数の宇宙に普遍的に居住しているということだけである。あるいはむしろ、そのような創造物の諸部分は、事物のアナロジーと本性から判断して、死すべき人間に似た存在のための居住可能な場所である」。三番目の書簡は、惑星に関する資料を与えており、「私がおもにこの手紙で証明しようとしたこと〔すなわち〕一般に惑星は、われわれが住んでいるような水陸から成る天体ではないにしても陸地のある海である……」という観点で書かれている。この問題に関する議論は感銘を与えると言えるようなものではなく、惑星が反射光で輝いていることを示す証拠以上のものはほとんど含まれていない。次の書簡で展開されている恒星太陽論は、比較的強力である。しかしそれらが惑星に取り囲まれていることを示すのに、望遠鏡ではなく目的論に頼っている。「もし星がわれわれの役に立つためだけに配

置されているとすれば、その数、性質、構成の点でなぜこれほど途方もなくこれ見よがしなのであろうか」。ライトはジョウジフ・アディスンを引用してこの書簡を締めくくっている。

それぞれの太陽のまわりを回る数限りない惑星や世界を伴う……あの無数の星のことを考える時、またその考えをさらに拡大して、われわれが見いだしたこの世界のさらに上に太陽や世界の別の天界を想像した時、これらがさらにその上の天空のきら星によって照らされ、そのきらきら光る星々は非常に遠くに置かれているので、前者の居住者には、われわれに星が見えるように見えているだろうと想像した時、要するに、こうした考えをたどる間、私は、神の作品の限りなさの中で私自身がもつあの取るに足らない小さな姿のことを考えざるをえなかった……。[★10]

この一節にある、より上に宇宙が存在し、それらはあまりに遠くにあるのでわれわれには星に見えるという意見は注目に値する。ライトは後に自分の著作で似た考えを述べている。

五番目と六番目の書簡はおもに恒星を扱っていて、それらの距離の見積り、それらの運動についての考察、そして一般にそれらの空間的配列の問題などに関心が向けられている。ホイヘンス、ハリー、ブラッドリなどの天文学者の研究が、ライト自身の観測とともに見事に活用されている。星雲に注目し、大ざっぱな計算によってほぼ四百万個の星が天空に見えると述べている。ここには多大な信心深さと多世界論が混在しているが、ライトが引用しているヤングの一節以上にこの精神を表すものはない。

信心よ。天文学の落とし子よ。
不信心な天文学者は気違いである。[★11]

広い意味では、信心よりも理神論の方がニュートン以後の天文学の落し子であったのかもしれないが、とにかくライトの天文学には、専門的な学問に多少とも関係のある多世界論的概念や充満の原理が豊かに含まれている。このような天文学の魅力によって刺激されたダラムの天文学者は、可視恒星の数を計算した後で次のように言ったほどだった。「これによって、われわれの心に、無限の存在という極めて広大な概念が生み出されるに違いない。そしてわれわれがそれらすべてを、燃える太陽、創始者、そしてさらに多数の居住世界の原動者と考える時、まさに無限がそれらを取り囲み、永遠がそれらを包み、あるいは全能がそれらを生み出し支えるのではないだろうか……」。神の御業が充満しているという観念に対してライトが熱狂的であることは次の言葉から明らかである。

われわれの弱い感覚には確定できないほど互いに遠く離れて、幾重にも群がる太陽、われわれの地球のような、無限に広がる何十億の何十億倍もの住処、すべては同じ造物主の意志に従属している。すべて、山、湖、そして海、草、動物、そして川、岩、洞窟、そして木で装われた諸世界からなる宇宙。寛大なる叡智のすべての産物は無数の存在で無限の空間を活気づけるためのものであり、神の全能によって多彩な永遠の生命を与えられる。

ライトの巧みな解説は著書の至る所で見られるが、独創性は主に天の川に関する諸理論を詳細に述べた第七書簡に明白に現れている。もしわれわれが平面上に並んだ星の中に位置すれば、それらの星は天の川(Via Lactea)のように見えるだろうと言う。従ってライトは天の川の光学的性格を認識しているとは言えるが、それらの星が円盤状をなしているとは述べていない。むしろ別の二つの理論を述べている。そのひとつは、われわれの系の星々は巨大な中空の球体の壁にあたるところに位置しているというものである。このモデルでは、われわれの位置している場所で、この球体に接する平面に平行な方向を見る時、そこに見えるものが天の川であると説明されている。もうひとつの理論は、土星の環に似た形をした平板な星の環の中に太陽があるというものである。土星の環をなす系の住人は、環の面に垂直に見るよりも平行な方向に見る時、環を形成している天体の密度がより大きいように見えるであろう。これと同じように、このモデルでは、われわれ自身は拡散した光に取り巻かれているように見えるであろう。この二つの理論は巧妙ではあるが、後で述べるように、ライトは最終的にはそれらを放棄したのである。

ライトの宗教的な関心は最後の二つの書簡の冒頭に見られる。彼は神を創造の中心に置き、「賞賛に値する力天使が最後に報われる……」巨大な球体を連想している。地球外生命の諸形態について憶測することはいくぶん控えているが、「人間は非常に劣ったレヴェル、すなわち二流か三流、あるいはおそらく四流に属し、理性的な生物であるとはほとんど認められない」と述べている。敬虔な意図もまた見られる。すなわちおそらく一七〇万の居住天体が「われわれの限られた視野」の中に存在するであろうという予測によって、彼は次のように考えるのである。「この巨大な天界の創造においては、われわれの世界のような一つの世界の破局やあるいは世界体系の全面的な解体でさえ、自然の偉大な創造者にとってはこの世における最もありふれた出来事にすぎないであろう……」。キリストへの言及が全くない同じ本の中で示されたこの理神論的な見解は、ライトに次のように言わしめている。「私自身のこのような考えは非常に楽しい[!]点を含んでいるので、星を見上げると必ずなぜ世界中の人は天文学者にならないのかと思うほどである……」。ライトによる精神的なものと物質的なものとの混合は、いくつかの入念な図解の中にも明らかである。例えば最初のモデルに基づいた図版三二では、「摂理の眼」を中心とする多くの星の殻を表現している(図2.1)。この図解は九番目の書簡の内容を絵で示しているという点で歴史的に重要であり、ライトは世界の複数性だけでなく宇宙の複数性を考えているのである。特に重要な一節で、彼はそれらの殻を星雲、すなわち「われわれの星界の外のずっと遠くにあるので、わずかに知覚できるだけであって、目に見える明るい空間ではあるが、いかなる星も特定の構成体

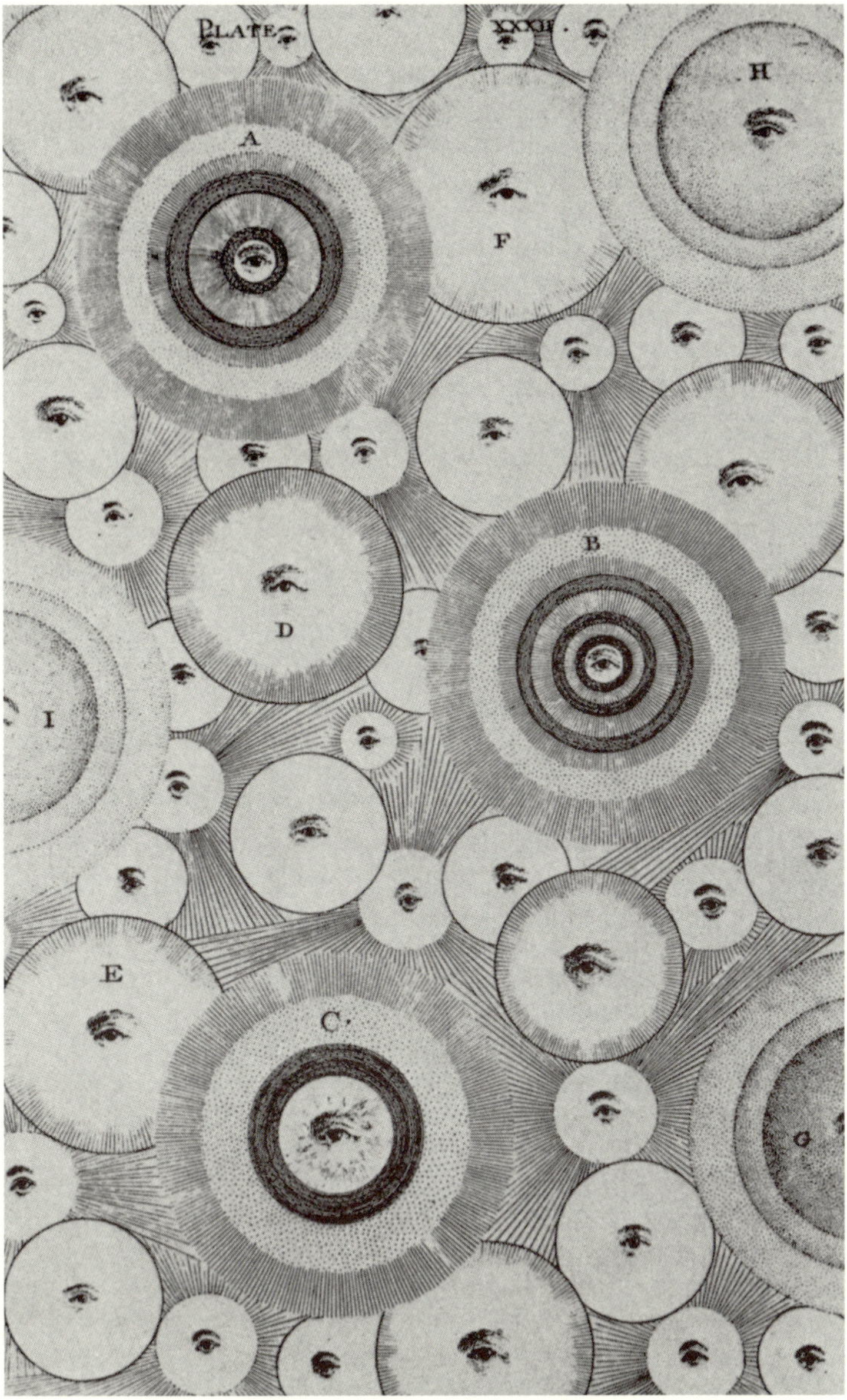

図2.1　ライトによる無限空間の説明図。
星の殻の断面図を示し、それぞれの中心には「摂理の眼」がある。

も全く区別できない多くの雲状の場所……」だとしている。こうしてライトは天の川の正しい理論に到達できてはいないが、恒星革命の主要な点のうち最初と三番目を提出してはいるのである。[★12]

『宇宙論についての再考、あるいは特異な見解』という表題の手稿が公表された一九六〇年代に分かったように、ライトは宇宙の構造に関する見解を晩年の数年間に実質的に変更していた。しかし彼の名声にとっては不幸なことであるが、その変更は主として後退であった。例えばこの手稿では、星は固い天空にある火山と考えられ、他方天の川は、

……星の全領域を含む火の河をなす燃える巨大な山系に他ならず、構成する星の数や、あるいは星がない場所もあるが、天の川を構成する天界の巨大な溶岩流だという点を除けば、他の明るい場所［星雲］と少しも違わないものだと見なされている。[★13]

しかしながら多世界論的傾向は、地球外生命についての議論とともに、一七五〇年の著作と同じくこの手稿にも十分続いている。これが可能となったのは、一つには、ある天球の天界が次の天球の中心となる太陽の内部にあるという同心円的天球観を彼が保持し続けたためであった。

ライトは天文学的科学者なのか、それとも宗教的賢人なのか。この質問は今こそ再び問われねばならない。ラフィネスクがライトを「天文学の賢人」と評価したことも、一七五〇年の著作にあるライトの九通の書簡について「世界の複数性に関するフォントネルの著作に匹敵する……」[★14]と言ったことも、今やともに受け入れることができる。ライトを先駆的な恒星天文学者としてではなく、適度な知識や、精神的なものと天文学的なものとを結びつけようとする強い欲求、また多世界論に対する極端なまでの情熱等を持つ者として見れば、宇宙についての彼の理論はきわめて容易に理解できるのである。それ以前の誰よりも彼は恒星の領域に多世界論を持ち込み、しかも長い間重要性を持ち続け

たいくつかの概念を唱えもしたのである。ギリシア人が惑星を半神だと見なしてますますそれらに関心を抱いたように、ライトもまた星の周りの領域に知的生命が存在すると考えることで、いっそうそれらに関心を持ったのである。従って、ライトが精神的なものと物質的なものとを混合したことは方法論的には後退であったが、ある意味では科学的に生産的であったと言えよう。この注目すべき事実は、また、カントが一七五五年に出版した著書からも明らかである。ちなみに、カントとライトの関係は天文学史を通じて最も興味深いもののひとつである。

ケーニヒスベルクに生まれ、この地方都市から一〇〇キロ以上は決して出ようとせず、成人になっても身長はやっと一五七センチで、体重は四五キロ以上になったことがなかったイマヌエル・カント(1724-1804)は、今日では人間精神の深さと天界の高貴さを大胆に探った思想界の巨人と見なされている。馬具匠の子どもとして生まれた彼は、五七歳の時に『純粋理性批判』を発表して哲学における「コペルニクス的革命」(彼自身が適切に呼んだように)を引き起こした。しかし今われわれが問題にするのは、一七五〇年代すなわち恒星革命の頃の若きカントである。この頃のカントについてはあまり知られていない。事実若い頃のカントが十分な科学的素養を持っていたかどうかについては長い間議論が続いている。この議論において重要なのは、『天界の一般自然史と理論』(1755)の評価である。一九〇〇年にその最初の英訳者となったグラスゴウの神学者ウィリアム・ヘイスティは、ヘルムホルツ、ケルヴィンをはじめとする一九世紀の多くの科学者を引き合いに出し、カントを「広い意味での物理天文学の真の創始者」で、「近代科学における進化の概念の偉大なる創始者」と呼ぶに値する「完全な科学者」であると評した。ヘイスティはまた『天界の一般自然史と理論』を「[カントの]天才による最もすばらしい不朽の産物」[★15]であると賞賛している。しかし、必ずしもすべての学者がヘイスティの見解を受け入れたわけではなかった。一九〇八年にスヴァンテ・アレーニウスは、力学の知識があれば避けることができたと思われる科学的誤謬に満ちていると述べ、天文学者C・V・L・シャルリエは一九二四年の講義で、

「科学的にはきわめて価値が低く」、一般書として評価すれば「脆弱な精神を……無益で実りのない思弁へ招くものとして不適当で危険ですらある」[16]と評した。さらに最近では、アーヴィング・I・ポロノフが若きカントに関する詳細な研究の中で、カントの科学知識は極めて限られたものでしかなかったと断定し、スタンリ・L・ジャキも、かなり異なるアプローチではあるが同じ結論に達している。[17]

ケーニヒスベルクでライプニッツとヴォルフの思想を学ぶとともに、師のマルティーン・クヌーツェンを介してニュートン主義に触れ、ルクレティウスの『事物の本性について』に暗記するほど熱中した一七五〇年代の若きカントには、宇宙の諸問題を論じ、地球外生命の議論に夢中になる素地は十分にあった。この二点は共に、『天界の一般自然史と理論』に見いだされる。この著作の成立にとって特に重要だったことは、一七五一年にハンブルクの『自由批判通信』誌に載ったライトの著書の書評をカントがたまたま読んだということである。[18]この書評では天の川に関するライトの考え方よりも彼の宗教的、多世界論的思索に注意が向けられていたが、天の川に関してカントが円盤理論を着想するに至るのに十分な内容が含まれていた。しかしその書評は、星雲が別の宇宙だと言うライトの推論には触れてはいず、カント自身が概念を飛躍させてそこに到達したのであった。こうしてカントは一七五五年の著作で恒星天文学の基本原理、すなわち天の川は光学上の結果であり、円盤状をし、星雲は別の天の川であるという三つの原理すべてを提示したのである。これらの推論をはじめ、同じ著作でカントが提案した惑星の形成に関する一種の星雲説によって、この著書はかなりの科学的名声を得た。しかし重要なことは、カントの著作をその研究方法と内容の全体から検討することである。

カントは序文で、研究上直面したいくつかの問題を解決しようとしている。その中には、宇宙に対するエピクロス的、進化論的アプローチを支持するという問題もある。同時代の人々が、『魚類神学』、『昆虫神学』、『鳥類神学』といった本の中で、神の存在や神の賢明なる設計を証明しようとしていた時、[19]カントは、そのような行き過ぎた企てと、

「ありのままの自然から、至高存在の直接的な所業を正しく知覚しよう」とする性急な試みのもつ無神論的傾向とのいずれをも避けたいという願望を表明した。[★20] 後に『純粋理性批判』を書くことになるカントの卓越性と大胆さは、自然神学者たちに対する批判に現れている。カントは彼らに対して、神による計画的な所業は、本来昆虫の羽のような自然の細かな事にではなく、神が神意によって、創造に際して物質に課した諸法則に求められるべきだと反論している。また自然物は盲目的な偶然から生じるとするエピクロス流の説明に対しては、カントは次のように問うている。

> さまざまな性質の物が、相互に結合して、かくも優れた協調と美のために、いやむしろ……人間や動物のような存在を目的として、機能してきたように見えるという事実は、もしそれらの物が一つの共通した起源を、すなわちあらゆる物が本質においてその中で設計されたような一個の無限な知性を証明していると考えないならば、いったいいかにして可能であろうか。[★21]

カントにとって、このような考えは、神の存在を示す有無を言わせぬ証拠であるばかりでなく、エピクロス主義者や自然神学者たちに対する回答でもあったのである。「自然は混沌のうちにあってもなお規則的に、かつまた秩序正しく進行するほかないというまさにこの理由で、神は存在する」。

ライトの著作と違ってカントの著作には宇宙論は含まれていないが、宇宙の起源や発展を扱う宇宙進化論は論じられている。カントは古典的なエピクロス的方法を修正したり解釈し直したりすることで、宇宙進化論に関わる宗教的諸問題を退けている。また、ニュートン自身は主張しなかったことであるが、ニュートンの諸原理は宇宙進化論の根拠を与えると主張して、科学的な方法論上の問題はないとしている。天体が球形であること、引力の法則が単純であること、そして介在する空間が空虚であることから、カントは大胆に、デカルトの言葉を言い換えて「私に物質を与えよ。私はそれから世界を作ろう」と言う。この著作の最後で他の惑星における生き物について詳細に考察した際にはおそらく忘れたのであろうが、確かに、「わずかに一本の草、もしくは一匹の毛虫であろうと、その発生が力学的根拠から明瞭かつ完全に知られるよりも前に、もっと早くあらゆる天体の形成……が理解されるだろう」と認めている。カントは『自由批判通信』誌の書評を通じてしか知らなかったライトの著作から受けた恩恵について、次のように述べている。「ライト氏の体系と私自身の体系との間に境界線を決定することも、またどの部分を借用しあるいはさらに発展させたのかを正確に決定することもできない[22]」。最後に、類推という方法に依存したことをカントは強調しているが、その妥当性に関しては十分な証明を与えてはいない。

少なくとも発見手段としての類推という方法の効力は、三部から成るカントの著作の第一部で最も効果的に表れている。そこには最も有名な恒星に関する考察が見られる。始めに次のように述べている。「恒星は太陽として、同じような系の中心にあり、それらの系においてすべてがわれわれの系と同じように卓越した位置に……配置されている」。これらの惑星の「同じような系」を立証するために、カントは具体的に観測した証拠を提示してもいないし、またそうすることもできなかった。また、円形をした恒星の系というカントの天の川の理論にとっても、類推は重要であった。特にそれを恒星の「獣帯」とみなしたからである。それにもかかわらずカントは、恒星系内における軌道運動がその重力の崩壊を防いでいると言うほどニュートン主義者でもあった。星雲に関しては、光が弱いことからわかるように遠くにあるということと、しばしば楕円形をしていることから、星雲が別の「天の川」であることがわかると言う。一九七一年からK・G・ジョウンズは、カントの主張の根拠となる観測資料を調べ、それがデラムによって編集された星雲表であることを発表した。デラムが楕円形をしていると言う数少ない星雲のうち、実際に楕円形なのはただひとつアンドロメダだけである。ジョウンズの分析によれば、カントが星雲を別の恒星系だと考える観測上の根拠は、「全く無効[23]」だったのである。自分の理論は争う余地がないというカント自身のコメントは、非常に特異なものである。「類推と観測が完全に一致するような推測が……正式な証明と同じ権威を有するものだとすれば、これらの系の確実性は証明されたと考えなければならない」。星雲が別の宇宙だというカントの理論は、それが基本的に正しいことが一九二〇年代に確立するまで議論された。

第一部の宇宙論的アプローチは、第二部では宇宙進化論的関心に取って代わられている。カントは、星雲説として有名になったものを自分なりに提示している。基本的にカントの理論は、無限宇宙における物質が重力のために或る特別に密度の高い質料の周囲で徐々に凝縮し、それにつれてある物質がこれらを中心に回転し始め、ついにはまず環となり最後に個々の惑星となる、というものである。以上のことから、カントの理論が、後のラプラスの理論のように、惑星の体系ばかりでなく銀河と銀河の体系にも適用できるように考えられていたことは明らかである。従ってカントが、太陽系が太陽を中央に持つように、天の川はひとつの大きな中心を持たなければならないと言い、その中心に明るい恒星シリウスを考えたのは当然のことである。さらにカントは、宇宙が無限だとしているにもかかわらず、宇宙もまたひとつの中心を有するのでなければならないと主張し、その中心が果たす精神的機能はライトが挙げたとおりだと主張している。精力的で若かったカントは、必ずしも首尾一貫していたわけではないが、細部にわたってこの理論を発展させた。かつてはニュートンが避け、現代天文学でも大部分は解決できないようなこの宇宙進化論に、ニュートン力学の諸原理を引き合いに出している。しかしカントのニュートン的アプローチはしばしば悲惨なほどに曖昧であるか、あるいは場合によっては間違っている。間違っている例としては、ある反発力が粒子の間に働き、ルクレティウス流の偏倚を生じ、重力の原中心の周りの物質による円運動を生み出すと述べている点である。総じて言えば、カントの宇宙進化論は詳細に分析したジャキが明らかにしたように、脆弱な学問的根拠にしか基づいていなかったと言えよう。★24

この理論においても類推が一役買っていたのであるが、この著作の第二部第七章に明らかなように、充満の原理はさらに根本的なものであった。

ところで、神性をその創造能力の無限に小さな一部分をもって働くものとし、自然と世界との共に尽きることのない宝庫である無限の力を無為にして永遠に行使されないものと考えるのは不合理であろう。従って、創造の本質的意味は、いかなる尺度でも測ることのできないような力の証であると言う方が、むしろいっそう適切であり、あるいはもっとよく言えば、必然的ではないであろうか。この理由のために、神の諸性質が啓示される領域は、神の諸性質そのものが無限であるのとまさしく同様に無限なのである。

カントはこの原理を、空間的に無限の宇宙では「宇宙空間は無数にして果てしない諸世界をもって活気づけられる」と主張するために用いている。これが起こるには時間がかかり、最初の諸世界は、カントの言う無限宇宙の「中心」近くで形成され、徐々により遠くの領域でも混沌が秩序に取って代わられていく。カントによれば、世界の形成は、

……一瞬の仕事ではない……。それは豊饒の度を増大させながら、永遠の全継起を通じて働くのである。そこでは何百万の世紀、さらにはその何倍もの世紀が流れ去るであろう。その間に、常に新たな世界と世界秩序とが、次々に、自然の中心から遠く離れた区域に形成され、完成されていくのである……。

カントはまた、世界が必ず崩壊し破壊され、この過程も同じく中心から広がっていくと主張する。その進展構造においては、世界形成の速さは破壊のそれより速く、さらに「自然の不死鳥」とは、世界が破壊されると、そこから将来の世界を形成する物質が生み出されるということなのである。またカントによれば、中心近くの世界の住人は、そこで

一般的に見られるような粗雑な物質からできているので、知的レヴェルは低い。それに対して「理性的存在として最も完全なものは中心より遠いところに[いる]」。このような存在の位階は理性的存在の一大連鎖を形成している。そこにおいて諸存在は「無限に増大していく、思考能力の完全性の段階を、無限の時間空間を通じて前進するのであり、そして徐々に最高の卓越性というゴール、すなわち神性……に近づいていくのである」。第二部第八章でカントはさらに、神による宇宙の設計は個々の適用においてよりはむしろ一般法則の中に見られ、従って自然におけるいくつかの特定の欠陥も神の設計全体と調和する、という説を展開している。カントは自分の立場をこう要約している。自然の「限りない豊饒さは、……居住者のいる天体も[居住者のいない]彗星も、有用な山々も有害な岩礁も、居住可能な土地も荒寥たる砂漠も、そして美徳も悪徳も生み出したのである」。

著作全体にわたって恒星への関心が見られるが、第三部では関心が太陽系に集中している。第三部の題は「さまざまな惑星の住人を自然の類推に基づいて比較する試み」となっている。カントは第一部、第二部と同じく第三部の導入部分にもポウプの『人間論』を引用し、さらにアルブレヒト・フォン・ハラーの多世界論的な詩の引用で議論に彩りを添えている。惑星における生命の可能性に関しては、「すべての惑星、あるいはそのほとんどに関して居住者を否定することは愚の骨頂かもしれないが、だからといってすべての惑星に居住者がいるに違いないと主張する必要はない」。地球上に砂漠が存在するように今の木星には生命が存在しないのかもしれない。しかし「木星の形成の時期が完了する時」はやがて来るだろう。カントの分析はいくつかの仮定に基づいている。例えば、❶大いなる存在の連鎖、そして❷ある惑星に多く見られる物質の種類からそこの住人を推測できるという考え方などである。大いなる存在の連鎖という考えは、次のようなカントの言葉の根底にあるものである。すなわち、「自然の無限性は、それ自身の中に……自然の圧倒的豊かさを示すあらゆる存在を含む」。「最もすぐれた思惟する存在から最もみすぼらしい昆虫にいたるまで、自然の成員はどれひとつとして自然にとってどうでもよいものはない。どれひとつが欠けても、連関のうちに成立している全体の美を壊さざるを得ない」。第二の仮定は、現代の読者にとっては少なからず空想的なものであるが、次のように定式化されている。

思惟する本性をもつものの卓越性、その反省作用の敏速性、外界の印象によって得る概念の明瞭性と鮮明性、さらにそれらを総合する能力……要するに、彼らがもついずれの完全性も、太陽から彼らの居住地までの距離に比例してますます優れ、ますます完全となるという規則に従う。

従ってカントの言う水星人や金星人はのろまであり、地球人は「存在の位階の中では……ちょうど真ん中の地位」を占め、木星人と土星人は非常に優れた存在である。こうしてカントは「一方では、一人のグリーンランド土着民あるいはホッテントット人でさえも、彼らの間ではニュートンのような天才と見なされるような思惟する被造物を見、他方では、ニュートンでさえも一匹の猿として珍重されるような他の思惟する被造物を見たわけである」。この主張の少なからず奇妙な点は、六頁前で木星人の存在を疑問視しておいて、今度は同じ惑星に卓越した存在を認めていることである。より外側の惑星に住む生命の優れた点としては、知性において優れているばかりでなく衰退や死をある程度免れていることである。事実カントは、われわれの霊魂が将来、外側の惑星に居住地を見いだすかもしれないと考えている。「木星の衛星が、やがてわれわれを照らすために木星の周りを運行しないと誰が言えようか」。カントがキリスト教と多世界論的立場を両立させることに関心を持っていたらしいことは、例えば、「空想の領域への……もうひとつの脱出」と呼ぶ部分に見られる。カントは、巨大な惑星の居住者は罪を犯すには「あまりに崇高で聡明」なのかどうか、また「より下層の惑星の居住者は、その行為の責任を正義の法廷の前で負うには、……あまりに物質に執着しているのではないか」と述べている。太陽系の中で地球人だけが罪人であることを恐れたカントは、おそらく火星人も同じ不幸を被るという「惨めな慰め」を持ち出している。結論をなす段落で、カントは「もしわれわれがこのような考察をもって、自分の心を満たしたとすれば……、晴れた夜、星空を眺める時、ただ高貴な魂のみが感じることのできる喜びを与えられる」と述べている。

カントの一七五五年の著作に関してどんなことが言えるであろうか。出版者が一七五五年に破産して一七六〇年代半ばまでほとんど入手できなかったために、初めはあまり注目されなかったということは、注意すべき事実である。学術書としては、いくつかの優れた洞察が見られるが、カントが当時の最新科学を把握していたことを示すものはほとんどない。自然神学の分析としては、一世紀後ダーウィンの進化論によって引き起こされた対立を和らげるのに大いに貢献したと思われる、ひとつの観点を与えたと言える。地球外生命に関する論文としては、それはいくつかの点で注目に値する。太陽系にもさまざまな恒星系にもこれほど広範囲に生命が存在すると主張されたことは、後にも先にもなかったのである。また、この著作は、後に思弁的体系を批判して非常に有名になる哲学者が、そういうものに誘惑されて書いたということを明らかにしている。一七五〇年代には想像力をあまりに働かせ過ぎたとカントが後で自ら悟ったことは、次のような事実から明らかである。一七九一年J・F・ゲンズィヘンがウィリアム・ハーシェルの三本の天文学論文のドイツ語訳にカントの著作を付けようとした時、カントはあまりに仮説的な性格を持っているという理由で第五章以降を載せることを禁じたとゲンズィヘンが記しているのである。★25

カントはその版から地球外生命を削除したかもしれないが、円熟したカントが多世界論的立場を放棄したと考える理由はない。事実カントは後の多くの論文でこの立場をとっているのである。例えば、『神の存在証明のための唯一可能な根拠』(1763)には、一七五五年の著作の主要な天文学的教説の要約ばかりでなく、顕微鏡が明らかにするものから望遠鏡が明らかにするものに目を向けた時に経験した驚きの感情も表現されている。

……私がこの一滴の水の中に奸策、暴力、弱肉強食の光景を観察し、そこから一転して眼を大空へ向け、無限の空間の中に多くの天体がちょうど多くの塵埃のように飛び交うのを見るとき、この二つの光景の比較から呼び起こされた私のこの感情を、どのような人間の言葉も言い尽くすことができないであろう。いかに精巧な形而上学的分析も、こういった直観に特有の崇高さと尊厳さに比べればつまらないものに思えてしまうのである。★26

また『美と崇高の感情に関する考察』(1764)の中で、カントは、「婦人たちは、もっと多くの世界があり、そこにもっと多くの美しい生物が見いだされることをある程度理解すれば、晴れた夜の空の眺めを感動的なものにするのに必要なだけのことを宇宙について知れば十分であろう★27」と述べている。

一七八〇年代に至るまでカントが保持していた多世界論的立場に対する自信は、私見と知識と信念を比較した『純粋理性批判』(1781)の一節にも現れている。カントによれば、

なんらかの経験によって決することが可能であるとすれば、私たちに見える惑星のうちの少なくともどれか一つに住民がいるという命題の正しさに、私はおそらく全財産を賭けるであろう。だから私はこう言うのである。別の諸世界にも居住者がいるということは、たんに私見にすぎないのではなく、一つの強い信念(この信念の正しさについては私は必ずや生涯の多くの利益を賭けるであろう)であると。★28

一七八四年にカントは、ヘルダーの『人類史の哲学』の書評と彼自身の論文「世界市民的見地における宇宙史の理念」の両方を発表した。書評では、ヘルダーの多世界論に同意しながらも、かつての教え子が唱える霊魂の転生の教説には反対している。また自分の論文では、人間の低級な性質を論じる文脈の中で、次のように述べている。

……自然が課す課題をよく遂行するならば、宇宙のわれらの隣人たちの間でわれわれは低くない位置を占めると主張して差し支えないであろう。おそらく彼らにあっては各個体自らの使命を生涯のうちで完全に達成できるのであろう。われらにあっては事情は異なり、類としてのみ自らの使命の達成を希望しうるのである。[★29]

ヘルダーに対する書評の中では人間と地球外生命との違いを強調しているにもかかわらず、『人倫の形而上学の基礎づけ』(1785)においては明らかに正反対のことを言っている。この著作では、人間ばかりでなくすべての「理性的存在者」に当てはまる倫理学を練り上げることが目的であると繰り返し述べている。「理性的存在者」をカントが強調したひとつの理由は、この範疇に入る地球外生命が存在することを確信していたからであることは疑いない。カントが地球外生命を含む哲学を構築しようとしたことは、『実践理性批判』(1788)の結語の有名な一節からも明らかである。

くりかえし、静かに反省すればするほど常に新たに高まりくる感嘆と畏敬の念を伴って私の心を満たすものが二つある。それは、私の頭上にある星天と私の内にある道徳律である。……前者は……私と外界とのつながりを拡めて、ついには諸世界のかなたにある諸世界、諸体系からなる諸体系の果てしない広がりの中にまで及ぶ。……数限りない世界という前者の光景は、いわば動物的被造物としての私の価値を無にする。動物的被造物は自分をつくりあげている物質を、……惑星(宇宙における単なる一つの点)に返さなければならない。[★30]

一七九〇年、カントは地球外生命に関するいくつかの見解を含む『判断力批判』を出版し、次のように述べている。これは「私見の事柄である。他の諸惑星に接近すること自体は可能であり、このことができたとすれば、はたしてそうした居住者がいるのかいないのかを経験によって決するであろう。しかし私たちはそれらの諸惑星にそれほど接近することは決してないのだから、それは私見にとどまるのである[★31]」。

カントの名声がますます広まるにつれて、人間学や哲学的神学に関する講義など、彼の講義を出版しようとする企てがなされた。『実践的見地における人間学』(1798)には、いつも人間に似たものとして描かれていた地球外生命の形態を詳しく推論しようとする企てに対する警告が見られる[★32]。一八一七年に初版が出た『哲学的神学講義』には、月の生命の可能性を支持するコメントばかりでなく、あらゆる可能な世界の中で、この世界こそが最善だというライプニッツ説と多世界論との関連に対するコメントも見られる。「もしわれわれの地球が全世界だとすれば、これを最善のものと知ることも、確信をもって主張することも困難である。なぜなら正直に言って、この地上では、不幸の量と幸福の量は互いにうまく均衡を保っているからである[★33]」。

かくして、近代の最も著名な哲学者の思想の中で、世界の複数性の概念がいかに大きな役割を果たしたかが分かる。さらに、カントが畏敬の念をもった「星天」は、伝統的な天文学の天ではなく、むしろ生命のいる何百万もの惑星が、無数の体系の階層の中の諸太陽のまわりを回っている、居住者の密集した領域であったことがわかる。これは、非常に想像力に富んだ宇宙像であった。しかし、最後にはカントも気づいたに違いないが、科学に基づくものはせいぜい一部にすぎなかった。

カントが一七六三年に出版したものの中には、一七五五年の自分の天文学体系の要約と共に、一七五五年の体系が、「六年後に『宇宙論書簡』(1761)の中で、宇宙全体の組織的構造、天の川、星雲について全く同じ理論を提起したかの有名なJ・H・ランベルト[★34]」にさえ知られていなかったという嘆きの言葉が見られる。この一節でランベルトは過大に評価されている。しかし、一七六五年にカントによって「ドイツの最も偉大なる天才[★35]」と評されたヨハン・ハインリヒ・ランベルト(1728-77)のすばらしい才能については疑念をはさむ余地はない。カントが『純粋理性批判』を捧げようと考えたほど優れた哲学者であったランベルトもまた、一八世紀の指導的な天文学者、数学者、物理学者の一人として位置づけられる人物である。ランベルトの最も重要な論文のほとんどは、ベルリンのプロイセン科学アカデミー会員に選出された一七六五年より後のものであるが、今問題となるのは、『宇宙の配置に関する宇宙論書簡』(1761)である。

ランベルトが一七六五年にカントに語ったように、この著作の発端は一七四九年のある晩のことであった。「私は窓から星空、特に天の川を見ていた。その時思い浮かんだこと、すなわち天の川は恒星の黄道に当たるということを四つ折り紙に書き留めたのです。そして一七六〇年『宇宙論書簡』を書いた時に手元にあったのがこのメモだったのです。一七六一年ニュルンベルクで、私は数年前あるイギリス人が同じような考えを持っていたことを聞いたのです★36」。この書簡から明らかなように、ランベルトはライトやカントとは別に、天の川が平面状に分布した恒星の光学上の効果だという考えに到達していた。さらに、天の川の円盤説★37、そして星雲は天の川に相当する独立した体系であるという見解においてもおそらくカントと一致していたのである★38。これらの概念によってランベルトの著作は宇宙論の古典となったのであるが、それらの概念は、著作の内容すべてにわたっているのでもなければ、彼の思考方法全体を十分に反映しているわけでもない。

ランベルトの著作をライトやカントの著作と比較すると、カントと違って、ランベルトは宇宙進化論ではなく宇宙論だけに関心があったことが分かる★39。しかし、地球外生命に関する議論は三人の著作すべてに多く見られ、特にランベルトの著作において最も著しい。ランベルトは著作を確かにそのように書き、同時代人たちもそのように読んだのである。一七六五年ランベルトはフリードリヒ大王に、人々は『宇宙論書簡』を「フォントネルによる世界の複数性に関する著作の」続編だとみなしていたと言い、イタリアの物理学教授ジュゼッペ・トアルド師はそれを多世界論の著作の中で最もすばらしいものだと賞賛した。[40] さらにランベルトは序文の中で次のように明言している。

もし［彼のように］すばらしく鮮やかに書けたのであれば、また、鮮やかな考えが豊かに流れるように浮かんできたのであれば、……それらの書簡のさまざまな考察をフォントネルの対話の第二部に入れたいと思ったであろう。宇宙について私が述べることは、フォントネルが進んで用いている渦動を除いて、基本的にフォントネルの思想の延長にあるものとして、どれほど役立つかということが読者各位にはわかるだろう。[41]

ランベルトはフォントネルのような流暢な文体には欠けていたが、より広い天文学上の知識によって、このフランス人の主要な関心事であった太陽系をはるかに越えたところにまで生命の存在範囲を広げたのである。ランベルトの『宇宙論書簡』に見られるもうひとつの目立った特徴は、彗星に対するなみなみならぬ関心である。代表的なランベルト研究者であるロジェ・ジャケルは、ランベルトの宇宙論を宇宙論の全歴史の中で「最も彗星過剰」だとさえ評している。[42] 徹底的な多世界論も居住者のいる彗星に対する情熱も、著作の至る所に見られる目的論的観点からくるものである。ランベルトの論考を構成している二〇通の書簡の七番目の中で、ランベルトの対談者が述べているように、「あなたは、目的論から目的を導き出し、経験からその目的のための手段が手に入りうると思っている」[43]。ランベルトの目的論的方法が顕著に見られるのは、ウィストンらに対抗して、地球人は彗星の衝突を恐れる必要がないことを示そうとする十分科学的に練りあげられた議論や、何千あるいはもしかすると何百万もの彗星がわれわれの太陽系の中を回っており、類推すれば、その他の系の中でもそうであるという根拠の乏しい主張である。聡明なニュートン主義者であったランベルトは、彗星が楕円軌道かそれとも回帰しない放物線や双曲線の軌道をとることに気づいていた。後者の軌道を自分の体系に組み入れるに際して、彗星は、ある系から別の系へと通過するのであり、ある時代に膨張してこれらの彗星を居住可能な状態に保つ大気に恵まれて、天文学に興味をもつ地球外生命が住むのだと提起している。ウィリアム・ハーシェルが「最も空想的な想像に満ちている」★44と評した著者の最も空想的な一節で、ランベルトは対談者を利用して、系から系へと旅する者たちをさらに詳しく描いている。

> あなたがそのような天体にいるとする天文学者たちを私は最も高位に位置づけます。地球上で私たちが町から町へ行くように、彼らの道は諸太陽から始まり、また私たちの場合には数日のところが、彼らのところでは数万年かかるのです。……私たちの最大の単位が彼らの最小単位であり、私たちの数百万でも彼らの掛け算表には不十分なのです。彼らはそれぞれの太陽の暖かさや明るさを知っていて、一定の距離でその周りを回る各惑星の住人の一般的特徴を一度で確定します。彼らの一年はある太陽から別の太陽までの時間です。彼らの冬は介在する空間、あるいは別の太陽に行くまでの間にあり、彼らは旅程を変える時を祝います。各旅程の近日点が彼らの夏なのです。

この一節を書いた時は決して本気ではなかったかもしれない。しかし、伝統的な宗教観やライプニッツ=ヴォルフ哲学の教養で知られていた、科学者であり哲学者であったランベルトは、文字どおりに受け取られることを意図して、次のように述べている。「造物主は……ひとつひとつの塵にも生命や力や活動を刻み込むほど有能なのである。……もし正しい世界観を形成したいと思うなら、全世界を居住地にするという神の意図を正しく基本に置くべきである……」。ランベルトは、すべての天体が居住可能であると言うばかりでなく、「あらゆる可能な種類と形態の無数の居住者」がそれぞれの天体に存在すると言う。そうでなければならない理由は、「一般法則が許すあらゆる可能な多様性は実現されるべきであり、それによって完全性はより大きくなるからである」。ランベルトは、充満の原理についてはライトやカントと意見を同じくしているが、宇宙空間の無限性についてはこれを退けている。従って彼が提起した階層的に配置された天の川という体系は、ある地点でおそらく千番目のところで途絶えていると考えられていた。

確かにこれらの考えのいくつかは空想的であったが、ランベルトはカント以上にしばしば個々の主張を思弁的とみなし、それぞれの主張が持つ確実性の度合いを確定しようとしている。[★45] 例えば、結びの書簡で次のように認めている。「本当に、私は信用できるものの限界を少々越えてしまったのではないだろうか。それぞれについて観察に基づく適切な証拠が手元にないのに、また、どのくらいまでそれらが適用できるのかも分からずに、結論を下したのである」。定量的な法則や経験による検証が必要であることに十分気づいていたが、ランベルトは、その書簡で、単純性、調和、そして関連性もまた仮説を評価する場合に考慮されるべき要因となると述べている。ランベルトを「理性の法廷の前で立ち止ま」らせたものは、科学的議論が持つこうした要因に対する彼の感受性であった。

ランベルトの著作は、一八世紀にライトやカントの著作以上に、世界的に読者を獲得していた。ライトの著作は一八三〇年代になって初めて再版され、カントの著作は一八世紀末にいくつかのドイツ語版があったが、一世紀以上経ってやっとフランス語と英語に翻訳された。これに対して、ランベルトの著作は、スイスの友人J・B・メリアンが抄訳したものによって、一七七〇年にはフランスの大衆に手に入るようになっていた。メリアンは、それを出版するに当たって、ランベルトの科学の多くと方法論に関する議論のほとんどを省いたのであるが、多世界論的教説を薄めることはなかった。フランスの読者には、トゥールーズの天文学者アントワーヌ・ダルキエ(1718-1802)による一八〇一年の完訳の方がさらに有益であった。オランダの天文学者J・M・C・ファン・ウテンホーフェ(1773-1836)によって広範な注釈が付けられていたからである。ロシアの読者は、一七九七年ミハイル・ローズィンがメリアンの要約を翻訳したものによって、ランベルトの考えを知ることができた。メリアンの要約はまた、一八〇〇年ジェイムズ・ジャックが英訳を出版した時にもテクストとして使われたのであった。ランベルトの著作がこうしたさまざまな版で出版されたのはなぜであろうか。ランベルトの恒星に関する諸仮説が先駆的で、時代に先行していたためであろうか、それとも、多世界論的思弁が刺激的で時代に合ったためなのであろうか。こうした問いに答えることは、有意義な研究課題であろう。一般的には後者ではないかと思われている。

多世界論的な考え方は、ライト、カント、ランベルトのそれぞれの著作にきわめて顕著に浸透している。その理由は、一つには、広く宇宙の問題を研究したいという願望を彼らが皆持っていたことによる。しかも、充満の原理に対する信仰が、彼らに大きな影響を与えていたのである。神は全能性を最大に発揮する活動者であると考え、そのために大いなる存在連鎖をもつ宇宙は居住可能であると確信したために、彼らは、彼らの居住地を神がどのように設計したかを確定しようとしたのであった。皮肉にも、これら三人の恒星天文学の先駆者たちは、当時の人々と同じように恒星に関心はなかったのかもしれない。むしろ関心をもち体系化しようとしたのは、生物の住む惑星体系なのであった。彼らにとって、天の川は、第一義的には白熱した球体の巨大な配列ではなく、むしろ恒星の諸系の中で明らかに観測不能な惑星に住む無数の存在に役立つ熱源と光源の目に見える堆積であった。もし、彼らの著作を有名にしたこれらの思想を彼らが追求した時に、多世界論がある程度刺激となり、力となったということが正しいとすれば、目的論的アプローチはしばしば発見に役立つという『宇宙論書簡』のランベルトの言葉の正しいことが例証されよう。

R・G・コリングウッドが「人間の生活と思想のあらゆる分野を世俗化する[★46]」努力の時代と特徴づけた啓蒙の時代の最中に、ライト、カント、ランベルトは自分たちの著作を残した。しかし彼らの著作は、「不信心な天文学者は気違いである」というヤングの言葉と軌を一にするものと考えられ、一見、経験主義、ニュートン主義、そして現世主義の時代としての啓蒙運動とは調和せず、コリングウッドの言葉とも合致しないように見える。確かに、ライト、カント、ランベルトは、同時代人たちの望遠鏡による観測に関心を持ち、程度の差こそあれ、そうした知識を持っていた。しかし、類推による議論や充満の原理が彼らの思想により大きな影響を与えていたのである。それぞれニュートンを知っていたが、ニュートンの科学的、方法論的原理をはるかに越え、場合によってはそれに反してしまったのである。

ライトによる球状の殻をした諸宇宙、カントによる鈍い水星人と優れた土星人、そしてランベルトによる彗星天文学者などは、現在では、彼らの著作中に展開された優れた学説の奇怪な付属物とみなされている。しかし、この三人の著者は実際は伝統的宗教概念を物理学の用語で解釈することによってそれらを変容させようとしていたのだと考えれば、より深い意味で、カントとランベルトによる天使のような超越的存在や、ライトによる神が中心にある殻というような考え方が、コリングウッドの指摘の正しさを示すものであることが分かるであろう。精神的なものと天空のものとをこのように混同する例は、もちろんこの三人に限ったことではなく、本書の中で何度も登場するであろう。彼らの著作を知ることなく一七七〇、八〇年代にちょうど同じことを探求し始め、さらにそれを推し進めた最も偉大な恒星天文学者ウィリアム・ハーシェルの著作において、特に、そのことが言えるのである。

2 ウィリアム・ハーシェル卿――「私を気違いと呼ばないと約束してくれ」

ハーシェルについて論じる前に、彼に多大な影響を及ぼしたと思われるジェイムズ・ファーガスン(1710-76)について検討しておく方がいいだろう。ファーガスンが正規に受けた教育はスコットランドのグラマー・スクールでの三か月間だけである。羊飼いから器械制作者になったこの人物は、天文学関係の多くの通俗的科学論文を公刊した。中でも最も有名なのは一七回版を重ねた『アイザック・ニュートン卿の諸原理に基づく天文学』(1756)(以下『天文学』)である。この書物の魅力は、初歩的ではあるが明晰な説明の他に、敬虔な多世界論にあった。ファーガスンは天文学を諸科学のうちで「最も崇高で、最も興味深く、最も有益」なものであるとし、天文学を通じてわれわれの知性は「至高存在の実在、叡智、力、善、そして支配を、明確に納得し、さらに確信をもつに至る」[★47]と主張している。造物主のこれらの諸性格からして、ファーガスンは、神が星を創ったのは、第一義的にはわれわれの地球を照らすためではなく、そうであればわれわれの月の方がまだましであって、むしろそれら自身の惑星系のためであると確信した。ファーガスンによれば、天文学は「われわれに……限りない空間に散らばる考えられないほどの数の太陽、系、そして世界を発見してくれる……」。さらに、「われわれ自身の系で知られることから、その他のすべての系に、神の叡智によって、理性的居住者のための諸条件が、考案され、配置され、与えられていると正当に結論できるであろう」と述べている。要するに、ファーガスンの宇宙には、「一万の一万倍の世界を持ち……完全性と至福における限りない進歩に向かって形成された、無数の知的存在が居住する……数千の数千倍の太陽」が含まれているのである。

ファーガスンは主に太陽系について論じ、それぞれの居住者の夜を照らすために地球より外側の惑星には余分の月があり、土星の場合には環があると述べている。また、「われわれは望遠鏡の助けによって、月が高い山、大渓谷、深い空洞に富んでいるのを観測する。これらの類似性からみて、慈善心に富んだ造物主を知り崇拝する能力を与えられた生物にとって、太陽系の惑星と月すべてが、便利な居住地として設計されたことを疑う余地はない」とも述べている。月の生命については非常に自信をもっていて、地球は、「月にとっての月」であるばかりでなく、月から見える空に多かれ少なかれ固定した位置を占めているので、月の居住者は地球によって月の経度を決定できるとさえ述べている。彗星については、「極端な熱、濃厚な大気、混沌とした状態などから、一見したところ理性的存在にとって……全く適していないように見える……」。それにもかかわらず、神は「無限の力と善」によって、「あらゆる状態や環境に適した生物を創ることができる」と主張して、彗星に居住者を認めている。そのような神の行為は、「物質が存在するのは知性のためだけであり、常に……生命をはらんでいるか、あるいは必然的に生命に役立っている……」という事実からして明らかだと主張している。

望遠鏡以上に目的論が、そして厳密な計算以上に宗教的信念が、ファーガスンをこのような空想へ導いたことは言うまでもない。それにもかかわらず、彼の著作は天文学的情報に富んでいたので、『エンサイクロペディア・ブリタニカ』が一七七一年に出始めた時、その編集者はファーガスンの『天文学』の要約を、「天文学」という長文の項目として無記名で載せたのである。精力的だったファーガスンは、多世界論的天文学の熱意をさまざまな方法でイギリスの大衆に伝えた。例えば、バース、ブリストル、ロンドンなどの都市で天文学に関する通俗的な講演を行っている。イギリスの子供たちに多世界論を紹介したのはファーガスンが最初ではなかった。著者はジョン・ニューベリーだとする説とオリヴァー・ゴウルドスミスだとする説のある、或る書物の中で一七五八年にすでに多世界論は紹介されている。[★48]しかし、ファーガスンの『若き紳士淑女のための易しい天文学入門』(1768)は、その種の本の中で最も成功したもののひとつであり、十二回も版を重ねたのである。ファーガスンはこの著作の中で対話形式を用いて、ユードシアに次のように言わせている。「私は地球の住人が他の惑星の住人よりも勝れているとは想像できない。反対に、彼らは[神]のことを考えて私たちほど愚かに振る舞うことはなかったと思う」。[★49]ファーガスンの才能は、彼を会員に選出した王立協会や、彼に毎年五〇ポンドを与えた国王ジョージ三世によって認められた。ここでもっと直接的に関連することは、彼の多世界論的主張が、多世界論論争の中心人物となる三人の著述家、すなわちトム・ペイン、デイヴィッド・ブルースター、ウィリアム・ハーシェルに影響を与えたことを示す証拠である。

ウィリアム・ハーシェル卿(1738-1822)が卓越した天文学者であったということに議論の余地はない。しかし、最近の研究によれば、国王ジョージ三世が提供した研究資金によって「かぎ針と八分音符」から救い出されて、天王星を発見した一七八一年の後になってやっと天文学に専念することになったというこのバースの音楽家の経歴を書きかえる必要が生じているのである。今まで、ハーシェルは、根気強い望遠鏡技師として、またエドウィン・ハッブルが指摘したように、カントとは違い、何千もの星雲を観測することなしにはそれらについて論じることをしなかったという典型的な経験論者として、伝えられてきた。★50 また、永遠の夜空について望遠鏡が明らかにするものに専念するために、啓蒙運動の哲学論争を避けていたともみなされてきた。ライト、ランベルト、ファーガスンらが自然神学的逸脱に陥ったのに対して、ハーシェルは彼らには見られない超然たる態度で夜空を研究したのである。★51 このようなハーシェルのイメージは、魅力的ではあるが、マイケル・ホスキンや彼のかつての学生たちによってケンブリッジ大学から出版された最近のハーシェル研究とは一致しないし、筆者がハーシェルの未発表手稿の中に見つけた資料ともあまり一致しない。★52 これらの研究を総合して判断すると、次のように言えるだろう。❶ハーシェルは他に類のない経験論者というより、思弁的傾向のある天体博物学者で、地球外生命の証拠を空想的に追い求めることに夢中だった。❷ハーシェルの努力の多くは、詩人の楽しみ、形而上学者の教説、そして自然神学者のドグマだった多世界論を、天文学者が証明すべきものへと変革する試みとして見た場合に、最も意義深いものとなる。❸ハーシェルの研究構想の中で、多世界論は中心的な要素であり、天文学に関する彼の仕事の多くに影響を与えた。決して多世界論だけではなかったにしても、その形成期においては特にそうであった。

ハーシェルがオーボエ奏者として父親のハノーファー軍楽隊の一員になった一七五三年から、バースのオルガン奏者として趣味の天文学に夢中になっていた一七七〇年代半ばまでの間の経歴については、期待されるほど分かっているわけではない。父親の影響で勉強好きになったということは、軍楽隊と共にイギリスに滞在していた一七五六年にロックの『人間知性論』を読む決心をしたことで分かる。また、イギリスで音楽家として働くために軍楽隊を辞めた一七五七年以降も、この熱意が失せなかったことは、一七六一年までにライプニッツの『弁神論』を読んでいた事実から明らかである。天文学に対する愛着は、一七七三年にファーガスンの『天文学』を購入したことに表れている。これらの三冊の書物に対するハーシェルの関心は、伝記作家たちによって立証されてきたが、★53 それらの書物がすべて多世界論を認めるものであったという点は注目されたことがない。★54 ハーシェルとファーガスンとの関わりあいは、ハーシェルが何か月もの間「鉢[ママ]一杯のミルクとコップ一杯の水とともにベッドに」持っていった『天文学』だけではなかったかもしれない。[55] というのは、ファーガスンが一七六七年と一七七四年にバースで講演を行ったという事実があるからである。一七七三年までに自分の望遠鏡を作るほど天文学に専心していたとすれば、ファーガスンの二回の講義のうち一方か、あるいは両方に出席していたかもしれない。[56] さらに、多世界論的要素を含めファーガスンの天文学上の概念が大きな影響を与えたことを物語る証拠が、ハーシェルの著作中に存在するのである。

ハーシェルが学界に初めて登場したのは、天王星を発見した一七八一年ではなく、王立協会で二つの論文を発表した一七八〇年五月である。その二つのうち長い方の論文は「月の山に関する天文学的観察」であるが、これについてはハーシェルの未発表の手稿から知られる面白い話がある。つまり、当時ハーシェルは、天王星の発見以上に革命的な発見を今にもするところだと信じていたのである。ハーシェルによる月の山に関する論文を読んだ王室天文官のネヴィル・マスキリンは、ハーシェルに測定方法に関する詳細を求め、また、「月の構造の知識から、自ずといくつかの結論……例えば、絶対に確実だというわけではないが、月に居住者がいる可能性にいたる」[57]というハーシェルの主張について質問をした。ハーシェルの月の生命説に関するマスキリンの質問は、公式の学術論文でそのような内容を扱うことが不穏当だと示唆するためになされたのは疑いない。ハーシェルはこの示唆にはほとんど気づかないで、ある論文でマスキリンの質問に答えた。マスキリンはハーシェルの手紙の測定に関する部分を、結局は公刊された論文の付録として付け加えた時でも、さきの論文は公にしなかった。一九一二年のハーシェル選集の出版によって初めてその手紙全体が知られるようになった。ハーシェルは一七八〇年には、月が星を掩蔽する時に星がぼやけないことから、月の大気を否定する証拠に気づき、この推論を立証する観測を自分自身で行ったが、それでもその手紙の中では月の生命の存在を唱えている。そして月の生命の存在を信じたのは、「天文学の若い観測者として、そのような驚くべきものを見た時に経験する、ほとんど逃れることのできないある種の熱狂のせいであろう……」と述べている。ハーシェルはマスキリンに「私を気違いと呼ばないと約束してくれ」と頼んだ後、一年半前に書いた草稿を広範に引用している。その草稿の中でハーシェルは地球と月の類似性にアナロジーを適用し、それに基づいて議論を進め、次のように問うている。

……どこかの月に居住者がいることはまずありえないとか、間違いなくありえないと誰が言えるであろうか。また、この点に関して月が観測不可能であるということもおそらくそれほど確かなことではないであろう。私は、いつの日か生命の明らかな形跡が月で発見されることを期待し、確信している。

後にハーシェルは手紙で次のように説明したが、それでマスキリンの不安が消えることはなかったであろう。「より優美な月を運ぶ天の馬車の役割を地球が演じている。地球は月に栄光を与えるべく運命づけられている。……私としては、もし地球と月のどちらかを選ぶとすれば、ためらうことなく居住地として月を選ぶだろう」。

ハーシェルのマスキリンへの手紙は抑制のないもののように見えるが、これ以上強い口調では主張しまいとする自制がハーシェルにあったかもしれない。このことは、ハーシェルの月の観測に関する未発表の資料から分かる。この資料によれば、ハーシェルが一七八〇年にはすでに月の生命を証明する有力な観測結果を手に入れたと信じていたからである。例えば、最も早い月の観測としては一七七六年五月二八日のものがあり、その時、新たに手に入れた望遠鏡を用いて、ハーシェルが見たものは

……今まで観測したことのなかったものであり、それは望遠鏡の倍率と分解能のおかげだと思う。しかしもしかしたらそれは光学上の錯覚なのかもしれない……。私は、成長する物質と即座に考えられるものを見たと思った。それら

の大きさからすると木と呼ぶことはできないから、木とは呼ばないでおこう。あるいは、木と呼ぶとすれば、どんなに大きなものをも含む極めて広い意味で理解されなければならない……。私の関心は主に「土の海」に向いていたのだが、今ではそれは森だと思っている。この言葉もまた、適度に広い意味でそのように大きな成長する物質から成っていると理解されねばならない。★58

続いてハーシェルはその森のスケッチ(図2.2)を描き、月の森が地球から見えるかどうかを分析している。

最も高い木でもその距離では見えなくなってしまうだろう。植物の創造(動物も同じく)が地球上よりも月の方がはるかに大きいということはありえないことではない。おそらくあまりありそうではないが。森が見えるとすれば、少なくとも地球上の木の四、五倍あるいは六倍の木が必要であろう。

しかし森かあるいは芝生や牧草地だとする私の考えは依然として極めて有力である。というのは、そう考えた方がさまざまな色の土地だとするよりも、うまくそのような色を説明できるからである。★59

ハーシェルはこれらの観測について曖昧な点があったために、一七七八年の終わりに新たな分析を行い、その一部をマスキリンへの手紙に引用している。しかしそこには、森ばかりでなく月の町の証拠をも得たと信じていたことを示す次のような箇所は含まれてはいなかった。

地球上では今までにいくつかの変化があり、街を造ったり、航海のために運河を掘ったり、有料道路などを造ったりすることが、月の居住者によって目撃されるほどの規模で毎日行われている。われわれは月に多少とも似たような

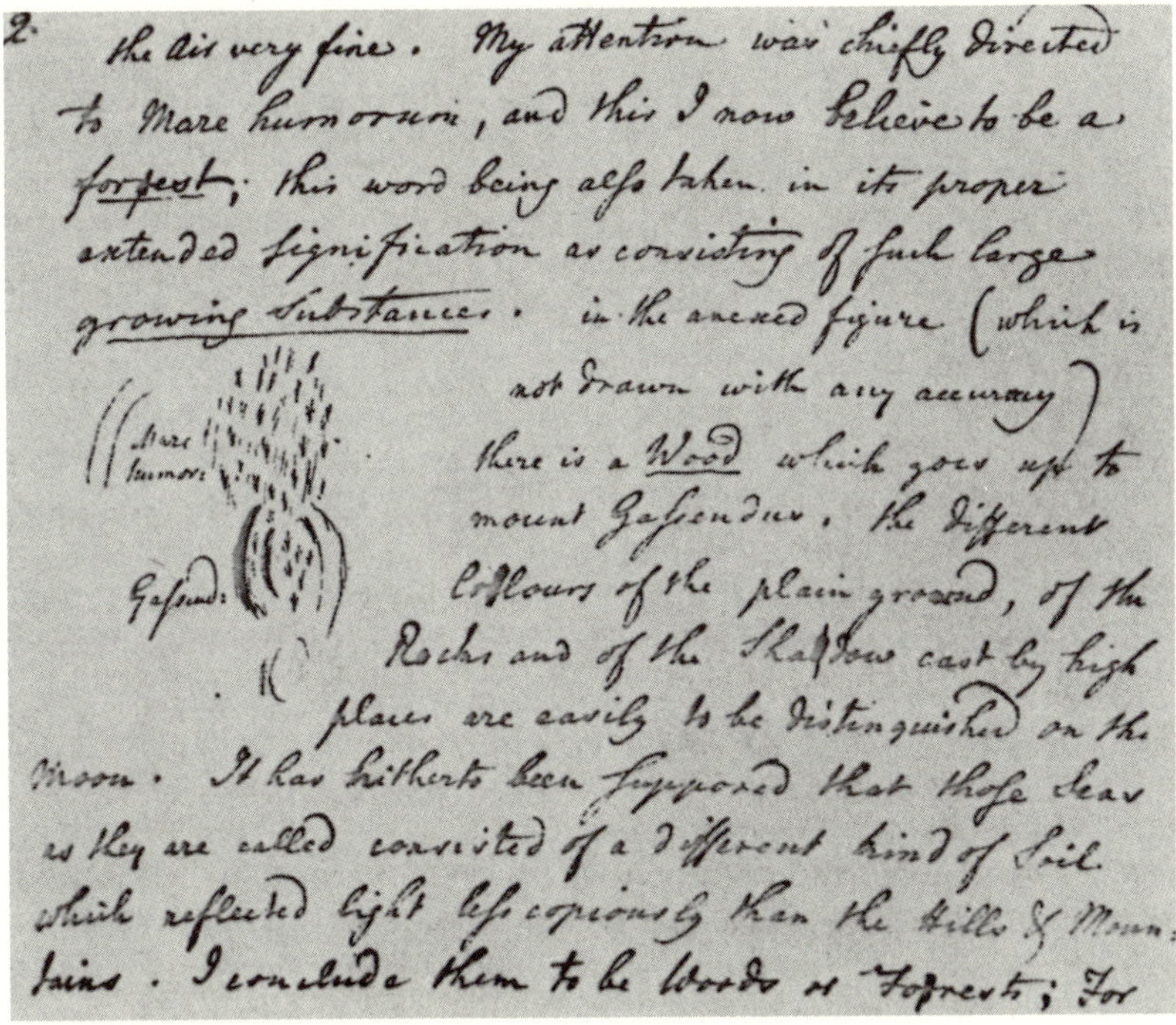

2. the Air very fine. My attention was chiefly directed
to Mare humorum, and this I now believe to be a
forest, this word being also taken in its proper
extended signification as consisting of such large
growing Substances. in the annexed figure (which is
not drawn with any accuracy)
there is a Wood which goes up to
mount Gassendus. the different
Collours of the plain ground, of the
Rocks and of the Shadows cast by high
places are easily to be distinguished on the
Moon. It has hitherto been supposed that those Seas
as they are called consisted of a different kind of Soil
which reflected light less copiously than the Hills & Moun-
tains. I conclude them to be Woods or Forests; For

図2.2　月の観測に関するハーシェルの未公刊の手記の一部。
ハーシェルが観測したと信じた月の森の素描が見える(王立天文学協会のご好意による)。

自然が存在することを期待できないのであろうか。月に円形の建造物が存在することを認めるべき理由がある。すなわち、大気が地球よりもずっと希薄で、その結果、太陽の光を屈折させることも、(そこで輝く雲によって)反射させることもあまりできないので、円形であればこの欠点を補うであろうと考えることは極めて自然なことである。というのは、この形の建物であればその半分は太陽の直接光を、もう半分は太陽の反射光を受けるからである。それでは月の上では、すべての町がひとつの非常に大きな円形状のものなのだろうか。……月人が地球上の新たな町の建造物を見ることができるように、われわれが新たな小さな円形建造物が建つのを見られると決まっているわけではない。将来は望遠鏡で見ることができるだろう……。この問題について多少なりとも考えると、月に見える無数の円形建造物は、月人の建てたものであり、彼らの町と呼んでもよいと確信できる。……さて、もしわれわれが新たな建設を発見できるとすれば、すでに建てられている町の正確な一覧表が必要となることは明らかである。しかしこれは容易にできる仕事ではなく、多くの注意深い天文学者による観測と、できる限りの優れた器具が必要となるだろう。しかしこれこそ私が始めようとしていることなのである。★60

ハーシェルはこの注目すべき研究計画を立てた後、数多くの月の観測を始めたが、その計画はおそらくより良い望遠鏡を作ろうと努力する大きな要因になったであろう。月観測に関するハーシェルの著書によれば、月の「円形建造物」を分類するために、最初は「主要都市、都市、村」という用語を選んだが、最後には「大きな場所、中間の場所、小さな場所」という平凡な用語で満足した。★61 一七七九年六月一七日の記載には、「明らかに、自然というよりは人工によると思われる堀または運河」の観測記録が見られる。また、一か月後には「危機の海」あたりの新たな地点を観測し、「……これは都市だと思う」と記している。★62 一七八〇年から一七八一年までにも多くの月の観測が記録されているが、八〇年の観測の多くは、月の山の高さの測定であった。八一年の観測では、より実りある結果が得られている。すなわちその年の六月末の観測で、「植物」の畑、「有料道路」、「円形建造物」が数多く散在することを確認している。[63] 別のある夕方には、「緑がかった」地域を報告している。[64] 一七八三年には、月の裏側を通過する星が徐々に消えていったと報告し、月に大気が存在することを指摘している。また、同年には「二つの小さなピラミッド」を発見している。[65] スコットランドの天文学者アリグザンダー・ウィルスンに月の生命の存在を立証する仕事を託した一七八三年以降、ハーシェル自身による月の観測は極めて少なくなっていったように思われる。

月に生命の痕跡を発見しようという試みは、私が実現に向けて努力してきたさまざまな試みのひとつであり、今や五、六年になるが、月の住人の存在を示す明白なあるいは観測上の証拠を発見するに至ってはいない。しかしアナロジーによって主張できる根拠が、多くの観測によって、少なくとももっと説得力のあるものとなることを依然として期待している。月を観る際に今まで適切なものとして使うことができた最高倍率は九三二である。従って、どんなものが見えるかを判断することは容易である。だがここ二年間多くの中断「例えば天王星の発見」があり、改良した器具で思う存分このテーマに関する観測ができなかった。たいへん幸運なことに、われらの慈悲深き君主が研究を可能にして下さった。それは、あまりにも大きな愛着を感じていたので、以前他の仕事がいろいろあったにもかかわらず従事していた研究である。[66]

ハーシェルが月の生命の発見を期待していたことに、何人の天文学者が気づいていたかは分からない。こうしたことを専門的にやっていく過程で、ハーシェルがそのような問題を口にすればするほど、人々に「精神病院が似合う」[67]と言われたのかもしれない。事実はどうであれ、出版物の中で月の生命を証明する観測を主張しなかったのは、ハーシェルの職業意識のひとつの現れである。だからおそらく、一七八二年のアリグザンダー・オーバート宛ての手紙で嘆いたように、「森」、「都市」、「有料道路」などを望遠鏡による錯覚の一部として退けたのであろう。

これらの器具は、私に非常に多くの錯覚を引き起こしたので、ついにそれらが気まぐれだということが分かった。……私は、それらが活躍する決定的瞬間を見つけようと、それらをいろいろな倍率で苦しめたり、付き添っておだてたりしてきた。また、焦点距離の短い反射鏡や長い反射鏡、口径の大きな反射鏡や小さな反射鏡でそれらを試してきた。もしそれらに結局私に対する思いやりがなかったならば、そうしたことは困難であろう。★68

ハーシェルは、月ばかりでなく惑星やその衛星にも生命が存在すると確信していた。火星に関する一七八四年の論文では、地球と火星の間の類似性を強調し、繰り返し火星の居住者に言及している。事実、ハーシェルの結論的なものは、火星には「かなりの、しかし適度の大気があり、そのために、火星の居住者は多分多くの点でわれわれに似た状況にある」ということである。別の論文では不用意に、「土星またはジョージ王の惑星［天王星］の居住者」や「木星、土星、ジョージ王の惑星の諸衛星の居住者」にも言及している。ケレスとパラスという小惑星の発見直後、それらには「かなりの大気がある」という観測を報告している。このいい加減な観測は、ハーシェルの多世界論的傾向によるものだったかもしれない。

またハーシェルは、いくつかの著作によれば、居住者のいる惑星が別の星の周りを回っていると考えていたと思われる。一七八三年の論文では、変光星アルゴルの観測は「太陽系の複数性」の根拠となると主張し、それによってこの観測を正当化している。そのような別の太陽系の惑星が「われわれには知覚され得ない」ことを認めつつも、すべての恒星は「おそらくわれわれの太陽と同じく、惑星、衛星、彗星の系にとって重要なのである……」と述べている。要点は一七九五年の次の言葉に最も明確に現れている。すなわち、「恒星は太陽であると思われ、そして一般常識では太陽は惑星系を照らし、暖め、維持する役を果たす天体なのだから、われわれは生物の居住地として使われる無数の天体を考えてもよい」、とアナロジーによって断定できるというのである。この主張は極めて重要なものであったことがわかる。というのは、一七八〇年代に、望遠鏡で見つけた何百もの星雲のほとんどが天の川に匹敵する完全な宇宙であると、ハーシェルが信じるに至ったからである。一七八六年にハーシェルを訪れた女流詩人ファニ・バーニの感嘆の叫びに出会うのはこうした文脈においてである。「彼は千五百の宇宙を発見しました。さらにどれだけ多くの宇宙を見つけるか誰が推測できましょうか」[★69]。

ハーシェルが多世界論に対する固い信念を持ち続けたことは、一七九五年の論文に明確に現れている。特にこの論文を、一七八七年の『ジェントルマンズ・マガジン』に報告された出来事と関連させて見るとそのことが言える。エリオット博士という人物が、ある婦人のマントの近くでピストルを打ち、マントに火をつけたことでロンドンで裁判にかけられた。エリオット側は精神錯乱を申し立てた。シモンズ博士という人物はそれを支持するために、エリオットの異常行動の実例を列挙し、特に、太陽に居住者がいるとする論文を王立協会に提出するために準備したことを詳しく述べたのである[★70]。他方、ハーシェルは、一七九五年に王立協会の『哲学紀要』で、太陽は、冷たく固い球面状の内部を持ち、その上には、赤く燃える外側の光線を反射し、同時に過度の熱と光から内部を保護する透明な雲の層が浮かんでいるという理論を発表した。この時読者は、どのように反応したであろうか。ハーシェルによれば、「太陽は……非常に目立つ、大きくて明るい惑星にすぎないように思われる。われわれの系の明らかに最初の惑星、あるいは厳密に言うと、唯一の第一位の惑星である……。太陽系の他の天体との類似性からすると……まず間違いなく、あの巨大な天体の独特な環境に適応した器官を持つ存在が……住んでいると考えられる」[★71]。ハーシェルは、太陽を「不道徳な者に対する刑罰にふさわしい場所として」表現する「空想的な詩人」の理論と自分の理論を対比し、自分の主張が「天文学の諸原理に」基づくものだと主張している。ハーシェルはアナロジーを用いて議論を進め、望遠鏡によって月と地球の間の数多くの類似性が明らかになるとも言うのである。そして、地球上の生物でもさまざまな環境の中で生息していることを指摘し、明らかに相違はあるにしても問題はないと言う。

人間は地上を歩くが、鳥は空を飛び、魚は水中を泳ぐ。もし、地球上のわれわれがわれわれの状況に適しているように、月に住む居住者がその状況に適しているならば、月が持ついろいろな便利さを認めないわけにはいかない。全くの同一性、あるいはすべてが同じということは、むしろ不完全さを示しているように思われる。自然は決してわれわれにそのようなものを見せないのである……。

結局ハーシェルは、地球人が太陽に生命を認めないのは、衛星の居住者が惑星に生命を認めないのと同じく、筋が通らないと主張する。このような議論をみると、太陽と月の生命に関するハーシェルの見解は「科学的根拠以上に形而上学的根拠に基づいている……」[★72]とするE・S・ホールデンの意見は正しいように思われる。

しかしながらホールデンの結論は、当時の天文学の第一人者がなぜそのような奇妙な理論を受け入れたのかを説明していない点では不十分である。早くも一七八〇年に、ハーシェルはこの太陽モデルのひとつを考えていたのだが、その時から一七九五年までの間に、多世界論的形而上学から見れば実質的にそのモデルをいっそう魅力的なものにする天文学上の証拠を蓄積していたのである。特に、この間の恒星研究を通じて、太陽に関する一七九五年の論文で「非常に圧縮された星の集団」と書いたものを観測するに至ったのである。さらにそのような集団となっている星について次のように述べている。

……それらの諸惑星が割り込む余地を［集団になっている星に］認めうるほど十分な相互距離があるとすることはほとんど

不可能であろう。それらの星はそれらの惑星を支えるために存在すると考えられてきたし、事実そう考えられるかもしれないのだが。従って、それらはそれらだけで存在している可能性が極めて高いと思われる。事実は、極めて重要な光輝く第一位の諸惑星であって、互いに支え合うひとつの大きな系の中で共に結びついているのである。

こうしてハーシェルは、「ただ無益に輝く諸点」とする見解からこれらの星を救う道を見いだしたのである。言い換えれば目的論に基づく多世界論的形而上学を一つの重大な困難から救う道を見つけたのであった。ハーシェルの太陽理論は一時の気まぐれではなかった。というのは、一八〇一年の論文の中で、太陽を「非常にすばらしい居住可能な天体」だと述べ、さらにその理論を精密に仕上げているからであり、また、一八一四年には星が「非常に多くの透明で居住可能な惑星」だと言っているからである。アグネス・クラークは一八八五年に、ハーシェルの太陽モデルがアナクサゴラスのそれよりも単純なものだと書いているが、それは一八五〇年代まで好ましい太陽理論として受け入れられ続けたのである。★73

ハーシェルの多世界論に対する信念は、彗星にまで拡大することはなかった。このことや他の興味深い点は、一七九九年に書かれた未発表の詳しいメモに明らかである。この年にハーシェルは、J・B・メリアンのフランス語の要約で初めてランベルトの『宇宙論書簡』を読んだ。ランベルトの著作が「最も空想的な想像に満ちている」というハーシェルの評は、これらのメモの中でさらに詳しく書かれている。その一部を次に挙げよう。数字はメリアンのテクストの頁を表している。

24—砂粒のような諸世界、そして居住者たち。このパラグラフはあまりに詩的で哲学的とは言えない。

26—「諸世界を破壊し、新たな諸世界を創造することなしには前進することができない」。こんな言い回しは、言葉の乱用だ。
38—「あの輝くものには居住者がいる」と著者は考えている。全く詩的だ。
60—著者は完全に造物主の秘密を知っているようだ。彼は余地が見いだせるだけ多くの天体を作る……。彼はわれわれに最も完全な計画がどれであるかを教えてくれる。
64—著者は今や非常に彗星が気に入り、惑星の存在のことで弁明する必要があると感じている。
79—今や、われわれも天文学者たちのために運行する天体を持っている。著者たち［ママ］はその一つにいないことを残念に思っている。
140—著者［ママ］は今や、空想の飛行に際して詩人のすべての免許［ママ］をすべて使う。そのために目眩がして、どこに立ち止まるべきかもわからない、と告白する。私はこれを天文学とは呼ばず、でたらめな想像と呼ぶ。[★74]

この抜粋は、ランベルトの多世界論に関してハーシェルが触れている箇所すべてである。これはまた、ここに含まれていないもの、つまりランベルトの極端な目的論的アプローチに対する明快な批判がないという点で興味深い。それは、ハーシェルがランベルトの多世界論ではなく、その提示の仕方のみを不快に感じたからだと思われる。ハーシェルは、ランベルトの言う彗星の居住者を否定する観測上の根拠を持っていたが、この考えを否定した第一の理由は、おそらく自分の進化論的宇宙論によって、彗星を別の仕方で目的論的に正当化できると思ったからであろう。そしてそれが星の若返りのメカニズムなのであった。

ハーシェルの経歴を大まかに見ると、ハーシェル研究者が多分今日まで満足に答えられなかった少なくとも三つの疑問が生じてくる。まず、なぜ天文学のために音楽をあきらめる気になったのか。その理由は新たな惑星を発見したかったからであるはずはない（実際には発見したのだが）。なぜなら、天王星を見つけた後の数週間は、それを彗星だと考えていたからである。また観測に基づく恒星天文学の創始者となろうと決心したからでもなかった(実際にはその創始者になったのだが)。なぜならこの分野は一七八〇年代初めにはほとんど存在していなかったからである。[★75] 第二に、巨大望遠鏡を制作するという類い稀な努力をしたのはなぜか。位置天文学が主流をなしていた時代においては、そのような望遠鏡が役に立つかどうかはほとんど分からなかったはずだからである。最近の研究で明らかになったように、当時の科学者たちは、最初のうちは、大望遠鏡を重用することや彼の天文学概念全体を奇妙なものと見ていたからである。[★76] 第三に、国王ジョージ三世がハーシェルに年俸を与えたばかりでなく、空前の規模の望遠鏡を建造するために四〇〇〇ポンドもの大金を気前よく出したのはなぜか。ハーシェルの地球外生命の最近の研究によれば、これらの疑問に新たな光を投じるように、ハーシェルの経歴を部分的に推測し再構成することも可能である。ハーシェルの天文学への参入は、主として、ファーガスンなどの作品に見られる敬虔な多世界論がもつ魅力のためであった可能性がある。月の生命を主張するファーガスンに魅了されたハーシェルは、不明瞭ではあるが早い時期になされた観測に勇気づけられ、無邪気だったとはいえ、大胆にも直接月の生命を見つけようとしたのである。このような期待が、望遠鏡を改良する情熱に火をつけ、その他の用途も見つけるに至ったのである。しかし、天文学仲間との付き合いが広がるにつれて、地球外生命を求める自分の努力が疑いの目で見られていることに気づいた。マスキリンに強烈に非難された後、月の生命を見つけるという希望をウィルスン以外の者に打ち明けたかどうかは分からない。しかし推測で言えば、ジョージ王の惑星の発見はより劇的な発見の前奏に過ぎないのに、器具が十分でないために研究が進展しないことを国王に打ち明けたことで、君主が寛大さを示した可能性もある。このような内緒の話があったために、国王は一七八八年に精神病を煩った時、ハーシェルの望遠鏡があればハノーファーを見ることができるという妄想を抱いたのかもしれない。[★77]

このような再構成は明らかに推測であるが、ハーシェルが生涯を通じて地球外生命の考えに傾倒していたことは確かである。こうして、最初は観測に尽力するのであるが、それはしだいにサイモン・シェイファーの言う「地球外生命の物質的条件の執拗な追求……」[★78]に道を譲るのである。太陽における生命の研究など後期の研究の中でハーシェルが展開した諸理論も、結局は初期の努力と同じく成功しなかったのかもしれない。しかし、それらが一世代あるいはそれ以上の世代の多世界論者たちに勇気を与えたことは確かである。その中には後で述べるようにハーシェルの優れた息子ジョンも含まれていた。このようなハーシェルの経歴分析を誤解しないためにも、地球外生命を追ったことで彼を「狂人《ルナティック》」とみなす(ハーシェルはマスキリンがそう決めつけるのを恐れた)かどうかは問題にすべきである。ケプラーがピュタゴラス主義に、またニュートンが錬金術に深く関わっていたことが科学史家たちによって証明されている現在、そのようなレッテルは確かに不適切であろう。ハーシェルは、ケプラーやニュートンと同じく、顕著な天才であり、また「時代の人」でもあったのである。実際ハーシェルが「時代の人」であったことは、ハーシェルに劣らず多世界論に深く関わった一八世紀の多くの知識人たちを見ていくにつれていっそう明らかになるであろう。

3 ハーシェルと同時代の大陸の科学者——シュレーターとボーデ、ラプラスとラランド

もし一八世紀末のある地球人が、地球外生命の問題を議論するために地球で最も卓越した五人の天文学者を集めたとすれば、当然彼はハーシェル、シュレーター、ボーデ、ラプラス、ラランドの五人を選んだであろう。この計画は五人とも賛成側にいるということで認められないかもしれないが、もし実現すれば活発な議論を生んだであろう。なぜならこの節で述べるように、後の四人は、単にハーシェルと異なるばかりでなく、互いに異なる方向に多世界論を発展させたからである。ヨハン・ハイロニムス・シュレーター(1745-1816)は、さまざまな点で経歴がハーシェルに似て

いることから、「ドイツのハーシェル」[★79]と呼ばれたこともある。しかもハーシェルが最初に使っていた望遠鏡のいくつかを手に入れてもいたのである。北ドイツのリーリエンタールの行政官であったシュレーターは、一七九〇年代半ばに、当時大陸で最大の一八・五インチの口径をもつ自分用の反射望遠鏡の建造を監督した。何十年にもわたって続けられた観測は、一八一三年に進攻してきたフランス軍が天文台を略奪し、記録を台なしにした時に初めて中断した。シュレーターが夢中になったのは惑星と月の観測であったが、月の観測は当時最も詳しい月の研究書であった『月面地形図集』二巻(1791, 1802)となって実を結んだ。それは、月の地図を作るという以上に、月の居住者、あるいはヘヴェリウスに従ってシュレーターが「月人」と呼んだものの議論に満ちている。第一巻では月の大気についてたびたび言及して、月人を登場させる伏線を張り、最後の三節でやっと主要論点に触れて次のように述べている。

……私は次のように確信する。それぞれの自然設計に従って編成され、神の力と善を賞賛する生き物で満ちるように、すべての天体は全能者によって自然界に配置されている。また造物主の無限の偉大さは、確かにそれぞれの天体の生物の無限の多様性にも啓示されているが、宇宙におけるさまざまな天体の配置が数多く類似している点でも賞賛されるべきである。[★80]

そして、この主張を裏づけるために、惑星間の類似性を挙げ、生命が地球に限られると主張することは、森の中の多くの類似した木の一本だけに実がなると言うのと同じだと述べている。

古今の大家たちに基づく議論と同じく、これもまた全く伝統的な議論である。従って、注目に値すると思えるものは、その後の観測に基づく主張である。もしわれわれが月の山の頂に運ばれたとすれば、月人に対する全能者の配慮を示すような光景に出会うだろうと述べた後、さらに次のように続けている。

少なくとも私は……プラトンやニュートンという［月の］地形は、隣接する雨の海の灰色の表面とともに、［イタリアの］カンパーニア地方の平野と同じく肥沃であると想像する。自然は猛威をふるうことはなく、理性的動物が静かに耕作するのに恵まれた温暖な土地も存在する。彼らは……畑の実に感謝し、おそらく、モンブランや［ある］クレーター山脈が新たに爆発し、それによって混乱を引き起こし、また多くの月の多くの家々を押し流すことだけを恐れている。少なくともモンブランの南の地域は、一般にフレグリーン平原と多くの類似性があり、イタリアのアペニン山脈がヴェスヴィオ山で終わっているように、月のアルプス山脈もしばしば新しい小噴火口で終わっている。

このような考えが「行き過ぎた空想」と思えないように、経験に基づく根拠を読者に思い起こさせ、月で観測したと報告していた色の変化は、「ことによると」耕作されている月の地表面かもしれないと述べている。同様に、また、次のようにも言う。

……多くの小さな斑点は……理性を持つ月の居住者が建造した住宅である。またたぶんそのことや［月に］産業があるということで……なぜそのような多くの物体が、同じ角度の光のもとでしばしば見えなくなるのか、そして見える時でも、明るく見える時と暗く見える時があるのはなぜかということが説明される……。もし月から観測したとすれば、まさにそのような見かけの変化がしばしば霧に覆われる地球上の多くの大都市に見られるであろう。

シュレーターは、一一年後の『月面地形図集』第二巻でも「月人」が存在することを主張し続けた。事実、索引を見ると、この言葉は月の生命に関する一五にも及ぶ箇所で用いられている。

シュレーターは一七九二年、『哲学紀要』に長文の論文を発表し、その中で、「われわれの山のうち最も高い山であるキンボラコの標高の四、五倍あるいは六倍を越える高さの」[★81]山々が金星に存在することを示す観測ばかりでなく、一七九二年二月二四日の月の薄明の観測に基づいて、月に大気が存在すると主張している。シュレーターの月の薄明の観測は、今日では錯覚だったことが分かっており、また、一七九三年にはシュレーターの金星の観測に対して、金星を再観測したハーシェルが異議を唱えた。ハーシェルは、金星に大気があるということには同意したが、シュレーターの言う金星の山々に関しては、「注意不足だったとしても、あるいは器具に欠陥があったとしても、二三マイル以上もの高さのこれらの山々に私が気づかないはずはない……」[★82]と主張している。この論文でハーシェルは、金星の不透明な大気の存在を主張し、そのために金星の表面の様子は大部分が見えないとしている。一七九五年のシュレーターの返答には、「通例澄んでいて透明な」金星の大気を認める議論がいくつか含まれている。そのうちのひとつには、彼の多世界論的な信念が、決して表面下ではなく、前面に出ている。彼は次のような理由で金星に透明な大気があるに違いないと言っている。

> 神の摂理によって金星の居住者たちに、全能の力のなせる業を見、ハーシェルのように、宇宙のはるかかなたの地域を発見する幸せが恵みとして全く与えられない……とは思われない。われわれは、……議論の余地のない実験によって反対のことが確信させられるまでは……、このアナロジーを固守せざるをえない。[★83]

この一節には、惑星や月の詳細を解釈しようとする過度の意気込みと、神の仕業を特定しようとするせっかちな気持が競合している著者の一面が現れている。

一七九六年にシュレーターは、金星に関する最初の著作に金星人の研究をまとめあげた。ここにも彼の多世界論的信念が現れている。例えば、月に関する自分の書物から引用した第一節で本質的に同じ言葉使いで彼の多世界論的信念を繰り返しているのである。[84] シュレーターの『土星図集』(1808)には、地球と同じような特徴が諸惑星にもあるとする考えが再び現れている。最近、土星についてのこの珍しい仕事を検討したジョウジフ・アシュブルックは、「正直な観測記録とそれから導かれたひどく誤った結論が奇妙に混ざり合ったものである。著者は、土星の環には中身がつまっていて、あちこちに山が散在し、固有の大気を持っていると頑強に主張している」[85]と評している。次に出版した『水星図集』(1815-16)では、水星には大気と大きな山々、そして地球と同じ自転周期があるとしているが、これは金星の場合と同じく誤りである。[86] 一八八一年には、シュレーターによる火星の観測や分析が発見され、公表された。火星はシュレーターの望遠鏡でも発見可能な不変の諸特徴を持っているのであるが、自分が見たものは、風に吹かれてできた雲の変化だと考え、本当の特徴はそれによって隠されてしまっていると考えたのは皮肉なことである。[87]

大望遠鏡を作り、惑星や月の表面を精力的に観測したことから、シュレーターを「ドイツのハーシェル」と呼ぶことは当たっているかもしれない。しかし、アシュブルックは、彼に「前世のパーシヴァル・ロウエル」[88]というよりふさわしいあだ名を提案している。また、シュレーターの悲劇は、フランス軍によって天文台を破壊されたことではなく、批判精神の至らなさに無自覚であったことだと言えるかもしれない。シュレーターは、ハーシェルと同じく、豊かな想像力を備えた多世界論者であった。しかし、より有名であった同時代人のハーシェルとは違って、大望遠鏡と勤勉な観測だけでは、アマチュアが天文学の専門家にはなれないことを知らなかったのである。

一八世紀後半に地球外生命を唱えた人々の中で、ヨハン・エーラート・ボーデ(1747-1826)ほど頻繁に、熱烈に主張し、影響力を持っていた者はほとんどいなかったであろう。ボーデの解説のうまさは、『やさしい星学入門』という天文学の入門書を出版した一七六八年に、すでに明らかであった。ランベルトはボーデの計算能力を認め、一七七二年にベルリンのアカデミーに彼を連れていった。このことが機縁となってボーデは、五〇年以上もの間『天文年鑑』の編集者を続け、一七八六年からはベルリン天文台の台長を勤めたのである。このような経歴によって、ボーデの主張は、人々に信頼されるものとなった。少なくとも『やさしい星学入門』の再版が出た一七七二年には多世界論的立場をとり、その再版には、今日ボーデの法則として知られている惑星の距離の概算ばかりでなく、多世界論の章(後で触れる)をも加筆している。一七七六年には、ハーシェルが二〇年後に提起したモデルに似た太陽モデルを提出している。ボーデは、太陽には保護層があり、居住者は冷たいと想定される核にいると考え、太陽は「われわれの地球のように、陸と海から成っていて、その表面は山や谷ででこぼこで、ある高さまでは厚い大気に包まれている、暗い惑星状の天体」★89であるとしている。そして太陽人について、次のように問うている。

誰が彼らの存在を疑おうか。最も賢明な世界の創造主は、一粒の砂粒にも一匹の昆虫を宿らしめるのだから、太陽という大きな球体に生物を存在せしめない……はずがない。まして感謝の気持をもって自分たちの生命の創造主を進んで賛美する理性的な居住者を存在せしめないはずがない。

幸運な居住者たちは、途絶えることのない光で照らされ、その目もくらむ明るさにも害されはしない。そして完全に善なる神の最も賢明な設計どおりに、その光は太陽の厚い大気を通じて必要な暖かさを彼らに与えているのである。

一七七八年にボーデは、『やさしい星学入門』よりは高度な天文学書『星学の簡潔な解説とそれに属する諸学問』(以下『解説』)を出版した。これらの本は共に「次の半世紀の間、ドイツの天文学文献に大きな影響力を与えたが」★90、同時に、極端な多世界論を擁護していたので、ボーデの立場は「汎宇宙人主義」★91と呼ばれた。ボーデは、本質的にすべての天体——太陽であろうと星であろうと、惑星であろうと衛星であろうと、また彗星でさえも——に、理性的な存在がいるとしたからである。例えば、『解説』の中で、諸惑星と地球の類似性を強調し、次のように問うている。「このように一致することからわれわれは、創造の最も重要な目的である居住可能性を想定すべきではないだろうか。今日われわれが有するほどの多くの証拠を持たなかった古代の哲学者や天文学者が、居住者のいる世界の複数性を信じていたのに、どのような間違った理由でそれに異議を唱えうるであろうか[★92]」。地球に比べると降り注ぐ太陽光線の強さが大きく異なるという理由で諸惑星の生命を否定する人々に対して、ボーデは、大気の状態が各惑星の表面温度に大きな影響を与え、生命が可能になるのだと答える。また、地球の生命の多様性から考えると、「他の惑星の理性的居住者、そして動植物などさえも、地球上に存在するものとは形態が異なる」と思われると主張する。それにもかかわらず、惑星の「理性的存在は自分たちの創造主を知り、その善性を賛美する」と読者に断言している。諸衛星の生命を擁護するに際しては、月と地球が類似していること、そして各惑星がその衛星から受けるより多くの光を反射するという点を強調している。ボーデが目的論的立場に立っていることは、次の言葉から明らかである。「太陽という巨大な球体が荒廃していて、理性的な生物が存在しないところだとすれば、永遠者の意図は制限されていることになるだろう……」。ランベルトのお気に入りのこの人物は、『解説』の他の箇所でも、彗星人の存在を認める意見を述べている。彗星人は「太陽からその最もはずれの領域に至る、彼らの居住地をさまようのである。その結果はるかに離れた地点からさまざまな角度で太陽を観測することができる……。賢明なる造物主が、彗星のすべての生物のために気候、生育地帯、居住地、生物の棲み分け、自然の産物などに関して、特別に配置しなかったと誰が想像できようか」。最後に知的生命は、われわれの太陽系に広範囲に存在しているが、宇宙に散在する別の系にも同様に分布していると力説する。『やさしい星学入門』と『解説』に展開された多世界論の衝撃は、W・C・ミューリウスによるフォントネルの『対話』のドイツ語訳(1780)にボーデがその本の頁を二倍にするほどの広範な注を付けて公刊したので、ますます大きくなった。

ボーデの多世界論への取り組みは一九世紀に入っても続いた。例えば、『宇宙論』(1801)は、『やさしい星学入門』の第二版に付した多世界論の章だけを小冊子として再版したものである。この論文が人気を呼んだことや、自分の執着もあって、ボーデはこれを改訂し、『星と宇宙の考察』(1816)の第三部結論として公刊した。ボーデは、この長い論考の一八一六年版で、まず、地球に多様な生命形態を授けるという神の善意を強調し、続いて、太陽系について概説している。われわれの月に関しては、ある部分は「耕作地や森林などとみなされ」ることを明らかにし、さらに或る地域で、「シュレーターはたまに自然の変化の跡を発見したが、それらは自然の隆起や、おそらく居住者による開墾地だと思われる」★93と言っている。ボーデがシュレーターの主張を受け入れていたことは、水星と金星に存在すると考えられた山や谷に関する議論からも明らかである。さらにボーデは、『天文年鑑』にシュレーターの論文を公表していたが、まもなく、多世界論的観測に基づいた信頼するに足らないグロイトホイゼンの意見すら掲載するに至った。シュレーターの水星と金星に関する主張を取り入れて、ボーデは次のような見解を述べている。もし諸惑星に「陸や海、山や谷があり、その大気に、雲や晴れ間が存在するならば……、もしそれらにいくつかの月があるならば、それらは全くわれわれの地球に似ていて、その結果、同様に居住可能だということが十分に証明されたことになる」。目的論的考察が望遠鏡の観測に劣らずこの結論に貢献していることは、ボーデの次の主張から明らかである。

もしそれらに居住者がいないとすれば……、それらの目的や必要性は何なのか。またわれわれは、他に何がこれらすべての偉大で賢明な計画と配置に対する造物主の意図だと考えることができるのだろうか。星空のあちこちを明るい点で飾るためだったのだろうか。とんでもない……。決してそうではない。こんなことがどうして造物主の叡智と一致するだろうか。神の叡智は常に正しく目的に応じた手段を選択するのだから……。

ボーデは、多世界論に対する自分の証明が経験的性格を持つことを強調しつつも、『天文年鑑』に発表した一七九二年の論文(後で論じる)の中では、E・G・フィシャーによって展開された多世界論の明らかに形而上学的な正当化を、読者にも検討するよう勧めている。

ボーデは諸衛星に生命が存在するとした後、彗星にも居住者を認める発言をしている。そして、次のように述べている。「太陽の全く一様でない運動が彗星の居住者に影響を与えないか、あるいは、造物主の善性が、これらの異常な変化に対する防御を彼らに与えているかのいずれかである」。また、ボーデは太陽についても言及している。

太陽自身に居住者がいる可能性がある。もし太陽が実際火の玉であるとしても、永遠の全能と叡智の尽きることのない設計によって、居住可能である。あるいは、おそらくより正しい意見に従って、光の凝縮したエーテル物質に包まれ、帯電した、火のない球であるとしても、われわれには、その表面の驚くほど広い地域が居住可能であると想像され、居住者がいないということはあり得ないと思われる。これらの幸運な太陽の市民たちは、……光の物質でほとんど絶え間なく照らされているが、全能者の庇護のもとに［守られ］、太陽のぎらぎらする光の真っただ中でも、目がくらむこともなく、涼しく、安全なのである。

ボーデは、太陽黒点から、他の宇宙が見えるのだと言って、「太陽の市民」にいわば窓を与えさえしている。

ボーデの「汎宇宙人主義」は星々にまで及び、われわれの太陽はその中で「最も小さなもののひとつ」なのである。カント、ランベルト、ハーシェルの唱えた複数宇宙説を支持した人々の中で最も初期のひとりであるボーデは、彼らの著述からほとんどの多世界論的特徴を精選し、ランベルトの有限宇宙よりはカントの無限宇宙を選びながらも、ランベルトの住人のいる彗星の考えは保持している。特に、ボーデの次のような主張の背景にはカントの宇宙論がある。

たぶん、われわれのように不完全な存在が居住する諸天体も存在するだろう。しかし、おそらく大多数の他の天体は、より高い精神的機能とより大きな肉体的機敏さを持つ居住者がいる可能性がある。ランベルト、カント、ボネ、そしてその他の哲学者たちが主張している次のような考えは不合理に見えるだろうか。すなわち、理性的被造物の精神の力は、思考能力を取り巻く肉体の繊細さのさまざまな度合に応じて、かなり変わるということ、そして彼らの精神の力が惑星系の中心とその惑星とのさまざまな距離に依存し、肉体を構成する物質が中心からの距離が大きくなるに従ってよりよいものとなるということ、そしてそのために、われわれの太陽系や他のすべての太陽系の惑星に、有機的生物が完成度の低いものから高いものに至るまで整然とした段階をもって存在しているという、こうした考えは不合理であろうか。

おそらく現在すべての世界が居住可能だというわけではなく、中には形成されつつあるものや、あるいは破壊されつつあるものもあることをボーデが認める拠り所が、ランベルトの静的な宇宙観よりは、むしろカントの進化論的宇宙観の方にあったことは確かである。しかし、ボーデは、宇宙の中心について思弁をめぐらす時、カントやランベルト、そして天文学そのものをも越えてしまうのである。

誰も知らないことだが、この中央の地点では、地球から見た太陽以上のものが輝き、神の全能は最高に光輝いているのだ……。ここから、すべての物が始まる時に、永遠者の御手が、諸太陽をその惑星と共に形成したのだ……。ここから、すべての太陽、世界系、そして天の川は、最も優れた組織的配置を受け取ったのだ……。ここから、……諸世界に遍在する宇宙の君主が、人や天使、そして虫をも支配し、気遣うのだ……。

ボーデが比喩的表現に富み、彼の多世界論が敬虔なものだったことは、次の言葉によく現れている。

神聖でおごそかな戦慄を覚えつつ、私は、時間の未だ存在しなかった時、充足した必然的神以外には何も存在しなかった時、そして目に見えるものが存在し始めた時にまで遡って考えてみる。――原初の自然はまだ混沌としてまどろんでいた。――自らの壮麗さや偉大さをひと目見せることで無限なる造物主は満足し、その結果宇宙が生じた。造物主の叡智は、あらゆる可能な世界のうちで最善のものを選び、その口から出た息は最善の世界を実在させた。永遠者は、その玉座の足元に無数の太陽を造り、それぞれに惑星を割り当て、数え挙げた。高貴な何百万もの魂が、これらの華麗な創造の証人であり、賞賛者である。

ボーデの『やさしい星空入門』は「一九世紀半ばまでドイツで最も広く読まれた天文学書」[★94]であるという評価を受けてきたが、ボーデの諸論文が持つ顕著な魅力とは何であろうか。ボーデが成功したひとつの原因は、カント、ランベルト、ハーシェル、そしてシュレーターの最先端の地球外生命論を引用し、詩的魅力を備え、宗教的にも妥当な多世界論的メッセージに満ちた天文学の論文を書き上げたからである。天文学の普及の歴史が書かれるとすれば、ボーデはその中で突出した地位を占めるであろう。また、本書でも明らかなように、ボーデが天文学の細部にまで多世界論的テーマを大胆に取り入れたことは、孤立した試みだったのではなく、広く大衆の人気を勝ち得た天文学作家によく見られたことだと言えよう。

ピエール・シモン・ラプラス(1749-1827)は、五巻から成る『天体力学』の中で最も明確にうかがわれる優れた数学の才能によって、「フランスのニュートン」と呼ばれたばかりでなく、かつての教え子であるナポレオンからナイトの爵位をも与えられた。事実ラプラスは、天体力学において、ニュートンが疑問に思っていたこと、すなわち太陽系の長期の安定性を証明したことでニュートンを越えていたのである。さらにラプラスは、『宇宙体系の説明』(1796初版)のさまざまな版の中で、ニュートンが明確に否定したこと、すなわち太陽系の形成に関する理論を一つの可能性として展開した。「星雲説」として知られているラプラスの理論では、太陽系は原始太陽の流動体が回転収縮し凝縮することによって生じたと説明されている。★95 星雲説では、諸惑星の存在は恒星の進化の中で予期される結果なので、恒星がほとんどの場合惑星に囲まれているという多世界論の主張は強力な支持を獲得することになった。

ラプラスは『宇宙体系の説明』の結論の章で星雲説を提案し、同じ章で多世界論を支持している。惑星人を認めるラプラスの議論は極めて伝統的なもので、主として地球と他の惑星の類似性を根拠にしている。また、「木星のような大惑星で、物質が……不毛だと考えるのは不自然である……★96」とも述べている。ラプラスには、カント、ランベルト、そしてボーデのような天文学者よりも控えめな態度が見られる。例えば、惑星人の肉体的形態に関して、惑星の「さまざまな温度に合うような組織の多様性」が見られるはずだと言うに留めている。また、星雲説を注意深く紹介し、星が「多くの惑星系の中心となる太陽……」であるという結論を導き出している。最後に次のように述べて著書を締めくくっている。天文学は、人間が「広大な太陽系の中ではほとんど気づかれないようなものであり、しかも太陽系自身が巨大な宇宙空間の中では目に見えないほどの点にすぎない」ことを示してきたが、「〔天文学上の〕発見がもたらした崇高な結果によって、人間は、宇宙の中の限られた空間しか割り当てられていないことに対する慰めを見いだせることに気づくべきである」。人間は身体的にはとるに足らない存在であるにもかかわらず、広大な宇宙を理解することができるという、一世紀以上も前にパスカルが指摘した逆説に、ラプラスの言うことが似ているからと言って、この二人のフランス人の宇宙観の根本的な違いを曖昧にすべきではない。パスカルが考えた、人間の卑小さと心を持たない物質の壮大さとのギャップは、たとえ無くならないとしても減少することにはなる。というのは、ラプラスの宇宙における広大な宇宙空間の中では、生物は豊富に散在するからである。

ラプラスの宗教的見解に関する議論から明らかになるように、さらに深い面での変化も進行していた。ラプラスとナポレオンは定期的に天文学の話題を話し合っていた。例えばエジプトへの航海の間、ナポレオンは船上でラプラスや他の科学者たちに、惑星に居住者がいるのかどうか、また宇宙はどのように形成されたかについて、彼らの意見を求めたのである。ナポレオンは、決して正統なキリスト教徒ではなかったが、彼らの無神論的な見解に心を痛め、星を指して叫んだ。「君たちは好きなことを言えるが、これらすべてを作ったのは誰なんだ」[★97]。また次のような話もある。ナポレオンがラプラスの『宇宙体系の説明』を熟読した後、ラプラスに、「ニュートンは彼の著作で神について語っていた。私はすでに君の著作を読み終えたが、一度も神の名を見なかった」と評した。これに対してラプラスは、「第一統領殿下、私にはそうした仮説は必要ありません」[★98]と答えたという。このラプラスの発言は、彼が今までその中で育ってきたカトリックを放棄してしまったのかという問題を後に引き起こすが、一九四一年にジョージ・サートンは次のように提起した。ラプラスのこの返答は、ニュートンが唱えたような神の業に、すなわち、おそらく不安定な太陽系に秩序を回復するよう定期的に作用する神に頼らずに、宇宙の主要な特徴を著作の中で説明できたことを述べただけのものとして受け取るべきである[★99]。しかし、この解釈は、一九五五年にロジャー・ハーンが発見したラプラスの手稿を考慮すると、支持し難いように思われる。というのは、ロジャー・ハーンによれば、ラプラスは啓示宗教に対して厳しい批評者となり、「自分の信仰の基礎を聖書の啓示にではなく、自然法則の不変性に対する信条に」[★100]置くようになっていたからである。ハーンはまた、ラプラスのキリスト教に対する見解は、死ぬ数年前には穏やかなものになっており、天文学者としての思想の中には不可知論的要素を示す証拠があるとも述べている。ナポレオンとラプラスの間の別のやりとりが、一八〇二年にフランスを訪れた時に彼らに会ったウィリアム・ハーシェルによって報告されているが、この報告は前述のことを裏付けている。ナポレオンは、天の構造についてハーシェルに尋ねた後、ラプラスとの議論に熱中したという。ハーシェルによれば、両者の違いは、第一統領の興奮した叫びから始まった。(私たちが星天の範囲について話をしていた時)彼は怒った調子で、あるいは驚嘆の調子で、「それでは誰がこうしたすべてのものの創造主なのか」と尋ねた。ラプラス氏は、一連の自然の諸原因によってすばらしい体系の構造と維持が説明されることを示したかったのだ。第一統領はこれにはむしろ反対であった。このテーマについて語るべきことはたくさんあるであろう。両者の議論を結びつけることによって、われわれは「自然と自然の神」に導かれるであろう。[★101]

天文学と宗教の間の緊張は、リヨンのイエズス会で初等教育を受けたジェローム・ラランド(1732-1807)も感じていた。ラランドは一七六〇年に、王立学校の天文学教授になり、また一七六〇年から一七七六年までと一七九四年から死ぬまで『時代の認識』誌の編集者をつとめた。パリ・アカデミーに一五〇本以上の論文を提出しただけでなく、多くの著書を執筆した。『天文学概説』は一七六四年に初めて二巻本で出版され、その後増補版も再刊された。ラランドの夥しい論文と刺激的な講義は、フランス人の天文学に対する関心を大いに高めることになった。実際、ラランドの名前が覚えられているのは、研究上の業績によるよりも、このことによるのである。

ラランドの分厚い『天文学概説』第三版は、一七九二年には『天文学』という表題の三巻本で出版された。天文学について多少なりとも学びたいと思った一七九〇年代のフランス人がこの書物に目を向けたのにはそれなりの理由があった。そこには十分に専門的な天文学ばかりでなく、世界の複数性を問題にした箇所も見られたからである。この書は歴史的な議論で始まっている。ラランドによれば、「最も偉大な哲学者たちが」この説を採用してきており、「地球と他の諸惑星の類似性はきわめて完全なので、もし地球が人が住むために作られたと認めるとすれば、諸惑星も同じ目的のために作られたと認めないわけにはいかない……」[★102]と言う。諸惑星があらゆる点で地球に類似しているとすれば、

「生命を持ち思考する存在が、地球だけに限られていると考えることができるだろうか。何を根拠にこんな特権を主張できるだろうか……」。ラランドは、諸惑星に居住者がいると力説するばかりでなく、太陽や星自体が居住者を扶養できると述べたガウイン・ナイトにも言及している。多世界論との関係で生じる宗教上の緊張に対しては、次のように述べている。

細心で臆病な作家が幾人かいた。彼らはこの［多世界論の］体系を宗教に反するものとして非難し、次のように述べた。多世界論は造物主の栄光を高める適切な方法ではない。さらに、もし造物主のなせる業の範囲がその力を示すとすれば、もっと壮大で崇高な観念を他に提示することができるのではないか。また、われわれは肉眼で何千もの星を見、普通の望遠鏡でもあらゆる空の領域にもっと多くの星を見ることができる……。想像力は望遠鏡以上であり、無限に大きな数多くの新たな世界を見るのである……。

これらの明らかに敬虔な心情について述べた後、目的因から多世界論を主張する議論に対する警告が続いている。しかし、ラランドは多世界論が疑わしいというのではなく、惑星は居住者が存在するように設計されたとする推論が疑わしいと述べているだけなのである。

天文学を一般に普及させようと努めたラランドは、フォントネルの『対話』を一八〇〇年に出版し、序文にフォントネルの伝記を書き、本文に対する天文学的注釈をも付している。ラランドは、フォントネルの業績、特に科学を普及させた努力を賞賛し、フォントネルに特別な恩義を受けたことも明らかにしている。「……私は、一六歳の時以来今日までに経験した精神の飽くことなき活動の根源を、彼に負うている」[★103]。ラランドの序文の残りでは、要するに『天文学』の多世界論的箇所が繰り返されている。

すでに見たように、ラランドの信仰の正統性については疑問が残る。というのは彼の信念に関して、決定的な証拠があるからである。ラランドは早くも一八〇〇年に、シルヴァン・マレシャルの『無神論者辞典』に書いた序文で無神論を公に宣言している。その上この頃、手紙に「無神論者の長老ラランド」[★104]と署名するようになっていた。『無神論者辞典』のラランド自身が編集した一八〇六年の補遺では、次のように洩らしている。「天界の壮観は、全世界にとって神の存在証明のように見える。このことを私は一九年間信じてきたが、今日私は物質と運動を見るのみである」[★105]。

ラランドとおそらくラプラスによって、この章は劇的な結末を迎える。本章で検討した六人の人物(ライト、カント、ランベルト、ハーシェル、シュレーター、ボーデ)は、地球外生命に満ちた宇宙の中に、全能者の御業を見る喜びを表明したのに対して、同じく多世界論者であったラランドは、「私は天界を究明してきた、そしてどこにも神の痕跡を発見することはなかった」[★106]と述べたからである。自ら「無神論者の長老」を任じたラランドが、天使の側からすぐにも見捨てられることのないよう、八人のうち(ラランドとたぶんラプラスを除く)誰かひとりでも、神の存在の自然神学的証明に対する先輩著述家の批判を支持したかどうかを検討してみることは興味深いことである。皮肉をこめてラランドは、次のように述べている。「これらの人たちが、神について語る時の大胆さに私は驚嘆する。不信心者たちに議論をしかけ、第一章では、自然界の被造物によって神の存在を証明しようとしている。……[最終的には]彼らは、月や惑星の運行を、[神の]完全な存在証明として与えている……」。さらに、ラランドは、「不信心者たちに軽蔑の念を起こさせるのにこれ以上のものはない」[★107]と述べている。この言葉に力があるのは、それがパスカルの『パンセ』の一節だからである。『パンセ』は今まで書かれたもののうちでおそらく最も深遠なキリスト教弁護の書であろう。パスカルが攻撃しているのは、天文学が神の存在証明を与えると主張する人々だけであり、自然の中で神の存在に気づく信者たちではなかった。しかしパスカルの言葉からすると、例えばボーデが「造物主の意図」について書いた時の自信は、擁護しようとした宗教的立場の信用を落とすように作用したのではないかという疑問が生じるのである。

第3章 地球外生命と啓蒙運動

1 イギリスにおける世界の複数性の観念――「昼はひとつの太陽が輝き、夜は一万の太陽が輝く」

この章で一八世紀後半の多世界論論争を扱う前に、啓蒙の時代としての一八世紀についてまず述べておこう。F・L・ボーマーによれば、「エルンスト・トレルチュほか多くの者が後に述べたように、啓蒙運動は……ヨーロッパ諸国が中世から近世へと向かい、超自然的―神話的―権威的思考から自然的―科学的―個人主義的思考へと移行する、転換点であった」[★1]。人間や宇宙に対する考え方が啓蒙運動において劇的に変化したという主張は、多世界論が一八世紀の間に、奇怪で不敬な空論ではなく天文学と自然神学の教説として受け入れられたという事実に符合している。しかし、本章では、その変化がさまざまな国でさまざまな仕方で別々に起こったということを明らかにしてみよう。そうすれば、キリスト教の諸概念が一八世紀にも大きな役割を演じ続けたと主張した人々や、中世と一八世紀の間の多くの思想上の違いと言われるものが見かけだけで実際はそれほどでもないとしたカール・ベカーのような人々の主張が正しいことも明らかになるであろう。[★2]

一七五〇年代のロンドンの知識人たちは、トマス・ライトの著作に出会っても、ライトの地球外生命説を異常だとは思わなかったであろう。また彼らは、ポウプの『人間論』でそのような生物にすでに出会っていたであろう。ポウプの詩は、それまで何十年もの間、多世界論を推進してきた数ある詩のひとつにすぎなかった。例えば、一七二〇年代にスコットランドの二人の詩人が多世界論のテーマを扱っている。デイヴィッド・マレットは「逍遥」(1728)の天界の第二歌で次のように天界を描いている。

一万の太陽が燃え立ち、それぞれに従者として
従属する世界がある。すべては
永遠なるひとりの主の眼下に等しい支配のもとに。★3

これらの世界に関してマレットは、次のように問う。そこには、人間がこの宇宙を理解することが困難だということだけでなく、大いなる存在の連鎖ということが表現されている。

どう捜せば見つかるのか
それらの時間と季節は。それらの定められた諸法則は
独特のものである。生命と知性を持つそれらの住人には
さまざまな段階があり、
一定のランクづけがなされ、調和している。
無数の秩序は互いに似ている
しかしすべてが多様でもある。

さらに、あちこちの太陽が「年が経つにつれて薄暗くなって」消失するのである。マレットの宇宙は変化している。

その光の中で生きるしかない何百万もの生命は
遠くの諸天球からおそるおそる見る
昼の源が尽き、すべての世界が
永遠に続く夜の中に直ちに包まれていくのを

ジェイムズ・トムスン(1700-48)もほとんど同じ頃に『四季』を書いていたが、これは一八世紀に最も広く読まれた自然神学的な詩のひとつである。その中で、トムスンは、太陽を「周りの諸世界の魂」として描き、さらにこう続けている。

一連の惑星を、活気づけるものよ。
活力を与える汝のきらめきがなければ、やっかいな天体たちは
非情で醜い塊のまま、活力のない死んだものでしかないであろう、
また、今のように、緑豊かな生命の住居とはなっていないであろう。
どれだけ多くの生命が汝に仕えていることであろうか……。[★4]

トムスンがマレットに与えた影響は広く知られているが、トムスンが、彗星は「衰弱する諸太陽に新たな燃料を与え、／諸世界を照らし、永遠の炎を供給する」[★5]役目を果たすと言ったのは、(究極的にはニュートンの影響ということになろうが)マレットの影響であった。

一七三〇年代には、多世界論的な詩がさらに数を増した。ロバート・ギャンボルは、匿名で出した『宇宙の美』(1732)の中で次のように書いている。死後の魂は「この世ではぼんやりとしか見えない物をはっきりと見るだろう／これら

の惑星の諸世界、そしてさらに何千という世界は／今は人間の視界から覆い隠されているが、死後の魂はそれらを見いだすだろう」[★6]。二年後、顕微鏡の専門家として有名なヘンリ・ベイカー(1698-1774)が、『宇宙――人間の高慢を抑えるための詩』を出版した。大いなる存在の連鎖を熱狂的に唱えたベイカーは、顕微鏡と望遠鏡による新発見を比べ、それらが共に生命の豊かさを明らかにしてくれると言っている。望遠鏡によってわかるように、

この世の人々の知らない、あれらの別の諸世界が
生物や美を備えていないことなどありえない。
なぜなら神は、その方法において一様であり、
どこでも自らの無限の力を発揮するのだから。[★7]

望遠鏡と顕微鏡による諸発見は、アイルランドの詩人ヘンリ・ブルック(1703-83)をも刺激した。ブルックは、『宇宙の美』(1735)の中で、統一性と多様性によって特徴づけられるコスモスとしての宇宙を次のように描写した。

無数の系の内で無数の天体が輝く、……
しかも、その内を巡るすべての諸世界にも際限がない。
それぞれの世界もそこに生まれた種族も同じく無限である。
そうしたものが広大な空間に並び、浮遊している……。[★8]

月の生命も忘れられることはなかった。まさしく詩人トマス・グレイ(1716-71)は、ケンブリッジで学んでいた一七三七

年に、ラテン語の韻文で月の生命について書き、月がやがてイギリスの植民地になることを「居住可能な月」の中で予言している。★9 専門的な脚注のついた「宇宙論」(1739)を書いたモウジズ・ブラウン(1704-87)は、月旅行については馬鹿げたことだと考えたが、多世界論は認め惑星に居住者がいると考えた。惑星には、

さまざまな生息地に適した生物がいる、
激しい寒暖や明暗も
適切で喜ばしい割り当てであり、
彼らにとっては快く、本来恵まれたものである、
他の生物にとっては苦痛に満ちたものと思われようとも。★10

ブラウンは、多世界論が抱える科学的な問題にも宗教的な問題にも気づいていた。というのは、他の惑星のもろもろの系について、ブラウンは次のように問うているからである。それらは

世界が初めて存在した時、形成されたのか。
そしてすべては最後の一瞬に定められたのか。
あるいは、それらは別々に創造され、そして今だに創造されつつあるのか。
広大な空間をそれぞれ分散して満たしているからには。
それらは聖書や畏敬すべき同意に反するのではないのか。
それらは何よりもわれわれの起源を暴露している。

われわれが誕生する前には、神に造物主という名前がなかったことを、
それらは主張しているのではないのか。[★11]

ブラウンは福音を重んじる英国国教徒として、そのような問題がキリスト教にとって解決できないものではないと確信していた。しかし他の人々はそう考えてはいなかった。実際、そのような自然神学的な詩は、たとえそれを書いた人の意図ではなかったとしても、その心はしばしば理神論的だという皮肉な結果を生むのである。全能者である神が多くの詩で祝福されたのに対して、救い主であるキリストはほとんど現れなかったからである。このことはアリグザンダー・ポウプの「主の祈り」の翻案(1738)にも言えるが、おそらくそれは意図的なものだろう。それには次のような警告が含まれている。

汝の善性は、私を地球の狭い範囲に
くぎ付けにすることがないか、
あるいは汝が人間だけの主であると私に思わせるのではないか、
千もの世界が取りまいているのだから……。

ポウプがこれを「宇宙の祈り」と呼んだのに対して、彼の同時代人の中には、それを「理神論者の祈り」と呼ぶ者もいた。[★12]このことは後の議論で証明される事実を示唆している。すなわち、一八世紀に多世界論が急速に宗教に同化していったことは、理神論の発展と無関係ではなかったのである。

科学的な素材を扱った一八世紀のイギリス詩の中で、人気の点でポウプの『人間論』に匹敵し、あるいはそれを凌駕

していたかもしれない作品がひとつだけあった。それは、すでに六〇歳を越えたウェルウィンの教区司祭、エドワード・ヤング(1683-1765)が一七四二年から一七四五年の間に出版した『夜想』である。これは、フランス語、ドイツ語、イタリア語、ハンガリー語、ポルトガル語、スペイン語、そしてスウェーデン語に翻訳され、あるヤングの伝記作家によれば、「百年以上にわたって……一八世紀の他のどの本よりも数多く増刷された」のである。[★13]

ヤングの『夜想』は九つの「夜」に分かれていて、その中の最後の夜で、著者は放蕩者のロレンツォを「夜空の道徳的観測」によって改心させる決定的な試みをしている。神を証明する最もふさわしい分野として他の自然神学的な詩人たちが植物相や動物相を考えていたのに対して、とりわけヤングは神を天上に求めている。

信心よ。天文学の落し子よ。
不信心な天文学者は気違いである。
確かに、すべてのものが神を語っている。しかし小さなものの中に
人は神をたどり、大きなものの中に神は人をとらえる……。[★14]

ヤングの宇宙は徹底して多世界論的であり、デラムの剽窃ではないにしても、少なくともデラムの「新体系」の上に構築されたものである。

昼はひとつの太陽が、夜は一万の太陽が輝く、
そしてわれわれに神の深みを照らしだす……(IX, 748-9)

ヤングの宇宙はまたニュートン的でもあった。彼はロレンツォに言っている、

それでは注目せよ
空の数学的光輝に、
数、重さ、そして大きさ、すべて定められている。(IX, 1079-81)

しかしヤングの宇宙はルクレティウス的ではない。

魂が不滅だということの重大さを汝は知っているのか。
この真夜中の光輝を見よ、世界また世界だ。
驚嘆すべき壮観。この驚嘆を倍増することに、
一万が加わり、さらにその倍が加わる、
その時全体の重さを量っても、ひとつの魂にかなわない……(VII, 993-7)

また、一見したところ、地球が特権的な場所であるようにも見えない。

……地球を嘲笑する世界群。
実に多くの世界だ。
それぞれの天体は互いに実に遠く離れている。

それではそれらが回る不思議な空間とは何であろうか。
それはすぐさますべての人間の思考を飲み込む、
それは、理解力の絶対的な敗北である。(IX, 1102-7)

そしてヤングは地球について問う、

広大な存在の中で、気づくには小さすぎる
その島を汝は思い描くことができるか、
他の王国から、より高貴な住人が住む
より高度な生命の広大な大陸から
何もない空間の巨大な海によって隔てられたその島を……(IX, 1603-7)

このような諸観念は、「第九夜」の終わり近くに出てくる地球外生命に関して、多くの科学的問題や宗教的問題を引き起こす。

あなたがたの自然が何であろうと、これは過去の議論です、
あなたがたが生きている人生も、あなたがたが話す言葉も、
おそらくあなたがたが考えている思想も、人間とは違う。
神のなせる業はどれほど多様なのであろうか。

しかし、何が考えられるか。ここでは理性が優位を占め
そして絶対なのか。それとも理性に対して感覚が挑むのか。

あなたがたは二つの光を持っているのか。それとも啓示は必要ないのか。……

あなたがたのエデンには禁欲的なイヴがいたのか。……

また、あなたがたの母が堕落しても、あなたがたは救われるのか。……

これはあなたがたの最後の住居なのか。もしそうでなければ、
あなたがたは場所を変えるのか、生きたまま昇天するか、死ぬかして。

もし死ぬのならば、どのような死に方で。病気を知っているのか。(IX, 1766-81)

ヤングは、これらの問題のすべてではないにしても、多くに回答を与えてはいない。しかし、当時の他の多世界論者たちがたいてい、多世界論とキリスト教の間の厄介なジレンマを避けたのに対して、ヤングはそれに関わったのである。ヤングの考えた地球外生命は、身体的な面は説明されていないが、精神的な面は明確に述べられている。

これらの星のそれぞれが宗教の家である、
私はそれらの祭壇が煙を出し、香が上るのを見た、
そしてあらゆる天体でホサナが響くのを聞いた……。(IX, 1881-3)

そのような敬虔な宇宙はどこまで広がっているのか、とロレンツォでなくても不思議に思われる。

一万の世界が、一万のあり方で、信心深いのだ。
われらの天体の大胆なロレンツォたち以外に、
自然全体が神の座に芳香を送っているのか。(IX, 1898-900)

決して理神論者ではなかったヤングは、最後に三位一体に呼びかけてこの質問に答えている。子なる神が次のことばとともに導入される。

二位の汝よ。しかし同等なるものよ。汝のおかげで
かの至福が与えられた、それどころか贖われたのだ。
言語に絶する代価で。汝によって全世界が
造られた。そして地球が救われた。……
汝、神にして死すべきものよ。ゆえに人間にとってより近しい神よ。……
父なる神の胸から離れたる、もろもろの天の中の天、
かなたの地球に接吻するために頭を下げるものよ。
苦しみの中で罪なき魂を吐き出すものよ。
十字架に反し、死を呼ぶ鉄の笏を砕くものよ。(IX, 2262-5, 2348, 2352-5)

ヤングの詩はさまざまな読者に愛されるようになった。例えば、ナポレオン、そしてヤングの詩のひとつの版を編集したジョン・ウェズリ、そして、そのさし絵を書いたウィリアム・ブレイク、さらには、聖書やバニヤンのわきにそれ

を置いて読んだ無数の農夫たちがいた。しかし、ヤングの名声は一八世紀を越えて続くことはほとんどなかった。けれども、罪のない居住者のいる多くの天体の間を、堕落した地球が巡っているというヤングのキリスト教的着想は、一九世紀のトマス・チャーマーズや二〇世紀のC・S・ルイスによって新たに生命を与えられた。理神論者にとって歓迎すべき多世界論は、ヤング、チャーマーズ、そしてルイスの例が示すように、伝統的なキリスト教徒にとっても魅力がないわけではなかったのである。

ヤングの『夜想』の最初の完全版が出た一七五〇年の翌年、英国議会のホイッグ党員であったウィリアム・ヘイ(1695-1755)は、キリスト教的宇宙観を定式化するためにきわめて特異な試みを行った。ヘイの論著の表題は、『哲学者の宗教――あるいは宇宙的観点から説明された道徳とキリスト教の諸原理、および宇宙における人間の状況』(ロンドン)というものであるが、最初の頁からコペルニクス主義者と同じ意見であることを明らかにしている。すなわち、「まず間違いなく(ほとんど確実に)各恒星は、惑星にとり囲まれた太陽であり、……そのようなすべての惑星には地球と同じく居住者がいると思われる……」。さらにヘイは続ける。「……宇宙のあらゆる居住地から賞賛と感謝が[神の]座へと絶えず昇りゆく」、こうして、「一般宗教、共同宗派、宇宙的教会」が形成される。こうしたヘイの考えは、「われわれに、われわれと同じ種としてではないとしても、同じ被造物、そして同じ教会や宗派の一員として彼らを愛せよ……」というものである。接触することもできず、その存在さえ疑わしい地球外生命をわれわれがいかにして愛すべきかは詳しく述べられてはいない。しかし、彼らがわれわれと同じく、「宇宙の道徳原理」を犯す「可能性は十分あり」、そのために、天体そのものと同じくらい多様に存在すると思われる[さまざまな方法で]神は彼らに「彼らの義務感」を想起させるのだと言う。特に、神はある惑星には、

……恐ろしい審判者として、またある惑星では寛大な守護者として……振る舞う。ある惑星では警告するだけである

が、ある惑星では罰を下す。ある惑星では破壊し、ある惑星では再建する。ある惑星では個人を変えるだけであるが、ある惑星では種全体を変える。各天体の理性的生物を、物質的な状態から精神的な状態へと、また死すべき状態から不死の状態へ高める。また、彼らを天使に変える。そして、そうした神学校から天使が絶え間なく増えていく。

ヘイは、「ある天体における道徳的処置は、他の天体での……それとは異なる」が、神によってある惑星で引き起こされた変化の一部は他の惑星からでも見ることができるだろう、と推測している。すなわち、「地球がノアの時代に……洪水にあった時、火星や金星、あるいは月の天文学者たちは地球が暗くなったのを観測したかもしれない……。また、おそらく彼らは今後、［地球の］広範な大火の時には、もっと赤味をおびるのを観測するだろう……」。伝統的なキリスト教徒は、ヘイのこの作品の四つの版のどれであってもここまで読んだ時には、恐らく、新しいものは数多くあるが異議を唱えるべきところはほとんどないと思っただろう。しかしそれはすぐに変わる。

　罪の贖いについて論じるにあたって、「アダムの種族を導き、救い、裁き、支配することに努める……三位一体の第二位格は、自らにイエスを一体化させ、それと同じ、あるいは似たような目的のために、他の惑星の他の理性的な被造物を自らに一体化させたかもしれない。おそらくはそうしたに違いない。イエスは彼らの救世主ではないし、彼らも人類の救世主ではない……」と言うことによって、ヘイの著作は、大胆にも特異な異端となる。さまざまに受肉した神という考えについては今までほとんど論じられなかったというヘイの主張は正しかった。しかし、このことを単にプトレマイオス体系の支配と抑圧の恐怖によるものだと説明したのは、確かに間違いだった。キリストを宇宙のクリシュナに変えるという考え方は当時からあり、今でも残っているが、これは、トム・ペインのようなキリスト教批評家に限らずキリスト教神学者たちが、キリスト教と相いれないと判断した考え方である。[★15] そうだとしても、ヘイの著書は、世界の複数性の概念が広まり、それを用いようとした人々に利用されたという事実を物語っている。そして多くの著述家が多世界論をヘイ以上に急進的に利用したのである。

ボリングブルック子爵(1678-1751)は、雄弁さのためにトーリ党員から国務大臣に選ばれ、また、すばらしい才能のためにポウプから「案内人、哲学者そして友人」と評された人物であったが、その死とともに忘れ去られたように見えた。ところが、一七五四年にそれまで大部分が未発表であった『哲学著作集』五巻が出版されると、サミュエル・ジョンスンは、ボリングブルックを評して、「悪漢で臆病者、つまり宗教と道徳に対してラッパ銃を構えたために悪漢であり、自ら引き金を引く決意も持たず、死後にその引き金を引かせるために半クラウンをひどく貧しいスコットランド人に残した」[★16]臆病者である、と述べた。

ボリングブルックの「ラッパ銃」は、部分的には多世界論という火薬によって火をつけられたのである。例えば、「アリグザンダー・ポウプに宛てた試論集」の二番目への後記で、ボリングブルックは、「ホイヘンス氏の『コスモテオロス』の中に見られ、フォントネルの世界の複数性に関するみごとな本の中で題材として使われている……多世界論的仮説」[★17]を支持している。フォントネルの著作よりも一〇年余りも後に出版された本がその著作に影響を与えているなどといったボリングブルックの歴史音痴も、多世界論の起源が古いということを正しく指摘していることで多少は救われていると言えよう。「百億の知的存在が住む無数の世界」が存在するという仮説のためのユトレヒト協定を取り決めた政治家ボリングブルックが熱狂したのは、自ら述べているところによれば、この仮説に、哲学者と聖職者の間の「ある種の休戦」を促す力があるからであった。哲学者と聖職者は一致して、地球上で動物から人間に至るまで「感覚と知性」を持っているということは、「この明らかに未完成の知的体系が」人間と神の間の間隙を橋渡しする存在にまで「続いている「に違いない」こと」を暗に意味している、と主張する。神学者は大いなる存在の連鎖は受け入れるかもしれないが、「多くの天使、悪霊、守護神、そして異教徒の神学が生みだし、ユダヤ教徒やキリスト教徒が取り入れた純粋な霊や不純な霊」は放棄しなければならない。ボリングブルックは、天使の階級を放棄させるために、「人間よりも、より細かい粘土で練られ、より高貴な型で型どられ、より繊細でより気まぐれな霊魂が吹き込まれた……」肉体を持つ生物を想像するのは難しいことではないと主張した。ボリングブルックは、自分の多世界論が「全くの仮説」であることを認めるが、「他のものよりは、不合理な考えや行いが後から接ぎ木されることはない」と述べている。さらに、多世界論の立場は「プネウマによる」(精神的な)立場とは違って、「明白かつ直接的で、こじつけではない類推」によって支持されると言う。「われわれは居住地が存在することを知っているし、そこに居住者がいると考えるのである」。

後の論文で、人間には「ひとつの政府の下にまとまるとか、ひとつの生活規則に甘んじる」のが困難であることを強調し、ユートピアを実現する場合には多世界論が有益であると言う。ボリングブルックによれば、「ひょっとすると、別のある惑星ではすべての居住者が、創造以後ひとつの大きな社会にまとまり、同じ言語を話し、同じ政府の下で生活し、あるいは何らの抑制も必要ないほど生まれつき完全であったかもしれない」。より神学的志向のある箇所では、「人間そのものと人間の幸福ということが創造の目的因であった……」と主張する神学者たちを攻撃している。この見解は放棄されなければならない。なぜなら現代天文学によれば、明らかに、「無数の世界や世界の諸体系に……生物が住み……この驚くべき全体としての宇宙を構成している……ことは疑いない」からである。人間の理性こそ人間を、人間のために宇宙を造った神に値する十分気高い存在にするという聖職者の主張に対して、ボリングブルックは、大いなる存在の連鎖に基づいて、より高度な秩序がたぶん物質的宇宙のどこかに存在するという自分の主張に戻って答えている。ボリングブルックの理神論や唯物論は、知的存在のために宇宙が造られたという観念さえ明確に否定していることから明らかである。地球について述べていることを、おそらく他の惑星にも適用しているのであろう。人間が地球に住むのに適していると述べた後、次のように問う。「しかし惑星は人間のために造られたのであって、惑星のために人間が造られたのではないということになるのだろうか。ロバは金星や水星では焼け焦げ、木星や土星では氷ってしまうだろう。ロバがいななきアザミを食べるために、地球が造られたということになるのだろうか。ボリングブルックは、同じ試論の後の方では、一部多世界論や大いなる存在の連鎖に基づいた、ある種の宇宙的諦観や楽天主義を勧めている。その理由は、宇宙のすべての生物は「住むべき場所に……適応している……」のだから、個人が、かの設計や連鎖における自分の立場にふさわしいもの以上の優れた感覚や知性にあこがれるのは愚かなことだからである。「現在の摂理の計画における人類の一般的状態は、単に耐えられるというのでなく幸福な状態である」。ボリングブルックは「一般的な摂理」は受け入れるが、「特定の摂理」、特に天使によってなされるものは拒否し、人間と神の間の亀裂は天使ではなく地球外生命によって橋渡しされると再度力説している。

おそらくジョンスン博士は、それほど懸念する必要はなかったのである。ボリングブルックの「ラッパ銃」は、恐れられたほどの力は放たなかったように思われるからである。デイヴィッド・ヒュームは、ボリングブルック子爵の見解に対してジョンスンよりもはるかに好意的で、次のように述べている。「聖職者たちは皆彼に対して怒っているが、彼らには何も根拠がない。彼らが彼の武器よりも強力な武器によって攻撃されないかぎり、彼らはその権威を永久に保ち続けるだろう」。さらに一七九〇年代には、エドムンド・バークが嘲笑的に、「今や誰がボリングブルックなど読むだろうか。今までに誰がボリングブルックを通読したであろうか」[★18]と述べている。

バークの二番目の質問に対するひとつの答として、最近の研究者たちは医学博士サミュエル・パイを発見した。証拠となるのは、パイが一七六五年に『モーセとボリングブルック』という表題で出版し、ボリングブルックに対抗して多世界論を採ることを意図した、独創的ではあるが奇妙な著作である[★19]。ボリングブルックの『哲学著作集』に見られる辛辣な言葉からモーセを救おうとしたパイは、「モーセ五書のモーセとボリングブルック」の見解を対比させ、「全く考えもしなかった」来世の自分を発見して当惑したボリングブルックと、創世記がいかに「翻案され、説明され、意味不明にされ、寓意化され、精神的な意味を与えられてきた……」かを知って逆上したモーセとの対話に仕上げている。

パイは、ほとんどの場合ボリングブルックの『哲学著作集』や他の諸論文の数行を使って、ボリングブルックに語らせているが、モーセに対しては、単に地球だけでなくわれわれの太陽系全体の形成に当てはまる説明として創世記を解釈させている。パイはまた次のようにも述べている。「有限な系の木星、土星、そして他のすべての惑星の居住者は、同じ様な仕方で……、すなわち、同じ系の創造についての簡潔な説明と、それぞれの惑星の形成の詳細とによって示された、同じ神に服従する共通基盤を持っていると考えられる……かもしれない」。パイは、この点を説明するために、木星の創世記の一部を用意している。その数行を引用すると、

創世記　第一章

一―始めに神は天と木星を創造された。

一六―神は五つの大きな明かりを造り、最も大きい明かりには昼を司らせ、その他の小さい明かりには夜を司らせ、また星々にもそうさせた。

第二章

二―神は創造の業を一五日目に完了し、一五日目にすべての創造の業を休まれた。

三―神は第一五日目を祝し、それをよしとされた。……[★20]

パイの著作の終わりでは、十分感化され、大いに屈辱を受けたボリングブルックなる人物が自説を撤回している。

パイの冗談まじりではあるが真剣な著作は重版されることはなかったが、一七六六年の『太陽系、あるいは惑星系のモーセ的理論』はそれを補うものである。これは、創造のモーセ的説明が太陽系成立の科学理論と調和することを示すために書かれたものである。パイの著作は二冊とも、天文学史家やボリングブルック研究家、そして後に地球外

生命論争に加わった人々にはほとんど知られなかったようである。しかし、その結果失ったものも大したことはなかった。[★21]

地球外の知的存在に関する最近の概念史研究によって、一八世紀の人物で、多世界論の立場を拒絶した者がいたかどうかという疑問が生じている。[★22] この疑問に対しては、一八世紀の相当数の著述家が多世界論を疑うか、あるいは拒絶するかのどちらかであったと答えなければならない。例を挙げるとすれば、それが一個人ではなく集団であったという理由で注目すべきなのであるが、ハチンスン主義者を挙げることができよう。彼らはジョン・ハチンスン(1674-1737)の信奉者であった。ハチンスンは、『モーセの原理』(1724-7)の中で、ニュートン科学に疑いを持ち、もしヘブライ語の旧約聖書を母音記号なしに読めば、それは宇宙と神の様式を明らかにするだろうという信念を一つの根拠にして、独自の体系を唱えた人物である。事実、ほとんど知られていないこの集団を最近研究した学者のひとりが述べているように、「手はエサウのものであったかもしれないが、声はデカルトのものであった」。[★23] ハチンスン主義者の反ニュートン主義は、アイザック卿の作用原理、遠隔作用、そして空虚な星間空間を否認するまでに至った。彼らは、宗教的にはアウグスティヌス主義、聖書主義、そして高教会派の傾向にあった。彼らの運動は、アリグザンダー・キャトコット、ダンカン・フォーブズ、ジョージ・ホーン主教、ネイランドのウィリアム・ジョウンズ、そしてジョン・パークハーストなどの著名人を引きつけた。

スコットランド最高民事裁判所の長官であったダンカン・フォーブズ(1685-1747)は、おそらく最も際立った、そして最も初期のハチンスン主義者であっただろう。彼の反多世界論的立場は、『宗教的不信の源に関する所見』(1753)の始めの数頁にも明らかである。フォーブズは次のように述べている。

宇宙、あるいは太陽系でさえ、第一義的には地球や人間のために造られた……と断言することは軽率である。しかし、地球の運動を統制すること、いくつかの天体が明らかに持っており、規模の大小はあれすべての天体が地球に対して持っているかもしれないさまざまな結果を産み出すこと、人間に造物主の壮大さ、力、技の観念を起こさせること……こうしたこと以外にこれらの広大な天体を創造した目的が何か他にあった……ということも確実ではない。[★24]

このように述べているにもかかわらず、フォーブズはまた次のようにも記している。「しかし、生物は太陽の表面ばかりでなく、まさにその中心にも住み、活動し、思考するように作られたということも不可能だとは思えない」。また、ジョン・パークハースト(1728-97)はケンブリッジ大学出身の聖書学者で、『英語・ヘブライ語辞典』(1762)で最もよく知られているが、この書物は非常に守備範囲が広く、あるヘブライ語の単語の解説の中で、ケプラーの『夢』について次のように評している。「ケプラーが夢として提案したものを、ホイヘンスや、ニュートン主義を信奉するケプラーの弟子たちは、現実あるいは少なくとも十分あり得ることと取ったのである[★25]」。別の箇所では次のように述べている。「月や惑星が居住者のいる世界であり、恒星が他の諸体系の太陽だなどと考える現代の哲学者は、この面白い架空の夢から醒めさせてくれるだけの十分なものを、卓越したベイカー氏の『学問について』の第八章……やキャトコットの『創造について』の二〇頁に見いだすであろう[★26]」。パークハーストが言及しているキャトコットとは、アリグザンダー・キャトコット(1725-79)のことである。キャトコットはハチンスン主義を父親から学び、その後一七四〇年代のオクスフォード時代にそれを大きく育んでいった。そして若きキャトコットを通じて、同じくオクスフォードの学生であったジョージ・ホーン(1730-92)やウィリアム・ジョウンズ(1726-1801)が、その運動の一翼を担うことになったのである。ホーンは後に、モードリン学寮の学長、オクスフォードの副総長、そして最後にナノッジの主教になった人物である。またジョウンズはネイランドの副司祭になり、数多くの著書でハチンスン主義の科学的側面をさらに展開した。この仕事は、活発な現地調査を行った聖書地質学者、キャトコットも取り上げたものである。[★27] パークハーストの言及している一七五六年の著書をキャトコットが書くに至った理由は、クロガーの主教ロバート・クレイトン(1695-1758)がボリングブルックに答えるために著した本の中の主張に不安を感じたからである。[★28] クレイトンは著作の中で多世界論を支持していた。キャトコットは、理神論者によってキリスト教に不利に使われていると感じ、多世界論を攻撃したのである。またキャトコットは、聖書の特に創世記とヨハネ黙示録を参考にしながら、目に見える宇宙が「人間への奉仕のためだけに造られ、従って、惑星や恒星には固有の居住者はいない……」と主張している。さらに、クレイトンの多世界論支持の議論を念頭において、当時の天文学文献に見られた太陽の視差測定について論じている。これらの視差測定が一致していないのであるから、星は計り知れなく遠くにあり、だから諸太陽であるというクレイトンの主張は疑わしいと述べている。キャトコットは、「恒星がそれと同じ数の鏡にすぎない……」という見解に賛成するのである。そして、多世界論が「われわれの思い上がりをなくさせ、偉大なる造物主に対するわれわれの観念を高めることに大いに役立つかもしれない……[★29]」というクレイトンの主張に対してはいっそう精力的に反論を展開している。最初の主張に対する反論は、多世界論が、実際「最も野蛮な天才に、神を演じ、無限の諸世界を(自身の小さな頭から)作るという、とてつもない空想にひたる機会を与えることによって」思い上がりを助長しているというものである。また二番目の主張に対しては、次のように述べている。多世界論は、神の観念を高めるどころか、「弱い意志の人々において、神の善性や、人間に対する神の配慮という観念を弱める傾向があるであろう。だから不信心や無神論を世にはびこらせるのである。残念ながら、現代の哲学者たちといっても幾人かはこのような弱い人間たちであり、まさにこうした状況からキリスト教に反論していると言わざるをえない」。

ハチンスン主義運動がほとんどすたれた一八一七年になって、やっとその内容の反多世界論的部分が最も完全な形で公にされたということは、奇妙な歴史的事実である。その年、ロンドンの本屋アリグザンダー・マクスウェルが、ハチンスン主義の多量の資料を集めて、多世界論を論駁する分厚い本を作ったのである。この本の中でマクスウェルは、キャトコットをその集団の代表的人物として引用しているが、「彼らの中の少数だと信じるが、惑星に居住者がいると考えている者もいる。しかし、これは一般的に事実というわけではない」[★30]とも述べている。マクスウェルの著書は、後で述べるように、学問的にはあまり洗練されたものではなかったために、多世界論的主張に痛手を与えることも、ハチンスン主義の体系を復活させることもできなかった。しかしハチンスン主義者たちの影響は、彼らの立場を全面的に受け入れた人々だけに限られていたわけではなかった。その運動の一部を受け入れた者もいたのである。自分自身の運動を起こすことに没頭した次に述べる人物が、そのことをよく示している。

一七五九年に五〇代半ばのやや小柄の男がロンドンに向かって本を読みながらゆっくりと馬を進めるのが目撃されても、その歴史的重要性に気づく者はまずいなかったであろう。しかし、この旅が革命を起こすために馬を進めつつあった二五万マイルの途中であり、その書物がホイヘンスの『発見された天の諸世界』であり、さらにその男がジョン・ウェズリ(1703-91)であれば、歴史家も無視できないであろう。[★31]それは、ウェズリが英国国教会から聖職を授与された三〇年後のことであり、またオールダズゲイト通りでの集会で、心が「奇妙に暖まる」のを感じたあの一七三八年五月二四日(レキが「イギリス史における新時代」の始まりと評した出来事)から二〇年後のことであった。ウェズリは四万回もの説教をするほど精力的であり、オクスフォード時代の「聖クラブ」からメソジスト教会が生まれるほど彼の説教は雄弁であった。この教会は、彼の死後八〇年で世界中に一二〇〇万の会員を数えている。バーナード・セメルが最近の著書『メソジスト革命』でウェズリの「メソジスト革命」と呼んでいるものは、疑いなく重要なものであるが、歴史家の間ではそれが「抑圧的で逆行的」だったのか、あるいは「寛大で進歩的」だったのか未だに決着がついていない。[★32]この問題において重要なのは、科学、特に多世界論の立場に対する彼の態度である。[★33]

ウェズリはますます増え続ける教会員の学識のレヴェルを高めたくて、『創造における神の叡智の概観、あるいは自然哲学概説』(以下『概観』)を一七五八年に書き始め、一七六三年に二巻本として世に出した。ヨハン・フランツ・ブドイス(1667-1729)のラテン語の論文に基づきながらも、デラム、ハチンスン、レイなどからの資料も含めることで実質的に独自のものにしている。ウェズリが一七五九年にホイヘンスを読んでいたのは、おそらくこの準備のためだったのであろう。ホイヘンスの著作に対して大いに好奇心をくすぐられたことは、『日記』の中に記されている。

月という斑点の多い天体には、川も山もない。

月は居住不可能であると彼が明白に証明しているので私は驚いた。月の表面には、海も水も大気もない。このことから、「いずれの衛星にも居住者はいない」と推測している。惑星に居住者がいることを誰が証明できようか。地球に居住者がいることは知っているが、その他のものについては、私は何も知らない。

ホイヘンスが月の生命を否定していたために、もともと多世界論者であったウェズリは多世界論的立場を完全に放棄したのだという考え方は、ウェズリが一七五九年以前にハチンスン主義の文献を読み、上の引用に見られたように考えが逆転したという推測によって多少説明がつくかもしれない。[★34]

ウェズリの『概観』は、慎重にではあるが、反多世界論の立場を支持している。主な論点は、上で引用した『日記』の主張を推敲したものであり、月の生命を反証しているホイヘンスの著作からの引用を梃子にしている。ホイヘンスが他の惑星の月ばかりでなく、われわれの月にも生命がいる可能性はないとしていると考えたウェズリの結論は次のようなものであった。「惑星に居住者が存在するということは決して[ママ]証明できないであろう。かくして、無数の太陽とその周りを回る諸世界という全く巧妙な仮説は跡形もなく消えてしまった」[★35]。ウェズリの反多世界論の立場は、ただちに『ロンドン・マガジン』誌上に論争を引き起こした。ウェズリが批評家に答えて発表した一七六五年の長文の手紙は、まず初めに事実についての誤りを認め、不明な箇所を説明しているが、すぐに相手の主張の反駁にとりかかっている。その中で最も重要なもののひとつは、星が非常に遠くにあるために、太陽と同じ大きさに違いなく、従ってそれらの星が太陽であるということを、天文学者たちが証明したかどうかという点である。これに対するウェズリの回答は、「視差が現在の値よりもずっと正確に求められる」までは、このことについて判断ができないというものである。ウェズリもまた、木星や土星の月と、土星の環を、この二つの外惑星の居住可能性の証拠として数えることに反対している。自分の自然神学の著作に向けられた攻撃に答えた主な目的は、皮肉なことに、宇宙における神の設計に関してさまざまな想定をすることに対して注意を促すことであった。このことは、次の文章に典型的に表れている。ウェズリはまず引用をし、それからその相手に答えている。

「われわれに小さな薄暗い光を与えるためだけに、神がこれらの天体や恒星を造ったのだと断言する彼らは、神の叡智について全くつまらない考えを持っているに違いない」。私はこんな断言をしはしないし、神が何か別の目的のためにそれらを造ったなどと言いもしない。それはそれらを造った神のみが知ることである。私は神の叡智が非常に高度なものであると考え、人間のような子どもには測りがたいものであると信じている。見たことのない物について断言することには十分慎重になることこそが、われわれの叡智であろう。

要するに、ウェズリは論敵に、「そんなに独断的であってはならない……」と警告しているのである。その後『概観』を何度も版を重ねて出版したのは、この手紙の議論に見られる自信からであった。

世界の複数性に関する最も詳細な見解は、晩年のおそらく一七八八年に行った「人間とは何か[★36]」という説教の中に表れている。この説教の主題となっている聖書の言葉は、「我なんぢの指のわざなる天を観なんぢの設けたまえる月と星とをみるに世人はいかなるものなれば」(詩篇8, 3-4)〔*『旧新約聖書』日本聖書教会訳、昭和五年〕である。広大な空間と果てしない時間の中における小さな人間について詳しく述べた後、まず、「ダビデが考慮したとは思えないこと、すなわち肉体が人間なのではないこと、人間は単なる粘土でできた家ではなく、すべての物質的被造物以上の……限りなく価値ある不死の魂であるということ」をよく考えるべきだと力説している。次に、ウェズリは神の命令をその特徴がよく表れるように想起している。「天が地球より高いように、私の思想はあなたがたの思想より高度なものである……」。さらに、人間に対する神の配慮は極めて大きかったために、「神がその子を使わしたのだ」と主張している。この三番目の回答が機縁となって、ウェズリは、多世界論から生じる、キリスト教にとって最も扱いにくい問題が何であるかについて論じるようになったのである。

「否」、と哲学者は言う。「もし、神がこの世界をそれほど愛したのなら、同じように他の千の世界も愛さなかったであろうか。われわれの世界以外に、何百万ではないにしても、何千もの世界があると現在認められている。これらすべての世界の造物主であるのに、そのような驚くほどより大きな配慮を、他のすべての世界に対して以上にこのひとつの世界に対して示したなどということが、分別のある人間に信じられるだろうか。それらの世界の多くは、おそらくわれわれの世界と同じくらいの大きさか、いやそれどころかはるかに大きいかもしれない」。

この哲学者が誰であるかは分からないが、この人物と闘うために、ウェズリは二つの議論を組み立てている。一つは、たとえ居住者のいる世界が何百万も存在するとしても、神は、その「限りない叡智」によって、「何千、何百万もの他の諸世界に優先して、われわれの世界に哀れみを示す」だけの十分な理由がおそらくあったのだというものである。もう一つは、ホイヘンスに基づいた反多世界論の議論であり、要約した形で繰り返されているものである。

多世界論に対するウェズリの態度が、否定的、あるいは少なくとも慎重であると言うには、いくつかの条件がつく。例えば、カルヴァン派の友人ジェイムズ・ハーヴィ師(1714-58)の多世界論的宗教詩を三頁にもわたって『概観』に載せている。この詩は、極めてポピュラーな作品であった、『瞑想と観想』(1745-7)の中の「星空についての観想」の抜粋である。ハーヴィの修辞的な散文を分かりやすくし、多世界論の宣言を穏やかにするために、表現を変えているが、主旨はそのまま残している。[★37] 第三版(1777)では、ボネの『自然についての考察』とデュータンの『古代人に帰される諸発見の起源の研究』の両方から、本一冊分の厚さの抜粋を入れて、さらに多世界論的な内容を『概観』の中に導入している。後で述べるボネの多世界論は、大いなる存在の連鎖の観念と関係があり、この観念はウェズリ自身が抜粋箇所を翻訳するほど彼には魅力的なものだったのである。古代人が近代的な科学の諸概念を持っていたというデュータンの議論は行き過ぎであったが、世界の複数性という観念が古代に起源を持つと主張した点は正しかった。[★38] ウェズリが多世界論の著作に熱心であったことを示す最後の例は、一七七〇年にヤングの『夜想』の縮約版を編集したことである。[★39]

天文学に関するウェズリの見解は「逆行的」なのか、それとも「進歩的」なのだろうか。確かにこの宗教上の指導者には、『概観』やその他二つの科学書を書いたことで、科学研究を推進した功績は認められる。しかし、『概観』の結論部分で、「ニュートンやさらにはハチンスン主義の体系でさえ、どんなにもっともらしく巧妙なものでも、……プトレマイオスやデカルトの体系と同じく、しっかりとした説得力のある証拠には欠けている」と言っているが、むしろこれによって、当時の科学を評価する能力には限界があったことを暴露している。理論や数学を軽蔑していたことも、やはりウェズリの逆行的な面であった。しかし、「人間の知識の限界について」[★40]という表題の『概観』の結論部分を見れば、それは「あまり独断的であってはならない……」という科学者や特に自然神学者に対する時機を得たもっともな要請であると見ることができる。カント、ランベルト、そして特にライトの天文学に見られる行き過ぎは、科学における独断的態度の危険性を連想させる。また、歴史を扱った『プロテスタント思想と自然科学』(1961)の中で、ジョン・

ディレンバーガーが、「自然神学は、多くの地域でキリスト教を沈滞させた責任がある」[41]と述べていることから分かるように、自然神学における行き過ぎた合理主義に向けたウェズリの警告は、特にハットンとダーウィンの革命にまもなく直面する国では間違いではなかったのである。これに関連して興味深く、また皮肉なことは、フィラデルフィアのB・メイオウが、ウェズリの『概観』の最新改訂版を一八一五年に出したことである。メイオウの改訂は、「時代遅れの……昔の見解」で「いっぱいの」天文学に関して最も徹底していた。またメイオウは、ウェズリの『ロンドン・マガジン』書簡やホイヘンスからの引用部分を削除したばかりでなく、世界の複数性の教義や、月の生命(確かに逆行的だったと言える)を擁護するために、書き直しさえもしている。[42]

ある者は「エディンバラのソクラテス」、またヴォルテールは「聖デイヴィッド」と呼んだが、おそらく大多数の者はボズウェルの言う「偉大なる不信心者」とか、あるいはジョン・ウェズリの言った「未だかつていなかった真実と美徳に対する最も傲慢な軽蔑者」[43]という表現を好んだであろう。同時代の者にこれほど異なる見方をされていた人物とは、デイヴィッド・ヒューム(1711-76)である。ヒュームの論文、「懐疑論者」(1742)には、多世界論に直接反対しているわけではないが、少なくともしばしば多世界論から導き出されるものに関心を示していたことをうかがわせる二つの主張が見られる。最初の主張は、二番目のものにも似ているが、次のような主張である。

> フォントネルが言うには、「天文学の真の体系ほど、野心や征服欲を破壊するものはない。自然の無限の広さに比べると、地球なんてなんとみすぼらしいものであろうか」。しかし、フォントネルの考えは明らかにあまり身近なことではないから、何の影響もない。かりに何か影響があるとしても、野心も愛国心も損なうことはないであろう。[44]

伝統的宗教の多くの教義に対して、ヒュームが根強く反対していたことは、死の三年後に発表された『自然宗教をめぐる対話』から明らかである。ヒュームは、自然の創造における神の設計という観点から神の存在を証明する議論を、精力的に攻撃している。この著書の内容に狼狽した宗教指導者のひとりに、ジョン・ウェズリがいた。ウェズリは最後の説教のひとつでヒュームを批判している。[★45] しかし、多世界論の問題に関するヒュームの立場が、ボリングブルックよりもウェズリの立場に近いということは、『対話』の持つ奇妙な特徴である。知的存在が全宇宙に存在するという憶測から、宇宙の知的設計者を推測するのは論理的ではないことを示そうとして、ヒュームはフィロンに次のように言わせている。

他の惑星の居住者が、思考、知性、理性、あるいは人間に備わった諸能力に何か似たものを持っていると断定するだけの合理的根拠があるだろうか。この小さな地球で自然の働きが実に極端に多様であるからといって、限りない宇宙の至る所で同じような自然が絶えず生成しているなどと想像できるであろうか。[★46]

この少し後でフィロンは、地球と他の諸惑星の間に類似性が観測されたことは認めるにしても、諸惑星に知的存在がいることを示すために必要なのは、こうした類似性ではなく、諸惑星の形成過程における類似性であると主張している。これと平行して、フィロンは、地球に知的存在がいるにしても、「この系が造り出される前に……多くの世界が永遠の間に損なわれ、だめになってきた」可能性もあると主張している。この書が対話形式をとっていることや、ヒュームが皮肉をよく言うことから、ヒュームの著作を一義的に解釈することは難しいが、多くの点で鋭く対立するヒュームとウェズリが、別の世界における知的生命の問題に関してはほとんど一致していることを上述の言葉は示唆している。しかし、アウグスティヌス主義のウェズリと分析的なヒュームには、これ以上に共通するところがある。すなわち、両者は当時非常に支配的であった自然神学には共に懐疑的だったのである。たぶんその理由は、一八世紀の自然神学者たちが建設していた、印象的ではあるが脆い建物のアーチのひとつを形成するにいたっていた多世界論を、両者が疑っていたからである。

ウェズリは伝道のためにアイルランドを四二回旅行した。その最初の旅行の年一七四七年に、スウェーデンのある隠遁貴族がロンドンに住みついた。両者は当時互いに気づいていなかったが、共に新たな大宗派の創設を準備中であった。ウェズリは同じロンドン人となったこの人物の考えを知った時、カントが「すべての空想家のうちの第一人者」と呼んだその人物を「狂人」と呼んだ。しかし、ウェズリとカントは共に、エマヌエル・スヴェーデンボリ男爵(1688-1772)の注目すべき主張の批評を書くほどスヴェーデンボリの見解を真剣に受けとめていた。[★47] ウェズリやカントの批判は、効果がなかったわけではないが、スヴェーデンボリの弟子たちが一七八〇年代に、今日世界中に約三万人の信者を持つ新イェルサレム教会をロンドンに設立することを阻止するほどではなかった。またブレイク、ゲーテ、エマスン、ユゴー、ヘンリ・ジェイムズ卿、そしてイエイツらの知識人が、スヴェーデンボリの体系に強い関心を抱くことを防ぎようもなかった。

スヴェーデンボリは、ストックホルムに生まれたが、父親がスカラの主教になる前に、ウプサラ大学でルター派の神学を教えていた関係で、ウプサラ大学に進んだ。フラムスティードやハリーに出会い、ニュートンの著作を学んだ三年間のイギリス滞在を含む長期のヨーロッパ旅行をした後、科学に心が傾いていたスヴェーデンボリは、スウェーデン鉱山省に就職した。一七一六年から一七四七年までそこに勤め、その間に多くの科学的著作を発表した。その業績は後の研究者によってさまざまな評価を受けてきたが、大した影響力はなかったというのがほとんど一致した見方である。[★48] スヴェーデンボリは、一七三四年に『哲学と鉱物の書』を発表した。その第一巻には、ニュートンの伝統に立つというよりもむしろデカルトの流れを汲む「自然の事物の原理」という論文が含まれていた。一八七九年にスウェーデンの天文学者マグヌス・ニレーンは、スヴェーデンボリの「自然の事物の原理」では、天の川に関する星雲説と円盤説の原形が提起されていたと主張した。それ以来、天文学史家たちはスヴェーデンボリの主張について議論し、概して否定的な結論を下している。★49『動物王国の経済』二巻と『動物王国』三巻の中で展開された、生理学的・心理学的教説も、論争のテーマになった。しかしこれらの著作は、スヴェーデンボリの並々ならぬエネルギー、広範な知識、そして自然のより精神的・哲学的な側面に対する大きな関心を示している。

科学者スヴェーデンボリから預言者スヴェーデンボリへの移行は一七四〇年代に起こった。この一〇年間にスヴェーデンボリは、聖書と科学に基づいた創造の解釈である『神の保護と愛について』を発表したばかりでなく、異常な宗教体験も経験し始めていた。一七三八年にウェズリは自分の心が「奇妙に暖かくなる」のを感じたが、スヴェーデンボリは一七四三年以後ほとんど類い稀な幻視を体験するようになった。スヴェーデンボリは一七六九年のトマス・ハートリ師宛ての自伝風の手紙で、「私は一七四三年に、下僕である私の前に哀れみ深く現れた主自身によって、神聖な局に呼ばれた。その時、主は霊世界を見えるようにし、霊魂や天使と話すことを可能にしてくれた。私は今日までそうした状態にある」と記している。★50これによって変容したスヴェーデンボリの精神から生まれた、数多くの神学に関する著作のうち最も初期のものに、『天界の秘義』がある。その八巻、三百万語は、創世記と出エジプト記の隠れた寓意的意味を明らかにすることに充てられている。ラテン語で書かれたこの著作は、ロンドンで匿名で出版され、ほとんど読まれることはなかったが、奇特な読者は、「常に絶えず霊魂や天使と一緒にいて、それらが話すのを聞いたり共に言葉を交わすことが、数年来私にかなえられてきた」★51という著者序文に衝撃を受けたに違いない。

スヴェーデンボリの『天界の秘義』が地球外生命論争にとって重要なのは、われわれの月や別の太陽系の月や五つの「地球」に住んでいる霊魂や天使はもちろん、われわれの太陽系の各惑星に住んでいる霊魂や天使との会話を物語る箇所が、あちこちに見られるからである。それらの箇所は、『われわれの太陽系における諸地球について……』(1758)というタイトルの小冊子に集められた。新イェルサレム教会の設立者のひとりジョン・クラウズ師(1743-1831)は、一七八七年にこの書物の英訳を出版し、次の表題を付けている。『惑星と呼ばれるわが太陽系の諸地球について。あわせて今まで見られ聞かれてきたものに基づく、それらの居住者および霊魂と天使についての報告』[★52]（以下『諸地球』）。他の多くの著作にも多世界論的な内容が見られるが、この著作こそ多世界論思想に貢献したスヴェーデンボリの主著である。

スヴェーデンボリの『諸地球』は、次の言葉で始まっている。「他の地球があるかどうかを知りたいという激しい欲求を抱いて以来、……私は主によって……他の地球の霊魂や天使と、ある者とは一日、またある者とは一週間、またある者とは一月間……話すことがかなえられた。今まで一二年の間、この特権を享受することが私にかなえられてきたのである」。スヴェーデンボリによれば、これらの霊魂や天使はすべて「もとは人間」であったという。つまり、各惑星に住んでいる霊魂や天使は、その惑星に住んでいた「人間」の死霊だというのである。天使も霊魂も直接創造されたわけではない。また、もとの「人間」は、少なくとも肉体的には地球人に似ているが、もっと小さかったり大きかったり、あるいは色や歩き方がさまざまなものもいると言う。別の世界の生命の可能性を主張するために、諸惑星と地球、星とわれわれの太陽との類似性と共に、目的論的な考え方が駆使されている。地球外生命と地球の居住者が類似していることと、他の諸惑星の物理的特徴の記述が乏しいということを結びつけて考えてみると、わずかとはいえ彼の科学的学識が著作に混入していると思われる。月人の場合は明らかに例外である。「月は他の地球とは異なる大気に包まれているので、腹部に空気を集め、そこから」大声で話すという。スヴェーデンボリは、「大なる人」が有限な宇宙全体を造るという小宇宙─大宇宙説を繰り返し述べている。そして、この「大なる人」は主に対応するのである。例えば水星の居住者は、記憶力に対応し、この能力の点で彼らは抜きんでている。それに対して月人は「剣状突起の軟骨」に対応するのである。しかし、こうした性格づけはかつての占星術的連想の名残りのように思われる。[★53]

スヴェーデンボリは頻繁に、他の惑星の馬、牛、山羊、そして地球外生命の住居に言及している。しかし、それ以上に地球外生命の宗教形態や社会構造、さらには道徳や精神のあり方を述べることに関心を持っている。別の世界の存在は、一般に地球人より道徳的、精神的に優れているという。もっとも、われわれだけが売春、強盗、偶像崇拝、残忍さを持っているわけではないことも明言している。しかしスヴェーデンボリの考えでは、われわれの地球は、一つの点において独特である。

> ……他のどの地球でもなく、われわれの地球で人間の形をとって生まれるということを、主は喜んだのである。主たる理由は、言葉のためであった。つまり、言葉がわれわれの地球で書かれ、そして書かれるとその後地球全体に伝えられ、いったん伝えられると、すべての子孫のために保存され、こうして、神が人間になったということが、別の世界の生命すべてに対しても啓示されたからである。

この引用部分の著しい特徴は、キリストの地上における受肉の伝達機能が、贖いの役割よりも優位を与えられているように見えることである。われわれの地球を越えて神のことばが伝えられるのは、地球の天使や霊魂と交わった他の惑星の天使や霊魂が特別な条件の下で、その惑星の居住者と話をすることで可能になるという。キリストが人間としてわれわれの地球だけにやって来たとすると、書かれた物、従って学問は、宇宙の別のどの世界にも見いだされないという奇妙なことになる。

スヴェーデンボリの著作をダンテの『神曲』に比べると、物語る方法に明らかに見られる超然とした態度には感嘆せざるをえない。途方もない幻視を物語る時でも、少しの感嘆もその唇から漏れることはないからである。スヴェーデンボリも旅行中に、明らかによく思っていないさまざまな人物(例えばクリスティアン・ヴォルフ)や集団(例えばイエズス会)に出会うが、ダンテの詩よりもはるかに駆け引きや詩情に乏しい。スヴェーデンボリが『諸地球』で言いたかったのは、主として道徳や教義のことであった。つまり、非常に精神的な火星の居住者やわれわれの太陽系のかなたに見える五つの「地球」のうちの三番目の居住者のように道徳的であれと言い、教義に関しては、三位一体について正統派とはいえない教義を繰り返し説明している。ダンテと違い、スヴェーデンボリは自分の話が全く文字どおりに受け取られることを意図していたという事実を見失ってはならない。スヴァンテ・アレーニウスがこうした「最も奇妙な空想」について論じ評したように、「スヴェーデンボリは途方もなく誠実な人であり、自分が主張したことを自分で信じていたことは疑いない」[54]。従って、「スヴェーデンボリの宗教書の源には、宇宙旅行や、科学や哲学に関する読書があり、そうしたものに影響されている」[55]というマージョリ・ホウプ・ニコルスンの意見は、スヴェーデンボリ自身にとっては気に入らないものであろう。

スヴェーデンボリの『諸地球』の意義を、彼の宗教的な教義全体とその普及という観点から評価することは難しい。信奉者たちは比較的速くこの小冊子を他の諸言語に翻訳した。一七七〇年までにF・C・エティンガーのドイツ語訳が、また一七八七年までにジョン・クラウズによる英訳ができ、一九世紀にはフランス語訳とイタリア語訳が続いて出版された。そして、一九世紀後半の信奉者のひとりが次のように嘆いた理由のひとつは、スヴェーデンボリの多世界論的主張の異常さにあったと言える。「会員たちが、この地球のように、他の諸惑星も人が住むために造られたと信じているために、多くの嘲笑が新教会に浴びせられてきた。おそらく、われわれがこれほど敏感になっている問題はないだろう。というのは、まるでわれわれがこの信念を持ち続けているというそのことだけで、他のすべてが信用できないかのような軽蔑的な言葉を、絶えず耳にしているからである」[56]。また、スヴェーデンボリは、ストックホルムの火事、ウルリーカ・エレオノーラ女王の秘密、あるいは自分の死など地上の出来事に関して、明らかに正しい予言をし、そうした場合にはこの隠遁した著述家に世間の注目が集まったようである。スヴェーデンボリが地球外生命を支持したと言っても、確かにその形態は異常であったが、一八世紀においては何ら新奇なものではなかった。しかし長い目で見れば、太陽系の月や惑星の生命に対する反証が増えるにつれて、科学者から幻視者になったスヴェーデンボリの幻視の信用は高まることはなかった。

スウェーデンボリは当然イギリスの宗教生活や社会生活の中心にいたわけではなかった。この点では、長い間国会議員をし、宗教作家で、二流詩人であったソウム・ジェニンズ(1704-87)は、まったく違っていた。ジェニンズは、「徳論」(1752)の中で、神の善性が宇宙の至る所に広がっていることを主張するために多世界論を採っている。

従って、広く遍在する精神と感覚は、
空間と同じほど無限の幸福をつくる。
何千もの太陽が、彼方につぎつぎと輝き、
さまざまな天体がさまざまな天体の上を回転し、互いの光線で光り輝く。
それぞれがひとつの世界であり、そこでは、すばらしい業で形成された、
数限りない種が至る所に生きている……。

さらに、植物、動物、そして高等な存在が、至る所で神の永遠なる法に支配されていると述べて、自らの論点を強調している。この法「とは、すべては全体の至福に寄与するということ、このことに他ならない」[★57]。また、「宇宙の存在連鎖について」(1782)という表題の散文の「論究」の中で、この連鎖の上級の妥当範囲をより完全にするために、多世界論に立っている。[★58]

詩人ばかりでなく説教者も、多世界論的天文学の天界に、自らの著述を飾る豊かな素材を見つけた。そのよい例として、ユニテリアン派の聖職者ニューカム・キャップ(1733-1800)の「天体が示す神の栄光について」という説教がある。

この説教を読むと、散文の優雅さだけはその時代にあまり見られないものだということが分かる。キャップは、ヨークでの集会ばかりでなく、イギリスの他の多くの地域の集会でも、惑星運動がもつ秩序や調和、そして宇宙の広大さに言及して、神の偉大さを認識するよう主張したに違いない。彼と同時代の聖職者の多くも、次のように漏らしている。

> わずかな例外はあるにしても、すべての星は……別の系の別の太陽であり、多くの世界の中心に位置している。そして、それぞれに……適度な光と熱を与えている。……もし太陽がこれほど数多くあるとすれば、世界はどれだけ多くあるのだろうか。もしこれほど多くの世界があるとすれば、想像できないほど多くの居住者は、どのような数で表すことができるだろうか。それらすべては、神の力による被造物、神の叡智の記念碑、そして神の愛の対象である。無数の世界のうちの何万の世界が創造主の善性を喜んでいるかを……考えてみよ。これら無数の世界のすべてのうちで、われわれの住んでいる世界は広大だとわれわれは思っているが、実はわれわれが見ている最も小さなもののひとつにすぎないのである。[59]

月からわれわれが受ける恩恵に関するキャップの議論は、最後に、月の居住者に奉仕していることによって地球はその恩恵に十分すぎるほど報いていると示唆しているが、もっと十分な教育を受けたこの時代の牧師ならば、非国教会派のキャップよりも、多世界論のテーマに取り組むのを自制したかもしれない。しかし、当時の科学的に最も厳格な者でも、地球に温暖な気候が生じるように太陽と地球の距離を調整した神に対するキャップの賞賛に異議を唱える者はほとんどいなかったであろう。キャップの説教のもうひとつの特徴は、キリスト教に対する多世界論的反論に答えるのを避けていることである。このためにキャップの説教は簡潔なものとなり、神の栄光に対する気持ちを鼓舞する効果を持ったのである。とはいえ、亡くなる頃には、彼の議論の持つさまざまな困難はしだいに避けがたいものになった。

ジェイムズ・ビーティ(1735-1803)は、現在では、一八世紀のスコットランドの著名な詩人のひとりとして知られているが、仕事はアバディーンのマリシャル・カレッジで道徳哲学と論理学を教えることであった。事実、同時代人の目から見て、ビーティが大成功を収めたのは、哲学と護教論の二つの著作によってであった。『真理の不変性について』(1770)は、ヒュームの懐疑論を論破するために、トマス・リード(1710-96)のスコットランド常識哲学を利用している。[★60]他方、『キリスト教証験論』(1786)は、キリスト教と理性や常識の調和を疑う者を激しく攻撃している。後者の結論部分で、広大な宇宙の中では人間の惑星は小さいものなのだから、「神がひとり子を……この小さな世界に送るほど、われわれは重要な生物であるなどと想像できるだろうか……[★61]」と疑問を呈する者に対して答えている。ビーティの最初の回答では、「存在のあらゆる多様性を持つこの無限の宇宙」を創造する神の能力を強調している。二番目の回答では、「ひとりの有徳な人間の魂は、太陽や惑星や世界のすべての星よりもはるかに価値があり優れている」というリチャード・ベントリの言葉を引用し、これを中心に議論を展開している。それに対して、最後の回答では、キリストによる贖いの広い効果を肯定している。地球外生命は「われわれの罪のために苦しむことはなく、われわれの服従のために報われることもないであろう。しかし、われわれの堕落と再生は模範として彼らの役に立ち、贖いにおいて示される神の愛は、彼らの崇拝と感謝の念をより高い歓喜へと高め、無限の叡智の摂理を……探求しようとする情熱をかき立てるかもしれないと想像しても不合理ではない」。さらに、こうした考え方は「単なる憶測ではなく、自然における多くの類推からしても、また聖典からしても妥当であると思われる。また、この聖典は、われわれの罪の贖いの神秘をより優れた存在にとっての好奇心の対象として示し、われわれの悔恨はそうした存在に喜びの機会を与える」と言う。もちろん、常識哲学によって「贖いの神秘」を合理化しようとするこうした試みも、事実上は「単なる憶測」であり、「彗星によって……われわれの太陽系は他の諸系と結びついているかもしれない」というビーティの思弁によって救われるようなものではなかった。

ビーティの『真理の不変性について』が同時代の聖職者たちから並々ならぬ尊敬を受けたことは、一七七四年にランベスの教区司祭、ビールビ・ポーティウス(1731-1808)が聖職授任を申し出たことでよくわかる。ビーティはそれを受諾しなかったが、当時チェスターの主教で後にロンドンの主教となったポーティウスが、ビーティに『キリスト教証験論』を書くよう激励したことについては、その書の中で喜んで書き留めている。「キリスト教における贖いについて」という説教の中で、ポーティウス自身がビーティの見解に似た多世界論を提起している。贖いは人間理性によってどの程度説明されうるかという難しい話題を扱いながら、ポーティウスは、「キリストの死の恩恵も、われわれ以外には及ばないということはいかなる根拠によるのか[★62]」と大げさに問うて、キリスト教に対する多世界論的反論に応酬している。キリストの磔刑はどこか他の場所でも有効であるという信念を正当化するために、ポーティウスはパウロの書簡を引き合いに出している。

> われわれは、明確にこう言われている。「天にあるものも地にあるものも、見えるものも見えないものも、万物は御子において造られたからです。つまり、万物は御子によって、御子のために造られました。神は(その十字架の血によって平和を打ち立て)、地にあるものであれ、天にあるものであれ、万物をただ御子によって、御自分と和解させられました。時が満ちるに及んで、救いの業が完成され、あらゆるものが、頭であるキリストのもとに一つにまとめられるのです。天にあるものも地にあるものもキリストのもとに一つにまとめられるのです[★63]」。

ポーティウスが上記の一節を重要なよりどころとしていることは、次の短い言葉によく現れている。「もしキリストによってなされた贖いが、別世界に、おそらくわれわれの世界以外の多くの世界にも及んだとすれば、またその徳が天界そのものにさえも浸透するとすれば、またその贖いによって万物がキリストのもとにまとめられるとすれば、その行為者の威厳がその仕事の大きさに不釣り合いだったなどと誰が言うだろうか……」。ポーティウスの立場には二重の意味で興味深いものがある。ポーティウスは、キリストの磔刑が地球外生命にも有効だと力説することで、贖いが地球以外の他の場所では「模範」としてしか働かないというビーティの立場を越えているだけではない。さらに、上記の一節で、もしキリストの地上における受肉と贖いが地球外生命にまで及ぶと見なされるならば、それは十分に釣り合いがとれていると述べているようにさえ思われるのである。おそらくポーティウス自身は使いたくなかったと思われる表現で率直に言うと、多世界論者の唱える宇宙では、神が受肉して苦しむということの持つ不可思議さがなくなるのだと言っているように思われる。ポーティウスのために言えば、言葉づかいの点では、ビーティの議論には見られないある程度の謙虚さが見られると言えよう。しかし、主張していることはずっと徹底したものなのである。

エドワード・キング(1735?-1807)は、一七八〇年以来世界の複数性を支持していたビーティとポーティウスの同時代人である。この一七八〇年というのは、キングが『至高存在への賛歌。東方の歌をまねて』を匿名で発表した年でもある。最初の賛歌は次のように始まる。

おお主よ、汝は天と地の万物を造り給うた。汝の優しき保護は、至る所に行きわたっている。
二―無数の世界が汝の命令で生まれた。それらは汝の御言葉による栄光ある御業に満ちている。
三―無限の宇宙を誰が完全に理解できようか。また、天の星を誰が数えられようか。
四―それらには、汝の御力が住まっているのか。それらは汝の善と叡智の啓示に満ちているのだろうか。[★64]

もうひとつの多世界論的一節は、賛美歌IIIに見られる。キングは太陽を賛美し、「多くの世界がそれによって育まれ、その栄光は偉大である」と記している。多世界論的観念に対するキングの関心はまた、『数篇の批評』(1788)にも明らかである。これは、七〇人訳旧約聖書には重要な教義の前兆が含まれているという前提を一つの根拠にして聖書を解釈したものである。これらに含まれているキングの多世界論では、各恒星は、その惑星系の復活した居住者の天国であると考えられている。太陽光線はそれ自体に熱はなく、物体との相互作用によって熱を発するだけであると論じた後で、「われわれの太陽も他のすべての恒星も広大な空間の海に配置された多くの住居や居住地であり、多くの至福の島である」[★65]とみなす考えに与するよう読者に勧めている。キングは、星を物質的天国とするばかりでなく、新たな地獄の理論も提起している。彼の著作を書評した者は次のように述べている。

狂気じみた印刷職人イリヴは地獄がこの地球にあるとし、また、スウィンデン氏は太陽にあるとし、それぞれが地獄について著作を書いている。キングは新たな場所に天国を見いだそうとし、付録の最後で、われわれの地獄が地球の中心にあるばかりでなく、他のすべての惑星の地獄もそれぞれの惑星の中心にあると示唆している。[★66]

キングの『数篇の批評』は再版され、二、三の多世界論的著作の中で取り上げられたが、それが及ぼした主な影響は、先の書評家が予言した通りのものだったであろう。すなわち「いつの時代にも、最善の意図を持つ善人たちこそ、知識や熟慮なしに反対する懐疑論者全体よりも……自らの思弁によって多くの弊害を啓示に対して及ぼした」のである。

多世界論を支持した一八世紀後半のイギリスの科学者の中で、ライト、ファーガスン、そしてハーシェルについてはすでに論じた。彼ら以外に挙げられるのは、ロジャー・ロング(1680-1770)、ジョージ・アダムズ(1750-95)、そしてオリンサス・グレゴリ(1774-1841)である。ロングは一七五〇年に、ケンブリッジの天文学と幾何学の初代ラウンド記念教授になった人物であるが、それはひとつには間違いなく彼の『天文学』第一巻(1742)が優れたものだったからである。一七六四年に出た第二巻は、世界の複数性のテーマを扱っている。ロングは、単にわれわれのために神が天を創造したのではないと確信して、多世界論の立場を主張し、特に太陽光線がさまざまな強さで内惑星と外惑星に降り注ぐ難問を扱っている。そして、この問題を解決するために、「水星と金星には硝石の鉱山があり、そのためにそれらの表面は冷える……」のであるが、それに対して「木星と土星には、地下に火が燃えており……そのために太陽からの距離があっても補われる……[★67]」という考えを提出している。しかし、彼は二つの留保を付けている。第一に、惑星人は人間に似ているに違いないというホイヘンスの主張は退ける。第二に、一貫してはいないが、ミルトンの『失樂園』の中のアダムに対するラファエルの忠告は支持する。

> 他のいろいろな世界のことについて、そこにどのような生物が、どんな状態、どんな条件、どんな温度で住んでいるかなどについてはあれこれ夢想してはならない。[★68]

ロングの場合は年々経験を積むにつれて、地球外生命に対する熱狂ぶりが弱まったかもしれないが、ジョージ・アダムズの場合はそうではなかった。五巻からなる『実験自然哲学講義』を発表した一七九四年には、アダムズは六冊の科学書で世評を博していた。『実験自然哲学講義』の中で、多世界論のために自ら展開した主として伝統的で目的論的な議論は極めて説得力があり、こうした議論に基づけば「あらゆる系のすべての惑星に居住者がいると結論してもよい……[★69]」と判断している。複雑な散文で自信に満ちた言明をするアダムズの傾向は、次のようなことが考えられるかどうかを問う場合にも明らかに見てとれる。

われわれのために一滴の水の中にも生物を住まわせてきた[!]……全能者が……そのような無数の天体を住人にとって何もないままにしておくだろうか。それらは人間の所有物であり、……祝福され、彼らの幸福につながるすべての物が与えられ、しかも彼らの多くは地球の住人よりも純潔な状態にあり、……さらに彼らに喜ばしい風景を与え、詩がいきいきと描写できる[!]、あるいは宗教が約束できるような状態にある……と考えるほうが合理的であろう。

アダムズは、地球で神から与えられた贖罪という特別な善行をキリスト教徒が喜ぶべきであると強調し、さらにこう述べている。

……他の諸惑星……の居住者も……われわれと共に、等しく神の好意の対象でなければならないのだから、また、何万もある惑星のうちのいくつかに居住する理性的住人は反抗的だったかもしれないのだから、もし彼らに復活の必要があれば、彼らはわれわれと同じくその価値があるに違いないと考える者は非難されるべきだろうか。また彼らはひょっとしたら既にキリストの犠牲によって救われているかもしれないし、これから救われるかもしれない……などと考えてはいけないのだろうか。★70

ロングとアダムズは、多世界論を論じた時、すでに名を成した科学者であった。それに対して、オリンサス・グレゴリが『天文学哲学講義』(1793)で多世界論を提起した時は、まだ一九歳であった。グレゴリは独学で学者になった人物であるが、最終的には王立陸軍学校で数学を教えた人物である。グレゴリが好んだ議論は、地球上に観察される生命の豊富さに基づいている。「海、湖、川は生物で満ちている。山や谷、木や草、……動物の血や体液さえも、すべてそれぞれに居住者がいる。きっと、宇宙の極めて多くの大きな天体には、さまざまな状況に適応した存在が備わっている」[★71]。このことから、グレゴリは、何百万もの太陽には、「限りない至福のために造られた、何兆もの理性的生物が住む……何千万もの世界が伴っている」と結論している。

幅広く見ると、一八世紀のイギリスの多世界論は極めて人気があり、同時に非常に柔軟なものであったように見える。羊飼いから大臣まで、弁護士や主教、哲学者や物理学者、そして詩人や説教者といった広範な人々が、しばしば極めて異なる目的のためであったが、多世界論を公に論じた。デラム、ポウプ、ヤング、そしてその他広く翻訳された著者たちが多世界論をヨーロッパ大陸にもたらし、ウィストンが喫茶店にまで広めたのである。また、ファーガスンと「トム望遠鏡」は多世界論を子供たちに教えた。ケンブリッジでは、ベイカーとジェンキンが多世界論について保留を表明したのに対して、ベントリ、ニュートン、ロングはそれを支持し、ホイヘンスの『コスモテオロス』に感銘を受けたプルームはケンブリッジ大学に天文学教授職基金を寄付した。オクスフォードでは、ハリーとキールが多世界論を支持したのに対して、校友のハチンスン主義者たちはそれを攻撃した。ワォッツが賛美歌で、ポウプが祈りで、イリヴが演説で、そしてキャップとポーティウスが説教で、多世界論を表現したのに対し、チェインバーズとファーガスンはそれを百科事典に載せた。ハーシェルが月人を捜し求めながらも、太陽人で我慢したのに対して、パイは木星人の創世記を用意した。メソジスト教会の創設者ウェズリが多世界論に慎重であったのに対して、スヴェーデンボリはそれを新イェルサレム教会の聖典の中に入れた。ヤングなどは伝統的キリスト教の概念を飾るために、またビーティ、ヘイ、ポーティウスはそうした概念を発展させるために多世界論を活用したのに対して、ブラント、ボリングブルック、トウランドは理神論を擁護するためにそれから多くのものを借用した。そして、デラム、ライト、ハーシェル等が多世界論を星々にまで拡大しつつあった時、多世界論は大西洋を越えてイギリスの植民地に渡った。柔軟で人気があった多世界論は、アメリカで暖かく迎えられたのである。

2 大西洋を渡った多世界論――『哀れなリチャード』からアダムズ大統領まで

ヨーロッパの科学は、一七五〇年頃にようやく大西洋を越え始めていた。当時、ハーヴァード大学では自然科学が体系的に教えられるようになってまだ二〇年にもなっていなかったし、イェール大学ではその歴史はさらに短かかった。しかし、多世界論が海を渡ったのはそれより早く、コトン・メイザー(1663-1728)が、『祝福された神のすばらしき御業』(1690)と『キリスト教哲学者』(1720)の中で多世界論を支持していた。多作であった清教徒の牧師メイザーは、『キリスト教哲学者』の中で、自分の宗教を「哲学的宗教、それなのになんと福音主義的であるか」[★72]と表現している。多世界論を受け入れているということだけでなく、これらの二つの特徴が、星に関する議論を締めくくる一種の祈りの中に現れている。

偉大なる神よ、汝はなんと多様な世界を創造したことか。……汝の偉大さと栄光の証は、これらの世界に満ちている被造物の中に見られる。それはなんと驚くべきことか。天使のような居住者がそこに何を見、主を賞賛して何を歌うか、誰が知ろう。これらの驚くべき天体は何のためにか、誰が知ろう。私が知っていることは、ただ、これらの未知の世界すべてを創ったのは、われわれの偉大なる神だということだけである。

メイザーは、深い学識によって王立協会会員に選ばれたのであるが、『キリスト教哲学者』の素材のほとんどは、チェイニ、デラム、グルー、レイなどの自然神学的著作から取られている。[73]例えばデラムから取られた議論としては、「天の川の白さは、天の川にある恒星の膨大な数に原因があるのではない。一部は恒星の光に、また一部はそれらの諸惑星の反射に原因があるのである。つまり、惑星は恒星の光を融合し、混合するのである」という多世界論を支持する議論がある。チェイニは、居住者のいる他の太陽系の存在を認めるためばかりでなく、彗星が「刑に服する動物の居住地」だという主張を支持するためにも引用されている。メイザーは、月の生命さえ認めている。そして、この問題については、ホイヘンスの結論よりもデラムの結論に好感を持っている。「というのは、デラム氏は自分自身の望遠鏡を使ってホイヘンスを論破し、月に大きな水域の集まりがあること、従って川、蒸気、空気、さらにひと言で言えば居住に必要なかなりの条件がそろっていることを証明したからである」。メイザーは、これ以上詳しくは述べていないが、「しかし、どのような生物が住んでいるのか。この難問は、啓示なしには解決され得ない」と付け加えている。メイザーの著作の天文学的部分を読んだ植民地時代の多くの読者は、それによってホイヘンスやニュートンの理論ばかりでなくコペルニクスの体系にも触れることになった。この点で、彼の著作はアメリカの科学の発達において重要な役割を演じたといえよう。[74]おそらくメイザーによって唱えられたために、多世界論は一七四〇年代にはハーヴァードで教えられ、一七五二年にはイェールで催された学術討論会のテーマになったとも言えよう。[75]

一般大衆も学識者も共に多世界論に精通しつつあったということは、ベンジャミン・フランクリン(1706-90)を考察すれば、よく分かるであろう。フランクリンは、一七三三年から一七五八年に出版され、広く読まれた『哀れなリチャード』という暦の著者であったばかりでなく、一七五〇年にはアメリカの指導的な科学者でもあった。一七二八年には、理神論的で多世界論的な概念に満ちた文書「信条」を書き上げた。それは次のように始まっている。

神々自身の創造者であり父である最も完全な至高の存在者が存在すると私は信じる。

というのは、人間は神の次に最も完全な存在者であるというわけではなく、むしろ人間より劣った存在者に多くの段階があるように、人間より優れた存在者にも多くの段階があると信じるからである。

また、太陽系や目に見える恒星そのものを越えてあらゆる意味で無限の空間を想像し、その空間が、われわれの太陽と同じような諸太陽で満ちており、しかもそれぞれの太陽がその周囲を回る諸世界に取り囲まれていると考えるとすると、われわれが動き回っているこの小さな球体は……ほとんど無に等しく、私自身は無以下にも思われる……。

こう考えると、この上なく完全なものが人間のような取るに足らない無に少しでも注意を払うなどと考えることは、私の大きな虚栄心であると思えるのである。さらに、……無限なる父は、われわれに崇拝や賞賛などを期待したり要求したりしないとしか考えられないし、むしろそのようなことを無限に越えてさえいると思われる。★76

続いて、フランクリンは自分の考えを展開する。

……無限者は、人間よりはるかに優れた多くの存在や神々を創造した。彼らはわれわれ以上に無限者の完全性を理解し、より合理的で光栄ある賞賛を無限者に返すことができる……。

これらの創造された神々は不死であるかもしれないし、あるいは長い期間を経て変化し、別の物がその場所を占めるのかもしれない。

とはいえ、これらはそれぞれが、非常に賢明で、善良で、力に満ちあふれていると思う。また、それぞれは、美しく見事な惑星系に伴う、ひとつの燦然たる太陽を自ら生み出したのだ、と私は考える。

多数の神々がそれぞれ自分の太陽系をもつというこの信仰は奇妙なものであるが、フランクリンがロンドンにいた一七二五年三月に行われたニュートンとカンディトとの対話(すでに述べた)にその起源があることをフランクリン研究者たちは明らかにしている。★77

多世界論に対するフランクリンの関心は、彼が信条を固めた七年後に発行し始めた有名な暦にも明らかに見られる。例えば、一七四九年の『暦』の中で、哀れなリチャード(すなわちベンジャミン・フランクリン)は次のように述べている。

惑星が居住可能な世界だということは、現代の哲学者や数学者すべての意見である。そうだとすれば、水星の住人たちはどのような体格でなければならないだろうか。というのは、アイザック・ニュートン卿によれば、水星は地球の七倍の太陽熱を受けており、そうすると太陽熱によって水が沸騰して蒸発するからである。

韻文と散文の両方で多世界論を謳い上げたジェイムズ・バーグの『世界の造物主への賛歌』(ロンドン、1750)から数多く転載して、フランクリンは、一七五三年と一七五四年の暦を豊かなものにしている。★78 これらの暦を読んだ何千もの人々は、次のことを学んだ。

そして、その時から、輝く太陽は光を放射し、
光の流れを周りに豊かに広げ
それぞれのさまざまな天体は、黄金の一日を享受し、
生命の諸世界は太陽の快い光線に依存する。★79

フランクリンが転載したバーグの著作の長い散文の部分では、当時の天文学が紹介されており、惑星、衛星、さらに

は彗星のそれぞれに生命が存在する可能性も論じられている。バーグによれば、水星はあまりに太陽に近いので、表面の水は絶えず沸騰しているが、「だからと言って、水星が居住不可能だということにはならない。というのは、神の力と叡智にとって、居住者を住むべき場所に適応させることは難しいことではないから……」と言う。なぜ恒星が造られたのかという議論については、それは「全く間違いなく無数の世界の系を照らすため……」であったと説明している。

フランクリンは一七五七年の『暦』の中で、ハリー彗星が予測どおり戻ってくることについて論じている。しかし、ハリー彗星と地球との衝突によって起こると思われる破局的な結果を述べた短い論文の最後には、多世界論とポウプ(少し間違って引用されているが)から導かれる慰めを記している。

ところで、われわれは自分たちの重要性を過大に考えてはならないのである。神の統治下には無数の世界があり、たとえ地球が滅びるようなことがあっても、宇宙では惜しまれるようなことはないであろうから。

神は平等な目で見る、すべてのものの主として
英雄が滅び、あるいはスズメが落ちるのを。
原子、あるいは系は崩壊に向かい、
こちらでは泡がはじけ、またこちらでは世界がはじける。

多世界論を擁護した暦の著者はフランクリンひとりではなかった。例えば、ナサニエル・エイムズ(1708-64)は一七二八年の暦で、宗教上の根拠から、「無数の天体には……固有の居住者がいる……」ことを力説し、一七三七年版では

さらに詳しくそうした居住者について論じている。月の生命については自信が持てず、自分の目で見るために月に旅行したいという願望を表明してもいる。[★80] また、ブラウン大学数学教授で、多くの暦の著者でもあるベンジャミン・ウェスト(1730-1818)も多世界論を支持した。ウェストはいくつかの暦でアイザク・ビカースタッフという仮名を使っている。『ビカースタッフの一七七八年用……ボストン暦』(1778)の中で、ウェストは土星について次のように書いている。

このくすんだ惑星と明るい水星の
差異は奇妙で驚嘆すべきものに違いない。
しかし理性に従えば、全く疑うことはできない、
何百万もの存在がどちらの球体にも、
その場所に適した体格を持って住んでいることを。
そこでは、全智なる、神の摂理が彼らの運命を決している。[★81]

サミュエル・エルズワースは一七八五年の暦で、水星の居住者について「非常に陽気で、小柄で、人間と同じ直立した姿勢を保ち、おしゃべりかつ雄弁で、有能な法律家でもあり詭弁家でもある……」とまで描いている。金星人は「みだらな愛にふけり」、火星人は「戦争好きな性格」を持つとしていることからすると、神話に刺激されて、地球外生命にそのような性格を付与したと思われる。[★82] 最も優れた暦としては、黒人のタバコ農園主ベンジャミン・バネカー(1731-1806)が作成したものがある。バネカーはファーガスンの著作によって初めて天文学を知り、その後さらに高度な知識を追求した人物である。多世界論への熱狂はファーガスンから受け継いだと思われる。というのは、バネカーは、最初の暦(1792)で、金星は「惑星世界であり、他の四惑星と同じく……野原、海、空があり、動物の生存のためのすべ

ての環境が整っていて、知的生命の住居だと考えられる……」[83]と述べているからである。一七九四年の暦には次のような件がある。

大空という荘厳なくぼみを見よ。
しっかり凝視せよ、高き天に光り輝くあれらの天体を、
そこでは星座が輝き、彗星が燃えている。
それぞれのきらめく世界が、神の力を示しているのだ。[84]

アメリカの「革命の詩人」として有名なフィリップ・フリノウ(1752-1832)は、『一七九五年版マンマス暦』を出版し、それに二つの多世界論的論考を書いている。「惑星系について」という論考の中では、すべての星は太陽であり、それぞれの周りを惑星が回っており、そこには生物が住み、「造物主の慈悲によってすべてにとって快適である」と述べている。[85]フリノウの多世界論は太陽にまで及び、太陽には「近隣の惑星の生物よりもはるかに優れた性質を持つ存在がおそらくいる」と言う。地球外生命を地球以外のさまざまな状況に適応させることができる神の能力について強調する根底には、宗教的な感情がある。このことは、二番目の論考の「哲学的考察」に特に明瞭である。この論考のねらいは、月では、自然が「生命に満ち、人間の理性と同等か、あるいはひょっとするともっと優れた段階にまで達している」と論じることであった。月の大気の問題については、読者に次のことを覚えておくよう忠告している。「生命形態には限りがなく、生命を維持する何百万もの手段があるかもしれない。空気は、人間が呼吸して生きる手段である。従って惑星の居住者も必ず同じ手段で生きていると主張するのは愚かなことであろう」。月人の優越性を認めた初期の見解とは反対に、月について次のような疑いを抱いている。月は、

……われわれが混沌と呼ぶ状態にある。私は決して良い望遠鏡で月を観測しているのではないが、私の手足を走るある種のぞくぞくする恐れを感じるのである。なんと荒廃と廃墟の憂鬱な景色が観察されることか。これらの陰鬱な住居に住むことを喜べるのは、いったいどのような被造物であろうか。

フリノウの二つの論考から受ける印象は、天文学の知識はあるが、その極端な多世界論的立場に対する反証については十分に考慮を払っていないということである。★86

フリノウの数多くの詩にも、多世界論的テーマが現れている。その中には、「エマヌエル・スヴェーデンボリ閣下の宇宙神学について」(1786)、「自然の構成あるいは構造に関する考察」(1809)、そして「望遠鏡を通しての、木星の夜の眺め、およびその衛星のいくつかについて」(1809)がある。最後に挙げた詩の中で、フリノウは望遠鏡が明らかにしてくれるものについて熱狂的にこう書いている。

この何でも暴く管は私に見せてくれる
広大でうねる大洋を、限りない海を、
それらは木星というわれわれの重々しい惑星の上で
他の月たちに従って動く。

望遠鏡だけが情報源ではなかった。

また理性の目も、自然の子供たちの別の種族を
そこに捜し出すことができる。
山々やぴかぴか光る平原は
確かに無駄に計画されたものではなかった。
そこに違った人間がいて、われわれと共有できる
喜びや悲しみがないと、誰が言えようか。

さらにフリノウは木星人を地球人と比較して、木星人について次のように問う。

不和で祝福されない人間よりも、
より高い地位にあって、
より幸せな気質を持ち、
より好かれ、より愛される種族なのだろうか。★87

フリノウの人生を概観すると、彼はデラム、ハーヴィ、トムスン、ヤングなどの正統派の著述家の多世界論に早くから触れていたらしい。そして彼がその死を嘆いたトマス・ペインの理神論と、老齢になってからその韻文の一部を翻訳したルクレティウスのエピクロス哲学に近づいたために、多世界論を後年になっても保持していたのだった。★88

アメリカの暦における情報の正確さは、制作者の天文学的知識、あるいは専門家の助けを得ることができたか否かなどに応じて、さまざまであった。多くの暦出版社は、フリノウが「天文学者たちのプリンス」と呼んだデイヴィッ

ド・リトンハウス(1732-96)に専門家としての助言を求めていた。[89] リトンハウスは、アメリカ哲学協会が講演を依頼した一七七五年頃には、すばらしい太陽系儀と金星の太陽面通過の観測によって、科学と技術の才能を持つ者としての名声をすでに確立していた。啓蒙時代のアメリカ人の中でリトンハウスに匹敵する人物はフィラデルフィアのフランクリンだけであった。天文学史概観を意図した『演説』は、非常に克明な伝記を書いた作家によれば、リトンハウスが「公にした信仰告白」として、注目すべき文書である。[90] 確かにそうであるが、さらに言えば、それは多世界論的キリスト教徒の「信仰告白」なのであった。

『演説』の中でリトンハウスは、初期の天文学史を語った後、次のように述べている。「天文学は、キリスト教と同様、……一般に考えられているよりはるかに大きな影響をわれわれの知識にも、おそらくは習慣にも及ぼしている。特定の信奉者は極めて少ないが、それが放つ光はわれわれの間に遍く広まっている……」[91]。続いてコペルニクスについて述べながら、例えば「惑星は……居住可能な世界であろう」など、コペルニクスの理論の影響を受けた多くの見解を述べている。さらに、ホイヘンスを引用しながら、オリオン座一帯には「あたかもすき間があって、それを通して、さらにもっと明るい領域が見える」ように思われると述べ、続いて、「ここではくすんだ夜がすっかり奪われ、永続する昼の明りが無数の世界の間を照らしていると考えたものもいる……[92]」と記している。この見解は確かに度が過ぎていて、認められないし、「世界の複数性の教義が天文学の諸原理と切り離せない……」という主張も同じく認められない。『演説』に浸透しているこの主張に対する彼の自信は、ある面では、大いなる存在の連鎖への確信に基づいているのである。それについてリトンハウスは次のように述べている。

……われわれの地球上の「存在の」この大いなる多様性を考える時、……太陽とその周囲を回転する世界からなる、目に見える被造物は……全体のほんのわずかな部分でしかないと断定する十分な理由を、見いだすであろう。われわれには知られず、想像もつかない物の多くの他の秩序が、限りない空間に存在するかもしれないし、おそらく存在するであろう。

また別の面では、リトンハウスの多世界論はキリスト教と調和できるという信念に支えられていた。

……私は告白しなければならないが、よく調べてみると、見かけ上の矛盾は消えてしまうように思われる。われわれの宗教は、哲学が教えたはずがないと思われることをも教える。人間のために……やり遂げることが神の摂理にかなっている偉大な物事は、尊敬の念をもって敬うべきである。……しかし、人間とは別のある位階の被造物の幸福のために必要とあれば、無限の善性に促される無限の叡智と力が、とてつもなく長い創造において、われわれには全く理解できない仕方で頻繁に働きかけたかもしれないことを信じてはならないとは、いかなる宗教も哲学もわれわれに禁じてはいないのである。

この文脈で、リトンハウスは、他の天体の居住者が人類の誤りを回避したかもしれない可能性に思いを馳せている。

われわれとの接触が全く拒まれている幸福な人々よ。おそらくもっと幸福な人々よ。われわれは自分たちの悪徳によってあなたがたを堕落させもしなかったし、暴力によって傷つけることもしなかった。われわれとは違って、身体が光線を反射したりあるいは吸収する傾向があるからといって、あなたがたの息子や娘の誰も……アメリカで、際限のない奴隷の身分に縛られることはなかった。月の居住者のあなたがたでさえも、……高慢なスペイン人の強欲な手からも冷酷なイギリスの大富豪の強欲な手からも同じく効果的に守られている。イギリス人の利得欲に駆られた威嚇でさえ、あなたがたには届かない……。

リトンハウスは望遠鏡で見た宇宙の広大さを繰り返し強調するが、また、「顕微鏡のすばらしい発見」を考慮することも強く主張している。「というのは、……人間が神の摂理の……配慮を「受けるにはあまりに取るに足りない」と断言しないためである」。

摂理、愛国心、そして多世界論、これらの三つがリトンハウスの『演説』や、彼の最も深遠な思想の中で融合されたことは明らかだと思われる。ここで特に強調すべき点は、この「天文学者たちのプリンス」が宇宙を完全に多世界論的観点から見ていたということである。そして、彗星についてはもしかしたら「まだ形成されつつある世界、あるいはかつては居住可能であったが今では廃墟となった世界」とみなし、太陽黒点については「月にある穴のようなもの」と考え、火星については「濃い大気」があると思っていたのである。同時代の天文学はそのような見解を支持するものではなかったが、そのことでこの多世界論の熱狂者が思い留まるなどということはなかった。リトンハウスは「世界の複数性の教義が天文学の諸原理と不可分である」と固く信じていたので、それを自分の「信仰告白」に入れたのである。

長い間恐ろしいことの前兆と考えられてきた彗星は、自然の各相の目的因を特定することに熱中していた自然神学者たちにとって、特に脅威の対象となっていた。ニュートンは、『プリンキピア』(第三巻、定理四二)で、近日点にある彗星が「赤熱した鉄の約二〇〇〇倍」の熱を受けるという趣旨の議論をし、その問題に拍車をかけていた。ニュートンはこのことから間違いなく、居住以外の別の用途を考えるべきであると思ったに違いない。ニュートンは、「植物の生長や腐敗に使われ、そして土になっていく惑星の水や空気は、彗星の発散物や凝縮した蒸気によって、絶えず補給され、形成されるかもしれない……」と提案したが、これに多くの人々が満足したとは思われない。ハーヴァードでは、ジョン・ウィンスロップ(1714-78)が一七五九年に彗星の居住可能性について疑問を呈したが[★93]、他方、リトンハウスと共に金星の太陽面通過を観測した内科医ヒュー・ウィリアムスン(1735-1819)は、彗星を生物の住処として救おうとした。ウィリアムスンは、「彗星の有効性についての試論」(1770)の中で、「創造以来、この地球は一オンスの水も失わなかった」ということを理由に挙げて、ニュートンの彗星論を否定し、さらに「五〇または百の世界[彗星]がこの小さな地球の居住者[のために地獄として]創造されたのだ★[94]」というウィストンの「不敬な推測」をも否定した。ウィリアムスン自身の見解は、「彗星には間違いなく居住者がいて」、もしかすると、「人間というこの短命な種族よりはるかに優れた位階の存在者が居住している彗星もあるかもしれない……」というものであった。第一の論拠は目的論的なものである。すなわち、「この小さな地球が、創造の唯一の生命に満ちた部分であり、彗星は、その多くが地球より大きな世界であり、より高貴な進路を通っているのに、つまらない混沌状態にあって、燃えたり凍ったりすることを交互に続けるためにだけ造られたなどと考えるべきであろうか」というものである。ニュートンが指摘した、明白な物理的問題を克服するために、ウィリアムスンは次のような理論を展開する。

……太陽に起因するすべての熱は、熱せられた天体の粒子が、光線によって引き起こされる震動に依存する。従って……どんな天体の熱も、太陽からの距離に比例するのではなく、光線によって粒子に伝えられるさまざまな振動を保持し伝える天体の能力に比例するのである。

ウィリアムスンによれば、この見解のひとつの根拠は、熱帯地方であっても山頂の薄い空気の中では気温が低く観測されることであるという。このことを彗星に適用すると、彗星が太陽に接近するにつれて、光の粒子が彗星の大気の多くをその背後に押しやってしまい、残った大気の密度が減少し、従って熱の原因となる太陽光線の影響を受けにくくなると言うのである。他方、太陽から遠く離れた所では、彗星の非常に大量の大気が、彗星に到達する光線から最大限の熱を引き出すように十分に圧縮される。「ノアの大洪水以前から」生き続けていると推測した「彗星人」に関するさまざまな功労によって、ウィリアムスンはすぐに「オランダ科学協会」[95]の一員に選ばれたが、二百年後には、初期の科学者たちの「空想」の実例として、アメリカ科学の初期資料集に論文が掲載されることになった。[96]

マサチューセッツ州の著名な弁護士アンドルー・オリヴァー(1731-99)は、ジョン・ウィンスロプを通じて初めて天文学を知った。そして、『彗星論』(1772)を元ハーヴァードの彼の教師ウィンスロプに捧げている。しかし、オリヴァーはこの小さな著作で、彗星が居住者のいる天体だという反ウィンスロプ説を集中的に扱うことを躊躇することはなかった。このセイレムの弁護士オリヴァーは、ウィリアムスンの論文に刺激を受けて彗星に関する論考を書く気になったのである。オリヴァーは、すべての太陽系の天体(太陽、惑星、彗星)が空気からなる大気に包まれていると主張し、フィラデルフィアの内科医ウィリアムスンをはるかに追い越してしまっている。オリヴァーは、空気の粒子が互いに反発しあうというニュートンの見解を受け入れ、[97]彗星が太陽に近づくにつれて、彗星の空気からなる大気は一時的に太陽の反対側にはじかれ、表面に降り注ぐ増加した太陽光線を相殺するために、彗星の核の大気密度は小さくなるのだと説明している。他方、彗星が軌道を熱い太陽の近くから寒くて遠い方に向かうにつれて、「彗星の大気は、以前のように、しだいに核の周りに再び凝縮していく。それによって、冬の期間に適した衣が彗星に与えられるのである……。これはウィリアムスン博士の独創的な仮説に一致するものである」。オリヴァーの分析は、また、ある領域における太陽光線の加熱効果は、そこに到達する光線の量と、光線による熱を大気がどれだけ吸収するかの両方によるというウィリアムスンの理論にも依存している。

彗星の尾は、太陽と彗星の大気中の空気の粒子の間で起こる反発力によるとするオリヴァーの説明は、自ら認めているように彼独自のものではない。それは、『すべての自然現象は二つの単純な活動原理、つまり引力と斥力によって説明されることを証明する試み』(1754)の著者であるイギリス人、ガウイン・ナイト(1713-72)が以前に発表したものであった。オリヴァーはまた、太陽と星は生命を宿すのに十分涼しいとするナイトの著書の示唆に注目している。事実オリヴァーは、太陽と星に関するナイトの記述を引用している。ナイトの理論によれば、「それらの天体は決して恐ろしい火の渦ではなく、居住可能な世界なのである。それらを、火トカゲの居住地としてもあまりに熱すぎると考えた哲学者たちや、地獄だと考えた卓越した天才たちは、おそらく今は、住人たちが寒さで凍えるのではないかと心痛の思いであろう」。徹底した多世界論者だったオリヴァーは、彗星の大気に関する理論を惑星にまで広げ、内惑星は密度の低い大気を持っているので、かなり涼しく、外惑星は太陽光線をより多く確保する密度の高い大気を持つと推測した。

オリヴァーの論考は感銘を与えないわけではない。「金箔をかぶせた小さなコルク製の球と金箔の尾から成る人工の彗星」を使った実験すら扱っているし、また、彗星人はいかにして密度の変化する大気を呼吸するのかという問題を説明するために、釣鐘潜水器を使ったハリーの仕事を基本にして、いくつかの独創的な議論も展開しているからである。オリヴァーの論考は、さまざまな功績が認められ、第二版も出版され、フランス語訳も公刊された。また「アメリカ地理学の父」であるジェディダイア・モース(1761-1826)はその内容を賞賛している。[★98] しかし、オリヴァーの論考には多くの点で根本的な循環がみられ、類推に頼り過ぎていると言える。この二つの特徴は、彗星に空気からなる大気が存在するとする議論において顕著となる。すべての惑星には居住者がいるという前提から始まり、そこから、惑星が空気に包まれているという結論が導かれる。そして次に、惑星と彗星は類似していると仮定して、彗星にも空気があると言うのである。

共に著名な政治家であった、別の二人のハーヴァード出身者も多世界論と関わっている。そのうちのひとりで最後にはマサチューセッツ州知事になったジェイムズ・ボウドイン(1726-90)は、一七八〇年にボストンのアメリカ芸術科学アカデミーの初代会長に選ばれた。事実この学会の『会報』の最初の記事は、ボウドインの「哲学談話」である。高尚かつ敬虔な調子で挨拶を終えるべく、ボウドインは、集まったアカデミー会員に次のように述べている。

……天界に眼を向け、われわれに提示されている美しくも驚くべき光景、すなわち、果てしない広がりの中で回転する無数の世界、ひとつの無限の宇宙を構成する諸系のかなたの諸系、類推によれば、すべてに無数に多様な居住者がいると思われるこうしたすべての系を見る時、要するに、これらの自然のなせる業を熟考する時……、われわれは至高の精神を考えざるをえない……。★99

『会報』の第一巻には、ボウドインの二つの論文が入っているが、その二番目の論文で彼は、全宇宙をとりまく巨大な殻の存在を論じている。その殻とは、失われることのないように光を反射するものであり、また重力によって星の位置を保つものである。さらにこの殻は、膨大な数の存在に、その内側と外側の両面で居住地を提供しているとも言う。★100

ジョン・アダムズ(1735-1826)は、一七五五年にハーヴァードを卒業したが、大学では科学に対する関心からウィンスロプと頻繁に交際した。一七五六年のアダムズの日記によれば、この将来のアメリカ大統領は、当時とりわけ、自分の祖先のカルヴァン主義と当時の理神論との間で、自分の宗教的立場を明確にしようとしていた。一七五六年には、何度もこうした文脈で多世界論について熟考している。例えば、四月二四日には次のように書いている。

天文学者たちは……わが太陽系のすべての惑星と衛星ばかりでなく、恒星の周りを回る無数の世界すべてにも居住者がいると言う。……もしこれが事実であれば、全人類は、神が創造した理性的被造物の全体に比べると、土星の軌道の一点にも満たない。おそらくさまざまな階層にあるこれらすべての理性的存在は、程度の差こそあれ、道徳上の不正を犯したであろう。もしそうであるならば、私はカルヴァン派信者に、次のような二者択一［ママ］に同意するかどうかを尋ねよう。すなわち、「全能なる神はこれらすべてのさまざまな種のそれぞれの形をとり、それらの罪の刑罰を代わりに受けなければならないのか、それともこれらすべての存在は永遠の地獄に引き渡されなければならないのか」[★101]。

おそらくアダムズは、一七八六年にウィリアム・ハーシェルを訪れた時、ハーシェルと多世界論について論じ[★102]、また後には副大統領とも多世界論について論じたであろう。というのは、その人物トマス・ジェファースン(1743-1826)の蔵書には、フォントネル、ホイヘンス、デラムの多世界論関係の著作が所蔵されているからである[★103]。アダムズは一八二五年にジェファースンに手紙を出している。その手紙の一節には、上に引用した一七五六年の日記にある問題に関して、亡くなる前年のアダムズの心情が現れている。一八二五年にアダムズは、ヴァージニア大学でヨーロッパ人の教授を雇わないようジェファースンに強く迫ったのであるが、その理由はこうである。「彼らは皆、この果てしない宇宙、ニュートンの宇宙、そしてハーシェルの宇宙を生み出した偉大な神が、この小さな球体に降りてきて、ユダヤ人に唾を吐きかけられたと信じている。この恐ろしい冒瀆がなくなるまでは、この世にはいかなる自由な学問も存在しないだろう[★104]」。アダムズの厳しい言葉は、ジェファースンがこの議論に同情的であったことを示唆している。

多世界論の立場を取ったアメリカ人がもうひとりいる。一七七五年から他界するまでイェール大学の学長を勤めたエズラ・スタイルズ(1727-95)である。スタイルズは『文学日記』の中で時おり多世界論に言及しているだけでなく、少なくとも説教のひとつでも多世界論に触れている。その中では、聖霊ばかりでなく、「道徳を持ち、身体を持つ存在である、この地球や惑星や恒星からなる宇宙の居住者[★105]」もまた、道徳的秩序の一部に慎重に含められている。ジョン・バートラム(1699-1777)は当時の指導的な植物学者のひとりであるが、一七六二年にアリグザンダー・ガーデンに書き送った手紙にあるように、「偉大なるエホバの帝国のそれぞれの固有の居住者を持つ、無数の、天体のかなたの天体、太陽のかなたの太陽、系のかなたの系……[★106]」にも神の威厳は示されると信じていた。このような言葉に見られるように、世界の複数性の観念は強く自然神学と結びついていて、それを疑うものはほとんどいなかったのである。ハーバート・レヴェンタールは、アメリカ啓蒙運動におけるオカルティズムとルネサンス科学の研究中に、ナサニエル・ドミニの未発表論文と、イェール大学出身で組合教会の牧師であったマナセ・カトラー(1742-1823)の未発表論文を発見した。この両者は多世界論に対して留保する立場を表明している。[★107] サミュエル・ジョンスン(1696-1772)は、一七三九年の説教では世界の複数性の可能性を認めているし、読書リストからすると、多世界論文献に強い関心を持っていたことが分かる。しかし、ハチンスン主義者たちの論文にしだいに熱狂していくにつれて、一七五〇年頃以降には多世界論の立場を疑問視するようになった可能性がある。[★108]

一七九二年にアメリカのある雑誌で発表された、多世界論の歴史的概観には、ヨーロッパの古今の思想家たちの大多数が多世界論の立場を受け入れてきたことが述べられている。[★109] 著者は記事の中でアメリカ人には言及していないが、アメリカという新しい国の見識ある著者であれば、この国の指導的な詩人、牧師、自然哲学者、そして政治家の多くもまたこの教義を支持していたと書いたであろう。背後には、科学的な結果よりもむしろ宗教的感情があるが、同じことは、旧文明の場合もたいてい言えるのである。アメリカのキリスト教徒がいかに同国人の初期の多世界論支持に誇りを持っていたとしても、トマス・ペインが良識ある人はキリスト教と多世界論の両方を受け入れることはできないと言った一七九〇年代半ばには、その誇りもかつての勢いを失ったに違いない。しかしこれは次節で扱う問題である。

3 多世界論とフランスの啓蒙運動——自由思想家、学者、聖職者

ヴォルテールは『哲学書簡』(1733)の中で、フランス人とイギリス人の宇宙観を対比している。

> フランス人がロンドンにやってくると、ほかのいろいろなことでもそうだが、哲学においても、だいぶ様子がちがっているなと思う。フランスでは世界は物質で充満していたが、ロンドンでは真空なのを発見する。パリでは、宇宙は微細物質の渦動からできていると見なされているが、ロンドンではそんなものには少しもお目にかかれない。……さらに、フランスでは太陽は［潮汐］に全く関わらないのに、当地ではだいたい［その効果の］四分の一には力をかしているのを見いだすであろう。……パリでは、地球はメロンみたいな形をしているが、ロンドンでは、地球の両極は偏平である。

ヴォルテールは、「物の本質でさえ完全に変わっている」とまで言っている。★110 たぶんそのとおりであろう。しかし、フォントネルの影響を受けたフランス人の宇宙は、イギリス人のそれに劣らぬほど地球外生命に満ちている。しかしこれは、自由思想家(philosophes)の中で最も有名なヴォルテール自身の著作に顕著に見られる多世界論にもよるのである。

フランスワ=マリ・アルエ(1694-1778)はヴォルテールという名前を使った一七一七年までに、すでに七年間イエズス会士の教育を受け、また投獄中の一一か月間にはフランスの役人の教育を受けていた。戯曲『オイディプス』(1718)と叙事詩『アンリアード』(1723)の成功によって、第二のソフォクレス、あるいはフランスのホメロスになる夢を抱いたかもしれない。しかし、この若き理神論者は一七二二年に自らを「第二のルクレティウス」と名のったのである。一七二六年にはバスティーユに再び戻っていたが、亡命するという条件で解放された。こうしてヴォルテールはイギリスで二年間を過ごすことになった。イギリス人の自由主義政治、ロックの哲学、そしてニュートンの科学を熱狂的に採り入れ、すぐにそれらを同国人に向けて『哲学書簡』の中で力説したのである。フランスを発った時は詩人であったが、戻って来た時は哲学者であった、と言われている。しかし一七二一年六月一日のフォントネルへの手紙は、彼の多世界論の起源がフランスにあったことを示唆している。[★111] もしこの手紙に書かれていることを信じるとすれば、実際のところヴォルテールがフォントネルの『対話』を読んだのは、この書物を大いに面白がった婦人たちに取り残されないためだったのである。[★112] ヴォルテールはニュートン理論に転向したために、フォントネルのデカルト的渦動宇宙を放棄したが、多世界論はそのまま保持している。実際、多世界論は、二万五〇〇〇頁以上の彼の出版物のうちでかなりの頁に現れている。

フォントネルの影響、特に地球外生命が人間以上の感覚を有するという考え方の影響は、「別の世界には、二〇かあるいは三〇もの感覚を持つ別の動物がいるとか、さらに完全な別の種族は無限に多くの感覚を持つと考えられる」[★113] などと言う『哲学書簡』の一三番目の書簡の草稿に認められる。また、一七三四年に書かれ、シャトレ夫人に捧げられた『形而上学提要』では、多世界論の文学的で観念的な効果が活用されている。この書物は、シャトレ夫人の魅力に鼓舞されて書かれ、慎重な彼女のために出版が延期された著作である。この本には、例えば、地球外生命が地球上に住むさまざまな人種を見た後に行った報告も含まれている。ヴォルテールは確かに、それらすべての人種が一組の男女の子孫だと言われた時の、訪問者の懐疑的な反応も読者に思い浮かべさせようとしている。

『対話』のデカルト的な内容に反発しながらも文学的技巧に対しては敬服するという、一七三〇年代のヴォルテールのフォントネルに対する複雑な感情は、『ニュートン哲学の基礎』(1738)の冒頭の文章からも明らかである。「ここには侯爵夫人も架空の哲学者もいない」と言って、科学の大衆化という点で先輩に当たる人物をたしなめている。ヴォルテールがニュートン哲学を擁護するために書いた『ニュートン哲学の基礎』は、一七三八年に三種類の形式で出版されたが、世界の複数性の問題についてはかなり異なる二つの主張が含まれている。ヴォルテールが原稿を渡したアムステルダムの出版社から出た最初の版は、ヴォルテールの許可も校正もなしにできあがったものであり、その上別人による増補も含まれている。ジョン・ハナがすぐに英訳したのはこの版であった。この二つは、同じように多世界論を支持し、ホイヘンスを権威として引用している。すなわち、彗星に関する議論の中で、「……ホイヘンス氏が惑星に生物が存在すると証明したように、もし彗星に生物がいるとすれば、それらは当然表面全体をおおう大火から身を護るために、彗星の内側のくぼみに住んでいるに違いない」[★114]と述べている。他方、ヴォルテールは一七三八年の末頃、正式に許可したフランス語版(これには前述の一文は含まれてはいない)と、『必要な釈明』(この中で先に出された二つの版との関わりについて説明している)を出版した。後者の中で、「ホイヘンス氏は惑星に存在することを証明したが……」、私は彗星に生物がいると主張するつもりはないと述べている。そしてさらに次のような限定を加えている。

……この楽しく知的な考えに対して、クーサの枢機卿、ケプラー、ブルーノ、そしてその他の人々、特にド・フォントネル氏たちが与えた以上の証拠をホイヘンス氏が与えたとは思わない。もっともらしい見解を提示することと、それを証明することとは別のことである。われわれの地球に似た諸惑星に動物が住んでいると仮定することはできる。しかし厳密に言ってそのことは、蚤を持つ者が、通りを歩いているすべての者も自分と同じように蚤を持っていると結論できないのと同じである……。

この一節は、ヴォルテールが少なくとも多世界論者の証明のいくつかに対して懐疑的であったことを示している。ヴォルテールは『人間論』(1738)で、地球外生命について解説する人物を登場させているが、これは一七三九年にフリードリヒ大王に送った『ガンガン男爵の旅行』という題の草稿の中でも使われたアイデアである。後者の草稿は、現在失われているが、ほぼ間違いなく、有名な『ミクロメガス』(1752)の最初の草案であったことが、アイラ・O・ウェイドによって証明されている。この時期のヴォルテールの多世界論的考察に関する別の情報源は、一七四一年八月一〇日付けの、フランスのニュートン主義者モペルテュイに宛てた手紙である。モペルテュイは当時、ニュートンが予言していたように、極の近くで地球が偏平になっているという証拠を発見したラップランド探険から戻って来たばかりであった。モペルテュイが得た結果はヴォルテールにたいへんな感銘を与え、ヴォルテールは詩を書いてそれをモペルテュイの肖像の下に置いたほどであった。この詩文を伝える手紙の中でヴォルテールは、クリスティアン・ヴォルフの『普遍学原理』を読んで知った木星人の身長に関する考察とモペルテュイの経験的な方法とを対照的に描いている。[★115]ヴォルテールの機知に富んだ手紙では、次のように述べられている。

惑星やカッシーニ間隙を偏平にする親愛なる人よ、私はクリスティアン・ヴォルフの肖像の下にはそのような四行詩を置くことはないでしょう。あのドイツのおしゃべりが木星の居住者に与えた身長やモナドに呆然自失して長い間考察してきました。ヴォルフは、われわれの目の大きさと地球から太陽までの距離によって判断しています……。あの男は、ライプニッツが虚栄心から世の中に送り出した充足理由、モナド、不可識別者など、自分たちがドイツ人だからという理由でドイツ人が学ぶスコラがかった学問上の不条理を、すべてドイツに持ち帰ったのです。

周知のようにヴォルテールの才能が最も開花しているのは、「哲学的小説」(les contes philosophiques)というジャンルであるが、この分野でヴォルテールは、最も効果的にライプニッツ主義者たちに対する反感を表明している。[★116]これは、最も有名な哲学的小説『ザディグ』、『ミクロメガス』、『カンディード』ばかりでなく、『ザディグ』と同じく一七四〇年代後半に遡る『メムノン、あるいは人間の知恵』でもそうである。この小説のメムノンは、善良な生き方のために、貧困に陥り、辱めを受け、片目が見えなくなってしまう。ある地球外生命が、次のようなライプニッツ的教えで慰める。「宇宙に散らばる百億もの世界は、すべて互いに優劣があります。知恵と満足において二番目のものは最初のものより劣り、以下同じように、最低のものにまで続くのです。世界全体が完全に狂気の状態にあります」。取り乱したメムノンは、地球がまさにその最低の世界ではないかという疑いを打ち明けると、地球外生命は、そんなことはないが、それでも存在の連鎖においては「すべてのものが自分の場所を持つべきだ」と押し止める。するとメムノンは尋ねる、「それでは、すべてが善であると言う詩人や哲学者たちは間違っているのですか」。地球外生命は、「彼らは宇宙全体の構成を考えているのだから、そう言うのには十分な理由がある」と納得させる。この小説は、落胆したメムノンが「ああ、片目でなくなった時には、そのことを信じよう」と答えて終わっている。

『ザディグ、あるいは運命』(1747)も同一の問題を扱っている。しかし、一七四九年のシャトレ夫人の死後ヴォルテールが語った物語ほど悲観的ではない。ヴォルテールは、その問題を扱うにあたって、まず高潔ではあるが悩みの多いザディグにバビロンを出発させ、星々の間を旅行させる。ザディグはそれらの星々で、考えてみると地球は宇宙の中で「目にも見えないほどの一点」でしかなく、人間は「泥のちっぽけな原子の上で共食いをしている昆虫」でしかないと思う。これらのイメージに初めのうちは慰められたが、後には「感傷的になって、おそらく自分のためにアスタルテは死んだのだと思い、宇宙が彼の目から消え去ってしまった。そしてすべての自然の中に、死んでいくアスタルテと不幸な運命のザディグ以外には何も見なかったのだった」。このような多世界論的夢想に慰めを求めることがいかに難しいかということは、『ザディグ』の後半で、神からの使者が基本的に同じメッセージを伝える時にも示唆されている。これに対してザディグはたったひと言、「しかし……」と答えるだけである。

『ミクロメガス』(1752)は、地球外生命的要素、そしてまた著名な地球人に関する機知に富んだ評言に満ちている。この小説は、シリウスの衛星の居住者で放浪中の身である、身長一二万フィートのミクロメガスを中心に展開している。ミクロメガスは自分の惑星のイエズス会の学校で学び、自分でユークリッドの定理を五〇題発見した後、[★117]追放されて、土星や地球を含むさまざまな惑星を訪ね始める。彼は土星人がほんの六千フィートの身長の小人であることを発見する。それでも土星アカデミーの幹事(フォントネルのこと)の友人になる。そして、この人物について、「自分では確かに何も発明していないが、他人の発明の優れた解説者であり、気の利いた短詩や科学的見解にもかなりの腕を見せた、才気煥発な人」[★118]と評している。ミクロメガスは、感覚的に恵まれた生き物が間違いなくいる惑星では、千個の感覚でも不十分だろうと思い、土星人に七二個しか感覚がないことを嘆き同情する。

火星が安楽を得るには小さすぎるので、シリウス人と土星人は、一つの彗星に乗って、木星へ、そして次に地球へ行く。彼らは、太陽から火星までの距離を考えると当然存在すべき、火星の二つの月に気づいている。[★119]取るに足らぬ地球人が利発な訪問者たちを試すが、ついには彼らはバルト海を航行する一団(ラップランドを探険するモペルテュイ隊のこと)と話をする。乗組員の中のひとりの物理学者が六分儀を使ってミクロメガスの大きさを測る時、ミクロメガスが叫ぶ、「何事も見かけの大きさで判断してはならないことが、今ほどよく分かったことはありません」。この小説におけるヴォルテールの意図は、この教訓よりさらに深いところにある。実際このような設定をしたのは、人間の物理学上の探求は優れているかもしれないが、哲学上の知識はそれに伴っていないことを示唆するためだったのである。この点は次のような形で強調されている。すなわち、哲学のさまざまな学派の代表者たちが、魂に関する自分たちの教義を詳しく説明するが、ミクロメガスはたいていそれらを不完全なものと思うのである。この会話はある神学者の言葉で遮られるが、その神学者は、「すべての秘密を知っており、それは聖トマスの『神学大全』に書かれていると言う。彼は二人の天の住人を頭のてっぺんから足先まで見まわしてから、彼らの存在も、世界も、太陽も、星も、すべてが人間のためだけに作られたのだと主張した」。それに対して二人の巨人があまり大笑いをしたので、船は一時的に姿が見えなくなってしまう。ミクロメガスは「この限りなく小さな存在がほとんど限りなく大きな自尊心を持っている」ことに腹を立てるが、究極の知識を与える一冊の本を彼らに授ける。それは確かにひとつの教訓を教えた。すなわち、その本をパリで開けてみると、全頁にわたって何も書かれていなかったのである。この「哲学的小説」の懐疑的趣旨は、プロタゴラスの「人間は万物の尺度である」という言葉の後にその懐疑主義が始まるという点に明白である。

『ミクロメガス』の果たした功績については、これからも議論され続けるであろう。絶望した厭世家が不朽の文学的比喩で指導的思想家たちを嘲笑しようとしたと見る者もいれば、地球人の高慢を抑えるために書かれ、さまざまな要素とアイデアを巧妙に統合していると賞賛する者もいるだろう。そうだとしても、それは第一にSFの先駆的作品であると見なすべきではない。むしろそれは「哲学的小説」というジャンルに属し、そういうものとして、ヴォルテールの哲学的小説の中で最も説得力ある『カンディード』に次ぐ位置にあるものなのである。

ヴォルテールは、リスボン地震という悲劇を契機にして、「すべては善である」というライプニッツの教義を攻撃する機会を再び得た。この出来事について書いた詩の前半部分で、次のように問うている。

「すべてが善であり、すべてが必然だ」とあなたは言う。
なんということだ。地獄のどん底がなく、
リスボンも被害を受けることがなければ、全宇宙もまだましだろうに。★120

この詩は多くの反響を呼んだが、看過できないものとして、ヴォルテールがこの詩を送ったジャン＝ジャック・ルソー(1712-78)からの長文の手紙がある。自伝風の『告白』の中で書いているように、この詩によって、「ヴォルテールはいつも神を信じている外観を装っているが、実際には悪魔しか信じたことがないのだ」と確信したルソーは、「［ヴォルテールを］再び元のヴォルテールに戻し、すべてが善であることを証明してみせるという愚かな計画を立てたのだった」。★121ルソーとヴォルテールの哲学上の多くの相違は、一七五九年に発表されたこの手紙にはっきりと出ている。一時的な悪は遠大な善にとって必要な付随物だというライプニッツの主張を、ルソーは完全に受け入れていたわけではない。

結局ルソーは、人間の不幸のほとんどは自分自身に原因があるという見解を持っていたのである。それにもかかわらず、二〇頁にわたってヴォルテールの悲観主義と戦おうとしている。両者の不一致がはなはだしいとはいえ、世界の複数性に関する信念という点では一致している。次の一節には、この共通点とルソーの主要な論点のひとつがよく現れている。

> 部分の善より全体の善について、あなたは人間に次のように言わせる。「思考し感知する存在として、私は諸惑星と同じくらい私の主人にとって大切であるはずだ」と。疑いもなく、この物質的宇宙が、思考し感知する一個の存在よりも、創造主にとって大切であってはなりません。しかし、思考し感知するすべての存在を生み出し、保護し、永続させるこの宇宙の体系は、これらの存在のうちの一個よりも、創造主にとって大切であるはずです。だから神は……全体を保護するためにいくらかの善を犠牲にすることもありえます。神の目から見て、惑星の土よりも私の方が価値があると信じ、またそう希望します。しかし、十分ありうることですが、惑星に居住者がいるとすれば、どうして私の方が土星の居住者よりも神の目から見て価値があると言えるでしょうか。[★122]

ルソーの手紙に対するヴォルテールの直接的な反応としては短いメモがあるだけである。しかし、ルソーが『告白』の中で示唆しているように、さらに長文の反応は、かなり風刺のきいた『カンディード』という形をとって後になって現れたと言えるかもしれない。[★123]

一七六〇年代以後のヴォルテールの少なくとも四つの出版物で、多世界論的テーマが提示されている。そのうち最も初期の『寛容論』(1763)に、「神への祈り」が含まれており、理神論的考え方と多世界論的考え方が極めて密接に混ざり合っているので、ヴォルテールの宗教思想の中心に多世界論があることは、ほとんど疑いえない。祈りは次のように始まる。「私が話しかけるのは、もはや人間たちではなくて、すべての世界の、すべての存在の神であるあなたです……」。「世界の複数性」という項目はヴォルテールの『哲学辞典』(1764)の中にはないが、このテーマは「シナ人の教理問答」というような思いもよらない項目の中でさえ繰り返し触れられている。例えば、その項目の中でヴォルテールは、儒教批判のために多世界論を導入し、われわれの地球は「何百万兆もの宇宙に比べれば、一粒の砂よりも無限に小さい」のだから、儒者たちのように「天と地」について語るなどということはばかげていると述べている。また、「われわれができることは、われわれの弱々しい声を、宇宙の深淵で神を称える無数の存在の声に合わせることだけなのである」とも述べている。「被造物の連鎖」という項目では、この考え方に対する不信をあらわにして、「注意深く見つめると、……この大いなる幻影は消え失せる。おお、大いに尊敬されたるプラトンよ。あなたは作り話しか語らなかったのではないか」と記している。また「教義」という項目にある小規模の宇宙旅行では、旅行者は神の正義を伝えるメッセージを受け取る。

永遠の造物主、保持者、応報者、復讐者、赦免者、等々の名において言おう、われわれが喜んで造った何億兆もの世界の全住民に知らせよ、われわれはいかなる者もその空虚な思想によってではなく、その行為によって裁く。なぜなら、それがわれわれの正義だからであると。

最後に、「摂理」の項目では、読者は、アベマリアの祈りを一九回唱えてスズメを救ったばかりの修道女フェシュに出会う。神は「何十億の何十億倍もの太陽や惑星や彗星を支配しなくてはならない……」のだからスズメごときに気を配る余裕はないと、形而上学者が彼女に知らせるというやりかたで、ヴォルテールは特別な摂理という観念を攻撃している。さらに形而上学者は彼女に言う、「もしアベマリアの祈りのために、そのスズメが……定められたより少しでも長く生き延びたとすれば、この祈りは偉大なる神が永遠の昔に作ったすべての法を犯したことになるし、あなたは宇宙を混乱させ、新たな世界、新たな神、新たな秩序を強要したことになるだろう」。

ヴォルテールの最後の主要な哲学書で、最も絶望的な『無知な哲学者』(1766)は、確実に知りうることがいかに少ないかを示すために多世界論的見方を採用している。それは次の質問で始まる。「あなたは誰ですか。どこから来たのですか。何になるのですか。これらは宇宙のすべての存在者に問われるべき質問であるが、誰も答えることのできない質問である」。さらに続けてヴォルテールは次のように言う。惑星には知的存在がいると信じているが、彼らはわれわれと連絡をとることができない。しかし、彼らが存在するということは、宇宙が人間のために作られたという、プリュシュ神父の『自然の様相』の見解が誤りであることを教えている。事実、われわれは決して自然の支配者ではなく、仮に動物が生きているわれわれを食わないとしても、死んだ後には食うであろう。「人類の弱さ」という項目では、次のように書かれている。「私のような弱々しく限界のある本性のものに不可能なことは、……他の天体でもまた他の種においても不可能であろうか。欲するままに考え感じる……より優れた知的存在がいるだろうか。私には全く分からない。私は自分の弱さを知るだけであり、他のものの能力については何も分からない」。

地球外生命がヴォルテールの著作にたびたび現れるので、その存在を正当化する議論も数多く見られるはずである。しかし実際そのようなことは稀で、明らかに例外と言えるのは、マルブランシュの哲学を批判するために書かれた『すべて神の中に』(1769)だけである。この著作における多世界論的議論は、星からの光は本質的にはわれわれの太陽からの光と同じであり、同じ屈折の法則に従うという主張から始まっている。この基本に立って、ヴォルテールは次のように言う。

この屈折は視力のために必要なもので、当然見る能力のある存在が諸惑星にいるということになる。他の天体ではこの光の効用があまりないというのはおかしい。道具[光]があるのだから、それの利用もまたあるはずである。この議論は明らかに説得力に欠けている。皮肉に満ちた作品の中で述べているので、はたしてヴォルテールが真面目に受け取られることを意図していたかどうか疑問に思われる。[★124]

フェルネの賢人は、亡くなる一七七八年までに、「新ルクレティウス」と見なされることはなかったかもしれないが、一二余りの著作に多世界論を採り入れたことによって、地球外生命論の歴史の中で、このラテン詩人に並ぶ地位を確保したのである。生涯にわたって思弁的体系に反対した人物が、自分の著作の中で多世界論を批判的に分析しなかったということは驚くべき事実であるが、それには次の二つの理由が考えられる。おそらくヴォルテールは、多世界論の文学的、哲学的、宗教的利用価値を考えて、多世界論に対して抱いていた疑いをすべて無視したのであろう。あるいは、『ミクロメガス』のような多世界論的著作は、もしかしたらフォントネル、ライプニッツ、ヴォルフのような著述家の多世界論的主張や、宇宙旅行のジャンルの作品を風刺したものと見るべきであろうか。どちらの説明も、ヴォルテールの生涯と思想に関する最近の研究に基づく評価と一致している。

確かに、ヴォルテールほど矛盾している人物はいない。真実を堅実に擁護する人物であると同時に、世界の嘘つきの大名人のひとりでもある。……神の存在を疑うことを拒む宗教的懐疑論者であり、他方では「情熱で結論を下す」経験主義者でもあった。自分を攻撃する者以外のすべての考えに対しては極めて寛容でありながら、嫌いな人物は死に追いやるような人間性の愛好者でもあった。……勇気がありながら臆病で、情愛がありながら疑い深く、独創的でありながら順応しやすく、誠実でありながら偽善的で、理性的でありながら衝動的で、そしてアポロン的でありながらディオニュソス的でもあった。ヴォルテールはこれらすべて、いやそれ以上であった。[★125]

ドニ・ディドロ(1713-84)は、一七六五年八月一八日に、歓喜に満ちて恋人に手紙を書き、「陸地だ、陸地だ」と叫んだ。それは、彼とダランベールが一七五一年に進水させた巨大な箱舟、『百科全書』が完成した日であった。一七五八年にダランベールが離脱した後、ディドロはひとりでその舵を握り、検閲というスキュラ[*メッシーナ海峡にある岩]と財政的破綻というカリュブディス[*メッシーナ海峡の大渦]を避けながら進まねばならなかった。一一巻の図録で喜びを与え、一八巻の本文で知識を与えることを意図した『百科全書』は、ディドロが率直に認めているように、「一般的な考え方を変える」ためのものでもあった[★126]。ダランベールは、ディドロの唯物論と無神論には共鳴しなかったが、経験的、懐疑的、反形而上学的哲学を根づかせるために『百科全書』を利用するという共通の目的を持っていた。しかし、だからと言って、『百科全書』の中で多世界論的立場が受け入れられなかったわけではない。

エピクロスとルクレティウスの哲学にかねてより敬服していたので、ディドロは特に喜んで「エピクロス哲学」の項目を書いたに違いない[★127]。多世界論を含めてさまざまな近代科学の考え方を先取りしているとしてエピクロスの哲学を賞賛する一方で、ディドロは次のように述べている。「世界の複数性という概念には異議を唱えるべきことは何もない。われわれの世界とは異なる世界ばかりでなく、似た世界も存在しうる。より大きな渦はより小さい渦を圧縮し、共に限りない空間を満たしながら全体は互いに支え合う巨大な渦であると考える必要がある[★128]」。ディドロの多世界論的立場に対する関心は、遅くとも一七四九年にまで遡るが、この年は、彼に名声をもたらし、また投獄される原因ともなった『盲人書簡』の中で多世界論的立場を採った年であった。一七四六年には理神論者であったディドロが、『盲人書簡』を出版した時無神論者に転向していたのは、一つにはブノワ・ド・マイエの『テリアメ』(1748)が唱える革命的自然主義に影響を受けたためでもあった[★129]。『盲人書簡』には、ひとつの事例を取り上げて、多世界論の用語を用い、理神論を攻撃した箇所がある。神の存在の信仰を擁護するために頻繁に引き合いに出される、自然の壮観を見ることのできない盲人を登場させ、彼がエピクロス的宇宙論の正しさを認めることができるようにしている。その盲人は生物の不完全な形態について論じた後、ダーウィンの理論の前兆とも思えることを述べている。

ですから、私の推測しますところでは、醗酵状態の物質が宇宙を孵化させていた開闢の時には、私の仲間の出現などごくありふれたものでした。ところで、私が動物について信じていることを、どうして世界について確言してはいけないでしょうか。どんなに欠点の多い、不完全な諸世界が、はるかな遠い空間の中で、消えてなくなった後で、おそらく刻一刻と、また形づくられたり、消えてなくなっていることでしょう。……おびただしい物質を供給する運動がたえず行われていて、それらの物質がどこまでも存続できるようななんらかの配合に達するまではその運動は続くことでしょう。おお、哲学者諸君、私の手に触れうる極点、諸君の眼に有機体に見える極限をこえて、この宇宙のはてに、私といっしょに想像の翼をのばしていただきたい。そして、このあらたな大洋の上をさまよい、諸君がいまその知恵を称えておられるあの叡智的存在のいくつかの痕跡がもし見つけられるものなら、その不規則な波動のうちにさがしてごらんなさい。★130

間違いなくディドロも気づいていたように、この宇宙についての粗野な多世界論は、有神論的多世界論者の多世界論とは著しく異なっている。

『百科全書』の中で、世界の複数性に関する最も興味深いコメントは、ジャン・ル・ロン・ダランベール(1717-83)のものである。ダランベールは科学者として卓越していたので、『百科全書』の中の多くの科学論文を書いた。「宇宙論」★131という項目で、大いなる存在の連鎖の考えを支持し、「星」という項目の一部ではさらにその考えを詳しく述べている。恒星は太陽であるという考えを証明した後、次のように主張している。

……各恒星には……その周りを公転する惑星があると考えることは極めて当然のことである。すなわち、各恒星には、その光で照らされ、熱せられ、護られる、自ら光を発しない天体があるということである。輝く天体の光や熱を受けるだけの天体がその周りにないとしたら、なぜ神は互いにこれほど離れた距離にそれらを配置されたのだろうか。[★132]

ダランベールはそこで読者に「世界の複数性」という項目を参照させているが、実際にはこの表題を持つ項目は見当らない。[★133] しかしこのテーマについてダランベールは、「世界」と「惑星」の二つの項目で取り上げている。「世界」という項目では、この言葉の数多くの意味について触れた後、フォントネルとホイヘンスの著作について説明している。ダランベールによれば、フォントネルは類推による議論によって多世界論を唱える一方で、地球外生命は「人間」ではないと主張することで、神学上の異議をかわしていた。それに対してホイヘンスは、地球外生命が「われわれと同じ技術と知識領域を持つはずである……」[★134]と主張したと言う。またダランベールは、多世界論的立場が「あり得ないことではない」とは言え、いくつかの困難にさらされていると述べている。

❶惑星、とりわけ月には大気が存在するのかどうか疑わしい。大気が存在しないとすれば、生物がどのようにして呼吸し生存するのか分からない。❷木星のようないくつかの惑星には、さまざまに変化するさまざまな形や相がその表面に見られる。……しかし居住者のいる惑星はもっと安定しているはずだと思われる。❸最後に、彗星は確かに惑星である。……彗星に居住者がいると考えることは難しい。……惑星に居住者がいるかと尋ねる人に対しては、どのように答えるべきであろうか。何も分からない、と答えるだけである。[★135]

「世界」に見られた慎重な論調は、「惑星」では見られない。「惑星」では、さまざまな天文観測(今日では間違いであることが分かっているものもある)を、諸惑星の表面と地球の表面が似ている根拠として挙げている。例えば、一七〇〇年のド・ラ・イールによる金星の山に関する報告は、他の惑星にも山があることの証拠として引用され、さらに金星、火星、木星の表面に見られるとされた諸変化は、それらや他の惑星にも大気があることを示していると言う。ダランベールの結論はこうである。

土星、木星、そしてそれらの衛星、火星、金星、水星は、太陽から光を受けるだけの天体である。そしてそれらは山々に覆われ、変化する大気に包まれている。このことから、これらの惑星には湖や海があり……、一言で言えば、地球に……似た天体であると思われる。従って、多くの哲学者たちよれば、惑星に居住者がいると信じることを妨げるものは何もないのである。★136

このような哲学者たちのうちダランベールが名前を挙げているのは、ホイヘンス、フォントネル、ヴォルフである。木星人の身長に関するヴォルフの「全く特異な」計算さえ引用し、「人間精神がさまざまな体系を考え出そうとする狂気に触れた場合に生じる、人間精神の逸脱……」★137と書いている。これらの項目の記述からすると、ダランベールは多世界論の立場を有望なものとして受け入れていたが、ヴォルフのような著述家たちが取った極端な態度には嫌悪感を抱いていたという印象を受ける。また、ディドロにとっては非常に重要であったエピクロス哲学との関わりは避けていたと思われる。

『百科全書』の最も熱狂的支持者のひとりで、何百もの項目を書いた人物は、ドルバック男爵ポール・アンリ・ティリ(1723-89)であり、彼のパリのサロンは、多くの自由思想家たちのたまり場となっていた。ディドロその他の人々が「オルバック派」(coterie holbachique)として饗宴した二〇年以上もの間には、議論が何度も宗教に集中し、時には地球外生命に話題が及んだことも推測される。自分を「神の個人的な敵」と好んで呼ぶほど宗教に敵意を抱いていたドルバックは、反宗教論を書くことを奨励し、また多くの小冊子を自ら作成することで、あらゆる形態の有神論に対して不屈の攻撃を指揮した。この優しい無神論者は、子供たちの家庭教師による一七六八年のルクレティウスの翻訳を提案したばかりでなく、[★138]自分でも「無神論のバイブル」である『自然の体系』(1770)を匿名で執筆し、宇宙は恒常的な運動をしている物質の体系であり、精神は原子の複合体以外の何ものでもないと述べている。この唯物論的な文脈の中で、ドルバックは多世界論を支持し、人間は地球の特殊な産物であると力説している。この点を発展させ、まず地球の起源に関してさまざまな考え、例えば、地球は「他の或る天体から分離した一つのかたまり」であるとか、あるいは「軌道をそれた彗星」であるなどと述べている。続いて、「どのような仮説が立てられようと、地球が実際に置かれている位置ないし状況では、惑星、動物、人間は、地球に固有の、そしてそれにふさわしい産物とのみ見なされ得る。従って、もし何らかの回転によって地球の状況が変われば、これらの産物も変わるであろう」[★139]と述べている。ドルバックはさらに次のように説明して、自分の主張を明確にしている。「地球からひとりの人間を土星に運んだと考えてみなさい。あまりにも大気が希薄すぎて彼の肺はたちまち破裂し、手足は激しい寒さのために凍ってしまうだろう。また、……人間を水星に運んだとすれば、熱過ぎるためにすぐに死んでしまうだろう」。ドルバックはこのような考えを力説する際に、多世界論には異議を唱えず、むしろ「地球のような惑星にはわれわれのような存在が住んでいると推測したがる」人々を批判している。ドルバックの主張は全体的にあまりに目立ち、議論はあまりに迫力があったので、ヴォルテールからフリードリヒ大王に至るさまざまな人々が積極的な反応を示した。ディドロはしかし喜んでいたのである。

科学者という言葉を非常に広い意味でとれば、ヴォルテール、ディドロ、あるいはドルバックにも使うことは許されようが、文句なしに該当する人物といえば、それはダランベールであろう。一七五〇年以降フランス語で著作を書いた多くの科学者が、多世界論者であったということは、モペルテュイ、オイラー、ボネ、ビュフォンたちの議論から明らかである。ピエール・ルイ・モロ・ド・モペルテュイ(1698-1759)は、フリードリヒ大王の信任が極めて篤く、一七四〇年代にベルリン科学アカデミーの長に任命された。モペルテュイが『宇宙論』(1750)を出版したのは、この権威ある立場にある時であった。モペルテュイは、他の惑星に居住者がいると推論する根拠として、地球と他の惑星とのさまざまな類似性を列挙している。

この惑星[地球]から類推すると、……地球と同じ性質を持つと思われる他のすべての惑星は、空に吊された、人の住んでいない天体ではなく、居住者がいる天体であると確信できる。……これらの居住者について、真実であると証明もされず、誤りであると立証されもしないようなさまざまな憶測を敢えてした人々もいる。しかし、少なくともかなりの可能性をもって言えることは、巨大な数の惑星が、すでに地球と共通のものを多く有しているので、居住者がいるということにおいても同様であろうということだけである。彼らの居住のありさまについて予測しようとするのは極めて軽率なことであろう。たとえ地球のさまざまな風土の住人にすでにさまざまな多様性が観察されているとしても、地球から極めて遠く離れた惑星に住む人々について想像することができるだろうか。彼らの多様性は、たぶんわれわれの想像の範囲を越えているであろう。[★140]

モペルテュイの多世界論は『宇宙論』以前に遡る。[★141] というのは、ヴォルテールが読むように頼まれたこの著作の原稿が、一七四一年にはすでに存在していたからであり、また、モペルテュイが『彗星書簡』(1742)の中で述べていることからも明らかだからである。モペルテュイは彗星が地球と衝突する可能性について論じ、真剣にではないが、次のように問いかけている。「われわれと地球上に投げ出された彗星の住人のうち誰が一番驚くだろうか。極めて[奇妙な]姿をお互いのうちに見ることであろう」★142。

モペルテュイがベルリン科学アカデミーの長であった時、最も輝いていた人物は、レーオンハルト・オイラー(1707-83)であった。オイラーは、計算と呼吸をほぼ同時に停止したと言われるほど、数学的に多作なスイスの大学者であった。しかしただ精力的だったのではない。そのすばらしい才能によって、一八世紀の最も学識ある数学者としての地位を確立している。また単なる数学者でもなかった。なぜなら、『神の啓示の救済』(1747)は、キリスト教に対する信念の強さを表しているし、広く読まれた『ドイツ王女への書簡』(1768-72)は、自然哲学に対する見識と、解説者としての手腕の両方を証明しているからである。後者の六〇番目の手紙(一七六〇年九月一九日付)では、地球外生命の問題に対して自分の意見を披瀝している。フォントネルの多世界論的著作に触れた後、次のように述べている。「地球は、そこに住むすべての居住者と共に、一つの世界と呼ばれることがあります。それぞれの惑星、いやそれぞれの衛星が、同じく一つの世界と呼ばれる権利を持っているのです。これらの天体のそれぞれに居住者がいるということは十分あり得ることなのです。……」★143さらに、太陽系の二九個の世界の他に、膨大な数の星のそれぞれに、それと結びついた惑星や衛星があり、「われわれは地球に似たほとんど無数の世界を持っているのである……」と述べている。全く証拠のないこの度を超した主張は、あまりにも思弁的な著者を思い浮かべさせるが、この印象は、あらゆる可能な世界の中で最善な世界について次のように述べているのを見ると、少なくともある程度は変わるであろう。

> 私の意見では、物体的存在だけの世界と、知的で自由な存在の世界とは、注意深く区別されなければなりません。前者の場合、最善のものを選択することは難しくはないでしょう。しかし知的で自由な存在が世界の主要部分を構成する後者の場合、何が最善のものであるかを決定することは、私たちの能力をはるかに越えています。というのは、

自由に振る舞う者の邪悪さでさえも、私たちが理解できないだけで、実は世界の完成に貢献しているかもしれないからです。

オイラーは、このようなライプニッツ流の話題を論じる哲学者たちに、物質的なものと精神的なものの区別に一層の注意を払うよう勧めた後、「この困難な問題にこれ以上深入りするにはあまりにも私は無能すぎるということをよく自覚しています」と記して手紙を締めくくっている。

オイラーと同じく、シャルル・ボネ(1720-93)も強い宗教的信念を持ったスイス生まれの科学者であった。主に地球における存在の尺度をうやうやしく論じた大著『自然についての考察』を出版した一七六四年には、生命科学、特に昆虫学と植物学における諸発見によって、ボネの名声はすでに確立されていた。この著作は地球外生命にも踏み込んでいる。事実ボネは自伝の中で、自分の多世界論が学生時代にまで遡るものであることを明らかにしている。「その頃、私はフォントネルの『対話』を読んで有頂天になり、何度も読み返した。この無類の対話が、新しい諸観念を心から待ち望んでいた若者に与えた深い感銘を十分分かってもらえるだろう」[★144]。多世界論に対する傾倒は、二〇年以上たって『自然についての考察』を書いた時でも衰えることはなかった。このことは、目的論的根拠に立って多世界論を支持する次の一節からも分かる。

高慢で無知な死すべきものたちよ。汝らの目を天に向けて、こう言いなさい。もし、星の輝く蒼穹にぶら下がる、これらのきら星のいくつかが取り去られたとしたら、夜はもっと暗いものになるのだろうかと。しかし、星は自分のために造られているなどと言ってはならない……。馬鹿な。造物主がシリウスを配置し、もろもろの天体を統べた時、汝らは決して造物主の寛容を受ける第一の対象ではなかったのだ。[★145]

このジュネーヴの科学者の思弁的な傾向が現れるのは、特に多世界論を扱った或る短い章で、次のように問いかける時である。

こうした世界のそれぞれの中心に、太陽、惑星、衛星、そして居住者を持つさらに小さな渦があるのかないのか……誰に分かるだろうか。さらに、これらの小さな惑星のそれぞれの中心に、比例したさらに小さな渦があるのかないのか誰に分かろうか。以下この連鎖をたどると最後にはどこに行きつくのか誰に分かろうか。

ボネは多世界論を再三再四大いなる存在の連鎖に結びつけている。例えば、ボネは次のように述べている。「それぞれの世界に固有のさまざまな存在は……多様な関係によって主となる系につながる特殊な系と考えられる。そしてこの主となる系自身も、さらに大きな別の系に連鎖しており、そして、それらの系が集まって普遍的な系を構成しているのである」。ボネが多様性を好んでいるということは、「世界の多様性」という章によく表れている。そこでは次のように述べている。地球のいかなる二枚の葉も同じではないように、いかなる二つの惑星も惑星の渦も同じと期待すべきではない。さらに、

われわれの世界に固有の存在の組み合わせは、おそらく別のどの世界の組み合わせとも同じではないであろう。各天体は、特有の経済、法律、生産物を持っている。

われわれの世界に比べてあまりに不完全で、［生命のない］存在しか見られないような世界があるかもしれない。それに反して、まったく完全で、［それらにあっては］……岩石は有機体となっており、動物は思考し、人間は天使であ

るような世界が存在するかもしれない。

事実ボネによれば、多くの存在の連鎖があり、おそらくそれぞれの世界がひとつの鎖となり、その連鎖すべては原子から天使まで続き、一体となって大いなる宇宙的規模の存在を形成していると言う。

二つ後の「天のヒエラルキー」について述べた章で、ボネは、天使がおそらくそれぞれの世界の働きを調べながら世界から世界へと旅をするのだと主張している。そして、「無限に善なる存在」は、これらの世界にわれわれが近づくことを拒むのか問うている。答えは「ノー」である。天のヒエラルキーの間に自分の位置を確保するために、あなたはある日呼ばれるのだから。あなたは、〔天使たちのように〕惑星から惑星へと舞い上がるだろう。そして、あなたは次々と完全に向かって進み、各瞬間ごとに……新たな知識を獲得していくだろう」と言う。さらに、この考えは、『輪廻の哲学、あるいは生物の過去と未来について』(1769)の中で詳しく述べられている。そこでは、一種の霊魂の転生の教義が擁護されている。

今日さまざまな種類の有機的存在の間に見いだされるのと同じ進歩が、疑いもなく未来の地球にも見られるであろう。……その時には、人間は卓越した能力にさらにふさわしい別の居住地に移され、現在地球の動物たちの間で占めている第一の地位は猿や象に譲っているだろう。こうした動物の宇宙的再生の際には、猿や象の中にニュートンやライプニッツが、ビーバーの中にはペローやヴォーバンが見られるということもありうるであろう。[★146]

アーサー・ラヴジョイは、『大いなる存在の連鎖』の中でこの一節を引用し、ボネの『輪廻の哲学』について次のように評している。「科学の歴史においても哲学の歴史においても最も驚くべき思弁的大著のひとつ〔地質学、発生学、心理学、終末論、そして形而上学を、地球と地球上の生物の過去と未来という歴史的概観に……織りあげたもの)であり、こうした歴史は他の諸天体にも対応するものがあると推測されている」[★147]。

ボネの『自然についての考察』は同時代人に大いにアピールし、五年も経たないうちにヨハン・ダーニエル・ティティウス(1729-96)によってドイツ語に、ラッザーロ・スパッランツァーニ(1729-99)神父によってイタリア語に、そしてジョン・ウェズリによって英語に翻訳された。またデンマーク語訳とオランダ語訳もその後間もなくそれらに続いてなされた。おそらくウェズリ以外の翻訳者は、ボネの多世界論的な多くの文章を翻訳から削除するほどには、多世界論に対して良心の呵責を抱くことはなかった。ジョン・ウェズリは、これまで引用された最後のもの以外は削除している[★148]。ロバート・R・パーマーは、ボネの哲学のある意味での進化論的な性格を強調する啓発的議論の中で、ボネを「穏健な科学者と夢想家の中間者」、「宗教への激しい熱狂によって宇宙的夢想に駆り立てられた」者、そして「神学的に最も常軌を逸したプロテスタント……」[★149]として描いている。これらはすべて当たっているが、こうして見てくると、ボネがただ多世界論を極端にとらえていたために、その多世界論が常軌を逸しているように見えたということは明らかである。また、ボネの多世界論は同時代の多くの人々には好意的に受け取られなかったが、輪廻の教義が含まれていたために、一世紀後のフランスで立派な信奉者が現れることになった。後で述べるように、A・ペザーニ、C・フラマリオン、そしてL・フィギエなどがボネの多世界論を蘇らせたのである。しかし、彼らは、ボネがかつて最も魅力的な特徴の一つだと信じていたキリスト教との関係は断ち切っていた。

ボネの生物学の概念は、ビュフォン伯爵、つまりジョルジュ・ルイ・ルクレール(1707-88)とはかなり異なっていた。ビュフォンは四四巻から成る『博物誌』によって、一八世紀のフランスにおける生物学の第一人者としての地位を築いていた人物である。ビュフォンの関心は非常に広く、この大著の第一巻(1749)に天文学を入れているほどである。そして、特に惑星系の起源として彗星衝突論を展開している[★150]。この彗星衝突論は、『博物誌』の『補遺』(1775)の中の或る一節の背景をなしていると考えられる。そして、この一節は、惑星の温度に関する議論を展開する中で、多世界論論争に対するビュフォンの最も大きな貢献をなすものである。[★151] この節でビュフォンは次のように述べている。

温度が同じところではどこでも、他から運ばれなくても、同じ種類の植物、昆虫類、爬虫類ばかりでなく、魚類、哺乳類、鳥類が見られる。……同じ温度の所ではどこでも、同じ存在が育まれ、生み出されるのである。[★152]

代表的なビュフォン研究者であるジャック・ロジェは、この節に関して次のように述べている。「〈どこでも〉と言う時、ビュフォンは、〈われわれの惑星のどこでも〉ではなく、〈宇宙のどこでも〉と言いたいのである。……宇宙のどこでも、つまり同じ温度や同じ適した物質があり、少なくとも同じ物理・化学的状態が支配している所であればどこでも、地球上の動物やさらには人間でさえも……見いだされるはずである」。[★153]

『補遺』にある惑星の温度に関する高度に数学的な議論を基にした表で、ビュフォンは地球上の生命形態が普遍性を持つという信念を見事に仕上げている。太陽系の各天体ごとの冷却の速さと時間を計算する際に、ビュフォンは、惑星や衛星は太陽から分かれて光り輝く状態になったということ、そしてそれに対応して、それらの熱のほとんどはその後も太陽光線に熱せられ続けたからというよりそれらに内在的なものであると考えている。さらに、光輝くまで熱せられたさまざまな金属球の冷却速度に関する実験を詳しく述べている。こうしたことから計算して、例えば、地球は二、九三六年で固まり、三四、二七五・五年で温度が手に触れることができるまで下がったのであり、合計七四、八三二年たって現在の温度に達し、一六八、一二三年後には現在の温度の1/25にまで下がり人が住めなくなると言う。表3.1に見られるように、その他の惑星や衛星についても同様の計算がなされている。ビュフォンはこの表で太陽系の各天体における生命の始まりと終わりの時期を示している。これらの数字は、太陽系の年齢として想定した七四、八三二年という数字を基本にしている。ビュフォンはこの表のコメントの中で、「われわれが知っているような有機的自然」[★154]はまだ巨大な木星に現れていないが、今から四〇、七九一年(=115,623−74,832)経つと生じ、その後三六七、四九八年の間存続することが分かると指摘している。他方、火星、月、そして土星の第五衛星では(そしてほとんど第四衛星でも)、生命はすでに存在しなくなっている。さらに、土星の環を含めて、表にある太陽系の他のすべての天体で、「生きた自然が現実に豊かに存在している」と記した後、このことから、「別の太陽系を形成しているすべての天体に、同じ存在が生存していると十分推測できる……」という。[★155]

ビュフォンは本来名文家か大学者のいずれとして記憶に留められるべきかと問う根拠として、サント・ブーヴの「ビュフォンは天才的哲学者であったと同様天才的詩人でもあった……」という言葉が、ビュフォンに関する最近の著書の結びに引用されている。[★156]ビュフォン自身がどう思っていたかは、トマス・バーネットの地球の歴史に関する思弁的な著作を次のように嘲笑していることから推測できる。「よく書かれている空想小説であり、……娯楽として読むことはできるが、教えを請うようなものではない」[★157]。それにしても、『補遺』のビュフォンの多世界論的な思弁はあまりにも常軌を逸したもので、この言葉はビュフォン自身にそのまま返しても不当とは言えないであろう。

ビュフォンほど多作だった一八世紀の作家は少数であるが、その中にブリュッセル生まれのイエズス会士フランソワ・グザヴィエ・ド・フェレ(1735-1802)がいる。フェレは百冊以上の著作のうちで最も大部な一冊を多世界論論破に捧げている。『ニュートン、コペルニクス、および世界の複数性の諸体系についての哲学的考察』(1771)(以下『哲学的考察』)[★158]がそれで、この書物は、四つの架空の対話から成っている。最初の対話では、神のやり方が人間の理解を越えていることを力説して、神の摂理の信仰に反対する哲学者に応酬している。このテーマは二番目の対話へと続き、そこではキリスト教懐疑主義者ピエール・ダニエル・ユエ(1630-1721)を、ニュートンと論争させている。この対話の反ニュートン主義に悲しんだ読者は、間違いなく、三番目の対話の反コペルニクス的性格に愕然としたであろう。三番目の対話で

表3.1　ビュフォンによる惑星と衛星における生命の誕生と消滅の年代表

天体	天体の形成から生命誕生までの年数	天体の形成から生命消滅までの年数	生命の存続年数	現在からの存続年数
土星の第５衛星	5,161	47,558	42,397	0
月	7,890	72,514	64,624	0
火星	13,685	60,326	46,641	0
土星の第４衛星	18,399	76,525	58,126	1693
木星の第４衛星	23,730	98,696	74,966	23,864
水星	26,053	187,765	161,712	112,933
地球	35,983	168,123	132,140	93,291
土星の第３衛星	37,672	156,658	118,986	81,826
土星の第２衛星	40,373	167,928	127,555	93,096
土星の第１衛星	42,021	174,784	132,763	99,952
金星	44,067	228,540	184,473	153,708
土星の環	56,396	177,568	121,172	102,736
木星の第３衛星	59,483	247,401	187,918	172,569
土星	62,906	262,020	199,114	187,188
木星の第２衛星	64,496	271,098	206,602	196,266
木星の第１衛星	74,724	311,973	237,249	237,141
木星	115,623	483,121	367,498	

は、ベラルミーノがガリレオを論駁しているからである。これら三つの対話は、四番目の対話の舞台を設定するもので、そこではキルヒャーがホイヘンスの多世界論的主張を論駁している。この対話におけるフェレの反多世界論的主張の中には、理にかなっていないとは言えないものもある。例えば、他の星の周りを回る惑星に関する証拠がないことを正しく指摘し、また月に生命が存在しないということは惑星に居住者がいるとする論拠を弱めているとも正しく主張している。神は人間のためだけに宇宙を創造したのではないという反論に対しては、三つの回答を与えている。

❶自然の事物の目的因を決定するのは困難であること。❷天体は、時を知り、航海をする上で助けとなること。❸天界はこの世のわれわれには敬虔をめばえさせ、来世のわれわれには楽しみを与えてくれるかもしれないこと。しかし、この著作の最後で認めているように、フェレの第一の反対理由は、キリスト教の「受肉の神秘や、一般に聖書と信仰によって与えられる世界の創造や神の摂理などの観念が、理性的存在が住むのはただ一つの世界しかないとしていることである」。「マルブランシュ、プリュシュ、デュラールなど宗教に非常に熱心な作家たちは、あなたのようには考えなかった」というホイヘンスの応酬に対して、フェレは、デュラールやプリュシュ、そして特に一七五四年の『唯一の真の宗教』という著作の著者も、実際には多世界論に反対していたことを示す証拠を挙げている。[159] フェレがラランドとの論争に巻き込まれる原因となった反多世界論的立場は、[160] 何度も版を重ね翻訳もされた『哲学的教理問答』の中にも現れている。[161] フェレの『哲学的考察』はそこそこの出来ではあったが、少なくとも啓蒙期のフランスでは反多世界論的立場がある程度支持されていたことを示している。しかし、フェレの見解を一般のカトリックの聖職者のそれと同一視することが大きな誤りだということは、ほとんど同時期に別の神父によって書かれた著作を見ると明らかになる。

ニコラ・マルブランシュ神父(1638-1715)が著者であると言われた小著『創造された無限について』は、数年間手稿の形で流布した後、一七六九年に印刷に付された。後の研究ではジャン・テラソン神父(1670-1750)が著者だということが定説になっているように、まず間違いなくその著者はマルブランシュではなかったと思われる。[162] テラソンはコレージュ・ド・フランスでギリシア・ローマの哲学を教え、『セトス』の出版後まもなく一七三二年に、フランス・アカデミー会員に選出された人物である。テラソンの『創造された無限について』には途方もないことが述べられていることを否定する者はひとりもいないが、それの解釈に関しては今だに論争が続いている。例えば、一世紀以上前にフランシスク・ブイエは、著者について、「宇宙の無限を固く信じ、それがキリスト教信仰と調和可能であることを証明しようと大いに努力している、非常にまじめなデカルト主義者でありマルブランシュ主義者である」と述べていた。他方、一九五三年にアラム・ヴァータニアンは、ブイエの見解をはっきりと否定し、テラソンが「かなり見え見えの護教論を装いながら、唯物論的・汎神論的思想を広めるために……皮肉の仮面を」[★163]利用したのだと主張した。しかし、事実『創造された無限について』の一六九二年のものと思われる手稿の写しからすると、[★164]著者はおそらく、デカルト主義の虜になり、フォントネルの一六八六年の『対話』を読んだばかりの、想像力豊かな二二歳の若者であり、その著作がジョルダーノ・ブルーノの失われた作品とまごうほど多世界論に魅了されていたテラソンだと思われる。

最初の二章では物質と精神の両面から宇宙の無限を力説している。目的論的な考え方をとっているテラソンは、第三章で人間は地球以外にある物質を利用できないのだから、「必然的に地球以外のものから利益を得る他の知的生物がいることになる」と主張する。また、デカルトの渦動理論を全面的に受け入れると述べた後、フォントネルについては「[彼が]惑星の居住可能性に関して提案したことすべては、われわれにとっては解決済みの問題である。……われわれに残されているのは……補強することと明確にすることだ」と述べている。この意味は、テラソンが次のように述べているのを見ると明らかになってくる。「われわれは、……惑星の居住者は人間であると言うのであるが、「[フォントネルは]そうは言いたくなかったのである」。フォントネル以上に大胆であったテラソンは、まず、教会も聖書も多世界論問題に関して明確な見解を出していないとした上で、フォントネルが多世界論の神学上の結果だと信じたものを詳しく述べている。「[キリストという]永遠なるロゴスが、位格的に多くの人間に結びつくことができるかと……問われれば、躊躇なく然りと答えられる。人間は皆、人＝神[hommes-Dieu]であり、人は複数で神は単数である。なぜなら、これらの人＝神は、実際人間性に関しては数的に多であるが、神性の点ではただひとつだからである……」。次に、神が罪のない惑星で受肉するかどうかという問題に移り、それを肯定し、罪のない存在はわれわれ以上にこの偉大な名誉に値するとしている。また神がどのように地球で受肉したかを論じ、キリストには例外的に人間の父親がいなかったと述べている。テラソンによれば、これは、神から許しを得る前に性交渉を持ったことがアダムの罪だからであり、そのために性交は地球で不純な行為となり、必然的にキリストは処女から生まれたのだと言う。要するに、「こうしたこと全体から、ロゴスがすべての惑星で受肉したことだけでなく、罪が全く生じなかった惑星では、ロゴスが別の人間として生まれるということも推論されるのである」。

テラソンはこうした考えに厳しい反論が待ち構えていることに気づいていないわけではなかった。事実第三章の後半で多くの反論と戦っている。恐らくこれらの反論に見られる最も根本的な見解は、人間は「宗教ばかりでなく、神学にさえも何もつけ加えるべきではない、もしそうすればそれは一つの罪である」というものであろう。これに対してテラソンは、哲学は変わることができるのであり、彼の見解は神学にではなく神学に応用された哲学に属すると答えている。また、聖書に書かれていることはキリストの本性の神的部分だけに当てはまると解釈し、存在するのは唯一の主だけであると聖書に明確に述べられているという主張に対して、別の箇所で逆襲している。キリストの地球での受肉と贖罪が宇宙全体にとって十分な価値があることを認めながらも、キリストは救う者でもあるが教える者でもあるという両方の役割を持っているのだから、罪のない惑星では教える者として受肉するというのが全く適切であると述べている。第三章の最後で、テラソンは、読者がいったん新奇な見解に対する不安を乗り越えれば、「僅かな数の人間しかいない地球の居住者ばかりでなく、主を賛美する無数の惑星に配された無数の人間の、感嘆すべき光景にも……」喜びを見いだすだろうと述べている。さらに、「極めて感嘆すべき光景は、無数の人＝神の進歩によっても示される。彼らは惑星最後の日に、選ばれたものたちのこの無数の集団を永遠の父なる神に示すのである」とも述べている。

空間的に無限な宇宙全体に生命が広がっているというテラソンの見解は、時間の無限性を説く最後の章でさらに詳しく展開されている。惑星だけでなく渦動もまた、常に変化する宇宙の中で消え去り、それに代わって新たな体系が生まれてくる。これにはすべて時間がかかるとされ、事実、大胆にも聖書にある創造の六日は「六年、六世紀、六千年、六〇〇万年」と解釈されると言っている。テラソンの飽くなき想像力は天使や悪魔の理論にも及び、聖書が天使の起源を論じていないことに注目し、「天使は滅びた惑星の復活した居住者たちに他ならないと確信する」と述べている。同様に、悪魔は邪悪な居住者たちから生じたのであり、天使と共に、惑星の居住者に影響を与えようと企てている。テラソンは理神論者ではないが、すべての惑星が特定の摂理とそれぞれの人＝神とを持っているという主張から明らかなように、充満の原理を強く信じている。「神は造ることのできるすべてを造ったということを……われわれは第一の原理にする。……われわれの考えでは、純粋に可能なだけのものは何もないのであり、有り得るものすべてが今までにあったか、現在あるか、あるいはいつの日にかあるのである」。将来教会は自分の思想を認めるだろうという希望を述べ、もし反対すべきものであることが分かれば放棄するようにと述べて、『創造された無限について』を締めくくっている。

テラソンの著作の受けとめ方は実にさまざまであった。『百科雑誌』は非常に好意的な書評を二本載せ、いずれもマルブランシュを著者と考えている。事実、一方の批評者は「かの有名な著者の力強く活気に満ちた想像力や、荘厳でしかもしばしば詩的な思想が間違いなく認められる」[★165]と述べている。他方の批評者は、さらに一層熱烈な支持を示し、読者は「深遠な見解や、壮大で新しく真に荘厳な思想を」見いだし、「マルブランシュ神父が彼の体系、諸原理の連鎖、[それらの]みごとな適用、そして彼が導き出すさまざまな結論と聖書のさまざまな箇所を調和させる手並みに驚かされる」と断言している。[★166] また、おそらくより典型的な反応を示したと言えるのが、フランスの大法官H・F・ダゲソー(1668-1751)であろう。ダゲソーは生前にこの著作を目にし、「デカルトとマルブランシュ神父の諸原理の一部から導かれる不条理な結果によって」彼らを嘲笑しようともくろんだ「スピノザ哲学入門」であると評している。さらに、その著作が「狡猾で、中傷的で、向こう見ずで、不信心で、冒瀆的」であると評した神学者たちを是認し、「さらに、妄想的な考え、軽薄で傲慢な目的、誤った不合理な論法、そして気違いじみた法外な自信をもって、邪悪な魂の夢を受け売りするものであると善良な哲学者ならいずれも付け加えるであろう……[★167]」と断じている。全体としては、テラソンの『創造された無限について』が及ぼした影響は小さく、後の多世界論論者でこの著作やヘイの同類の思弁に言及した者はほとんどいなかった。たぶんこの著作が無視された理由は、もはや死んだデカルト哲学の産物であるとか、マルブランシュに対する悪意を持った攻撃であるとか、あるいは単に未熟な精神による奇妙な思想であるとして、さまざまに退けられたからであろう。

多世界論争に貢献したもうひとりの神父は、エティエンヌ・ボノ・ド・コンディヤック(1714-80)である。彼の『論理学』(1780)には、多世界論を論じる方法論についてのいくつかの論評が見られる。コンディヤックは類推による推論の確実性について論じ、類推による議論の説得力は、「類似関係や目的関係か、それとも原因・結果や結果・原因の関係かいずれに基づく[★168]」かということで決まると主張する。類似関係に関しては次のように言っている。「地球に居住者がいるから、他の惑星もそうである」という推論は「最も弱い類推である。なぜならそれは単に類似関係に基づいているにすぎないからである」。続いて、次のように述べている。

しかし、たとえ惑星に日周運動と年周運動があって、その結果、惑星が部分的に連続して照らされ熱せられるとしても、こうした配置の目的が居住者の維持であったとは考えられないのではないか。確かに、手段・目的関係に基づくこの類推は、最初の類似関係による類推よりは説得力がある。しかし、このことで、地球が居住者のいる唯一の天体でないことは証明されるとしても、だからといってすべての惑星に居住者がいるということが証明されるわけではない。つまり、自然の創造主が同じ目的のために宇宙の多くの部分で再現することでも、時には全体系のひとつの結果としてのみ利用することもありうるのである。従って、日周運動や年周運動によって居住者のいる惑星が砂漠になることもあるのである。

原因・結果に基づく類推について論じる際に、コンディヤックは地球外生命の問題を論じることは控えている。類推に基づいて多世界論を主張する際の論理に関するコンディヤックの短い議論は、決して深みのあるものとは言えないが、意義は十分あったと言える。なぜなら彼は、このきわめて重要ではあるが複雑な問題を分析しようと試みた最初の人物だったと思われるからである。その後、ミルやオルムステッドなどが続いたが、コンディヤックを越える者はほとんどいなかったのである。

フェレとテラソンは神学の観点から、またコンディヤックは論理学の面から論じたのに対して、四人目の神父ジャン・ジャック・バルテルミ(1716-95)は、数巻からなる『若きアナカルシスの紀元前四世紀中期のギリシアへの旅』(1788)の中で、古典学者の観点から多世界論を扱った。バルテルミは、ギリシア人の生活と思想について詳しく述べるために、哲学者アナカルシスの子孫のスキタイ人の旅という架空の物語を利用したのである。これによってバルテルミはイギリス海峡の両側に読者を獲得し、フランス・アカデミー会員にも選出された。若きアナカルシスは、カッリアスやユークリッドとの議論から、デモクリトス、レウキッポス、ペトロニウス、ピュタゴラス学派、クセノファネスなどが地球外生命を認めていたことを知る。しかし、彼は宇宙の大きさに驚きながらも、彼らの多世界論的主張の根拠が不十分なことに対しては懐疑的態度を示す。★169 バルテルミ自身、このような感情を抱いていたと考えられるが、彼の主な関心は、おそらく、同時代人の間で非常にあたりまえの多世界論論争の起源が二千年以上も前に遡るということを、読者に気づかせることにあったと思われる。

バルテルミの『若きアナカルシスの旅』が出版された同じ年(1788)に、後に政治家として著名になった若き詩人ルイ・ド・フォンタヌ(1757-1821)が、彼の詩の中で最も有名な詩を発表した。そのタイトルは「天文学について」というものであった。この詩の多世界論はポウプに由来しているかもしれない。というのは、フォンタヌは一七八三年にポウプの『人間論』をすでに訳しているからである。しかしその詩の根底にあるロマンティックなペシミズムは、フォンタヌ自身のものである。この二つの性格は、別の世界についての哀歌の中に見られる。

これらの変わりゆく状態は
われわれと同じく、運命の支配に屈する、
そしてわれわれ自身と同じく、価値ある学識をたずさえた、
思考する種族が誕生するのを見てきた……。

事実フォンタヌは、彼らにもまた彼らの「パスカルやライプニッツやビュフォン」がいたと考え、近くの惑星では誰かが「私と同じくらい甘い陶酔にひたっている」のだろうかと思うのである。そして、そのような存在が地球を凝視しているなどということがあるのだろうかと問う。

この悲しみに満ちた場所で、不死の存在が
涙にぬれた顔でうごめいているなどと推測できようか。

これらの遠く離れた領域の未知の居住者たちよ、
あなたがたはわれわれの必要なもの、喜び、苦しみがわかるのか。
あなたがたはわれわれの芸術を知っているのか。神はあなたがたに
より純粋な感覚と、より自由な運命を与えたのか。

プラトンの存在の尺度は別の世界で成就するに至ると考える傾向があるが、次のように警告する。

人間たちよ、地球の悲しい状態をまねてはならない。
もしわれわれの運命を知るならば、あなたがたはわれわれのために深く悲しむだろう。
あなたがたの涙はわれわれの悲しみに満ちた表情を湿らす。
すべての時代が喪に服し、すべてが同じように、
止むことなく流れ行き、あらゆる方角に、
王座、祭壇、帝国を広く散在させた。
すべては間断なく、うんざりする打撃を被りながら、過ぎゆく、
われわれの苦しむ姿を私が物語るように。
あなたがた人間たちよ、われわれの同輩よ、ああ、
われわれより賢明で、和合し、幸せであれ。★170

長い間啓蒙運動における楽観主義の中心的話題であった多世界論が、ロマンティックな憂鬱の源にもなるという多世

界論の顕著な順応性の例を、フォンタヌに見ることができる。

一七五〇年から一七九〇年までフランスのさまざまな著作に見られる多世界論論争の全体を眺めてみると、その主要な特徴は多様性にあることが分かる。関係者たちの背景はさまざまであり、展開された見解もさまざまであった。しかし、それでもいくつかのパターンは見られる。著述家の大多数は、無神論者、理神論者、あるいは聖職者であろうと、プロテスタントあるいはカトリックであろうと、また哲学者、物理学者、詩人、あるいは生物学者であろうと多世界論に好意的であった。フェレだけは疑いの余地のない例外であった。さらに、経験論的方法をとる著述家の場合でさえ、大いなる存在の連鎖が広く受け入れられる際には、望遠鏡以上に目的論が大きな役割を果たしたのである。著述家の信条と地球外生命についての考え方との間の相関関係はほとんど明らかではないが、宗教はいつも関わりをもっていた。多くの人々は、すでに傾倒している思想を主張するための魅力的な手段を、多世界論の中に見ていた。例えば、ヴォルテールは、多世界論を利用して理神論を支持し、ライプニッツ、モペルテュイ、ヴォルフ、そして気に入らない見解を持つ他の多くの人々を攻撃した。また、多世界論は空想的輪廻の考え方(ボネ)や、多数の「人＝神」という考え方を含む神学(テラソン)を生み出す土台ともなった。こうしたことすべてにもかかわらず、このグループの中で最も深淵な思想家たちの幾人か(ダランベール、オイラー、モペルテュイ、そしておそらくヴォルテール)は、根本的な問題点すなわち多世界論的主張の根拠が薄弱で捉え所がないという感触を持っていたことを指摘できる。この小さなささやきは、目的論や大いなる存在の連鎖に疑いを持つ世紀末の傾向と結びついてゆく。その時、このような根拠に立つ多世界論の自信に満ちた宣言はさまざまな困難に遭遇する運命にあったのである。

4 ヨーロッパの他の地域における地球外生命擁護論――クロプシュトックの宇宙のキリストからジャン・パウルの「死んだキリストの講話」まで

フランス啓蒙運動の基本的要素であった世界の複数性の概念は、ドイツの啓蒙運動(Aufklärung)においても人気のあるものであった。最も傑出した主張者には、前述のように、カント、ランベルト、ボーデ、そしてシュレーターがいたが、ドイツ語圏の国々にどの程度多世界論が浸透していたかは、彼らの著作からは決して十分にうかがい知ることはできない。しかし、ヴァルター・シャツベルクとカール・S・グトケによる最近の出版物によれば、一八世紀の何十人ものドイツの著述家が地球外生命の観念を熱狂的に信奉していたという。★171

シャツベルク教授が明らかにしているように、一七五〇年までに、デラムの『宇宙神学』、フォントネルの『世界の複数性についての対話』、ホイヘンスの『コスモテオロス』、そしてウィルキンズの『月の世界の発見』のドイツ語訳はすでに長い間読まれてきていたのである。このことからも、一七〇〇―五〇年の間に出版されたドイツの最も人気のあった四冊の科学概説書に多世界論が取り上げられた理由が納得できる。★172 ヨハン・ヤーコプ・ショイヒツァー(1672-1733)は、一七二九年の概説書『自然学あるいは自然科学』の中で、多世界論を支持してホイヘンスを引用しているが、このスイスの科学者は月の生命さえも擁護した点では、オランダの先駆者ホイヘンスを越えている。また、ライプニッツが多世界論を支持したということは、これらの著述家のうちで最も広く読まれた、クリスティアン・ヴォルフ(1679-1754)の編集した概説書にとって欠くことのできない事実であった。ヨハン・ゴトロープ・クリューガー(1715-59)は、ヴォルフ流の著作『自然論』(1740)の中に多世界論の考え方をとり入れてはいるが、ショイヒツァーやヴォルフよりも慎重である。四人目のヨハン・クリストフ・ゴトシェット(1700-55)がこの四人のうちで最も精力的に多世界論を擁護したと思われる。彼の『哲学の第一根拠』(1731)は、ヴォルフ流の自然哲学を詳しく説明するために書かれたもので、その口絵には、いくつかの恒星がそれぞれ惑星に囲まれている様子が描かれている。そして、その口絵の下には次のような四行詩が書かれている。

気をつけてこれをよく見よ、そうすれば、これらの驚くべき世界の中で
この壮大なものの中で、魂は消えてしまうだろう。
ああ、この中で人間とは何なのか。人間には何の名前も与えられないだろう、
もし神が造られたものの中に壮大さを見ないとすれば。★173

本文の中で、ゴトシェットはフォントネルとともに、地球外生命が人間に似ている必要はないと主張し、その存在を肯定している。★174 また、多作であったゴトシェットは、フォントネルの『対話』やライプニッツの『弁神論』を翻訳したり、自分の多くの詩の中に多世界論的テーマを取り入れ、多世界論の普及にも貢献した。★175 一例を挙げると、「著者が五〇歳を迎えた時」(1750)の中でゴトシェットは、広大な宇宙の中では自分は取るに足らない存在なのに五〇年にわたって恩恵を享受したことを神に感謝している。地球の昼夜や四季を生み出す天文学的な仕組みに言及した後、他の惑星も同様の特徴を持っていると記している。

天にある天体が太陽の回りを近くまた遠く動いて行く時
太陽はいつでも栄光を与える、
それらは同様に価値あるものなのだ。

それらはそれぞれ変化するにもかかわらず、
太陽の光線の中で暖まる。
どうしてそこに生物がいないわけがあろうか。
どうしてわれわれの地球だけが
動物と人間の住まいであるなどということがあり得るだろうか。★176

要するに、「冬、春、そして夏があるところ／そこに生命が宿るのも遠い先のことではない」ということである。木星と土星に生命が存在する証拠として、それぞれの月を引き合いに出した後、地球の月に生命が存在するという信念を述べている。また詩の後半では、彗星に話題を進めている。

それらは時には寒く、時には暖かい、
汝の父のような腕に抱かれて、
それらは生物で覆われるようになる、
われわれの恐怖をかきたてる靄の下に、
太陽の焦がす光が恵まれるならば。(164-8)

科学的知識の水準を上げようとした努力は賞賛に値するが、シャツベルクの言葉や先の詩からも分かるように、ゴトシェットは根拠のある科学と思弁的な空想とを混同することもあったのである。★177

ドイツの詩で多世界論を活用するという伝統は、一七五〇年以前の数十年間にすでにブロケス、ハラー、ミューリウス、レシング、ハーゲドルン、そしてクライストらによって確立されていた。ハンブルク出身のバルトルト・ハインリヒ・ブロケス(1680-1740)の詩のほとんどは、『神における地球の楽しみ』(1721-48)全九巻の中に公刊されている。タイトル中に「地球の」という言葉があるにもかかわらず、全巻を通じて天文学への言及に満ち、その多くは多世界論的である。例えば、一七二二年の新年の詩に、哲学者とひとりのキリスト教徒との討論がある。キリスト教徒は次のように尋ねる。「複数の世界についてあなたはどう思いますか。／それが正しいことをどうやって証明しますか。／私は新たな異端を信じることはできません」[★178]。この「新たな異端」は次のような問いを提起する。

ただひとつの世界のために
キリストは死んだのだろうか、
あるいは最初のアダムたちはそれらすべての世界で
どのように堕落したのか。
千個のりんごのせいで千匹の蛇によって
千人のイヴたちが同様に欺かれたのか。(I, p. 435)

こうした問いに、ブロケスは多くの答えを提出し、地球は、居住者のいる世界が無数にある広大な宇宙の中の「ひとつぶの砂」にすぎないという考え方が、宗教を支え神への賞賛を鼓舞するのであると、読者に納得させている。他の詩には、たったひとつの感覚しかなくても地球人より敬虔であるような居住者のいる惑星とか、超人種の住んでいる木星などへの宇宙旅行を扱っているものもある[★179]。

宗教的により伝統的、形而上学的により明晰、そして科学的により明敏なアルブレヒト・フォン・ハラー(1708-77)の多世界論は、ブロケスの多世界論と比べると対照的で面白い。グトケの分析によれば、このスイスの著名な科学者で、哲学者で、そして詩人でもあるハラーの多世界論は、ブロケスが第一に依存している充満の原理よりは目的論的考え方を根拠にしている。[★180] このことは、ハラーのペシミズムと同じく、「悪の起源について」の次の数行に明らかに見てとれる。

たぶんわれわれのこの世界は、ひとつぶの砂のように
広大な天界に浮かび、悪の祖国をなしている。
星々にはおそらくはるかに公正な魂が宿っているのに、
この地球では常に悪徳が支配し、美徳は常に星々で栄える。
しかし全く価値のない、この地点、この世界は、
巨大な森羅万象を完成すべく、自らの場所で力を尽くしている。[★181]

ハラーは、「永遠についての未完成の頌歌」(1743)の中で、多世界論を過去や未来の世界にまで拡大している。カントが引用したのは次の一連である。

無限よ。誰が汝を測るのか。
汝にとって、世界が数日であれば、人間は数秒である。
おそらく千個目の太陽が消えても、
何千もの太陽が後に残っている、

時計が振り子によって時を刻むように
太陽は神の力によって動き、回りゆく。
一つの太陽の動きが止まると、他の太陽が動き始める、
しかし、汝はそのままで、それらを数えることは無い。[★182]

一七四四年三月にアブラハム・ケストナー(1719-1800)が、彗星人の存在の可能性を否定する詩を発表した時、ライプツィヒで科学研究を終えたばかりのクリストロープ・ミューリウス(1722-52)は、「彗星居住者の教訓詩」によってすぐに彗星人の存在を救済しようとした。ミューリウスにとって彗星の居住可能性を疑うことは、惑星の生命を疑うことと同じくらい憤慨に耐えないことなのであった。

なぜ惑星から生命を奪わないのか。
惑星は神の力と叡智をよりいっそう明らかにしてくれるのだ
もしそれらに居住者がいれば。彗星もそうである。
実際、その方がよいのだ、なぜなら惑星より数が多いのだから。
賢明な建築者は、設計なしにはしないものである。[★183]

ミューリウスによれば、目的論ばかりでなく、自然が示す多様性も、両生類に相当する生命の可能性を示しているという。彼の考える彗星の生物は、「空気中に住んでいるが、火で死ぬことはない……」のである。ミューリウスは、散文でも、例えば、短命に終わった科学普及雑誌『自然研究者』の諸論文の中でも、多世界論を主張した。その論文のひ

とつでは、地球外生命を擁護するために、大いなる存在の連鎖の観念を引き合いに出し、おびただしい数の地球上の生物も「間違いなく、知的存在の無限に長い連鎖の無限に小さな一つの輪にすぎない」と述べている。[184] 詩と散文の両方で宇宙旅行を論じたミューリウスが一七五四年に死去した時、友人のケストナーは彼を賞賛する論文を公刊し、太陽系を旅行し月の裏側や火星人の「永遠なる魂」を見るミューリウスの魂を描いた詩を発表した。[185]

ミューリウスの死を悲しんだひとりに、いとこのゴトホルト・エーフライム・レシング(1729-81)がいた。短命だった詩人科学者ミューリウスの書き残したものの出版の準備をしたのが、レシングであった。レシングの伝記作家によれば、[186] 自由思想家ミューリウスが、レシングの伝統的宗教との断絶に影響を与えたのであり、『自然研究者』にレシングが発表した二つの多世界論的な詩を書くことを勧めたのもおそらくミューリウスである。レシングの「惑星居住者」には次のような機知に富んだ着想が含まれている。

諸惑星にもワインがあると
信頼できる根拠に基づいて推論する前に、
魅力的な空想を楽しみ、
それらの夜の惑星にも居住者がいると想像すること、
それは、性急に居住者を認めることだと言われよう。
友よ、ワインがわが地球にあるように
新たな諸世界にもワインがあるかを
まず見抜くべきだ。
そうすれば、私を信じなさい、それらの世界にも酒飲みがいることは

どんな子供でも分かるであろう。[★187]

レシングの「教訓的天文学」には、ハラーの影響を示唆するさらに重要な主張が含まれている。星を観察することによって謙虚さが教え込まれるというのである。そしてハラーよりもさらに形而上学的な調子で次のように主張する。

私は驚きの眼をもって見る
とてつもなく多くの新たな世界を、
そこでは富は美徳ほど
価値はないと確信する。
たぶんオリオン座のあたりで
きっと真理は輝くであろう。

賢人によれば、「われわれのところでは悪が
王国を築いている」。
よかろう、しかし
数えきれないほどの偉大な世界の王は善なのだ。
さきの神は、残念に思いながらも創造した、
事物の尺度を完成するために。[★188]

一七四〇年代に多世界論的な詩を発表したより著名な二人のドイツの作家は、フリードリヒ・フォン・ハーゲドルン(1708-54)とエヴァルト・フォン・クライスト(1715-59)である。レシングが一七四六年に「現代の最も偉大な詩人」[★189]と呼んだハーゲドルンは、数年前に「至福」を発表していて、新しい科学を賞賛し、惑星の生命を認め、そこでは「たぶんもう別のヴォルフやニュートンが教師をしている」[★190]とさえ考えていたのである。クライストの「神の賞賛」も同じ四〇年代に発表され、居住者のいる多くの世界を創造した神を賞賛する傾向は続いている。この詩のある箇所で、クライストは次のように問うている。


誰が威厳をもって堂々と何百万もの太陽に輝くことを命じるのか。

誰が無数の世界へと進む不思議な進路に道をつけるのか。

誰がそれぞれの天体に生命を与えるのか。誰がその不思議な一団を結び合わせるのか。

主よ、汝の口のもの静かな息か。しかり、汝のこの上なく高貴で恐れ多い命令である。[★191]

一七五〇年代には十人余りの著述家がドイツ語で多世界論的な詩を発表したが、[★192]この傾向は一つにはトムスンの『四季』(1745)とヤングの『夜想』(1752)のドイツ語訳が現れたことによるものであった。これらの多くは二流であったが、フリードドリヒ・ゴトリープ・クロプシュトック(1724-1803)は一流の詩人として位置づけられている。『救世主』(1748-73)全二〇歌章の最初の三歌章が発表されるや否や、レシングはクロプシュトックをドイツの最も偉大な天才と呼び、ボードマーはドイツ文学の黄金時代が始まったと宣言したのである。[★193]クロプシュトックの詩に対する後世の評価はさまざまであり、叙事詩より頌歌を好む人もいるが、ドイツ文学史におけるクロプシュトックの地位はゆるぎないものとなっている。[★194]詩全体を通じて、多世界論的テーマが他のどの主要な詩人の作品よりも頻繁に現れているために、彼は多世界論の歴史において重要なのである。

しばしばドイツのミルトンと呼ばれたクロプシュトックは、『救世主』を書こうとして概念的な問題に直面した。それは、ほぼ一世紀前ミルトンも叙事詩の素材を聖書に求めた時、それほど深刻ではなかったがやはり悩んだものであった。ミルトンは、読者がキリスト教を受け入れることを想定できたし、一七世紀の天文学と多世界論との緊張関係に直面することはほとんどなかった。しかしクロプシュトックの場合はそうではなかった。クロプシュトックが執筆した時期というのは、多世界論がかなり一般的なものになった時であり、またアルブレヒト・リチュルの言う、「ドイツの啓蒙神学者たちによる、調和と義認の教義の全面的破壊」[★195]が生じた時だったのである。クロプシュトックが『救世主』で示した、この二つの問題に対する回答は、大胆かつ独創的なものであった。彼は多世界論を全面的にそして熱狂的に受け入れた。そのために、彼の詩は天文学に満ち、彼が語る叙事詩の出来事の舞台は、イェルサレムの丘ではなく無限の宇宙となった。[★196]さらにいっそう大胆だったのは、キリスト中心の宇宙を支持したその徹底ぶりである。他の人々が、模範的人物、霊感を受けた教師、そして預言者的な説教者としてのイエスを強調したのに対して、クロプシュトックは、神であり人であるもの、罪深い人間の救い主、そして(コロサイ人への手紙の第一章に基づいた)宇宙の創造者としてのイエスを叙事詩の中心としたのである。自然や自然の神ではなく、父なる神でもなく、啓示とキリストが『救世主』の中心となっている。[★197]さらに、キリスト中心主義は、それだけいっそう彼の多世界論を際立たせることにもなった。さきに触れたかつての多くのドイツの神学者たちはキリスト教と多世界論の調和の可能性に関心を持っていた。クロプシュトックほど、中心のない物質的な宇宙と、「砂粒」大の惑星に起こる出来事を中心とする精神的な宇宙との間の関係を明確にしようとする仕事に正面から取り組んだ者はいなかった。

『救世主』の二〇篇では、キリストの受難、死、そして復活について語られ、居住者のいる世界に満ちた宇宙という設定の中でキリストのさまざまな活動について述べられている。第一篇で、天使ガブリエルは、オリーブ山上のキリストから父なる神にメッセージを伝える時、多くの地球を通過し、上っては下っていくのだが、それらの地球は「放浪者の足元のつまらないほこりのように、小さく、どうでもよいもののように描かれ、そして虫けらが住む」ところとして描かれている。★198 われわれの地球は、まさにそのような表現で繰り返し描かれているが、他の世界からは次のように、歓迎されている。

……多くの地球の中の女王、
創造の焦点、天界の最も親密な友人、
神の光輝を示す第二の家、
偉大なる救世主の秘密の崇高な行為の不死の証人。(I, 517-20)

金星、木星、そして土星の居住者も、この歌章に登場する。「一千太陽マイル、すなわち太陽から太陽までの空間」を渡って、タボル山のキリストに降りてくる父なる神が、「人間たちのいた」特定の惑星にやって来る時、第五篇で決定的な一節が現れる。その人間たちとは、

外観はわれわれに似ているが、全く罪がなく、死すべきものでもない、
そして彼らの最初の父は全く男らしい若者の姿で立っていた、
幼かった頃から何世紀も経っているのに、
年をとらない子供たちに囲まれて。(V, 154-7)

堕落しなかったこのアダムは、子孫たちに地球で起こった悲劇的な出来事と地球の住人の堕落した状態を明かす。

われわれから遠く離れた地球のひとつには、われわれのような人間がいる、
外観は似ているが、自ら罪に落ち
そして神の似姿を失っている。実際、彼らは死すべきものなのだ。(V, 205-7)

『救世主』のあちこちで示唆されているように、またハンス・ヴェーレルトがクロプシュトックの叙事詩の分析の中で述べているように、クロプシュトックは、「地球の住人だけが罪に堕ち、神の仲介者による救済を必要としている」[★199]と考えて、多世界論とキリスト教を調和させている。それにもかかわらず、地上におけるキリストの活動はあらゆる世界に恩恵をもたらすと強調し、「キリストの御業は罪のない人間や不死のものの住む星々にまで及んだ」[★200]と主張している。

クロプシュトックは叙事詩を書く時に、数多くの細かい問題に直面した。例えば、地獄をどこに置くか(世界の端か)、イスラエル民族の祖先をどこに置くか(太陽の中か)、そして神の偉大さをどのように描くかなどである。最後の問題は、宇宙が無限であるとすることで解消されている。存在の連鎖のような伝統的なテーマも見られるし、ヤングの影響もまた明らかに見てとれる。[★201] クロプシュトックが取りあげた問題は扱いにくいものであり、それに対する彼のアプローチには大胆なものもあったが、『救世主』は広い読者層を持った。例えば、詩人のクリスティアン・シューバルト(1739-91)は、一七七〇年代半ばに次のような手紙を書いている。

私はアウグスブルクのコンサートホールで『救世主』を朗読しました。最初は、この作品が気に入っている数人の選ば

れた聴衆とともに始めたのです。しかし、すぐに数が増えて、小さな部屋は狭くなってしまいました。そこで市長が私のために公会堂を用意してくれたのです。すると聴衆の数はすぐに数百にも達しました。『救世主』の全巻が……すぐに売り切れてしまいました。……上流階級の者も下層階級の者も、聖職者も俗人も、カトリックもルター派も、『救世主』を脇にかかえて講演を聴きにやって来たのです。[★202]

クロプシュトックの叙事詩が持つ神聖な主題に惹かれた者もいたが、文体の豊かさ、格調の高さ、そして独創的な概念に喜びを見いだした者もいた。さまざまな作家に翻訳されて、その名声はヨーロッパ中に広まっていった。

歴史的に見れば、クロプシュトックのすばらしい才能は、頌歌の中で最も発揮されたと言える。そして、頌歌の多くで多世界論的テーマが展開されているのである。例えば、「回復」(1757)では、「さまざまな地球や太陽の居住者を歓迎し、遠くの彗星に住む無数の居住者にあいさつを送った」[★203]霊魂について書いている。また「さまざまな世界」というイメージは、「田園生活」(1759)、「春の祭り」(1759)、そして「世界」(1764)という三つの初期の詩の中で顕著に現れている。二番目の詩は、最も有名な頌歌であり、次のように始まっている。

すべての世界の中に
私は飛び込むわけではないし、舞い込むわけでもない。
そこで、最初に造られたもの、光輝くさまざまな太陽の喜びに満ちた聖歌隊を
崇拝せよ、深く崇拝せよ。そして恍惚のうちに消えゆけ。

バケツの中のひと滴の周りだけで、

地球の周りだけで、私は舞い、崇拝する。
ハレルヤ、ハレルヤ。バケツの中のひと滴も
全能の神の手から流れたのだ。
その時、全能の神の手から
より大きな地球がほとばしり出た。
光の流れが押し寄せ、七つの惑星になった。
ああ滴よ、汝は全能の神の手から逃れたのだ。

すぐその後では、次のように、人間の微小さと宇宙空間の広大さとの間の緊張を和らげようとしている。

何百万ものもの、無数のものは誰か。
それらの滴に住み、住んできたものは誰か。そして私は誰なのか。
ハレルヤ創造主。流れ出た地球以上のもの、
光線から流れ出た七つの惑星以上のもの。

「化体」(1782)では、読者は驚くべき土星の体系に出会う。

遠く離れて無数にある、
土星の環、衛星の帯は、巨大な星の周りを回る

それを照らし、それに照らされ、
頭上の天界に変化を与えながら。

これらの衛星には、地球人よりもはるかに豊かな才を持つ生物が住んでいるという。

あなたがたの住人の運命は、われわれが知っているよりももっと
喜びに満ちた無上の幸福であった。にがみはきっと
われわれの茶碗の中と同じく彼らの茶碗の中にも走る。それでも容易に消滅した
それは走る、しかも滴の中を。
より鋭敏な耳、より輝く目、彼らは見る
近くの星々の小川や木立を、そして聴く
ひとつの星が大きな音をたてて舞い上がり、
瞬時に響きわたるこだまを。

とりあえず「詩篇」(1789)はとばして、「未知の魂」や「より高い段階」が書かれた晩年の数年に話を進めると、前者では、太陽や星に生命が存在するとするウィリアム・ハーシェルの主張が好意的に受けとめられているのに対して、後者、すなわち最後の詩では、木星の居住者のありさまが示されている。

……私は形態が全く異なった

さまざまな生き物を見た。それぞれが
頻繁に別の形になっていった。それは変化するたびに、
前より美しくなっていたように見える。

一八〇三年三月一四日、フリードリヒ・クロプシュトックはハンブルクで他界した。七か国の大使とおびただしい数の群衆が葬式に参列し、百人以上の人が彼の「詩篇」を合唱した。「父なる神」を瞑想して書かれたその詩は次のように始まる。

月は太陽の周りを回り
地球は太陽の周りを回る
多くの太陽群が
ひとつの巨大な太陽の周りを運行する。
「天にましますわれらが父なる神よ」。

これらのすべての世界で、照らし、照らされ、
さまざまな生命力と形の霊魂が生きている。
しかしすべては神を思い、神を喜ぶ。
「御名のあがめられますように」[★204]。

著名なチューリヒの教授ヨハン・ヤーコプ・ボードマー(1698-1783)は、『救世主』の最初の三歌章に非常に感銘をうけ、自分の家に住みながら創作を続けてもらいたいと、その若い詩人を招いたほどであった。クロプシュトックがボードマーとともに暮らした八か月の間(1750-1)に、彼らは間違いなく、ボードマーが翻訳をしたミルトンの『失楽園』や、ヤングの『夜想』を賞賛し、ボードマーが聖書の洪水時代を扱った叙事詩『ノア』(1752)の中で論じた、世界の複数性のテーマを話題にしたであろう。[★205] 彗星が洪水を引き起こしたとするウィストン説ばかりでなく、ボードマーがシファ(科学に関心を持つノアの仲間の族長)に与えた望遠鏡によっても、天文学はその詩に入りこんでいたのである。その望遠鏡や、ラファエルによるノアへの啓示によって、星は居住者のいる惑星に囲まれていること、太陽自身にも居住者がいること、そして少なくともひとつの惑星は罪によって荒廃することがなかったということが知られる。ボードマーは太陽人を次のように描いている。

人間の形はしておらず、地球の塵から生まれたのでもなく、
光を原料とした、独特の美しさで飾られ、
無尽蔵の技に値し、人間よりもすばらしい手足を持ち、
彼らの場所にふさわしく、太陽の熱に耐える……。[★206]

多世界論的な天文学の知識や、時代錯誤ではあるが強力な望遠鏡を族長たちに与えたことは、ボードマーの思想の中で多世界論が中心を占めていたことをよく示している。

クロプシュトックがボードマーの家を出たほんの数か月後には、ボードマーは今度はクリストフ・マルティーン・ヴィーラント(1733-1813)に自分の家を開放している。それはヴィーラントが人生や文学に対して快楽的で懐疑的にな

る前の、まだ「気高いキリスト教徒」の頃であった。[★207] ヴィーラントの初期の四つの作品に多世界論が見られる。最初の作品である『事物の本性について』(1752)は、タイトルと体裁をルクレティウスから取っているにもかかわらず、観念論的であり、主としてライプニッツの哲学を主張したものである。しかし、敬虔主義者を両親に持つヴィーラントは、居住者のいる世界が存在すると信じた点ではローマの唯物論者と共通している。ヴィーラントは、存在の連鎖の観念を支持し、詩の序文を書いてくれたゲオルク・フリードリヒ・マイアー(1718-77)が唱えた一種の霊魂転生説をとっている。多世界論に対するヴィーラントの熱狂ぶりは次のような表現によく現れている。

ああ、私の精神は驚く、ほとんど思考を停止する、
精神の眼が、こうした遥かな深淵の中に沈む時、
そこへは生き物は行けず、そこでは思考を越えて、
人間の計算を越えて、住民のいる天体が回転している。[★208]

同じく一七五二年に発表されたヴィーラントの『十二の道徳的書簡』は、多世界論を支持していて、事実その結びの手紙は遠く離れた惑星への宇宙旅行を扱っている。ボードマーに合流して間もなく、この若き詩人はボードマーの叙事詩を弁護し解説する作品を書いた。それは『叙事詩ノアの美しさについて』(1753)というタイトルで、ボードマーの文体ばかりでなく旧約聖書に基づく多世界論をも弁護している。「何よりも信じることのできるのは、きわめて理性的で、いかなる偏見も持たなかった族長たちが、天体が独立した世界であるという仮説を認めることに異議を唱えなかったことである。それは特に、彼らが天使との接触によってこのことを確かめようとしたからである……」。[★209] 同じ年にヴィーラントは『故人から遺された友人への書簡』を出版したが、少なくともその中の三通では多世界論的見方を

活用している。例えば九番目の最後の手紙では、テオティマによって、罪に陥らなかった人々が住む惑星について描かれている。[210] 一七五四年にヴィーラントはボードマーの家を去った。一七五八年にはある友人に「私は［エドワード・］ヤングに魅せられた時があったが、それはもはや過去のことである」[211]と告白している。一七五九年にはチューリヒを去り、一七七二年にはヴァイマールに向かっていた。ヴァイマールは彼の評判が新たに最高潮に達した町である。しかしクロプシュトックとは違い、晩年の出版物ではほとんど多世界論を駆使しなかったようである。

詩人ばかりでなく哲学者や宗教作家も、自分の著作に宇宙的視野を与えるために多世界論を活用した。そうした作家のうちで、ゲラート、シュトゥルム、そして特にヘルダーは考察に値する。ライプツィヒの哲学教授であったクリスティアン・フュルヒテゴット・ゲラート(1715-69)は、詩でも知られているが、とりわけ倫理的著作で有名であった。いずれの領域でも彼は「天界は永遠なる神の栄光を明示している」と主張したのである。事実これはゲラートの最も有名な詩「自然における神の栄光」の最初の一行であり、ルートヴィヒ・ファン・ベートーヴェン(1770-1827)の音楽によって不滅のものにされた。ベートーヴェンとゲラートの両者の天界とは住人のいる所であった。例えば、ベートーヴェンは次のように書いている。「夕方空を見上げ、太陽や地球と呼ばれる多くの光る天体がそれぞれの世界で永遠に動いているのを見る時、私の心は、遠く離れた何百万もの星を越えて、すべての被造物が流れ出し、新たな創造が永遠に流れ出し続けるひとつの源へと舞い上がるのです」[212]。ゲラートの多世界論は、晩年の十年間にライプツィヒで多くの学生を相手に行った『道徳講義』に明らかである。そのひとつの講義では、地球人は「太陽系の全人口の千分の一以下であり」、恒星の周りを居住者のいる惑星が回っているとすれば、宇宙には「全自然の主が創造し、認識し、そして保護する無数の生き物」がいることになると言っている。そして、これは次のような敬虔な叫びへとつながっていく。「偉大なる神よ、なんと無数の国民が、創造し維持するあなたの手を賞賛することか……」[213]。ゲラートの講義はすぐに英語に翻訳された。イエーナで神学を研究した多作な教授で伝道者のクリストフ・クリスティアン・シュトゥルム

(1740-86)による『自然界における神の御業について』(1772)もまた重要である。この書物の中でシュトゥルムは、神が「何百万もの世界や太陽」を、ただ人間が「時間を計り、季節の巡りを確かめる」ことに利用するためだけに創造したと考えられるかどうかを問うている。そして次のように答えている。

もちろん否である。それぞれの恒星は……われわれの地平線で光を放つ太陽と同じくらいまばゆい太陽であり……、それらを中心に回転するそれぞれの世界を持つと信じる十分な根拠がある。……また、これらの天体は、さまざまな種目の生物の住居として役立ち、神の力を享受し、神の壮大さを讃えていると推測することもできる。[★214]

シュトゥルムによれば、彼がこれらの「推測」を提示した目的は、それらが「心を畏敬と崇敬で満たし、広大で限りない思考領域に向けて開き、われわれ自身について抱いていた偏狭で不完全な観念を取り去り、われわれの心を和らげ改善してくれるからだ」と述べている。

一八世紀後半のドイツ思想において中心的役割を演じたのは、啓蒙運動(Aufklärung)の理想を持つ批評家で、疾風怒涛(Sturm und Drang)の理論家であり、浪漫主義運動の多くの主題を先駆的に論じたヨハン・ゴトフリート・ヘルダー(1744-1803)であった。学識と独創性を十分に備えたヘルダーは、比較文学から世界史にいたるさまざまな分野で先駆けとなった人物である。その上、天文学とそれに関連した多世界論的教義に多大な関心を持っていたことは、未発表の『天文学の基礎』から明らかである。[★215] この著作は、もともと若きヘルダーが一七六五年にリガの司教座学校で教えていた時の学生の講義ノートである。このノートに見られる天文学の知識の拠り所が、ルター派の牧師になる準備をしていた時ケーニヒスベルクで共に学んだイマヌエル・カントであるということは確かである。当時ヘルダーがカントの『一般自然史』(1755)を読んだ数少ない読者のひとりであったことを示す確固たる証拠もある。カントのこの著作がヘルダーに影響を与えているということは、「月の生物はわれわれとは全く異なる種に属する」[★216]という月に関するヘルダーの言明からわかる。またヘルダーの多世界論には輪廻とか霊魂の転生の信仰が結びついている。一七六九年の手稿で、来世に関して次のように問うている。「私の魂は何をするのか。それは宇宙にとどまり、……再び同じように肉体を形成し始める。どこで、どのように、いつ、どんな形で」[★217]。これらの疑問に対する回答は、ヴァイマールに移っていた一七八〇年代に発表された。『霊魂の輪廻について』(1785)で次のように述べている。

たぶん休息の場所、準備の地域、そして他のさまざまな世界がわれわれのために定められているのである。黄金の天の梯子を登るように、われわれは、ますます楽に活発に楽しくすべての光の源へと登っていき、神のひざである巡礼の中心地を常に捜し求めていくが決してたどり着くことはないのだ……。その間私がどこにいようと、また、どのような世界を通って導かれていくのであれ、私はいつも父なる神の御手の中にいるのである。神は私をここに連れてこられて、そして、よりかなたの遠いところへ私を呼び出される。しかし、私は結局いつも神の無限のひざの中にあるのである。[★218]

ヘルダーは霊魂の転生に関して、人間の魂が動物の姿や他の地球人の身体をとるというような考えは退けた。また、カントは太陽から離れている惑星の居住者ほどより優れた性質を持つと信じたのに対して、ヘルダーは太陽に近いほど完成度は高いという見解をとった。[★219]

ヘルダーの主著『人類史の哲学』(1784-91)は、一八世紀のヨーロッパ人を、世界史の中だけでなく宇宙の中にも位置づけようとしたものであった。この著作の第一巻で後者の仕事に着手し、地球は「それが置かれているさまざまな世界の合唱隊の中に存在すると考え」られなければならないと述べている。この宇宙的見方に関しては、カントの『一般自然史』、ランベルトの『宇宙論書簡』、そしてボーデの『やさしい星学入門』を参照するよう述べている。太陽系に関して言えば、他の惑星への旅行によって、「われわれの地球の成立」や「地球の種と別の世界の有機的存在との関係」が洞察されると述べている。そのような旅行をしなければ、他の惑星の居住者の性質を知ることはできないのである。なぜならわれわれは惑星やそれらの成り立ちや構造に関する確かな物理的知識がないからである。そしてヘルダーは次のように警告している。

キルヒャーとスヴェーデンボリがこの問題について夢想したこと、フォントネルが冗談に言ったこと、そしてホイヘンス、ランベルト、カントがそれぞれの仕方で推測したこと、こうしたことは、この分野では、われわれが何も知り得ないし、何も知るはずがないことを示す証拠である。われわれは推定値を上げることも下げることもできる。つまり完全な存在を太陽の近くにもあるいは遠く離れた場所にも設定することはできる。しかし、惑星の多様性に対するわれわれの知識には進展がないので、こうした夢想は少しずつ壊されていくだけである……。

こうした非難にもかかわらず、ヘルダーは、以下に見るように、反カント的立場をためらうことなく明示し、この立場からすればわれわれは次のように考えることができると言う。

……おそらくわれわれは惑星の組織の頂点に達した後、他の複数の星をさまようことが、将来の運命であり進歩なのであろう。あるいはもしかしてわれわれの目的地点は、最終的には、非常に数が多く多様な姉妹世界にいる完成されたすべての生物と交流することかもしれない。★220

またこうした文脈の中で、ヘルダーは、太陽に居住者がいるかもしれないとするボーデの論文を脚注で言及し、生き物はすべて諸太陽に集まっていると推測している。

ヘルダーは輪廻の一形態を後になっても著書の中で支持し続けている。こうした文脈の中でヘルダーは、動物は食物を植物に依存していると記し、このことを色彩豊かに明示している。そして例えば象は「何百万もの植物の墓」であり、「生きて作用している墓なのであって、その墓は生命を与えられて象自身となって生きているのである。低い力のものは死んで象のような生命体となっていくのである。ヘルダーはまた大いなる存在の連鎖の観念を支持し、そこに霊魂の転生の根拠を見いだしている。

自然界のすべてのものは結びついている。ある状態は別の状態のために死に、その準備をする。こうして、もし人間が最も高度な最後の鎖として地上の組織の最高位にあるならば、人間はまた最低の一員となってより高度な生物の鎖を構成するのである……。人間は死して地上の非有機的存在となることもある……。人間の前に一つの段階があるにちがいない。それは人間のすぐ近くにあり、人間が動物より上位にあるのと同じように、さらに人間の上にある段階である。

この見解に対する自信と熱狂ぶりは、その考え方が「すべての自然法則に基づいていて」、歴史における人間の位置を知る手がかりを与えてくれるというような主張によく現れている。

このような主張は、先に引用したスヴェーデンボリ、フォントネル、カントらに対するヘルダーの批評とは相入れないと思われる。そればかりか、こうした主張は、ルター派の聖職者として、『神、対談』(1787)の中で、土星に環を、地球に月を、そして金星に衛星を与えた神の根拠を自然神学の立場から具体的に挙げた人々を激しく非難しているた

めに、なおさら奇妙な感じがする。ヘルダーは次のように記している。こうしたことすべては、

> ……金星に月がないことや、われわれの月のようにダイヤモンドの環が土星の住人を照らしていることに関して言えば、諸条件が見た目とはだいぶ異なっていることがわかれば、恥ずかしくも撤回されなければならなかったことである。これらのごまかしはすべて、神の名前を乱用するものである。そして、われわれに神聖な会議室の特定の決定について知らせるのではなく、物事の状態を調べ、その中に埋め込まれている法則を書き留めるだけの慎み深い自然学者は、こうしたごまかしには気づかないのである。

H・B・ニスベットによれば、ヘルダーは晩年には、「宗教的信念から深刻な超越論的要素や超自然的な要素はもはやなくなり、宗教が実質的に彼の「人間性」の理想と一致し……」ていた。[★221] その頃、この老学者は、『アドラステア』という雑誌を編集し始めていたが、実際のところはほとんど自分で書いていた。それには天文学を含む科学関係の論文が豊富にあり、多世界論も見られる。例えば一八〇二年の「前世紀の科学、出来事、特徴」という題の論文で、ヘルダーはハーシェルとシュレーターの望遠鏡によってもたらされた進歩を賛美している。また、友人のフリードリヒ・フォン・ハーンとボーデを、太陽に関する理論の功績によって賞賛している。そして、かつて月に居住者がいたかどうか、あるいは将来その可能性があるかどうかを考えている。「それについては、反射望遠鏡がわれわれに教えてくれた。どれだけ経てば月の居住可能性がでてくるのだろうか。植物は薄い大気のもとではほとんど生長しない、……流れているエーテルはいつの日にか月に生命、繁栄、そして成長をもたらすだろう」[★222]。

一八〇三年にヘルダーが死んだ後、ボーデは『アドラステア』の最終巻のヘルダーの言葉を引用し、次のように述べている。「これが最後の詩句である。ヴァイマールの敬服すべきヘルダーは『アドラステア』第一〇巻と共に彼の文学

と地上の生命をかく結んだ」。H・W・フォン・ゲルステンベルク(1737-1803)の詩によれば、その詩句とは、

新たな地域へと連れ去られ
霊感を受けた私の目はあたりを見回し、
より高度な神性の表れを見る。
かの神性の世界、そしてこの天界、その天蓋。
塵の中にかしこまるわたしの弱い魂は
神性の奇跡が分からず、沈黙する。★223

ヘルダーの多世界論とそれに関連した輪廻の教義は、多世界論とロマン主義運動との関係に関して興味深い問題を提起している。グトケ教授によれば、ドイツのロマン主義が宇宙よりも個人を、また外面よりも内面を重視したために、多世界論はその魅力をいささか失うことになったと言う。そしてこの点に関して、フリードリヒ・シラー(1759-1803)の詩「天文学者たちへ」を引用している。

太陽や星雲についてそんなにおしゃべりをしないでくれ。
数えることで、自然が偉大だと思うのか。
あなたがたの対象は空間が持つ最も崇高なものかもしれないが、
しかしわが良き友たちよ、本当に崇高なものは空間のうちには存在しないのだ。★224

このような解釈によれば、ヘルダーの多世界論は啓蒙的合理主義の名残りとして、最晩年の著作の中にさえ生き続けていることになる。これは考えられないことではない。ところで、多世界論はその歴史において、きわめて多様な思想運動への驚くべき適応能力を示してきた。グトケはまたこの立場に立って、ヨハン・ヴォルフガング・ゲーテ(1749-1832)の作品の一節を引用している。「幸せな人間が最後に無意識に自分の存在を喜ぶというのでないとすれば、太陽と惑星と月、星と天の川、彗星と星雲、生成する世界と消滅する世界、これらすべての華やかさは何のためにあるのか」[★225]。この一節からするとゲーテは多世界論を受け入れていたのだろうか。さしあたり可能な最良の回答は、慎重に肯定しておくことである[★226]。

ゲーテと同時代のフリードリヒ・レーオポルト・シュトルベルク(1750-1819)の多世界論に関しては、問題はない。アレクサンダー・ゴーデ・フォン・エーシュは『ドイツ・ロマン主義における自然科学』の中で、シュトルベルクの「心の豊さ」(1777)をロマン主義の精神に基づくものだと論じているが、シュトルベルクは、この論考の中で次のように警告している。「感情を持たない」科学者にとって「所有する知識は宝の持ち腐れにすぎないが、感情を持つ科学者にとって知識は、純粋な喜び、高揚する感情、そして高貴な思想の源である」。シュトベルクの主張によれば、心の豊かさは喜びばかりでなく、居住者のいる惑星をも生み出すという。

暖かい心がなければ、科学はほとんど無に等しい。天界のきらめきは何千もの太陽であり、それぞれの太陽のまわりには地球が回っており、それぞれの地球には感情をもつ不死の存在が住んでいることを教える天文学が楽しいものとなるのは、暖かい心の働きがあってこそである[★227]。

ベルリンのギムナジウムで理科と数学を教えていたエルンスト・ゴットフリート・フィシャーが一七九二年に書いた

論文、「超越的天文学から」の基になった直観は、シュトルベルクの「心の豊かさ」と無関係ではなかった。この論文は、ボーデの『天文年鑑』のために書かれ、多世界論に非経験主義的、超越論的証明を与えようとしたものである。この目的のために、フィシャーはまずオランダの物理学者ヴィレム・ヤーコプ・スフラーヴェサンデ(1688-1742)の主張に異議を唱える。スフラーヴェサンデによれば、天体と地球の類似性からして、それらに居住者がいないとは言えないが、可能性があると断定することはできない。なぜなら、それらを創造した際の神の意図は無限だからである。★228 これに対してフィシャーは次のように答える。「居住可能性の唯一可能な目的は、居住者の実在であり、私はこれを認める……」。というのは、他のいかなる目的も知ることができないし、想像すらできないからである。フィシャーの立場は実はこれよりさらに複雑なものなのである。というのは、天体と地球との間に観測された類似性は事実上きわめて乏しく、主に惑星に限られているとも主張するからである。フィシャーの主張では、そのような類似性は認められるにしても、それではなぜ「ほとんどすべての自然学者たちが、すべての天体の居住可能性を主張したがる……」のかを説明できない。フィシャーによれば、そのような確信は、

……すべての人間の魂に内在する、発達したあるいは未発達のある観念に基づいているのである。すなわち、すべての存在の目的は、生物体、生命、感覚、享受、魂の完成であり……、生命のない自然は、生命のある自然のためにのみ存在し……、すべての自然においては、下等なものは高等なものに従属し、前者は後者のためにある……という観念である。自然に関するわれわれの知識すべてが……依存している「この」命題に、誰が確信をもって異議を唱えることができるだろうか。すべての自然科学的研究は、一定の対象の目的や相互関係を発見しようとする以外に、何のために存在するというのか。

このような主張の根拠として、フィシャーはしかし「われわれの知識の本性に関してカントが行った深い考察……」を参照せよと言うだけである。多世界論に対するアプリオリな証明に過剰な自信をもっていたので、多世界論は「望遠鏡の発明以前に人間の頭の中で考え出されたのだ」と主張するのである。それでも、月の生命を認めるシュレーターの観測に基づいた主張は引用している。

一八世紀後半にドイツ語で書かれた多世界論の著作に関する議論を締めくくるにあたって、世界の複数性のテーマがさまざまに用いられたことを見事に示す例を二つ挙げよう。それはジャン・パウルというペンネームを使ったヨハン・パウル・フリードリヒ・リヒター(1763-1825)が一七九六年に出版した二つの小説である。[229]『五級教師フィクスラインの生活』には、二人の恋人とその幼い子供が差し迫った死を待つという場面がある。この状況の哀感を和らげるために、ジャン・パウルは月の生命と霊魂の転生を引き合いに出している。死んでいく子供を見つめるエウゲニウスとロザムンデは、次のような言葉を交わす。

「ひどく疲れたが、それでもとても気持はいいよ。人生の嵐を越えて最初の岸べ、雲ひとつないあの月に行くというのは、あたかも二つの夢(生の夢と死の夢)から覚めるようなものではないだろうか」。

ロザムンデが答えた。「それ以上にすばらしいことでしょうよ。なぜって、月には、ほら、あなたが教えてくださったように、この地上の小さな子供たちが住んでいるのですもの。そうしてその子供たちの親たちは、自分たちも子供たちと同じくらい優しく穏やかになるまでそこにいるのですもの」。……

エウゲニウスは感激して言った。「天界から天界へと、世界から世界へな」。[230]

この光景は、一七九〇年に人生を一変させるような経験をして、死と来世の問題にとりつかれていたジャン・パウルには、強く訴えるものがあったにちがいない[★231]。

ジャン・パウルは啓蒙運動の反宗教的作家たちに広く読まれたが、一七九〇年代の初め頃には宗教に慰めを求めていた。神のいない宇宙という考えに、若きジャン・パウルは深く失望し反感を抱いたことが、一七九六年のもうひとつの小説『ズィーベンケース』の中に力強く表現されている。この小説は彼の作品の中では最も広く知られ翻訳されたものであるが、その中に「死せるキリストの講話」という題の章がある。語り手は、自分が目覚めると墓地にいて、そこでは身体のない死者たちが開いた棺の間をさまよっているという夢を語る。これらの影たちは教会に集まる。そして、どうしても棺から出ようとしない、胸をけがしている者に尋ねる。「キリストよ。神はいないのですか」。キリストは答える、「いない」。そしてさらに次のように言う。

わたしはさまざまな世界に行ってみた。太陽にも登ってみたし、銀河たちといっしょに、天の荒野も通ってみた。しかし、神はいなかった。わたしは、存在がおとす影が消えて果てるところまで下がっていき、かなたの深淵を覗き込んで、「父よ、どこにいるのですか」と、叫んでみた。しかし、答はなかった……。神の目を求めて、無限の宇宙を見あげると、見よ、それは空虚な底なしの眼窩からわたしをじっとにらんだ……。号泣せよ、そして、不協和音よ、影を絶え間ない号泣で粉砕するのだ、なぜなら、あの方はおられないのだから[★232]。

この身の毛のよだつジャン・パウルの宇宙の中では、それぞれの世界が「かすかな魂たちを死の海に」振り落とし、「この広大な遺骸堂の中ではすべての魂が……まったく孤独であり」、神はいないが、「永遠の大蛇のとぐろがすべてこうした世界を取り巻いている」。こうした宇宙の光景を創造したジャン・パウルの意図は、「この広い宇宙の中では神を否定する者ほど寂しく孤独なものはいない」ことを示すためであった。ジャン・パウルの「死せるキリストの講話」は、カーライル、ド・スタル、ドストエフスキー、ユゴー、ネルヴァル、そしてヴィニなど後の作家たちの作品にしばしば登場し、時としては全く異なるそれぞれの文学的目的のために用いられている。★233

『五級教師フィクスラインの生活』と『ズィーベンケース』の二つの場面には顕著な違いがある。前者では、多世界論は慰めの拠り所として、また宇宙を、神々しく慈悲に満ちた人生の舞台に変える手段として利用され得ることが例証されている。後者、すなわち「死せるキリストの講話」の場面では、人間の悲劇はわれわれの小さな地球に限られたことではなく、何百万もの惑星でくりかえし演じられるものであり、それらの惑星では無数の知的生物が究極的な目的意識なしに絶望のうちに生涯を終えるということが示唆されている。こうした多世界論の可能性が、理神論的著作の表面下に示唆されているのである。理神論者たちは、よそよそしい非人間的な絶対者を主張する一方で、豊富な居住者を持つ宇宙を思い描いている。「宇宙は怪物であり、天国は夢である……」★234というヴィクトール・ユゴーの言葉はジャン・パウルの考えをよく反映していると言えよう。

一七一一年から一七八〇年までの間にイタリアでは、多世界論への関心からフォントネルの『対話』の翻訳が四種類出版された。★235デラムの『宇宙神学』は翻訳されなかったらしいが、ジョヴァンニ・カドニチ(1705-86)は長文の反多世界論的著作『イギリス人、ウィリアム・デラムの体系に対する神学的・自然学的反論』(1760)の中でそれを攻撃した。クレモナの司教座大聖堂参事会員、教会史家、そしてアウグスティヌス的傾向を持つ神学者であったカドニチは、フォントネルの気楽な『対話』よりも、デラムの多世界論と宗教を結びつけようとする真摯な試みの方に心を乱された。カドニチの立場は全体的には反多世界論的であった。つまり、地球人は宇宙で唯一の理性的で肉体を持つ存在であるという立場に立っていた。[★236]例えば惑星が恒星の周りを回っていることを観測によって証明できていないなどとデラムの体系の天文学的側面を攻撃することもたまにはあるが、コペルニクス主義者ではなかったせいかもしれないが、デラムの多世界論に対するほとんどの反論は神学と哲学の方面からなされている。例を挙げると、人間は悪魔によって他の惑星に連れ去られることがあり得るかどうかを論じたり、五〇〇年前にトマス・アクィナスがただ一つの世界しか存在しないとした議論を満足げに引用したりしている。キリストの贖罪の教義もまた多世界論を反証するものとされている。「[多世界論を退ける理由として]［神が］人間の贖罪を定めたという理由よりも……よい理由があるだろうか。……神は人間の中に降下し、受肉し、肉体を持ち、生き、説教し、死んだのである。神は十字架が悪魔や死の勝利にとって代わることを欲したのだ……」。カドニチの神学的議論は、多世界論というよりもデラムの神学上の概念を攻撃したものだった。実際、デラムの強烈な自然神学的傾向には多くの弱点があった。さらに、デラムが月にも居住者がいると考えたことに対しては、このイギリス人の過激な主張に対してホイヘンスを引用している。

カドニチが批判したイギリスの多世界論関係の出版物は、デラムの『宇宙神学』だけではなかった。カドニチは、惑星の生命に関する最も集中した議論の中で、クリスティアン・ヴォルフの方法を採用して、木星人の平均身長を計算したエフィアム・チェインバーズの『百科事典』の中の「惑星」という論文を取り上げて嘲笑している。[★237]多世界論者たちがあのような極端な主張をしたからといって、時代に逆行するカドニチの保守的傾向が正当化されるわけではないが、神の子が「すべての惑星で受肉し、生き、死に、そして復活した……」という結論に至ると考えられる教義を攻撃することがなんらかの学識を持った者として正しいと思われた理由は理解できる。カドニチの著作は再版されることはなかったが、おそらくそれは、ヨーロッパの他の地域の同時代人と同様、イタリアのキリスト教徒たちも地球外生命を受け入れていたからであろう。このことは、国際的に最も高い評価を得ていたもうひとりのイタリア人司祭がほとんど同時期に多世界論に対して好意的な立場を取っていることから明白である。

この人物は、クロアチア系の父とイタリア系の母の間でドブロブニクに生まれたロジャー・ジョウジフ・ボスコヴィッチ(1711-87)であり、著名なイエズス会の科学者、哲学者、そして詩人であった。長期間にわたってイタリア国外をしばしば旅行したが、成人してからはほとんどイタリアで暮し、ローマ寄宿学校とパヴィア大学で教鞭をとり、後にミラノ近郊のブレラ天文台が建設されるにあたっては重要な役割を演じた。この天文台は、一世紀以上後にスキアパレッリが有名な火星の観測をした所である。[★238] ボスコヴィッチは最初、間接的に、そして反多世界論的な立場で多世界論論争に関ったと言える。ボスコヴィッチは、一七五三年『大気のある月について』を出版し、その中で月に大気があるかどうかを検討している。オイラーが日食の観測を用いて、二〇秒アークの屈折を生じさせるような大気が月に存在することを示した一七四八年の論文に刺激されて、ボスコヴィッチは、月に掩蔽される天体(恒星、惑星、太陽)についての可能な観測と実際の観測を組織的に検討し、オイラーの結論が間違いであると判定したのである。特に、もし月になんらかの大気があるとしても、それはオイラーが考えたものよりはるかに薄いものだと主張している。ボスコヴィッチの著書は一七七六年に第三版が出されたが、一七六四年にはすでにフランスの天文学者A・P・D・デュ・セジュール(1734-94)が、月の大気の濃さの上限は地球の一四〇〇分の一であると主張して、ボスコヴィッチを支持する日食の分析を発表している。[★239]

全体として多世界論に反対していないことは、ボスコヴィッチの主著『自然哲学理論』(1758)から明らかである。硫黄が存在しているに違いない発酵作用として火を説明する際に、ボスコヴィッチは、「太陽自体や恒星には、……そのような「硫黄のような」物質を全く欠いた身体が存在するかもしれない。そしてこうしたものは有機的構造にいかなる害もなしに成長し存続するのかもしれない」と述べている。[★240] 太陽や恒星に生命がいるという主張は注目に値するが、結局は物質が詰まった固い原子からではなく、ある距離では反発力を発揮し、また別の距離では引力を発揮するような力の中心点から成るという説に基づいてさらに推論を進めている。この仮説に拠りつつ物質の相互浸透性について推測したり、「それぞれが他から完全に独立し、他の存在を示すものを全く把握できないほど互いに分離してはいるが、同じ空間に存在する多くの物質的で知覚可能なさまざまな宇宙があるのかもしれない」とすら提案したりしている。ボスコヴィッチはこのような想像力から生まれた概念を仕上げるに際して、われわれの永遠とは違ったさまざまな時間の中に位置する多重的宇宙という考えを示唆している。

しかし、われわれの周囲のものとは異なるか、あるいは全くよく似た他の種類の物があるとすればどうだろうか。それはいわば別の無限空間を持ち、その無限空間は有限でも無限でもない距離でわれわれの無限空間から離れていて、しかも全く異質であり、いわばわれわれのこの空間とは交流のないどこか他の場所にあるのである。従って距離的関係はないことになる。同じことがわれわれの永遠全体の外側にある時間についても言えるのである。

死後すぐに出版された著作で、ボスコヴィッチは「一連の類似した宇宙」という観念さえ抱いているが、その中には他のものに比べて砂粒大のものもあるという。[★241]

現在の歴史的研究からすると、世界の複数性に関する議論が啓蒙時代のイタリアで広範になされていたとは断定できないが、カドニチとボスコヴィッチの事例に見られるその多様性は印象的である。

世界の複数性の観念は西洋では極めて広い範囲に普及していたので、一八世紀初頭にロシアに達したということは、別に驚くべきことではないかもしれない。しかし、その過程とそれがもたらした動揺は、最近ヴァレンティン・ボスが『ニュートンとロシア』で再現したように注目すべき物語である。ボスによれば、コペルニクスの『天球の回転について』とホイヘンスの『コスモテオロス』を区別しながら一世紀半の間にヨーロッパ人がおぼろげに理解し始めた革命的宇宙観は、夕べの読書をしていた幾人かのロシア人を突然襲ったのである。

ロシアを近代世界に仲間入りさせることに熱心であったピョートル大帝(1672-1725)は、さまざまなヨーロッパの書物をロシア語に翻訳することを奨励した。こうする必要があったことは、一七一七年以前にはコペルニクスの体系をロシア語で解説したものが出版されていなかったという事実からも明らかである。★242 このような状況を改善したのは、コペルニクス、ガリレオ、ケプラー、あるいはニュートンの古典的著作ではなく、ホイヘンスの『コスモテオロス』であった。これをロシア語に翻訳したのは、一六四七年にロシアにやって来たスコットランド人の子孫であるジェイコブ・ダニエル・ブルース(1670-1735)である。ピョートル大帝の友人であり相談役でもあったブルースは、科学に明るく、一六九七から八年にピョートルと共にヨーロッパを視察し、イギリスその他の専門的学識を彼に紹介した。また一七一〇年代半ばには、ホイヘンスの翻訳を完成させた。ピョートルはミハイル・ペトロヴィッチ・アヴラーモフにこれを出版するよう命じた。しかしアヴラーモフはその本を読むや否や、「悪魔的背信」の著作だと思った。★243 アヴラーモフは後に、自分のジレンマを比較的保守的だった女帝エリザベータに手紙で次のように打ち明けている。「ブルースは、神を信じず、狂乱した、無神論の心を隠して、錯乱した著者クリスティアン・ホイヘンスの著書を賞賛しました。……国民全体の教育に大変有益でためになるものであるかのように見せかけ、……また例の神をも恐れぬ甘言で君主を欺いたのです」。しかしアヴラーモフは騙されなかったという。彼の説明によれば、「……あらゆる点で神に反するこの本を私は検討しました。すると私の心は震え、魂は畏怖し、出版することに怯え、出版しないことにも怯え、耐えがたい涙にむせび、聖母マリアの前に倒れた」という。★244 アヴラーモフは大胆な決心をした。それは、その本を三〇部だけ印刷しそれを隠すことによって、ツァーの命令を無に帰するということであった。しかしその大胆な行動もほとんど効果はなかった。一七二四年に別の出版社がその本を出版したからである。★245 ロシアの読者が次に多世界論に出会ったのは、アンティオク・カンテミール公(1709-44)が翻訳したフォントネルの『対話』であった。カンテミールは一七三〇年にすでにその翻訳を完成していたが、最高教会会議の圧力によって出版は一七四〇年まで遅れた。しかしその頃にはすでにカンテミールは、ニュートン主義を支持し、フォントネルのデカルト主義は放棄していた。[★246]最高教会会議はまたヴォルテールの『ミクロメガス』の翻訳にも圧力をかけたが、成功せず、『ミクロメガス』は一七五六年から一七九三年の間に少なくとも六回ロシア語で印刷された。[★247]

外国からの書物だけがロシアで地動説を弁護したり多世界論を唱えたのではなかった。例えば、ミハイル・ヴァシリエヴィッチ・ロモノーソフ(1711-65)は、そのいずれをも擁護している。彼の学識の広さはプーシュキンがロシア最初の大学と賞賛したほどであった。ロモノーソフが多世界論に触れるきっかけとなったと考えられる人物には、若い時に三年間共に科学を学んだクリスティアン・ヴォルフや、フランス語でその著作『対話』を読んだフォントネルがいる。[★248]ロモノーソフの多世界論は、「北のオーロラを見て」(1743)に早くも公にされている。この有名な詩の中で、彼は次のように述べている。

そして科学はわれわれに教えてくれる。頭上で微笑む
それぞれの輝く星は、居住者のいる天体であるか、
遠くに光を放つ中心の太陽であるかを。
それは自然の連鎖の中のひとつの環である。そして、そこで、そこでさえ
神は輝く。愛と光の中で、
創造の知恵、すべてを命ずる力。

しかし、詩は次のような警告で終わる。

調べても無駄である。すべては暗闇、疑念である。
この地球は人間にとってはひとつの広大な神秘なのだ。
まずこの惑星の秘密を見つけ出し、
次に他の惑星、他の系を調べよ。
自然は汝には隠されている、生意気な奴よ。
汝は自然の神についていて何がわかろう。★249

しかし警告がロモノーソフの特徴を示すものではない。事実、サンクト・ペテルブルク科学アカデミーで同僚を侮辱したかどで投獄され、その間にこの詩を書いたのである。★250 また、理神論者であったロモノーソフが、唯一顎髭を生やすことが許されていたロシアの聖職者たちを風刺する詩を一七五七年に出版したのも慎重さを欠いたことであった。ロモノーソフの「顎髭への賛歌」には次のような件《くだり》がある。

すべての惑星が地球のような物体でわれわれの地球に
似ているということは本当である。
そのひとつには、長髪の聖職者や
自称預言者がいる。
彼は言った、「私の顎髭にかけて、誓う」。
「地球は全く生命のない惑星である。

すべては不毛だ」。
ある人が抗議した、「そこには人間が住んでいる」。
彼らはこの自由思想家の罪を罰するために
火あぶりの刑に処した。[★251]

これに激高した最高教会会議は、次のような勅令を発するよう女帝に依頼した。それは、疑いもなくロモノーソフに向けられたものであった。「今後何人も、世界が複数であること、神聖な信仰に反すること、あるいは高潔な道徳に背くいかなることも書いたり、印刷してはならず、それに反した場合は、重罰をもって処す」[★252]。それに対してロモノーソフは、彼自身も他の人たちも観測した一七六一年の金星の太陽面通過を論じた論文の中で応酬した。すなわち、彼の観測は金星の大気とその居住者の存在を証拠立てるものであり、また、聖バシリウスやダマスカスのヨハネのような教父の聖句からすると、聖書は世界の複数性の考え方を否定しているわけではないと主張したのである[★253]。このように、今日では最も積極的に地球外生命を探し求めているロシアで、多世界論はゆっくりと痛みを伴いながら誕生したのである。

5 結論——世紀末と新たな緊張

この節では、相互に関係した二つの問題を同時に考察しよう。第一に、科学において、そして、宗教において一八世紀末の多世界論の地位はどのようなものであったか、特にいかなる問題が大きな問題として一九世紀に持ち越されたか。第二に、「ヨーロッパの国々の中世から近代へ、超自然的・神話的・権威的思考から自然主義的・科学的・個人的思考への移行期」であった啓蒙運動の(本章冒頭に言及されたような)概念と一八世紀の多世界論論争の歩みとはどのように調和するか。★254 これらの問題に対する回答を明らかにするために、一七九〇年代にこの論争に劇的なかたちで加わったトマス・ペインについて述べてみよう。

科学界との関係で見てみると、多世界論は一六〇〇年から一八〇〇年までの間に顕著な変容を経験した。一七世紀の多くの科学者たち(ガリレオ、デカルト、ガサンディ、そして公表された著作から知られる限りのニュートン)は、多世界論を正統的科学の境界における思弁と見なした。しかし、一八世紀になると、ランベルト、ハーシェル、シュレーター、ボーデ、ラプラス、そしてラランドなど多くの国際的な天文学者たちが、多世界論に与《くみ》した。しかもその中には、多世界論が研究計画の必須要素をなしていた天文学者もいたのである。その上、科学雑誌は多世界論関係の論文を掲載し、天文学の教科書や大学の講座も正式にこのテーマを扱ったのである。要するに、多世界論は最も古い科学の担い手たちと共に異常な発展を遂げたのである。

しかし、一八世紀の多世界論を現在の視点から検討すると、推測的要素が大きかったことは明白である。精細な天文学よりも大ざっぱな類推が、自然学よりも自然神学が、そして望遠鏡よりも目的論が巨大な建物を建てるために用いられた。一九世紀の科学者からするとその土台は全く脆いものであった。一八世紀には、確かに、透明な天球を持つ中世の宇宙、天使のような惑星の原動者、それに関連する形而上学的・神話的諸要素が疑わしいものとされたのであるが、多くの啓蒙運動家が擁護した宇宙も同様の連想から自由ではなかったということを忘れてはならない。カール・ベカーが、『一八世紀の哲学者における天の国』の中で、啓蒙主義の「フィロゾーフたちは聖アウグスティヌスの神の国を粉砕したが、結局はもっと新しい素材を使ってそれを再建したにすぎなかったのである」★255と主張した時、彼は多世界論について論じてはいないが、ライト、カント、ランベルト、ハーシェル、そしてボーデなどの著述家の中に、啓蒙主義の天文学もやはり天国を求めたという証拠を見いだしたと思われる。透明な天球は消え去ったが、ハリーが言う居住者のいる地下の天球や、ハーシェルが言う太陽の冷たい核が登場したし、天使の位階に関する論争は放棄されたかもしれないが、太陽系の超人は外惑星、内惑星、あるいは太陽自体に住んでいるかどうかについて多くの著述家が論争した。さらに、別の世界の問題について十分科学的に検討したものもいたが、大多数のものは、明らかにあるいは暗黙のうちに、宗教的・(あるいは)形而上学的な考え方に訴えたのである。こうしたことからすると、確かに、「超自然的・神話的」思考方法から「自然主義的・科学的」思考方法への移行ということは、啓蒙主義の多くの多世界論者のもくろみについては当てはまるものの、実践に関してはそうではなかったと言えよう。

宗教作家と多世界論との関係に話を進めると、似たような状況が見られる。一七九〇年頃にはたいていの者が、かつての緊張関係はほとんどなくなったと感じていた。かつてヤングは「不信心な天文学者は気違いである」と宣言し、多くの者はそれに同意した。自然神学者たちは、地球外生命を神の全能と善意の証と見なしたのに対して、詩人や伝道者たちは、自分たちの書物を飾る観念やイメージを求めて新たな宇宙を捜していた。多くの著述家たちは、信仰心の篤い人々に、多世界論を恐れるのではなく、神の力と寛大さの証と見なすべきであると忠告した。「宗教の合理性」を確立したいとする希望はかなえられて、大胆な新説と宗教が調和するところまで進んだように見えた。

しかしながら、科学の場合と同じことが宗教についても生じた。つまり重大な困難が表面下に潜んでいたのである。キリスト教徒によってであろうと理神論者によってであろうと、自然神学的な試みが成功したというまさにそのことによって、受肉した救い主という観念が軽視され、「自然の神」が強調されるようになったのである。一般的な一神論とキリスト教の一神論とを区別することが重要であることが、最近フランスの学者ジャン・ミレの『神かキリストか』によって力説された。ミレは、「キリスト教に独特な宗教的両極性」[★256]について述べているが、この両極性が特に明白に見られたのは、「名が口にされることもなく、生きている限り顔が見られるということもない……」神を崇拝した一世紀のユダヤ人が、この同じ神が「ベツレヘムでがんぜない子供の姿で現れ、……ユダヤとガリラヤの道を苦労して進み、……〔そして〕、全くありそうもないことだが、ゴルゴタで殺された見苦しい姿の男の中に認められねばならない」のだと信じるよう要求された時だったという。またミレによれば、「そのような大きな精神的努力は前代未聞の要求であった……」。ミレの言うこの両極性によってはっきりと示されるように、自然神学的証明は、神聖な救い主としてのキリストというキリスト教の概念を証拠立てるものではなかったのである。昆虫の構造や太陽系の構造は神の存在を証明するかもしれないが、救世主については何も語りはしないのである。その上、多世界論的自然神学は、キリスト教徒の主張の過激さをますます明確に浮き彫りにしたのである。なぜすべての世界を創造した神は、自らの最も注目すべき活動のために一つの取るに足らない惑星を選んだのであろうか。要するに、多世界論は一七九〇年代までには一神教との友好関係に至っており、キリスト教との緊張関係はまだそれほど切迫したものではなかったのである。一七九〇年代になると、多世界論に基づいてキリスト教批判が精力的になされるようになり、センセーションをよぶ。

そのような攻撃をした人物こそ、シオドア・ロウズベルトによって「不浄の小無神論者」と呼ばれた、トマス・ペイン(1737-1809)であった。しかし、ラルフ・C・ロウパーは一九四四年の論文で、ロウズベルトの主張に反論し、ペインの著書から多くを引用して、ペインが実際には無神論に反対する運動を展開したことを証明した。さらにロウパーは、共にジェイムズ・ファーガスンの影響を受けたペインとハーシェルの人生における類似性を指摘することによって、ペインの宗教思想の中心に天文学があることを明らかにした。例えばペインは、科学のすべての原理は神に由来するものだから天文学や他の諸科学は「それらの創始者である神との関係において」教えられるべきなのに、人間が成し遂げたこととして教えられていることを嘆いている。[★257] ペインの思想に天文学の影響があることは、とりわけ、一七九三年に書かれた『理性の時代』の第一部に明らかに見られる。この書物は、彼が『人間の権利』の中で擁護したフランスの革命家たちによって一〇か月間投獄される直前に書かれたものである。[★258] フランスの多くの革命家たちの過激な反宗教的態度に直面したペインは、一神教を救うために書いた『理性の時代』の中で、若い頃に受けた教育について次のように語っている。「私の生まれつきの嗜好は科学に向いていた。……私はできるだけ早く一組の地球儀を買い、マーティンとファーガスンの哲学講義に出席した。その後、優れた天文学者……ベーヴィス博士と知り合いになった」。ペインは天文学を学んだだけでなく、それを自分の思想の中に取り入れた。「私は、地球儀と太陽系儀の使い方を習得し、宇宙が無限であると考えた後、……それらによって与えられる内在的証拠をキリスト教の信仰体系と対比し……始めた」[★259]。

ペインの『理性の時代』の中で展開されたこのような対比は、結果的に、一神教ではなくキリスト教に対するかつてなかったほどの激しい攻撃のひとつとなった。結局、『理性の時代』は理神論の古典的著作のひとつである。マージョリ・ニコルスンは一九三六年の論文で、「われわれの世代が前世代と同じくたびたび見失ったもの、すなわちペインの「理神論」の真の基盤と神学的信念の主要な源」を探り出した[★260]。彼女は多くの証拠に基づいて、「『理性の時代』の第一部によって……複数(無数だと考える者さえいた)の世界のひとつとしてわれわれの世界は存在するのかという論争が……不可避的に徐々に広がっていった……」という[★261]。ペインの次の文章は彼女の見解を裏づけている。

われわれが住んでいるこの世界だけが居住可能な被造物だという主張は、キリスト教の体系の中で直接述べられていることではないが、しかし、いわゆるモーセ五書の創造の説明、イヴとりんごの物語、そして、神の子の死などから作り上げられたものである。それとは別に神は少なくともわれわれが星と呼ぶものと同じだけ多くの世界を創造したと信じることは、キリスト教の信仰体系が取るに足りないものであると同時にばかげたものでもあるということになり、空中の羽根のようにキリスト教の信仰体系を心の中から消散させてしまうのである。これらの二つの信念はひとつの心の中では両立できないのであり、両方を信じていると思っている者は、どちらについてもほとんど全く何も考えていないのである。

ペインは、それ以前の三世紀の天文学研究の成果について自分なりの見解を述べている。天文学は「恒星がそれぞれ太陽であり、その周りを別の世界系や惑星系が……回転し……宇宙のいかなる部分も無駄に存在しているわけではないという……可能性を」明らかにした。また、このような考え方は、一神教を擁護するが、キリスト教の神の概念は根本的に変えてしまうという。

何百万もの世界を等しく保護しているような全能の神が、一人の男と一人の女がりんごを食べたからと言って、他のすべての世界に対する加護を止めてわれわれの世界に死ぬために来るというような類のない奇妙な観念はいったいどこから生まれたのか。あるいは、無限に創造されたすべての世界に、イヴ、りんご、蛇、そして救い主がいると考えるべきなのだろうか。この場合には、不敬にも神の子とか、時として神自身と呼ばれる人物が、はてしなく死を繰り返しながらほとんど瞬間的な生命を生きて、世界から世界へと旅をするほかなくなるだろう。

要するに、「天界が人間に与えるいずれの証拠も、……キリスト教の信仰体系に直接矛盾するか、……あるいはそれを不条理なものにしてしまう」。ペインは、キリスト教を捨てるか、多世界論を捨てるかいずれかであるという厳しい選択を提示する。彼自身が勧めるところは明らかであって、キリスト教を捨てることであった。『理性の時代』では、他のところでもキリスト教に対するさまざまの攻撃がなされているが、中核をなすものは上に述べた部分である。

ペインの『理性の時代』は大きなセンセーションを巻き起こした。政府が出版禁止にしようとしたにもかかわらず、数年もたたないうちにイギリスとアイルランドで六万部以上も読まれた。フランス語訳は一七九四年になされ、一七九五年までにはアメリカで七回版を重ねるほどであった。[★262] ペインの人形を作って縛り首にした者もいれば、著作で応酬したものもいた。『英国博物館目録』には、そのような著作が五〇冊以上も載っている。[★263] そのうち、例えばアザル・オグデン師の『理神論の解毒剤』(ニューアーク、1795)は、キリスト教に異議を唱えるペインの多世界論を扱っているが、ペインの広範な攻撃に応じて応酬も広範になされている。[★264] ペインの多世界論的議論の影響は、後の章で見るように、一九世紀にまで及んだのであった。

キリスト教に異議を唱えるペインの地球外生命についての見解は、なぜこれほど大きなインパクトを持っていたのであろうか。ひとつの理由は、ペインの次の言葉から知ることができる。「疑いなく、[これらの異議は]ほとんどすべての人がある程度は今までに抱いたことがあったと思う……」。ペインのこのような推測は、ペイン以前にもジョン・アダムズなどがこうした異議に苦しめられたという事実によっても裏づけられる。オーフォードの四代目の領主ホリス・ウォールポウル(1717-98)に、さらにいっそう明白な証拠が見られる。ウォールポウルは、回想録の中で、「第一に私は、世界の複数性に関するフォントネルの『対話』によって、無信仰者になった。キリスト教と世界の複数性ということは、私の考えでは結びつかない」[★265]と告白している。ウォールポウル、ペイン、そしておそらくアダムズは、多世界論のためにキリスト教を否認したのだが、多世界論に異議を唱えたものもいた。後者は少数派であって、多世界論が明らかに勝利を得たのである。キリスト教徒たちは自分たちの宗教と多世界論を調停しなければならないという仕事に直面させられたのであった。

原注

まえがき

★1　基本的に天文学者は誰でも、地球以外の太陽系に生命が存在することを否定する有力な証拠があり、最も近い恒星でさえ膨大な距離にあるのだから、仮になんらかの接触があるとすれば、それはおそらく宇宙から送られてくる信号によるものだろうと確信している。そしてそのような接触によって、おそらくわれわれが「未開人」barbariansであることが証明されるだろう。なぜなら、われわれの無線伝達の歴史は一〇〇年にも満たないのだから、このような能力を持つ宇宙の諸文明の中では、われわれの文明は最も新しいものに違いないからである。従って、われわれより早く無線伝達を発展させたほとんどの文明は、現在のわれわれの技術よりもさらに高い水準に到達しているはずである。つまり、話せるようになったばかりの子供は、ほとんどすべての話相手が自分より進んでいるのが分かるということと同じである。

★2　これら一〇名の著者の多くは、この話題について複数の研究を発表しているが、ここでは筆者が最も参考にした出版物を一人につき一冊ずつ挙げておくことにする。

❶Ralph V.Chamberlin," Life in Other Worlds : A Study in the History of Opinion," *University of Utha Bulletin*, 22 (1932), pp.1-52.; ❷Steven J.Dick, *Plurality of Worlds : The Origins of the Extraterrestrial Life Debate from Democritus to Kant* (Cambridge, England, 1982); ❸Sylvia L.Engdahl, *Planet-Girded Suns* (New York, 1974); ❹Camille Flammarion, *La pluralité des mondes habités*, 33rd ed.(Paris, ca.1885); ❺Karl S.Guthke, *Der Mythos der Neuzeit : Das Thema der Mehrheit der Welten in der Literature-und Geistesgeschichte von der kopernikanischen Wende bis zur Science Fiction* (Bern, 1983); ❻William G.Hoyt, *Lowell and Mars* (Tucson, 1976); ❼Stanly L.Jaki, *Planets and Planetarians : A History of Theories of the Origin of Planetary Systems* (Edinburgh, 1978); ❽Arthur O.Lovejoy, *The Great Chain of Being : A Study of the History of an Idea* (New York, 1960, 1936年版の復刻).『存在の大いなる連鎖』内藤健二訳、晶文社、一九七五; ❾Grant McColley, "The Seventeenth Century Doctrine of a Plurality of World," *Annals of Science*, I (1936), pp.385-430; ❿Marjorie Nicolson, *Voyages to the Moon* (New York, 1960, 1948年版の復刻).『月世界への旅』高山宏訳、国書刊行会、一九八六。

以上は、この分野への入門にも役立つだろう。グトケの著作は、筆者の原稿が完全にできあがった後に入手したものなので、初版では彼の豊かな研究を活用することはできなかった。

第1章

★1　Steven J. Dick, *Plurality of Worlds : The Origins of the Extraterrestrial Life Debate from Democritus to Kant* (Cambridge, England, 1982). 以下の出版物も有益である。

❶Ralph V.Chamberlin, "Life in Other Worlds : A Study in the History of Opinion," *University of Utha Bulletin*, 22 (1932),pp.1-52.; ❷Pierre Duhem, "La pluralité des mondes," *Le système du monde*, vol.IX (Paris, 1958), pp.363-430. また Duhem, *Système*, vol.X (Paris, 1959), pp.94-5, 111, 116-17, 145-6, 319-24, 437-9 および Duhem, *Études sur Léonard de Vinci*, vol.II (Paris, 1904), pp.57-96, 408-32 も参照; ❸Camille Flammarion, *Les mondes imaginaires et les mondes rèels*, 20th ed. (Paris,

1882); ❹Camille Flammarion, *La pluralité des mondes habités*, 33rd ed.(Paris, ca.1885); ❺Karl S. Guthke, *Der Mythos der Neuzeit : Das Thema der Mehrheit der Welten in der Literatur-und Geistesgeschichte von der kopernikanischen Wende bis zur Science Fiction* (Bern, 1983); ❻Stanley L.Jaki, *Planets and Planetarians : A History of Theories of the Origin of Planetary System* (Edinburgh, 1978); ❼Arthur Lovejoy, *The Great Chain of Being : A Study of the History of an Idea*(New York, 1960, 1936年版の復刻)、特に4章参照; ❽Grant McColley, "The Seventeenth Century Doctrine of a Plurality of Worlds," *Annals of Science*, I (1936), pp.385-430; ❾Charles Mugler, *Deux thèmes de la cosmologie grecque : devenir cyclique et pluralité des mondes* (Paris, 1953); ❿Milton Munitz, "One Universe or Many?" *Roots of Scientific Thought*, ed.Aaron Noland and Philip P.Wiener (New York, 1957),pp.593-617; ⓫Paolo Rossi, "Nobility of Man and Plurality of Worlds," *Science, Medicine and Society in the Renaissance*, ed. Allen Debus, vol.II (New York, 1972), pp.131-62; ⓬Frank J.Tipler, "A Brief History of the Extraterrestrial Intelligence Concept," *Royal Astronomical Society Quarterly Journal*, 22 (1981), pp.133-45.

★2　Epicurus, "Letter to Herodotus," trans. C.Bailey, *The Stoic and Epicurean Philosophers*, ed. Whitney J.Oates (New York, 1957), pp.3-15 : 5.『エピクロス　教義と手紙』出隆・岩崎允胤訳、岩波文庫、一九五九、一五頁。

★3　Epicurus, "Herodotus," p.12.

★4　この一般化には少なくともひとつの条件が必要かもしれない。グラント・マコリはその"Plurality," p.388で、エウセビオスの次の言葉を引用している。「ヘラクレイトスとピュタゴラス学派は、すべての星が、無限のエーテルの中にあるひとつの世界であり、そして空気、地球、エーテルを取り巻いていると考えている。こうした考え方は、オルフェウス教徒に流布していた考え方である。というのは、彼らは、それぞれの星が一つの世界を成していると考えているからである」。

★5　F.M.Cornford, "Innumerable Worlds in Presocratic Philosophy," *Classical Quarterly*, 28 (1934), pp.1-16 : 13のシンプリキウスから引用。

★6　Lovejoy, *Chain*, p.52.

★7　Lucretius, *The Nature of the Universe*, trans.R.E.Latham (Baltimore, 1951), p.91.　強調はラサム。藤沢令夫他訳『事物の本性について』第二巻、一〇五二-六三頁参照。

★8　Lucretius, *Nature*, p.92. 強調はラサム。同上、一〇九一-二頁参照。

★9　G.S.KirkとJ.E.Ravenは*Presocratic Philosophers* (Cambridge, England, 1964), p.412で、レウキッポスとデモクリトスが「間違いなく、無数の世界という変わった概念を創始したと思われる最初の人物である……」と述べている。

★10　プラトン『ティマイオス』31aと33a。種山恭子訳『ティマイオス』参照。

★11　アリストテレスについては『天体論』第一巻第八・九章、『形而上学』第一二巻八章参照。*Plurality*, pp.14-19に見られるディックの議論は特に徹底したものである。

★12　McColley, "Plurality," pp.386-7にあるPseudo-Plutarch, *Placita*より引用。

★13　ルキアノスについては、Roger Lancelyn Green, *Into Other Worlds : Space Flight in Fiction from Lucian to Lewis* (New York, 1975) とMarjorie Hope Nicolson, *Voyages to the Moon* (New York, 1960) 参照。

★14　エピクロス哲学の多世界論を退けるキケロについては、彼の*De natura deorum*と*Academica*, trans.H.Rackham (London, 1933), pp.629-30参照。月の生命に関する彼の見解は、p.625参照。「スキピオの夢」では、連続する諸世界を受け入れている。別の諸世界に関する、キケロとストア派哲学の議論については、Stanley L.Jaki, *Science and Creation* (New York, 1974), pp.114ff

参照。

★15 McColley, "Plurality," p.393参照。多世界論とキリスト教の影響関係を扱った徹底した研究は、キリスト教の歴史における最初の一千年間にはなかった。この分野の研究には、McColley, "Plurality"が有益な手がかりとなろう。

★16 Saint Augustine, *The City of God*, trans. Marcus Dods (New York, 1950), bk.XI, ch.5.また bk.XII, chs.11-15, 19, bk.XIII, ch.16も参照。泉治典訳『神の国』参照。

★17 Dick, *Plurality*, p.23の訳より引用。

★18 Dick, *Plurality*, p.28より引用。一三世紀の展開に関するディックの分析は、デュエムの分析に似ているが、本書で綿密に検討していく。

★19 詳細なオッカム研究は、Mary Anne Pernoud, "Tradition and Innovation in Ockham's Theory of the Possibility of Other Worlds," *Antonianum*, 48 (1973), pp.209-33参照。

★20 Dick, *Plurality*, pp.35-6.

★21 Nicole Oresme, *Le livre du ciel et du monde*, trans.Albert D.Menut (Madison, 1968), pp.177, 179.

★22 Dick, *Plurality*, p.43とDuhem, *Système*, vol.X, p.324参照。

★23 Thomas Aquinas, *Summa Theologica*, Part I, Q.47, Art.3.

★24 Nicolas Cusanus, *Of Learned Ignorance*, trans. Germain Heron (London, 1954) pp.114-5.

★25 Duhem, *Système*, vol.X, p.324.

★26 Grant McColley and H.W.Miller, "Saint Bonaventure, Francis Mayron, William Vorilong, and the Doctorine of a Plurality of Worlds," *Speculum*, 12 (1939), pp.386-9 : 388の訳より引用。脚注 (p.387) で著者たちは、自分たちが知る限りでは、ヴォリロンがこの話題を明確に取り上げた最初の人物だと述べている。しかし続けて「先行する者たちがいたことも確かである」と述べている。

★27 Lovejoy, *Chain*, pp.99, 111.

★28 Lovejoy, *Chain*, pp.116-7, 124-5, 130.

★29 Dick, *Plurality*, p.3. ディックは、一五〇〇年から一七五〇年までの多世界論の唯一の根拠が天文学にあったという極端なことを考えているわけではない。彼はラヴジョイの立場の長所を十分に知っていた。しかしディックは自分の著作や、初期の分析、すなわち"The Origins of the Extraterrestrial Life Debate and Its Relation to the Scientific Revolution," *Journal of the History of Ideas*, 41 (1980), pp.3-27で、多世界論と哲学のつながりを強調したラヴジョイを少なくとも暗に批判しているのである。

★30 例えば、Frank J.Tiplerは、「充満の原理が二〇世紀の地球外知的生命の議論の中では平凡な原理になった」と言っている。Tipler, "History," p.133参照。また地球外生命論争に関する最近の三つの著作に対する筆者の書評*Physics Today*, 35 (January 1982), pp.71-3参照。

★31 不思議なことにラヴジョイ (*Chain*, p.121) は、ブラーエ、ガリレオ、ケプラーがいずれもすべて太陽系にくまなく生命が存在することを認めたと誤って主張し、観測よりも充満性を優先して考えるという彼自身の論拠を脆弱なものにしている。以下において筆者は、ブラーエが多世界論を退けたこと、そしてガリレオの多世界論を示すとされた証拠がどう見ても決定的なものではなく、ガリレオが「ブルーノの考えに傾いていた」というラヴジョイの主張を正当化するものでもないことを示そうと思う。またケプラーの多世界論は極めて狭いもので、地球を宇宙の中で最も重要な惑星だと考えていたのである。

★32 ブルーノに関する多くの資料のうち特に、Frances A.Yates, *Giordano Bruno and the Hermetic Tradition* (New York, 1964)、同じく彼女の"Bruno," *Dictionary of Scientific Biography*, そしてPaul-Henri Michel, *The Cosmology of Giordano Bruno*, trans. R.E.W.Maddison (Ithaca, 1973) 参照。

★33 *Kepler's Conversation with Galileo's Sidereal Messenger*, trans.Edward Rosen (New York, 1965), pp.36-7.

★34 *Kepler's Conversation*, p.42. ケプラーは同じ頁で土星人にも言及している。金星と火星に月があるかどうかは考察しているが (p.47)、水星、金星、そして火星における生命には触れていない。

★35 Dick, *Plurality*, pp.73-4, 77, 204-5.

★36 Dick, *Plurality*, pp.70-2.

★37 *Kepler's Conversation*, p.45.

★38 Johannes Kepler, *Epitome of Copernican Astronomy*, bks.IV and V, trans.Charles Glenn Wallis, *Great Books of the Western World*, vol.XVI (Chicago, 1952), p.873. 一般にケプラーの議論についてはpp.854-87参照。ケプラーは、太陽が他のどんな星よりもはるかに大きいことをかなり長く論じている (p.886)。

★39 Alexander Koyré, *From the Closed World to the Infinite Universe* (New York, 1958), p.99.『閉じた世界から無限宇宙へ』横山雅彦訳、みすず書房、一九七三。

★40 Galileo, "Letter on Sunspots," *Discoveries and Opinions of Galileo*, trans. Stillman Drake (Garden City, New York, 1957), p.137.他の引用箇所については、*Galileo's Early Notebooks : The Physical Questions*, trans.William A. Wallace (Notre Dame, Ind., 1977), p.44; Galileo, *Dialogue Concerning the Two Chief World Systems— Ptolemaic and Copernican*, trans.Stillman Drake (Berkeley, 1953), pp.61, 99-100; J.J.Fahie, *Galileo : His Life and Work* (London, 1903), pp.134-6に引用されているPrince Cesi (1/25/1613) とGiacomo Muti (2/28/1616) へのガリレオの手紙参照。

★41 Dick, *Plurality*, p89の訳より引用。

★42 Lambert Daneau, *Physica Christiana* (1576). 英語版は *The Wonderfull Workmanship of the World* (London, 1578) である。第一一章参照。

★43 Guthke, *Mythos*, pp.65-6.

★44 Yates, *Bruno*, ch.XX.

★45 Tommaso Campanella, "The Defence of Galileo," rans. Grant McColley, *Smith College Studies in History*, 22, nos. 3 and 4 (1937), pp.66-7.『ガリレオの弁明』澤井繁男訳、工作舎、一九九一。

★46 Marjorie Hope Nicolson, *Science and Imagination* (Ithaca, 1956), p.25.

★47 John Wilkins, *Mathematical and Philosophical Works*, vol.I (London, 1970, 1802年版の復刻) の*Discovery of a New World in the Moone*. 最後の引用は1638年の初版にはなかった。

★48 続く議論に関しては、Jaki, *Planets*, pp.55-6とDick, *Plurality*の特にp.105とを比較せよ。

★49 Marjorie Hope Nicolson, "English Almanacs and the 'New Astronomy,'" *Annals of Science*, 4(1939), pp.1-33 : 18.

★50 Wilkins, *Works*, I, p.190. この点についてはLovejoy, *Chain*, pp.101-2参照。

★51 サウスの冗談やニューカースルのからかいなどについては、Barbara Shapiro, *John Wilkins* (Berkeley, 1969), pp.262, 264参照。Butlerの詩については、Grant McColley (ed.), *Literature and Science* (Chicago, 1940), pp.86-91参照。

★52 バートンを反多世界論者とみなす研究者には、Dick, *Plurality*, pp.85-6やCarl Sagan, *Cosmos* (New York, 1980), p.146がいる。『コスモス』上下、木村繁訳、朝日新聞社、一九八〇。Sagan教授は*Anatomy of Melancholy*から引用しているが、その引用部分はRobert BurtonではなくRobert Mertonのものだとしている。多世界論者としてのBurtonについては、Richard G.Barlow, "Infinite Worlds : Robert Burton's Cosmic Voyage,"

Journal of the History of Ideas, 34(1973), pp.291-301とRobert M.Browne, "Robert Burton and the New Cosmology," *Modern Language Quarterly*, 13 (1952), pp.131-48参照。

★53　Dick, *Plurality*, pp.93-5.

★54　Lovejoy, *Chain*, p.126.

★55　*Pascal's Pansée*, intro. T.S.Eliot (New York, 1958). #206, 207参照。

★56　Brunschveicg版の#206と207はLahuma版では#201と42となっている。Pascal, *Oeuvres complètes*, ed.Louis Lafuma (Paris, 1963) 参照。パスカルが述べているように (Brunschveicg #23, Lafume #784)、「違った意味に並べれば違った効果を生む」『世界の名著24』前田陽一・由木康訳、中央公論社、一九九六、一五六頁。

★57　Lovejoy, *Chain*, p.129.

★58　Brunschveicg版の配列では#72, 194, 266, 348, 692, 792, Lafuma版では#199, 427, 782, 113, 269, 499参照。

★59　Dick, *Plurality*, p.111.

★60　*Oeuvres des Descartes*, ed.Charles Adams and Paul Tannery, vol.V (Paris, 1903), pp.54-5.

★61　Lovejoy, *Chain*, pp.124-5とDick, *Plurality*, ch.5参照。

★62　詳細な議論はDick, *Plurality*, pp.112ff参照。

★63　Henry More, *Democritus Platonissans*の前書き。これはAugustan Reprint Societyによる復刻版でP.E.Stanwoodの序論つき(Los Angeles, 1968)。モアの思想については、M.H.Nicolson, *Mountain Gloom and Mountain Glory* (New York, 1963) の中のスタンウッドの序文と議論、および彼女の*Breaking of the Circle*, rev.ed. (New York, 1962) 参照。

★64　Henry More, *Divine Dialogues*, vol.I (London, 1668), pp.523-36.

★65　Ralph Cudworth, *True Intellectual System of the Universe* (London, 1678), pp.675, 882-3参照。

★66　Flammarion, *Pluralité*, p.341の訳より引用。彼の関心事とGabriel Naudéのそれとを比較せよ。後者は一六四〇年の手紙で天文学者Boulliauに次のように述べている。「古い神学上の異端は、最近の天文学者たちが彼らの諸世界、あるいはむしろ月界の地球や天界の地球というかたちで導入しようとしている新たな異端に比べれば何でもないと思います。というのは、この後者の異端の影響はそれまでのものよりはずっと危険であり、経験したこともない革命をもたらすだろうからです」。Rossi, "Plurality," p.131より引用。この時期のフランスのカトリック教徒たちの反多世界論的見解を示すさらなる証拠は、Henri Busson, *La pensée religieuse Française de Charon à Pascal* (Paris, 1933), ch.VI参照。

★67　ガサンディの分析に関する詳細な議論は、Dick, *Plurality*, pp.53-60参照。

★68　Walter Charleton, *Physiologia Epicuro-Gassendo-Charltoniana* (London, 1654) 参照。背景については、Robert Hugh Kargon, *Atomism in England from Hariot to Newton* (Oxford, 1966) 参照。

★69　P.Chabbert, "Pierre Borel," *Revue d'histoire des sciences*, 21 (1968), pp.303-43 : 336. Chabbertは同様の評価がボレルのほとんどの著作に当てはまると指摘している。

★70　ボレルについては、Rossi, "Plurality," pp.146-50, Dick, *Plurality*, pp.117-20; Marie-Rose Carré, "A Man between Two Worlds : Pierre Borel and his *Discours nouveau prouvant la pluralité des mondes* of 165," *Isis*, 65 (1974), pp.322-35参照。

★71　フォントネルの*Entretiens sur la pluralité des mondes* (Paris, 1966.『世界の複数性についての対話』赤木昭三訳、工作舎、一九九二) の校訂版にあるAlexandre Calameの序文 (pp.vii-viii) にその予告が見られる。

★72　この点は、フォントネルの優れた概観を含む、Edward John Kearns, *Ideas in Seventeenth-Century France* (New York, 1979), pp.161-76 : 165で

扱われている。

★73　Calameの序文、pp.xxxix-lx. カラムが示唆するところによれば、教会の権威者たちを狼狽させたものは、何よりもその本の機械論的方法にあった。ソルボンヌの神学者たちについては、Dick, *Plurality*, pp.213-14, 脚注50 参照。

★74　カラムの校訂版や、それ以前のRobert Shackletonの校訂版（Oxford, 1955）は、詳細ではあるが、五つの翻訳しか言及していない。Dick (*Plurality*, pp.136-7) は六番目の翻訳を挙げている。また七番目の翻訳はRichard A.Proctorによって、一八八四年と一八八五年に雑誌*Knowledge*に発表された。

★75　George R.Havens, *The Age of Ideas* (New York, 1965), p.73。

★76　一七世紀の散文の趣を保つために、これらはJohn Glanvillによる Fontenelle, *A Plurality of Worlds*の一六八八年の訳より引用した。Leonard M. Marsak (ed.), *The Achievement of Bernard le Bovier de Fontenelle* (New York, 1970), pp.96, 121のファクシミリ復刻版による。[*クロウはここで誤解をしている。フォントネルの著作のこの引用箇所は木星の住人ではなく、土星の住人についての説明だからである]。

★77　Fontenelle, *Plurality* (Glanvill), pp.122, 14.

★78　これは研究者の間の一致した見解である。例えば、*Dictionary of Scientific Biography*のSuzanne Delormeによるフォントネルの項目、またShackletonの校訂版の序文（pp.11-20）参照。Calame (pp.xxi-xxvii) は見解を保留している。

★79　Calame, *Pluralité*, p.103.

★80　フォントネルのデカルト主義が不十分であるという簡潔な分析については、Kearns, *Ideas*, pp.167-8参照。

★81　Fontenelle, *Entretiens* (Calame ed.), p.161.

★82　Alexander von Humboldt, *Cosmos*, trans.E.C.Otté, vol.III (London, 1851), p.22.

★83　フォントネルの最初と四番目の議論については、Christiaan Huygens, *The Celestial Worlds Discover'd : or, Conjectures Concerning the Inhabitants, Plants and Productions of the Worlds in the Planets* (London, 1968,1698年版のファクシミリ復刻版）のpp.17-19, また二番目はp.21, 三番目はpp.10, 22, 四番目はp.18 参照。

★84　この点は、David Knightが"Celestial Worlds Discover'd," *Durham University Journal*, 58 (1965), pp.23-9で展開している。

★85　ホイヘンスが*Cosmotheoros*以前に書いた手稿や、その準備のための手稿については、*Oeuvres compleètes de Christiaan Huygens*, vol.XXI (The Hague, 1944), pp.345-71, 529-68参照。

★86　これについては、*Dictionary of National Biography*のPlumeの項目とJ.Edleston, *Correspondence of Sir Isaac Newton and Professor Cotes* (London, 1969,1850年版の復刻), pp.lxxiv-lxxv参照。

★87　R.C.Hebb, *Bentley* (New York, not dated), p.20.

★88　*Four Letters from Sir Isaac Newton to Doctor Bentley...* (London, 1756), ファクシミリ版 *Isaac Newton's Papers and Letters on Natural Philosophy*, ed.I.Bernard Cohen (Cambridge, Mass., 1958), p.302.

★89　*Letters...to...Bentley*, p.282.

★90　*Newton's Papers and Letters*, p.326にあるRichard Bentley, *A Confutation of Atheism from the Origin and Frame of the World* (London, 1693).

★91　*Newton's Papers and Letters*, p.356.

★92　*Newton's Papers and Letters*, p.356.

★93　*Newton's Papers and Letters*, pp.357-8.

★94　*Newton's Papers and Letters*, p.358.

★95　*Newton's Papers and Letters*, p.359.

★96　*Newton's Papers and Letters*, p.368.

★97 Isacc Newton, *Opticks*, Albert Einstein序文、Sir Edmund Whittaker序論、I. Bernard Cohen前書き (New York, 1952) p.400.『光学』島尾永康訳、岩波文庫、一九八三、三五二頁参照。

★98 Newton, *Opticks*, pp.403-4.同上、三五五頁参照。

★99 Richard S. Westfall, *Never at Rest : A Biography of Isaac Newton* (Cambridge, England, 1980), pp.648-9, 699.『アイザック・ニュートン』I・II、田中一郎・大谷隆昶訳、平凡社、一九九三。

★100 Isaac Newton, *Mathematical Principles of Natural Philosophy and His System of the World*, Andrew Motte訳、Florian Cajori改訂 (Berkeley, 1947), p.544.

★101 これらの点はウェストフォール教授が筆者への私信で指摘された。教授によれば、原典はケンブリッジのキングズ・カレッジに保存されている。

★102 David Brewster, *Memoirs of Life, Writings, and Discoveries of Sir Isaac Newton*, Vol.II (Edinburgh, 1855), p.354.

★103 これもウェストフォール教授から教えられた。

★104 I.Bernard Cohen教授から教えて頂いたカンディトの記録は、Edmund Turnor, *Collections for the History of the Town and Soke of Grantham Containing Authentic Memoirs of Sir Isaac Newton* (London, 1806) pp.172-3にある。カンディトの会話の特徴に関する興味深い議論については、David Kubrin, "Newton and the Cyclical Cosmos : Providence and the Mechanical Philosophy," *Journal of the History of Ideas*, 28 (1967), pp.325-46参照。

★105 デラムについては、A.D.Atkinson, "William Derham, F.R.S. (1657-1735)," *Annals of Science*, 8 (1952), pp.368-92とJames Moseley, "Derham's Astro-Theology," *Journal of the British Interplanetary Society*, 32 (1979), pp.396-400参照。

★106 William Derham, *Astro-Theology*, 2nd ed. (London, 1715), p.xli.

★107 バーネット、レイ、グルーの多世界論的言明については、Thomas Burnet, *Sacred Theory of the Earth*, 2nd ed. (Carbondale, Ill., London, 1691年版の復刻), pp.128, 218-25, 367-8, John Ray, *The Wisdom of God Manifested in the Works of Creation*, 5th ed. (London, 1709), pp.71, 75-6, およびNehemiah Grew, *Cosmologica Sacra : or A Discourse of the Universe As It Is the Creature and Kingdom of God* (London, 1701), pp.10-11参照。

★108 John Locke, *Essay Concerning Human Understanding*, bk.IV, ch.III, #23.『人間知性論』第四巻、大槻春彦訳、岩波文庫、一九七七、五七-八頁。この一節はRalph Kenatから教えを受けた。ロックが多世界論を支持したことは、*Essay*, bk.III, ch.VI, #12に表れているように、間違いなく、大いなる存在の連鎖に対する熱狂と関係している。

★109 John Locke, *Elements of Natural Philosophy*, in *The Works of John Locke*, vol.III, new ed. (Darmstadt, 1963, London, 1823年版の復刻), ch.3参照.

★110 *The Works of George Berkeley, Bishop of Cloyne*, ed.A.A.Luce and T.E.Jessop, vol.II (London, 1949), p.211参照.

★111 *Works of Berkeley*, vol.III (London, 1950), p.172参照. バークリについては、Sylvia Louise Engdahl, *Planet-Girded Suns* (New York, 1974), p.60参照。

★112 多世界論論争におけるライプニッツの立場を問題にする研究史には、さまざまな特異性が見られるように思われる。彼は「可能な諸世界」に関してしばしば論じているにもかかわらず、地球外生命に関する思想史の舞台に登場することはめったにないのである。ライプニッツを広範に論じているラヴジョイの*Great Chain of Being*でさえ、世界の複数性の教説を扱った章にその名前が見られない。さらに、カントとランベルトはライプニッツの考えを知っていたはずであるのに、一七五五年のカントと一七六一年のランベルトの多世界論文に、ライプニッツの名前を挙げていないのである。可能な諸世界ということに関してライプニッツは現代の多くの哲学者によって論じられてきたが、そこではほとんど歴史的分析がなされていないという問題にも歴史家は直面している。例外と言えるものは、Nicholas Rescher, *Leibniz's Metaphysics of Nature* (Dordrecht, 1981)である。

★113 Rescher, *Leibniz's Metaphysics of Nature*, p.87;*Leibnizens mathematischen Schriften*, ed. C.I.Gerhardt, vol.III (Halle, 1855), pp.545-54.

★114 G.W.Leibniz, *Theodicy : Essays upon the Goodness of God, the Freedom of Man, and the Origin of Evil*, trans. E.M.Huggard (New Haven, 1952), p.127.『ライプニッツ著作集』第六巻、佐々木能章訳、工作舎、一九九〇、二二六頁。

★115 G.W.Leibniz, *New Essays on Human Understanding*, trans. Peter Remnant and Jonathan Bennett (Cambridge, England, 1981), p.307.『ライプニッツ著作集』第五巻、谷川多佳子他訳、工作舎、一九九五、五八頁。

★116 Christian Wolff, *Elementa matheseos universae*, vol.III (Hildesheim, 1968, 1735年版の復刻), pp.576-7. 他の多世界論的発言は、Wolff, *Vernünfftige Gedancken von den Würckungen der Natur*, (Hildesheim, 1981, 1723年Magdeburg版の復刻), pp.125-226 とWolff, *Vernünfftige Gedancken von den Ansichten der natürlichen Dinge*, 2nd ed. (Hildesheim, 1981, 1726年Frankfurt, Leipzig版の復刻), pp.55ff, 98ff, 113-14, 136ffに見られる。

★117 Katherine Brownell Collier, *Cosmogonies of Our Fathers* (New York, 1968, 1934年版の復刻), p.143参照. モンシャルヴィルの著作は稀覯本である。*National Union Catalog*ではアメリカ版がBrodeauの項目に載っているのに対して、*Catalogue général des livres imprimés de la bibliothèque nationale*ではChâtresの名前で載っていることから、探し出すのが難しい。

★118 David Gregory, *Elements of Physical and Geometrical Astronomy*, 2nd ed., 2 vols. (New York, 1972, 1726年London版の復刻), pp.3, 810-13. John Keill, *Introduction to the True Astronomy*, 4th ed. (London, 1748), p.40.

★119 Edmond Halley, *Miscellanea curiosa*, 3rd ed., vol.I (London, 1726), pp.55-9. このハリーの論文集は一七〇八年に初めて出版され、問題の論文は一六九二年に初めて発表された。

★120 Jaki, *Planets and Planetarians*, p.94.

★121 William Whiston, *Astronomical Principles of Religion* (London, 1717), pp.91-7.

★122 William Whiston, *Praelectiones astronomiae* (1707). 英訳*Astronomical Lectures*, 2nd ed. (London, 1727), pp.38-42参照。

★123 Marjorie Nicolson and G.S. Rousseau, *"This Long Disease, My Life" : Alexander Pope and the Sciences* (Princeton, 1968). "Part Three : Pope and Astronomy," pp.131-235参照。

★124 ポウプの*Essay on Man*が人気を博したことを示すひとつの例として、それが一八世紀末までに一〇回もフランス語に翻訳されたという事実がある。Richard Gilbert Knapp, "The Fortunes of Pope's *Essay on Man* in 18th Century France," *Studies on Voltaire and the Eighteenth Century*, 82 (1971), 1-156 : 17参照。

★125 Alexander Pope, *Essay on Man*, Epistle I, lines 23-8.

★126 Joseph Anthony Mazzeoが*Nature and the Cosmos* (Oceanside, New York, 1977), pp.97-8で、この点を展開している。

★127 Nicholson and Rousseau, *Pope*, pp.150-6.

★128 *The Spectator*, ed. Donald F.Bond, vol.IV (Oxford, 1965), p.346.ボンドが指摘しているように(vol.III, p.576)、アディスンはフォントネルの*Entretiens*(『世界の複数性についての対話』赤木昭三訳、工作舎、一九九二)の1707年版を所有していた。

★129　アディスンによる多世界論に関する議論は、さらに*Spectator*, 420と580参照。

★130　Albert Rosenberg, *Sir Richard Blackmore* (Lincoln, Neb., 1953), p.104より引用。

★131　Richard Blackmore, *The Creation, in Minor English Poets 1660-1780*, ed David P. French, vol.III (New York, 1967), pp.27-71 : 39参照。

★132　Linda Ruth Thornton, *The Influence of Bernard de Fontenelle upon English Writers of the Eighteenth Century* (一九七七年の博士論文,University of Oklahoma), p.133より引用。この論文の第三章は、フォントネルの*Entretiens*のイギリスへの影響を論じている。

★133　年代順に挙げると、❶Hareneus Geierbrand [Andreas Ehrenberg], *Curiöse und wohlgegründete Gedancken von mehr als einer bewohnten Welt* (Jena, 1711); ❷Daniel Sturmy, *A Theological Theory of a Plurality of Worlds* (London, 1711); ❸William Derham, *Astro-Theology* (London, 1714); ❹Johann Wilhelm Weinreich, *Disputatio philosophica de pluralitate mundorum* (Torun, 1715); ❺Andreas Ehrenberg, *Die noch unumgestossene Vielheit der Welt-Kugeln, oder : Dass die Planeten Welt-Kugeln seyn...* (Jena, 1717); ❻Johann Jacob Schudt, *De probabili mundorum pluralitate* (Frankfurt, 1721); ❼William Arntzen, *Dissertatio astronomico-physica de luna habitabili* (Utrecht, 1726); ❽Johann Heinrich Herttenstein, *Dissertatio mathematica, sistens similtudinem inter terram et planetas intercedentem* (Strasbourg, 1732); ❾John Peter Biester, *An Enquiry into the Probability of the Planets Being Inhabited* (London, 1736); ❿Johann Christoph Hennings, *Specimen planetographiae physicae inquirens praecipue an planetae sint habitabiles* (Kiel, 1738); ⓫Eric Engman, *Dissertatio astronomico-physica de luna non habitabili* (Upsala, 1740); ⓬Isacus Svanstedt, *Dissertatio philosophica, de pluralitate mundorum* (Upsala, 1743); ⓭David Gottfried Schöber, *Gedanken von denen vernünftig freyen Einwohnern derer Planeten* (Liegnitz, 1748). デラムについてはすでに論じた。エーレンベルクの著作は二次資料から知っているだけであり、Weinreichの著書のマイクロフィルムは、本書の出版後に手に入れた。Weinreichの著書は、Reinhold Fryderyk Bornmannの指導による学位論文だが、Jéro^me de la Lande, *Bibliographie astronomique* (Paris, 1803), p.362では誤ってBornmannのものとされている。

★134　Dick, *Plurality*, p.181.

★135　イングマンに関する徹底した議論については、Dick, *Plurality*, pp.181-3参照。

★136　Otto Zöckler, *Geschichte der Beziehungen zwischen Theologie und Naturwissenschaft*, 2nd ed. vol.II (Gütersloh, 1879), pp.62-3.火星の月が初めて観測されてから二年後にこの書を書いたツェクラーは、エーレンベルクとシュットが行った予言の正確さに大いに感銘を受けた。

★137　この点は、Guthke, *Mythos*, pp.183-5で強調されている。

★138　Zöckler, *Geschichte*, vol.II, pp.62, 248.

★139　Sturmy, *Theory*, p.25.

★140　T. Baker, *Reflections upon Learning* (London, 1699), pp.97-8.

★141　Robert Jenkin, *The Reasonableness and Certainity of the Christian Religion*, bk.II (London, 1700), pp.218-23:222参照。

★142　ウォッツの詩については、*Minor English Poets 1660-1780*, ed.David P. French, vol.III (New York, 1967), p.635参照。反多世界論者としてのこれらの詩句の解釈については、A.J.Meadows, *The High Firmament : A Survey of Astronomy in English Literature* (Leicester, 1969), p.131とVincent Cronin, *The View from Planet Earth* (New York, 1981), p.150参照。

★143　Isaac Watts, *Knowledge of the Heavens and the Earth Made Easy; or, The First Principles of Astronomy and Geography*, 2nd ed. (London,

1728), p.103.

★144　九人の多世界論支持者は、エーレンベルク、シェーバー、シュット(これらはすでに論じた)、J.H.Becker (1698-1772), Joachim Böldicke, J.Carpov (1699-1768), J.F.W.Jerusalem (1709-89), J.E.Reinbeck (1682-1741), A.F.W.Sack (1703-82) であった。また反対した者には、J.F.Buddeus (1667-1729), V.E.Löscher (1674-1747), Hermann Witsius (1632-1708)がいた。JerusalemとSackについては、Gerhard Kaiser, *Klopstock : Religion und Dichtung* (Gütersloh, 1963), pp.46ff参照。Witsiusについては、*Sacred Dissertation on What Is Commonly Called the Apostles' Creed*, trans. Donald Fraster, vol.I (Glasgow, 1823), pp.213-21参照。その他の者については、Zöckler, *Geschichte*, vol.II, pp.62-4参照。

★145　ボナミが認めているように、彼が参考にした文献の多くは、Johann Albert Fabriciusが*Bibliotheca Graeca*, vol.I (Hamburg, 1708), pp.131-6で挙げている、古代の多世界論の文献目録に基づくものであった。Fabriciusもまた、デラムの*Astro-Theology*をドイツ語に訳すことによって、多世界論論争に貢献した。

★146　Pierre Bonamy, "Sentiments des anciens philosophes sur la pluralité des mondes," *Histoire de l'academie des inscriptions et belles lettres*, 9 (1736), 1-19参照。ボナミの論文についてはFlammarion, *Les mondes*, pp.455-6参照。

★147　John Dillenberger, *Protestant Thought and Natural Science : A Historical Survey* (London, 1961), p.135.

★148 Collier, *Cosmogonies*, pp.179-82; D.P.Walker, The *Decline of Hell* (Chicago, 1964), pp.39-40参照。

★149　Jacob Ilive, *The Oration...Proving. I. The Plurality of Worlds. II. That this Earth is Hell. III. That the Souls of Men are the Apostate Angels. IV. That the Fire which will punish those who shall be confined to this Globe after the Day of Judgement will be Immaterial...* (London, 1733; 2nd ed.1736).

第2章

★1　この点は、Stanley Jaki, "Wright's Wrong," *The Milky Way* (New York, 1972), pp.183-220に詳しく述べられている。

★2　Augustus De Morgan, "An Account of the Speculations of Thomas Wright of Durham," *Philosophical Magazine*, 3rd ser., 32 (1848), pp.241-52: 252参照。

★3　これらのうちの最初の二句は、Wetherill, "Dedication"(p.2)に含まれている。また三番目のものは、Wright, *Original Theory*の復刻版に付された Rafinesqueの序文(p.7)にある。この復刻版は、*The Universe and the Stars* (Philadelphia, 1837) というタイトルで、C.S.Rafinesqueが注を付けて編集し、Charles Wetherillのために印刷したものである。

★4　Jaki, *Milky Way*, p.210より引用。パネスの考えを示す典型的な言明については、F.A.Paneth, *Chemistry and Beyond* (New York, 1964), pp.91-119にある"Thomas Wright and Immanuel Kant"参照。

★5　Wright, *An Original Theory or New Hypothesis of the Universe* (New York, 1971,　1750年London版の復刻) へのHoskinの序文、そしてM.Hoskin, "The Cosmology of Thomas Wright of Durham," *Journal for the History of Astronomy*, I (1970), pp.44-52参照。

★6　Edward Hughes, "The Early Journal of Thomas Wright of Durham," *Annals of Science*, 7 (1951), pp.1-24:4より引用。

★7　ホスキンが編集した*Theory* (1971 ed.), pp.1-15:3, Thomas Wright, "The Elements of Existence or A Theory of the Universe"参照。

★8　Thomas Wright, *Clavis coelestis* (London, 1967, 1742年版の復刻), p.75参照。ライトが彗星の居住可能性に疑問を表明しているp.49も参照。

★9　George Gilfillanが注を付けて編集したEdward Young, *Night Thoughts*, (Edinburgh, 1853), "Night Ninth," lines 748-9参照。

★10　Wright, *Theory*, p.36より引用。この1節は、Addison, *Spectator*, July 9, 1714からのものである。

★11　Wright, *Theory*, p.47より引用。Young, *Night Thought*, "Night Ninth," lines 772-3参照。

★12　星雲を他の宇宙と考えることに関しては、ピエール・ガサンディとChristopher Wrenがライトに先行していた。Jaki, *Milky Way*, pp.122, 130参照。

★13　ホスキンが写本から編集した、Thomas Wright, *Second or Singular Thoughts upon the Theory of the Universe*, (London, 1968), p.79.

★14　Rafinesque, in Wright, *Universe and the Stars*, pp.155-6.

★15　W.Hastie, *Kant's Cosmogony* (Glasgow, 1900) の「訳者序文」pp.xvi, xcviii, lxxxv, ix参照。ヘイスティはカントのこの著作を全訳したと述べているが (p.cvi)、第二部第八章と第三部全体の訳はこの版では省かれている。この省略は、一九六八年から一九七〇年までの間に、新たな序文つきでなされた三つの再版が現れた時、固定されてしまった。以下を参照。❶*Kant's Cosmology*, ed.Willy Ley (New York, 1968); ❷I.Kant, *Universal Natural History and Theory of the Heavens*, (Ann Arbor, 1969). 序文はMilton K.Munitzによる; ❸*Kant's Cosmology*, (New York, 1970). 序文はGerald J.Whitrowによる。最近Stanley L.Jakiが、序文と注をつけて新たに完訳した、I.Kant, *Universal Natural History and Theory of the Heavens*, (Edinburgh, 1981) 参照。引用はJaki訳による。

★16　Svante Arrhenius, "Emanuel Swedenborg as a Cosmologist," Swedenborgの *Opera quaedem*, vol.II (Stockholm, 1908), pp.xxx-xxxiと C.V.L.Charlier, "On the Structure of the Universe," *Astronomical Society of the Pacific Publications*, 37 (1925), pp.53-76:63参照。

★17　I.I.Polonoff, "Force, Cosmos, Monads and Other Themes of Kant's Early Thought," *Kantstudien*, 107 (1973), pp.1-214:2, S.L.Jaki, *Planets and Planetarians* (Edinburgh, 1978), pp.111-20参照。

★18　この書評の復刻については、Kant, *Allgemeine Naturgeschichte und Theorie des Himmels*, ed. Fritz Kraft (Munich, 1971), pp.199-211参照。

★19　これらやその他関係する著作の目録については、Wolfgang Philipp, "Physicotheology in the Age of Enlightenment: Appearance and History," *Studies on Voltaire and the Eighteenth Century*, 57 (1967), pp.1233-67参照。

★20　Kant, *Theory* (Jaki), p.81. 強調は引用者。

★21　Kant, *Theory* (Jaki), p.84. 強調は引用者。

★22　Kant, *Theory* (Jaki), pp.89-90. カントは、ライトから、天の川に関する円盤説や独立系としての星雲説を導き出したのではなく、光学的効果だとする説を借用しただけである。ライトには円盤説はなかったし、書評では星雲説は言及されていなかったのである。

★23　Kenneth Gly Jones, "The Observational Basis of Kant's *Cosmology*: A Critical Analysis," *Journal for the History of Astronomy*, 2 (1971), pp.29-34:33.

★24　ジャキの分析については、*Planets and Planetarians*, pp.111-20参照。

★25　W.Hastie, "Translator's Introduction, "p.lvii.

★26　Immanuel Kant, *The One Possible Basis for a Demonstration of the Existence of God*, trans. Gordon Treash (New York, 1979), p.117.カントの初期の宇宙理論の概略については、pp.187-215参照。『カント全集』第二巻、山下正男訳、理想社、一九六五、一七一頁。

★27　F.A.Paneth, *Chemistry and Beyond* (New York, 1964), pp.110-11.

★28 Immanuel Kant, *Critique of Pure Reason*, trans.J.M.D.Meiklejohn (London, 1956), p.468.『カント全集』第六巻、原佑訳、理想社、一九六六、一一五頁。この一節を指摘してくださったCurtis Wilson博士に感謝する。

★29 Immanuel Kant, *On History*, ed.Lewis White Beck (Indianapolis, 1963), pp.36-7, 18参照。『カント全集』第一三巻、小倉志祥訳、理想社、一九八八、二四頁。

★30 Immanuel Kant, *Critique of Practical Reason and Other Writings in Moral Philosophy*, trans. Lewis White Beck (Chicago, 1949), pp.258-9.この一節の興味深い分析とカントの思想的背景については、Rudolf Unger, "Der bestirnte Himmel über mir ...' Zur geistesgeschichtlichen Deutung eines Kant-Wortes," in Unger, *Gesammelte Studien*, vol.II (Darmstadt, 1966, 1929年Berlin版の復刻), pp.40-66参照。

★31 Immanuel Kant, *Critique of Judgement*, trans.James Creed Meredith, in *Great Books of the Western World*, vol.XLII (Chicago, 1952), p.604. pp.507, 591も参照。『カント全集』第八巻、原佑訳、理想社、一九六五、四四二頁。

★32 Immanuel Kant, *Anthropology from a Pragmatic Point of View*, trans. Mary J.Gregor (The Hague, 1974) p.48.

★33 Immanuel Kant, *Lectures on Philosophical Theology*, trans.Allen W.Wood and Gertrude M. Clark (Ithaca, 1978), p.138. カントによる月の居住可能性についてはp.121を参照。

★34 Kant, *Basis*, p.51.『カント全集』第一一巻、山下正男訳、理想社、一九六五、一一三頁。

★35 Arnulf Zweig, *Kant's Philosophical Correspondence 1759-1799* (Chicago, 1967), p.47に訳されている、カントからランベルトに宛てた一七六五年一二月三一日付けの手紙参照。

★36 Zweig, *Kant's Philosophical Correspondence*, p.46に訳されている、ランベルトからカントに宛てた一七六五年一一月一三日付けの手紙。

★37 ジャキが序文と注を付けて訳したJohann Heinrich Lambert, *Cosmological Letters on the Arrangement of the World-Edifice* (New York, 1976), p.111. 特に注記してある場合を除いて、ランベルトからの引用はこの訳からである。原典は、Lambert, *Cosmologische Briefe über die Einrichtung des Weltbaues* (Augsburg, 1761).

★38 前にカントの一七六三年の著作の序文から引用した一節は、ランベルトがこの考えを持っていたことを示唆しているが、カントからゲンズィヘンに宛てた、一七九一年四月一九日付けの手紙で、カントは、ランベルトが星雲を別の天の川と考えたことを明確に否定している。Zweig, *Correspondence*, p.171参照。おそらく最も確実なことは、要するに、ランベルトが他の複数の天の川の存在を認め、それらが望遠鏡で見つかるかどうかを推測し、オリオン座にその可能性があることを示唆したということである。Lambert, *Letters*, pp.119, 125, 132, 160, 166参照。

★39 ライトの*Second Thoughts*には宇宙進化論的特徴が見られるが、一七五〇年の*Theory*には見られない。Simon Schaffer, "The Phoenix of Nature:Fire and Evolutionary Cosmology in Wright and Kant," *Journal for the History of Astronomy*, 9 (1978), pp.180-200参照。

★40 Lambert, *Letters*, pp.24, 27のジャキの序文参照。

★41 Lambert, *Briefe*, p.XXV.

★42 Roger Jaquel, *Le Savant et philosophe Mulhousien Jean-Henri Lambert* (Paris, 1977), p.61.

★43 Lambert, *Letters*, p.92. 著名な天文学者によるランベルトの目的論的研究方法に関する議論については、Karl Schwarzschild, "Ueber Lambert's Kosmologische Briefe," *Nachrichten von der Königlichen Gesellschaft der Wissenschaften zu Göttingen, Geschäftliche Mitteilungen* (1907), pp.88-102参照。

★44 ランベルトに関するウィリアム・ハーシェルの公刊された見解については、Herschel, "On the Direction and Velocity of the Motion of the Sun, and Solar System," in his *Scientific Papers*, ed.J.L.E.Dreyer, vol.II (London, 1912), p.318参照。ランベルトに対するハーシェルのさらに詳細な見解については、本書の以下の議論を参照。

★45 ランベルトの著作に明らかに見られる節度と厳格さについては、特にS.L.Jaki, "Lambert and the Watershed of Cosmology," *Scientia*, 72 (1978), pp.75-95で強調されている。

★46 Roland Stromberg, *An Intellectual History of Modern Europe*, 2nd ed. (Englewood Cliffs, N.J., 1975), p.124に肯定的に引用されている。

★47 James Ferguson, *Astronomy Explained upon Sir Isaac Newton's Principles*, 2nd ed. (1757), p.1.

★48 *The Newtonian System of Philosophy Adapted to the Capacities of Young Gentlemen and Ladies... Being the Substance of Six Lectures... by Tom Telescope, A.M., and Collected and Methodized... by... Mr.Newbery* (London, 1758). 第二講義で多世界論について述べているこの著作は、Sylvia Engdahl, *The Planet-Girded Suns* (New York, 1974), p.66ではJohn Newberyに帰せられている。他方William Cushing, *Initials and Pseudonyms*, 2nd ser. (New York, 1888), p.144はOliver Goldsmithだとしている。Goldsmithは多世界論の立場をよく知っていた。事実*Citizen of the World*の中で、「土星の環の中に何羽のガチョウが飼育されているか、水星にいるシギはいつ焼かれるか……」などの計算にふけっていると言って、王立協会の会員たちを風刺している。William Powell Jones, *The Rhetoric of Science* (Berkeley, 1966), p.195より引用。

★49 Engdahl, *Suns*, p.67より引用。

★50 Edwin Hubble, *Realm of the Nebulae* (New York, 1958, 1936年版の復刻), p.25.

★51 ハーシェルは著名であったにもかかわらず、彼の哲学および宗教思想に関する論文は今まで発表されなかった。またハーシェルの名前は、Ernst Cassirer, Peter Gay, Leslie Stephenなどによる啓蒙思想のすぐれた概説書の索引にも載っていない。

★52 ハーシェル研究の第一人者はマイケル・A・ホスキンである。ハーシェルに関するホスキンの著作リストは非常に大部なものになるであろうが、*William Herschel and the Construction of the Heavens* (London, 1963)には言及しなければならない。ホスキンの元学生であったSimon Schafferは"The Great Laboratories of the Universe':William Herschel on Matter Theory and Planetary Life," *Journal for the History of Astronomy*, 11 (1980), pp.81-111など多くの論文でハーシェル研究を進めた。やはりホスキンの学生であったJ.A.Bennettは、ハーシェル文書のカタログを作り、マイクロフィルムで使えるように整理した。

★53 ハーシェルの伝記作家は数多くいるが、主に参考にしたのは次のものである。❶Angus Armitage, *William Herschel* (London, 1962); ❷Günther Buttmann, *Wilhelm Herschel* (Stuttgart, 1961); ❸Agnes M.Clerke, *The Herschels and Modern Astronomy* (New York, 1895); ❹Edward S.Holden, *Sir William Herschel* (New York, 1881); ❺Constance Lubbock, *The Herschel Chronicle* (Cambridge, England, 1933); ❻J.B. Sidgwick, *William Herschel* (London, 1953); ❼James Sime, *William Herschel and His Work* (New York, 1900).

★54 ハーシェルの多世界論に影響を与えた可能性のあるものとして、もう一つ、Benoît de Maillet, *Telliamed*が挙げられよう。この書物は、一七七〇年代半ばに書かれたと思われるハーシェルの未発表の"Commonplace Book," p.83に、三〇ほどの他の著作と並んでリストアップされている。この書物は、筆者が閲覧を許されたミズーリ州カンザスシティーのリンダ・ホール図書館にある。

★55 ハーシェルの妹のCarolineによって記録されている。Mrs.John Herschel, *Memoir and Correspondence of Caroline Herschel* (London, 1879), p.35参照。

★56 A.J.Turnerは、*Science and Music in Eighteenth Century Bath* (Bath, 1977) の中で、Ebenezer Henderson, *Life of James Ferguson* (London, 1867) に言及している。ターナーによれば(p.53)、「ヘンダースンが引用しているメモ(pp.xxxv-vi)には、ハーシェルが一七六七年にバースでファーガスンの講義に出席していたとある。あり得ないことではないが、これを証明する証拠はない……」。

★57 *The Scientific Papers of William Herschel*, ed.J.L.E.Dreyer, vol.I (London, 1912), p.5.以後ハーシェルの著述の参照は、この二巻本による。

★58 Royal Astronomical Society Herschel MSS, W.3/1.4, pp.1-2. Mark M.Moesには、ハーシェルの手稿の中から多世界論関係の資料を探す時に助けていただいた。

★59 Ibid., p.4.

★60 Ibid., pp.8-10.

★61 Ibid., p.17.

★62 Ibid., p.17.

★63 Ibid., pp.65-8.

★64 Ibid,.pp.65, 69.

★65 Ibid., pp.70-1.また、一七九三年の月の薄明の観測については、p.75参照。

★66 Royal Astronomical Society Herschel MSS, W.1/1, pp.66-7参照。

★67 Lubbock, *Herschel Chronicle*, pp.99, 103とSimon Schaffer, "Herschel in Bedlam: Natural History and Stellar Astronomy," *British Journal for the History of Science*, 13 (1980), pp.211-39参照。

★68 Herschel, *Papers*, vol.I, pp.xxxiii-xxxiv.

★69 Lubbock, *Herschel Chronicle*, p.170より引用。

★70 *Gentleman's Magazine*, 57 (1787), p.636参照。

★71 Herschel, *Papers*, vol.I, p.479. R・A・プロクターは、*Sun* (London, 1871) でハーシェルのこの言明を引用し、「天文学の研究者なら誰でも暗記しているあの注目すべき一節」と書いている(p.185)。太陽の居住可能性に関するハーシェルの理論については、さらにSteven Kawaler and J.Veverka, "The Habitable Sun: One of William Herschel's Stranger Ideas," *Royal Astronomical Society of Canada Journal*, 75 (1981), pp.46-55参照。

★72 Holden, *Herschel*, p.149.

★73 Agnes M. Clerke, *Popular History of Astronomy during the Nineteenth Century* (Edinburgh, 1885), p.71. A.J.Meadows, *Early Solar Physics* (Oxford, 1970), p.6.

★74 ランベルトの著書に関するハーシェルのメモについては、Royal Astronomical Society Herschel MSS, W.7/2, pp.17-22参照。また、Michael Hoskin, "Lambert and Herschel," *Journal for the History of Astronomy*, 9 (1978), pp.140-2も参照。

★75 M.E.W.Williams, "Was There Such a Thing as Stellar Astronomy in the Eighteenth Century?" *History of Science*, 21 (1983), pp.369-85.

★76 Simon Schaffer, "Uranus and the Establishment of Herschel's Astronomy," *Journal for the History of Astronomy*, 12 (1981), pp.11-26.

★77 Ida Macalpine and Richard Hunter, *George III and the Mad-Business* (New York, 1969), p.41.

★78 Schaffer, "Planetary Life," p.101.

★79 Clerke, *Popular History*, p.288.

★80 Johann Schröter, *Selenotopographische Fragmente, zur genauern Kenntniss der Mondfläche*, vol.I (Göttingen, 1781), p.670.

★81 John Jerome Schroeter, "Observations on the Atmospheres of

Venus and the Moon...," *Philosophical Transactions of the Royal Society*, 82 (1792), pp.309-61:337.シュレーターの金星人に関する主張の優れた分析については、Richard Baum, *The Planets: Some Myths and Realities* (New York, 1973), pp.48-83参照。

★82　William Herschel, "Observations on the Planet Venus," in Herschel, *Papers*, vol.I, pp.441-51:442.

★83　J.J.Schroeter, "New Observations in Further Proof of the Mountainous Inequalities, Rotation, Atmosphere, and Twilight, of the Planet Venus," *Philosophical Transactions of the Royal Society*, 85 (1795), pp.117-76:169.

★84　J.H.Schröter, *Aphroditographishe Fragmente, zur genauern Kenntniss des Planeten Venus* (Helmstedt, 1796), pp.193-4.

★85　J.Ashbrook, "Schröter and the Rings of Saturn," *Sky and Telescope*, 36 (1968), pp.230-1:231.

★86　Robert Grant, *History of Physical Astronomy* (London, 1852), p.233. シュレーターが最初に内惑星は約24時間の自転周期をもつと考えたというわけではないが、彼がそう唱えたことでそれが文献の中で固定してしまったのである。

★87　J.Ashbrook, "Schröter's Observations of Mars," *Sky and Telescope*, 14 (1955), p.140.

★88　Ashbrook, "Mars," p.140.

★89　J.E.Bode, "Gedanken über die Natur der Sonne und Entstehung ihrer Flekken," *Beschäftigungen der Berlinischen Gesellschaft Naturforschender Freunde*, 2 (1776), pp.225-52:233.

★90　Stanley L.Jaki, *Planets and Planetarians* (Edinburgh, 1978), p.121.

★91　Roger, Jaquel, *Le savant et philosophe Mulhousien Jean-Henri Lambert* (1728-1777) (Paris, 1977), p.51.

★92　J.E.Bode, *Kurzgefasste Erläuterung der Sternkunde und den [sic] dazu gehörigen Wissenschaften* (Berlin, 1778), p.375.

★93　J.E.Bode, "Die Betrachtung des Weltgebäudes," in Bode, *Betrachtung der Gestirne und des Weltgebäudes* (Berlin, 1816), pp.325-413:355.

★94　ジャキが訳したImmanuel Kant, *Universal Natural History and Theory of the Heavens* (Edinburgh, 1981) の訳者序文 (p.39).

★95　ラプラスの理論とその歴史については、Stanley L.Jaki, *Planets and Planetarians: A History of Theories of the Origin of Planetary Systems* (Edinburgh, 1978) とRonald L. Numbers, *Creation by Natural Law: Laplace's Nebular Hypothesis in American Thought* (Seattle, 1977) 参照。

★96　フランス語の初版からJohn Pondが訳した、Pierre Simon Laplace, *The System of the World*, vol.II (London, 1809), p.355. ジャキ (*Planets*, pp.122-34) は、一七九六年から一八二四年の間に現れた*Exposition*の五つの版で、ラプラスの提示した星雲仮説が実質的に変わったことを跡づけている。

★97　Vincent Cronin, *The View from Planet Earth* (New York, 1981), p.164. Emil Ludwig, *Napoleon*, trans.Eden and Cedar Paul (New York, 1926), p.120.

★98　Hervé Faye, *Sur l'origine du monde*, 2nd ed. (Paris, 1885), p.131より訳して引用。

★99　G.Sarton, "Laplace's Religion," *Isis*, 33 (1941), pp.309-12. Jean Pelseneer, "La religion de Laplace," *Isis*, 36 (1946), pp.158-60も参照。

★100　R.Hahn, "Laplace's Religious Views," *Archives internationale d'histoire des sciences*, 8 (1955), pp.38-40:40. Hahn, "Laplace and the Vanishing Role of God in the Physical Universe," in *The Analytical Spirit*, ed.Harry Woolf (Ithaca, 1981), pp.85-95も参照。

★101　Constance Lubbock, *The Herschel Chronicle* (New York, 1933), p.310より引用。

★102　Jéro^me Lalande, *Astronomie*, vol.III (Paris, 1792), p.353.

★103　Bernard de Fontenelle, *Conversations on the Plurality of Worlds*, trans. Elizabeth Gunning, with notes by Jerome de la Lande (London, 1803), pp.iv-v.

★104　Hélène Monod-Cassidy, "Un astronome-philosophe, Jérôme de Lalande," *Studies on Voltaire and the Eighteenth Century*, 56 (1967), pp.907-30:928.

★105　Monod-Cassidy, "Lalande," p.909より引用。

★106　Ludwig Büchner, *Force and Matter*, 英語版第４版の復刻(New York, 1920), pp.105-6. おそらくこの言明は、新聞記事か、ラランドが晩年に無神論を唱えた公開講座からのものである。Hahn, "Laplace and the Vanishing Role of God," p.87参照。

★107　Blaise Pascal, "Pensées," #781, in Pascal, *Oeuvres complètes*, ed.Louis Lafuma (Paris, 1963), p.599.『世界の名著24』前田陽一・由木康訳、中央公論社、一九六六、一七〇-一頁参照。

第3章

★1　Franklin, L.Baumer, *Modern European Thought* (New York, 1977), p.141.

★2　Sheridan Gilley," Christianity and Enlightenment: An Historical Survey," *History of European Ideas*, I (1981), pp.103-21. Donald Greene, "Augustinianism and Empiricism: A Note on Eighteenth-Century English Intellectual History," *Eighteenth Century Studies*, I (1967-8), pp.33-68. Carl L. Becker, *The Heavenly City of the Eighteenth-Century Philosophers* (New Haven, 1932).

★3　David Mallet, "The Excursion," in *Minor English Poets 1660-1780*, vol.V, ed.David P.French (New York, 1967), pp.17-24:21.

★4　James Thomson, *The Seasons* and *The Castle of Indolence*, ed. James Sambrook (Oxford, 1972), p.40.

★5　Thomson, *Seasons*, p.84.この影響については、Alan Dugald McKillop, *The Background of Thomson's Seasons* (Minneapolis, 1942), pp.67-8参照。

★6　William Powell Jones, *The Rhetoric of Science* (Berkeley, 1966), p.103より引用。

★7　Hoxie Neale Fairchild, *Religious Trends in English Poetry*, vol.I (New York, 1931), p.464より引用。この詩の著作年代については、G.R.Potter, "Henry Baker, F.R.S. (1698-1774)," *Modern Philology*, 29 (1932), pp.301-21参照。

★8　Henry Brooke, "Universal Beauty," in *Minor English Poets 1660-1780*, ed.David P.French, vol.VI (New York, 1967), pp.591-619:593.

★9　Gray, "Luna habitabilis"については、Marjorie Hope Nicolson, *Voyages to the Moon* (New York, 1960), pp.127-9参照。

★10　Jones, *Science*, p.134より引用。

★11　Fairchild, *Religious Trends*, vol.I, p.392より引用。

★12　Fairchild, *Religious Trends*, vol.I, p.508.

★13　Henry C.Shelley, *The Life and Letter of Edward Young* (London, 1914), p.198.さらに申し分のない伝記としては、Isabel St.John Bliss, *Edward Young* (New York, 1969)がある。Fairchild, *Religious Trends*, vol.II, pp.131-49とJones, *Science*, pp.153-9も参照。

★14　Edward Young, *Night Thoughts*, ed.George Gilfillan (Edinburgh, 1853), Night IX, lines 772-5.以下の引用もこのテクストからであり、同じ形

式で表記する。

★15　ヘイの同時代人のうち、例えばウェズリとスヴェーデンボリがこの立場に反対した。多世界論的宇宙に関連してキリストの観念を慎重に分析した現代の研究については、Charles Davis, "The Place of Christ," *Clergy Review* (London), 45 (1960), pp.706-18参照。

★16　James Boswell, *Life of Johnson*, ed.George Birkbeck Hill, vol.I (Oxford, 1934), p.268より引用。

★17　Henry St. John, Lord Viscount Bolingbroke, *Philosophical Works*, 5 vols., vol.II (London, 1754), p.144.

★18　Ernest Campbell Mossner, "Bolingbroke," *Encyclopedia of Philosophy*, ed.Paul Edwards, vol.I (New York, 1967), p.332より引用。

★19　Samuel Pye, M.D., *Moses and Bolingbroke; A Dialogue in the Manner of the Right Honourable, Author of Dialogues of the Dead* (London, 1765). *Dialogues of the Dead*の著者はフォントネルであった。

★20　Pye, *Moses and Bolingbroke*, pp.60-3.木星の四つの明りとは、ガリレオの四衛星のことである。また木星の誕生にかかった一五日間というのは、地球の創造に要した七日間にだいたい対応している。なぜなら木星は約一〇地球時間で自転しているからである。

★21　これらを含むパイの出版物も、*Dictionary of National Biography*にパイを掲載するには不十分であった。筆者が目にした、後のパイに関する文献といえば、ウェズリの*Journal*に見られる短いコメントと、後で述べるネアズの著作に見られる簡単なコメントがあるだけである。しかしパイに関する話が何か残っているかもしれない。というのは、サミュエル・パイは、ウィリアム・ハーシェルと同時期にバース哲学会の会員だったからである。A.J.Turner, *Science and Music in Eighteenth Century Bath* (Bath, 1977), p.83参照。

★22　Frank J.Tipler, "A Brief History of the Extraterrestrial Intelligence Concept," *Royal Astronomical Society Quarterly Journal*, 22 (1981), pp.133-45:139.

★23　Robert E.Schofield, *Mechanism and Materialism* (Princeton, 1970), p.122.このグループに関する他の出版物としては、❶Albert J.Kuhn, "Glory or Gravity: Hutchinson versus Newton," *Journal of the History of Ideas*, 22 (1961), pp.303-22; ❷G.N.Cantor, "Revelation and the Cyclical Cosmos of John Hutchinson," in *Images of the Earth*, ed.L.J.Jordanova and Roy S.Porter (Chafont St. Giles, 1979), pp.3-22; ❸C.B.Wilde, "Hutchinsoniaism, Natural Philosophy and Religious Controversy in Eighteenth Century Britain," *History of Science*, 18 (1980), pp.1-24.これらの出版物はどれも、ハチンスン運動の反多世界論的性格に言及してはいない。これに関する最良の資料は、Alexander Maxwell, *Plurality of Worlds*, 2nd ed. (London, 1820)である。

★24　Duncan Forbes, *Reflexions on the Sources of Incredulity with Regard to Religion* (Edinburgh, 1752), pp.1-2.

★25　Maxwell, *Plurality*, p.19より引用。

★26　Edward Nares, 'ΕΙΣ ΘΕΟΣ, 'ΕΙΣ ΜΕΣΙΤΗΣ; or *An Attempt to Show How Far the Philosophical Notion of a Plurality of Worlds Is Consistent, or Not So, with the Language of the Holy Scriptures* (London, 1801), p.14.

★27　若きキャトコットについては、Michael Neve and Roy Porter, "Alexander Catcott: Glory and Geology," *British Journal for the History of Science*, 10 (1977), pp.37-60参照。

★28　ロバート・クレイトンの著作は、*A Vindication of the Histories of the Old and New Testament*. Part I... (Dublin, 1752); *Part II Wherein the Mosaical History of the Creation and Deluge Is Philosophically Explained;...Together with Some Remarks on the Plurality of Worlds* (Dublin, 1754)である。筆者が用いたものはダブリン一七五八年版で、クレイトンの多世界論的主張は一七二-九六頁に見られる。クレイトンの多世界論では、「ピグミー」サイズの生

物が、月の「絶えず穏やかな気候」(一八二頁)の中で生きているとまで主張されている。キャトコットの回答は、*Remarks on the Second Part of The Lord Bishop of Clogher's Vindication of the Histories of the Old and New Testament...* (London, 1756). キャトコットの反多世界論的論評については、特にpp.20-34参照。

★29 Catcott, *Remarks*, p.31より引用。

★30 Maxwell, *Plurarity*, p.199.

★31 以下に言及するウェズリの著作は、*The Works of John Wesley*, 3rd ed., 14vols. (Grand Rapids, Mich., 1978, 1878年London版の復刻)である。ウェズリの*Journal*に記録されているこの出来事については、*Works*, vol.II, p.515参照。

★32 Bernard Semmel, *The Methodist Revolution* (New York, 1973), p.5参照。この書物の中でSemmelはウェズリに関する史料編纂の現状を論じた後で、後者の見解を支持している。

★33 Frank W. Collier, *John Wesley among the Scientists* (New York, 1928)とRobert E. Schofield, "John Wesley and Science in the 18th Century," *Isis*, 44 (1953), pp.331-40参照。

★34 Hutchinson, Catcott, Forbes, Horne, Jonesに関する二八の論評は、ウェズリの著作の索引にリストアップされている。これらのうちには、彼らの反多世界論に直接言及しているものはひとつもない。ハチンスン主義に対する一七五〇年代のウェズリの関心を示すものとしては、例えば、*Works*, vol.II, pp.353, 388, 441, 454参照。ウェズリはせいぜいハチンスン主義の体系に二面的な態度をとったと言える。最初、聖書解釈学的な教義を拒否したが、しかし科学思想には強く印象づけられ、*Survey*の中で彼らに一節を充てている。さらに一七六五年には、Jones, *Essay on the Principles of Natural Philosophy*を「独創的」だと評し、「彼は完全にニュートンの諸原理を覆したようだ。しかし彼がハチンスン主義を打ち立てることができるかどうかは別の問題である」と述べている。*Works*, vol.II, pp.237-8参照。

★35 John Wesley, *A Survey of the Wisdom of God in the Creation*, vol.II (Bristol, 1763), p.143.

★36 Wesley, *Works*, vol.VII, pp.167-74, "What Is Man?"参照。この説教は一七八八年からなされたとする筆者の考えは、全面的ではないが、主としてL.Tyerman, *The Life and Times of the Rev. John Wesley, M.A.*, vol.III, 6th ed. (London, 1890), p.563に基づいている。

★37 これらの抜粋については、Wesley, *Survey*, vol.II (1763), pp.156-9参照。James Hervey, "Contemplations on the Starry Heavens"については、Hervey, *Meditations and Contemplations*, vol.II (New York, 1845), pp.209-77参照。ハーヴィについては、Alan D.McKillop, "Nature and Science in the Works of James Hervey," University of Texas *Studies in English*, 28 (1949), pp.124-38参照。ハーヴィの題材は、*Mr.Hervey's Meditations and Contemplations, Attempted in Blank Verse*, 2 vols. (London, 1764)を出版したRev.Thomas Newcomb (1682?-1765)が詩にしている。Jones, *Science*, pp.173-5は、Newcombについて論じ、いくつかの多世界論的詩を引用している。

★38 ボネとデュータンに対するウェズリの関心については、Collier, *Wesley*, pp.77-81参照。

★39 ヤングを編集したウェズリについては、Wesley, *Works*, vol.III, p.350;vol.XIV, pp.336-8参照。

★40 これはWesley, *Works*, vol.XIII, pp.488-99が最も参考になる。*Works*, vol.VI, pp.337-50にある同じテーマの説教も参照。

★41 John Dillenberger, *Protestant Thought and Natural Science* (London, 1961), p.156.

★42 Wesley, *Survey*, Mayo ed., vol.II, pp.112, 122, 143-8.

★43 Ernest Campbell Mossner, *The Life of David Hume*, 2nd ed.

(Oxford, 1980), pp.391, 487, 588. Wesley, *Works*, vol.III, p.462.

★44　David Hume, "The Sceptic," *Essays Moral, Political, and Literary*, ed. T.H.Green and J.H.Grose, vol.I (1964, 1882年London版の復刻), pp.213-31:226-7. ヒュームの他の主張については、p.227参照。

★45　Wesley, *Works*, vol.VII, pp.336, 342.

★46　David Hume, *Dialogues Concerning Natural Religion*, ed.Norman Kemp Smith, (Indianapolis, 1947), p.148.

★47　カントは、一七六六年の*Träume eines Geisterseher, erläutet durch Träume der Metaphysik*, 第二部、第一節で、スヴェーデンボリを「あらゆる空想家の中で最大の空想家」と評した。この著作では「霊を捜す者」の「夢」が論じられているが、その人物こそスヴェーデンボリなのである。スヴェーデンボリを「狂人」と言ったウェズリについては、Wesley, *Works*, vol.III, p.387;vol.IV, p.150. また"Thoughts on the Writings of Baron Swedenborg" (1782)については、Wesley, *Works*, vol.XIII, pp.425-48参照。

★48　スヴェーデンボリの生涯については、以下を参照。❶George Trobridge, *Swedenborg: Life and Teaching*, 4th ed. (London, 1945); ❷Signe Toksvig, *Emanuel Swedenborg: Scientist and Mystic* (New Haven, 1948); ❸Cyriel Odhner Sigstedt, *The Swedenborg Epic* (New York, 1952); ❹Inge Jonsson, *Emanuel Swedenborg* (New York, 1971). Jonssonはまた*Encyclopedia of Philosophy*と*Encyclopaedia Britannica*, 15th ed.にSwedenborgの項目を執筆している。

★49　最近の議論については、Stanley L.Jaki, *The Milky Way* (New York, 1972), pp.168-72と*Planets and Planetarians* (Edinburgh, 1978), pp.77-9参照。

★50　Emanuel Swedenborg, *Posthumous Theological Works*, Rev. John Whitehead編訳, vol.I (New York, 1954), p.7.

★51　Emanuel Swedenborg, *Arcana coelestia*, vol.I, J.F.Potts改訂、編集(New York, 1956), #5. スヴェーデンボリ自身がこの著作を翻訳した。

★52　筆者は、この書物の第3版(1894)の復刻版(1970)を使用した。翻訳は多少改訂されているにしてもおそらくクラウズのものであろう。

★53　Katherine Brownell Collier, *Cosmogonies of Our Fathers* (New York, 1968, 1934年版の復刻), p.185.

★54　Svante Arrhenius, *The Life of the Universe*, trans.H.Borns, vol.I (London, 1909), p.119.

★55　Nicolson, *Voyages to the Moon* (New York, 1960), p.63.

★56　Theodore F.Wright, "The Planets Inhabited," *New Church Review*, 4 (1897), pp.117-21:117.

★57　Soame Jenyns, "An Essay on Virtue," in *Modern English Poets 1660-1780*, vol.VII, ed.David P.French (New York, 1967), pp.296-8:296.

★58　選集については、*Science and Religious Belief 1600-1900: A Selection of Primary Sources*, ed.D.C.Goodman (Dorchester, 1973), pp.297-302, 特にp.302参照。

★59　Newcome Cappe, "On the Glory of God, as Displayed by the Heavenly Luminaries," *Discourses Chiefly on Devotional Subjects* (York, 1805), pp.320-54:324.

★60　リードは一七八五年の*Essays on the Intellectual Powers of Man*の中で多世界論を支持している。リードは、論証における類推の効用について論じた中で、この方法が十分受け入れられうることを示す最初の事例として、他の諸惑星の生命を是認する類推による議論を引用している。Essay I, ch.4参照。

★61　James Beattie, *Evidences of the Christian Religion* (Annapolis, 1812), p.179.

★62　Beilby Porteus, "On the Christian Doctrine of Redemption," in Porteus, *Works*, vol.III (London, 1811), pp.59-86:78.

★63 Porteus, "Redemption," p.79. ポーティウスの聖書への言及は、コロサイの信徒への手紙1,16-20とエフェソの信徒への手紙1,10『新約聖書』日本聖書協会、一九九〇参照。

★64 Edward King, *Hymns to the Supreme Being. In Imitation of the Eastern Songs*, 新版(London, 1798), p.7.

★65 Edward King, *Morsels of Criticism*, 2nd ed., vol.I (London, 1800), p.108.

★66 Richard Goughによる書評、"*Morsels of Criticism*.... By Edward King," *Gentleman's Magazine*, 63, pt.1 (1788), pp.141-5:145. これは、*Dictionary of National Biography*, Kingの項でGoughの書評とされている。

★67 Roger Long, *Astronomy in Five Books*, vol.II (Cambridge, England, 1764), p.646.

★68 Long, *Astronomy*, vol.II, p.646. John Milton, *Paradise Lost*, bk.VIII, lines 175-6が言及されている。『失楽園』下巻、平井正穂訳、岩波文庫、一九八一、五四頁。

★69 George Adams, *Lectures on Natural and Experimental Philosophy*, vol.IV (London, 1794), p.241. 強調は引用者。

★70 Adams, *Lectures*, vol.IV, p.244. 一七九五年のアダムズの死後、彼の*Lectures*の第2版が、先にハチンスン主義者として挙げたウィリアム・ジョウンズによる「かなりの訂正と加筆のもとに」一七九九年に出版された。その版では、この引用箇所は削除されているが、他の引用はすべてそのままである。

★71 Olinthus Gregory, *Lessons Astronomical and Philosophical*, 2nd ed. (London, 1799), p.74.

★72 Cotton Mather, *The Christian Philosopher* (Gainesville, 1968, London, 1721年版のファクシミリ復刻版), p.2.

★73 これらの著述家とメイザーの関係については、T.Hornberger, "The Date, the Source, and the Significance of Cotton Mather's Interest in Science," *American Literature*, 6 (1935), pp.413-20参照。

★74 メイザーの読者の中には、ベンジャミン・フランクリンやジョン・ウィンスロップ四世がいた。彼らの好意的な反応については、George H. Daniels, *Science in American Society* (New York, 1971), p.83参照。Danielsはまた、メイザーの*Christian Philosopher*が「アメリカ人によって最初に発表された、ニュートンへの一般的手引であった」とも述べている(p.82)。

★75 こうした事実や、一八世紀のアメリカにおける多世界論を簡潔に論じたものについては、Herbert Leventhal, *In the Shadow of the Enlightenment; Occultism and Renaissance Science in Eighteenth-Century America* (New York, 1976), pp.242-7参照。

★76 L.W.Labaree et al. (eds.), *Papers of Benjamin Franklin*, vol.I (new Haven, 1959), p.102.以下引用はこの版に従う。

★77 この点でニュートンがフランクリンに影響を与えた可能性を初めて指摘したのは、James Parton, *Life and Times of Benjamin Franklin*, vol.I (New York, 1864), p.175であり、I.Bernard Cohen, *Franklin and Newton* (Philadelphia, 1956), p.209やAlfred Owen Aldridge, *Benjamin Franklin and Nature's God* (Durham, N.C., 1967), pp.29-30もそれを認めている。

★78 James Burgh (1714-75)は非英国国教徒の教師であった。Franklin, *Papers*, vol.IV, p.404n.参照。

★79 フランクリンの暦は、*The Complete Poor Richard Almanacks*, 2 vols. (Barre, Mass., 1970)にファクシミリで復刻されている。

★80 エイムズについては、Marion Barber Stowell, *Early American Almanacs: The Colonial Weekday Bible* (New York, 1977), pp.72-6, 164-5参照。

★81 Leventhal, *Enlightenment*, p.247より引用。

★82 Stowell, *Almanacs*, p.165より引用。

★83 Silvio A. Bedini, *The Life of Benjamin Banneker* (New York, 1972), p.76より引用。

★84 Bedini, *Banneker*, p.137より引用。

★85 *The Monmouth Almanac, for the Year M, DXX, XCV* (Middletown Point, N.J., フィリップ・フリノウによって印刷、販売された), p.7. フリノウの暦は、Richard Waldron, "The Artist as Scientific Educator: Philip Freneau's *Monmouth Almanac for 1795*"で十分論じられている。これはウォールドロン氏が一九七九年にニューヨーク科学史学会で発表したものであり、筆者はそれを一部いただいた。

★86 この判断には二つの条件を付けておく必要がある。まず、二番目の論考を読む限りでは、多くの暦に付された論考と同じく、風刺を意図して書かれた可能性を排除できないということである。次に、後でふれるように、フリノウの最初の試論に見られる強固な多世界論の主要な源のひとつは、当時のアメリカで指導的な天文学者であった、リトンハウスである。フリノウはリトンハウスの*Oration*から、少なくとも二つの多世界論的部分を盗用している。

★87 Philip Freneau, *Poems Written and Published during the American Revolutionary War* (Delmar, N.Y., 1976, 1809年版の復刻), pp.221-2:221.

★88 フリノウの宗教思想については、特にNelson P. Adkins, *Philip Freneau and the Cosmic Enigma* (New York, 1949)参照。

★89 フリノウは一七九三年に、宇宙旅行を扱った小編の中で、リトンハウスを「天文学者たちのプリンス」と呼んでいる。*A Freneau Sampler*, ed.Philip M. Marsh (New York, 1963), pp.292-6:293参照。

★90 *Oration*の詳細な分析については、Brooke Hindle, *David Rittenhouse* (Princeton, 1964), pp.112-22参照。Hindle教授がリトンハウスの専門家だということは十分承知しているが、*Oration*を読む限りでは、「多くの点で、理神論的というべき信仰を持つ」(p.117)人物の著作だとする教授の結論には異議を唱えざるを得ない。*Oration*は、基本的にはキリスト教的であると筆者は考えるが、その根拠は、一部私の分析の中に示されている。William Barton, *Memoirs of the Life of David Rittenhouse* (Philadelphia, 1813), pp.501ffも参照。

★91 David Rittenhouse, *An Oration* (Philadelphia, 1775), pp.7-8.これは、実に便利なことに、Brooke Hindle (ed.), *The Scientific Writings of David Rittenhouse* (New York, 1980)の中のファクシミリ復刻版で参照できる。

★92 Rittenhouse, *Oration*, pp.13-14.フリノウの*Almanac*, p.17は、断わりなしにわずかに修正したリトンハウスのオリオン座に関する一節を掲載している。フリノウはまた、彗星に関するリトンハウスの見解の一部をも盗用している。

★93 John Winthrop, *Two Lectures on Comets* (Boston, 1759), pp.39-40. John C.Greene, "Some Aspects of American Astronomy 1750-1815," *Isis*, 45 (1954), pp.339-58参照。

★94 Hugh Williamson, "An ESSAY on the Use of COMETS, and an Account of Their Luminous Appearance; Together with Some Conjectures Concerning the Origin of HEAT," *American Philosophical Society Transactions*, I (1770), Appendix, pp.27-36. 引用は、John C. Burnham (ed.), *Science in America : Historical Selections* (New York, 1971), pp.29-37:31-2にある復刻版による。

★95 Brooke Hindle, *The Pursuit of Science in Revolutionary America* (Chapel Hill, 1956), p.172.

★96 バーナム教授は、ウィリアムスンの論文を再発表するにさいして、*Science in America*(p.29)の中で、"A Well Read Physician's Facts and Francies as Respectable Science"という表題をつけている。

★97 Andrew Oliver, *An Essay on Comets* (Salem, 1772), pp.15-30.

★98 Greene, "Aspects," p.348によれば、Morseは、*American Universal Geography*の中でオリヴァーの論考に賛成しているという。モースはそれ以前に、*The American Geography*(New York, 1970, 1789年Elizabeth Town版

のファクシミリ復刻), p.3で、充満の原理に基づいて多世界論の立場を支持していた。

★99 James Bowdoin, "A Philosophical Discourse," *American Academy of Arts and Sciences Memoirs*, I (1785), pp.1-20:20.

★100 James Bowdoin, "Observations Tending to Prove, by Phaenomena and Scripture, the existence of an Orb, Which Surrounds the Whole Visible Material System...," *American Academy... Memoirs*, I (1785), pp.208-33.

★101 *Diary and Autobiography of John Adams*, ed. L.H. Butterfield, vol.I (New York, 1964), p.22. 四月二五、三〇日、五月二二、二三、二七日のアダムズの思索も参照。

★102 Page Smith, *John Adams*, vol.II (Garden City, N.Y., 1962), pp.676-7.

★103 Sylvia Engdahl, *Planet-Girded Suns* (New York, 1974), p.70. ジェファースンの天文学への関心については、Henry Raphael, "Thomas Jefferson, Astronomer," *Astronomical Society of the Pacific Leaflet*, #174 (August, 1943)参照。

★104 *The Works of John Adams*, vol.X (Boston, 1856), p.415.

★105 スタイルズについては、Leventhal, *Enlightenment*, p.245参照。

★106 William Darlington, *Memorials of John Bartram and Humphrey Marshall* (Philadelphia, 1849), p.399.

★107 Leventhal, *Enlightenment*, p.244.

★108 ジョンスンに関する主な資料は、Herbert and Carol Schneider, *Samuel Johnson : President of King's College: His Career and Writings*, 4vols. (New York, 1929). 慎重ではあるが多世界論を支持している点については、Johnson, "A Sermon on the Creation of the World," in Schneiders, *Johnson*, vol.III, pp.422-34:423-4参照。一七一九年から一七五六年までの間にジョンスンが読んだものについては、vol.I, pp.495-526も参照。この間にジョンスンはデラムの*Astro-Theology*、トムスンの*Seasons*、ヤングの*Night Thoughts*、そしてハーヴィの*Meditations*ばかりでなく、ウィストンの*Astronomical Principles of Religion*とフォントネルの*Dialogues*をそれぞれ二度、またホイヘンスの*Cosmotheoros*を三度読んでいる!

★109 M.Gerard, "Of the Philosophers Who Have Believed in a Plurality of Worlds...," *American Museum, or Universal Magazine*, 12 (1792), pp.241-7.この概観にはむらがあるが、ライプニッツに関しては特によく書かれている。

★110 これ以降の、ヴォルテールの著作の引用は、断わらない限り、*Oeuvres complètes de Voltaire*, 97vols. (Paris:Baudouin Frères, 1825-34)による。この一節はvol.XXXV, pp.102-3にある。『世界の名著29』中川信訳、中央公論社、一九七〇、一三九-一四〇頁。

★111 この点は、Voltaire, *Henriade*初版(1723)における天景を描いた一節と、改訂版(1730)のそれとを比較することによって立証される。ヴォルテールは、デカルト的な宇宙からニュートン的な宇宙へと立場を変えたが、どちらにおいても多世界論的宇宙を提示している。Harcourt Brown, *Science and the Human Comedy: Natural Philosophy in French Literature from Rablais to Maupertuis* (Toronto, 1976), pp.136-7参照。

★112 Voltaire, *Oeuvres*, vol.LXVIII, pp.81-4. ヴォルテールの多世界論を分析するにあたって、はっきりと*Micromégas*に焦点をしぼった二つの出版物から多くの点で教えられるところがあった。Ira O. Wade, *Voltaire's Micromegas : A Study of the Fusion of Science, Myth, and Art* (Princeton, 1950)とW.H.Barber, "Voltaire's Astronauts," *French Studies*, 30 (1976), pp.28-52参照。

★113 Wade, *Micromégas*, pp.43, 153の引用から翻訳。ウェイドは、この一節が一七三八年に発表され、本質的に同じ考えが三〇年後の*Diction-*

*naire philosophique*の"Sensations"の項目に見られると述べている。(p.153)

★114　Voltaire, *The Elements of Sir Isaac Newton's Philosophy*, trans.John Hanna (London, 1967, 1738年のファクシミリ復刻版), pp.334-5. Voltaire, *Élémens de la philosophie Neuton* (Amsterdam, 1738), p.375も参照。この一節を指摘してくださったDonald Beaverに感謝する。この著作のオランダでの出版については、Theodore Besterman, *Voltaire* (New York, 1969), pp.192-4参照。

★115　Wade, *Micromégas*, pp.37-40, 52-9.

★116　ライプニッツに対するヴォルテールの見解については、Richard A. Brooks, *Voltaire and Leibniz* (Geneva, 1964)とW.H.Barber, *Leibniz in France from Arnauld to Voltaire* (Oxford, 1955)参照。

★117　ここで言及されているのはパスカルのことである。パスカルの妹によれば、パスカルは三二のユークリッド命題を発見した。ウェイドは自ら編集した*Micromégas*の中で、この話の多くの出所を分析し、大部分が一七三九年に書かれたものだと主張した。しかし、この結論に対して、W.H.Barberは"The Genesis of Voltaire's *Micromégas*," *French Studies*, II (1957), pp. 1-15で、幾分異議を唱えている。George R. Havensは"Voltaire's *Micromégas* (1739-1752) : Composition and Publication," *Modern Language Quarterly*, 33 (1972), pp.113-18で、その根拠を再検討し、一七三九年以後に重要な改訂がなされているというBarberの主張に大部分賛成している。

★118　Voltaire, *Oeuvres*, vol.LIX, pp.181-2. フォントネルに関する、この時期のヴォルテールの他の見解については、*Oeuvres*, vol.XXV, p.132参照。そこではフォントネルの*Pluralité des mondes*を「そのジャンルでは他に類を見ない作品」と賞賛している。また、vol.XXVI, p.358参照。そこでは、デカルト主義的根本原理を慫えている。

★119　火星の月が最初に発見されたのは一八七七年であったが、それ以前の多世界論について書かれたものに、しばしば登場している。ヴォルテールの二つの月は、おそらく多世界論からばかりでなく、*Micromégas*に多くの影響を与えた*Gulliver's Travels*を書いたJonathan Swiftにも由来している。

★120　Voltaire, "Poème sur la desastre de Lisbonne," *Oeuvres*, vol.XV, p.240

★121　Jean-Jacques Rousseau, *Confessions*, Lester G. Crocker編集、改訂(New York, 1957), pp.221-2.

★122　R.A.Leigh, "Rousseau's Letter to Voltaire on Optimism(ヴォルテール宛の手紙の校訂版を含む)," *Studies on Voltaire and the Eighteenth Century*, 30 (1964), pp.247-308:284. また、R.A.Leigh, "From the *Inéqualité* to *Candide* : Notes on a Desultory Dialogue between Rousseau and Voltaire (1755-1759)," in *The Age of the Enlightenment : Studies Presented to Theodore Besterman*, ed. W.H.Barber et al. (Edinburgh, 1967), pp.66-92も参照。ルソーの手紙について教えてくれたスタンリ・ジャキに感謝する。

★123　Rousseau, *Confessions*, p.222. R.A.Leighは"Dialogue," pp.91-2で、ルソーのヴォルテール宛の手紙が一七五九年九月に公表されたのは、*Candide*に答える形で誰かが意図的に行ったものかもしれないという興味深い発言をしている。

★124　Theodore Besterman, *Voltaire* (New York, 1969) p.490も、Wade,*Micromégas*, pp.44-5も、真面目に受け取っている。しかし、Bestermanはさらに*Tout en Dieu*を「長い皮肉の練習」(p.491)とも評している。

★125　Payton Richter and Ilona Ricardo, *Voltaire* (Boston, 1980), p.165.

★126　Arthur M. Wilson, "Encyclopédie," in *Encyclopedia of Philosophy*, ed.Paul Edwards, vol.II (New York, 1967), pp.505-8:506より引用。

★127　ジャック・ロジェは*Les sciences de la vie dans la pensée Française du*

XVIIIe siecle, 2nd. ed. (Paris, 1971), p.664で、「ディドロの思想と世界観の最深の源泉は、今でもそして常にエピクロスとルクレティウスの哲学である」と述べている。

★128　Denis Diderot, "Épicureisme," in *Oeuvres complètes*, vol.XIV, ed.J.Assezat (Paris, 1876), p.515.

★129　一七四〇年代後半のディドロの思想に対するド・マイエの影響については、Aram Vartanian, "From Deist to Atheist:Diderot's Philosophical Orientation 1746-1749," *Diderot Studies*, I (1949), pp.46-63:59-60に論じられている。さらに、ド・マイエはディドロの多世界論の出所であったかもしれない。*Telliamed*には多くの多世界論的表現が見られるからである。

★130　Denis Diderot, "Letter on the Blind for the Use of Those Who See," in *Diderot's Early Philosophical Works*, trans. Margaret Jourdain (New York, 1972, 1916年London版の復刻), pp.68-141:113.『ディドロ著作集』第1巻、平岡昇訳、法政大学出版局、一九七六、七七-七八頁。

★131　Jean Le Rond d'Alembert, "Cosmologie," *Encyclopédie ou dictionnaire raisonné des sciences, des arts et des métiers*, vol.IV (Paris, 1754), pp.294-7:294. ダランベールによって書かれた項目には"O"という印が付けられた。

★132　d'Alembert, "*Étoile*," *Encyclopédie*, vol.VI (Paris, 1756), pp.60-4:64.

★133　"Pluralité"という項目には、世界の複数性という問題に関してそれほど重要でない三つの文章がある。

★134　d'Alembert, "Monde," *Encyclopédie*, vol.X (Neufchastel, 1765), pp.640-1:640.

★135　d'Alembert, "Monde," pp.640-1.

★136　d'Alembert, "Planète," *Encyclopédie*, vol.XII (Neufchastel, 1765), pp.703-8:705.

★137　d'Alembert, "Planète," p.705.

★138　Alan Charles Kors, *D'Holbach's Coterie: An Enlightenment in Paris* (Princeton, 1976), p.87.

★139　Baron d'Holbach, *The System of Nature*, trans. H.D.Robinson (New York, 1970, 1868年版の復刻), pp.44-5.

★140　Pierre Maupertuis, *Essai de cosmologie*, in Maupertuis, *Oeuvres*, vol.I (Lyon, 1758), pp.55-6.

★141　Pierre Brunet, *Maupertuis:Étude biographique* (Paris, 1929), p.128.

★142　Maupertuis, *Oeuvres*, vol.III (Hildesheim, 1965, 1768年Lyon版の復刻), p.251

★143　Leonhard Euler, *Letters of Euler on Different Subjects in Natural Philosophy Addressed to a German Princess*, trans. Henry Hunter, vol.I (New York, 1975, 1833年版の復刻), p.207.

★144　Raymond Savioz, *La philosophie de Charles Bonnet de Geneva* (Paris, 1948), p.49より引用。

★145　Charles Bonnet, *Contemplation de la nature*, vol.I (Amsterdam, 1764), pp.8-9.

★146　Charles Bonnet, *La palingénésie philosophique*, vol.I (Geneva, 1769), pp.203-4.

★147　Arthur O.Lovejoy, *The Great Chain of Being* (New York, 1960, 初版は1936年), p.283.

★148　ボネの影響については、Saviozの著作の他に、Jacques Marx, "Charles Bonnet contre les Lumières, 1738-1850," *Studies on Voltaire and the Eighteenth Century*, 156-157 (1976) pp.1-782 参照。

★149　Robert R. Palmer, *Catholics and Unbelievers in Eighteenth Century France* (Princeton, N.J., 1939), pp.112, 116-17.

★150　太陽から素材を引き出してきた彗星によって惑星が形成されたという、ビュフォンの理論の分析については、Stanley L. Jaki, *Planets and Planetarians* (Edinburgh, 1978), pp.96-106参照。

★151　Comte de Buffon, "Partie hypothétique," *Histoire naturelle*, vol.II of *Supplément* (Paris, 1775), pp.361-564.

★152　Jacques Roger, *Les sciences de la vie dans la pensée Française du XVIIIe siècle*, 2nd. ed. (Paris, 1971), p.580より引用。

★153　Roger, *Sciences*, p.580.

★154　Buffon, "Partie hypothétique," p.513.

★155　Buffon, "Partie hypothétique," pp.513-15.

★156　Otis E. Fellows and Stephen F.Milliken, *Buffon* (New York, 1972), pp.168-9.

★157　Comte de Buffon, *Histoire naturelle*, vol.I (Paris, 1749), p.182.

★158　この書は、一七七一年にリエージュで匿名で出版され、その後二回版を重ねた。フェレは、一七七八年版ではFlexier de Revelというペンネームを使ったが、一七八八年版では本名を使った。引用は一七七一年版からである。

★159　Feller, *Observations*, pp.178-9. フェレは、ノエル=アントワヌ・プリュシュ神父Noël-Antoine Pluche (1688-1761)が*Spectacle de la nature*, vol.IV, p.496で多世界論の立場を批判していたと主張している。一七四九年パリ版のvol.IV, pp.496-504を調べると、極端に人気を博したこの著作の中で、プリュシュは反宗教的多世界論と戦おうとしていたことが分かる。そのやり方は、*History of the Heavens*, trans.J.B.de Freval, vol.II (London, 1740), p.235の次のような叙述の中に、みごとに要約されている。「神が他の場所で何を造ったかについては敢えて話さないことにしよう。われわれにはそれを知る手だてがないからである」。フェレがデュラールと言っているのは、おそらく一七四九年に *La grandeur de Dieu dans les merveilles de la nature*を出版したポール=アレクサンドル・デュラールのことであろう。

★160　この論争は、*Biographie universelle*, vol.III (Lyon, 1860), pp.541-6:544のフェレに関する項目に言及されている。*Biographie universelle*の創刊者がフェレ自身であったのだから、この項目は注意して読むべきだろう。

★161　F.X.de Feller, *Catéchisme philosophique*は、最初一七七三年にフランス語で出版され、後にスペイン語と英語に翻訳された。フェレの反多世界論的見解については、一八二〇年のリエージュ第五版, vol.I, p.139参照。

★162　テラソンが著者であることを示す証拠は、Francisque Bouillier, *Histoire de la philosophie Cartésienne*, 3rd ed., vol.II (Paris, 1868), pp.608-16に発表されている。ブイエの主張は、Palmer, *Catholics*, pp.110-12, Aram Vartanian, *Diderot and Descartes* (Princeton, 1953), pp.73-5, 97-8やAndre Robinet, *Oeuvres complétes de Malebranche*, vol.XX (Paris, 1967), pp.321-6で認められている。ロビネは*Traité*の三つの異なる版が一七六九年に作られ、そのうち二つは頁数や本文に幾分違いがあると指摘している。一七六九年以後に印刷された唯一の版は、エミール・ラフュマによって一九一五年に編集されたものだと思われる。ラフュマが著者をマルブランシュとしたのであるが、ラフュマのテクストは、ロビネによって強い調子で批判されている。筆者は、Jean Terrasson, *Traité de l'infini créé* (Amsterdam, 1769)を用いた。これは、*Traité*がpp.1-156を占めているロビネA版と対応している。

★163　Bouiller, *Histoire*, vol.II, pp.611-12とVartanian, *Diderot and Descartes*, p.73.

★164　ロビネは、Malebranche, *Oeuvres*, vol.XX, p.322で、この手稿に言及している。ブイエもヴァータニアンもこれについては知らなかったように思われる。

★165　"[Review of] *Traité de l'infini créé*," *Journal encyclopédique* (January, 1770), pp.147-8:147.

★166　"[Review of] *Traité de l'infini créé*," *Journal encyclopédique* (March, 1770), pp.180-94:194.

★167　Malebranche, *Oeuvres*, vol.XX, p.323のロビネより引用。ダゲソーの全文については、*Oeuvres de M. le Chancelier d'Aguesseau*, vol.XII (Paris, 1783), pp. 162-4参照。

★168　Étienne Bonnot de Condillac, *La logique, Oeuvres philosophiques de Condillac*, ed.Georges　Le Roy, vol.II (Paris, 1948), pp.369-416:412.

★169　この議論は、三〇章の終わりから三一章の初めに約一〇頁にわたっている。これは、Jean Jacques Barthélemy, *Voyage of Anacharsis the Younger in Greece during the Middle of the Fourth Century before the Christian Era*, 5th ed., vol.III (London, 1817) pp.96-104で、英語で読むことができる。

★170　Louis de Fontanes, "Essai sur l'astronomie," Fontanes, *Oeuvres*, vol.I (Paris, 1839) pp.14-25:21-2. フォンタヌについて、またフランスの詩と科学の相互の一般的影響関係などについては、Casimir Alexandre Fusil, *La poésie scientifique de 1750 ànos jours* (Paris, 1917) 参照。

★171　Walter Schatzberg, *Scientific Themes in the Popular Literature and the Poetry of the German Enlightenment 1720-1760* (Bern, 1973) と、Karl S.Guthke, "Die Mehrheit der Welten: Geistesgeschichtliche Perspektiven auf ein literarisches Thema im 18 Jahrhundert," *Zeitschrift für deutsche Philologie*, 97 (1978), pp.481-512. グトケはこの論文を、*Das Abenteuer der Literatur* (Bern, 1981), pp.159-86でさらに展開している。グトケの*Der Mythos der Neuzeit: Das Thema der Mehrheit der Welten in der Literatur- und Geistesgeschichte von der kopernikanische Wende bis zur Science Fiction* (Bern, 1983)の特に4章も参照。

★172　これらの翻訳についてはSchatzberg, *Scientific Themes*, pp.21-46、またこれらの概説書の分析についてはpp.46-63参照。

★173　Johann Christoph Gottsched, *Erste Gründe der gesammten Weltweisheit* (Frankfurt, 1965, 1731年Leipzig版の復刻) 口絵。

★174　Gottsched, *Weltweisheit*, pt.I, pp.384-7.

★175　ゴットシェットの経歴については、Gustav Waniek, *Gottsched und die deutsche Litteratur seiner Zeit* (Leipzig, 1897)と、G.L.Jones, "Johann Christoph Gottsched," *German Men of Letters*, 6 (1972), pp.45-69参照。科学知識の普及に対する貢献については、Walter Schatzberg, "Gottsched as a Popularizer of Science," *Modern Language Notes*, 83 (1968), pp.752-70参照。

★176　Johann Christoph Gottsched, "Als der Verfasser sein funfzigstes Jahr zurücklegte," in Gottsched, *Ausgewählte Werke*, ed. Joachim Birke, vol.I (Berlin, 1968), pp.224-37:227.

★177　Schatzberg, *Scientific Themes*, p.178.

★178　Barthold Brockes, "Das, durch die Betrachtung der grösse Gottes, verherrlichte Richts der Menschen," in Brockes, *Irdisches Vergnügen in Gott*, vol.I (Bern, 1970,1737年Hamburg版の復刻), pp.423-57:431.

★179　Brockes, "Traum-Gesicht," *Vergnügen*, vol.IV, pp.192-9と、"Zum Traum-Gesicht," *Vergnügen*, vol.VI, pp.291-5. ブロケスの"Inseln," "Vier Welte"や、グトケ、シャツベルクによる分析も参照。

★180　Guthke, "Mehrheit," pp.508-10.

★181　Albrecht von Haller, "Ueber die Urspring des Uebels," in Haller, *Gedichte* (Bern, 1969,1762年Gottingen版の復刻), pp.161-95:193. この翻訳はArthur O. Lovejoy, *Great Chain of Being* (New York, 1960, 1936年版の復刻), p.200からである。

★182　Haller, *Gedichte*, pp.205-11:207.

★183　Christlob Mylius, *Vermischte Schriften* (Berlin, 1754), p.355. ミューリウスの数多くの多世界論的著作に関する詳細な議論については、Schatzberg, *Scientific Themes*, pp.93ff and pp.233-43参照。本書の議論は、主としてシャツベルクに基づいている。

★184　Schazberg, *Scientific Themes*, p.110.より引用。

★185　Schazberg, *Scientific Themes*, p.114.

★186　例えば、Henry E. Allison, *Lessing and the Enlightenment* (Ann Arbor, 1966), pp.50-1参照。ボネにも見られるように、時には多世界論と関わりを持った霊魂の転生の教義を初期のレシングが支持したのは、ミューリウスの影響かもしれない。というのは、ミューリウスの*Palingénésie*をレシングは読んでいたからである。

★187　Gotthold Lessing, "Die Planetenbewohner," in *Lessings Werke*, vol.I, ed.Georg Witkowski (Leipzig, 1911), pp.67-8.

★188　*Lessings Werke*, vol.I, pp.106-8.

★189　Brian Keith-Smith, "Friedrich von Hagedorn," *German Men of Letters*, 6 (1972), pp.149-67:150より引用。

★190　Friedrich von Hagedorn, "Die Glückseligkeit," Hagedorn, *Sammtliche poetische Werke*, pt.I (Darmstadt, 1968, 1757年Hamburg版の復刻), pp.14-27:17.

★191　Ewald von Kleist, "Praise of the Godhead," *The Poetry of Germany*, trans. Alfred Baskerville (Leipzig, 1854), pp.6-9:7. Kleist, "Unzufriedenheit des Menschen"も参照。

★192　これらの著述家には、後で論じるクロプシュトック、ボードマー、ヴィーラントの他に、Georg Heinrich Behr (1708-61), Friedrich von Creuz (1724-70), Johann Friedrich von Cronegk (1731-58), Johann Jakob Dusch (1725-87), Johann Siegmund Leinker (1724-88), Michael Richey (1678-1761), Christian Benjamin Schubert, Johann Peter Uz (1720-96), Justus F. W. Zachariä (1726-77)がいる。彼らの多世界論的著作の議論については、前述のゲトケとシャツベルクの著書を参照。

★193　Klopstock, *Der Messias*の当初の評価については、Frederick Henry Adler, *Herder and Klopstock* (New York, 1914), pp.18ff参照。

★194　クロプシュトックの評価を示すものとして、Robert M. Browningは*German Poetry of the Enlightenment* (University Park, Pa., 1978)の三分の一をクロプシュトックにさいているが、*Der Messias*にはほとんどふれていないという事実がある。

★195　これは、Albrecht Ritschl, *Critical History of the Christian Doctrine of Justification and Reconcilation*, trans. John S. Black (Edinburgh, 1872), p.320の一八世紀に関する章の表題である。キリスト教的叙事詩を書くに当たって直面した概念的な問題が、ミルトンとクロプシュトックにおいて対照的であったことは、Gerhard Kaiser, *Klopstock: Religion und Dichtung* (Gütersloh, 1963)で徹底的に論じられている。

★196　クロプシュトックが*Messias*において天文学を広範囲にわたって活用していたことに対する同時代人のC.F.CramerとA.G.Kästnerによる見解については、Kaiser, *Klopstock*, p.51参照。

★197　クロプシュトックの思想のこのような側面を証明する広範な証拠は、Kaiser, *Klopstock*, pp.104-22にある。

★198　Friedrich Klopstock, *Der Messias*, Klopstock, *Ausgewählte Werke*, ed. K. A. Schleiden (Munich, 1962), canto I, lines 195-6.

★199　Hans Wöhlert, *Das Weltbild in Klopstocks Messias* (Halle, 1915), pp.36-7.

★200　Klopstock, *Messias*, XX, pp.578-9. Kaiser, *Klopstock*, pp.238-40も参照。

★201　存在の連鎖という概念を使っていることについては、Kaiser, *Klopstock*, pp.54-6参照。ヤングの*Night Thoughts*に魅了されていたことについては、Lawrence Marsden Price, "English Literature in German," *University of California Publications in Modern Philology*, 37 (1953) pp.1-548:114参照。

★202　Adler, *Herder and Klopstock*, p.78より引用。

★203 Friedrich Klopstock, "Die Genesung", *Werke*, p.77. 以下の歌の引用は、断わりがないかぎり、彼の*Werke*からである。

★204 Friedrich Klopstock, "Psalm," *Klopstocks Werke*, pt.III, ed. R.Hamel, Deutsche National-Litteratur edition (Berlin, n.d.), pp.178-9.

★205 ボードマーが、*Der Noah*で、クロプシュトックを用いていることについては、C.H.Ibershoff, "Bodmer's Indebtedness to Klopstock," *Publications of the Modern Language Association*, 41 (1926), pp.151-60とIbershoff, "Bodmer and Klopstock Once More," *Journal of English and Germanic Philology*, 26 (1927), pp.112-23参照。

★206 Schatzberg, *Scientific Themes*, p.164より翻訳。ボードマーについてのこの議論は、主にSchatzberg, pp.163-9とGuthke, "Mehrheit," p.502に基づいている。

★207 ヴィーラントの生涯については、W.E.Yuill, "Christoph Martin Wieland," *German Men of Letters*, 6 (1972), pp.93-119参照。彼の多世界論については、Schatzberg, *Scientific Themes*, pp.287-93とGuthke, "Mehrheit," pp.502-3参照。

★208 Alexander Gode-von Aesch, *Natural Science in German Romanticism* (New York, 1941), p.125より翻訳。この書物にもG.F.Meierの有益な議論がある。

★209 Guthke, "Mehrheit," p.502より翻訳。

★210 Schatzberg, *Scientific Themes*, p.293.

★211 Yuill, "Wieland," p.78より翻訳。

★212 Gode-von Aesch, *Romanticism*, pp.131-2より引用。 Gellert, "Die Ehre Gottes aus der Natur"については、Browning, *German Poetry*, pp.64-5参照。

★213 Christian Fürchtegott Gellert, "Moralische Vorlesungen," Gellert, *Sämmtlich Schriften*, vol.VII (Hildesheim, 1968, 1770年Leipzig版の復刻), pp.396-7.

★214 Christoph Christian Sturm, *Reflections on the Works of God and His Providence throughout All Nature* (Philadelphia, 1832), p.50.この著作はフランス語とスウェーデン語にも翻訳された。

★215 ヘルダーと科学との関わりを最も詳しく論じているのは、H.B.Nisbet, *Herder and the Philosophy and History of Science* (Cambridge, England, 1970).

★216 Nisbet, *Herder*, p.237より翻訳。この手稿については、pp.141-3も参照。

★217 Nisbet, *Herder*, p.234より翻訳。ニスベトは、ヘルダーの霊魂の輪廻に関する複雑で次々と変わる見解について詳しく論じているが、本書では概要を述べるにとどめる。

★218 Johann Gottfried Herder, *Ueber die Seelenwanderung: Drei Gespräche*, Herder, *Sämtliche Werke*, ed. Bernhard Suphan, vol.XV (Hildesheim, 1967, 1888年Berlin版の復刻), p.272.以下のヘルダーの著作からの引用は、断わりがないかぎり、すべてこの版による。

★219 Herder, *Seelenwanderung*, p.276.

★220 Herder, *Werke*, vol.XIII, pp.19-20. ヘルダーの*Ideen*に見られるこれらの記述がきっかけとなって、カントは一七八五年にこの著作について極めて批判的な書評を書いた。*Kants gesammelte Werke*, vol.VIII (Berlin, 1923), pp.45-55参照。

★221 Nisbet, *Herder*, p.234.

★222 Herder, *Werke*, vol.XXIII, p.534.全般的にはpp.526-35参照。

★223 Herder, *Werke*, vol.XXIV, p.317とJohann Bode, *Betrachtung der Gestirne und des Weltgebäudes* (Berlin, 1816), p.409参照。

★224 Friedrich Schiller, "To Astronomers."これは*Schiller's Works*, ed.J.G.Fischer, vol.I (Philadelphia, 1883) p.136に翻訳されている。

Guthke, "Mehrheit," pp.511-12参照。シラーの"An die Astronomen"は、後期の詩のひとつである。"Laura"など初期の詩の多くに多世界論的言及が見られる。シラーの宇宙のイメージの変遷については、Wolfgang Düsing, "Kosmos und Natur in Schillers Lyrik," *Jahrbuch der deutschen Schillergesellschaft*, 13 (1969), pp.196-220参照。

★225 Guthke, "Mehrheit," p.512より翻訳。引用はゲーテ, *Rede über Winckelmann*からである。

★226 カミーユ・フラマリオンは、*Pluralité des mondes habités*, 33rd ed. (Paris, ca.1885), p.43で、出典を明らかにしてはいないが、ゲーテが多世界論を受け入れていたと述べている。Desiderius Pappは、*Was lebt auf den Sterne?* (Zurich, 1931), p.13で、「それぞれの星に生物が住んでいる」というゲーテの言葉を引用しているが、やはり出典を明らかにしていない。他方、ゲーテの*Faust*には多世界論的表現は見られず、またCarl Hammer, Jr., "Goethe's Astronomical Pursuits," *Studies by Members of SCMLA*, 30 (1970), pp.197-200にも多世界論についての明確な言及はない。

★227 Gode-von Aesch, *Romanticism*, p.126より引用。原典については、*Deutsch National-Litteratur, Historisch-Critische Ausgabe*, ed. Joseph Kürschner vol.L, pt.2 (Berlin, 1893), pp.18-27:24参照。

★228 Ernst Gottfried Fischer, "Etwas aus der transcendenten Astronomie," *Astronomisches Jahrbuch* (1792), pp.222-32:222.

★229 多世界論的テーマは、ジャン・パウルの後期の著作にも多く現れている。例えば、*Der Komet*の"Traum über das All"と*Selina oder über die Unsterblichkeit der Seele*参照。

★230 Jean Paul, "The Moon."これはJohn OxenfordとC.A.Feilingが翻訳した、*Tales from the German* (London, 1844), pp.261-8:262 にある。『ジャン=パウル文学全集六』鈴木武樹訳、創土社、一九七四、三三一頁参照。

★231 この経験については、Dorothea Berger, *Jean Paul Friedrich Richter* (New York, 1972), pp.22-3とJ.W.Smeed, *Jean Paul's Dreams* (London, 1966), pp.4-5参照。

★232 Jean Paul, *Flower, Fruit, and Thorn Pieces; or, The Wedded Life, Death, and Marriage of Firmian Stanislaus Siebenkaes*, Alexander Ewing (London, 1895), pp.262-3.『ジャン=パウル文学全集七』鈴木武樹訳、創土社、一九七八、四三六頁。

★233 Smeed, *Dreams*, pp.81-91.

★234 Smeed, *Dreams*, p.84にあるHugoの引用より翻訳。

★235 Alexandre Calameは、Fontenelle, *Entretiens sur la pluralité des mondes* (Paris, 1966)の中(p.189)で、Bernardino Vestrini (1711)、そしてAnnibal Antonini (1748), Vincenzo Garzia (1765), Galiani (1780)による翻訳を挙げている。

★236 Giovanni Cadonici, *Confutazione teologica-fisica del sistema di Guglielmo Derham inglese, che vuole tutti i planeti da creature ragionevoli, come la terra, abitati* (Brescia, 1760), p.21.

★237 Ephraim Chamberの頁のない*Cyclopaedia: or, An Universal Dictionary of Arts and Sciences*, vol.II (London, 1741)の"Planet"の項参照。

★238 ボスコヴィッチの生涯については、*Dictionary of Scientific Biography*の彼の項目とLancelot Law Whyte (ed.), *Roger Joseph Boscovich* (London, 1961)参照。

★239 Boscovich, *De lunae atmosphaera*については、Joseph Ashbrook, "Roger Boscovich and the Moon's Atmosphere," *Sky and Telescope*, 16 (1957), p.378を、またデュ・セジュールなど以後の研究については、Robert Grant, *History of Physical Astronomy* (London, 1852), pp.230-3参照。

★240 Roger Joseph Boscovich, *A Theory of Natural Philosophy*, trans. J.M.Child (Cambridge, Mass., 1966), p.166.

★241 Zeljko Marković, "Boscovich's *Theoria*," Whyte, *Boscovich*, pp.127-52:150より引用。

★242　Valentin Boss, *Newton and Russia: The early Influence 1698-1796* (Cambridge, Mass., 1972) pp.50ff.　またAlexander Vucinich, *Science in Russian Culture:A History to 1860* (Stanford, 1963), p.56も参照。

★243　Boss, *Newton and Russia*, p.61.

★244　Boss, *Newton and Russia*, p.64より引用。

★245　Boss, *Newton and Russia*, pp.64-5.

★246　Boss, *Newton and Russia*, pp.116-27.

★247　Boss, *Newton and Russia*, p.222.

★248　ロモノーソフの生涯の詳細については、Boris Menshutkin, *Russia's Lomonosov: Chemist- Cortier- Physicist- Poet*, trans. J.E.Thal, E.J.Webster, and W.C.Huntington (Princeton, 1952)参照。フォントネルを読んでいたことについては、Walter Sullivan, *We Are Not Alone*, rev.ed. (New York, 1966), p.35参照。天文学的著作については、Otto Struve, "Lomonosov," *Sky and Telescope*, 13 (1954), pp.118-20参照。

★249　Leo Wiener, *Anthology of Russian Literature* (New York, 1902), pp.253-4.

★250　Struve, "Lomonosov," p.119.

★251　Struve, "Lomonosov," p.120より引用。

★252　Menshutkin, *Lomonosov*, p.149より引用。pp.82-3も参照。

★253　Menshutkin, *Lomonosov*, pp.147-8.この論文はロモノーソフの生存中に印刷されたわけではないが、彼の著作集の中に含まれている。

★254　Baumer, *European Thought*, p.141.

★255　Becker, *Heavenly City*, p.31.

★256　Jean Milet, *God or Christ?*, trans. John Bowden (New York, 1981), p.xi.

★257　Ralph C. Roper, "Thomas Paine: Scientist-Religionist," *Scientific Monthly*, 58 (1944), pp.101-11:102より引用。

★258　Thomas Paine, *Representative Selections*, ed. Harry Hayden Clark (New York, 1961)の中の、*The Age of Reason*の復刻版を用いた。その長い序文の中でクラークは、ペインの思想には、クウェイカー教よりも、科学観の方がずっと大きな影響を与えていたと主張している。(pp.xv-xxvii, cxli-cxlii)

★259　Paine, *Age of Reason*, p.276.　ペインの天文学の知識については、いくつかの発見の点でハーシェルに先行していたと主張するロウパーのように誇張すべきではない。より妥当な評価は、Joseph V. Metzger "The Cosmology of Thomas Paine," *Illinois Quarterly*, 37 (1974) pp.47-63に見られる。Metzgerの正しい指摘によれば、ハーシェルが天王星を発見した一〇年ほど後に*Age of Reason*を書いたのに、従来の六つの惑星しか言及されていないという。(p.57)

★260　Marjorie Nicolson, "Thomas Paine, Edward Nares, and Mrs.Piozzi's Marginalia," *Huntington Library Bulletin*, 10 (1936), pp.103-33:107.

★261　Nicolson, "Paine," p.108.

★262　その評価については、Paine, *Selections*, p.428にあるクラークの論評参照。

★263　Nicolson, "Paine," p.114とMichael L. Lassar,"In Response to *The Age of Reason*, 1794-1799," *Bulletin of Bibliography*, 25 (1967), pp.41-3参照。

★264　多世界論を扱った数多くの応酬については、Nicolson, "Paine," pp, 115ff参照。

★265　"Walpoliana... Number IV," *Monthly Magazine*, 6 (1798), p.116. ウォールポウルがフォントネルを読んだのは、おそらく一七七二年かそれ以前であろう。*Horace Walpole's Correspondence*, ed., W.S.Lewis, vol.XXVIII (New Haven, 1955), p.161参照。

地球外生命論争 1750-1900 I

（分売不可）

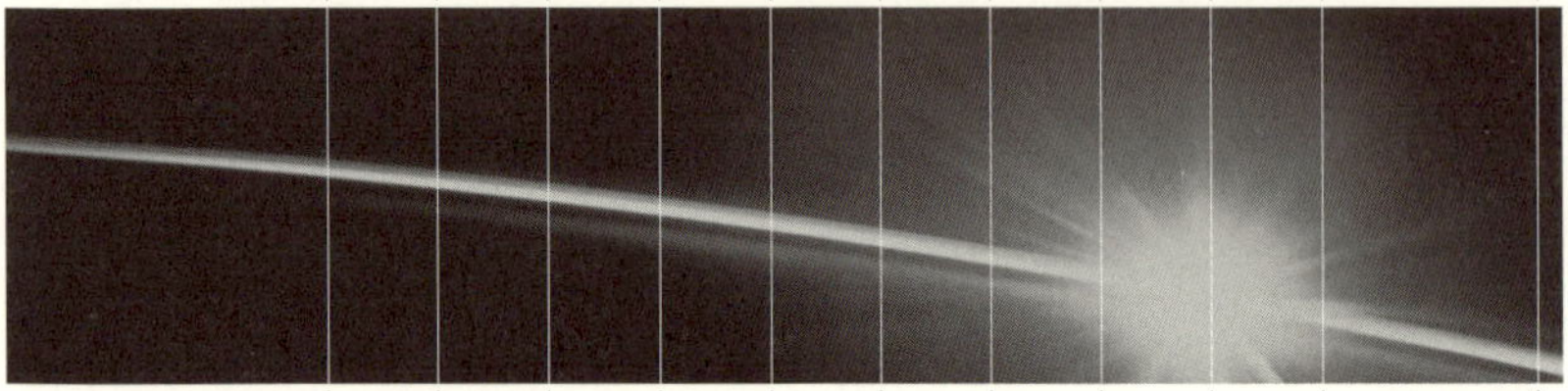

発行日　二〇〇一年三月一〇日
著者　マイケル・J・クロウ
翻訳　鼓　澄治＋山本啓二＋吉田　修
編集　十川治江
ブックデザイン　鈴木一誌＋仁川範子
DTPオペレーション　大西由華＋蒲谷孝夫
組版校閲　前田年昭
印刷　株式会社フクイン
製本　田中製本印刷株式会社
発行者　中上千里夫
発行　工作舎
editorial corporation for human becoming
〒150-0046　東京都渋谷区松濤2-21-3
phone: 03-3465-5251　fax: 03-3465-5254
URL: http://www.kousakusha.co.jp
e-mail: saturn@kousakusha.co.jp
ISBN-4-87502-347-2

The Extraterrestrial Life Debate 1750-1900 I　by Michael J. Crowe

Japanese translation rights arranged with Cambridge University Press, Cambridge, England
through Tuttle-Mori Agency Inc., Tokyo

地球外生命論争 1750-1900

II

1800—1860

カントからロウエルまでの世界の複数性をめぐる思想大全

The Extraterrestrial Life Debate
1750-1900
The Idea of a Plurality of Worlds
from Kant to Lowell
Michael J. Crowe

マイケル・J・クロウ＝著
鼓 澄治
＋山本啓二
＋吉田 修
＝訳

工作舎

第2部 一八〇〇年から一八六〇年まで 305

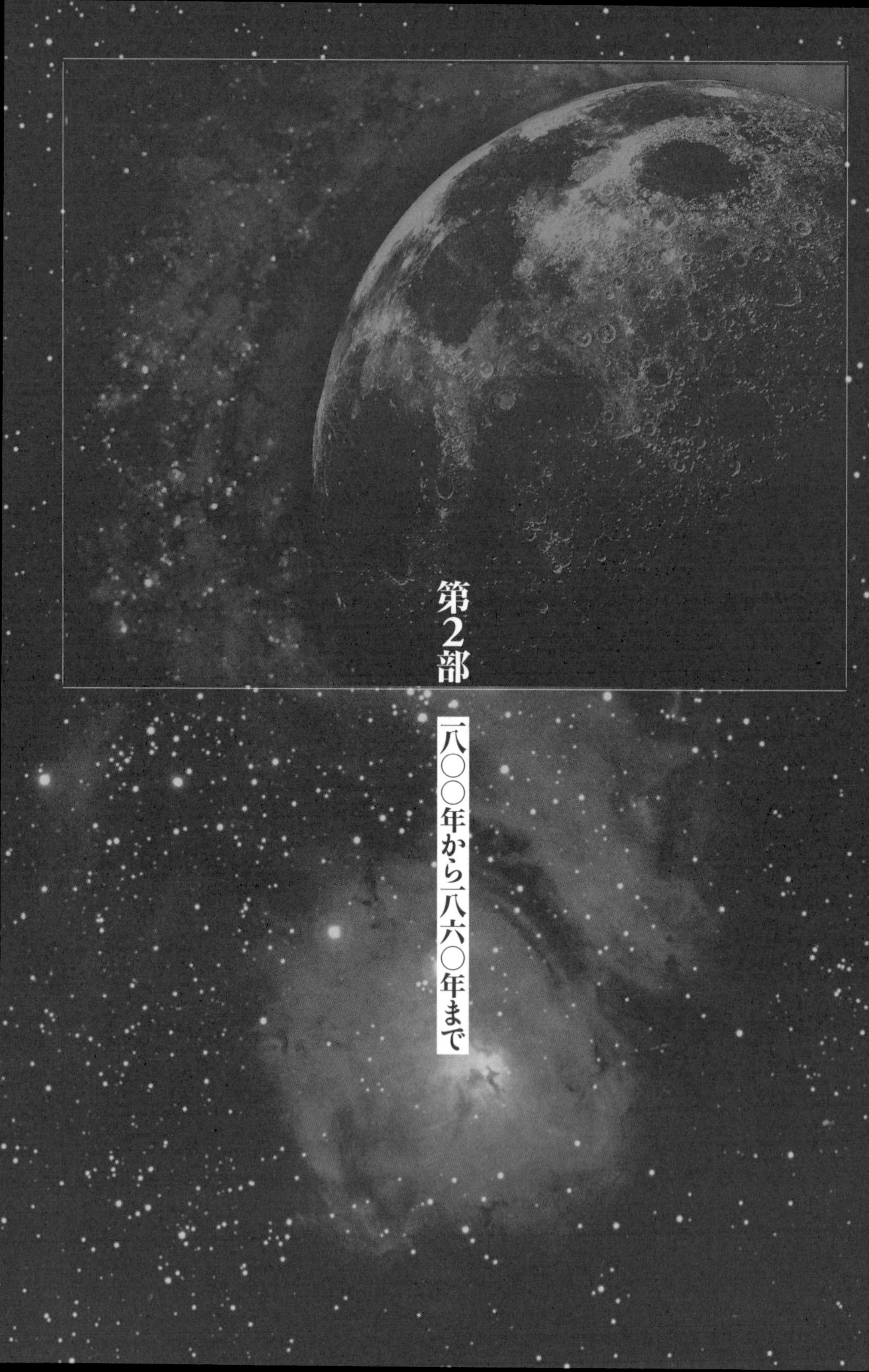

第2部

一八〇〇年から一八六〇年まで

第4章 一八〇〇年以後激化した、世界の複数性に関する論争

1 トマス・ペインの理神論からトマス・チャーマーズの福音主義まで

一九世紀になると、それまで愛されてきた多くの啓蒙主義の学説が疑問に付されるようになった。例えば、一八〇〇年前後の二三年の間に、ワーズワースとスタル夫人は、当時支配的であった優れた文学の規準に異議を唱え、科学の分野では同じ頃ヤングが新しい光の理論を、そしてデイヴィが新しい熱の理論を提出し、他方、エラズマス・ダーウィンは種の不変性に疑問を投げかけた。マルサスは啓蒙主義の楽天的性格とその社会哲学を攻撃し、シュライアマハーとイェールのドワイトはそれまで無視され否認されてきたキリスト教思想のさまざまな考えを復活させようとした。また、ペインは急進的共和主義を促し、メストルは保守主義を擁護した。★1 しかし、これらの新しい世紀の告知者たちが大胆でかつまた相異なる意見を持っていたにもかかわらず、何れも地球外生命を認める点では啓蒙主義と一致していたという事実には驚かざるを得ない。★2 彼らが積極的に多世界論を受け入れたということは、しかし、この説に難点がなかったということを意味してはいない。前章で述べたように、一八世紀の多世界論者たちが一九世紀の多世界論の継承者たちに残した問題は二つあった。一つは、ペインが『理性の時代』の中で力強く提示した問題であるが、キリスト教と多世界論は調和しうるかという問題であり、一つは、第一の問題ほど明確に自覚されてはいなかったが、地球外生命の存在を示す天文学的証拠がほとんどないという問題であった。これらの問題の一方あるいは両方が、本章で論じられる一九世紀の初頭のほとんどすべての著述家の念頭にあったのである。本章の第1節では一八一〇年代と二〇年代における多世界論の状況を吟味し、第2節では、この二〇年間に出版され最も影響力の強かっ

た多世界論の書、トマス・チャーマーズの『天文講話』(1817)を中心に議論を進める。多くの人々はこの著書によってキリスト教と多世界論の緊張が緩和されるものと見ていた。第3節では、チャーマーズの著書に刺激を受けた新しい多世界論の著作のうねりについて論じる。最後の第4節では、月に生命があるという説を擁護しようとする一九世紀初頭のさまざまな努力を吟味し、いわゆる月のお話の新しい解釈を示すことによって、先に言及した二つの問題が依然として解決には程遠かったことを示す。

一九世紀初頭の多世界論を概観するには、イギリスとその科学者たちから始めるのがよい。というのは、太陽に生命があるとするハーシェルの説さえ受け入れて、多世界論に与した人物もいるからである。例えば、医学博士ロバート・ハリントンは一七九六年『火と惑星の生命の新体系——太陽と惑星には居住者がおり、気温は地球と同じであることを明らかにする』(ロンドン)を出版し、火の粒子と土の粒子が自然界の主要な二つの存在であって、前者は相互に排斥しあうが、後者は空気の粒子と火の粒子を共に引き付けると主張した。この理論に基づき、太陽や諸惑星には「すべて全く同じ火、光、熱、また同じ気温、そして、疑いもなく、同じ人間・動物・植物・鉱物、同じ大気・水、要するに、すべて同じものが存在する」と結論した。そしてさらに、「何と広大な考えなのだ。小さな人間よ、このことをよく考えてみよ、そして謙虚になれ」と述べている。ハリントンがイギリス科学の中心的存在ではなかったのに対して、医学博士トマス・トムスン(1773-1852)は、スコットランドの指導的化学者であり、『化学の体系』の一八〇七年版はドルトンの原子論の重要な解説を含んでいる。トムスンは、この著書の中で太陽の住人に触れてはいないが、ハーシェルの太陽の理論を擁護している。特に、トムスンは、ハーシェルの観測によれば「太陽は、不透明な固体の球で、地球や他の惑星に似ており、広範囲にわたる高密度の大気に囲まれている。[そこには]二つの雲の領域が広がっている……」[★3]と述べる。他方、一八〇七年トマス・ヤングは、太陽の質量が巨大であるが故に太陽の住人が人間と同じ大きさであればその体重は二トン以上となってしまうだろうし、太陽の雲もその熱から彼らを守ることはできないだろうと反論

したけれども、★4ハーシェルの主張は依然として広く人々に受け入れられていた。

多世界論者たちにとって、惑星や衛星が困難な問題を引き起こすということはなかった。例えばジェイムズ・ミッチェル(1786?-1844)は、ロンドン数学協会で講演して公にした『世界の複数性について』(1813)の中で、すべての惑星やその衛星に生命があると主張した。こうした主張をなすにあたって、ミッチェルは惑星や衛星の動物の適応能力や大気と土が持つ緩和効果を力説し、それによって太陽光線が地球以外の惑星に達するときの過度の強さの問題を解消した。★5ミッチェルは地球上に生命が満ちていることを強調し、アナロジーによる議論を駆使する。そして、多世界論を否定すると「創造者の知恵に疑問を投げかけることになるだろう」と大胆に主張する。ミッチェルは火星にも月が存在するのは当然とし、観測できないほど小さいのだと主張することによって火星には衛星がないという問題を処理した。またアダム・ウォーカー(1762-1841)は、ミッチェルと同じく地球外生命に熱心な科学作家、講演者であり、『通俗哲学の体系』の中で、火星の大気は太陽の明かりを長引かせるかも知れないと提案した。★6ウォーカーは、土星の周りの環が土星人にどのように見えるかを記した後で、土星人の「眼や体質のおかげで、……[土星は、]土星より多くの熱や光を太陽から受けている「天体と同じく快適な居住地となっているのだ……」と力説する。恒星に関して言えば、恒星は太陽であり、従って、「無限に遠く離れていてわれわれには知覚されえない……さまざまの天体に光、熱そして植物を……与える。……こうした考えは人間精神にとってなんと広大な考えであろうか」と述べている。

多世界論はまた、四人のイギリスの有名なロマン派の詩人たちの注意を引いている。一七九八年ウィリアム・ワーズワース(1770-1850)は、「ピーター・ベル、或る物語」の中で宇宙旅行を取り上げている。主人公は「火星の紅毛人」を見るだけでなく、また次のことを知る。

土星では町々は滅び、

憂鬱な亡霊が群がっている――
巨大な闇の中で互いに
軽く触れるように見えるスバル
その中を私は喜びに満ちて飛んでいく。

軽快な水星は笑いさざめきに満ち、
巨大な木星は荘厳な木陰に満ちている
しかし、こうしたもの、そしてそこにあるすべてのもの、
それらは、かの小さな粒、我が地球に比すと
一体なんなのであろうか。[★7]

地球外生命に対するワーズワースの情熱は一八三五年まで衰えることがなかった。この頃「月へ」の中では、「科学の探究的精神が人類に説き明かすまで考えられたこともないさまざまな世界……[★8]」に言及している。

バイロン卿(1788-1824)もまた宇宙旅行というテーマを取り上げている。悲劇的詩『カイン――一つの神秘』(1821)の中で、ルシファーは、聖書にでてくるカインに天界を旅行させ、彼に示すに「燦たる星辰千萬無数の世界を以てし、我等の世界は、無数の生命の中にありて、光輝あらざる隔てし友なることを以てせり……」〔＊『バイロン』木村鷹太郎訳、教文社、大正一三年〕。バイロンの多世界論は、「我信ず」と名づけられたものの中ではさらにはっきりと現れている。「我信ず」の中に含まれている主張の一つに次のようなものがある。「夜も宗教的な関心事となる。ハーシェルの望遠鏡で月や星を見て、それらが世界であることがわかったときには余計にそうである[★9]」。バイロンが知っていた多世界論の著

述家はハーシェルだけではない。マンフレッド・アイマーが一冊の本にも相当する研究論文の中で明らかにしたように、ルクレティウス、フォントネル、ポウプ、エドワード・ヤングなどもバイロンに影響を与え、そのためにバイロンの詩は宇宙のイメージに富んだものになったのである。[★10] さらに、一八一三年バイロンが書いた手紙の一節が示唆しているように、バイロンは、多世界論的天文学を知って魂の不死性に疑問を持つようになったのである。

私は不信の偽善者ではない。私が、人間の不死性を疑ったからといって神の存在を否定しているという嫌疑を受けるとは予想もしなかった。われわれの永遠への希求は過大なものかもしれないと初めて私が思うようになったのは、われわれ自身やわれわれの世界が巨大な全体の一つの原子に過ぎず、相対的に取るに足らないものでしかないことを知ったからであった。[★11]

多世界論が特に顕著にみられるのは、パーシー・ビシュ・シェリー(1792-1822)の著作である。シェリーの活発な想像力は天文学上のさまざまの考えによってかきたてられたのであった。それは、若き詩人がイートン校に入学する前に勉強したシオン・ハウス・アカデミーでアダム・ウォーカーが講義の中で示したものであった。[★12] ウォーカーの講義は再びイートン校でも聞いている。イートン校で読んだルクレティウス[★13]やエラズマス・ダーウィン(1731-1802)の著作でも多世界論に出会っている。エラズマス・ダーウィンは医者であり詩人であったが、有名な孫と同様進化論的な考えを提起した。ダーウィンの著作特に長篇詩『植物園』がシェリーに影響を与えたことは詳細に論証されている。[★14] この詩の中でダーウィンは進化論的考えや多世界論的考えを支持している。次のような一節が見られる。

「光あれ！」と全能の主が言われた、

カオスは力強い言葉を聞いて驚いた――
その王国をキラキラ輝くエーテルが走る、
そして物質が百万の太陽となり始める
激しい爆発があって各々の太陽の周りに幾つもの地球が現れる、
そして第一の惑星から第二の惑星が生じる
推進力に満ちて運行するが、
しぶしぶ楕円形に輝きながら曲がる、
軌道の中に軌道が走り、中心の周りに中心が回り、
そして、自ずとつりあいのとれた、一つの回転する全体が形成される。[15]

この詩をシェリーの『縛を解かれたプロミーシュース』(1820)の一節と比較してみよう

それから、ごらんなさい、私たちのまわりに燃えながら回転している
幾百万の世界を。そこに住むものたちは、私の球の光が、広い天に
融けていくのを見ました。[16]［＊石川重俊訳、岩波文庫、昭和二三年］

この詩の中には他にもダーウィンの影響が見られる。というのは、月は地球の脇腹からちぎられたのかもしれないとか、今は居住者はいないが居住者が現れるかもしれないというダーウィンの考えが使われているからである。[17]
衝撃的な数節を含んでいたが故に一八一三年密かに印刷された詩『女王マブ』の注の中で初めて、シェリーの多世界

論とその主要な結論が公にされた。そうした一節の一つは、この詩の中で言われている「無数の系」の説明として付け加えられた或る注の中に見られる。シェリーによれば、世界が複数存在するという場合には、

……この無限の宇宙に広がる聖霊が一人のユダヤ人の女の身体に一人の息子を身ごもらせたとか、あるいは、それ自身の同義語に他ならない必然性の帰結に腹をたてるなどということは信じられなくなる。悪魔とかイヴとか中保者などのかのみすぼらしい物語すべては、ユダヤ人の神の子供じみた狂言共々、星に関する知識とはとても調和しがたい。神の指のなした仕事が神に不利な証拠を作り出している。[★18]

この一節から明らかなように、「天文学的知識のために〔シェリーが〕キリスト教信仰を退けるに至った」というアイフォー・エヴァンズの主張は正当である。[★19] この点は、一八二二年のシェリーの死のせいぜい二年前に書かれた「悪魔について、またさまざまな悪魔について」を見ても明らかである。[★20] この風刺的作品にはハーシェルとラプラスの考えの影響が見られる。この中でシェリーは、「悪魔信仰に関する……正統派の人々のだらしなさを」[★21]主教たちに警告し、悪魔信仰は今ではもはや信じられていない地球中心の宇宙論と多世界論が長い間結びついてきたところに源があると主張する。近世の天文学者たちの発見によれば地球は、「他のたくさんの天体から成る系の比較的小さな天体にすぎない……」ことを読者に想起させながら、シェリーは、地球人と例えば木星人のような地球外生命のどちらが悪魔の直接的訪れを受けるに値するか！を詳細に論じる。こうして、ペインの反キリスト教的多世界論的議論に答えようとした神学者たちを嘲笑し、太陽が地獄の場所であると指摘したスウィンデンのような著者に対しては太陽の内部は冷たいというハーシェルの理論を引用している。この作品は辛辣さがいやと言うほどめだつので、一八三九年版のシェリーの散文集にさえも入れられていない。

多世界論に与した四番目のイギリスのロマン派の詩人は、サミュエル・テイラー・コウルリッジ(1772-1834)である。コウルリッジはケンブリッジの学生時代に頌歌を作り、「先輩の諸太陽が生命を与えたさまざまの世界を」訪れたいという欲求を表現した。★22 しかし、後には地球外生命に関して二回留保を表明した。一つは、ニーイマイア・グルーの『聖なる宇宙論』の写しの欄外のメモの中に見られる。「月には住人がいるかもしれないが、——しかし……おそらく地球人とは異なる動物であろう……」とグルーが主張している箇所の欄外に、コウルリッジは次のように書いている。「しかしなぜ動物が存在する必要があるのか。すべての可能な惑星にシラミがいなければならない必然性があるのか。人間がうじゃうじゃいる不潔な地球のシラミ症を免れた惑星はないのか」。★23 もう一つのもっとはっきり述べた言明は、一八三四年二月二二日の『談話』の中に見られるが、明らかにコウルジッジはケンブリッジ時代の詩の中で自分が多世界論を受け入れたことを忘れてしまって、次のように主張している。

私は、通常受け入れられているような形の世界の複数性を肯定する議論に説得力があるとは全く思わなかった。ある夫人がかつて私に——「それでは、われわれにとって明らかに無意味なかくも多くの天体が創造された意図は一体何なのでしょう」と尋ねた。これに対して私は答えた。——わかりません。おそらく土を安いものにするためという以外には。低俗な推理は別です。知的で全能の存在者の目から見れば、恒星系全体も、キリストが死によって贖った一人の人間の魂も比べようがないのではないか。★24

この一節が示唆していることは、シェリーやおそらくバイロンが多世界論はキリスト教を退けるものと見なしたのに対して、コウルリッジは全く逆の推論をしたということである。

幾人かのイギリスの宗教的著述家たちがペインの『理性の時代』に対して応酬するという仕事に取りかかった。最も

広く読まれたものの一つは、バプティスト派の聖職者アンドルー・フラー(1754-1815)が公刊した『福音、それ自身の証』であり、この反理神論的著作の一章でペインの多世界論の議論が扱われている。[★25] この章は以後大いに注目され、チャーマーズはただフラーの立場を練り直したにすぎないとさえ主張する著者も出るほどであった。[★26] 実際はしかし、フラーは幾つかの必ずしも一貫しない主張を行っている。例えば、多世界論はせいぜいありそうなというだけであると言うかと思えば、多世界論はキリスト教や聖書と調和されうると言い、またもし多世界論が正しいならば、それによってキリスト教の贖罪の教義は「強められかつ強力にされる」、おそらく人間と天使だけが教えに背いたのである、たとえ地球以外の生命が罪を犯したとしても、地球でのキリストの受肉と贖罪によって「神の支配するすべてのそしてあらゆる地域が永久のそしていや増す喜びで満たされることが可能である」などと述べている。フラーのさまざまな議論の注目すべき特徴は、キリストの受肉や贖罪が地球だけのことだと想定されていることである。

フラーはペインの『理性の時代』という百頁ほどの著書に対してそれと同じぐらいの大きさの本を著したのであるが、簡潔に書くということを知らなかったエドワード・ネアズ師(1762-1841)[★27]は、多世界論に関するペインの十数頁のものに対して四〇〇頁以上もある書物を書いて応酬した。ネアズは、後にオクスフォードで近代史欽定講座教授になった人物であるが、一八〇一年『唯一の神、ただ一人の中保者——あるいは、世界の複数性という哲学的概念がどこまで聖書の言葉と合致するかを示す試み』(ロンドン)[★28]を出版した。ネアズの著書にはペインに見られるような論争的なところはない。実際、はっきりと自分の本について「自分自身の意見を独断的に提出してもいないし、他人の意見をむげに非難してもいない」と述べている。しかし、理神論者たちと戦おうとしているのは明らかであり、「特別に啓蒙しさらに救済するために神が使者を送りたまうほど、人間は存在の位階に於いて重要であると自ら傲慢に考えている」という理神論者たちの申し立てを攻撃しようとしていることは少なくとも明白である。理神論者たちにもっともな点があることはネアズも認めている。例えば、人間は「宇宙の小さな粒に過ぎない。神は無限である。[さらには]この世界と

同じような無数の世界の「創造者」であり、またおそらく無数のさまざまの知的存在の創造者でもあろう」。しかし、理神論者は、「神の子が訪れるには哀れな地球は余りにも卑小だと考えるのに、カゲロウの羽の中の神の業を賞賛し承認することができる」という点では極端に走っている。

多世界論を受け入れることによって理神論者たちを彼ら自身の土俵に連れて行くこと、そして、「神と人間との仲立ちの計画全体が神の偉大さと荘厳さに関するわれわれの観念を大して強め高揚させることにならないの……」かどうかを検討することが自分の著書の意図であることをネアズは明らかにしている。ネアズは、世界の複数性を支持したり否定したりする天文学的証拠には殆ど注意を払っていない。世界の複数性の説は「非常によく基礎づけられた推測」であるとして受け入れる。地球は、生命の唯一の所在地ではないかも知れないが、神が受肉し贖罪すなわち「……すべての人類の贖罪を完遂するための……唯一の偉大な啓示」を行ったただ一つの惑星である、そしてキリストの贖罪の努力の効果は「われわれには測り知れない仕方で広大な天空の至る所のあらゆる理性的被造物に……」行き渡っていると主張する。ネアズは自分の立場を要約し、神が「必然的に唯一で不変」であるとしても、地球以外の生命に「彼らの欠点や弱点の故に必要とされ要求される神の方策や意志に関する知識」を伝えないのではないかと婉曲に問う。惑星人の中には罪を免れたものもあるかも知れないが、悪魔は他の世界で悪巧みを働いたかも知れないとネアズは信じている。しかし、著書の表題の最初の言葉がはっきり示しているように、唯一の神、そして唯一の中保者、唯一のメシアしか存在しない。「この地球で「キリストの」肉体は傷つけられ、キリストの血は流された。もし宇宙に別の世界が存在するとしても、キリストの血と肉の犠牲を知らせることがどれほど神を喜ばせるかはわれわれにはわからない……」。この立場を擁護するために、ネアズは、ヘンリ・モアやバトラー司教やポルテウス司教が同様の考えを抱いていたと主張する。多世界論は推測であり、類推に基づいており、聖書から証明されるわけではないけれども、非多世界論的見方よりは宇宙における神の働きについて崇高な観念を与えてくれるとしばしば力説している。★29

ネアズは二つの貢献をした点で賞賛に値する。第一に、先行する著述家たちの見解を繰り返し引用し注意深く吟味している。第二に、多世界論と聖書の関係という問題を、かつて試みられたいかなる分析よりも詳細に遂行している。この問題についてネアズは、多世界論の立場が聖書から証明されうるというエドワード・キングの主張を退け、❶少なくとも多世界論の立場に矛盾するものは聖書のなかに全く見いだされず、❷世界の複数性の観点から解釈すると、多くの節がより豊かで自然な意味を獲得すると力説する。この努力の中で、ネアズは、「天」heaven(s)とか「世界」world(s)という英語に翻訳されたヘブライ語やギリシア語を研究し、それらの語が拡大解釈を許容することを示そうとしている。これを基礎にして、ネヘミヤ記第九章第六節が「文字通りには」「汝まさに汝が唯一の神である／汝が諸世界、諸世界よりなる宇宙を造ったのである／すべての居住者と共に／地球を、そこに存在するすべてのものと共に／汝はすべてを生命で満たす／そして、諸世界の住人が汝を崇める」と「訳せる」ことを示唆している。しかし、ネアズの学問的努力はペインの華々しさには全くかなわなかった。『理性の時代』が一二版を重ねたのに対して、ネアズの大著は初版が出ただけであった。

ネアズも多産的であったが、メソジスト派神学者アダム・クラーク(1762?-1832)の著作の量にはとてもかなわない。アダム・クラークは、数巻に及ぶ聖書の注釈の中で多世界論を支持している。[★30] クラークの『注釈』を読むと、創世記の第一章第二節にさえ至らないうちに惑星と衛星の詳しい資料の表が見られるし、第一章第一六節まで進むと、「巨大な望遠鏡によるハーシェル博士の発見によってわれわれの系に一つの新しい居住可能な世界として太陽が哲学者の広範な同意のもとに付け加えられた」[★31] こともわかる。こうしたことを詳しく述べた後で、クラークは月について次のように説明している。「哲学の世界では月が居住可能な天体であることを疑う余地は殆どない」。類推すれば「すべての惑星とその衛星には……住人が存在する。というのは、物質はただ知的存在のためにのみ存在するように思えるからである」。クラークの説明によれば、恒星は「太陽である……。／それぞれがその周りを回る特有の数の惑星をもっ

ている……。／従って無数の世界が存在する……」。この点に関して、申命記第一〇章第一四節の注釈で詳しく述べている。そして「諸天の天」という表現の中で複数形が使用されている点を強調する。さらに、「あらゆる恒星は太陽で[あり]、固有の付随する天体を持っている。それ故、諸系のさまざまの系が神の玉座に至るまで果てしない階梯を成しているかも知れない」という。クラークは、列王記上第八章第二七節を論拠にして、「諸天」という複数形を再び強調し、「地球は約六千年前に創造されたのであるが、各系の中心をなす各太陽が余りにも地球から遠く離れたところで創造されたので、その光は地球に未だ届いていないかもしれない……」と主張する。クラークは、二つの仮定、すなわち、❶基本的に神は太陽系の創造に七日を使うこと、❷われわれの系は紀元前四〇〇四年に創造されたことを仮定して、一八一九年までに神は「三〇万三五七五個の系を……」造ることができたであろうと計算している。クラークの『注釈』や出版された説教★32の中に含まれているこのような説によって、広範な聴衆に多世界論が広められたことは疑いない。なんといっても聖書注釈や説教は依然として多くの人々を教育する第一のよりどころであった。しかもクラークは、広い知識を持ち、ウェズレー主義者の団体の長に三回も選ばれた人物として著述に権威があったのである。しかし、もしクラークが多世界論を主張するに際して一八世紀の多世界論者たちに対するウェズレーの「そんなに積極的になるな……★33」という忠告に留意していればよかったと思う人もいるかもしれない。

一八世紀の終わりにアメリカ合衆国では、理神論がキリスト教に対して重大な侵略を行っていた。理神論の著作のうちで最も広く読まれたのはペインの『理性の時代』であり、一七九六年までにアメリカで一七版を重ねていた。或る大家によれば、『理性の時代』はこの国に隈無く行き渡った。新聞にはその広告と共に、保守主義者たちが書いた猛烈な反撃も掲載された……。民主主義的クラブと理神論的団体は『理性の時代』を教科書として使った。大学生たちはそれを全く鵜呑みにし、

教師たちは大いに心配した。ニューハンプシャーからジョージア州そしてアルゲーニー山脈の向こう側のさまざまな村の下層民たちは、飲み屋のろうそくの明かりの中で『理性の時代』について議論した。[★34]

この引用文が示唆するように、理神論は大学生にとって魅力的であった。一七九九年には、プリンストンでほんの少しの学生しか「敬虔なふうを見せ」なかったので、ある訪問者は憤慨した。また、ウィリアム・ヒルはウィリアム・アンドメアリ校の学生の間に「粗野、下品、不信心」しか見いださなかった。[★35]ハーヴァードでは、新しい考えに屈服しないようすべての学生にウォトスン主教の『聖書に対する弁明』が与えられた。ライマン・ビーチャーの記述によれば、イェールは「全く神を否定するような状態にあった」。[★36]

こうした状況は長くは続かなかった。実際、「第二の大覚醒」と呼ばれたものによって「一八〇〇年以後アメリカのプロテスタンティズムは再び生気を与えられた」。[★37]福音主義の説教者たちは、不信心を激しく攻撃し、集会を開いてフランス革命の行き過ぎを指摘し、フランス思想の危険性を警告した。そのような戦略は大学生の間に効果があった。特にイェールではそうだった。ベンジャミン・シリマンが一八〇三年に報告しているところによれば、イェールは「祈りと賛美が大部分の大学生の喜びであるように思える……小さな寺院」[★38]となっていた。イェールでこの変革に最も功績があった人物は、ティモシ・ドワイト師(1752-1817)であった。ドワイトは一七九五年から死ぬまでそこの学長であった。

ドワイトはイェールでさまざまな学問を推し進めるのに積極的であったが、主要な関心は――ジョナサン・エドワーズの孫にふさわしく――学生たちの宗教生活にあった。ドワイトは、学生たちを不信心から救い、道徳性を改善し、そして、キリスト教に教化するために、一七三もの一連の説教をした。学部学生が聞き逃すことがないように、四年毎にこうした説教を行った。ドワイトの説教は死後一八一八年五巻本で出版され、『神学、解説と擁護』[★39]と題された。

ドワイトは福音主義の情熱をもって説教したが、善行を強調する功利主義と多くの詳細な議論に支えられており、科学に対する開かれた心を持ち、自然神学に魅力を感じ、多世界論を確信していた。後の二つの特徴は神の不動性について論じた第五番目の説教の中に顕著に現れている。すなわち、神は、

……無数に多くの世界を、さまざまの内実と共に創造し、即座に自分自身の手で無数の太陽に火をつけ、無数の世界がその周りを回るようにした。すべてこれらを……神は供したのであり、豊かで絶えざる美と荘厳の多様性をもって飾り、徳と幸福の最もふさわしい手段を与えたのである。巨大で完璧な計画を成就するために、神は広大な帝国の至る所で、玉座のまわりに知的被造物を配したのである……。

次の第六の説教の中で、ドワイトは、神の偏在と全知に話題を転じ、「極めて多くの……存在者が居住する」宇宙を完全に包含しうる神の力を強調し、さらに、宇宙に存在するあらゆる精神が何を考えているかを神が知悉していることを力説する。多世界論者の宇宙観を背景に、ドワイトは説教を終えるにあたって、最後の審判を思い浮かべ、「神の目からみれば、すなわち全宇宙という観点からすれば、誇り、野心、貪欲、また怠惰、欲望、不節制というものの外観もどんなにか違ったものになるであろう……」と警告している。第七の説教で述べているように、神の全能は「極めて容易に理性によって論証され」、証明を試みる必要はないのであり、ただ聴衆に印象付ければよいのである。そのためにドワイトは、「ハーシェルの望遠鏡」を引き合いに出す。「ハーシェルの望遠鏡」が明らかにしたところによれば、「あらゆる星が、……太陽すなわち光の世界に他ならず、それ自身の惑星を伴っており、われわれの太陽系に似た系を形成しているのである」。しかし、どんな物質よりもすばらしいものは、個々の精神である。まさにこの精神のためにこれらのみごとなものは創造されたのである。ドワイトは、神の知恵に関する第一三番目の説教で、神の権

能に関する議論を締めくくるにあたって、天文学が預言者たちの宇宙よりもさらにもっとすばらしい宇宙を明らかにしたことを聴衆に思い起こさせている。

ドワイトの第一七番目の説教には多世界論に関する十分な説明が見られる。ペイリは天文学は自然神学者の活動の場としては貧しいものであると述べたが、ドワイトは、「最も教育のない精神にとってさえ……、大空は、そこにある無数の輝かしい天体と共に、神に創造された最もすばらしい可視的部分である……」と記している。優れた知性はさらにもっと深く心を動かされる。なぜなら、惑星には「たぶん理性的で不死の存在が無数に住んでいる」と考えるからである。月に関してドワイトは、「極めて合理的な結論として、多数の知的存在が月の明るい部分に住んでおり、おそらくわれわれ自身よりもずっと善良で幸福であろう」と明言している。このようにドワイトは多世界論を確信していたので、星は「絶対確実に例外なくわれわれの太陽に似た太陽だと分かる……」と主張する。何故神は星を造ったのかと問うた後で、「数えられないほど多数の知的存在の居住する世界系に、光と運動と生命と安楽を与えるため……」であると答える時、ドワイトの見方の根底には明らかに目的論があることがわかる。こうしたことの多くは理神論者たちに受け入れられうるものであったが、ドワイトは、神がわれわれに与えた賜物のうちで最も大きなものは中保者と救済者としてのキリストの行為であることを力説して、理神論者と袂をわかった。また、キリストは『神学、解説と擁護』第二巻の中心的テーマであった。第四二番目の「キリストの受肉」に関する説教の中で、ドワイトがキリストについて伝統的な見方を支持していることは疑いない。ドワイトは「キリストは、ユニテリアンたちが嘲笑するとしても、神でありかつ人間である」と述べている。ドワイトは、聖書に従って、宇宙の創造と維持におけるキリストの直接的行為を強調する。

無限の空間の中で、「キリストは」無数に多くの知的存在に生命を与え、行為や喜びへと導く。彼によって作られた宇宙は、

また彼によって支配されている。宇宙は諸々の世界から成り立っており、彼は全能の倦まぬ手でこれら諸々の世界を無限の広がりの中で回転させる……。無数のものに恵み深い無限の宝庫から、食物と衣服を与え、……無数の知的被造物に自身の不変の精神的富の中から不朽の徳、尊厳、栄光を与える。

ペイン後の時代に書かれたこの一節は、キリストが他の惑星でも受肉したかという問いを必然的に引き起こしたが、最初の二巻ではこの点について避けていたように思われる。[★40]

ドワイトの『神学、解説と擁護』第三巻、第四巻、第五巻は道徳神学と恩寵を中心に論じている。最後の第五巻の終わりで、世界の終局と不死性について論じるにあたって、ペインが提出した微妙な問題を取り上げている。再臨のときに「天国は終わるであろう」というペテロの予言の厳密な意味の分析という文脈の中で、ドワイトは、この表現の中の「天国」という言葉は宇宙の一部分しか意味してはいないと主張する。このように解釈して、「他の知的存在それ故にまた彼らが住んでいる世界もこのすばらしい産出に関わっているかもしれないが、ただ間接的でごく微々たる意味でしかない」と明言する。かくして次の決定的な一節が出てくるのである。

この世は、アダムの子孫のための摂理の一大体系の舞台として創造されたのだ……。合わせて、神秘的ですばらしい神慮の劇場としても。神の王国での最初の反乱は天界で始まり、第二反乱はここで起こった。最初の反乱は知的被造物の秩序の中で最も高いものによって、第二の反乱は最も低いものによってなされた。これら二つの反乱はおそらく、万物の支配者がその理性的臣下によって背かれた唯一の事例であろう。

この一節が示しているように、ドワイトは、キリストの受肉や贖罪はこの惑星に特有のことであり、地球人だけが贖

罪を必要としているという立場に立っていた。ドワイトは、「この世界にはただ一つの驚くべき摂理の体系が存在する。それは神と造反した被造物との間の和解の体系である。……この体系は他の何れの場所においても見いだされず、ここで完結している……」と述べている。ドワイトが「理性的に主張され」うる唯一の立場と考えたこのような立場の神学的な正統性が如何なるものであったにせよ、この立場によってコペルニクスの革命で失われたわれわれの惑星の優位性が取り戻された。ドワイトの立場に含まれるこのような劇的な主張、そしてまた他のさまざまの主張、とりわけ地球の堕落した住民と受肉した神の地球への到来とを対比するということは、ドワイトによって、また後には、チャーマーズによってより効果的に利用されて、高い教育を受けた人々の精神と心さえゆり動かすことになった。イェールでのドワイトの説教は大きな影響力があった。数年後にイェールの三分の一もの学生が牧師になったのである。[★41]もちろんこれらの人たちの多くは、説教壇に登った時、多世界論の立場を体現した神学を説教した。ドワイトが影響を与えた人物の中で特に重要なのは、以前彼の神学生であったデニスン・オルムステッド(1791-1859)である。オルムステッドはイェールに帰って教え、一八五〇年代の多世界論論争に重要な貢献(後に取り上げる)をした。ドワイトの影響はイェールを越えてさらに拡がった。『神学、解説と擁護』は少なくともアメリカでは一二版を重ね、イギリスでは一九二四年になってもまだ版を重ね続けた。

世界の複数性を支持する熱狂的な思想は、一八一七年まで数十年間にわたってイギリスとアメリカで拡がっていたが、大陸でも同様であった。その擁護者のうちにはその頃フランスで最も優れた幾人かの人物もいた。例えば、政治家でありまた政治経済学者でもあったピエール・サミュエル・デュ・ポン・ド・ヌムール(1739-1817)は、『宇宙の哲学』(1796)の中で、世界の複数性を擁護した。実際、デュ・ポンの体系の中には伝統的な地球外生命だけでなく、惑星の間を動きその居住者に影響を与える特別の感覚を持った超存在が登場する。またこの書物の中では霊魂の輪廻が擁護されて

いる。このことから、大いなる存在連鎖という考えが依然として影響を与え続けていることが窺われる。或る人にはデュ・ポンの書物は奇怪に見えるかも知れないが、デュ・ポンは深い確信をもって書いたのである。最後の段落で、自分の説は「三五年間の多くの省察から生まれたものである。こうした思想は一八歳の時以来私の公的なまた私的な行動を導いてきた……ものである。これはまた私の宗教でもある」と述べている。[★42]

デュ・ポンよりもさらに政治的に著名なのはルイ一六世の大蔵大臣で、スイス人のジャック・ネケール(1732-1804)である。一七九〇年に革命のフランスを逃れてジュネーヴ近くの自分の地所に行き、文学の世界でマダム・ド・スタル(1766-1817)として有名な聡明な娘アンヌ・ルイーズ・ジュメーヌ・ネケールの世話を受けながら最後の数年間を過ごした。一八〇〇年ネケールは『宗教道徳講義』を出版した。著者が自然神学、大いなる存在の連鎖、世界の複数性などの考えに熱心であることがよく出ている。第一講義は、「至高存在の存在について」であるが、この中で、神の力と善を強調し、「惑星空間を照らし、惑星を回転させ、そして……生命のある存在、感覚のある存在、またおそらくわれわれよりもっと賢くもっと感謝の気持を持つ存在を遍く照らす無数の太陽[★43]」から宇宙は構成されていると主張する。ネケールはさらに、ランベルトを典拠として引用しながら、「楕円軌道を描いて、われわれの太陽系の巨大な広がりの中を通過する地球のような塊がおそらく五百万存在する……」と力説する。これらの居住可能な彗星は、「多様な存在のためのこうした巨大な空間とかくもすばらしく高潔なこうした目的との間の関係をわれわれに明らかにしている[★44]」。ネケールの多世界論がマダム・ド・スタルに受け継がれたことは、『コリンヌ』(1807)から明らかである。この小説で、コリンヌはオズワルドに、彼の父の手稿の中の死に関するさまざまな考察を読ませている。これらの考察の中には次のようなことが述べられている。

……死とは、あなたにとって単に住むところの変化にすぎないであろう。そしてあなたが残すものは、すべてのうちで最も小さいものであろう。おお、無数の世界、われわれの目に映る無限の宇宙を満たすもの！ 神の被造物の未知の共同体！ 天空に散りばめられ、神の蒼穹に配置された神の子供たちの共同体！ われわれの賞賛をさらに加えさせよ。われわれはあなたの居場所を知らない。われわれは至高存在の巨大な一部分、あるいは別の部分、あるいはまた別の部分を知らない。しかし、生と死そして過去と未来について語る時、知性と感情を持つあらゆる存在の利害に至り、それに関わることになる……。さまざまの人々よ、さまざまの国々よ、さまざまの世界よ、あたたがたはわれわれと共に語る。それらすべての主に、自然の王に、宇宙の神に栄光あれ！[★45]

ネケールの書物は、自然神学がイギリスの信者にとってと同様フランス人にとっても魅力あるものであったことを示している。このことは、ジャック・アンリ・ベルナルダン・ド・サン＝ピエール(1737-1814)の著作がもっと効果的に例証している。『自然の研究』(1784)は、正直に自然神学の伝統に立った著作である。自然の不可思議に関する『自然の研究』の独特の目的論的議論は、死後出版された『自然の調和』の中で展開されている。この書物は一八一五年に出版されて以後フランスとイギリスの両方で広範な人気を獲得した。[★46]『自然の調和』の最後の第九部は天文学を扱い、アナロジーと目的論に基づいてあらゆる惑星の生命だけでなく月、太陽そして彗星の生命も熱狂的に擁護している。[★47]惑星に関してベルナルダン・ド・サン＝ピエールは、惑星には住人がいるはずであり、その理由は、「自然はいかなるものも無駄には作らなかったからである。不毛の天体の効用は何であろうか。そこには植物が存在するにちがいない。何故なら熱があるのだから。また、そこには目があるにちがいない。何故なら光があるのだから。また、そこには知的存在がいるにちがいない。何故なら彼らが形成した物の中に知性が発揮されているから」と主張している。パリ植物園の元園長であったこの人物は科学には無知であった。例えば、太陽の生命を擁護するのにハーシェルの著作を大幅に引用

しているが、太陽は「将来のある段階で地球の住民たちの避難所となるべきだ……」と提案するに際して、しばしば科学の枠を出てしまう。惑星の居住可能性を救うために用いられている幾つかの手法がとてつもない性格のものであることは、天王星に「巨大な大気圏」があり、「苔を食べ、羊の毛、牛の乳、馬の強さ、そして雄鹿の聡明さなどの長所を合わせ持つトナカイのような動物が存在する」とする点などによく現れている。ベルナルダン・ド・サン＝ピエールのいう天王星の住人は、太陽から余りにも離れているために太陽系の他の惑星を見ることはできないが、「隣の系の惑星は見ているだろう……」という。このすぐれてロマンティックな自然学者は多世界論に傾倒するあまり、天体そのものにさえも魂があると主張する。また、目的論を好むあまり、月の山はより効果的に光を反射するように放物線の形をしているなどと言う。

ベルナルダン・ド・サン＝ピエールの『自然の調和』は、多世界論とキリスト教の関係に関する議論を含んでいないが、神の手法は自然のすばらしさの中に現れているという趣旨を伝える目的で書かれている。同じ心情はルイ・クザン＝デプレオ(1743-1818)の『自然講義』(1802)のうちに生きており、「心と精神に示された」という副題にはロマンティックで宗教的な気質が窺われる。「こうしたすべての世界には、感情と知性をもった無限に多くの、そして無限に多様な存在が居住しており、あらゆる圏域で全能という名をとどろかせている」と宣言するクザン＝デプレオは、「彗星は疑いもなく巨大な不毛の地ではない[★48]」と主張する。

詩人たちもまた多世界論の効果を利用したが、ポル・ギュダン・ド・ラ・ブルネルリ(1738-1812)は抜きんでている。ギュダンは、一八〇一年『天文学』という教訓に満ちた長い詩を出版し、一八一〇年には多世界論に関する論文を付け加えて膨らませ、新しい版を出版した。ギュダンは、「多世界論が余りにも流行したので、現在では月や土星に行くとしても中国やメキシコに行く時ほど緊張する人はいないであろう[★49]」と述べている。ギュダンの知識はフォントネル、ホイヘンス、ビュフォン、ハーシェル、ラランド、そしておそらく親しかったヴォルテールから得たものであろう。ギュ

ダンは、「あらゆる天体に、つまり太陽や彗星にさえも居住者がいるであろう。しかし……われわれとは非常に異なった存在であろう。あるものはわれわれを遥かに越える存在であり、あるものはわれわれのおそまつな知性よりもずっと低い知性しか持っていないだろう」とも述べ、先の感想とは別の考えも記している。こうした立場を展開する中で、ギュダンは、地球は二つの呼吸圏をもっている、すなわち大気と大洋であり、そこには「知的で教育可能な」存在がいるかもしれないと主張する。このような勝手な論理を駆使するのであるから、月に大気や海がないことは、月に住人がいないことの証拠ではなく、月の住人が「呼吸をしたり水を飲んだりする必要がない」ことの証明であるとギュダンが考えても驚くにはあたらないであろう。ギュダンの考える惑星人は、太陽の強い光線を避けるために洞窟に住んでいる金星人すなわち「穴居人」、五つの月によって引き起こされる恐ろしい潮汐を避けるために木星の大気圏の低いところに住んでいる木星人などさまざまである。惑星の衛星や小惑星を望遠鏡で観察するとさまざまの問題が起こるので、ギュダンはこれらの住民について記述するのは避けているが、しかしその存在を疑っているわけではない。彗星に住民がいるとするとさまざまな困難に直面することに気付いてもなおその存在を是認し、自然が創造する多様な知的存在の一例であると主張する。

おそらく一九世紀初頭の最も優れたフランスの文学者はヴィコント・フランソワ＝ルネ・ド・シャトブリアン(1768-1848)であろう。エドモン・グレゴワールが明らかにしたように、シャトブリアンの著作には天文学的イメージが溢れている。グレゴワールはまた、シャトブリアンを多世界論者として描き、多世界論に「心酔していた」と実際記している。[★50] シャトブリアンが多世界論者であった証拠として、グレゴワールは、キリストが宇宙を旅行するという次の一節を『殉教者』(1809)から引用している。「天体から天体へ、太陽から太陽へキリストの堂々とした足取りは、神的知性の持ち主たち、そしておそらく[peut-être]人間には未知の人間たちが住むそうしたあらゆる天体を旅していった」。[★51]「おそらく」という言葉の使い方からして、シャトブリアンは他の世界の生命が存在しうると考えていたと思われるが、

生命をこの世界だけのものとみなした理由は、『キリスト教精髄』(1802)の中の思弁に示されている。すなわち、神は「アダムの子孫」のために未来の居住地として他の諸天体を創造したのだが、人間が罪を犯したのでこれらの諸天体は「光を発するだけの無人の地に留まったのである」★52。

コント・ジョゼフ・ド・メストル(1754-1821)が多世界論を受け入れていたことは全く疑いがない。「フランスのバーク」と呼ばれることもあったメストルは、フランス軍の攻撃の後、生まれ故郷のサヴォワを逃れ、最後にはサルデーニャ王国の代表としてサンクト・ペテルブルクに来た人物である。そこで彼は革命に反対する著作を書いた。最も有名なのは『サンクト・ペテルブルクの夕べ』(1821)である。この著作では科学に批判的であるけれども、メストルは多世界論を擁護し、多世界論を退ける「或る神学者たち」を非難した。

彼らは多世界論が贖罪の教義にふれるのではないかと恐れている……、言い換えれば、彼らによると、痛ましい惑星に乗っかって宇宙を旅している人間だけが……この系の唯一の知的存在であり、他の惑星には生命もなく美もなくて、それらは単なる球体に過ぎず、神は手品師がボールを投げるように自ら楽しむためにそれらの惑星を宇宙に投げ出したのだ、と信じざるをえなくなる。いや、こんなつまらない考えが人間精神に提示されたことはなかった★53。

同様に強い言葉で警告している。「無限な存在の力と愛に、笑止千万な制限を設けて無惨にもそれを卑小なものにするとはけしからぬ。すべては知性によってかつまた知性のために作られたという命題以上に確かなものが存在するか。惑星系は知的存在の系以外の他の何でありえようか。また、それぞれの惑星はこれらの家族の居住地以外の何でありえようか」。贖罪の問題に関しては次のように述べている。

もし他の惑星の住民がわれわれとは違って罪がないのならば、彼らはわれわれと同じ救済策を必要としてはいない。反対に、もし同じ救済策が彼らに必要であるとすれば、私が言っている神学者たちは、われわれを救った犠牲の力が月まで及ばないことを恐れなければならないのではないか。「祭壇はイェルサレムにあったが、犠牲の血は宇宙を覆った」とオリゲネスが書いているのを見る時、オリゲネスが何を洞察していたかがしみじみとよく分かる。

メストルの自信に満ちた議論は、オリゲネスの主張に基づいてさらに続いているが、当時の諸派の非難を浴びたこのサヴォワの賢人が多世界論の立場に与していたことは、引用だけで、十分明らかに見て取れる。

一九世紀初頭の二〇年間、ヨーロッパの他の所でも、多世界論に対する熱狂は依然として激しいものがあった。ドイツでは、ボーデやシュレーターが(先に述べたように)多世界論を擁護した。イタリアでは、若いジャコモ・レオパルディが(後で述べるように)多世界論の立場をとった。フランス革命に続く大きな政治的変動の真っただ中では、ロマン主義運動に結びついた文化革命があったにもかかわらず、地球外生命の考えはめったに問題にされなかった。反宗教的なシェリーやアルプスの南のメストルのようなさまざまの知識人が、また、イェールの福音主義のドワイトやオクスフォードのネアズ、フランスのベルナルダン・ド・サン=ピエールやドイツのボーデ、要するに地球のことについては意見を同じくしなかったかもしれない多くの作家たちが、地球外生命に関しては同様に受け入れていたので、地球外生命に関する考えは前世紀の終わりと同様新しい世紀の初めにも人気があった。多世界論がどのように解釈され、当時の思想体系にどのように統合されうるかに関しては全く意見が一致しないままであった。一八一七年以前には広い支持を獲得した出版物は一つもなかったが、この状況は一八一五年一一月二三日の正午にグラスゴーで始まった注目すべき一連の出来事の結果、遠からず変わることになった。

2 「全世界がチャーマーズ博士のすばらしい天文講話を知っている」

その日は一八一五年一一月二三日の木曜日であった。場所はグラスゴーのトロン教会。状況は、グラスゴーの忙しい市民に対して牧師たちが木曜日の正午に説教するということであった。説教者はトマス・チャーマーズ。その日チャーマーズが始めた七つの一連の説教で扱った話題は、キリスト教と地球外生命の関係であった。その影響は出版された時とてつもないものだった。四〇年後にエドワード・ヒチコック師は「全世界がチャーマーズ博士のすばらしい天文学講話を知っている[★54]」と述べている。

トマス・チャーマーズは一七八〇年三月一七日スコットランドのファイフシャーに生まれた。[★55]早くから牧師になる決心をしていたチャーマーズは、一一歳のとき聖アンドルーズ大学に入った。しかし、聖職者の仕事に対する熱意は、数学に対する愛をしのぐほどではなく同じぐらいになっていた。数学が八年間の勉強の中心になった。その勉強が終わった時まだ一九歳にすぎなかったが、「将来性のある若者[★56]」と判断され、聖アンドルーズの長老会は説教者の資格を認めた。一七九九年に資格を与えられたが、説教することが人生の主要な関心となるまでには少なくとも四年を要した。科学と数学に対する情熱は非常に強く、一八一五年頃までは「数学者チャーマーズ氏[★57]」として知られていた。この情熱があったために、チャーマーズはエディンバラ大学でこれらの学科をスコットランドの常識哲学と共に二年間研究した。哲学、特にジェイムズ・ビーティの『真理の不変性について』の中に提示されたものが極めて魅力的に思われた。それによって、特に、ドルバックの『自然の体系』の唯物論を退ける方法を見いだしたからである。ドルバックの『自然の体系』は聖アンドルーズ大学在学中のチャーマーズの心を強く動かしたものであった。一九世紀の始めの

頃、チャーマーズはエディンバラで人気のあった常識哲学と宗教的穏健主義の総合されたものを支持していた。[★58] この時期牧師の仕事に極めて強く引き付けられたのは、数学の教授職を求める気持からだった。実際、ファイフのキルメニーの田舎の信徒に召喚されたことで一八〇三年に聖職按手式を受けることになったのだが、これは彼にとって特に魅力あるものだった。何故なら、これによって聖アンドルーズ大学で数学の助手の地位が得られたからである。一年後にはこの地位を失ったが、科学の学生たちとは引き続いて接触を保ち、エディンバラ大学の数学の教授職や聖アンドルーズ大学の自然哲学の教授職を得ようと試みた。ただしこれはうまくは行かなかった。

キルメニーでの一〇年余りの半ば頃、チャーマーズは宗教上の新たな方向づけを継続的に深く経験した。デイヴィッド・ブルースターに『エディンバラ・エンサイクロペディア』に書くよう求められて、「三角法」のような論文だけでなく「キリスト教」についての論文にも着手した。後者の仕事を頼まれた時、身近の人たちが数人死に、自分自身も重い病気になったので、新しい深みを求めてキリスト教を探究するようになった。数学を見捨てて宗教に走ったパスカルと彼の『パンセ』に動かされて、初期の穏健主義と合理主義から、人間の罪深さや恩寵への依存、またキリストとキリストの贖罪などを中心とする福音主義的宗教の立場へ移っていった。以前は教会の福音主義者たちの感情主義を信頼しなかったが、今や個人の魂を強調する聖書のキリスト教を自分自身の確信に近いものとみなすようになった。チャーマーズの説教は一八一一年以後ますます感情に訴えるものとなり、信徒たちからより熱烈な反響を引き出し、信徒の数を増やしていった。新しい活力に満ちたチャーマーズの言葉はグラスゴーに広がり、空席になっていたトロンの説教壇に立つよう申し出を受けるに至った。ロバート・バルフォア博士は一八一四年に初めてキルメニーを訪問し、チャーマーズの立候補について論評したが、その言葉は一八一一年以前に関しては極めて厳しいものであった。しかし一八一一年以後のチャーマーズに関するバルフォアの言葉は多くの人々に繰り返し引用されている。

……彼の才能は第一級のものである。今や卓越した恩寵が彼の才能を引き立たせている。彼は長い間名高い哲学者であり、キリスト教の教義を奇妙だと嘲笑する者であった。しかし、今や確信を持ち暖かい心で、かつて彼が論破した信仰を説教している。私は……非常に優れた力を持ちながら極めて控えめで謙虚な人間に驚く。彼は実際改心した、しかも小さな子供のように。★59

グラスゴーの人々の中にはこの若い説教者の熱烈な福音主義を恐れる人もいたし、少なくとも一人の人物は「多くの学識と宗教がチャーマーズを気違いにした」★60と非難したが、チャーマーズを支持する人の方が多少ではあったが多かった。一八一五年七月、チャーマーズはキルメニーの教区を去り、トロンの教会の牧師になった。

四か月後多世界論論争の中で極めて重要な一連の説教を始めた時、チャーマーズは激しく熱狂的に福音主義を説いたのみならず、科学的威信を持って説教した。科学的威信は彼にとって必要だったのである。何故なら、宗教を軽蔑する文化人には不評であった福音主義的感情と地球外天文学に対する啓蒙主義の考えとをそれらの説教において大胆に調和させていたからである。チャーマーズの説教は一八一七年『現代天文学から見たキリスト教の啓示について』と題して出版され、イギリスを越えて拡がり、目をみはる反響を生みだした。サミュエル・ウォリンはこの著書が最初に引き起こした反響を目撃した人物として、次のように報告している。

この論文の執筆者は、「講話」の一つか二つを……聞いた。当時少年であった彼は、大勢の群衆の一人として入場許可を得るのに四時間ほども待たねばならなかった。彼は群衆のうちで押し潰されて死にそうだった。偉大な説教者は、説教壇に行きつくのにさえ少なからぬ努力を要した。説教壇から熱烈な雄弁が流れ始めるや否や、聴衆の激しい熱狂はほとんど押さえ難いものとなった。筆者は若かったが、その熱狂に完全に参入していた。彼はそれ以来この場景に

匹敵するものを見たことがない。[61]

ウィリアム・ハナはチャーマーズの死後すぐに四巻の伝記を書いて彼のことを記録した。その中に同じような報告が見られる。すなわち、当時チャーマーズが「天国とその高い秩序」について述べるのを聞くために、「何千人という」グラスゴーの商人たちが机を離れて「集まった」[62]のである。

これらの説教は出版された時、さらにめざましい成功をおさめた。契約金を払うから出版の許可を得たいという申し出を退けて、チャーマーズは一般大衆に賭けてみる決心をした。一八一七年一月二八日に出版されたチャーマーズの『天文講話』は、最初の十週間に六〇〇〇部売れた。そしてその年の終わりには九版を重ね二〇〇〇〇部売れた。一八五一年にハナは次のようにコメントしている。「以前にも以後にも説教の本がこんなにすぐさま広く受け入れられたことはなかった。……さらに、文学界の人たちと宗教界の人たちを余りにも長い間分離してきた線をみごとにぶち壊したのは、第一巻の説教であった[63]」。批評家ウィリアム・ハズリトは次のように記している。チャーマーズの説教は「国じゅうを野火のように走った[64]」。またすでに堂々とした演説家であり、後に首相にもなったジョージ・キャニングはこの本を読んで賞賛を惜しまなかった。[65]チャーマーズの『天文講話』が初めて出版された時に引き起こした熱狂は、以後数十年の間衰えることがなかった。一八五一年にはチャーマーズの出版物は二〇巻以上に達していたが、ハナによれば、『天文講話』は「今日になっても……チャーマーズ博士の他のどの著作よりもよく売れていた[66]」。アメリカでは早くも一八一七年に出版され、一八六〇年になっても再版が続いた。他方イギリスでは一八七〇年代に現れ、ドイツ語の翻訳は一八四一年に出た。[67]

チャーマーズの雄弁は体験した人たち自身でさえ説明することも模倣することもできないほどのものであった。ヒュー・ワットが語っているように、「チャーマーズのやり方をまねその方法を応用しようとした少なからぬ若者たち

は同世代の者をうんざりさせたにすぎなかった」[★68]。その通りだとすれば、どんなに長い引用をしても、どんなに詳細に叙述しても、一九世紀に何千人ものチャーマーズの読者が経験した強い感動を今日の読者にまざまざと思い浮かべてもらうことは不可能であろう。たとえそうだとしても、彼の本に目を向けてみることにしよう。そうすれば、チャーマーズの天才がどこにあったかがわかるであろう。チャーマーズは、長い間合理主義の中心的要素であった世界の複数性の説が福音主義を喚起するのに有効であると考えていたと思われる。

『天文講話』の序文の中でチャーマーズが記しているところによれば、「福音書の真理に対する天文学的反論」は、「重大な紛糾や懸念」[★69]を引き起こしても、不信仰を撲滅しようとする人々によって批判されることはめったにない。この反論が不信心者の心の中に宿る場合、そこには二つの要素がある。❶「キリスト教はわれわれの世界のためにのみ考えられた宗教である……という主張」、❷「旧新約聖書の中で神に帰されているような極めて独特のしかも卓越した配慮を、全くとるに足らない領域に対して浪費するようなことを神はしないであろうから、神がこの宗教の創始者であるということはありえない……という推理」である。最初の主張に対して、チャーマーズは、この主張はキリスト教徒の主張ではなく、不信心者の主張にすぎないと応酬する。二番目の推理に対する反論の中では、神は全能で大きな心の持ち主なのでその支配と配慮にはほとんど限界がないという神のイメージを喚起する。

最初の説教は、「我なんぢの指のわざなる天を観なんぢの設けたまえる月と星とをみるに世人はいかなるものなればこれを聖念にとめたまふや　人の子はいかなるものなればこれを顧みたまふや」という詩篇第八篇からの引用で始まっている。「自然の現象や働きから敬虔の感情を導き出すことは、真にキリスト教徒のなせる業」であると評し、古代の詩篇作者が見た天界ではなく、遥かかなたまで見える望遠鏡を駆使する天文学者が見た天界について記している。このような器具を使えば、地球のように季節や衛星を持つ惑星が見え、そのことによって地球は小さなものに過ぎないことがわかってくる。また、驚くべき数の星が観測され、それらが輝きにおいてわれわれの太陽を凌ぎ、従えてい

る惑星の多さにおいてわれわれの太陽に匹敵するかもしれないような太陽であることも明らかとなる。さらに、これらの惑星には「生命と知的存在が住んでいるにちがいない」。近代人の目にする天界には巨大な量の星雲があり、光を放っている。たとえわれわれの目に見えるすべての天体や地球が消滅するとしても、「他の世界は存続し、遥か彼方で運行している。他の太陽の光がその上に照り、その上に広がる空には他の星がちりばめられている」。次のように書いているのを読むとさらに力強いイメージがわき起こってくる。「一つの葉が落ちたからといって、生気に満ちた巨大な森が傷つくなどということはないだろう。ちょうどそれと同じように、われわれの惑星が滅びたからといって、壮麗で変化に富んだ宇宙全体が傷つくなどということはないであろう」。詩篇作者の問い――「世人はいかなるものなればこれを聖念にとめたまふや」――に話を戻すと、チャーマーズの示唆するところによれば、この惑星で這い回っている最も小さな昆虫から宇宙の最も遠い天体の住人にまで神の寛大さは及ぶと考えるのがキリスト教徒であって、そこが不信心者と違うところだという。こうした神観を持つキリスト教徒は、何故神は「神の創造した広大な領野のうちの全くとるに足らぬ区域のつまらぬ住民のために永遠の子を遣わし死なせた」のであろうかという問いに直面しても恐怖を抱く必要はない。宗教は「最も巧妙で堪能な反対者に出くわしても恐れるべき」ものは何もないというチャーマーズの主張は、はるかかなたの天体や惑星に関する細々とした事柄をうまく処理する彼の器用さから出てくるのである。

「真の科学の謙虚さについて」と題された二番目の説教の中で勧められる主要な徳は謙遜である。そこではニュートンを経験主義者として褒め、知性の力に関して謙虚な考えを持っていたおかげで、ニュートンは、信仰のない者とは違って、遠い惑星の植物について考察する時、そこにキリスト教が伝えられる可能性を否定するなどという無定見を回避することができたのだと言う。ニュートンは、ヴォルテールとは違って、子供のように謙虚に自然と聖書を研究する人物として描かれている。

三番目の講話「神はどれほど自らを卑しうするのか」の中で、チャーマーズは、神はどうして地球のことなど気遣うのかという先の問いに答えようとしている。天文学によって地球は巨大な宇宙の小さな部分にすぎないことが暴露されたからである。これに対してチャーマーズは、望遠鏡とほとんど同時期に発明された顕微鏡が優れた答えを与えると言う。すなわち「一方「望遠鏡」はすべての星の系を見せてくれる。他方はすべての原子の世界を見せてくれる」。顕微鏡は神の配慮が最も小さな動物にさえも及んでいることを明らかにしてくれると主張した後で、「巨大な大きさも神を凌ぐことはなく、微小な小ささも神から逃れられず、多様性も神を当惑させることはできない……」と述べ、こうした神を受け入れることを主張する。同様に、神は人間のあらゆる考えを見通していることは明らかであるのに、どうして神の恩恵が地球以外の他の天体の精神的存在にも及んでいることを疑えようかと言う。キリストと贖罪に関して、この巨大な宇宙を創造した神が「神の支配地のうちで最も卑小なこの地球に、僕《しもべ》のなりをして到来し、われわれの堕落した種の形態を取り、不幸、受難、そして死へと、われわれのために自らを落としめた」という真理について熟慮せよと聴衆に言う。この時点では、キリストが贖い主として他の惑星にも到来したか否かという問題は、消極的な形でしか現れていない。

……理性によってわかることだが、贖罪の計画は、神の広大な支配圏の中の他の領域に住み他の領野を領有している被造物にも影響を与え、さまざまな意味を持つであろう。従って、われわれが属している種……のためにのみこの計画がたてられたと主張することは、単に不信心者の臆測にすぎない……。

「創造されたかなたの場所における人間の道徳の歴史に関する知識について」と題された、四番目の説教によれば、ちょうど地球上でキリストの贖罪の行為の効果が数千年の間を通じて減少することがなかったように、その効果は遠

い惑星にも届いているであろうと言う。キリストがこの取るに足らぬ惑星のために何を為したかを知る時、他所の精神が神の大いさを疑うことなどどうしてありえようか。チャーマーズは、われわれの精神の暗愚と聖書の曖昧さの故に、われわれは贖罪の計画を十分に知ることができないが、聖書のいくつかの節は天文学の拡大された宇宙という観点から再解釈することができるという。

その一つの例は、五番目の講話の冒頭のルカ伝の一節(15, 7)「われ汝らに告ぐ、斯くのごとく悔改むる一人の罪人のためには、悔改の必要なき九九人の正しき者にも勝りて、天に歓喜あるべし」である。この聖句を取り上げ、チャーマーズはその意味を宇宙的規模で説明する。そして、宇宙全体が一人の地球人の悔い改めを喜ぶというイメージを詩的想像力によって喚起するが、そのような歓喜の声が起こるとは主張しない。聖書を根拠にして天使や地球外生命を紹介し、彼らが「すべての居住地で［地球の］悔い改めたすべての個人に対する喜びのホサナを」鳴り響かせているさまを描く。不信心者による緊張を解く別の方法をチャーマーズは示唆する。「おそらく、私の周囲の無限の空間を回るすべての惑星は正義の国であろう」。そうすると、宇宙は「一つの安全で喜びに満ちた家族であるが、［われわれの］疎外された世界だけがはぐれ、あるいは捕われている……」という恐ろしい考えが生じる。このような考えによって不信心者は沈黙し、われわれは悔い改めへと呼び覚まされるはずである。

六番目の講話では悪魔が登場し、この説教の表題が示しているように、「知性の高い存在者の間で、人間を支配しようとする争い」が始まる。チャーマーズによれば、地球は「創造の高い位階の存在者たちの間で起こる激しく野心に満ちた争いの現実の劇場」であり、「競争の劇場になった。分割された宇宙で欲望や勢力を持つあらゆる存在者がその競争に乗り出した。その競争には単にわれわれの種の回復というのとは別の目的が含まれている。それはより高い疑問を解決する」という。「われわれの反逆した世界が悪魔の唯一の拠点であるのか、また、光の力と闇の力との間で今進行している広範な戦いの場所はこの世界だけなのか、こうした疑問についてはわからない……」ことをチャーマー

ズは認めているが、後には、「われわれの種の救済だけにかくも大きな配慮がなされたように思われる……」理由を説明するためにこのアイデアを活用している。こうした一節を読むと、グラスゴーの市民は毎日の行為の意味を深く感じて仕事にもどっていったであろうと思われる。チャーマーズの高遠で雄大な視野を持った想像力と比較すると、ダンの「いかなる人類も孤立してはいない……」も顔色無しである。★70

チャーマーズの最後の七番目の講話で力説されていることは、荘厳な光景や華美なイメージに敏感であることとイエスを個人的に主として積極的に受け入れることとは別だということである。そうしたものに敏感であることはけっこうなことであると言うが、自分の弁舌の効果に気付いていなかったはずのないこの巧みな説教者は、キリスト教徒の責任である質素な生活への呼び掛けとして説教を行っているのである。救いをもたらすのはキリスト教徒の意志であって、すばらしい敏感さというものではない。こうしたチャーマーズの主張もまた、彼が天文学者、哲学者、神学者、さらには詩人として語りまた著述したのではなく、自分のところに来る人々の心と魂に達しようと努力する福音の説教者として語りまた書いたのだということを思い起こさせてくれる。われわれは、チャーマーズがこのことに成功したかどうかを知ることはできないが、著書が受け入れられたということから明らかなのは、キリスト教が多世界論と調和させられるだけでなく、多世界論によって新たな威勢に達することを多くの人が確信したということである。

これらの説教を全体として眺めてみて、明らかなことは、雄弁に語られてはいるにしても、情報が少なく細部が曖昧で確定的な結論には至っていないということである。それらの説教のうちに、地球外生命に関する正確な本性やはっきりした所在についての情報を得ようとしても無駄である。感動的比喩、真剣な調子、豊かな想像力、そしてさまざまな部分の巧みな総合などはその長所である。あらゆる人々、例えば、科学の新しい発見を恐れる人、ハーシェルやその他の人々が解明しつつあった宇宙に当惑している人、ペインの議論に心穏やかでない人、あるいは、いずれの説教者にも感情の高揚を感じない人、こうしたすべての人が詩篇作者の問いに答えるチャーマーズに夢中になった

のも頷けよう。

デイヴィッド・ケアンズはチャーマーズの『天文講話』の重要な一面を強調している。ケアンズによれば、もし自然神学の第一目標が、啓示とは独立に神の存在を証明し、神の諸属性を論証することであると考えてよいならば、チャーマーズの著書は、しばしばなされたように、自然神学の作品と見なされるべきではない。チャーマーズは二つの仕事を引き受けようとしているのであり、それは伝統的自然神学の方法を退けるキリスト教徒さえ賞賛すべきものと見なすことができるという。第一に、チャーマーズは不信心者によってなされた重大な反論に応酬しようとしているのである。「彼は理神論を証明しようとしているのではなく、むしろ信仰の道に横たわるさまざまの困難を除去しようとしているのである」[★71]。第二に、チャーマーズは、キリスト教信仰にとって「科学的」学説が何を意味するかを推し量ろうとしている。その際、チャーマーズは、啓示宗教が与える知識を避けて通らないで、それを中心に考察した[★72]。ケアンズの分析は、今日の研究が強調しているチャーマーズの著書の特徴、すなわち、福音主義的宗教の作品であるという性格を十分明らかにしているように思われる。福音主義的宗教の作品と見る時、チャーマーズの説教は、合理主義的自然神学の教説を改造して、われわれの救済のために自分の子を送るほどに、われわれ人間個々人に深く配慮する、慈悲深く寛大な神について、人の心を動かし魂の救済をもたらす神観を形成しようとする試みと見なすことができる。換言すれば、チャーマーズの『天文講話』は、初期の合理主義の最後の局面というよりもむしろ、後半生を特徴づける福音主義的キリスト教を説く試みが最初に成功したものであったのである。

『天文講話』によって有名となったチャーマーズは、その後ますます広く知られるようになった。一八二三年聖アンドルーズ大学で道徳哲学の教授に選ばれ、五年後にはエディンバラ大学の神学教授に昇任した。一八二九年にブリッジウォーターの八番目の伯爵であったフラーンシス・ヘンリ・エジャトンは自然神学の講義のために八〇〇〇ポンドを残して亡くなった。ほとんどの場合科学者であったが、八人の優れた人物が選ばれ、それぞれが一つの論考を書いた。

チャーマーズは単に選ばれたというのではなく、名簿の筆頭に名前が挙げられていた。チャーマーズの他には、後に多世界論論争の中で極めて重要な人物となったウィリアム・ヒューエルも選ばれていた。一八三〇年代のポスト・ヒューム主義とポスト・ハットン主義の時代に自然神学を展開しようとした人たちは苛酷な困難に直面したが、チャーマーズとヒューエルの二人の人物だけがこれらの困難に敏感であった。[★73]

　チャーマーズのブリッジウォーター論考は一八三三年『神の知恵、力、善について』[★74]という表題で出版された。それが「自然神学の欠陥と効用」という節で終わっているのには意味がある。ここに、再び、チャーマーズが「スコットランド教会の福音主義の復活者」[★75]として特に有名な人物であると見なすべき証拠が見られるからである。かの節でチャーマーズは、「自然神学を教化の基礎と見なす人々は、自然神学を過大評価している。自然神学によってではなくむしろ細いローソクによってわれわれは教化への道を見いださなければならない」ことを強調している。自然神学はキリスト者の生涯において正規の優越性をもつものではなく、単に歴史的優越性をもつにすぎない。自然神学は「自らが抑え切れない欲望を作り出す。そしてそれに刺激された人は安らぎと満足を求めるが、こうしたものは福音の豊かさの中でのみ獲得しうるのである」。自然神学は神の存在の「蓋然性」を与えるが、「神と人間の間の問題を考え始めると……」無力であることがわかる。自然神学は「罪を恐れる気持を目覚めさせるのに十分なものを持ってはいるが、その恐れを静めるのに十分なものを持ってはいない……」という意味で限界がある。「〈救われるために私は何をすべきか〉という不安な問いが出てくるというところまでは自然神学で理解できる。しかし、その答えはより高い神学からしか出てこないのである」。チャーマーズは、一八三三年の著作の中では多世界論について論じてはいない。引用した節が示しているように考えの中心にあるのは福音主義であることは明白である。

　一八四三年チャーマーズが極めて広く知られるようになった出来事が起こった。長期にわたる論争の犠牲となって、この年、チャーマーズと他の四七〇人の牧師がスコットランドの教会を退会した。チャーマーズはその後結成された

スコットランド自由教会の筆頭に選ばれた。チャーマーズはその後四年生きただけであるが、一九世紀前半のスコットランド宗教史の中心人物として広く認められるようになった。そうした地位にまで昇り始めたのは一八一五年の説教以来であるが、この説教はまた地球外生命論争において新紀元を画するものでもあったのである。

3 チャーマーズに対する反応、特にアリグザンダー・マクスウェルの唯一世界論とトマス・ディックの数多世界論

チャーマーズの『天文講話』に対する反応は多くの形で出た。『天文講話』が出版された後、少なくとも七つの論評と四つの著書が現れている。また、チャーマーズが何か月も傾倒した問題は、同僚のスコットランド人トマス・ディックの生涯で中心的かつ永続的関心となった。

チャーマーズの著書に対する七つの論評のほとんどは次の五つの問題を扱っている。❶チャーマーズのいう不信心者の多世界論的反論というのは本気で取り上げるべきか。❷多世界論はそれ自体受け入れられるものなのか。❸どうして多世界論がキリスト教と関係するのか。❹チャーマーズの文体は賞賛に値するか。❺いかなる総合的評価が妥当であるか。七人の執筆者はそれぞれ匿名で書いている。彼らの反応は必ずしも一致してはいない。例えば、第一の問題に関して、『ブリティッシュ・レヴュー』の論評者は、かつてキリスト教に対するこうした反論に出会った記憶はないと言い[★76]、『クリスティアン・オブザーヴァー』の論評者は、そうした反論は「入念に反論しなければならないほど流布しはしなかった[★77]」と言うのに対して、『エヴァンジェリカル・マガジン』は極めて異なった判断を提出している。「チャーマーズが戦った、キリスト教の真理に対するまことしやかな反論について、多少なりとも考えたり調べたりした人

はおそらくほとんどいないであろう」[★78]。『ブラクウッズ・エディンバラ・マガジン』や『エクレクティック・レヴュー』には中間的立場が見られる。前者の筆者はおそらくバプティストの説教者ロバート・ホール(1764-1831)であろうが、チャーマーズは「幻と戦ったのだ」と主張する人もいたと記し、自らはチャーマーズに対して次のように答えている。

彼が相手にした反論とは、不信心の事実を明晰判明にかつ決定的に主張するものではなく、むしろ、宇宙の果てしない壮大さに困惑した高貴な魂が抱く微かだが人の心を乱す混乱した恐怖や不安である。威厳のある恐ろしいものにしばしば悩まされることのなかった強い精神、高貴な魂は、おそらく存在しないであろう……[★79]。

もう一人のバプティスト神学者、ジョン・フォスター(1770-1843)は、『エクレクティック・レヴュー』のために筆をとり、チャーマーズ自身の意見を引用し、それに賛成している。すなわち、かの反論は「不信心者の諸論考の中で抜群の地位を占めているというわけではないが、しばしば会話の中で見受けられる。この反論は、宗教的信仰の堅固な確立を熱望する精神にただならぬ混乱と恐怖を引き起こす原因であることがわかった」[★80]。

第二の問題に関していえば、ほとんどの著者が多世界論の立場は受け入れられた事実であると述べている。ただし、いずれもフォスターの次のような主張ほど極端なものではない。

……われわれは壮大な考えを嫌悪する人に異議を唱える。われわれの考えでは、われわれの系の中で地球以外の天体に居住者がいる確率は極めて高いので、この事実をはっきり示す証拠が天界に直接あってもなくても、ほとんど同じようにこの事実を信じるであろう[★81]。

『クリスティアン・オブザーヴァー』の用心深い論評者は、多世界論の立場は「最も厳密な幾何学の真理とほとんど同じほど堅固な基礎に基づいている」という印象をチャーマーズの読者は必ず抱くであろうと述べている。しかし「こうした事実を証明する証拠は結局何であろうか」とも付け加えている。『ブリティッシュ・レヴュー』の執筆者は、多世界論に同意するだけでなく、「チャーマーズ博士がこの問題について言ったことすべてに無条件に心から同意する」とまで述べている。『ブラクウッズ・エディンバラ・マガジン』の二つの論評は、チャーマーズの結論に対していかなる意見の相違をも表明していない。事実、それらはほとんどチャーマーズの考え方には言及しないで、文体にのみ目を向けている。[★82]

多世界論に疑問を呈したのがただ一人の論評者で（しかも弱々しく）という有り様であったから、多世界論とキリスト教を結び付けようとしたチャーマーズの試みに誰も全くためらいを見せなかったのは意外なことではない。実際、フォスターは、チャーマーズは不信心者を論駁しようとしていたのではなく、「啓示宗教の諸真理と深い感情を天文学的論証や思索と共に展開しよう……」としたのであるという見解を持っていた。ただし、フォスターは、チャーマーズが多世界論とキリスト教を織り合わせるやり方に関して、特に第四、第五そして第六の講話に見られるやり方に関して、幾つか留保を表明している。フォスターは、われわれの惑星でなされたキリストの贖罪の行為やその他の宗教的発展が他の惑星でも知られているというチャーマーズの提案が正当であるかどうかに疑問を抱いている。フォスターは、他の惑星でもキリストが受肉したという見解を示唆し、この地球という惑星で起きたどんな出来事にも劣らない重要な意味を持つ宗教的事件を地球外生命も所有していると主張し、われわれの惑星の出来事が他の天体において注目すべきものとなる可能性はないであろうと言う。フォスターはまた、多世界論の立場に立てば地球というこの惑星の多くの罪と不幸は神が創造した他の惑星では典型的に見られるものではないと言えるのだから、多世界論はこの地球という惑星の悪の問題を説明するのに役に立つとも述べている。『マンスリ・レヴュー』の記事は、余りにも思

弁をたくましくしているとチャーマーズを責めているが、しかしフォスターの論評とは異なって、それに代わる考えを載せているわけではない。さまざまの論評の中で最も否定的なこの記事は、多世界論とキリスト教の調和を退けてはいないが、チャーマーズの努力は見当違いであり、不必要でもあると主張している。★83

チャーマーズの文体は、『ブラクウッズ・エディンバラ・マガジン』の中で表明された見解や『マンスリ・レヴュー』の見解など七つの論評の中で極めてさまざまに評価されている。ジョン・ウィルスンは『ブラクウッズ・エディンバラ・マガジン』の中で、チャーマーズの著書は「哲学的真理と高遠な雰囲気に満ち、匹敵するものがほとんど見あたらないほど熱狂的かつ雄弁に書かれている」★84と記している。ウィルソンの見解は『ブラクウッズ・エディンバラ・マガジン』の後の論文の中でも維持されており、チャーマーズの『天文講話』は「霊感によって書かれた本」であるように思われるとまで述べている。他方、『マンスリ・レヴュー』は、チャーマーズの著書に関して「議論は無力であり、文体は不備である」と言う。『エヴァンジェリカル・マガジン』の論評者は、「このとてつもない産物を読むとき心に起こる感情をどのように評価すべきか」分からないと述べている。『ブリティッシュ・レヴュー』にはもっと強い賞賛の言葉が見られる。「おそらく、ほとばしる表現の勢い、豊富な言い回しの駆使、また主題に対する深い感受性を持っている点で、……今の作家も昔の作家もこの講話の著者との比較に耐え得ないであろう」★85。『エクレクティック・レヴュー』の立場は中間的である。『エクレクティック・レヴュー』の中でフォスターは、「その豊かで熱烈な表現の極致に対して私ほど鋭敏な読者はいないであろう。……しかしそれは、レトリックの連続、大げさな虚飾、見栄を張っているだけの単調さにすぎず、それ故に簡潔さと柔軟さに欠けているといわざるをえない……」と述べている。『クリスティアン・オブザーヴァー』は、チャーマーズの文体に関して「批評家たちには非難と不平の材料をかなり与えるものであるが、世間一般の人々には常に賞賛されるであろう」と述べている。

チャーマーズの著書に関する評価を全体的にみると、四つの論評は極めて好意的であり、『エクレクティック・レ

ヴュー』と『クリスティアン・オブザーヴァー』の二つは多少好意的なところもある。それに対して『マンスリ・レヴュー』は明らかに否定的である。ホールは「単なる天才の作品として賞賛すべきではない……」と述べているのに対して、ウィルスンは「極めて強い調子で」推奨し、将来「大きく有益な」効果を及ぼすであろうと予言している。『エヴァンジェリカル・マガジン』は読者に、「この著書に対する期待は高いが、精読すると落胆せざるをえないであろう」と断言している。『ブリティッシュ・レヴュー』の論文は結論として、「この著書を現代の天才の最もすばらしい作品の一つに数えるとしても、同時に卓越した価値と威厳を持っていることを認めなければ、余り正当に評価したとは言えないであろう。ただし現代の天才はこうした価値とか威厳に拍手喝采を送ることもあこがれることもしない」と述べている。『エクレクティック・レヴュー』で、フォスターは、チャーマーズの方がずっと優れていると賞賛している。『クリスティアン・オブザーヴァー』の論評者は、チャーマーズに対して世界の複数性の立場を余り積極的に肯定しないでほしいという願望を表明しているが、全体的には好意的な判断を示している。最後に、『マンスリ・レヴュー』の論文を見ると、チャーマーズの勝利主義、お粗末な文体、弱い議論などを非難している。しかし、チャーマーズの影響が大きかったことははっきり認めている。

読者はこの寄せ集めを時間をかけて丹念に読む時、この説教者が別の世界のニュースをもたらし、不信心者を圧倒して沈黙させるために福音の新しい伝道師として実際に月から来たかのように、最近大都市を訪問してどっと賞賛を浴び、熱烈な歓迎を受けたことを不思議なこととは思わないであろう……。

チャーマーズはかつて、「不思議なことに私の出版物は雑誌ではこきおろされているが、同時に広範に購読される運命にあった」[★86]と述べたが、このことは他の場合にはあてはまるかもしれないが、以上の七つの論評の『天文講話』に対

する反応に関してはあてはまらない。

三つの小論と一つの大著がチャーマーズの『天文講話』に答えて書かれたが、これらはすべてチャーマーズの著書を論駁するものであった。そうした論考の中で、ヘンリ・ファーガス(1765?-1837)が匿名で一八一八年に出版した論文だけは、チャーマーズの多世界論を意味あるものとしている。★87 ファーガスは、彗星、恒星そして火山に関するチャーマーズの幾つかの特定の主張に関しては非難しているが、チャーマーズが地球外生命を容認したことに関してはいかなる留保も表明していない。明らかに伝統的自然神学の擁護者であったファーガスは、この分野にキリストの贖罪というキリスト教の概念が持ち出されたことに当惑したように思われる。また、不信心者に対するチャーマーズの反論などというものは「ほとんど知られてもいないし、……どこにもはっきり厳密に述べられているものでもない」と言う。結論に当たる箇所で、ファーガスは『天文講話』の文体について幾つか否定的な意見を述べている。例えば、「長い燃える尾という飾りをつけ、輝いてはいるが中心はまったく小さくてはっきりしない彗星に、似てないこともない」と文体を形容している。ファーガスは、確かに、チャーマーズが将来スコットランドが必要とすると思われる博識で人気のある説教者になるであろうという希望をいだいてはいるが、福音主義者の著作に答えて合理主義者の立場で書いたこの如才ない論文の中ではそうしたことをはっきり述べてはいない。

チャーマーズの『天文講話』に対して最も入念に答えた人物はアリグザンダー・マクスウェルである。マクスウェルについては、一世紀以上も前にオーガスタス・ド・モーガンが発掘した二三の些細なこと以上はほとんど何も知られていない。ある文通相手からド・モーガンが知ったことと言えば、マクスウェルがベル・ヤードで「法律関係の本屋をしており、(おそらく自分自身の著書の)出版者でもあったこと、一風変わった考えを持っていて、それについて顧客たちと議論するのが好きであったということ、多少スヴェーデンボリの学説を信じるところのあった人であるということ」★88などである。マクスウェルの著書は、『世界の複数性——あるいは哲学的批判的手紙、手記、覚え書き/神学博士ト

マス・チャーマーズの『天文講話』に触発されて』[89]という題で、一二の手紙からなっている。これを見ると、著者マクスウェルは話し好きで善良で極めて頑固であり、多数の脚注に長い引用をして自分の本を飾るのを喜びとしていたということがわかる。[90]マクスウェルは、「チャーマーズ博士に与えられた遍き賞賛」を共有することができず、チャーマーズの「論法つまり計算され尽くした熱弁……が不信心者の議論を強化する……ものである」ことを恐れ、チャーマーズと近代天文学の全体系を攻撃する。というのは、天文学は「何世代にもわたって不信心者の城砦であり城壁であったからである……」。マクスウェルは、天文学を多少とも研究したために、また特に「風潮に逆らって押し進む勇気……」を持っているために、こうしたことを論じる資格があるのだと述べている。

マクスウェルは、古代からの多世界論の歴史をたどり、ウィリアム・ハーシェルに行き着く。マクスウェルは、ハーシェルの著作には「無秩序な精神が持つ野蛮な思弁と豊かな連想……」が見られると主張する。しかし、他の人たちは多世界論を受け入れなかったし、特にウェズリとハチスン主義者たちは「このテーマに極めて正当な幾つかの疑問を表明」したと記している。このコメントが示唆しているように、また、続けて述べているところから明らかなように、マクスウェルは多世界論者でもなく、(ド・モーガンの文通相手が示唆したように)スヴェーデンボリの学説を信じる人でもなくて、ド・モーガンが適切に述べているように「現代天文学を認めない」[91]当世風ハチスン主義者であった。マクスウェルの最初の天文学攻撃によって、天文学者たちは(太陽、惑星、恒星の)正確な視差を測ることができないのだというハチスン主義者の主張が蘇えった。この問題に関するマクスウェルの懐疑主義は根拠の無いものではない。マクスウェルが記しているように、太陽の距離を決定する時には、たった一秒弧の狂いのために何百万マイルもの誤差が生じてしまうのである。さらに、ハーシェルはパラスの直径を測定して八〇マイルであるとしたのに対して、シュレーターは「二〇九九マイルもあるとしている」[92]という。マクスウェルは、太陽の視差に関する(誇張された)論争について報告すると共に、恒星の視差が決定されたかどうか(結局それは決定されなかったが)に関する天文学者間の論争にも言及している。

マクスウエルがその後の手紙の中で理論天文学に異議を唱えているのを見ると、彼の批判は良識を越えていると言わざるを得ない。チャーマーズを含む幾人かの著者を不信心であるとかベイコンに従わなかったとか言って責める時、マクスウェルはハチスン主義者としてニュートンとニュートンの体系にさえ疑問を呈するのである。ニュートンが重力のような「魔術的な」考えに傾倒したとか、アリウス主義に陥ったとか言って嘆いている。さらに、数学研究一般はもとより、ロック、ラプラスからヒューム、ハットンに至るあらゆる種類の思索家が不信心に通じると主張している。「多くの優れた数学者や有能な[原文のまま]天文学者は、われわれの神聖な宗教のイロハに関してさえ正常な感性を欠いているように思われる」と言う。このような非難を聞くと、良識ある読者なら、九番目の手紙の中でマクスウェルが多世界論を極めて詳細に批判しても、まじめに考えようという気持はほとんど起こらないであろう。マクスウェルの批判というのは、ビーティ、ポーティウス、フラー、キング、ネアズ、スヴェーデンボリそしてもちろんチャーマーズをも含む多世界論とキリスト教を調和させようとした多くの著述家の議論から始って、これらすべての人を受け入れがたいとするものである。チャーマーズとスヴェーデンボリの考えの間に「符合する点が目だつ」などと主張するところを見ると、全く批判力が欠如していると言わざるをえない。読者に「いかなる科学者も文学的名声のある人も正反対の考えをよしとはしなかった……と想定してはならない」と主張し、キャトコット、パークハーストのようなハチスン主義者について紹介すると共に、トマス・ベイカーの反多世界論的見解も紹介している。

マクスウェルは、著書の最後の三節で聖書、哲学、そしてチャーマーズの文体について論じている。聖書に関して原理主義者であったマクスウェルは、当時の地質学理論に悩まされていた。また、アダムが「最初の哲学者であったのみならず最も偉大な哲学者で」あったと主張するなど、聖書に基づいていないすべての思想や哲学に関して時代に逆行する立場に立っていた。チャーマーズの文体に関して言えば、「趣味が豊かで知識がある敬虔な心の人が敬虔と驚きの入り交じった感情」に動かされて書いた文体であると言われているのを聞いたと述べている。さらに詳しく、

次のように報告している。

或る人は「神聖な電気ショック」を受けた。或る人は「この形而上学的化学者の坩堝の中で浄化」された。或る人は「第三の天にまで運ばれ」た。或る人は、「大空から何か落ちてきても永久にじっと座っていることができたと思われるほど」魅惑された。

しかし、マクスウェル自身の受けとめ方はこのようなものではなかった。チャーマーズの著書は、簡潔さ、多様性、調和を欠いていると主張し、すぐに人気を失うであろうと予言している。

マクスウェルは、自分の著書に対する三つの論評の中から、第一版に対する賞賛の言葉を第二版の(つまり最後の版の)最後で引用している。[93] これらの論評を検討してみると、マクスウェルの著書が決して一様に好意的に受け入れられたのではないことがわかる。『ジェントルマンズ・マガジン』の論評はマクスウェルを支持しているが、『エヴァンジェリカル・マガジン』の論評ははっきりとチャーマーズの方に好意を示している。他方、以前チャーマーズに対して極めて批判的であった『マンスリ・レヴュー』の論評は、チャーマーズに対するマクスウェルの嫌悪しか褒めるべきものはないと言う。[94]

マクスウェルの著書はどのように評価されるべきであろうか。当時の多世界論者ならば、正当に、議論が表面的で、研究方法も退歩的であると評したであろう。また、見識のある反多世界論者ならば、疑いもなく、困ったものだと思ったであろう。地球外生命が広範に受け入れられていることに対して有効に反撃しなければならなかったとはいえ、大して人気のなかったハチスン主義者の議論を蒸し返しても少しも成功しなかったであろう。

チャーマーズが多世界論論争に加わった影響は極めて大きかったが、それは生涯のほんの二、三か月に過ぎなかっ

たし、著書もたったの一冊に過ぎなかった。この点でチャーマーズと著しく対照的なのは、トマス・ディック師(1774-1857)である。ディックは何年も費して、多世界論を主要テーマにしていると思われる沢山の著書を書いた。ディックは、ダンディのヒルタウンに生まれ、スコットランドの分離教会で育った。チャーマーズと同様、科学と宗教の両方に大きな魅力を感じた。エディンバラ大学で学んだ後、説教者の資格を認められたが、そうしないで、最初メトヴェンの分離学校で、その後パースのスチュアート自由貿易学校で教師として働く道を歩んだ。一八二七年五三歳の時に、教師を辞め、著述に専念した。ダンディの近くに天文台の完備した大きな家を自分の設計で建て、そこで書いた。こうした人生の転換の機会となったのは、最初の著書『キリスト教哲学者』(1823)の成功であった。後には重要な著作を少なくとも九冊著し、すべて多くの版を重ね、少なくとも三つはウェールズ語に、また一つは中国語に翻訳された。ディックはアメリカ合衆国で最も温かく迎えられた。アメリカのある作家は、「一九世紀のいかなる作家もキリスト教哲学者トマス・ディックほど世界の尊敬と感謝を得るに値する人はいない」と述べている。またニューヨークのスキネクタディのユニオン大学はディックに名誉博士号を与えた。[★95] 地球外生命論争史の中でディックが重要なのは、著書のほとんどすべてに地球外生命の考えが見られるからである。

ディックの『キリスト教哲学者』の主題は、副題の「科学、哲学と宗教の結合」によく示されている。[★96] この中には多世界論を窺わせる表現が多く見られる。例えば、「われわれを爽快にし、元気付け、またわれわれの土地に活力を与える……」のにちょうどよいように太陽の大きさや距離を神が創造したことに対して、神の知恵を賞賛している。また、そのために他の惑星の大気や自然の構成がその居住者に不都合になるということもない、彼らの中には睡眠を必要としないものもいるとも述べている。ディックは、太陽系について論じるだけでなく、さらに、「すべての恒星は、……惑星が構成する世界系の中心であり、神の働きは、そこにおいて無限に多様で、われわれが属している系において以上に顕著であろう」とまで主張し、自分の多世界論的見方に自信をのぞかせている。ディックは、ハーシェ

ルに従いつつも、さらにハーシェルを越えて、神は太陽のうちに「幾つもの世界を存在させ、……そこに知的存在を住まわせた……」と躊躇なく述べている。月に関して言えば、月の火山を「観察した」というハーシェルに同意せずに、自分の考えでは「この現象は長い夜に月の住民が時々行うすばらしい照明が原因であると考えるほうが、ずっと楽しく、おそらく事実にも合致しているであろう」と述べている。さらに、月が居住可能であることを示す「直接的証拠」が出てくるとも予言しているが、二つの付録を付け、その中でシュレーターとグロイトホイゼンが行った観察はこうした証拠としては疑わしいと述べている。すべての惑星に居住者がいるとしながらも、彗星に関しては躊躇している。彗星が創造されたのが無意味でないことは明らかであるが、彗星の明確な目的はわからないと述べている。ディックは、天文学上のさまざまな事実をよく知っていたが、それだけで地球外生命の存在を信じたわけではない。「聖書の言葉は、世界が複数存在するという説と矛盾しないのみならず、現代科学と同じように明白に複数の世界の存在を想定している」と読者に断言している。付録の中では、「世界の複数性は聖書の中で一度ならず主張されており、多くの節で当然のことと考えられていることは明らかである」とさえ主張している。この点を擁護するために、チャーマーズも引用した詩篇第八篇第一節を引用している。著書の終わりに近いところで、小惑星に話を移し、小惑星がもっと大きな統一体の破片であるとする仮説について論じている。爆発によって小惑星が生まれたということは、「そこに初めから配置されていた知的存在者の間に或る道徳的革命が起こったことを示しているように思われる……」と述べている。

ディックは、『キリスト教哲学者』(1823)と最初の天文学的著書『天界の風景』(1837)との間に、五つの大著を出版している。すなわち、❶『宗教哲学』(1826)、❷『未来国家の哲学』(1828)、❸『知識の普及による社会改良について』(1833)、❹『人類の精神的啓蒙と道徳的改良について』(1836)、❺『強欲の悪と罪に関する論考』(1836)である。

これらの著書の主題はさまざまであるが、少なくとも四つの著書の中でディックは、多世界論的考えをいろいろな

形で表明している。『宗教哲学』では早くも第二節に入ると読者に次のように注意している。「物質世界の遠く離れたところに知的存在が多く存在していると信じるべき極めて有力な理由がある……その知性には段階があって、人間の知性を越える高いものから人間以下で……極微動物のうちに認められるようなものまでさまざまである……」。道徳に関する自分の考えを述べた後では、「道徳の大原則は……単にわれわれ地球の住民にのみ限定されると見なすべきではなく、……広大な宇宙全体の……あらゆる知的存在にも広げて認めるべきである」[★97]と主張する。さらに続けて「宇宙全体にただ一つの宗教が存在する」とも述べている。チャーマーズに捧げた『未来国家の哲学』の中では多世界論がもっと大きな役割を果たしている。例えば、ディックの計算によれば、われわれは八〇〇〇万個の星を見ることができ、それぞれの星は少なくとも三〇の衛星に取り囲まれているのだから、可視的宇宙には居住者の存在する世界が二四億個存在するという。[★98]また、われわれの不死なる魂は永遠に続く時間の大部分をこれら他の世界の風景や歴史の探究に捧げるのであるとも述べている。或る箇所では、天界の使者がわれわれにこれらの世界に関する情報を伝えてくれるであろうという考えを述べ、別の箇所では、宇宙の中心に一つの巨大な物体が存在するという幾人かの天文学者の「確実ではないにしても、極めてありそうな」考えを引き合いに出して、この物体が「神の玉座」かもしれないと述べている。そして、「ここで、神に創造されたすべての主要な地域の代表が時々集まり、さまざまな世界の住民が互いに交流し、それぞれの天体でなされた自然操作や精神交流の概要を広く学ぶのかもしれない」と言う。ディックは積極的に精神的なものを物質的なものに還元するが、それが高じて、天使はおそらく物質的な存在であろうとまで述べている。

『知識の普及による社会改良について』と題された著書には、どのようにすれば婦人の衣服に火が付かないかとか、煙突を治す方法などに関する助言が多く述べられているが、天人について議論するのにふさわしい著作とはとても思われない。それにも関わらずディックは無理矢理そうしたことを試みている。世界の複数性の説はわれわれに拡張さ

れた神概念を与えてくれると力説し、[★99] また、この説を用いて科学と宗教は調和するという自分の中心命題の一つを証明している。

教師から転じて著述家となったディックは、一八三六年『人類の精神的啓蒙と道徳的改良』の中で、自らの教育哲学を明らかにしている。幼児教育から力学研究所の設立まで幅広い話題にふれながら、天文学がどのように教えられるべきかを説明し、多世界論的考え方によって謙虚と尊敬の徳が身につくことを力説している。[★100] また、多世界論を宗教の教師や説教者にも推奨している。『強欲の悪と罪に関する論考』(1836)では全く多世界論について言及していないといえるかもしれないが、三つの主要な天文学的論考の最初のものが出版された一八三七年には、多世界論的考えが顕著に見られる。

それは『天界の風景』[★101]のことである。序言で「天文学において看過ごされた部門……さまざまな惑星やその衛星の表面から見られた天界の風景……」を提示すると約束したディックは、第八章で火星、小惑星、木星その他から見られた天界について論じている。このやり方は一世紀以上前ホイヘンスが採用したものなので革新的とは言えないが、しかし、惑星や小惑星の人口さらには土星の環の縁の人口に関してさえ特定の数値を算出している点で新しい分野を切り開いているといえる。一平方マイルに二八〇人というイングランドの人口密度を基礎に計算して、表を作成し、ヴェスタを除く太陽系のすべての惑星と小惑星に地球より多い人口を割り当てている。太陽の人口を記していないからといって太陽人の存在を疑っていたわけではない。実際、太陽人の存在を支持したハーシェルを引用した後、「太陽の広大な領域全体に……感情と知性を持つ無数の次元の存在者を創造者が配置しなかったと断言することは人間には僭越なことであろう」と警告している。さらに、太陽の表面積は他のすべての太陽系の天体の表面積の合計の三一倍であると述べて、太陽人の数値に関する計算をほとんど完全にやり遂げている。

ディックは、この著書のほとんどすべての節で多世界論について論じた後、最後の章で世界の複数性を肯定する

表4.1　トマス・ディックによる太陽系の人口表

	人口
水星	8,960,000,000
金星	53,500,000,000
火星	15,500,000,000
ヴェスタ	64,000,000
ユノー	1,786,000,000
ケレス	2,319,962,400
パラス	4,000,000,000
木星	6,967,520,000,000
土星	5,488,000,000,000
土星の外環 内環 環の縁	8,141,963,826,080
天王星	1,077,568,800,000
月	4,200,000,000
木星の衛星	26,673,000,000
土星の衛星	55,417,824,000
天王星の衛星	47,500,992,000
合計	21,894,974,404,480

ための五つの論拠を取り上げている。

❶惑星系には、無数の居住者が居住するのに十分な大きさを持つ大きな天体が複数存在する。

❷惑星系の天体の間には一般的類似性が見られる。このことは、これらの天体が造物主の配置の究極的目的に寄与するように意図されて創造されたことを証明していよう。

❸太陽系を構成する天体には、感性と知性を持つ存在者が快適に生存するためにふさわしいと思われる特別の配慮が見られる。それゆえに、これらの天体の創造の究極的目的は明らかである。

❹大惑星やその衛星の表面から見た天界の風景から判断すると、おそらく惑星にもその月にも知的存在が居住していると考えざるを得ないであろう。

❺われわれが居住している世界は、自然のあらゆる部分が生命を養うように設計されている。

天文学上の情報を十分持っていたディックは、これらの論拠に対する反論も予想していた。例えば、特定の天

体には大気が存在する証拠が発見できないのだから、そこに居住者がいるという考えには賛成できないとする天文学者がいることを知っていた。この反論に対して、ディックは、その天体の大気は「目に見えない」のであり、われわれの大気より「きれい」なのだと提案して、これを片付ける。さらにそこから「おそらくその天体の居住者の精神的肉体的条件は地球人のものより優れている」という結論を引き出す。ディックがこのような結論を下し、そう断言する自信を持てたのは、望遠鏡のおかげなのではなく目的論の立場に立っていたからである。宇宙の遠く離れた地域であってもわれわれはその目的を知ることができると確信して、次のように読者に警告する。

> 多世界論を考慮にいれなければ、神の全能ということついていかなる整合的な見解も形成できないし、神の知ということも善ということも疑問となるであろうし、また、最高の支配者について、霊感を得た著述家たちが啓示の記録の中に示した考えとは全く異なった考えが出されることになるであろう。

多世界論を証明し広めようというディックの決心は、一八四〇年の『星の世界』[★102]でも同様にはっきりとうかがわれる。この著作の中で多世界論は、「単に極めてありそうな推測というのではなく、道徳的証明の可能なもの」と記されている。さらに、この著書の第一七章は「神の啓示から世界の複数性が証明される」と題されている。『天界の風景』が太陽系を中心に論じていたのに対して、この著作は恒星系を中心としているが、彗星についての議論も含んでいる。このことからすると、『キリスト教哲学者』を書いた後一七年間のあいだに、多世界論をさらに大胆に主張しようとする傾向が高まったことがわかる。一八二三年の『キリスト教哲学者』では彗星が居住可能であると明言するのを避けていたが、今や「彗星のうちの幾つかには……人類よりも高い知性を備えた住民がいるかもしれない」という。この後彗星の住民に関する極めて奇妙なランベルトの考えが幾つか長々と引用されているが、こうした主張は、固い

核を持つ彗星に関する説明の中でも言及されている。「もしこの立場を認めるならば、彗星の接近は……悪の前兆ではなく、神の国の新しい領地を見渡すべく何百万もの幸福な人々を乗せて運ぶ……すばらしい天体の到来を告げるものであると……考えられる」。『天界の風景』で使われたさまざまのやり方はこの著書にも見られる。個々の恒星系の人口表は提出していないけれども、目に見える宇宙の人口は、おそらく六〇、五七三、〇〇〇、〇〇〇、〇〇〇、〇〇〇、〇〇〇、〇〇〇であろうと提案している。また、多世界論を支える先の五つの論拠を補う新たな三つの論拠と「証拠」となる聖書の章を追加している。その新たな三つの論拠とは

❶無限の造物主の慈愛に満ちた配慮はわれわれが住んでいる地球に限られていると想定するよりも、世界の複数性を唱える方が、無限の造物主の完全性によりふさわしいし、その性格や働きについてより輝かしくより荘厳な観念をわれわれに与える。

❷神の完全性の一つが発揮されるところではどこでも、同時に神の属性すべてが働いており、それらは多かれ少なかれ一定の高さの知性を持つものに明示されなければならない。

❸反対に、神によって創造された彼方の地域に居住者が存在しないと想定することは、不合理を含む。

実際、ディックは、反多世界論の立場のうちに多くの不合理を見いだしている。こうした不合理のうちの小さからざるものは、反多世界論の立場を容認すると「造物主の全知という属性が実質的に奪われることになる……」というものである。

ディックの『星の世界』が持つもう一つの特色は、「他の世界に居住する存在の肉体的精神的状態について」という章に見られる。そこでは、「ある世界の住民は山のように大きく、ある世界の住民は蟻のように小さい」という或る論評

者によって提出されたばかりの見解が退けられている。山のような大きさだと過密状態になるであろうし、「知的能力の行使に害となる」と推理されるからである。続いて、「われわれは他の世界の存在と親しく通信することができるかどうか……」という問いに話を移し、このことは現在可能ではないが、人間の「能力は、将来必ず限りなく広がり、他の存在との交わりも無限に拡大され、永久にそうした状態が続く」という考えを示している。ハーシェル、ランベルト、ラプラスなどのような天文学者の著作を注意深く読んだことを示す証拠は数多くあるのであるが、★103 たった今引用したような考えは、明らかに、天文学から生まれてきたというよりもディック自身の多少奇妙な宗教的精神に由来するものであろう。このことは、ディックの多世界論的思考がたいてい夢想的性格を持っているということと同様全く疑う余地がない。というのは、「おそらくすべての世界の大部分の住民は……創造されたままの道徳的に健全な状態にあるであろう……」などと述べるからである。

新星に関する節の中で、ディックは、ケンブリッジのプルム記念天文学講座の教授であったサミュエル・ヴィンツェ(1749-1821)の見解を取り上げている。ヴィンツェは、『天文学体系』の中で、星が消滅する理由は「その住民の試練として神が指定した日にその系が破壊される……」からであろうと主張していた。同様の見解はマソン・グッド博士にもあり、この人物は、「他の系に起こったことはきっとわれわれの系にも起こるであろう」と警告していた。ディックは、こうした見解とは意見を異にしており、神はさまざまの世界を創造したかもしれないが、決してそれらを消滅させはしないと述べている。

ディックは、一八五七年に亡くなる以前に、天文学上の第三の論考『実践的天文学者』(1845)を出版しているが、この中には多世界論をうかがわせる箇所はほとんど見られない。その理由は、おそらく器械の方に目を向けていたからであろう。他に考えられる理由は、宗教と天文学を融合しようとする企てに対する批判を敏感に感じるようになったからかもしれない。★104 そうした批判には一理ある。というのは、ダンディの「キリスト教哲学者」は、自然創造における

神の設計に関して自信過剰の意見を表明したり、地球外生命に関して奇怪な推測を述べたりして、キリスト教と自然哲学を共に傷つけたかも知れないからである。しかし、だからといって、ディックの影響が遠く及んだという事実を曖昧にしてはならない。実際、ラルフ・ウォールドウ・エマスン、ウィリアム・ロイド・ギャリスン、ハリエト・ビーチャ・ストウのような著名な人々が、ディックに会うためにダンディを訪れたし、エミリ・ブロンテは、『天界の風景』から着想を得て自分の詩を豊かにしたように思われる。[★105] さらにE・E・バーナードやJ・A・ブラシアは、ディックの著作に導かれて、天文学の仕事に入り有名になることができたと証言しているし、デイヴィッド・リヴィングストン博士は、ディックの『未来国家の哲学』に鼓舞されて伝道の仕事に入ったことを一八五七年に明らかにしている。[★106] これらの事例は重要なものであるが、以下の議論が示すように、ディックの影響のすべてを尽くしているわけではない。

4 月の住民を救うこと、また、R・A・ロックの「月のお話」がお話ではなかったことを示す証拠

月に生命が存在しないことを示す証拠はすでに一九世紀の初めに実質的に存在したが、かなりの数の著述家たちは、われわれの衛星「つまり月」に存在すると想定されていた住民「セレナイト」を救おうと努めていた。すでに記したように、ドワイトとディックは共に月の住民の存在を支持し、ディックは「直接的証明」が遠からず得られるであろうと予言さえしていた。この節の議論では、ニューヨークのジャーナリスト、R・A・ロックと同じく、月の生命に関する問題を論じた著名な天文学者、グロイトホイゼン、ガウス、リトロ、ベスル、メードラーなどを取り上げる。ロックは、一八三五年理性を持つ存在が月に観測されたという報告を出版してセンセーションを巻き起こした。ロックが出版したものは、現在では「月のお話」として有名である。これは、科学小説の歴史に属するもののように見えるかもしれな

いが、最近の研究によれば、多世界論論争のうちで特別の位置を占めるものであり、実際はお話ではなかったのである。

多世界論は、一八一六年にシュレーターが亡くなり、一八二六年にボーデが亡くなったことによって最も著名な二人の支持者を失った。もし二人の死を隔てる一〇年の間に、観測者シュレーターと宣伝者ボーデを合わせたような活動的天文学者が現れなかったならば、二人の損失はより厳しいものとなっていたであろう。その天文学者とは、フランツ・フォン・パウラ・グロイトホイゼン(1774-1852)のことである。グロイトホイゼンはランツフート大学で医学教育を受けたが、天文学に特別の関心があった。グロイトホイゼンは非常に多作で、一八八二年に編集された過去最も多作な天文学者のリストの第七位に挙げられている。一七七の論文があり、また、編集者としても極めて活動的で、もと医者であったのに三つの天文学雑誌を編集している。[★107] また、多世界論に対する熱意の点でもボーデとシュレーターを共に凌駕していた。グロイトホイゼンはシュレーターを英雄と考えていたようである。というのは、一八二一―三年「月学断片」という題の長い論文を出版し、月の工業の「観察」をも含めて、シュレーターの『月面地形図集』を繰り返し参照しているという事実が見られるからである。実際、グロイトホイゼンは、月にある「雨の海」(Mare Imbrium)と呼ばれる地域の一部は「カンパーニア平原のように肥沃である」[★108]という主張に賛成してこれを引用している。この論文の大部分は、シュレーターの言った月の住民を救うことに専念しており、またシュレーターのために月に湖や希薄な大気が存在するとも主張している。

グロイトホイゼンは、月の生命に関する議論を幾つか連続して出版したが、「月の住民の存在を示す多くの明白な形跡を発見したこと、特に、巨大な建物の一つを発見したこと」[★109]という題の一八二四年に出版された長文の論文が最も重要なものであることは疑いない。この論文の第一部で、グロイトホイゼンは、月の表面に観測された限を主要な根拠にして、月にさまざまの気候帯が存在することやその気候帯に応じたさまざまの植物形態が存在することを証拠

だて、月の植物相は、南に五五度、北に六五度広がっていると主張している。第二部では、月に観られた「道」を根拠にして、月に動物が存在することを証拠だて、しかも「北緯五〇度から南緯三七度、あるいはひょっとしたら四七度まで」移動しているなどと主張している。第三部では、初めに望遠鏡に不可能なことを期待してはならないと警告しているが、月に観測されたさまざまの幾何学的な地形について述べ、それらを道、壁、保塁、街と名付けている。これらの観測の一つに興奮して「おお！　シュレーターよ、ここに君がいつも捜していて見つからなかったものがある」と叫んだとも記している。また、星型の建造物を観測し、月の寺院と名付け、月の住民の宗教についても思弁をたくましくしている。グロイトホイゼンの論文は、他の人たちが自分の観測を広めてくれるようにと力説して終わっているが、まもなくフランス、イギリス、その他の国々で注目されるようになった。[★110]この論文は奇想天外なものであるにしても、出版の二年後ミュンヘン大学の天文学教授に選ばれたという事実からすると、グロイトホイゼンの経歴に貢献したことは明らかである。しかし、時が経つにつれて、グロイトホイゼンの観測は信用を失い、天文学者たちの嘲笑の的になっていった。T・W・ウェブは、一八六八年の著作の中で、グロイトホイゼンは「無意味なことをとてつもなくたくさん自信たっぷりに考え公刊した」と記している。しかし、ウェブは、また「この人物は鋭い目と鋭敏な道具をうまく活用して多くのものを観測した。もし憶測で得た結論を公にしなかったならば、かなり重要な観測として受け入れられたであろうに」[★111]とも述べている。

多世界論に対するグロイトホイゼンの情熱は、決して月だけに、あるいはまた一八二〇年代だけに限られていたのではない。例えば、一八三二―五年には水星、金星、彗星に生命が存在すると主張する一連の論文を出版している。[★112]惑星に関するすべての空想のうちで最も注目を集めたものは、金星人に関する議論の中に見られるものである。[★113]グロイトホイゼンは、J・T・マイアが一七五九年に、また、K・L・ハーディングが一八〇六年に報告した金星の暗い部分に存在するかすかな明かり、「灰色の光」について思弁をめぐらし、次のような考えを述べている。この明かりの

最も良い説明は、それらが

……金星人全体の火祭りであると考えることである。金星では木の成長がブラジルの原始林よりずっと速いにちがいないがゆえに、こうした火祭りを準備することは容易なのである。……そうした祭りは、政府の交替や宗教上の期間に応じて催されるのであろう。これが宗教上の期間であるとすればこの年数は理解できないが、もしアレクサンダーやナポレオンのような人物が金星の最高権力に昇った時期に対応するとするならば幾らか理解し易くなる。もし金星人の平均寿命が金星の一三〇年であると考えるならば、……絶対君主の支配が七六年続くというのはありえないことではない。★114

もしグロイトホイゼンの生涯を詳細に研究するならば、おそらく巨大なエネルギー、広い知識、優れた視力と器具使用能力を持ちながら、判断力がほとんどなかった人物であったことが明らかとなるであろう。グロイトホイゼンの失敗のもとは、抑制しえなかったかあるいは抑制しようとしなかったたくましすぎる想像力にある。こうしたことすべての点で、グロイトホイゼンはシュレーターの後継者と見なしてもよいであろう。

グロイトホイゼンの弱点は同時代の科学者たちに気付かれないわけにはいかなかった。ゲティンゲンの天文台長であり一九世紀数学の第一人者であるカール・フリードリヒ・ガウス(1777-1855)はそうした人物の一人である。周知のように、ガウスはミュンヘン大学の同僚の「馬鹿なおしゃべり」について不平をもらしている。ガウスは、グロイトホイゼンとシェリングの間の論争について知るやいなや、「この二人はまったくお似合いの対立者であるように思われる」★115と評した。ガウスがグロイトホイゼンを軽蔑していたのと同じく、ブレーメンの天文学者ヴィルヘルム・オルバース(1758-1840)もそうだった。オルバースは、ガウスとの文通の中で、ミュンヘンの天文学者[グロイトホイゼン]を「奇人」(wunder-

lich)と評し、「空想力」[116]のたくましい点を嘆いている。ウィーンの天文台長ヨハン・ヨーゼフ・フォン・リトロ(1781-1840)もまた好ましい印象を持ってはいなかった。広く読まれた『天界の不思議』の中で、リトロは、月の街を観測したというシュレーターとグロイトホイゼンの主張は「まったく実証されていない」[117]と断言している。ガウス、リトロ、オルバースは、グロイトホイゼンを確かに正しく評価しているが、彼ら自身が多世界論者であって月の生命の擁護者でさえあるという証拠が存在するのである。

ガウスとリトロは、現代の地球外生命論争の中で言及されることがある。その理由は、二人がそれぞれ月や火星に合図を送ることに関して一つの提案をしたと信じられているからである。最も広く知られているこの種の話によれば、ピュタゴラスの定理のユークリッドによる証明の中で使われている「風車」の形をした巨大な図形をシベリアに建てるよう提案したのがガウスなのである。月の数学も地球の数学と同じであろうから、月の住民はこの図形を見ると、われわれの地球に居住者がいることを認め、これに応答するであろうというわけである。リトロの提案は、巨大な円形か方形の運河をサハラ砂漠に掘ることであったという報告がある。運河に灯油を注いで燃え上がらせ、それによって地球の知性の存在をよりはっきりと示すというのである。[118]こうした提案の歴史、特にガウスに関しては、一九世紀の前半にまで遡る二〇のあるいはそれ以上の多世界論的著作によって跡づけることができる。こうした話には作者の数ほど多くの形態が存在するが、調べてみると、一つの共通の性格があることがわかる。すなわちガウスやリトロの著作のどこにそうした提案が出てくるのかに関して、まったく言及していないのである![119]

こうした話で早い時期のものを幾つか検討してみよう。『天界の不思議』の中で、リトロは「最も著名な幾何学者の一人」のものだとされている提案、すなわち幾何学図形、「例えば、よく知られているいわゆる斜辺の平方[によるピュタゴラスの定理の証明の際に使われる図形]を、地球上の特定の広い平原などに大規模に……配置する」[120]という提案を紹介し、それに賛成している。フランソワ・アラゴ(1786-1853)は、一八四七年以前パリ天文台での講義でこの提案について論じ、

リトロと同じく「ドイツの幾何学者」のものだとしている。しかし、場所はシベリア、合図の方法は鏡となっている。[★121] イギリス人は一八五三年パトリック・スコットの『月の愛』の中でそうした提案に遭遇した。提案者は「学識ある人物」、場所は「アフリカの大砂漠」、合図に「巨大な人工林」を使い、形は「ユークリッドの命題四七」の図形とされている。[★122] 二年後『クリスティアン・リメンブランサ』は、この「奇妙で途方もない考えは、われわれが思うに、……ソールズベリー平野に……かの「ピュタゴラスの」図形を作ることを提案した派手で風変わりなトンプスン大佐の独創になるものだ」[★123]と読者に注意している。一八七八年にはアメリカの天文学者アザフ・ホールが、一八九二年にはイギリスの天文学者J・ノーマン・ロキアーが、幾何学図形の計画は「ドイツの天文学者」のものであり、シベリアから「火を使って合図を」送ることを薦めたと述べている。[★124] その間に『チェインバーズ・ジャーナル』は、「シベリアの平原にユークリッドの命題四七というどんな馬鹿でも理解できると思われる命題の大きな図形を切りこんで月と交信しようとした或るロシア人学者の提案」[★125]を紹介している。一九〇二年にはサイモン・ニューカムが、シベリアに図形を作るという考えは天文学者の「ツァッハ」のものであるとした。ニューカムの場合「三角形」は「数百マイルの」辺を持っているが、こんなに大きくしなければならないと考えられたのは、月にではなく火星に合図を送ることを意図していたからである。[★126]

最も変わっていて興味深い報告は、『エディンバラ・ニュー・フィロソフィカル・ジャーナル』の最も早い一八二六年一〇月号に見られる。匿名の筆者は次のように明らかにしている。

> オルバースは、月には理性的動物が住んでおり、その表面がだいたい植物に覆われている……ということは極めてありそうなことであると考えている……。グロイトホイゼンは、月の住民が建てた巨大な人工物が月に存在するのを……発見したと主張している。……また、偉大な天文学者ガウスとの対話の中でグロイトホイゼンは、月に発見した整然とした図形について述べた後、月の住民との交信の可能性について述べている。何年も前にツィンママンに伝

えた考えをガウスに思い出させると、ガウスは次のように答えたという。シベリアの平原に幾何学的な図形を建造するという計画は自分の意見と一致する、何故なら、月の居住者との交信はただわれわれが彼らと共有しているそうした数学的考察や観念という手段によってのみ始められるうると考えられるからである。[127]

この報告はどう理解すべきか。『哲学年報』の編者は、すぐにこれを転載し、グロイトホイゼンやその支持者たちは「紛れもない気違い」であるというレッテルを張るべきだと述べ、最後に、「グロイトホイゼン氏とガウス氏との間でなされたという疑わしげな対話に関して言えば、ガウス氏は、グロイトホイゼン氏が野蛮でむちゃくちゃな見解を詳しく述べ始めるように思われた時、その奇妙な考えを陰で笑うつもりであったにちがいない」と述べている。[128]

オルバースとガウスの公刊された論文にまで遡ってこの報告の中に見られる主張を明らかにしようとした私の努力は成功しなかったが、この報告が忠実にオルバースの見解を示しており、ガウスに関しても少なくとも部分的には正確であるということを示す資料は発見できた。オルバースは、グロイトホイゼンに宛てた一八二五年九月一八日の手紙で、「……生命を持った、しかも理性的な動物が月に住んでおり、われわれ〔地球〕の植物と全く似ていないこともない植物が月にも生育しているということは、極めてありそうなことであると思う」と述べている。さらに、オルバースは、グロイトホイゼンの研究を奨励し、月の観測を賞賛している。「あなたは……すでに多くの極めて注目すべき結果を公表した……」[129]。ただし、月の都市の存在を明確に支持していたわけではない。オルバースの多世界論が宇宙全体に及んでいることは、一八二三年の論文の中で、充満の原理に基づいて無限の宇宙を肯定する議論を展開した哲学者カントの『天界の一般自然史と理論』の一節に賛成し、それを引用しているという事実から明らかである。この論文では自分に因んだ名前を付した有名な逆説を展開したり、「無限な空間の全体に太陽とその付随物である惑星や彗星が満ちている」ということは「極めてありそうなこと」[130]であるなどと述べている。

しかし、オルバースは、多世界論者たちに批判の目を向けることもできた。ガウスに宛てた幾つかの手紙の中で、グロイトホイゼンに関して否定的な意見を述べている。例えば、一八二四年六月二二日の手紙の中では次のように述べている。

あなたは、グロイトホイゼンの言う月の都市とか並木道や道路などに関する説明を見ましたか。この人物の想像力はものすごいものです。しかし、それでもなお、都市であると主張されているものは、たとえそう見えないにしても、他の点で彼の叙述が正しいのならば、きっと注目に値するものでしょう。私には彼の叙述を疑う理由がありません。[★131]

オルバースは、一八二六年六月一二日ガウスに手紙を書き、メタニヒ王子がグロイトホイゼンの観測に興味を持ち始めたことを嘆き、一八二七年二月二五日の手紙では、「あの奇人のグロイトホイゼンは、無分別な言動によってあなたと私の名誉を傷つけたそうです。少なくとも、われわれ両方の名前が彼の名前と共に或るイギリスの雑誌の論文の中に出ています。その論文は［グロイトホイゼン］の空想について辛辣なことを述べています」[★132]と訴えている。しかし、オルバースだけが多世界論者だったのではない。『天界の不思議』[★133]から明らかなように、リトロもまた多世界論者であった。ただし、月の住民への合図として灯油を一杯にした運河を作ろうという提案がこの著作に見られるわけではなく、どこでそうした提案がなされているかも明らかではない。ガウスも多世界論者であった。実際、月人に合図を送ろうという考えの一つはガウスにまで遡りうる。ガウスは、一八一八年ハンブルクの近辺を測量して回ることに熱中していた頃、太陽の光線を遠くまで反射する鏡を取り付けた装置、すなわち日光反射器を発明した。ガウスの計算では小さな鏡でも遠くから見えるのに十分な太陽光線を反射するのである。一八二二年三月二五日のオルバースに宛てた手紙の中で、「一六平方フィートの鏡を一〇〇個結合して使えば、十分な日光を月に送ることができるであろう」[★134]と述べ

ている。さらに、或る引用によれば、「もしわれわれが月にいる隣人と連絡を取ることができるならば、アメリカの発見よりもさらに偉大な発見となるであろう」[135]とも言っている。

ガウス、グロイトホイゼン、オルバースに関するこうした情報が示唆しているように、一八二六年の『エディンバラ・ニュー・フィロソフィカル・ジャーナル』の報告は基本的に正しく、直接的にまたは間接的におそらくグロイトホイゼン自身によるものだと思われる。グロイトホイゼンは、オルバースの意見を文通によって知っていたのであり、ガウスの考えは一八二五年八月と九月にガウスを訪問した時、知ったのであろう。[136]ガウスが巨大な日光反射器を使って月に合図を送ることを考えたという事実からすると、かの報告の中でガウスに帰されている付加的批評もグロイトホイゼンとの対話の中で実際ガウスがしたものであるという可能性もなくはない。他方、グロイトホイゼンとガウスがこの計画について論じた時、ガウスは陰で笑っていたであろうという『哲学年報』の編者の推測を退ける証拠もかの報告の中には見いだされない。

ガウスは生涯の最後の年に再び多世界論に関わった。ウィリアム・ヒューエルは、一八五三年自分の反多世界論的著書をガウスとアレクサンダー・フォン・フンボルトに送ったのである。一八五四年の三月四日フンボルトはガウスに手紙を出し、「あらゆる知的存在は本性的に罪深く、ロスが観測した何百万という星雲で贖罪(キリストの磔刑)が繰り返されるなどということは不可能である」[137]から、居住者が存在しうるのは地球のみであるとヒューエルが著書の中で主張していると伝えた。ガウスは一八五四年五月五日返事を書き、「キリスト教の教義は文字通り正しいと強く信じている人」でさえ、生命は地球に限られるという考えを維持することはできないと主張した。また、「詳細な議論をしないで月に居住者がいないとするのは極めて無謀……であろう。自然は貧弱な人間の考え以上に多くの手段を備えている」[138]と主張して、月の生命を退けた点でヒューエルと共にベスルをも非難している。というのは、ヒューエルが反多世界論の立場を擁護するためにベスルを引用していたからである。ガウスは、また、ゲティンゲンの比較解剖学と生理学の教授で

親密な友であり同僚であったルドルフ・ヴァーグナー(1805-64)ともヒューエルの著書について議論した。ヴァーグナーが記録している対話の中には、ガウスが多世界論に傾倒していたことを示すさらなる証拠が存在するだけでなく、われわれの魂は死後太陽も含めて他の宇宙の天体において新しい物質的形態を取るという説もガウスのものとして紹介されている。[★139] ガウスがこのような極端な多世界論を考えていたという証拠は、ヴォルフガング・ザルトーリウス・フォン・ヴァルタスハウゼン男爵がガウスの死の直後に書いた伝記の中にも見られる。この親しい友人が明らかにしているところによれば、ガウスは、

……太陽や惑星に意識を持つ生命が存在し、秩序が存在するということは、極めてありそうなことだと考えていた。また、この問題に深い関係のあることとして天体の表面の重力の働きに注意を促すこともあった。物質の普遍的本性を考慮にいれると、二八倍もの重力を持つ太陽には非常に小さな動物のみが存在しうるであろう……われわれの身体なら壊れてしまうだろう……。[★140]

要するに、ガウス、グロイトホイゼン、リトロ、オルバースなどすべての人物が月や宇宙の他の天体に生命が存在することを容認していた証拠は極めて強固なのである。ただし、その確信を公にしようとする積極性という点で、彼らはまったくさまざまに異なっていたということである。

ドイツの非常に優れた天文学者たちが月の住民を容認していたのであるから、ケーニヒスベルク大学天文台所長フリードリヒ・ヴィルヘルム・ベスル(1784-1846)が、天体の物理的性質に関する一八三四年の講義の中で、月の住民の存在を攻撃した時にはかなりの勇気が必要であったろうと思われる。[★141] ベスルは、オルバースの指導のもとで天文学を始め、シュレーターの訓育を受けて観測者になったにもかかわらず、星が月にくっきりと隠れるので月に大気は存在し

に問う。

ないと確信していた。[★142] ベスルは、月に大気が存在しないことを示す証拠が以前から存在したことを指摘し、次のよう

あらゆる合理的な証拠があるにもかかわらず、月の大気の存在を主張しようとした人があったのは何故か。これは実際どうでもよい問題ではない。なぜなら、月に大気が存在しないということになると、月が居住可能であるという多くの美しい夢が壊れ、月に人間が存在するための必要条件が欠如することになるからである。人間がと言うのは、月に共感を見いだしたいと思っている感じやすい心の持ち主たちは抗議するであろうが、月の居住者は、卵が互いに似ているように地球人に似ていると想像されているからである。月には空気は存在しない。従ってまた水も存在しない。何故なら、空気の圧力がなければ、少なくとも液体状の水は蒸発してしまうと思われるからである。また火も存在しない。というのは空気がなければ、何も燃えないからである。

ベスルは、さらに、浸滴虫のような動物も月には生存し得ないと主張する。そして、「地球上の生命とは異なるいかなる生命の概念をわれわれは持っているであろうか」と問う。このことを認識しないで、月の生命について考えることは天文学者の助けを拒否することであると言う。また、シュレーターの元助手として、ベスルは、「月の居住者の工業の形跡」を探し求める人々を非難する。その他の講義は、太陽や惑星がどれほど地球に似ているかを確定しようと太陽や惑星について概観したものである。ベスルの結論は、

月は、大気が存在しないという基本的な点で、地球とは決定的に異なっている。太陽も本性を全く異にしている。水星と金星に関しては、地球との類似性を想定しうるいかなる根拠も見いだされない。火星には大気があり、夏と冬が

> あり、雪や氷さえあるようにも思われる。新惑星［天王星、海王星、冥王星］は、小さな天体で、われわれに有利な性質を持ってはいない。木星と土星は、構成物質の点で……全く地球とは異なっている。

ベスルは、太陽系について多世界論者たちが支持するのとは根本的に異なる考えを主張し、すべての惑星に居住者がいるとすることは天文学の限界を越えるものだと多世界論者たちに警告を発している。「こうした限界を越える営みは、到達可能な事実に基づく科学を空想で暗くするものである。そうした実りのない企ては……［到達可能な］事実へ至る道を発見することのできない人たちのみのなしうることである」。

月に生命が存在するとする幻想は、また、月の正確な地図を作ろうと懸命に努力していたドイツの天文学者の間でも消えはじめていた。この時期の最も抜きんでた月面図の製作者は、一八三八年に月面図を出版したヴィルヘルム・ローアマン(1796-1840)、並びに一八三〇年代に月の地図と月に関する著書を出版したJ・H・メードラー(1794-1874)の二人であった。メードラーは、ヴィルヘルム・ベーア(1797-1850)と組んで仕事をしていた。ローアマンはグロイトホイゼンのやり方とはまったく異なったやり方を採用していた。月の大波湾(Sinus Aestuum)地方を記述するにあたって、ローアマンは次のように述べている。

> グロイトホイゼン氏は、この地域に……都市、保塁、その他人工的建造物が見えたと信じ、月の居住者たちが集団で森の空き地を行進するのをすぐに見たいと望んでいる。また、月面図を書いた著作の中では温泉や動植物について大いに語っている。しかし、これらの名だたる発見やそれらに基づく彫琢された仮説などは、月の地形に関する小さな著書の中には掲載されていない。★143

ベーアとメードラーは、月は「地球のコピーではない」[★144]と述べて、同じような専門家気質を示している。一九世紀後半の月面学者エドマンド・ニースンは、二人の研究方法に関しては正しく記述しているが、影響に関しては過大評価している。そして、一九世紀中頃の一般的状況について、「月は、事実上、空気も水も生命もなく、変化のない砂漠である……ことが証明されたと一般に考えられていた」[★145]と特徴付けている。

月に居住者がいないことを明らかにしようとするベスル、ローアマン、メードラー、ベーアなどの努力は、少なくとも専門の天文学者の間では効果がないこともなかった。ベスルが一八三四年重要な講義をしたちょうど一年後に、奇妙な偶然の一致によって、ニューヨーク市で月の生命の問題をさまざまな仕方で考え直させるような一連の出来事が起こり始めていた。

ニューヨークの『サン』という発刊して二年にもならない安っぽい日刊紙が、一八三五年八月二五日、前代未聞の記事の第一報をもたらした。この記事に魅せられたニューヨーク市民は、八月二六日の『サン』を一万九〇〇〇部以上も購入した。そのためこの日刊紙は世界で最大の発行部数を誇る新聞になった。こうした大評判を引き起こしたニュースというのは、ウィリアム・ハーシェル卿の息子ですでに名をなしていたジョン・ハーシェル卿がわれわれの衛星「つまり月」に生物を観測したということであった。かくしてかの「偉大なる月のお話」が始まるのである。今日の研究では、R・A・ロックに帰されている月のお話は実は決してお話ではなかったのであり、また、頑固な誤解が多世界論争の中で月のお話の位置を曖昧にしたことを示す強力な証拠も存在するのである。こうした今日の研究で支持されている立場を理解するために必要であろうと思われるので、もう一度詳細にこのお話にまつわるさまざまの出来事を詳しく述べておくのが適当であろう。[★146]

この話は、一八三五年八月二五日火曜日の『サン』の記事から始まる。その第一面に次のような表題が掲載されていた。

偉大な天文学的発見
最近、喜望峰で、
文学博士、王立協会特別会員等のジョン・ハーシェル卿によってなされた

この後に、『エディンバラ科学雑誌』から再掲されたという論文の最初の部分が続いている。一八三五年ジョン・ハーシェルが喜望峰で天文学の観測をしていたことは事実である。しかし、事情通ならこの聞き覚えのない雑誌に当惑したであろう。現在では分かっていることであるが、この雑誌はすでに廃刊になっていたのである。ハーシェルが観測を始めた時いだいていた宗教的感情は、「この世を去った霊が未来の未知の現実を発見した時に持つと思われる感情によく似ている」が、このような感情について幾らか大げさに述べた後、告知されるべき結果が予告されている。

……全く新しい原理による巨大な望遠鏡を使って、若いハーシェルは、……すでにわれわれの太陽系のすべての惑星に関してすばらしい発見をしている。他の太陽系に属する惑星を発見し、月のさまざまの物体を明瞭に観測し……、この衛星に居住者がいるかどうか、それはどの程度の存在であるかという問いに肯定的に答え、彗星のさまざまの現象について新しい理論を確立し、数理天文学の主要な問題をほとんどすべて解決し、あるいは訂正した。

第一回目の報告では、こうした驚くべき発見について論じる準備として、ハーシェルが観測で用いた望遠鏡について

詳細に記述している。この器械には直径二四フィートの対物鏡がついており、倍率四万二〇〇〇倍なので、これを使えば「月の昆虫学さえ研究……」可能であろうとハーシェルは信じていた。

八月二六日の記事によって、読者は、ハーシェルのすばらしい成果を知り始める。最初は、地質学的にまた植物学的に重要な記事のみが報告されている。しかし次には、ハーシェルの書記を勤めたアンドルー・グラント博士が公表しているように、「われわれの拡大鏡は、われわれの熱望を祝福して、意識を持つ存在の実例を賜った」のである。まず発見されたのは地球の野牛に似た動物であった。これには、

……極めてはっきりした特徴が一つ備わっているのが見られた。この特徴は、われわれが発見した月の四足獣のほとんどすべてに共通していることが後にわかった。すなわち、額全体を横切り両耳をつなぐ肉の付属体が目の上に目立っていることである。われわれは、極めてはっきりとこの毛のはえたヴェール状のものを見ることができた。形は、スコットランドのメアリ・クイーンの帽子として婦人たちがよく知っているものの前上部の形に似ており、耳で上げたり下げたりできる。これは、われわれが見ることのできる側の月の居住者が定期的に蒙る極端に強い光と闇から目を保護するのに好都合な仕組みである。明敏なハーシェル博士はこういうことをすぐに思い付いた。

「一つの角」を備えたひげのある山羊のような動物を見た時には、彼らはもっと驚いた。また、幾つかの珍しい鳥も見つけている。この報告が沈む月の話で終わるあたりでは、月の魚の手がかりもつかんでいる。八月二七日の報告には、月の海や火山の幻想的な観測が含まれていたが、知的存在の観測を待ち焦がれていた読者は落胆したであろう。ハーシェルが触れているこれに最も近いものは、「人間のように腕に子供を抱いている二本足のビーバーである……」。その小屋は、多くの野蛮人の小屋よりも高いところに、そして上等にできている。また、ほ

とんどすべての小屋から煙が見えていることからして、火の使用を知っていることは疑いない」。八月二八日の記事を待っていた何百人もの街の人たちは望みをかなえられた。ハーシェルとその仲間の観測者たちは、

……身長が平均四フィート、顔以外は短い艶のある銅色の毛で覆われており、肩の上から足のふくらはぎにかけて背中に毛のない薄膜でできた翼をこじんまりと持つ動物が群れを成しているのを発見した。顔は黄色がかった肉色で、オラウータンの顔を少しましにしたような顔で、表情はオラウータンより知的で快活、額はずっと広い……。身体と足は左右対称で、オラウータンのよりはずっと優れている。従って、長い翼がなければ、ドラマンド中尉が言ったように、閲兵場の年老いたロンドンの民兵のように見えるであろう！

知性を持っているかという疑問は、これらの生物が

……明らかに会話をしているのが見られた時、解消した。身振り、特に手や腕のさまざまな動きは情熱的で表現力に富んでいるように見えた。かくして、われわれの推理では、彼らは理性を持つ存在であり、芸術作品やさまざまの装置を作り出すことができるであろう。しかし、おそらくわれわれが虹の湾の岸辺でその翌月に発見したものほど高次の存在ではあるまい。

さらに、筆者は、これによって彼らが理性を持つことを再度確信し、次のように述べている。「われわれは、科学的に、彼らをヴェスペルティィリオ・ホモすなわちコウモリ人間と名付けた。彼らの娯楽は、われわれ地球人の持っている礼儀正しさの概念からは多少逸脱しているであろうが、疑いもなく、無垢で幸福な生き物である」。

八月二九日には、さまざまの海の観測が報告され、また、特に「すばらしい……寺院——奉献の神殿あるいは科学の神殿が観測された。これは、造物主に奉献される時が、最も高次の奉献……となる」と述べている。八月三一日の最終回では、さらに高度な存在が観察されたことや「月のあらゆる生き物の間に広く親睦関係があること……」などについて報告されている。土星も簡単に触れられている。しかし、ハーシェルの計算は、「一般の人が理解するには余りにも数学的過ぎるとして」省略されている。この記事の終わりの方では、最も高度な月のコウモリ人間が観測されている。「身長は、前回述べたものより高いわけではないが、身なりはもっともっと美しく、われわれの目から見ると、想像力の豊かな画家たちが描いた天使のどの絵画にもほとんど劣らないほど美しいように思われた」。

この驚くべき報告は、単に『サン』の読者に届いただけではなかった。八月二九日号の記すところによれば、この一連の記事の抜き刷りがパンフレットの形で入手できたのである。それは六万部売れ、すぐに月人の石版画も売り出された。[★147]『マーカンタイル・アドヴァタイザー』は、この一連の記事の再掲を始め、「確実な記録であることを示す動かしがたい証拠があるように思われる」と記している。『デイリ・アドヴァタイザー』は熱狂的に次のように述べている。「かつて何年間もかくも広範に読まれ出版された記事はなかったと思う。ジョン卿は現代に豊かな知識を加えた。それによって、彼の名前は不朽のものとなり、科学の一頁に高く掲げられるであろう」。『オールバニー・デイリ・アドヴァタイザー』は、「すばらしい発見」と呼び、「言語を絶する喜びと驚きを持って……」読んだと述べている。『ニューヨーク・タイムズ』は、こうした発見について「ありそうなことであり、またありうることでもある」と言明している。『ニューヨーカー』は、「広く天文学と科学において新紀元を[★148]」画するものであると述べている。当時の報告によれば、「この偉大な発見を特定の説教の主題にしたまじめな宗教雑誌もあった……」のである。また、別の報告によれば、信者に月の居住者のために聖書基金をお願いしなければならないかもしれないと予告したアメリカの牧師もいたのである。[★149]「イギリスの博愛主義者たちはしばしばエクセタ・ホールで大きな集会を催し、月の人々の困窮を和らげるため

に、……また、特に、月の居住者たちの間にもし万一奴隷制が存在するのが見られるならば、それを廃絶するために、……月の人々の状態に関する調査委員を任命した」[150]。一八三五年ニューヘイヴンにいた人によればその状況は次のようなものであった。「イェールは忠実な支持者でいっぱいであった。知識階級——学生や教授、神学や法律の博士たち——、また、その他すべての読書人たちは前例のない熱烈さと盲目的な信仰をもってニューヨークからの郵便物を待ち受けていた」[151]。ティモシ・ドワイトはその頃には亡くなっていたが、イェールの教授ルーミスとオルムステッドは、削除されたという数学的部分を調査するためにニューヨークへ赴いた。しかしあてもなくさ迷うだけであった[152]。

エドガー・アラン・ポーは後に次のように報告している。

> 十人のうち一人もそれを疑わなかった。そして(きわめて不思議なことであるが)疑った人たちは誰かと言えば、主に理由がわからないで疑った人たち——無知な人々、天文学を知らない人々、話があまりにも新奇であまりにも「異常」であるがゆえにどうしても信じようとしない人々などであった。ヴァージニア大学のまじめな数学の教授さえも、これらがすべて真実であることを全然疑っていないと真剣に私に話した[153]。

遂にバブルがはじけた。自分の新聞に再掲するために一部を入手する目的で、『ジャーナル・オブ・コマース』の記者が『サン』に送られた。彼は、ロックという名前の『サン』の記者に会った。ロックは、「それをすぐ印刷するな。それは私自身が書いたのだ」と彼に言った。それで、『ジャーナル・オブ・コマース』はそれらの記事はお話だと非難した。『ニューヨーク・ヘラルド』は、ロックが張本人だと非難した[154]。

リチャード・アダムズ・ロック(1800-71)は、哲学者ジョン・ロックの傍系の子孫でアメリカの生まれである。ケンブリッジ大学で学び、合衆国に帰る前イングランドでさまざまな進歩的出版物の編集をしたり、作家として活動したり

した。ニューヨークに帰ってすぐ『クリア・アンド・エンクワイアラ』に寄稿していたが、一八三五年夏『サン』に入った。後に他の新聞に勤めたり、ニューヨークの税関に勤めたりもした。★155 ロックが科学の問題に関心を持っていたことは幾つかの伝記的資料によって、特に、詳細な説明のある『サン』の印象的な記事によって明らかである。また、書き方も巧みであった。これらの記事が現れる少し前、すでに月旅行の話を著していたエドガー・アラン・ポーは、「簡潔さ、明瞭さ、完璧さ——それぞれを適所に」配すると共に「真の想像力」を持って書くロックの能力を賞賛している。★156

ポーが言ったように、ロックには文学的技巧が備わっていた。しかし、長い間無視されていた強力な証拠に基づいて、ロックの書いたことが決してお話ではなかったという結論を下すことができる。ロックは、むしろ、自分の技巧を駆使して風刺を書くという困難な仕事を行ったのである。ロック自身友人に次のように語っている。「たとえこの話が事実の記述であると受け取られても、或いはお話として退けられても、時期尚早の風刺であることは極めて明瞭である。何れにしても、私は社会全体の中で最もいたずら好きな人間なのである」。★157 もしロックの書いたものが風刺であるとするならば、何、あるいは誰に対する風刺なのかという疑問がすぐ起こってくる。答えは、世界の複数性を支持する人たちに対する、特にトマス・ディックに対する風刺だということになる。この点を後の人たちは洞察できなかったのであるが、ウィリアム・グリグズは一八五二年の説明の中で次のように述べてこの点を明確にしている。

……この問題に関するいわれもないまた途方もない期待を諷刺しようとしてわざと書いたのだという著者の言質が数年後に出版された『新世界』の手紙の中にある。この問題は、最初好奇心の強いドイツの天文学者連中が引き起こし、その後この国でも英国でも、ディック博士の宗教的・科学的な熱狂的文章によってほとんど狂気そのものにまで高められていた。当時、この著者の天文学的著作はいずれの国でも科学的文学の歴史においてほとんど例がないほど高い人気を博した。この国での再版はとどまるところを知らず、ついには続々と書かれた書物のほとんどすべてがこの国の

すべての個人の書斎にまた公共の図書館に見られるほどにまでなった。[★158]

さらに、グリグズは、ロック本人も支持したであろうと思われる言葉で、ディックについて次のように記している。

……真摯な敬愛と豊富な知識と最善の意図をもっていながら、熱狂的で空想的な誤謬推論を用い、理性的宗教と帰納的科学の両者に対して当然の自由と調和を与えないで、むしろそれぞれを互いに役立たせようとしてますます大きな害を両者に与えた著者の名を［ディック以外に］挙げることは難しいであろう。[★159]

ロックがディックを諷刺したということは、ロックがどうしてこうした記事を書くに至ったかに関するグリグズの説明からも明らかである。グリグズによれば、一八三五年の夏ロックは『エディンバラ・ニュー・フィロソフィカル・ジャーナル』の一八二六年版を読んで、月の居住者に向けて巨大な幾何学的合図を建設するというガウスやグロイトホイゼンの考えを詳しく述べたディックの記事を見付けたのである。こんな考えは馬鹿げているが故に、ロックは、グリグズの言葉を使えば、「真剣にそして徹底的に諷刺するに値する主題」だと考えたのである。かくして、ロックは、ディックの著作に目を向け、豊かな諷刺の分野を見いだしたのである。[★160] 科学アカデミーは、ロックの記事が諷刺であるということをよく知っていた。天文学者のアラゴは、「とても制止できないほど騒々しい嘲笑にしばしば中断されながら……[★161]」会員たちにロックの記事を読んで聞かせた。ハーシェルは、喜望峰を訪れた人にその記事を見せられた時、一笑に付した。しかし、後には、真面目に受け取った読者が英語、フランス語、ドイツ語、イタリア語などで多くの質問をし迷惑したと嘆いている。[★162] ハーシェル夫人は、夫の伯母のキャロラインにその記事に関する手紙を書いた時、夫の考えを説明したのであろう。その手紙の最後に次のような意見が述べられている。

……細部を手際よく述べ、個人の名前にも大胆に言及し、記述全体を非常にうまくまとめているので、ニューヨークの人たちが実際四八時間それを信じたからといって非難することはできません。――その記述が事実でないということは極めて残念なことですが、もし祖父たちがしてきたように、孫たちも長足の進歩をするならば、その記述と同じようにすばらしいでしょうに。[★163]

最終的には皮肉なことにロックの諷刺は通じなかった。ロックは、ディック、ドワイト、チャーマーズ、そして彼らの信奉者たちの多世界論的著作を読んで育った世代が騙されやすかったことを過小評価していた。一八五二年一人の著述家は特にディックに言及しながら、次のように述べている。「賢明な人々の精神活動の分野で、土地は完全に耕され、ならされ、肥料を施されていた。かくして、農夫ロックの蒔いた種は百倍もの実をもたらした[★164]」。しかし、ロックが諷刺家として技倆を欠いていたということではない。むしろ、多世界論的説教や意見が同時代の人々の思想に深く浸透していたので、人々は最初その記事が風刺だということがわからなかったのであり、「お話」という烙印を押した時にもまだわからなかったのである。ロックの記事のフランス語訳、ドイツ語訳、イタリア語訳、スペイン語訳を読んだ読者には、アメリカ人にはなかった機知があったのだろうか。しかし、トマス・ディックはロックの作品をどのように受け取ったのだろうかと訝しく思う必要はない。ディックは、『天界の風景』の中でロックの「お話」について論じている。ディックは、天文学の知識が不十分であったために信じやすかった人々に小さな講義をする機会を得、この「お話」を書いた無名の「若い男」に小さな説教をする機会を与えられたといえよう。ディックはロックに次のことを覚えておくよう力説している。「欺こうとするすべての試みは造物主の掟を犯すことである。造物主は「真理の神」である……。それ故に、意図的にかつまた故意に、そのような詐欺をもくろむ人は嘘つきとか詐欺師とかの部類

に入れられるべきである」[★165]。ロックの諷刺は才気縦横のものでありながら、最初はふさわしい読者を見いだすことができなかった。しかし、真理の神はまた諷刺的真理の神でもあるのだから、この神はロックのような人に対しても然るべき場所を与えるだろうと考える人もいるであろう。

ロックの諷刺にはどのような意味を読みとるべきであろうか。少なくとも二つの諷刺に影響を与えたということの他に[★166]、この章の最初に提示された問題、すなわち科学的基盤の脆弱さという問題や科学と宗教の緊張という問題の両者に光を当てたと言えよう。多世界論的著作の読者の信じやすい性格と著者たちの大げさな主張を暴くことによって疑いもなく、論争に必要な慎重さを徐々に人々に浸透させていったのである。宗教に関してロックが教えた教訓は、一方ではペイン、シェリー、他方ではドワイト、チャーマーズ、ディック、これらの人々はすべて次のことを学ぶ必要があるということであった。すなわち、神のあり方に関して性急な発言する人には落し穴が待っているということである。こうした功績によって、ロックは、地球外生命論争史においても諷刺史の上でも独特のそして永久の地位を与えられるのである。

第5章 ヒューエル以前の数十年

1 イギリスにおける多世界論——自然は「一杯のワイングラスを満たすのに大樽を傾ける」だろうか

前章で論じられたように、リチャード・ロックの記事は、多世界論者たちの行きすぎに警告を与えた。次の章で論じられるように、一八五三年ウィリアム・ヒューエルの『世界の複数性について——一つの試論』は、さらに辛辣な打撃を多世界論者たちに与えた。本章では、一八五三年以前の数十年間の地球外生命論争を概観し、ヒューエルの著書について考察するための舞台を整えることにする。この期間に多世界論はさまざまの領域に広がって行き、多くのめざましい展開を繰り広げた。当時の指導的知識人の中には自分の教義に合わせて世界論を脚色したり、逆に自分の教義をそれに合わせたりするものもいた。従って、本章で扱われる資料の範囲は、真剣な宗教的講話や厳粛な哲学的議論から、思弁的で詩的な気晴らしや諷刺的で芸術的な絵画にまで及ぶ。これらの展開を分析すると、多世界論のとてつもない魅力や類い稀な柔軟性が次々と明らかになってくる。

一八五三年以前の数十年間に多世界論論争に加わったイギリスの多くの著述家たちのうち、ジョン・ハーシェル(1792-1871)ほど権威を持ち影響力のあった人物はいない。ジョン・ハーシェルは、ウィリアム・ハーシェルの唯一の子孫で、ウィリアムの天文器具を譲り受けた人物である。ジョンは、一八一三年数学の首席一級合格者やスミス賞の首席受賞者となってケンブリッジを卒業し、さらに、王立協会員に選出されたことからして、父の天才が息子に伝わっていたことは明らかである。[★1] 一八三三年息子は父の南天観測を継続するために、喜望峰に向けて出発した。この時、すでに、科学上の業績によってナイトの称号を与えられていた。また、王立協会から幾つものメダルを貰い、ほとんど会

長に近い地位にあった。一八三三年『天文学論考』を出版し、一八四九年これを敷衍して『天文学概説』として公刊した。この書物は長い間イギリスにおいて天文学の指導的教科書となり、アラビア語、中国語、そしてロシア語にも翻訳された。

読者は、老ハーシェルの多世界論的見方が息子に伝わっているか否かに大いに関心をもって、『天文学論考』にあるいは後の『天文学概説』に目を向けたにちがいない。独学の父は業績があったにもかかわらず、天文学の傍流に留まらざるをえなかったのに対して、息子の方は全く申し分のない科学教育を受けることができ、まさに科学の中心にいたということをおそらく読者はよく知っていたであろう。読者は、ジョン・ハーシェルが一八三〇年に科学の経験的方法論について説明した著書を出版したことを知っていたので、「注意深い観察と論理的証明に支えられた……」[★2]天文学上の結論をすぐ受け入れることができるように、『天文学論考』や『天文学概説』の冒頭で、さまざまな偏見を取り除くよう勧めてあるのを見ても驚かなかったであろう。しかし、批判的な読者は、注意深く下された結論の中に次のような唐突に示された二つの結論を見いだした時には面食らったであろう。❶「惑星は……広大で、精巧な、居住可能な世界……である。それらのうちには、幾つか、地球よりもずっと巨大で、ずっと珍しいものを備えているものがある……」。❷「恒星は……さまざまの卓越した栄光の太陽——無数の目に見えない世界に対する生命と光のまばゆいばかりの中心……である……」[★3]。ハーシェルは、後に両方の著書の中で自分の多世界論的確信の主要な源を明らかにしている。

さて、そのようなすばらしい天体は、いかなる目的のために宇宙の奈落に散りばめられていると想定しなければならないのでしょう。いうまでもなく、われわれの夜を照らすためではないでしょう……。意味もなく実体もない虚しい飾りとして輝いているのでもないでしょうし、空しく推測を重ねるわれわれを驚かすためでもないでしょう。いつで

も正確に指示できる定点として有用であるのは事実でしょうが、造物主の配慮の唯一の対象は人間であるとしか想定できないならば、あるいは、われわれの周りの巨大ですばらしい機構の中に他の生命ある存在のための備えが存在するのがわからないならば、天文学研究はほとんど無駄であったにちがいない。われわれが見てきたように、惑星は太陽から光を受けて輝いているのである。しかし、恒星の場合はそうではない。つまり、恒星は疑いもなくそれ自身太陽であり、おそらくそれぞれの領域でそれぞれが統括の中心となっており、その周りを惑星や天体が回っているのであろう。そして、こうした惑星や天体に関しては、われわれはわれわれ自身の系から得られる類推によってはいかなる概念をも形成することはできないのである。[★4]

この一節から明らかなように、地球外生命が存在するというジョン・ハーシェルの信念は、主として、造物主の計画と目的に関する形而上学的宗教的仮定に基づいている。ジョン・ハーシェルは、多世界論を証明する科学的証拠が乏しいことや多世界論の多くが形而上学的性格を持っていることを実証したヒューエルの一八五三年の著書を読んだ後でさえ、こうしたことを理解できなかったのである。[★5]

太陽や月そしてそれらの居住者に関するウィリアム・ハーシェルの主張は、一八三三年頃には段々疑わしくなってきていたが、いうまでもなく息子のジョンはそれに気付いていた。それにもかかわらず、『天文学論考』の中でも『天文学概説』の中でも、ジョン・ハーシェルは、太陽は大きな堅い核を持っており、それが太陽の外層すなわち「光る海」[★6]の中の「開口部」(太陽黒点)を通して見えるようになるのだという父の説を支持している。また、堅い内部とこの「光る海」を分離する雲の層の存在を擁護し、その証拠は太陽黒点の縁の様子の中に見いだされるとも述べている。太陽の外部は途方もなく高温であり、「極めて激しく熱せられた固体は、太陽と目の間にある時、太陽という円盤上の黒い点として現れる」ということを認め、続けて次のように述べている。

……太陽という天体は、黒点を通して見られる時、どんなに暗く見えようとも、やはり、最も激しく熱せられている状態にあるのかもしれないということになる。しかしながら、必然的にそうでなければならないということにはならない。少なくとも物理的にはその反対も可能である。というのは、完全反射する天蓋が効果的に太陽の大気の上方の光る領域より放たれる熱から太陽を保護し、急速に濃度を増すガス状の中間物を通る熱は全く下には伝わらないであろうとも思われるからである。太陽黒点の周辺の半暗部の雲は極めてよく反射するということ、また、そのような状況の中でそうした雲が目に見えるという事実は全く疑う余地はない。[7]

父の考えをすべて受け入れたわけではなかった。このような一節が語られる根底には、父の考えに対する息子としての贔屓《ひいき》めもあったが、太陽人に対する配慮もあったのである。このことは、すぐ後で触れるように、ネイスミスの「柳の葉」についてのジョン・ハーシェルの理論を考えてみればよくわかる。ジョン・ハーシェルは、『天文学論考』や『天文学概説』の中で直接太陽の居住者について論じているわけではなく、太陽人の存在のために必要な先に示された諸条件を出したことで満足している。この世紀のさらに後でブルースターその他の人たちはこれを利用している。

ジョン・ハーシェルは、月に「雲はなく、他に大気の存在を示すものはない」[8]ことを認めるが、しかし、過去には水があったかもしれないと主張している。例えば、「完全に水平なところが存在する。これは明らかに議論の余地なく沖積層の特徴である」[9]と記し、このことからすると水が残存している可能性も否定できないという。実際、月では明るい太陽の光とほとんど完全な闇との周期的交替が各地域で経験されていると論じた後で、次のように述べている。

結局、太陽の真下は全く不毛地帯であり、その反対側は絶えず霜が氷結し、おそらく、光の当たる半球との境界線地

帯には細長い河が流れているであろう。従って、一方では蒸発、他方では液化という現象のために、ある程度温度の平衡が保たれ、両極端の激烈な気候が和らげられているということもありうるだろう。[★10]

パトリック・スコットは、すぐに、こうした考察を取り入れた。スコットは、『月の愛』[★11]という夢想的な詩の中で、こうした考察を利用し、月人の存在を正当化した。ハーシェルが主張する月の生命の可能性とその発見の可能性の要点は次の箇所に見られる。

望遠鏡……は、建造物や土の表面の変化など月の居住者の痕跡だとわかるものを観測できるまで、さらに大きく改善されなければならない。月では物質の密度が小さく、その表面では物体の重力が比較的弱いために、重い物質を持ち上げようとする時、筋力は地上よりも六倍も強い力を発揮すると思われる。しかしながら、空気が無いために、地球上の生命に似た形態の生命はそこには生存しえないと思われる。植物の存在を示す現象や、季節の変化があれば生じるはずの表面の極めて小さな変化を示すものさえも、全く確認できない。[★12]

このような主張にもかかわらず、ハーシェルは、最後の節で、「もし月に居住者がいるならば……」と始め、さらには、月の居住者が見ている地球について述べてこの章を終えている。[★13]

『天文学概説』の後の版から明らかなように、ハーシェルは、ウィリ・リーが「たぶん今まで提出された仮説のうちで最も無謀な仮説[★14]」と形容した説を支持している。優秀な数理天文学者であったピーター・アンドリアス・ハンスン(1795-1874)は、一八五六年『王立天文学協会紀要』に論文を発表し、その中で、月の重力の中心は月の形態上の中心よりも約三〇マイル地球から遠いところにあるという仮説に基づく理論と月の観測結果との不整合について説明した。ハン

スンの主張によれば、月の水と空気は遠い側に引っ張られることになる。何故なら、重力はそちら側の方が強いからである。ハンスンの仮説に「論理的根拠がない」[★15]ことをサイモン・ニューカムが明らかにしたのは一八六八年頃であったため、ハーシェルは、一八五八年の『天文学概説』第五版で、その仮説を採用ししかもみごとに仕上げるだけの時間があったのである。ハーシェルは、その仮説のようなことが「月で起こりそうにないこともない」と述べ、この仮説を使って、月の遠い側に「動物的生命や植物的生命」が存在する可能性を認める議論を展開した。[★16] さらに、第八章で示されるように、月の遠い側に生命が存在するというこの主張は、一八六〇年代の多世界論の文献の中に広く拡がったのである。一八六〇年代に、ハーシェルは再び多世界論を支持するのである。

ハーシェルは、惑星について論じる際に、太陽の水星に対する放熱の強さは地球に対する場合よりも七倍も大きく、地球は天王星よりも三三〇倍も多く熱を受けていると記している。また、惑星の密度はそれぞれの惑星で大きく異なり、例えば、土星の密度は極めて低く、「コルクよりも大して重くない物質からなるにちがいない」と述べている。こうした情報によって、他の人々は惑星の居住可能性を否定するようになった。ハーシェルにとって、惑星の居住可能性という問題は次のようなことを意味していた。

……かくも大きな問題、つまり、動物的存在や知的存在の生存や幸福の維持という問題が持つさまざまな事情のうちに、われわれは、限りない多様性を認めてはならないのであろうか。そうしたものの維持ということは……万物を統轄する神の愛と知の行使にとって常に価値ある対象となるように思われる![★17]

特定の惑星に話を移すと、金星と水星は共に一様の明るさを持つように見え、このことは、両方の惑星が共に「雲の沢山ある」大気に取り囲まれていると仮定することによって極めて自然に説明されるという。これらの大気は、「もし

存在しなかったら強烈なはずの太陽光線を和らげるのに役立つであろう」[18]という多世界論の立場からする注釈が付け加えられていなかったならば、この推測は科学的根拠があるように思えるであろう(ただし、現在では水星に関しては誤りであることがわかっている)。ここに明らかに見て取れる思考様式は、ハーシェルの著作に繰り返し現れる。ハーシェルは、太陽系のさまざまな天体に生命が存在する可能性を徹底的に示そうとし、さらには、その居住可能性に対する極めて重大な反論を取り除いたり緩和したりしようと試みている。こうしたことを遂行するに当たって、ハーシェルは、そうした生命を支持しない理論を無視するだけでなく、このような見方に役立たない観測を避ける傾向もある。例えば、水星は極めて小さくて遠くにあり、観測条件は極めて悪いので、もし水星の表面のさまざまな特徴が極端に大きくなければはっきり見ることはできないであろうというようなことは言わない。火星は多世界論者が最も好むものであるが、ハーシェルは、火星の「大陸や海と思われるものの輪郭を極めてはっきりと」[19]観測している。また、海の色は「緑がかっている」とか、極地の帽子状のものは「極めて高い確率で雪であると推測される」[20]などと記している。土星についてハーシェルは次のように述べている。

土星の環は、水平線から水平線へと空にまたがり、星の間で不変の位置を保つ巨大なアーチであって、光が当たっている側の上方から見ると、すばらしい光景を呈するにちがいない。他方、暗い側の地域では、連続一五年間続く太陽の食のために、その影の下方は、(われわれの考えでは)多少衛星の弱い光によって補われるにしても、生命のある存在にとって不快な地域であるにちがいない。しかし、もしわれわれの周囲のことから類推して条件の適不適を判断するならば、間違いを犯すことになるであろう。われわれにはまさに恐怖のイメージしか与えないような条件の組み合わせが、実際には愛の心を最も感動的に華々しく示す劇場であるかもしれないのである。[21]

『天文学論考』の中の小惑星に関するハーシェルの議論は余りにも短くて、直径についていかなる情報も見られない。それにもかかわらず、パラスは「幾らかぼんやりかすんで、もやがかかったように見え、明らかに広範な蒸気の大気が存在すると言われている……」[★22]と読者に明言する。さらに次のように述べている。重力が弱いので、「そのような惑星には巨人が存在するかもしれない。そのような巨大な生き物は、地球ではその重さを軽減するために水の浮力を必要とするが、そこでなら居住者となり得るかも知れない。しかしこうした思弁には果てがない」[★23]。

ハーシェルの『天文学論考』の星に関する部分では、多世界論的な考え方は当然ながら極くたまにしか出てこない。しかし、重星に関する議論では多少出ているかもしれない。重星は多世界論者たちに対してさまざまな問題を生んでいた。何故なら、それらの間の重力は、安定した惑星軌道にとって不都合な条件を生み出すからである。ハーシェルもこのことを認めるが、しかし、それらの惑星は「直接的優越者の防御的翼のもとに密接に寄り集まっている……」と提案する。さもないと、「別の太陽が近日点を通過する時その運動によって……運び去られてしまうかもしれないし、居住者の存在に必要な条件と全く相容れない軌道の内へ運び去られるかもしれない……」[★24]。これは「思弁の旅をするのに妙に広くて新しい領域であり、楽しむのを避けがたい領域である」と述べている。また、さまざまな色の連星を考えたりもして、そんな楽しみを躊躇してもいない。例えば、「二つの太陽――赤と緑のあるいは黄と青の太陽――は、いかにさまざまの輝きを両者の周りを回る惑星に与えるか、また、いかに魅力的なコントラストや「楽しい移り変わり」――例えば、赤の日と緑の日を……与えるか」[★25]を想像してみよ、などと提案している。

ハーシェルの『天文学論考』と『天文学概説』に、世界の複数性に関する特別の説や体系的な議論が含まれているわけではない。その理由は、一つには、この思弁的な話題がハーシェルのめざしていたものに合わないことがわかったからであるが、しかしもう一つの理由は、この説はほとんど証明の必要がないと見なしていたからであろう。しかし、ハーシェルには確かに思弁的時期があった。実際、一八六一年の終わりになされ、後に二度出版された講義の中で、

父の思弁さえも上回るような多世界論的思弁を展開している。一八六〇年頃、当時最も優れた望遠鏡の一つを所持し尊敬されていた天文学者ジェイムズ・ネイスミスは、太陽の表面が柳の葉のような形をした沢山の物体で覆われているのを観測したと報告した。それは、巨大な大きさを持ち、激しく光を発し、常に運動していたという。この観測が誤りであることが明らかになったのは一八六〇年代の中頃のことであるが、ハーシェルは、一八六一年の講義の中で、この観測を受け入れただけでなく、その柳の葉の固体性を主張し、「明らかに太陽の光と熱の直接的源……」であると述べている。さらに、「それは、ある奇妙な驚くべき種類の有機体であると見なさざるを得ない。そのような組織が生命の本性であると言うのは余りにも大胆であろうけれども、生命活動が熱、光、電気を作りだす能力を持っているということはよく知られていることである」[★26]という注目すべき主張をしている。どうして当時の第一級のイギリスの天文学者がそのような空想的な主張をすることができたのであろうか。次の二つのことが考えられる。先に提示された資料によって裏付けられることであるが、第一に、若きハーシェルは、父の器具と能力だけではなく、父の多世界論的形而上学をも引き継いでいたということである。このことをジョンはかつて次のように要約して述べている。「もし生命を目的として物質が存在するのであるならば、自然はワイングラスを満たすために大樽を傾けるように思われる。そして、そのとき小さな惑星にのみ生命が可能となるのである」[★27]。第二の要因は、多世界論的主張に対する同時代の天文学者たちの寛容さである。

この良い例はW・H・スミス(1788-1865)提督である。スミスは一八四四年『天体の周期』(ロンドン)を出版し、王立天文学協会から金賞を受けた。この中でスミスは、太陽の生命に関するウィリアム・ハーシェルの理論を直接擁護してはいないけれども、太陽人は太陽の重力を克服できないというトマス・ヤングの反論に答えて次のように主張している。

……唯一の小さな地球の幾つかの部分にラップランド人や黒人、コンドルやクジラ、蚊やゾウを造った神秘的な言葉は、断じて、われわれのような体や思考をもつ被造物の形成にのみ限定されるべきではない。あらゆる世界の居住者がその世界にふさわしい物質から形成され、またその世界のために作られるであろう。ガリバーの小人国リリパットのように身長が六インチであろうと［ヴォルテールの］シリウスの住民のように背が高かろうと……また甲虫のように這おうとあるいは五〇ヤード跳ぼうと、そんなことは問題ではない。

アイルランドの天文学王、ウィリアム・ロウアン・ハミルトン卿(1805-65)は、スミスと同様多世界論者と見なされる。実際、一八四二年の出版物の中で、キリストの昇天日と聖霊降臨祭の間の一〇日間は、宇宙の他の諸世界に進んでいくのに必要であったと推測している。「雲から玉座への［キリストの］移動は、能天使と権天使が家来として従った長い勝利の行列をなしたただ一つの連続的なものではなかったか。宇宙が神を見、すべての天使が神を礼拝している時、新しい出生によってではなく、いわば布告と認証によって唯一の息子がそのとき再び世界に生み出されたのではなかったか[★28]」。

ハーシェル父子は彗星には生命が存在しないとした。しかし、同時代の科学者の中にはもっと手ごわい連中もいた。ジェイン・マーセト(1769-1858)夫人は、広範に読まれた『自然哲学についての対話』(1819)の中で、多世界論について論じ、すべての惑星のみならず彗星にも言及している。もし彗星に居住者がいるならば、「［彗星は］極めて激しい暑さと寒さを経験しなければならないのであるから、その居住者は［地球の］居住者とも、また、他のいかなる惑星の居住者とも大きく異なる種類の存在にちがいない……[★29]」ことを認め、自分の主張は彗星の生命を支持するものであると述べている。デイヴィッド・ミルン(1805-90)は、『彗星について』(1828)の中で、彗星の生命に対するためらいを全く表明していない。実際、彗星人は「人間の構造と余り違わない構造をもっている[★30]」かもしれないという主張を三頁に三回も繰

り返している。ミルンの分析では、彗星に生命が存在する可能性はすべての彗星に及んでいるわけではなく、ただ「太陽の影響が彗星核の表面に及ばないような進んだ状態を持つ……」彗星にのみ認めている。また、すべての彗星人が地球人のような形態をしているにちがいないと主張しているわけでもない。「彗星には、人間が観測しうる狭い範囲に存在するものとは大きく異なる存在が居住するのかも知れない。たとえこれらの存在が、その状況の特異性からして、われわれの身体的器官のような肺も目も、また暑さ寒さの感覚も持たないとしても、それが何であろうか」。そういう動物は存在条件からして不利であるなどと考えるなと周到に警告している。実際、彼らは途方もない景色を楽しんでいるかも知れない。例えば、「土星という惑星に極めて近く近づいて、裸眼でも土星の環のすばらしい現象をよく見ることができる……」かも知れない。残念ながら、ミルンは、そうしたすばらしい景色を目のない彗星人がどのようにして見ることができるのかを説明していない。また、どうして大して深遠なものでもない『彗星について』が、題扉に言われているように「過去一二年間にエディンバラ大学の人たちに出されたフェロウズ博士賞の最優秀賞を得た」のかも、明らかにしていない。

ミルンが彗星の生命に対して熱心なのは時代という文脈から判断しなければならない。この点に関して重要なことは、聡明な電気化学者で、王立協会の会長でもあったハンフリ・デイヴィ卿(1778-1829)が彗星人を支持していたということである。[★31] このことは、遺著『旅の慰め』を見れば明らかである。この書物は、一連の夢想的対話からなっている。その中の一つの対話の中で、目に見えない「霊」がデイヴィを宇宙の旅に連れていく。そこで学んだことは、「宇宙の至る所に生命が溢れており、その様は無限に多様である……」[★32]ということである。デイヴィは、居住者のいる彗星を見、その居住者たちは「極めて大きく、神々しく……かつては地球に住んでいた……」ことを教えられる。このことが示唆しているように、霊魂の転生ということも教えられる。霊魂は知識を愛した程度に応じて、「より高い惑星の世界に昇る」。土星人が土星の大気の中を泳いでいるのも見る。「彼らはセイウチか海馬の持つ運動器官に似た器官を

もっていた。しかし、彼らが六つの極めて薄い膜を翼として使って、あちこちへと移動するのを見た時、私はびっくりした」。土星人たちの光景を見て不愉快になった時、デイヴィは、彼らが知性の点では地球人より優れており、「われわれが全く知らない多くの知覚をもっている……」ことを知らされる。

デイヴィの著書で大いに注目すべきことは、こうしたことが真剣に受け取られることを目指していたということである。夫人に宛てた手紙の中で、この書物には「失われると取り戻しえないような真理、そして私は確信しているのだが、将来極めて有益となる真理……」[★33]が含まれていると述べている。さらに、『旅の慰め』の中には「哲学的見方の本質」[★34]が含まれているとしてその特徴を述べている。天界に関するデイヴィの幻視は実は夢の記録の一部であったのだが、彼自身はスヴェーデンボリの夢にも比肩しうるものと見なしていたようである。[★35]一般の人々はかなり『旅の慰め』に興味を持った。一八六九年までに、アメリカで数版を重ね、イギリスでは七版を重ねている。さらに、この年フラマリオンがフランス語の翻訳を出版し、一八八三年までには九版を重ねている。また、ベルツェリウスは、もしデイヴィがもっと体系的に書いていたら、「化学をまる一世紀は前進させたであろうに」[★36]と言った。しかし、歴史は、『旅の慰め』の中の多世界論的空想は地球外生命論争にもデイヴィの名声にも殆ど意味を与えることはなかったと審判を下すにちがいない。

メアリ・サマヴィル(1780-1872)は、天文学に関して例外的に深い専門知識を持っていたが、『自然諸科学の関係』(1834)の中で、惑星について論じ、「惑星は運動や構造の点では地球と同じであるが、人間のような存在の居住には全く適さない」[★37]という結論を下した。チャールズ・ライエル(1797-1875)も、一八三七年ロンドン地質学協会会長就任演説の中で、多世界論に関して留保を表明した。

宇宙に居住可能な世界が複数存在するということは、推測したり思弁を労したりするのにどんなに面白い問題であ

るとしても、天文学によって確証できなかった。それに対して、地質学は、他の惑星にそれぞれふさわしい生物の種が居住していることを立証できないが、それに劣らずすばらしいさまざまの正しい結論を証明している。例えば、われわれ自身の惑星に多くの居住可能な表面が存在することや、地球上の存在としては奇妙な種族が居住していたさまざまの世界が、それぞれ時代によって異なるとはいえ存在していたことなどである。★38

他方、チャールズ・ダーウィン(1809-82)は多世界論を受け入れた。そして、さまざまの地球上の生命の形態の起源を博物学的に説明しようとした試みは、実際、宇宙的視点に支えられていたのかも知れない。種の問題に関する一八四四年の論考の一節からすると、このように推測されるのである。「数えられないほどたくさんの宇宙を造った造物主が、最も早い生命の誕生の頃から地上に群れていた無数の這う寄生虫や虫を、個別的な意志行為によって作ったなどというのは、造物主の尊厳を無みするものである……」★39。

エディンバラの出版者で博物学者のロバート・チェインバーズ(1802-71)は、おそらく、同じような考えに影響を受けたと思われる。一八四四年匿名の『創造の自然史の跡』は、一大センセーションを巻き起こし、一八五三年までには英語版で一〇版を重ね、進化論的学説や理神論的学説に対する反駁の洪水を生みだした。★40『創造の自然史の跡』は天文学に関する二つの章で始まっている。そこでは、星は太陽で、「星」系★41を形成していることを指摘し、ラプラスの星雲説を修正したものに賛成する意見を詳細に論じている。この二つの章では、現在月に居住者はいないかもしれないが、将来存在するようになるかもしれないと力説した節が見られるが、その他の箇所では、多世界論について論じていない。しかし、星雲説を支持し、それぞれの星が同じ星雲から形成された惑星に取り囲まれているという考えをこの仮説に関連して唱えたが故に、後の章で述べるような多世界論の議論の舞台を設定したといわねばならないのである。というのは、なかんずく、チェインバーズ流の星雲説では、すべての惑星が地球とほとんど同じ表面温度をもっ

ているとされるからである。

第一一章まで、チェインバーズは、自分の進化論的考えを詳しく披瀝し、続いて、自分の説は「単にこの小さな惑星の有機的存在の創生にあてはまるだけではない。この惑星は、何十万という系の中のほんの一つの系の第三番目の惑星に過ぎず、この何十万の系全体も、明らかに無数の天体からなる宇宙のほんの一部を構成しているにすぎないのであり、そこでは全体が類比的なのである」と力説している。チェインバーズの場合、多世界論は、彼の進化論的な考えから出てくる自然な結論であり、進化論的考えと調和するものと考えられている。ダーウィンから引用された一節と極めて類似した一節で、チェインバーズは次のように述べている。

……これらの無数の天体のすべては、有機的存在者の舞台であるかまたそうなる途上にある……。創造的な知性のふさわしい運動として、特定の時にそれぞれの状況で必要とされるさまざまな種を形成し配置するために、あるところから別のところへ常に動いているなどということが、考えられるであろうか。

チェインバーズは、すべての惑星が同一の化学的元素を含み、同一の法則に従っていると確信して、大胆に次のように推測する。

光のあるところには目があるであろう。そして他の天体でも、これらの目はあらゆる点において地球の動物の目と同じであろう。ただし、少数の特異な条件や状況に順応するのに必要なだけの違いはあるであろう。われわれの動物界の大部分が持つ一つの顕著な器官がこのように普遍的に存在するのだから、他のすべての器官が――種と種、類と類、界と界――の間で類似しているということは、極めてありそうであると想定し、かくしてまた、宇宙の他のすべての天

体の居住者と地球上の人間たちとの間に、単に一般的な類似性だけでなく、特殊な類似性も存在すると想定することは、ほんの少し頭をひねればできる議論である。

この点は、チェインバーズの理神論ともよく調和する。チェインバーズの理神論では、神は「可能なかぎり少ない手段を使うことによってすべてをなした」と考えられている。

チェインバーズの著書は、星雲説の歴史に二つの重要な影響を与えた。すなわち、一つは、この仮説をさらによく知らしめたこと。一つは、多くの人に反宗教的進化論的考えと見なされていた事柄〔多世界論〕とこの仮説とを結合したことによって、多くの人にこの仮説を疑わしめたことである。『創造の自然史の跡』の後の版で、チェインバーズは実質的に星雲説支持を撤回した。[42] このことは、しかし、彼にとって気が進まないことであったにちがいない。なぜなら、この仮説は、ただチェインバーズに理論的枠組を与えただけでなく、一八三〇年代には著書そのものの構想をも与えたからである。[43]『創造の自然史の跡』の改訂版の中でチェインバーズが多世界論的見解の窺われる箇所を訂正しなかったことからすると、当時の批評家たちは多世界論に反対していなかったように思われる。しかし、『創造の自然史の跡』を論争の渦中に引き込むことになった過激な命題と結び付いた星雲説や多世界論に出くわした時、星雲説だけでなく多世界論にも疑問をいだくようになった読者がいたということはありうることである。[44]

一九世紀中葉のイギリスの生物学者たちの中で、リチャード・オーエン(1804-72)ほど進化論に敵意を抱いた人物はいない。オーエンは、動物の本性を元型とか理想形という言葉を使って概念的に把握した優れた比較解剖学者であった。このことからすると、オーエンは多世界論に反対したと予想されるかもしれないが、『四肢の本性について』(1849)では多世界論を支持しているだけでなく、元型の理論は地球外生命について推測するのにも活用できることを示している。「脊椎のある元型が変化したものを考えられるだけ考えてみると、現在地球に住んでいるすべての形態がすべ

ていうわけではない……」[45]から、他の形態が他の惑星で実現されていると考えることもできるという。チェインバーズとオーエンは多くの問題に関して激しく対立したが、共に多世界論を受け入れ、自分の体系の中に組み入れようとした。この点に、多世界論が持つ柔軟性と魅力は最もよく現れているということができる。

多世界論が受け入れられることと流布することとは別の事柄である。この節で言及した科学的著作の中で、広く読まれたのはチェインバーズ、デイヴィ、ハーシェル、マーセトの著作だけである。これら以上によく読まれたのは、ジョン・プリングル・ニコル(1804-59)とダイアニシアス・ラードナー(1792-1859)である。この二人は両方とも牧師になるための勉強をしたが、科学について講義したり、著作を著したりするほうが自分たちの志向に合っていると考えた。そうして、無類の成功を収めた。ある作家は、ニコルを「星に関する散文の桂冠詩人」と呼び、「ミイラのように閉じ込められていた科学を公開し、生き物のように自由に出歩くようにさせた点で、現代の誰よりも功績があった」[46]と言って賞賛した。

グラスゴーの天文学教授であったニコルは、故郷のスコットランドでもアメリカ合衆国でも天界の不可思議を賞揚した。アメリカでは一八四八—九年の冬講演した。アメリカ人たちは、彼の著書『天界の構造』(1838)を読んで、すでにニコルの考えを知っていた。この書物は、最近の研究によれば、「アメリカの読者が星雲説に注目するようになるうえで、極めて大きな影響力を持った唯一の書物である」[47]。この著書の中で、ニコルは、星雲説を支持し、これを使って惑星が恒星の周囲を回っていることを論証している。[48] ニコルの見解によれば、これらの惑星にはほとんどの場合居住者が存在する。「そこにも……現在の存在するものの中で最も偉大な形態は、未来の生命に満ちあふれた微生物に他ならないという真理が、すばらしい象形文字で書かれている」。一八四六年まで光る流体であると信じていたオリオン星雲でさえ、次のように描いている。「暗黒の内部に——微生物、すなわち、あの生命を生み出す力が潜んでいる。そして、これが、将来、発達を開始し、花開き、満開となり、多様な発育盛りの形態となる。そして、遂には、

あらゆるレヴェルの知性を持つものや、あらゆる道徳的偉大さや感受性を持つものにふさわしい避難所となり、また、それらを養うものともなる」。多世界論を示す表現は、また、ニコルの『太陽系の現象と秩序』(1838)の中にも見られる。例えば、月について次のように述べている。月は、輝いていて、

……極めて多様な色を持っている。晴れの海(Mare Serenitatis)では、……広大な地域は、灰色の部分が混在して、極めて美しい緑色に輝き、また、その他幾つかの色合いをもって輝いている。こうした多様性は……新しい世界に存在する黄金のサヴァンナやサハラの砂漠やうっそうと茂った新鮮なシダの原野などから、光がさまざまに反射する有り様を[示している]★49。

ニコルは、また、すべての惑星に居住者が存在するか否かと問い、地球上の或る地域では現在生命が存在しないし過去にも存在しなかったと記して、この問いに否定的に答えている。しかしながら、ニコルは宇宙が進化していると想像していたのだから、いずれは宇宙に生命が存在するに至ると主張するようになるだろうと思われる。

一八四〇年『アテナエウム』は、ダイニシアス・ラードナーの『蒸気機関車』を賞賛し、「かつて出版されたものの中で最も人気のある機械論的論考」と述べ、ラードナー自身については、「われわれの考えでは、当代のすべての人気作家のうちで明らかに最も人気があり、かつまた最もそれに値する人気作家である」★50と述べている。ラードナーは『アテナエウム』に死亡記事が載ったけれども、その時には未だ亡くなってはいなかった。ただ他人の妻を伴ってイギリスを離れていただけだったのである。このために科学解説者としての彼の経歴が終わるということはなかった。一八四〇年までに一〇冊以上の著作を著し、一三三巻の「ラードナー博士のキャビネット百科事典」の編集に没頭した。★51 一八四一年アメリカ合衆国で講演旅行を始め、二千人もの聴衆を集め、出版者の主張通り「おそらくいかなる大衆的講演者も

かつてこんなに長期間かくも多数の聴衆を集めたことはなかった」[★52]。一八四四年に講演旅行を終えたのであったが、この頃までにはヴィクスバーグやセントルイスのような遠いところの市民までが天文学、物理学、化学、そして蒸気機関車などの恩恵を彼が賞揚するのを耳にしたのであった。ラードナー自身これらの恩恵を受けていたのである。報告によれば、これらの講演を出版した『科学と芸術に関する一般講義』(1846)から得た利益の他に、これらの講義だけからでも二〇万ドルも得たからである。アメリカを去ってフランスへ行き、一二巻の『科学と芸術の博物館』(ロンドン、1854-6)を含めさまざまの著書を出版し続けた。

ラードナーが聴衆を喜ばせるやり方を知っていたということは明らかである。ラードナーの成功の一つの要因は、『科学と芸術に関する一般講義』も『科学と芸術の博物館』も地球外生命を論じた節で書き始めていたことである。「世界の複数性」と題された『科学と芸術に関する一般講義』の第一章では、次のように問うている。「かくも豊かに天空を飾る輝く天体には生き物が住んでいるのであろうか。彼らは、われわれと同じように、発見する理性、愛する感覚を持ち、〈指で天空を造った〉神のさまざまな属性を無限に完成する想像力を持っているのであろうか」。望遠鏡を使ってもこの問いに直接答えることはできないことを認め、肯定的に答えるためにアナロジーを用いている。地球が居住者に適合していることから、次のように力説する。天文学によれば、惑星に「あらゆる点で同じような条件」があることは明らかである。実際、惑星は「同じような構造をしており、空気があり、暖かく、光があり、必要なものが存在する……居住地」である。土星には熱を保持するのに十分な大気があり、土星人に大きな口径の目があるとすれば、土星が表面の単位面積当たり地球の四〇〇分の一の光と熱しか受けていないとしてもそれで十分である。水星、金星、火星、そして(おそらく)木星、土星にも雲が見られることから、次のように結論する。「雲の存在が明らかであれば、いつでも、そこには水が存在し、蒸発作用が起こっているにちがいない。そこには電気が……行き渡っているにちがいない。そこでは雨が降るにちがいない。そこでは雹と雪が降るにちがいない」。『科学と芸術に関する一般講義』の

中の多世界論的主張の中には過激なものが見られるが、いずれも『科学と芸術の博物館』の序文に見られる一節を越えるほどのものではない。「われわれが示した多くのアナロジーからして、間違いのないことだとは言わないまでも、極めて高い確率をもって次のように結論することができよう。すなわち、三つの惑星、火星、金星、水星には、地球と同じように……地球に居住している人間と全く同じではないにしても極めて良く似た種族が〔神によって〕配置されている」。ラードナーの多世界論に制限がないというわけではない。『科学と芸術の博物館』の中で、月、太陽、衛星、彗星、そして小惑星には居住者がいないとしている。その理由は、これらの天体には地球とのアナロジーがあてはまらないからである。先に引用された『アテナエウム』の論評の中でラードナーは、「知識普及運動の波が最高潮に達したところで人気を博した」と評されている。ラードナーの広い学識と生気に溢れた文体が人気を得るのに役立ったのである。また、宇宙のどこか他のところにも生命が存在するかという刺激的な問いを、『科学と芸術に関する一般講義』や『科学と芸術の博物館』の初めに掲げたのも有効であったと思われる。

多世界論をめぐる議論は、チャーマーズからヒューエルに至る期間にイギリスで出版された科学的出版物の中だけでなく、文学、哲学、宗教の諸著作の中にも見られる。宗教的著述家の一人に、サミュエル・ノウブル(1779-1853)がいる。ノウブルは、一六歳の時にペインの『理性の時代』に出会い、「心臓に短剣が突きささるほどの衝撃を覚えた。私の心を占有した悩ましい思想は……とても言葉では言い表せない」[★53]。キリスト教徒としてのノウブルの信仰は、スヴェーデンボリを読んで生き返った。ノウブルは、イェルサレム教会に加わり、しばらくしてその聖職者になった。しばしば再版された『新〔イェルサレム〕教会のための訴え』(1826)は、長い間その教義の重要な注解書の役割を果たした。『世界の複数性に関する天文学的学説』(1828)では、かの「ほとんど人を当惑させるような発見」や「絶対に確実な」世界の複数性の学説とキリスト教を調和させようとしている[★54]。そうした調和は不可能であるとするペインの立場を引用し、この問題からハチンスン主義体系に追随する者が出てきたのだと主張した後、チャーマーズとネアズの答を検討

している。チャーマーズの答は「全く価値がない」と考えているが、ネアズの答は比較的満足のいくものであると考えている。その理由は、スヴェーデンボリの著作の影響が見られると思ったからである。スヴェーデンボリの著作は、地球に宇宙で最も堕落した存在がいるのでエホバが人間の形を取って来られたのだと主張するものであろうと解釈されている。神の行為は、地球人だけでなく地球外の生物にも救いをもたらしたという。★55 その趣旨とそれが現れた脈絡を考慮すれば、ノウブルの『世界の複数性に関する天文学的学説』は、スヴェーデンボリ主義のための第二の「訴え」であるとも見なされよう。

宗教的体系のうちに多世界論のしかるべき場所を与えねばならないという考えは、また、アングロ=サクソン史研究の先駆者であったシェアロン・ターナー(1768-1847)にも影響を与えている。『聖なる世界歴史』(1832)、は、少なくとも八回版を重ねたのであるが、この中で、ターナーは、われわれの系の惑星が他のすべての世界から「奇妙に隔離されていること」に当惑を表明しながらも、多世界論を支持している。ターナーが抱いている考えは、「地球は非物質的原理の育児所かもしれないとか、この原理は最初この地球で動物の形をとって存在するに至るが、その目的は別の場所で、或る進んだあるいは将来の条件のもとで、物質的存在の他の形態で使われるためである……という考え」★56 である。この主張をターナーは展開してはいないけれども、霊魂転生の考えがイギリスに入りつつあったことがわかる。大陸では霊魂転生の考えは珍しいものではなかったし、多世界論と結び付けられることもあったのである。

シェアロン・ターナーは、アリグザンダー・コプランドが一八三四年『別の世界の存在』を出版した時、地球外生命を擁護するために引用した極めて多くの著述家の一人である。★57 コプランドは、スコットランドで「多世界論を唱えた人物」で、「教皇のお墨付きを得て」多世界論を教えたコプランド教授の息子である。独創性ということはコプランドの著書の重要な特徴ではないし、彼自身もそれを意図してはいなかった。コプランドが述べている目標によれば、単にこのテーマに関して宗教的文献や科学的文献を概観しようとしただけなのであった。コプランドの著書には、ビー

ティ、チャーマーズ、フォントネル、ハーシェル家の人々、キング、ネアズ、ポーティウス、そしてシュトゥルム等多世界論者たちの引用が溢れている。コプランドは自ら多世界論に「全く疑い」を持っていないことを認めているが、マクスウェルや内科医エドワード・ウォールシュ(1756-1832)のような多世界論に反対した人々の議論も取り上げている。ウォールシュは、一八三〇年の著書の中で、惑星にはたいていの場合生命に適した温度条件や大気は存在しないと主張していた。★58 コプランドの批判的論評は、主として反多世界論者を念頭においていた。例えば、おそらく神は水星の高温にも適応できる地球外生命を創造しえたであろうとウォールシュに注意している。他の箇所でもそうであるが、ここで、コプランドがこの問題の宗教的側面と科学的側面を分離したくなかったことは明らかである。また、コプランドがすぐに信じこむ性格の人であったことは、太陽と月の生命の存在を受け入れていることから明らかである。「月に住んでいる人たちや彼らの作ったもの……が実際に観測されることによって」、月の生命の存在がまもなく実証されるであろうと予言さえしている。コプランドの名誉のために主張しておいてもよいことは、幾人かの多世界論者が陥ったでたらめな考えに陥らなかったということである。しかし、皮肉なことに、このために彼の著書はただの一版しか出なかったのかも知れないのである。

コプランドと彼の著書に鋭く対立するのは、アイザック・テイラー(1787-1865)とその著作『別の生命に関する自然学的理論』(1836)である。コプランドが無名のスコットランド人であったのに対して、テイラーは歴史と宗教に関する著書の多いイングランドの著作家であった。テイラーは『神憑りの博物誌』で有名であった。これは、ギリシアの著作家たちの翻訳で、教父時代に関するものである。コプランドの『別の世界の存在』が独創性に乏しく、ただささまざまな知識を与えるだけで、しかも一版しか出版されなかったのに対して、テイラーの『別の生命に関する自然学的理論』は独創的で思索に富み、三〇年にわたって繰り返し版を重ねたのであった。テイラーは、自分の著書が推測の域を出ないものであることを否定していない。実際、率直に、この著書の目標は「未来の生命」について「推測」を提供することで

あると述べている。[★59] こうした大きな脈絡の中で、後半部の大部分を地球外生命に関する推測に当てている。使われている方法はアナロジーであり、これの威力と限界について一章にもわたる長い議論をしているにもかかわらず、ほとんど無制限に自由なアナロジーを使っている。例えば、地球と他の天体の間のアナロジーによって、他の天体にも居住者がいると確信するだけでなく、「理性的で道徳的な行為をなしうる人々は、いかなる世界に見いだされるにせよ、またいかなる多様な形態によって区別されるにせよ、彼らの社会に入ればすぐに自分の家にいるかのように気楽に感じられる存在である……」などと確信している。物質的条件という点では疑いもなくわれわれとは異なるにしても、「理性的思考をなしうるすべての世界のあらゆる存在が、……同一の永遠真理に……向かっていることは疑いえない」。実際、われわれは、結局「歴史を比較し、それによって、共通の経験から出てくる恩恵を各自受け取るようになる」だろう。そのためには、おそらく、われわれが進んだ種族と意思の疎通をすることが必要であろう。そして、それは、われわれを大いに啓蒙するであろう。しかし、意思疎通の手段は明確にされておらず、ただこうした展望を三つの推測の中で呈示し、宇宙に関する自然学的理論を展開しているに過ぎない。

テイラーの最初の推測は、部分的にはハーシェルの太陽の理論に基づいているが、この推測によれば、われわれの太陽、そして同様にすべての星は、「より高度で究極的な精神性を持つ存在の住みかであり、すでに低い創造領域で初期の時代を送った存在たちが集合する中心地である」。テイラーはこの推測を裏書きするために、神はさまざまの形のものを創造するという仕方で働くと記している。植物界に「自由な繁茂、豊富さ、多能、また、飾りと美しさへの限りない愛」が見られるとすれば、天界の多様性がこれに劣るなどと予想すべきであろうか。「さらに高度な生命の住みかかもしれない」われわれの恒星系に、中心となる天体が存在するかもしれないと考えているのを見ると、トマス・ディックの影響があるのではないかとも思われる。しかし、チャーマーズ以外には、ディックも含めて他の多世界論者はほとんどテイラーの著書で言及されていない。この最初の推測の脈絡の中で、テイラーは、惑星が空洞で、

居住者がいるかもしれないと示唆している。

テイラーの第二の推測は、「可視的で重さを持つ万有が存在する領域には……確かに身体を持つさまざまのレヴェルの別の生命が……存在する。しかし……人間には見えず、聞こえず、感じられもしない」というものである。これを正当化するために、当時、物理学において徐々に受け入れられつつあったエーテルに言及している。また、神がそのような不可視的宇宙を創造できたことを誰も否定できないと主張し、さらに、このような存在をわれわれが知覚できないのは、われわれの五感がその物質的な現れを感受できないからであると説明すればよいという。五感といってももっとたくさんあると考えることもできるからである。ここから、テイラーは、心の働きの理論を導き、これらの目に見えない存在も物質なのであるから、重力によって恒星と惑星の周囲に引かれて集まるであろうと主張する。

テイラーの第三の推測は、「可視的宇宙は……道徳体系の長い歴史の中でただ一つの期間のみを満たす運命にあり、……新しい要素に席を譲り、無限の力と知性の新しいより高い発現に席を譲って消え去る……運命にある」というものである。複数の宇宙が時間的に連続するというこうした考えには、物質は力の中心点からできているとするボスコヴィッチの理論が加味されている。ボスコヴィッチの理論では、物質は運動に還元されるのであるから、運動の源である神の精神が単にその運動の継続を意志しなくなることによって、宇宙は破壊すると提案することも可能である。

テイラーの『別の生命に関する自然学的理論』は極めて思弁的である。一八五八年版の序文の中で、第一版以来二〇年以上経つけれどもほとんど全く変更を要する箇所は見いだせなかったと述べてはいるが、それは、彼の推測が正しかったからというよりも、むしろ、彼の推測が余りにも空想的で事実に基づいた知識に欠けていたからであると思われる。この書物が過度に思弁的な性格を持つに至った理由は、テイラーがボスコヴィッチと大ハーシェルを利用したことや一種の充満の原理を受け入れたこと、そして特にアナロジーに基づく議論に頼ったことなどである。アナロジーによる分析は、生産的で、新しい考えを示唆するかもしれないが、それを証明するためには、より厳密な方法が

必要であるということにほとんど気づいていない。こうした欠点があるからといって、テイラーを厳しく咎めるべきだというわけではない。というのは、多くの多世界論者たちがこの区別に気づいておらず、当時哲学者たちもアナロジーによる推理の論理学の定式化などほとんど試みていないからである。

全く無視されていたアナロジーの論理学という問題が、ついに、ジョン・スチュアート・ミル(1806-73)『論理学体系』(1843)の中で扱われた時、主要な事例として月と惑星の生命の問題が選ばれたのはおそらく偶然ではないであろう。ミルが強調する第一の点は、「Aに関して真であることが知られている事実mは、mを属性として持つことが知られている他の任意のものとBとの間にいかなる類似性も見いだせなかった時よりも、……BがAといくつかの特性の点で合致する時の方が、Bに関して真である可能性が高い★60」ということである。もしそうした類似性がmに無関係であることが知られていない場合には、mがBのうちに見いだされる可能性があるという確信はますます増加するであろう。例として、ミルは、月の生命の問題を考え、地球と月の間に多くの類似性を見ている人は、月に居住者がいると推論する傾向があったと記している。しかしながら、ミルは、AとBの間に、ミルの例でいえば、地球と月の間に相違点が見いだされるならば、「反対に、逆の蓋然性がある」ことを強調する。そのような場合に決定的なことは、類似点かあるいは相違点かどちらが重要かということである。ミルは、この重要性をどのようにして測ることができるかということに関しては全く分析していないが、しかし、月には、例えば水のような、地球では「動物の存在に欠くことのできない条件」である幾つかの特徴が欠如しているのであるから、「われわれは、もしこの現象［生命］が月に存在するならば……それは、［生命が］地球で依存している原因とは全く異なる原因の結果であるにちがいないと結論できる……」と述べている。こうして、皮肉にも、「さまざまな類似点が存在するということから月に居住者が存在すると推測するのではなく、居住者は存在しないと推測すべきだ」という結論に至っている。

惑星に関する議論から、さらに重要な点が出てくる。ミルが認めているように、惑星は地球に対して月よりもより

大きな類似点を持っている。しかし、この場合、惑星に関して、「われわれの知っている性質が数少ないのに対して、われわれの全く知らない性質が測り難いほど多いということを考える時、知られた要素が知られていない要素に対して極めて少ない類似点について、いくら考察しても、それはほとんど全く重要性が認められない」と強調している。この言明から事実上明らかになることは、ミルの時代には、「不確かな性質」の領域が依然として広いので、惑星の生命の問題は厳密には分析できなかったということである。さらに、ミルはアナロジーによるたいていの推論には厳密さが欠如していることを知っていたように思われる。というのは、アナロジーの分析の最後の方で、アナロジーの持つ最も高い科学的価値は「明確な結論を導くかも知れない実験や観察のきっかけとなる点に」あると評しているからである。ミルの言明をもっと現代的に言えば、アナロジーという方法は、本来、証明の方法であるよりもむしろ発見の方法であるという主張である。さらに、「月と惑星それぞれに関してすでに示された思弁の場合のように、作用因とその結果に関して、観察と実験をさらにやろうとしてもできない時、わずかな確率があっても、それは想像力の行使にとっておもしろい主題となるにすぎない……」と述べている。概して言えば、アナロジーに関するミルの分析は、多世界論者たちが少なくとも証明の方法としては無効なアナロジーによる推理に依存している点を鋭く告発するものであった。しかし、ミルの『論理学体系』の評価は高かったにしても、この書物の研究を通じて言えることは、ミルの見解はたったの一度も後の多世界論者によって議論されたことがないということである。

詩の世界における多世界論の可能性は、一八三〇年代の傑出した二人の若いイギリスの詩人フィリップ・ジェイムズ・ベイリ(1816-1902)とアルフレド・テニスン(1809-92)によって試みられた。ベイリは、ゲーテの『ファウスト』に魅力を感じたがその趣意に心を痛め、一八三九年に『フェストゥス』を出版した。これは、キリスト教的多世界論者の背景にある宇宙観に対して反対する長い詩である。この詩の初めの方で、キリストが地球人を念頭において一人の天使に次のように言う。

汝のもののためにのみ私が生きそして死んだなどと思うな、
また、他の天体で私がキリストと呼ばれなかったなどと思うな。
私の生命は、常に愛を求めて苦しんでいる。
さまざまの世界を裁き、また救うために、
私の永遠の存在は費されるのだ。[★61]

ベイリの『フェストゥス』は、イギリスとアメリカで数十版を重ねたが、最初にして最後の成功した著作であった。ベイリの以後の詩は、文学的にも宗教的にもほとんど賞賛を受けることはなかった。

ヴィクトリア朝のすべての詩人のうちで、テニスンほど天文学に関心を抱き、熱心にその意味を吟味した者はいなかった。テニスンは、子供の時、内気で悩んでいた兄弟に、「フレッド、ハーシェルの巨大な星々のことを考えてみよ。そうすればすぐにそんなことは全く気にならなくなるだろう[★62]」と言ったという。テニスンの天文学に関する関心が高まったのは、疑いもなく、ケンブリッジのトリニティ・カレッジで勉強していた時である。一八二七年の終わりにテニスンがケンブリッジに来た時、指導教官はヒューエルであった。その年の初めになされたチャーマーズ主義者としてのヒューエルの説教は、依然として、大学の教会で大きな反響があった。また、若きテニスンは、多世界論を主張し星雲説に賛同したヒューエルの一八三三年のブリッジウォーター論考を読んだと考える人もいる。[★63]それはとにかく、この詩人の多世界論は、一八二九年ケンブリッジで総長賞を受けた「ティンブクトゥ」やこれの基にある詩「ハルマゲドン」、そして、一四歳の時に書いた『悪魔と貴婦人』などにまで遡ることができる。例えば、「ティンブクトゥ」には「月の白い街」という言い方があるし、また次のような表現も見られる。

……惑星に囲まれた太陽と
月に取り囲まれた惑星は、調和して、幾重にも、
青白いサファイアをアーチ状に覆った。いや——人間たちの遠い雑音。
見知らぬ言葉で話す他のものたち、
そして、遠い世界のにぎやかな生活の響きが、
遥かな波のように、私のそばだつ耳をうつ。★64

「二つの声」(1833)の中で、テニスンは、多世界論的天文学が描く宇宙の中の人間の位置について考えている。

私は言った。「世界が最初に始まった時、
若い自然は、五つの年を走り抜けた。
六番目の年に、人間を作り上げた。

自然が人間に与えたのは、精神、最も威厳のある
均整、そして、万有に対する
頭と胸の支配権であった」。

これに、静かな声が答えた。

「おまえは、自分の誇りで自ら盲目になっている、
闇の彼方を見上げてみよ」、世界は広い。

「私の心の中のこの真理を繰り返して見よ、
それは無限の宇宙の中で
限りなく善、限りなく悪である。

考えても見よ、こうした希望と恐怖は、
彼方の百万の天体の中に、
その仲間たちほど荘厳な天体を見いだせなかったことを」[★65]。

テニスンは、この詩の中では宇宙的ストア主義を勧めるために多世界論を活用したけれども、新しい桂冠詩人として一八五二年「ウェリントン公爵の死に寄せる頌詩」を書いた時には別の目的で活用している。その終わりの方で、精神的なものを示唆するために、地質学的時間と天文学的空間の巨大さを引き合いに出している。

そして、彼は常に勝者であらねばならない。
というのは、その巨大な時は丘を持ち上げ、
浜辺を破壊し、そして絶えず、
創造し、また破壊し、自らの意志を働かせるけれども、

この地球もこの地球も何億もの地球が
われわれの周りを回る、それぞれがさまざまの力をもち、
また、われわれの地球とは異なる形態の生命を備えているけれども、
魂ほど偉大なものをわれわれは知っているだろうか。★66

天文学が進歩するにつれて、多世界論は新しい形態を取った。これは、テニスンの後期の詩に見られる。これについては後の節で論じよう。

一九世紀の三〇、四〇、五〇年代にイギリスで多世界論が人気を博したことには、多くの要因が結び付いている。徐々に弱くなっていったにしても依然として盛んだった自然神学は、多世界論を支持していたし、チャーマーズと共に福音主義も、多世界論を取り入れていた。ペインの議論には夥しい数の反響があったし、詩の世界における多世界論は、シェリー、ワーズワース、テニスンその他によって開拓されつつあった。ハーシェルやスミスのような有名な天文学者も多世界論を支持していた。また、ディック、ラードナー、そしてニコルは、多世界論を特定の目的のために使い、多世界論を広めた。警告や制限があったことが知られていないわけではないが、それまでのところ、持続的な攻撃というものはなかった。しかし、そのような攻撃がこの時期の終わり頃には準備されつつあったのである。それはウィリアム・ヒューエルによるもので、彼は最も歯切れのよい代表者であった。

ロックの諷刺を別にすれば、一八一七年から一八五三年までにアメリカで最も広く読まれた多世界論に関する出版物は、チャーマーズとディックの著書であった。アメリカの多世界論は独創的ではないが[★67]、驚くべき多様性がその特徴である。オームズビ・マックナイト・ミッチェル、ラルフ・ウォールドウ・エマスン、トマス・レイク・ハリス、エレン・G・ホワイト、ジョウジフ・スミスなどを考察すれば、こうしたことが明らかとなる。

世界で二番目に大きな反射望遠鏡が一八四五年頃オハイオ州のシンシナティに存在していたということは、アメリカの天文学の発達の中で注目すべき点である。これはオームズビ・マックナイト・ミッチェル(1809-62)の功績である。ミッチェルは、米国陸軍士官学校の卒業生で、雄弁術の才能と天文学の情熱を合わせ持っており、シンシナティの労働者や弁護士、壁貼り屋や配管工を説得して、かの望遠鏡の購入や建設の資金を提供させるほどであった。ミッチェルが成功したのは、主として、シンシナティの一般市民の民主主義的志向を刺激するのが上手であったからにちがいないが、別の要因は、疑いもなく、効果的に多世界論を賞揚したからであった。このことを示す一つの証拠は、ミッチェルが「天文台ができるきっかけとなった……講義」を基にした『天体』の最後で多世界論をたっぷり主張したことである[★68]。また、後のある講義の中では次のように主張して、「大きな賞賛」を受けたことがよく知られている。

われわれの周りにそしてわれわれの上方に太陽と系、星団と宇宙が昇る。この広大な神の帝国のすべての領域で、賞賛の賛歌と栄光の頌歌が、太陽から太陽へ系から系へ湧き起こり響き渡ることを私は疑わない。——それは、全能の神

にだけ、無限の空間で永遠に聞こえるのである。[★69]

アメリカ人は敬虔な多世界論に熱狂していたけれども、ペインの反論という亡霊がこの時期にさ迷い出、それが契機となって政治家で雄弁家であったダニエル・ウエブスタ(1782-1852)は、キリスト教に疑問を抱くようになった。[★70] かの反論の影響がさらに著しい例は、ラルフ・ウォールドウ・エマスン(1803-82)の経歴の中に見いだされよう。エマスンは、ハーヴァード神学校で学んだ後、ボストンの第二ユニテリアン教会で聖職者として勤めたが、一八三二年九月牧師を辞めた。というのは、自分の信仰の変化と聖餐式の執行を調和させることができなかったからである。一八三〇年代の終わり頃には作家としても講演者としてもその経歴を確たるものにしていた。実際、「自然」(1836)と「ハーヴァード神学校講演」(1838)は、アメリカ文学の古典である。前者は、エマスンが指導者となったアメリカの超越主義について初めて詳細に述べたものであり、後者は、宗教思想を全体として新しく方向づけようとして唱えたものであって、進歩的なハーヴァードの神学者たちにさえも衝撃を与えた。エマスンはそのためにハーヴァードでは二〇年以上も敬遠されたのである。

こうしたことはすべてよく知られている。しかし、天文学がエマスンの思想の中で果たした役割については余り広く知られていない。このことは、エマスンの作品の中で最も独創性に富んだ「自然」を見ればわかるであろう。それは次のような文句で始まっている。「われわれの年代は回顧的である。われわれの年代は父祖の墓を建てている。伝記、歴史そして批判を書いている。前の世代は神と自然に面と向かいあっていた。われわれは前の世代の目を通してしか見ていない。何故われわれも宇宙に対して独自な関係を持たないのか[★71]」。エマスンはそれをどのようにやるかそのやり方を示唆している。孤独で始めよ、

しかし、もし人が一人になりたいのなら、星を見させよ。……この目的のために、すなわち、天体のうちに崇高なものの永遠の現前を示すために、大気は透明に作られたと考えられよう。……もし星が千年に一度しか現れないとすれば、どんなにか人は星を信じ礼拝するであろう。また、すでに示された神の国の記憶を何世代にも渡って保持することであろう。

こうした話題がエマスンの他の評論のうちにも繰り返し現れるので、何故スコットランドのディックの天文台やイタリアのアミーチの天文台をエマスンが訪問したかその理由がわかる。[★72] また、何故一八三二年にエマスンが「私はすべての街に望遠鏡ができる時がくるのを希望する」[★73]と書いたのか、何故エマスン学者がエマスンは「生涯天文学に取りつかれていた」[★74]と書いているのかその理由も明らかとなってくる。天文学は、エマスンにとって隠喩の豊かな源泉以上のものであった。[★75] エマスンによれば、天文学は、単に彼の思想に対してのみならず、思想一般の進歩に対して強い力を発揮した。「近代の天文学の最も重要な影響は、われわれの神学的独断のまどろみを覚まし、カルヴィニズムをひっくり返したことである[★76]」。

天文学がエマスンの思想に影響を与えたことを最も顕著に証拠だてるものは、会衆に聖餐式をするのが困難であることを明らかにする二、三日前の一八三二年五月二七日に彼が最初におこなった説教に見いだされる。[★77] この説教は、「天文学」と題されており、一九三八年に初めて出版されたものであるが、エマスンの天文学が多世界論者の天文学であることをよく示している。[★78] エマスンは、初めに、自然も聖書も神に由来すると見なされると記している。科学は自然に関するわれわれの理解を広げるものであるから、聖書にも光を当てることになる。天文学は、多くの点で宗教と結び付いているので、特に有益である。「明けの明星の歌……、空の光は、純真な心の人に、集会や説教を聞くよりもずっと信心深い気持を抱く機会を実際に与えてくれる……」と言う。昔から現在に至るまで、天文学の研究は、「神についてのわれわれの見方を正し、また、高め、逆に、われわれ自身についての見方を低めるように」作用した。

天文学は、「土星、木星、ハーシェル〔天王星〕そして水星にどんな存在が居住していようとも……それは人間とは全く異なった組織を持つにちがいないこと」を立証し、神を擬人的に見る人間の傾向を正した。人間は、月では呼吸することもできず、木星では歩くこともできず、天王星では人間の血液循環は不可能であろう。しかし、神は、「おそらく人類に与えたよりもずっと優れた資性を」持つと思われる存在をこれらの天体に居住させたであろう。さらに、天文学は、「神学に対して、その教義を変え、また、拡張せざるをえないような影響も与えた」。コペルニクスの天文学について詳しく述べながら、「それは同様に宗教上の意見にも革命」を引き起こしたと述べている。特に、プトレマイオスの体系は贖罪というキリスト教の概念と調和させることができたが、「コペルニクスの天文学の影響は抗しがたいものであって、神学的な救済の計画は全く信じられないものになったと思われる」。エマスンが力説しているように、この影響で、ニュートンはユニテリアンになったのである。エドワード・ヤングを引用しながら述べているように、確かに「不信心な天文学者は気違いである」が、しかし、キリスト教の「ひどい信条」は、「フランスの深遠な天文学者たちを……ひどく不快にさせ[★79]」、その結果彼らはそれを捨てざるを得ないと思ったのである。さらに、キリスト教の神の概念にはそれに代わるものが見あたらず、多くは人格神論を退けた。しかし、エマスンの説明では、これは行き過ぎである。というのは、天文学の「ここ二百年の研究によって、最もすばらしい計画の証拠が……明らかになったからである」。要点は、一八三二年五月二三日の雑誌に最も鋭く示されている。この時エマスンは、天文学の教えるところを知れば、「誰がカルヴィニストたりえようか。誰が無神論者でありえようか[★80]」と書いている。

次に、エマスンは、近代の天文学がどれほど新約聖書の解釈に影響を与えたかを示唆している。エマスンの主張によれば、近代の天文学は、「矛盾ではなく訂正を……、否定ではなく純化を」生む。神は残るが、「いかなる神秘的犠牲も、いかなる贖いの血も残らない」。もし救世主としてのキリストが消え去るならば、自然神学の神のほかに何が残るであろうか。これに対して、エマスンは次のように答える。「もしわれわれが新約聖書を他の世界の居住者のと

ころに持っていくことができるならば、われわれはユダヤのキリスト教、そしてローマのキリスト教と……決別する必要があるであろう。しかし、道徳律、正義そして慈悲は、生命のあるところいかなる風土においてもいかなる世界においても存在するであろう……」。その場合、「道徳的卓越性がさらに重要なものに」なり、「イエスによる贖罪が教えられることはなくなるであろう。また、イエスに対するいかなる神秘的関係も教えられないであろう」。イエスは「ただ、われわれにわれわれ自身を救うことを勧めることによって、われわれを救うだけである……」。

エマスンの説教はこうしたものであった。しかし、神学校の講演の中で、「歴史上のキリスト教は誤りに陥った……。それはイエスのペルソナを不快なほど誇張して論じてきたし今も論じている。魂はいかなるペルソナも知らない。魂はすべての人の心を宇宙全体へと拡がらせる……」[★81]と主張した時、ハーヴァードの神学者たちは、何故あんなに衝撃を受けたのであろうか。このことは依然としてよくわからない。彼らは何回も機会あるごとに繰り返されたエマスンのこうした説教について知っていたはずだからである。しかし、要するに、エマスンの「天文学」を見れば、当時最も霊的な傾向のあった一人の人間がどうして説教壇を去るに至ったか、そして、ペインが呈示したような立場をどうして支持するに至ったかが明らかになるであろう。

エマスンが多世界論の影響を受けていたということから、エマスンの仲間の超越主義者のうちで最も重要なヘンリ・デイヴィッド・ソロー(1817-62)の著作のうちに多世界論が存在するということも納得できよう。ソローの『ウォールデン』(1854)には、次のような一節が見られる。「われわれは千の簡単な基準によってわれわれのさまざまな生命を試すこともできよう。例えば、私の豆を成熟させる同じ太陽が、同時に、われわれの地球系と同じような地球系をも照らしているということ。もし私がこのことを覚えていたら、幾つかの誤りは犯さないですんだであろうに。このことは、私がそうした誤りを防ぐ明かりとはならなかった」[★82]。同書の他の箇所では、ソローは次のように考えている。「われわれが住んでいるこの地球全体も宇宙の一点にすぎない。彼方の星の最も遠く離れた二人の居住者がどれほど

遠く離れているかを考えて見よ……。どうして私が寂しいなんて思うだろうか。われわれの惑星は銀河系のうちにあるではないか」[★83]。

エマスンの多世界論に源がたくさんあることは疑いない。例えば、ウィリアム・ハーシェルについて幾つかの著作で言及しているし、別の源としては、エマヌエル・スヴェーデンボリがいる。エマスンは、一八二〇年代に初めてスヴェーデンボリの考えに出会い、一八五〇年の論考「スヴェーデンボリ、あるいは神秘主義者」の中でその重要性を評価した。しかし、その評価は複雑である。一方では、「同時代人には幻視者で、夢で予言する霊力の人のように見えたが、疑いもなく、当時世界で最も有意義な人生を送った人である……」と述べているかと思うと、他方では、「他の世界の啓示という異常な主張は、彼の誠実さと非凡な才能によってのみ真剣に受け取るべきものとなる。［しかし］彼の啓示は、細部にわたると信用できないものとなってしまう」[★84]と力説している。

エマスンはスヴェーデンボリに興味を抱いたが、これはアメリカではめずらしいことではない。一八五〇年頃には五四のスヴェーデンボリ主義者の団体が設立されていたし、三二人の叙任聖職者がその手助けをしていたからである[★85]。これらの団体が多世界論の考え方を流布させたことは疑いない。一八五〇年頃スヴェーデンボリの考えに熱中した人たちの中で、トマス・レイク・ハリス師(1832-1906)ほど多世界論を推し進めた人物はいない。ハリスは、バプティストからユニヴァサリストに、そしてさらに心霊主義者となった人物で、一八五〇年一連の亡我状態にあった時、『星のきらめく天の詩』という一冊の本にもなるほど長い多世界論的詩を口述した。その考え方は次のような詩句のうちによく示されている。

新しく生まれた言葉が私の舌の上で揺れる、
その語調は歌う星と調和する。

木星、水星、火星から来た、
　若くて快活な、霊の仲間たちが、
近くに寄って来て、私に言う、「三日間、親愛なる友よ、
汝はわれわれの客だ、来給え、汝の至福の飛行を速めよ、
顕わとなりゆく甘い光の大洋を通って」★86

この詩においても他の詩においてもハリスの多世界論的主題は一風変わったものであるけれども、最も注目すべき作品は、一八五八年の『キリスト教の奥義』★87である。これは、その表題が示唆しているように、スヴェーデンボリの精神で書かれている。創世記第一章のみの注釈として書かれたのであるが、かのスウェーデンの預言者の『諸地球』よりも五倍も長いものである。ハリスの『キリスト教の奥義』は、太陽の生命や、その他幾つかの未だ知られていないさまざまの惑星の生命について詳細な議論を展開している。アイザック・テイラーは、ハリスの体系は推測だと言ったが、ハリス自身は自分の体系を主の啓示として提示し、主の天使たちがハリスに天界のさまざまな領域を示したのだと述べている。確かに空想的な点は沢山ある。例えば、カシオペアの居住者は、「主に絶美の花の芳香を食べて生きている」とか、水星は、「プラトン主義的キリスト教哲学者が言うファランステール的世界である……。もしシャルル・フーリエが［そこに］住んだならば、彼の考えたようなしかもそれを越えるような善、有用性、美、真理を認めるであろうに……」などという。ハリスが出会った最も高度な文明は、小熊座にある星の周りを回る直径が二〇万マイルの惑星ティタニアに存在する。ハリスの言うティタニア人は、光の衣服を着、百歳以上になって初めて結婚し、同じく芳香を食べて生きている。また、今地球は悪魔がいる唯一の惑星であり、キリストが顕現した唯一の惑星であることを知る。ハリスは、惑星人の性生活を詳細に述べたり、クロムウエル、聖ペテロ、聖パウロ、スヴェーデンボリとの

インタビューも報告している。土星で「惑星を歩いて回る者」として知られていたスヴェーデンボリは、幾つかの幻視でハリスに誤った情報を与えたことを詫びている。

ハリスは、著作と個人的なカリスマ的資質によって、アメリカとイギリスでたくさんの信奉者を獲得した。ハリスが「神父」として支配した「新生活兄弟会」と結び付いた人の数は多い時ではおそらく二〇〇〇人にも上ったであろう。しかし、スヴェーデンボリ信奉者は、ハリスと距離を保ったし、性的醜聞とおそまつな経済観念のためにハリスの影響力は次第に弱まっていった。ウィリアム・ジェイムズは、『宗教経験の諸相』(1902)の中で、ハリスのことを「アメリカで最もよく知られた神秘家」[★88]と呼んでいる。ジェイムズの判断はこの場合行きすぎであると思われるが、その原因は、ひょっとしたら、彼自身がスヴェーデンボリ主義者に関心があったからかもしれない。いずれにしても、ハリスの新生活兄弟会は、以後ほとんど続いていない。或る専門家の判断では、ハリスは『キリスト教の奥義』の時代から「死の時に至るまで極端から極端に走った」のである。[★89]

ハリスは地球外生命を包含するほど大きな新しい宗教を打ち建てることはできなかったが、他の二人のアメリカ人、エレン・G・ホワイトとジョウジフ・スミスはそれに成功している。実際、この二人が設立した教団は二〇世紀に入っても生き残り、現在も何百万もの会員を持っている。

安息日再臨派教会の「預言者」エレン・G・ハーモン(1827-1915)は、メイン州のゴーラムで帽子屋の娘として生まれた。[★90]若い時の激しい宗教的関心は、ミラー信奉者の運動に関わった時、最高潮に達した。この運動は、キリストの再臨が一八四三年あるいは一八四四年に起こるであろうというウィリアム・ミラーの予言を中心とするものであった。この予言が外れたことで、ミラー信奉者の運動は分裂し、いわゆる大失望についてさまざまなグループがそれぞれさまざまの解釈を下した。最も好まれた説は、一八四四年一〇月二二日一つの宇宙的事件が起こったのだ——つまりキリス

トが再臨の準備のために天界の最も神聖な領域に入ったのであり、再臨はまもなく始まるであろうというものであった。この見方の一つを採ったハーモンは、一八四四年幻視を経験し始めた。

これらの幻視の一つでハーモンは福音を広めるよう命令され、ニューイングランドを旅行した。この間にミラー信奉者の聖職者ジェイムズ・ホワイト(1821-81)と結婚するに至った。また、ミラー信奉者で元海軍大佐であったジョジフ・ベイツ(1792-1872)と知り合いにもなった。ベイツには天文学の知識があった。実際、ベイツは、一八四六年『開いている天空』と題した小冊子を出版し、ディック、ファーガスン、その他天文学的著述家の著作に言及している。ベイツの小冊子の主題は、オリオン星雲はキリストが再臨のために戻ってくる入り口であるというものである。ベイツが多世界論の支持者であったことは、ファーガスンに賛成し、オリオン星雲の「無数の世界の中には永久にとぎれることのない日があるように思われる……」[★91]という主張を引用していることからして明らかである。ベイツは、安息日浸礼派の人たちとの交わりを通して、主の日は日曜日よりもむしろ土曜日であると認められるべきだと確信するようになっていたので、最初、エレン・ホワイトの幻視に疑問を抱いていた。しかし、一八四六年一一月、この若い女性預言者が天文学には無知であると明言していたにもかかわらず天文学的内容を持つ幻視を経験した時、ベイツは、居合わせて、自分の見解に劇的な変化が起こるのを経験した。或る目撃者は次のように記している。

シスター・ホワイトは身体が非常に弱かった。彼女のために祈りの言葉が捧げられた時、神の霊がわれわれの上に安らった。われわれはすぐに彼女が地上の事柄に気づかなくなったのに気がついた。これが彼女が惑星の世界を見た最初であった。彼女は、木星の月を声を出して数えた。そして、土星の月を数えた後すぐに、土星の環についてみごとに描写した。それから、「土星の居住者は、背の高い堂々とした民族であって、地球の居住者とは似ていない。罪がここに入り込んだことはない」と言った。彼女の幻視についてブラザー・ベイツが過去に抱いていた疑問が急速に消え去

っていったことは、彼のにこやかな顔からして明らかであった。[★92]

同様にかの幻視の中で見られた「開いている天空」に関する彼女の描写に関して、ベイツの抱いた印象は、次のように記録されている。

彼女が幻視状態で静かに話している時、彼は立ち上がって、叫んだ。「おお、今夜ジョン・ロス卿がここにいてくれたらどんなにかいいのに」。彼女は尋ねた。「ジョン・ロス卿とはどなたですか」。そこで彼は言った。「おお、彼は偉大なイギリスの天文学者です。彼がここにいてこの女性が天文学について語るのを聞いていてくれたらいいのに。それは、私がかつてこうした主題について読んだどんなものよりも進んでいる〈開いている天空〉の描写を聞いてくれたらいいのに。そしてりも進んでいる[★93]」。

ホワイト夫人の能力に対するベイツ大佐の信頼は、その後の幻視の中で安息日に関する彼の考えが確証された時、さらに大きくなった。

地球外生命に関するホワイト夫人の幻視は、一八四六年の幻視だけではなかった。一八四九年彼女は次のようなことを明らかにした。

主は私に他の世界を見せた。私は翼が与えられ、その都市から、明るくて輝かしいある場所まで天使が私に付き添った。そこの草は新鮮な緑であった。鳥たちは甘い歌をさえずっていた。そこの居住者たちは、さまざまの大きさをしており、高貴で、威厳があり、陽気であった。……私は彼らの一人に、あなたたちは何故地球の人たちよりもこ

んなにも陽気なのですか、と尋ねた。その答えは、「私たちは厳格に神の命令に従って生きてきました。地球の人たちのように、不服従によって堕落しませんでした」というものでした。……それから私は七つの月を持つ或る世界に連れていかれました。……私はこの暗い世界に再び帰って来なければならないと考えると耐えられませんでした。それから天使は言いました。「あなたは帰らなければならない。そしてもしあなたに信仰があるなら、あなたに、一四万四〇〇〇の者と共に、すべての世界を訪問する特権を与えましょう……」。[★94]

ホワイト夫人が安息日再臨派教会の唯一の預言者であったわけではない。この呼称は一八六〇年代の初めに採用されたのであるが、その頃にはエレン・ホワイト、ジェイムズ・ホワイト、ジョウジフ・ベイツを中心として、その数は三〇〇〇人を越えるくらいになっていた。[★95] 彼女はまた著書や論文で再臨派の教説を展開する多産な著述家でもあった。こうしたものの一つに、堕落した天使が宇宙全体に悪をはびこらせようとするが、成功するのは地球だけというのがある。キリストはただわれわれの地球でのみ受肉し、将来戻ってきて、信心深いものたちに永遠の生命と幸福をもたらすという。こうした説を、ホワイトは、たいてい宇宙的多世界論的文脈の中で論じている。例えば、『族長と預言者の物語』の中で、「悪魔が天界から追い出された時、悪魔は地球を自分の王国にしようと決心したのである」と述べている。アダムの堕落に際して、悪魔は自分が成功したと性急に結論したが、神は、「自分自身の愛する息子を与え……［彼は］人間を贖い救済することを引き受けた……。天界で始まった大論争は、悪魔が自分のものであると主張した……この世界で、決着が付けられねばならなかった」。この注目すべき出来事は他の世界でも知られている。

堕落した人間を救うためにキリストが自分自身を卑しくしたことは、宇宙全体の驚くべき出来事であった。星から星へ、世界から世界へ、すべてを支配しながら移動した彼が……人間的本性を身に［付けた］ということは、罪のない他

の世界の知的存在者たちが理解したいと願っている一つの神秘であった。キリストがわれわれの世界に来て……、かいば桶からカルヴァリへの血に汚れた道を……歩んだ時、すべての人は後に従うことに強い関心を抱いた……。キリストが十字架上でいまわのきわの苦しみのうちにあって、「終わった」と叫んだ時、勝利の叫びがすべての世界に鳴り渡った……。[★96]

神が地上のアブラハムを試したことに関する議論の中で、ホワイト夫人は、それを「天界や他の世界の罪のない知的存在[★97]」にとって有意義で教育的なものとしている。一八八九年ころ約七万二〇〇〇部印刷された『キリストと悪魔の大論争』の結論を述べた箇所で、われわれの惑星の救われた人々が味わうべき喜びについて詳しく述べている。

宇宙のすべての宝は、神に救済されたものが研究するために開かれているであろう。彼らは、死に束縛されないで、遠く離れた世界へ――人間の悲痛な光景を見て悲しみに震え、罪を贖われた魂の吉報に接して喜びの歌を歌う世界へ――疲れを知らない飛行をなす……。冴えわたった視力を持って、創造の光輝を見つめる、――太陽、星、系、すべては定められた秩序に従って神の玉座の周りを回っている。[★98]

かくも雄弁に表現された力強いイメージは、クロプシュトックやチャーマーズを思い起こさせる。ヨーロッパとオーストラリアでの精力的な伝道の努力と共に、彼女の著作の魅力が安息日再臨派教会の発展の主要な要因となった。

エレン・ホワイトの果たした役割に関する問題と、幻視や著作にどの程度の信頼を置くべきかという問題は、今日安息日再臨派の神学者たちによって考察されている。こうしたことを促したのは、一つには、彼女以前の再臨派ではない著述家の出版物の中に彼女の著作に含まれているのと同じ叙述が見られるという証拠が出てきたからである。[★99]

この点がどのように解決されるにしても、次の二点は明白である。現在何百万もの信者を抱えている教団の精神的指導者としてめざましい才能を示したこと、そしてほとんどの会衆が自分の功績とは公言できないもの、つまり地球以外の存在者を包括した神学を教会に提出したことである。ただし、それは、予言的な性格のものであったかもしれないし、彼女が著作を著した時期に多世界論が浸透していたことの所産であったかもしれない。

ジョウゼフ・スミス、つまり末日聖徒イエスキリスト教会の「最初の預言者、幻視者、啓示者」の物語は、すばらしいドラマに満ちている。スミスは、一八〇五年ヴァーモント州のシェアロンの農家に生まれ、ほんの初歩的な教育しか受けていなかったにもかかわらず、一八三〇年『モルモン教典』を出版した。スミスが主張するところによれば、これは、「エジプト、カルデア、アッシリア、そしてアラビア」文字で書かれたものの翻訳であり、それらの文字は、新世界からきた天使的存在であったモロニがスミスに命じてニューヨークのパルマイアラ近辺のある場所から掘り出させ、後で、天使に返させた一組の黄金の板に書かれていたという。『モルモン教典』は伝統的なキリスト教の聖書を補うものとして書かれたものであって、古代パレスチナから新世界への二回の移動において初めて移住した民族が新世界でどのような活動をしたかを物語っている。出版後数か月もしないうちにカリスマ的存在となったスミスのまわりには、一団の弟子たちが集まった。だんだん大きくなり、自立的になっていく中で、何度も迫害に遭いながら、信者の一団は西へ西へと移動していった。最初はオハイオ州のカートランド、次にミズーリ州のジャクソン・カウンティ、そしてついに一八三九年イリノイ州のコマースに達した。そしてそこのノーブーで末日聖徒共同体が設立された。一八四四年再び困ったことが生じた。ジョウゼフ・スミスが怒り狂った暴徒に殺害されたのである。――ただし、弟子たちは殉死したと感じた。スミスの死後ブリガム・ヤング(1801-77)が一支部の長になって、一八四〇年代の終わりにノーブーからグレイトソールトレイク地方に彼らを連れていった。黄金の板の存在に関する論争から、現在では見

られない一夫多妻の習慣に至るまで余りにも多くの議論がなされたので、いちいち述べることはできないが、末日聖徒たちは何十年間もこうした議論に明け暮れたのであった。いろいろあったにせよ、スミスは、ヤング、オリバー・カウデリ、オースン・プラット、パーリ・プラット、シドニ・リグドン、その他初期の弟子たちに助けられて、教会を設立した。そして、それは、一世紀半以上にわたって、数の上でも活力の上でも成長し続けたのである。[★100]

『モルモン教典』は、話の内容という点では新しいが、教義に関しては実質的に伝統的なキリスト教の聖書と変わらない。また、世界は複数であるという考え方が見られるわけでもない。モルモン神学を際立たせている特徴のほとんどは、後に出版された著作の中に示されたものである。例えば、『教義と契約』、これは一八三五年に初めて印刷され、後に新しい部分が補足された。また、『高価な真珠』は、一八五一年に初めて印刷されたが、以前雑誌に掲載されたものを基に編集されたものである。[★101]『教義と契約』も『高価な真珠』も共に世界の複数性を支持する叙述をたくさん含んでいる。実際、B・H・ロバーツは、公式の教会史として書いたものの中で次のように述べている。「預言者ジョウゼフ・スミスは、これらの世界と世界系には……感情を持つ存在が居住しているか、あるいは将来居住するであろうと教えた。このことは、彼のすべての啓示の中で想定されているし、どこでも当然のことと考えられている[★102]」。『教義と契約』にはスミスの信念が記されている。それは次のようなものであった。多くの重要な点は「聖書から取り除かれているし、また、それが編集される前に失われてしまった……」、また、特に、「もし神がそれぞれの人間に行為に応じて報いをなすとするならば……、聖徒の永遠の家庭として意図された天国という言葉には、一つ以上の王国が含まれるにちがいない」。スミスとシドニ・リグドンは、祈り研究した後に、啓示を受けた。すなわち、神の子は神の右手の側に座っていること、そして「神によって、神を通して、神から、世界は創造されたこと、世界の居住者は神のために生まれた息子であり娘であること」を教えられた。後には、啓示の中で、魂は死後外の闇に行くか、あるいは魂が送った生活に応じて栄光の三つの領域、すなわち天界、地界、星界のうちのどれか一つに行くかどちらかである

と教えられた。もっと後の一八三二年の啓示の中で、スミスは、「多くの王国が存在する。というのは、王国のない空間は存在しないからである。また、大きな王国であろうと小さな王国であろうと、空間のない王国は存在しない」ことを知った。文脈からしても後の注釈からしても、この叙述は天界の複数性を示している。★103 一八四三年四月二日、スミスは、時間、天使、他の世界などについて啓示を受けた。

4―神の時間、天使の時間、預言者の時間、人間の時間というのは、彼らがどのような惑星に住んでいるかによるのではないか、――という問いに対する答えの中で、
5―そうであると私は答える。しかし、現在この地球に属し、また、今まで属してきた天使以外にはこの地球に仕える天使はいない。
6―天使はこの地球のような惑星に住んでいるのではない。
7―天使は、神のいますところで、ガラスと火の海のような天体に住んでいる。そこでは、すべてのものが、栄光の故に、過去、現在、未来にわたって顕現し、常に主の前にある。

『高価な真珠』は、主として「モーセの書」と「アブラハムの書」から成っている。前者は、「モーセの幻視」と題された章で始まり、一八三〇年六月スミスに啓示された事柄を詳しく述べると主張している。この部分は、最初一八四三年一月末日聖徒の新聞『時代と季節』に掲載されたものである。★104 モーセのものとされる幻視や啓示には、世界の複数性に関係するものが幾つかある。

29―彼［モーセ］は、多くの国を見た。それぞれの国は地球と呼ばれた。その表面には居住者がいた。

33―私は［神は］数かぎりない世界を創造し、私自身の目的のために創造し、息子によって創造した。唯一彼だけが私が生んだものだ。
35―しかしこの地球に関する報告のみを、そして、その居住者のみを汝に与える。というのは、見よ、私の力強い言葉によって過ぎ去った多くの世界が存在するからだ。現在もちこたえている世界も多数存在する。それは人間にとっては無数である……。
38―一つの地球を過ぎ去らせ、それから、諸天を過ぎ去らしめる。ちょうどそのように別のものを来たらしめる。そして、私の仕事に終わりはない……。

「モーセの書」の後の箇所には、膨大な数の他の世界についての、また、宇宙で最も邪悪な種族としての人類についての叙述が見られる。

もし人間が地球の、いやこの地球と同じような何百万という地球の粒の数を数えることができるとしても、それは汝の創造したものの数の始めでさえもないであろう……。それ故、私は私の手を伸ばして、私が作ったすべての創造物を掴むことができる。そして……私の手になるすべての制作物の中には汝の仲間たちに見られるような大きな邪悪はなかった。

天文学の知識が最も豊富に見られる末日聖徒の教典は、「アブラハムの書」である。これは五章から成る小品であるが、最初一八四二年三月に出版され、『高価な真珠』の中に再録された。[★105] これは、スミスが一八三三年に入手した幾つかの古文書の翻訳であるという。[★106] その第三章で、神の玉座について、また、啓示に現れたコロブと呼ばれる星との関係に

ついて記している。

2―そして私はさまざまの星を見、それらの星が非常に大きいこと、その一つは神の玉座に最も近いこと、その近くには極めて多くの星があることなどが分かった。

3―主は私に言われた。これらは支配するものである。その大きな星の名はコロブである。何故ならそれは私の近くにあるからである。というのは、私は、主、汝の神であるからである。汝が立っているのと同じ位に属するすべての星を支配するために、私はこの星を設定したのだ。

多世界論は、教典の中に示されているだけではない。スミスの最も重要な弟子たちの言説の中でも唱えられている。例えば、パーリ・P・プラットは、『神学の鍵』(1855)の中で次のように述べている。

神、天使、人間、すべては、群居地、王国、国家などとして、惑星系の間に広く拡がっている同じ種、一つの族、一つの大きな家族に属している。

この族の或る部分と他の部分とを区別する大きな相違点は、知性と純潔のさまざまな程度であり、また、一連の進歩的存在の中でそれぞれが占める領域の多様性……に存する。★107

また、ブリガム・ヤングは、ある講演の中で、「彼[神]は、この小さな惑星を照らすさまざまな世界でこの世界を主宰し、われわれが見ることのできない何百万という世界で何百万ものものを統括している。それでも彼は創造した最も小さな対象をも観察している……」★108と主張している。多世界論的主題は、伝統的な讃美歌の中にも現れている。次の

讃美歌は、今だに末日聖徒によって歌われているものである。これは、スミスの最も早い時期の弟子の一人ウィリアム・ワイン・フェルプスの作になるものである。フェルプスは、「末日聖徒の思想と志を最も特徴的に示す」詩を書いたと賞賛されている。

もし、あなたが、目を輝かせながら、
　コロブに急ぎ、
さらに全く同じ飛行速度で
　進み続けるとしても——

そもそも
　全永遠にわたって、
神が存在し始めた
　その始まりのところを見いだすことができるなどと思うのか。
あるいは宇宙空間が拡がりをもっていなかった、
　そもそもの大元初を見ることができるなどと思うのか。
あるいは神々と物質の果てる、
　最後の創造を眺めることができるなどと思うのか。

思うに、聖霊が囁く、
「〈純粋空間〉を見いだしたものはいない、」
また、何物も場所を占めることのない、
帳の外を見たものもいない。

神の働きは続き、
世界と生命は満ち満ちている。
発展と進歩は
一つの永遠の円環を持つ。

物質に果てはない、
空間にも果てがない、
「精神」には果てがない、
種族にも果てがない。[★109]

ジョウゼフ・スミスの著作に見られる多世界論に関する議論を終える前に、この話題に関連して比較的最近なされた二つの主張に言及しておくべきであろう。地球外生命に関して末日聖徒の視点に立ってなされた幾つかの議論のうちには、スミスが地球外生命の存在を唱えた点で時代を越えていたと見なす傾向が見いだされうるが、もしそれが事実であることがわかれば、預言者としての彼の才能に対する信頼は高まるであろうという主張が一方にある。[★110]他方、

フォーン・ブロウディは、一九四五年のスミスの伝記の中で、スミスのある形而上学的な概念、特に彼の多世界論的見方は、一八三六年末日聖徒の新聞に引用されたトマス・ディックの『未来国家の哲学』から取られたものであると主張する。例えば、宇宙には大きな中心的天体が存在し、他の星の運動を支配しているというディックの考えから、スミスのコロブは由来していると断言している。[★111] クラウス・J・ハンスンもこうした主張を最近再び主張している。ブロウディの主張に従えばスミスが特別の啓示を受けたとする見方は弱まるであろうが、ブロウディの主張にも末日聖徒の二人の学者エドワード・T・ジョウンズとE・ロバート・ポールが指摘したような問題がある。[★112]

関連する一次文献や二次文献を分析して、私は次のような結論を導き出した。第一に、ディックが支持した幾つかの考えをスミスも是認したが、全体的に見れば両者の立場は実質的に異なっている。第二に、スミスがすべてではないにしても幾つかの多世界論的学説を引き出すことができたと思われる多くの資料は、彼が執筆していた頃に出版されていたものである。特に、信頼できる証拠が示すように、スミスは、ディックの著書やペインの『理性の時代』を容易に入手できた。また、ポール教授の完璧な研究をもってしても直接的証拠を発見することはできなかったのであるが、スミスは、チャーマーズ、ドワイト、ファーガスン、フラーその他の多世界論を唱えた人たちの著作も手に入れることができたであろう。第三に、スミスの多世界論やそれと結び付いたさまざまの学説は一八四〇年頃には稀なもので「極めて進んでいた」と考えられたところから、スミスを多世界論的預言者と見る見解やディックの半ば剽窃者と見るブロウディの見解が支持されたのであるが、実際は、その逆の方が真実により近かったのであるから、二つの見解の前提には誤った主張が組みこまれていたと見なされなければならない。一つの例を挙げれば、ディックは巨大な中心的天体が存在するというテーゼを呈示するにあたって、それを独創的なものとして提示したのではない。そうではなくて、過度に熱狂的であったにしても、それが「現在、天文学者たちによって、確実ではないにしても、極めて蓋然性の高い……ものと考えられている」[★113]理論であることをはっきりさせていたのである。要するに、もしスミスの

時代、すなわち多世界論が浸透していたとはいえないにしても人気があった時期という文脈の中でスミスを見るならば、多世界論的預言者であったという主張も、ディックの剽窃者であったという主張も力を失うのである。

ラルフ・ウォールドウ・エマスン、エレン・G・ホワイト、ジョウゼフ・スミスは、何百万人もの人に読まれ、崇敬され、一九世紀のアメリカで最も注目すべき三人である。彼らが成功した理由は、一つには、当時最も深く最も難しい問題を選び、弟子たちの精神と心を刺激する大胆なやり方で取り扱う技倆を持っていたからである。地球外生命が大きな問題として現れていることを悟り、それぞれがそれに関する主張を提示した。天文学者たちが見ることができなかった、あるいは、見ようともしなかった意味と体系を敢然と認めたからであった。例えば、ホワイトとスミスが地球人はまさしく宇宙の最も堕落した居住者であることを明らかにした時、エマスンは月人、木星人、天王星人は「……人類よりもずっと優れた才能」を持っていると考えていた。ホワイトがキリストはオリオン星雲にいるとし、スミスがコロブは「神の玉座に最も近い」としたのに対し、超越主義者エマスンは「神の都」は天界全体にあるとした。こうしたことが示しているように、また、これに続く資料が証明しているように、思弁的で宗教的な著述家たちや哲学的著述家たちは、他の世界が存在するか否かという問題は容易に脇において置けるような問題ではないと考えていたのである。

3 大陸の考え方——「かの黄金の星には誰が住んでいるのか」

一八一七年から一八五三年の時期に、イギリスとアメリカの著述家たちの間で、極めて広範に論じられた世界の複数性の問題は、また、大陸の知識人たちの間でも刺激的な関心の的であった。そうした人たちのうちには、アラゴ

やエールルステットのような著明な科学者、バルザック、ハイネ、レオパルディのような広く認められた文学者、コント、フーリエ、ヘーゲルのような影響力のある哲学者などがいた。

フランスで第一級の天文学者はフランスワ・アラゴ(1786-1853)であった。アラゴは、一八三〇年から科学アカデミーの終身幹事で、パリ天文台の長官でもあった。前者の立場において期待された雄弁で、また、後者の立場で必要であった専門的知識で、アラゴは何十年間も天文学講義でパリの人々を喜ばせた。これらの講義は、死後、『やさしい天文学』として出版され、すぐ英語とドイツ語に翻訳された。[★114] アラゴに多世界論的傾向がないことはなかった。例えば、『やさしい天文学』の「太陽に居住者はいるか」と題された節において、アラゴは次のように答えている。

……私にはわからない。しかし、もし、われわれの地球に住んでいる存在者に類比的な仕方で作られた存在が太陽に住んでいるということがありうるかと尋ねられたら、私は、躊躇なしに肯定的に答えるであろう。明るいとはとてもいえない不透明な大気に包まれた暗い核が太陽の中心に存在するとしても、そうした考え方が否定されるべきであるということにはならない。

次に、アラゴは、ウィリアム・ハーシェルの太陽の模型について記述し、挿話としてエリオット博士に言及している。エリオットのすでに低下していた評判は、ボイデル嬢を殺したとアラゴが伝えたために、さらにおぼつかないものになった。[★115] アラゴは冷淡に次のように述べている。「気違いの考えが今日広く一般に採用されている」。彗星が軌道運動をする時、大気の温度と濃度は大きく変化すると前の方で述べていたアラゴは、「彗星の居住可能性について」と題した後の方の章で、人間は非常に高い気圧の中でも非常に低い気圧の中でも何とか呼吸することができるという実験について概説している。そして次のように述べている。

私は、これらの考察から、彗星にわれわれのような種族の存在者が居住しているという結論を敢えて引き出そうという気はない。ただ、ここで、ランベルトのいうように、彗星の居住可能性はそう疑わしいものではないことを示したかったのである。また、すべての天体が同じような疑問や疑いを起こさせるということに気づいてもいる。もしその解決に幾らか困難が伴うとしても、それは、ただわれわれの有機的存在者の見方が事実上極めて限定されたものであるからにすぎない。言い換えれば、形態や運動や栄養摂取の点でわれわれが研究した動物とは異なる動物は、われわれにははなはだ理解しにくいからに他ならない。

ほとんど一冊の本にもなるほど長い、月に関するアラゴの第三巻の議論でも、居住可能性に関する問いには答えが与えられていない。グロイトホイゼンの月の「保塁」の観測について言及しているが、続くベーアとメードラーの観測は、ローアマンの観測と同様、月の他の場所に見られる特徴と同じような特徴を明らかにしたにすぎないと記している。アラゴが、太陽と彗星に生命を認めながらも、月の場合に躊躇しているのには驚かされる。『やさしい天文学』の最後の節で、主として、われわれの太陽系のさまざまな天体から見られた天界の様子について論じている。アラゴは次のように述べている。

ある極めて信心深い人は、さまざまの惑星にいる観測者の天文学はどんなものであろうかなどということを吟味するのは不届きにも聖書を無視することであると考えた。私は、このような考え方を持ってはいない。実際、ある観測者をさまざまな惑星にあるいは太陽の中心に送る時にも、この観測者はわれわれの地球の居住者に類似するなどとは言わない。また、極めて賢明な神学者、例えばチャーマーズ博士のように、惑星に居住者がいるという仮定を禁ずる

ものは聖書のどこにもないことを証明した人もいる。

一五世紀クザーヌス卿は太陽の居住者を容認していたし、一八世紀イエズス会士のエルヴァス・イ・パンドゥラは太陽人も登場する宇宙旅行について書いたなどと記して、アラゴは太陽人が見ていると思われる太陽系について読者に宗教的確証をも提供している。さまざまな惑星から見られる天界について論じたことによって、疑いもなく、アラゴの議論の魅力は増加した。しかし、不都合なことには、読者はすぐに誤解して、天界に居住者がいるとアラゴが是認しているかのように信じることにもなった。[★116]

アラゴの講義と『やさしい天文学』に熱狂して、カミユ・フラマリオンは、「やさしい天文学の創設者」としてアラゴを賞賛した。[★117] もし天文学の通俗化の歴史が整えられるならば、アラゴは、フラマリオンが提起したような第一の地位ではないにしても、確実に重要な地位を占めるに値するであろう。そうした研究によって、天文学を普及させた人たちが最も頻繁に使ったテクニックの一つは、多世界論的文句を著作の中に散りばめることであったということが明らかになるであろう。フォントネル、ラランド、ボーデ、その他がパリ天文台の長官より先にすでにこうしたやり方を見いだしていたが、アラゴは、先の引用の中に示されているように、例えば「〜に反対するものは何もない」とか「何も……禁止するものはない」というような言い回しに特に才能を発揮したことは明らかである。そうした言葉の上の技巧のために、アラゴは太陽人を支持していたように読者に思われる傾向があった。しかし、彼の表現は用心深いものなのであった。

アラゴの講義は、おもしろく魅力的であったけれども、必ずしもすべての聴衆を多世界論の陣営に引き入れるようなものではなかった。内科医でパリのアテネ・ロワイアルの教授であったフランスワ・エドワール・プリソンは、一八四七年『世界』を出版したが、これは多世界論的立場に関する重要な疑問を引き起こした。[★118] プリソンは、「序文」の

中で、フォントネルやホイヘンスと袂を分かっている。フォントネルは「読者を教育するよりも喜ばせようとした」が、ホイヘンスは「理性的推測の限界を越えた」と述べている。フォントネルやホイヘンスが「作り話」を書いたのに対して、プリソンは、「物理学、機械学、生理学の最も確立された原理を提供する」著作に基づいて自分の著書を著そうとしている。多世界論に対してこの内科医がとった胸のすくような懐疑的アプローチの源が生理学にあったことはほとんど確実である。宗教的な事柄は全く言及されていないので、そうした事柄で用心深くなったのかどうかはわからない。目的因の使用を何度も攻撃したことから明らかなように、プリソンには控えめな実証主義的方向が見られるが、その源には宗教的疑念というよりもむしろ良識があるように思われる。

しかし、プリソンが完全に多世界論を退けているわけではない。むしろ、太陽系の各天体が大気、土、温度、表面の地形など生物を養うことができるものを持っているかどうかを検討している。そうした生物は地球上の存在とは異なるにしても、何らかの意味で生物学の法則に従っているにちがいないという。惑星に関するわれわれの知識は限られていると繰り返し注意しながら、プリソンは、少なくとも太陽系の幾つかの天体には居住者が存在し得ないことを示す強力な証拠を提出している。例えば、月について次のように書いている。「月にはいかなる流体もなく、大気もないのであるから、月には……雨もなく嵐もない。月は、固い、乾燥した、砂漠の、静かな固まりであり、植物が存在したというほんのささやかな痕跡もない。月では、いかなる動物も、生きる糧を見いだしえないことは明らかである」。プリソンの著書には、皮肉を言う傾向がしばしば見いだされるが、それは次のような表現によく現れている。

しかしながら、もし人がどうしても「月に」居住者がいることを望むならば、われわれは率直にそれに同意しもしよう。ただし、条件がある。月の居住者には全く感覚がなく、感情もなく運動もしないということ、要するに、月の居住者といっても、非有機的物体で、自分で動く力のない物体、岩、石、金属のようなものであるということ、われわれの

観点からすれば、こうしたものが、唯一、月人として考えられるものである。

プリソンは、月人に信号を送るという考えは「とっぴで、科学的には全く愚行」であると決めつけた。また、さまざまの理由で、居住者のいる彗星というものも退けた。月人とほとんど同じ理由で、太陽人も存在しないという。プリソンは、エリオット博士の話について述べた後で、アラゴをまねて次のようなコメントを加えている。「おお、われわれの時代のほとんどすべての天文学者、しかも最も優れた者が、つい先ごろまで気違いの精神からしか沸き出ることができないと見なされていた意見を軽率に容認している」。

しかし、嘲りよりもむしろ科学的分析がこの本の特徴である。この書物は完全に多世界論に反対しているわけではない。例えば、「木星の四番目の衛星」(カリスト)に生命の存在に好都合な幾つかの条件が存在する証拠を見いだしている。当時知られていた惑星、衛星、小惑星のすべてを、諸条件が知られているかぎりで検討している。さらに、居住者がいるかもしれない天体に存在する文明の水準を決定する要因についても考察している。最後の議論で、全体の結論を要約し、懐疑的で注意深い開かれた研究方法を例示している。地球上にさまざまの形態の生命が広範に存在することは、多くの天体、特に惑星に居住者が存在する可能性を示唆していると記した後で、「この考えは……実際には単なる推測に過ぎず、……主として単なるアナロジーに基づいており、決して直接的で文句のつけようがなく、しかも疑いなく納得できる証拠に基づくものではないことを忘れるべきでない」と警告している。この結論が長い論考の努力を正当化するものかどうか納得できない読者に対しては、次のように答えている。「われわれの目的は、世界の複数性を証明することではなくて、むしろ一般的に認められた科学的原理に従って、そうした居住者が生きなければならないと思われる特殊な天文学的条件について説明するということにすぎない」。プリソンの著書は、一八五一年にドイツ語の翻訳が出たけれども、現在ではほとんど知られていない。それが広範な聴衆を引き付けることができな

かった理由としては、多世界論が浸透していたということ、そうした問題を生理学的に分析する必要があるということに対して人々が無頓着であったということ、多くの通俗的作家に特徴的に見られるように大胆な主張を避けたということなどが挙げられよう。

パリの人たちにとってアラゴの天文学講義が多世界論の唯一の源というわけではなかった。もう一つ、スヴェーデンボリに対する関心もあった。このスウェーデンの預言者の著作に引き付けられたフランスの知識人に、オノレ・ド・バルザック(1799-1850)がいた。バルザックが何に熱中していたかということは、ほぼ自伝的小説とも言うべき『ルイ・ランベール』から明らかである。★119 バルザックの小説のうちで最もスヴェーデンボリ主義的なものは、彼の作品のうちで最も好奇心をそそり最も詩的な一八三〇年代中頃の『セラフィタ』である。セラフィタは、ヴィルフレドに対しては若い女性として、女性のミナに対してはハンサムな男性として登場し、天使に変身して、小説全体にわたってスヴェーデンボリ主義の教義を具体的に説教する。第三章で、主としてスヴェーデンボリの考えが示され、多世界論的表現が幾つか見られる。例えば次のような表現がある。

幻視者によれば、木星の居住者は科学を信じない。彼らは科学を影と呼ぶ。水星の居住者は、言葉による観念の表現に反対し、言葉は余りにも物質的であると考えている。彼らは目の言葉を持っている。土星の居住者は、絶えず悪霊に苦しめられている。月の居住者は、六歳の子供と同じほど小さく、声は腹から出る。彼らは這っている。金星の居住者は、巨人のような背丈があるが、非常に愚鈍で、掠奪によって生活している。しかし、或る地域には、極めて温和な存在が住んでいる。彼らは善をなすことを愛しながら生きている。★120

このすぐ後のところで、「科学者たちはいつの日かこの光る水を飲むであろう」と予言されている。バルザックの『セ

ラフィタ』が成功した理由は、一つには、そこに見られる次のような叙述によって説明できるかもしれない。スヴェーデンボリ主義の「信奉者たちの数は現在では七〇万以上を数え、一部はアメリカ合衆国に……、一部はイギリスにいる。イギリスではマンチェスター市だけで七千人のスヴェーデンボリ主義者がいる」。これらの数字は大きすぎるようにも思われるが、もしこれが正しいとすれば、バルザック自身の場合のように、[★121] しばしばスヴェーデンボリ主義がそれぞれの信仰と結合していたからであろう。

フランスで多世界論を支持した人物には、空想的社会改良主義者シャルル・フーリエ(1772-1832)もいた。フーリエは、一八〇八年の最初の主著『四つの運動についての理論』から一八四八年の遺稿「宇宙生成論」や「アナロジーと宇宙生成論」に至るまで、現代の学者が過激な社会批判のための「仮面」であるとか「気違いじみている」とかさまざまな言葉で形容してきた、宇宙論的思弁の文字通りの泉であった。[★122] 多世界論がフーリエ体系の中心にあったということは、一八〇八年の「四つの運動」(すなわち、社会的、動物的、有機的、物質的運動)に関する著書からも明らかである。フーリエは、それぞれの運動論を支配する特定の原理を示す際に、地球上だけでなく、地球以外の領域にもあてはまるものとして定式化している。例えば、社会運動に関しては次のように記している。「この理論は、居住者のいるすべての天体のさまざまの社会機構の構造と系列に関して、神が命じる法則を説明するものである」[★123]。フーリエの述べるところによれば、彼の著書以前には物質の運動法則が発見されていたに過ぎない。それは、ニュートンによってなされた。フーリエはニュートンの仕事を継続していると考えていたのである。[★124] フーリエの体系では、惑星に居住者が存在するというだけではなく、惑星自身が生命を持つ両性的存在なのである。一八〇八年の著書で、惑星は「二つの魂と二つの性を持ち、生殖力のある二つの実体が結合することによって動物や植物のように子供を生む存在である」[★125]と見なしている。星もまた交尾し、種子は天の川で育まれ、彗星によって宇宙を運ばれるのである。[★126]

フーリエの体系では、惑星は芳香を発散し、その性質は隣接する天体に影響を与える。地球から出る芳香は特に重

要である。人類は、ファランクス、すなわちフーリエが社会悪の治療法と規定した、さまざまの才能を持つ八一〇人からなる社会的単位を形成することができなかったが故に、地球は正しい芳香を発散することができず、そのために太陽は混乱し、「現在、六千年の間、発熱が弱まり消耗した状態にある……」[★127]。フーリエが約束するところでは、もしファランクスが形成されれば、社会に調和が訪れ、海洋は一種のレモネードに変わり、五つの衛星がわれわれの死んだ月に取って代わり、太陽は回復し、彼の体系の二重宇宙、三重宇宙、等々にますます有益な影響を広範に与えるであろうという[★128]。こうしたことすべては、霊魂の転生に関する彫琢された学説と結び付いている。この学説によれば、人間の霊魂は、われわれの惑星とその芳香を持つ大気との間で交互に生き、われわれの惑星が死ぬと、その巨大な魂と結び付いたさまざまの魂はそれと共に去り、新しい惑星あるいは宇宙をさえも形成する。人間がファランクスを形成することができなかったが故に、地球は天界の隔離所に置かれたのである[★129]。

フーリエがいかに熱心に宇宙論、宇宙生成論、宇宙の治療論を考えようとしたかに関する論争は現在も続いている。この点が解決されたとしても、少なくともフーリエの信奉者たちの中には、フーリエの哲学のこうした部分は困ったものだとは言わないにしても、決して魅力あるものとは思わないものもいるであろう。例えば、アメリカのジャーナリストでフーリエ主義者のパーク・ゴドウィン(1816-1904)は、一八四四年『シャルル・フーリエの学説の概要』を出版し、フーリエの宇宙に関する考察についての説明を最後にまわしている。

J・J・グランヴィルというペンネームのフランスの有名なイラストレーター、ジャン=イグナス=イジドール・ジェラール(1803-47)は、フーリエをもっと冷淡に扱っている。最も記憶に値するグランヴィルの挿し絵の幾つかは、一八四四年の『他の世界』と題された好奇心をそそる書物に見られる。この書物は次のような事情で出版されたのである。グランヴィルは約百の種々雑多の楽しい絵を準備していたが、それらが後に、フランスのマイナーな作家であったタクシル・ドロールによって創作された物語に基づいて漫然とつなぎ合わされた[★130]。グランヴィルが書いた挿し絵の

図5.1　日食は、太陽と月の婚姻の抱擁であるという
フーリエの考えをグランヴィルが諷刺的に描いたもの

図5.2　もし宇宙の調和が達成されるならば、北極海はレモネードに変わり、
五つの新鮮な月がわれわれの疲れ果てた月に取って変わるであろうという
フーリエの主張をグランヴィルが諷刺したもの

図5.3　さまざまの世界を手玉に取る魔術師:
おそらく、世界の複数性に関する
フーリエの主張を諷刺したもの

うちには、フーリエのユートピアに関する夢や宇宙に関する空想を諷刺しているものが幾つかあった。例えば、図5.1は、日食を表したものである。これは、フーリエの考えでは、太陽と月の婚姻の抱擁なのである。図5.2は、フーリエが約束したように、レモネードに変わった北極地方と、疲れ果てた月に取って変わった新しい五つの月を表している。図5.3は、直接フーリエを念頭においてはいないかもしれないが、さまざまな世界を手玉に取る宇宙の手品師を描写している。これらの空想的な絵は、グランヴィルの芸術的で諷刺的な想像力と、社会や宇宙生成に関するフーリエの奔放な想像力とが調和していることをよく示している。興味深い事実は、今日の多世界論的書物の著者がほとんど全くフーリエの奇妙な考えに言及しないで、グランヴィルの絵を掲載していることである。しかもその諷刺的意図には言及していないのである。[★131]

フーリエその他が地球外生命を無批判に受け入れたということは、この問題が厳密に経験的に分析される必要があったことを示唆する。こうした分析は、実証主義の創始者であるオーギュスト・コント(1798-1857)に見られると期待されるであろう。というのは、コントは、『実証哲学講義』(1830-42)の第二巻で、それまで神学的段階と形而上学的段階を越えていると信じられていた唯一の科学、つまり天文学の方法論の経験的根拠を体系的に分析しようと企てているからである。[★132] 天文学は進んだ状態に達していたのであるが、コントは、天文学に対してさらなる洗練を命じる。例えば、天体に関して過度の思弁を控えるよう天文学者に警告する。「われわれは、決して天体の科学的組成や鉱物学的構造を研究することはできないであろう……」。この表明は分光学が発達するほんの二、三〇年前になされたものであるが、その軽率さはしばしば指摘された。また、恒星に関する天文学を退けた点で、洞察力がなかったともしばしば言われた。「空に散りばめられた無数の星は……われわれが観測する際の標識として役立つけれども、その他には天文学に対してほとんど全く利益をもたらしはしなかった……」[★133]。今まで注目されたことのないことであるが、コントの非難は、天文学の最も思弁的な領域、つまり地球外生命の問題には及んでいないのである。また、同じ議論の

中に次のようなコントの主張も見いだされる。「極めてありそうなことなのであるが、水星、金星、木星などのように、もし大気のある惑星に居住者がいるとすれば、これらの居住者は、ある意味でわれわれの仲間であると見なすことができる。というのは、或る種の共通の父祖の地を持つという点からして、必然的に、或る種の思想の共通性やさらには関心の共通性が生じるはずであるからである。しかし、他の太陽系の居住者は全く得体の知れないものであろう」。

コントの天文学批判は、『実証政治学体系』の中でさらに展開されている。この第一巻は、海王星という惑星が発見された五年後一八五一年に公刊された。この巻で、コントは、天文学者たちが太陽系の端の方に関心を抱いていることを批判し、「[海王星]を発見したという主張を巡って、数年前、大衆のみならず西洋の天文学者全体が、……馬鹿な酔狂のとりこになった。こんな発見は、たとえ真実であるとしても、天王星の居住者以外には誰にも関心がないであろうに」[★134]と嘆いている。コントが、一方で、天文学の領域からさまざまの星や海王星を追放し、他方で、裏づけとなる議論なしに地球外生命の存在を認めたからといってその無定見に驚くことはない。神学批判の中で多世界論を活用していることから説明がつくからである。こうした文脈の中で、コントは、「あたかも〈もろもろの天は神の栄光を表す〉という有名な詩篇の文句が依然として意味があるかのように」考えて、天文学を宗教と結び付けて考える人々を激しく非難した。「しかし、すべての真の科学が根本的にまた必然的にすべての神学と対立するということはまちがいない……」。さらに、天文学という真の哲学に精通している人々にとっては、「もろもろの天は、まさに、ヒッパルコス、ケプラー、ニュートン、そして法則の確立に貢献したすべての人の栄光を表している」[★135]と述べる。「地球の居住者が、宇宙においてはほとんど知覚できないほど小さなものに過ぎない太陽系の独占を要求するのは全くもっともなことだが」[★136]、地球は宇宙の中心ではなく、太陽の周りを回る二次的天体にすぎないと知ると、神学のいうことは受け入れられないということが特にはっきりしてくるという。地球外生命の存在によって、人間を第一位に置くあらゆる神学が無効になるという信念から、地球外生命に対するコントの熱意が出てきたということが正しいならば、コント自

身の天文学は反神学的段階をさえ越えていなかったと主張してもよいように思われる。

イタリアで、多世界論に魅力を感じた人々の中には、政治家のカミッロ・カヴール伯爵(1810-61)から、抒情詩人のジャコモ・レオパルディ(1798-1837)まで、実にさまざまの人々がいた。カヴールの友人ミケランジェロ・カステッリは、アルプスで伯爵の長い散歩のお供をしていた時、「自然の美しさと雄大さに接して、彼の話が宗教に向かい、また、世界の複数性やそこから帰結するさまざまな仮説に関する議論に及んだ」[★137]ことを回想している。レオパルディの多世界論に対する関わりはさらに深いものであった。レオパルディは、抒情詩の才能があったが故にこの世紀で最も優れた詩人の一人となっていたけれども、天文学に強い関心を抱いていたことはほとんど誰にも気づかれることがなかった。レオパルディの最も大きな著作の一つは天文学の歴史であって、これをたった一四、五歳の時に書いたのであるが、そこに示された学識は年のいった人にさえ名誉となるようなものであった。[★138] この著書の一つの特徴は、「最も有名で最も解決の難しい問題」、すなわち世界の複数性の問題の歴史に関する箇所がたくさんあるということである。[★139] 多世界論的主題は、また、レオパルディが大人になってから著した多くの著作の中に、例えば、「地球と月の対話」と題された『オペレッテ・モラーリ』の一つにも見られる。[★140] この対話の初めの方で、「オルフェウスからド・ラランドに至るまで、何千という哲学者たちは」肯定したが、月には居住者がいるのかと月に地球が尋ねる。いると月が肯定的に答えると、地球は、月の表面に住んでいる人間について尋ね、さらに、「どんな人間か」答えるよう月をせかす。「あまり……賢くない」地球は、地球の天文学者たちが報告しているような森や道路が月に存在しないことを知って、驚く。月には善とか幸福よりもずっと多く非行、悪徳、不幸が存在することを知った時、人生に関して悲観的な考え方がレオパルディに訪れる。「ここ下界でも同様、その点は全く同じである」と地球は答える。さらに、月は、不幸と悪がすべての惑星と彗星、そしておそらく太陽と星をも支配しているという憂鬱な報告を伝える。この時点で対話は終わるが、地

球は、「地球人が所有する唯一の安楽」である安眠がこれによって奪われるかもしれないことを恐れる。レオパルディの冗談は多いが極めて悲観的な対話から明らかなように、またしても、多世界論は、作家たちにとって十分柔軟性に富むものであって、自己の個人的な哲学を投影することができるものであった。レオパルディの場合にはオプティミズムに対する激しい嫌悪が投影されている。

デンマークで多世界論を支持したのは、一九世紀前半のデンマークで最も卓越した科学者であったハンス・クリスティアン・エールステット(1777-1851)であった。エールステットは、生涯にわたって哲学と物理学に魅力を感じ、晩年の数年間に哲学的論考や講演を集めて一巻の書物を著した。これは、間もなく英語に翻訳され、一八五二年『自然の魂』として出版された。[★141] この書物の中の三つの論考に、世界の複数性に関する考えが顕著に現れている。一八三七年の「キリスト教と天文学」は、コペルニクスの体系が優れていることを証明する対話であるが、この中で、謙遜の徳を呼び起こすという意図で多世界論を紹介している。多世界論は、「われわれは神に比較されると無であり、神の力によって有である」ことをわれわれに教えるという。一八四四年の講演「思惟と想像による自然の理解」では、科学の真理は「想像力に対して豊かな資料を含んでいる」と主張するために多世界論を引き合いに出している。エールステットは、多世界論を「証明する」と約束しながら、「多世界論は……事物の本性に属しているとか、理性は……その系のすべての成員において、さまざまな程度においてであれ、おのずから自己意識へと発展するはずである」という主張に議論を集中している。エールステットは、地球外生命が知的で精神的な性格を持つ点では共通していると主張する一方で、豊かな多様性を持つ宇宙が存在することを支持している。

もし存在全体が時間と空間における理性の生きた現れであると見なされるならば、極めて多様な発達段階が全時間を通じて散在しているかもしれない、つまり、或る天体は未だ蒸気の球体であり、或る天体は流動性を持つに至っており、或る天体

は固い核を達成し最も高度の発達段階に進み、さらには再び後退してまさに最後の破滅の寸前にあるような天体にさえなっているとも考えることができる。

エールステットの最後の第三番目の論考は「すべての存在、理性の支配圏」と題されている。ここで意図されていることは、地球外生命は、「存在形態という点で極めて多様であっても」、地球人と同じ科学を持つだけでなく、基本的に同じ美学と同じ道徳律を持っていることを証明することである。地球外生命は、われわれより多かれ少なかれ鋭敏な目を持っており、われわれには見えない波長の太陽光線を見ることができるかもしれないが、光学的法則は同じであるにちがいない。また、熱、力学、電気、磁気、化学などの法則に関しても同じであるにちがいない。その理由は、「神が、環境としての宇宙を通してこれらの存在に自らを示し、感覚的世界を支配する理性によって眠っている理性を呼び覚ますからである……」。エールステットの分析が究極的に目指しているところは、地球外生命の存在ということよりも、神に支えられた「永遠の理性」が宇宙の至る所で徐々に明らかになりつつあることを力説することであった。初めに形而上学が無効になることを保証した論考において、こうした主張をすることはなんとも奇妙であるが、結論のところでは、科学が進歩するとついには宇宙の他の場所に存在する生命に関する知識が得られるかもしれないし、或る地球外生命は地上の生命に関する知識をすでに持っているかもしれないことを示唆している。

卓越性と雄弁さの故に、エールステットの多世界論的思想はかなりの影響を与えた。オクスフォードでは、ベイドゥン・パウエル師によって熱狂的に迎えられた。また、エールステットの最も優れた弟子ルートヴィヒ・コウルディング(1815-88)が唱えた多世界論的立場の思想的核ともなったと思われる。★142

先に示されたように、一九世紀前半のドイツのほとんどの天文学者は多世界論に賛成していた。ボーデ、グロイト

ホイゼン、リトロ、シュレーターその他の天文学者たちが多世界論を支持していたのに対して、幾人かの哲学者たち、特に観念論的傾向の強かった哲学者たちは多世界論に敵対したり多世界論を攻撃したりした。多世界論に対する反対にはその源に当時の科学があったというわけではなかったし、宗教的見地から反対したというわけでもなかった。むしろ、ほとんどの場合、宇宙において人間に優位を与えようとしたためであった。[★143]

地球外生命に対して嫌悪を示した優れたドイツの哲学者の例は、ヘーゲル(1770-1831)である。ヘーゲルは、自分の哲学体系を一八一七年『エンチクロペディ』の中で示し、一八二七年の版と一八三〇年の版でさらに詳述している。一八四七年には弟子のC・L・ミシュレが多くの補遺を付した版を出版した。この中で、ヘーゲルは星の重要性を否認している。

> 物質は、空間に満ちる時、無限に多くの塊となって噴出する……。光がこのように噴出するということは、皮膚の吹き出ものや蝿の大群のように、何ら驚くべきことではない……。多数の星の存在は……理性にとって何の意味もない。これは、外面性、空虚、消極的無限であって、理性はこうしたものより優れていることを自覚している。[★144]

さまざまな天体のうちで「惑星が最も完全なものである……。従って、生命が出現しうるのは惑星においてのみである」というヘーゲルの主張は、星の領域に関する見解と結びついている。ヘーゲルはさらに次のように述べている。

> 太陽は惑星の下婢である。太陽、月、彗星、恒星は、一般に、地球の単なる条件にすぎない……。もし地位の誇りという問題があるとすれば、われわれが住んでいる地球に名誉ある地位が与えられなければならない。量的観点から、地球が「無限の大洋のうちの一粒」のようなものにすぎないと考えると、確かに地球は取るに足らないものかもしれな

い。しかし、大きさというものは全く外面的な規定である。従って、われわれは今や、われわれの故郷としての地球上に立つことになった。しかも物質的な故郷であるのみならず精神的な故郷でもある。

ヘーゲルは、後に、さらにもっと率直にこの点を繰り返し言明している。「地球はすべての惑星のうちで最も優れている……」。こうした立場に関していかなる疑念も残らないように、次のように付け加えている。「私が星を有機体の吹き出ものや……蟻の大群に譬えたという噂が街じゅうに広まった……。実際、私は抽象的なものよりも具体的なものを確実に高いものと考えるし、粘菌のようなものにしか進化しなくても生命を多数の星よりも高く評価する」。ヘーゲルは、こうした言明を支える実質的な科学的論証を全く示してはいない。むしろ、ヘーゲルの主張は、著作全体に見られる人間性の強調ということに由来している。天界の存在を退けるヘーゲルの主張は、人類を第一位に置く点で、実証主義者のコントの主張と驚くほど似ている。しかし、このフランスの哲学者が自分の主張を方法論的にしっかりした議論に基づけ、自分の体系のうちに反多世界論的要素を持ち込んでいないという点を考えると、両者の立場は全く異なっている。

ヘーゲルの弟子カール・ルートヴィヒ・ミシュレ(1801-93)は、一八四一年の著書の中で師の見解を繰り返している。フォントネルが、もし天体に居住者がいなければ、天体はいかなる目的にも役立たないであろうと主張したのに対して、ミシュレは次のように反論している。「今まで何も産出しなかった島がどれほど沢山……地球上の大洋に散在していることか。それらは何の役にたつのであろうか。われわれはこう尋ねたい。星も単なる光る岩の散在にすぎないのではないか」★145。ミシュレの主張では、地球は「太陽よりも誉れ高い。また、物質的中心でないとしても、系の精神的中心なのである」。また次のようにも述べる。「地球は……単に惑星系のみならず星の輝く大空で最も美しい造作である」。地球上以外には「精神を持つものの痕跡は全く見いだされえない」。ミシュレがこうした立場を取る理由は主と

して哲学的なものであるが、「われわれの宗教的な伝統」が地球の第一位性を証明するとも力説している。

一八三〇年、ヘーゲルの元学生で最も優秀であった人物が、キリスト教における個人の不死の教説を匿名で攻撃した。この論争的な書物をもって、ルートヴィヒ・フォイエルバッハ(1804-72)は、著作活動を始め、教職活動を辞めた。著書の大部分は多世界論的立場を哲学的に批判したもので、「創造全体の中で生命と魂を持つ唯一の点が存在する。……その点は、巨大な宇宙の魂であり目的である地球に他ならないということは絶対に確実である」★146と断定する。フォイエルバッハは、幾つか反多世界論的主張を述べている。例えば、居住者がいないならば惑星は無駄なものということになるから、惑星には居住者が存在しなければならないという主張に対しては、「ここ地球においてさえ、至る所で、余計で無益で目的を持たない存在に出くわす……」と反論している。別の箇所では、地球外生命は人間と同じであるか、あるいは、より低いかまたはより高い本性を持っているにちがいないという主張を取り上げている。最初の可能性を除外する理由は、そのような存在は「全く余計なもの」と思われるからという。また、第二の可能性を退ける理由は、もし地球の生命のより低い形態と同じならば、そうした形態も同様に余計なものと思われるからという。「未進化なものの繰り返しは全く目的にかなわず、不合理でもあろう」。より高い存在の可能性も退けられる。なぜなら、そうしたものが存在すれば、地球上の生命が無意味なものになると思われるからという。こうした文脈の中でフォイエルバッハは次のように述べている。

……人類そのものが、すべての個的存在のうちで究極的なものであり、あらゆる個体のうちで最も高いものである。従って、最も高い生命は、宗教、科学、芸術における生命であり、人類の世界史全体における生命である……。理性、意志、自由、科学、芸術、宗教は、人類の唯一の真実の守護天使であり、現実的に高度で完全な唯一の存在である。無限で永遠な生命は、これらのうちにのみ存在し、土星にも天王星にもその他いかなる場所にも存在しない。

この主張と結びついているのは、存在連鎖がこの地球においてすでに完璧であるという確信である。こうした見方は、存在連鎖説を先に提起した人たちを驚かしたことであろうが、個人としての人間にではなく、集団としての人類に高い地位を与えるフォイエルバッハにとっては受け入れ可能なものに思われる。集団としての人類のみが不死性を達成できると信じ、他の惑星では個人は不死であるという考えを熱心に論駁している。フォイエルバッハの立場が全体としてどのようなものであると考えようとも、一つ十分受け入れ可能なものがある。つまり、同時代人の間によく見受けられた地球外生命に関するさまざまの見解は、基本的に人間の自分自身に対する見方の投影に他ならないという認識である。こうした主張は、フォイエルバッハの最も有名な著書『キリスト教の本質』(1841)の中で繰り返し述べられている。「われわれは実際、他の惑星に生命がいるとする。しかしそれは、そこにわれわれとは異なる存在が存在しているということではなくて、われわれのような存在者、またはわれわれに似た存在者がいっそう多く存在しているということなのである」[★147]。

ドイツで、ヘーゲル学派の哲学者たちだけが多世界論に反対したわけではない。フリードリヒ・シェリング(1775-1854)も反対しているし[★148]、弟子のヘンリヒ・シュテフンス(1773-1845)もそうである。シュテフンスの批判は一八三九年の著書の中に見られる。広範な科学教育を受けていたシュテフンスは次のように述べている。

……ここでわれわれが表明しようとしている見解は次のようなものである。今日の天文学は、われわれの惑星系が宇宙で最も有機的な点であると認める地点に急速に近づきつつあり、また、人類は有機的全体の中にいるのだから、われわれの地球は惑星系の外面的な中心なのではなく、内面的なつまり精神的な中心であると認められる時はそう遠くはないであろう……。主が現れた神聖な場所こそ宇宙の絶対的中心であると認められるであろう[★149]。

シュテフンスは、宇宙の非物質的な真の構造を明らかにしたとしてシェリングを「今日の精神的ケプラー」と賞賛している。

ヘーゲルの哲学的ライヴァルの一人であったアルトゥル・ショウペンハウアー(1788-1860)は、レオパルディと同じく、ペシミズムに魅力を感じていたが、天文学的文脈の中でそれを感じさせるところもある。『付録と追加』の中で次のように嘆いている。

あらゆる種類の不幸、苦痛、苦しみの全体、こうしたものがあっても、太陽は自らの道を歩み、照り輝いている。こうした状況を……想像してみる時、月と同様に地球でも太陽によって生命現象が生みだされることなく、また、地球の表面も月の表面のように依然としてなにも生物の存在しない状態にあったならば、そのほうがずっとよかったであろうということもうなずけるであろう。[150]

別の箇所では地球外生命の存在を受け入れているが、だからといってショウペンハウアーのペシミズムが和らぐというわけではない。というのは、宇宙に現存するさまざまの存在の序列という点で「人間は最も高いところを占めてはいる……。しかし、人間の存在にも始まりがあり、途中では多くの悲痛な悲しみがあるのに喜びはかすかに、しかも、たまにしか与えられない。さらに……人間の存在には終わりがあり、その後では人間の存在はなかったかのように見える」[151]。からである。この一節は、ジェイムズ・ブランチ・キャブルの言葉を思い出させる。「オプティミストは、すべての可能な世界のうちで最善の世界に住んでいると公言し、ペシミストはそれが真実であることを恐れる」[152]。

この時期に他の世界の存在という問題を論じたドイツの神学者のうちで、おそらく、ハインリヒ・クルツ(1809-90)

ほど詳細に取り扱った人物はいないであろう。クルツは、ルター派の神学者で、ドイツ人が優位を占めていたロシアのドルパト大学で教鞭を取っていた。一八四二年『天文学と聖書』を出版し、後には増補版も出版した。[★153] 著書の初めの部分で旧約聖書と天文学の関係を長く論じているが、クルツが最も深い関心を抱いていたのは、第二部で扱われている、コペルニクス以後の宇宙とキリスト教の調和の可能性という問題であった。暗黒星、二重星、球状星団、星雲、新星などに関するハーシェル、ベスル、メードラー、シュトルーベなどの研究に造詣の深い、学識豊かなクルツの主張では、こうした天文学者が考えている天界は、「フォントネルが溺愛して提出した見解、すなわち、すべての恒星はわれわれの太陽に似た太陽であり、類似した固い塊をしており、われわれの太陽のように惑星、月、彗星がその周りを回っている……という見解」に異議を唱えるものである。クルツが力説するところでは、他の恒星もその周りを惑星が回っており、それ故にわれわれの系に比肩されうるような系を形成しているかもしれないことを認めるとしても、「それを証明するたった一つの事実も提出されえない」という。さらに、われわれの太陽系は、宇宙の「中心にかなり近いところにあり、独立した特有の性格」をもっており、実際、「おそらく宇宙で他に類を見ない、唯一のものであろう……」という。また、後には、「科学のおかげで確実になったが、われわれの惑星系に類似したものは、すでに知られている宇宙のどこにも見いだされえない……」と述べている。しかし、クルツは、星が無目的なものであるとは考えていない。星は、天使の居住地としての働きをし、天使は、クルツが以前主張したところによれば、物質的な存在なのである。かくして、クルツは、例えば、ゴトヒルフ・ハインリヒ・フォン・シューバート(1780-1860)のような幾人かの多世界論者の言葉を借用する。実際繰り返しその著作にも言及している。[★154] しかし、クルツにはわれわれの太陽系の惑星の問題が残っている。クルツは、これらの惑星が天使とか地球の死者の霊などの居住地であるという考えに反対し、惑星は罪のない人間が利用するために作られたのだという考え方をしている。

クルツは、自分の考えを注意深く示した点で立派である。クルツが目指したことは、「すべてのキリスト教世界の

基礎的で指導的な教説……神がキリストにおいて受肉したとする教説……」に対して理神論者が主張した天文学上の難点を、多少とも解消しようとすることであるのは明白である。クルツは、一直線にこの話題に話を転じ、チャーマーズの見解を検討して、それは「不完全で満足のいかないもの」であるという。また、クリスティアン・ヘアマン・ヴァイセ(1801-66)の見解である「神が地球上で受肉したように、すべての世界で神は受肉したとする……」見解も退けている。その理由は、一つには、こうした考え方では、罪のあるなしに関係なく、人間と神の間の隔たりの橋わたしに神の受肉が必要であることになるように思われるからである。こうした議論を通じて、クルツは、アウグスティヌスの言った人間の「幸福な罪」というパラドックスについて考えるようになる。クルツの主張では、まさに人間の罪の故に神はこの惑星に現れ、天使をも越えて人間を神の右手の高い地位に昇らせたのである。クルツは、人間と天使だけが聖書の中で言及されていると確信し、堕落した天使は救済されえないと主張して、自分の立場を次のように要約している。「神の受肉は地球でのみ起こりえた……。他の世界の居住者は、堕落の張本人ではなかったので……救済を必要としていないか、あるいは、堕落した存在であっても救済されることは不可能であるかである」。聖書に基づくクルツの結論は、第二の到来の後、人間は高められ、宇宙は新たに作られ、人間とキリストは地球で共に生きるというものであった。

全体的に見て、クルツは、自分の考えているキリスト教と調和するように、宇宙の構造を定式化しようとしている。天文学者の結論に関心を示し、そうした知識を持ち、尊敬を払っているけれども、クルツの考えは天文学者たちが著述しているところを大きく逸脱している。このことは、多世界論者のみが思弁的であったのではないことを示している。クルツが魅力的な宇宙を示すのに成功したということは、著書が版を重ね、英語やロシア語に翻訳されたという事実からよくわかる。

当時の多くのドイツの詩人たちが多世界論についてあれこれ考えたということは疑いないが、ハインリヒ・ハイネ

(1797-1856)ほど、徹底して考えたものはまずあるまい。一八二七年の「問い」という詩では次のように問われている。

……人間の意味は何か。
人間はどこからきたのか。人間はどこへ行くのか。
あの黄金の星には誰が住んでいるのか。★155

ハイネの最後の問いの背後にある感情の深さは、二〇歳の時にヘーゲルと交わした会話に関する『告白』の中の説明から窺われる。夜の天を眺めながら佇んでいた時、この若い詩人が吟遊詩人のように天界を黙想していたのに対して、ヘーゲルは、「星だって、ウーン、フーム、星は天空にできた輝く吹き出ものにすぎない」と言って、衝撃を与えた。★156また、多世界論がこの詩人の宗教生活や夢の中に入りこんでいることをよく示しているのは、次の魅惑的な断片である。この中でハイネは自分の子供時代のことを回想している。

私は、天文学から得られたあらゆる知識で全く混乱してしまった。この学問は、当時の啓蒙時代にはほんの小さな子供でさえ避けて通ることのできなかったものである。私は、これらすべての何十億という星が、われわれ自身の地球のように巨大な美しい天体であるとか、唯一の神がこれらすべての何千という輝く世界を支配しているなどというとてつもない考えに腰を抜かしてしまった。今も覚えているが、かつて、私は、夢の中で神が最も遠くにある高い天に存在するのを見た……。神が一握りの種子をまき散らすと、天から落ちて成長し……巨大な大きさのものになり、ついには居住者のいる明るい繁栄する世界となった……。私は彼の顔を忘れることができなかった。私は、しばしばこの楽しげな老人が夢の中に現れて、小さな窓から世界の種子を播くのを見た……。私は、ただ落ちてゆく種子を見

ることができただけだった。それは、何時も大きくなって、巨大な輝く天体となった。しかし、ひょっとすると、どこかに大きな嘴をした巨大なめんどりがいて、これらの天体を食べようと待ち伏せしているのかもしれないが、そんなものは見えなかった。★157

こうしたことは、少なくとも、単に多世界論が広範に西洋で広がっていたというよりも、感受性と想像力の豊かな魂の意識の中に深く浸透していたと考えてこそ、よく理解できるであろう。

4 結論——半世紀概観

一九世紀前半における世界の複数性の思想の展開には、多くの点で注目すべきものがあった。特に注目すべきことは、この思想が広範に議論されたという点である。ケープタウンからコペンハーゲン、ドルパトからダンディー、サンクト・ペテルブルクからソールトレイクシティに至るまで地球人は、地球外生命について語った。その結論は、著書や小冊子、小さな新聞や大きな雑誌、説教や聖書注釈、詩や劇、そして聖歌や墓碑の中にまで現れた。オクスフォードの学監や天文台の長官、海軍大佐や国家の首脳、過激な改革派やイタリアの保守派、科学者や哲人、正統派や異端——あらゆる人が言いたいことを言った。

天文学において明らかにされた多世界論が豊かな意味を持っていることはほとんどすべての人が認め、はっきり公言する人もたくさんいたのであるが、多世界論のうちに看取された意味が、論じる著者の数とほとんど同じほど実に多様であったという点も見逃されてはならない。チャーマーズが福音主義の伝統の中に組み入れ、ドワイトが学生を

鼓吹し聖職者にするために引き合いに出したのに対し、シェリーはキリスト教の伝統を攻撃するために使い、エマスンは牧師の職を放棄する理由を多世界論の中に見いだしたのであった。グロイトホイゼンがとりこになって月に要塞を見、ジョン・ハーシェルが太陽に巨大な有機体を見たのに対し、ホワイト夫人は木星人の幻視を楽しみ、ハイネは神が宇宙のめんどりの前で世界の種子をまいているのを夢想した。ロックとグランヴィルが多世界論の著作の中に諷刺の材料を見たのに対し、ワーズワースやテニスンのような詩人は、詩句を豊かにし人生を豊かにするさまざまのイメージや観念を取り出した。ミルンが彗星に居住者がいるとし、クルツが天使と星を結び付け、ハリスがティタニアに生命が存在するとし、スミスがコロブに、テイラーが惑星の内部に生命が存在するとした時、ハーシェルは、ハンスンの助けを得て、月の向こう側に月人がいるとし、ディックは、宇宙の個体調査をやり、土星の環の端にも居住者がいるとした。経験主義者の陣営を見ると、コントは近代天文学の多くを簡単に片付けたが、多世界論を疑う理由は何ら見いださなかった。他方、ミルは、多世界論者がアナロジーによる議論に依存している点に方法論的問題があることを明らかにした。同様に、観念論者も多世界論に賛成しなかった。フォイエルバッハとヘーゲルが地球外生命を否定したのに対し、エールステットとオーエンは、是認した。レオパルディやショウペンハウアーのようなペシミストが、「苦しみに満ち罪悪に悩まされている」生命が宇宙全体に存在していると嘆くのに対して、フーリエは、楽観的に、自分のいう社会制度が宇宙に調和をもたらすであろうと約束した。

特に注目すべきことは、多くの人が自信をもって多世界論を受け入れたけれども、それを支持するために利用できる証拠は少なかったということである。疑念を表明した人もいた。コウルリッジ、ヘーゲル主義者たち、クルツ、マクスウェル、ウォールシュなどは、多世界論に反対したけれども、その反論は弱々しいものにすぎなかったかあるいは取るに足らないものであった。ベスルやプリソンはもっと有望な試みをやったが、後に続く者はほとんどいなかった。一九世紀の中頃には、月人や太陽人の存在は決して保証されたものではなかったが、惑星人は、――自然神学の

いう神によって水星の熱や海王星の寒さにうまく適応できるように作られたとなると――滅亡の恐怖を抱く理由はほとんどなかったように思われる。しかし、惑星人の滅亡は(少なくともわれわれの太陽系では)数十年遠い先であったとしても、寿命は有限であった。一九世紀の後半が始まる頃、惑星人の存在に反対する思想が準備されつつあったのだが、それは全く予想もできない人物によって全く予想もできないところから起こってきたのである。多世界論者のウィルキンズとベントリが過ごした全く同じケンブリッジのトリニティ・カレッジの部屋で、多世界論の牙城を二度にわたって守った、後のトリニティの学寮長は、銃眼つきの胸壁はバルサで建てられており、宝物は色褪せたと考え始めていた。テニスンが「ライオンのような男」[★158]と呼んだこの人物は、異常な忠誠心をもって、新しいよろいかぶとを身につけ、面頬を下ろして、一八五三年、地球外生命の牙城に立ち向かった。最初、「星のドン・キホーテ」とあだ名された彼は、すぐにウィリアム・ヒューエルであることが知れた。

第6章

ウィリアム・ヒューエル――疑問に付される多世界論

1　多世界論者の時代のヒューエル――「誰も誘惑に抵抗できない……」

地球外生命論争の最も激しい時期の一つは、ウィリアム・ヒューエル（図6.1）が匿名で『世界の複数性について――一つの試論』を出版した一八五三年の終わり頃始まった。ヒューエルは、多世界論者の議論の多くが科学的に欠陥があり、宗教的には危険であると主張して、当時の人々に衝撃を与えた。ヒューエルが引き起こした論争は次の章で扱うことにして、本章では彼がどのようにしてこの注目すべき著書を書くに至ったかを詳しく述べ、さらにその議論を分析することにする。

長い間多世界論の支持者であったヒューエルが、なぜ一八五三年攻撃に転じたのかという悩ましい問題は、彼の著書が現れて以来論争の的となった。この問題が興味をそそるのは、ヒューエルがあからさまには転向の理由を明らかにしなかったからである。また、ヒューエルに関する文献が増え、二つの長い伝記が書かれたにもかかわらず、[★1]誰も未だ、ヒューエルが人生で経験した大きな精神的転向に関して広く受け入れうる説明を与えていない。ヒューエルの反多世界論の立場への転向に関する意見のうちで、最も古いものの一つは、ヒューエルに関する最も綿密な伝記作家であるアイザック・トドハンターが提出したものである。トドハンターの主張では、ヒューエルの立場は本質的には変わっていないというのであるが、この主張を好意的に受け取る学者はほとんどいない。[★2]また、ドイツの哲学的思弁がヒューエルの精神的変化に影響を与えたのだというオト・ツェクラーの提案も同様に批判されている。[★3]カントに原因があると考えることはほとんど不可能であるからである。確かに、ヒューエルは、カントの著作を高く評価し

図6.1　G.F.ジョウジフによって1836年に描かれたウィリアム・ヒューエルの肖像
（ケンブリッジ大学トリニティ・カレッジの学寮長および評議員の御好意による）

ていたけれども、カントは多世界論に賛成していたからである。また、ヒューエルはヘーゲルの反多世界論の考えにはまったく言及していないし、おそらくほとんど魅力も感じなかったようである。ヒューエルは、一八四九年に、「あらゆる問題に関する」ヘーゲルの見解は「……空想的で浅薄である……」[★4]と苦言を呈してさえいる。さらに、明らかなことは、一八五三年以前のいかなる反多世界論者もヒューエルに影響を与えてはいないということである。というのは、ヒューエルの著書は、クルツ、マクスウェル、プリソンに一度も言及していないし、ほんのついでにベスルに言及しているだけだからである。

もっと真剣に考慮しなければならないのは、最近の二つの意見である。フレドリク・B・バーナムは、一八五三年の『世界の複数性について――一つの試論』の自然の創造における神の設計に関する議論の中で、ヒューエルが目的論に対して法則論の立場を強調していることとヒューエルの精神的変化を結び付けた。[★5]一八五三年の著書の中で、確かに、ヒューエルは、自然の創造における神の設計が、主として特定の適応形態の合目的性という観点(目的論的アプローチ)から理解されるべきではなく、むしろ、全体の法則や型式という観点(法則論的アプローチ)から理解されるべきであることを強調している。また、著書の中で、ヒューエルが、居住者のいない天体の存在を肯定する議論を展開するに当たって、法則論的立場を採り、こうした天体は、少なくとも一つの場合(地球)において実を結んだ過程の副産物とみなしうると示唆しているということも正しい。しかし、バーナムの主張は少なくとも一つの問題を含んでいる。すなわち、簡単にいえば、すでに一八三三年、ヒューエルは多世界論を受け入れると同時に、神の設計に関する議論で法則論の立場を受け入れていたからである。他方、ジョン・ヘドリ・ブルクは、ヒューエル論争の詳細な研究の中で、ヒューエルの精神的変化は、第一に、チェインバーズが『創造の自然史の跡』の中で展開した立場をやっつけようと決心したことに由来するというテーゼを提出した。特に、ブルクは次のように問う。「以下のように想定することは全く無理なことであろうか。すなわち、ヒューエルは、或る匿名の著書に答えて匿名で書いたのである、あるいは、少

なくとも一つの理由はそうである。そして、この惑星での生命の創造は特別のものであったという考えとうまく調和する目的因に余地を残すために、他の惑星の生命の存在を否定したのである」[★6]。目下可能な解釈に従えば、バーナムとブルクの意見は共に長所があるけれども、一八五三年以前のヒューエルの思想を注意深く吟味すれば、多世界論に関するヒューエルの疑念は、キリスト教との調和をはばむ大きな障害に気付いたことから生じたのは明らかである。

ウィリアム・ヒューエル(1794-1866)は、イングランドのランカスターで生まれ、父は大工の棟梁であった。ケンブリッジ大学で学び、幾つか賞を取り、一八一七年ケンブリッジのトリニティ・カレッジ特別研究員に選ばれた。その頃すでにカントの『純粋理性批判』を研究していた。このことがヒューエルに重要な影響を与えた。例えば、当時イギリスで支配的であった経験論から離れるようになったのはそのせいである。カントあるいはプラトンと強い親近性をもっていたかどうかに関する論争が現在も続いているが、ヒューエルの哲学的立場が一種の観念論であることは明白である[★7]。

ヒューエルは、一八二〇年頃までには世界の複数性に関する問題を知っていた。ヒューエルのものとされる「古いノート」の中に「フォントネルの有名な著書を早い時期に」読んだことを示す証拠を見つけたが、「それについて意見は述べていない」[★8]とトドハンターは記している。一八二二年頃、ヒューエルは妹に次のように書き送っている。「あなたがチャーマーズの説教を多く読んでいるのは嬉しい。私はただ天文学に関する説教を一つか二つ読んだだけであるが、それは全くあなたが記している通りです」[★9]。イングランドの教会で聖職按手式を受けた翌年一八二七年に、ヒューエルは、ケンブリッジの大学教会で四つの一連の説教をした。その三番目の説教には、ヒューエルがスコットランドの神学者の多世界論的主張に熱中したことを示す表現が含まれている。チャーマーズの真似をしていることは、例えば、次のような主張の中に明らかに見て取れる。

……地球は、……多くの世界のうちの一つの世界であり……これらの間の類似点や従属関係から明らかなことは、……感覚力のある……存在が沢山［それらに居住している］ということである。――これらは、夢想家やせっかちな連中の幻想ではない。ほとんどは、倦むことのない観測と思索によって、賢くて忍耐力のある人々が集めた争う余地のない証拠に基づいた真実である。他には、少なくともある程度の確実性に達することでよしとするアナロジーに基づくものもある。[★10]

この恐ろしい光景に「意気消沈」しないように、ヒューエルは、チャーマーズの顕微鏡の議論が実際にどんなものであったかを明らかにする。「草の葉に、あるいは、水滴の中に生きている無数の動物について科学がわれわれに……明らかにしてくれる時、われわれは、生命を与え育む神の配慮が存在するという考えを抱くのではないだろうか[★11]」。チャーマーズが直接引用されているわけではないが、ヒューエルがチャーマーズに多くを負っていることは、次の言葉から明らかである。「不十分であるが、急いで、問題のこの部分――すでにわれわれ以外の人の手で触れられた事柄について、振り返ってみよう[★12]」。ヒューエルは、自分の考えを付け加えないで他の説教者の主題について詳しく述べるような人間ではない。このことは、ここでは特別の意味を持つ。なぜなら、二五年後にヒューエルは、逆に、この考えを多世界論の論駁のために、「原子ほどの微小空間―原子ほどの微小時間」あるいは地質学的議論として使うからである。しかし、一八二七年のヒューエルの目標は、今は死滅したが遠い過去に地球に現存していたとされる動物の形態に関する地質学的議論に対して聴衆が抱いた反感を鎮めることであった。ちょうど天文学者が空間的に遠く離れた惑星にほとんど想像不可能な形態の動物が存在したとするのが許されるように、地質学者は、時間的に遠く離れた時代に奇妙な獣が地球を徘徊していたと想定しても許されるべきであると主張する。[★13] この説教が示しているように、多世界論、特にチャーマーズが示したような多世界論は、説教を豊かにする魅力的な話題であると考えていたのである。ヒューエルは、他にもチャーマーズとの接点を持っている。一八三四年にはチャーマーズを訪問しようと

したし、一八四三年には実際に訪問したのである。[14]

一八二八年、ヒューエルは、科学の才能を認められて、ケンブリッジの鉱物学教授になった。その直後、ブリッジウォーター論考の一つを書くように勧められ、一八三三年『天文学と一般自然学』を出版した。トドハンターによれば、これは八つの論考のうちで「おそらく……もっとも人気のあるもの」であった。[15] これを書くにあたって、ヒューエルは、四つの問題に直面し、そのすべてが後の反多世界論的著書の成立にとって重要なものであった。第一に、ヒュームは『自然宗教をめぐる対話』(1779)の中で、自然の創造における神の設計に関する議論を鋭く批判し、この議論そのものの妥当性を疑っていたが、八人の著者のうちでは最も哲学に敏感であったヒューエルは、この問題を特に痛烈に感じていた。第二の問題は、たとえ神の設計に関する議論と自然神学が共に妥当なものであっても、自然神学と啓示神学の間の緊張関係は依然として残るということであった。第三に、ペイリが示唆したように、天文学を中心とした自然神学の冊子を書くにあたって、ヒューエルは、次のような問題に出くわしていた。すなわち、天文学は、「知的造物主の働きを証明する最善の手段ではない。〔なぜなら、われわれは〕天体の構成を吟味する手段を持っていないからである……」[16]という問題や、自然学の一分肢としての天文学は、ベイコンが主張したように、目的因の使用、すなわち、説明されるべき存在の目的性による説明を禁じられているはずだという問題である。第四の問題は、ビュフォン、カント、ラプラスらが、天文学に進化論的な説明方式、特に星雲説を導入しているが、これは多くの人の見るところ、神の設計に関する議論と衝突するという問題であった。

『天文学と一般自然学』の中で、ヒューエルは、これらの問題のそれぞれと取り組んでいる。第一の問題を扱うにあたって、自然神学の主張の妥当性に関してはそれを信じている人に限定している。例えば、献辞の中で、この書物は、「宗教の友」を導いて、「宇宙に関するわれわれの知識のあらゆる進歩が、極めて賢明で善良な神の信仰と如何にみごとに調和するかということを示し、自然学の進歩」[17]を歓迎して貰うという目的で書かれたのであると述べている。ほ

とんど確実にヒュームに向けられていると思われる節の中で、ヒューエルは、一般に結果から原因を推論できないことを認め、さらに、特に、工匠の作品と自然とのアナロジーから、神という工匠を推論できないことも認めている。しかし、ヒューエルは、この問題を扱うにあたって次のように述べている。「われわれの周囲に見られる物事の配置、現れ、出来事は、それらを生み出した存在を暗示しており、この存在が意識、意図、意志などを持っているという真理は、……ありそうもない一つの結論というわけではなく、一つの根本原理である」。かくして、ヒューエルの立場は、神の設計に関する議論によって無神論者を信服させることが期待できるというのではなく、信仰者を助けることができるということなのである。★18

ヒューエルが自然神学と啓示神学の間の緊張関係に敏感であったということは、多くの点で明白である。例えば、自然神学は、啓示神学とは違って、「人間の生活を改善したり、人間の性格を純粋にしたり、高めたり、あるいは、より高いあり方へと準備したりするという目的……のためにはまったく不十分である」ことを認めている点を見れば、明白である。また、後には、神が「立法者であり、われわれの行為の審判者であり、われわれの祈りと崇敬の真の対象であり、道徳的な強さや……別のあり方へとわれわれの本性を高めることを望みうる根源である」ことをわれわれに明らかにしてくれるのは、啓示宗教のみであると主張している。自然神学に関するこの論考の中では、皮肉をこめて、特に科学のせいで、神は「理解できないものであり、神の属性は不可解なものである」と見なすようになると主張している。

第三の問題に関していえば、神の設計に関する議論は「宇宙に関する考察から出てきたもので、有機的被造物の……食料や適応構造に基づく議論に比較すると、幾らか不利な条件のもとで喘いでいる」ことを認めている。また、ベイコンに従って、「目的因は自然の探究から排除されねばならない」とも述べている。こうした難点があるにもかかわらず、神の設計に関する議論は、特殊な適応構造にではなく、一般法則に焦点を合わせることによって、自然学のため

に継続されねばならないと主張する。ペイリの反論に答えて、「宇宙を法則の集合と考えると、天文学は、……幾つかの長所を持っている」と主張し、生物学と比較すると、天文学は、原因に関する厳密な主張と優れた明晰性を持っているという。さらに、こうした法則をよく考えると、立法者の観念に思い至る。というのは、「これらの法則は、思考と精神の証明と考えられるからである……」という。ジョン・ハーシェルや、さらには、ルクレティウスをも引用して、宇宙に法則、秩序、規則性などが存在するのを認知すれば、躊躇なく、「出来事の経過を支配している静かな乱れのない知性」が存在することを信じるようになるという。他の箇所では次のように述べている。「自然界に関して、われわれは少なくとも次のような地点にまで進むことができる。――出来事が引き起こされるのは、それぞれの特定の場合に孤立的な媒介として神の力が行使されることによってではなく、一般法則が確立されることによってであると認められる」。この言明は特に意味深い。なぜなら、ヒューエルは、後に、ある書物の中でそれが冒頭に引用されているのに出くわすからである。その書物とは、ブリッジウォーター伯爵が十分な財政的援助をした運動に最大のダメージを与えた書物、チャールズ・ダーウィンの『種の起源』である。

　ヒューエルが、特殊な適応構造というものに反対し、法則の重要性を強調したということは、また、物理学や天文学に適用される目的因の取り扱いという問題においても、重要である。ヒューエルが記しているところによれば、ラプラスは次のように述べている。「人間精神の進歩と誤謬の歴史を概観してみれば、目的因が絶えず知の境界に退けられたことが分かるであろう」[★19]。これに対するヒューエルの答えは次のようなものである。「われわれは明らかにしたと信じるのであるが、設計や目的の概念は、科学的探究によって、知の領域から無知の領域に移されるのではなく、事実の圏域から法則の圏域に移されるのである」。ヒューエルの立場では、物理現象や天文現象の研究においては、目的因ではなく、物理的原因が求められるべきなのである。物理的原因が見いだされ、法則として表現された時には、目的論的考察が入ってくるかもしれないし、特に、法則そのものの目的因を挙げることができるかもしれない。かく

して、すでに一八三三年、ヒューエルは、神の設計に関する議論の法則論的形態を考え、法則が明らかにされた後でのみ目的論的アプローチを用いていたのであった。

こうした考察は、ヒューエルが第四の問題、つまり、星雲説をどのように取り扱ったかを解明するのにも有益である。この仮説に対して寛大であったことに驚いた読者もいたにちがいない。というのは、多くの人には、この仮説が宗教に敵対するものであると思えたからである。ヒューエルは、星雲説(あるいは星雲諸仮説、というのは、そうしたものが複数あったからである)が推測にすぎないという側面を持っていることを力説し、星雲物質のみならず太陽系を生みだした法則の第一原因は神にちがいないという。トマス・チャーマーズもブリッジウォーター論考の中で、星雲説に対して好意的に論じてはいない。★20

ヒューエルは、科学=宗教のすべての側面に問題があると考えたわけではない。例えば、『天文学と一般自然学』の中では、地球外生命に関してまったく留保をつけていない。こうした話題に関する議論が著書の中にたくさんあるわけではないが、出てくる場合はほとんど肯定的である。匿名で著された一八五三年の『世界の複数性について――一つの試論』の論評者は、ヒューエルを論駁するのにそうした議論を引用している。一八三三年の論考の「宇宙の巨大さ」という章では、ヒューエルは、地球の他に六つの惑星が太陽の周りを回っており、それらの惑星は、「われわれが判断しうるかぎり、本性はまったく類似している」と記している。従って、「これらの天体の中にはわれわれの天体よりもずっと大きいものがあるにしても、……われわれの天体と同じく、有機体、生命、知的存在が居住していると推測しない者はいない」という。恒星に話題を転じ、次のように述べている。

……それらは、自分の周りを回る惑星を持って……いるかもしれない。また、われわれの惑星のように、植物的生命、動物的生命、理性的生命が存在しているかもしれない。――そうすると、宇宙には複数の世界が存在するのかもしれない。その

数が幾らであるかとか、それらがどう異なるかということは知りえないであろう。しかし、幾ら多くても、また、幾らさまざまであっても、やはり、同一の帝国の共通の規則に従った、共通の権力に支配された諸領域に他ならない。さらに、われわれが知りうるかぎり、天界の配置が「こうしたさまざまの被造物の存在を支え、その能力を発展させ、幸福を促進するのに……」役立っていることを考える時、「造物主の慈悲と愛」は明白であると述べている。ヒューエルは、地球外生命が存在するという証拠を論考のどこにも呈示してはいないし、地球外生命の存在がキリスト教に対して引き起こす問題について詳細に論じているわけでもない。確かにチャーマーズの顕微鏡に関する議論を繰り返してはいるが、これは、ただ個人的な神の観念の維持をめざすものに過ぎず、必ずしも、受肉とか贖罪にかかわる神の観念の維持をめざすものではなかったのである。

要するに、ヒューエルの著書がここで注目に値する点は、地球外生命を受け入れている点、物理学と天文学の関係で自然神学を展開している点、自然神学に限界を設定するのに慎重であった点、星雲説に対して寛大であった点などである。ヒューエルの著書は、デイビス・ギルバート、ジョン・ハーシェル、ロバート・マルサス、H・J・ロウズなど多くの人に受け入れられ、少なくとも七版を重ね、最後の版は一八六四年に新しい序言を付して出版された。[★21] ヒューエルを批判した数少ない人には、デイヴィッド・ブルースターがいた。『エディンバラ・レヴュー』のブルースターの攻撃を見ると、一八三〇年代にすでにヒューエルの考えに対して嫌悪を表明していたことがわかる。[★22] このことが、地球外生命をめぐって一八五〇年代に両者が衝突する遠因となったのである。チャールズ・ダーウィンは、公にヒューエルを批判したことはないけれども、一八三八年のノートに次のように記したことは今日ではよく知られている。「メイオウ(生の哲学)は、ヒューエルを深遠なものと考えて引用している。というのは、日の長さは人間が睡眠を継続する時間にぴったりであり、人間は惑星にふさわしいのではなく、宇宙全体にこそふさわしいとヒューエルは

言うからである。——傲慢の例[23]」。このコメントを見ると、ブリッジウォーター論考として始められた計画があてにならないものであったことがよくわかる。

一八三〇年代はヒューエルの経歴の中で最も生産的な時代であった。一八三七年には、王立協会から潮の理論に関する論文集で金賞を授与されただけでなく、三巻におよぶ『帰納的科学の歴史』の出版も実現した。一八四〇年には、これに続く二巻の大著『帰納的科学の哲学』が出版された。これらの著書は、ヒューエルの観念論的傾向をよく示している。実際、『帰納的科学の哲学』の第三版の中で、「空間と時間の観念についての章は、カントの『純粋理性批判』のほとんど文字通りの翻訳である」と述べている。[24] 観念論という点で、ヒューエルは、ほとんどの同時代人と比べると全く異なっている。例えば、自分が『帰納的科学の歴史』を捧げたジョン・ハーシェルの経験論とも全く対立している。ケンブリッジにおいてさえ、ヒューエルの観念論的アプローチよりもジョン・スチュアート・ミルの『論理学体系』(1843)に見られる経験論的方向の方が好まれた。それにもかかわらず、ヒューエルは、広い学識の故に、ヴィクトリア朝の驚異的人物の一人であった。ジョン・ハーシェルは次のように述べている。「人間探究に関するほとんどすべての部門において、ヒューエル以上に多様かつ大量の知識を同じ時期に蓄積した人物はおそらく存在しないであろう……[25]」。同時代人は、ヒューエルの広範な学識を躊躇なく認めたけれども、その深さと独創性を十分理解した人はほとんどいなかったであろう。そうした認識は、最近の数十年にやっと出てきたのである。最近の科学史家や科学哲学者は、ハーシェルやミルの経験論的著書よりもヒューエルの原理的体系的著作のほうが豊かであると考えている。一八三八年ケンブリッジの道徳哲学教授になって以後、ヒューエルは、科学の問題よりも倫理の問題に関する著述に専念するつもりであった。一八四一年結婚した日に、トリニティ・カレッジの学寮長が辞任したという知らせを受け、すぐにその後任に選出され、ケンブリッジで科学的に最も傑出したカレッジの指導的立場に立つことになった。以後、ハーヴィ・カーライルが述べたように、「死ぬまで、大学で最も卓越した人物[26]」であった。

ヒューエルの『帰納的科学の歴史』と『帰納的科学の哲学』には、多世界論に関する議論は含まれていないけれども、有機的自然に適用される限りでの目的因は少なくとも容認されている。例えば、『帰納的科学の歴史』の中で、目的因は、「かつてなされた最も重要な発見の道具」[27]として役立った場合もあることを力説している。エティエンヌ・ジョフルワ・サンティレールが述べたように、ヒューエルは、目的論的アプローチと類比による理論や神の計画の統一性の説との違いを強調している。後者の立場では、動物の構造や機能は、さまざまな動物の集団の間の類比によって解釈され、さまざまな動物は、一つの元型のヴァリエーションと見られる。エティエンヌ・ジョフルワ・サンティレールは、こうした立場を擁護するにあたって、当時の多くの科学者とは異なる理由によってではあるにしても、彼らと同様に目的論を退けている。ヒューエルは、『帰納的科学の歴史』の中で、生理学は目的因に言及せざるをえないと主張し、カントもそうでなければならないと述べていると記して、自分の立場を弁護している。その理由は、有機的存在の定義そのものの中に目的を仮定するということが含まれているからであるという。[28]ヒューエルは、『帰納的科学の哲学』の中でこの立場をより十全に展開し、次のように述べている。「目的因という観念は、現象から推論の力によって帰納されるものではない。むしろ、そうした主題に関する推論を可能にする唯一の条件として仮定されるものである」[29]。目的因という概念を用いれば理解できても、「神の計画の統一性」によるアプローチでは説明できない場合の例として、ヒューエルは、リチャード・オーエンの研究を挙げている。それは、カンガルーの子供の口が母親の乳首をふくむのに十分な大きさになる時までに見られる、明らかに他に類を見ない精巧な授乳のための構造に関する研究である。[30]しかし、ヒューエルは、目的因の適用を有機的物質に限定している。

他の多くの被造物のうちに目的が存在すると信じることは、われわれの周囲に見られる物体の配置や法則からして、十分理由のあることと思われる。しかし、非有機的な物質に関してまでこうした推論を行うことは許されない。なぜ

なら、そうした非有機的物質を把握する場合、手段と目的という関係は、本質的なものとはいえないからである。[★31]

これらの著書に見られる目的因に関する言明は、ブリッジウォーター論考で支持していた立場をよく補強しこそすれ、決して矛盾するものではないであろう。目的因に関するこうした見解は、種の変移を退けるということと関係がある。一八三八年ロンドン地質学協会会長をつとめていたヒューエルは、種の消滅を否定しなかったし、外的な飼育要因のために新しい変種が生みだされることも否定しなかったが、[★32]同時代の大多数の科学者と共に、種の変移ということは退けていた。それを証明するためにヒューエルは次のような例をあげている。「もしそのような種の変移を認めるとすれば、すべての被造物の構造がそれぞれに定められた存在様態に適合しているという信念を捨てることになる。こうした信念は、今日まで……世界の秩序に関する真の見方として、最もすぐれた博物学者の精神のうちに常に退けがたいものとして刻印されてきたものである[★33]」。ヒューエルは、地質学が明らかにした動物の形態の連続性を説明する方法として二つを考えていた。

……一つの地質学的年代に見られる有機的な種が、自然のさまざまな原因の長期にわたる働きによって他の年代に見られる種に変移したと想定しなければならないか、あるいは、自然の通常の成り行きから逸脱した、それ故に奇跡的と呼ばれるのが適当であろうと思われる、種の創造と消滅という多くの行為が連続的に存在したと信じなければならないか、二つのうちのいずれかである。[★34]

ヒューエルは最初の選択肢を退ける。その理由は、一つには、当時知られていた進化論的機械論が極めて疑わしいものであったからである。かくして残る選択肢は第二の選択肢である。しかし、ヒューエルは慎重で、種の起源に関す

る神学的説明が地質学的説明に混入してはならないという。生物学と地質学は、事物の起源の探究においてできるだけ前進することが許されなければならず、こうした方向で遠くまで進むことができるにしても、究極的な起源を知るということは知力の限界を越えていると確信していた。ダーウィンの『種の起源』が出た後でさえ、ヒューエルが種の変移に関する見方を変えなかったことには意味がある。しかし、目的因に関するヒューエルの見方は、確かに一八四〇年代に様変わりをした。このことについて簡単に述べよう。

一八四〇年代のヒューエルの思想にとって特に重要な意味を持つ著書は、ロバート・チェインバーズの『創造の自然史の跡』(1844)である。ヒューエルは、その中のさまざまの誤りに驚き、また、それ以上にそこに含まれている進化論的学説に悩まされたけれども、まったく時期を得た魅力的な著作であったので、広い読者を得るであろうと考えていた。ケンブリッジの地質学の教授であったアダム・セジウィックは、非常に驚いて、『エディンバラ・レヴュー』の編集者であったマクヴィ・ネイピアに次のように書いている。「もしこの本が真実を述べているのならば、理にかなった帰納の努力は無駄であり、宗教は虚偽であり、人間の法は愚案の塊で下劣な不正であり、道徳はたわごとであり、アフリカの黒人に対するわれわれの骨折りは気違いのわざであり、男と女はましな動物にすぎないことになる」[★35]。セジウィックは、「『創造の自然史の跡』が嫌で嫌でたまらなかった」ので、『エディンバラ・レヴュー』に極めて批判的な論評を掲載したのであり、それでも気がすまなくて、後にはもっと長い論駁を公刊した[★36]。

ヒューエルの多くの友人たちは、『創造の自然史の跡』に応酬して何か書くように勧めた。ヒューエルの著書に批判的なブルースターの論評を掲載していた『エディンバラ・レヴュー』でさえ、『創造の自然史の跡』を論評するように依頼してきた[★37]。ヒューエルは、こうした要求を断って、かなり珍しいやり方で応酬することを選択した。一八四五年の『造物主のしるし』[★38]の序文に、『天文学と一般自然学』、『帰納的科学の歴史』、『帰納的科学の哲学』などからの抜粋を付したのである。ヒューエルは二つの理由からこうしたやり方を選んだのである。第一に、『創造の自然史の跡』に対

する攻撃を成功させるためには、単に科学的な方法を引き合いに出すだけでなく、それを実際に読者のうちに生み出すことが必要であると感じたからである。★39 第二に、『創造の自然史の跡』以前に出版された資料を使うことによって、しかも、最初の版では言及しないことによって、『創造の自然史の跡』にそれだけ大きな悪評を引き起こす直接攻撃を加えているという印象を避けることができると信じたからである。科学は事物の起源を明らかにすることはできないのに、そうしたことをやろうとしてチェインバーズは過度の思弁に陥るに至ったとヒューエルは批判している。ヒューエルが引用した多くの例の中には星雲説も含まれていた。これは、チェインバーズが一八四五年の『説明』の中で「確実な真理」の一つと述べたものである。ヒューエルは、この仮説は「単なる推測」であり、天文学的思考のうちでは実際根拠を失っていると主張する。『創造の自然史の跡』の中で特にヒューエル自身が支持した立場であったからである。というのは、これはまさにヒューエルが驚いた点は、神が一般法則に従って作用するという主張であった。というのは、これはまさにヒューエル自身が支持した立場であったからである。ヒューエルの主張によれば、『創造の自然史の跡』が退けられる理由は、この見方が必然的に退けられるからということではなく、「その法則がどのようなものであるかを当の筆者が説明できないと思われる……」からであるという。ヒューエルとチェインバーズの立場は、このことから示唆される以上にかけ離れたものであった。なぜなら、チェインバーズの信念は、そうした法則に従ってのみ神は物質に作用するということであったのに対し、ヒューエルの確信は、時には神は直接介入するということであったからである。この点は、『造物主のしるし』の中の表現から明らかであり、また、ヒューエルがF・マイアーズ師に宛てた手紙の中で自分の著書と『創造の自然史の跡』を対比しているところからも明白である。

創造の問題に関して科学が投げかける光はかすかであるけれども、地球に人間が(人間の創造も含めて)配置されたということは、超自然的な出来事であり、自然の法則の埒外であると信じる理由を与えてくれるのは科学であるということを、私は明

らかにしようとしたのである。『創造の自然史の跡』では、主要な主張の一つとして、こうしたことも自然の出来事であり、人間を猿から進化させた法則の帰結であるという。[★40]

『創造の自然史の跡』に対するその他の議論を要約する必要はないであろう。というのは、『造物主のしるし』の中に抜粋された三つの著書を分析した時、それらについてはすでにほとんど明らかにしたからである。

一八四〇年代に、ヒューエルは、自然の創造における神の設計に関する議論に重大な敷衍を加えた。一八四〇年代以前は、ペイリが取ったような目的論的アプローチにもブリッジウォーター論考で示したような法則論的アプローチにも共に好感を持っていたが、ある学者が「神の設計に関する観念論的議論[★41]」と名付けたものの長所も認めるようになった。ヒューエルがこうした観点にも寛容になったのは、身近に友人のリチャード・オーエンがいたからである。オーエンは、生物学と古生物学の詳細な研究の中で自分の元型の理論を支えるものを見いだしていた。例えば、理念つまりそれぞれの脊椎動物に見て取られる元型の変様として脊椎動物を理解する時、脊椎動物は最もよく理解できると主張する。こうした元型は、地球に存在したことはなく、むしろ、「神の精神」のうちにある案ないしは型なのである。こうした文脈の中で、オーエンは、相同関係に注目した。さまざまな動物の骨格が類似していることはよく知られていたが、それは機能という点からは説明できなかった。鳥の翼と四肢動物の前肢の目的は非常に異なっているのに、なぜ骨は似ているのか。オーエンが主張するところによれば、これらの相同的構造は普遍的な脊椎動物の元型の変異なのである。この点について、『魚の解剖』(1846)、『脊椎動物の骨格の元型と相同関係について』(1848)、『四肢の本性について』(1849)などの著書で入念に詳しく述べている。これは、一種のプラトン主義であり、生物学に適用された観念論の一形態である。そして、例えば、雄の乳首のように、純粋に機能的なアプローチによっては説明できないと思われるさまざまな構造を説明できるという長所を持っている。オーエンの立場は、ジョフルワ・サンティレール

の神の計画の統一性の理論と根本的に類似性を持っているが、ヒューエルにとっては、少なくとも一つの決定的に重要な違いがあった。すなわち、オーエンは、他のフランスの博物学者たちとは異なって、目的因を否定していなかったのである。ヒューエルが述べるところによれば、オーエンは、「帰納的精神の目的論的傾向」[★42]を持っていた。多世界論論争において、ヒューエルがオーエンの元型による研究を受け入れた点が重要なのは、一八五三年反多世界論的な『世界の複数性について——一つの試論』を書くにいたった時、惑星に居住者が存在しないとしても神の設計に反しないと主張できたからである。その理由は、オーエンの研究によれば、惑星は、少なくとも一つの事例（地球）において合目的であることが証明された普遍的な型あるいは設計の産物であると見なすことができるからである。多世界論に反対するためにヒューエルがオーエンの元型による分析を採用したことは、或る意味において皮肉なことであった。というのは、先に記したように、オーエン自身は、多世界論者であって、地球で実現されなかった幾つかの形態の元型が他の世界で存在するかもしれないと提案していたからである。

ヒューエルは、『天文学と一般自然学』以後一四年間に著した多くの著作の中で世界の複数性の問題に一度も戻ることがなかったし、公刊された当時の手紙の中でもまったく触れていない。しかし、一八四八年の「哲学の根本的アンチテーゼに関する第二論文」の中の長い一節には、当時のヒューエルの思索がどのようなものであったかを示唆する興味深いものが含まれている。この論文で、ヒューエルは、「科学の進歩とは絶えず事実を観念に還元することに存する」[★43]ことを明らかにしようとし、例えば、てこに関する経験的知識が最終的にてこの法則に包含されていく力学の発達について述べている。今の関連で問題になる星雲説については、依然として議論の最中であると記している。完全に受け入れられるためには、星雲説は、「すでに観測された多くの事実を、その観念全体の必然的な部分として、うまく自分のうちに取り入れ……」なければならないであろうという。こうした事実の一つとして、ヒューエルは、星雲の形と変化を挙げている。また、星雲説は、「現在われわれが判断しうるかぎりで、その観念に矛盾する多くの

事実を……」も説明しなければならないという。こうした事実の一つとして、ヒューエルは、「〔惑星の〕表面に植物や動物の生命が存在すること」を挙げている。ヒューエルは、『創造の自然史の跡』の中に示されている見解を暗に指すと見られる箇所で次のように警告している。「観念が……大きくてすばらしい」というそれだけの理由で、われわれはその正しさを仮定してはならない。さまざまの事実に対して「同様に大きくてすばらしい別の観念」が有効である場合には、特にそうである。ヒューエルが何を念頭においていたかは、次の言明からよくわかる。

……もしわれわれが……植物や動物の生命だけでなく、人間の生命をも考慮にいれるならば、星雲説よりも、別の観念のほうがずっと多くの既知の事実を説明できるように思われる。別の観念とは……創造の主要な対象としての人間という観念である。宇宙の他の部分は目的に対する手段として、人間が生き、発達していくのに役立つのである。……人間の知性と道徳の状態に関する諸事実や単なる物質の世界の諸事実と共に、人間の歴史をも考慮にいれる時、世界は、星雲が凝縮した結果であって何ら目的や目標を持たないという観念に従うよりも、人間が創造の目的であるという観念に照らして諸事実を捉えたほうが、難点や明白な不整合がずっと少ないと言える。

この一節は一八五三年のヒューエルの反多世界論的な『世界の複数性について——一つの試論』の中心となる考えを先取りしているというトドハンターの主張[★44]には優れた点が認められるけれども、それには制限も必要である。確かに、この一節は、伝統的なキリスト教の宇宙生成論と一八三三年に受け入れた星雲による宇宙生成論との間の緊張をヒューエルが認識していたことを示しているし、星雲説で始まり過激な進化論で終わる『創造の自然史の跡』を読んで、星雲説に疑問を抱くに至ったことも示唆している。しかし、トドハンターの主張の不十分な点は、ヒューエルが一八四八年に地球以外の動物的生命の存在を事実であるとしたことも星雲説に矛盾するものであるとしたことも明

記していない点である。ヒューエルは、この矛盾の原因について明細に述べてはいないが、これは意外なことである。なぜなら、チェインバーズは多世界論と星雲説を共に認めていたからである。ヒューエルの考えは一八五三年頃にはもっと発展していたにちがいない。というのは、その年、『世界の複数性について――一つの試論』の中で、地球以外では動物的生命の存在さえも疑わしいと記しながら、星雲説の一形態を唱えているからである。

これでもって、われわれは、大工の息子に生まれ、ケンブリッジに来て、一八四〇年代後半トリニティ・カレッジの学寮長として大学に光彩を添えるに至るまでのヒューエルを追跡したことになる。その頃までに、科学と人間に関するさまざまの学問を広く学んでいたヒューエルは、他方で、神学博士として、神学的問題にも深い関心を抱いていた。多世界論者として知られていたが容易に自分の信念を変えなかったことは、明らかである。しかし、すでに、一連の論拠と視点を案出しており、一八五三年頃それらを反多世界論の方向でまとめたのである。同時代人たちは、その巧みさに驚き、その決断に心を痛めた。以下の分析が正しいならば、ヒューエルは、ついに一八五〇年多世界論者から反多世界論者に転向したのである。

2 ヒューエルの対話篇「天文学と宗教」――「わびしい」そして「暗い」考えに答える道

一八五〇年の夏、ヒューエルは、プロイセン・ライン地方のクロイツナハに向かって出発した。というのは、その温泉が妻の身体によいだろうと思ったからである。妻は健康を害しており、実際一八五五年には亡くなってしまった。そこに滞在していた間に、ヒューエルは、「天文学と宗教」という表題の未完で出版されることのなかった三三頁の手稿を書いている。これは、世界の複数性の問題とそれが宗教に対して持つ意味について述べたものである。これ

は初期の多世界論と一八五三年の著書の間の移行期の主要な作品であるように思われるが、今日までこれを分析したものは、発表されていない。この手稿は、単なるAとBという二人の間でなされた三つの対話篇から成っている。両方の考えがヒューエルの心の中にあったと思われるが、Bの方が優位に立っていることからして、Bがヒューエルの考えを述べていると考えられる。

最初の対話は、チャーマーズの『天文講話』でテクストとなっていた詩篇の一節で始まっている。「我なんぢの指のわざなる天を観なんぢの設けたまへる月と星とをみるに　世人はいかなるものなればこれを聖念にとめたまふや　人の子はいかなるものなればこれを顧みたまふや」[★45]。対話の中で対話者Aは、このテクストには当惑すると述べて、Bにその理由を尋ねるよう誘導する。Aは、現代の天文学は、古代の天文学と違って、この一節に異論を唱えていると答える。次に、さまざまな天文学理論を吟味し、どれが詩篇作者の見解と対立するかを考察している。コペルニクスの理論は衝撃的であったけれども、最終的にはキリスト教と調停された。次に、惑星の生成に関するラプラスの星雲説に言及し、Aは、コペルニクスとラプラスの学説には当惑すると述べる。その理由は、太陽系の惑星の中には複数の月を持つものがあり、また、それらの惑星のすべてあるいは幾つかに居住者がいるかもしれないのに、人間はそのうちの一つの小さな惑星に置かれているからである。このことは、人間の尊厳をおろそかにし、神の摂理という配慮に対する信頼を喪失させはしないだろうか。Aは、こうした考えは「重苦しく」、「わびしく」、「暗い」と思うと述べ、Bは、他のものも同じような感じを経験していると答える。Aは、さらに、他の天文学上の発見によってこうした嘆きは増大すると述べる。われわれは、地球が宇宙空間のほんの小さな部分を占めるにすぎないことを見いだすからである。これに対して、Bは、星の間のこうした巨大な空間によって動揺は妨げられると答える。天王星と海王星の発見は、宇宙におけるわれわれの地位をさらに無意味なものにするように思われる。また、恒星の視差測定が正しいとすると、恒星間の距離は信じられないほど大きいことになり、恒星にはそれぞれ惑星が存在するという見解が、アナ

ロジーに基づいて、支持されることになる。遠くにある恒星の惑星にいる居住者も、神の采配のうちで見過ごされているかどうかを心配しているのではないか。「思考の中で、神をそうした天界から下ろして、地球の出来事や、あなたと私の運命、行動、思考にも配慮してもらうというのは困難ではないのか。それでも、われわれがこうしたことを為す神を持たないならば、この世界は何と虚ろな砂漠なのでしょうか」とAは尋ねる。この問題は、ハーシェルの発見によってさらに難しくなる。というのは、星は考えられていたよりずっと数が多く、また、遠く離れているように思われるし、実際われわれが見ている多くの星は、もし光の速度が有限であるならば、ずっと昔に輝くのを止めているかもしれないことが発見されたからである。膨大な時間をかけて星雲が惑星系を形成しつつあると考えると、われわれは、巨大な宇宙空間の中に位置しているというだけでなく、人間の歴史を無意味にするほどの膨大な時間の中にいるということにもなるからである。

この対話の終わりで、Bは、Aが関心のあることすべてを残らず明らかにしたかどうか尋ね、Aは、そうだけれども、深くではないと答える。この最後の困難について述べるところで、この対話は最高潮に達し、最も重要な部分に至る。Aは、これまでのことを自分の信念と調和させるのは難しいと述べる。というのは、

……神は、特別な独特の仕方で、人類の歴史に介入したからである。つまり、……神に対して特別の関係を持つ一人の人間が、人間の形をとって、神のところから人間のところに来たということ。この人間は、このようにして送られてきたことを明白な印でもって示したこと。そして、神的でかつ人間的な存在が、死に逢いそして再び蘇り、［そのことによって人間に］、道徳的で精神的な存在にとって可能なかぎり最大の悪から身を守る手段を与えたということ……。

しかし、この信念は深刻な問題を引き起こす。すなわち、もしこの信念が真実であるならば、

……科学が明らかにする他の世界の存在ということに関して、われわれはどう考えるべきであろうか。それらすべての世界に対して用意された同様の救済計画が存在するのであろうか。人類の救済者に関するわれわれの見方に従えば、複数の救済者が存在しうると想定することは許されないであろう。また、人類に対して一人の人間の形で救済者が到来したことは、神の救済計画の極めて本質的な部分なので……それを他の世界にも移そうと試みたり、類似したことが他の世界にも存在すると想像したりするよりも、こうした他の世界に神の救済計画はまったく用意されていないと想像することの方が、われわれの感情からしてより妥当である。唯一の救済者が人類に人間の形をとって到来したのであり、彼がまとった人間性は、彼にとって本質的であると考えなければならない。同様の計画が、木星の居住者やシリウスのまわりを回っている一つの惑星の居住者に対しても実行されるなどと想像することは、われわれに対して啓示された神の救済計画と神に対する冒瀆であるように思われる……。

天使が堕落した時、神は天使の形を取らなかったとか、選ばれるに値する特別の長所を人間がもっているなどと考えることは困難であるという。さらに困難なことは、「地球で実現された救済計画が、どのようにして、他の世界の居住者にとって有益な手段となりうるのか、われわれにはわからない……」ということである。Bは、「そのような効果を仮定するのは、根拠のない空想的な考え」であると答える。そして、「すべての世界の父である神が、どのようにして、たった一つの世界にすぎず、しかも、われわれが知る限り最も小さな世界のためにそうした計画を用意するのか理解するのは」難しいことに同意する。明らかにヒューエルを代弁しているBは次のように述べる。「そうした考えにはまったくうんざりし当惑する。私自身、そうした系統の考えに従っていたが、私が思いついた考えをあなたに示そう。それによって安心と慰めがもたらされるであろう……」。そのためにはしばらく時間がかかると述べて、この

対話は終わっている。この最初の対話を要約すると、重要なことは、一八五〇年頃のヒューエルは多世界論とキリスト教の調和の可能性を疑っていたということである。

第二の対話では、神と物質的創造の関係に関するパスカルとニュートンの見解を記しながら、議論を始めている。Aの意見では、すべての空間で機械的、化学的、生理学的法則に従って作用する立法者という神の概念は、汎神論と同様不満足なものに思われ、むしろ、ニュートンが説明したように、人間が求めているのは人格的な神であり、「主」であり、「われわれが必要としている神は、国家や個人の経歴を監督し、警告し、裁き、報い、罰する神である。単に、自然のあらゆる法則の複雑な結合にすぎない神は……こうした必要性の尺度にかなうものではない」。Bは、単に機械的、化学的、生理学的法則に従ってのみならず、例えば、悪徳に陥るとそれにみあう罰を生むような心理的法則に従って作用する神の概念を受け入れることができるかと尋ねる。これは、「重力と同じほど普遍的な」摂理の概念を含意しているように見えよう。さらに、この概念は、「他の世界にまで及ぼされる必要があるとしても、乱されたり、弱くなったり……」しないであろう。しかし、再び、Aは不満に思う。地上で「われわれが見るのは、われわれの知性と調和する知性を持つ至高存在、そして、われわれが僕として、また、臣下として従う主人であり審判者であるような存在の影響であって、……われわれが自覚しているか否かにかかわらず、われわれを動かす動の原理の」影響を見るのではない。このような問題に「私は悩み、苦しんでいる」。Bは、こうした感情に共感を示し、地球にのみ適用される摂理の概念を受け入れるのは難しいと述べる。第二の対話は、BがAにチャーマーズの見解を吟味したかどうかを尋ねた直後に打ち切られている。

短くて明らかに不完全なものと思われる第三の対話は、多世界論者の主要な議論の一つを論駁しようと試みている。特に、ヒューエル(この対話では主としてBが語る)が、自分の地質学的議論を提示する。まず、地球に知的生命が存在していなかった巨大な時間を経て、人間が現れたことが地質学によって明らかにされた点に注目する。しかし、これは問

題を引き起こす。なぜならば、これはとてつもない浪費を意味し、従って、神の設計に反しているように思われるからである。しかし、ヒューエルは、実際のところ自然界に浪費がありふれていることを強調する。何千という種子は、地に落ちて、ほんの少ししか実を結ばない。魚は何万という卵を生むが、ほんの小数しか成魚にならない。結局、巨大な時間や生殖物質の消費ということも、神の創造の設計と調和しうるのである。この分析が今日重要なのは、多世界論者が主張するように、もし惑星に知的生命が存在しないならば惑星は無駄であり、神の設計は踏み躙られるという議論に反対する方向で、この分析が活用されているからである。とてつもない明白な浪費でさえ、自然のあり方や神の設計と十分調和することが地質学によって示される。また、もし神が地球の歴史のほんの短い期間だけ人間を地球に存在させるというように理解するならば、知的生命が同じように小さな空間にしか存在しないということも可能ではないか。ヒューエルが月や幾つかの惑星に生命が存在することに反対する証拠を引用したところで、手稿は打ち切られている。

最後の第三の対話は、不完全であるが特に重要な意味を持つ。なぜなら、多世界論とキリスト教の間に見られた緊張の解決策は、多世界論を退けることに他ならないことが明らかにされているからである。ヒューエルは、多世界論者の最も強力な議論の一つに答えを与え、地質学的議論は多世界論を証明するというようにではなく、多世界論の否定を容認するものと理解している。この手稿を書いている時、ヒューエルは、多世界論がキリスト教と調停されえないと断言的に述べるのは危険を含むということを自覚していたと推論してまちがいないと思われる。そう主張することは、神学的にはやりすぎであったであろう。また、批評家たちは、特定の宗教的関心に動かされているとして、ヒューエルの議論を片付けてしまいたかったと思われる。たとえヒューエルの反多世界論の源が宗教的関心にあったとしても、科学的哲学的議論の形に仕上げねばならなかった。ヒューエルは、神の設計の議論に関する法則論と元型論や地質学的議論で武装して、この仕事にとりかかった。多世界論の立場に対してさまざまな異議を唱えることが可

能だということがわかり始めた時、ヒューエルの喜びは大きく、驚きは決して小さなものでなかったにちがいない。

多世界論に異議を申し立てるに至ったヒューエルの動機に関するこうした見解は、ヒューエルが著書の校正刷りを送ったジェイムズ・スティーヴン卿とヒューエル自身との間に交わされた一八五三年一〇月の手紙からも、妥当なものと思われる。多世界論が承認されるならば、「キリスト教の体系に関する正統的な見解は誤りでなければならぬ」と示唆する文章がいくつか著書の中に存在するように思われる、とスティーヴンはヒューエルに書き送っている。スティーヴンは次のように警告している。「もし受肉や三位一体の教説が……多世界論と全く調和しえないことを［あなたが示せない］ならば、そうした［反多世界論の］容認は、あなたの支持のかけらさえも受けないはずである」[★46]。ヒューエルは、次のように答えている。「その関係［すなわちキリスト教と多世界論の関係］に含まれるそうした難点は、私の試論全体のそしてまたチャーマーズの考察の出発点であり、チャーマーズの考察は私の議論の出発点であります。私はあなたが指摘してくれた表現を和らげはしますが、この問題そのものを除外することはできません。というのは、まさにこれこそ私の試論の問題そのものだからです」[★47]。この返事を聞いて、スティーヴンはショックを受けたにちがいない。

ヒューエルの反多世界論の立場はこのようにして生まれたのだという主張と関連して、バーナム博士とブルク博士が提示した意見を再考してみることは、問題の解明につながる。法則論的な形でヒューエルが神の設計の議論を取り上げたということが、ヒューエルの反多世界論にとって重要であることをバーナム博士が強調しているのは、確かに正しい。これはすでに検討された資料と合致するし、続くヒューエルの『世界の複数性について――一つの試論』の説明の中の資料によっても証明される。もっとはっきり言えば、法則論的アプローチは、決してヒューエルに反多世界論の立場に立つことを要求したわけではないけれども、反多世界論の立場を受容するのを促しはしたのである。また、チャーマーズの著書がヒューエルの思想に強力な影響を与えたことを指摘したブルクには、確固とした根拠がある。チャーマーズの著書は、宇宙に関するキリスト教的把握と理神論的把握との違いを、ヒューエルの前に明確に示した

ように思われる。さらに、神は摂理によって導くというキリスト教の概念を、チャーマーズが少なくとも潜在的には疑問に思っていたという点に、ヒューエルが関心を抱いたことをブルクが強調しているのは、疑いもなく正しい。しかしながら、これまで分析されたことのないヒューエルの対話篇が示唆することは、ヒューエルが最も関心を抱いていたのは、神の摂理の行為のうちで最も注目すべきもの、つまり、受肉と贖罪ということが多世界論によって徐々に掘りくずされているということであった。こうした結論に至るのにヒューエルが手間取ったということは、これがたいした難点ではないと感じた人やチャーマーズの解決を受け入れた人が沢山いたということを考えると、よく理解できる。他方、この問題がウォールポウル、ペイン、シェリー、エマスンその他に衝撃を与えたということは、この難点こそ決定的なものと見なされたことを示している。私が提起したように、ヒューエルはまさにそのようにして問題を理解するようになったのである。

3 「他の天体のすべての理性的居住者の存在を論駁する」ヒューエル

『ロンドン・デイリ・ニューズ』の論評者によれば、

宇宙のすべての被造物の中で人間が最高位にあるなどという、すでに論破された考えを再興しようとする真剣な試みが、一九世紀の半ばになされるとは予想もしなかった。ましてや、科学的な真理で頭を一杯にしている人間がそうした試みをするなどとは予想もしなかった。しかし、実際、一人の闘士が現れ、他の天体のすべての理性的居住者の存在を大胆に論駁したのである。今のところ面頬を下ろしているけれども、堂々たる態度、武器を扱う特有の器用さや

力強さからして、こうした子供じみた考えを抱いた義侠の士は、ケンブリッジ大学トリニティ・カレッジの学寮長の他にはありえないであろう。★48

一八五三年『世界の複数性について——一つの試論』(以下『試論』)が出版された時、人々の驚きは大変なものであった。挑戦者はウィリアム・ヒューエルであるという噂が拡がった時、その驚愕は凄いものであった。大論争が次々と起こる中で、この書物は少なくともイギリスで五版を重ね、アメリカで二版を重ねた。★49 七〇以上の反論が出、その多くは一冊の本になるほど長いものであった。すぐに、ヒューエルは、幾人かの批判者に答えるために、一八五四年の初め、匿名で『世界の複数性に関する対話』を出版した。★50 クロイツナハに滞在していた一八五三年の夏、ヒューエルは、この書物を書き、★51 一八五三年の秋、ジェイムズ・スティーヴン卿に校正刷りを送った。スティーヴン卿の論評に動かされて、ヒューエルは、この書物の後半の重要な部分を削除した。幸運なことに、この校正刷りが一通保存されている。★52 この書物には極めて独創的な議論が含まれており、その幾つかは今日でも重要性を持っている。また、一九世紀半ばの多世界論に関する議論の焦点をなすものとして有益で、詳細に分析する価値がある。

ヒューエルは、第一版の序文で、次のように述べている。「三世紀前には、惑星や恒星に居住者が存在するなどという説を教えること自体が異端であると主張されたのであるが、現在ではその説を疑う方がむしろ非難されるべきであると考えられている。これは奇妙なことであるが、大して驚くべきことではないであろう」。また、ヒューエルは、一八五三年の一一月、J・D・フォーブズに宛てた手紙の中で、自分の著書が「異端」★53を含むと見なされるかもしれないという恐れを表明している。両方の予言は正しかったことになる。ヒューエルは、後に序文の中で、こうした反応が起こった一つの理由を次のように指摘している。すなわち、聖書は多世界論について何も語ってはいないし、キリスト教はその歴史の大部分において多世界論を必要としなかったけれども、「今日では……多くの人がこの仮説を自

分の宗教的信念のうちに深く取り込み、多世界論を自然宗教の本質的な部分と見なしている」。しかし、ヒューエルが示唆するように、多世界論が宗教的信念と衝突すると考えていた人もいた。ヒューエルは、自分の著書がこうした衝突を軽減し、科学者が興味深いと思ってくれることを望むという希望を表明して、序文を終えている。

ヒューエルの著書の第一章「天文学的発見」は、チャーマーズの著書やヒューエルの未刊の対話篇と同じく、詩篇の第八篇の引用「我なんぢの指のわざなる天を観なんぢの設けたまへる月と星とをみるに　世人はいかなるものなればこれを聖念にとめたまふや　人の子はいかなるものなればこれを顧みたまふや」で始まっている。神がわれわれを見守っているかどうかと問う点にではなく、かくも神に恵みを与えられるとはそもそも「人間とは何であるか」と詩篇作者が問う点に、ヒューエルは注目している。近代の天文学の天のもとでは、旧約聖書の時代の比較的単純な天の概念のもとで書いている詩篇作者の確信にはなかなか容易に到達できない。近代の天文学が、特に地球以外の生命の存在の問題に関してもたらした主要な成果について次のように描いている。すなわち、惑星は地球に類似しており、それ故におそらく居住者が存在する。恒星は太陽に類似しており、それ故に惑星がそのまわりを回っている。星雲はもろもろの太陽でできている。天の川は一つの星雲である、等々。

第二章「宗教に対する天文学的反論」の箇所で、ヒューエルはこうした反論について次のように述べている。

……もしこの世界が……知的被造物が居住する無数の世界のうちの一つに過ぎないとするならば、この世界が神の配慮と好意の舞台であり、さらには、神の特別な介在、交わり、そして個々の居住者との人格的な関係の舞台であったと考えることは、とてつもないことであり、信じがたいことであるということになる。反論者はこういう考えを主張しているように思われる。

ヒューエルは、こうした主張は「宗教に反対するものによってなされた反論というよりも、むしろ、宗教に好意を持つ人が感じる難点の一つである」と見なしている。パスカルの影響を受けたと思われる一節で、ヒューエルは、近代の天文学が正しいとすると、「いわば、既知の宇宙がとてつもなく大きくなることによって、かくも繰り返し無にされた地球やその居住者である人間は、いかにして、すべてを包容する神の注視の中で何物かであり続けるか」と問う。ヒューエルの著書にパスカルの影響があることは、一八五三年九月七日のスティーヴン宛ての手紙のコメントから是認することができる。「私は、パスカルの名は挙げなかったけれども、いくつかパスカルと同じ考えを持っている」[★54]。

第三章「顕微鏡に基づく返答」で、ヒューエルは、チャーマーズの議論を要約し、批判している。望遠鏡によって明らかにされたかくも巨大な宇宙の中の人間にまで神の配慮が及びうることを疑うかもしれないが、顕微鏡によってなされたさまざまの発見からすると、地上の最も小さな動物にまで造物主の配慮が行き届いていると確信できると述べている。「チャーマーズの注目すべき著作」に言及しながらも、ヒューエルは、この主張はめったに経験することのない難点に答えているという。多世界論から生じる宗教的難問とは、地球以外の生命の存在を信じることから生じる難問ではなく、知的生命の存在を信じることから生じるものである。そして、このような形の難点に関して、顕微鏡によってなされた発見が、知的存在の発見であるならば、役立ちうるであろうにと述べている。

地球外生命の存在を認めることから生じる宗教的疑問の概略を述べた後、ヒューエルは、第四章「さらにこの難点について」の中で、「人間に類似した動物――知的動物、……道徳法則に従って生き、違反に対して責任を取るような神意による政府の一員」が遠い惑星に住んでいると仮定するとき生じる、より深刻な問題に話を転じている。他の惑星の居住者の知性の歴史はどんなものだろうかという議論である。ヒューエルは、「純粋な知性がどこに存在しようとも、対象が同じであれば、その結果や結論は同じになると考えざるをえない」と主張する。従って、もし知的な地球外生命が存在するならば、「人類が持っているような知性の歴史をもっているにちがいない……。彼らは、彼らの

ピュタゴラス、プラトン、ケプラー、ガリレオ、ニュートン……を持っていたにちがいない」という。ヒューエルが示唆するように、例えばフォントネルのような著述家が提出した地球外生命に関する見解では、地球以外に存在する知的存在も、その本性と歴史という点では、人間と本質的に同じであると考える傾向がある。これを擁護して、ヒューエルは、「月や惑星に居住者が存在すると想像する人々は、いくら異議を申し立てても、卵が互いに似ているように、そうした居住者は人間に似ていると想定する、と偉大な天文学者ベスルが言ったのはもっともだ[★55]」と述べている。ヒューエルのこの議論は帰謬法のつもりなのである。地球外生命がわれわれと同じ本性、同じ知性の歴史を持っていると仮定するのは、「おとぎ話と同じようによくできた創作と想像のわざである。従って、証拠がなければ、まったくの想像であり恣意である」と主張しているのである。

ヒューエルは、知的のみならず道徳的にも人間は進歩してきたと断言する。これは、ヒューエルの考えでは、神がわれわれの「立法者」であったということ、そしてわれわれが「神の支配」を賜ったということの証拠である。さらに、神は、「特別の使者」を送り、完成された神の法を明らかにし、神と人間との宥和の手段を確立したという。ヒューエルはさらに次のように述べている。

この特別の使者の到来は……地球の歴史の大事件である……。これには、こうして送られた神の使者の受難と残酷な死が伴っていた。すでに、預言者たちは、彼の到来を告げていた。世界の歴史は、それ以来二千年の経過の中で、キリストの降臨に続くさまざまな出来事に満ちている。こうした経過からして、神が人類に対して特別の配慮をしているということが明らかなことはいうまでもないであろう。

同時代人たちは、ヒューエルがここからさらに次のように推論したことに驚いた。

このようなキリスト教信仰を受け入れるどんな人の目からしても、地球が……他の居住地と同じ地位にあると見なすことはできない。地球こそ、神の慈悲と人間の救済の偉大なドラマの舞台であったからである……。このような性格が地球に与えられるのであるから、地球は何百万もの同様の居住地のうちの一つにすぎないと天文学者たちが言っても、われわれは彼らの主張に同意することなどどうしてできようか。

ヒューエルは、実際、二者択一という点に関してはトマス・ペインと同じ意見である。ただし、どちらを選ぶべきであるかという点では、意見を異にしている。先の一節には、ヒューエルの思想に多くの光を投げかけるものがあり、例えば、次のようなジョン・ハーシェルの論評とはどうしても両立しない。ハーシェルによれば、ヒューエルの『試論』は、考え抜かれた意見を公表しているとはとても思えないし、むしろ、知的遊びと考えられるべきであり、あるいは、ひょっとすると、すでに示唆されたように、ひどく悩んでいるときに自分の思考をまぎらわすために、「他方の側にも聴け」(audi alteram partem)の原理に基づいて企てられた軽い作文と考えられるべきであるというのである[★56]。

続く六つの章で、多世界論に反対する科学的議論を提示している。最初の章「地質学」では、次の章「地質学からの議論」の舞台を設定するために、地球の年齢と種の絶滅に関する科学の成果を概観し、次のように述べている。人間が地球に現れたのが遅かったということは、神の活動力がそのときまで浪費されていたことの証拠であると考えられるかもしれないが、むしろ、われわれは、これは神の働き方を示すものであると見なすべきであるという。明らかな時間の浪費も、造物主に関するわれわれのイメージと調和されうるということがポイントである。もしそうであり、人間の歴史が「原子ほどの微小時間」にすぎないのならば、知的生命が「原子ほどの微小空間」である地球のみに存在すると信じるのをなぜ躊躇するのか。地質学はかくも尊重すべきものなのであるから、地質学的類推は、天文学者の類

推を補うはずであると記している。[★57] このような議論は、一八二七年の説教に端を発するヒューエルの独創である。この議論は、どのように解釈されるかによって、強くもなり、弱くもなる。もし地球が知的生命の存在する唯一の惑星であるという議論として解釈されるならば、この議論は明らかに弱いものである。しかし、もし神が遠い惑星に居住者を存在させなかったとしたならば、そうした惑星を創造した神の努力は無駄であったであろうという多世界論的自然神学者の議論を、不合理に導く一種の帰謬法として解釈するならば、この議論は大きな力をもつであろう。ヒューエルに敵対した人たちは、この議論を前者の意味にとって批判したけれども、ヒューエルは、後者の意味でこの議論を展開したのである。

ヒューエルの『試論』の七章から一〇章は、「星雲」(七)、「恒星」(八)、「惑星」(九)、「太陽系の理論」(一〇)と続く。星雲に関するヒューエルの立場は、同時代人たちと鋭く対立している。同時代の人たちはほとんど、すべての星雲は個々の星に分化しうると信じていた。天文学者たちは、こうした見解に対する根拠を持っていなかったわけではない。巨大な反射望遠鏡を持っていたロス卿や当時最大の屈折望遠鏡を建設していたハーヴァードの一八四〇年代の報告によれば、オリオン星雲も含めてそれまで未分化であった多くの星雲が、個々の星から構成されていることが観測されていたのであった。[★58] こうした成果は、多世界論者たちの立場にとって重要な意味をもっていた。天の川に比肩されうる島宇宙の存在が支持され、それ故に、地球外生命の存在領域が拡がることになるからである。ヒューエルの立場は、「星雲は、結合力のないつまりガス状物質の巨大な塊で、希薄で、多かれ少なかれ不規則な形に拡散していて、いずれも運動する固体からなる規則的系は持たないものであると考えるのが妥当である」という立場であった。この主張を論証するヒューエルの議論の中で、最も重要なものはジョン・ハーシェルの報告に端を発するものである。ハーシェルの報告とは、マゼラン星雲で観測された星雲や星団のすぐ近くに同じぐらいの大きさの恒星が見られたというものである。ヒューエルが述べているように、「恒星や星団に近接して、星雲というものが存在する。分化し得る

星雲物質が分化し得ない星雲物質の近くに生じる。〔従って、これらは、〕単にわれわれから見て異なっているだけではなく、自体的にも異なった種類のものなのである」。言い換えれば、もし、マゼラン星雲を見た時、同じぐらいの大きさの恒星に隣接して、星雲の斑点が見えるとしても、星雲が今にも分化しようとしている何千もの星から構成されていると仮定するのは、意味がない。この場合、星雲と恒星は、性格の点で異なるにしても(すなわち、星雲は単に星団ではないにしても)、少なくとも、大きさの点では同じぐらいでなければならない。また、ヒューエルの意見では、星雲が分化する時、星に分化するのではなく、「点」に分化するのであるが、これは、天文学者の「大胆な」仮定によれば、星なのである。しかし、それらは星に比肩しうるほどの物質の塊ではないであろう。従って、星雲は決して島宇宙ではないのである。

この議論は、ヒューエルの同時代人にはこじつけのように思われた。しかし、星雲に関するヒューエルの理論は一八六〇年代には支持を得た。というのは、その頃、ウィリアム・ハギンズが、新しく工夫した分光器を使って、オリオン星雲も含めて、多くの星雲は巨大なガス状の雲なのであるから、分化して星に変わることは不可能であることを証明したからである。また、島宇宙の理論は一九世紀後半にはほとんど完全に嫌悪され、ヒューエルのマゼラン星雲に関する理論がそれに反対するための論証として天文学者たちに引用された。アグネス・クラークは、一八八五年の著作の中で、ヒューエルの議論は「反駁の余地のないもの」と記している。[★59] また、その三年後に、R・A・プロクターは、すべての星雲が分化し得るということに反対するヒューエルの議論の劇的な性格と予言的な性質とを指摘し、次のように力説している。「ウィリアム・ハーシェルによって提出され、フンボルトやアラゴ、そしてその他大勢によって支持された……われわれの銀河と他の銀河に関する理論は、決して正しいとは言えない……という(ヒューエルの)最初の明晰判明な提案以外には、何も、一八五〇年代になされた世界の複数性の論争から引き出しえない」としても、この論争には大きな価値があったであろう。[★60] これは、ヒューエルの『試論』が理論天文学にいかなる影響を与えたか

を示す一つの例にすぎない。

恒星に関するヒューエルの議論は、本性上恒星は太陽に匹敵するという広く浸透した信念に対して満足のゆく証拠が得られるかどうかをめぐるものである。星雲と平行してなされた考察によれば、「星」団の物体が実際に星であるというのは「非常に大胆な仮定」である。この議論を検討する際に心得ておかねばならない重要なことは、ヒューエルの時代にはほんの少数の星の距離しか知られていなかったし、星雲や星団の距離は全く知られていなかったということである。初めて星の視差決定がなされたのは、一八三八年である。これによって、星団は、巨大な星の遠く離れた群であるか、あるいは、ひょっとすると形成途上にある一つの太陽の近接した諸部分であるかのいずれかであるという主張が可能となった。二重星に関して、ヒューエルが記しているところによれば、ケンタウルス座のα星と白鳥座の六一番星の両方の近似的な距離と周期が決定され、それによって、それらの質量の概算が可能になったのである。こうしてはじめて、α星とその伴星の両者を合わせた質量が太陽の質量以下であることが見いだされたのであり、白鳥座の六一番星とその伴星の質量が太陽の質量の三分の一と決定されたのである。[★61] こうした証拠によって、ヒューエルは、「今までわかっているかぎりでは、われわれの太陽が恒星のうちで最も大きな太陽である……」と大胆に主張するに至った。さらに、ヒューエルは、二重星系の星の周辺の重力場は、惑星に安定した条件を提供するのにはふさわしくないであろうという。ヒューエルの主張によれば、単独星には、その周りを回る惑星があるかもしれないが、それを示す証拠はない。実際、われわれはそれらをすべて見ることができるが、多くのそうした恒星は、巨大に拡がった希薄な物体で、凝縮してわれわれの太陽に匹敵するものになりつつあるのかもしれない。多くの星は変光し、それ故に厳密にいえばわれわれの太陽と似てはいないということがわかる。全く消滅する星もあり、出現する星もある。それ故に、「恒常的な状態」に達しているという点で太陽は珍しい星であるように思われる。変光星アルゴルは特に注目された。なぜなら、規則的に食を引き起こす惑星によって周期性が説明されたからである。しかし、ヒューエルが

記しているように、こういうことが起こるためには、アルゴルの伴星は惑星を超える大きさでなければならない。[62]一般に、ヒューエルは、太陽と恒星の類似性は多くの人が想定したほど大きくはないと主張している。ヒューエルが引用しているアレクサンダー・フォン・フンボルトは、『コスモス』の中で、次のように述べている。「恒星に衛星を仮定することがそれほど絶対的に必然的なことであろうか。もし、仮に、木星などの外惑星から話を始めるとするならば、類比的にすべての惑星が必然的に衛星をもつことになるように思われるかもしれない。しかし、こうしたことは、火星、金星、水星にはあてはまらない」[63]。最後に、ヒューエルは、恒星の周りを回る惑星の居住者の存在に関して、そうした惑星が存在する証拠が見いだされるまでは、思弁を弄さないようにと述べている。

太陽系に話を移すと、ヒューエルは、海王星から話を始めている。海王星は地球よりも太陽からずっと遠く離れているのであるから、生命の存在に必要な熱や光が十分あるとは思われない。しかし、もし太陽系の惑星に居住者が存在するという法則が見いだされるならば、海王星にも居住者が存在するとしうることを認めている。次に、月に話を移して、月は生命の存在にとっても望遠鏡による観測にとっても好都合な位置にあるが、特にベスルの研究を引き合いに出して、月には生命も水や大気も存在しないことを明らかにしている。ここから、惑星に生命の存在を仮定することは必然ではないと結論している。木星の密度は、水の密度に近く、地球の密度の四分の一ほどに過ぎないという。巨大な質量のゆえに、表面の重力は、地球の二倍以上であろう。おそらく雲に覆われており、事実上、「単なる水の球」であろう。もし居住者が存在するとすれば、流体の中に浮かぶ「軟骨性で粘着性の塊」で「骨のない、水のような、果肉質の動物」であろう。土星には熱や光が単位表面あたり地球の九〇分の一ほどしかなく、木星よりも密度が低いので、知的動物が居住する可能性はさらに低いという。天王星と海王星は同じように簡単に片付けられている。火星の場合はそうはいかない。火星は地球ほど熱や光を受けていないし、地球よりも小さいが、確かに地球に似ている。火星というのは、(当時の人が考えたように)海や大陸が存在し、極地には万年雪があるからである。火星は昔の地球に相当す

るが故に、恐竜などが住んでいるかもしれないという。小惑星に生命が居住していると真剣に考えているとは思われない。金星と水星に関しては、天文学者たちはほとんど何も報告していなかったけれども、ヒューエルはこれらに言及している。これらは太陽に近いので、生命の舞台とはなりえないであろうが、もし仮に金星に居住者が存在するとすれば、熱を防ぐための「珪質の覆いを持った微小な生物」であろうという。

星雲から水星に至る、宇宙に関する概観の中で、ヒューエルの議論は時には過激である。しかし、多世界論者たちが脆弱なアナロジーを用い薄弱な証拠に基づいて好んで思弁を巡らしたが故に、ヒューエルに本領発揮の好機がめぐってきたことは明白である。ヒューエルは、多世界論に賛成する形而上学的議論や神学的議論を退け、多世界論者の天文学的議論の多くは極めて根拠薄弱であることを見抜く力を持っていた。太陽系には結局地球より高等な生命は存在しないと信じた点においてヒューエルは正しかった。また、恒星にはすべてその周りを回る惑星があり居住者が存在するという主張を疑った点においても正当であった。また、すべての星雲は星に変わりうるという主張に異議を唱えた点においても誤っていなかった。このことは間もなくハギンズによって明らかにされた。さらに、多世界論攻撃の動機となった神学的立場がいかなる長所を持つものであれ、幾人かの多世界論的立場に立つ天文学者たちに彼らの推測が脆いものであると気付かせたことは明白である。

第一〇章で、ヒューエルは、これまでのさまざまな結論を、太陽に関する一つの理論に総括し、これらの結論が正しいことを明らかにしようとしている。この理論は、星雲説と似ているが、大体においてはヒューエルの創造である。太陽と火星の間の惑星は固体であるが、木星以下の惑星は流体であるとまず述べ、水や蒸気は巨大な惑星を形成するために中心から追い出されたのであるか、あるいは、太陽系が形を成した時その場所に保持されたのか、どちらかであると考える。地球の軌道の外側は極端に寒いが、内側は極端に暑いと主張し、地球の軌道は「太陽系の温帯」であると推論する。さらに、惑星を形成する太陽系の力は、地球に近いところで最も勢力が強く、遠くなるに従って弱くな

るという。地球の軌道の内側にはぼんやりとした黄道光があり、他方、小惑星や水の球は、火星の外側にあるという。

そして、次のように自分の見解を要約している。

> 地球は実際太陽系の中で家庭の炉のようなものである。一方には火のように熱い煙霧、他方には冷たい水の蒸気、これらの中間で地球は適切な位置にある。この領域だけが家庭の炉、すなわち居住地として適当である。この領域にわれわれの系のうちで最も大きくて固い地球が位置している。そしてこの地球に、固いものと蒸気状のもの、冷たいものと熱いもの、湿ったものと乾いたものを分かついかなる働きとも全く異なる、一連の創造の働きによって、次々と、植物、動物、人間が設置され……地球のみが……一つの世界となったのである。

自分の見方は新しく難しいものなので、注意深く考えて欲しいと嘆願し、また、この見方によって多くの現象が説明されるであろうとも主張している。また、自分の理論は幾つかの点では星雲説と一致するとも述べている。

> 星雲説は……われわれの仮説の一部分であって、光を放つ星雲物質の濃密化に関係するものである。しかし、われわれは、さらに、内惑星を焦がし蒸気を外惑星の方に追い出して、地球の存在する領域をこの系で唯一の居住可能な地域にする原因について考えている。

要するに、この章では、極めて思弁的な試みがなされている。星雲説に変更を加え、惑星に関する自分の考えと調和させようとしているのである。

第一〇章の最後でヒューエルは、多世界論は物理学的理由で受け入れられたのではなく、物理学的理由に反して受

け入れられたのであるから、多世界論流行の神学的理由や哲学的理由を検討することが重要であるという。ヒューエルの著書の最後の三章は、この検討に当てられている。第一一章「神の設計からする議論」では、反多世界論の立場がどのようにして自然神学と調停されうるかを明らかにすることに焦点が当てられている。ヒューエルは、はじめに目的論的な設計の議論を賞賛するが、そのために生じる諸問題について記している。鳥の翼や人間の腕の形がその機能に適合していることに欣喜雀躍しながらも、これらの外肢が機能において非常に異なるのに極めて類似した骨格を持つ理由は目的論的にはうまく説明できないという。また、雄の乳頭のような身体の部分の機能も目的論的にはうまく説明できない。ヒューエルは、これらの問題をうまく処理するために、神は総合型に従って作用するが、個々の事情に応じて変更を加えるという(主としてオーエンに負う)考え方を提出している。この場合、人間の腕と鳥の翼の相同は、神が同じ計画に基づいて設計したことを示すという。こうした見方は、神の設計という観点からの議論を破壊しはしない。ヒューエルは次のように述べている。

たとえ要素は一般法則によって与えられるとしても、要素がそうした目的に役立つようになるためには、さらに、特別の調節が必要なのである。そして、この調節として考えられるのは神の設計以外に何があろうか。橈骨と尺骨、手根骨と中手骨は、すべて、脊椎構造がもつ一般的型を示している。しかし、これが事実であるからといって、人間の腕や手や指が手鋤、鋤、……リュート、望遠鏡……を使うことができるような構造を持っていることが、驚くべきことではないということになるであろうか。

さらに、総合型とか一般法則がこのように用いられているということは、「創造的精神のはたらきに別の特徴」があることを明示している。自然の調節に関する目的論的説明を信頼しすぎるのは避けるべきである。目的論的説明がうま

くいかない時、神が一般法則や一般型を用いてはたらいた結果と考えれば、これらの特徴がきわめて容易に説明されるのが分かるはずである。これに関連して重要なことは、生命を持つもののために惑星や恒星が神によって創造されたのではなく、われわれの住む惑星が最も注目すべき成果となるような創造の一般計画から惑星や恒星は生じたのであるということである。もし他の惑星に居住者が存在しないならば、神はそれらを無駄に創造したことになるという議論に対して、今や、ヒューエルは、神は一般型を用いてはたらくのであるから、しばしば無駄にはたらいたようにも見えるのであると答えることができる。実際、われわれの周囲至る所に、「決して生命を獲得することのない胚、決して成長しない萌芽……」が存在する。さらに、「生みだされた植物の種子のうちで、何と少数のものしか植物に成長しないのか。動物の卵のうちで、動物にならないものに比べ、もしこれが浪費であるとすれば、この浪費されるものに比べ、動物になるものが何と少ないことか」と述べている。ここから類推すると、地球こそ唯一の「豊かな創造の種子であり、太陽系の唯一の豊かな華である……と考えることができる。地球のように、多くの植物、動物、そして、特に、人間が存在するような、豊かな成果は、……宇宙の計画全体の……価値ある申し分のない産物である」。こうなると宇宙の大部分に知的生命は存在しないことになると考えられるが、それで困惑する人がいるならば、地球の歴史全体の中でしばしば存在した状況(地質学の観点からの議論)を考えてみるとよいという。

人間が宇宙で唯一の知的存在かもしれないという考えと天界のみごとさはどのように調和させることができるであろうか。或るところで、華々しく語るヒューエルの答えは、次のようなものである。

惑星や恒星は、偉大な働き手である陶工のろくろから流れ出た塊であり、――彼の強力な旋盤から出てきた……一巻きのコイルであり――太陽系が彼の荘厳な鉄床の上で白熱している時そこから飛び出した火花であり、――さまざまな要

> 素が分離されたとき創造の大釜から発生した蒸気の渦である。こうした余分な部分にさえ普遍的な規則性や秩序の痕跡があるならば、それは、彼の道具が普遍的な規則であり、天の働きの一番の普遍的な法則は秩序であるということなのである。

他のところでは、人間に比較すると天界は無であると力説している。

> 神の威厳は惑星や恒星に存するのではない……こんなものは……ただの石や蒸気、材料や手段……にすぎない。物質の世界は精神の世界に比較すると、低い位置に置かれねばならない。たとえ、地球に生命が存在しはじめて以来の何倍もの多くの種の獣が恒星や惑星に存在しているとしても、もし精神の世界が存在するならば、これこそ……何千何百万の恒星や惑星よりもずっと創造する価値があったにちがいない。

この点に関して幾人かの詩人を引用した後で、ヒューエルは、宇宙の存在を正当化するのに貢献し得るような、さまざまな力を人類は持っていると再び力説している。人類だけでなく、「決して死ぬことのないように創造されたただ一つの魂でさえ……知性のない被造物の全体よりも重い」。ヒューエルが力説するように、こうした考察から明らかになることは、自然神学が多世界論を捨てたからといって失うものはほとんどなにもないということである。

　第一二章「世界の統一性」では、世界の構成について考察しているが、やや寄せ集め的である。ヒューエルは、ジェイムズ・スティーヴン卿の勧めで、元の版の一章を省略し、読者にとってあまりにも形而上学的であるという理由で、他の四章を実質的に縮小している。[★64] これらの章の残りを一緒にして一章としている。これは賢い選択であった。なぜなら、削られた大部分は、ヒューエルの思想を明らかにしている点でそれ自体で興味深いのであるが、論議されて

いる話題に対しては二次的な意味しか持っていないからである。先に引用したように、ヒューエルは、法則論的な神の設計の議論や元型を使った神の設計の議論に非常に魅力を感じていた。この章で、そうしたプラトン的性格が認められる考え方に帰り、リチャード・オーエンがこうした考え方を取ったことを強調している。ヒューエルが主張するところでは、自然の法則や元型を研究することによって、「神の精神」を知ることができるのである。この主張の意味は、もし人間が自分の知性で神の精神との調和をはかることができるような被造物であるならば、「たとえ知的存在の居住するところが地球だけであるとしても、偉大な創造の仕事は浪費ではない[★65]」とする理由をわれわれは持っているということである。神は宇宙のすべての部分で法則を用いてはたらくのであるから、「最も遠い惑星でさえ生命を欠いてはいない。というのは、神はそこに住んでいるのであるから」と言うことはできる。しかし、ヒューエルは、続けて、もしそうであるとしても、「月の表面にトカゲがたくさん住んでいることが確認されるならば、月の尊厳は大いに増すであろう……[★66]」などというのはいかがわしいことであるという。

神は自然法則のみでなく道徳律をもわれわれに与えたのであり、われわれはそれを知りそれに従うことができる。道徳的善の能力を持っている人間は、宇宙全体の存在を十分正当化している。「道徳的訓練のための一つの学校、道徳的活動のための一つの劇場、最高の賞のための道徳的競技の競技場は、珊瑚やイシサンゴ、魚や爬虫類が住んでいようといまいと、火と土、水と空気などで出来た球体に他ならない無数の恒星や惑星の中心である」。人間は単にそうした道徳的高揚の機会を与えられているだけではなく、人間の苦難の意味は極めて深く、神と一緒の不死の生活に至ることもできる。神は驚くべき仕方で人間を助けたと記し、再び、キリスト教のテーマに言及している。

人間の歴史に神が介入したということは、……われわれの主題である自然の出来事の経過の領域からはまったく外れた出来事である。従って、そうした介入に言及する場合には大いなる留保が必要である。……しかし、次のことは言

ってもよいと思われる。――すなわち、そうした神の介入は……道徳的進歩や精神的進歩の手段を与えられていない……どんなに多数の居住者を増やすよりも、神の無限の善性、純粋性、偉大さにふさわしい[★67]。

この章を終えるにあたって、ヒューエルは、宗教的な理由で多世界論を支持する人々に対して尊敬の念を表明している。しかし、次のように警告している。「われわれ自身が恣意的に選択した宇宙論が、宇宙の構成に関して得られるあらゆる重要な証拠と相容れない時には、いくら神に対する賞賛の念や尊敬の気持ちを高めるからといって、擁護できるような権威がわれわれに与えられているとは考えられない[★68]」。

最後の章は、「未来」と題されており、人間の未来に対して何を予言することができるかという問いが提出されている。地質学的議論に対して持ち出されうる反論に答えようという意図もあってのことである。人間の歴史は現在のところ地球の歴史からすればほんのわずかであるが、人間は何千年も続くであろうと主張する人がいるかもしれない。しかし、科学がいうように地球の過去の歴史の中で偉大な出来事は人間の出現であったからといって、人間が獣より優れているように、人間より優れた存在が地球上に現れるという推測には何の根拠もないという。さらに、動物の創造を考えても人間の出現は予言できなかったであろう、ともいう。ヒューエルが確かに認めていたように、人間は科学技術の上で巨大な進歩をするかもしれないが、しかしそうした進歩は人間の道徳的向上とはほとんど何の関係もないように思われる。「人間は、想像上の天使のように、あちこちと、惑星から惑星へ、また恒星から恒星へ飛んでゆくことができるかもしれないし、さまざまな要素を意のままに従わせることができるかもしれない。だからといって、現在よりもよい、あるいは、賢明であるとはいえないであろう」。人間を向上させる最も有効な方法は、社会の形成、特に国際社会の形成であり、それによって、人間の知的状態と道徳的状況を大いに向上させることができるであろうとヒューエルは力説している。

4 ヒューエルの最初の批判者、最も早い時期の盟友、そして「〔彼の〕未発表の断片のうちで最も興味をそそるもの」

ヒューエルは、密かに『試論』の草稿を作った一八五三年の秋、鋭い論評を求めるべく、著書の校正刷りを、元植民地次官で一八四九年ケンブリッジ大学現代史欽定講座担任教授となっていた友人のジェイムズ・スティーヴン卿(1789-1859)宛てに送らせた。両者の間に交わされた興味深い手紙は、スティーヴンからの二七通の手紙、ヒューエルからの一七の返事である。[★69]

早くも九月二〇日の手紙の頃、スティーヴンは、ヒューエルの著書を三章ほどしか読んでいなかったにもかかわらず、多世界論が示したキリスト教の難点に対して鋭い感受性を持っていたことがわかる。スティーヴンは、チャーマーズの天文学的反論は自然神学と対立する啓示神学に「ほとんど全面的に」あてはまるという。問題は次のような場合に起こる。「この無限の世界全体の造物主〔として神〕を理解しようと努力し苦悩するような人」に対して、この神は「無限の宇宙のこの一点に現れ、〈処女の胎内を蔑む〉ことなく、大工として辺鄙な村に三〇年過ごし、しかも、〈死んで、埋葬せられ、三日後に再び生き返り、昇天した〉……[★70]」と信じるように言う場合である。ほとんどの人にとって、こうした「三位一体の教説は、最初、ニュートンの哲学や望遠鏡と顕微鏡による発見などと調和し得ず、むしろ対立すると思われるであろう」。スティーヴンが示唆するように、ほとんどの人は、人間が創造の中心にいるという「幻想」の故に、ユダヤ人は神が特に自分たちのことを配慮すると信じたのであると言うであろう。もしこうした幻想がなかったならば、キリストやキリストの教説は「この世で足掛かりを得られなかったであろう」。スティーヴンは、自らこうした感情を乗り越えたのであって、チャーマーズの故ではない、という。「もし私がチャーマーズの影響をま

ともに受けたとしても、いやおうなく彼が論駁している意見に転向していたであろう。……慎重に考えて、チャーマーズの著書は、福音主義の信仰あるいは少なくともアタナシウス派の信仰を伝道しようとしているのではなく、不信心をはびこらせようとよく計算されたものだと思った」。最後に、「単に、複数の世界に居住者が存在するという仮説を攻めたてるだけでなく、その仮説に立った場合でさえも、如何にしてそれが無効になるかということを明らかにすることによって」、どのようにすればこの困難を克服できるかを読者に示す努力をするよう、スティーヴンはヒューエルに力説している。スティーヴンは、後者の必要性を強調する。なぜなら、「世間は、常に多世界論に傾くであろうし、かならずそうなる」からである。多世界論は、「決して論駁されえないし、いつまでもキリスト教の体系に重荷となって垂れ下がるにちがいない……」からである。

さらに注目すべきは、一八五三年九月二六日のスティーヴンの手紙である。スティーヴンがこの手紙を書いたのはヒューエルの「地質学」の一部のみを受け取った後で、まだ「地質学の観点からの議論」の章を受け取ってはいなかった時であったが、それにもかかわらず、スティーヴンは、ヒューエルの地質学の観点からの議論をほとんど間違いなく見抜いていた。ヒューエルは、友人の「先見の明」を賞賛した。[★71] 実際、スティーヴンは、人間が現れたのは地球の歴史の中できわめて遅い時期にすぎないという地質学的証拠から類推すれば、少なくとも現在は他の惑星に生命は存在しないであろうと推論できることを理解していた。スティーヴンは警告して次のように述べている。もしこういうことがヒューエルの結論であるならば、そうした考えは、「精神ににわかに衝撃を与え、造物主の無限の威厳と栄光を損なうように見える」ことを悟るべきである。そうした考えは、「愛の」神を孤立した存在として表象し、生命の普遍的な泉を全く涸れたものとして、あるいは、貧弱で稀なまた全く断続的にしか流れないものとして表象しているように思われる。もしこうした推論をしたいのであれば、読者が感じると思われる悩みを克服する手立ても読者に多少なりとも提供すべきである。ヒューエルは次のように答えている。人間のみが宇宙に居住していると考えても、そうし

た感情が生みだされるわけではないし、実際、まったくその反対である。[72] 一〇月六日頃、スティーヴンは、ヒューエルの「地質学の観点からの議論」を受け取って、ヒューエルの立場に関して自分が抱いていた危惧を確信した。[72] この日付のある手紙の中で、スティーヴンは、次のように答えている。もし知的生命が二、三千年ほど前に宇宙に出現したのにすぎないのであれば、「これまでの永遠の時間からして愛の神であるとはとても言えないような神の前に私はいることになる。というのは、客観的なものではない愛は存在物とは言えないからである」。[73] スティーヴンは、こうした無情な結論を避ける道を示唆する。おそらく、人類以前に、身体を持たない、あるいは、完全に分解できる身体を持った知的存在が出現していたのであろう。おそらく、地質学は他の惑星には適用できないであろう等。とにかく、もし地質学が知的生命はただ地球にのみ存在すると主張するのであれば、「われわれは地質学にほとんど耳を傾けないであろう……」。

スティーヴンは、一〇月八日の手紙で、世界が「物質で充満している」か「空虚」であるかという問題は現在のところ解決不可能なのであるから、ヒューエルはそうした主張をすべきではなく、公平な判定者となるべきであると警告する。[74] 同様に、一〇月一〇日の手紙では、その他多くのことと共に、「少し語調を和らげるように」勧めている。[75] 恒星の周辺に居住可能な惑星は存在しないとするヒューエルの試みに対する返事として書いた一〇月一二日の手紙で、スティーヴンは特にヒューエルの文体の力を賞賛し、「事実そうであるかもしれない」という(ほとんど憂鬱を催すような恐ろしい)感情を引き起こす」と述べている。[76] スティーヴンは、科学の素養がきわめて乏しかったため、ヒューエルの物理学の章を詳細に批判することはできなかった。しかし、一八五三年一〇月一三日の手紙で次のような提案をしている。「あなたは、どこかで、この論争に適用可能な論理規則を(簡潔にまたもちろん定則として)示すべきである。というのは、こうした特殊な主題の場合、ほとんど例外なくこうした規則が顧みられないということはほとんど明白であると思われるからである。――その理由は、そうした規則がほとんど例外なく未知のものだからであると思われる」。[77] この提

案に対して、ヒューエルは、そうした規則を独断的に主張することは、ただ、「新たな論争の種を増やす……」だけであろうと答えている。[★78]

スティーヴンの一〇月一五日の手紙には、特に感動的な一節が含まれている。

この世界は、全知なるものに導かれ、愛によって生命を吹きこまれて、全能なるものの最善の造りものであるということ、――神は、唯一の理性的種族のみを出現させたということ、また、一つの種族は出現のまさにその初めから堕落したということ、――このたった一つの種族から「多くのものが召されるが、選ばれるものはほとんどいない」ということ、――大多数は、われわれが判断しうるかぎり、生まれなかったほうがずっとよかったということ、こうしたことが本当にありうるであろうか。[★79]

宇宙は「住むもののいないコスモス」であると見なすことはできないとすれば、われわれ自身の世界よりもよい世界、すなわち、「罪がなく、分別があり、神聖で、幸福な」世界を思い描くことができる必要がある。ヒューエルが返事の中で指摘していることは、多世界論が流布し始める以前には、こんな説はキリスト教徒に必要なかったように思われるということである。[★80]

スティーヴンは、一〇月一八日の手紙で、もし天体を見えなくするような大気が地球を取り巻いているとすれば、神学はどのようなものとなるであろうかと尋ねている。もろもろの天は「神の栄光をあらわす」という見方が存在しなければ、われわれの神学はおそまつなものになり、神を愛するということも「頼りなく、筋違い」ということになるであろうという。この手紙の最後では次のように力説している。

私は、私の依頼人すなわち宇宙の居住者たちのために、昔の法曹界の仲間のように嘆願しているのである。――「陪審員諸君、かの証拠を信じる前に、あなたがたの評決が被告人の家族を苦しめるという不幸についてよく考えてください」。もし、学識ある論理学者が、「苦しみを与える恐れがあるから、信じないでください」と言わないで、「あなたがたの間違いのために痛ましい結果が生じるかもしれない場合には、慎重になってください」と言ったとしても、大して間違ってはいないであろう。私があなたがたの恐ろしい大砲に反対するのは、後者の意味においてです(というのは、私自身恐れていることを認めるからです)……。[★81]

一〇月二四日頃、スティーヴンは、ヒューエルの「神の設計からする議論」の章を受け取り、その内容について、「妙に、思いつきがよく、雄弁で、美しい――しかし……同じくらい嫌みがあり、気を重くする」と述べている。[★82] また、もし神の「道徳的、知性的、精神的製作物だけが最初から失敗作であったし、ますますひどくなる運命に傾いている……」と主張するのならば、神が「最高の力、知恵、慈悲」を持つということは不可能になると力説している。惑星に居住者はいないという予想に直面して、人は、「この惑星にも居住者がいないはずはなかろうにと残念に思うかもしれない……」。スティーヴンの次回の手紙には、キリスト教は必然的に多世界論を退けるようになるなどという主張をしないようヒューエルに勧める、先に引用した一節が含まれている。一〇月三一日の手紙で、スティーヴンは、ヒューエルの「法則からする議論」の章は、イギリス人をすなわち「形而上学特にドイツの形而上学に対する決定的な敵対者」を怒らせるであろう、と論評している。[★83] 一一月一〇日の手紙で、スティーヴンは多世界論に関して次のような結論を示している。

……多世界論は、キリスト教信仰の基礎に恐ろしい打撃を加えようとしている。反多世界論は、われわれの自然宗教

の信仰の基礎にほとんど同じくらいの打撃を加えようとしている……。もし二つのうちのどちらかが放棄されなければならないとするならば、人は、自然神学者を否認するよりは、むしろ、福音主義者を否認する……[だろう]と思われる。[★84]

ヒューエルは、返事の中で、「かくもまじめな感想」に驚きを表明している。[★85] 二人の文通は、かの書物の「順調な旅」を希望するスティーヴンの一一月一五日の手紙が最後である。

ヒューエルは、スティーヴンの心配や公平無私な態度がうれしかったにちがいないけれども、自分の著書がスティーヴンを非常に驚かし、用心するように繰り返し注意するに至らしめたことにはショックを受けざるをえなかった。地球にのみ生命が存在するという宇宙観は、ヒューエルには好ましいものだったかもしれないが、スティーヴンには納得のいかないものであった。おそらく、ヒューエルは、同僚が最初の回心者となることを希望していたのであろう。しかし、実際は、スティーヴンのすべての手紙が、かの著書は決して暖かい歓迎を受けることはないであろうという厳しい警告なのであった。スティーヴンに宛てた一八五三年一〇月九日の手紙で、「最近では……多数の世界に反対して一つの世界を唱えた」人を一人も知らない、と述べていることから、ヒューエルの立場が孤立的なものであったことがよくわかる。[★86] ヒューエルは、そう信じ、また、スティーヴンの酷評が心のうちでこだまして、かの著書の出版の日が近づくにつれて、不安になり、孤独を感じたにちがいない。その頃スティーヴンの最後の手紙が来て、考えを同じくする者がいるという知らせがあったのである。「ここに、以前あなたのカレッジで同僚であった人物の小さな著書があります……。もしあなたがそれを見ていないならば、彼の見解とあなたの見解との間に対応するところがあるというのは奇妙に思われるでしょう[★87]」。ヒューエルの著書とスティーヴンが送った小さな書物との間に類似する点があるということは奇妙だけれども、ヒューエルの経歴とかの書物の著者トマス・ロースン・バークス師(1810-83)の経歴との間に類似する点がある以上驚くことはない。バークスは、トリニティ・カレッジで学び、以前ヒューエルが

獲得したように、ラングラ賞とスミス賞で二等を獲得した。トリニティでしばらく特別研究員をした後、英国国教会のさまざまな地位につき、一八七二年、以前ヒューエルが就いていた道徳哲学の教授としてケンブリッジに戻ってきた。ヒューエルは、以前バークスの著作を幾つか賞賛していたが、バークスの著書を読んだ時、こうしたものが存在するということすら、「かの主題をさらに詳しく議論する雰囲気が生まれつつある……」ことを確証していると思うと、二重に嬉しかった。★88

バークスは、天文学と宗教の調和を示すために『近代天文学』(1810)を著した。チャーマーズの影響があることは明らかである。何百万もの星や何千という星雲からなる宇宙の無意味さを指摘されて感じた苦い思いをうまく処理するために、チャーマーズの顕微鏡の議論を借用している。★89 しかし、バークスは、著書の最後の三分の一では、このスコットランドの神学者[チャーマーズ]の立場を離れている。地球外生命は聖書の中では言及されていないけれども、多世界論は広く流布していると記した後、自分の中心的な関心事に話を進めている。それは、われわれの惑星が宇宙の中では取るに足らないものだということとキリストの贖罪の信仰とが如何にして調和しうるかという問題である。バークスによれば、この難しい問題に対して、不満足ながら二つの答えがなされたという。一つは、「罪が存在する唯一の世界はわれわれの惑星である」という主張であるが、われわれはただ二つの種族、天使と人間しか知らないのであり、両者は堕落しているのであるから、この提案は、「道徳的蓋然性の最も簡単な教訓」に反しているという。他の可能性は、キリストの到来が「一連の啓示」の一つにすぎないということである。しかし、この可能性も退けられねばならない。なぜなら、受肉には「最も明白な永遠性の刻印が見られるからである。……キリストは……永遠に、神の子であり、同時に人の子でもある。二つの異なる本性を持つ一人の人間である」。バークスの解決策は、多世界論に疑問を呈することである。恒星が惑星に取り囲まれているとか、これらの惑星に居住者が存在するとかいうことは、推測にすぎない。そうした考えは、科学に基づいておらず、「神は無駄にはなにも作らなかった……という道徳的憶

測」から引き出される推論に基づいている。「神は無駄には何も作らなかった」というなら、天使が惑星に住んでいるとすることもできよう。次に、バークスは、ヒューエルと同様、「地質学の観点からの議論」を展開している。地球に人間が現れたのが遅いということは、他の世界には未だあるいは永久に居住者が現れないということを示唆しているという。宇宙の状況は、結婚の祝宴でキリストが言ったことに譬えられるであろう。こうした文脈で、バークスは、キリストが次のように言ったことを思い浮かべる。

> 無数の礼拝者をこれらの光の世界に住まわせる時は、未だ到来していない。あなたの惑星は、小さいけれども……今私が罪人たちに私の愛の神秘を啓示したいと思うベツレヘムであり、私が作った無数の世界を喜ばせるために天の知恵と光の川が発する、広大な宇宙の罪深い蔑まれたナザレである。[★90]

バークスは、「贖罪の仕事が完成する時、われわれの小さな惑星から天界に移住が始まるかもしれない。……居住者の一族を受け入れるために、……新しい惑星が準備される時、……住む人もいない父祖伝来の地に多数住まわせるために、ノアのような将来の族長が送られるかもしれない……」という。バークスは、これは明らかに推測であるという。地質学的議論を論じるに際して、バークスは、地質学の著述家ヒュー・ミラーがもっと早くに「同様の推論を活用していた……」と記している。これは正しい。ただし、ミラーは、こうした推論を採用したことによって、バークスやヒューエルよりも多世界論者の方により近くなった。[★91] バークスの著書にはすばらしい文体、天文学の十分な知識、実質的独創性が示されていたけれども、ほとんど注目されることはなかった。

一八五三年の『試論』以後数年経って、ヒューエルは、批判者たちに対してさまざまの返答を書いた。最も注目に値するものは、『世界の複数性に関する対話』であるが、これについては次章で論じる。トドハンターは、ヒューエルの

伝記を準備している時、ヒューエルが一八五三年から一八六五年の死に至る間の或る時期に試みた地球外生命に関する一つの試みの草稿を発見した。トドハンターが見いだし、「すべての未発表の断片のうちで最も興味をそそるもの」[★92]と記したものは、月の生命に関してヒューエル自身が書いた長いけれども不完全な空想物語であった。それは、ケンブリッジのある男の月旅行願望について物語っている。月は、金星と火星を除けば、居住者がいるかもしれない唯一の天体であると考えられている。そうした旅行をしたいという望みは挫折するけれども、彼はモノに出会う。モノは、月から地球へ旅をしたことがあり、われわれの衛星に存在する生命について語る。[★93]この物語は、一才子の表現によれば、「世界広しといえども、トリニティの学寮長ほどの傑物は存在しない」[★94]ことを証明しようとした、かの注目すべき人物の地球外生命に関する最後の努力であった。

5 「ヒューエルの多くの著作すべてのうちで最も才気あふれる」『試論』に関する結論

ヒューエルと彼の反多世界論的『試論』に関する以上の研究から帰結する重要な結論として、まず第一に挙げるべきことは、ヒューエルが立ち向かった主要な敵は、古代から多世界論を主張してきた唯物論者たちではなく、むしろ、一八五三年以前の一世紀半の間に多世界論を自然神学の著作に取りこんでいた自然神学者たちであったということである。ヒューエルは、彼らの著作を攻撃するにあたって、自然神学の基本的方向づけを提示した。例えば、神の特別な働き方に対する要求を控えるとか、法則や総合型を強調したりした。

第二に、ブルク博士が強調したように、[★95]ヒューエルの著書とそれが生みだした論争が明白に示していることは、ダーウィンの『種の起源』(1859)が同様の大論争を引き起こす以前に、自然神学がすでに混乱していたということであ

る。また、ヒューエルは、進化論を理解する科学的予備知識を十分持ち、自分の哲学的著作がダーウィンの学説の展開に貢献するところがあったにもかかわらず、[96]ダーウィンの著書に対して極めて用心深く対応したのは何故であるか、この疑問に対する手掛かりがヒューエルの『試論』のうちにあるということである。

第三に、ヒューエルを「半‐理神論者」[97]と性格づけるのは極めて誤解を招きやすいということも本章に示されたことから明らかである。特に、ヒューエルの「天文学と宗教」、『試論』、スティーヴンへの手紙、これらすべては、ヒューエルの反多世界論の立場の源がキリスト教徒としての彼の確信にあったことを示している。しかし、「出発点」に到達した時オーエンの考えに助けられたとか、『創造の自然史の跡』の中の悩ましい見解に刺激されたというヒューエルの言葉を否定するわけではない。ヒューエルの転向は突然のものではなかったのである。ヒューエルは次のように述べている。

……私が長々と書き記した見解は長い間私の心の中にあったのである。さまざまな思索の連鎖の結果、私の確信は徐々に深まっていったのである。また、『試論』を書き始めた時、それらの議論を詳しく展開すれば、予期していたよりもっと強力なものとなるだろうと思われた。[98]

第四に、ヒューエルの『試論』の動機は宗教的なものであったけれども、その議論は主として哲学的かつ科学的であった。多世界論とキリスト教の間に認められた緊張に基づけば、読者に反多世界論的趣旨を納得させることができると考えていたと見なすのは、大きな誤りであろう。そう見なすと、ヒューエルの著書の半分以上が科学を題材にしている理由や、かくも多くの紙面が多世界論者の議論の方法論的批判に費されている理由はわからなくなるであろう。

第五に、ヒューエルが直面していた攻撃の大きさがどれほどのものであったかという点には特に注意しなければな

らない。多世界論は、何十年もの間、教室で教えられ、説教壇から説教され、天文学の教科書から宗教の書物に至るまでおびただしい数の書物のうちに組み入れられていたのである。また、ヒューエルのような著書はほとんど前例のないものでもあった。広い学識と確立した名声を持った人物によってなされて初めて支持された多世界論批判であった。加えるに、虚偽や立証不可能な仮説を攻撃するという方法論的に複雑な課題にも直面していたのである。

第六に、ヒューエルの課題は、今述べたような観点からすると困難なものであったといわねばならないが、別の観点からすると、ヒューエルはすばらしい機会を与えられたともいえる。多くの場合、不十分な経験的知識、とてつもない類推、神の働き方に関する余りにも大胆な主張、十分洗練されていない方法論的仮定、こうしたものに基づいて多世界論者は議論を進めていた。ヒューエルはこれらのあらゆる好機を利用した。ヒューエルが出版したかの書物は、当時の主要な問題に関して一八五〇年代のヒューエルが抱いていた見解の最も完璧な記録として大きな関心の的であるけれども、最も重要な著書というわけではない。トドハンターが述べているように、「多くの人々が」「著者の多くの著作すべてのうちで最も才気あふれるもの」は『試論』であると考えるようになっただけなのである。★99

第7章 ヒューエル論争——弁護される多世界論

1 デイヴィッド・ブルースター——「何故ブルースターはかくも野蛮なのか」

ウィリアム・ヒューエルの『世界の複数性について——一つの試論』(『試論』)は、激しい論争を引き起こした。一八五九年頃には、五〇以上の論文や論評、二〇の著書、その他おびただしい数のもの、例えば、さまざまな著書の数節、手紙などが書かれ、また、多くの優れた人物が参加した。ダーウィンの『種の起源』が大きな熱狂を引き起こした一八五九年以後も、この論争は続いた。これまでになされた分析、特に、アイザク・トドハンター、J・H・ブルク、F・B・バーナムなどの分析を用い、今ヒューエル論争を再検討してみると、おそらくヒューエル自身も含めて先の著者たちには知られていなかった多くの反響について概観することができる。[★1]

この論争で、ヒューエルの敵対者たちの一人にデイヴィッド・ブルースター卿(1781-1864)がいた。実際、この論争の主要な特徴は、これら二人の老大家の間の衝突に見られるとしばしば言われる。ブルースターは、現在では、しばしば光の波動説の最後のしかも最も堅固な反対者と見なされるが、さまざまな業績のある人物である。ブルースターは、ロンドン王立協会のコプリー賞、ロイヤル賞、ラムフォード賞、また、エディンバラ王立協会のキース賞を授与され、フランス協会の八人の外国人会員の一人にも選ばれている。また、三百以上の専門の論文や著書を出版している。最近の研究によって明らかになったように、光の波動説に反対したとはいえ、波動説の多くの長所を理解しなかったわけではないし、また、その反論も、同時代人には支持されなかったにしても、ある程度尊重すべき議論に基づいている。[★2] ヒューエルの著書に対してブルースターが公刊した二つの反論に関して、最も興味深い問いはヒューエル自身

が提出しているものである。ラドリク・マーチスンに宛てて、ヒューエルは、ブルースターの批判に対して「何故彼はかくも野蛮なのか」と反論している。[★3] この問いに対する答えは、ブルースターの背景を検討すれば自ずと明らかになる。

一七九四年、ブルースターは牧師になる勉強をするためにエディンバラ大学に入った。ロビンスン教授から自然哲学を学び、ダガルド・スチュアートからスコットランドの常識哲学を学んだ時、ブルースターの広い関心が頭をもたげてきた。スコットランド教会で説教する資格を得たけれども、叙階される道は選ばなかった。ただし、宗教的な事柄に対する深い関心は、死の床に至るまで続き、死の床から「古い正統派の偉大な真理」を賞賛した。[★4] ブルースターが地球外生命論争に加わったのは一八一一年からである。この年、多世界論を唱道したと先に記したジェイムズ・ファーガスンの『アイザック・ニュートン卿の諸原理に基づく天文学』を編集し、一二の章を書き加えた。二、三年後、『エディンバラ・エンサイクロペディア』の編者であった時、チャーマーズにキリスト教に関する論文を書くように依頼した。この論文こそチャーマーズの人生を大きく変えることになったものである。二人の友情は、一八四〇年代の初めチャーマーズを長とする自由教会の設立に至るまで、さまざまな出来事の経過の中で深まっていった。娘が記しているように、ブルースターは、「長期に渡る闘争のすべてに参加し」「自由教会の受難の長老」と呼ばれるようになった。[★5] チャーマーズと親密に交際していたことからして、ブルースターは、一八五四年多世界論の筆頭擁護者としてのチャーマーズのマントが自分の肩に掛けられたと感じたのであろう。

ブルースターとヒューエルの間に起きた一八五四年以前の多くの衝突のうちで、今日の研究にとって最も意義深いものは、一八三四年のものである。この年、ブルースターは、ヒューエルの『天文学と一般自然学』を論評し、ヒューエルが変化する形態や「〈自然宗教の不完全で貧弱な性格〉」を強調したことを含めて、この著書を多くの理由で非難している。[★6] さらに、ヒューエルがこの著書の中で光の波動説とそれに結び付いたエーテルを擁護している点を批判し、ひょっとしたら変わるかもしれないさまざまな理論と自然神学を結び付けた危険性を強調している。E・W・モー

スが明らかにしたように、[★7] こうした関心のあり方や経験主義的な考え方を考慮に入れれば、ブルースターが光の波動説に反対した理由がよくわかる。全体的に見て、ヒューエルは科学の仮説的数学的方法に寛大であったために、ブルースターと距離を取るに至ったといえる。ブルースターの実験や道具は自然の多くの秘密を明らかにし、彼の常識的な経験主義はヒュームの反論に答える道をもたらした。それは、カントの思索が別のやり方でヒューエルのためにやりとげた仕事であった。ブルースターは、また、植物が環境に適応するのは神の設計の存在する証拠であるというヒューエルの考えが、神の力に制限を設けることになるのを恐れた。神の力は、植物が「順応力」を持っており、「この系に属するすべての惑星の居住地」を含めて、多くの環境に順応できると仮定することによって、ますます引き立たせられるであろうという。ヒューエルは、一八三三年の著書でほんの二、三の節で多世界論について論じているにすぎないが、ブルースターは、書評で多世界論について詳細に論じ、多世界論が神の全能を例証することを強調し、宇宙が有限であるとか太陽が宇宙で最大の天体であるというようなヒューエルの考えを非難している。ブルースターの書評の中で最も意味深い点は、多世界論を擁護しながらも、極端な経験論を唱えるという皮肉な点である。というのは、多世界論は光の波動説よりももっと思弁的だからである。この矛盾は、ブルースターの後の多世界論的著作においても明らかに見て取れる。

ブルースターとヒューエルの闘いは、スコットランドの科学者たちがヒューエルの『帰納的科学の歴史』と『帰納的科学の哲学』について長い批判的な書評を書いた一八四〇年代まで続いた。『帰納的科学の哲学』についてブルースターは、「自然科学の哲学というよりも、むしろ、スコラ的形而上学の哲学」であるという烙印を押した。[★8] ブルースターは、多世界論を強調し続ける。例えば、ニコルとスミスの著書に関する一八四七年の書評には、多くの多世界論的主張が見られ、[★9] また、一八五〇年の英国学術協会会長就任演説で、人間がさらに多くの科学的知識や科学に対するさらに大きな信頼を持つならば、「不死の自然や……救済された魂や滅びた魂などの居住地が周囲のすべての惑星、

天上のすべての星に存在することがわかるであろう」と力説している。★10

一八五四年一月、ブルースターは、この頃七〇代であったが、匿名で出版されたヒューエルの『試論』を論評するよう『ノース・ブリティッシュ・レヴュー』に依頼されている。ブルースターは、てっきり多世界論が支持されているものと信じこんで承諾したのであるが、一八五四年二月四日頃だんだんわかってきて、「一行ごとに呻吟し、〈まったくうんざりする〉とか、まったく無知も甚だしい……[と言った]」。二、三日後、著者が「ヒューエルである」ことがわかると、誰がそれを書いたかに関する好奇心は霧散してしまった。★11 ブルースターは執筆中だったニュートンの生涯をさしおき、約束の書評をさっさと済ませ、続いて『複数の世界——哲学者の信条とキリスト教徒の希望』★12(以下『複数の世界』)を著した。書評は一八五四年五月に出、その著書もすぐ続いて出版されたと思われる。というのは、一八五四年六月にその書評が出始めているからである。ヒューエルの考えに対するブルースターの激しい応酬は、書評全体に見られる誇張した表現によく現れている。例えば、他の世界の生命を否定することに関して、そうした考えは、「教育の悪い、きちんとしていない精神、——信仰も希望もない精神……にのみ宿りうる」ものであり、「感情の麻痺した、理性を失った精神」の産物であることを示しているなどと述べている。ブルースターは、こうした本が出版されたことそのものに大きな憤りを感じ、「千年至福の時代が近いことを信じるならば、それは当世に特徴的な偽りの奇跡の一つであろう」と述べている。ヒューエルの地質学的議論に関しては、「悪評高きことを切望する人以外には……、いかなる健全な精神の人も抱かないような、思いもよらない不合理」を含んでおり、「空想小説の作家さえ嘲笑するような」議論であり、概して「まったくの的はずれで、非論理的な」議論であると形容している。星雲に関するヒューエルの議論については、「議論と言いうるものの形跡」はまったく見られず、「独断、冷やかし、嘲笑のブドウ弾」によって読者に「脳震盪を起こさせ」ようとする試みであると述べている。ヒューエルの意見は「天文学の品位を下げ、最も偉大な真理を覆す」ものであるというレッテルを貼っている。ブルースターは、自分を『創造の自然史の跡』の著者になぞら

えさえしている。

ブルースターの著書の調子も同様に節度を欠くものである。実際、既述の部分が繰り返したくさん出てくるし、劣らず過激な節も付け加えられている。ブルースターは、「恒星」という章で、ヒューエルの幾つかの見解に関して「ただ、病的な精神にのみふさわしい。そうした精神のみが理に反したことに満足し、深い感情や広範に信じられている意見に暴行を加えて喜ぶことができる」と述べている。ヒューエルの原子ほどの微小時間とか原子ほどの微小空間という議論には、「近代の論理学の中で稀に見る、極めて浅薄な屁理屈」という烙印を押している。また、ブルースターの怒りの深さは、家庭内でのやりとりの記録からも明らかである。ある訪問者がかの書評の幾つかの部分を見て、「彼の[ヒューエルの]感情を傷つけるように計算されている」と評している。これに対して、ブルースターは、「彼の感情を傷つけよ。何故なら、彼が私の感情を傷つけたのだから」と答えている。[★13] さらに、娘が報告しているところによれば、ブルースターの著書は、彼女とフォーブズ嬢という二人が見て余りにも辛辣であると思われる箇所はすべて削除して出版されたという。[★14]

地球外生命に関するブルースターの議論は、誇張したものであると同様極端なものでもある。「われ地をつくりてそのうへに人を創造せり　われ自らの手をもて天をのべ　その萬象をさだめたり」(イザヤ書45,12)という聖書の一節を見つけた時の彼の「意気込み」[★15]について娘が書き残している。ブルースターは、生命の存在しない惑星というものは無駄に創造されたことになると理解して、聖書の預言者は居住者のいる他の世界の存在を知っていたと主張する。ヒューエルの地質学的議論に答える道として、ブルースターは、アダム以前の人種の存在の証拠が結局は見いだされるだろうという。木星には単に居住者がいるというだけではなく、「ニュートンの知性ですら最も低いものと見なされるような理性」が存在するであろうともいう。月にも太陽にも生命が存在すると主張し、太陽には「最も高度な知性」が存在するという。否定的証拠があるにもかかわらず、「太陽系のすべての惑星と衛星には大気が存在するにち

がいない」と主張する。恒星に関する章では、「すべての単独の星が……われわれの系と同じような惑星系の中心であることを疑うことができるか……」と問う。多重星系に関しては、惑星系の証拠はさらに強力であることを認める。要するに、ブルースターは自信過剰であり、語調は野蛮ではないにしても辛口であり、見解は極端である。「すべての星雲は、星団である」という結論は不可避だと主張する。恒星が変化しているという主張は退ける。こうしたブルースターの著書の特徴は、ヒューエルの立場よりもブルースターの立場に好感を持つ多くの論評者も認めている。個人的な要素、ヒューエルの思想に対する根強い反感、チャーマーズとの結びつきなどが、こうした特徴の主な原因であるが、さらに、体系的な理由を挙げることもできる。

そうした理由の一つは、多世界論はアナロジーを用いた議論に基づいているといいながら、そうした議論の限界を十分自覚していなかったことである。例えば、C・S・パースが後に述べたように、いかなる二つの対象も「無数の点で類似している……」[★16]。こうしたことの無理解のために、ブルースターは、経験的には豊かでも、ほとんど無力な議論に過度に依存するようになった。さらに、ウィリアム・ハーシェルの議論を採用した時、ブルースターは、別のアナロジーの誤謬に陥った。ハーシェルの議論とは、地球と太陽や月の間のアナロジーには部分的に成り立たないところがあるということは、神が居住者を存在させた地域に多様性がある方を好んだということを示しているが故に、事実そこに居住者が存在することを証明しているというものであった。大前提の肯定とか否定から居住可能性を推論するような議論には、多世界論者の神がかり的な性格を容易に見て取ることができる。世界の複数性の問題は事実によっては決着がつけられないということに対して敏感であったヒューエルはブルースターよりも、形而上学的、方法論的、宗教的因子がそれぞれの立場に入り込むことによく気づいていた。

ブルースターの応酬には、また、自然神学の目的論的性格の影響も見られる。生命を付与しないでかなりの大きさの天体を神が創造するということは、ブルースターには想像することさえ許されない不敬な考えであった。ブルース

ターは、論評や著書で繰り返し、次のように述べている。「そうした世界に生命と知性が居住しているとする時、われわれは、それらの存在の原因を念頭に置いている。そして、一度この偉大な真理に敏感になると、精神は必ず生命の無限性と物質の無限性の崇高な結合を実感する」。こうした傾向は次のような見解のうちに典型的に見られる。「木星の大きさあるいは嵩は地球の約一三〇〇倍である。このことだけでも、木星が動物と知的生命の座となるという……ある崇高で有益な目的のために造られたにちがいないことを証明している」。もう一つの要因は、終末論が多世界論と結び付けられていたことである。ブルースターは、キリスト教徒はさまざまな天体に関して「自分の不死の存在が営まれる神聖な場所と」考えるべきであると主張した。また、J・H・ブルクが明らかにしたように、ヒューエルは、人間が「神の心」と調和するほど高尚なものであるという見解を持っていたが、ブルースターは人間が完全に神に依存しているという福音主義的な考えを持っており、そのためにヒューエルの反多世界論の立場よりも、人間の無意味さを強調する多世界論の立場のほうが魅力あるものと考えたのである。[★17]

ブルースターは、多世界論がキリスト教と対立するという確信をヒューエルと共有していたわけではなかった。ブルースターは、最終的にチャーマーズの立場を基本にすることができたし、実際ある程度はそうであった。しかし、この問題に答えるためにブルースターが選んだ道は、キリストの贖罪の行為は地球から遠く離れたところの人々だけでなく地球の過去と未来の人々にも及ぶという、すでに受け入れられていた信念と結び付いていた。この場合、何故キリストの贖罪の「力」は「距離によって変わることはないと考えてはいけないのか……。この系の真中の惑星から発して、というのは、おそらく、この惑星がその力を最も必要としていたからであるが、何故その力はすべてに——過去の種族にも……また未来の種族にも……広がることができなかったのか」とブルースターは問う。ヒューエルは、『世界の複数性に関する対話』の中で、こうした主張は聖書に根拠がなく、地球を宇宙で第一の地位においており、多世界論の体系と合致しないと応酬した。[★18] ブルースターは、書評で、キリスト教と多世界論の緊張関係に関して、

ヒューエルの一章は「単に巧妙さを見せびらかしているだけであり、聡明な諸認識を形而上学的に覆い隠し、東洋の霧のようにわれわれの心を覆うものだ……」と主張した。ヒューエルは、「残念ながら、聡明な諸認識を形而上学的に覆い隠すことを私に許したのはブルースターその人である」と痛烈に応酬した。[★19]

ヒューエルよりも長生きしたブルースターが、この論争に最後の言葉を残した。ブルースターは、論争相手の死亡記事の中で、ヒューエルは妻が激しい病気になった時「心を紛らすために」『試論』を書いたのだという意見があるが、それは誤りであって、キリスト教と多世界論の和解の可能性について妻が抱いていた疑問を解消するために書いたのだという見解を提出した。[★20] ブルースターの見解の根拠がヒューエルの著作の中に見いだされるわけではないが、二重の意味で示唆的である。第一に、明白なことは、ブルースターはどこまでもヒューエルが真剣に考えて書いたとは信じなかったということである。第二に、はからずもそこにはブルースターが書評や著書をどのような状況のもとで書いたかということが示唆されている。ブルースターの娘によれば、一八五〇年に妻が亡くなった時、「激しく涙を流して泣いたり」「神の言葉の霊感を疑ったり」ということを含めて数年間も宗教的危機に陥ったというのである。[★21] こうした事実からわかることは、啓示神学に対する自分の確信が揺らいだ時、ヒューエルの著書が自然神学に疑問を呈するものであることに気づき、そのためにブルースターは大きなショックを受けたということである。

ブルースターの『複数の世界』は、広範な読者を確保し、実際ヒューエルの『試論』よりも多くの読者を得た。一八九〇年代に至るまで再版が続き、おそらく少なくとも一万四〇〇〇部が売れたであろう。[★22] ブルースターの著書が大成功をおさめた理由の一つは、彼が自分の著書の冒頭に述べていることから分かるであろう。「あらゆる知識のうちで、世界の複数性に関する知識ほど広範な関心を呼び起こすテーマは存在しない」。

2 ベイドン・パウエル師の「決定権を握ろうとする」試み

科学の歴史や方法論に関する多くの研究を公刊すると共に、オクスフォードでサヴィル記念幾何学講座教授であったベイドン・パウエル師(1796-1860)は、一八五五年『帰納的哲学の精神、世界の統一性、創造の哲学に関する試論』(ロンドン)を出版した。「世界の統一性」に関する真中の部分は、ブルースターとヒューエルの間の多世界論論争の中で「決定権を握ろうとする」ものである。パウエルのやり方は、自説を唱えようとするよりも審判者であろうとするもののように思われる。この著作を読む際には、オーエン・チャドウィクの次の言葉を心に留めておくのが賢明である。ヴィクトリア朝の宗教論争において、パウエルは、

……公平に、ハンプデンの敵、オクスフォード運動の指導者の説、科学の批判者、モーセ的宇宙進化論者に攻撃を加えた。極めて都会風な冷静さと自信に満ちた静かさをもって、極めてまじめにこうした攻撃を行ったので、中立的な仮面の背後に、現代的な神性に対する極めて過激な精神が潜んでいるのに読者は何年もの間気づかなかった。[★23]

パウエルはヴィクトリア朝期に科学の方法論に関する著作を公刊した人たちの中で、ハーシェル、ミル、ヒューエルなどと同列に置かれることはめったにないのであるが、こうした人たちの中でただ一人ダーウィンの進化論を支持したということはパウエルの思想のもう一つの著しい特徴である。一八六〇年、パウエルは、「……種の起源に関するダーウィンのみごとな著書は、……まさに初期の博物学者たちが極めて長い間公然と非難してきた原理——自然に

新しい種が発生するという原理を否定不可能な根拠に基づいて実証している……」と賞賛し、ダーウィンの著書に促されてすぐに、「自然のもつ進化力という偉大な原理を支持するまったく革命的な意見が出てくる」であろうと予言した。こうした進化論支持は、英国国教会の著名人の論文集『論文と論評』に寄稿したものの中に現れている[24]。この書物は、出版されたのは宗教論争がありふれていた時であるが、ある大家によれば、こうした論争すべてを凌駕する一つの危機を引き起こした書物なのである[25]。その後生じた論争は聖書各書の文学的歴史的批評を中心とするものであったが、もしパウエルが一八六〇年六月に亡くならなかったならば、ダーウィンを支持したことやキリスト教の証としての奇跡を否認したことなどは、こうした論争の中でもっと大きな役割を果たしたことであろう。パウエルは何年間も進化論を支持していたのであるから、『論文と論評』で公表したパウエルの立場に驚いた人はいなかったはずである。ブルースター、ヒューエル、その他が『創造の自然史の跡』の著者を酷評した時、パウエルは早くも一八五五年「あなたがその後極めて立派に説明されたさまざまな見解に強く共感しました」と著者に書き送っていたほどである[26]。また、一八五五年の『帰納的哲学の精神、世界の統一性、創造の哲学に関する試論』の中で、次のように論評している。『創造の自然史の跡』の著者に浴びせられたすべての告発の中で、「ほとんどすべての頁に神の力、知恵、善性に対する最も信心深く敬意に満ちた表現が満ちている著作に対して反宗教的傾向があるなどという告発ほど不当なものはない」。ミルトン・ミルハウザが述べているように、「パウエルは、『創造の自然史の跡』に好意を持ち、率直な意見を持つ数少ない人物のうちで最も影響力があり勇気がある人物として、［また］この書物を支持する無視できない聖職者の一人として評価されねばならない[27]」。パウエルは重要な人物であるにもかかわらず、歴史家たちからはほとんど注目されていない[28]。

パウエルの一八五五年の三部からなる『帰納的哲学の精神、世界の統一性、創造の哲学に関する試論』のうち、第一部は、専ら科学の方法論を扱っており、他の二つの部分の基礎を成すものである。この二つの部分が世界の複数性と

進化の問題を扱っている。『帰納的哲学の精神、世界の統一性、創造の哲学に関する試論』の第一部は、全体にわたってヒューエルの観念論とミルの経験論との中間の立場に定位しようとしている。帰納法に関する議論の中で、「すべての帰納法は本質的に幾らかの仮説を含むと考えられる」というヒューエルのテーゼは受け入れているが、科学の中でアプリオリな必然的真理を認めるケンブリッジ時代のヒューエルの立場は退けている。パウエルにとって「帰納法の魂は類推である」。さらに、類推は、現象の斉一性の確信、すなわち未だ検証されていない現象は検証された現象に類似しているという信念に基づいている。「自然の統一性」を強調するが故に、パウエルはヒューエルと劇的に袂を分かったのである。例えば、ヒューエルが異なる科学の領域には異なる方法がふさわしいと主張したのに対して、パウエルは生物学を物理学と化学に還元する試みは正当であると認めている。地質学の分野におけるヒューエルの天変地異説に関して、パウエルは、この説は過去の事象の説明は現在の事象の説明と同じでなければならないという原則を犯していると非難している。人間に関して、パウエルは、動物的本性と道徳的本性や精神的本性との間に区別を設けるよう迫っている。この点は、進化という現象を容認するに際してパウエルにとって決定的に重要な点なのである。パウエルは、動物としての人間は「獣と大して変わりはない」ことを認めた後で、それにもかかわらず人間の「道徳的精神的本性は……全く事物の異なる秩序を……〔指示している〕」と述べている。

ヒューエルはキュヴィエの目的論的アプローチに好意を示したが、パウエルはジョフルワ・サンティレールの「構成の統一性」の原理に賛成している。パウエルは、科学と自然神学における目的因の使用を退け、自然神学の領域における目的因の採用が自然神学の批判を招いたと主張する。自然神学は自然界の「調整の目的にではなく、対称性と配置」に議論を集中すれば、目的因を退け、自然の創造における神の設計に関する議論を維持することができると力説する。天体は「精神の産物」であるから、天体を支配している法則の中に見られる諸特徴は、神の設計を示している。さらに、「不変的に保持される完全な数的関係、……あるいは整然とした計画に基づいて無用な部分や空しい器官も

組織的に配置されているということは、すぐ実際に役立つさまざまな結果と同様知性の存在を強く証明している」と述べる。こうしたことから明らかなように、パウエルは法則論的な神の設計に関する議論に好感を持っていた。パウエルはペイリとはまったく異なる自然神学を支持していた。「ペイリは、天界の構造論はこうした適用が全く許されない科学の一部門であり、ここで主張された原理に従ってこそ、最も高度で最も満足の行くものが形成されるとはっきり主張した」。

パウエルは、自然神学は「ただ神の完全性についての極めて制限された概念に導くだけである」、従って、神についてより完全な知識を持つためには、「他のしかもより精神的な源」を用いなければならないという。視野の広さの点で失われたものは確実性の点で取り戻されるのである。パウエルの立場についてここまで述べてみると、驚くべきことにパウエルの書物の中で最も賞賛されている哲学的見解はエールステットの『自然の魂』に見られる見解と同じであることがわかる。カントの影響を受けたヒューエルを批判しようとする章が同じくカントの影響を受けたエールステットの擁護で終わるとは、誰も予想しないであろう。エールステットに熱を上げているということは、おそらく、このサヴィル記念幾何学講座教授のプラトン志向を示していよう。しかし、自然神学におけるパウエルの立場の本性が厳密に言ってどのようなものであれ、自然神学はダーウィンの学説を同化しうると見なされていたのである。ただパウエルの同時代人はほとんど誰も彼の哲学を真剣に考察しはしなかった。おそらくその理由は、自由神学的傾向があったために、体系全体が疑わしいものだと思われたからであろう。

地球以外に居住者が存在する世界があるかという問題に関して、「二人の論争者の間で決定権を握ろうとする」中で、パウエルは、以前に多世界論を唱道した人物としてのみヒューエルに言及している。ヒューエルが出発点を形成した人物であることはよく知っていた。「ヒューエルが本当に優れていたことを知らないように装うのは道理に反するであろう」。パウエルは、ブルースターやヒューエルほど世界の複数性の問題に熱烈な関心を寄せてはいなかったよう

に思われる。実際、この問題は「宇宙に関する任意のあるいはすべての考察に関わる大原理」に比較すれば、「それ自体極めて二次的で大して重要ではないものである」と述べている。パウエルは、世界の複数性の問題はまず第一に科学の問題であり蓋然的な問題の一つであると力説し、それ故に「この問題は帰納的類推の拡張に基づかなければならない」と提案する。しかし、二つの存在が類似していると言うためにはいかなる条件が満足されねばならないかに関する分析は全くない。ヒューエルを非難しているにもかかわらず、パウエルは、すべての星はその周りに惑星系を持つ太陽であると躊躇なく主張している。このテーゼを擁護するに際して、星雲説と「どうしてダメなのか」の議論以外にはほとんど何も呈示していない。太陽や月の生命の存在を支持してはいないが、「帰納的類推の拡張」の基準は十分有効なものである。それによって、太陽や月の生命の存在は不可能であるという主張を拒否し、さらにこれらの天体に生命が存在することを可能にするいくつかのメカニズムを示している。惑星の状況はただ程度の点で地球の状況と異なるのみで、種類の点で異なっているわけではないと力説する。しかし、水星が単位表面積あたり地球の六倍の熱を受け、海王星が九百分の一の熱を受けるとすれば、こうした主張は余りにも大まかなものであるように思われる。パウエルは進化論的見解を持っているが故に、現在生命を欠いている惑星も将来生命を持つかもしれないし、過去に持っていたかもしれないという。要点は次のような主張である。

こうした主張をもっともな哲学的推測の問題とのみ考え、しかるべく純粋に帰納的類推の光を導き手とする時、地質学の真理を考慮にいれて天文学的に考えるならば、物質界のあらゆる部分が非有機的なものから有機的なものへ、非感覚的なものから知性的道徳的なものへ進む進歩的秩序を示しているように思われる。ただし、必ずしもすべてにおいて同時にあるいは同じ速さでというわけではない。ある世界では一つの段階に到達しても、他の世界では比較的小さな進歩しかなされていない場合もあるであろう。

こうした面ではパウエルはヒューエルよりもブルースターにずっと近いように思われる。また、この一節が示唆しているように、「純粋に帰納的な類推の光」はパウエルにとって十分明るいものであって、それによってまさに自分が欲していたことを検討することができたのである。パウエルが多世界論者になったのは、天文学や地質学のせいではなく、むしろ宇宙の「進歩的秩序」や「自然の斉一性」を確信していたからである。

パウエルは、話題が神学的側面に及ぶと、ヒューエルについて、研究方法は「後退的」であり、「身につけているもの」は「中世的衣裳」であると記し、さらに、ヒューエルの「思索は文学的とか自然学的ではないにしても、道徳的プトレマイオス主義を示しており、暗黒時代の精神に覆われているように思われる……」という。パウエルは、狭量な宗教的理由で多世界論を退けた幾人かの著者をエールステットが批判したことを記し、エールステットの「総括的結論」の長い一節を引用し支持を表明している。エールステットの議論の典型的なものは次のようなものである。「もし存在全体が時間と空間における理性の生き生きとした現れであると見なされるならば、時間全体を通じて極めて多様な発達段階が見いだされると考えることも可能である……」。目的因の問題についていえば、パウエルは、オーエンが目的因に基づいた議論(これをパウエルは反論可能と思っている)と帰納的類推に基づいた議論とを分けた点を賞賛している。オーエンは、木星の居住者がわれわれの目に類似しかつ木星の特有な状況に合うように変容した目を持っているであろうという考えを明らかにしていた。実際パウエルは、「オーエンが言うには、そうした動物が〈存在し光の源から益を蒙っているかもしれない、そして、もしこうした有益な配置が持つと考えられる唯一の目的が成就されねばならないとすれば、そうした動物は存在しなければならない〉」と述べている。パウエルの見解では、オーエンの「元型に関する言及は、類推による推測の最も高い形態の一つに過ぎず」、そういうものとして全く正当なものである。地球で発達しえなかったような目の形も存在しうるが故に、そうした目はどこか他のところで発達したであろうという推論

は、「全く厳密に演繹的性格を持つものである」。パウエルは、オーエンの元型を受け入れることができたけれども、「もし……とすれば」という部分は受け入れることができなかったのである。

目的因に依存している点で、パウエルはブルースターを批判する。「結論が正しいことは認める気になったとしても、結論に到達する方法に関しては依然として多くの疑問を持っている」。ヒューエルに対しては、例えば地球に人間が出現したのは遅かったことを説明するとき目的因に基づいた議論を採用しているにしても、目的因の使用を制限している点は容認できるという。自然の斉一性の原理についていえば、パウエルは再びエールステットを信頼して、この原理を宇宙的な規模で適用している。神学の問題と自然学の問題を分ける必要があると繰り返し力説していることの章で、「居住者のいる宇宙全体に同じ道徳律を持つ共同体」が存在するという主張こそエールステットの主張であったと記し、エールステットに同意を表明し「最も健全な帰納的原理によって保証されていると思う」と述べ、さらに、これによって「世界の真の統一」を認識できるという。こうした点から明らかなように、パウエルが多世界論に好意を示したのは、多世界論の方が精神的高揚をもたらすという信念からであった。

ヒューエルやその他の人たちの目からすると、多世界論はキリスト教にとってさまざまな問題を引き起こしたのであるが、パウエルはほとんどこうした問題に悩むことはなかった。パウエルは次のように述べている。この点に関するウェズレの観点と同様、ヒューエルの観点も「……神と神の人間に対する関係とを極めて矮小化し人間的に捉える考え方に頼り過ぎているし、こうした考え方は旧約聖書の擬人観を文字通りに解釈しすぎたことから極めて一般的に生じたと思われる……」。さらに、そうした難点は「著者たちが……すべての理性を越えていると公言する主題についてまったく理性的に考えようとする首尾一貫しないやり方のせいである……」と断言している。また「もし神がこの世を救うために自分の息子を送るということがまったく人間の理解を越えた不可解な神秘であるならば、……神が一万の他の世界を救うために息子を送るということも同様に不可解な神秘でしかない」とも述べている。「世界の統一性」

という部分の結論にあたる箇所では、科学と宗教の関係について広範な議論を展開しているが、目下の研究においては重要ではない。また、最後の部分は「創造の哲学」と題されているけれども、これも重要ではない。

パウエルは、帰納的類推の有効性を広く捉え、また、自然の統一性を強調するが故に、ブルースターの肩を持つことになったのである。英国国教会の聖職者で、経験豊かな科学者、有能な哲学者であったけれども、こうした分野ではほとんどヒューエルの主張に魅力を感じていない。『帰納的哲学の精神、世界の統一性、創造の哲学に関する試論』の最後の部分で進化論的考えを是認したが故に、皮肉にも、多くの読者は前半を見るのを躊躇したのかもしれない。理由がどうであれ、パウエルの多世界論に関する議論は、ブルースターやヒューエルの議論ほど多くの注目を引かなかったことは確かである。

3 天文学者と数学者の反応――ヒューエルの「一つの」著書に対する「多くの反対者」

ヒューエルのすべての同時代人のうちで疑いもなく『試論』に味方し、最も歓迎してくれるだろうと思われた人物はジョン・ハーシェル卿であった。しかし、ヒューエルは何年もの間この友人を説得できる見込みがあるとは感じていなかった。しかし、一八五四年の一月三日にハーシェルに『試論』を送り、これは或る「友人」の著書でその考えは「あなたが賛成するところとは大いに食い違っています」が、少なくとも「発行禁止」にすべきでもないと思いますと書き添えた。★29『試論』で試みた宇宙的皆殺しについてはほとんど気付かれることのないような言葉で、ヒューエルは次のように述べている。「あなたが極めて注意深く規定した二重星の周辺を公転している系や木星などの居住者が宇宙から抹殺されるとしても、おそらくあなたは大して気に留めないでしょう」。ハーシェルの返事は注目すべきもので

ある。『試論』について「人々は極めて奇妙なことにあなたの作であると主張しています」と記し、この偉大な天文学者は、「……この問題に関して世界の複数性に反対する立場で言うべきことが大してあるとは考えなかったはずです」と述べている。[★30] さらに、「塊と考えると、土星はコルクでできていると見なされるかもしれないとどこかで私自身述べたことがあるけれども、――土星の表面が極端に薄いと主張するような結論を引き出そうなどという考えが思い浮かぶことは全くなかった。……しかし、土星は固体ではなく巨大な極寒の海であると見なす考えは、一度も私の考えの中に生じたことはないと告白する。しかし、そうにちがいないように思われる」と述べている。ハーシェルは、困難な状況から地球外生命を救い出す手だてを知らないわけではなかったし、上のように認めたからといってひるんだわけでもなかった。思弁的才能はすぐに働きはじめ、かの深い海には「どんな魚がいるのだろう、彼らはどんなすばらしい宮殿を建てているのだろう、水療法の学をどこまで完成しているのだろう……」などという。[★31] ハーシェルがこうした思弁を全くまじめにやったというわけではないかもしれないが、まじめに嘆いてはいる。

かくして、この世界がすべての可能な世界のうちで最善――これ以上のものはなく、この世界と第七天の間に中間のものはない。とんでもない、とんでもない。それは悲しむべき抹殺だ。――ただロシア人とトルコ人を見るだけでよい。青書と警察裁判所の明らかにするところを見るだけでよい。この世界と天使の世界の間に存在する知的で道徳的な被造物の段階は一二とか二などというものではないという説に加担せざるをえない。[★32]

ヒューエルの立場を論破することも可能だと警告しながら、ハーシェルは、声を大にして次のように言う。「反対と抗議――かのこれ以上のものはないものの創造において、過程が完成にまで進む事例が二つありうるならば、かの理論は全く無効となる。――人間が住む！！一つの地球！というのは、二つ、いや二〇〇もありうるではないか」。

ハーシェルの結論には賞賛の言葉が含まれている。「この書物はすばらしいものが満ちている。地質学的議論が実に適切に展開されている。――マゼラン星雲が実に有効に活用されている。時間と空間が正しく適切におとしめられ、実際的価値にまで引き下げられている」。ちょうどトルコ人とロシア人がクリミアをめぐって闘ったように、ハーシェルとヒューエルは上述のように私的に宇宙をめぐって論争したのである。ひょっとすると友情からかもしれないが、おそらくは失望からハーシェルはヒューエルの『試論』の批評を書かなかったのであろう。しかし、ハーシェルは、ヒューエルの死亡記事の中では、自分の著書は「知恵比べ」として書いたことを示唆している。

ヒューエルは、ウィリアム・パースンズすなわちロス卿(1800-67)の一八五四年三月の手紙をわくわくしながら開封したにちがいない。というのは、星雲の分化に関する指導的大家で、渦状星雲の発見者であったからである。しかもヒューエルは彼の描いた図を『試論』の口絵に掲載していたのである。王立協会の会長であったロスは次のように述べていた。「星雲は恒星に比してそう遠くにあるわけではないというあなたの意見を支持する強力な証拠が存在するように思われます。同封したR・S〔王立協会〕の最後の講演で私もそういう見方をしています[★33]」。ロス会長の講演は出版されていないけれども、ヒューエル支持を示す資料として有益である。ヒューエルは、その結論の箇所を『試論』第二版の序言と『世界の複数性に関する対話』の両方で引用している[★34]。王立協会の別の役員からも手紙がすぐに届いた。その頃会計委員と外務委員をしていたエドワード・サバイン(1788-1883)は、一八六一年から一〇年間会長を務めた人物である。三月四日の手紙の中でサバインは、王立天文台長のジョージ・エアリが貸してくれたヒューエルの『試論』を「大変興味をもって」読んだこと、また、太陽や月の潮汐は地球の大気を条件としているというヒューエルの理論に賛成するということを伝えた[★35]。ロス、サバイン、エアリの反応についてさらに調べてみることは興味深いことであろうが、これ以上の情報は現在のところ手に入らないように思われる。ロスやサバインの手紙によれば、ヒューエルの著書には当時有力な科学者たちが意味深いと判断したさまざまな考えが含まれていた。

ヒューエルの『試論』と『世界の複数性に関する対話』に答えて、天文学者のウィリアム・スティーヴン・ジェイコブ(1813-62)は、一八五五年『世界の複数性についてもう一言』と題した小著を出版した。ジェイコブは、ヒューエルの著書に対する応酬のほとんどは天文学に対して十分な注意を払っていないと主張し、[★36]これを補うことを企て、ヒューエルが犯した幾つかの事実の誤りや計算の誤りを指摘している。ただし、ジェイコブはヒューエルの名前は知らなかったのである。これらの議論の多くは、ジェイコブが観察結果やデータをヒューエルとは違ったやり方で解釈したことに由来している。例えば次のような事例が挙げられよう。ある星に関して、視差がわかっており、構成している星の運動が知られている二重星系の構成要素であるという場合には、その星の質量を計算することができる。ケンタウルス座のα星系の場合、主な星の質量は太陽の質量の二分の一から四倍と計算されていたが、ヒューエルは前者の数値を採用し、ジェイコブは同様に可能であるとして後者の数値を採用したのである。月の大気の問題に関しても同様である。ヒューエルは、月に大気が存在しないことを示す証拠があると力説したのに対して、ジェイコブは、月には大気がほとんどないかあるいはまったくないと言いうるだけであると主張した。ジェイコブの著書の際立った特徴は、しかしながら、確率論的研究方法を強調していることである。この研究方法は重要であるけれども、ジェイコブはその適用に際して重大な誤りを犯している。

ジェイコブが取り上げている例、すなわち「色の分からない」千個の玉がいっぱい入っている壷について考えてみよう。一つの球を取りだすとそれが黒色であるとする。ジェイコブが注釈するところによれば、「このとき、これは、一つの惑星に居住者がいるが故にすべての惑星に居住者がいると主張する人の場合で……、彼らは正しいか正しくないか五分五分である」。さらに、地球上のわれわれの状況は、宇宙を徘徊してたまたまある星を見付け、周りを惑星が回っていることを見いだした人間の状況と等価であるという。ジェイコブは次のように主張する。この人は、すべての星の周りを惑星が回っている確率は本質的に五分五分であるという結論を引き出すことができ、これはかの壷の

場合の推論と同類である。ジェイコブの分析には幾つかの誤りがあり、明白なものもあれば比較的そうでないものもある。「色のわからない」一〇〇〇個の球の入っている壷から一つの黒い球を取り出した後で、残りのすべての球が黒い確率が五〇対五〇であるなどという推論が妥当でないことは明らかである。球を取り出す前の時点で「次に取り出される球が黒である」場合の正しい確率は、もしすべての球が二つの組に例えば黒と白に分けられる時、二分の一であると主張するのは正しい。しかし、こうした言明は世界についての言明と解釈されてはならず、われわれの無知についての言明にすぎない。世界についてというよりはむしろ仮定についての言明であって、われわれの無知を克服するいかなる手段もありえない場合にのみ有益なものである。それなのに、世界の複数性の論争の中では長い間そうではなかった。ジェイコブはさらにもう一つ誤りを犯している。すなわち、一つの恒星の周りを惑星が回っているのを見いだした人が他の恒星もそうであると推論するのは、太陽の周りを惑星が回っているのを見いだしたわれわれが他の恒星もまたその周りを惑星が軌道を描いて回っていると推論するのと等価であるという。この場合の誤りは、推論が観測者の存在に影響されているということである。もし観測者が存在しなければ、そうした推論はなされえないであろう。別の言い方をすれば、他の太陽系に惑星(あるいは知的生命)が存在するという推論は、惑星(あるいは生命)が実在する系についてのみなされうるということである。この点で、われわれの状況は、惑星を持つ系をたまたま見いだした人の状況と類似しているわけではない。[★37]

おそらく、ジェイコブの誤りは、彼の思想の中で自然神学が大きな役割を果たしていたことから生じたものであろう。ジェイコブはブルースターと共に、もし居住者が存在しなければ惑星は無駄なものになると信じていたので、「知的造物主が無数の模造的世界を造り、……一つを除いてすべてを不毛なものにしておくなどと信じることはできない」と主張する。こう主張しながら七頁後で「この問題の神学的側面については今まで言及したことはない……」と公言しているのには驚かされる。神学的問題に関するジェイコブの結論的議論の中で唯一興味深い点は、キリスト教

と多世界論の調停は困難としたヒューエルを理解しなかったということである。実際、ジェイコブは、「われわれの宗教的信念は決して世界の複数性の問題に関する何れの見方にも影響されないという［ヒューエルの］意見に同意する」などと述べている。しかし、ヒューエルはこんなことは言ってもいないし言いもしないであろう。

ジェイコブがヒューエルの立場を退けたのに対して、ケンブリッジ天文台の天文学者であったジェイムズ・ブリーン(1826-66)は、ブルースターと『試論』の著者の中間の道を進もうとした。『惑星の世界』(1854)は、こうした論争に触発されたのであろうが、[★38] 太陽系の天体が望遠鏡ではどのように見えるかに関して多くの情報を掲載している。ブリーンは、この著書の中の一節で、ヒューエルとエディンバラの反対者の間の衝突について論じ、「両方の側に積極的な証拠がない」と結論し、多世界論者たちに対しては「〈誰もそれについて知らない〉というダランベールの言葉がやはりあてはまる」ことを心に留めておくよう主張し、反対者たちに対しては「古い諺を少し変えて……〈想定するのは人間で、決着をつけるのは神である〉」ということをよく考えるよう主張している。

アメリカ人としては三人の人物がヒューエル論争に寄稿した。最も若かったのはアーサー・サール(1837-1920)である。一八五五年ブルースターとヒューエルの著書の論評を書いたのは、サールがハーヴァードの学部学生の時で、後にハーヴァードでフィリップス記念教授職につく数十年も前のことであった。[★39]『ハーヴァード・マガジン』で、サールは、ヒューエルの著書はこの雑誌のたくさんの購読者に読まれたが、ブルースターの反論には「優れた才能が示されてはいるが、しかしそれ以上に大きな歪曲がなされている」と述べている。論争の的になっている事柄は極めて思弁的な性質のものであると記し、結論には達していないけれども、証明の義務は主として多世界論者の側にあるのかそれともその反対者の側にあるのかを判定しようと試みている。多世界論者の側の方が優勢であるが、その主張には正当化が期待されると述べている。ブルースターに対しては、太陽に居住者がいるとした点を非難し、ヒューエルに対しては、地質学的議論を賞賛している。多くの論評者たちとは異なって、サールは、ヒューエルの地質学的議論は、多世

界論的主張を退ける意図をもっているのであって、地球以外に生命が存在しえないことを証明する意図を持っているわけではないと考えていた。総じて、サールの論評はあたりさわりのないものであり、どちらかといえばヒューエルに近い立場のものであった。

二人目のアメリカ人天文学者は、マリア・ミッチェル(1818-89)である。彼女は一八五七年ヨーロッパを旅行し、ヒューエルとメアリ・サマヴィルを含め幾人かの科学者に会った。ミッチェルは高名な人物で、一八四七年彗星を発見したことでデンマーク王から金賞を受けていた。彼女はヒューエルが横柄であると感じたので、二人の出会いは生産的なものではなかった。彼女が受けた印象は、例えば雑誌の中の次のような言葉によく現れている。「ケンブリッジで言われているように、ヒューエル博士の著書『試論』が説いていることは、惑星はこの世界のために創造され、この世界は人間のために、人間はイギリスのために、イギリスはケンブリッジのために、そしてケンブリッジはヒューエル博士のために創造されたということに他ならない」[★40]。ヒューエルの著書を読んでミッチェルは、「考えるべきことはなにもない。惑星には居住者がいるかもしれないしいないかもしれない」という結論を下している[★41]。ミッチェルはまたサマヴィル夫人にも会った。サマヴィル夫人については、「理性的存在が居住する惑星はわれわれの惑星のみであることを証明しようとするヒューエル博士の試みに賛成してはおらず、むしろ、他の惑星にはわれわれよりも高度な存在が居住しているかもしれないと考えている」と述べている[★42]。

ブルースターとヒューエルの著書に対する論評のうちで最も重要なものの一つは、デニスン・オルムステッド(1791-1859)の論評である。オルムステッドは、イエールの学長となった多世界論者ティモシ・ドワイトと共に神学を学び、数十年間かの大学で天文学を教えた人物である[★43]。早くも一八五四年『ニュー・イングランダー』の論評で、オルムステッドは、かの論争に適用できるものとして六つの「推理原則」を提示した。このうちで最も興味深いものは、第四の原則「類推による議論は、人を惑わしやすくしばしば誤用される」という原則と、第六の原則「人は自分の宗教的信念やそ

の他どんなことについてであれ自分が確信している意見に好都合であると思われる説はすぐ信じるものである。反対に、そうした意見を覆すものはすぐ退けるものである」という原則である。ブルースターは、六番目の原則を犯した人物として引き合いに出されている。オルムステッドは、ブルースターの立場に「キリスト教徒の希望」というレッテルを貼って、「理にかなった論証にはふさわしからぬ精神状態」であることを暴露している。反多世界論的観測事実に関する項のオルムステッドの主張は要するに次のことである。「望遠鏡によって……惑星に居住者がいるという説に有利な証拠が増えたわけではない。地球との相違点のほうが類似点よりも速く増加したのであるから、望遠鏡によって実際は、そうした証拠の量は大いに減少したのである」。このように認めるところからすると、オルムステッドは自らヒューエルの徒であると名のりそうに予想されるのであるが、その他の論評からすると明らかにドワイトの徒に留まっている。

多世界論に有利に働く証拠のほうに目を向けてみよう。オルムステッドは次のように主張している。自然を研究すると神の計画の斉一性が見えてくるから、われわれは「神の目的の斉一性を説く」に至るのである。従って、「その他の惑星を設計した自然の大目的」を推論することが可能であるためには、われわれはただ地球という惑星の目的を確定しさえすればよい。こうした主張をオルムステッドはすでに『ニュー・イングランダー』に掲載した一八四九年の論文でやっている。オルムステッドはこの論文で「世界は人間のために造られたことを証明しようとしている」。動物は受動的に光や熱から利益を得ている。人間は能動的にそうした力を蒸気機関や望遠鏡に活用している。人間だけが宝石や石炭など地球の産物から利益を得ることができる。「動物の王国が……人間のために造られた」ことは確実である。神の計画や目的の原則的斉一性や地球の目的の確定性から、オルムステッドは、他の惑星「にも生物や知的存在が居住している」と結論する。オルムステッドの第六の原則は、神学的推論を妨げるものではあるが、自然神学的論証や形而上学的論証を追放するほど強いものではない。また、第四の原則が次のような主張を妨げるとは考えてい

なかったように思われる。すなわち、人間の身体や社会から類推して、「太陽や惑星は、……すべての部分がそれぞれ果たすべき重要な機能を持っている一つの系を構成している……。しかし、もし惑星が不毛の地であるとすれば……、この世界の至る所でわれわれの前に示される摂理の経綸に対するわれわれの見方とはまったく異なる見方があるということになる」。オルムステッドは、自分の研究方法に従って次のように述べる。木星の月が「〔太陽光線を〕有効に利用し、太陽光線をこの惑星に向けているという事実は、それを見る目が存在するということを意味する。それは、航海中の船を……見る時、水が存在していることを確信できるのと同じである」。さらに、これと「同じ推論」によって、「われわれの太陽系と同様に、恒星は、感情を持つ存在が満ちている系の中心である」と正当に結論できるという。

惑星に居住者がいることを否定する経験的証拠を検討して、オルムステッドは次のように力説する。宇宙を満たしている物質の物理的性質は不変でなければならないが、造物主は、他の惑星に存在する「動物の創造と物質の諸性質の間」に「極めて大きな変容」を行使することができる。こうした変容によって克服されうる困難には、「空気と水……の不足」ということも含まれる。ここまではただ「純粋に科学的な」証拠のみについて考えてきたと述べて、オルムステッドは次にこの問題の道徳的宗教的側面に話を転じ、「不信心者のトマス・ペイン」の考えや、それ以上に熱心にフラーやチャーマーズの考えを概観している。ヒューエルの立場については「曖昧で理解しがたい」し、とにかく「結論がない」と述べている。ヒューエルの地質学的議論を片づけるにあたっては、これはただおそらく他の惑星は形成に長期間かかった後居住者が存在するようになったということを示すにすぎないと述べて、あっさりとブルースターに話を転じ、ブルースターが目的論的アプローチを活用したことに賛成している。オルムステッドは、最後の節で自分は多世界論を好んでいることを明示している。「われわれは物事を肯定的に考える傾向がある。ただし、そうするにも反対の側に多くの言われるべきことがあるということを十分承知している」。しかし、こうした控えめな調子は次のような最後の文章にはとても窺うことはできない。「理性的存在は水、植物、あるいは空気なしには存在しえな

いと推論することは、時計が振子なしには動かないと推論するのと同じ誤りである」。オルムステッドの批評には、穏健な調子や独創的な議論も見られるが、やはり熱狂者の批評であって、第六の原則で警告していた幾つかの罠に自らはまってしまったといわざるを得ない。

オーガスタス・ド・モーガン(1806-71)は、才気縦横なイギリスの数学者で、王立天文学協会の幹事であったが、『試論』について一八五四年ヒューエルに二通の手紙を書いている。一月二四日の手紙では、ヒューエルの「無類の」著書は「世界の単一性について」と題されるべきであったと提案している。[44] そして次のように述べている。「〈両方の側に言われるべきことがたくさんある〉という文句があてはまる時、その意味は、当の問題についてわれわれがあまり知ってはいないということであると私は常々主張してきたが、あなたの著書はその逆の例である。すなわち、われわれが当の問題についてあまり知っていない時、常に両方の側に言われるべきことがたくさんあるという例である」。四か月後、『世界の複数性に関する対話』を送ってくれたことに対してヒューエルにお礼の手紙を書き、「世界の複数性を否定する時、反対者が複数存在することを認め[ねばならない]」とコメントしている。[45] ド・モーガン自身こうした反対者の一人であった。ド・モーガンは、「[惑星が]われわれとは独立の効用を持ち――しかもその効用というのは居住者の存在ということであるという考えを捨てることはできない」と述べている。自然神学に根拠を持つこの批評が極めて興味深いのは、おそらく、自由な宗教的見解のゆえにケンブリッジ大学の特別研究員の地位を追われ、二度もロンドン大学のユニヴァーシティカレッジの教授職を退いた人物によってなされたものであるからであろう。

約十年後、ド・モーガンは、ヒューエルの著書について再び手紙を書いている。ちょうどその頃ド・モーガンはパラドクスに関する著書を書いていた。この手紙の中で、ド・モーガンは、パラドクスを定義して「一般の意見からすると奇妙なもの」[46]と述べている。例えば、「円を四角にしようとする人」、「反重力」を提案する人、「月は一つの世界であるかもしれないと当時推測したウィルキンズ、そして、そうではないかもしれないと現在推測しているあなた自身」

などである。ド・モーガンはまたヒューエルに『世界の複数性に関する対話』の日付を尋ねている。「この脱落はひどい。というのは、結局、もっと多くの世界が存在するかもしれないからである。もし本に日付がなくてもよいならば、ライプニッツが言ったように、どうしてわれわれの世界がすべての可能な世界のうちで最善のものでありうるのか」。ひょっとしたらこうした人物との交際を嫌って、ヒューエルは返事を書かなかったのかも知れない。事実がどうであれ、トドハンターが記しているように、[★47]ド・モーガンは『世界の複数性に関する対話』の日付を見落としたのだが、ド・モーガンが『パラドクス集』を出版した時、ヒューエルはその中に入っていたのである。

トリニティの学寮長に対してベイドン・パウエルが浴びせた一斉攻撃は、一八五五年オクスフォードが行った二つの攻撃の一つであった。もう一つの攻撃は、後にパウエルの後を継いでサヴィル記念講座の教授職に就いた数学者H・J・S・スミス(1826-83)によってなされた。トドハンターの主張では、スミスは、「絶対最高の反対意見」[★48]を書いたのであるが、スミスはパウエルと同じように如才なくまた公明正大に書いている。こうしたスミスの特徴は、書いた動機と同様、ヒューエルの著書に関する次のような批評の中に見て取れる。「これほど聡明で示唆にとんだ著書は、デイヴィッド・ブルースター卿の回答よりももっと洗練された回答を受ける価値がある」。スミスは、ヒューエルの『世界の複数性に関する対話』について論じるにあたって、初めの方の対話者の多くは「だまされやすい人」というレベルでしか答えていないというが、こうした攻撃に対するトドハンターの答は当を得たものである。すなわち、こうした対話者が行っている議論のほとんどはもともと「著しい差異」のある人たちが進めているものなのである。[★49]ブルースターとヒューエルの宗教的立場について、スミスは次のように批評している。「神の自然創造の計画に関するわれわれの知識は、二人が快く同意するとは思われないが、極めて部分的なものでしかなく、それによって導かれる結論も極めて曖昧なものでしかないのである」。スミスは、ブルースターに対して、目的因に頼っていると批判するが、技巧的表現で「善性と力のこの上ない形跡がこの地球以外にどこにも見られないなどという可能性が考えられるであろ

うか」という。スミスが繰り返し、自然の創造における神の設計に関する目的論的議論を救おうとしたことは、彼がブルースター的傾向を持っていたことを示している。

スミスは、ヒューエルの天文学について論じる際、ほとんどの天文学者がロス卿のなしたさまざまな発見によって、すべての星雲が原理的には星に変化しうるものであると確信するようになったと主張している。しかし、スミスは言及していないが、ヒューエルがすでに『世界の複数性に関する対話』の中で明らかにしているように、ロス卿自身がこうした一般化については疑問を抱いていたのであった。[★50] 概して、スミスは、ヒューエルの天文学は、地球と同じような状況においてしか生命は存在しえないと考える点において誤っている「最小限の信仰しか持たない者」の天文学であるという。月に関するスミスの議論は次のような告白で始まっている。「月は無条件に明け渡さざるをえない。この点でわれわれ自身『試論』の荒涼とした言葉に耐えられない」。しかし、スミスは、この一見限定のない言明にすぐ限定を加える。すなわち、月の形態上の中心はその質量の中心とは一致しないとピーター・ハンスンが主張したことを記し、月の遠い側には生命が存在するかもしれないことを示唆する。こうした考えはハーシェルとパウエルも提出したものであるが、これに対してヒューエルは例えば次のような反応を示していた。すなわち、月の遠い側の居住者がわれわれの側に来たとすると、宇宙の一点にひょっとしたら自分たちの種族に役立つかもしれないこの巨大な発光体が配置されているのを見て（特に彼が創造における無駄を許さない哲学者であるならば）、「ひどく困惑」しないであろうかと反問していた。[★51] ヒューエルに対する全般的な反応を最もよく示すスミスの論文の一節は、次のような箇所である。

ある遠い惑星にまで神の慈悲を広げようとする計画を「満足のいくやり方で」熱心に試みるが、そうした拡大が「非常に考えにくい」ことがわかった時……、自分の無益な試みを断念しないで、……やり遂げる方法が発見できないが故に、そうした計画は存在しえないと推論するような人物ほど無残な光景は考えられない。

ボストンで発行されたユニテリアン系の雑誌『クリスティアン・エグザミナー』の一八五四年九月号にブルースターとヒューエルの著書に対する書評が載った。著者はおそらく、ハーヴァードで教育を受けた数学者で、一八六二年ハーヴァードの学長になったユニテリアン派の牧師トマス・ヒル(1818-91)であろう。[★52] この書評には理性よりもむしろレトリックが見いだされる。冒頭で、多世界論は「雄弁な美文や気高い韻文を生んだ。全能の力に関するわれわれの思考力を高め、神の息子たちと兄弟関係にあるという大きな意識によって、われわれの魂を震撼させた」と述べている。対照的に、ヒューエルの説については「冗長でほとんど退屈なもの」であり、「思弁による美しい作品を無慈悲に扱うものであると述べている。このユニテリアンの書評家は、多世界論の立場がキリスト教に対して問題をはらむとは考えておらず、「匿名の著者[に対して]真実の反論をしているというよりも、まことしやかに見える反論」を行っているにすぎない。ブルースターの著書に関しては、多くの人は文体が過激であると思ったが、ヒルは、「簡潔さ、明晰さ、正確さを持った言い方、明るく確信に満ちた調子などは、匿名の『試論』の多くの部分が退屈曖昧であるのと対照的に、愉快で爽やかな感じを与える」と述べている。ブルースターが非難されている点といえば、聖書に依存し過ぎている点、小惑星に関する理論などにすぎない。小惑星に関してヒルは最後の一節で、「小惑星は地球のように居住可能でないとする理由は全く存在しない」と述べている。ヒューエルは、多世界論者が惑星に居住者が存在するとしたいならば、どうして小惑星にも居住者が存在するとしないのか――と一種の帰謬法を主張していたが、こうした主張は明らかにヒルに対してはほとんど説得力を持たなかったであろう。

この節で論じた天文学者や数学者の場合、サールを除いてすべての人がヒューエルよりもブルースターに近い人たちであった。このことは後で分かるように、科学者によくあることであった。専門が何であれ、ほとんどの科学者にとって、ヒューエルの立場は理解できなくはないにしても、受け入れがたいものであると思われたのである。

4　地質学者の反応——『地質学対天文学』

おそらく、ヒューエルが地質学的議論に優位を認めたからと思われるが、ひょっとしたら数十年前繰り返し科学と宗教の関係について考えさせられたという事実のせいかもしれない。とにかく、理由がどうであれ、多くの地質学者がヒューエルの著書について論評した。その一人にケンブリッジのウッドワード記念地質学講座教授アダム・セジウィック師(1785-1873)がいた。セジウィックは、一八五四年二月二七日ジョン・ハーシェルに次のように書き送っている。

［ヒューエルは］何と強健なのだ！　実際、世界の複数性を論破するのだから強靭なはずだ。ヒューエルが大きなすりこ木とすり鉢で五〇万の世界をたたきつぶし、彗星のしっぽの塵にしたのを見たか。また、ローソク消しで地球の上方と下方のすべての居住者の光を消したのを見たか。私には非常に面白いものだったが、納得できるものではなかった。★53

ヒューエルはさまざまなやり方でセジウィックを説得しようと努力したが、その一つに一八五四年六月八日の手紙がある。この手紙の中で、ヒューエルは、セジウィックの反論の一つに答え、『試論』の印刷されてはいるが未公刊の部分を読むよう勧めている。★54 セジウィックがヒューエルの著書を読んだ理由の一つにはヒューエルの視野が広いということがあった。この特徴は、地球上の種の本性に関するヒューエルの見解に対して、チャールズ・ライエルが自分の雑誌に書いたさまざまな論評にも明らかに見て取れる。★55早くも一八五三年一二月ヒューエルは、『試論』をスコットランドの地質学者ラダリク・マーチスン卿(1792-1871)に送

り、反応を聞いている。しかし、著者が誰であるかは明らかにしないように懇願している。[56] 一八五四年一月一五日、マーチスンは返事を書き、ヒューエルが地質学を活用したことはうれしいと述べ、さらに、「星雲の問題に関してわれわれ地球の人間はあまりにも地球的で、当然持つべき意見を持っていない。しかし、あなたの非凡なしかもよく考えぬかれた見解には大いに賛成いたします[57]」と述べている。マーチスンはまた次のようなコメントもしている。「過度に形式ばって、しかも知力と想像力を欠いた無味乾燥な聖書学者たちが、あなたの努力に関してどんなことを言うかは分かりませんが、私はあなたの大胆さと誠実さという点だけでもあなたの著書が気に入っているのです」。地球の歴史の中に「神の設計の進展」が見られるというヒューエルの意見に同意を表明した後、最後に、「あなたは何故あなたの著書に『世界の唯一性』という題をつけなかったのか」と尋ねている。ヒューエルは、『世界の複数性に関する対話』の中で、もしそうしたならば、おそらく、「似たようなものが複数存在するという説を排除するよりも、むしろ、すべての部分を結合しよう」と試みて書いていると思われたでしょうと答えている。[58] 一八五四年五月三〇日ヒューエルは短い手紙を送り、最後に次のような興味深い言葉を記している。

天文学者という頑迷な人々の中にさえ改宗者を作り出すのに、そう失敗したとは思っていません。ハーシェル、ロス卿、エアリ、シャリスなど、最も優れたすべての天文学者が星雲に関しては私と同じ考えです。その他の人たちも期待できます。ブルースターの妄想に改宗する者が出るかどうか知りたいものです。しかし、何故彼はかくも野蛮なのでしょう。[59]

こうした手紙の交換からわかるように、マーチスンはブルースターによりもむしろヒューエルに共感を持っていたように思われる。

この点は、他の二人のスコットランドの地質学者J・D・フォーブズとヒュー・ミラーにはあてはまらない。ヒュー

エルは、それまで何年間にもわたって手紙のやりとりをしていたフォーブズに一八五三年一一月四日、『試論』の内に含まれている「異端」的要素の故[60]に匿名で出版するつもりであるが、一部を送ると言って手紙を書いている。ジェイムズ・デイヴィッド・フォーブズ(1809-68)は、エディンバラの自然哲学教授であった。一八五三年一一月七日フォーブズは次のように答えている。「私はあなたの反チャーマーズ的考察に興味を抱くことでしょう。あなたの論理は手の込んだチャーマーズの雄弁をかなり激しく打ち砕くであろうと十分信じることができます。チャーマーズが駆使している議論は、綿密な吟味に耐えるような性質のものでないということは分かっています[61]」。フォーブズは一二月二六日再び手紙を書き、「大いなる関心を持ち、ますます興味をもって」すでに第五章まで読み進んだと述べ、匿名で出版したいというヒューエルの希望に関して、次のようなコメントを加えている。「著者が誰であるかを隠すのは易しいことではないでしょう。——当地ではすでに完全に知れわたっていると思います。あなたは隠そうという努力を大してしなかったのでしょう[62]」。一八五四年二月一六日の長い手紙の中でフォーブズは『試論』の論評を始めている。それはヒューエルに語っているように、『フレイザーズ・マガジン』に頼まれたからであった。この手紙からわかるように、また、この論評が示しているように、フォーブズは、ヒューエルの天文学的議論に関しては留保を表明したが、その他の部分に関してはおおむね受け入れた。フォーブズは、自然の創造における神の設計に関する議論の取り扱いに関して、ヒューエルを特に賞賛しているが、星雲説を支持している点に関しては嘆いている。フォーブズは、星雲説は「曖昧な推測ないしは見当違いの仮説の最たるもの」と記し、『創造の自然史の跡』の宇宙生成論に賛成する者たちに利用されるかもしれないことを恐れている[63]」。ヒューエルは、二月一九日の返事の中で星雲説について次のように述べている。「あなたは星雲説を酷評するでしょうが、……どうぞ存分にやってください。私はそれを仮説としか言ったことはないと思います。……私が『創造の自然史の跡』の著者を支持していると思う人がいるならば驚きです。私の著書こそチェインバーズの著書に対する強力な反論として多少価値があるだろうと思っていました[64]」。

フォーブズの論評は、『フレイザーズ・マガジン』一八五四年三月号に載り、続いて『エクレクティック・マガジン』にも再掲され、アメリカの読者のために『リテルズ・リヴィング・エイジ』に再掲された。早くからフォーブズは論評の中で、「いつの時代にも多くの人が世界の複数性に賛成していた。……この考えに関する歴史は興味深いであろう……」と主張していた。ヒューエルは後の点に関しては反論していないけれども、『世界の複数性に関する対話』の中で、多世界論は「常に空想的で不合理なものと見なされてきた。ほんの少数の人だけがそれに固執したが、彼らはそのために嘲笑の的となった」と反論している。[★65] フォーブズは、「強力な証拠」としてエリオット博士の場合をあげ、多世界論に対して「人類一般が抱いてきた無意識の偏見」を擁護する主張さえ行っている。しかし、多世界論を信じていたことも一つの理由となって法廷で気違いと判断された人物を、この「偏見」の証拠として挙げているという点からすると、フォーブズの分析能力は大したことはないと思われる。[★66] フォーブズはまた論理的誤ちも犯している。すなわち、月には空気と水が存在しないが故に居住は不可能であると認めた後で、惑星に空気と水が存在することを示す証拠は、その惑星の居住可能性を論じる際に「少なくとも同等の効力」を持つと主張している。この結論は、ヒューエルが『世界の複数性に関する対話』の中で指摘したように、必要条件を十分条件と混同している。[★67] フォーブズは、多世界論者に味方して、金星と火星を救おうと試みているが、木星はこれ見よがしに放棄している。

悲しいかな、高い知性が存在する場所よ。悲しいかな、われわれの天界で最も荘厳な栄光の惑星よ。無情な破壊者の仮借ない意志は、われわれのイメージのネットワークを支える糸を容赦なく消失させてしまった。どんな非情な女中もかつてこれほど容赦のないほうきで幾何学的な蜘蛛の糸を掃除したことはなかった。

以前手紙のやりとりの中でやったように、フォーブズはヒューエルが星雲説を用いた点を批判し、この仮説は「かつ

て数学者の精神から出てきた最も無謀な想像」であると言う。[68] ヒューエルの幾つかの天文学的な考えは退けながらも、「その他の議論」に関しては「心から同意」した点で、これまで考察してきた人物の中でフォーブズはユニークである。その他の議論というのは、ヒューエルの地質学的議論や自然の創造における神の設計に関する議論のことである。フォーブズによれば、後者は「一般に自然神学を束縛してきた足かせから自然神学」を解放するものである。フォーブズは、ヒューエルのキリスト教的反論に共感を表明しているが、解決に関しては明らかにチャーマーズが提示したものの方に好感を持っている。フォーブズはチャーマーズの著書を再読してレヴェルの高いものだと思ったのである。トドハンターはこの論評には好感が持てないとしているが、[69] ヒューエルは疑いもなくフォーブズが『試論』の実質的部分に同意し賞賛したことを喜んでいた。

ヒュー・ミラー(1802-56)は、先に記したように、『ウィットネス』の一八四六年の論文で、ヒューエルの地質学的議論を先取りしていたが、この福音主義の雑誌の一八五四年九月二〇日号で、「地質学対天文学」と題した論文を公にし、かの論争に復帰した。この論文は一八五五年に出版された『地質学対天文学』という同じ題の四部からなる著書の第一部となっている。[70] ミラーは、この著書の中で、ヒューエル論争は、ヒューエルに代表される成熟途上の地質学という科学とブルースターに代表される確立された天文学という科学との緊張から生じた衝突であると述べ、すぐさまブルースターに対する忠誠を明らかにしている。ミラーの立場の基礎にあるのは次のような信念である。天文学は多世界論を支持するが、地質学が発見した巨大な時間は、多世界論者の議論を無効にするものではなく、ただ他の惑星が徐々により高度の生命形態に達するということを明らかにするものにすぎない。ある特定の惑星が到達している生命の水準を示すことはできないが、究極的にはそこに居住者が存在するに至るであろうと言うことができる。ミラーが述べているように、少なくとも次のように推論することは可能である。「他の惑星は成熟しつつあるのかもしれない、いや、十中八、九地球と同じくらい確実に成熟しているのである。そして、それらの惑星の少なからぬものにおいて

理性的存在が居住する時期が到来しているのかもしれない」。惑星に生命が存在することを余りにも厳格に否定したと言ってヒューエルを非難し、「デイヴィッド・ブルースター卿の推論でどうしても黙認する気にならないのは少しばかりの地質学的推論にすぎない」と述べている。

ミラーは、著書の最後の一節で、多世界論とキリスト教の関係に話題を転じ、幾つかの惑星の最初の居住者は地球から来たのかもしれないというブルースターの考えを持ち出し、「われわれの天体は、太陽系だけでなく全物質的宇宙の偉大な育児室かもしれない」という推測さえ提示している。また、海王星のような惑星は、復活した地球人の処罰の場所として役立つかもしれないとも考えている。第二の策として、地球その他に存在する知的存在は、造物主の愛を感受するためには受肉した神の仲介を必要とすることを示唆しているが、複数の受肉を提案しているわけではない。むしろ、カルヴァリのキリストは、かの仲介の手順を曖昧なままにしているけれども、早晩他の惑星の居住者にかの仲介をもたらすだろうと述べている。「ただ一つの惑星とただ一つの種族のみが神と創造された自然の結合点をもたらしたのかもしれないが、かの接合の効果は創造された全自然に及ぶであろう……」。接合点がどこかに存在する必要があったとすれば、それがどうしてここではないといえようか」という。ミラーに見いだされるものは、要するに、自然神学と啓示神学を両方とも保持したいという欲求である。

一八五六年ミラーが亡くなった後、彼の仕事のうちで二つのものがウィリアム・サミュエル・サイモンズ師(1818-87)によって出版用に編集された。サイモンズは、ケンブリッジを卒業してウスタシアのペンダクの小さな会衆の牧師となり、自然史に関する著作を書いた人物である。この論争に対するサイモンズの貢献としては、『エディンバラ・ニュー・フィロソフィカル・ジャーナル』に掲載した長い論文で、『世界の複数性に影響を与えるものとしての地質学』と題されて再版されたものがある。★71 サイモンズは、ヒューエル(ヒューエルだということは知らなかった)とブルースターの著書に関する議論の舞台を設定するにあたって、ヒューエルの『試論』について「壮大なる誤謬であるかあるいは偉大な

真理であるかであって、中間の道はない」と記している。二者択一の前者を選ぶサイモンズは、ヒューエルの最も物議をかもした主張の大きなリストを作り、続いて、「正気の人なら誰でも、天文学を信じ『試論』の著者に同意することはできないし、また、［すべての天体は］……いかなる目的も成就していないなどと信じもしないであろう」と言明している。ブルースターに話を転じて、『試論』の著者とブルースターの間だけでなく、天文学者たち自身の間にも、例えば月に大気があるかいなかという問題に関してさえ「大きな意見の違い」があるのには「全く驚いた」と記している。天文学の結論がかくも曖昧であったが故に、こうした問題の解明に（サイモンズにとって）最も役立つ地質学を無視したというサイモンズのブルースターに対する主たる抗議に効力があるのである。よく知られているように、サイモンズは、地球の巨大な年齢を認めるが、その意味に関してはヒューエルと極めて異なった見方をしている。特に、サイモンズが主張するのは、それぞれの巨大な地質学的年代の産物は特定の目的を達成するということである。例えば、深成岩の中の鉱物はわれわれの作物の肥料となるのである。さらに、サイモンズは、化石として残っているものには徐々に進化した秩序が認められるのであるから、地質学者は、同様の進化が他の惑星でも起こっていると結論すべきであるという。

自然の創造における神の設計に関する章でヒューエルは精神の優位を強調しているが、この章について論じる際、サイモンズは、『試論』のこうした面は少なくとも地質学者の間に多世界論を助長するように作用するはずであると主張する。ほとんどすべての天文学者が一致して、惑星は地球より「優れた構造を持ち……またひょっとすると地球より早く創造された」と考えているのであるから、「惑星に［すでに］知的存在が居住しているということは極めてありそうなことである……」というのがサイモンズが挙げている理由である。また、「『試論』全体に見られる原理は、〈人間の栄光をたたえること〉であると言われてきたのも当然である」と非難する。★72 サイモンズは要約して次のように述べている。「地質学のさまざまな事実と天文学者が一般に信じていることとを総合すると、『試論』の議論を信じるわけにいる。

はいかない。また、今まで信じられてきたように地球が宇宙の取るに足らない小さな部分にすぎないと信じる理由も全くない」。しばしば言及されているミラーと同様、サイモンズも地質学を強調しているが、ここに関連するかぎりの地質学が主として自然神学であることを二人とも理解していないのは奇妙である。このことが結局彼らの立場を弱くしている。とりわけ、目的論に立脚した彼らの自然神学は、この世紀の早い時期からなされていた多くの地質学的発見を組み入れることができるほど十分柔軟であったけれども、まもなくダーウィンの『種の起源』から受けることになる大きな攻撃に耐えられなかったということである。

振り返ってみると分かるが、同じ亡霊がエドワード・ヒチコク師(1793-1864)にものしかかっている。ヒチコクは、この時期科学と宗教の融和に最も関心を抱いていたアメリカの地質学者である。ヒチコクの『地質学の宗教』(1851)は、実際、「ダーウィン以前に自然科学と神学の間でなされた論争の最高潮をなす記録であり、またペイリに最新の情報をもたらしたものでもある」[★73]と評価されてきた。一八五四年頃、ヒチコクは、会衆派教会主義の牧師、アメリカ地質学者博物学者協会議長、また、アマスト大学学長も勤めていた。こうした経歴から自然に、ヒューエルの『試論』の最初のアメリカ版「紹介批評」を書くことになった。[★74]『試論』のさまざまな部分を褒めながらも、ヒチコクは、ヒューエルの結論の核心をなす部分を退けることを中心に紹介を書いた。「全世界はチャーマーズ博士のすばらしい天文講話を知っている」と述べた後、『試論』の反多世界論的論旨は、「エホバの計画と目的について極めて狭い考えしか与えてくれないし、科学の類推によって確証されてはいないと思われる考えをわれわれに与えるものである」と主張している。ミラーやサイモンズと同様、ヒチコクは、地球に人間が現れる以前の段階の地質学的証拠から推論すると、他の「惑星がこうした前段階を通過する時、理性的で不死な存在が配置されたかもしれない」と主張する。さらに、地球の動物が環境にすばらしく適応しているということから考えると、「理性的で知的な存在が、地球の自然条件とは極めて異なる他の世界の自然条件に適応していることを疑うことができようか」とも述べている。地質学や種の変移

の問題の扱い方に関してはヒューエルに賛成しながらも、「ヒューエルのお気にいりの考えは、神の計画や目的に関するわれわれの考え方を狭くしてしまう」と主張している。こうした批評を端緒として、ヒューエルの『試論』はアメリカに現れたのである。

科学者で探検家のアレクサンダー・フォン・フンボルト(1769-1859)は、一八五四年二月二一日ベルリンからヒューエルに手紙を書いて、『試論』を送ってくれたことにお礼を述べ、「しばしばひどい扱いを受けてきた問題」を攻撃した点でヒューエルを賞賛している。さらにフンボルトは次のように述べている。

> 極めて詩的な想像力を侵害するとか、宗教の高い原理に余りにも直接的に参入することになるかもしれないという恐れのために、この問題を取り扱うことは九分通り危険なこととなった……。太陽系や星雲に関する〔あなたの著書〕の全体には、印象的でしばしば極めて斬新な考えが満ち溢れています。地質学的概観、太陽系に関する理論、第一一章そして特に世界の統一性について述べた第一二章は、私にとって魅力に溢れています。★75

フンボルトの手紙が率直というより丁重という性格のものであったことは、フンボルトがほんの数日後ガウスにあてて書いた手紙の中の批評から明らかである。

> 英国民はいつも何と驚くべき国民であろうか！　ヒューエル教授は、『帰納的科学の歴史』ではまったく思慮分別を持ちながら、……『試論』という奇妙な著作中では次のようなことを主張しています。地球以外の天体に知的存在が居住するということはキリスト教の教えるところに基づけば不可能でなければならない。なぜなら、すべての理性的存在は生まれつき罪深く、また、贖罪(十字架上の死)はロス卿のいう何百万もの星雲では繰り返されえないであろうと思わ

れるからである。[★76]

この批評が示しているように、天文学者たちと同様地質学者たちもヒューエルに同意しようとはしなかったのである。しかし、ミラーやサイモンズのような地質学者と共通のヒューエルの見解、つまり惑星は変化する存在であるという見解は、この世紀以後数十年間にわたって広く受け入れられる傾向にあったのである。

5 他の科学者の反応──「水星では水星人、土星では土星人、そして、木星では木星人」

ヒューエルの著書に対する関心は科学者仲間の間に広く広がっていた。すでに論じた天文学者、数学者、地質学者だけでなく、生物学者、化学者、医学者、また「科学作家」と言ってもよい人々にも広がっていた。

生物学者のうちで、チャールズ・ダーウィン(1809-82)は、出版直後に『試論』を読んでいる。実際、ダーウィン研究の大家の一人は、ダーウィンが『種の起源』の中で名前を挙げずに攻撃している創造説を支持した人物はヒューエルであることを示唆している。ダーウィンは、『試論』とそれ以前の『帰納的科学の歴史』を読んでヒューエルの見解を知った。[★77] さらに、確かな証拠によれば、トマス・ヘンリ・ハクスリー(1825-95)は『試論』を読んだだけでなく論評もした。ハクスリーは、一八五四年『ウエストミンスター・レヴュー』に発表されたほとんどの論評を自ら書き、そのすべてを編集した。[★78] この雑誌の一八五四年四月号にラードナーの『科学と芸術の博物館』とヒューエルの『試論』の両方に関する一つの論評が掲載されている。ラードナーの多世界論支持はヒューエルの反多世界論の立場と対照的であると記しているけれども、ラードナーの著作にはほとんど注意を払っていない。『試論』の著者がヒューエルであることは知っ

ていたように思われる。というのは、『試論』は、「〈論理学体系〉の原理よりも〈帰納的科学の歴史〉の原理が深く染み込んだ精神を示しているように思われる……」とコメントしているからである。この論評者は、ヒューエルの「才気と器用さ」は認めているが、ヒューエルに不賛成を表明し、「擬人主義」であり、オーエンの引用に関しては「極めて軽率」であると非難している。[★79] また、ヒューエルが主張したよりももっと強く人類の古さを力説し、ヒューエルの地質学的議論を退けている。「依然としてわれわれは古生代の陶器を見る希望を多少はもって生きている……」。より一般的な点に関していえば、多世界論的「思弁や議論」は「無益」であると断言している。

三か月後『ウエストミンスター・レヴュー』にヒューエルの『世界の複数性に関する対話』とブルースターの著書に対する書評が掲載された。筆者はおそらくハクスリーであろうが、同一人物が書いたことは明らかである。というのは、オーエンを誤って引用しているという非難にヒューエルが『世界の複数性に関する対話』の中で反論していることに対して、答えるということが内容の大部分を占めているからである。筆者は、『世界の複数性に関する対話』には「堂々とした気宇の大きいところ」がよく出ているとヒューエルを褒め、また、次のようなヒューエルの主張を賞賛してもいる。すなわち、多世界論に好都合な科学的証拠と不都合な証拠を注意深く分析すると、その説得力は「大したものではないので、思慮ある人は、道徳的、形而上学的、また神学的考察によって多世界論に関する態度を決定するであろう」[★80]。ブルースターに関していえば、簡潔にしかし精力的に批判している。特に、「〈天〉というのも〈諸天〉というのも同じである」と主張する傾向があった点を非難している。しかし、筆者の主な論旨は、世界の複数性に関する問題は「最大の超仮説的思弁」をこととするもので、「議論にはなじまない」ということである。結論にあたるところでこの点を繰り返し、「確かに、科学の世界のアレクサンドロス大王たちの他の世界征服の声は未だ正当なものではない」と述べている。

これらの論評の筆者がハクスリーであるということは、ここで取られている立場と『科学とキリスト教の伝統』

(1894)の中で唱えられている立場との類似性からして、確実である。

最も厳密な科学の観点からこの問題を見てみると、無限の空間に散らばる無数の世界に、人間の知性がトウヨウゴキブリの知性より優れているように、人間の知性より優れた知性は存在しないとか、自然の成り行きに影響を与えうる人間の力が蛇の力より優れているように、人間の力より優れている力を賦与されたものは存在しないなどという仮説は、単に根拠がないだけでなく見当違いでもあるように思われる。★81

また、ハクスリーは、「人間の寿命が長くなり、仕事の重荷が軽減されるまでは、木星人や火星人、また博物学などに賢明な人が携わることはないだろう……」とも述べている。

医者から科学作家になったロバート・ジェイムズ・マン(1817-86)は、『エディンバラ・レヴュー』に、ブルースター、ジェイコブ、パウエルの著書の論評だけでなく、ヒューエルの『試論』の論評も書いている。★82 マンは、初めに多世界論論争を概観しているが、多くの誤りを犯している。例えば、コペルニクスの発見を約一世紀間違っているし、その方法の説明も誤りであり、コペルニクスを多世界論者と見なしているのも間違いである。また、ヒューエルについて「先入見」に基づいて論じ、また、「曖昧なものから明白なものへ」と議論を進めているなどと記している。また、ヒューエルの地質学的議論に対するマンの反論は、アダム以前に関するブルースターの思弁の要約にすぎず、人間はずっと将来も生き続けるであろうというブルースターの予言を要約しているにすぎない。ヒューエルの星雲理論に関しては、ブルースターやジェイコブの議論の焼き直しでこと足れりとしており、『試論』の著者の惑星の分析に関しては、「根拠がなく支持されもしない多くの仮説」であると簡単に片付けているだけである。一方で(ジェイコブに従って)最も遠くの惑星にも固有の熱を仮定し、暖かいと認め、他方で(ブルースターに従って)居住者に目の変容したものがあるこ

とを認め、視力を持っているとしている。太陽の居住可能性を救うためには何らの努力もしていないが、月に生命が存在するとするためには当時役立ったほとんどすべての考え方を整理している。ジェイコブの確率を用いた議論を要約し、ジェイコブの推論よりももっともっと誤謬に満ちた推論を用いて、ヒューエルの立場は「正しいどころかその千倍もの確率で誤っている」と決めつけている。また、地球の生命は空気のあるところで生じたのであるから、大気のある惑星には居住者がいるにちがいないと力説するが、この点でも誤りを犯している。この場合必要条件と十分条件を取り違えていることがわかっていない。そして、「多世界論は今後科学の定説の一つに数えられてもよい……」などと主張している。マンが根本的に何を確信しているかということは、神の創造力からして地球外生命が存在しないなどということは信じられないという主張を見れば明らかである。それにもかかわらず、結論にあたる箇所で、ヒューエルは科学と宗教を混同していると非難している。全体的に見て、マンの論評は、ブルースター、ジェイコブ、パウエル、ヒューエルの著書についてそれぞれを評価しようというよりも、最初の三人の中に見いだされる議論を使って最後の著者を攻撃しようとしている。

ヒューエルは、おそらく、基本的に独創性のないこの論文を論駁することによって多くの敵と闘うことができると感じて、『サタデー・レヴュー』に反論を書いたと思われる。[★83]「『試論』の著者が書いたもの」と確認されているこの反論の初めの方で、ヒューエルは次のように問うている。「人類は特別の存在であるとする立場に宗教的根拠が存在するのかという問いをこの論評者は何故考えないのか」。自らこの問いに答えてヒューエルは次のように述べている。「それは、彼が宗教的議論を排除するからではない。というのは、世界の複数性を肯定する彼の主要な論拠は、世界が複数でなければ惑星や恒星が無駄なものになる……という神学的にはありきたりの主張だからである」。星雲に関するロスの立場をマンが曲解していることを暴露すると共に、ジェイコブの確率の議論に問題があることも暴露している。ベスルの研究を引用し、月人に対するマンの規定が非科学的であることも明らかにしている。全体的に見て、論評者

が「極端な濫用」の誤りを犯していることをヒューエルはよく立証している。

ヒューエルはエディンバラで同調者を持っていなかったわけではない。このことをヒューエルはジョージ・ウィルスン(1818-59)の一八五四年一〇月二四日の手紙で知った。ウィルスンは、一八五五年エディンバラ大学欽定講座担任教授になると共に、スコットランドの産業博物館の初代の館長となった人物である。宗教に関していえば、ウィルスンは、会衆派教会で活動していたけれども、自らはバプティスト派であると考えていた。ヒューエルが誰であるか知らなかったようであるが、[★84] ヒューエルに返事を書き、『試論』の新版を送ってくれたことにお礼を述べ、その議論を賞賛し、それがエディンバラで受け入れられていると記している。ウィルスンが述べているところでは、スコットランドの多くの人が『試論』の

……敬虔でまじめでかつ思慮深い文体を大いに歓迎しています。専門的な結論についてはそれを受け入れる用意ができている人はほとんどいませんが、思慮があり教育もある人たちは、『試論』が反宗教的であるという非難に対しては快く思わなかったでしょう。

ブルースター卿は、他の人々と共に正統派はこの問題に関して自分の側に味方していると主張しましたが、『創造の自然史の跡』の著者やブルースターがこの点で一体となっていることを考えると、それはほとんど事実とはいえないでしょう。しかし、そう信じるように説得された人々の間ではブルースターの辛辣な著書は人気があります。

なぜヒューエルはウィルスンに『試論』を送ったのであろうか。おそらく、何らかの仕方でウィルスンの一八五二年の著書『電気と電信――また、星の化学――星とその居住可能性に関する議論』(ロンドン)のことを聞き知ったからであろう。この大著には、まったく理由は不明であるが、小さな二つの巻が加えられている。五〇頁にすぎない「星の化

学」は多世界論を扱っている。これは好奇心をそそる著書で、誇張ではあるが魅力的な言葉で、地球外生命が地球の居住者に似ているか否かを論じている。ウィルスンは、宇宙には通常考えられているよりもずっと大きい相異性が存在することを示し、それによって、多世界論の立場、特に、『創造の自然史の跡』で提示されたような多世界論の立場には疑問を投げかけている。ウィルスンは、これを遂行する第一歩として、普通の人々を陪審員として呼び出し、惑星、恒星、そして星雲について説明して見せ、それぞれのさまざまな大きさ、密度、形について述べ、「常識的な答え」を確定することから始めている。陪審員たちは、彼らの職業上の言葉で判断を下している。例えば、船員は、「軍艦、……悲しげな奴隷たちと悪魔のような乗組員の乗ったアフリカの奴隷船、……タヒチ人の軽スクーナー……」その他あらゆる種類の船から成る集合を考え、天界にも同様の多様性があるという。ウィルスンの目的は、天体に多様性があることを示し、この風変わりな連中の一致した評決を正当化することにある。「天上の體あり、地上の體あり、されど天上の物の栄光は地上の物と異なり。日の栄光あり、月の栄光あり、星の栄光あり、此の星は彼の星と栄光を異にす」。［＊コリント前書 15,40-41　日本聖書協会訳］

次に、ウィルスンは、「聖職者の内なる法廷」すなわち当時の天文学者、化学者、生物学者の方に話題を転じる。「天文学者」は、惑星を検討して、「地球のあるいは地球のような性格は、太陽系を成すものに共通な性格であるという考え」が、望遠鏡を使ったからといって支持されるわけではないという。「化学者」も、分光器によるデータや隕石の成分の分析などの資料から考えて同様の結論に達する。『創造の自然史の跡』の著者が、隕石は「地球に存在する通常の物質を含んでいる」[★85]ことを事実として想定し、宇宙の同質性を主張したのに対して、化学者ウィルスンは、六〇余りの地球の元素の約三分の一が隕石に含まれているにすぎないことに着目し、隕石はむしろ天界の相異性を示す証拠であると考える。ウィルスンは、天界の不均質性に対する自分の確信を証拠だてようとして、神学的議論も駆使している。ウィルスンの説では、「無限な一者は地球の化学的性質を設定するのに知恵を使い尽くしてしまって、宇宙

全体に対してはこうしたことを無限に繰り返すことしかできない……などと想定することは」できないという。「生物学者」としての結論も同様で、地球に存在する生命が惑星にも存在するとは期待できない。というのは、「われわれは、文字通り、水星では水星人であり、土星では土星人であるはずであり、木星では全くの木星人であるはずだ……」からである。ウィルスンは、こうした結論を引き出すのにも、『創造の自然史の跡』の著者に反対して、天体間に見られる大きな相異性からして、「さまざまな星というのはさまざまな地球というのも同然であるなどということはできない」と主張する。要するに、地球外生命が人類に似ているという考え方に反対したのである。ウィルスンが他の世界に極めて異なった存在が存在する可能性を受け入れたかどうかということに関しては、隠喩に満ちた言い方や冗談の多いやり方の故に、はっきりとは分からない。[★86] ウィルスンの見解がどのようなものであったにせよ、ヒューエルは、『試論』第三版の序文で、ウィルスンの著書は「独創的な意見」を含む「鮮やかな論考」であると賞賛している。一八八〇年代の反多世界論者ウィリアム・ミラーは、「ヒューエルの立場を支持した最も重要なもの」とまで言った。[★87] おそらく、ヒューエルの『試論』の公刊が刺激となって他の世界の存在という問題がますます注目されるようになったために、ウィルスンの大著は第二版、そして改訂第三版が一八五〇年代の終わりに出版されたのであると思われる。

女王の侍医で一八五八年から一八六一年まで王立協会の会長であったベンジャミン・コリンズ・ブロウディ卿(1783-1862)は、『試論』を送ってくれたことに対してヒューエルにお礼の手紙を書いている。[★88] ブロウディは、内容を見て著者がヒューエルであることを正しく予測し、この書物の中に示された「広範でかつ多様な知識が偉大な達見と結び付いている」点を賞賛している。しかし、「精神の原理つまりわれわれ各自が自らそれであると感じる一つの不可分割的な本質が、この地球で結び付いたのとは別の物質形態と結びついては存在しないかもしれないことを著者は示したわけではない」と留保も表明している。ヒューエルは、また、ヘンリ・ホランド卿(1788-1873)からも手紙を受け取っている。ホランドは、ヴィクトリア女王の侍医で、王立研究所所長であっただけでなく、作家としても一応の名声を博し

ていた。ヒューエルは、ホランドが手紙の中で提出した多くの反論について真剣に考え、回答を『世界の複数性に関する対話』の中に提示している。ホランドの手紙は失われているけれども、ヒューエル自身が所持していた『世界の複数性に関する対話』の中に反論を提出した人の頭文字が書き止められていることから、ある程度ホランドが述べたことを再現することができる。さらに、他の情報源からも、『試論』に対するホランドの大体の反応を明らかにすることができる。「これはヒューエル博士の著書のうちで最も赫々たるものである。しかし、その理論は誤りである」[★90]。[★89]

『アメリカン・ジャーナル・オブ・サイエンス・アンド・アート』とロンドンに本拠を置く『力学雑誌』に、ブルースターとヒューエルの両方を評価した匿名の論評がある。『アメリカン・ジャーナル・オブ・サイエンス・アンド・アート』は、ヒューエルの議論は「円熟した技量と偉大な力量をもって展開されており、たいていの場合公正である。直接推理が不十分である時、ときに詭弁に陥っているが、すべての箇所に人間の宗教と運命に対する気高い思想が満ち溢れている」と賞賛している。惑星に居住者が存在しないことに対してヒューエルが挙げている証拠に関しては、「ほとんど争う余地がない」と見なしているが、恒星に関するヒューエルの考えは「極めて乏しいほとんど零といってもよいほどの蓋然性しかない」と断定している。ブルースターの考え方は、「一つの天体を作るということはもし後でそこに居住者を備えるのでなければ無駄な仕事であるということを、主な根拠……」とするものだと性格づけ、ブルースターが太陽、月、海王星に生命が存在すると主張していることには驚いたと記している。『力学雑誌』の読者は、ブルースターとヒューエルの著書に関する四部にわたる論評を見てびっくりしたであろう。「太陽系の回転と同じ程大きな」脱線を自認する論評者の放縦な文体によって読者の困惑が軽減されたとはとても考えられない。この論争は「イギリスのアカデミックな教養の代表者」と「現代のアテナイの寵児」との間に起こったものであると紹介し、「力学と文学の普及会」の講壇にまで広がってきたと記している。ヒューエルの文体が「退屈で」かつ「重苦しい」のに対して、ブルースターの表現は「線香花火のようで」結局満足を与えるものではないという。しかし、ブルースターの著書はヒューエルの著書

よりも売行きが良かろうと見込んでおり、その理由として、「争う余地のない証拠によって、偉大な名前の人物が不信心に耽っているのを見いだすことは極めて愉快……」であるからだという。複雑きわまる議論を用いて、論評者は、ブルースターもヒューエルも真の帰納的哲学の道を逸れ、解決不可能と思われる問題に対してさまざまな見解を唱えているだけだと主張している。この論評者に関するトドハンターの評言は今もなお有効である。「主たる目的が何であるか極めてわかりにくい[★91]」。ただし、ブルースターとヒューエルに対する論評者の厳しい結論はまったく明らかである。「真理の道を妨害し、科学の進歩を妨げ、真の宗教に害を与えさえした……」。

マンチェスター学士院で科学を教えたモンタギュー・ライアン・フィリプスは、一八五五年『地球の彼方の世界』(ロンドン)を著して、この論争に加わった。彼の立場だけでなく、彼の議論の要点は序言の最後の言葉に要約されている。「人間の住む世界以外にもっと多くの世界が存在する。それが何故いけないのか」。ここから明らかなように、フィリプスは多世界論者である。実際、すべての惑星に、月に、またおそらく太陽にも、小惑星や流星と同様生命が存在するとしている。フィリプスの多世界論の論拠は、一つには、居住者のいない天体は無駄であるという信念である。また、フィリプスは、一種の星雲説を擁護し、これによって、それぞれの惑星の大きさ、質量、密度が導かれると主張している。フィリプスの著書に特に特徴的なことは、すべての惑星は空洞であるという結論であり、それぞれの惑星の中心にある空洞の大きさを示す表も提示している点であるが、ここからフィリプスの科学的素養の水準が分かる。フィリプスは、多世界論を支持したためにヒューエルと敵対する。ブルースターを熱烈に支持していたが、星雲説を退けるには至らなかった。フィリプスの著書は、ある程度の科学的知識を持つ人でさえ、多世界論の立場を救うためにはさまざまな極端に走るものであることを示している。フィリプスの著書は、ほとんど論評されることもなく、後に再版されることもなかった。

また、一八五五年には、トマス・コリンズ・サイモンの『惑星の生命の科学的確実性――あるいは、海王星の光は地

球と同じぐらいである』(ロンドン)が出版された。サイモンは、フィリプスと同様、科学の論文を公刊したことはない。[92] 著書の序文で、「科学のみ」に基づいて世界の複数性の問題を解決すると約束しているが、ハーシェル家の人たち、フンボルト、ラードナー、ニコルなどの著書を読んでいるにもかかわらず、科学について妙な理解を持っていたことがすぐわかる。例えば、百頁にもわたって、恒星は太陽であるか否かについて論じた後で、惑星に話を転じ、惑星はさまざまな軌道で運動しているが、すべてあらゆる点で地球に類似しており、「地球と同じ植物、動物、知的存在が」存在しさえしていると述べている。著書の頂点を成す部分では、常軌を逸した見解を驚くべき仕方で証明している。海王星は地球と比べると太陽から三〇倍も遠く離れているが、同じ量の光を受けているなどと主張している。誤りのもとは、光が光源からの距離の二乗の割合で減少するのは媒体が光の伝播を妨げる場合だけであると信じていたことである。実際、指摘されているように、光の逆二乗の法則は物理的なものというよりも幾何学的なものであり、このためにサイモンの議論はひっくりかえるのである。

サイモンの著書の序言には次のような主張が見られる。すなわち、多世界論を論駁しようとするヒューエルの試みは、「今までに公然となされたものとしてはおそらく最初のものであろう。というのは、ローマ・カトリック教会の大司教であったカリン博士が試みたものは、二、三年前に同じ目的で[書かれたものであるけれども]、熱意の過剰なものであって、教会の権威によってかあるいはこの国の科学の現状には不都合であると自ら認めた結果か、いずれにしても出版差し止めになったからである」。この主張は私にとって魅力的で、何回か確証しようと試みたが、カリンに関するこの主張を確証することはできなかった。カリンは最後にはダブリンの大司教になった人物である。[93]

フランスでは、物理学者で気象学者のジャック・バビネ(1794-1872)が、ブルースターとヒューエルの著書について論評した。この論評は、まず多世界論論争の歴史を述べ、この論争の頂点をなすものはヒューエルとブルースターが引き起こした「一大センセーション」であると記し、「自然は無駄なことは何もしない」という形而上学的原理に反対した

ヒューエルを非難している。バビネは、月と太陽に生命が存在することは退けているが、ブルースターに対して極めて好意的である。両者に対して批判を述べているが、特に「本質的に神学的な」著書を書いた点でヒューエルに批判的で、チャーマーズの説教を出発点にし、詩篇の言葉を余りにも文字通りに理解しすぎていると述べている。もっと専門的なことについて言えば、バビネは、ヒューエルに反対して、ジョン・ハーシェルに従えばシリウスは太陽の一四六倍の光を出していると述べている。これに対して、ヒューエルは、ハーシェルの一八三三年の説ではシリウスの光度は太陽の光度の少なくとも二倍であることは明確であるが、一八四九年の説では六三倍の明るさであると改められていると応酬し、バビネが参考文献を挙げずにかの数字を二倍以上にして、いい加減な数値を出している点を強調した。[★94] バビネは、神学は退けながらも、形而上学的アプローチは受け入れている。そして天文学と形而上学は一体となって多世界論の立場を極めて確実なものにすると主張している。

全体としてみると、この節で論じられた科学者は先に分析された人々と同じく大体において多世界論者であった。例外は、おそらくハクスリーと『アメリカン・ジャーナル・オブ・サイエンス・アンド・アート』に論評を掲載したウィルスンだけであろう。

6 宗教者たちの反応――「金星のベツレヘム、木星のゲッセマネ、土星のカルヴァリ」

すでに明らかであると思われるが、ヒューエル論争に関わったいずれの著作も科学的とか宗教的とかに類別するということは明らかに不可能である。実際、この論争で議論の的となった問題は、そうした境界設定が可能であるか否か、あるいは望ましいか否かということであった。しかしどれが宗教雑誌に公表され、どれが例えば聖職者というよ

うな宗教問題を中心に論じた人物によって書かれたかを特定することは可能である。この節で考察するのはこうした類のものである。これらを検討するにあたって、著者の確信している信条とこの論争における立場との間に相関関係があるか否かを追求してみるのは興味深いことである。

英国国教会の高教会派の二つの雑誌、[★95]『神学者と聖職者』と『キリスト教備忘録』は、ヒューエルの著書に関する無署名の論評を掲載している。『神学者と聖職者』の論評は好意的で、「この地球が居住可能な……唯一の世界であるというわれわれの信念を確証する重要なもの……」を提供したとヒューエルを賞賛している。論評者は、惑星に関するヒューエルの議論は「健全で聡明な推論」であり、自然の創造における神の設計の章は「緻密で論理的な推論の傑作」であると述べている。多世界論の問題に関して高教会派が分裂していたことは、『キリスト教備忘録』に掲載されている別の論評から窺われる。ヒューエル、ブルースター、フォントネル、ホイヘンス、ウィルキンズなどの著書を論評の見出しにあげているが、同時代人に焦点を当てている。『試論』については「極めてぎこちない混乱した論理概念を駆使し、文体は驚くほど不粋」であると述べている。ヒューエルについては過度に人間を称揚する考え方を持っていると断定している。「もし人間崇拝というような宗教が存在するならば、『試論』の著者はその首唱者であると思われる」。ブルースターの立場は妥当であるが、「極めて散漫な調子のぐちっぽい抗議の言葉で、おきまりの信念を……しばしば単に大言壮語しながら述べているだけである」と述べている。多世界論を支持する筆者は、取るに足らない地球の大きさや天体が創造された理由の説明の必要性、多世界論によって生み出される敬虔な気持などに言及している。多世界論に対するヒューエルのキリスト教的反論には共感を示していないが、自然の創造における神の設計に関する議論は賞賛している。これら二つの論評を読んだ高教会派のキリスト教徒は、いずれにもしっかりした議論はほとんど提示されていないと思ったであろう。

低教会派のキリスト教徒は、ヒューエルとブルースターの著書に対する同様に否定的ではあるがもっと分別のある

評価を、機関誌の一つ『クリスティアン・オブザーヴァー』に掲載された匿名の論評の中で読むことができた。ヒューエルの著書は「大して確実とはいえないように思われる推論……」に基づいているとしてヒューエルの立場を退けている。中庸を保ってヒューエルの見解を理解し、詳細に説明し、その後で論駁を加えようとする真摯な努力の跡ははっきり認められるが、ヒューエルのキリスト教的反論の意味と力を伝えることはできていない。例えば、『試論』について「数の上で人間が理性的創造の取るに足らない要素なのではないことを明らかにして、人間の地位を称揚しようとする試み」であると記しているが、これは誤りである。本当の難点は、論評者がジェイムズ・アンソニ・フルードの一八四九年の自伝的小説『信仰のネメシス』から引用した一節の中にもっとはっきり出ている。フルードは、この小説を書いたためにオクスフォードの特別研究員の地位を辞めさせられることになったのであるが、地球に関して次のように書いている。

この惨めな球体、それはさまざまな太陽から成る巨大な宇宙の砂粒の一つではなく、極めて不思議な運命が結び付いていたといわれているが、神、全能の神、彼、創造者自身が身を落としめて、地球の表面を這い回る惨めな虫の形態を取り、こうした虫の魂を救うために自ら死んだなどということがありうるだろうかと私は自問したことがあった。また、こうした問いを真正直に問い、しかも然りと答えた人がかつていただろうかと問うたこともあった。

七か月後『クリスティアン・オブザーヴァー』にブルースターの著書の論評が掲載されたが、これは明らかに別の論評者によるものである。実際、ヒューエルの著書を論評した人物はブルースターを信奉する傾向を持っていたが、ブルースターの著書の論評者はヒューエルを信奉している。多世界論に関するチャーマーズの著述が「おそらく以前のいかなる著述よりも、多世界論は確かに真理であるという印象を流布させるのに貢献するところがあった」と述べた

後で、多世界論が「科学の事実を歪曲する傾向」を生み出したと述べている。さらに、聖書が多世界論を支持しているというブルースターの考えは誤りであるともいう。「われわれの考えは……まさにその反対である。聖書や……特に……受肉ということから出てくる唯一の自然な結論は、人間が創造者の道徳的支配の真の中心であるということである……」。また、この論評者は、ブルースターを非難し、「荒々しい語調」で書いているとか、「熱狂的な党派心」を持って議論しているとか、科学的に「不正確」なところがあるなどと述べ、さらには、ブルースターはアダム以前に人間がいたことを信じているとか、星雲のさまざまな形態を区別できていないとか、太陽に生命が存在することを受け入れているなどと批判している。星に関するヒューエルの言明の幾つかは疑問であるとしながらも、ロス、J・ハーシェル、その他の権威者を引き合いに出して、ヒューエルの星雲に関する取り扱い方を支持している。多重星系は居住可能な惑星とはいえないというヒューエルの見解に与し、多世界論者はアナロジーによる議論や神の全能ということに無批判に依りかかっていると非難している。しかし、地球外生命の存在する可能性は認めている。結論としては、科学によっても聖書によっても多世界論問題を決定することはできないのであるから、われわれはしばらく判断を見合わせて、「科学の探究の現実的分野……」に専念すべきであるという。ヒューエルは、この説得力のある論考が気にいって、『試論』第四版序文で触れている。

英国国教会がヒューエル論争で深く分裂したということは、また、他の多くの英国国教会の著述家たちが表明した見解を概観すればわかる。例えば、聖職者のジョージ・クロウリ博士(1780-1860)は、ロンドンの新聞に宛てた手紙の中で多世界論の立場を強調している。クロウリの多世界論が自然神学に基づいていたということは、『スタンダード』への長い手紙の中で自分の主張を要約した文章から明らかである。「もし惑星や恒星が居住に不適当であるならば、それらの効用はどのようなものであると考えられるであろうか」[★96]。他方、聖職者のチャールズ・マズグレイヴ博士は、ヒューエルに宛てた手紙の中で『試論』から「大いなる満足」を得たと述べている[★97]。マズグレイヴのグループの一人で

あったフレドリク・ウィリアム・クロンヘルムは、マズグレイヴに促されて一八五八年ヒューエルの側に立つ小著『世界の複数性に関する論争について』(ロンドン)をマズグレイヴに捧げて出版した。クロンヘルムは、多世界論の歴史をたどることから始め、例えば数学者ピーター・バーロウ(1776-1862)などの意見が広く受け入れられたと記している。クロンヘルムによれば、バーロウは「理性と想像力を用いれば何百万という太陽、何百万という世界が存在し、それぞれに知的居住者が存在することが示される……」と述べているという。ヒューエルについては次のように述べている。「最も優れた現代の哲学者の一人が立ち上がり、大胆にこの評判のよい信条を疑問に付した時……その驚きといったら説明し難いものであったし、動揺といったらものすごいものであった」。ダビデのような人物が「ケンブリッジの巨人たち」と闘うために立ち上がったが、「［しかし］箙の矢は罵倒や侮辱にすぎなかった」。クロンヘルムが多世界論に反対した主な理由は次のようなものである。もし他の惑星に居住者が存在するならば、多くの場合罪に落ちたにちがいなかろうが、そうなると「金星のベツレヘム、木星のゲッセマネ、土星のカルヴァリ」が必要となる。こんなことは不合理であるから、人間と天使が唯一の知的存在でなければならない。惑星が無用であるはずはないから、惑星は天使と復活した人間の居住地として機能しているはずだという。

ダブリン大学のトリニティ・カレッジの卒業生で、アイルランドのキルシャーの教区牧師であった、ジョウサイア・クランプトン師(1809-83)は、一八五七年クロンヘルムの著書と同じ位の大きさであるが別の意図を持つ著書を出版した。初期の著述や後期の著述と同じく、『天の証』[★98]で、天文学は宗教を支持すると主張している。この目的のために、多世界論者の主張を引き合いに出し、例えば、「われわれが目にする膨大な数の天体は、居住者のいない寂しい天体ではなく、居住者のいる世界である……」ことをよく考えてみれば、自然の創造における神の設計と力は明白であると力説している。また、ロス卿の望遠鏡の一つを使った時、「すべての光輝く星には……一連の衛星の世界が存在する……」と考えると、非常に深い感動を覚えたと述べている。クランプトンはそれぞれの星雲が宇宙であり天空であ

ると考えている。クランプトンは、多世界論とキリスト教をどのようにして調和させるかについて論じる時、ヒューエルのことを念頭においていたことは疑いない。自分の著書をヒューエルに送ってはいるが、言及してはいない。クランプトンは基本的にはチャーマーズ主義者である。しかし、自分の著書の最後で、キリストが昇天し、自分の弟子たちのための場所を天に準備しておくと約束したということは、「天界が居住の場所である」ことを証明していると述べている。クランプトンの著書からわかることは、多くの説教者がすぐにはチャーマーズの宇宙を捨てはしないことを疑いなくヒューエルが知っていたということである。★99

説教者たちと同様、詩人たちも多世界論を放棄しないことにヒューエルが気付いたのは、ジョン・ピートから『世界の複数性に関する詩的考察』(ロンドン、1856)を受け取った時であった。ピートは、ケンブリッジの卒業生で「ケント州、セヴンオウクス、ウィールドの牧師」であった。ピートはこの著作の中で次のように問うている。

途方もない宇宙！　巨大な計画！
汝のみが地球に生まれる人間としてはらまれたというのか。

そして、次のように答えている。

然らば確かに地球と同様のさまざまな世界が存在する！
すべての物質は、誕生の時以来、生命力に満ちている！
すべての進行——すべての優美な曲線の中で、
いたるところで、物質は生命に寄与している。

充満の原理が多世界論を示すだけでなく、

公正な科学！　汝も、地球が巨大な全体の一部分にすぎないことを、
魂に教えることができる……。

ブルースターに捧げられたピートの詩は、確かに第二版が出たが、だからといって、「必ず人気を博するはずだ」というブルースターの予言が正しかったということにはならない。[★100]

ヒューエルは、彼の元学生であったアルフレッド・ロード・テニスンが下した判断を知ったら落胆したであろう。テニスンの息子が記録しているように、テニスンは、一八五四年ヒューエルの『試論』を「注意深く研究し」、次のような結論を下した。「私には決して満足のいく書物ではない。三流の太陽系の三流の惑星に生きているわれわれのためにのみ宇宙全体が作られたというようなことは、とても考えられることではない」。[★101]しかし、同じくヒューエルの元学生であったもう一人の人物ウィリアム・カールスとは話が合った。カールスは、ウィンチェスターの司教座聖堂参事会員で、一八五四年ラムジの教区牧師となった人物である。カールスは、一八五四年ヒューエルに手紙を書いて、『試論』は「極めて興味深い」と記し、その議論に「心を奪われた」と告白している。さらに、「私は自分が……今でもあなたの学生であると感じます」と述べ、「主教と多くの牧師たち」にこの書物について話しましたと記している。[★102]ヒューエルは、また、ジェイムズ・カーデンからも手紙を受け取っている。オクスフォードで教育を受け、一時はオディントンの副牧師となったカーデンは、ヒューエルの著書に「深く同意する旨」示唆しているが、それに続いて、聖書に関する意味のない注釈を一五頁にもわたって述べている。[★103]

イングランド中央部ポウルズワースの英国国教会教区牧師であったロバート・ナイト師は、一八五五年匿名で『世界の複数性——聖書に基づく積極的な主張、並びにアナロジーによる最近の反論に対する答え』（ロンドン）を出版した。[★104] ヒューエルに反発を感じたナイトは、『試論』とペインやマクスウェルの著書を比較して、マクスウェルの剽窃だとさえほのめかしている。ナイトは多世界論と聖書とを調和させようとしている。聖書によれば「受肉はただ一つであり」、受肉の「影響は……普遍的である」と力説している。ナイトはまず次のように主張する。天使は使者のはたらきをする、しかし、一人のあるいは二、三の天使だけで地球人のための仕事はやり遂げることができるから、他の世界にも居住者がいると考えるか、「天界の無数の使者が怠惰で無活動である」と考えなければならない。続いてナイトは次のように主張する。新約聖書の数節、特に、パウロの手紙で世界の複数性が言及されている。多世界論は、キリスト教思想に平衡の感覚をもたらす。そして、例えば、それは、キリストに従う人が何故かくも少ないように見えるのかと尋ねる人に答えようとする時に役立つ。多世界論に対する反論に話を転じ、短い章であらゆる天文学的問題を片付けている。ナイトの主な論拠は、「他の世界の居住者の存在を実際に発見するかもしれない」可能性があるのに対して、「天文学者がその反証を挙げることが不可能である」ということである。この種の議論の弱点がどこにあるかと言えば、太陽や月に「有情の存在」がいる証拠がないことを示す可能性に対するナイトの反応を見ればすぐ分かる。ナイトは次のように答えている。「人間の視覚によく見える身体以外に、精神的存在を……受け入れるのにふさわしい身体は存在しないのであろうか」。ヒューエルの地質学的議論に対するナイトの取り扱い方も同様に満足のいくものではない。ナイトの論拠は、人間以前の地球の歴史は人間を準備するものとして役立ったかもしれないという想定やアダム以前に人間が存在したという考えである。自然の創造における神の設計に関する議論のヒューエルの再解釈についていえば、ナイトは、神が決して無駄には働かないことを証明するにあたって、ヒューエルの一部は無視し、一部は退けている。ナイトは、議論を要約した後で、多世界論のおかげでわれわれはわれわれの愛に限界を設けない

ですみ、全宇宙の宗教史におそらく特別な仕方で関わっていることが理解できると力説する。総じてナイトの著書は語調は穏健であるが、科学に関する理解は最低であり、神学的には批判精神に欠け、しばしば聖書を濫用している。

英国国教会派の人々の著述に関する議論を締めくくるにあたって、ケンブリッジ大学、トリニティ・ホールのエビニーザー・コバム・ブルーアー師(1810-97)に言及しておこう。『科学における神学』の最後の箇所で、[★105]ブルーアーは、論争は未解決のまま残されているという形で問題を提示している。このことは、多かれ少なかれ、英国国教会派の人々の状況を的確に反映している。必ずしもブルースターの定式化した多世界論ではないにしても、ほとんどの人は多世界論に好感を持っていた。しかし、一致した意見は現れていなかったのである。

イギリスのローマ・カトリック派の考え方の実例は、ローマ・カトリック派の雑誌『ランブラー』の中に見いだされる。この雑誌は、オクスフォードで教育を受け、一八四五年回心し、教区牧師をしたことのあるリチャード・シンプスン(1820-76)の編集になるものである。『ランブラー』に載った三つの論評のうち最初の二つはおそらくシンプスン自身が書いたものである。[★106]ブルースターの著書を論評した最初の論評は、初めに、カトリック当局は信仰箇条として多世界論に賛成するとも反対するとも声明していないと述べている。聖アウグスティヌスとブリクスンの聖フィラストリウスは多世界論を異端の一つに挙げているが、ローマの聖クレメンス、アレクサンドリアの聖クレメンス、聖イレネウス、オリゲネス、聖ヒエロニムスなどはすべて支持しているという。神学的には多世界論に反対すべきことは何もない。しかしかの神学を支えている哲学は多世界論と矛盾するかもしれない。そして、率直に言ってかの哲学は誤っているであろうという。論評者は、地球以外に「動物生命の所在地」が存在することを容認するが、ブルースターの言った「キリスト教徒の希望」としての多世界論は退ける。実際、ブルースターの原理に従うと「キリスト教を放棄」したくなると述べている。キリストが他の惑星で受肉する可能性や来世に関する論じ方は、「グノーシス主義」であるとブルースターを非難している。物質が存在するところ生命もまた存在しなければならないというブルースターの目的論的主

張は「まさに物質主義そのものだ」という。総じて、ブルースターの立場は、形而上学に対する配慮が余りにも少ないが故に生じた「精神の愚かさと狭さを示すさまざまな痕跡」をとどめているという。論評者は、二か月後ヒューエルの『試論』の短い論評をしてこの論争に立ち戻り、「デイヴィッド卿の虚説が原因で、『試論』を高く評価してしまった……」ことを明らかにしている。論評者は、『試論』を読んだ時、「実にすばらしい」と思ったのだが、著者のカント哲学には用心せよと警告している。

一八五五年八月『ランブラー』にフィリプスとパウエルの著書の寸評が掲載された。両方に対して否定的であるが、論評者はパウエルに関しては次のように問うている。「三九箇条と矛盾しはしないが、キリスト教全体と矛盾する著書を書いた教授に対して〔オクスフォード〕はどういう態度を取るつもりなのか。おそらくまったく何もしないつもりなのであろう」。パウエルは「聖職者であるが、不信心なお方」であるという。パウエルの『帰納的哲学の精神、世界の統一性、創造の哲学に関する試論』の第一部の還元主義的志向と実証主義的傾向を批判し、創造に関する旧約聖書の説明は単なる詩として読むべきであるという第二部の主張を非難している。第三部はさらにけしからぬものであるが、結論としてこの書物は「プロテスタントの原理の必然的傾向を示す、憂鬱ではあるが教育的書物である」という。総じて、『ランブラー』の論評は、多世界論に反対しており、注意深い分析というよりも中傷に満ちたものといえる。

パウエルの著書は、メソジスト系の雑誌『ロンドン・クォータリ・レヴュー』でも論評されている。パウエルについては信心深いキリスト教徒として認めながらも、著書については「最大の憂慮を持って」いる。一番目と三番目の論考を中心に論評し、哲学的にも宗教的にも危険であると述べている。二番目の多世界論に関する論考に関しては、「アナロジーの発見に対する」パウエルの「危険な偏愛」が要因の一つとなって、ヒューエルとブルースターの間で「しっかりと決定権を握ることができなく」なったのだと述べている。おそらくこの論評者はパウエルの著書に認められた過激な点に影響されて、引用しているウェズリの反多世界論の立場を取ったのであろう。

バプティスト派と会衆派の雑誌であった『ブリティッシュ・クォーターリ・レヴュー』に一八五四年ヒューエルとブルースターの著書と同じ表題を掲げた長い論評が発表された。しかし、最後の段落で明らかにされているように、この論評が印刷されることになった後で初めてブルースターの著書を目にしたのであった。論評者は、ヒューエルに対しては極めて否定的で、詭弁であるとか、「誤った巧妙さ」であると非難し、太陽系を「体裁の悪い無駄な装置」とし、宇宙を「崇高なる失敗作」とした点を責めている。「多世界論に反対する「宗教的」議論に関しては、神の業に対する極めて非宗教的な見解に基づいている」と主張している。しかし、ヒューエルを批判するために持ち出した議論は、しばしば、偏見に満ちた類推に基づいている。例えば、幾つかの惑星に生命が存在すると論じるにあたって、論評者は、惑星を遠くに見える家になぞらえたりしている。論評者は、多くの保証や条件の中でしか月の居住可能性を放棄しない。ヒューエルの地質学的議論には反対し、自然が「巨大な蘆木や鱗木を生育させて時間をむだに過ごしている」ように見えた時、自然は、実際は、「将来の人間のために石炭貯蔵庫を作って……」いたのであると自信たっぷりに言明している。最後に、ブルースターの著書は「『試論』を書いた人物の見解に反対する極めて決然たる抗議」であると賞揚している。

カトリック使徒教会つまり「アーヴィング派」教会の二人もこの論争の中で著書を出版している。この呼称は、一八三二年エドワード・アーヴィング(1792-1834)が長老派教会から追放された直後確立したものである。ウィリアム・ターベト師は、匿名の著書『聖書が教える天文学と地質学』を一部ヒューエルに送った。[★107] ターベットは、手紙を添えて、ヒューエルの『試論』を賞賛し、さらに、その著が機縁となって自分自身著書を書く気になったと述べている。ターベットの手紙をどんなに喜んだにせよ、ヒューエルの喜びは、ターベットの冊子に目を向けるや否や消え去ってしまったことは疑いない。というのは、ターベットは、近代の地質学を退け、六日間の創造を受け入れ、聖書を文字通りに解釈する極端な人間であることが分かったからである。ターベットの語調や研究方法は次の言明の中によく出ている。「従って、神

がどのように世界を作ったかを正しく理解することができるのは、信仰によるのであって、科学によるのではない。神はそれを啓示した。神は知っているはずである」。ヘンリ・ドラマンド(1786-1860)は、国会議員であり、アーヴィング派の創立会員でもあった。一八五五年『天体の将来の運命について』(ロンドン)を出版した。主として、聖書の解釈と終末論的思弁の書である。ドラマンドの主張は、復活した人間は宇宙のさまざまな場所に置かれ、「しかも遠いところに、というのは、永遠の玉座つまり神の住む場所はこの地球なのであり、神の子は地球の塵と一体となったのであるから」というものである。また、多世界論についても論じ、多世界論を受け入れているように思われるが、科学に基づいてではない。

多世界論を支持する多くのキリスト教徒は、一八五五年ユニテリアン派の神学者エドワード・ヒギンスン(1807-80)が『天文神学――あるいは、天文学の宗教』(ロンドン)を出版した時、疑いもなく不快に思ったであろう。ヒギンスンは、多世界論は「自然科学と宗教の全領域のうちで……最も偉大な思想」であると記し、ヒューエルのキリスト教に基づいた反論は「宗教的に最も邪悪で根拠の無い異議」であるとして退けている。ブルースターも次のように批判されている。詩篇作者が多世界論を神感によって受け取ったというブルースターの主張や「極めて非哲学的な特別弁論は、聖書の威信を著しく傷つけるもの」である。ヒギンスンは、彗星と小惑星は例外的天体で、太陽と月はそれなりの機能を果たしており、居住者はいないという。しかし、ほとんどすべての惑星に居住者が存在することを疑うことは「できない」という意見を持っており、ほとんどすべての恒星の「周りをさまざまな世界系が取り巻いている」ことを同様に確信している。次にヒギンスンはキリスト教を攻撃している。多世界論を受け入れる以上、科学者は、「アタナシウスの三位一体が算術的には不合理であり、また、正統的なキリストの贖罪は天文学的には明白な偽推理である」ことがわかるはずであるという。最後の節で、多世界論的信条はキリスト教徒の思想を高め、洗練してくれると力説している。そして、ブルースターの終末論的思弁を用いて、肉体の復活を信じる伝統的キリスト教徒の信仰に反撃を加えて

いる。

ユニテリアン派の『ナショナル・レヴュー』は、一八五五年ブルースター、ヒギンスン、パウエル、ヒューエルなどの著書の論評を掲載した。パウエルの『帰納的哲学の精神、世界の統一性、創造の哲学に関する試論』が「それらのうちではぬきんでている」と述べているけれども、パウエルについても、ヒギンスンやサイモンの著書についても、ほとんど何も述べていない。ただサイモンの科学的誤謬を簡単に脚注で示しているだけである。多世界論の立場に立つ筆者は、ヒューエルに焦点を当て、類推は厳密でなければ無効であるというヒューエルの主張を特に批判している。また、絶対的差はそれでよいが程度の差は類推を無効にすると考えている点でヒューエルを非難している。もし、筆者が、海王星には地球に到達する光と熱の九百分の一しか届かないという事実がただ程度の差にすぎないなどと主張しなかったならば、議論はもっと強力なものになっていたであろう。論評者は、ヒューエルの立場はとても成り立ちそうにないと述べ、ヒューエルの宗教的反論を片付けるに際しブルースターの答えを引用している。また、太陽に近い惑星の存在者は、遠い惑星の存在者の知性よりも優れた知性をもっているなどという思弁を弄している。[★108]

一八五八年ロンドンで『星と天使』というかなり風変わりな著書が匿名で出版された。[★109] 著者の主張は、❶極めて少数の惑星にしか植物や動物は存在しない、❷そのうち「百万のうちの一つにも知的で道徳的存在は居住していない……」、❸さらに少数のものには「堕落した知性を持つ存在」が居住しているというものである。これらの主張を支えているものは、一つには、贖い主としてのキリストは地球にのみ到来したという確信である。しかし、最初の二つを主張するために、強力な科学的議論を並べ立てている。その幾つかは疑いもなくヒューエルの『試論』から得たものである。太陽系に関してはヒューエル流の立場に立ちながら、宇宙に関してはヒューエルよりも時間的にも空間的にももっと巨大な宇宙を考えている。例えば、「活動を停止した何百万もの太陽が存在し……、それぞれの周囲を死んだ惑星系が依然として回っている」と推測したり、星雲とは他の宇宙のことであるとし、「未だ輝いていない、……何兆もの星雲

となる物質」が存在すると共に、「活動を停止した何百万もの星雲」が存在するかもしれないなどと示唆したりしている。著者の考える宇宙では、居住者の存在する惑星は稀であるけれども、宇宙が極めて大きいとされるが故に居住者の存在する惑星の数も無視できないものとなり、その居住者をどう扱うかという問題が生じてくる。この点に関しては、地球外生命も神のイメージの中で作られた時には人間の形に似ており、事実上「人類」の一員であると力説している。さらに、天使も同じ人類に属し、人間の最終的に到達する形態を持つという。復活した人間は、従って、惑星から惑星へと旅することができ、おそらくそこに居住しているということになる。「多くの星は、いわば、多くの天使のゆりかごであって、そこから何千という他の星に植民するのであろう……と考えてもよいのではないか」という。この書物には科学的な装い、控えめな語調、宗教的思弁などが混ざり合っていたが故に、イギリスではおそらく二版、アメリカでは確かに二版を重ねることになったのであろう。

スコットランドでこの論争に貢献したのは、ジェイムズ・モリスン(1816-93)とジョージ・ギルフィラン(1813-78)である。二人とも長老派教会で説教する資格を持っていた。ギルフィランは、死ぬまでダンディーの会衆に仕え、モリスンは、一八四一年贖罪に関する非カルヴァン主義的見解のために停職になり、福音主義連合つまり「モリスン主義者」を設立し、『エヴァンジェリカル・レポジトリイ』を編集し、第一号でヒューエルとブルースターの著書を論評している。★110 ヒューエルの『試論』は「とてつもない諸概念から目を覚まさせる、時機を得た試み」であると記しているが、実際は、例えば、「ウィリアム・ハーシェル卿、アラゴ、その他の人々の観測」によれば太陽が居住可能であることは明らかであると主張して、『試論』を攻撃している。モリスンの主張では、月にも居住者がいるかもしれないが、地球人とは「まったく似ていない」という。ヒューエルの星雲に関する見解は「星雲のようにかすんでいる」し、恒星の理論は「自ら輝いているとはとてもいえない」と述べ、ヒューエルのブリジウォーター論考を引用して反論の結びとしている。ブルースターの著書の論評に関しても同様に抑制したところは見られない。「熱に浮かされたと思われる」人物によっ

て書かれた「猛襲」であると述べ、悪魔は「宇宙の計画全体の中では必要なもの」であるというブルースターの主張や、「神のすべての属性は、全能ということを除けば、推理の産物である」という主張を攻撃している。こうしたモリスンの論評は、おそらく、モリスンの義父トマス・ディックやチャーマーズが定式化した、スコットランドの多世界論の立場に対する愛着によるものであろう。

ジョージ・ギルフィランは、一八五四年『エクレクティック・レヴュー』にヒューエルの『試論』の論評を掲載したが、このころにはすでに優れた作家であり重要な批評家であるという評判を確立し始めていた。『文学者たち』(1845)は、約百の著書や冊子について論じたもので、文学の分野で早い時期に成功したものである。論評の中で、ギルフィランは、一一歳の時フォントネルの著書に出会って経験した強烈な感動や夢見るような喜びについて詳しく述べている。二、三年後チャーマーズの『天文講話』を読んだ時かの感動が再び訪れた。『天文講話』は「かつて出版された如何なる説教書よりも確実に……読書人たちを興奮させた」。伝記作家たちが述べているように、ギルフィランは、チャーマーズを読んで「思考が……精神的なもののほうに向かうようになった……。そして、文学的力を持ち、雄弁で、時代を牛耳り、科学的でさえあっても、キリスト教徒でありうるということを理解した」[★111]。ギルフィランには、チャーマーズが「地球と天界を結ぶ輝かしい橋を最初に」もたらしたように思われた。そして、それこそ熱烈な多世界論者の作り出したものであると思われたが、「一時の熱狂的な賞賛の気持ちが去ってみると、その橋は美しい束の間の非現実的な虹に過ぎないことが分かった……」と述べている。実際、すでに一八四五年の『文学者たち』の中でチャーマーズの著書を批判し、チャーマーズの考えは「概してさまざまな仮定やあたりまえのことばかりで……骨を折るには値しない」し、「フラーの『福音、それ自身の証』から……そっくりそのまま……〈盗んだ〉」ものであることをはっきり示しておいたと記している。さらに、『天文学のキリスト教的意味』(1848)の中でもギルフィランはさらなる反論を展開している[★112]。その中で、ヒューエルの『試論』については、その背景にも触れ、これは「男性的な気力、明晰な精密さ、哲学

的な静謐」また、「鋭い……推理」を特徴とする「注目すべき著作」であると述べている。『試論』を完璧に要約した後で、論評の結論として、これは「自然崇拝に対する一撃」であり、「発展理論の粉砕」であると賞賛し、さらに、人間の価値が物質的な宇宙全体の価値よりも高いことを明らかにした点を誉めている。ギルフィランは、多世界論に全く反対というわけではなかった。ヒューエルに書き送ったように、『文学者たち』の中で次のように述べている。「この宇宙は人が住んでいるといってもまだ始まったばかりなのかもしれないではありませんか。また、地球は大規模なコロニーを作るために選ばれた最初の場所かもしれないではありませんか」[★113]。

アメリカの長老派の人たちもこの論争に参加した。一八五五年『長老派季刊評論』は、ブルースターとヒューエルの著書、それにラードナーの著書を検討している。天文学に関する筆者の能力はその内容から明らかであり、編者の注によれば、筆者は「教会の役員」である。筆者は、ヒューエルに代わって天文学の情報を整理し、太陽と月に生命が存在するとするブルースターの途方もない主張を批判している。地球の生命とは相容れないと思われる諸条件しか存在しないが故に地球以外には生命は存在し得ないという考え方から出発して、少なくとも現在ではいずれの惑星にも居住者は存在しないと主張する。結論として、「前世紀の最後の四分の三の時期になされた望遠鏡によるさまざまな発見から考えると、惑星や恒星に理性と感情のある存在が居住しているという理論にはまったく賛成できない」と述べている。かくして、——もし編者たちが「価値ある事実」がいろいろ見られるにしても「この主張には納得しない」と初めに書いていなかったならば、アメリカの長老派の人たちはこの意見に同意していたように思われるかもしれない。編者たちは、「太陽や月に関して真実がどうであれ、さまざまな太陽系で類似した位置を占めている天体や惑星には理性的動物が居住している」と記しているのである。

福音主義的ルター派の雑誌『エヴァンジェリカル・レヴュー』に掲載されたブルースターの著書の寸評や『メソジスト季刊雑誌』に掲載されたヒューエルの著書の寸評はいずれも一段落ほどの短いもので、これらからアメリカのルター

主義者やメソジスト教徒たちの考えを推論することはほとんど不可能である。しかし、ここからでも、多世界論の立場が好まれていたことは明らかに見て取れる。バプティスト系の『クリスティアン・レヴュー』、『メソジスト季刊雑誌』、『ニューヨーク・クォータリ』などに掲載されたもっと長い論評を読んだ、教派にとらわれなかったアメリカ人は、それらの意見が一致していることを知って唖然としたかもしれない。しかし、このことは容易に説明できる——すなわちいずれも、会衆派の聖職者ジョシュワ・リーヴィト(1794-1873)が書いたものだったからである。★114『ニューヨーク・クォータリ』に掲載された最も宗教的傾向の強い論評の中で、リーヴィトは、多世界論に対するヒューエルのキリスト教的反論を是認し、『試論』に窺われる「深い知恵と広い学識」を賞賛している。リーヴィトは、神の宇宙計画についてヒューエルよりももっと積極的に語り、人間は造物主の努力の頂点であると主張している。さらに、神が宇宙のその他のものを創造した理由についても論じ、他の惑星は太陽系の安定のために必要なのであり(これは誤りである)、恒星は「惑星をそれぞれの位置に保つ」(これはもっと大きな誤りである)などと主張している。かくして、リーヴィトは「恒星は人間のために存在する」と推論する。ブルースターの推測に関していえば、幾つかは「たわごと」であり、ブルースターが自分の立場は聖書に証拠があると主張した点を非難している。しかし、リーヴィト自身が同じ誘惑に負けているといえる。『クリスティアン・レヴュー』に寄稿したものの中では、リーヴィトは、ブルースターとヒューエルを「標準的な権威」として認めているけれども、天文学上の細部に関しては意見を異にする場合が多いとして、そうした点を列挙している。また、天体に居住者がいないことを正当化しようとして、ブルースターの多世界論を否定しつつも目的論的説明を求める点で全きブルースター主義者であることを露呈している。リーヴィトの最も優れた論評は『メソジスト季刊雑誌』に掲載されたものであり、そこで、多世界論者の用いたアナロジーによる論証を批判しているが、この批判は素朴であるが希望の持てるものである。しかし、「贖罪の計画と調和する世界の複数性の理論を立てることは不可能である」とか、仮に多世界論の正しいことが証明されても「キリスト教の立場に立つただ一つの主張も崩れ

ることはないであろう……」などと同時に主張できるのはどういうわけであろうかと読者は困惑したにちがいない。また、最初の二つの論評で宇宙の多くの特徴を目的論的に説明しようと力強い努力をした後で、「天地創造の時に造物主がなすにふさわしいことは何かとか思慮あることは何かなどについてアプリオリに決定する能力はわれわれにはおよそない」などと主張して、多世界論者を攻撃することができるのはどうしたわけか全く不明である。

宗派を超えた雑誌『神学と文学』を編集したイェールの卒業生デイヴィッド・ネヴィンズ・ロード(1729-1880)がこの雑誌に掲載された最も長い論評を書いたことは確実であり、おそらく他の三つの論評もそうであろう。[★115] 最も早いものは、短いものであるが、遠慮会釈なくヒューエルの著書を弾劾したものである。三か月後ブルースターとヒューエルの著書の論評で攻撃を再開した。これがロードによるものであることは確認されている。ロードがヒューエルの著書を激しく嫌悪していることは次の主張によく現れている。「［ヒューエル］が出発点としている前提は、キリスト教を信じている人間の前提ではない。普通の理神論者のものでもない……。神が本質的にその人間自身のように全く不完全であると考える……人間の前提である……」。ロードの論評によれば、ヒューエルはこの前提の故に「かつて考えられた最も卑しい、虚偽に満ちた、かつ最も見下げ果てた有神論」を唱えるに至った。ロードは、最後に、ヒューエルの考え方は「冷酷で、不毛で、無分別で、無神論的」であると述べている。ブルースターの著書は「巧みで、楽しい」と述べているけれども、地球のとてつもない年齢を仮説として認める点に関しては批判的である。この論評はほとんど天文学に言及していない。おそらく不必要であると思ったからであろう。というのは、旧約聖書も新約聖書も多世界論の立場をはっきり示しているとロードは確信していたからである。神の本性からして「神が無限の偉大さを……示すに足るだけの広大な帝国を打ち立てる……」ことは必然であるとロードが主張する時、ロードは暗に充満の原理に依存している。無謀な攻撃や誤評からして、ロードがこうした問題にどれだけ深い関心を抱いていたかわかる。パウエルの『帰納的哲学の精神、世界の統一性、創造の哲学に関する試論』を論評した三番目の論評は、ロードによるものではな

いにしても、ロードの原理主義と軌を一にしている。この論評は主としてパウエルの進化論的見解を攻撃目標にしており、「神の言葉を退け、科学の光と見なすものに従うことから生じた忌まわしい帰結」であるという烙印を押している。パウエルの多世界論には好意的に言及しているが、パウエルが聖書に証拠を求めず、目的論的議論に基づいていない点は批判している。

宗教的視点から多世界論を論じた二つの大著がアメリカで出版された。一八五五年ウィリアム・ウィリアムズは匿名で二巻本の『宇宙は不毛の地ではない——地球だけに生命が存在するのではない——創造の統一的計画に関する科学的説明』(ボストン)[★116]を出版した。第一巻では、「創造の統一的計画」の説明がなされているが、主として自然神学の書物に見られる生物学と地質学の概観である。この中に示された参考文献からするとウィリアムズは広範に読書していることが分かるが、例えば植物と惑星とのあいだの数秘学的類推のような考えに溺れているところからすると、読書のわりにはほとんど理解が伴っていなかったようである。第一巻の最後に見られるチャーマーズの二〇頁ほどの引用を除けば、多世界論は第二巻にまわされている。第二巻で最終的な主張「宇宙は不毛の地ではない——地球だけに生命が存在するのではない」を正当化しようとしている。第二巻は「[ヒューエルの]退廃的著作による……冷酷な猛攻撃」に答えて著されたものであるが、太陽の領域や星の領域の議論で始まっている。ついで、多くの標準的な多世界論者の議論について説明し、有限な力しか持たない神とかむだなことをする傾向のある神とかを唱える敵対者を非難する議論について特に詳しく述べている。ウィリアムズは月と太陽に生命が存在することを支持している。惑星に関しては、地球的な条件が惑星にも行き渡っていること、また、たとえそうでないにしても神は惑星にぴったり適した居住者を創造することができるであろうということも明らかにしようとしている。多世界論の論争史を概観したところでは、「ガリレオはジョルダーノ・ブルーノから多くの示唆に富んだヒントを得た……」というような主張もしている。ヒューエルが多世界論者として挙げられていることからすると、ウィリアムズは『試論』を書いた人物がヒューエ

ルであることに気づいていなかったようである。『試論』を書いた人物はW・S・プルーマー★117を除けば唯一の反多世界論者であると主張している。ウィリアムズの最後の議論は、人間は「内奥の感覚」を持っておりこれが発達すると今まで獲得できなかった知識が得られるようになるという主張で始まっている。続いて、こうした内奥の感覚を発達させた人物、すなわち、エマヌエル・スヴェーデンボリの証言を二七頁にわたって熱心に紹介している。

一八五九年チャールズ・ルイス・ヘクェムバーグ師は『創造の計画——あるいは、他の世界とそこに居住する人々』(ボストン)を出版した。出発点となった問題は、キリストの受肉や贖罪と多世界論との調和という問題であり、これについて次のように述べている。「いかなる困難も……大して懐疑的反対の原因とはならなかった」。チャーマーズ、フォスター、フラーという人たちがいたにもかかわらず、未だに「決定的解決を見ていない」という。ヘクェムバーグの解決の根本にある考え方は、「宇宙は居住者が存在するように構想されたのかということと現在そうであるかということ」とを区別することである。キリスト教徒は「宇宙が比較的幼児期にある」現在では妥当しない多世界論を退けねばならないが、神の計画では最終的に他の惑星も復活した地球人が居住するようになるのである。要するに、人間は「世代が続くにつれて……宇宙を覆う……はずなのである」。ヘクェムバーグは、多くの聖書の文句を引き合いに出しながら、論旨を極めて詳細に展開している。ヒューエルの名前は出していないけれども、『試論』に言及し、幾つかの論拠を引き出している。ウィリアムズとヘクェムバーグの努力はこうした大著となって結実したのであるが、いずれも第二版は出ていない。

こうした部類に属するものの中で最後に出版されたのは、一八五八年フランスで匿名で出版された『空想と真実、あるいは、ウィリアム・ヒューエル博士の世界の複数性に関する著作に答えて、宗教的観点から考察された天文学的問題』(パリ)である。★118著者はフランスのプロテスタントのJ・J・ラリである。ラリは長い手紙を添えてヒューエルに一部送った。第一部「空想」で、ラリは、科学を研究したことはないと認めつつも、次のような理論を展開している。

惑星は絶え間なく冷却し圧密作用を受けている。その密度が増加するにつれて、徐々に渦巻き状の運動をして太陽に近づく。この運動によって地球は最終的には燃え尽きるであろうが、外惑星は凝固して太陽に近づき十分居住可能となる。同様の経過は、他の太陽系でも起こり、いずれの太陽系にもいつでも居住可能な唯一の惑星が生じる。著者の主要な関心は「真実」の部にある。多世界論者のイメージを活用し聖書を頻繁に引用して、すべての世界の被造物に対する神の愛を強調している。また、ヒューエルのキリスト教的反論に関しては、ヒューエルのいう神の愛が余りにも狭く限定されている点を特に非難している。ラリの著書の原点となったと思われるのは、この点ともう一つ、ヒューエルの立場はキリスト教徒の謙遜と容易には調和しえないという気持であった。

さまざまな科学＝宗教論争の中でヒューエル論争の宗教的な側面が持つ最も著しい特徴は、反応が多様であったということであり、一つの教派の中にさえさまざまな反応があったということである。英国国教会の人であると確認された人たちのうち、ヒューエルに好意的であった人は六人、反対した人が七人、中立的であった人は一人(ブルーアー)であった。会衆派、アーヴィング派、メソジスト派、長老派、これらの教派の人たちもそれぞれ本質的に分裂していた。総じて、一四人がヒューエルに好意を示し、一八人はヒューエルの立場に反対した。かくも多様に分裂した一つの原因は、地球以外の世界の存在という問題に関して科学も聖書も曖昧な証言しかしていないということである。また、多くの著者は(意識的であれ無意識的であれ)、どちらかに決定すると、自然の創造における神の設計に関して目的論的に論じるか法則論的に論じるかいずれを上位におくべきか、あるいは啓示神学か自然神学か、さらにはキリストか神かどちらに優位を認めるべきかという伝統的なやっかいな問題に巻き込まれることに気付いたであろう。[★119] しかし、キリスト教界にははっきりした立場の表明がなかったのに対し、個人が取った姿勢はまったく対照的で、ほとんど大胆にどちらかの側を擁護している。

7 多世界論と一般の人々――「われわれすべてをかくも興奮させた」ヒューエルに対する他の人たちの反応

ヒューエル論争に関わるさまざまな資料の中には、今まで論じられたような部門にはなじまないものも沢山ある。一般大衆に縁の深いもの、および／または、大衆に奉仕するような出版物の中に現れたものだからである。しかし、取るに足らないものというわけではない。実際、最も広く読まれた論評にはこうした部類の雑誌に掲載されたものもあるからである。

『アテナエウム』は、こうした部類の雑誌であり、ブルースター、フィリプス、パウエルの著書の短い論評を掲載している。中立的な調子でブルースターの著書を論評し、最後にブルースターのアプローチに重要な問題があることを示唆している。惑星には現在居住者が存在するか最終的には居住者が存在するに至るというブルースターの主張を記し、「融通無碍の主張に立ち向かうのは容易ではない」と述べている。カール・ポパーの影響で、虚偽と立証され得ない主張の危険に対して敏感になっている今日の方法論学者は、これに同意するであろう。文体が似ている点からして、フィリプスとパウエルの著書に関する後の合同論評は同じ筆者のものであろう。パウエルの多世界論は「真剣で奥ゆかしい著書」の中でも「最も重要な」論考であると評価しているところからして、好感をもっているように思われる。フィリプスに対してはそうでなかったかもしれない。特に、大気が存在しないことは惑星の居住可能性にとって大した障害ではないというフィリプスの主張を引用して、フィリプスは「どんな考えに対しても大胆不敵なことをいう」という評言には皮肉が含まれていると思われる。

『ノウツ・アンド・クウィアリズ』一八五四年八月一九日号は、『試論』は最初のブリッジウォーター論考で多世界論を

支持した人物によるものであるとしている。この論文は多世界論に好意的で、多世界論の早い時期の唱道者としてブルーノ、ブラーエ、ケプラーを挙げている。一八五四年一二月九日号は、『試論』の著者が誰であるかを確定するにはそれまでの情報では不十分であることや大英博物館が『試論』をヒューエルのものとして目録に載せていることを知っていたマルタの「W・W」という人物の質問に対する答えなどを掲載している。

できるだけ論点を効果的に浮き彫りにするのが、『ブリティッシュ・コントロヴァーシャリスト』のやり方である。一八五五年六人の論争者間の論争を掲載している。すべてがペンネームを使い、三人は肯定的つまり多世界論の立場を主張し、三人はヒューエルに好意を示している。「フィラレーテス」なる人物が賛成の立場を述べるところから始まる。★120 地球の生命の豊富さと多様性からして地球以外にも生命が存在するであろうという。さらに、「いくつかの［惑星］には大気と火山が存在するという事実」や、星雲説、また、神の寛大さや能力からしても、同様の結論が支持されるという。「H・D・L」なる人物は、反対の立場を主張し、より巧妙である。「老練で力強い」ブルースターの見解と「われわれすべてをかくも興奮させた」ヒューエルの見解を対照しながら、ヒューエルの地質学とキリスト教徒らしい主張に依っている。他方、ブルースターがアダム以前の人間を信じたり、太陽と月に居住者がいるとする熱情を披露したり、居住可能性のある大きさを強調したりした行き過ぎた点を非難している。惑星の目的は何かという問題に関しては、復活した人間がそこに住むというブルースターの考えを採用している。

次に登場するのは、賛成の側に立つ「スレルケルド」なる人物である。自然神学を用いて、「もし……居住者がいないならば、天体は……むだである」と主張している。ただし、いくつかの例外を認め、例えば、太陽や月には他の目的が与えられているかもしれないから、生命は存在しないかもしれないという。また、多世界論者を支持する聖書の文句を引用して、多世界論者のみが、例えば「主よ、もろもろの天は汝の奇跡を表すであろう」という一節を理解することができるともいう。最後に、反多世界論の立場は生命の喜びや意味を減じるであろうと述べている。次に、反対

の側に立って、「S・S」なる人物が、「スレルケルド」の矛盾を指摘している。つまり、一方で惑星に生命が存在するという問題に対してはアナロジーによる議論を用いながら、太陽や月に関してはアナロジーを用いていないと批判している。また、地球以外の世界の存在に関する問題について、現象やアナロジーは曖昧な証拠しか与えないし、聖書もそうした証拠を全く与えていないと力説している。

次に、バーミンガムの「ルーヴリエ」なる人物が賛成の側に立って登場する。経験主義的アプローチを勧め、「われわれは事実を好む。事実には極めて確実で客観的で真に迫る何かが含まれている……」という。しかし引用している多くの事実には疑わしく不合理なものさえある。例えば、今述べた主張の後で最初に言及している「事実」は、われわれは太陽から受ける熱の八五パーセントに相当する熱をさまざまな星から受けているというものである。また、「宇宙で最もはっきりと観測できる部分に、歩くことのできる大地、呼吸することのできる空気、飲むことのできる水、暖を取ることのできる火が存在する確率が極めて高い」ということは科学的に明らかであるなどと主張している。キリスト教に基づいた反論に対しては、地球人のみが罪を犯したという「スレルケルド」の主張を繰り返している。「ウィンカト・ウェーリタース」なる人物は、「フィラレーテス」に反対し、地球外生命は神のイメージの中で作られたのであるから、人間に似ているにちがいない、それゆえ、生命の存在する条件に関しては地球の条件が基準となると力説している。また、星雲説に依存している点で「フィラレーテス」を攻撃し、隕石の化学的研究から多世界論に反対している。

「フィラレーテス」と「H・D・L」の結論にあたる主張はひとまとめにして扱うことができる。前者は、他の惑星に人間が存在するかどうかが争点であると反対者たちは主張しているが、これは問題を歪曲するものであるという。ここまでは道理にかなっているように思われる。しかし、この歪曲のために反対者たちは惑星の「密度と温度……大きさと表面」が重要であると考えるのだと非難するまでになると行き過ぎであるように思われる。「フィラレーテス」

に答えて「H・D・L」は、地球外生命が人間に似ているにちがいないという反多世界論者の主張は必然であり、その理由は「こういう仕方でのみ本来議論が可能なのだ」からという。その理由は、もし神がいかなる環境にも適応する存在を創造したと仮定すると、「そうした存在に関する推論は全く不可能」になるからという。しかし、両者ともヒューエルの地質学的議論を肯定的な議論と誤解し、目的論に関しては同じ問題に悩まされている。二人は同じように、自然の各部分に神の設定した目的が確認できると仮定しているにもかかわらず、異なる結論を出している。目的論に関してもっと穏やかな考えを持っていたならば、「フィラレーテス」は、惑星に居住者がいないとすると神は「自分の目的を達成できなかった」ことになるなどと主張しなかったであろうし、反対者の「H・D・L」も惑星の存在の目的は人間にすばらしい空と最後の居住地を提供することにあるなどと応酬しはしなかったであろう。こうしたさまざまな問題点がある点からすると、『ブリティッシュ・コントロヴァーシャリスト』が用いたやり方が持つ大きな可能性はとても実現されたとはいえないであろう。

一八五四年秋『ブラクウッズ・エディンバラ・マガジン』にラードナーの『科学と芸術の博物館』の論評とブルースターとヒューエルの著書の論評が掲載された。筆者はサミュエル・ウォリン(1807-77)である。★121 この人物は、医学と法律を研究し、王立協会会員や国会議員に選ばれ、法律に関する手引や小説も出版している。ウォリンは、ヒューエルの『試論』を賞賛し、「独断や傲慢」がなく「巧妙な考え、大胆な思弁に満ち溢れており、すばらしい力強さと器用さがあり、ほとんどすべての分野の知識が活用されている……」と述べている。これに対して、ブルースターの著書については「傲慢な自信に……損なわれた……貧しい著作」であると述べている。また、示唆していることは、ブルースターが

……とどまるところを知らぬ皆殺しの旅に出かけるヒューエル博士を見た時、どのように感じたか！　ということである。自分の子供たちが残酷に虐殺されるのを見る父親のように感じたのである。惑星が一つまた一つ……恒星が

一つまた一つ……星雲が一つまた一つ、すべてがこの星界のドンキホーテの前に消し去られていく!……もうこれ以上耐えられない。かくして、デイヴィッド卿は、天文学者の魂の悲しみと怒りをとうとう述べる……。

しばしば引用し分かりやすく言い換えながら、ウォリンは、ヒューエルの議論の全体を再現し、特に「『試論』……の原点であった」地質学的議論に注目している。そして、地質学的議論は「ある意見を証明するためのものではなく、反論を退けるためのものである」と述べているのは正しい判断である。ウォリンは、ブルースターの過激な主張を引用し、ヒューエルの『世界の複数性に関する対話』を手引に、スコットランドの科学者が提出した反論に答えている。また、ヒューエルの立場を支持するという文通[★122]中の言明はヒューエルを大いに喜ばせ、ウォリンの論評は『試論』第三版序文で賞賛されている。

一八五四年ブルースターとヒューエルについての『ダブリン大学雑誌』の匿名の論評はこう書き出している。「最近の二、三か月にめざましい論争が起こった……」。論評者はヒューエルに好意を示している。というのは、ヒューエルが「概して明察力と論理的な厳密さとをもって議論を進めている……」からである。しかし、ブルースターに関しては、「現代の哲学者で、彼ほど……広い尊敬を集めている人はいない」けれども、「ブルースターの論考は『試論』に対する満足のいくあるいは賢明な返答であるとは認められない」という。ブルースターはアダム以前に存在した人間とかその他地質学で「承認されている説に反する」考えを唱えている点で、「余りにも思弁に熱心である……」という。ヒューエルに関しては、星や星雲に関する取り扱い方については批判しているが、宇宙に見られる明らかな無駄を取り扱った「印象的で実にみごとな一節」を賞賛し、人間に関して気高い考え、そして「極めて堂々とした哲学的で控えめな精神」を持っていると賞賛している。

五年後同じ雑誌にジェイムズ・ウィルズ師(1790-86)の論文が掲載された。この人物は、アイルランドの英国国教会

教徒で、詩を書いたり、雑誌に投稿したり、また、歴史に関するものを書いたりして有名であった。一八五四年の匿名の論評者はヒューエルに好意を示していたが、ウィルズは伝統的な自然神学に基づいてヒューエルを攻撃している。しかし、「最も入念に作った惑星にふさわしい知性と肉体を持った居住者をそうした惑星に住まわせるのに当の神が当惑するはずがない」などというもっともらしい主張ができた時代は去っていた。また、小惑星の雲状帯が「惑星の廃墟であり……反乱と反抗そしてそれに対する神の恐ろしい裁きの歴史を物語る……印象的な記念物であり、これを理解する特権を与えられた観察力のある人にのみこれが分かる」などというウィルズの説明を、知識のある読者はまじめに受け取ることはできなかった。ウィルズは確かにヒューエルから多くのことを学んでいる。例えば、ヒューエルの地質学的議論を知って、「それぞれ個々の惑星にあるいは任意の特定の惑星に現在理性的存在が居住している」と考えなければならない理由は存在しないと認めるようになったのである。

トドハンターが論じた匿名の論評がヒューエル文書に保存されている。トドハンターは、それらを書いた人物が誰であるかということや掲載された雑誌がどれであるかということを特定することはできなかった。そのうちの二つについてはすでに論証がなされ、掲載紙や筆者が特定されている。[★123] 三番目のものは、「世界の複数性」という見出しで、『試論』第三版は前号に広告が出された……」という文句で始まっているが、『試論』は「優れた著作で独創的な考えや極めて広範な科学的知識」を示しているし、「最も偉大なスコットランドの牧師」トマス・チャーマーズ「の最も聡明な大著」が提出した問題を扱っていると述べている。論評者は、最後に、ブルースターとヒューエルの著書は「現代の論争が生んだ最も注目すべき二篇」であるとして推薦している。しかし、奇妙なことに、最初と最後の二つの言明の間で二つの著書に関してほとんど何も述べず、むしろ自分自身の思弁を開陳するのを好み、われわれは復活の後に他の惑星に住むのかもしれないとか、われわれの惑星は「太陽系のみならず、物質的宇宙全体の偉大な苗床であるかもしれない」などと述べている。筆者は多世界論に対して幾分寛大であり、キリストの受肉の影響は他の世界にも広がる

かもしれないが受肉そのものは地球に独特のことでなければならないと主張している。総じて、この論評は、どちらかといえばヒューエルに好意を示しているが、概して『試論』の議論に対して見当違いをしている。

ヒューエルが受け取った『試論』に関する手紙のうちで最も注目すべきものは、七四歳のG・W・フェザストンハーフ(1780-1866)の手紙である。[★124] フェザストンハーフは、『試論』を賞賛した後で、それまで「最も親しい友人」にも語ったことのない一八四五年の経験を告白している。叩音降霊会に出席していた時、ニュートンと大ハーシェルから「すべての惑星の真の目的と意図」など天文学に関する知識を授けられたというのである。そうした知識に基づくと「惑星が道徳的存在の居住地である可能性はない」と言ってヒューエルを安心させたけれども、残念ながらヒューエルにそうした知識を伝えることはなかった。ヒューエルの返事は、あったかもしれないが保存されてはいない。初代エルズミア伯爵フラーンシス・エジャトン(1800-57)の手紙には、ヒューエルはまちがいなく返事を書いている。というのは、エジャトンの伯父がブリッジウォーター論考に基金を提供していたからである。[★125] エジャトンは、ヒューエルの立場に同意を表明し、「楽しい懐疑主義ではなく気の重い不安という重荷から心を」救ってくれたことに感謝している。著明な歴史家ヘンリ・ハラム(1777-1859)の思慮深い長文の手紙の要点は次の言明のうちによく現れている。「概して、独創的で極めて注目すべき著書である。おそらくこうした分野で新紀元を画するものであろう。しかし、かなり難点が残っており、敢えて言えば大部分の人に好ましくは思われないであろう。チャーマーズの理論は極めていい加減なものであったけれども、好意的に受け入れられた」。[★126] エレン・ヘンズロウは、『試論』に関する好意的な批評を書いて、『試論』の議論は「この問題に関してあなたの側に立つ私自身のこれまでの志向に力強さを」与えてくれましたと述べている。[★127] スコットランドの聖職者であったギルバート・ロリスンも似たような志向を持っていた。実際、手紙で、ヒューエルの著書以前に説教の中で反多世界論の考えを表明したと述べている。[★128] ヒューエルは、オクスフォードで学んだ二人の人物スティーヴン・エドモンド・スプリング・ライスとアーサー・ヘンリ・ダイク・トロイトからも手紙を受け取って

いる。いずれの手紙にもありきたりの賞賛以上のものは見られない。他方、ジョウジフ・トゥーマーは、高遠な多世界論の立場が攻撃されているのを見て落胆したことを表明している。最後に、こうした類の手紙の中に、匿名の手紙があり、筆者はヒューエルの議論によって考えが変わったことを告白し、『試論』が神の力を傷つけ「創造されたもの……の傲慢な自惚れを助長する」というある人たちが持っているといわれていた考え方を攻撃している。[★129]

ヒューエルのアメリカ版『試論』に対する三つの論評とブルースターの著書に対する一つの論評の併せて四つの論評が、アメリカの一般大衆向け雑誌に掲載された。いずれも一頁を越えないものであるが、すべて力強く表明された見解を含んでいる。最も早いのは『パトナムズ・マンスリ』に掲載された論評で、ヒューエルの考え方と序文に述べられているヒチコクによる反論について論評している。筆者は、ヒチコクの方に好感を持っており、主として、「われわれは星が自らの仕事を完遂するのに任すべきだ……」と主張している。このコメントに見られる冷笑的な調子は、二か月後に『パトナムズ・マンスリ』に掲載されたブルースターの著書の論評にも見られる。多世界論に好意を示し、ブルースターは「まったく巧みで真剣に」書いていると賞賛しているが、多世界論を支持する「積極的な証拠も科学的根拠もまったくない」ことを認めている。二つの著書は、総じて「議論の基となる事実が存在しない問題に関してイギリスの最も著名な二人の科学者の間でなされた極めて緻密で生き生きとした大論争の醍醐味を」味わわせてくれると述べている。[★130] これら二つの『パトナムズ・マンスリ』の論評の合間に、ヒューエルの『試論』の「推理の力強さと文体のうまさ」を賞賛する論評が『ピーターースンズ・マガジン』に掲載された。ヒチコクの態度は煮え切らないものであると記し、「ヒューエルの著書を大いに重視して」いる。一八五五年『サザン・クォータリ・レヴュー』は、ヒューエルの著書の新しいアメリカ版に言及している。論評者はブルースターの著書よりもヒューエルの著書に好感を持っている。というのは、ブルースターは「科学理論を論駁する哲学者というよりも、むしろ人身攻撃をものともしない人物のように思われる」からであるという。

この論争はただ雑誌に取り上げられただけでなく、ヴィクトリア朝期の居間にも入っていたということが、アンソニ・トロロプの小説『バーチェスター・タウアーズ』(1857)を読めばよくわかる。その中に見られる会話はこの論争の縮小版であり、トロロプがヒューエルのいう「金星の火トカゲ族」や「どろどろの」木星人のことを知っていたことがわかる。ある人物はそうした生き物の話し方は「ほとんど悪意に満ちている」と述べ、別の人物は「なぜ〔木星の〕魚は地球の人間ほどすっかり目が覚めていないのであろうか」と尋ねたりしている。この最後の言葉はシャーロト・スタンホープの耳に届き、彼女は、この問いに対して、「そんなことは彼らにとって全く大したことではないでしょう」、「私自身はヒューエル博士に賛成です。というのは、人間がそうした無数の世界にも存在する価値があるとは思わないからです」と答えている。[★131]

8　結論――「極めて緻密で生き生きとした論争」

ヒューエル論争を広く見渡すと、幾つか重要な特徴が見えてくる。最も目を惹く点は、極めて広範囲に広がっていたということ、以前トドハンターの分析が示したよりももっと広範囲にわたっていたということである。[★132]トドハンターは、ヒューエルの『試論』に答えて出版された九つの著書に言及したけれども、私はこの章では二〇の著書を扱った。さらに、出版された雑誌の数は、トドハンターによれば二二であったが、本章では五〇以上にものぼっている。手紙も数えるならば、この論争に参加した約百人の人物の見解の根拠を示したことになる。将来研究が進めば疑いもなくさらに多くの一次資料が突きとめられるであろうが、現在わかっているもので一定の結論を下すのには十分である。

❶―ヒューエル論争の中で出版された二〇の著書のうち七〇パーセントのものが多世界論を支持していた。
❷―論文や論評のうち約三分の二のものが多世界論に好意を示していた。
❸―英国国教会に属する人たちの出版物のうち約七一パーセントのものがヒューエルに反対していた。ユニテリアン派の人たちを除くならば、同じ数字が英国国教会以外のプロテスタントの人たちの記事にもあてはまる。
❹―本章の最初の五節で論じた科学者のうち八三パーセントの人たちが多世界論に好意を示していた。
❺―本章の第六節で論じた宗教的著述のうち五六パーセントのものがヒューエルに反対しており、宗教者の方が科学者よりも多世界論の立場を取らない傾向があったということは意味深長である。
❻―イギリスとアメリカの著述家たちはほぼ同じ位多世界論を支持していたように思われる。
❼―雑誌で公表されたものはほとんどすべて匿名であったが、現在約半数の筆者が明らかになっている。
❽―トドハンターが知っていた公刊された記事のうち七二パーセントのものがヒューエルに反対していた。このことが示すように、トドハンターが調べたものは主としてヒューエルの所に送られてきたものかあるいはヒューエルが集めたものであったにしても、サンプルとして不適切なものであったとはいえない。

これらのことから判断すると、ヒューエルによって考え方を変えた人の数は比較的少なかったと思われる。しかし、ハーシェルが記しているように、彼は「一つの説を定説にまで純化すること」を止めたのかもしれない。[★133] いろいろ考え合わせてみれば、なぜヒューエルの著書が、論評者の一人が言ったように、「極めて緻密で生き生きとした論争」を生みだすことができたのかが分かる。第一に、ヒューエルの立場は大胆で、自分の立場の提示の仕方も光彩陸離たるものであったという点で、多くの読者を引き付けたのである。さらに、ヒューエルの結論を否定するような人でさえ、ヒューエルの議論の非凡さは認めていたのである。

第二に、天文学者たちの多世界論が非難を受け易いものであったから、それだけヒューエルは攻撃しやすかったのである。怪しげな観察、余りにも拡大された類推、疑問の余地の残る理論的主張、手続き上問題を含む仮説、こうしたものが、『試論』が世に出るまでの数十年の間に天文学者たちが公刊したほとんどの多世界論的文献のうちに氾濫していたのである。それでも、多世界論は存続し、ディックやグロイトホイゼンのような周辺的な人たちが支持しただけでなく、ボーデ、アラゴ、ジョン・ハーシェルのような優れた専門家たちも支持したのである。しかし、その根拠が極めて薄弱であったが故に、ヒューエルの精密な吟味に耐えることができなかったのである。

第三に、この時期は自然神学者の多世界論を攻撃するのにうってつけの時期であった。というのは、自然神学者たちが天文学者たちと同様多世界論を徹底的に押し進めることに固執していたからである。自然神学者たちがダーウィンの『種の起源』(1859)にどれほど苦しめられたかを思い起こしてみれば、ヒューエルに対する彼らの反応をよく理解できる。自然神学者たちは、ダーウィンが自然界には広範に無駄なことが生じているとか、目的論的アプローチはもはや受け入れられないとか、自然の創造における神の設計を解読するのは全く困難であるなどと主張していると思ったのである。現在から見て意味深いことは、すでにそれより六年前にヒューエルが『試論』の中でそのように主張していたということである。ヒューエルは、それによって自然神学者たちのさまざまな高遠な目標、例えば、神の全能と寛大さを示すこと、科学と調和する神の概念を提示すること、宗派間の論争や聖書に関する論争に巻き込まれないで神について述べることなどの目標を、否認しようとしていたように思われる。

第四に、ヒューエルの著書で最も宗教論争を引き起こした点の一つはキリスト教に関する主張であった。その過激な性格は、ペインの主張❶われわれは多世界論かキリスト教かどちらかを退けなければならない、❷天文学が多世界論を確証したのであるから、キリスト教は虚偽でなければならないという主張と比較してみると全く明らかである。ペインの第一の主張は第二の主張を必然的に伴うと思われるにもかかわらず、ヒューエルがペインの第一の主張のみ

を支持しているように見えたということは、多くの多世界論者を苦しめた点であった。少なくとも、チャーマーズのような著述家を傷つけるように見えた。というのは、チャーマーズはこの二者択一の選択を拒否して、ペインに反対していたからである。

この論争が大きく激しいものとなった第五の理由は、多世界論の厳密な地位がどのようなものであり、多世界論を正しく支えるものは何かという点に関する同意がなかったことである。世界の複数性の問題は科学的な根拠によってではなくむしろ「道徳的、形而上学的、神学的考察によって」決着がつけられるであろうとヒューエルが主張したことも、小さからぬ論争の種となった。★134 一般に宗教的著述家は多世界論を支えるものを科学に求め、科学者は主として宗教的理由で多世界論を受け入れたと言うと言い過ぎであろうが、こうした面もあったであろう。また、ほとんどの多世界論者が科学も宗教も多世界論を支持していると信じたことは確実である。この点ではヒューエル論争とダーウィン論争は著しい対照をなす。ダーウィン論争がたいてい科学と宗教の衝突と解されるのに対して、ヒューエル論争には宗教の圏内での争いと科学の圏内での争いという二つの争いがあった。別の言い方をすれば、ヒューエル論争は一種の闇夜の戦いであって、敵が誰か容易に分からない戦いであった。ヒューエルは友人たちに自分の『試論』を送った後、自分の結論を誰が支持し誰が退けるかを予見することはまったく難しいことを実感したにちがいない。以前闘いの同盟者たちであった人たち、例えばフォーブズ、オーエン、セジウィックのような人たちが多世界論に関してはヒューエルに反対したのである。

こうした要因によって、好奇心をそそるこの論争は燃え上がったのである。天文学上の問題とも見られる論争に加わるよう、深い宗教的な確信を持った人たちに要求したのは、不信心者ではなく、同様に真摯な宗教的信念をもった人たちだったのである。ブルク博士が公刊した優れた分析や本章が、一九世紀の思想に関する歴史家にとって重要な意味を持つとすれば、それは一九世紀半ばの天文学上の交流や科学と宗教の交流に関してヒューエル論争が明らかに

したことすべてが注意深い考察に値するものであるということを意味するのである。

付録　一八五三年から一八五九年までの世界の複数性に関するヒューエル論争の文献目録

この文献目録に挙げたものは、主としてヒューエルの著書及びこれに答えて書かれた書物の論評である。著者がわかっている場合は名の頭文字と姓を記している。姓名の後に※印がついている場合は、他の資料から著者がわかったということを示している。論評の場合は、論評されている著者の名前を(……)で示している。その他は論文の表題を記している。ヒューエルの名前の後の※印は、『試論』の著者がヒューエルであるということが知られていなかったことを示す。本章でこれらの文献を参照する場合には、(文献番号、頁)というかたちで示す。

1 *American Journal of Science and Art*(Brewster, Whewell*), 18(November 1854), 450.
2 *Athenaeum*(Brewster), no.1389(June 10, 1854), 709-10.
3 *Athenaeum*(Powell and Phillips), no.1440(June 2, 1855), 639.
4 *Blackwood's Magazine*(S.Warren*) (Whewell, Brewster, Lardner), 76(September-October 1854), 288-300, 370-403.
5 *British Controversialist*, "Is the Notion of a Plurality of Inhabited Worlds Consonant with Science and Revelation?"6(1855), 16-25, 50-4, 91-4, 141-5, 173-7, 207-10, 249-52.
6 *British Quarterly Review*(Whewell*, Brewster), 20(1854), 45-85.
7 *Christian Examiner*(T.Hill?*) (Whewell*, Brewster), 57(September 1854), 208-20.
8 *Christian Observer*(Whewell*), 54(June 1854), 407-25.
9 *Christian Observer*(Brewster), 55(January 1855), 35-62.
10 *Christian Remembrancer*(Whewell*, Brewster, Fontenelle, Huygens, Wilkins), 29(1855), 50-82.
11 *Christian Review*(J.Leavitt*) (Whewell*, Brewster), 20(April 1855), 202-19.
12 *Dublin University Magazine*(Whewell*, Brewster), 44(August 1854), 246-56.
13 *Dublin University Magazine*(J.Wills), "Other Worlds," 53(1859), 330-46.
14 *Eclectic Magazine*(R.Mann*) (Whewell*, Brewster), 37(1854), 25-45; reprinted from Edinburgh Review.
15 *Eclectic Review*(G.Gilfillan*) (Whewell), 7(May 1854), 513-31.
16 *Edinburgh New Philosophical Journal*(W.Symonds),"Astronomical Contradictions and Geological Inferences Respecting a Plurality of Worlds," 2nd ser., 2(1855), 267-83; 3(1856), 39-58, 212-38.
17 *Edinburgh Review*(R.Mann*),(Whewell*, Brewster, Powell, Jacob), 102(Octobeer 1855), 435-70.
18 *Evangelical Repository*(J.Morison*) (Whewell), 1(September 1854), 22-8.
19 *Evangelical Repository*(J.Morison*) (Brewster), 1(1854), 60-5.

20 *Evangelical Review*(Brewster), 6(January 1855), 438.
21 *Fraser's Magazine*(J.Forbes*) (Whewell*), 49(March 1854), 1-12.
22 *Harvard Magazine*(A.Searle*) (Whewell, Brewster), 1(April 1855), 166-72.
23 *Littell's Living Age*(J.Forbes*) (Whewell*), 41(1854), 51-60; reprinted from *Fraser's*.
24 *London Quarterly Review*(Powell), 8(1857), 219-38.
25 *Mechanics' Magazine*(Whewell, Brewster), 61(1854), 440-4, 461-6, 486-91, 508-13.
26 *Methodist Quarterly Review*(Whewell), 36(October 1854), 617-18.
27 *Methodist Quarterly Review*(J.Leavitt*) (Whewell*, Brewster), 37(July 1855), 356-79.
28 *National Review*(R.Hutton?*) (Powell, Whewell, Brewster, Simon, Higginson), 1(July 1855), 72-91.
29 *New Englander*(D.Olmsted*) (Whewell, Brewster), 12(November 1854), 570-603.
30 *New York Quarterly*(J.Leavitt*) (Whewell, Brewster), 3(October 1854), 435-67.
31 *North British Review*(D.Brewster*) (Whewell*), 21(May 1854), 1-44.
32 *Notes and Queries*, "Plurality of Worlds," 9(August 19, 1854), 140.
33 *Notes and Queries*, "Plurality of Worlds' : Its Author," 9(December 9, 1854), 465-6.
34 *Peterson's Magazine*(Whewell*), 26(July 1854), 65.
35 *Presbyterian Quarterly Review*(Brewster, Lardner, Whewell), 3(March 1855), 572-601.
36 *Putnam's Monthly*(Whewell*), 3(June 1854), 678.
37 *Putnam's Monthly*(Whewell*, Brewster), 4(August 1854), 222-3.
38 *Rambler*(R.Simpson*) (Brewster), N.S., 2(August 1854), 129-37.
39 *Rambler*(R.Simpson*) (Whewell), N.S., 2(October 1854), 360-1.
40 *Rambler*(Phillips, Powell), N.S., 4(1855), 151-3.
41 *Revue des deux mondes*(J.Babinet) (Whewell, Brewster), 1(January 15, 1855), 365-85.
42 *Saturday Review*(W.Whewell*), "The Plurality of Worlds," 1(November 3, 1855), 8-10.
43 *Southern Quarterly Review*(Whewell), 28(1855), 263-4.
44 *Theological and Literary Journal*(Whewell*), 7(July 1854), 165-7.
45 *Theological and Literary Journal*(D.Lord) (Whewell*, Brewster), 7(October 1854), 276-303.
46 *Theological and Literary Journal*(Powell), 8(April 1856), 593-615.

47 *Theologian and Ecclesiastic*(Whewell*), 16(1854), 271-8.

48 *Westminster Review*(T.Huxley?*) (Lardner, Whewell*), 61(April 1854), 313-15.

49 *Westminster Review*(T.Huxley?*) (Brewster, Whewell*), 62(July 1854), 242-6.

50 *Witness*(H.Miller) (Brewster, Whewell) (September 20, 1854); republished in his *Essays, Historical and Biographical, Political and Social, Literary and Scientific*(Edinburgh, 1862), pp.364-79; also in Miller's *Geology versus Astronomy*(Glasgow, [1855]), pp.1-14.

51 *Witness?*(H.Miller*) (Brewster); date unknown; copy preserved in Whewell review volume at Trinity College,Cambridge(Adv.C.16.35); also published in Miller's *Geolory versus Astronomy*(Glasgow, [1855]), pp.14-22.

52 Dr.G.Croly, a letter to the *Standard*(1854 or 1855); preserved in the Whewell review volume at Trinity College, Cambridge(Adv.C.16.35).

53 H.J.S.Smith, "The Plurality of Worlds," *Oxford Essays of 1855*(London, n.d.), 105-55.

54 Review of Whewell's *Essay*, beginning "The third edition of the 'Plurality of Worlds' was advertised in our last number ....," a review running six columns, preserved, without source given, in Whewell review volume at Trinity College, Cambridge(Adv.C.16.35).

原注

第4章

★1　一八〇〇年頃の時期の記述は、次のような文献に基づいている。❶William Wordsworth : *Lyrical Ballads* (1800) の第二版の「前書き」; ❷Madame de Staël : *De la litterature considérée dans ses rapports avec les institutions sociales* (1800) と *De l'Allegmagne* (1810); ❸Thomas Young : "On the Theory of Light and Colours" (1802); ❹Humphry Davy : "Essay on Heat, Light, and the Combinations of Light" (1799); ❺Erasmus Darwin : *Zoonomia* (1794-6); ❻Robert Malthus : *Eassay on the Principles of Population* (1798); ❼Friedrich Schleiermacher : *Reden über Religion* (1799); ❽Timothy Dwight : *Theology Explained and Defended* (1818), これは一七九五年から一八一七年になされた説教に基づいている。; ❾Comte Joseph de Maistre : *Considération sur la France* (1796).

★2　ワーズワース、ド・スタル、デイヴィ、E・ダーウィン、ドワイト、メストルの著作に於ける多世界論の擁護については後に論じる。ヤングについては、*A course of Lectures on Natural Philosophy*, vol.1 (London, 1845), p.468や*Miscellaneous Works of Thomas Young*, ed.George Peacock, vol.1 (London, 1855), p.417を参照。マルサスについては、*Essay on the Principles of Population*, ed.Philip Appleman (New York, 1976), p.125を参照。シュライアマハーについては、*On Religion : Speeches to Its Cultured Despisers*, trans. John Oman (New York, 1985), pp.35, 106,142参照。

★3　Thomas Thomson, *A System of Chemistry*, 4th ed., vol.I (Edinburgh, 1810), p.583.

★4　Young, *Course of Lectures*, vol.1, p.399.

★5　James Mitchell, *On the Plurality of Worlds: A Lecture in Proof of the Universe Being Inhabited. Read in the Mathematical Society, London* (London, 1813), pp.16-18. これは一八二〇年にミッチェルの *Elements of Astronomy* の補遺として再刊された。

★6　Adam Walker, *A System of Familiar Philosophy : In Twelve Lectures : Being the Course Usually Read by Mr. A.Walker*, new ed., vol.2 (London, 1802).

★7　William Wordsworth, *The Poetical Works*, ed.Thomas Hutchinson (London, 1910), pp.236-7.

★8　Wordsworth, "To the Moon," *Works*, pp.460-1. また、E.E.Marwick, *Astronomy in Wordsworth's Poetry* (Dublin, 1918) 参照。

★9　M.K.Joseph, *Byron the Poet* (London, 1964), p.336より引用。Josephがこの "Detached Thoughts" をバイロンの「我信ず」であるとする理由に関しては、同書pp.311-12参照。

★10　Manfred Eimer, "Byron und der Kosmos," *Anglistische Forschungen*, 34 (1912), 1-234.

★11　*The Works of Lord Byron, Letters and Journals*, ed.R.E.Prothero, vol.2 (London, 1903), pp.221-2. 参照。

★12　ウォーカーがシェリーに影響を与えたことについては、Richard Holmes, *Shelley : The Pursuit* (New York, 1975), pp.16-17; Carl Grabo, *A Newton among Poets : Shelley's Use of Science in Prometheus Bound* (Chapel Hill,1930), pp.4-6; また、Kenneth Neill Cameron, *Shelley : The Golden Years* (Cambridge, Mass., 1974), pp.296, 544-5, 549, 551. を参照。

★13　Holmes, *Shelley*, p.26, また、Grabo, *A Newton among Poets*, p.6. 参照。

★14　Grabo, *A Newton among Poets*, pp.30ff. 参照。

★15 Grabo, *A Newton among Poets*, p.43. より引用。

★16 Grabo, *A Newton among Poets*, p.169. より引用。

★17 Grabo, *A Newton among Poets*, p.45. 参照。

★18 Percy Bysshe Shelley, *The Complete Poetical Works*, ed.Neville Rogers, vol.1 (Oxford, 1972), p.296. 参照。

★19 Ifor Evans, *Literature and Science* (London, 1954), p.69. 参照。

★20 Cameron, *Shelley*, p.602. 参照。

★21 Percy Bysshe Shelley, "On the Devil, and Devils," *Works*, ed.Harry Buxton Forman,vol.6 (London, 1880), pp.383-406 : 390. 参照。

★22 厳密にいえば、このくだりは、Robert Southeyの筆になるものである。というのは、Southeyは、コウルリッジの一七九三年の"A Greek Ode on Astronomy"を英語に翻訳したからである。James Dykes Campbell, *Samuel Taylor Coleridge : A Narrative of the Events of His Life*, 2nd ed. (London, 1896), p.23n. によれば、コウルリッジの詩のオリジナルは現在では失われている。Southeyの訳については、*Coleridge's Poems*, ed.J.B.Beer (London, 1963), pp.13-16 : 15. 参照。

★23 Samuel Taylor Coleridge, *Inquiring Spirit : A New Presentation of Coleridge from His Published and Unpublished Prose Writings*, ed.Kathleen Coburn (London,1951), p.257. 参照。

★24 Samuel Taylor Coleridge, *Complete Works*,ed.Professor Shedd,vol.IV (New York, 1853), p.502-3. 参照。

★25 Andrew Fuller, *The Gospel Worthy of All Acceptation and The Gospel Its Own Witness* (1961 Sovereign Grace reprinting), pp.270-83.

★26 George Gilfillan, *Gallery of Literary Portraits*, vol.1 (Edinburgh, 1845), p.113. 参照。

★27 ネアズの著書はペインに一言も触れてはいない。しかし、ネアズは主としてペインを念頭において書いたとニコルスン教授は暗に判断している。そして、それは正しいと思われる。Marjorie Nicolson, "Thomas Pain, Edward Nares, and Mrs.Piozzi's Marginalia," *Huntington Library bulletin*, 10 (1936), 103-33. ネアズがペインの『理性の時代』を知っていたということは、ネアズの*A View of the Evidences of Christianity at the Close of the Pretended Age of Reason* (Oxford, 1805) から明らかである。簡潔さという文学的価値がネアズには見られないことは、ネアズの三巻本のWilliam Cecil, Lord Burghleyの伝記に対するMacaulayの書評から明らかである。Macaulayは次のように書いている。「われわれはこの大著の長所を要約することはできない……ただ言えることは、ぎっしり活字が詰まって二〇〇〇頁ほどもあり、体積が一五〇〇立方インチ、重さが六〇ポンドもあるものだということだけである。ノアの大洪水の前であったら、そうした本もHilphaとShalumに軽い読み物と考えられたかも知れないであろう」。ニコルスンの"Nares," pp.105-6より引用。

★28 Cecil White, *A Versatile Professor : Remniscences of the Rev.Eduard Nares, D.D.* (London, 1903), p.148によれば、ネアズの著書は、最初匿名で出版されたが、出版社に多くの問い合わせがあったのでそれに答えて、ネアズの名前を付した新しい題扉が付け加えられたのである。

★29 Nares, *Attempt*, pp.27, 50, 52, 77-9, 171, 209, 214, etc. 参照。

★30 私は、Adam Clarke, *The Holy Bible...with a Commentary and Critical Notes*, 6 vols.(New York, 1817-25) を使った。これには頁付けがないので、どれほどの大きさかを十分に述べることは困難である。従って、Macaulayがネアズの著書*Burghley*を示すのに使った基準を用いて、クラークの『注釈』は体積が一六〇〇立方インチ以上、重さが三五ポンドであるとだけ言っておくことにする。

★31 クラークの『注釈』には頁付けがしてないのであるから、言及する場合には問題となる聖書の文句を示すことにする。

★32 クラークの『注釈』の他の箇所に関しては、ネヘミア記 9,6　詩篇8,3

アモス書 9,6に関する議論参照。クラークが説教の中で多世界論の考えを駆使していることについては、Adam Clarke, *Discourses on Various Subjects Relative to the Being and Attributes of God* (New York, 1829), pp.20, 25-6参照。

★33 John Wesley, *Works*, 3rd ed.,14 vols.,vol.XII (Grand Rapids, Mich., 1978, 1878年 London 版の復刻), p.398. 参照。

★34 Merle Curti, *The Growth of American Thought*, 3rd ed.(New York, 1964), p.153. 参照。

★35 Russell Blaine Nye, *The Cultural Life of the New Nation* (New York, 1960), p.205. 参照。

★36 ハーヴァードとイエールに関しては、Curti, *American Thought*, p.192. 参照。

★37 Nye, *Cultural Life*, p.215. 参照。

★38 Nye, *Cultural Life*, p.213. より引用。

★39 Timothy Dwight, *Theology Explained and Defended in a Series of Sermons*, 5 vols.(Middletown, Conn., 1818) 参照。ドワイトの経歴については、Stephen E.Berk, *Calvinism versus Democracy* (Hamdem, Conn., 1974), Charles E.Cunningham, *Timothy Dwight* (New York, 1952), Kenneth Silverman, *Timothy Dwight* (New York, 1969), Roland Bainton, *Yale and the Ministry* (New York, 1957). 参照。

★40 一つの解答のヒントは、Dwight, *Theology*, vol.II, p.385. に見いだされる。

★41 Cunningham, *Dwight*, p.330やBainton, *Yale*, p.77参照。

★42 Pierre Samuel Du Pont de Nemours, *Philosophie d'univers* (Paris, 1796), p.236. 参照。多世界論に関する議論については、特にpp.119-46参照。

★43 Jacques Necker,*Cours de la morale religieuse*, in Necker, *Oeuvres complètes*, ed.Baron de Staël, vol.12 (Paris, 1821), p.48. 参照。

★44 Necker, *Cours*, p.49, また、pp.50, 57-61参照。ネケールが"cosmic Toryism"の一形態として大いなる存在連鎖に好感を持っているという点については、Henri Grange, *Les idées de Necker* (Paris, 1974), pp.589-611. 参照。

★45 Madame de Staël, *Corrine, ou l'Italie*, new ed.(New York, 1953), p.140. 参照。

★46 "Bernardin de Saint-Pierre and the Idea of 'Harmony'," in *Stanford French Studies*, 2 (1978), 209-21で、Basil Guyは (pp.217-18)、一八四五年のHumboldtの*Kosmos*より以前の時期のものとしては、Bernardinの*Harmonies de la nature*が、こうした類の成果として西ヨーロッパで最も人気のあるものであった、と主張している。

★47 Jacques Henri Bernardin de Saint-Pierre, *Harmonies of Nature*, 3 vols., vol.3, trans.W.Meeston (London, 1815), pp.226-365. 参照。

★48 Louis Cousin-Depréaux, *Leçon de la nature*, vol.4 (Lyon, 1836), p.248. 参照。彼が多世界論を擁護している点に関しては、特にChapters CCCXXI-CCCXXV. 参照。

★49 Paul Gudin de la Brenellerie, *L'astronomie. Poëme en quatre chants*, new ed.(Paris, 1810), p.193. 参照。多世界論に関するギュダンの議論については、pp.193-211参照。

★50 Edmond Grégoire, *L'astronomie dans l'oeuvre de Victor Hugo* (Paris, 1933), p.201. 参照。ユゴーが天文学に関心を抱くようになったのはシャトブリアンの影響であると論じるにあたって、グレゴワールは次のように述べている。「ユゴーの関心事であったもの、すなわち、さまざまな世界の居住可能性、複数の居住可能な世界、科学、二つの無限性などに、シャトブリアンも再三再四同様の遥かな関心を示している」。Jean d'Estienne (Charles de Kirwanのペンネーム) もまたシャトブリアンに多世界論が見ら

れるとしている。この点については、*Revue des questions scientifiques*, 36 (1894), 317. 参照。

★51 François-René de Chateaubriand, *Les martyrs*, in his *Oeuvres*, vol.3 (Paris, 1837), p.64; Grégoire, *Hugo*, p.195. 参照。

★52 Chateaubriand, *Oeuvres*, vol.3, p.37. 参照。

★53 Comte Joseph de Maistre, *Soirées de Saint-Pétersbourg*, vol.2 (Paris, n.d.), pp.318-19. 参照。Maistreは、こうした見解を持つ人物としてCardinal Gerdilを引用しているが、この人物はおそらくCardinal Hyacinthe Gerdilのことであろう。

★54 Edward Hitchcock, "Introductory Notice to the American Edition" of [William Whewell], *The Plurality of Worlds* (Boston, 1854), p.x 参照。

★55 チャーマーズに関する伝記的知識は主として、William Hanna, *Memoirs of the Life and Writings of Thomas Chalmers*, 4 vols. (Edinburgh, 1849-52) から得た。また次の著書も参照した。❶Hugh Watt, *Thomas Chalmers and the Disruption* (London, 1943); ❷W.P.Blaikie, *Thomas Chalmers* (New York, [1896]); ❸David Cairns, "Thomas Chalmers's Astronomical Discourses : A Study of Natural Theology," *Science and Religious Belief*, ed.C.A.Russell (Bungay, Suffolk, England, 1973),pp.195-204; ❹Daniel F.Rice, "Natural Theology and the Scottish Philosophy in the thought of Thomas Chalmers," *Scottish Journal of Theology*, 24 (1971), 23-46; ❺Stewart J.Brown, *Thomas Chalmers and the Godly Commonwealth of Scotland* (Oxford, 1982).

★56 Hanna, *Chalmers*, vol.1, p.33. より引用。

★57 Blaikie, *Chalmers*, p.12より引用。

★58 チャーマーズとスコットランドの哲学との関係については、特に、Rice, "Chalmers" 参照。

★59 Hanna, *Chalmers*, vol.1, pp.437-8. より引用。

★60 Hanna, *Chalmers*, vol.1, p.449. より引用。

★61 [Samuel Warren], "Speculators among the Stars," *Blackwood's Edinburgh Magazine*, 76 (1854),288-300; 370-403 : 373. 参照。著者がWarrenであるということの証拠に関しては、Isaac Todhunter, *William Whewell*, vol.1 (London, 1876), pp.199-200. 参照。

★62 Hanna, *Chalmers*, vol.2, p.88. 参照。

★63 Hanna, *Chalmers*, vol.2, p.89. 参照。

★64 Hanna, *Chalmers*, vol.2, p.89. より引用。

★65 Hanna, *Chalmers*, vol.2, pp.89-90. 参照。

★66 Hanna, *Chalmers*, vol.2, p.92. 参照。

★67 von Reineckeによって、*Reden über die christliche Offenbarung*という表題で翻訳された。

★68 Watt, *Chalmers*, p.51. 参照。

★69 Thomas Chalmers, *A series of Discourses on the Christian Revelation Viewed in Connection with the Modern Astronomy* (New York, 1918), p.3. 参照。

★70 一九世紀のチャーマーズの読者にとってチャーマーズの説明がいかに魅力的であったかを理解しようとする時、二〇世紀のC.S.Lewisが極めて人気のあった*Out of the Silent Planet*と*Parelandra*の中でチャーマーズと同じ考えやイメージを駆使しているのを思い浮かべてみることは有益であろう。

★71 Cairns, "Chalmers," p.197. 参照。

★72 Cairns, "Chalmers," p.196. 参照。

★73 ブリッジウォーター論考については次のものを参照。❶D.W.Gundry, "The Bridgewater Treatises and Their Authors," *History*, 31 (1946), 140-52; ❷F.H.Amphlett, "Thomas Chalmers and the

Bridgewater Treatises," *History*, 32 (1947), 122-3; ❸W.H.Brock, "The Selection of the Authors of the Bridgewater Treatises," *Notes and Records of the Royal Society*, 21 (1966), 162-79. 参照。

★74　Thomas Chalmers, *On the Wisdom Power, and Goodness of God, As Manifested in the Adaption of External Nature to the Moral and Intellectual Constitution of Man* (Philadelphia, 1836). 参照。

★75　Amphlett, "Chalmers," p.122. 参照。

★76　*British Review*, 10 (August 1817), 1-30 : 7. 参照。

★77　*Christian Observer*, 16 (September 1817), 588-609:593. 参照。

★78　*Evangelical Magazine*, 25 (1817), 267-70 : 267. 参照。

★79　"On the Pulpit Eloquence of Scotland," *Blackwood's Edinburgh Magazine*, 2 (November 1817), 131-40 : 139. 参照。Robert Hallがこの記事を書いたことを示す基本的証拠は、❶その記事に"R.H."という署名がみられること、❷Robert Hallが、ある手紙の中で、この記事にみられる意見と類似した意見を表明していること(Hanna, *Chalmers*, vol.II, p.107. 参照)である。

★80　[John Foster], *Ecletic Review*, N.S., 8 (1817), 205-19, 354-66, 466-76 : 209. 参照。著者がフォスターであることを示す証拠に関しては、Hanna, *Chalmers*, vol.2, pp.91-2. 参照。

★81　[Foster], *Eclectic Review*, 8 (1817), 212. 参照。フォスターの論評は他の多くの主張ではこれよりも当を得たものが多い。実際、チャーマーズも高く評価している。この点に関しては、Hanna, *Chalmers*, vol.2, p.92. 参照。

★82　"R.H."による議論の他に、エディンバラの有名な文学批評家John Wilsonが書いた論評が*Blackwood's*, I (April 1817), 73-5に見られる。Wilsonは"Christopher North"という偽名を用いたのだが、この論評の場合はそうではない。筆者がWilsonであるという証拠に関しては、Blaikie, *Chalmers*, p.84参照。

★83　*Monthly Review*, 84 (1817), 68-73 : 72 参照。

★84　*Blackwood's*, I (April 1817), 73. 参照。

★85　*British Review*, 10 (August 1817), 19; またpp.28-19参照。

★86　Blaikie, *Chalmers*, pp.58-9. より引用。

★87　[Henry Fergus], *An Examination of Some of the Astronomical and Theological Opinions of Dr.Chalmers, As Exhibited in a Series of Discourses on the Christian Revelation, Viewed in Connection with Modern Astronomy. With Some Remarks on the History on Pulpit-Eloquence in Scotland* (Edinburgh, 1818). 参照。*National Union Catalog*もエディンバラ大学の図書館も、筆者はファーガスであるとしている。ただし、エディンバラにある記録ではなぜこれがものされたかその理由ははっきりしない(私信)。Hanna, *Chalmers*, vol.2, p.501によれば、Bishop Gleig of Sterlingが筆者であるという噂はあったようである。*National Union Catalog*はまたファーガスの手になるものとして、*A Review of Dr.Chalmers' Astronomical Discourses : An Article Not to Be Found in Any Number, Hitherto Published, of the Edinburgh or Quarterly Review* (Glasgow, 1818) を挙げている。この論評は、(四二頁と比較すると六六頁で)頁数は多いけれども、表明されている見解はおそらく同じである。他の二つの論考とは、❶Anonymous, *A Free Critique on Dr. Chalmers's Discourses on Astronomy, or, An English Attempt to "Grapple It"with Scotch Sublimity* (London, 1817); ❷John Overton, *Strictures on Dr. Chalmers' Astronomical Discourses* (Deptford, Kent, 1817). である。前書はほとんど完全にチャーマーズの文体に焦点を絞っている。これに対して、Overtonは、自分が先に唱えた聖書の年代に関する独特の体系を採用しなかった点に関して特にチャーマーズを非難している。

★88　Augustus De Morgan, *Budget of Paradoxes*, 2nd ed.D.E.Smith

(Chicago, 1915), p.102. 参照。

★89 私は増補第二版を使用した。初版は一八一七年に出ている。

★90 このためマクスウェルの著書は歴史家にとって特に有益なものとなっている。というのは、多世界論に関する著作にはたいてい引用も注もほとんどついていないからである。

★91 De Morgan, *Budget*, p.102. 参照。

★92 正しい値は約三〇〇マイルである。マクスウェルは、この数値が視差の測定値ではなく、パラスの弧の大きさの測定値に基づいたものであることを理解していなかったように思われる。

★93 大英博物館の目録によれば、マクスウェルの論考の一部は一八七二年に再版されている。

★94 *Gentleman's Magazine*, 124 (November 1818), 441-3; *Evangelical Magazine*, 26 (1818), 517-19, 562-3; *Monthly Review*, 87 (1818), 108-11. 参照。

★95 Charles D.Cleveland, *English Literature of the Nineteenth Century* (Philadelphia, 1860), p.575. 参照。伝記的な事柄に関しては、次の著書を参照。❶匿名の "Thomas Dick, LL.D.," *Living Age*, 61 (April 16, 1859), 131-6; ❷John A.Brashear, "A Visit to the Home of Dr.Thomas Dick," *Royal Astronomical Society of Canada Journal*, 7 (1913), 19-30; ❸Davide Gavine, "Thomas Dick, LL.D., 1774-1857," *British Astronomical Association Journal*, 84 (1974), 354-50; ❹Edward T.Jones, "The Theology of Thomas Dick and Its Possible Relationship to That of Joseph Smith," a 1969 M.A.thesis at Brigham Young University; ❺J.V.Smith, "Reason, Revelation and Reform : Thomas Dick of Methven and the 'Improvement of Society by the Diffusion of Knowledge,'" *History of Education*, 12 (1983), 155-70.

★96 私は *The Works of Thomas Dick* (Hartford, 1844) を使用した。

★97 Thomas Dick, *Philosophy of Religion*, in *Works* (Hartford, 1844), p.65. 参照。

★98 Thomas Dick, *Philosophy of a Future State*, in *Works* (Hartford, 1844), p.89. 参照。

★99 Thomas Dick, *On the Improvement of Society by the Diffusion of Knowledge*, in *Works* (Hartford, 1844), p.101. 参照。

★100 Thomas Dick, *On the Mental Illumination and Moral Improvement of Mankind* in *Works* (Hartford, 1844), pp.108-16. 参照。

★101 私は、Dick, *Works* (Hartford, 1848) を使用した。

★102 私は、Dick, *Works* (Hartford, 1848) を使用した。

★103 ディックがラプラスについて知っていたことを示す興味深い例は、現在ブラック・ホールとして知られている天体について論じていることである。ラプラスは、余りにも強い重力場を持っているのでいかなる光もそこから逃れられない天体が存在するかも知れないという考えを持っていたのである。

★104 ディックは、アマチュアの天文学者B.W.S.Vallack師に宛てた一八四〇年一〇月一二日の未公刊の手紙の中で、そうした批判の一つについて詳しく述べている。この手紙について教えてくれたのは、ケンブリッジ大学天文学研究所のDavid W.Dewhirst博士である。この手紙は、同研究所のVallack書簡の中に保存されている。Dewhirstの "The Correspondence of Rev.B.W.S.Vallack," *Royal Astronomical Society Quarterly Journal*, 23 (1982); 552-5 参照。

★105 Brashear, "Visit," p.24, とVincent Cronin, *The View from Planet Earth* (New York, 1982), pp.181, 320. 参照。

★106 Robert Hardie, "The Early life of E.E.Barnard," *Astronomical Society of the Pacific Leaflets*, #415 (January 1964), 4-5参照。Brashear については、"Visit," pp.19ff 参照。Livingstone については、Gavine, "Dick," p.347 参照。

★107 このリストは、J.C.Houzeau and Lancaster, *Bibliographie générale de l'astronomie jusqu'en 1880*, vol.II (London, 1964,1882年Bruxelles 版の復刻), p.lxxivに出ている。グロイトホイゼンは、*Analekten für Erd- und Himmels-Kunde* (1828-31), *Neue Analekten*...(1832-6), *Astronomisches Jahrbuch* (1839-50) の三つを編集した。グロイトホイゼンに関しては、Dieter B.Herrmann, "Franz von Paula Gruithuisen and seine 'Analekten für Erd-und Himmels-Kunde'," *Sterne*, 44 (1968), 120-5, Siegmund Gunther, *Kosmo-und geophysikalische Anschauungen eines vergessenen bayerischen Gelehrten* (Munich, 1914) 参照。

★108 Franz von Paula Gruithuisen, "Selenognostische Fragmente," *Nova Acta Leopoldina (Physico-Medica)*, 10, pt.2 (1821), 636-92 : 651 : 11, pt.2 (1823), 584-602. 参照。

★109 F.von P.Gruithuisen, "Entdeckung vieler deutlichen Spuren der Mondebewohner, besonders eines collossalen Kunstgebäudes derselben," *Archiv für die gesammte Naturlehre*, I (1824), 129-71, 257-322. 参照。

★110 *Bullétin des sciences mathematiques, physiques, astronomiques, et chimiques*, 2 (1824), 184-4. に発表された第1部の要約参照。ウィーンやイギリスでどのように受け入れられたかについては、*Obserbatory*, 42 (1919), 327. 参照。*Edinburgh Journal of Science*, 11 (October 1824), 211に"The Moon,"という表題で発表された匿名の報告も、グロイトホイゼンに関する議論の資料である。この議論はディックが *Christian Philosopher* の後の版に付録として付け加えたものである。

★111 T.W.Webb, "Gruithuisen's City in the Moon," *Intellectual Observer*, 12 (1868), 214-22 : 217. 参照。

★112 F.von P.Gruithuisen, "Kann man denn gar nichts Gewisses von den Bewohnern anderer Weltkörper wissen?" *Neue Analekten für Erd-und Himmels-Kunde*, I,3 (1833), 30-46; I, 4 (1833), 40-55; 2, I (1835), 60-7. 参照。

★113 *Dreams of Astronomer* (New York, 1923), pp.191-2, で、Camille Flammarionは、出典を明示しないで、広範な引用を行っている。Willy Leyの *Rockets, Missiles, and Men* (New York, 1968), pp.32-3,や *Watchers of the Skies* (London, 1963), pp.211-12. も同様である。

★114 Gruithuisen, "Bewohnern," I,4 (1833), 52-3. 参照。

★115 Waldo Dunnington, *Carl Friedrich Gauss : Titan of Science* (New York, 1955), p.253. 参照。

★116 C.Schilling, *Wilhelm Olbers : Sein Leben und seine Werke*, vol.2 (Berlin, 1909), pp.470, 321. 参照。

★117 J.J.von Littrow, *Die Wunder des Himmels*, 2nd ed. (Stuttgart, 1842), p.384. 参照。

★118 この種の話の典型的なものについては、Willy Ley, *Rockets*, pp.29-30; Ley, *Mariner IV to Mars* (New York, 1966), pp.29-30; Ley, *Watchers*, p.502; Isaac Asimov, *Extraterrestrial Civilizations* (New York, 1979), p.250; Walter Sullivan, *We Are Not Alone*, rev.ed.(New York, 1966), p.178. 参照。

★119 多世界論に関する文献の中で故ウィリ・リーのものは、極めて広範に読まれたが、*Watchers* (p.502) の中で、ガウスの提案はガウスの著作の中に確認できなかったことを認めている。リトロの場合にしても、いかなる資料も提出されていない。それにも関わらず、リーはすくなくとも三つの著書の中でこの種の話を詳しく述べている。

★120 Littrow, *Wunder*, p.387n. 参照。

★121 P.E.Plisson, *Les mondes* (Paris, 1847), pp.72-5. 参照。

★122 Patrick Scott, *Love in the Moon* (London, 1853), p.19. 参照。

★123 *Christian Remembrancer*, 29 (1855), 66. 参照。

★124 Asaph Hall, "The Discovery of the Satelites of Mars," *Royal Astronomical Society Monthly Notices*, 38 (1878), 205-9 : 207; J.Norman Lockyer, "The Opposition of Mars," *Nature*, 46 (September 8, 1892), 443-8 : 443. 参照。

★125 Anonymous, "Life in Mars," *Chambers's Journal*, 63 (June 12, 1886), 369-71 : 371. 参照。

★126 Simon Newcomb, "Are Other Worlds Inhabited?" *Youth's Companion*, 76 (December 11, 1902), 639-40 : 639. 参照。ニューカムが言及している天文学者は、おそらくFrancis Xavier von Zach (1754-1832) であろう。

★127 Anonymous, "The Moon and Its Inhabitants," *Edinburgh New Philosophical Journal*, I, (October 1826), 389-90. 参照。

★128 "The Moon and Its Inhabitants," *Annals of Philosophy*, 12 (December 1826), 469-70 : 470. 参照。

★129 C.Schilling, *Wilhelm Olbers : Sein Leben und seine Werke*, vol.I (Berlin, 1894), p.663. 参照。この手紙に関しては一つの注意を表明しておかねばならない。Schillingは、この手紙の出典として、*Astronomisches Jahrbuch*(グロイトホイゼン編)の中にグロイトホイゼンが一八四一年に公にしたものを挙げている。しかし、シリングは、ただ、グロイトホイゼンが前に公にした抜粋を公刊しているにすぎないのであるから、シリングはそのオリジナルを見てはいないと思われる。

★130 Wilhelm Olbers, "Ueber die Durchsichtigkeit des Weltraums," in S.L.Jaki, *The Paradox of Olbers' Paradox* (New York, 1966), pp.256-64 : 257. 参照。

★131 Schilling, *Olbers*, vol.II, pp.321. 参照。

★132 Schilling, *Olbers*, vol.II, pp.457, 470. 参照。

★133 Littrow, *Wunder*, pp.357-61, 382-8. 参照。

★134 Schilling, *Olbers*, vol.II, p.180. 参照。

★135 Wolfgang Satorius von Walterhausen, *Carl Friedrich Gauss : A Memorial*, trans.Helen W.Gauss (Colorado Springs, 1966), p.41. より引用、出典は明記されていない。Satoriusによる伝記は、一八五六年に初めて出版された。Dunningtonが*Gauss : Titan of Science*の中で主張するところによれば、ゲティンゲンの*Almanach*はこの言明がガウスのものであるとしているという。

★136 この訪問の証拠に関しては、Dunnington, *Gauss*, p.253. 参照。

★137 Kurt R.Biermann (ed.), *Briefwechsel zwischen Alexander von Humboldt und Carl Friedrich Gauss* (Berlin, 1977), pp.115-16. 参照。後に分析するヒューエルの著書の中ではこの主張は明言されていない。また、これに関するHumboldtの解釈も珍しいものではなかった。

★138 Biermann, *Briefwechsel*, p.118. 参照。

★139 この対話に関する議論については、Dunnington, *Gauss*, pp.301-10. 参照。この対話に関するヴァーグナーの報告は長い間出版禁止にされていたが、最近、Rudorf Wagner, "Gespräche mit Carl Friedrich Gauss in den letzten Monaten seines Lebens," edited by Heinrich Rubner, *Nachrichten der Akademie der Wissenschaften in Göttingen, philosophisch-historische Klasse*, nr.6 (Göttingen, 1975), pp.141-171. として公刊された。Rubnerはガウスの「宇宙的宗教性」(p.149) に言及している。

★140 Satorius, *Gauss*, p.73. 参照。

★141 Friedrich Wilhelm Bessel, "Ueber die physische Beschaffenheit der Himmelskörper," in Bessel, *Populäre Vorlesungen über wissenschaftliche Gegenstände*, ed. H.C.Schumacher (Hamburg, 1848), pp.68-93. 参照。

★142 *Vorlesungen*に含まれている一八三八年の講義 "Ueber den Monde" の中で、ベスルは、月の大気は地球の大気の四〇〇分の一に過ぎないはずだと明細に述べている。

★143 Joseph Ashbrook, "Lohrmann's Atlas of the Moon," *Sky and Telescope*, 15 (December 1955), 62-3. より引用。

★144 H.Percy Wilkins and Patrick Moore, *The Moon* (New York, n.d.), p.39. より引用。メードラは、*Populäre Astronomie* (Berlin, 1846) の中で、月の生命について留保を表明し、多世界論者はしばしば天文学的考察よりも宗教的考察を信頼していると述べている。

★145 Edmund Neison, *The Moon* (London, 1876), p.104. 参照。

★146 『サン』に掲載されたこの報告について論じるにあたって、私は、William N.Griggs, *The Celebrated "Moon Story," Its Origin and Incidents with a Memoir of Its Author* (New York, 1852) の再掲記事を使用した。参照頁はすべてこの版に基づいている。私の解釈はGriggsの分析に負うところが大きいのであるが、彼の分析は実質的に他の人たちとは異なっている。例えば、❶Edgar Aan Poe, "Richard Adams Locke," *Complete Works of Edgar Allan Poe*, vol.XV, ed.James A.Harrison (New York, 1902), pp.126-37; ❷Anonymous, "Locke among the Moonlings," *Southern Quarterly Review*, 24 (1853), 501-14; ❸Richard A. Proctor, "The Lunar Hoax," in Proctor's *Myths and Marvels of Astronomy* (London, 1880), pp.242-67; ❹Frank M.O'Brien, *The Story of the Sun*, new ed.(New York, 1928), pp.242-67; ❺William H.Barton, Jr., "The Moon Hoax : The Greatest Scientific Fraud Ever Perpetrated," *Sky*, 1 (February 1937), 6-10, 22; (March 1937), 10-11, 23-5; (April 1937), 10-11, 22-4, 28; ❻Gibson Reaves, "The Great Moon Hoax of 1835," *Grifith Observer* (November 1954) 126-34; ❼Willy Ley, *Watchers of the Skies* (London, 1963), pp.268-75; ❽Richard Adams Locke, *The Moon Hoax*, with an introduction by Ormond Seavey (Boston, 1975); ❾Donald Fernie, *The Whisper and the Vision* (Toronto, 1976), pp.91-102; ❿David S.Evans, "The Great Moon Hoax," *Sky and Telescope*, 62 (1981), 196-9, 308-11. また、M.J.Crowe, "New Light on the 'Moon Hoax'," *Sky and Telescope*, 62 (1981), 428-9. 参照。❺と❽にはニューヨークの『サン』の記事が完全に収録されている。

★147 抜き刷りの売れた数については、Ley, *Watchers*, p.273. 参照。また、石版画については、O'Brien, *Story*, p.53. 参照。

★148 これら五つの引用は、月のお話の説明の際にしばしば引用されるものであり、すべて、『サン』の再掲記事：Richard Adams Locke, *A Discovery That the Moon Has a Vast Population of Human Beings*, introduction by William Gowans (New York, 1859), pp.61-2. の付録の中に掲載されている。この付録そのものは『サン』の一八三五年九月一日号の記事を再掲したものであるが、この点は極めて重要であるかも知れない。というのは、付録の調子からすると、これらの引用そのもののすべてあるいはその幾つかが作り話であるかも知れないという疑いがあるからである。

★149 Sidney P.Moss, *Poe's Literary Battles* (Durham, N.C., 1963), p.87, とJosiah Crampton, *The Lunar World* (Edinburgh, 1863), p.84. 参照。

★150 "Locke among the Moonlings" にあるこの主張は、おそらくまじめに受け取られるべきものではない。というのは、その記事の調子から考えて、事実を伝えると共に風刺を交えているかも知れないと思われるからである。

★151 "Locke among the Moonlings," p.502. 参照。

★152 Ley, *Watchers*, p.273. 参照。また、この点については、David F. Musto, "Yale Astronomy in the Nineteenth Century," *Ventures*, 8 (1968), 7-18 : 9. 参照。

★153 Poe, "Locke," p.134. 参照。

★154 O'Brien, *Story*, pp.54-5. 参照。

★155 ロックについて素描するにあたっては、さまざまな資料を基にした

が、第一にGriggs, "*Moon Story*," pp.40-5. に基づいている。ロックの生涯についてはさまざまな著者がさまざまなことを述べている。例えば、イングランド生まれか合衆国生まれかという議論もある。私は、ロックがケンブリッジで学んだという点については未だ確認していない。

★156 Poe, "Locke," p.136. 参照。

★157 Griggs, "*Moon Story*," p.30. より引用。

★158 Griggs, "*Moon Story*," p.8. 参照。

★159 Griggs, "*Moon Story*," pp.8-9. 参照。

★160 ロックがどうしてディックを風刺するようになったかに関するGriggs, "*Moon Story*," pp.4-18, の説明はおおむね正確であるが、細部において不備な点がある。例えば、一八二六年の*Edinburgh New Philosophical Journal*の記事を書いたのはディックであるというグリグズの言明を証明する証拠は見いだしえない。実際、ディックは*Celestial Scenery*の中でそれを批判している。また、ロックがディックの*Celestial Scenery*を風刺したというグリグズの主張が誤っていることも確実である。ディックの*Celestial Scenery*は、風刺されうると思われる点を多く含んではいるが、ロックの一八三五年の記事の二年後に出版されたものだからである。ロックがどうしてディックを風刺するようになったかに関するよりもっともらしい説は、無数に出回ったディックの*Christian Philosopher*の一冊をロックが偶然見つけたからというものである。一八二七年頃それに付加された二つの付録の中でディックは、グロイトホイゼンとシュレーターが月の建造物を観測したようだという*Edinburgh Philosophical Journal*一八二四年七月の報告について論じていた。ディックは、これらの付録の中で、シュレーターとグロイトホイゼン(ディックはFraunhoferと間違えている)に批判的であるけれども、月に生命が存在することを示す「直接的証拠」を望遠鏡という手段によって見いだす可能性について、肯定的に論じている。これらの付録とおそらくはディックの*Philosophy of a Future State*が契機となって、ロックは、ディックを風刺する気になったのである。

★161 Griggs, "*Moon Story*," p.33. 参照。

★162 ハーシェルがどのように受け取ったかその詳細に関しては、Griggs, "*Moon Story*," pp.37-40. 参照。ハーシェルが受け取った質問については、David S.Evans et al.(eds.), *Hershel at the Cape* (Austin, 1969), p.282. 参照。

★163 Evans, "Hoax," p.196. より引用。

★164 "Locke among the Moonlings," p.502. 参照。

★165 Dick, *Celestial Scenery*, in *Works* (Hartford, Conn., 1848), p.121.

★166 The *New York Herald*は、一八三五年九月二日号で、"A Better Story - Most Wonderful and Astounding Discoveries by Herschell, the Grandson, L.L.D., F.R.S., R.F.L., P.Q.R., &c.&c.&c." を発表した。これは、Seavey, *Hoax*, pp.65-7の中に再掲されている。また、ロンドンの出版社B.D.Cousinsは、おそらく一八三六年に、ロックの月に関する記事の部分的な再版を公刊しただけでなく、*The History of the Sun*という一六頁の冊子も出版した。これは、ジョン・ハーシェルが観測した太陽の文明についての報告であるという。この拙劣でほとんど知られてもいない冊子が一九八二年に私の目に触れることになったのは、王立天文学協会で図書館員をしていたMrs.Enid Lakeのおかげである。

第5章

★1 伝記的なことに関しては、Günther Buttmann, *The Shadow of the Telescope*, trans.B.E.J.Pagel (New York, 1970). 参照。

★2 John Herschel, *A Treatise on Astronomy* (London, 1833), section #1; John Herschel, *Outlines of Astronomy*, 3rd ed. (London, 1850), sec-

tion #1. 参照。

★3 Herschel, *Treatise*, #2; *Outlines*, #2. 参照。

★4 Herschel, *Treatise*, #592; *Outlines*, #819. 参照。

★5 ヒューエルの著書に対するジョン・ハーシェルのコメントについては以下で論じられる。

★6 Herschel, *Treatise*, #332; *Outlines*, #389. 参照。

★7 Herschel, *Treatise*, #334; *Outlines*, #396. 参照。この箇所は、一八五八年に少し訂正された。

★8 Herschel, *Treatise*, #364. 参照。『天文学概説』の中のこの箇所は、少し訂正され、「月に雲はなく、大気の存在を示す決定的なものはまったくない」(#431) とされた。

★9 Herschel, *Treatise*, #363; *Outlines*, #430. 参照。

★10 Herschel, *Treatise*, #364; *Outlines*, #431. 参照。ただし、後者では、「この過程は、……極めて狭い限界内に限られている……にちがいない」という条件がつけられて、主張が弱められている。

★11 Patrick Scott, *Love in the Moon* (London, 1853), pp.10-11. 参照。

★12 Herschel, *Treatise*, #365; *Outlines*, #433. 参照。

★13 Herschel, *Treatise*, #368; *Outlines*, #436. 参照。後者では、この節は、最後から二番目の節となっている。

★14 Willy Ley, *Rockets, Missiles, and Men in Space* (New York, 1968), p.31. 参照。

★15 Simon Newcomb, "On Hansen's Theory of the Physical Constitution of the Moon," *American Association for the Advancement of Science Proceedings*, 17 (1868), 167-71 : 171. 参照。

★16 Herschel, *Outlines*, 5th ed. (London, 1858), #436a and b. 参照。*Eclectic Review*, 47 (1859), 33-9 : 36 の論評では、ハーシェルの議論はその版に「付け加えられたものの中では最も注目すべきものである」と述べられている。

★17 Herschel, *Treatise*, #435; *Outlines*, #508. 参照。

★18 Herschel, *Treatise*, #436; *Outlines*, #506. 参照。

★19 Herschel, *Treatise*, #437; *Outlines*, #510. 参照。

★20 Herschel, *Treatise*, #437; *Outlines*, #510. 参照。ただし、後者では、「ある程度の確率」という表現にやわらげられている。

★21 Herschel, *Treatise*, #446; *Outlines*, #533. 参照。

★22 Herschel, *Treatise*, #448; *Outlines*, #525. 参照。後者でもこの表現は維持されているが、靄がかかったように見えるのはおそらく錯覚であろうという。

★23 Herschel, *Treatise*, #448; *Outlines*, #525. 参照。

★24 Herschel, *Treatise*, #609; *Outlines*, #847. 参照。

★25 Herschel, *Treatise*, #610; *Outlines*, #851. 参照。

★26 John Herschel, "The Sun," in Herschel's *Familiar Lectures on Scientific Subjects* (New York, 1871), p.84. 参照。この書物は、最初、一八六八年に出版されたのであるが、講義は、脚注(七九頁)によれば、一八六一年の末になされたようである。序文によれば、この講義は、*Good Words* という雑誌の中で公表されたようである。C.F.Bartholomew, "The Discovery of the Solar Granulation," *Royal Astronomical Society Quarterly Journal*, 17 (1976), 263-89. 参照。

★27 William Hanna Thomson, *Some Wonders of Biology* (New York, 1909), p.176. より引用。

★28 Robert Perceval Graves, *Life of Sir William Rowan Hamilton*, vol.II (Dublin 1885), p.383. より引用。ハミルトンの多世界論的詩については、vol.I (Dublin, 1882), p.95.、ヒューエル論争に関するハミルトンの見解については、vol.III (Dublin, 1889) 参照。

★29 Jane Marcet, *Conversation on Natural Philosophy* (Philadelphia,

1826), pp.85-6. 参照。この点に関しては、Donald Beaverの御教示に感謝する。

★30 David Milne [Home], *Essay on Comets* (Edinburgh, 1828), pp.142-4. 参照。

★31 彗星の生命に関する問題は、一八二九年から一八三〇年まで*Revue britannique*の中でも真剣に論争されている。

★32 Humphry Davy, *Consolations in Travel, or The Last Days of a Philosopher* (London, 1830), p.54. 参照。多世界論的テーマはデイヴィの詩の中にも見られる。J.Z.Fullmer, "The Poetry of Humphry Davy," *Chymia*, 6 (1960), 102-26 : 120, 123. 参照。

★33 John Davy, *Memoirs of the Life of Sir Humphry Davy, Bart.*, vol.II (London, 1836), pp.384-5. 参照。

★34 Fullmer , "Poetry of Davy," p.125. より引用。

★35 『旅の慰め』の第二の対話の中で語り手は次のように述べる。「この幻視の中で最も重要な部分、特に、私が地球を離れる部分は、私が眠っているときに現れた……」。その時、仲間の一人が、おそらく冗談で、デイヴィをスヴェーデンボリにたとえている。*Memoirs*, vol.II,pp.377-80の中で、J.Davyは、この幻視の題材となった夢は、一八一九年から一八二一年までにDavyが経験したものだということを不動のものとする証拠を提示している。

★36 Harold Hartley, *Humphry Davy* (Yorkshire, 1972), p.148. より引用。

★37 Mrs.Mary Somerville, *The Connexion of the Physical Sciences* (London, 1834), p.225. 参照。

★38 Charles Lyell, "Presidential Address," *Geological Society of London Proceedings*, 2 (1838), 520. 参照。この一節を御教示下さったのは、Phillip R.Sloanである。

★39 Charles Darwin, *The Foundation of the Origin of Species : Two Essays Written in 1842 and 1844*, ed.Francis Darwin (Cambridge, England, 1909), p.254. 参照。

★40 チェインバーズと彼の著書に対する反響については、Milton Millhauser, *Just before Darwin : Robert Chambers and Vestiges* (Middletown, Conn., 1959) 参照。チェインバーズと星雲説については、Marilyn B.Oglivie, "Robert Chambers and the Nebular Hypothesis," *British Journal for the History of Science*, 8 (1975), 214-32, やRonald Numbers, *Creation by Natural Law : Laplace's Nebular Hypothesis and American Thought* (Seattle, 1977), pp.28-34. 参照。

★41 [Robert Chambers], *Vestiges of the Natural History of Creation* (London, 1844, 1st ed., as reprinted with an introduction by G.de Beer, Leicester, 1969), pp.2-4. 参照。

★42 Millhauser, *Chambers*, pp.87, 147. 参照。

★43 [Chambers], *Vestiges*, 10th ed. (London, 1853), p.v. 参照。

★44 John Hedley Brookeの主張によれば、ウィリアム・ヒューエルが反多世界論の立場に転じたのは、チェインバーズを読んだからであるという。"Natural Theology and the Plurality of Words : Observations on the Brewster-Whewell Debate," *Annals of Science*, 34 (1977), 211-86, 特にpp.264-8. 参照。

★45 Richard Owen, *On the Nature of Limbs* (London, 1849), p.83. 参照。

★46 George Gilfillan, *A Gallery of Literary Portraits*, vol.II (Edinburgh 1855), pp.254-5. 参照。

★47 Numbers, *Creation by Natural Law*, p.21. 参照。

★48 J.P.Nicol, *Views of the Architecture of the Heavens*, 4th ed. (Edinburgh, 1843), p.76. 参照。

★49 J.P.Nichol, *The Phenomena and Order of the Solar System*

(Edinburgh, 1838), pp.170-1. 参照。

★50　Anonymous, "[Review of] *The Steam Engine* by Dionysius Lardner," *Athenaeum*, no.624 (December 5, 1840), 962. 参照。

★51　Lardner については、J.N.Hays, "The Rise and Fall of Dionysius Lardner," *Annals of Science*, 38 (1981), 527-42, や、Morse Peckham, "Dr.Lardner's Cabinet Cyclopaedia," *Papers of the Bibliographical Society of America*, 45 (1951), 37-58. 参照。

★52　"Publisher's Advertisement," in Dionysius Lardner, *Popular Lectures on Science and Art; Delivered in the Principal Cities and Towns of the United States*, vol.I, 12th ed.(New York, 1850), p.5. 参照。この旅行のさらに詳しいことは、この書物のLardnerの『序文』p.7-21参照。

★53　Samuel Noble, *An Appeal in Behalf of the ...New [Jerusalem] Church*, 10th ed.(London, 1881), p.vi. 参照。

★54　Samuel Noble, *The Astronomical Doctrine of a Plurality of Worlds Irreconcilable with the Popular Systems of Theology, but in Perfect Harmony with the True Christian Religion* (London, 1838), pp.I, 25. 参照。

★55　こうした立場は、Noble, *Plurality*, pp.33-48 に展開されている。注L, pp.63-4に、格好の要約がある。

★56　Sharon Turner, *Sacred History of the World, as Displayed in the Creation and Subsequent Events to the Deluge*, 3rd ed., vol.I (London, 1833), p.513. 参照。

★57　Alexander Copland, *The Existence of Other Worlds, People with Living and Intelligent Beings, Deduced from the Nature of the Universe* (London, 1834). 参照。「多世界論を唱えた人物」としてのコプランドについては、題扉を参照。コプランドの父は、おそらく、Marischal College, Aberdeenの自然哲学の教授であったPatrick Coplandであろうが、この人物が抱いていた見解については、一頁及び七七一八〇頁参照。

★58　Edward Walsh, "Are There More Inhabited Worlds than Our Globe?" *Amulet*, 5 (1830), 65-100, 参照。この論考の表題の問いが扱われているのは、最後の八頁だけである。ウォールシュは、反多世界論者であるけれども、さまざまの惑星が「現在居住者のための準備段階にあるかも知れない……」と認めている。

★59　Isaac Taylor, *Physical Theory of Another Life* (London, 1858), pp.1-3. 参照。以後の引用は、すべてこの版による。

★60　J.S.Mill, *System of Logic*, in Mill, *Collected Works*, vol.VII, ed.J.M.Robson (Toronto, 1973), p.555. この節に私が注目するようになったのは、Mary Hesseの御教示による。

★61　Philip James Bailey, *Festus : A Poem*, 1st. American ed.(Boston, 1845), p.25. 参照。また、p.326. 参照。

★62　Hallam Lord Tennyson, *Alfred Lord Tennyson: A Memoir*, vol.I (New York, 1897), p.20. 参照。テニスンと天文学に関しては、❶Sir Norman Lockyer and Winifred Lochyer, *Tennyson as a Student and Poet of Nature* (London, 1910); ❷Jacob Korg, "Astronomical Imagery in Victorian Poetry," *Victorian Science and Victorian Values : Literary Perspectives*, ed.J.Paradis and T.Postlewait. これは、*Annals of the New York Academy of Sciences* のvol.360 (1981) として出版されている。pp.137-58参照。

★63　ヒューエルが最初多世界論を採り最後には拒否したことについては、後に論じる。テニスンが*The Princess* (bk, III) の中で用いている星雲説は、おそらく、ヒューエルから学んだものであろう。

★64　"Timbuctoo"については、Alfred Lord Tennyson, *Poems*, ed.Hallam Lord Tennyson, vol.I (London, 1908), pp.317-25 : 320. 参照。また、Tennyson, *The Devil and the Lady and Unpublished Early Poems*, ed.Charles Tennyson (Bloomington, 1964), p.24. 参照。"Armagedon"

については、part II p.12. を参照。

★65 *The Poems and Plays of Alfred Lord Tennyson* (New York, 1938), p.60. 参照。

★66 Ibid., p.430. 参照。

★67 アメリカの多世界論が持つ模倣的な性格をよく示している例は、Duncan Bradford の *Wonders of the Heavens* (New York, 1843), であり、初版は一八三七年である。当時入手できた最も華々しい天文学のテキストであったが、多くの多世界論的表現は、チャーマーズ、ディック、ジョン・ハーシェルなどの剽窃であった。Bradford, pp.29,173とHerschel, *Treatise*, #592,#448を比較して見よ。また、Bradford, pp.144-5 と Dick, *Christian Philosopher*, pp.84,150-2; また、Bradford, pp.218-20とChalmers, *Discourse*, ch.Iを比較して見よ。

★68 Ormsby MacKnight Mitchel, *The Orbs of Heaven*, 4th ed. (London, 1854); pp.iv,221-3 参照。

★69 Russel McCormmach, "Ormsby MacKnight Mitchel's *Sidereal Messenger*, 1846-1848," *Proceedings of the American Philosophical Society*, 110 (February 1966), 35-47 : 39 参照。

★70 死の二週間前ウェブスターが書いた墓碑銘の一部は次のようなものだった。「哲学的議論、特に、明らかに取るに足らないこの地球と比較すると、宇宙は巨大であるというような議論が、私のうちにある信仰の根拠を揺るがしたこともある。しかし、私は、心から、キリストの福音が神聖な事実にちがいないと確信し、また、再度確信しもした」。Irving H.Bartlert, *Daniel Webster* (New York, 1978), p.291. より引用。

★71 Ralph Waldo Emerson, "Nature," *Selected Prose and Poetry*, ed.Reginald L.Cook (New York, 1959), p.3. 参照。この論考は、最初は、匿名の小冊子として出版された。天文学に対するエマスンの関心については、Harry Hayden Clark, "Emerson and Science," *Philological Quarterly*, 10 (July, 1931), 225-60. のp.230-7. 参照。

★72 David Gavine, "Thomas Dick, LL.D., 1774-1857," *British Astronomical Association Journal*, 84 (1974), 345-50 : 346 ; *The Journals and Miscellaneous Notebooks of Ralph Waldo Emerson*, vol.IV, ed. Alfred R.Ferguson (Cambridge, Mass., 1952), p.170. 参照。

★73 *Journals*, vol.IV, p.25. 参照。

★74 Sherman Paul, *Emerson's Angle of Vision* (Cambridge, Mass., 1952), p.95. 参照。この点を裏書きする引用については、特に、pp.82-4, 95-8 参照。

★75 Jonathan Bishop, *Emerson on the Soul* (Cambridge, Mass., 1964), p.53.

★76 *Young Emerson Speaks : Unpublished Discourses on Many Subjects*, ed. A.C.McGiffert, Jr.(Boston, 1938), p.253. より引用。

★77 Edward Emerson は、この話題が次の週の一八三二年六月三日に初めて切り出されたと、信じていた。*Journals*, vol.IV, p.27. 参照。

★78 Ralph Waldo Emerson, "Astronomy," *Young Emerson Speaks*, pp.170-9. 参照。エマスンの思想の発展の中でこの説教が果たした役割に関して注意深く分析したものを、膨大な文献の中から発見することは不可能であった。二つの可能性があることは明らかであろう。❶この説教は、おそらく、ペインの『理性の時代』からさまざまの議論を借りており、エマスンは、会衆に対してキリスト教に対する自分の控えめな信仰を正当化するためにそうした議論を使っているにすぎない。❷この説教は、ペインにとってと同様エマスンにとっても決定的に重要な議論を提示している。というのは、そうした議論は、啓示宗教を拒否することを強いるからである。牧師の職を放棄しようと決心する直前にこの説教が為されたという事実から考えると、後者の可能性が高いと思われる。H.H.Clark は、"Emerson and Science," pp.236-7 で、エマスンがそうした決心をするにあたって天文

学が重要な要因となったかも知れないことを示唆している。この説教が出版される前の一九三一年に執筆したClarkは、それらの雑誌にしか依拠できなかった。

★79 一八三二年五月二六日の日記によれば、エマスンは、このようにして不信心者となった人物としてラプラスを例に挙げている。Emerson, *Journal*, vol.IV, p.26. 参照。

★80 Emerson, *Journal*, vol.IV, p.24. 参照。

★81 Emerson, *Selected Prose and Poetry*, pp.75-6. 参照。

★82 Henry David Thoreau, *Walden and Civil Disobedience*, ed.Owen Thomas (New York, 1966), p.6. 参照。『森の生活』飯田実訳、岩波文庫、一九九五。

★83 Thoreau, *Walden*, p.89. 参照。また、p.59も参照。その他関連箇所が、Mary I.Kaiser "Conversing with the Sky,' The Imagery of Celestial Bodies in Thoreau's Poetry," *Thoreau Journal Quarterly*, 9 (1977), 15-28. に引用されている。

★84 Ralph Waldo Emerson, "Swedenborg; or, The Mystic," in *The Works of Ralph Waldo Emerson* (New York, n.d.), pp.456, 472. 参照。また、Clarence Hoston, "Emerson and the Swedenborgians," *Studies in Philology*, 27 (1930), 517-45. 参照。

★85 Marguerite Beck Block, *The New Church in the New World* (New York, 1968, 1930年版の復刻), p.173. 参照。

★86 Thomas Lake Harris, *An Epic of the Starry Heaven* (New York, 1854), p.26. 参照。ハリスについては、Arthur A.Cuthbert, *The Life and World-Work of Thomas Lake Harris* (Glasgow , 1909), Herbert W.Schneider and George Lawton, *A Prophet and a Pilgrim, Being the Incredible History of Thomas Lake Harris and Laurence Olphant* (New York, 1942). 参照。

★87 T.L.Harris, *Arcana of Christianity*, vol.I, pts.1 and 2 (New York, 1976, 1858年 New York版の復刻). 参照。一八六七年、ハリスは、第三部を黙示録の注釈として出版した。そこには、多世界論的注解は余り見られない。

★88 Schneider and Lawton, *Prophet*, p.xivより引用。

★89 Sidney Ahlstrom, *A Religious History of the American People* (New York, 1972), p.488. 参照。

★90 安息日再臨派教会の考え方に関する議論は、主として、Orville R.Butler から得た知識に基づいている。特に、未公刊の次の二つの論文、"The Concept of Extraterrestrial Life in Early Adventist Thought" と "Heaven and the Second Coming : Popular Astronomy in Millerite and Early Seventh-day Adventist Thought." による。その他の資料としては、❶J.N.Loughborough, *The Great Second Advent Movement : Its Rise and Progress* (New York, 1972 ,1905年 Washington, D.C., 版の復刻); ❷Ronald Numbers, *Prophetess of Health : A Study of Ellen G.White* (New York, 1976); ❸M.Ellsworth Olsen, *A History of the Rise and Progress of the Seventh-day Adventists* (New York, 1972, 1925年 Washington , D.C., 版の復刻).

★91 Joseph Bates, *The Opening Heavens* (New Bedford, Mass., 1846), p.7. 参照。また、*The Autobiography of Elder Joseph Bates* (Battle Creek, Mich., 1868), p.151. 参照。

★92 Loughborough, *Advent Movement*, p.260. より引用。

★93 Loughborough, *Advent Movement*, p.258.より引用。ここで言及されている天文学者は、ロスの第三番目の州太守William Parsonsで、星雲に関する大家であった。

★94 Ellen G.White, *Early Writings* (Washington, D.C., 1945), pp.40-1. 参照。これは、最初再臨派の雑誌*The Present Truth*, I, no.3 (August

1849), 23-4. に掲載された。

★95 Numbers, *White*, p.44. 参照。

★96 Ellen G.White, *The Story of Patriarchs and Prophets* (Mountain View, Calif., 1948), pp.69-70. 参照。

★97 White, *Story*, p.154. 参照。

★98 Ellen G.White, *The Great Controversy between Christ and Satan*, 11th ed., 72nd thousand (New York, 1889), pp.667-78. 参照。

★99 例えば、Donald R.McAdams, "Shifting Views of Inspiration : Ellen G.White Studies in the 1970's," *Spectrum : A Quarterly Journal of the Association of Adventist Forums*, 10 (March 1980), 27-41. 参照。

★100 ジョウゼフ・スミスとモルモン教徒に関する文献は極めて多い。スミスの伝記として最もよく知られた二つは、Donna Hill, *Joseph Smith : The First Mormon* (Garden City, N.Y., 1977) とFawn Brodie, *No Man Knows My History : The Life of Joseph Smith* (New York, 1945). である。前者は、スミスに対して好意的であり、後者は冷淡である。Brodie による伝記の批判に関しては、Hugh W.Nibley, *No Ma'am, That's Not History* (Salt Lake City, 1946) 参照。また、John A.Widtsoe, *Joseph Smith as Scientist* (Salt Lake City, 1964, 1908年版の復刻) 参照。モルモン教会の歴史を述べたものとして標準的なものは、Brigham H.Roberts, *A Comprehensive History of the Church of Jesus Christ of Latter-day Saints*, 6 vols. (Provo, Utah, 1965) である。私は、Leonard J.Arrington and Davis Bitton, *The Mormon Experience :A History of the Latter-day Saints* (New York, 1979); Klaus J.Hansen, *Mormonism and the American Experience* (Chicago, 1981); Thomas F.O'Dea, *The Mormons* (Chicago, 1959). も参照した。モルモン教の考え方に関する私の議論の草稿は、Notre Dame University の Phillip R.Sloan と Dickinson College の E.Robert Paul が批判的に検討してくれたおかげで、大いに改善された。

★101 私が使用したのは、*The Doctrine and Covenants of the Church of Jesus Christ of Latter-day Saints, Containing Revelations Given to Joseph Smith, The Prophet* (Salt Lake City, 1957) と *The Pearl of Great Price : A Selection from the Revelations, Translations, and Narrations of Joseph Smith* (Salt Lake City, 1957) である。前者についてはもっと短いものが『戒律書』としてすでに一八三三年に印刷されている。

★102 Roberts, *History*, vol.II, p.394. 参照。また、Widtsoe, *Smith as Scientist*, p.49 参照。Widtsoe は、スミスが世界の複数性は「絶対的真理」であると教えたと記している。さらに、世界の複数性について論じた人は以前にもいたが、「これほど詳しく論じた人はおそらくいなかったであろう」と記している。

★103 例えば、Roberts, *History*, vol.II, p.387. 参照。

★104 Robert J.Matthews, *"A Plainer Translation:" Joseph Smith's Translation of the Bible : A History and Commentary* (Provo, Utah, 1975), p.52. 参照。『高価な真珠』の構成、編集、改訂については、Matthews, ch.11. 参照。

★105 最初の公刊の日付については、Matthews, *Translation*, p.47. 参照。一八五一年版の『高価な真珠』に再録されたことについては、Matthews, p.220. 参照。末日聖徒イエスキリスト教会の再組織として、ミズーリ州に独立したグループは、この書を正典と認めていない。

★106 これらの古文書はなくなったものと長い間信じられていた。しかし、一九六〇年代にその一部が発見された。専門家が検討したところ、そこに書かれているのは、葬儀に関することであって、「アブラハムの書」として出版されたものに対応するようなものではなかったという。Hill, *Smith*, p.194. 参照。

★107 O'Dea, *Mormons*, p.126. より引用。

★108 *Discourses of Brigham Young*, selected and arranged by John

A.Widtsoe (Salt Lake City, 1925), p.31. 参照。

★109　Roberts, *History*, vol.II, p.387. で、Phelpsはこのように記されている。詩は、三八八頁にある。

★110　例えば、Chapter 13 of Frank B.Salisbury, *Truth by Reason and by Revelation* (Salt Lake City, 1965); R.Grant Athay, "Worlds without Number : The Astronomy of Enoch, Abraham, and Moses," *Brigham Young University Studies*, 8 (1968), 255-69; Hollis R.Johnson, "Civilization out in Space," *BYU Studies*, 11, (1970), 1-12. 参照。

★111　Brodie, *Smith*, pp.171-2. 参照。また、Hansen, *Mormonism*, pp.79-80. 参照。

★112　Edward T.Jones, "The Theology of Thomas Dick and Its Possible Relationship to That of Joseph Smith" 参照。これは、一九六九年Brigham Young Universityに提出された修士論文である。また、E.Robert Paul, "Joseph Smith and American Culture : The Emergence of Astronomical Pluralism, 1820-1836." 参照。ありがたいことに、ポール教授はこの論考の草稿を私にみせてくれた。この論考は、*Dialogue : A Journal of Mormon Thought.* に公表される予定である。

★113　Thomas Dick, *Philosophy of a Future State*, 2nd ed. (Brookfield, Mass., 1830), p.249. 参照。

★114　Fran ois Arago, *Astronomie populaire*, vols.I-IV,ed.J.A.Barral (Paris, 1854-7). 参照。

★115　エリオット＝ボイデル事件については、第２章第２節のW.Herschelの議論参照。

★116　こうした誤解は、[William Williams], *The Universe No Desert, The Earth No Monopoly*, vol.II, (Boston, 1855), p.164 で生じているように思われる。というのは、「アラゴは……〈月の居住者〉について語っている」と述べられているからである。アラゴは彼の著作のどこかで月人について述べているかも知れない。しかし、少なくとも『やさしい天文学』では述べていないと思われる。

★117　*Popular Astronomy*, trans.J.E.Gore (New York, 1931) にあるフラマリオンの献辞参照。

★118　F.E.Plisson, *Les mondes ou essai philosophique sur les conditions d'existence des êtres organisés dans notre système planétaire* (Paris, 1847). 参照。プリソンがアラゴの講義に出席していたことについては、例えば、七五頁参照。

★119　Samuel Rogers, *Balzac and the Novel* (New York, 1969), p.16. 参照。また、Pauline Bernheim, *Balzac und Swedenborg* (Berlin, 1914), Theodore Wright, "Balzac and Swedenborg," *New-Church Review*, 3 (1896), 481-503. 参照。

★120　Honorè de Balzac, *Seraphita and Other Stories*, trans.Clara Bell (Philadelphia, 1900), p.48. 参照。

★121　Philippe Bertault, *Balzac and the Human Comedy*, trans.Richard Monges (New York, 1963), p.87. 参照。バルザックは、ローマ・カトリックの信者であった。

★122　Nicholas V.Riasanovskyは、フーリエに対して好意的でないわけではないが、*The Teaching of Charles Fourier* (Berkeley, 1969) の中で、しばしばフーリエの考えは「気違いじみて」いると述べている。例えば、pp.ix, 38, 86参照。これに対して、Frank E.Manuelは、*Prophets of Paris* (Cambridge, Mass., 1962) の中で、フーリエは宇宙論的な観念を「仮面」として用い、批評家たちに「自分は予言的な幻を見る人間なのだ、誰もこうした人間を告発しはしない……」ということを納得させようとしていると述べている。フーリエの宇宙論については、Hélène Tuzet, "Deux types de cosmogonies vitalistes : 2.Charles Fourier, hygieniste du cosmos," *Revue des sciences humaines*, no.101 (January-March 1961), 37-53. 参照。

★123 Charles Fourier, *Oeuvres complètes*, vol.I (Paris, 1966), pp.29-30. に対するRiasanovsky, *Fourier*, p.37. の訳より引用。

★124 Manuel, *Prophets*, p.205, また、Riasanovsky, *Fourier*, pp.38-9.

★125 Riasanovsky, *Fourier*, p.87n. の訳より引用。

★126 Fourier, "Cosmogonie," in *Oeuvres*, vol.XII (Paris, 1968), p.13.

★127 Fourier, *Oeuvres*, vol.XI, p.326. に対するRiasanovsky, *Fourier*, p.88. の訳より引用。

★128 Riasanovsky, *Fourier*, p.89. 参照。

★129 Riasanovsky, *Fourier*, pp.93-5. 参照。

★130 グランヴィルについては、*Bizarreries and Fantasies of Grandville*, (New York, 1974) 参照。これには、Stanley Appelbaum による序文と注がついており、『別世界』の中からいくつかの図が掲載されている。

★131 例えば、Carl Sagan, *Other Worlds* (New York, 1975), *The Cosmic Connection* (New York, 1973), また、特にRonald N.Bracewell, *The Galactic Club* (San Fransisco, 1974) 参照。

★132 Auguste Comte, *Cours de philosophie positive*, vol.II, in *Oeuvres de Auguste Comte*, vol.II, (Paris, 1968), p.1. 参照。

★133 Comte, *Cours*, vol.II, p.10. 参照。コントのこうした学説の批判に関しては、Stanley L.Jaki, *Relevance of Physics* (Chicago, 1966), pp.470-2. 参照。

★134 Auguste Comte, *Système de politique positive*, vol.I. in *Oeuvres*, vol.Ⅷ (Paris, 1964), p.511. 参照。

★135 Comte, *Cours*, vol.II, p.24. 参照。こうした文脈から考えて、「神学」という言葉でコントがキリスト教神学を念頭においていることは明らかである。

★136 Comte, *Cours*, vol.II, p.130. 参照。

★137 Denis Mack Smith (ed.), *The Making of Italy 1796-1870* (London, 1968), p.179. 参照。Thomas Kselman 氏のご教示に感謝する。

★138 Giacomo Leopardi, *Storia dell'astronomia dalla sua origine fino all'anno MDCCXI*, in Leopardi, *Le Poesie et le Prose*, vol.II, in *Tutti le opere*, ed. F.Flora (Milan, 1937), pp.723-1069. 参照。この著書に関しては、Maurice A.Finocchiaro, "A Curious History of Astronomy : Leopardi's *Storia dell'astronomia*," *Isis*, 65 (1974), 517-19. 参照。

★139 Leopardi, *Storia*, pp.809-18. 参照。

★140 G.Leopardi, "Dialogue between the Earth and the Moon," trans.Norman A.Shapiro, in *Leopardi : Poems and Prose*, ed.Angel Flores (Bloomington, Ind., 1966), pp.196-204. 参照。また、Leopardi, "Copernicus : A Dialogue," trans.Rufus Suter, *American Scientist*, 54 (1966), 119-27, 特に, p.125. 参照。

★141 H.C.Oersted, *The Soul in Nature*, trans.L. and J.B.Horner (London, 1966, 1852年London版の復刻).

★142 Per F.Dahl, *Ludwig Colding and the Conversation of Energy Principle* (New York, 1972), pp.124-7. 参照。

★143 この時期のドイツのさまざまの哲学者の反多世界論的傾向に関する最もよい情報源は、Johannes Huber, *Zur Philosophie der Astronomie* (Munich, 1878), pp.53-60. である。またJohn Henry Kurtz, *The Bible and Astronomy*, translated from the third German edition by T.D.Simonton (Philadelphia, 1857). 参照。

★144 ヘーゲルの『エンチクロペディー』の第二部は、*Hegel's philosophy of Nature*, trans.A.V.Miller (Oxford, 1970) として英訳が出ている。p.62参照。この引用やその他の引用は、"Zusätze"と呼ばれる箇所にあるものである。これは、ミシュレが付加したものであり、ほとんどの場合、ミシュレ自身のノートやヘーゲルの講義に出席した人のノートから取られたものである。

★145　C.L.Michlet, *Vorlesungen über die Persönlichkeit Gottes und Unsterblichkeit der Seele oder die ewige Persönlichkeit des Geistes* (Bruxelles, 1968, 1841年Berlin版の復刻), p.227. 参照。

★146　Ludwig Feuerbach, *Thoughts on Death and Immortality*, trans.James A.Massey (Berkeley, 1980), p.62. 参照。

★147　Ludwig Feuerbach, *The Essence of Christianity*, trans.George Eliot (New York, 1957), p.12. 参照。『フォイエルバッハ全集』第九巻（船山信一訳、福村出版、一九七五）、五九頁参照。

★148　Huber, *Philosophie*, pp.57-8, また、Kurtz, *Bible and Astronomy*, p.53. 参照。

★149　Henrich Steffens, *Christliche Religionsphilosophie* (Breslau, 1839), pp.205-6. 参照。

★150　Arthur Schopenhauer, *Parerga and Paralipomena*, trans.E.F.J.Payne, vol.II (Oxford, 1974), p.299. 参照。

★151　Schopenhauer, *Parerga*, vol.II, p.34, また、pp.143-4. 参照。

★152　James Branch Cabell, *The Silver Stallion* (New York, 1926), p.129. 参照。

★153　Johann Heinrich Kurtz, *Die Astronomie und die Bibel* (Mitau, 1842). 私が使用したテクストは、J.H.Kurtz, *The Bible and Astronomy : An Exposition of the Biblical Cosmology, and Its Relations to Natural Science*, translated from the third German editon by T.D.Simonton (Philadelphia, 1857) である。

★154　Otto Zöckler によれば、シューバートは、「ボーデやハーシェルのような極端な多世界論的見解を展開し、特に、太陽の核の黒い部分は居住可能であるという仮定に関して極端な見解を提出している……」。Zöckler の *Geschichte der Beziehungen zwischen Theologie und Naturwissenschaft*, 2nd ed., vol.II (Gütersloh, 1879), p.427. 参照。Kurtz, *Bible*, pp.438-9から判断すると、シューバートは、後に、宇宙を精神と考える立場を取り、地球は第一位の地位を与えられるとしている。

★155　Heinrich Heine, *Werke und Briefe* (Berlin, 1961), pp.207-8. 参照。

★156　*Heine's Poetry and Prose*, introduction by Earnest Rhys (London, 1934), p.330. 参照。

★157　*Heine's Poetry and Prose*, p.360. 参照。

★158　Hallam Lord Tennyson, *Alfred Lord Tennyson, A Memoir*, vol.I (New York, 1897), p.38. より引用。

第6章

★1　ヒューエルの伝記として代表的なものは次の二つである。Isaac Todhunter, *William Whewell*, 2 vols, (London, 1876) とMrs.Stair Douglas, *The Life of William Whewell*, 2nd ed.(London, 1882),

★2　Todhunter, *Whewell*, vol.I, pp.70, 188. 参照。

★3　Otto Zöckler, *Geschichte der Beziehungen zwischen Theologie und Naturwissenschaft*, 2nd ed., vol.II (Gütersloh, 1879), p.432; Zöckler, "Der Streit über die Einheit und Vielheit der Welten," *Der Beweis des Glaubens*, 2 (1866), 352-76 : 361-3. 参照。

★4　Todhunter, *Whewell*, vol.II, p.353. より引用。

★5　一九七七年一二月三〇日の科学史学会で公表された論文 F.B.Burnham, "Religion and the Extraterrestrial Intelligent Life Debate in the Nineteenth Century" 参照。

★6　J.H.Brooke, "Natural Theology and the Plurality of Worlds : Observations on the Brewster-Whewell Debate," *Annals of Science*, 34 (1977), 221-86 : 267. 参照。

★7 この問題については、例えば、Silvestro Marcucci, "William Whewell : Kantianism or Platonism?" *Physis*, 12 (1970), 69-72. 参照。

★8 Todhunter, *Whewell*, vol.I, pp.187-8. 参照。

★9 Douglas, *Whewell*, p.74. 参照。内容からして、この手紙が一八二三年に書かれたことはほとんど確実である。

★10 Todhunter, *Whewell*, vol.I, p.326. より引用。

★11 Todhunter, *Whewell*, vol.I, p.327. より引用。

★12 Todhunter, *Whewell*, vol.I, p.327. より引用。

★13 Todhunter, *Whewell*, vol.I, p.327. 参照。

★14 Douglas, *Whewell*, pp.161, 199. 参照。

★15 Todhunter, *Whewell*, vol.I, p.67. 参照。

★16 Willaim Paley, *Natural Theology*, 15th ed.(London, 1815), pp.378-9. 参照。

★17 William Whewell, *Astronomy and General Physics Considered with Reference to Natural Theology* (Philadelphia, 1833), pp.7-8. 参照。

★18 ヒューエルは、ひょっとしたら、こうした立場をパスカルの『パンセ』から導きだしたのかも知れない。ヒューエルは、*Astronomy*, p.240. で、自然神学に関するパスカルの見解について論じている。

★19 Whewell, *Astronomy*, p.261. より引用。

★20 この点に関しては、Ronald Numbers, *Creation by Natural Law : Laplace's Nebular Hypothesis in American Thought* (Seattle, 1977), pp.20-1. 参照。そこで、Numbers は、「星雲説」という用語がはじめて使われたのは、一八三三年のヒューエルの著書においてであったと記している。

★21 Todhunter, *Whewell*, vol.I, pp.67-74. 参照。

★22 ブルースターの書評に関しては、*Edinburgh Review*, 58 (January 1834), 422-57. 参照。筆者がブルースターである証拠に関しては、Todhunter, *Whewell*, vol.I, p.72. 参照。ヒューエルは、*British Magazine* にブルースターに対する反論を書いている。

★23 Charles Darwin, "D Notebook : Transmutation of Species," in Howard D.Gruber and Paul H.Barrett, *Darwin on Man* (New York, 1974), p.455. 参照。

★24 ヒューエルの『帰納的科学の哲学』の第三版は、三部に分かれて出ている。❶*History of Scientific Ideas*, 2 vols.(London, 1858); ❷*Novum Organum Renovatum* (London, 1858); ❸*Philosophy of Discovery* (London, 1860). 引用は、最後に挙げられた著書の三三五頁からなされている。

★25 John Herschel, "The Reverend William Herschel, D.D.," *Royal Society of London Proceedings*, 16 (1868), li-lxi : liii. 参照。

★26 Harvey Carlisle, "William Herschel," *Macmillan's Magazine*, 45 (December 1881), 138-44 : 141. 参照。

★27 William Whewell, *History of the Inductive Sciences*, 3 vols., vol.III (London, 1837), p.457; また、pp.467-8. 参照。

★28 Whewell, *History*, vol.III, pp.469-70. 参照。

★29 William Whewell, *Philosophy of the Inductive Sciences*, 2 vols., vol.I (New York, 1967, 1847年版の復刻), p.620. 参照。

★30 Whewell, *Philosophy*, vol.I, pp.623-5. 参照。

★31 Whewell, *Philosophy*, vol.I, p.628. 参照。

★32 Whewell, *History*, vol.III, pp.571-3. 参照。

★33 Whewell, *History*, vol.III, p.574. 参照。

★34 Whewell, *History*, vol.III, pp.574. 参照。

★35 Milton Millhauser, *Just Before Darwin : Robert Chalmers and Vestiges* (Middletown, Conn., 1959), p.122. より引用。

★36 Millhauser, *Chambers*, pp.122-4. 参照。

★37 Todhunter, *Whewell*, vol.I, p.135. 参照。

★38　Whewell, *Indications of the Creator*, 2nd ed.(London, 1846). 参照。
★39　Todhunter, *Whewell*, vol.II, p.327. 参照。
★40　Douglas, *Whewell*, p.318. より引用、また、Whewell, *Indications*, p.8. 参照。
★41　Peter J.Bowler, "Darwinism and the Argument from Design : Suggestions for a Reevaluation," *Journal of the History of Biology*, 10 (1977), 29-43. 参照。
★42　William Whewell, *Indications*, p.36. 参照。
★43　William Whewell, "Second Memoir on the Fundamental Antithesis of Philosophy," *Cambridge Philosophical Society Transactions*, 8 (1848), 614-20 : 614. 参照。
★44　Todhunter, *Whewell*, vol.I, p.317.また、p.188. 参照。
★45　William Whewell, "Astronomy and Religion, Dialogue I," p.1.in the Whewell collection at Trinity College, Cambridge, as R.6.13[25]. 参照。訳は『旧新約聖書』(日本聖書協会)より引用。
★46　この手紙は、Trinity College, Cambridgeのヒューエル書簡の中に保管されている。Add.Ms.a.216[135]. 参照。
★47　Todhunter, *Whewell*, vol.II, p.392より引用、また、p.393. 参照。
★48　[Samuel Warren], "Speculators among the Stars, Part II," *Blackwood's Edinburgh Magazine*, 76 (October 1854), 370-403 : 372.より引用。
★49　[William Whewell], *Of the Plurality of Worlds : An Essay* (London, 1853).イギリス版は一八五三年、一八五四年夏、一八五四年秋、一八五五年、一八五九年に出版され、アメリカ版は一八五四年、一八六一年に出版された。以後、特に注記した場合以外は、一八五三年の初版本に基づく。イギリス版に関する詳細は、Todhunter, *Whewell*, vol.I, pp.184ff. 参照。
★50　[William Whewell], *Dialogue on the Plurality of Worlds, Being a Supplement to the Essay on That Subject* (London, 1854).この著作は、*Essay*の後の版の中に再掲された。私は、*Essay*の第五版(London, 1859)に再掲されたものによった。
★51　Todhunter, *Whewell*, vol.I, p.182. 参照。
★52　この校正刷りの一部は、Trinity College, Cambridgeに保存されている。今後は、『試論』(校正刷り)と記すことにする。
★53　Todhunter, *Whewell*, vol.II, p.398. より引用。
★54　Todhunter, *Whewell*, vol.II, p.380. より引用。後に手紙の中で、ヒューエルは、パスカルの新しい版は以前の版よりもよいものかどうかについて論じ、自分がパスカルを少し前に読んだかも知れないことを示唆している。
★55　[Whewell], *Essay*, p.43. より引用。ヒューエルは、この見解がベスルの*Vorlesungen über wissennschaftliche Gegenstände*の三一頁にあるとしているが、これは誤りで、八一頁というのが正しいであろう。
★56　Todhunter, *Whewell*, vol.I, p.187. より引用。そこで、トドハンターは、ハーシェルの思弁も退けている。
★57　適切な要約は、[Whewell], *Essay*, pp.99-100. 参照。
★58　Michael Hoskin, "Apparatus and Ideas in Mid-Nineteenth Century Cosmology," *Vistas in Astronomy*, 9 (1967), 79-85.また、Stanley L.Jaki, *The Milky Way* (New York, 1972). 参照。
★59　Agnes Clerke, *A Popular History of Astronomy during the Nineteenth Century* (Edinburgh, 1885), p.436. 参照。
★60　Richard A.Proctor, "Varied Life in Other Worlds," *Open Court*, I.(1888), 595-600 : 595. 参照。
★61　[whewell], *Essay*, pp.143-4. 参照。後者を支持するものとして、John Herschelの*Outlines of Astronomy*を引用している。

★62　実際、今日、アルゴールの伴星は恒星であることが知られている。
★63　[Whewell], *Essay*, pp.161-2. より引用。
★64　Todhunter, *Whewell*, vol.I.pp.205-10. 参照。
★65　[Whewell], *Essay*, p.253. 参照。『試論』の校正刷りの版では、この章は「法則からする議論」と題されている。そこで、ヒューエルは、人間が自然の中に見て取る元型や法則から神の存在を詳細に論証している。
★66　[Whewell], *Essay*, p.252. 参照。この点は、『試論』(校正刷り)の第一三章「神の全能」でより詳しく展開されている。
★67　[Whewll], *Essay*, p.258. 参照。これらの点は、『試論』(校正刷り)の第一四章"Man's Intellectual Task"と第一五章"Man's Moral Trail"でより詳しく展開されている。
★68　[whewell], *Essay*, p.259. 参照。この節は、『試論』(校正刷り)の第一六章「The Design of Animal Springs of Action」から取られたものである。
★69　ヒューエルからスティーヴンへ宛てた手紙はTodhunter, *Whewell*, vol.II, pp.379-96に公刊されている。スティーヴンの手紙はTrinity College, Cambridgeのヒューエル書簡に保存されている。
★70　Trinity College, Cambridgeのヒューエル文書にある、スティーヴンからヒューエルに宛てた一八五三年九月二〇日の手紙(Add.Ms.a. 216[118])参照。
★71　Todhunter, *Whewell*, vol.II, p.382. 参照。スティーヴンの手紙(Add.Ms.a.216[121] at Trinity College)の九月二六日という日付が誤っているのか、あるいは、ヒューエルの返事の日付を九月二六日としたトドハンターが間違っているのかいずれかである。
★72　Todhunter, *Whewell*, vol.II, p.382. 参照。
★73　スティーヴンからヒューエルに宛てた一八五三年一〇月六日の手紙(Add.Ms.a.216[124])参照。
★74　スティーヴンからヒューエルに宛てた一八五三年一〇月八日の手紙(Add.Ms.a.216[126])参照。
★75　スティーヴンからヒューエルに宛てた一八五三年一〇月一〇日の手紙(Add.Ms.a.216[127])参照。
★76　スティーヴンからヒューエルに宛てた一八五三年一〇月一二日の手紙(Add.Ms.a.216[128])参照。
★77　スティーヴンからヒューエルに宛てた一八五三年一〇月一三日の手紙(Add.Ms.a.216[129])参照。
★78　ヒューエルからスティーヴンに宛てた一八五三年一〇月一四日の手紙、Todhunter, *Whewell*, vol.II, p.389. 参照。
★79　スティーヴンからヒューエルに宛てた一八五三年一〇月一五日の手紙(Add.Ms.a.216[130])参照。
★80　ヒューエルからスティーヴンに宛てた一八五三年一〇月一六日の手紙、Todhunter, *Whewell*, vol.II, p.390. 参照。
★81　スティーヴンからヒューエルに宛てた一八五三年一〇月一八日の手紙(Add.Ms.a.216[131])参照。
★82　スティーヴンからヒューエルに宛てた一八五三年一〇月二四日の手紙(Add.Ms.a.216[134])参照。
★83　スティーヴンからヒューエルに宛てた一八五三年一〇月三一日の手紙(Add.Ms.a.216[137])参照。
★84　スティーヴンからヒューエルに宛てた一八五三年一一月一〇日の手紙(Add.Ms.a.216[142])参照。
★85　ヒューエルからスティーヴンに宛てた一八五三年一一月一四日の手紙、Todhunter, *Whewell*, vol.II, p.395. 参照。
★86　ヒューエルからスティーヴンに宛てた一八五三年一〇月九日の手紙、Todhunter, *Whewell*, vol.II, p.386. 参照。
★87　スティーヴンからヒューエルに宛てた一八五三年一一月一〇日の手紙(Add.Ms.a.216[142])参照。
★88　ヒューエルからスティーヴンに宛てた一八五三年一一月一四日の手紙、

また、Todhunter, *Whewell*, vol.II, p.396. 参照。ヒューエルとバークスのこれ以前の交わりに関しては、Todhunter, *Whewell*, vol.I, p.90, また、vol.II, p.175. 参照。

★89　Thomas Rawson Birks, *Modern Astronomy* (London, 1850), pp.25-7. 参照。

★90　Thomas Rawson Birks, *Modern Astronomy* (London, 1850), pp.25-7. 参照。

★91　Hugh Millerは、一八四六年に*Witness*に論文を発表し、一種の地質学的議論を展開した。Millerは、この考えを*First Impressions of England*, 2nd ed. (London, 1848) の中に再録している。pp.335-40. 参照。Millerの多世界論的出版物に関しては、次章で論じる。

★92　.Todhunter, *Whewell*, vol.I, p.377. 参照。

★93　この草稿に関する説明と広範な引用については、Todhunter, *Whewell*, vol.I, pp.376-406. 参照。

★94　Leslie Stephen, "William Whewell," *Dictionary of National Biography*, vol.XX (London, 1921-2), p.1370. より引用。

★95 Brooke, "Brewster-Whewell Debate" 参照。

★96　Paul R.Thagard, "Darwin and Whewell," *Studies in the History and Philosophy of Science*, 8 (1977), 353-6; Michael Ruse, "Darwin's Debt to Philosophy," *Studies in the History and Philosophy of Science*, 6 (1975), 159-81. 参照。

★97　James R.Moore, *The Post-Darwinian Controversies* (Cambridge, England, 1981), p.328. 参照。

★98　[Whewell], *Essay*, 5th ed., p.401. 参照。

★99　Todhunter, *Whewell*, vol.I, p.100. 参照。

第7章

★1　ヒューエル論争研究の出発点は、Isaac Todhunter, *William Whewell*, vol.I (London, 1876), pp.184-210. の議論とヒューエル自身によって集められケンブリッジのトリニティ・カレッジに保存されている資料である。この論争に関するその他の情報や解釈には次のようなものがある。❶Otto Zöckler, *Geschichte der Beziehungen zwischen Theologie und Naturwissenschaft*, 2nd ed., vol.II (Gütersloh, 1879), pp.432-6; ❷Camille Flammarion, *Les mondes imaginaires et les mondes réels*, 20th ed. (Paris, ca.1882); ❸William Miller, *The Heavenly Bodies : Their Nature and Habitability* (London, 1883), pp.120-6; ❹Camille Flammarion, *La pluralité des mondes habités*, 33rd ed.(Paris, ca.1885); ❺Michael Ruse, "The Relationship between Science and Religion in Britain, 1830-1870," *Church History*, 44 (1975), 505-22 : 516-18; ❻John Hedley Brooke, "Natural Theology and the Plurality of Worlds : Observations on the Brewster-Whewell Debate," *Annals of Science*, 34 (1977), 221-86; ❼Richard Yeo, "William Whewell, Natural Theology and the Philosophy of Science in Mid Nineteenth Century Britain," *Annals of Science*, 36 (1979), 493-516, 特に, 505-11. また私はFrederic Burnhamの未刊の論文"The Teleology and Plurality of Worlds : William Whewell versus David Brewster."に教えられるところが多かった。

★2　Edgar W.Morse, *Natural Philosophy, Hypotheses, and Impiety : Sir David Brewster Confronts the Undulatory Theory of Light* (a 1972 doctoral dessertation at the University of California, Berkeley). 参照。

★3　Trinity College, Cambridgeのヒューエル文書にあるヒューエルからマーチスンに宛てた一八五四年五月三〇日の手紙参照。

★4　Mrs.Gordon, *The Home Life of Sir David Brewster*, 2nd ed.

(Edinburgh, 1970), p.312. 参照。

★5　Gordon, *Home Life*, pp.177-8. 参照。

★6　[David Brewster], "[Review of] *Astronomy and General Physics*...By the Rev.William Whewell," *Edinburgh Review*, 58 (1834), 422-57 : 427.

★7　Morse, *Brewster*. 参照。ヒューエルの『天文学』のブルースターによる書評に関するモースの議論については、pp.58-60、また、pp.221-30参照。

★8　[David Brewster], "[Review of] *Philosophy of the Inductive Sciences*...By Rev.William Whewell," *Edinburgh Review*, 74 (1842), 265-306 : 266. 参照。

★9　[David Brewster], "The Revelations of Astronomy," *North British Review*, 6 (1847), 206-55; 例えば、pp.215, 224-5, 241-3, 254-5.

★10　David Brewster, "Presidential Address," *British Association for the Advancement of Science Report for 1850* (London, 1851), xxxi-xlii:xxxiii.

★11　Gordon, *Home Life*, p.247. より引用。

★12　私が使用したのは、David Brewster, *More Worlds than One* (London, 1870). である。

★13　Gordon, *Home Life*, p.250. より引用。ヒューエルの著書は明らかにブルースターを念頭においたものではない。実際著書の中でブルースターを批判している箇所は一つも見あたらない。

★14　Gordon, *Home Life*, p.249. 参照。

★15　Gordon, *Home Life*, p.248. 参照。

★16　Charles S.Peirce, *Essays in the Philosophy of Science*, ed.Vincent Tomas (Indianapolis, 1957), p.217. 参照。

★17　Brooke, "Brewster-Whewell Debate," pp.259-60. 参照。

★18　[William Whewell], *Of the Plurality of Worlds : An Essay*, 5th ed.(London, 1859), pp.392-3. 参照。

★19　[Whewell], *Essay*, (5th ed.), p.392. 参照。

★20　[David Brewster], "William Whewell," *Royal Society of Edinburgh Proceedings*, 6 (1866-7), 29-32 : 31. 参照。

★21　Gordon, *Home Life*, pp.314-18. 参照。

★22　The *National Union Catalog* には、一八七〇年の『九〇〇〇番』という番号を持つ版が掲載されている。私は以後の五つの版を参照した。

★23　Owen Chadwick, *The Victorian Church*, Part I (New York, 1966), pp.553-4. 参照。

★24　Baden Powell, "On the Study of the Evidences of Christianity," in *Essays and Reviews* (London, 1860), p.139. 参照。

★25　Alec Vidler, *The Church in an Age of Revolution* (Baltimore, 1965), p.123. 参照。

★26　Milton Millhauser, *Just before Darwin : Robert Chambers and Vestiges* (Middletown, Conn., 1959), p.134. より引用。

★27　Millhauser, *Just before Darwin*, p.314. 参照。

★28　パウエルに関するこうした知識を得るのに最も良い資料は、William Tuckwell, *Pre-Tractarian Oxford* (London, 1909), pp.165-225. である。また、David M.Knight, "Professor Baden Powell and the Inductive Philosophy," *Durham University Journal*, 60 (1968), 81-7. 参照。

★29　Todhunter, *Whewell*, vol.Ⅱp.399. より引用。ハーシェルが持っていたヒューエルの『試論』は、現在Rensselaer Polytechnic の Sydney Ross教授の所有しているWilliam and John Herschel文庫の大コレクションの中にある。私は御好意によりその欄外書き込みを閲覧することを許された。それによって、完璧とはいえないけれども、ハーシェルの否定的な反応を確信できた。

★30　Trinity College, Cambridge のヒューエル資料の中にあるハーシェルからヒューエルに宛てた手紙(日付はない)(Add.Ms.a.207[90])参照。

★31 ヒューエルの反応については、[Whewell], *Essay* (5th ed.), pp.357-8. 参照。

★32 ヒューエルの反応については、[Whewell], *Essay* (5th ed.), pp.382-3. 参照。

★33 Trinity College, Cambridge のヒューエル文書にあるロス卿からヒューエルに宛てた手紙（一八五四年一二月二八日）(Add.Ms.a.216[114]) 参照。

★34 [Whewell], *Essay* (5th ed.), pp.343-53. 参照。ロスは、ヒューエルとは独立に星雲に関する見解に到達したように思われる。

★35 Trinity College, Cambridge のヒューエル文書にあるサバインからヒューエルに宛てた手紙（一八五四年三月四日）(Add.Ms.a.216[114]) 参照。

★36 William Stephen Jacob, *A Few More Words on the Plurality of Worlds* (London, 1855), p.3. 参照。

★37 ジェイコブの確率論的議論に対するヒューエルの反応については、[Whewell], *Essay* (5th ed.), pp.407-8. 参照。

★38 James Breen, *The Planetary Worlds : The Topography and Telescopic Appearances of the Sun, Planets, Moon, and Comets* (London, 1854), preface. 参照。

★39 この論評を書いたのがサールであることの証拠に関しては、Margaret Harwood, "Arthur Searle," *Popular Astronomy*, 29 (1921), 377-81. 参照。

★40 Phebe Mitchell Kendall, *Maria Mitchell : Life, Letters and Journals* (Boston, 1896), p.121. より引用。

★41 Helen Wright, *Sweeper of the Sky : The Life of Maria Mitchell* (New York, 1949), p.112. より引用。

★42 Kendall, *Mitchell*, p.163. より引用。

★43 オルムステドが著作を通じて、またイェールでの講義や公開講演の中で何年間にもわたって多世界論を述べてきたことを示す証拠や彼の論点に関しては、Gary Lee Schoepflin, *Denison Olmsted (1791-1859), Scientist, Teacher, and Christian* (a 1977 doctoral dessertation at Oregon State University), pp.292-345. 参照。

★44 Trinity College, Cambridge のヒューエル文書にあるド・モーガンからヒューエルに宛てた手紙（一八五四年一月二四日）(Add.Ms.a.202[126]) 参照。ヒューエルの返事については、[Whewell], *Essay* (5th ed.), p.340. 参照。

★45 ヒューエル文書にあるド・モーガンからヒューエルに宛てた手紙（一八五四年五月二一日）(Add.Ms.a.202[127]) 参照。

★46 ヒューエル文書にあるド・モーガンからヒューエルに宛てた手紙（一八六三年八月一一日）(Add.Ms.a.202[151]) 参照。

★47 Todhunter, *Whewell*, vol.I, pp.202-3. 参照。

★48 Todhunter, *Whewell*, vol.I, p.192. 参照。

★49 Todhunter, *Whewell*, vol.I, p.193. 参照。

★50 [Whewell], *Essay* (5th ed.), pp.344-5. 参照。

★51 [Whewell], *Essay* (5th ed.), pp.412-13. 参照。

★52 付録の七には "T.H." というイニシャルが見られる。この事実と、ヒルがユニテリアンで数学者であったという背景を考え合わせれば、著者がヒルであることは確実であると思われる。

★53 John W.Clark and Thomas M.Hughes, *Life and Letters of Rev.Adam Sedgwick*, vol.II (Cambridge, 1890), p.269. より引用。ヒューエルの著書に対してセジウィックが否定的であったことを示す証拠は、ケンブリッジのセジウィック博物館に保存されている『試論』の欄外の書き込みにも見られる。

★54 この手紙に関しては、Mrs.Stair Douglas, *The Life of William Whewell*, 2nd ed.(London, 1882), pp.434-5. 参照。セジウィックの見解のもう一つの手がかりは、ヒューエルの『世界の複数性に関する対話』に見いだされる。というのは、蔵本の中で対話者の一人の主張に "A.S." という文字

が記されているからである。[Whewell], *Essay* (5th ed.), p.353, line 13. 参照。

★55 Leonard G.Wilson (ed.), *Sir Charles Lyell's Scientific Journals on the Species Question* (New Haven, 1970), pp.99, 156, 177. 参照。

★56 ヒューエル文書にある一八五三年一一月一三日付けのヒューエルからマーチスンに宛てた手紙(O.15.47[310])参照。

★57 ヒューエル文書にある一八五四年一月一五日付けのマーチスンからヒューエルに宛てた手紙(Add.Ms.a.216[94])参照。

★58 [Whewell], *Essay* (5th ed.), p.339. 参照。

★59 ヒューエル文書にある一八五四年五月三〇日付けのヒューエルのマーチスン宛ての手紙(O.15.47[311])参照。

★60 Todhunter, *Whewell*, vol.II, p.398.より引用。

★61 ヒューエル文書にある一八五三年一一月七日付けのフォーブズからヒューエルに宛てた手紙(Add.Ms.a.214[109])参照。

★62 ヒューエル文書にある一八五三年一二月二六日付けのフォーブズからヒューエルに宛てた手紙(Add.Ms.a.214[110])参照。

★63 ヒューエル文書にある一八五四年二月一六日付けのフォーブズからヒューエルに宛てた手紙(Add.Ms.a.216[88])参照。

★64 Todhunter, *Whewell*, vol.II, pp.400-1. より引用。星雲説に関するヒューエルの意見を考えようとする時には、星雲説といっても多くの形態があったということを頭に入れておいた方がよい。Brooke, "Brewster-Whewell Debate," pp.268-73. 参照。

★65 [Whewell], *Essay* (5th ed.), p.358. 参照。

★66 この点は、[Whewell], *Essay* (5th ed.)や Todhunter, *Whewell*, vol.I, pp.194-5. に明らかである。

★67 [Whewell], *Essay* (5th ed.), pp.377-80. 参照。

★68 ヒューエルの返答に関しては、[Whewell], *Essay* (5th ed.), pp.362-6. 参照。

★69 Todhunter, *Whewell*, vol.I, pp.194-5. 参照。

★70 Hugh Miller, *Geology versus Astronomy : or, The conditions and the Periods; Being a View of the Modifying Effects of Geologic Discovery on the Old Astronomic Inferences Respecting the Plurality of Inhabited Worlds* (Glasgow, [1855]).

★71 William Samuel Symonds, *Geology As It Affects a Plurality of Worlds* (London, 1856). この書物の著者がサイモンズであることは、著書と論文が同じであることからして明らかである。

★72 サイモンズは、"Other Worlds in Space," *Times* (London) (December 26, 1855), p.4. として公刊されたブルースターとヒューエルの著書の匿名書評からこうした性格付けを引きだした。私がこの書評を見たのは本書の印刷が開始された後であった。

★73 Dirk J.Struik, *Yankee Science in the Making*, rev.ed. (New York, 1962), p.381. 参照。

★74 Edward Hitchcock, "Introductory Notice" to [William Whewell], *The Plurality of Worlds* (Boston, 1854), pp.lx-vi. 参照。

★75 Todhunter, *Whewell*, vol.I, pp.204-5.にあるフランス語原文より翻訳。地質学について著作を著した他のドイツ人の見解については、一八五五年の雑誌*Ausland*の復刻、Oscar Peschel, "Ueber die Pluralität der Welten," in Peschel's *Abhandlungen zur Erd- und Völkerkunde*, neue Folge (Leipzig, 1878), pp.187-202. 参照。

★76 Kurt R.Biermann (ed.), *Briefwechsel zwischen Alexander von Humboldt und Carl Friedrich Gauss* (Berlin, 1977), pp.115-16. にあるガウスに宛てた一八五四年三月六日付けのフンボルトの手紙参照。

★77 Michael Ruse, "William Whewell and the Argument from Design," *Monist*, 60 (1977), 244-68 : 263. 参照。ダーウィンが一八五四年

五月にヒューエルの『試論』を読み、一八五六年一月にパウエルの『世界の統一性』を読んだ直接的証拠については、Peter J.Vorzimmer, "The Darwin Reading Notebooks (1838-1860)," *Journal for the History of Biology*, 10 (1977), 107-53 : 144, 149. 参照。

★78 Walter E.Houghton (ed.), *The Wellesley Index to Victorian Periodicals*, vol.III (Toronto, 1978), pp.620-2. 参照。また、Leonard Huxley, *Life and Letters of Thomas Henry Huxley*, vol.I (London, 1900), p.85. 参照。

★79 四八号三一四頁参照。*Westminster Review* に掲載された非難やその他の反論に対するヒューエルの応答に関しては、[Whewell], *Essay* (5th ed.), pp.366-74. 参照。

★80 四九号二四五頁参照。原文に関しては[Whewell], *Essay* (5th ed.), p.347. 参照。

★81 Thomas H.Huxley, *Science and Christian Tradition* (New York, 1896), p.39. 参照。この点に関しては、W.Paul Fayter氏の御教示に感謝する。本書が印刷中であった時くれた手紙で、Fayter氏は、Richard Owen から R.Dockray に宛てた一八五四年四月一日付けの未公刊の手紙を捜し当て、Owen は、「満たされない気持、耐えがたい気持で」ヒューエルの『試論』を読んだことに言及していると教えてくださった。また、オーエンはヒューエルの著書を「特別の弁解」の書であると見なしている。Royal College of Surgeons MSS, *Correspondence of Richard Owen*, 1826-1889, 3・438-9. 参照。

★82 著者がマンである証拠に関しては、Walter E.Houghton (ed.), *The Wellesley Index to Victorian Periodicals*, vol.I (Toronto, 1966), p.505. 参照。

★83 この反論は[Whewell], *Essay* (5th ed.), pp.404-16.に再録。

★84 ウィルスンの手紙は「世界の複数性の著者」に宛てられており、Trinity College, Cambridge のヒューエル文書 (Add.Ms.a.216[103]) に保存されている。

★85 ウィルスンの「星の化学」二九頁にある『創造の自然史の跡』の引用。

★86 pp. 46-50で述べていることは、他の惑星への魂の転生という考え方とさえ調和するように思われる。しかし、他の箇所で述べていることは、余りにもさまざまでかつまた曖昧なので引用できないが、生命は地球でのみ存在するというのが彼の見解であるように思われる。

★87 William Miller, *The Heavenly Bodies : Their Nature and Habitability* (London, 1883), p.124. 参照。

★88 ヒューエル文書にある一八五四年一月五日付けのブロウディからヒューエルに宛てた手紙 (Add.Ms.a.216[84]) 参照。内容から見て、この手紙は大ブロウディのものであって同名の息子のものではないと思われる。

★89 ホランドの反論については、[Whewell], *Essay* (5th ed.), pp.345-8 (on nebulae as galaxies), 350-3 (on spiral nebulae), 354-6 (on whether double stars are rare, as Holland thought, or frequent, as Whewll, supported by Struve, argued, and whether or not they have planetary systems), 358 (on Venus), and 374 (on the probability of Whewell's position). 参照。

★90 Todhunter, *Whewell*, vol.I, p.188. より引用。また、Sir Henry Holland, *Recollections of Past Life* (London, 1872), pp.240-1. 参照。

★91 Todhunter, *Whewell*, vol.I, p.197. 参照。

★92 フィリップスやサイモンの論文は、*Royal Society Catalogue of Scientific Papers* に全く掲載されていない。サイモンは確かに科学、宗教、哲学の分野で二、三の著書を公刊している。

★93 カレンに関するサイモンの主張を確認し、また、サイモンが参照している草稿を突き止めようとして、サイモンに関する幾人かの専門家に意見を聞いた。しかし、五巻ものカレンの伝記を著しているRev.Peadar MacSuibbne や Monsignor Patrick Corish さえも、サイモンの報告を確証する

ことはできなかった。

★94 [Whewell], *Essay*, 4th ed. (London, 1855), p.xi 参照。

★95 この節で参照した雑誌と教派の関係に関して、私は、イギリスの雑誌については Alvar Ellegard, *Darwin and the General Reader* (Göteborg, 1958), pp.368-84 の表を参照し、アメリカの雑誌については Ronald Numbers, *Creation by Natural Law* (Seattle, 1977), pp.172-3 を参照した。

★96 the Whewell review volume at Trinity College, Cambridge に保存されているこの手紙の中で同じく『スタンダード』に宛てたと思われる以前の手紙に言及している。サイモンズ（一六号三九頁）は、*Morning Herald* に掲載されたクロウリのもう一つの手紙を引用している。

★97 ヒューエル文書にある一八五四年一二月一四日付けのマズグレイブからヒューエルに宛てた手紙(Add.Ms.a.216[95]) 参照。

★98 Rev.Josiah Crampton, *Testimony of the Heavens to Their Creator : A Lecture to the Enniskillen Young Men's Christian Association* (Dublin, 1857). 参照。

★99 公刊した表題と同じ「天界の住居」というテーマをヒューエル自身一八五五年のパリでの公開説教の中で取り上げている。その際、ヒューエルは、チャーマーズの説は多世界論者のいう「天界の住居」と結び付けて考えなくてもかまわないということを言おうとしたと思われる。

★100 the Whewell review volume at Trinity College, Cambridge にある、一八五四年一二月二六日付けのピートからヒューエルに宛てた手紙参照。

★101 Hallam Lord Tennyson, *Alfled Lord Tennyson : a Memoir*, vol.I (New York, 1897), p.379より引用。

★102 ヒューエル文書にある一八五四年二月四日付けのカールスからヒューエルに宛てた手紙 (Add.Ms.a.216[85]) 参照。

★103 ヒューエル文書にある一八五九年四月二日付けのカーデンからヒューエルに宛てた手紙 (Add.Ms.a.216[86]) 参照。

★104 私は、息子 Robert Knight による伝記が付加されている第二版 *The Plurality of Worlds : An Essay* (London, 1878) を使用した。二つのテクストは同じだと思われる。

★105 E.C.Brewer, *Theology in Science* (London, n.d.), pp.326-34. 参照。おそらく *National Union Catalog* には一八六〇年の第二版が載っている。おそらく第一版は一八六〇年より少し前に出たと思われる。内容からするとヒューエルの『試論』よりも後である。

★106 Walter E.Houghton (ed.), *The Wellesley Index to Victorian Periodicals*, vol.II (Toronto, 1972), pp.762-3. 参照。

★107 (Liverpool, 1855). ターベトの名前は、*British Museum Catalogue* にカトリック使徒教会聖職者として載っている。ターベトの一八五五年一一月二三日の手紙については、the Whewell review volume at Trinity College, Cambridge(Adv.C. 16.35)参照。

★108 Houghton, *Wellesley Index*, vol.III, p.147 によれば、この論評はおそらく *National Review* の共編者 Richard Holt Hutton が書いたものであろう。もしそうだとすれば、興味深いことである。なぜなら、(後で示されるように)数十年後に Hutton はヒューエルにもっと近い立場を取ったからである。

★109 *National Union Catalog* と同様 *British Museum Catalog* も一八五八年版を掲載している。しかし、前者は一八五七年版の存在についても言及している。私が使用したのは一八六七年のフィラデルフィア第二版である。

★110 筆者がモリスンであるということは、the Whewell review volume at Trinity College, Cambridge にある一八五四年一一月一七日付けのモリスンからヒューエルに宛てた手紙 (Adv.C.16.35)を見れば明らかである。

★111 Robert A.Wilson and Elizabeth S.Wilson, *George Gilfillan :Letters and Journals, with Memoir* (London, 1892), p.34. 参照。この論評の筆

者がギルフィランである証拠に関しては、この伝記の二〇三頁参照。

★112 George Gilfillan, *Gallery of Literary Portraits*, vol.I (Edinburgh, 1854), pp.105-23, 特に pp.115-19. 参照。また、Gilfillan, *The Christian Bearings of Astronomy* (London, 1848), 特に pp.18-28. 参照。

★113 ヒューエル文書にあるギルフィランから“The Author of ‘Of the Plurality of Worlds’,”に宛てた手紙(Add.Ms.a.216[91])参照。

★114 一番目と三番目の論評の筆者がリーヴィトである証拠に関しては、Todhunter, *Whewell*, vol.I, p.201. 参照。第二番目に関しては、*Methodist Quarterly Review* の目次から明らかである。

★115 Frank Luther Mott, *A History of American Magazines 1850-1865* (Cambridge, Mass., 1938) によれば、この雑誌のほとんどはロードが書いたようである。キリスト教と多世界論の関係に関するブルースターの見解に反対する論文“Christ the Saviour Only of Mankind”の著者もおそらくロードであろう。*Theological and Literary Journal*, 11 (October 1858), 177-96. 参照。

★116 米国国会図書館にあるこの書物の表紙に「ウィリアムズによる」という言葉が見え、目録でもそうなっている。私はウィリアムズに関する伝記的情報は得られなかった。

★117 William Swan Plumer (1802-80) はアメリカの長老派教会の牧師。*The Bible True and Infidelity Wicked* (New York, 1848?), pp.43-7. で、多世界論は単なる推測ではないという人たちに反対している。

★118 このことは次のようないくつかの推論の結果としていえるのである。ヒューエル文書に保存されている一八五八年一〇月八日付けの一六頁にわたる手紙を書いた人物がJ.J.Laritであろうということは、完全には読めないにしても彼の署名を分析して言えることである。しかし私はこの名前を標準的な参考文献の中に未だ見たことがない。この手紙を書いた人物が『空想と真実』を書いたということは、手紙の内容と著書の内容を比較してみれば明らかである。この書物の著者がプロテスタントであるということは、表題が載っている頁に“La société centrale d'évangélisation”後援と書かれていることから明らかである。この団体はプロテスタントの組織であったと思われるからである。Todhunter (*Whewell*, vol.I, p.204) はこの手紙について論じているが、著者を特定していないし、著書の表題にも言及していない。この稀覯本はケンブリッジ大学トリニティ・カレッジ図書館にある。これはおそらくヒューエルに送られたものであろう。

★119 キリスト教徒たちが神かキリストかいずれが優位に立つべきかという問題にはピリピリしていたことを示す証拠に関しては、Jean Milet, *God or Christ?* (New York, 1981). 参照。

★120 偽名あるいはイニシャル辞典を調べても、六人の論争者が誰であるかに関する有望な手がかりはつかめなかった。

★121 著者がウォリンであることを示す証拠は、Todhunter, *Whewell*, vol.I, pp.199-200. に見える。ウォリンは、この論評を敷衍したものを一八五四年の*Miscellanies*に公表している。

★122 ウォリンの手紙はTrinity College, Cambridge(Add.Ms.a.216[105-112])に保存されている。ヒューエルの返事は保存されていないように思われる。

★123 “More Worlds than One”と題された八段組の論評は、Todhunter, *Whewell*, vol.I, p.197. で論じられ、Whewell review volume at Trinity College, Cambridge (Adv.C.16.35) の第六項に保存されているが、ほとんど変更なく、Hugh Miller's *Geology versus Astronomy* (Glasgow, [1855]) の pp.14-22に一致している。きっとこれは最初*Witness*に公刊されたのであろう。ヒューエルの『試論』の四段組の論評は、Todhunter, *Whewell*, vol.I, p.222. で論じられ、Whewell review volume の最初に入れられているが、この章の付録の四九に一致している。

★124 ヒューエル文書にある一八五四年九月五日付けのフェザストンハーフからヒューエルに宛てた手紙(Add.Ms.a.216[90])参照。

★125 ヒューエル文書にある一八五四年三月一五日付け(?)のエジャトンからヒューエルに宛てた手紙(Add.Ms.a.216[87])参照。

★126 ヒューエル文書にある一八五四年一月九日付けのハラムからヒューエルに宛てた手紙(Add.Ms.a.216[92])参照。

★127 ヒューエル文書にある一八五四年二月八日付け(?)のヘンズロウからヒューエルに宛てた手紙(Add.Ms.a.216[93])参照。

★128 ヒューエル文書にある一八五四年八月一二日付けのロリスンからヒューエルに宛てた手紙(Add.Ms.a.216[98])参照。

★129 Trinity College, Cambridge のヒューエル文書にある一八五四年三月の日付けのあるヒューエルに宛てた匿名の手紙(Add.Ms.a.216[1042])参照。

★130 『パトナムズ・マンスリ』一一月号(五〇三頁)は、「世界の複数性」と題した短いがすばらしい出来の詩でこの論争を読者に紹介している。

★131 Anthony Trollope, *Barchester Towers and The Warden* (New York, 1950), pp.378-9. 参照。

★132 Todhunter, *Whewell*, vol.I, pp.184-210. 参照。

★133 Todhunter, *Whewell*, vol.I, p.187. より引用。

★134 [Whewell], *Essay* (5th ed.), p.374; またp.385. 参照。

地球外生命論争
1750-1900
II

（分売不可）

発行日——二〇〇一年三月一〇日

著者——マイケル・J・クロウ

翻訳——鼓　澄治＋山本啓二＋吉田　修

編集——十川治江

ブックデザイン——鈴木一誌＋仁川範子

DTPオペレーション——大西由華＋蒲谷孝夫

組版校閲——前田年昭

印刷——株式会社フクイン

製本——田中製本印刷株式会社

発行者——中上千里夫

発行——工作舎

editorial corporation for human becoming

〒150-0046　東京都渋谷区松濤2-21-3

phone: 03-3465-5251　fax: 03-3465-5254

URL: http://www.kousakusha.co.jp

e-mail: saturn@kousakusha.co.jp

ISBN-4-87502-347-2

地球外生命論争 1750-1900

III

1860—1900

カントからロウエルまでの世界の複数性をめぐる思想大全

The Extraterrestrial Life Debate
1750-1900
The Idea of a Plurality of Worlds
from Kant to Lowell
Michael J. Crowe

マイケル・J・クロウ＝著
鼓 澄治
＋山本啓二
＋吉田 修
＝訳

工作舎

第3部

一八六〇年から一九〇〇年まで

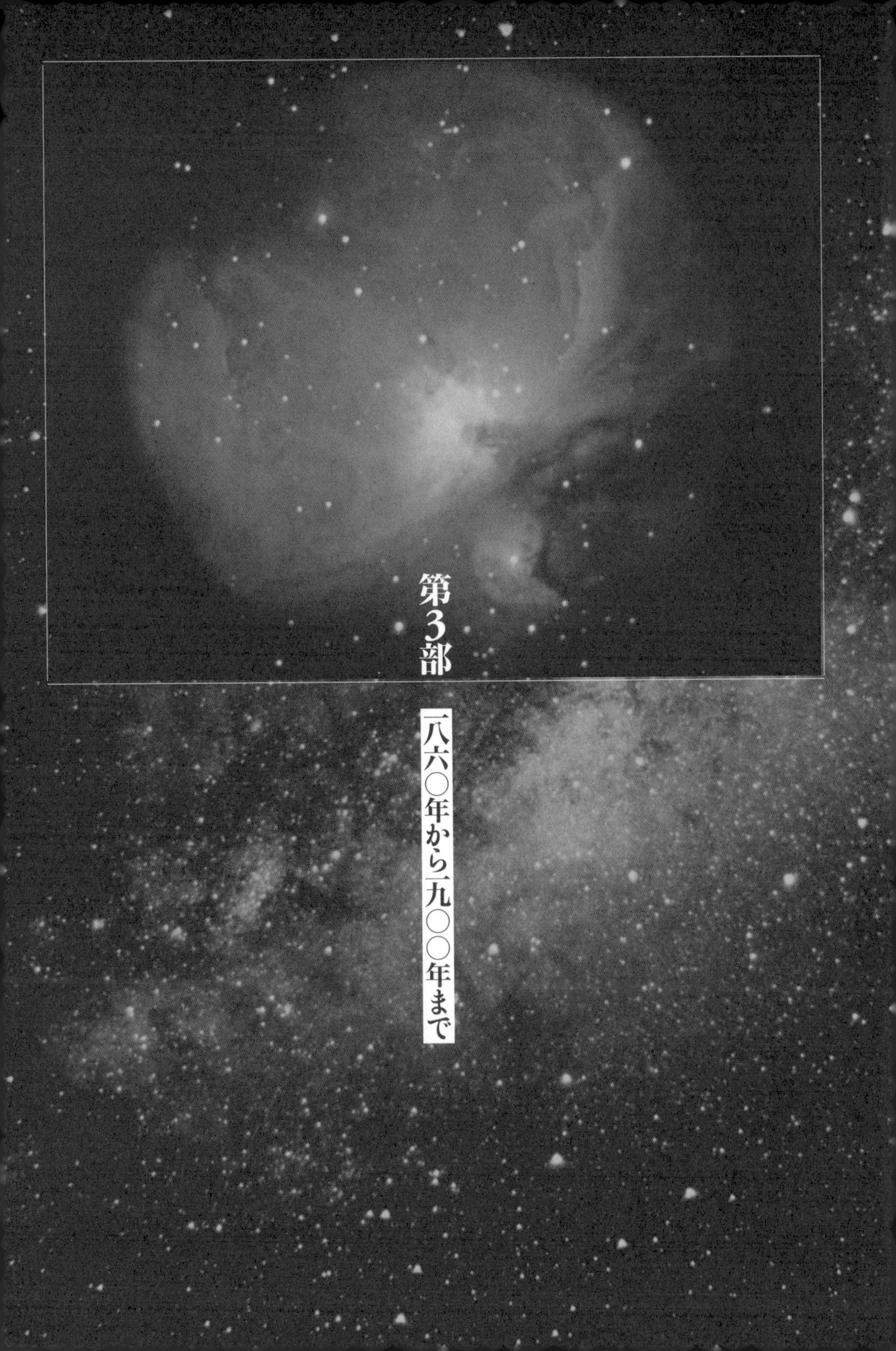

第8章 古くからの問題に対する新しい研究方法

1 一八六〇年代以降の発展、特に「新しい天文学」

一八六七年、天文学と数学の教授であったアメリカ人シオドール・アペル師(1823-1907)は、多分ヒューエルの『世界の複数性について――一つの試論』(以下『試論』)に関する最後の論評となった論文の中で、この著作は「勝利の行進途上、休息を取っている軍隊の中に投げ込まれた爆弾のようなものだった」と述べている。[★1] 基本的にアペルの説は正しいが、ヒューエルの『試論』後数年の間に出版された幾つかの出版物が、この試論の議論はもとより、その存在にすら気づいていなかったという事実は曖昧にされるべきではない。[★2] しかも、一八六〇年代以降の多くの多世界論的論文の関心は、一八五〇年代において支配的であった諸問題に集中していた。[★3] 一八五〇年代後半から一八六〇年代に、アメリカ、ベルギー、イギリス、フランス、そしてドイツの幾人かの著述家たちによって、太陽における生命が支持されたという事実は、思想の変化がいかに遅いかを劇的に物語っている。太陽人を支持する人々の中には科学とは無縁の人々もいたが、[★4] しかし、有名な科学者たちもこの考えを支持した。例えば、一八六七年イギリスの化学者であるトマス・ラム・フィプスン博士(1833-1908)は、太陽は「確かに永遠の生命と完全な幸福の場であるに違いない」と主張した。[★5] 翌年イギリスの天体物理学者であるJ・ノーマン・ロキアー(1836-1920)は、『天文学要諦』の中で、太陽における生命の可能性を表明した。[★6] また一八六〇年代には、写真撮影のパイオニアであり、スコットランド銀行の創設者であったマンゴ・パントン(1802-80)も、ヒューエルの「悪名高い本」を攻撃し、太陽に関するウィリアム・ハーシェルの冷たくて、居住可能な核の理論に賛成するとともに、ネイスミスの「柳の葉」も巨大な有機的組織体から成り立っている、とのジョン・

ハーシェルの考えに賛成した。[★7] 天文学者で数学者であったジャン・バティスト・ジョゼフ・リアグル(1815-91)は、ベルギー・アカデミーに宛てた書簡の中で、太陽に関する議論を次のように断定した。すなわち、太陽はもはや「むさぼり食う炉とか破壊者ではなく、惑星の中で最も堂々としたもの、言い換えれば、有機的存在者の完全性が荘厳な居住性と調和して存在する勇壮な住居」とみなされるべきであると。[★8] 太陽人のために最も精力的であったのは、フェルナン・コワトゥ(1800-?)であった。彼は一八六六年太陽における生命に賛成する大部の本を出版し、フランスのポワティエにおける教養ある人々の中に論争を引き起こした。[★9]

しかし、新たな研究方法が現れた。その中で最も重要なものは、「新しい天文学」と呼ばれるようになったものと連関するものであった。この発展の中心は、イギリスの天文学者ウィリアム・ハギンス卿(1824-1910)であった。彼は、その指導的研究者の一人として、一八九七年の論文の中で三〇個以上の発見を概観している。[★10] そこで彼は、「正規の天文学研究の型にはまった性格」に対する一八五〇年代の不満を述べるとともに、新しい研究方法の発見に託す思いを詳述している。この望みは、ブンゼンとキルヒホッフによる一八五九年の出版物を知った時に満たされた。彼らは、望遠鏡に取り付けられたプリズム、あるいは、格子回折が望遠鏡を全く新しい機器、すなわち分光器と呼ばれるものに変えること、そしてそれは天文学者を天体物理学者へ、そして天体化学者へと変えることを明らかにしたのである。太陽の化学的組成に関するキルヒホッフによる一八六一年の分光学的測定は、劇的にこの新しい研究技術の可能性を証明したのであり、その利用可能性はハギンスに「砂漠の中で泉に出会ったような」感情を与えた。化学者ウィリアム・アレン・ミラー(1817-70)とのしばらくの共同作業を通してハギンスは、「ほとんどすべての観測が新しい事実を明らかにし、しかもほぼ毎晩の研究がなんらかの発見によって記念すべきものとなった」ことを見いだした。ハギンスや、他の天文学的分光学のパイオニアたち、例えばオングストローム、ドレイパー父子、ジャンサン、ロキアー、シェレン、そしてセッキによって獲得された驚くべき結果に関する物語はしばしば詳述されているので、[★11] ここでは繰り返す必要はない。ただ注目に値することは、これらの発見の多くが多世界論論争にとって重要なものとみなされたことである。事実、以前に述べられた以上に広範囲にわたって、天文学的分光学のパイオニアたちはこの論争に巻き込まれるのである。

ミラーとの連携の中で書かれたハギンスの最初の主要な分光学の論文は、一八六四年に出版された「幾つかの恒星のスペクトルに関して」である。[★12] これは、ほぼ五〇の恒星、中でも最も明るい二、三の恒星に特別の注意を払ってなされた分光学的研究の報告である。そして、地球上の多くの元素のスペクトル線と正確に一致する恒星のスペクトル線の発見は、「相似的な一連の働きが、全宇宙にくまなく広がっていることの証拠……」とされた。さらに、「星の間に存在する相違は、低次元に属する、すなわち個別的適応、あるいは特殊な変容に属するものであり、明確な構造計画に関する高次元の相違ではない」。われわれの太陽とこれらの星の構造的類似性から、「それらは類似した目的を実現し、われわれの太陽と同じく、惑星によって囲まれている……」と推察される。そして、これらの星における地球的組成の存在は、そのような化学的物質が多分「それらと発生上連関している惑星においても存在する」ことを示唆している。そしてさらに次のように主張する。

多くの星に非常に広く拡散している元素が、われわれの天体の生命ある有機的組織体の構成と非常に密接に関連する元素の幾つかであること、そしてそれらが水素、ナトリウム、マグネシウム、そして鉄……を含んでいることは注目に値する。総じて星に関する前述のスペクトル観測は、これまでは単に純粋な思弁であった一つの結論——すなわち、少なくとも明るい恒星は、われわれの太陽と同じく、生物の居住に適した世界系の支点であり、エネルギーの中心である、との結論の根底にある実験的基礎に対して、幾らかの貢献をなすと思われる。

この主張が観測上の証拠を越えていたことを、ハギンスは一九〇九年にこの一節に付け加えた脚注において認めている。ミラーはその立場を維持することに固執したが、ハギンス自らは一八六六年頃この一節を書く動機となった「私の初期の神学教育の独断的拘束から」解放されたという。★13

ハギンスの一八六四年に書かれた最初の論文は、多世界論者たちに歓迎されたが、彼の次の発見は、島宇宙という考えを危険にさらし、彼らを苦しめた。一八五〇年代には、多くの天文学者たちは次のように考えていた。すなわち、すべての星雲は、原則的に個別の星に分解可能であり、したがって天の川に匹敵する構造物であると。オリオン星雲は分解された、とするアイルランドのロス卿とハーヴァードのW・C・ボンドによる一八四〇年代後半の報告は、この信念を確かなものとするように思われた。ヒューエルとハーバート・スペンサーは、少数の反対者の側にいた。一八六四年ハギンスは、彼らの異議が正しいことを実際に示す一連の論文の最初の論文を出版した。この論文は、こと座の環状星雲やこぎつね座の星雲と同じく、六つの惑星星雲に関する分光学的観測を詳述している。そして、それらすべてに関してハギンスは、輝線スペクトルを発見したが、それはすべてのものが島宇宙であるというよりもむしろ成長するガスから構成されていることを示していた。一八六五年のオリオンに関する論文は、オリオンが輝線スペクトルを与えることを明らかにしたが、また同時に、ロス=ボンドの解答を拒否することに対するハギンスの躊躇をも示している。一八六五年ハギンスはオリオンが照り輝くガス状の点から成り立っていることを主張しながら、一八六六年頃にはより自然な結論を引き出そうとし、一八六八年頃には次のように報告している。すなわち、七〇の最も明るい星雲に関する分光学的研究は、「およそその三分の一の星雲が、輝線スペクトルを与える」ことを示したという。ハギンスのこれらの研究こそ、島宇宙説が世紀末まで拒否された主な理由であった。ただ、一九二〇年頃にこの説は首尾よく復活する。島宇宙説に反対するために利用された他の議論は、マゼラン星雲に関するヒューエルの分析であった。幾つかの星雲のガス状性質に関するハギンスの観測は、それだけでは島宇宙説を破壊しはしなかった。彼は結局アンドロメダを含む多くの星雲について、連続スペクトルを発見したのである。確かにこれは島宇宙の存在を証明しなかったが、島宇宙に関する問題を未解決のものとして残した。このことは、一八八九年ハギンスがアンドロメダは星群ではなく、むしろ近隣に惑星系を持つ単独の星である、と主張した事実から明らかである。

分光器は、惑星のような光を放たない対象の化学的組成に関する情報を提供することはできないが、惑星あるいは月が大気を持っているかどうか、もしそうならばその化学的組成はどうか、ということに関して天文学者が測定することを可能にした。月と惑星に関する一八六四年の研究の中でハギンスは、月は単に太陽スペクトルしか生み出さず、それは月には感知可能な大気がないことを裏づけている、と述べている。太陽スペクトルの明確な変化は、木星に関して、そしておそらく火星や土星に関しても報告された。一八六七年の論文でハギンスは、火星の特徴的なスペクトルを発見した自らの努力を、部分的には成功と述べている。この論文(後に議論されるが)は、W・W・キャンベルがその優れた装置にもかかわらず、ハギンスの結果を再現することができなかった一八九〇年代に、論争を引き起こすこととなった。

ハギンスの論文は、たいてい王立協会の『哲学紀要』に発表され、限られた読者のみに届けられていた。しかし、早くも一八六五年、より入手しやすい雑誌が世界の複数性に関する問題という文脈の中で彼の発見を解説した。例えば、ロバート・ハント(1807-87)は『一般科学評論』の読者に対して、一八六四年のハギンスとミラーの論文から前に引用した多世界論的一節を引きながら、それらの発見について説明した。ハントは次のように結論する。これらの研究は、「すべての惑星界と恒星界が、われわれの地球のタイプにならって作られていることを証明した……ように思われる」[★14]。ウィリアム・カーターは、一八六五年『ジャーナル・オブ・サイエンス』の論文の中で、ハギンスとミラーの結果に対する説明において、同様に熱心な多世界論者であった。「世界の複数性に関して」と名付けられた論文で、金星、火星、そして土星における生命に賛同する意を表明した。分光器は、多分火星を除いて、それらのいずれについても、直接的な情報をほとんど提供してはいなかった。[15]

分光学的天文学と多世界論との連携は、ハギンスの著作において非常に明確であるが、この連携はまた新しい天文学の他の多くのパイオニアたちの出版物の中にも見いだされる。太陽における生命の可能性に関するロキアーの率直さはすでに述べたが、イタリアの最も著名な天体物理学者であるアンジェロ・セッキ師は、(後に示されるように)、多くの著作の中で多世界論を支持した。スペクトル分析に関する最初期の著作の一つを書いたドイツ人のハインリヒ・シェレンは、その著作の大部分を天文学上の研究に充てた。分光器が「個々の星の組成上の大きな相違」を示すことを述べた後に、シェレンは次のように言う。「われわれは次のように想定せざるを得ない。すなわち、これらの個々の特性はまさにその星が存在する特別な目的と必然的に一致しており、そしてその星を取り囲む惑星界の動物的生命への適合とも必然的に一致している」[16]。分光学に地球外生命を支持する役を与えようとする傾向は、当時のフランスにおける指導的な天文学的分光学者であったジュール・ジャンサン(1824-1907)において明らかである。一八六九年頃、火星のスペクトルの中に、水を発見したことを報告し、次のように述べている。

われわれの太陽系の惑星をすでに結びつけている親密な類似性に対して、今や新しい、そして重要な特性が付け加えられる。それによって、すべての惑星はただ一つの家族を形成する。言い換えれば、それらは、熱と光を与える同じ中心的天体の周りを回る。それらは各々、年、季節、大気、……を持っている。そして、すべての有機的存在にとって重要な役割を果たす水もまた、惑星に共通する組成である。これらこそ、生命がわれわれの小さな地球の独占的特権物ではない、と考える強力な理由である……。[17]

さらに、一八九六年科学アカデミーを前にした演説でジャンサンは単に、分光学は宇宙における諸天体が「一つの家族」を形成していることを示したと述べるにとどまらず、地球外生命の問題に関しても次のように主張している。すなわち、その問題は

……一連の事実、類比、そしていかなる疑問の余地も残さない厳格な演繹によって解決された。……水素、酸素、窒素、炭素、そして、特に水は、植物的及び動物的生命の不可欠の構成要素であるが、それらはわれわれの太陽系の惑星においてのみならず、全宇宙を通して同様の役目を果たしている。★18

さらに宇宙の物質的統一に対する信念から、ジャンサンは「精神的かつ道徳的統一」を提唱するに至る。「そして……宇宙の中に一つの物理学と一つの化学が存在するように、またただ一つの論理学と一つの幾何学、そして、一つの道徳が存在する。そして美、善、そして真は同じものであり、あらゆる所に存在する宇宙の秩序である……」。一八九七年の主張に対するジャンサンの自信は、注目に値する。なぜならば、W・W・キャンベルが厳格な証拠を示し、さらにジャンサンの火星における水蒸気に関する報告がでっち上げであることを確証した三年後に、なおそう主張しているからである。

一八六〇年代に、天文学的分光学における二人の指導的アメリカ人、ジョン・ウィリアム・ドレイパー(1811-82)と、彼の息子ヘンリ・ドレイパー(1837-82)は、ともに多世界論論争に参加した。父ドレイパーは、一八四〇年ダゲレオ・タイプによる月の最初の写真撮影に成功し、ブンゼンとキルヒホッフの重要な先駆者として、二〇年以上にわたって活躍した。さらに、写真術と分光学を結合して、一八四三年太陽スペクトルの写真撮影にも成功した。息子ヘンリ・ドレイパーは、一八七二年恒星のスペクトルの最初の写真撮影に成功し、一八七七年太陽における酸素の分光学上の発見に関する最初の報告を出版した。★19

ジョン・ドレイパーは、最初化学者としてよりも歴史家として、地球外生命論争に参加した。多世界論的主張は、『ヨーロッパの知的発展の歴史』(1863)と『科学と宗教の闘争の歴史』(1874)の中に見いだされる。後者は、論争にただ短く触れているだけであるが、その一節で、「世界の複数性を唱えたために特別な告発」がなされた殉教者としてブルーノを紹介している。[★20] 初期の研究においても、多世界論の重要性が繰り返し強調されている。例えば、地球中心説は「全く間違った、しかも無価値なもの」であり、次のような重要な教えを帰結する新しい理論によって置き換えられたとドレイパーは述べている。

無数の星を見上げる時――人が見ることができるすべてのものは、存在するもののほんの一部であり、しかも、その各々が、多くの不透明でそれ故見えない世界に対して光と命を与える太陽である……ことをよく考えるならば、人は世界が構成されている規模を見積ることができるであろうし、そこから自分自身の言語を絶する無意味さを学ぶことができるであろう。[★21]

ドレイパーは、多世界論者の登場を近代思想の最も重要な発展の一つと考え、後にフリードリヒ・エンゲルスによって支持された次のような声明を付け加えている。「無限な空間における世界の複合性は、無限な時間の中での世界の継起という概念に至る[★22]」。人間の物質的無意味さは、ドレイパーにとって、学ぶべきものの一つにすぎない。学ぶべきもう一つは、人間の「知的原理」に関することである。

空間の無限の深淵に降下し、そこに含まれる無数の世界を精査し、比較対照したものは、いったい何であるか……。このことすべてをなす能力を持つものは、降格させられるどころか、卓越した偉大さと、感知できない価値を持ってわれわれの前に現れる。それは、人間の魂である。

息子のドレイパーは、一八六六年出版された講義録「他に居住可能な世界は存在するか」によって多世界論論争に参入した。[23] それは、この問題に対するまじめな議論であり、天文学的分光学を頼りに、火星には生命の条件が存在するが、極端に熱いそれより内側の惑星には存在しないと主張している。木星と木星以遠の惑星に関しては、僅かしか取り扱っていないが、ドレイパーが当時写真を使って研究していた月は、幾らか詳細に論じている。「不幸な懐疑論を後に残した月のお話(Moon hoax)」の都市での講義においてドレイパーは、月のこちら側の生命は否定したが、月の裏側の生命問題に関しては、ハンスンの仮説により未解決のまま残した。彼の言い方は慎重ではあるが、その最終結論は彼の親多世界論的調子を具現している。「初期の地質学時代の地球の状態を通過しない世界が存在するかもしれないし、他の世界においては諸環境が重なることによって、生命はわれわれの基準以上に発展可能なのかもしれない……」。

ドレイパー父子が没した一八八二年頃、気圧計の発明によって天体物理学と天体化学に貢献したサムエル・ピエールポント・ラングレイ(1834-1906)をはじめとする、新しい天文学に関わる他のアメリカの研究者たちが現れてきた。一八八四年の『新天文学』の中でラングレイは、地球外生命の問題にしばしば言及することによって彼の叙述を潤色しながら、一般大衆を「天文の女神であるウラニアの……妹」へと誘う。例えば、太陽物理学に関する彼の議論は、ジョン・ハーシェルの成長する巨大な太陽有機体組織で幕を開ける。なぜなら、「他のいかなるものも、ほんの数年前に太陽物理学が提示した驚異と大胆な推測の領域を、これ程までに力強く説明することはできなかったからである……」。[24] この本には文学的多世界論者のフォントネルやヴォルテールからの引用文と同様に、文学的表現がちりばめられている。事実、ラングレイはフォントネルに非常に興味を示し、一八七七年には彼を、「最初の〈通俗的な科学論文〉」[25]を書いた人物として賞賛している。ラングレイの極めて魅力的な言明の源は、次のような「忘れられない事実」に関する分光学的解明にあった。それは、「……多分、われわれの科学がもたらした最も重要な事実であった……。すなわち、限りない距離を越えた後にわれわれが見いだしたことは、星々はわれわれと同じようなものである、――その究極的組成において、われわれの太陽、地球、そして、われわれ自身の肉体の中に見いだされるものと同じようなものであるということであった」。これが、彼の本の主なるメッセージであり、また多世界論の多くの発表の中で名声を獲得した考えであった。

もし、「新しい天文学」という言葉が、天体物理学及び天体化学と同等のものと定義されるとしても、それはスペクトル分析以上のものを含んでいる。一九世紀後半の物理学における進歩のうち、その多くが天文学へ、そして、場合によっては、地球外生命問題へと向けられた。アイルランドの物理学者G・ジョンストン・ストーニ(1826-1911)も、大いに分光学に貢献した。彼の名前と結びつけられた天体物理学における進歩は、天体の大気を分析する新しい方法として新たに開発されたガスの運動理論の紹介にあった。これは、最近ある著述家が述べているように、一八七〇年頃「ヒューエルにとって形勢が非常に良くなった[★26]」ほど重要なものであった。話はこれよりも複雑であるが、ストーニの研究方法が及ぼした最終的な影響は否定されるものではない。

この領域におけるストーニの最初の重要な論文は、一八六九年の「太陽と星の物理学的構成に関して[★27]」である。多世界論論争にとってより重要なものは、一八七〇年に創設された王立ダブリン協会にストーニが提出した一連の論文であった。これらは、その時には印刷されず、その中心的結論は一八九八年になってようやく出版された[★28]。しかし、「たとえ不完全な印刷された解説のみが出版されたにしても、……」、一八七〇年代からの報告は「多くの人々に知られるところとなった」と、ストーニは一八九八年に述べている。これらの論文においてストーニは、今日「脱出速度」と呼ばれる概念を導入し、それを使って、惑星と衛星の大気組成に関するさまざまな結論を引き出した。彼は、運動理論から、ガスにおける分子の平均速度は分子の重さが増加するに従って減少することを知り、天体の重力質量に依存する速度を引き出す。それは、天体からガスの分子が脱出するために必要なものである。こうしてストーニは、既知の各々の惑星や衛星から、どのガスが脱出して行くかについて推論を引き出すことができた。例えばストーニの一八七〇年の最初の論文は、比較的小さい天体にとって、すべてのガスを(ガスの脱出速度に打ち克って)保持することは不可能であることから、月に大気が欠けていると結論する。すぐその後に彼は、地球上の大気に水素が欠けている理由について、この軽い組成の分子がもつ平均速度の速さの故と説明している。またおよそ同時期に、「多分火星には水は存在しないであろう」、なぜなら火星は実質的に地球より小さい質量であるからと結論づけている。ここからさらに、火星の極冠は二酸化炭素からできているであろうとの結論に至る。ストーニの一八九八年の論文は、これらの結果を総括し、以下のことを指摘している。水星はその表面から水蒸気を失い、多分窒素も酸素も失うであろう。金星は、地球の大気と同じ組成の大気を持つことができる。木星はすべての既知のガスを保持することができる。そしてそれ以遠の惑星は、多分水素を除くすべてのガスを保持することができるであろう。ほとんどの月と小惑星は、われわれの月と同じように、大気がないであろう。

ストーニの結論は一九世紀後半にはやや正当性を疑われ、一八九八年に出版された時には長い論争を引き起こした(後に論議される)。しかし、彼の結論は今日では承認された学説である。彼の考えは多少仮説的であったが、少なくとも彼の考えが一八七〇年代から「多くの人々に知られるところとなった」という彼の言葉が正しければ、その考えがかくもゆっくりと多世界論論争の中に入って行ったことは驚くべきことである。彼の一八九八年の論文の後でさえ、多世界論の反対者たちは、自らの立場を擁護するために、稀にしかストーニを引用してはいない。ストーニの研究に関連して、J・J・ウォーターストン(1811-83)が一八四五年の論文の中で、ガスの運動理論の基礎を提示し、惑星の大気にこの理論を応用することにおいて、ストーニの先鞭をつけたことは注目に値する。しかし、ウォーターストンの

論文は王立協会によって拒否され、その最初の出版は一八九〇年代になってからであった。[★29]

天体物理学おいて進歩した他の領域は光度測定法であり、それに対しては、ライプツィヒ大学のフリードリヒ・ツェルナー(1834-82)が重要な貢献をなした。その貢献の中には、水星の表面の反射性に関する一八七四年の論文が含まれるが、この中で彼は、水星の表面が月の表面とほぼ同じであることを示した。彼によれば、「水星は、その表面の条件が月のそれと非常に近い天体である。「そして、」それは、結果的に月と同様に、多分いかなる意味でも大気を保持することはないであろう」。[★30] 多世界論者たちは失望を味わったかもしれないが、(火星を部分的に除いて)他の惑星に関して報告された、反射性が十分高いという事実の中に、彼らは慰めを見いだすことができた。

スペクトル分析が一般に多世界論的立場を擁護するものとみなされ、他方ストーニによって応用されたガスの運動理論が主として反多世界論的であったのに対して、一八四〇年代から一八五〇年代に発展したエネルギーの保存と消失の理論は、大部分が中立的であるか、あるいは単に間接的にのみ関係あるものであった。星雲説「原始太陽を取り巻く太陽系星雲から惑星が生じたとするラプラスの仮説」の力学的困難、特に太陽が理論値よりも低い角運動量を示すという問題は、この仮説を危機に直面させ、それ故太陽系以外の惑星系に関する多世界論者たちの主張を弱めた。[★31] 一八六〇年代における物理学の進歩は確かに重要であるが、この時代における科学的論議の主要な出来事は、一八五九年『種の起源』の中で、ダーウィンによって宣言された自然淘汰による進化の理論であった。この本は多世界論に関して何の議論も含んでいなかったが、多方面で地球外生命論争に影響を与えた。中でも重要なのは、自然に対する目的論的研究方法、正確には一八五九年以前のほとんどの多世界論的著作において採用されていた研究方法をまさに疑わしいものにした、ということである。多くの場合、多世界論者は目的論に固執していた。しかし、それはその後余り使われなくなり、表には出なくなって行った。あるいは、その使用は科学とは無縁の著述家たちに限られることになった。他方ダーウィンの理論は、幾人かの多世界論者によって採用されていた天文学に対する自然主義的、進化論的研究方法に支持を与えた。例えば、R・A・プロクターは現在の惑星が居住可能かどうかとは問わず、その長い歴史において居住可能であったか、また将来可能かどうかと問う方向に徐々に進んで行った。さらに、ダーウィンの理論が科学者たちに、地球外生命の身体的形状を考える基礎を与えたかどうか、という問題は興味深い。ダーウィンが突然変異と変異の生存価を強調しているために、その最初の衝撃は、オーエンのような体系を否定することになった。オーエンの体系は、今日でさえ多くの人によってその予言能力を否定されているダーウィンの理論よりも、明らかに大きな予言的価値を持っていた。これ以後数十年、多世界論的学説と進化論的学説を同時に支持するかその両者を否定する者がいたが、すべての人がこのように両者を連携させたわけではなかった。最も際だった例外は、自然淘汰説の共同発見者であるA・R・ウォレスである。彼は一九〇三年に、現代のヒューエル信奉者として登場してきた。[★32]「新しい生物学」に関する事情は、新しい天文学の場合と同様であった。すなわち、その多世界論争への関係は多種多様で、しばしば人によって見方が違っていた。これらの関係は重要であるが、決定的な役割をはたすことは稀であった。

2 リチャード・プロクター――英米における天文学の普及者にして進化論的視点を持った多世界論者

新しい天文学が、一八六〇年代及びそれ以後の地球外生命論争のお膳立てをした。さらに、一八六〇年代にはリチャード・プロクターとカミーユ・フラマリオンを先頭に、新たな登場人物が現れてきた。この二人の人物は非常に多作であり、その活動は多世界論論争と密接に関係していた。リチャード・アンソニー・プロクター(1837-1888)が死んだ時、ロンドンの『タイムズ』紙は次のように述べた。「多分今世紀において、他の誰よりも、一般大衆の間に科学的主題に関する興味を増進させるのに貢献したであろう[★33]」と。また、アメリカの天文学者C・A・ヤングもこれに同意している。「英文学において、彼は科学の解説者、普及者として他に比類無きものである、と私は思う[34]」。大西洋の両側からなされたこのような主張は、少なくとも、英語圏における天文学の一般大衆化に限っていうならば、正当と思われる。プロクターは、最初の出版から一八八八年の突然の死に至る二五年間に、五七冊の本を著した。それらは、主に天文学に関係するものであったが、これらの多くは定期刊行雑誌に以前すでに発表された論文から構成されていた。しかし、プロクターは非常に多作であったが故に、彼自身がかつて述べたように、これらの再出版された論文の数は、全体の四分の一にも満たない[35]。この見積もりは疑う余地がない。なぜならば、『王立天文学会月報』に掲載された八三の専門的論文を計算に入れなくても、彼は少なくとも五〇〇の論文を発表しているからである。プロクターは、一八八二年以前の最も多作な天文学関係の著述家リストの七番目にランクされ、出版の率でいえば、フラマリオンとセッキをのぞくすべての著述家を凌駕している[36]。さらに彼は、イギリス、アメリカ、カナダ、オーストラリア、そしてニュージーランドへの講演旅行も行っている。アメリカ人の未亡人と結婚し、一八八一年頃アメリカに居を定めて後、彼はロンドンに本部を置く科学定期刊行雑誌『知識』の編集もした。この雑誌は彼が一八八一年ロンドンで創刊したものであるが、最初はミズーリー州セント・ジョウゼフから、後にはフロリダ州オレンジレイクから発行された。多作であったプロクターは、二、三の偽名でも書いている。これは、多分著述の多さを理由に彼を批判する人々をかわすためであったろう[37]。しかし、プロクターはただ単に多産的であっただけではない。同時にまた、一八七〇年から一八九〇年の間に、イギリスとアメリカにおいてなされた多世界論論争に参加したものの中で、最も広く読まれた著述家でもあった。プロクターの著作に関する以下の研究は、次の三つの問題に答えようとするものである。❶天文学的著作の著述家というほとんど前例のない人生の選択に彼を導いたものは何か。❷どのようにして彼は、この分野で注目に値する成功を獲得したのか。❸地球外生命論争において、彼はどのような意見を採用したのか。最後の問題に対する答えは特に興味を引くものである。なぜならば、彼の考えが驚くべき方向に変化していったからである。

一八三七年ロンドンの裕福な家庭に生まれたプロクターは、一八六〇年数学の卒業試験一級合格者中二三番の成績でケンブリッジ大学セント・ジョウンズ・カレッジを卒業した。この地味な成績に関しては幾人かの同級生の説明によれば、大学時代に母を失い、しかも妻を娶ったことに原因があるとされる。彼は十分な財産を持っていたので、弁護士になる準備をする傍ら、長子の教育のために余暇の一部を天文学の勉強に充てた。プロクターによれば、その時まで彼は「科学としての天文学について全く何も読んだことがなかった……[38]」。しかし、ニコルの『天界の構造』とO・M・ミッチェルの『一般天文学[39]』に刺激されて、彼自身「二重星の色彩」に関する通俗読物の作成に着手する。そして、易しく書くのは難しいと思い知った。六週間の仕事の結果、九ページの小品が生み出され、最終的には『コーンヒル・マガジン』から一八六三年に出版された。一八六三年に長子を亡くし、一八六六年には財産を失うという二つの個人的悲劇がきっかけとなり、彼は科学的著述家としての道を歩み始める。息子を失った憂鬱から解放されるために、プロクターは医者の忠告に従って、『土星とその系』(以下『土星』)を著す企画に着手する。それは学問的研究であり、その自費出版によってプロクターは天文学会の賞賛を博することになる。もし彼が第二番目の株主であった銀行が一八六六年に倒産して一万三〇〇〇ポンドという莫大な負債を残さなかったならば、彼の財政状態はこの本の販売上の失敗[40]が重大な問題になるほどのものではなかっただろう。プロクター自身が書いているように、五人の家族の扶養という問題に直面し、その処女作が財政的失敗に終わったこの著述家は、「文学的能力に関して、すべての人々が興味を抱くような主題を扱う創造力を持ってはいなかったが、ただ難解と思われる主題を一般化する力は持っていた。またそれは、一部ではあるが一般大衆に、特別な配慮をもって説明することで、難解な主題に関する平易な研究に対して、興味を引き起こさせる方法を学ぶ機会でもあった[41]」。銀行の倒産の数日前、『一般科学評論』の編集者に二つの天文学的論文を書くように求められたプロクターは断るつもりでいたが、書かざるをえなくなった。事実、銀行倒産の日から彼は、「以後五年間は、家族を扶養するために必要と考えられた仕事を一日たりとも休むことはなかった[42]」。

著作活動は非常に困難なものであり、「もし適当な能力に恵まれていたならば、道路の石割りとか、学問的ではなくても正直な仕事に快く転向したであろう」[43]とプロクターは告白している。アグネス・クラークによれば、「苦労は大変なものであった。次から次へと論文は送り返されてきた……。また出版社によって、本や地図は次から次に拒否された」[44]。しかし、ついに努力が実を結ぶ。一八七三年、あるアメリカの著述家は次のように述べている。「一〇年前、リチャード・アンソニー・プロクターという名前は全く無名であった。五年後それは、ロンドンの科学界ではよく知られるものとなった。そして今日、イギリスの教養あるすべての人々にとって、そしてこの国の多くの人々にとって、この名前は本当になじみ深いものとなった」[45]。

プロクターが成功した一つの理由は、彼の科学的専門知識にあった。例えば、恒星天文学に対する彼の影響は、同世代の人々が「ハーシェルの理論として……長く教科書に掲載されていた恒星宇宙に関する理論を最終的に打ち破ったこと」[46]を彼に帰するほどであった。一八六六年王立天文学会会員に選ばれ、続いてその名誉幹事に選出されたプロクターは、専門家と一般大衆の両者から信頼をかちうるだけの信用を獲得したのである。しかし、学術的に洗練された知識は、大衆化の成功にとってせいぜい一つの必要条件にすぎない。出版に対する動機、適切な文体、そして主題もまた重要である。動機に関してプロクターは十分であった。すなわち、最初は余暇に関心事を発表し、個人的悲しみを軽減するためであったが、財政上の必要から絶えずペンを走らせざるをえなくなったのである。プロクターの文体は徐々によくなっていった。一八七〇年頃彼は、『土星』の「憂鬱な失敗」に続き、かなり成功した六冊の本と一連の論文をものにした。彼に最初の大成功をもたらした一冊の本が、やがて多分最も広く読まれた作品になった。それは一九〇九年まで印刷されつづけた。プロクターが『われわれの世界とは別の世界』(1870)(以下『別の世界』)において採用した戦術は、天文学的著作の中に多世界論的テーマを織り込むということ、すなわち他の著述家が以前に採用し、フラマリオン以外いかなる著述家も成功をおさめ得なかったやり方であった。

一八八八年プロクターは、どのように『別の世界』を創作するに至ったかを説明している。それは、多世界論論争に対する個人的興味からではなかった。事実彼は次のように書いている。「私は、ヒューエルとブルースターの加熱した議論に飽き飽きしていた……」。むしろ、多世界論争を「決して他の方法では一般読者の注目を引くことのできない科学的諸研究と結びつけるのに好都合な主題」[★47]と彼は見なしたのである。同様のことをプロクターは、一八七八年の論考の冒頭で、そして論考本文の中でも繰り返し述べている。「他の科学に関してほとんど無関心な多くの人々によって、天文学が興味を持って研究される理由は主に、諸天体がわれわれ以外の世界の生命に関する思想を提示するからである」[★48]。多世界論関係の出版物に対する一般大衆の高い評価を発見したプロクターは、以後一〇冊余りの著書の中に、地球外生命の思想に関する議論を織り込んだのである。

多世界論問題を十分に論じたプロクターの『別の世界』は、明らかにブルースター＝ヒューエル論争を背景に書かれたものである。たとえ、プロクターが「われわれは、公正な見解の形成のために、より適した立場に立つのだ……」[★49]と読者に喚起しようとも、この時期のプロクターの好みが、基本的にブルースターの研究方法であり、目的論的アプローチであったことは、以下のような表明から明らかである。「われわれの住んでいる世界の他に、よく配慮され、立派に計画された別の世界の存在することが、あらゆる所で証明される」。しかし、かといってプロクターは「ほとんど確実に、……月のいかなる部分にも居住者はいない……」と宣言することや、あるいは太陽における生命を論ずるのは「余りにも奇怪な考察」であると主張することを控えはしなかった。分光器によって、星が地球と同じ元素から構成されていることが示されたが、このことから、惑星は、われわれの太陽系であろうと他の恒星系であろうと、類似の化学的組成から構成されているとプロクターは推論する。彼の方法論は、以下のような仮説に基づいている。「惑星にいかなる生命形態も存在しないことが証明されるまで、当然、その惑星は居住者がいると推定される」。しかし、水星に達する太陽放射線の強さから、プロクターは水星の居住可能性には疑いを持つ。金星は問題ない。「概して、われわれが持っている証拠は、金星が地球の居住者と似ていないことはない生命体の居住地であることを強く示している」。火星は彼の最もお気に入りのケースであり、「最も明確な仕方で、われわれが知っているような生命体に必要なものに適した痕跡を示している……。もし有機的存在が必要とするものに役立つことがなければ、全く役に立たないと思われる諸過程が、宇宙の向こう側では進行している……」。火星に関する考えを裏づけるために、プロクターは、火星の「氷冠」「海」「入り江」に関する観測ばかりか、大気中の水蒸気に関するハギンスの報告をも引用する。これらの特徴は、挿入された火星の地図の中にも表現されている。一八六七年に初めて出版されたこの地図は、ショーヴィニズムだという非難をあびた。なぜならば、要所にはイギリスの観測者たちにちなんだ名を付けたからである。しかし、火星の表面のほとんど見分けのつかない諸特徴に、「海」や「入り江」といった地球の用語を適用することは観測を逸脱したものであると、彼を非難した人はほとんどいなかった。

巨大外惑星の段になると、プロクターはブルースターから離れヒューエルに近づく。木星の章の冒頭で彼は、もしそのような巨大惑星が居住不可能ならばそれは広大な無駄地であろう、というブルースターの主張を退ける。しかし、その章はヒューエルに対する厳しい告発で終わっている。「確かに、天文学者の名に値する誰一人として、この巨大な天体が水のような物質からなり、中心に燃え殻を持つ球体と見なすことはできないが、感謝して記憶されるべきことに、天文学者でない一人の人物によって軽蔑的に論じられた」。この章でプロクターは、木星系に関する新しい理論を提示するが、その起源は後の出版物の中で明らかにされる。その中でプロクターは次のように述べている。『別の世界』を書く際に、

……すでに知られている八個の惑星すべてが……居住可能な世界である……と主張することを考えはじめていた。しかし、その研究を書いている途中で私の考えが変わってきたことに気づいた。木星と土星における生命の条件を推理

しはじめるやいなや、そして、生命がこれらの世界に存在しうるという理論を打ち立てると思われる新しい知識を適用しはじめるやいなや、足下の大地が崩れ落ちていくのに気付いた。新しい証拠は、……私が打ち立てようと望んだ理論と……不運にも反対であることが分かったのである。[★50]

プロクターが到達し、一八七〇年に本の中で提示した理論は、次のようなものであった。木星は「現時点では、生命体に適した場所」ではない。しかし木星は、「生命――まさにわれわれに知られているような生命形態――がまだ存在するかもしれない」四つの衛星に奉仕する「熱源……ある意味で太陽」である。木星を擬似太陽と見なすことに満足せず、プロクターは、それは「他日高貴な種族の居住地となるに違いない」[★51]と主張する。土星については、かつて『土星』においてその居住可能性が論じられたが[★52]、ここでは木星と同様の理論が提示されている。天王星と海王星に関してはプロクター自身動揺している。多分それらも、それらの衛星にとっての擬似太陽であろう。あるいは、ひょっとしたらそれらの「北極」の状況に適応した生物がそれらには居住しているかもしれない。

恒星及び星雲の領域に関する天文学は、彼の中心的問題とは余り関係ないにもかかわらず、この本の最後の四章で幾らか詳しく論じられている。これらの章は、プロクターがヒューエルの反多世界論的結論を拒否するにもかかわらず、ヒューエルの多くの主張を受容している点で注目に値する。例えば、ジョン・ハーシェルのマゼラン星雲に関する観測から星雲が銀河系外の銀河であることが疑わしくなった、と主張するヒューエルに彼は同意する。さらに、少なくとも幾つかの星雲はガス状である、というハギンスの分光学的結論はヒューエルを支持するものであり、かくしてすべての可視的星雲がわれわれの銀河の内にあると結論する。しかし、星が「光の点」であることしかわれわれは知らないと主張するヒューエルに対して、分光器の観測は矛盾するものであった。星のスペクトルはわれわれの太陽のそれに匹敵するものであり、それ故「本当の太陽」である、ということを分光器は明らかにした。プロクターは、可視的星雲がわれわれの銀河のメンバーであると主張したヒューエルに同意したが、そのことが自らの多世界論の立場に重大な影響を与えるようなことはなかった。例えば彼は次のように主張する。星雲は「独自の生命形態が居住する別の種類の世界を……」含んでいるであろう。銀河系外の銀河としての星雲を拒否する時、多分望遠鏡の到達範囲を越えた遠方にも、「われわれ自身の銀河に似ている銀河が存在することに、いかなる疑問もない」ということが強く彼に影響を与えていたのであろう。観測天文学との連関を断ちながら多世界論を保持しようとするこのような言明は、もしプロクターの後の見解、すなわち「別の世界の生命の問題は……全く科学の問題ではなく、むしろ哲学に属する問題である」[★53]という見解を受け入れるならば、より容易に理解されるだろう。一八七〇年の著書では、目的論的考えがプロクターに影響を与えたことが繰り返し見てとれる。特に、スペクトル線が星における金属の含有を示すことから、「あれら遠い太陽の周りを回る天体は、生命の居住地と考えられるばかりか、有益な目的のためにこれら金属を応用することができる知的生物があれらの世界には存在するに違いない」[★54]と推論する場合などがその例である。

最終章でプロクターは、多世界論と啓示宗教の関係にかかわる、論争の多い問題についてては言及を避けるが、そのかわりに『星と地球』と題された当時の通俗的読み物における宗教的=天文学的考えについて言及している。[★55]宗教的問題に対するプロクターの自制が、多世界論的主張に対して浴びせられた攻撃から多分彼の著書を守ったのであろう。多世界論的主張の多くは、彼がその著作で提示した豊富な天文学的情報をはるかに越えていたから、もし彼が多世界論的主張においても同様の抑制を示していたならば、彼はその読者を減らしたかもしれないが、その質を高めていたであろう。『別の世界』は一八七〇年から一九〇九年までに少なくとも二九版を重ね、地球外生命論争全体において最も広く読まれた本の一つとなった。しかし、これから明らかになるように、一八七〇年代中頃にはそれはプロクターの立場を表さなくなったのである。

一八七二年プロクターは別の多世界論的著作を発表する。『われわれの周りの天体』と名付けられたその著書は、プロクターによれば、「もし紙面が許せば『別の世界』の中で論じられるはずであった諸問題を……」[★56]含んでいた。実際この本は、一八七〇年以前に発表された論考から成り立っており、彼の思想が間もなく向かう新しい方向については、ほとんど何も明らかにしていない。唯一重要な内容は、地球上の生命が、生命を運ぶ隕石から生じたとするウィリアム・トムスンの理論(後に論じられるが)に対する批判である。従って、プロクターがこの『われわれの周りの天体』を出版したのは、多分多世界論論争をさらに進展させるためではなく、むしろ一般大衆の前に、多世界論的テーマで飾られた種々の天文学的材料を提供するためであったと考えられる。

一八七三年プロクターは、それまでにすでに一四冊の著書を書いていたが、さらに三冊の本を出版した。その内の二冊は『広大な天界』と『科学の周辺』(以下『周辺』)であり、これらは多世界論論争に関係する章を含んでいた。前者は、ある評論家の言によれば、ニコルを偲ばせるようなスタイルで、一八七〇年の著作の結論を再述している。『周辺』は、四つのブルースター的論考を含んでいる。その一つは、土星の衛星であるミマスへの天体旅行を詳述している。四つの論考のうち最後のものは、「火星における生命」に賛同する議論であるが、それに続いて「火星に関するヒューエル信奉者の試論」が展開される。その中でプロクターは、現在のヒューエル信奉者が火星の生命に反対して、どのような議論を展開し得るかと問う。プロクターの主張するところによれば、火星は地球と比べて、太陽から遠いためにより少ない熱しか受け取れない、またより小さい質量のためにより薄い大気しか維持できず、より少ない熱しか保持しない。かくして、プロクターは次のように結論する。「われわれに知られている動物的、あるいは植物的生命形態のいずれも、火星には存在することができない」。また、そこに生命体が何らかの仕方で存在するとしても、それらは、「地球における生命の概念が火星の理性的存在には粗野で空想的であるように思われるほど、この地球で知られているものとは著しく異なったものに違いない……」[★57]。大気に関する問題は徹底的に論じられる。この点についてプロクターは、火星の大気の薄さが水の沸点を約七〇度まで引き下げるであろうと述べているが、このことは次のような意気消沈させる結果を生み出す。すなわち「一杯のうまいお茶も、火星においては不可能である。同じく、よくゆで上がったポテトも問題外である。お茶とポテトが不可能であるということは、余り楽しいことではない……」。この論考は、一八七三年七月の『コーンヒル・マガジン』に匿名で発表されたが、『周辺』の読者にとってはショックであったに違いない。しかし、彼はヒューエル信奉者の研究方法をその論考の中でこれ以上発展させることはなかった。

このことを、プロクターは一八七五年の二冊の著書の中で行った。プロクターの『無限の中のわれわれの場所』(以下『無限』)の中の最初の三つの論考、及び『科学の小道』(以下『小道』)の最初の論考を読んだ読者は、彼の考えが一八七〇年以降大きな変化を遂げたことを確信したであろう。後者に収められた論考の中でプロクターは、木星と土星は居住可能な惑星ではないとして放棄した一八六〇年代後半に始まったこの変化の過程を跡づけている。その後、「徐々に、……別の世界の生命に関するブルースターの理論もヒューエル信奉者の理論もともに、私の心の中で、一つの理論にその地位を譲った。それは、ある意味で、それらの理論に対して中間的なものであり、ある意味では、両者に対立するものであった……[★58]」。彼の新しい立場のヒューエル的側面は、『小道』の中の次のような感嘆によく現れている。「生命を保持するそれぞれの天体のための居住不可能な何百万もの天体よ!」しかし、ブルースター的様相も残っている。すなわちプロクターは「あらゆる次元のあらゆる構成員――惑星、太陽、銀河等々、無限にますます高い次元へ――が、かつても、今も、あるいは、今後も、〈その本性に従って〉生命を保持するということを、少なくともありそうなこと」として受容している。これらの言明を裏づけ調和させているのが、惑星の進化に関するプロクターの新しい理論である。

どの惑星も、その次元に応じて、ある一定の寿命を持ち、その一生は、以下のような時代を含む。――太陽のような状態、ほんの少しの光と多くの熱が放出される木星や土星のような状態、私たちの地球のような状態、そして、最後

に私たちの月が辿っている段階。それは多分、惑星の老衰状態と考えられるであろう。★59

プロクターの新しい立場にとって決定的な要素は、時間の強調、特に宇宙の膨大な年齢、そして進化する存在としての惑星の強調である。これらの論考の行間から、彼の新しい観点の源泉が読み取れる。地球に高度な生命形態が存在しなかった途方もなく長い時代をヒューエルが強調したことは、確かにプロクターに影響を及ぼした。太陽系の進化論は、星雲の凝縮によるにせよ、小さな塊の成長によるにせよ、プロクターの議論の中で引用されているし、また彼はそのいずれをも受容している。さらに、ダーウィンへの直接的言及はないが、ダーウィン的文章は見いだされる(『小道』)。ヒューエルによって反対されたダーウィンの進化論が、プロクターをヒューエルの側に動かしたということはたいへん興味深い。また、イギリスにおける石炭資源の減少に対する関心とともに、エネルギー低下に関する学説からプロクターは、地球は月に見られる老衰状態に向かっていると考えざるを得なかったのである。

プロクターは哲学的レベルにおいて、チャーマーズ、ディック、ブルースター、ジョン・ハーシェル、そして他の多世界論者たちが採用した目的論的研究方法を批判する。彼らは、世界に関する神の設計が、どの程度まで知られ得るかということについて過大評価している、とプロクターは述べている(『無限』)。このことからプロクターは、惑星に降り注ぐ熱や光は太陽の熱や光の「二億三千万分の一以下」である、というような明らかな消耗の証拠を強調するようになる(『小道』)。またプロクターは、多世界論的立場は部分的には天文学的データに基づいているが、しかし同様に地球と惑星との類比にも基づいていることを理解するにいたった。そしてそれは、地球の年齢に十分注意を払っていない人々によって誤解されてきたものだと考えた(『小道』)。これらの論考においては地球の生命を除けば、太陽系の生命は放棄されているように思われる。かつて火星は生命を持っていた。しかし、「より高次な生命の発展は、われわれの地球の場合よりも不完全であったであろう……」。他方、木星は未だ生命の存在しないものであるが、生命にとって快適な居住空間を発展させているものと見なされる。そしてそれは多分、「地球に居住したか、あるいは居住するかもしれないいかなるものよりも、存在の段階において、非常に高次の生命」を含んでいるであろう(『小道』)。たとえ太陽であろうとも、最終的には生命が存在するであろうと言う(『無限』)。

プロクターの一八七五年の論考は、ヒューエルの弁護として読める面もある。ヒューエルが賞賛されるのは、その「哲学的で、冷静沈着な推理力」の故であり、また多世界論者たちによって使い古された「古びた方法すべて」を打ち破ったからである(『無限』)。プロクターは、「証拠という天秤」が、ブルースターよりもヒューエルの立場に傾いていることを認めてさえいる(『無限』)。しかし広い意味では、プロクターはヒューエル派というよりも、むしろ後期ブルースター派として登場する。例えば、『無限』における三番目の論考の最後の段落で、次のように述べている。

> それでは、われわれの地球が生命の存在する唯一の場所であるというヒューエルの理論に、われわれは達したのであろうか。決してそうではない。なぜならば、存在するあらゆる惑星、事実上宇宙のあらゆる月、あらゆる太陽、そしてあらゆる天体が、生命の居住地としての一時代を持つと見なす考え方を受け入れたからというだけではない。いかなる太陽もこの瞬間に生命が存在する組織の中心ではないと見なす、確率からする論議そのものも、宇宙を満たしている何百万、否、何億もの太陽のうちの、何百万という太陽が、現時点で生命体の居住地である惑星を持っているという結論にわれわれを導くからである。

もし生きていたならばヒューエルは、自分のほとんどの議論を賞賛し、しかも空間と時間の「無限」に依拠しながら、地球外生命の仮説を保持し続けたこの反対者に対して、どのように対応してよいか悩んだかもしれない。

プロクターは、後半生を通じて、一八七〇年代に初めて提示した進化論的多世界論の立場に固執し続けた。★60 宗教的考察は、ヒューエルが多世界論を当初疑問視したことに大きな影響を及ぼしたが、プロクターの心の変化に関係しているとは思われない。もっとも多世界論の立場は彼の宗教的信念に影響を与えたのかもしれない。ある追悼文によれば、プロクターは「最愛の子供を失った悲しみに沈み込んだ時、……カトリック教会に保護を求めた。そしてその時彼が私宛てに書いた幾つかの手紙は、改宗者の情熱で満たされていた。しかし、幻想は長くは続かなかった」[★61]。カトリックとの関係は、およそ一〇年程続いたに違いない。なぜならば、別の追悼文によれば、プロクターは「しばらくの間、ローマ・カトリックの信者であったが、一八七五年教会の神学者たちが、プロクターの理論とその科学的見解の幾つかが教会に対する忠誠と一致しないということを説明した時、信仰との関係を断ち切ったからである。彼は、自らの思想の真理を確信していたので、教会を去ったのである」[★62]。この辺の事情は興味深いが、彼の著作は教義に関する信念やキリスト教と多世界論との和解に関する説明をほとんど含んでいない[★63]。

一八七〇年代以降、多世界論論争にとって最も重要なプロクターの著書は、三つの重要な論考を含む『天文学の驚異と神話』(1877)である。これらの論考の中の一編が、(続いて論議されるが)スヴェーデンボリ派の神学者オーガスタス・クリソウルドから長大な反発を誘発した「別の世界に関するスヴェーデンボリの考え」である。プロクターは、多世界論が特に「幻想的な人」に適した説であると述べながら、一九世紀後半の分光学的方法や改良された望遠鏡は、スヴェーデンボリの時代にふけっていた多くの思弁を許さないと注意している。改良された方法にもかかわらず、考え方においては「わずかな変化」しか起きなかったと述べた後に、プロクターはこれに対する理由を次のように述べる。

ある惑星が余りにも熱いために、あるいは他の惑星が余りにも冷たいために、またある惑星が余りにも深く水蒸気に浸されているために、あるいは他の惑星が大気も水も持たないために、もはやそこに居住しているものを想像しないというのならば、われわれは他の太陽や星の周りを回っている見えない世界について思弁をめぐらせばよい……。

今は冷たく死んだ惑星でも、それが温かく生命を持っていた時代を回顧することができるし、今は燃焼状態にある惑星が、冷却し、居住に適した状態になる遠い未来に期待することもできる。[★64]

他の論考「別の世界と別の宇宙」の中でプロクターは、専門の天文学者を除けば、本質的に人々は、地球外生命の問題に光を当てなければ決して天文学的問題に関心を示さないであろうという意見を展開している。明らかにプロクターは、この点に関して自らの経験から語ることができた。月のお話は他の章の主題であるが、そこでは、多世界論的作品への一般大衆の情熱に対して、徐々に冷笑的になっていることが見いだせる。プロクター自身時々、天文学に関して過度に一般大衆化された書物を書くと罵られ、スヴェーデンボリの空想や月のお話という扇情的題材から、離れたくない訳ではなかった。

多世界論的特徴は、一八八〇年代にもプロクターの著書の中に存続し続けた。事実、幾つかの著書には多世界論的題名を与えている。『われわれの世界とは別の太陽』(1887)のように、それらが多世界論的内容をほとんど含まない場合ですらそうである。『太陽たちの宇宙』(1884)は、明らかに彼自身の創作による多世界論的詩で始まっている。しかもそれは、「火星における生命」と題された論考を含んでいる。これはしかし一八七三年の同名の論考の縮約版でしかない。『天文学の詩』(1881)は、一八八〇年代以降の彼の著作のどれよりも、多世界論的素材を多く含んでいる。その中の「月は死んでいるか」という論考で彼は、肯定的に答えているが、さらに月が以前生命を持っていたかどうかを探究している。この論考で彼は、多世界論的著作で余りにもしばしば忘却されてきた区別、すなわち居住可能性と現実的居住との区別を引き合いに出し、[★65]分析を、月が初期に居住可能であったかどうか、という問題に限定している。さらに、この論考において多世界論的傾向は、スチュアートとテイトの『未知の宇宙』の刺激の下に、次のように述べる時に現れる。

われわれの宇宙より高次な宇宙は存在しないであろうか。ちょうどエーテルがわれわれの宇宙の物質に関係するように、われわれの宇宙はその高次な宇宙に関係しているのではないか。また、その高次なものよりも以上に、限りなく高次の宇宙は絶対に存在しないであろうか。そして、同様に、エーテルは……われわれの宇宙のすぐ下位の宇宙の物質的実体ではないであろうか。一方、その下には、下位の下位の宇宙が絶対に限りなく存在するのではないか。

付け加えるならば、プロクターはフランスにおける好敵手カミーユ・フラマリオンが自分の著作を盗用した証拠を挙げている。[★66]また、同著は、新しく発見された火星の月にはどのような生命が存在するのかという問題に関する論考を含んでいるが、後の著作もまた、多世界論論争における彼の一般的立場の表明を含んでいる。例えば、『感覚の幻覚』(1886)には、『小道』からの重要な論文の要約が含まれている。他方、『時間と空間のミステリー』(1883)は、明らかに自分の考えを新たに提示している。この時期の他の活動は、彼の雑誌『知識』に、フォントネルの『対話』を再訳し、それをシリーズで出版したことであった。

一八八八年九月初旬プロクターは、フロリダの自宅からニューヨークに向けて旅に出た。そこから彼は、さらなる講演旅行のために、イギリスへの進出を計画していた。しかし、ニューヨークに到着した時、重い病気になり、その後黄熱病と診断され、間もなく死亡した。彼の五七冊目の著書は代表作となるはずだったが、その時にはほぼ完成していた。これが大作『新旧天文学』であり、A・C・ランヤードによって編集され、一八九三年に出版された。皮肉にも、この本は多世界論的内容をほとんど含んでいないにもかかわらず、広範な読者層を確保した。というのも、彼は多くの著作を多世界論的テーマで飾りたてることによって読者に報い、天文学の普及者としての国際的名声をすでに確立していたからである。彼はこの手管を、最初に成功した『別の世界』を著す過程で学び、繰り返しそれに立ち帰ったのであった。

彼の出版物が与えた衝撃は計りしれない程大きかった。何千という人々が、それによって天文学へと導かれた。また彼の影響は、天文学本来の分野においても見いだされる。例えば、土星を「熱く膨張するガス状球体」とする考えが何十年もの間支配的となったことである。[★67] 多世界論論争における彼の役割もまた非常に大きかった。以前の誰よりも彼は、進化論的研究方法の必要性を唱え、惑星を変化・発展しつつある存在として見ることの必要性を強調した。これは、この論争の将来を予言していたが、それは太陽系の他の惑星が無生命として宣言されたとしても、なお多世界論を維持しようとする彼の意志でもあった。ヒューエルの反多世界論的主張を真剣に取り上げたことから、広範にこの研究方法を採用するようになったことは、皮肉であった。

プロクターは、最後の病気の性質のために、無名の墓に埋葬された。しかし、彼の著作の熱心な信奉者であったジョージ・W・チャイルドが彼のために記念碑を建て、改めてブルックリンに埋葬し直した。晩年のプロクターは考えを変え、一八八八年には「火星では、……高次の生命が……ほとんど発展しなかった(してこなかった)、ということを少なくとも非常に高い確率で考えなければならない」と主張するほどになっていた。[★68] そのプロクターをたたえ、一八九六年には国際プロクター記念協会が設立され、カリフォルニアに彼を記念した望遠鏡が建設されることになった。企画された一〇〇フィート口径の望遠鏡は、『ニューヨーク・タイムズ』紙が見出しを、地球人は「**火星人を見るであろう**」[★69]と書いたほど非常に強力なものだった。

3 カミーユ・フラマリオンは、「フランスのプロクター」か

一八九四年『マックルールズ』誌に、「同時代の誰よりも天文学研究の普及に貢献した……」人物に関する論文が掲載された。[★70] しかし、そのような賞賛を浴びた人物は、プロクターではなく、フランスにおける彼の好敵手カミーユ・フラマリオン(1842-1925)であった。同年に著作を著したサイモン・ニューカムはフラマリオンについて次のように述べている。フラマリオンは、最初のうちは「全くフランスにおけるプロクターのように書いたので、もし個性に関して法的な著作権というものがあるならば、このイギリス人はその権利の侵害の故に、訴訟を起こしたかもしれない」[★71]。多分、両者の類似性に注目したのはニューカムのみではなかった。両者は非常に創造的であった。一八八一年までに最も多作であった天文学者の中で、プロクターは七位に、フラマリオンは五位にランクされている。出版の評価では、プロクターは三位、フラマリオンは一位である。[★72] しかし、一八八一年という年は、プロクターにとっては死が一〇年以内に近づきつつあったのに対して、フラマリオンは六〇年におよぶ豊かな出版活動の二〇年目の終わりにさしかかったばかりであった。一九二五年の死までにフラマリオンは、七〇冊以上の著作を著し、成功に満ちた多くの翻訳を出版し、プロクターの著作に関しては特に優れたものを著した。フラマリオンは、プロクターと同様に、最初は多世界論的著作によって一般大衆の耳目をひくとともに、しばしば多世界論的内容に富む著作によって、それを維持することにも成功したのである。これらの、そして他の類似の現象については、以下に述べられるであろう。――そして、両者の大きな違いも明らかにされるであろう。

フランスのマンティニ・ル・ロワに生まれたフラマリオンは、一〇歳の時神学校で四年間の勉強を始めた。すでに天

文学に興味を持っていたが、オペラグラスが地球と同じような「月の山、海、陸地、そしてまた多分月の居住者を」[73]明らかにした時、彼の興味は大きく膨らんだ。一四歳の時彼と家族はパリに移り、そこで彼は少しの間彫刻師として働いた。一五歳の頃彼は、「特に宇宙構造論の問題に没頭し、世界の起源に関する大著を著した……」と彼自身述べている。[74]『一般宇宙生成論』と題された五〇〇頁以上に及ぶ草稿は、パリ天文台長であったルヴェリエの注目を得ることになり、ルヴェリエは一六歳の著述家が見習いの天文学者として働けるように努力したのである。

　一八六二年フラマリオンは、最初の著作『居住世界の複数性』(以下『複数性』)を出版した。その扉に二〇歳の著者は自らを「パリ帝国天文台上級計算者、天文学教授、幾つかの学識豊かな学会の会員など」と紹介している。彼によれば、この五四頁の冊子は「あっという間に私の名声を高めた[75]」。さらにそれは、彼を多世界論論争の中心に据えたのであり、その立場を彼は六〇年以上にわたって維持した。一八六四年頃には、第二版のためにそれを五七〇頁に増補した。一八六五年頃には、それに関する書評は少なくとも二四を数え[76]、また非常に長い多世界論的な第二巻が補足された。プロクターが初めて『別の世界』を著した一八七〇年には、フラマリオンの『複数性』はすでに一五版を数え、その補完的著作である『想像的世界と現実の世界』は九版目であった。両者は、その後も数多くの版を重ね、一九二〇年代になっても再版された。『複数性』は少なくとも六つの言語に、おそらくは一五もの言語に翻訳された[77]。

　フラマリオンが世界の複数性に関する本を書くことになった要因は、幾つか考えられる。彼自身伝記で述べているように、ルヴェリエが数学的位置天文学を強調することは余りにも狭量であり、趣味に合わないと感じていた。むしろ彼の趣味は、初期の天文台長時代のアラゴに合うものであった。惑星や星の性質に注目する物理学的天文学が彼の情熱になっていた。このことが、地球外生命論争に対する関心とともに、出版されはしなかったが、『月世界へのすばらしい旅行――若き哲学者の書簡』と題された草稿を書くに至った原因でもある。また彼は、以下のような多世界論的著述家たちの作品を読んでいた。フォントネル、シラノ・ド・ベルジュラック、ホイヘンス、ヴォルテール、ラランド、ブルースター、ハーシェル、ジャン・レノー。[★78] また四年間の天文台時代に彼は、コペルニクス以降の天文学がカトリックと調和しないことを引き合いに出し、[★79] 青春時代のカトリック信仰への忠誠を失った。このようにして生み出された空虚感は、レノーがその著作『地球と宇宙』(1854)の中で支持した宗教的教説によって満たされた。ジャン・レノー(1806-63)は、高等理工科学校で学び、高等鉱山学校で教えた。種々の百科事典に寄稿し、しかも一八三八年にはフランスの国務次官になった。レノーは、この著作の中で、キリスト教と和解できると信じた宗教的体系を表明する。しかし、それは一八五七年の司教会議によって拒否された。レノーは、魂の輪廻を支持し、死後にわれわれは各段階で徐々に進化しながら惑星から惑星へと通過すると述べている。限りなく完成に近づくことができるという説は、地球生命の低次元性という思想と結び付いて、強くフラマリオンに訴えかけた。フラマリオンは、後にある著書の中で、一九世紀の神秘的多世界論者たちについて論じているが、そこで次のように述べている。「この時代に、この主題に関して書かれたすべての著作の中で、……最も重要なものは、疑いもなくわれわれの師であり友であるジャン・レノーの著作である[★80]」。

こうしてフラマリオンは、最初の多世界論的著作に着手したのである。それについて彼は次のように述べている。「私は、一八六二年をこの著作に捧げ、人が一九歳の時に持つような燃え上がる情熱に突き動かされながら、私の地球外生命に関する信念が十分に基礎づけられていることを、証明できないなどと一瞬たりとも疑うことがなかった[★81]」。そこにおいて採用された研究方法は、フラマリオンの心の中に「私にとって天文学の理想像であり、その究極目的」として現れてきた。事実それは、「ある意味で私の文学活動と科学的活動すべてのプログラム」になった。[★82]『複数性』の第一版は、マレ・バシュリエによって出版され、増補された第二版はディディエによって出版された。ディディエは、フラマリオンの著作を受け入れただけでなく、彼の弟エルネをも受けいれ、自分の後継者とした。ディディエの死後エルネが社長となったこの有名な会社には今でもその家名が冠されている。そして、フラマリオンの五〇冊以上にも

上る著作を出版した同社の歴史は、結果として地球外生命論争に深く関わることとなった。[★83]

フラマリオンの『複数性』は、一八六二年版では、歴史部門、天文学部門、そして生理学部門の三部門に分かれている。そして、真に科学的研究方法を約束する序論が付されている。歴史部門の目的は、「われわれが弁護しようとする主張の下に、思想や哲学の英雄たちが連なること」を示すことである。[★84] 多世界論と魂の輪廻に関する教えを同一視することによってフラマリオンは、多世界論の伝統は「この地上に人間が創造されたのと時を同じくして」始まり、そして、インド人、中国人、エジプト人、そしてギリシア人によって信奉されたと考える。一七世紀と一八世紀から選ばれた四七の図表は、一つの節にまとめられているが、それは彼の読書の深さとまではいかなくとも、その幅の広さを示している。カント、ラプラス、そしてハーシェルのような人物からの引用は、反対の立場の不可解さを立証している。

天文学部門では、太陽系の基礎的データを述べた後にフラマリオンは、次のように主張する。「地球は、目立たないが、太陽系において唯一居住可能な世界であるという卓越性を持っている……」。その形と質量において小さな月を貧しいながら与えられたわれわれの惑星は、不幸にも巨大惑星や太陽と比較される。他の惑星がその位置が悪く、太陽の熱や光を受けることができにくいという問題は、主に大気の状態がこの点に関しては重要であるとの主張によって簡単に片付けられる。科学的研究方法のこの提唱者は、読者に次のように警告する。他の惑星における大気や流体が、地球上におけるそれらと「化学的組成に関して類似している」ことを示す証拠は、全く存在しないと。事実彼の意見は、それらは「本質的に異なる」というものである。この主張は、科学を安易に無視するフラマリオンの性向を示している。言うまでもなく、科学は対象とするものと本性的に違うと仮定された物に関しては、何も語ることができないからである。

生理学的部門も、ある程度同様の問題にぶつかる。なぜならば、そこにおいて彼は、既知の生理学的諸法則が他の惑星における生命をも支配していると仮定することを、読者に許さないからである。このような慣習に固執する人々は、「世界を創造した〈無限の力〉の光輝く顔面に向けて、ひどい侮辱の言葉を投げかける」ものとして告発される。しかし、地球上の生命の一つの特徴である「自然の尽きることのない多産性」は、惑星に対して適用される。そしてそこで自然は、一連の動植物の形態を生み出す時に類比的に働くと仮定される。彼は、取るに足らない小さな惑星における人間の立場の悲惨さというテーマを展開するために、パスカルの文章を引用する。地球は、「存在を維持するために最も好都合に創造された世界ではない。年代、位置、質量、……生物学的諸条件等の相違によって、無数の他の世界が、居住可能性に関して地球より優れたものになっている」。この文脈の中で彼はまた、レノーの『地球と宇宙』に言及し、彼の輪廻説に簡単に触れている。ヒューエルの著書には言及していない。プリソンの文章は引用されているが、彼の注意深い研究方法は用いられていない。フラマリオンは、彼自身の説明を堅く信じ、多世界論は多分われわれの心の中に内在している先天的なものであると主張する。彼の最後の文章は、神に次のように宣言するよう読者に呼びかけて終わる。「地球の彼方には何も存在しないとか、われわれの貧しい居住地があなたの偉大さと力を表す特権を唯一所有しているなどと信じた点で、われわれは狂っていた」。

いったいなぜこの本は成功したのか。歴史的、科学的資料及びこの著述家の自信に満ちた研究方法の故に信用されたのだ。他方、パスカルの実存主義的残響と信心深くかつ詩的な調子が、この時代の唯物論や実証主義、そして悲観論にうんざりしていた読者を魅了したに違いない。輪廻説がその表面下に存在してはいたが、あらゆる所に見受けられる人間的謙虚さと神の偉大さは、誰の感情も害することはなかったであろう。多分、かくも若い著述家によって獲得された学識を見きわめようとして、それを開いた者もいたであろう。十分に科学的議論が展開されていないために、モワニョ神父などの科学者の攻撃にさらされたが、そのような欠点もフォントネルやチャーマーズの読者を思いとどまらせるものではなかった。それは、多くの点で彼らの著作と比肩しうるものであったからである。

フラマリオンは自伝の中で、同時代の卓越した人々によって彼の著書に与えられた賞賛を列挙している。彼は、レノーにその本を贈ったが、「レノーは共感し、即座に読了し、彼自身の考えとして採用した」[★85]。後にフラマリオンの大きな興味の対象となった心霊主義のフランスにおける指導的人物アラン・カルデ(1804-69)は、『交霊研究』でそれを賞賛し、著者の若さは、「彼の霊が初期段階にあるのではないこと、また彼が知識を持たずに、他の霊によって支えられてきたことをわれわれに明白に証明している」[★86]と述べている。輪廻の支持者であるJ・A・ペザーニはただ単に輪廻と多世界論とを結び付けただけではなく、フラマリオンを「学派の師」[★87]と見なした。ナポレオン三世ですら、この本に興味を持ち、后《きさき》や他の人々とそれについて論じたり、彼と論ずるために間接的にフラマリオンを招待したりした。[★88]ただ一人喜ばなかったのが、ルヴェリエであり、彼は天文台からフラマリオンを解雇した。[★89]それでフラマリオンは、経度学会に職を確保し、そこに一八六六年まで留まった。この間にフラマリオンは、レノーの後を継いで『マガザン・ピトレスク』の科学編集者となり、また定期的に『コスモス』にも寄稿した。

『複数性』の何千という読者のうち、五四頁の初版本を知っていたのは、比較的少数の読者だけであった。大多数の読者は、四〇版またはそれ以降の版(五〇〇頁以上)でその本に出会っている。この増補の大半は第二版で行われた。フラマリオンの思想は、プロクターと違って、後になってもほとんど本質的変化を被ることはなかった。一八八五年に出版された第三三版を調べてみると、それは彼が同意し維持し続けた主張の形を明らかに示している。この版で歴史部門は四倍に膨れ、種々の多世界論的著述家たちからの四五頁にわたる引用によって増補されている。同じく、天文学部門と生理学部門も増補されている。初版ではほとんど言及されることのなかった、恒星界に関する部門も増補された。巻末の多世界論的引用を付された専門的注は、これらの部門を補足している。フラマリオンの多世界論が持つ急進的性格は、天文学部門の中で、制限付きではあるが、太陽や月における生命を主張していることから明らかである。さらに、キリスト教と多世界論の関係に関する長い論議ばかりか、「宇宙における人間」と題する一〇〇頁以上に及ぶ部門がこの著作に登場している。

フラマリオンの「宇宙における人間」の章は、ホイヘンス、ヴォルフ、スヴェーデンボリ、カント、ロック、フーリエのような著述家たちによって提示された惑星人に関する議論で始まる。フラマリオンは、彼らをその「擬人主義」の故に、彼らの惑星人は単に人間を変形したものに過ぎないと非難する。各惑星によって異なる条件や、多様性へと向かう自然の傾向のために、地球外生命に関するわれわれの概念はあくまでも相対的でなければならないと強調する。地球上の法則をそのまま他所に適用できるわけではないとして、惑星人を確保したからには、その形態に関してうんぬんできないはずだが、フラマリオンは思弁を働かせる。世界の位階における地球の低さを強調し、真・善・美のイデアの聖なる起源とその絶対的性格を主張することによって、地球外生命は神の子として、天界の家族を構成していると主張する。人間は「天界の市民」である。言い換えれば、広い意味での人間は宇宙のあらゆる所に存在するのである。この考えは霊魂の輪廻転生と結び付けられる。「宇宙に浮かぶさまざまな地球は、……不死なるわれわれの未来の領域と考えられてきた。多くの居住者を持つ天の家があり、そこが……いつの日かわれわれが住むであろう場所であると認める」。さらに、惑星は「人間の活動の場であり、拡大する霊魂が前進的に学び発展する学校である。熱望していた知識を徐々に同化し、その運命の終わりへと永久に近づく」。彼は、ある意味で、二重の多世界論者であるように思われる。「世界の複数性と存在の複数性。これらは互いを補い説明する二つの言葉である」。多世界論と輪廻転生を結び付けたのはフラマリオンの独創ではないが、それは次のことを説明するのに役立つ。なぜこれらの教説が、しばしば一緒に、特に一九世紀末のフランスの著作に見いだされるのか。

フラマリオンは輪廻転生とキリスト教の和解のために何もしなかったが、キリスト教を多世界論と関係づけるという問題のために、四〇頁を割いている。そしてこの問題が、まさにブルーノとガリレオの論争の核心であったと主張する。フラマリオンによれば、この問題に対して次の四つの解答が提案されてきた。❶神は、罪が支配したすべての惑星で受肉し、同時に死んだ。❷神はさまざまな惑星に異なった時に出現した。❸神は地球のみにやって来た。なぜならば、そこにのみ罪が生じたから。❹キリストの地球上での活動が、すべての惑星に対する贖罪をもたらした。第三のものがチャーマーズの解答であり、第四のものがブルースターの解答であると記されている。フラマリオン自身は後者を好んだ。ヒューエルの本については、議論はするが、ひどく誤って引用するとともに、それが「もっともらしい主張」と「詭弁」に基づいたものであり、「聖なる城の立派な城壁に掘られた深い塹壕」のようなものだとして拒否する。[★90] この版の論評の中でシャルル・オギュスタン・サント・ブーヴは、フラマリオンのスタイルを賞賛するが、その目的因への依存を非難している。ブーヴは次のように書いている。この本は「天文学に関する通俗的読み物では決してなく、[むしろ]超越的哲学と擬似神学の本である。ベルナルダン・ド・サン＝ピエールは天界の調和を夢見ながら遠くへ行ってしまった。ジャン・レノーはその体系の預言者およびバプティスマのヨハネとなった。そしてその神秘的福音伝道者がフラマリオンである……[★91]」。

一八六五年フラマリオンは、『想像的世界と現実の世界』と『天界の驚異』を世に送りだした。前者は、改訂された『複数性』よりもさらに大きく、地球外生命に関する思弁と宇宙旅行の分野における作品として、それを補うものである。また、『想像的世界と現実の世界』は分析の深さよりも守備範囲の広さによって特徴づけられるが、何回も再版された点で一八六二年の著作にまさるとも劣らぬものである。『天界の驚異』は、地球外生命に関して論じた章を備えた初歩的な天文学書であるが、六万冊以上売れ[★92]、ノーマン・ロキアーの妻による翻訳によって、イギリスでも読者を獲得した。一八六六年「ヘルメス」の偽名を使ってフラマリオンは、霊的現象に関する第二の著作を発表した。そして一八六七年には、九巻からなる『天文学に関する研究と講義』(1867-80)の第一巻を出版した。その中には、プロクターと同じく、フラマリオンを広く認められた雄弁家として確立することになった、一般向けの多くの講話が含まれていた。また一八六七年彼は、ハンフリー・デイヴィの『旅の慰め』に思いがけなく出会い、その著者に対して「科学哲学、

3…………カミーユ・フラマリオンは、「フランスのプロクター」か

さらには天文学に関する若干の問題において、稀にみる信念の一致……」[93]を見いだす。その印象が非常に強かったので、彼はその本を翻訳し、出版のために努力した。結果として一八六八年デイヴィの本は多世界論論争をフランスに導入することとなった。そして、それはフランスでは少なくとも九版を数えた。一八六〇年代後半に、フラマリオンは地球の大気の研究を開始したが、それはカラフルな気球の打ち上げを含む企画であり、ついに『大気』(1872)として結実した企てであった。ジェイムズ・グレイシャーは英語に翻訳するためにこの本を編集した時、量を半分にまで減らし、フラマリオンの著作らしい「叙情詩」を取り除く必要があると感じた。[94]

大気に関する著作に加えてフラマリオンは、一八七〇年代初めに、多くの多世界論的著作を出版した。例えば、『宇宙の歴史』の中では、多世界論と輪廻転生説の歴史を、初期ガリアのドルイド(Druid)にまで遡っている。『無限に関する物語』の半分以上は、後に『ルーメン』として分離され、しばしば翻訳され、再版もされた長い対話編からなっている。筋がない点では小説でもなく、また明らかにフィクションであるから科学的論文でもない、この擬似宗教的空想物語は、「ルーメン」が地球上における肉体を離れた(死んだ)後、天界の旅を「クワーレンス」に再述しながら、多世界論と輪廻転生とを説明する会話から成り立っている。「ルーメン」は、光よりも早く移動する能力を獲得したために、地上での過去の生活と、他の惑星上での前世や、奇妙な居住者について証言し、叙述している。これらの特徴のために、この本はジュール・ヴェルヌの月旅行より空想的なものになっている。ジュール・ヴェルヌ自身フラマリオンに影響されていたのである。[95]

一八七〇年代中頃、フラマリオンはパリ天文台の望遠鏡の一つを利用することを許され、二重星に関するすばらしいカタログを編集するために活用した。一八七七年大部の著作『宇宙のさまざまな地球』を出版したが、それは一八八一年までに一〇版を数えた。彼が述べているように、この本は多世界論的主張への回帰を印づけるものであるが、多世界論は「今や大きく発展し、絶対的に承認されるものである。このことを明らかにすることが本書の目的である」[96]。ところで、この発展は、太陽系の各惑星が居住可能かどうかに関する論議という形態を取った。彼の立場の急進的性格は、最後の文章の次のような宣言に示されている。「今後これが不滅の真理である。生命は空間、時間の中で無限に発展する。それは普遍的で永遠である。それは調和で無限を満たし、永久に終わりのない無窮にわたって支配する」。もちろん、すべての惑星の居住可能性が、フラマリオンの著作によって「絶対的に認められた」わけでもないし、「不滅の真理」とされたわけでもない。このことをプロクターは認めた。しかし天文学的観測によって徐々に否定された擬似形而上学的主張を押し出す意志はなかった。フラマリオンの著書に対するプロクターの批判は、彼の著作から盗用した部分があるということであった[★97]。例えばすぐ後に英国王立天文学者となるW・H・M・クリスティーのようなイギリスの論評家たちは、フラマリオンが「事実と空想を混同し」、「疑わしき観測から性急な推論」に耽り、「扇情的な数」を駆使し、「地球とのアナロジー」にとびつく傾向に困り果てていた。クリスティーはこう述べている。「これらの点に関して、かくも多くの疑問がある限り、これらの惑星の生命の条件や居住者の特徴に関して論ずることは無駄であろう」[★98]。しかし、フラマリオンは何が読者を獲得するかということを知っていた。すなわち多世界論的思弁が、『宇宙のさまざまな地球』のような大部の、しかも高価な本を売るために助けになることをよく知っていたのである。このことは、しかし誤解してはならない。彼の情熱的な著作を鼓吹したものは、金銭欲ではなく、むしろ天文学に関する擬似宗教的見方であった。しかし、天文学を普及するためのより穏健な方法が可能であったことは、プロクターの著作が示している。

　フラマリオンの最も成功した著作は、彼の大著『一般天文学』であり、それは、英語に翻訳した天文学者J・E・ゴアによれば、「数年の間に、……一〇万部以上が……売れ、多分、科学的著作の中では、他に匹敵するものがない売れ行きであったろう」[★99]。さらに、最近では「天文学に対する関心を広めるために書かれた他のいかなる著作よりも多くのことを」なしとげたと評されている[★100]。その著作には、多世界論的内容が溢れているが、一つの章全体が月の生命を論ずるために捧げられている。その章の終わりでフラマリオンは、シュレーターの長く信用されていなかった工業排煙に関する観測すらも引用している。月に大気が存在しないことが生命を妨げていると主張する人々は、いわゆる「魚の推理」を用いているとして非難される。[★101] また月の生命は、言語上の言い回しによっても擁護される。すなわち、月の表面に想定される変化に言及しつつ、彼は次のような二重否定を用いる。「われわれは、植物界あるいは動物界に起因する、あるいは――いったい誰が知っていようか、――植物的でも動物的でもないある種の生命形態に起因する何らかの変化も存在しない……と、確証することはできない」。彼は、火星を「水、空気、熱、光、風、雲、雨、小川、泉、谷、山……[が存在する]われわれの地球とほとんど同じ一つの地球」として描写している。「これは、確かにわれわれが住んでいる地球とほとんど変わらない」。J・E・ゴアによる『一般天文学』の注釈付き翻訳の一文は、フラマリオンの大胆で陽気なスタイルと、それが翻訳者に提示した問題を、次のように要約している。

われわれはすでに空に、断続的に閃光を放ちながら、燃え上がり、死に瀕し消滅へと向かっている二五の星を見た。[「束の間の星」に関して認証されている事例数は、二五より少ない――J・E・ゴア]。われわれの祖先によって観測された明るい星は、すでに、宇宙の地図から消滅してしまっている。[明るい星が、実際に消滅したかどうかは、非常に疑わしい――J・E・ゴア]。非常に多くの赤色星が、消滅の時期にさしかかっている。[赤色星が本当に冷却しつつあるかどうかは、論争中である――J・E・ゴア]。[★102]

このような文面から、フラマリオンの次の大著『星々と宇宙の名所』(1882)を評したある論評家が、なぜ彼を「欠点と言っていいほど、情熱的で想像的」だと描写したかが読み取れるであろう。[★103] 彼の『一般天文学』に対する増補として書かれたこの八〇〇頁にも上る著作は、またその論評家がフラマリオンを「現在の天文学に関する著述家の中で、最も多作の著述家」だと言ったことを裏づけている。これらの本の成功は、次第にフランスにおける天文学に対する非常に高い水準の関心を生みつつあった。一八八二年『天文学――一般天文学評論』を創刊することによってフラマリオンは、素早くこの関心を利用した。この雑誌の第一巻は、種々の多世界論的論文で埋め尽くされ、火星の生命に関するフラマリオンの一連の論文も含まれていた。また、一八八二年フラマリオンの著作の賛美者たちが彼にパリ近郊のジュヴィシに城と土地を提供し、彼はその城を贅沢な天文台と博物館に改造した。その門には、金文字で「科学を通じて真理へ」と刻印されていた。[★104] 一八八五年から一八八七年の間に彼は、七つの天文学関係の著作を出版したうえに、フランス天文学協会の初代会長として、創造的な活動もした。この協会は会報を出版し、一八九四年までに六〇〇人以上の会員を数えた。この協会の一つの意義は、最近の論評によれば、明らかに「その活動が、……今世紀のフランスの偉大な科学者たちのほとんどを輩出した科学者の貯水池を創造した」ことである。[★105] さらに、天文学に専心したフラマリオンの協会は、フランスの各県やヨーロッパ各地、そして南アメリカにも支部ができた。[★106] この点において、フラマリオンがその過度の多世界論によって「科学を通じて真理へ」という彼のモットーを破ったにもかかわらず、天文学に対する大いなる関心と支援制度を生み出したことは、逆説的でもある。後者の点で彼は、「フランスのプロクター」であったが、前者の点では、経歴と急進的多世界論によって、イギリスの同時代人とは非常に異なっていた。

一八九二年フラマリオンは、二巻からなる『火星とその居住可能性の諸条件』の第一巻を出版した。これは、幾つかの他の著作とともに次節で論じられるが、火星における生命の存在証明をめざした著作であった。この著作の最終章でフラマリオンは、「天界で初めて探検された世界」に関する本を書きあげた喜びを表明している。「科学的文学的経歴を、……まさに世界の複数性の説を守ることから始め、天文学の目的が天体力学を越えて果てしない宇宙における現在、過去、未来の生命の条件に関する知識へとすすむ……ことを示すために、人生のすべてを捧げた」人物であったが故に、特に強く喜びを感じたのである。[★107] しかし、この言明を読む時、次のことを忘れてはならない。すなわち、フラマリオンがこう言明した時、彼の公の人生は未だ半分も終わっていず、書かれるべき数十冊がまだ残っていたのである。三〇年後彼はなお活動的であり、一九二二年にはレジオン・ドヌール勲章のコマンダー賞を授与された。彼の多世界論に関する信念が、一九二五年の死の時まで続いたということは、一九二三年一二月一二日付け『ニューヨーク・タイムズ』が「フラマリオンは、火星との対話を予言する」という見出しの記事を掲載した事実によって示されている。これをやり遂げる方法はテレパシー波であった。★108

4 月の生命をめぐる絶え間ない探究と驚くべき副次的結果

一八六〇年から一九一〇年までの天文学の進歩を大まかに知っている人々は、それまでに月の生命に関するすべての論争が終結を見ていたと予想するかもしれない。しかし、この節で示すように、月の生命に関する主張は、一九一〇年を過ぎてもくすぶり続け、さらに一八六〇年代後半に始まった月面地理学のルネサンスにおいて大きな役割を果たし、おそらく世界最大級の天文台の一つの創設に一役買ったのである。

ベーアとメードラーによってなされた月に関する非常に立派な研究が一八三〇年代に出版されたが、その結果は、二〇年以上にもわたってわれわれの衛星の詳細な観測が大規模に行われないという不幸なことになった。月面地理学者ネイスンは、一八七六年の著作の中で、その理由はベーアとメードラーが月に関して「重要な問題を……決定的に解決した」と広く信じられたためであったと示唆した。特に彼らが、「月は、事実上空気がなく、水もなく、生命もない、変わることのない砂漠である……ことを証明した」★109からである。分光器は月に関するこのイメージを変えるのに、何の役にも立たなかった。早くも一八六五年に、ハッギンズとミラーは次のように報告した。「月から反射される光のスペクトル分析は、いかなる月の大気の存在に関しても全く否定的である」[★110]。この結論は数年後G・J・ストーニによって支持された。彼はガスの運動理論を使い、質量の小さな天体であればあるほど、少なくともそれだけ軽いガスを維持するのに十分な強い重力場を欠いていると主張したのである[★111]。

一八五〇年代と一八六〇年代初頭に活躍した二、三の月面地理学者の中に、アテネ天文台長J・F・ユリウス・シュミット(1825-84)がいた。彼が一八六六年一〇月一六日になした「発見」は非常に刺激的なもので、ネイスンによれば「ほとんどすべての天文学者たちは、月の研究に向かい、何か月もの間、ヨーロッパの主要な望遠鏡がわれわれの衛星に向けられた。さらに、われわれ現在の天文愛好家の多くが、この時初めて望遠鏡を購入し、天文学の研究を始めるようになったのである」[★112]。また、パトリック・ムーアの注によれば、「月の組織的観測が再び始まり、以来ずっと続いているのである」[★113]。ところで、シュミットの「発見」は、月のリンネ・クレーターに関するものであり、今日では、非常に影響力はあったもののほとんど確実に誤ったものであったと認められている。シュミットは、ベーアとメードラー、そしてローアマンやシュミット自身によって以前に描かれていたリンネ・クレーターが消滅し、その代わりに白っぽい斑点が見えたと主張したのである[★114]。一八八〇年頃リンネに関する文献は非常に多くなり、当時の月に関する議論の中心となった[★115]。また、他にも変化と思われるものの発表がすぐに続いた。一八六八年六月五日シュミットは、英国学術協会月委員会の幹事であったウィリアム・ラドクリフ・バート(1804-81)に手紙を書き、月のアルペトラギウス地域の小さなクレーターも消滅したと報告した[★116]。さらに、一八七〇年代初頭にはバート自身が、プラトン・クレーターの内側の地域は、太陽光線が垂直に近づくにつれて暗くなることを示すデータを出版した[★117]。メシエ・クレーター地域での変化もまた、色々な観測者たちによって報告された[★118]。そして、一八七〇年代の後半にケルン天文台長ヘルマン・J・クライン(1844-1914)は、ヒュギヌスのN地域における新しいクレーターの「観測」を一八七七年五月に公表した[★119]。

これらの変化と思われるものに対する天文学者たちの反応は人によって非常に違っていた。あるものはそれらの現実を否定し、あるものはそれらの中に月の大気の証拠、あるいは月における有機体を示す証拠を見いだしたのである。フラマリオンは、彼の『一般天文学』の中で、クラインが月の静かの海における淡い緑色について報告し、それを「一面に広がる植物」に帰したと述べている。[★120] さらに、プラトンにおける色の変化らしきものに言及しながらフラマリオンは次のように述べている。「この周期的な色の変化が、……温度によって引き起こされる植物の変様に起因しているということは、非常に高い確率を持っている」。そしてさらに、「もし単に鉱物土壌のみを認めるならば、われわれの観測結果を説明することは、不可能ではないが困難である。反対に植物を認めるならば簡単に説明することができる……」。これは、バートが回避した戦略であった。バートは、一八七一年「月の大気の存在や月の植物の存在は、〈われわれの〉誌上において問題にするほどのものではない。われわれの雑誌は、事実の公表によって十分満たされているからである……」と述べた。[★121] しかし、この「事実」という分類の中に、バートが月に関して報告された諸変化を含めていたかもしれないことは注目に値する。

これらの、そしてこれらに関連する諸問題は、一八七〇年代にイギリスで出版された月に関する三冊の本の中で論じられた。一八七四年ジェイムズ・ネイスミス(1808-90)とジェイムズ・カーペンター(1840-99)は、『月――惑星、世界、衛星』を出版した。題名に「世界」という言葉があるにもかかわらず、月の生命を拒否し、月の光景を「荒廃と無生命の恐ろしい夢の実現――死の夢ではなくて……生命の光が決して届いたことのない世界の光景」として描写している。[★122] 彼らはこの結論を受け入れるために、水や大気が月に存在することを否定し、いかなる現実的変化もそこで観測されたことはなかったと言う。また、彼らは次の原則を受け入れる。「われわれの惑星に関連した条件とは大きく本質的に異なる条件下で存在することができる生命形態を仮定する」ことから着手しない。「[もしそうならば]われわれの主題についてさらに深く論究する必要はないからである。そして行き過ぎた推測であることに気づかずに、推測にひたるということになるだろう」。

一八七六年のエドモンド・ネイスン(1851-1938)の大部の著作『月』や、当時の雑誌に発表された月の光景は、多少活気のあるものであった。例えば彼の著書には、薄い月の大気を認める長い議論が含まれている。[★123] さらに、プラトンにおける色の変化らしきものに言及しながら、有機的過程を引き合いに出す。「最適な月の表面が、種々の植物を維持するために十分な湿気を保持しているということが、なぜ疑われるのかは明らかではない……」。この著書と一八七七年の論文において彼は、リンネとメシエおよび他の地域において報告された諸変化が現実にあったことを是認し、次のように述べる。「天文学者の一般的見解は、どのような物理的変化に対しても反対しているように思われるが……、月面地理学の研究に時間をさいてきた有名な天文学者の誰もが、現実の月の変化の多くの過程が現在進行していることを疑わないであろう……」[★124]。

月に関する第三の論述は、R・A・プロクターのそれである。彼は一八七三年『月――その運動、様相、景観、物理的状態』を出版し、各種の論文でこれを補足した。この文脈で興味深いのは、プロクターがこの著書で何よりも、月の生命に関して否定的考えを採ったということではなくして、月において目撃された「いかなる色の変化」も拒否するとともに、リンネに起こったとされた変化について真剣な疑問を表明し、両方の結果が視覚上のものであると示唆していることである。[★125] これに関する傍証的議論は、多くの論文において十分に展開されたが、その中には『ベルグラヴィア』誌に一八七〇年代後半から掲載された一つの論文が含まれている。この中でプロクターはヒュギヌスの場合を批判している。プラトンに関しては、著しく対照的に変化するものを目が補整できないことに起因すると、説明している。それに対して他の場合については、それらの主張が基づいている観測の疑わしい性格を明らかにするために、詳細な議論を展開している。このようなことを通じてプロクターは、これらの変化を報告し受け入れた月面地理学者たちの真面目さを否定するわけではなく、むしろ「彼らは強い偏見に捕われている」と主張する。「彼らがよく知っているように、彼らの仕事は、変化の跡が月に見いだされなければ、いまやほとんど重要性を持たないのである」[★126]。バートもネイスンもともにプロクターの分析を知っていたが、それを拒否した。[127] しかし、今日ではプロクターが正しいことが証明されている。もっともリンネとプラトンに関する論争が二〇世紀に入っても繰り返され、しかも今日なおこの点に関するプロクターの業績が正当に評価されているとは思われない。[128] ネイスンの薄い大気に関する議論は、ティモシ・ハーリ師が『月の伝説』(1885)の中で、注意深くかつある程度宗教的理由からであるが、月の生命を肯定するために信頼したはかない根拠の一つであった。「月の居住地」に関する部分は、参照には富んでいるが、読者からすれば、ハーリが議論においてより批判的で、資料の扱いもより慎重であったらよかったのにと思われる。[129]

一八八〇年代初頭にバートとシュミットが亡くなり、ネイスンはナタール天文台の指導のために南アフリカのダーバンに旅立った。それにもかかわらず、改良された写真技術や、それまでの二〇年間に増大した月に対する旺盛な興味に助けられて、月面地理学の進歩は続いた。しかし、この興味のほとんどが、月におけるありもしない変化の発見に基づいていたということは、この歴史の一つの逆説である。月の生命をめぐる論争は、第二のより重要な恩恵を天文学にもたらしたように思われる。すなわち、それはリック天文台である。一八八八年の天文台のオープンの時に初代天文台長E・S・ホールデンは、当時最大の反射望遠鏡を有する天文台のために、七〇万ドルを教養のない百万長者ジェイムズ・リック(1796-1876)が寄付することになった理由について論じている。ホールデンによれば、リックは、彼自身の記念碑を残すことを切望し、全く独自に「クフ王のピラミッドより大きな大理石のピラミッドをサンフランシスコ湾に」建設することを計画していたが、爆撃によって破壊されるのではという恐れから、この計画を思いとどまった。そこでリックは、天文台の考えを思いついたのである。ホールデンの記録によれば、「器械は非常に大きなものだったので、新しい魅力的な発見が必ず続くはずであった。そしてもし可能ならば、最初に、月面の生命体が描写される予定であった」。[130]

月の生命に対する期待は、この数十年間、単に月面地理学者たちだけではなく、サイモン・ニューカムによって「ラプラス以来の最も偉大な天体物理学者」と呼ばれたピーター・アンドレアス・ハンスンも支持した。[131] 前にも述べたように、ハンスンは一八五六年に発表した一つの論文の中で、今まで説明できなかった月のある特徴的な運動が、月の形態上の中心はその質量の中心より三三マイルわれわれに近いところにあると仮定することによって説明できると主張した。そのような月の質量の非対称的な配分は、月の大気あるいは液体を、遠くへ後退させるであろう。ハンスンは、彼の仮説が持つ多世界論的内容を次のように明示した。「もはや誰も〔遠い側の〕半球に大気がないと断定することはできない。そして、いかなる植物も生命体も存在することができないと断定することもできない」[132]。ハンスンの仮説は、月の居住者を救うために、ハーシェル、リアグル、マン、パウエル、スミスのような多世界論者たちによって（前に論じたように）、一八五〇年代に利用されたものであるが、それは一八六〇年代及びそれ以降も人々の注意を喚起し続けた。以下簡単に、この発展が辿った道を調べてみよう。[133]

一八六〇年エルヴェ・ファイはハンスン理論で予想される帰結を指摘した。すなわち、遠い側の大気が長い間太陽光線によって熱せられた後には、その結果がわれわれに見えるようになるまで広がるであろう。[134] 一八六二年『コーンヒル・マガジン』は、おそらくジョン・ハーシェルのものと思われる一つの論考を掲載した。この論考によれば、ロシア人天文学者H・グシフによる一八六〇年の研究の中に、ハンスン説に対する支持が見いだされるというのである。すなわち、グシフは月の立体写真の検査から、月の形が非対称的であること、特に月は多少卵のような形をしており、その先端を地球の方向に向けているとの結論を導きだした。ハーシェルによれば、グシフは月の形態上の中心はその質量の中心よりもおよそ五九マイル、つまりハンスンの値のほぼ倍程、われわれに近いであろうと概算していた。ハーシェルは、この大まかな一致がハンスンの大胆な主張を支持すると考えた。ハーシェルは歓喜して語った。「どちらの結果も、特にグシフ氏の結果は、……〔空気や水の〕存在、そして〔月の〕反対側における居住可能な半球の存在と両立するであろう……」[135]。ハンスンの仮説とその多世界論的意味は、ウィリアム・ライチによる『天における神の栄光』(1862)

のある章全体の主題となった。さらに、一八六〇年代中頃には、ヘンリ・ドレイパーがそれを支持し、ジュール・ヴェルヌは『地球から月へ』と『月一周』の中でそれを利用した。[★136] 一八六九年王立天文協会員のジョン・ウォトスンは月の生命に好意的な二つの講演を行った。彼の講演に関する報告は、ハンスン説に関して一切言及していないが、ハンスン説は明らかにウォトスンに影響を与えていた。ウォトスンは月の表面が海底の形跡、それ故に水のあった形跡を示しているし、月の火山は少なくとも初期の時代に、大気が存在していたことを証明していると主張した。この水と大気は、消滅することは有り得ないであろう。それ故、これらは月の遠い側に移動したに違いない。この主張にウォトスンは「化学者と物理学者としての名誉を賭けたのである……」。[★137] グリニッジの王立海軍学校の数学教授R・カリ・ミラーはハンスン説を受け入れ、『天文学のロマンス』(1873)の中で次のように述べている。「[月の]反対側では、……大気はかなりの密度に達しているに違いないと考える十分な根拠があるとすれば、月が動物の存在に完全に向いていると考えてよいであろう」。[★138] しかし、この本が現れる前にさえミラーは、自分の軽率な見解を後悔した。すなわち序章で述べているように、その本の印刷中に、彼は「アダムズ教授や他の人々が[ハンスンの]計算の正確さに重大な疑問を投げかけたことを知ったのである……」。ジョン・カウチ・アダムズの論文集には、ハンスン説に対する反論は見られないので、アダムズの役割は、ニューカムによって出版されたハンスン説批判に注意を喚起することであったとも言える。

ハンスン説は一八六八年、サイモン・ニューカムの批判によって致命的な打撃を受ける。彼は、ハンスンの主張が「論理的基礎のないものであり」、特に「理論と観測の間の不一致らしきものは、ハンスンの仮説からは帰結しないであろうし、それ故たとえその不一致が存在したとしても、それをあの仮説に帰すことはできない」ことを示した。[★139] ニューカムの分析は、即座にフランスの天文学者シャルル・ドロネによって支持されたが、それは同時にハンスンからの厳しい反論を招いた。[★140] プロクターは、一八六五年から一八七三年の間に、五回もしくはそれ以上に、ハンスンとグシフの理論を批判した。例えば、一八七〇年ニューカムの分析を支持し、さらに繰り返しグシフの提案の欠点を指摘した。★141そのような攻撃がハンスン説の信用を失墜させたが、この仮説について、奇怪な理論に満ちた著作で有名なウィリ・リーは、「多分今までに提案された仮説の中でも、最も粗雑な天文学上の仮説だ」と記している。★142リーの言うことは、正しいであろう。しかし、注目すべきことは、例えばドレイパー、ハーシェル、ライチ、リアグル、ミラー、パウエル、スミス、そしてウォトスンといった科学的に十分な教育を受けた人々が、それに対して熱狂したことである。このことは、月の居住者がセイレーンさながらに彼らを魅了するものであったと考えなければ、理解し難いであろう。

二〇世紀の始めに、月の生命に関する問題はハーヴァードの優れた天文学者ウィリアム・H・ピカリング(1858-1938)によって一般大衆の前にもたらされた。彼は、マサチューセッツ工科大学で研究及び教鞭を取った後ハーヴァード天文台のスタッフに参加した。この天文台は、彼の兄E・C・ピカリングの管理下にあった。一九〇〇年頃弟のピカリングは、ペルーのアーレキーパにあるハーヴァード天文台とアリゾナのロウエル天文台の創設に参加した。また土星の九番目の衛星を発見した。われわれの衛星の写真地図を含む彼の著書『月』の出版の一年前の一九〇二年に、ピカリングは『センチュリー』誌に月に関する論文を数編発表した。その第一の論文は、「月は死んだ天体か」と題され、リンネとプラトンのクレーターに関する議論から始めている。そこでピカリングは、リンネ・クレーターが月の継続的な活動の証拠を示していると主張する。★143また、この活動が、月の薄い大気を示していると考えたピカリングは、月の山頂の白い部分やクレーターの周辺が、雪もしくは白い霜であると説明するのが一番良いと主張する。これは水蒸気を含み、水蒸気は低次の形態の月の植物を養うと考えている。その証拠としてピカリングは、プラトンや他のクレーターの地域では、垂直に降り注ぐ太陽光線の下で暗くなることを指摘する。そしてそれは視覚的に説明されるものではないと言う。こうしてピカリングは、「新しい月面地理学」を提案する。「……それは、冷たく死んだ岩や孤立したクレーターの単なる地図ではなく、小さな選ばれた地域で起きている日々の変化の研究である。そしてそこにわれわれは、真の生命的変化を見いだすのである……」。彼は、こうして彼以前のバートと同じように、「プラトン幻想」[★144]の被害者となったが、次の点でバートとは違っていた。ピカリングは、暗くなるのは月の植物によるという扇情的な主張を付け加えたのである。これは、彼が自らのデータを逸脱した最初ではなかった。一八九二年彼が火星における湖や雪を報告した時、彼の兄で尊敬されたハーヴァード天文台長は、次のような手紙を彼に送った。

……『ニューヨーク・ヘラルド』紙への電報は君に非常に大きな新聞紙上の名声をもたらした。切り抜きの洪水がやってきて、その数は今朝では四九にもなった。私自身なら、この場合も他の場合でも、より明確に、事実にのみ限定しただろう。もし君が、自分の解釈が確かであるという代わりに、蓋然的なものであると主張していたならば、批判から多少回避する余地もできたであろう。[★145]

ウィリアム・ピカリングの扇情的傾向は、一九〇二年に発行された『センチュリー』における「月における運河」に明確に見られる。その中で彼は、月における無数の運河、特にエラトステネス地域の運河の地図を提示し、この「発見」は多くの点で、例えば「……最も不都合と思われる……状況においても、宇宙の至る所に存在する生命の頑強さを実証することにおいて」重要であると主張する。[★146]さらに、容易に「観測でき」、しかも火星の運河ではこれまでに見られなかった特徴を示す点で、月の運河は火星研究を解明するであろうとピカリングは言う。彼はこれらの運河を植物だとし、薄い大気のため高次の生命形態は不可能だと言う。ピカリングの主張は、ヴァルデマール・ケンプフェルトなどの通俗科学作家によって取り上げられ美化された。ケンプフェルトは、ピカリングの植物理論を「今までに提示された理論の中で最も申し分のない理論」であると賞賛する論考を出版した。[★147]

ピカリングの多世界論への熱狂は、終生変わらなかった。例えば一九一二年ジャマイカのマンデヴィルで月を観測するためにハーヴァードの二本の望遠鏡を使用した時、彼は兄に次のように書いている。「私が以前の観測を出版した時に失った……いかなる名声も、これらが特に地図に印刷される時に生じる破壊力とは比べものにならないであろう。水路を運河に作り変えるために、すきを持って走り回る月の居住者そのものを除いて、実際に私はあらゆるものを見てきた。」[★148]。一九一九年から一九二四年の間にピカリングは、エラトステネス・クレーターに関する六つの論文を『一般天文学』として発表した。それらの論文は、彼の四五〇の出版物の中でも最も注目に値するものである。最初の論文において、月の植物に関する証拠を主張した後にピカリングは、ある暗黒点の位置の変化を、月の昆虫の群れの移動に帰することによって、後に続く論文を扇情的結論に導く。この論文が一連の論文の最終回となった理由は、「ハーヴァードがマンデヴィルの天文台を取り壊すことを決定した……[★150]」からであるという[★149]。六五歳に達したピカリングは、助教授でハーヴァードを退職したが、亡くなる前年の一九三七年まで、月の生命に関する出版を続けた。彼の追悼文の一つの中で述べられているように、彼の死とともに「フラマリオン、スキアパレッリ、ロウエルたちの学派の残り少なくなった天文学者の一人が……亡くなった」のである[★151]。ピカリングが月の生命を一貫して主張し続けることができた一つの理由は、反対の証拠を切り抜けるためにほとんどいつも練り直される多世界論の柔軟性にあるのかもしれない。このことに関連して現代の二つの出来事が思い浮かぶ。一九六〇年代にカール・セーガン教授のように教養ある天文学者ですら、月の生命をミクロの有機体に変え、月の表面下深くに存在すると考えることによって、月の生命に思いを凝らしたのである[★152]。しかし、パトリック・ムーアがセーガンの提案に対して述べているように、「そのようなものに関して好都合な証拠は何もない……」[★153]。また、一九七六年にはジョージ・Ｈ・レナードは、「数千枚に及ぶＮＡＳＡの写真を研究した結果」として一冊の本を出版し、その中で「橋」「車」「トレーラー」「水道施設」、そして「尖塔」のようなものがこれらの写真に写っている「事実」を、政府が隠蔽していることを発見した、と主張したのである[★154]。

5　信号問題——月または火星にメッセージを送る試み

月や火星の生命に関する考察は、それら居住者との交信の可能性に関する議論を喚起した。そのような議論は、一八六〇年代以前にもあったが、この頃一層勢いを増し、その後数十年にわたって継続し、ついには、交信するためには、ただ単に信号だけではなく居住者を送り込まなければならない、と考えられた。物語は、フランスの著述家ヴィクトル・ムーニエ(1814-1903)が、イタリアの天文学者M・ポンポリオ・デ・クッピスによってなされた観測に基づいて、月の生命に賛成した一八六六年に始まる。デ・クッピスは、月によって掩蔽《えんぺい》「＊月が恒星や惑星の前面を通り過ぎる際、その星が月面の背後となって見えなくなる現象。星食」されたある星からの光が屈折するのを目撃したと主張し、他の天文学者の報告とは反対に、この観測に対して、月は薄い大気を持っているが、その大気は、ほとんどの場合掩蔽を起こす月の山岳地域より上空には広がっていないからだと説明した。ムーニエはそれに同意し、アラゴが同様の考えを提案したことがあったと述べただけでなく、さらに地球人と月人は「長い間交信しないままなのだろうか……」と問うたのである。[★155]

ムーニエは、交信の方法を特定しないままにしておいた。しかし、シャルル・クロ(1846-88)が、一八六九年に火星もしくは金星に向けて信号を送るための方法を提案した時、ちょっとしたセンセーションが起きた。一八歳で教授となり、[★156]後に文学界で名声を馳せ、蓄音機の発明者だったかもしれない天才クロは彼の考えを、フラマリオンが主催した連続講演のゲスト・スピーカーとして初めて明らかにした。[★157]一八六九年七月五日、科学アカデミーの会員たちは、クロがこの主題に関する論文を提出したことを知らされた。[★158]ムーニエが編集した雑誌『コスモス』の一八六九年八月号の読者は、クロ自身が示す彼の考えに遭遇した。それは、一八六九年後半に、『惑星との交信の方法に関する論考』と題されたパンフレットとして出版された。[★159]その中でクロは次のような提案を行っている。もし火星や金星に居住者が存在し、望遠鏡のような手段を持っているならば、一つもしくはそれ以上の電光から発射された光線が、彼らに見えるようにパラボラ型の鏡によって集められるであろう。彼はまた彼らにメッセージを送るために、周期的な閃光を使う方法と、色や平面図形を示す方法まで提案している。より深い研究のあとのうかがわれる彼の提案には、たいへんな熱狂ぶりが見られる。もしわれわれの信号が反応を受信するならば、「喜びと誇りの瞬間となろう。天体相互の永遠の隔離は打破される」と彼は言う。彼はまた、メシエ、シュレーター、ハーディングによって報告された金星などの惑星上の閃光が、われわれに対する信号かもしれないと述べている。クロは、外見上は月の生命の信奉者ではなかったし、論文の中でも月については言及しなかった。一八七〇年頃彼の考えは、イタリアとイギリスに広まった。[★160]そしてフラマリオンはその『宇宙旅行』の中でクロからの引用を用いることによって、クロの考えを一般大衆の前にもたらした。しかし、クロの同時代人の誰も、彼の計画を試みることに熱中したわけでもないし、あるいはその才に恵まれていたとも思われない。

フラマリオンの著作の愛好家であったフランス人女性が死に、彼女の亡き息子ピエール・ギュズマンの名にちなんだ賞に一〇万フランを遺贈したことをフラマリオンが一八九一年に公表した時、信号問題は再び注目を引いた。フラマリオンが明らかにしたところによれば、彼女の遺贈の条件は次のようなものであった。

一〇万フランの賞金は、フランス協会(科学部門)に遺贈され、今後一〇年以内に、星(惑星あるいは他の星)との交信及びその反応の受信に関する手段を発見したものに、その国籍を問わず与えられる。

遺言者は、すべての学者の注意と探究がすでに向けられている火星を特に指定する。もし、フランス協会がこの遺贈を受け入れない場合は、それはミラノの協会に渡される。そして、それも拒否されれば、ニューヨークの協会に渡される。[★161]

科学アカデミーは、賞金の利子が天文学研究に資金を供与するために活用されるという贈与者の条件に明らかに影響され、この賞に対する責任を引き受けた。[★162] フラマリオンは広く賞を宣伝し、一八九二年の論文では、その考えは「決してばかげてはいない。そして多分それは、電話、蓄音機、写真電話あるいは映画を考えるよりも大胆なことではないであろう」と述べている。[★163] 同じ論文で彼は、火星は最もよい機会を与えてくれると述べている。なぜならば「その知的種族は、……われわれよりはるかに優れているからである」。さらに彼は交信方法として「星間磁力」と電信を提案する。

決してすべてのフランスの天文学者が、フラマリオンの地球外との交信の考えに同意した訳ではなかった。事実、アメデ・ギユマン(1826-93)はそれらの批判を出版した。彼は、月人との交信という考えを、まさに月人が存在しないという理由から放棄する。また火星も、われわれが近づこうとすると、「太陽光線の中に迷い込み」、「うまく矩《く》［＊地球から見て惑星の黄径が太陽の黄径と九〇度の差を生じる現象］に位置したとしても、［われわれは］また非常に隔たっているため」、見込み薄であるとした。[★164] さらに必要とされる光の量は、産出可能な範囲を越えている。こうして彼は次のように結論する。「惑星間の交信に関する問題は、依然解決からはほど遠い。そして私は、本当の天文学者たちによって反駁されることは決してないと確信する」。

イギリスでは、さらに活発な論争が当時の指導的知識人を巻き込んで繰り広げられた。統計学者で気象学者のフランシス・ゴールトン(1822-1911)が、一八九二年八月六日に、ロンドンの『タイムズ』紙上に書簡を発表し、鏡の組み合わせによって、火星の望遠鏡に発見されるに十分な太陽光線を反射するであろうと述べて口火を切った。リチャード・ホルト・ハットン(1826-97)は、『スペクテイター』誌に八月一三日匿名で寄稿し、この考えに対して「あまりに突飛……」との烙印を押した。[★165] 理由は次の三つであった。❶火星人は存在しない。❷もしそれらが存在したとしても、われわれほどは発展しなかったかもしれないし、異なる能力を所有しているかもしれない。❸閃光による方法を編み出すとしても、何か算術的なつまらないことしか交信できないであろう。ハットンは、『スペクテイター』誌の次の号に第二の論考を発表し、火星との交信が確立されたならば、それは地球人にとって「有益であるか、有害であるか」を問題にしている。[★166] 彼は、そのような接触が、(たとえ望ましいことではないとしても)人間の自信を失わせ、道徳的責任感を低下させるであろうという立場を展開する。なぜならば、人間はそれを自らの無意味さの別の印として受け取るであろうから。ハットンが述べているように、「われわれの意志が全能でないためにそれを無能と見なし、また、われわれの理性が完全でないためにそれをほとんど愚鈍と見なす口実として、われわれの無意味さを考える傾向を身につけた時」初めてわれわれは惑星人について喜んで論じよう。

ハットンの二つの論考が出版された間の一週間に、『ペルメル・ガゼット』紙はハウェイス氏という人物からの推薦文を掲載した。「天文学者たちから推測する限り、明るい光の性質上、約六マイルの大きさのわれわれの地球上での信号は、火星の居住者によって見られるであろう。火星人は、あらゆる点を考慮すると、おそらく電気的光の三角信号を発することによってわれわれと交信しようと、最も組織的かつ法外な努力をしているように思われる」[★167]。ハウェイスは、ゴールトンの言う太陽光線の反射よりもよい方法は、ロンドンの光を信号として組織的に暗くすることである、と提案している。天体物理学者で『ネイチャー』の編集者であるJ・ノーマン・ロキアーは、その雑誌の一八九二年九月八日付け論文で、このゴールトンとハウェイスの提案を論じ、後者の方法に賛成した。

火星の信号に対する興味が増大した一つの理由は、一八九〇年代に火星における明るい点に関する大量の報告書が現れたからである。例えば、一八九五年『一般天文学』は、一つの記事を掲載したが、それによると、最近「『ニューヨーク・ヘラルド』のような新聞各紙に、いわゆる〈火星からの信号〉、火星表面の運河、そしてまた火星表面の幾つかがヘブライ文字で神の名を記したものだなどという最近の天文学的空論について報告する記事が見られた」という。

「このようなナンセンスが、優れた大新聞に掲載されていることは、大いに恥ずべきことだ」と言明されているが、これはもっともなことである。★168

ゴールトンは、健康上の理由でワイルドバードの温泉で「幾分夢のような休暇」を余儀なくされた一八九六年まで、火星との交信の方法に関する問題から手を引いていたが、この間に一つの原稿ができあがり、彼はその結論を『フォートナイトリー・レヴュー』誌に手短かな形で発表した。★169 ゴールトンの論文は、地球外との交信のために適した言語の開発に捧げられていた。そして、これは「火星にいる気の狂った百万長者」から、点とダッシュと線から構成されている信号を地球人が受け取る、という仮想状況の文脈で述べられている。そのコードは「賢い少女」によって解かれる。彼女は次のように言う。信号は基本的に八つである。なぜならば「火星の人々は高度に発達した蟻にすぎないからです。彼らは、六つの手足と二つのアンテナによって、八まで数えます。ちょうど、私たちの祖先が指で一〇まで数えたように」。このような滑稽な内容にもかかわらず、ゴールトンは結論に対しては真剣である。「効果的な星間言語が確立される余地はある」と。未発表の原稿の中で彼は、火星人の感覚や繁殖パターンについても考えている。★170

火星との交信が不可能であるとしても、地球人は自らの惑星で、火星に関する情報をさかんに普及させた。例えば、火星上の幾何学的図形の発見に関する『フィガロ・イリュストレ』誌における記事は、『カルガ・ヘラルド』紙において議論された。ロシア人教師で、結果的にロケットのパイオニアとなるコンスタンティン・ツィオルコフスキー(1857-1935)はその記事を見つけ、一八九六年鼓舞されて、地球外との交信に関する論文を同誌に発表した。ツィオルコフスキーは、たとえ火星の月がほんの一〇キロメートルぐらいしかないと報告されているとしても、それを見ることができることに注目し、もし回転する鏡が設置されていれば、地球上の同じような地域から火星に信号を送ることができるであろうと述べている。★171

火星へ信号を送るという考えは、世紀の変わり目に再びフランスで脚光を浴びた。一八九九年Ａ・メルシエは『火星との交信』(オルレアン)と題されたパンフレットを出版したが、その中で、単に運河等の観測に基づいて、火星の生命に賛成するばかりか、また火星との交信が実用的であることを提案している。火星上での発光現象が報告されてきたことに言及しながら、彼はこれらが、一八八九年パリの万国博覧会で生じた巨大照明のお礼に送られてきた信号かもしれないと考える。また、メルシエは種々の信号送信方法を論じ、次のような装置に優位性を認めた。すなわち、太陽光線が日没時に山の日照部分から山の頂上の鏡に、さらにそこから山の日陰部分の鏡に、そして最後に火星に向けて反射されるような装置である。この方法の利点は、太陽光線が暗い背景に映えて、よく見えるであろうという点である。またこの熱狂的な著述家は、火星の信号のための協会設立を提案し、五万フランの基金を創設するための募金を要請した。続いて彼は、二つの会議を組織した。最初は、一九〇〇年五月二日にパリで、二回目は一九〇一年五月一六日にオルレアンで会議を組織し、「地球から火星への光による信号送信実現のための、実際的手段に関する研究プロジェクト」について議論した。これはちょうど、会議についてと最初のパンフレットへの反響について報告するために、一九〇二年に彼が出版したパンフレットの副題と同じであった。[★172] 後のパンフレットからすると、フラマリオンがメルシエの努力を支持し、二五以上の雑誌が彼の最初のパンフレットの批評を出したことがわかる。メルシエの第二のパンフレットには、種々の信号送信方法だけでなく、火星において最近観測された発光現象に関する議論も含まれている。メルシエが、彼の企画のために多くの寄付を受けたと報告しているにもかかわらず、その額は企画実現のためには明らかに不十分であった。

運河論争、ギュズマン賞に関するフラマリオンの諸著作、ゴールトンやメルシエ等の出版物、そしてとりわけ一八九八年に現れたH・G・ウェルズの『宇宙戦争』などによって生み出された風潮は、火星からの信号として理解され得る報告を支持する傾向にあった。例えば、ロウエル天文台のA・E・ダグラスが火星における「発光現象」を見つけたと電報を打った時、多くの新聞はそれを火星人の信号だと考えた。ダグラスとロウエルは否定的見解を発表した。他方、科学雑誌はその状況を明確にすることを試みたが、それはおそらく十分成功したとは言えないであろう。[★173]ダグラスは、デンヴァーのある弁護士から手紙を受け取ることもあった。彼はダグラスに次のように質問した。「火星の人々が、一〇マイル四方、高さ一〇〇マイルの記念碑を建て、その外側を磨きあげた大理石でおおったと想像してみてください(それは事実である)。この記念碑は、一条の光を発射しないでしょうか。もしあなたが一条の光を見たと言われるならば、その色は何色でしたか。そして、その光はきらきら輝いていましたか[★174]」。

火星人、あるいはひょっとすると金星人の信号に関する非常に注目すべき報告が、今度はコロラド州のコロラド・スプリングズからやってきた。そこでは、有名な発明家ニコラ・テスラ(1856-1943)が、無線信号の実験をするために、高電圧の設備を作り上げていた。『コリアーズ』誌の一九〇一年二月九日号でテスラは、「惑星との対話」を発表した。それは、謎めいた見解に満ちたもので、地球外からの信号を発見したという主張を含んでいた。[★175]また彼は、惑星間の交信が「始まったばかりの今世紀を特徴づける思想となる」であろうと予言している。そして読者に、新しい方法を工夫したと断言している。その方法によれば、「信号は二〇〇〇馬力以下の出力で、火星のような惑星に送信できる。そしてそれは、現在ニューヨークからフィラデルフィアまで電信でメッセージを送っているのと同じぐらい正確で確実である」。『コロラド・スプリングズ・ガゼット』紙は、テスラの発見に対する喜びを次のように表明した。

もし、火星に人々が住んでいるとすれば、交信が開始されるべき……特定の場所としてコロラド・スプリングズを選ぶことで、彼らは確かに非常に優れた判断力を示したことになるだろう。事実、もしテスラが言うような火星から送られてきた神秘的な一-二-三が翻訳されるとすれば……それは「コロラド・スプリングズの天気はいかがですか」と読めるであろうことは確かだと思われる……。[★176]

しかし、すべての人々が熱狂した訳ではない。リック天文台の先の台長エドワード・S・ホールデンは次のように述べている。「説明されていない現象に対して、ありそうもない原因を持ち出す前に、十分ありそうな原因を調べることが、健全な思索の鉄則である。テスラ氏が誤りを犯したということは、〈ほとんど〉確かである……と、あらゆる実験家が主張するであろう」[★177]。『カレント・リテラチャー』誌の編集者たちは、テスラの報告が「一般に不合理なもの……と見なされる」と述べ、『セントルイス・ミラー』紙からの次の引用を、賛同を持って付け加えている。「ニコラ・テスラは物理学におけるイグネイシャス・ドネリーのような人物である」[★178]。それにもかかわらず『カレント・リテラチャー』誌はテスラの記事を再び印刷したのである。テスラの考え、及び火星に信号を送るという考えはすべて、一九〇一年ケンブリッジ大学のロバート・ボール卿によっても鋭く批判された。論文の中で彼は、今まで提案された信号送信方法を研究し、それらすべてが実際的でないことを発見する。テスラに言及して彼は次のように述べている。「火星への電気的信号送信は、私には可能であるようには思われない。理由は単純である。その機器は私が知る限り、無線電信の最も熱心な勇者たちがすでに、あえて求めてきたものをはるかに越えて、無線電信にとって十分な機器の、実に一六〇〇万倍もの能力を必要とするからである」[★179]。テスラは、それにもかかわらず、彼の主張に固執し続けた。また、一九二〇年頃には、ノーベル賞受賞者で電気の天才グリエルモ・マルコーニ(1874-1937)が、地球外からの信号を受信したと発表した[★180]。

しかしながら、最も高い関心は、電気的信号よりも視覚的信号にあった。一九〇九年、その年の火星の衝［＊太陽と外惑星または月が地球をはさんで正反対にある時の位置関係］と、一〇〇〇万ドルの費用で火星に信号を送ることができる一群の鏡が建設され得るというW・H・ピカリングの提案に刺激され、『サイエンティフィック・アメリカン』誌を中心に、アメリカで広範囲な論争が始まった。口火を切った一九〇九年五月八日号の匿名記事は、ピカリングの提案に関しても、アメリカ南西部の砂漠に巨大な黒布を周期的に広げるというジョンズ・ホプキンス大学のR・W・ウッドの低コスト案に対しても、否定的な見解であった。火星人の存在を信じられなかったこの筆者は、どちらの提案も真面目に受け取ることができなかったのであろう。[★181] 次号に登場した他の提案の中には、一マイル当たりに五〇〇〇個の四インチの鏡が、ピカリングの五〇〇〇個の一〇フィートの鏡と同じ働きをするという経費を節約する提案もあった。またこの筆者は、火星の信号を拾い上げるために利用できる最も感度の高い無線電信受信機を気球で高く上げる、というアムハースト大学のデイヴィッド・トッドの計画にも言及している。[★182] この雑誌の二号後にジョージ・フレミングは、視覚的原理からは四インチ鏡では不十分であり、ピカリングの大きな鏡が必要であると述べている。[★183] さらに、ウィルフレッド・グリフィンは、「強力な電気サーチライトの巨大装置」を火星めがけて「点滅」することを提案した。[★184] トッドの提案は、どのようにして火星人の信号が「地球上に散在するおよそ二〇〇〇もの無線所」の信号と区別できるのかと同号で批判される。[★185] 三週間後の号には、アデルフィ・カレッジのW・C・ペッカムの見解が掲載された。彼は、火星が衝にある時、火星に向いている側の地球は全くの暗黒であるという理由から、ウッドの黒布の提案が非実用的だと主張する。彼は賛意を持ってモールトン教授の所見を引用している。「地球と火星との交信がどのような想像的手段によるにせよ、それに関する新聞記事は、全くばかげたことである」。[★186]『サイエンティフィック・アメリカン』誌の信号シリーズは、ピカリング自身によって終止符を打たれたが、彼は再び自分の方法を主張し、あらゆる人々にそれが「最も初歩的な数学の問題にすぎない」ことを保証している。[★187]

フラマリオンはピカリングの提案に賛成したが、[★188] ロウ山天文台のE・L・ラーキンは非常に初歩的な数学を使ってそれを攻撃した。ラーキンによれば、もし矩に位置する火星から見て一〇分の一秒の幅をもつ信号を作り出したければ、「反射鏡は五二マイルの幅でなければならない。ところが現在の人間の技術は、パサデナのウィルスン山天文台の直径一〇〇インチの鏡を作るために重い負担を強いられているのである」。[★189] このことに基づいて彼は、状況は「絶望的である」と記している。ラーキンは、ピカリングの計画に厳しすぎたかもしれないが、ピカリングの計画は多分、ホーバート・カレッジの天文台長W・R・ブルックスが『コリアーズ』誌で提案した方法より現実的であっただろう。ブルックスの考えは、点滅する「電光の巨大な地域」を作り上げることであった。「火星人がモールス信号に精通していると考えることは根拠がないのだから、必ずしもモールス信号に従わなくてもよい」[★190]。しかし、モールス信号によって送信することは、「T・C・M」(多分トマス・コーウィン・メンデンホール)にとっては容認できる手段であった。メンデンホールは、『サイエンス』誌の、「地球を貫く穴」という解決策を支持する皮肉な記事によって、論争に多少のユーモアを添えた人物である。彼は、「火星に信号を送るという次の目的のために、直径が数マイルの穴が必要に違いない。この計画の行くてには、克服すべき小さな困難がいくつか残されているが、細部の多くはすでに解決した……」と言う[★191]。皮肉の要素は、おそらく『インディペンデント』紙の社説の中にも見られる。そこでは、フラマリオンに言及してはいないが、火星人とのテレパシーによる交信に対する彼の提案が議論されている。「鏡よりも霊媒の方が安い」と述べた後に、編集者は次のように付け加える。

ジュネーヴのフルルノワ教授は、火星人の生活と言語に関して細かに教えてくれる……ある淑女の啓示に関する本を出版した。この国のヒュスロプ教授は、同じ火星人に関するスミード夫人の説明を報告した……。二人の記述は、建築、衣装、言語に関して全く一致しないが、霊的読者を失望させることはない。二人の霊媒は、惑星の全く違った部分を見ていたかもしれないからである[★192]。

天文学者E・E・バーナードは、メンデンホールと同じく、火星の信号に関する提案に対して熱狂しなかったように思われる。この頃バーナードはある物語を出版した。その中で地球人は、アフリカの砂漠におかれた長さ一〇〇マイルの紙の文字よって、ついに火星に「なぜあなたたちはわれわれに信号を送るのか」というメッセージを送る。とうとう答えが返ってくる。「われわれはあなたたちと話をしているのではありません。われわれは土星に信号を送っているのです[★193]」。

月や火星に信号を送るための諸提案を考察する時、いかに多くのものが、フラマリオン、ゴールトン、ロキアー、W・H・ピカリング、そしてテスラのような卓越した科学者たちによって始められ、真面目に受け取られていたかがわかる。これらの考え方の一部は、想像力では高い水準を示したが、責任感という点では低いものであった。またこれらの提案は、世紀の転換点における「火星狂」の広まりをも物語っている。その発展の物語がこの本の最後の数章の主題である。

6 隕石のメッセージ——「世界から世界へ／種子はぐるぐる運ばれる」か

何世紀もの間、多世界論者たちは地球外生命の直接的証拠を発見することを夢見てきた。一九世紀には時々そのような証拠が、隕石に乗って空から降ってくる、というまさに劇的な仕方で現れるように見えた。しかし、隕石のメッセージは曖昧で、現在に至るまで論争が続いている。最近の数十年でさえ、隕石に見いだされる有機的物質が隕石とともにやってきたのか、それとも落下の後に、地球上の物質が付着したのか、論争が起きている。また、そのような物質がもし地球外のものであるならば、それは生命を持つ有機体の産物であるのか、それとも生命体を含まない複合的化学反応過程によって形成されたのかが問題とされる。今まで知られている非常に多くの隕石の中で、ほんの数十個の隕石が炭素質のコンドライト［＊球粒隕石］であり、このタイプがこの話題に最も関係したものである。しかし、地球外生命に関する明確な証拠が、今まで隕石から得られたことはないというのが、現在の一致した見解である。例えば、最近の信頼できるテクストによれば、「コンドライト、そして特に炭素質のコンドライトは、現在太陽や惑星が形成された星雲の非揮発性物質の比較的よく保存されたサンプルであると認められている[★194]」。

一八〇〇年から少したって科学者たちは、隕石が地球の大気の外側で発生することを理解した。そして、この発見は隕石に関する興味を増大させ、一九世紀の間に五千件以上の隕石関係の出版物が現れた[★195]。熱狂は、特に一八三三年一一月一二日の出来事の後に最高潮に達する。それは、有史以来最も輝かしい流星現象であった。あるアメリカの目撃者は、「世界が燃え上がった」と叫び、他の者は「雨よりも激しく流星が降ってきた……」と言った[★196]。イェール大学のデニスン・オルムステッドは、この現象が獅子座の一点に集中していることを観測し、流星雨は太陽の周りを回っている流星群の中を地球が通過することによって引き起こされたと考えた。彼は、このような推測に基づいて、その現象は以前はそれほどあざやかでなかったが、規則的に一一月一二日に起こると予測した。オルムステッドの理論及び後の派生理論は、ラプラスが提案し、多くの権威者に受け入れられた理論、すなわち隕石は月の火山の噴火活動によるという理論と競合することとなった。

一八三〇年代もまた注目すべき年であった。なぜならば、一八三四年J・J・ベルツェリウス(1799-1848)によって、種々の隕石に関する化学的分析が出版されたからである。これらの中には、一八〇六年フランスのアレに落下した炭素質のコンドライトも含まれていた。テナールとヴォクランの二人の化学者が、以前この物体の中に炭素を発見したことに注目して、ベルツェリウスはこの炭素を、二つの問題を念頭におきながら検討した。「この炭素を含む土は、ひょっとしたら腐植土か、それとも別の有機的複合物の痕跡であろうか。これはひょっとしたら、別の世界に有機的形態が存在することの印であろうか[★197]」。彼の結論は注意深いものである。「隕石の土の中に炭素を含む物質が存在することは、地球の土に含まれている腐植土と類似している。しかし、多分それは別の方法で付け加えられたものであろうし、別の特質を持っている。従って、地球上の土の炭素を含む物質に類似した含有物を持っていると推測することが正しいとは思われない」。一八三六年『フィロソフィカル・マガジン』は、アレの隕石に関する言明を含むベルツェリウスの研究論文の要約を掲載した。「この土が混合状態で含む炭化物質がその発生状態において有機的自然のものである、ということは正当化できないであろう」[198]。ベルツェリウスの立場は、一八三四年に印刷された論文の中に表明された、隕石は月の火山噴火に由来するという彼の信念と結びついていたのかもしれない。さらに続けて、「ほとんどの隕石は、その組成において、同じ〔月の〕山からやってきたと考え得るほど互いに似ている……」。しかし、彼はそれら隕石が、小惑星体における惑星衝突に由来する破片であるかもしれない、という考えも検討している。

一八五〇年代にフリードリヒ・ヴェーラー(1800-82)は、カバ(1857)とケープ(1838)の隕石に関する化学的分析をそれぞれ出版した。両論文の中で、「有機的起源」である炭素質の物質を発見したと報告した。ケープの隕石に関する記事は、「疑いもなく、この隕石が……まさに有機的起源を含む炭素質の物質を含んでいる」との主張であった[199]。一九五〇年までに知られた隕石の中で最も大きな炭素質のコンドライトが一八六四年五月一四日、フランスのオルグユに落下し、一世紀以上にわたる論争を巻き起こした。一八六四年スタニスラス・クロエ(1817-83)が出版した分析によれば、それは「数種の泥炭や亜炭の有機物質と類似している」物質で形成されている。彼の詳細な分析結果によれば、炭素63.54%、水素5.98%、酸素30.57%であった。さらにこれは「天体に有機物質が存在することを示している」と思われると言う[200]。一八六八年マルセラン・ベルトロ(1827-1907)は、オルグユの隕石を再分析し、その物質が「石油と同種のもの」[201]であるC_nH_{2n+2}という化学式の炭化水素に似ている物質であると報告した。こうして、一八七〇年までに生命物質や化石が隕石の中に発見されなかったにもかかわらず、ある隕石は有機物質を含んでいる、という証拠は有効であった。この物質が地球上で汚染されたものではなく、(今日では正しくないことが知られているが)生命有機体に由来すると仮定するならば、この物質は地球外生命の証拠と見なされ得るであろう。

流星は、一八七一年の英国学術協会の会議に出席した多くの科学者の心を捉えた。なぜならば、ウィリアム・トムスン卿(1824-1907)、すなわち後のケルヴィン卿が代表講演を行い、自然発生説、進化論、隕石、そして世界の複数性について同時に論じることによって、扇情的な結論をもたらしたからである。トムスンは、地球上の生命の起源に関する問題を提起して、「哲学的斉一説［＊過去の地質現象は現在と同じ作用によるとする思想］」とパスツールの実験は、ともに自然発生説を排除すると主張する。★202 こうして、トムスンは「それでは、いかにして生命はこの地球上に発生したのか」と問う。その答えは次のようなものである。

……われわれは皆、確かにわれわれの世界の外に、多くの生命世界が太古の昔から今に至るまで存在していることを信じているので、無数の種子を運ぶ隕石が、宇宙空間を動きまわっている……ことが、非常に高い確率であり得ると考えねばならない。生命が、別の世界の廃墟の苔むした断片を通じて、この地球に発生したという仮説は、粗野で空想的に思われるかもしれない。しかし、決して非科学的ではないと私は主張する。

前英国学術協会会長T・H・ハクスリーによって紹介されたトムスンは、「地上に現に存在するすべての生物が、［低次の形態から］進化によって進歩してきた」と表明することによって、このダーウィン支持者を喜ばせたに違いない。しかし、ハクスリーは、ダーウィンの理論に関してトムスンが「私はこの仮説が、真の進化論を含んでいない……と常に感じていた」と付け加えたことによって、混乱したことは疑いない。ダーウィンの理論は、「知性を連続的に導き、制御することを十分に考慮していない」というジョン・ハーシェルの主張を引用しながら、トムスンはペイリの神の設計に関する議論へともどることを勧めて締めくくっている。

トムスンの理論に対する反応は種々さまざまであった。『パンチ』誌の中にひとつの反論が詩の形で見られる。

言いなさい、いったいこれらの流星の生命はどこから発生したのか、
そして、どのような衝突から、人類の種がやってきたのか。
研究者の行くてには、依然ヴェールが掛かっている。
しかし、われわれは神秘の一段階を後ろに押しやった。[★203]

別の機知に富む人物が書いている。「世界から世界へ、種子がぐるぐる運ばれる。英国学術協会はそこから生じたのだ」[★204]。トムスンの講演の三日後にジョウゼフ・ダルトン・フッカーはダーウィンに手紙を書き、トムスンの提案に関する見解を述べている。

何とうんざりする！　何と酔っぱらった提案だろう……流星によって生命を導入するという考えは、全く驚くべき、非哲学的考えである……。流星あるいはその原型に神が息を吹きかけることは、地球の表面に息を吹きかけること以上に哲学的であると彼は考えるのであろうか。私は、流星は白熱状態で地球上に達したとも考える……。私としては、生命の流星による移入を信じるよりも、まだ不死鳥の存在の方を信じたい。[★205]

ヴィクトリア朝時代のイギリスにおける公の科学論文に見られる暗さは、一八七一年八月一一日、トムスンの理論を当時のゲームにたとえた話を、ハクスリーが個人的にフッカーに伝えた時にもなかった。「あなたは、トムスンの〈射的による創造〉をどのように考えられますか。――神は、怠け者の少年のように海岸に座り、隕石(種を持った)を投げつける。ほとんど失敗するが、しかし、時々惑星に当たる！」[★206]一八七一年の九月頃、プロクターはそのような状況の皮肉を指摘する。「彗星が全能者の怒りの乗り物と見なされることはそれ程昔のことではなかったが、今や彗星はこの

新しい仮説によって、宇宙の生命の親として現れるようになった」[★207]。無感動にプロクターは、さらに次のように続ける。「事実私は、その卓越した教授が、種子を運ぶ流星という仮説を真剣に主張しているとは、ほとんど信じることができない」。しかし、トムスンは自らの理論に関して真剣であり、それを晩年においても主張し続けた。一八七七年の英国学術協会の会議で彼の理論は、グラスゴーの発生学者アレン・トムスン(1809-89)の代表講演において批判されたが[★208]、しかし、論文の形で自説を擁護した。また彼は、初期の論文に対する反対論、すなわち、流星の有機体は落下時に燃え尽きてしまうであろうという意見に対して、反論を試みた。この論文によって引き起こされた活発な議論について、隕石の専門家ウォルター・フライト(1841-85)は次のように述べている。議論のある段階で、

……ある者は、……コロラド・ビートル［＊ジャガイモ畑の害虫］を導入したが、これは全くばかげたことである。またある者は、立ち上がって、それはアイルランド人であると言った。それは、さらにばかげたことである。ついに他の者が立ち上がって、次のような希望を吐露した。コロラド・ビートルのパパが隕石の上に落ちた時、コロラド・ビートルのママを置き去りにした。しかし、これは最もばかげたことであろう……。このようなせめぎ合いの中で、隕石がどのような種類の有機物質も含んでいないことを保証することによって、彼らの自信を取り戻すための勇ましい努力がなされたように思われるが、それにもかかわらず、妥協点は見られなかった……[★209]。

トムスンの自己の理論に対する愛着の強さは、アーガイル侯爵宛ての一八八二年の書簡でも示されている。「私はヨークでの［一八八一年の］英国学術協会の会議で、幾度となくこの主題にもどった。そして、主にどれかに生命の痕跡あるいは現物が含まれていないかどうか……確かめる目的で、流星のちりを調査するという協会との約束を勝ち取った」[★210]。生命の究極的起源に関する彼の考え方が、しばしば誤解されることを知り、トムスンは一八八六年の書簡の中で、そ

れを明確にしようと試みている。「私が可能であるとして押し進めている〈星胚種理論〉は、決して創造的力を欠いた生命の起源を主張したり、提案しているのではない。そして、それは決してキリスト教信仰……に敵対するものでもない」[★211]。しかし、長い人生の晩年に、トムスンは自己の理論を疑問視するようになったのかもしれない。というのも、居住者のいる惑星が他の系に存在することを信じていたにもかかわらず、一九〇三年に太陽系の他の惑星はどれも居住不可能であると主張したからである[★212]。

ウィリアム・トムスンは、地球生命が地球外の起源を持つという考えを主張した唯一の人物でもなければ、最初の人物でもなかった。一八二一年ド・モンリヴォー伯爵は、『地球と月の結合に関する推測』を出版した。この中で彼は、生命が月の火山から隕石に乗って地球にやって来たと述べている[★213]。一八六五年ドイツの物理学者で、ダーウィン擁護者ヘルマン・E・リヒターは、地球の生命の流星起源を主張した。リヒターは、地球外生命のためにフラマリオンの『複数性』を引用し、彼の主張が「ダーウィンの大胆な体系の総仕上げである」と熱狂的に主張する[★214]。さらに、トムスンの立場を真剣に受け取ることを拒否した人々は、トムスン支持者の中に当時のドイツ物理学界の第一人者ヘルマン・フォン・ヘルムホルツ(1821-94)がいることを知って、驚いたに違いない。ヘルムホルツは、トムスンよりほんの少し前に同じ結論に達し、一八七一年の春ケルンとハイデルベルクでの講演でそれを提案したことを一八七五年に明らかにした[★215]。この講演には、次のような表明が見られる。

新しい世界が有機体にとって快適な居住空間となった段階に達したならば至る所で彗星や流星が……生命の種子をまき散らさないと、いったい誰が言うことができるであろう。新しい居住空間に適応するために獲得する形態がどんなに違っていても、多分、そのような生命は、少なくとも未発達の状態では、われわれの生命と同類であると考えられる[★216]。

ヘルムホルツは、一八七二年ヨハン・ツェルナーがトムスンの提案を攻撃したのに刺激されて、このような主張を擁護するようになった。ツェルナーによれば、この理論には二つの欠陥があった。第一に、それはなぜ生命が地球において発達したかという単純な問題を、なぜ生命が他の惑星に発生したか、という問題にすり替えている。第二に、それは隕石中の有機体が、隕石が地球の大気を通過する時に生じる極度の高温をいかに生き延びることができるかを説明できないということである。[★217] これに応じてヘルムホルツは、この理論の仮説的性格を認めつつも、隕石の内部は冷えたままかもしれないし、有機体は白熱が始まる前に、大気の上層部で隕石から吹き飛ばされるであろうと主張する。[★218] 他のドイツの科学者たちもまたこの仮説を支持したが、その中には植物学者で細菌学者のフェルディナント・コーン(1828-98)と生理学者のウィリアム・プライア(1841-97)がいた。イギリスのウォルター・フライトは一八七七年に少なくともそれを真剣に考えることを表明した。そして、一八九一年フランスの植物学者P・E・L・ファン・ティーゲ(1839-1914)は、『植物学論』の中でそれを支持した。[★219] しかし、ほとんどの学者はこの理論に敵対しないまでも、懐疑的であった。二〇世紀の幕あけの数年に、スウェーデンのノーベル賞科学者スヴァンテ・アレーニウス(1859-1927)は、地球の生命が地球外起源ではあるが、隕石によるものではないとする、新しい理論を提案した。しかし、多分他の先駆者たちと同様に、彼の理論も反証可能性が低かったために、説明能力は高かったが一部の注目を浴びただけであった。[★220]

その間、チュービンゲンで地理学を学んだ弁護士オットー・ハーン博士が『隕石(コンドライト)とその有機体』という著作で一時的に話題となった一八八〇年以後特に、地球上の生命の隕石起源に関する問題が、論議し続けられた。ドイツの動物学者D・F・ヴァインラントはハーンの著書を宣伝し、一八八一年にハーンの挿絵の中で、「われわれは実際に、われわれ自身の目で、他の天体からやってきた生命体の残滓を見ることができる」と述べている。[★221] ハーンが行ったことは、非炭素質のコンドライトを薄く切り、半透明になるまで磨き上げ、顕微鏡で検査することであった。そして、地球の珊瑚、ウミユリそして海綿動物に似た極めて小さな化石と思われるものを発見した。著書の中でハーンは、この化石が地球外に起源を持つものか、それとも地球とある天体が衝突した結果として、一時的に地球軌道に投げ込まれたものかどうかを論じた。[★222] フランシス・バーガムは、一八八一年に『月刊ポピュラー・サイエンス』誌に投稿して、ヴァインラントの主張を支持し、「この新しい偉大な発見の卓越した重要性」を強調した。[★223] 後の多世界論者たちは、ハーンがそのサンプルをチャールズ・ダーウィンの目の前に提示し、ダーウィンが椅子から飛び退き、次のように驚嘆したことさえ報告している。「全能の神よ！　何とすばらしい発見であろうか！　今や生命が降りてきている」。[★224]
ハーンの「発見」はすぐに決定的な反論を受けることになった。例えば、カール・フォークト(1817-95)が発表した論文は、ハーンによって報告されたものが、地球上の化石とは似ていないこと、そしてそれらが実際多結晶形態のものであり、しかもフランスの隕石専門家スタニスラス・ムーニエ(1843-1925)が、同形態のものを彼の実験室で作りだしたことを明らかにした。[★225] ハーンの「化石」に関する記事は一〇以上現れた。『アメリカン・ジャーナル・オブ・サイエンス』誌は次のように述べている。ハーンの「結論は非常に空想的なものであり、事実明らかに根拠のないものなので、さまざまの発見について筆者の意図にそって説明されている［おそらくバーガムによる］記事が最近この国で発表されたということ以外に、それらに言及する必要はないであろう……」。[★226] 『月刊ポピュラー・サイエンス』誌は、早くからバーガムの過激な主張を掲載していたが、J・ロレンス・スミス教授がハーンの立場を論駁したこと、そしてスミソニアンのホーウェス教授が、ハーンをその「想像力が野放図になった」観測者と表現したことを伝える論文を掲載した。[★227]
おそらく隕石の中に見いだされたと思われる、生物学的物質の報告に関する一九六六年の論評の中でハロルド・C・ユーリは、ベルツェリウス、ヴェーラー、クロエ、ベルトロに関して、「一九世紀にこれらの隕石を研究した化学者たちが、地球上に見られ、しかも生物学的物質の分解物と自信をもって説明する物質を見いだしたと報告した」

ことを認めている。[★228] しかし、多くの科学者たち、例えばベルツェリウスやクロエは、誉めるにたる慎重さを持っていた。しかし極端な多世界論者たちは時にはその慎重さを放棄した。例えば、ルイ・フィギエ博士は、オルグユ隕石の中の泥炭に似た物質に関する報告から、次のように述べている。「泥炭は単に植物が徐々に分解した物である……。従って、オルグユ隕石がやってきた惑星には植物が存在する。必然的に、われわれ自身の近くに存在する惑星に植物が存在する」。[★229] ハーン＝ヴァインラント事件の反動で、一九世紀の残りの間に、隕石における地球外残滓に関するさらなる報告が現れなくなったことは、疑いない。そのような報告が、一九六〇年代に再び現れた時、「あるものの起源が有機的かあるいは非有機的かを決定することは、……非常に主観的な問題である」という警句としてハーンが引用されたのである。[★230]

第9章 宗教的論議と科学的論議

1 フランスにおける宗教的著作——人間は「天界の市民」か

地球外生命に関する思想に、宗教との相互作用がなかったことは稀である。この相互作用は、一八六〇年以前には通常のことであったが、この章で明らかにされるように、これはその後の時代にも続いていた。一八六〇年以降の相互作用について議論する時、フランスから始めるのが好都合である。最初に、キリスト教の伝統から分離した幾つかの多世界論的体系に焦点を当て、続いて、別世界という思想に対する、フランスのカトリック教徒の反応に焦点を当てる。最後に、スペインとイタリアの幾つかの著作に関して簡単に言及する。

一八七〇年の短い間、ルイ・オーギュスト・ブランキ(1805-81)はフランス政府の長であったが、一八七一年までには投獄されていた。彼にとって投獄は初めてではなく、ほとんど人生の半分を獄中で過ごしたが、その獄中で書き上げ、一八七二年に出版した『天における永遠——天文学的仮説』における宇宙論的で多世界論的思索は、この分野では初心者であることを露呈している。空間的時間的に無限の宇宙に存在する、多分あらゆる天体における生命を想定して彼は次のように主張する。

われわれの地球は、……原始の結合の反復であり、それは同じように再生産され、何十億という同一の複製物の中に同時に存在している。各々の原型は、順次生まれ、生き、死んでいく。過ぎ行く一刻一刻に、何十億ものものが生まれつつあり、死につつある。それらの各々で、すべての物質的なもの、すべての有機的なものが、他の地球やその

複製で継承したのと同じ秩序で、同じ場所で、同じ瞬間に継承するのである。★1
ブランキは次のような説明を付け加えている。「トロの砦の牢獄で、この瞬間に書いているものを、私はテーブルの上で、ペンで、そしてこのような服装で、全く同じ状況下で、すでに書いてきたし、またこれから永遠に書くであろう」。この考えを支持するために、他の天体が地球と同じ元素から合成されている、という分光学的事実を引用している。そのような元素の数は限られているが、空間と時間は無限であるとはいえ、従って、詳細な複製が絶えず発生するに違いない。しかし、彼の宇宙におけるすべての惑星の歴史が、全く同一であると考えるべきではない。すなわち彼は次のように主張する。たとえ何十億という惑星でナポレオンがワーテルローで敗れたとしても、何十億という惑星では勝利したのである。いったい何が、この無政府主義者にして無神論者、かつ唯物論者に、この本を書かせたのか。彼が監禁されていて、書くことが制限されていたのも一因だろう。多分彼は、エピクロスやルクレティウスがかつてしたのと同じく、彼の社会哲学を有効な宇宙論によって補強しようとしたのだろう。そして、その宇宙論とは、挫折が確率の問題にすぎず、ほとんど重要性を持たないような非人間的で偶然的な宇宙の中に、慰めを見いだすものであった。ブランキは、自説を「スペクトル分析とラプラスの宇宙論からの単純な帰結である」と述べているが、内実は程遠く、熱力学の第二法則の無視の上に成り立ち、星雲の形成及び星の再生を、燃え尽きる星の絶え間ない衝突に帰するものであった。科学者やキリスト教徒はそれぞれ違う理由でブランキの空想を軽蔑したが、一八六〇年以降のフランスにおいて、魂の輪廻説が再び大衆性を獲得するや、事態は一変した。

魂の輪廻転生説に関する理論の歴史において、その教説を多世界論に結び付けたのはフラマリオンが最初ではなかった。★2ボネやその他の人々がこれを一八世紀に唱え、フラマリオン自身はレノーの『地球と宇宙』(1854)からそのつながりを知ったのである。それにもかかわらず、広範な読者を獲得した多くの著作の中で、フラマリオンがこの関連を支持したことは、アンドレ・ペザーニ(1818-77)が認めたとおり、特に影響力があった。ペザーニは、フラマリオンを「学頭」、すなわちその学派の主導者と考えた。[★3] 一八六五年ペザーニは、『世界の複数性説と一致する魂の存在の複数性』を出版することによって、その学派の規模を拡張しようと試みたが、この本の扉で彼は自らを「リヨンとローレアの控訴院における学会弁護士」と呼んでいた。一八三八年以来輪廻転生説に熱中していた彼は、[★4] この説と多世界論との和解を明らかにするために大部の著作を捧げ、次のように主張している。「太古から人々は、断固として未来の運命を信じてきた。そして、これらの運命の最も永続的な形は、存在の複数性すなわち輪廻転生の思想であった……」。彼は、輪廻転生説に関する歴史を、ヒンズー教徒、ドルイド［＊キリスト教に改宗する前のケルト族の僧］教徒、古代の神秘主義者、ピュタゴラス主義者、ゾハールのユダヤ教徒、初期キリスト教徒、そしてボネ、デュポン・ド・ヌムール、フーリエ、レノー、フラマリオンのような現代人の中にたどる。ペザーニは、フラマリオンが多世界論論争を「変更不可能な仕方で解決した」と信じ、もっぱら輪廻転生説擁護に焦点を当てている。彼は自分の主張を次のようにまとめている。

❶絶対的で永遠の地獄は誤りである。それは、神と人間の本性に同時に矛盾するからである。
❷前生を信じることなしには、地球上の邪悪な世界に、新たな魂が来臨することを［われわれは説明することができない］。また、次のことも同じく説明できない。すなわち、時として取り返しのつかない肉体の欠点、肉体を苦しめる邪悪、富の不均等な配分、知性と徳性の不平等……。
❸……最終目標には到らず、まだ……ぬぐい去る不完全性のあるすべての魂にとって、前生があるということは、論理上、未来において継続的にさまざまに存在するということである。

ペザーニの努力はある程度の成功を収めた。一八七二年までに彼の著書は、六刷を数え、さらにスペイン語とスウェーデン語に翻訳された。また彼は、『星の本性と運命』を出版し、魂が完全なものへと進歩する過程で、天体がその住居としての役をはたすことを証明するのに専心した。[★5]

多世界論的天文学と輪廻転生説とを融合するフラマリオンに最初に熱中した人々の中に、一九世紀フランス文学の第一人者ヴィクトール・ユゴー(1802-85)がいた。彼は、フラマリオンの『複数性』の読後、フラマリオン宛てに書簡を書いて次のように述べている。「あなたが扱っている事柄は、私を永遠の虜にしてしまいました。そして、海と空という二つの無限の間に身を置く流浪生活は私の中のこの瞑想を増大させただけでした……。あなたの研究は私の研究です」[★6]。ユゴーの天文学に対する生涯を通じた関心は、エドマン・グレゴワールの一九三三年の著作の中に記されている。グレゴワールは、ユゴーの多世界論的信念を彼の詩の一節から説明している。その一つは、次のようなものである。

星の周りを回るあらゆる天体は、
人間にとって近くて遠い家である。(「神」I・i)

宇宙空間を通り過ぎていく天体には、
われわれのような種族があらゆる場所に存在する。[★7] (「最後の束」三)

フラマリオンは、自己の天文学説を主張する上で、繰り返しユゴーを引用しているが[★8]、グレゴワールによれば、ユゴーの天文学に対する関心の源は、なによりもシャトブリアンであった。若きユゴーはシャトブリアンの著作を絶賛して

いる。[★9] さらに、心霊主義に対するユゴーの関与は、一八五〇年代にまでは遡ることができる。[★10]

ペザーニの本よりも広範に読まれ、研究方法においてはるかに天文学的であったのは、一八七一年にルイ・フィギエ(1819-94)によって出版された『死の翌日、あるいは科学に従った未来の生』(以下『死の翌日』)であった。彼は、フランスの多産な科学作家の一人であり、物理学と医学の博士号を持つ元教授であった。幼い息子の死が原因となって、フィギエは一八七〇年頃「精密科学は、死後のわれわれに開かれているに違いない新たな生活……について、どれだけ明確な根拠を与えることができるであろうか」と問う。[★11] 彼の思索の結果は『死の翌日』において提示されている。この本は、科学的であることを主張しているが、本来心霊主義、あるいは著者によれば「科学によって証明された心霊主義」の作品である。フラマリオンと同様「パリに火をつけるのは油ではない。それは唯物論である」という当時の唯物論哲学に悩まされながら、フィギエは救済策として、多世界論的天文学と輪廻転生的宗教の融合を推奨するのである。彼はこの著作を、輪廻転生に関する短い説明から始め、次に太陽系へと進み、すべての惑星に居住者がいることを発見する。フィギエによれば、死後惑星の居住者たちは、もしその惑星上での新たな輪廻に耐える必要がない程に十分に完成しているならば、惑星を取りまくエーテルへと昇華し、超人間的属性をそなえた新しい身体を獲得する。食べ物の必要性や疲労もなく、家族と一体になっている彼らは、さらなる変身のときまで、そこに留まる。終《つい》の栖《すみか》となる太陽に移ると、物質的身体から解放され、惑星系の至る所に生命を広める、太陽輻射の源役を果たす。これらすべては、科学的説明――もちろん危うい結び付きだが――によって粉飾されている。動物は魂を持っているが、その魂は、宇宙における永遠の進化の法則に従って、人間の魂になると彼は主張する。人間が持っている異なる素質を説明するために、歌手の魂はかつてはナイチンゲールに、建築家の魂はビーバーにあったという。輪廻転生説を支持するために、レノーやペザーニなど既存の議論を多く引用している。フィギエは自分の体系が「フォントネルの『世界の複数性についての対話』から借用されたものである」という主張を含むさまざまな批判に対しては、多世界論の歴史を辿り、太陽の超人類に関する体系はすべての先行する著述家たちを凌駕していると主張することで答えている。そして、倫理的主張と恒星に関する一節で、この著書は終了する。

科学に基づく体系であるとの主張にもかかわらず、フィギエは自らの思弁的性格を認めざるを得なかったに違いない。そして、少なくとも一度は、自分の著作の中で「形而上学的道徳的」思想がその根底に存在していることを認めている。カトリックの教義に対する批判と非正統的教説のために、フィギエの本は禁書目録に登録された。それでもこの著書は少なくとも一一刷のフランス語版を重ね、一八七二年には英語版、一八九〇年にはその再版が刊行された。フィギエが死ぬまでその説を保持し続けたことは、次の事実によって示される。すなわち、人生の最期の年にフィギエは、ある訪問者に次のような理論を明らかにしているのである。

……ある彗星、特にわれわれの太陽系に帰ってくる彗星は、超人間的存在の凝集体であり、それは宇宙の深淵への旅をちょうど今終わり、太陽へと帰ることによって、その旅を終わるのである……。この仮説に従えば、これらの彗星は、エーテル空間の居住者たちから構成された遊覧電車である。★12

ペザーニとフィギエが提出した立場は、ヴィクトール・ジラールに支持され、拡大されていく。彼は、一八七六年に『居住世界の複数性および魂の存在に関する新たな試論』(パリ)を出版している。ジラールは、天文学をフラマリオンの著作から得たが、「天文学に関する心霊主義的哲学によって鼓舞された刺激的思想を、より十全に語る以外の目的」は持っていなかった、とフラマリオンに正しく指摘されている。★13 一二年後ジラールは、『魂の輪廻転生と、宇宙の内懐に抱かれた生命の無限の進化』(パリ)を出版する。この表題からわかるように、それは前者と同じ伝統の中にある。レノー、フラマリオン、ペザーニ、フィギエ、ジラールらに対して、多世界論に賛同する多くの正統なキリスト教徒は、多世界論と輪廻転生説の連関を断ち切ろうとした。続いて、これらの試みや多世界論に対するフランスのカトリック教徒の反応という、より大きな問題へと向かおう。

フラマリオンが『居住世界の複数性』を出版してからちょうど一年後の一八六三年に非常に劇的な瞬間が訪れた。パリの卓越した神父ジョゼフ・フェリクス(1810-91)がノートルダム大聖堂の何千というカトリック信者の前に登場し、「[多世界論を]キリスト教に反対する強固な根拠としているすべての科学者たち」に向かって、次のように宣言したのである。

あなたたちは、……月の居住者を発見することを望んでいる。すなわち、あなたたちは、星や太陽に知性と自由においてわれわれの仲間であるものを発見しようと望んでいる。そして、全世界を直観的に見ると主張する人たちが言うように、あなたたちは空間を超えて天文学的な社会と文明に出会うことを望んでいる。そうならそうでよい。もしあなたたちが、私たちと手を切る他のいかなる根拠も持ち合わせていなければ、私たちの手をあなたたちへ差し伸べることを妨げるものは何もないであろう……。あなたたちが想像したいだけの物質的かつ精神的な度合いのもとに、あなたたちが望むだけ多くの居住者を星の世界においてみなさい。ここでは、カトリックの教義は寛容を持ち合わせ、あなたたちを驚かせるとともに、あなたたちを満足させるであろう……。★14

フラマリオンはこの声明に歓喜した。しかし、ジョゼフ・エミール・フィラシュ神父(1812-90?)は、ひどく不安に陥ったに違いない。なぜならば、二年前に出版した『世界の複数性について』(パリ)の中で、次のように主張していたからである。

星にわれわれ人間と同じ種の人間や被造物を想定することは、全く否定される。その理由は、ただ単に絶えず明確な証拠を欠いていて、ただ一般的なものの可能性を考えて、ということだけではなく、形而上学、美学、そして物理学において最も合理的と認められるすべてのものと矛盾する結論を必然的に伴うからである。

多世界論はまたキリスト教とも矛盾する、とフィラシュは主張する。それに関して彼は、次の三つの論点を展開する。すなわち、「［聖書の中で］想定された地球上における人間の役割の重要性、キリスト教会の神聖な創設者に与えられた崇高な権威、そして最後に教会それ自身に帰せられる威厳」である。フェリクスとフィラシュの著しく対照的な立場は、一九世紀後半のフランスにおける多世界論論争の特徴である。フラマリオンはその論争の中心から離れた所にいたのでは決してなかった。あるカトリック教徒は彼の多世界論を酷評し、また他のものは彼を洗礼しようと試みた。

後者の戦略は、モンティニェ大司教が一八六五年から六年にかけて『世界の複数性に関するキリスト教理論』と題して出版した九つの論文の中で採用したものであった。[★15] フィラシュの著作よりも長く、より学問的な一連の論文でモンティニェは、フラマリオンの『複数性』の第四版に関して、まず「人間の興味をかき立て続けてきた最も興味深い問題の一つを、優れた専門性と非常に壮大なスタイルで論じている」と言う。フラマリオンをしばしば引用し、「励起した心霊に満ち、敬虔な道徳心とキリスト教信者の心を持った人……」と讃える一方で、非難もしている。フラマリオンは新たな宗教を創設しようと試みたのであり、彼の輪廻転生に関する考えは、「科学の目においても、あるいは理性の法廷においても、何等の見込みもないであろう」。総じてモンティニェが展開した立場は次のようなものである。多世界論は、キリスト教との緊張関係にあるというより、むしろその支持者である。われわれの地球はとるにたらない大きさであり、宇宙において「多分最も不名誉な」被造物を含んでいるからこそ、受肉である「神性の消滅」のために理想的な場所として役立つのである。[★16] キリストは、生誕地として「ベツレヘム……ユダヤの中で最も小さい町」を選んだように、教会の創設と救済活動のために地球を選んだのである。[★17] 要するに「地球の相対的小ささは、ただ救済の神秘に対するわれわれの信念を強めるためにのみ機能する……。地球が利用価値のないものであればあるほど、人間が発育不良で、弱く、哀れで、不名誉なものであればあるほど、彼の選択は正当となる」のである。

第三論文の中でモンティニェは、フラマリオンの輪廻転生説に反論した後、次のように述べている。人類は、フラマリオンが述べた「天界の市民」としてよりも、むしろ神聖な兄弟愛で結ばれた宇宙家族の一員と見なされるべきであろう。モンティニェは、地球外生命の存在を確信していたために、「世界の複数性を認めなければ、預言者の各章及び詩篇のあらゆる詩文は、曖昧さと神秘に満ちた謎となってしまうであろう……」と主張するのである。主に新約聖書の章句を参考にしながら、第四論文において、キリストはただ地球に到来しただけであるが、キリストは宇宙の主であり、さらに「ゴルゴタの丘に流された血は、遍在する創造物の上に流れだし、……われわれの世界のみならず、宇宙を巡るすべての世界を洗礼したのである……」との説を展開した。キリストの受肉と救済活動は、もともと地球のものたちを原罪から解放するためばかりか、宇宙的な目的のためにも企画されたのである。たとえ、地球外生命自身の罪にせよ彼らに関わりのないアダムの罪にせよ、そうした罪からの救済が目的ではなかったとしてもである。別の世界の存在者が試練を受けても、人間のようには挫折しないであろうという彼の主張は、「少数の選民」の問題を解決するために使用される。この問題は、「もし人類が、宇宙的数の知的被造物の中で、……単に最小で無限に小さな断片と考えられるならば」消滅するものである。

九つの論文の最後の五つの論文においてモンティニェは、聖書はただ多世界論的観点から見た時のみ、意味が明らかになる多くの文脈がある、という本題に戻る。また、聖書解釈に用いる四つの原理を明確化し発展させる。第一の原理は、地球人と地球外生命との連帯あるいは団結である。第二の原理は、地球の選民が最終的に真の王位に到達するであろうこと。これを彼は、例えば詩篇八を引用することによって裏づける。それは次のように告げている。「神は人間をほとんど天使と同じものへと高め、人間を被造物の支配者にすえたのである。そして、神は、人間の足下にすべてのものを置いたのである」[＊詩篇8,6-7]。地球の選民によって支配されるべきものは他の惑星の居住者たちであり、この特権は、キリストが人間の肉体を引き受けたという特別な行為の結果として、人類に帰するのである。第七の論文が第三の原理に捧げられ、第三の原理は多くの聖書の章句が多世界論を支持するというものである。第四の原理は次のようなものである。「聖書は明確に、そして何度も繰り返して、永遠なる選民は、すべての国々のそして無数の人々を支配するであろうと述べている」。この観点から彼は詩篇二を次のように解釈する。

……天国に展開される諸活動のドラマほど、……完全でない地球での出来事……。天界の人々が天国で受ける難しい試練の存在が……ますます明らかになる。イエス・キリストの崇高性と神として扱われる人間の崇高性への心からの服従。最も小さい最後の被造物が、第一位へと上昇すること。大したことのない素性の支配者の王位の下へと、偉大でたくましいものが降下すること……。天界の国々は、身震いするであろうが、従うであろう。

また、最後の論文は次のような思索に集中している。主の特別な世話を必要とする多くの迷える羊の一四、すなわち人類は、結局は他の惑星の君主を提供するであろう。このような観点で、彼は詩篇五九と六〇を解釈する。

モンティニエの一連の論文は、ますます大衆的になったフラマリオンの教説をキリスト教の文脈の枠内で展開し練り直そうとする、大胆で魅力的な試みである。彼の企てを助けたものは、聖書の中の多くの曖昧さと、多世界論が持つ少なからざる柔軟性であった。彼の論文に対する反応は、それに注がれた努力と知識に比べて、不釣り合いな程に小さなものであったと思われる。この無視は、モンティニエが余り有名な著述家でなかったという事実に起因していたのかもしれない。彼は、フランス文化の中心から遠く離れた小さな町(ブザンソン)で出版されていた専門誌に、この非常に論争をよぶ立場を掲載したのである。

一八六〇年代および一八七〇年代に多世界論を支持した他のフランスの聖職者の中には、オーギュスト・グラトリ、ルイ・レスクール、フランスワ・モワニョ、ルジェ＝マリ・ピオジェがいた。グラトリ(1805-72)は、フランス・アカデミーに選出されたオラトリオ会の司祭であったが、その著『由来』の中で次のように述べている。

> ……もし[世界の複数性の思想が]あなたがたの天文学、詩、哲学、宗教、希望、そして永遠の生命に関する推測の中に入らないならば、……そして、もし神による目に見える仕事の偉大な特徴、そしてその基本的性質に直面して、あなたがたが知性の可能性を見ることも、理解することも、疑うこともしないで、ただ眺めるだけならば、その時、ああ、その時私はあなたがたを哀れむ！[★18]

レスクールも、同じくオラトリオ会の司祭であったが、その著『未来の生活』(1872)の中で、「フラマリオン氏とその天文学的神学」に関する章を設けたのみならず、多世界論のためにこの師から長い章句を引用してもいる。レスクールは次のように述べている。「世界の複数性という仮説を今日人々はキリスト教神学に反対するゆゆしい議論に曲解しようと努めているが、それはキリスト教神学によって非難されたことはない[★19]」。モワニョ神父(1804-84)は、多くの作品を生みだした科学作家であり、編集者、翻訳家でもあったが、彼は何巻にもなる『信仰の栄光』(1877-9)の中で、科学と宗教をめぐる深い関心を表明している。その第二巻の中でモワニョは、多世界論を支持するために、フェリクスとグラトリを引用している。そして、キリスト教に対するフラマリオンの多世界論的反論に関して、彼は「[フラマリオンに対して]創造と救済は決して別の世界や別の太陽、惑星等々の存在を妨げるものではないことを公式に宣言する」許可をローマ禁書委員会から得ていたという。[20] ピオジェ神父も多世界論を受け入れ、それとキリスト教との和解を主張した。『死後の生活、あるいはキリスト教に従った未来の生活』(1872)の中で、フィギエの輪廻転生説を攻撃しているが、『キリスト教の教えと居住世界の複数性』の中では、多世界論を推奨している。[21] さらに、五巻本の『天文学の栄光、あるいはわれわれの世界とは別の世界の存在』(1883-4)の中では、繰り返し多世界論的観点を主張している。例えば、第一巻『太陽』では、キリスト教が多世界論的立場を受け入れることを支持するために、フェリクス、ドニ・ド・フレシヌ司教、エミール・ブゴー神父(後に司教)、そしてジャック・モンサブレ神父からの引用によって、その長い序論を始めている。[22] ピオジェの多世界論に対する愛着の強さは、太陽と月の生命に関する彼の率直さからも、[23] そしてまた、世界の複数性という教義が「宇宙を変え、神の仕事の最も美しくかつ偉大な表現である」という彼の言明からも明らかである。[24]

錚々たるカトリックの聖職者たちが多世界論と手を結んだにもかかわらず、ジュール・ボワトゥは一八七六年『居住世界の複数性及びそれに関連した諸問題に関する唯物論者への書簡』と題した、フラマリオンの急進的多世界論を反駁する大著を出版した。ボワトゥは、フランス各地に存在する鋳造所の所長であったが、[25] この本を「正統なカトリックの精神で」書いたと述べている。[26] それは、「カミーユ」という名の唯物論者宛ての六二の書簡から成り立っている。しかし、たとえ当の天文学者の著作が元になっていようと、その「カミーユ」がカミーユ・フラマリオンだとは限らない、とボワトゥは注意している。ボワトゥは、他の惑星における知的生命の可能性が、余りに過大評価されたとの立場を展開するために、種々の議論を用いている。三部構成のこの本の第一部は、ほとんど天文学に関するものであり、太陽からの距離の違いによって惑星上の生命に対して引き起こされる温度の問題や、また多数の星の系が居住者のいる惑星をもつようなことはあり得ないという問題などを論ずる。第一部の堅固な議論は、第二部の生物学的、地質学的、そして気象学的考察のための準備である。第二部では、地球上の生命が弱いこと、そしてその結果、より悪い状況下の天体の知的生命は不可能なことが論じられる。唯物論的生物学、そして一部ダーウィン主義が批判されるが、ボワトゥは反動者としてよりも、教養の高い評論家として登場する。彼の最も力強い反多世界論的議論の幾つかが展開され、とりわけ感性豊かな生物学的考察が印象的である。

第三部は、特定の場合について、および他の領域、特に宗教に対してすでに提示された諸資料の関連について述べられている。ボワトゥの論の多くは詳細な分析に値するだろうが、「キリスト教の教えは、世界の複数性という思想と調和しないことはない」との副題を持った第五九番目の書簡は特に重要と思われる。彼はそれを次のような言明で始める。最初に植物が、そして動物が、そして最後に「人間の荘厳な出現」がわれわれの惑星において起こった。続いて、多世界論が、キリスト教に対して引き起こしたといわれる諸問題に話題を転じ、ボワトゥは、必ずしも他の惑星において最初の二つの段階——植物と動物——の後に知的生物の出現があるわけではないと力説する。確かに、以前の議論において彼は、「優秀なあるいは知的な生命は、ただ例外的場合においてのみ生じる……」と主張していたのである。しかし、彼が提案するように、限られた数の「星の人類」を想定してみよう。そうすれば、「彼らがその道徳性に関して相互に全く等しい、というようなことがあり得るであろうか」。神は多分、ほとんどの地球外生命をわれわれ人間よりもより良いものとして創造するであろう。それ故、繰り返し救済する必要性は減少するであろうと彼は言う。さらに、キリストの来臨は、「われわれに[キリストの]完璧な法則を教え、彼の贖罪によってわれわれを浄化すること」を目的としていると述べる。また、前者の目的は堕落していない地球外生命にとって唯一のふさわしい目的であるが、それは他所で天使たちによって完成されるであろう。キリストの地球上における救済活動は、地球を超えた救済力を持っているかもしれないという可能性に言及した後、ボワトゥは、もし権威者がそれを是認するならば、まさに多くの受肉を受け入れる覚悟があると表明する。この分析から彼は次のような結論を導く。「未知のものに満ちた、世界の複数性という教説は、キリスト教の教義に矛盾するような何等明確な議論をもたらすことはない」。

この本の終わりで、「キリスト教の信仰へ還帰し、無条件でそれに帰依する……」ように、というボワトゥのカミーユへの訴えは、確かに無視された。しかし、もしフラマリオンがこの本を読んでいたら、自分の急進的多世界論的立場に反対してなされた、力強くしかも多彩な科学的議論に強く印象づけられたことであろう。その他の優れた点として、特にその中庸的調子と守備範囲の広さは際だっている。しかし、どんなに優れた議論を含んでいようとも、ほとんどの反多世界論的著作と同じ運命が、ボワトゥの本を待ち受けていた。すなわち、フラマリオンの本が何十回も版を重ねていく一方で、ボワトゥはプリソン、ヒューエル、そしてフィラシュに続いて姿を消していくのである。この本の第二版が現れたのは一五年後であり、第三版は一八九八年であった。しかし、この学識ある技術者から以後多世界論論争について聞くことはなくなったのである。

ボワトゥと同じく、ジャン・ブドン神父も、フラマリオンや他の著述家たちの反宗教的著作と戦うのに熱心であった。一八七五年彼は『最初のアダム、王、そして惑星宇宙全体の唯一の仲介者。居住世界の複数性に関する困難な問題』という著作を発表した。ブドンの著書は、主として宗教的スタイルで書かれているが、以下のような主張を展開している。「最初の人間〔アダム〕の失敗は、全宇宙の運命を決定した」。そして、キリストの再臨後、「人間は、すべての可視的宇宙の唯一の王であり、仲介者として創造されたと考えられるであろう」。要するにブドンは、宇宙における人類の卓越性を一心に主張しようとしたのである。彼の著書は三版を数え、後の二版は第一版の二倍以上の分量になったが、後代のフランスにおける多世界論論争への貢献者たちからは多少注目されたとしても、当時はほとんど注目されなかった。

一八九四年ピエール・クルベが『コスモス』誌に一つの論文を掲載した。それは、意図においてボワトゥの第五九書簡に匹敵するものであった。[★27] 科学も聖書も、地球外生命の明確な証拠を用意できないことを認めた後に、それらの存在は少なくとも「キリスト教の公式の考え……と矛盾」しないことを示そうとしているのである。罪のない地球外生命は救世主を必要としないであろうし、また救い難いほど罪深い訳でもないであろう。さらに、アダムの罪を受け継ぐ地球上の子孫全体に対して行われた試練とは違い、地球外生命に対する試練は、天使の場合と同じく、個別に実施されたかもしれない。なぜキリストが地球に現れたかという問題は、なぜキリストの誕生の地にベツレヘムが選ばれたのかという伝統的なジレンマと似ていると述べ、「人類が多分……すべての中で一番罪深いのであり、救済から直接最大の利益を受ける必要があった」からであると言う。複数の受肉という思想が、受け入れ難いことを確信してクルベは、キリストの地球上での贖罪は、他の所でも有効であろうという考えを提案する。子供たちが洗礼の意味を理解する必要がないのと同じように、地球外生命は自身の利益を引き出すために、これらの有効性について知る必要はないであろう。もし、物理的連結が必要ならば、エーテルを通して交信できるであろう。多分、弁神論として書かれたクルベの論文は、キリスト教に反対する多世界論的教説と戦うという、カトリック教徒の間の絶えることのない関心を示していると思われる。

同じ弁神論的意図は、同じ年に神父で神学者であったテオフィル・オルトラン(1861生まれ)によって出版された大著にも明らかである。彼の著『天文学と神学』は、パリのカトリック協会が弁神論的著作に授与するユグ賞を受賞している。[★28]この本の冒頭でオルトランは、キリスト教神学はほとんど天文学が研究されていない時代の教会の神父たちによって定式化されたものであると言う。それ故に、その基本的教義が意味ありげに天文学と結び付けられることはなかったし、中世の一流の神学者たちの著作においてもそうであった。この点に関する自制は、ガリレオ事件を引き起こした二流の神学者たちにおいては遵守されなかった。天文学と宗教の関係はまた、ダンテ、ミルトン、クロプシュトック、そしてシャトブリアンという文学者たちによって用いられた天文学的主題においても明らかにされる。続いて、オルトランは、多世界論の問題に話題を転じ、「天文学の空想家たち」は広範な地球外生命の可能性を真剣に誇張しすぎたと主張する。例えば、二重星と変光星はほとんど居住可能な惑星を持っていないであろう。オルトランは、われわれの太陽系においては、火星に関してのみ居住可能性の希望を抱いていた。宗教的というより科学的理由から、彼が極端な多世界論的立場に反対したということは、もし多世界論的立場が証明されるならば、それは容易にキリスト教と和解できるであろうという主張から明らかである。彼が述べているように、「われわれの荘厳な教義は、星の居住に関する現代科学の教えに非常によく順応する。なぜならば、その教義はこの問題に関して何も教えることがないからである……」。このような立場からオルトランは、多世界論的解釈が可能であることを示すために、迷える一匹の羊や多くの住居に関する聖書の章句を分析する。また彼は次のように主張する。オリゲネスや聖バシリウスのような教父の著作の中には、多世界論の「予感」が含まれているかもしれない。さらに、「今日の神学者たちと同じく、［教父たちも］多世界論とわれわれの信仰との間に何等の対立も見いだすことはないであろう。禁書目録会議は、この点について協議し、公式に存在しないと答えたのである」。

なぜキリストがわれわれの惑星のみに来臨したかという問題に関してオルトランは、他の惑星の居住者もこの行為から利益を得るかもしれないとか、救済を必要としないのかもしれないなど、多くの答えを提供する。彼は、「未来の生活に関する詩的ユートピア」を創造したレノー、フィギエ、そしてフラマリオンの終末論的かつ多世界論的思想を延々と批判する。レノーの『地球と宇宙』は一八六五年一二月一九日に、またフィギエの『死の翌日』は一八七三年三月一日に、禁書目録に記載されたが、オルトランは二人とも「東洋の誤った神秘」を何世紀も後に蒸し返したにすぎないと述べている。フラマリオンについては、「教会に対する最も暴力的で最も不正な告発をその著作の中に混入させることなくしては、その膨大な作品の中の、ほとんど一章も書くことができず……」、「単に、新たな宗教を始め、神聖な自然を崇拝する信仰を創設するために、天文学の事実に頼っただけである。なぜならば、［彼にとって］自然が神だから……」と紹介されている。最後の節でオルトランは、彼自身の意見と結論を明らかにする。地球の終わりは多分宇宙全体の破壊を伴わないであろう、そしてほとんどの惑星に知的生命がいないとしても、それぞれが独特の完全性を所有することによって、神の偉大さを明らかにするであろう。この点に関して彼は問う、「ある星が、宇宙において、ある場合には多少とも壮大な完全性において鉱物的世界を代表し、他の場合には植物的世界を、さらには、動物的生命を、そして最後には知的生命を代表すると、……仮定することは不合理であろうか」。オルトランがこの文脈で提示した「黄金またはダイヤモンドの天体」という言葉は、天文学的思弁の魅惑がこの「天文学の空想家たち」の反対者にも及んでいることを示している。信仰に敵対する者たちを攻撃してきたが、彼らを個人としては尊敬しているという言葉で、オルトランはこの印象薄からざる著作を終わる。それはすぐにドイツ語に翻訳された。オルトランは、一八九七年『居住世界の複数性と受肉の教義の研究』(パリ)(以下『受肉の教義』)とともに、多世界論論争に復帰する。この著作は三つの小さな巻から成り、九版を数えた。一八九八年、多分一九世紀末の心霊主義に対する大きな関心に動機づけられてであろうが、オルトランは『現代の擬似科学と死後の神秘』(パリ)を出版した。この本は、主にフィギエを意識したものだが、レノーとフラマリオンをも意識して書かれたものであった。

オルトランの一八九七年の著作に関するある論評は、次のような声明で始まる。

二〇年あるいは三〇年の間に、ある邪悪な人々が勢力を結集した。彼らは、天体の居住に関する優雅で、詩的で、完全に無害な仮説を、心霊主義的、キリスト教的教説に反対する戦いの道具に変え、そして限りない進化論に基づいたある種の汎神論的唯物論的体系に変換する方法を発見したのである。[★29]

この論評家は、シャルル・ド・キルワン(1829-1917)である。彼はカトリックのフランス人科学者であり、ジャン・デスティエンヌというペンネームを使用し、しばしば多世界論者たちの「兵器」を略奪した。例えば、一八九一年ポツダムの天文学者J・シャイナーの多世界論の結論は度を越していると断じた論文を出版した。[★30] 同時期に彼はオルトランの『天文学と神学』と『受肉の教義』、そして同じくボワトゥの第三版に関して、好意的な評論を発表した。[★31] ド・キルワンは、通常は神学的文脈で書いていたが、議論の多くを科学的用語で組み立て、一般にオルトランの立場よりも強い反多世界論的立場を採用した。彼は二〇世紀初頭の論争にも貢献し続けた。例えば、一九〇二年に小さな本を出版している。その中で彼は、疑いもなく、初期の定期的出版物の中で着手した反多世界論的議論を発展させている。[★32]

一八九二年から一九〇〇年の時期にフランスで出版された三冊の本は、多世界論論争の注目すべき特徴を説明してくれる。すなわち、いつもは文化の中心から遠く離れているほとんど無名の者たちが、頻繁に、試論や控えめな覚書きどころか膨大な大著を発表しなければならないという強迫にかられたということである。しかもそれらは、彼らの目からみて、最終的に地球外生命論争に解決をもたらすものでなければならなかった。つねに限りないエネルギーと情熱をもって書かれたものの、おおむね洞察力と洗練に欠けた大著は、ほとんど一般大衆の注意を集めなかった。多世界論の側にも反多世界論の側にも現れたこのような熱狂は、同時代にとってはほとんど価値のない奇妙な著作を生み出したが、多世界論論争の周縁に関心がある歴史家にとっては興味深いものである。これらの徴候は、ネアズ、マクスウェル、ナイト、サイモン、ヘクェムバーグ、ウィリアムズ、ジラール、そして多分ボワトゥなどにも認められはしたが、その顕著さにおいては、G・プリジャン、R・M・ジュアン、そしてF・X・ビュルクの著作に及ぶものはない。

遠くフランスの北西端(フィニステルのケルルアン)からガブリエル・プリジャンは、宇宙を概観し、四五六頁からなる『星の居住可能性について』(1892)の中で、宇宙は多世界論的であると宣言する。自ら「無名の著述家で、しかも科学あるいは文学において業績のない」[★33]ことを正直に認め、その限界を十分に弁解しつつ、プリジャンは数多くの余談や、しばしば何十年も時代遅れの長い引用の中で、次のように主張する。この本でなされた惑星に関する考察によって、「人間の理性は、これらの遠い天体の表面における人間的被造物の存在を認めざるをえない……」。火星の運河一つすら、多世界論の理由とされはしない。なぜならば、プリジャンは、一八七七年のスキアパレッリの「観測」や同年のホールによる火星の月の発見をも知ることがなかったからである。彼は、最も信頼する権威にして「最後で最高の証人」として、「卓越した天文学者」であるカミーユ・フラマリオンを引用する。ほとんどの思索家がこの主題を研究しなかったと嘆きつつ、唯一何十年も時代遅れのフラマリオンの『天界の驚異』に依拠するのである。科学的言葉によって飾られているが、プリジャンの多世界論に対する確信と情熱の根底には、宗教的なものがあったと思われる。確かに、科学的に洗練された読者にとっては、彼の著書はほとんど価値のないものであった。

プリジャンの冗長な著作の八年後に、さらに大部の本(四七八頁)がR・M・ジュアンのペンから生み出された。『歴史、科学、理性、そして信仰の観点から研究された世界の居住可能性に関する問題』と題されたこの本は、プリジャンのケルルアンよりも五〇マイルほどパリに近いサン・ティラン村(コート・デュ・ノール)出身の「著述家」によって出版された。多くの結論が不可解なものであったとしても、晩年のブルターニュ人の努力ははるかに大きなものであり、資料も最新のものであった。その著作の扉に従うならば、元教授のジュアンは、書名どおりに、四部に分けて議論を展開している。歴史の部の目的は、「世界の複数性という仮説は、……あらゆる時代、あらゆる場所を通じて、人類のエリートたちに普遍的に受け入れられてきた。従って、すべての人々の一致した見解に与えられるすべての特権を享受すべきである」と示すことである。★34「パリのすべての図書館」でのおびただしい人目にふれなかった資料の調査にもかかわらず、ジュアンの判断は、聖アウグスティヌスのみならずアダムやノアの洪水以前の人々を多世界論陣営のために引き合いに出そうとするなど、しばしば突飛である。科学の部もまた、同じ傾向を示している。当時の天文学文献を究明した彼の貢献は賞賛に値するが、太陽における生命の可能性に関する長い議論が、一九〇〇年には真面目な科学とは見なされないことに気付かぬ彼には、当惑するばかりである。「理性の観点から」書かれた第三部は、主として彼の極端な多世界論的立場を擁護するための形而上学的、神学的議論から成り立っている。第四部でジュアンは、二つの主要な点を強調する。第一に、多世界論がカトリックの教義と和解できることを示そうと、フランスのすでに述べられた多くの神父たちを引用する。第二に、キリストが数多くの惑星で受肉したという物議をかもす仮説を展開する。疑いなく、多くの読者はド・キルワンの次のような判断に同意した。ジュアンの著作に関するド・キルワンの論評によれば、ジュアンの第一の主題は推奨できるが、第二の主題は「妥当でなく」、「危険で」、かつ「容認できない」ものであった。[★35]

第三のフランス語の著作『否定的観点から考察された世界の複数性』(モントリオール)は、メイン州フォート・ケントの主任司祭であったカナダ人フランソワ・グザヴィエ・ビュルク(1851-1923)によって一八九八年に出版された。教区民の絶えざる妨害にもかかわらず、彼の努力は四〇七頁の論考となって結実した。つとに一八七〇年代から、ビュルクはカナダの神学校の教師たちによる多世界論の受容に悩まされていたが、最終的にペンを執ったのは、オルトランの『天文学と神学』に失望したからであった。天文学的観点から問題を論じたビュルクの著書の前半部分は、非体系的ながらも彼が幅広い著述家であり、「唯物論の現代の偉大な指導者カミーユ・フラマリオン氏」のみならず、多世界論論争における「唯物論的」立場とみなされるものなどに打ち勝とうと努めていたことを明らかに示している。最初に、われわれの太陽系における諸天体を論じ、知的生命にとって必須の七つの条件が、いかなる場合も同時には存在しないと主張する。火星に関する議論は最も浩瀚なものであるが、火星に居住者がいたとか居住可能であるという議論を最初に攻撃する。フラマリオンの極端な主張をたびたび攻撃するビュルクが、同様の極論に陥る場合も少なからずある。例えば、「人間の形態は、知的存在に十分に仕えることができる唯一のものである」などと言う。ビュルクは他の太陽を公転する惑星の居住可能性を認める主張を攻撃し、自然発生説、特に適当な形で物質が存在するところには必ず生命が発生しなければならない、とする唯物論的観点に反対する。スキアパレッリに対してはその表現を槍玉にあげ、第一に彼が見た線を「水路、真の運河」と記述した点で、第二に火星の丘を詩的に「ユヴェントゥトゥスの泉」と名付けた点で非難する。

神学に関する後半部分でビュルクは、神は宇宙の他の場所にも知的存在を配置することができたであろうが、適切な居住環境がなく、ほとんどありえないことを認める。聖書に基づく著述家たちも、教会の教父たちも、多世界論的立場を認めないどころか論ずることもなく、例えば、オリゲネスもただ地球における連続的な「世界」という問題を論じただけであるという。多世界論者たちの目的論的議論に対してビュルクは、天体は、特に神の栄光に関して、われわれを喜ばせ導くだけではなく、熱や光を供給し、そして距離や時間を計算する方法をもわれわれに与える、と答える。ビュルクやキリスト教信者にとって多世界論の根本的な難点は、キリストの受肉と救済に関する信仰と極めて和解「しがたい」ということである。もし、地球外生命が存在するならば、それらはほぼ確実に罪を持っているに違いなく、キリストを幾度も十字架にかけざるをえなくなる。しかし、これはヘブル書第九章第二六節に矛盾している。さもなければ、地球上でのキリストの贖罪が、いかにして別の世界にも救済をもたらしうるかを説明することが必要である。ビュルクは、次のように結論づける。「この救済の利益を恒星界の人々にまで拡大することは絶対に不可能なように思われる。また、ゴルゴタの丘に流された聖なる血が、……彼らの義認のためにいかなる利益や有効性を持つかを推察することも不可能である」。これに関連してビュルクは、贖罪の第一目的は、堕落した天使たちの罪を償うことであり、そのためには神は天使のような単一の本性よりも、むしろ人間の本性と同じ物質的=霊的本性をもつ必要があるように思われる、と考える。なぜならば、こう考えてのみ、キリストは無に帰することなく死を経験できるからである。ビュルクによれば、たとえ多世界論が証明されたとしても、カトリックの教義が影響を受けることはない。多世界論は核心的な事ではないし、教会が権威づけしたことでもないからである。そのような発見が新たな神秘をもたらそうとも、キリスト教信者なら神の道はそのような道ではないことをすでに知っているのである。この本の後の方でビュルクは、進化論の支持者たちが「世界の複数性という怪しい教説を、異常な情熱を持って伝道する人々とまさに同じ人間である」という「事実」に言及している。しかし、これは事実ではない。例えば、一八九〇年代において、ボワトゥやド・キルワンはダーウィンの説を支持したが、多世界論には反対したからである。[★36]

プリジャン、ジュアン、そしてビュルクは、彼らの浩瀚な著作に対する一般大衆の反応にいたく失望したに違いない。これらの著作は、ほとんど出版と同時に突然姿を消し、いずれも版を重ねることがなかった。極端な主張によって損なわれているが、ジュアンとビュルクはもっとよい運命であってもおかしくない。ビュルクの著書に対する後世の数少ない言及が、多世界論論争に関する一九三二年の研究の中にひとつある。「[ビュルクの]信条について書いたほとんどの著述家たちは、現在に至るまで、別の居住世界という教説に断固として反対してきた」[★37]。おそらくこの主張が誤りであることは、この節で論じた一五人のカトリックの著述家のうち、多世界論の立場に反対したのはフィラシュ、ボワトゥ、オルトラン、ド・キルワン、そしてビュルクのみであったという事実から明らかである。

スペインでの状況が、フランスの状況と著しく異なっていた訳ではないことは、スペインの卓越した神父ニセト・アロンソ・ペルーホ(1841-90)が一八七七年に多世界論論争のために捧げた長大な著作を熟読すれば明らかである。[★38]フランスにおける多くのカトリックの著述家たちと同じく、彼の主な関心は、フラマリオンの多くの非宗教的な主張に反論することであり、また多世界論が宗教に反しているものではないとカトリック信者に保証することであった。

一八六〇年から一九〇〇年にかけての、フランスおよびその他の国における多世界論に対するカトリックの寛大さは、少なくともある意味では驚くべきことである。確かに定説では当時、ローマ教会は、知的事柄に関して徐々に保守的になりつつあった。この傾向は、一八六四年の「誤謬要覧」、一八七〇年のローマ法王の無謬性、一八七九年のトマス哲学に関する回勅、そして一八九三年の聖書の無謬性に関する回勅等々に見られる。ローマ・カレッジの天文台長であり、一八八一年以前の最も多産な天文学者アンジェロ・セッキ師(1818-78)[★39]が多世界論を二〇年以上にわたって擁護してきたということは、カトリック教会が多世界論に対して自制していたからであるとも言える。早くも一八五六年にセッキは「無数の世界が存在し、そこでは各々の星が太陽であり、神の恵みの代理人として、全能者によって祝福された他の無数の存在に生命と善性を付与すると考えることには、甘い感傷が伴う」[40]との多世界論的信念を表明している。一八七〇年代にセッキは、彼の重要な分光学的研究を述べた二冊の著書、『星々』と『太陽』の中で、多世界論を展開する。これらは多くの国のカトリックの多世界論者たちによって繰り返し引用された。例えば、『星々』では次のように述べられている。

……天文学者たちが考えているように、被造物は、白熱する物質の単なる塊ではない。それは、驚くべき有機体であり、白熱が終了するとともに生命が登場してくる。たとえ、それがわれわれの望遠鏡には捉えられなくとも、われわれの天体との類比から、他の天体にも生命が存在すると結論づけることができる。恒星の大気組成が太陽のそれに似ているように、ある点で地球のそれに似ているということから、これらの天体が太陽系の天体と似た状態にあるか、それとも地球がすでに経過したか、これから経過するある時期を経過しつつあるということが納得できる。[41]

これらを初めとする文章は、多世界論を確信していたセッキが、星々のスペクトル型の著しい違いをおそらく同時代の誰よりも知悉していたはずなのに皮肉にもそれを見逃しがちであったことがわかる。さらに、多少知られている事実であるが、一八五九年セッキは、火星に見つけた明瞭な二つの線を、「運河」と表現して、火星に関する文献に決定的な用語を導入したのである。[42] セッキの卓越性、雄弁、そしてローマ教皇ピウス九世がパトロンであり友人でもあったことが、ローマの多世界論に対する批判を封じたのかもしれない。

2 ドイツにおける宗教的著作――多世界論のために「異教徒、キリスト教徒、無神論者たちが……手に手を取り合って」

一九世紀後半のドイツにおける多世界論論争の中で宗教的出版物は、主に唯物論者やキリスト教徒から現れてきた。世紀も押し詰まった頃、一人の論者が、多世界論に関して一致が見られたと主張した。「プロクターやセッキが、ピュタゴラスやエピクロスのような人物と違った判断を下したのではない……。異教徒もキリスト教徒も、そしてすべての種類の無神論者たちが、冷静に、手に手を取り合って進むのである。たとえ、各々は〔多世界論を〕自身なりの意味で利用し、自分自身の世界観と調和させるとしても[★43]」。このような説明は正しいであろうか。まず唯物論的著述家たちに関して、そして次にキリスト教作家たちに関して行う以下の論議の中で明らかになる答えは、否である。事実、論議の対象とされた出版物は、各々の陣営(唯物論とキリスト教)においてすら、大きな不一致が存在していたことを示している。

『唯物論の歴史』の中でF・A・ランゲは、一八五五年にルートヴィヒ・ビュヒナー(1824-99)によって出版された唯物論に関する有名な発表『力と物質』に関して次のように述べている。それは「おそらくその種のいかなる著作よりも大きな反響を巻き起こし、とにかく手ひどく非難された[★44]」。ビュヒナーの著書は論議も呼んだが、人気も得た。そのために彼はチュービンゲン大学医学部の職を犠牲にしたが、その著書は数多くの版を重ねた上に一七の言語に翻訳され、彼の名声は確立された。フォイエルバッハ、モレスコット、フォークトという初期の唯物論者に影響されながら、ビュヒナーは次のような言葉で、唯物論的計画を語り始める。

経験哲学に基づく自然観は、力と物質の不可分の関係を不変の原理として認識することから出発し、あらゆる超自然主義や観念論を、いわゆる自然的事実の解釈学から明確に追放し、これらの事実は物質と分離したような外力の影響は全く受けないと見なさなければならない。★45

経験主義的方法論を繰り返し擁護しながらも、ビュヒナーは地球外生命の問題を論じ、彼の立場から躊躇なく遠大な結論を引き出す。彼の結論は、もちろん唯物論の(あるいは彼の言い方では一元論の)体系に結び付いているが、その方法は多くの唯物論者たちとは非常に違っていた。

「天国」に関する章でビュヒナーは次のように主張する。現代天文学の宇宙観では、われわれが「天国に行く」運命にあるという古い概念は、「夢に見、そして無数の世界に取り囲まれた……この天国にわれわれがすでにいる」という認識によって置き換えられる。これに関連して彼は、居住者のいる惑星が多数ではなく、少数であると信じて、伝統的目的論を攻撃する。彼によれば、

目的論的世界観では、一定の目的に導かれた人格的創造力が、自らの全能を崇拝する知的に思考する存在者のための居住場所として世界を創造しようとしたと考えられるが、それならば、なぜこのような巨大で、空虚で、利用価値のない広大な空間が存在し、あちらこちらに孤立した太陽と地球が、ほとんど知覚できないほどの点として浮遊しているのか。さらに、なぜわれわれの太陽系の他の惑星は、(多分唯一火星を除いて)人間や人間に似た存在者が同様に居住するのに適していないのか。

彼の目的論批判は続く。太陽は、「無益にも、冷たい空間領域で巨大な光と熱を絶えず浪費し続けている。[なぜならば]

すべての惑星は、……この力の膨大な浪費のたった二億三〇〇〇万分の一しか享受していないからである」。神聖な宇宙の設計者に賛成する人々も攻撃された。この著書が書かれた時期は、ヒューエルが「地球上にこれらの輝かしい配列を生かすだけの、いかなる被造物も存在しなかった……あの語ることのできないほどの昔に」、なぜ太陽や星が地球に光を降り注いだのかを説明するために、多世界論に反対して地質学的議論を発表した二年後であった。最後に、この悲観主義的な哲学者は、次のように嘆く。太陽系は「いずれ必ず消滅する。それとともに偉大なすべてのもの、そして人間がかつて地球上で成就したすべてのものは、再び永遠の忘却の混沌の中へ沈んで行くに違いない」。

ダーヴィト・フリードリヒ・シュトラウス(1808-74)は、『イエスの生涯』のせいで一八三五年以来悪評が高かったが、一八七二年『古い信仰と新しい信仰』の中で主張した極端な唯物論によって新たな反響を生みだした。この著作は、グラッドストーンからニーチェまで、さまざまに異なった人物から公然と非難されたが、六か月の間に六版を数えた。この本は、四つの問題をめぐって構成されている。

❶われわれは依然キリスト教徒であるか。
❷われわれは依然宗教を持っているのか。
❸われわれの宇宙の概念とは、どのようなものか。
❹われわれの人生の決まりとは、どのようなものか。★46

この最初の部分で、「もしわれわれが正直に、誠実に語るならば、われわれはもはやキリスト教徒ではないことを認めざるを得ない」と主張する。科学的思考がこのことに対する主な理由であるとシュトラウスは言う。そして、多世界論を人格神の思想に対立するものとして引用し、星が居住者のいる惑星に取り囲まれていることが信じられるようになった時、「古代の人格神はいわばその居住地を剥奪された」。また多世界論では、すでに居住者のいる惑星が救済されたものの居住地にはなり得ないがゆえに、普遍的復活の信仰に対して、問題が生じる。「われわれの宇宙の概念とは、どのようなものか」という問いに対し、権威者としてダーウィンとカントを引用しながら、シュトラウスは多世界論的な進化する宇宙観を支持し、星雲と島宇宙が同一であることを証明したカントを賞賛する。幾つかの星雲がガス状であるという分光学的観測結果には、何等の難点も見いださなかった。それは「空間がただ単に完成された世界のみでなく、まだ形成の過程にあるような世界をも含んでいる……」ことを証明しているのだという。われわれの太陽系の遠い惑星の居住者ほど進歩しているというカントの思弁を詳述した後、「『純粋理性批判』を書くよう運命づけられたカントによって途方もない空想に導かれないよう用心しなければならないというのは、面白くないだろうか」とコメントしている。この部分の終わりのほうでダーウィンの進化論を支持しながら、シュトラウスは唯物論への道を開くために、古い信仰を破壊しようと努める。彼の友人にすら悪評だった『古い信仰と新しい信仰』は、それにもかかわらず広範な読者を獲得し、ビュヒナーの本よりも多世界論に関する唯物論的論考の定番となったのである。

フリードリヒ・エンゲルスの『自然弁証法』が、唯物論の伝統に立つ作品であり、著者が当時の最も卓越した唯物論者の一人であることは、疑問の余地がない。[★47] ただし、一九二七年に初めて出版されたが一八七二年から一八八二年の間に書かれた草稿には、「クーロンが、互いに距離の二乗に反比例して反発する電子について語る時、トムスンはそれを証明されたものとして静かに受け取る」というような記述もあり、記された時期や言葉によってそれを系統だてて分類するのは困難である。バルメン生まれで、ベルリンで教育を受け、マンチェスターに居を定めてマルクスの共同作業者となったエンゲルス(1820-95)は、『自然弁証法』で、彼らの計画の科学的方面に着手する。地球外生命に関する彼の考えは、まず有機的生命が純粋に自然的過程を経て発展するという論議において、続いて、「無限の時間の中で永遠に繰り返される世界の継起は、無限の空間における無数の世界の共存ということを論理的に補足するものでしかない……」という言明に現れている。[48] 自然は「地上においてその最高の創造を、すなわち考える心を消滅させる」のと「同じ厳しい必然性」により、「他のどこかで、別の時間に、再びそれを生みだすのである」。エンゲルスの多世界論はまた、『空想的社会主義から科学的社会主義へ』の中にも現れる。「現代の唯物論は、より最新の自然科学の諸発見を含んでいる。それによれば、自然もまた時間の中にその歴史を持っている。天体は、好適な条件があればそこに住む有機的種と同様に、生まれては消滅していく」[49]。

カール・デュ・プレ男爵(1839-99)は少なくとも晩年には自身を心霊主義者と述べていたが、唯物論者の好んだ多くの研究方法を利用したために、時々そのひとりに数えられる。[50] デュ・プレの初期の本の中で、天文学に最も関連があるものは、『宇宙における存在をめぐる闘い――天文学の哲学の試み』(1873)である。そこで彼は、ダーウィンの適者生存の理論を物質的宇宙に適用しようと試み、次のような提案をする。例えば、非常に大きな楕円軌道で動いている惑星は、太陽の中に墜落して破壊されるが、安定してほぼ円軌道を保っている惑星は生き残るという。彼の多世界論に対する支持は、すでに一八七三年の著作において明白であるが、特に一八八〇年に出版された『惑星の居住者と星雲説――宇宙の発展史に関する新研究(ライプツィヒ)(以下『惑星の居住者』)において明らかとなった。多世界論的テーマは、また『神秘哲学』(1885)の中にも現れている。

デュ・プレの『惑星の居住者』の最初の三章は、彼流の星雲説の開陳である。その出所は、「われわれはカントとラプラスをダーウィンによって完成しなければならない」という表明に明らかである。第四章は、われわれの太陽系の惑星における生命の可能性に関する最も重要な論議を含んでいる。木星が内部から多くの熱を生みだし、堅い地殻を欠いているというプロクターの指摘を力説することによって、木星の生命を否定する。そして、同じ理由で木星より遠い三惑星の生命も拒否する。それらはいつかは生命を獲得するであろう。しかし、太陽により近く、より小さな惑星におけるよりも長く続くことはないであろう。生命は月に存在するかもしれない。しかし、彗星には存在しない。彼は、四つの内側の惑星における生命に関するいかなる論議も提供しないばかりか、それらにおける生命の条件をも記述していない。しかし、『神秘哲学』の中で彼は、火星は早くから冷えて、地球上より好ましい陸地と海の配置をもっているので、われわれよりも進んだ存在者が居住しているかもしれないと主張する。[★51]

最後の二章は、地球外生命の本性に関する、認識論と心理学に基づいた興味ある論議を含んでいる。人間の視覚や聴覚の器官が、ある波長にのみ反応することを述べた後、他の感覚もその可能性があると彼は主張する。磁力による感覚、電気的な感覚、そして化学的な感覚に関する思弁も現れる。そして、彼は次のような結論に至る。人間の「感覚器官は単に現実の断片を知覚するためにのみ与えられている。また、われわれの感覚が知覚するすべてのものが必ずしも現実に存在するわけではない」。この二つの「法則」は、われわれのとは違った感覚を持った存在者はわれわれとは全く違った仕方で現実を知覚するであろうという主張を擁護するために引用される。彼は、簡明にしかも劇的に次のように述べている。

もし天文学的物理学的観点において、諸天体の測りがたい違いを熟慮し、そしてそれらに存在する生命形態は、一般にそれらの環境に適応しているにちがいないとするならば、われわれは別の世界、別の存在者を認めなければならない。しかし、前述の補足的な認識論的研究からすれば、それに優るとも劣らない疑い得ない真実として、別の存在者、別の世界を認めてもよいのである！

デュ・プレの本は、地球外生命とのコミュニケーションの可能性に関するコメントで終わる。それは、『神秘哲学』においてより十全に展開された考えであり、彼の心霊主義と多世界論を結び付けるものの一つである。一八八五年の著書の中で彼は次のように提案する。分光器より数段進歩した器具の発明なり、ひょっとしたら心霊主義的な知覚様式により、そのようなコミュニケーションが可能になるかもしれない、そしてそれによって「人間の歴史が……宇宙史の全般的な流れに合流する」かもしれない。他方、「別の存在者、別の世界！」という言い方に要約されているように、デュ・プレの分析は、火星人のメッセージはわれわれの感覚器官をすり抜けるか、あるいはわれわれの思考様式では理解できないという問題を指摘する。同じ著書でデュ・プレは、ビュヒナーのような著述家の唯物論を攻撃するために、他の、あるいはより発達した感覚という考えを展開する。彼によれば、ビュヒナーは、進化によって再び、世界に対する新たな感覚や思考様式に至るかもしれないことを見落としているという。

多世界論を支持した他の唯物論者は、エルンスト・ヘッケル(1834-1919)である。彼の教説は、ほとんどの人々が唯物論と呼ぶ汎神論的、ダーウィン的一元論を主張した『宇宙の謎』(1899)の中にまとめて描かれている。一つの章のほとんどが、フラマリオンの多世界論を論ずるために当てられ、フラマリオンの諸著作は、「あふれるばかりの想像力と輝かしいスタイルによって、また、その批判的判断力と生物学的知識のみじめなまでの欠如によって名高い」[★52]と記されている。生物学に関する広範な知識と、ドイツにおいてはその第一人者であったダーウィン主義に基づいて、ヘッケルは地球外生命の身体的形態について思弁し、下等な形態は多分地球上のものと同じだが、高等な形態は違うであろうと言う。例えば、地球外生命は脊椎動物ではないであろう。「構造において脊椎動物よりも優れている高等動物の種族から、多分［他の惑星における］高次の存在者は発生したであろう。それは、知性においてわれわれ地球人をはるかに越えている」。

おおまかに見ると、これら五人の著述家たちは、進化論的機械論的宇宙観への情熱と、伝統的なキリスト教の宇宙観への敵意を共有していたと思われる。しかし似ているからといって、シュトラウスの極端な多世界論から、デュ・プレのプロクター的立場、ビュヒナーの反多世界論まで、彼らが受容した多世界論の著しい差異を曖昧にすべきではない。これから見ていくキリスト教の著述家たちも、ほぼ同様に分類される。

一八六〇年代に二人のドイツ人神学者が、多世界論に明確に反対した。エアランゲン大学で教鞭をとっていたカルヴァン派の神学者ヨハン・エーブラルト(1818-88)は、『聖書に対する信仰と自然研究の成果』(1861)と『護教論』(1874-5)[★53]の二冊の著書においてそれを行った。贖罪に対する多世界論的反論に答えて、彼は最初に聖書を引用しながら多数の受肉という考えに反対する。そして、繰り返される救済を伴わない多世界論の体系はキリスト教と矛盾しないであろうと付け加える。彼に地球外生命は存在しそうもないと考えさせたのは、次のような天文学の成果であった。地球より外のすべての惑星は、火星を除いて、太陽から受ける熱が余りにも少ない。反対に、内側の惑星のそれは過度である。さらに、幾つかの場合、軌道周期、惑星の回転軸の傾き(天王星)、あるいは山の極端な高さ(金星!)が、さらなる障害となる。安定した惑星系に反対する二重星論議にこのエアランゲンの神学者が依拠していたことからすると、エーブラルトの反多世界論はヒューエルの影響を受けていたかもしれない。しかし、エーブラルトの次の表明によってその可能性は少なくなる。すなわち、「神に反逆しようと決意するに至る危険がないか、それとも、もはやそのような危険がないか、あるいはすでにその危険を克服し、それ故救済の必要も、また季節や状況の変化も必要としない人格的被造物」のために星々は設計されたのである。エーブラルトの言う星の居住者が、天使であるか、地球人の魂であるか、あるいは他の、ひょっとすると物質的な種であるかを、彼は明言していない。エーブラルトの反多世界論に関して持ち出される他の典拠は、ヘーゲルもありうる。しかし、この可能性はヘーゲル及びヘーゲルの絶対者に反対する彼の次のような「天文学的議論」によって断固排除される。「絶対者は……われわれの小さな惑星の上でのみ〈現れる〉。……そしてそれは一九世紀の初頭、ベルリンのヘーゲル教授によって成就された……というのは実際奇妙に思われる」。エーブラルトの議論の多くは、多世界論に反対するために、一八六四年ライプツィヒ大学のルター派神学者クリストフ・エルンスト・ルータルト(1823-1902)によって、『護教論録』の中で援用された。[★54]ルータルトはまた、J・H・クルツ(前に論じられた)から議論を引用しているが、エーブラルトとクルツの両者が陥ったような思弁は避けている。

この時期多世界論論争において最も活動的であったドイツ人のプロテスタント神学者は、一生を通じて広く科学と宗教の相互作用について書いたグライフスヴァルト大学のルター派教授オットー・ツェクラー(1833-1906)であった。ツェクラーの最初の関連ある出版物は、一八六六年に出版された多世界論論争の歴史に関する論文であった。それは、ある程度フラマリオンの著作に基づいたものであるが、このフランス人天文学者よりも批判的な精神を持ち、ドイツ語の資料に関してより深い知識を所有していたことは明らかである。ツェクラーは、一九世紀を中心にヒューエル論争を論じ、ヒューエルの反多世界論をヘーゲルのようなドイツの哲学者たちのそれと比較する。[★55] ヒューエル論争に関してツェクラーを読んだドイツの読者は、パウエルの本が「活発で、教養豊かで如才ない」として賞賛されているのを知った。また、フラマリオンの著作も論議されるが、同じく、レノーやペザーニ等の転生説も論議される。そして、ツェクラーは以下のようにコメントしている。最近、熱心に多世界論論争に取り組んでいるドイツの思想家たちは、「これらのことや類似の誇張と気まぐれを全面的に避けてきた。そして、彼らの〔地球外生命に関する〕想像的仮説は、明らかに聖書の基準……あるいは、経験的自然科学の立場を逸脱するいかなるものもない」。生命を地球に限定した太陽系を受け入れるが、ツェクラーは一人の多世界論者としてチャーマーズの思想に特別の興味を示す。結びの一節で、キリスト教は多世界論の体系でも反多世界論の体系でも受け入れることができるが、そのいずれであるかの決定は科学にかかっていることを強調する。

フラマリオンとプロクターの思想の比較に焦点を当てた一八七七年の論文の中で、ツェクラーは、「ライプニッツ、カント、ヘルダー、そしてハーシェル」とつながる伝統的多世界論の立場が、ヘーゲル、シェリング、そしてその弟子たちの「汎神論的自然哲学」の反多世界論に勝利したと述べている。ヒューエルの抗議すら、「著名な同僚たちの種々の応酬の中で、かなり早く消え去って行った……[★56]」。ツェクラーは、多世界論者を二つのグループに分け、分析する。第一のグループは、われわれの太陽系においては多分生命は地球に限られているであろうが、他の系の惑星には生命が存在すると主張し、第二のグループは、ほとんどすべての惑星に生命が存在すると主張する。フリードリヒ・プファフとヨハネス・フーバーが前者の、[★57]フラマリオンが後者の提唱者として引用される。フラマリオンの『宇宙のさまざまな地球』を分析したツェクラーは、この本を「非常に大胆でかつ部分的にバロック的奇妙さ」に満ちていると特徴づけるために、その極端な主張を繰り返し引用する。フラマリオンの太陽に関する熱狂的な記述についてツェクラーは、新たな「太陽信仰」を助長するものとして非難する。「ブルーノによる太陽と世界の無限の再生」と関連し、また「同様に、無数の霊や悪魔、そしてあらゆる種類と秩序の霊魂［を含み、］無数の世界に生命を吹き込み、居住者がいるとする」からである。プロクターに話を転じ、ツェクラーはプロクターがヒューエル的立場へ変化したことに注目し、プロクターの中に「スペンサー=ダーウィン的進化論」の存在を探り出す。全体的に見て、プロクターはフラマリオンよりも科学的な著述家として、また条件つきではあるが、多世界論者として描写される。論文を終えるにあたってツェックラーは再び、天文学者たちが最終的に正しいとして打ち立てた多世界論のほとんどいかなる形態とも、キリスト教は和解できると主張する。

科学と神学の関係に関する歴史的研究の中で、その量と学識においてどれ一つとして一八七七年から七八年に出版されたツェクラーの二巻本に優るものはない。その二つの部が、多世界論論争に充てられている。[★58]最初の部は、一八〇〇年以前の時期を扱っているが、特に一八世紀のドイツの著述家に関する言及で満ちている。ヒューエル論争に関するツェクラーの知識は、一八六六年の論文以来増加している。第二部では、その論争は多世界論のより厳密な分析に至ったが、それはその後間もなく発展した進化論と天体物理学の研究方法によって強化された結果だったと述べる。多世界論と関係づけられた転生説に関するツェクラーの論議は、H・バウムガルトナー、J・P・ランゲ、そしてC・H・ヴァイセの考えに及んでおり、これらの教説が一八七〇年代頃にはドイツにおいて注目されていたことを示している。しかし、多世界論者の思弁はかえって嫌悪観を呼び、比較的限定された多世界論仮説が支持されることもなったと、ツェクラーは述べている。

ツェクラーの地球外生命論争に対する貢献には、ドイツの読者にほぼ世界的規模の著述家たちの思想を紹介したこと、そして彼らの研究を歴史的文脈の中で説明し、それらの幾つかを批判的に評価したことが挙げられる。しかし、神学と多世界論との歴史的関係の研究からツェクラーは皮肉なことに、キリスト教神学が多世界論に対していかなる関係も必要としないこと、そしてそれはほとんどいかなる多世界論的体系も、あるいは非多世界論的体系をも受け入れることができる、ということを特に主張しようとしたのである。

プロクターやフラマリオンのような人物を生み出さなかったドイツはしかし、一人の多産なカトリックの司祭を持った。彼は一八〇〇年代に、四つの国で教える傍ら、別世界の問題に関する二巻本を出版し、各種の論考を発表した。論考の内二編は、ほとんど一冊の本に等しい長さがあった。[★59] ドイツに生まれ、イタリアで教育を受けたヨーゼフ・ポーレ師(1852-1922)は、一八八九年アメリカのカトリック大学の学部創設に招請されるまで、スイス、イギリス、プロイセンで教鞭を取った。一八九四年、そこから彼はミュンスター大学に、そして最後にブレスラウ大学に移った。そこで、一二巻本の著作『教義教本』(1902-5)を著した。ドイツとアメリカの神学校の学生たちの一世代、もしくはそれ以上の世代が、この著作の著者として彼を認知していた。しかし、ドイツにおいては早くから、主として世界の複数性という思想の主導者として知られていた。

ポーレの最初の著書は、アンジェロ・セッキの伝記であった。セッキは、ポーレを天文学に導き、疑いもなくポーレの著作『星界とその居住者』(1884-85)(以下『星界』)に見られるあの多世界論に対する情熱を教え込んだ人物であった。[★60] その本の冒頭で、「広く、飛び越えることのできない裂け目」によって、「多分火星や金星、そしてシリウスの衛星……に住んでいるであろうわれわれの兄弟」はわれわれから隔てられていると述べながら、ポーレは科学を「形而上学と弁神論に基づいた目的論的思索」へと結び付ける試みを擁護する。方法論においてはプロクターと異なるが、同種の宇宙を受け入れる。

……一般的な目的論的宇宙論的理由から、それぞれの質量や温度の違いを考慮して、すべての世界が同時に生命のための準備を成就するとは限らないことを、われわれは認めねばならない。各々の天体が、生命の存在する一定の紀を持つのであり、その紀は、……死のさまざまの長さの世の間にはさまれているのである。

地球外生命論争に関する優れた歴史的研究においてポーレは、「あらゆる種類の異教徒、キリスト教徒、無神論者」が、多世界論を受け入れることで一致したと主張する。その研究に続いて特定の話題が論じられる。その第一が隕石である。彼はこれらを十分に論じ、ハーンの空想的主張を退ける。天体写真術とスペクトル分析に関する彼の論議を見ると、これらの進歩について効果的に書くのに十分な専門知識をもっており、このどちらも多世界論の立場を証明しないことを認めるのに十分な率直さを備えた著述家であることは明らかである。

太陽に関する論議においてポーレは、当時その居住可能性を主張したカール・ゲッツェとウィリアム・プライア(1841-97)の考えを考察し、[★61]彼らの結論を否認する。ただし、太陽も最終的に冷えて居住可能になるかもしれないというイエズス会の天文学者カール・ブラウン(1831-1907)の提案は、ありそうなこととして受け入れている。[★62]星界に関する研究においてポーレは、惑星に囲まれている星に関して、一連の観測的および理論的な議論を展開する。ベスルの「見えざるものの天文学」を含めて、分光学、重力理論、そして種々の星雲説の理論が採用され、これらは、惑星の居住可能性を示すだけで、必ずしも居住を示すものではないことをポーレは認めるが、敢えて次のように主張する。「天体の居住可能性から、哲学的にはその実際的な居住が帰結する」。

科学的に最も興味深い章は、ポーレが太陽系の各々の惑星に関してその居住可能性を順次論じている章である。彼が「第二の地球」と呼ぶ火星の論議は、当時最新のアメリカ、イギリス、フランス、そしてドイツの権威者たちの広範な読書に基づいていた。反対の議論があるのを知りながらポーレは、火星の運河とその二重化に関するスキアパレッリの観測を受け入れる。それらの観測は、スキアパレッリの著書の初版以来、「天文学界を絶えず扇動と息切れの状態においてきたものである」。事実ポーレは次のように主張する。

……運河システムの存在とその組織的配置からすると、知性的なものがその起源にあるということ、すなわちわれわれの近隣の惑星に思考する存在者がいるということを認めざるをえない。他の仮説はすべて、……余りにも恣意的であり、本質的にあり得ないので破棄される。［こうして最もありそうな］知的で、人間に似た被造物が、直接的であれ間接的であれ、天文学的奇跡を生みだしたのである……。★63

金星観測の障害を認めつつもポーレは、金星を「地球の双子姉妹」と呼び、その居住可能性を表明する。目下の所水星は未決定だが、木星は、彼の判断によれば、「惑星自体若い状態」にあり、「その温かい海には原始の海の巨大生物と魚」がいるにすぎない。ポーレは、土星の大気には「気生物」が存在すると提案した「フラマリオンのような人物の居住熱」に注意することを表明しながら、その惑星もその環も、現時点では知的存在者の居住は不可能であるとする。「極寒」の天王星と海王星もまた、居住可能性を否定される。ポーレは、惑星に関するこの論議を、彼と本質的に同じ考えを持っていたカール・ブラウンからの長い引用によって終結する。大気の兆候が報告されたヴェスタのような天体は例外として、ポーレは小惑星を「死んだ岩の塊」とする。惑星の衛星における生命の可能性に関する彼の分析はある程度慎重とはいえ、以下のような主張はなされている。「土星は今も多分自分で輝いているのであり、木星のように第二の太陽とみなせるのであるから、［土星の］八つの月は居住可能であるとわれわれは断言せざるを得ない」。彼は、月を生命のないものとしているが、「月は、われわれの地球が依然混沌とし、溶けた状態にあり、……その衛星にとっては近くの太陽と言われる状態にあった遠い昔に、そこにふさわしい生命に満ちていたという推測には、おそらくいかなる反対の議論もないであろう」と言う。彗星や星雲は、一緒に論じられ、前者には知的生命は居住できないとされる。星雲は、銀河系外と天の川内部のものとの二つのクラスに分けられる。後者は、形成過程にある太陽系であり、最終的に居住者のいる惑星を含むであろうと主張する。

ポーレは最後の二つの章で、地球外生命に関する哲学的および神学的議論を展開する。まず最初の章で、キリスト教的世界観とデュ・プレやフラマリオンのような著述家のそれとを比較対照し、唯物論的世界観の重大な問題とは、自然発生を仮定することにおいて既成科学と矛盾することである、と述べる。多世界論に賛成する唯物論の代わりにポーレは、多少スコラ哲学的な四つの議論を提示する。第一の議論は、「世界の最高目的に関する形而上学的目的論的議論」であり、それは、神が自身の栄光を称えるために宇宙を創造したという仮説に基づいている。栄光は「物質的なものと「形相的」なものに分かれ、物質的栄光とは無意識的な物質的創造から発生するものであり、他方形相的栄光とは知的存在者にのみ由来するものである。後者のほうがより高貴なものであり、「造物主の栄光を称えるために、世界の物質的壮麗さを活用する被造物が居住可能な天体に住むことは、世界の最高目的に適していると思われる……」と結論づける。しかし、これらのポーレの議論は、地球外生命を示す直接的な形而上学的証明として提示されたのではないということは、覚えておくべきであろう。彼はそのような証明は不可能であると考えていたのである。彼の方法論は、むしろ彼の著書の中の天文学に関する部分で提示された居住可能性を示す経験的証拠と形而上学的議論とを結合させることにあった。彼の第二の議論は、「宇宙の完成」[★64]に由来するものであり、宇宙が高い完成度を示すという「観測」とともに始まる。アクイナスやセッキを典拠としながらポーレは、知的存在者が広く居住する宇宙は、「飾り気のない、すさんだ荒野」に満ちた宇宙より完全であると主張する。第三の議論は、「神の全能と叡智」に基づくものであり、地球に最も多様な被造物を居住させるという神の創意と力からして、他の惑星においても神は同様に働いたと推測できるという議論である。ポーレの第四の議論は、人類に悪があまりに存在するので、神が自己の栄光を称えるのにより適した存在者を別の世界に居住させた可能性は、かなり高いという議論である。ポーレは、これらの議論に対する反論に対処した後に、この非常に形而上学的な章を閉じる。

最後の章「キリスト教の法廷前における居住世界の複数性」においてポーレは、フランス人司祭フェリクスとモワニョが多世界論とキリスト教との和解を主張したことを指摘する。また彼は、対蹠地の居住者の問題に関する聖アウグスティヌスの議論とともに、実際にはそうではなかったが、多世界論的立場と思われるものを主張したために、七四八年に有罪判決を受けたウェルギリウスについても論じている。なお、多世界論的宇宙におけるキリストの受肉と救済の問題について、彼がほとんど注意を払っていないのは、驚くべきことである。彼の主張のほとんどは、この最後の節の以下の言明の中に含まれている。

神人キリストを通じて堕落した人間を救済するという教義に関して、他の天体における種の堕落は必ずしも想定する必要はない。他のものをわれわれと同じく邪悪と考えねばならない……いかなる理由も存在しない。しかし、たとえ罪悪がそれらの世界に侵入したとしても、そこに受肉と救済が起こるとはかぎらないであろう。神は、個人あるいは種を圧迫する罪を減ずる他の多くの手段を自由に使うことができるのである……。

ポーレの『星界』はさまざまな意味で印象的な発表であった。六つの言語に及ぶ作品から豊富に引用したイラストや興味深い天文学的情報に満ちたその著作は、天文学への導入とともに、神学的側面も含む多少ともプロクター的多世界論への手引きとして有益だった。しかし、同時代人のすべてがそれに同意した訳ではなかった。例えば、ウルムの司教座聖堂参事会員ユリウス・ツフトは、ポーレの初版の幾つかの主張に関して神学的批判を出版した。ポーレはしかし詳細に反論した[★65]。イエズス会の天文学者アドルフ・ミュラーは、ポーレの第二版を論ずる中で、一九〇〇年に次のように主張した。ポーレは天文学が地球外生命に関して教えるもの、また理性が神の在り方についてわれわれに教えるものを過大評価したと[★66]。ルートヴィヒ・ギュンター(1846-1910)は、第四版を批評する中で、それが過度に哲学的であり、スキアパレッリとロウエルの火星に関する説をポーレが受け入れるのは少々単純すぎると論じている[★67]。他方、チュービンゲンのカトリック神学者パウル・シャンツ(1841-1905)は、彼の著作『キリスト教の弁明』の中で、以下のような言明を援護するためにポーレを引用している。

……キリストがすべての人のために死んだと言われる時、それは、結局他でもない、地球上の人間を意味しているのである……スコラ学者は、アンセルムスに反対して、受肉に絶対的な必然性はないと教えた。しかし、ある人々は、罪は別にしても、受肉は神の永遠の計画の一部を形成すると主張し、幾度もの受肉は彼らにとっては不可能のように思われた……。［それでは］他の惑星の理性的存在について別の可能性を認めてはどうか。彼らの祖先は多分堕落しなかったであろう。あるいは、ひょっとしたら彼らは堕落し、彼ら自身の受肉または他の方法によって救済されたかもしれない……[★68]。

さらに、ポーレの著書と他の多世界論的論文こそ、地球外生命の問題に関して卓越したカトリック神学者によってなされた最も広範な研究であると言える。一般大衆が彼の著書を評価したことは、たびたび重要な改訂をともないながら、七版を数えたという事実にうかがえる。一九二二年にポーレは死去するが、この年に最後の出版がなされ、彼の死の直前にも再び改訂されている。

不信仰者もキリスト教徒も一致して、多世界論に賛成したというポーレの主張(この節の冒頭に引用)は、確かに極端である。一九世紀後半のドイツの宗教的著作における地球外生命論争が示すように、どの陣営もその内部ですら一致をみることはなかったのである。唯物論者の間でも、ビュヒナーの反多世界論的宇宙は、シュトラウスやデュ・プレ、そしてヘッケルと非常に違っていた。キリスト教徒の間でも同様に、ルター派のツェクラーは、彼の信仰告白の仲間ルータルトの反多世界論の考えに反対した。カトリック信者たちはほとんど分裂しなかったが、ブラウン、ポーレ、そしてシャンツは多世界論を主張し、ツフトとミュラーは重大な留保を表明した。多世界論的仮説は再び、その驚くべき柔軟性と魅力を示したのである。他方、それを論ずる人々は、せめて同じ観点の仲間が一致できる何らかの証拠——科学的、哲学的、あるいは宗教的証拠——さえも得るのは困難なことを明らかにした。

3 イギリスにおける宗教的著作——「そんなに遠く離れた天体が、われわれの天体といったいどのような関係を持っているのか」

一九世紀の残り四〇年の間に、ドイツとフランスで出版された宗教的側面における多世界論は、二つの範疇にうまく大別されるが、イギリスの場合は、六つのタイプがある。反キリスト教的、非常に思弁的、スヴェーデンボリ的、自然神学的、ヒューエル的、そして文学的なもの。いずれも古い時代に起源を持つものである。もちろん、これらの分類を越えて一つの共通の傾向が見られるが、それはこの節の最後に論じられるであろう。

ヴィクトリア朝時代の宗教界は、一八七〇年代初期に二つの衝撃を受けた。その第一は、一八七二年に物理学者で、アフリカ探検家、そして文学的にも嘱望されたウィンウッド・リード(1838-75)の『人間の苦難』によって与えられた。

世界史として書き始められたこの著作は、比較宗教に関して論じ、以下のようなテーマを取り上げた。「超自然的キリスト教は誤りであり、神崇拝は偶像崇拝である。礼拝は無益である。魂は不死ではない[★69]」。リードは慰めを提供する。すなわち、科学によって、

病気は絶滅され……不死が生み出されるであろう。そしてそれから、地球が小さくなり、人類は宇宙空間に移住し、そして惑星と惑星を、そして太陽と太陽を隔てている空気のない砂漠を渡るであろう……最後に、人間は自然の力を支配するであろう。すなわち、人間は、諸体系の建築家となり、諸世界の製作者となるであろう。

一八七二年一〇月一二日付けの『サタデー・レヴュー』に、「野蛮で、有害で、……冒瀆的」と評され、世紀の残りの期間に、一つの好意的評論も得られなかったリードの本は、何千という読者を獲得した。

より大きな衝撃が、一八七四年ベルファストで行われた英国学術協会の会議を襲った。王立研究所の所長ジョン・ティンダル(1820-93)が代表講演を行った時、硫黄の臭いを嗅いだと言う者もいた。それは以下のような主張を含んでいた。「科学の不動の立場は、ほんの少しの言葉で述べうるであろう。われわれは要求する、神学から宇宙論に関するすべての領域を奪い取ることを[★70]」。ティンダルの宇宙論は、唯物論と多世界論に基づいたものであった。講演の中で彼は次のような時期が到来したかどうかを問う。すなわち時代は、

……ブルーノとある程度合意するに至った……。ブルーノは、物質が「哲学者たちが描いたような単なる空虚な能力ではなく、すべてのものを生み出す普遍的母である……」と宣言している。私は、自然の連続性を信じ、実験的証拠の限界を越え、……物質の中に……地球上の全生命の将来性と能力を認識する。

講演の冒頭で世界の複数性に関するブルーノの理論を、「崇高な普遍化」と述べた彼は、地球外生命に言及したかもしれない。さらに、奇跡を攻撃した一八六七年の論文の草稿の中で、ティンダルは神に関するユダヤ＝キリスト教的概念を次のように批判した。

われわれの思考を、地球というこの小さな砂粒から、生命を携えた無数の世界が多分人目につくことなく回転している無限の天界に移すならば……、そして、これらの考えに、その全体の製作者であり保持者が自らを燃え上がる叢林の中に示し、自らの隠された部分を開示し、あるいは旧約聖書の中で彼に帰せられている他の慣れ親しんだ仕方で行動するという考えをもってすれば、必ず不一致が現れるに違いない。★71

ヴィクトリア朝時代の科学と信仰の戦いに関する最近の研究の中で、フランク・M・ターナーは、ティンダルのベルファストにおける講演について次のように述べている。「宗教と科学の闘争において、これほどの熱狂を引き起こしたことはなかったであろう」。★72それに対する反応は夥しいもので、中でも卓越した物理学者バルフォア・スチュアート(1828-87)とピーター・ガスリー・テイト(1831-1901)が一八七五年に(最初は匿名で)出版した『未知の宇宙あるいは将来の状態に関する物理学的考察』(以下『未知の宇宙』)は広範な読者を得た。幾人かの論評家たちによって、アイザク・テイラーの『別の生命に関する自然学的理論』★73と比較されたこの著作の序文の中で、スチュアートとテイトは「科学と宗教の間で想定された不一致は存在しないし、[さらに]不死は連続性の原理と厳密に一致する……ことを示す」★74のが目的であると記している。この目的のために彼らは、最近の科学的発見は、不可視的宇宙がわれわれの可視的宇宙と連関しながら存在すること、そしてエーテル中でエネルギー交換を通じて相互作用していることを支持すると主張する。死後われわれは、「連続性の原理」(あるいは自然の斉一性)に厳密に従った過程を通じて、この不可視の宇宙に入っていく。このことは、宇宙(可視と不可視)の全エネルギーはいつも一定であることを保証するエネルギー保存則という新しい法則に従って起こる。多世界論者の考えは、彼らの本の中で繰り返し論じられた。例えば彼らは、スヴェーデンボリの教説や心霊主義者の教説、また、可視的宇宙において高次の生命形態に向かう人間の魂に関する伝統的な転生の教えを拒否する。そして、「人間と少なくとも人間に類似した存在者は、現在の可視的宇宙と結び付いた生命体の最も高い地位を表現している」という。しかし、彼らは、可視的宇宙が衝突により最終的な熱死に至る時、多くの太陽系が「より大きな規模で」形成される可能性を未解決のままにしている。また彼らは、生命が隕石によって運ばれた種子によって、可視的宇宙にくまなく広がっている、というウィリアム・トムスンの理論を検討するが、生命は原初的には不可視的宇宙から発生したにちがいないと主張する。さらに、星や惑星から宇宙空間に無駄に放たれるように見えるエネルギーは、実は失われずに、不可視的宇宙の居住者に可視的宇宙の出来事の記憶を供給しているかもしれないと考える。科学を人間の精神的関心の幾つかに応用しようとする彼らの試みは、大いに売れ、一八八三年までに一〇版を数え、フランス語への翻訳もなされた。しかし、同時に多くの好意的でない論評を誘い[★75]、科学=宗教論争において は貢献したというよりも、珍奇なものと見られるようになった。

『未知の宇宙』は、多世界論争の歴史を通じて、宇宙に関する非常に思弁的な体系を提出した著述家たちの傾向を、明確に示している。一八六三年中学校長ニコラス・オジャーズが『存在者の神秘――あるいは究極の原子は居住世界か』(ロンドン)で提出した体系ほど空想的な多世界論的体系はほとんどなかった。序文で述べているように、一片の塵の中にも、「われわれの目がわれわれの上の天界に見いだす以上の太陽や星や惑星が存在するかもしれない。そして、それらには、すべての地球人の最も知的な人間よりも、精神力においてはるかに優れた居住者が住んでいるかもしれない」というオジャーズが初期の作品『宇宙瞥見』で述べた提案は読者の反対にあった。これを反駁するために、目的論的思考に大きく依拠した一八六三年の論考がまとめられた。主要な議論は、宇宙に関して、神の「創造的エネルギーは、宇宙が突然存在し始めた瞬間に消費されたのか」どうかを問うことにあった。このような予想は、神が創造過程の浪費を人間の目にさらすという考えと同じく、不敬で不可能なことと思われるが、オジャーズは彼の原子化された世界を弁護できると感じた。しかし、彼はここで止めない。彼流の論理が命じるままに、また「人間にとって可視的な全宇宙は、より大きな、そしてより拡張した経済を持った単一の原子［を形成する］」と主張し、これを「人間は自分自身の心の能力によって神の力量を」測ってはならない、という主張の中心に据える。オジャーズは、多世界論論争において名声を得ることはなかったが、しかしオーガスタス・ド・モーガンによって書かれた歴史の中でその卓越性を認められている。ド・モーガンは、その『パラドクス集』の中でオジャーズを「［＊円の面積の］方形化、［＊立方体の］倍積、［＊角の］三等分、賢者の石、永久運動、魔術、占星術、催眠術、千里眼、心霊主義、同種療法、水療法、運動療法、論考と論評、コレンソ司祭、そしてこれらすべてをまとめて、逆説として打ち負かす[★76]」本の著者として記録しているのである。

オジャーズの体系を支持する者は、いたとしても、ほんのわずかであった。しかし、スヴェーデンボリによって一世紀前に提示された体系は、ヴィクトリア朝時代のイギリスにおいて重要な支持者を得た。スウェーデンの霊視者の体系を批判したR・A・プロクターの一八七六年の論考によって、イギリスのスヴェーデンボリ派であったオーガスタス・クリソウルド師(1797?-1882)は刺激を受け、それに応える形で『宇宙の神的秩序』を出版した[★77]。プロクターの非難の中には、スヴェーデンボリの幻視が天王星、海王星、あるいは小惑星をまったく見過ごしているというものもあった。スヴェーデンボリの死後にそれらの天体が発見されたとしても、彼と会話した心霊は知っているべきだったからである[★78]。クリソウルドは、スヴェーデンボリの交流する心霊たちは物質的身体から抜けでているので、物理的視力は失われ、彼らの惑星生活に関する情報はただ記憶からしか補えないというスヴェーデンボリの主張で応じる。クリソウルドの著書は、プロクターにもましてヒューエルにも反対していた。ヒューエルの著作とプロクターの一八七〇年以降のヒューエル的傾向に対抗してクリソウルドは、ブルースター、ジョン・ハーシェル、そしてプロクターの初期の多世界論的著作さえも利用するのである。

多世界論論争に関するスヴェーデンボリ派の立場は、ジョン・E・バウアーズ師によって一八九九年『エマヌエル・スヴェーデンボリの哲学による宇宙における太陽と世界』(ロンドン)の中でも主張された。それは、天文学の簡単な紹介であったが、スヴェーデンボリからの一群の引用によって飾られていた。バウアーズは、彼以前のクリソウルドと同様に、その天文学的証明の多くを何十年も遅れた資料に基づいて行い、「地球の直径の四分の一以上の惑星が、地球の居住者のために、単にその光を反射するためにのみ存在すると想定するのはばかげている。啓蒙された理性は、……月に居住者がいることを疑い得ない事実として認める」と月における生命を主張した。もちろん、「啓蒙された理性」がまさに反対のことを主張していることは、多くの読者の認めるところだったに違いない。そのため、おそらく一九世紀の終わりには、スヴェーデンボリの体系は信用できないものとされていった。このような状況に関しては、スヴェーデンボリ派の『新教会評論』の編集者であったシオドール・F・ライトが、一八九七年の著作で詳述した次のような物語によって明らかである。一人の聖職者と若い淑女が星空を、そして特に一つの惑星を観察している時、「〈そこには居住者がいるにちがいないと思いませんか〉と相手に彼女が話すのが聞こえた。相手は即座に答えた。〈いいえ、そうは考えません。それは、スヴェーデンボリ流のばかげたことです〉」。[★79] またライトによれば、「[その多世界論のゆえに]多くの嘲笑が、新教会に加えられた。あたかもこの一つの事実が……他のすべてのことを信用できないものにするのに十分なようだ」。それにもかかわらず、ライトは地球外生命に関するスヴェーデンボリの思想を紹介するために、論文を書いている。

伝統的な自然神学に対する弔鐘は、一八五九年ダーウィンの『種の起源』によって打ち鳴らされた。しかし、必ずしもすべての多世界論者が耳を貸そうとしたわけではなかった。アイルランドの英国国教会の聖職者であり、天文学関係の著述家であったジョウサイア・クランプトン師は、教養と批判精神をもってこの点を巧みに説明している。彼の批判精神は、一八六三年『月世界』の第四版に、月の生命に関するブルースターの途方もない主張を反駁するために一つの章を付け加えた事実からも理解されよう。月の大気の問題に関して次のように述べている。「月の大気を主張する人々が、そんなに小量の空気で満足するとは、……驚くべきことである。使い果たされた容器の下に残っているだけの空気を彼らに与えよ。そうすれば、直ちに月は緑でおおわれ、人口が増えてくる……」[★80]。それにもかかわらずクランプトンは、以前ヒューエル論争に多世界論の立場で関わったときの目的論的観点を保持する。一八六三年の著書で彼は、月は生命を持たないが、一つの目的、「すなわち」地球を「照らし気候の配置を制御する」という目的を果たしていると指摘する。自然神学的な伝統と多世界論に対する強く変わらぬ愛着は、『三つの天界』(1871)、特に水星に関する論議においてより明らかである。もし、惑星に太陽光線の強さを緩和する条件が存在しなければ、「赤熱球」と同じく居住不可能にちがいないことを認めた後で次のように続けている。「まさにこの環境が……気候を冷却化するために働いている緩和原因が存在することに対する、最も強力な証拠であろう。[さもなければ]神の設計を認める議論は、……完全に無効になるからである……!」[★81]このようなコメントは、神が「われわれを神自身の創造計画の中に参与することを許さなかった……」という自らの指摘に対して、クランプトンが十分な注意を払っていなかったことを示唆している。

ジョウゼフ・ハミルトンの『星の主人』(1875)は、自然神学的観点への固執を示す別の例である。彼は「惑星は地球を照らすこと以上に、より高次の目的を果たさねばならない」と主張する。そして、「造物主に最もふさわしく、かつ啓示された働きと最も調和する目的は、知覚と知的能力を持ったものの居住である」[★82]。いかにしてハミルトンが一八七五年にこの古くて幾度も攻撃された議論を蒸し返し、月の生命に賛同するようになったかの一端は、次の言明の中に見いだされよう。「目の前の主題に関して考えを整理する時、私はできる限り、他の人々が言ったり、書いたりした既存の資料との接触を避けた」。多くの多世界論者たちは容易には認めはしないだろうが、残念ながら彼らが行ってきたことが、ハミルトンの著書をほとんど価値のないものにしたのである。一九〇四年彼は『われわれ自身の世界と別の世界』(ニューヨーク)で多世界論論争に復帰したが、相変わらず印象は薄かった。

ハミルトンの立場は、学識の欠如ゆえのことであろうが、エドウィン・アーノルド卿(1832-1904)の場合はこれに該当しそうもない。オクスフォードで教育を受けたジャーナリストであり、詩人で教育者でもあった彼は、一八九四年頃一つの論考を出版した。その中で彼は、天文学者が月や惑星の生命を「無思慮にも」、しかも「馬鹿なことに」否定したこと、そして「太陽には白熱する水素の中でも育つ生物が存在するであろう……」[★83]ことを見落とした点を攻撃する。アーノルドの自信は、充満の原理の信念に裏付けられたものであった。しかし、世紀末までには、そのような立場はほとんど一般的なものではなくなっており、ある意味でまさにこのこと自体が、アーノルドを怒らせたのである。

この時期の第四の特徴は、本質的にはヒューエルの立場を幾人かの著述家が擁護したということである。例えば、ケンブリッジのラングラー賞とスミス賞両賞の主席卒業生という学問的信用と、エディンバラの司祭という宗教的名声を携えて、ヘンリ・コタリル(1812-86)は、一八八三年科学と宗教に関する著書を出版した。その一章は、「別世界における生命」に関する問題にあてられた。[★84]ヒューエルについて彼は、「問題なく、この半世紀の始めにおけるすべての科学者の中で、最も哲学的な心を持ち、最も広く多くの学識を備えた自然科学者……」であると述べた後、科学におけるその後の進歩は、ヒューエルの立場を強化するものであったと主張する。例えば彼は、新しいエネルギーの法則と分光学を引用する。それらは、「全宇宙を通じて自然がたとえ同一でなくても類似していることを確実なものにし」、「「他の場所における」生命の要件は」地球における要件と「非常に異なることはありえない」ことを明らかにする。また彼は、プロクターのヒューエル的著作をも利用しているが、しかし生命を維持することができる段階にある稀な惑星は、実際には高次な生命形態を持つことはないかもしれないと注意している。コタリルの本を批評したプロクターは、コタリルの反多世界論的立場について「疑いなく可能であるが、しかしありそうにない」と述べる。そして、コタリルがこの立場を擁護する理由は、「科学的でなく、独得の宗教的信仰に依存している[85]」と主張する。コタリルの主張の起源に関するプロクターの判断は多分正しかったであろうが、コタリルの主張の正当性は別の問題であった。

有名な随想家であり編集者であったリチャード・ホルト・ハットン(1826-97)は、ヒューエルの晩年に弟子になったと言えば言い過ぎかもしれないが、一八八二年から九二年の間に『スペクテイター』に発表した四つの論考は、広く言えば、ヒューエル的伝統に属することは明らかである。このことは、これらの論考における彼の立場が、一八五五年に活発にヒューエルの著書を攻撃した時の彼の立場とは、劇的に違うという理由で、なおさら興味深い[86]。ハットンは、一八五〇年代にはユニテリアンの信徒として書いていたが、一八八〇年代には英国国教会高教会派の信徒になっていた。そのために、宇宙に関する概念が変わったのかもしれない。とにかく一八八二年の論考においてハットンは、他の惑星に人間に匹敵する存在者を推測する根拠となる類推的議論を批判する。そして、「われわれが問題とする事実が、何らかの確実な推論を引き出すために要求される事実の、ほんのわずかにすぎないにもかかわらず、余りにも多くのことが[そこから]引き出される[87]」と結論する。一八八八年ハットンは、コント的実証主義のイギリスにおける指導者であったフレデリク・ハリスン(1831-1923)の次のような非難と戦うために、論争に復帰する。「地球中心の天文学にとっては……擬人的造物主、天国での復活、そして神の贖罪という考えは、自然で同質の思想である……。しかし、この惑星が取るに足らない原子に縮んでしまう科学とともに……古典的神学は行き過ぎる[88]」。ハリスンによる、ある意味でヒューエル的な選択肢の定式化に対する、ハットンの反応は、次のような議論を含んでいた。すなわち、多世界論的立場は推測であり、しかも旧約および新約聖書の著者たちは、宇宙の巨大さをすでに感じとっていたのである。一八八九年の「科学の謙虚さ」という論考の中でハットンは、オーブレ・ド・ヴィアの詩「コペルニクスの死」について論じ、そこから、人間はその宇宙論的思弁において謙虚さを示さなければならないという教訓を引き出す。[★89] ハットンの第四の論考は、一八九二年に発表されたが、それは、火星に信号を送るというゴールトンの提案を批判したものである。前に述べたように、ハットンはその中で、そのような提案はほとんど意味がないと主張する。なぜならば、われわれはそのようなコミュニケーションのできる火星人が存在するという十分な証拠を持っていないからである。[★90]

イギリス文学界の人々、特に詩人たちは、一九世紀後半において展開された多世界論論争に対して積極的に関心を維持し続けた。彼らの作品における地球外生命に関する視点は、明らかに先の時代よりは多様である。第一の例として、アーサー・クラフ(1819-61)について考えてみよう。彼は、「天王星」の中で次のように書いている。

> われわれとは違った構造を持つと
> 仮定された人間が住んでいる太陽や星について、
> 巨大な月の海やクレーターについて。
> そして、そこには大気は存在したのか、しなかったのか。
> そして、酸素無くして生命は存続し得たのか。[★91]

しかし、クラフの詩における勧告は、「星に気を奪われるな。汝の心と神を気にかけよ」ということであった。ロバート・ブラウニング(1812-89)は、『環と聖書』の中で、一七世紀の教皇に、社会における自己の立場を、次のように述べさせている。

> 今度に、地上において、汝の代理として、

ここに選ばれしは我である。
もし新しい哲学が何かを知っているならば、
今考えられている星の、
居住者のいる多くの世界のうちで、
汝の超越的活動の舞台として、
多数のものの太陽ではなく、
この一つの地球が選ばれたのとちょうど同じように……。[★92]

多世界論を引き合いに出しているより興味のある例は、一八八八年ジョージ・メレディス(1828-1909)によって発表された「星の下での瞑想」の中に見られる。彼は、その中で、他の惑星でも、「生命は同じ系統樹をたどるのか」。そしてまた、「そんな遠く離れた天体が、われわれの天体といったいどのような関係をもっているのか……」と問う。[★93] 後者の問いに対して彼は、他の天体からの光に言及しながら次のように答える。

あの光を反射するわれわれは、たとえ位置は低くとも、
それらに対して永続的に関係がある。
そのように読み取り、
それらを死んだものと考えはしない。
決して死した空間を照らす凍ったランプでもなく、
遠くの部外者でも、意味のない力でもない。

それらの中にある炎から、われわれは生まれた。
それらの運動のリズムは、われわれのものと同じであろう。
魂は、それらが地球に合図を送り、親しく地球に声をかけ、
地球の光線の中で、偉大な力である愛を享受したと思うだろう。
われわれは見守る、
星々の集まりの中で、
地球に恩寵をもたらす愛を。

メレディスの愛に満ちた宇宙観は、ドフトエフスキーの『カラマーゾフの兄弟』(1879-80)[★94]のクライマックスにおいて、アリョーシャ・カラマーゾフが抱いた宇宙観と類似性を持っているが、アルフレッド・ロード・テニスンの一八六〇年代以降の著作におけるそれとは非常に異なっている。テニスンは(彼に関しては前に述べた)、ヒューエルの反多世界論的著作に対して否定的に反応した。それにもかかわらず、ヒューエルの思想やプロクターのヒューエル的な面の影響が、後期の詩には現れている。例えば、彼の「広大さ」(1889)という詩は、次のような一節で始まる。

われわれの暗い天体の多くの炉辺は、多くの消滅した顔を恋い慕う。
多くの太陽のそばの多くの惑星は、
消滅した種族の塵とともに回転しているかもしれない。[★95]

「六〇年後のロックスレイ・ホール」の中でテニスンは、月を生命のないものと見なしている——「新しい天文学は、そ

れを死したものと呼ぶ」——が、金星と火星は生命を持ち得ると考えている。こう考えるかぎり、彼はヒューエルの地質学的反論を意識していたに違いない。事実テニスンは次のように書いている。

最高の人間が生み出されるまでに、何十億年もの長い間地球はこねあげられた。
また、地球から人間がいなくなり、荒涼となるまでに、何十億年が過ぎ去るであろう。★96

一八九二年にテニスンが亡くなってから数か月後、彼の甥の妻であったアグネス・グレイス・ウェルドが、地球外生命に関する彼の幾つかの覚え書きを出版した。それらの一つは、詩篇を思い出させ、またカントが表明した考えを支持している。

宇宙の広大さを考えると、私は自己の全くの無意味さという感覚でいっぱいになる。そして、ダヴィデと一緒に叫びそうになる。「汝が心にとめる人間とはいったい何なのか!」人間の意志の自由と天上界は、われわれが観察することができる最も偉大な驚きである。そして、われわれを取りまくすべての力に満ちた世界とそのほんの一部分のわれわれの世界について考える時、われわれがなんとみすぼらしい小さな虫であると感じ、大きさとは何かと自問する。これらのすべての世界の造物主に適用される設計という言葉を私は好まない。それは彼を単なる設計者であると思わせるからである。しかし、ある程度の擬人観は、われわれの神という概念に必然的に入らねばならない。なぜならば、われわれの世界を越えた世界の中には、われわれ自身よりも無限に高貴な存在が存在するかもしれないが、しかしわれわれの概念にとっては、人間が存在の最高形式なのであるから。★97

他の節では、多世界論が、単にテニスンの詩に頻出するテーマであるばかりか、死生観に関する彼の信条でもあったことが示されている。

来世において、われわれには学ぶべき多くのことがある。そして、死ぬ年齢がいくつであれ、天国に着いた時、われわれは皆最初から学び始める子供なのである。そこにおいて、われわれは子供から青年へと成長し、永遠にそのままであろう。私の考えによれば、天国とは、この世界や別の世界における魂に対して絶えず奉仕に従事するところである。★98

テニスンの後期の詩の世界に見られる悲観的観点は、トマス・ハーディの小説『塔の上の二人』(1882)に描かれた宇宙において、より一層明らかとなる。それは、塔の観測所からする天文観測への情熱と、不幸な結婚の犠牲者たるコンスタンティンへの愛情にゆらぐ若き「科学のアドニス[＊女神アフロディーテに愛された美少年]」スウィズィン・セント・クリーヴェの葛藤の物語である。この小説の背景には、プロクターの『天文学随想』をハーディが読んだという事実がある。また、一八八一年にグリニッジ天文台を訪問し、観測所に精通しようとした著者の努力もあった。★99 一八九五年版の序文でハーディは、この小説の芸術的目的を明らかにしている。それは、「驚くべき星の宇宙を背景にして、二つの微小な生命の感情の歴史を描くこと、そして読者に、この対照的な大きさの中で、人間にとって、より小さいものがより大きなものであり得るという心情を訴えること」であった。これに関連して、セント・クリーヴェが望遠鏡で眺めた宇宙が、初期の多世界論者たちの詩的で楽しい宇宙ではなく、むしろ非人格的で法則に支配された宇宙だったということは重要である。この宇宙に関して彼は、恐怖にとらわれたような魅力を感じたのである。小説の冒頭で彼は、性能のよい望遠鏡ならどのくらいの数の星が見えるか、というコンスタンティンの質問に答えて次のように語る。

「二〇〇〇万個です。それらが何のために作られていようとも、われわれの目を楽しませるためではない。それは、あらゆるものにおいてそうです。いかなるものも、人間のためには作られていない」。それを聞いて「むなしい」というコンスタンティンの意見に対して、セント・クリーヴェは答える。「貴婦人のあなたがむなしくなるというならば、……毎夜星々の真ん中で絶えず浮遊している私がどれほどむなしいかをお考えください」。「実際の宇宙は恐怖である」、そして「恐ろしい怪物がそこにいる」と語る。彼は、さらに続ける。

人格のない怪物、すなわち無限。人は、星とその間の空間について考え抜くまで、形のある怪物よりももっと恐ろしいもの、すなわち形のわからない巨大な怪物が存在することをほとんど知らなかった。その怪物は、宇宙の空虚であり、荒涼とした場所である。例えば、天の川の暗黒のその部分を見てみなさい……。われわれの目は、今までに訪ねたどのような輝く星をも越えて、これらの中へと飛び込んでいく。それらは、人間の心がそこへと入り込み、人間の肉体を離れる、深い井戸である！

プロクターの進化する宇宙の部分も、スウィズィンには次のように映る。

天がその大きさと無形の中に持つものに新たな不可思議を加えるものとして、衰退という要因がある。これらが不朽の星、永遠の天体等であればすばらしいことだが、それらは不朽でもなければ、永遠でもなく、蝋燭と同じように燃え尽きてしまう。あなたは、大熊座の中のあの死にかけている天体を見ているのですか。それは、二世紀前までは他の天体と同じように輝いていた……。想像してみなさい、それらがすべて消滅し、あなたの心が完全な暗闇の天を手さぐりで進み、時々あれらの星の黒くて見えない燃え残りにぶつかるのを……。もしあなたが元気ならば、そしてそのようであり続けることを望むならば、天文学の研究をやめなさい。すべての科学の中で、天文学のみが恐ろしいものという性格に値するのである。

このような宇宙の恐怖は、宗教的多世界論者たちの充満の神への愛着や、神によって救済される地球の卓越性に対するヒューエルの愛着の強さを説明するのに有効であろう。これらの選択肢を拒否したハーディにとって、天から怪物を追い払う術はなかった。

三人のカトリックの詩人、コヴェントリ・パトモア(1823-96)、オーブレ・ド・ヴィア(1814-1902)、アリス・メヌル(1847-1922)もまた、多世界論的宇宙によって引き起こされた宗教的問題を論じた。パトモアは、一八六六年の詩「二つの砂漠」の中で、「望遠鏡を無視せよ」と嘆願している。説明として、次のように書いている。

私はたいてい畏敬の念にかられはしない
われわれ自身の他に存在する五〇〇〇個の天空を、
見張ることができても。

さらに、天文学は、太陽が「地獄として余りにもひどいところであり」、月が「夜の高速道路に裸で横たわる、呪われた焼死体である……」ことを明らかにした。★100 パトモアの否定的な反応は、一八八九年に出版されたオーブレ・ド・ヴィアの詩「コペルニクスの死」の中で表現されたものとは対照的である。死に瀕したコペルニクスは、神学的論争を引き起こすことを恐れて、著書を出版すべきかどうか悩んでいる。多世界論と、それがキリスト教の信用を失わせるという考えに関して、この天文学者は次のように述べる。

そのような信念に喜びの手をさしのべるのは信仰と希望である。
いかなる公式の証明もそれを立証しない。
それらに居住者のいることを真と認めなさい。
それらの居住者が堕落していると証明できる学者がいようか。
そのことを認めれば、
いったい誰が、神聖な救済の足が、
これらの天体に踏み入ったことがないと語ったのか。

さらに彼は述べる。

ユダヤは、一つの国であり、また唯一の国である。
そこで死んだ多くの人は、すべてのもののために死んだ。
十字架は、消滅した民族に救済をもたらした。
時間は決して愛を妨げるものではない。
それでは、なぜ空間が妨げとなるのか。★101

アリス・メヌルが「宇宙におけるキリスト」を書いた時、同じような幾つかの問題が彼女の心にあった。その最後の四つの詩文は次のようである。

どの惑星も、このわれわれの路傍の惑星について知らない、
陸と海を持ち、愛と生命に満たされ、
苦痛と祝福を伴い、一つの見放された墓場を
大切な宝として持っているこの星を。

われわれの短い一生では、
天の御業に思いは及ばず
天の川への主の巡礼や贈り物が
明かされることもない。

しかし、永遠の下、
われわれは疑いなく、百万の違った福音を
比較し、聞くであろう。
どのように主がプレアデス、琴座、熊座を歩まれたかを。

あぁ、我が魂よ、覚悟せよ、
信じられないことを読み、あれらの星が展開する
百万の神の形を調べることを。

今度はわれわれがそれらに人間を見せる時である。★102

一九世紀後半のイギリスにおける多世界論の宗教的側面へのこれら六つのアプローチを研究した後で、われわれは何らかの傾向なり集束点が見いだされるかどうかという問題に立ち帰ることができる。この過程でまず留意すべきことは、軽率な一般化の危険性であろう。こうした危険性は、当時の多世界論論争の歴史について専門知識を有する著述家による二例を引用すれば、明らかとなる。第一の一般化は次のようなものである。「プロクターによる［世界の］複数性［という説］の世俗化の完成は、一八七〇年代以降キリスト教徒の関心が急速に減退したことによって検証された。関心を抱いたただ一人のキリスト教の著述家が、ジョージ・M・サールであった」。★103 第二の一般化は、多世界論を扱った一八九七年のオルトランの著作に関する論議に現れたものである。「一九世紀の終わりに、……〈居住世界の複数性〉という問題は、それまでよりは深刻な仕方で提示された。［オルトランの］この作品は、疑いなく、神学的観点から問題を論じた最初のものである」。★104 これらの主張は、この節で扱われたイギリスの著述家たちからわかるように、互いに矛盾しており、また両者とも明らかに誤っている。

このような注意を念頭におくならば、一九世紀が終焉する時、イギリスにおいてプロクター的多世界論がその追随者を増やしていたと言えるかもしれない。この点は、この章の結論でより詳細に展開されるが、コタリル、ハットン、テニスンのような著述家たちの著作に明らかなように、太陽系の天体の居住可能性に対して確信が薄らいだことに見られる。このことはまた、たとえこの時期イギリスで心霊主義者の運動が力を増したとしても、それは、レノー、ペザーニ、フラマリオン、フィギエによってフランスで促進されたような多世界論との関係を避けたという事実によっても示される。さらに、多世界論の極端な形態を主張した人々は、アーノルド、クランプトン、ハミルトン、あるいはスヴェーデンボリ派のバウアーズ、クリソウルド、ライトのような、科学とはほとんど無縁の著述家たちであった。

4　アメリカにおける宗教的著作――「世界！　フーム、何十億もの世界が存在する」

一九世紀の最後の四〇年間における、世界の複数性という思想に対するアメリカのプロテスタントおよびカトリックからの反応を概観する前に、ウォルト・ホイットマンとマーク・トウェインという、この時期のアメリカの代表的文学者について見てみることにしよう。二人とも、多世界論をその作品の中に使っているが、それは正統なキリスト教とは多少距離を置いた文脈においてである。

ホイットマン(1819-92)が一八五五年に出版した古典的作品『草の葉』の読者は、彼の天文学に対する関心について、次のような文によって誤解するかもしれない。

> 学識ある天文学者の話を聞いた時、
> 証明や数字が私の前に並べられた時、
> ……………………
> 不可能なことに、すぐに私は疲れ、病気になった……。[★105]

『草の葉』にずらり並んだ学術的研究[★106]と二〇〇以上の天文学に関する言及は、いかにホイットマンが天文学に魅了されていたかを物語るとともに、この詩集を創作する際にも、改訂・補遺を施す際にも、独力で始めた挑戦に彼がいかに真摯に取り組んだかをも示している。「現代の科学と民主主義は、詩歌に挑戦状をたたきつけて、過去の詩歌や神話と反対のことを表明しているように思えたのである[107]。

ホイットマンの多世界論は汎神論的である。「あなたは現在もまだ、初期の詩の頃と同じように、堅固な汎神論者ですか」と一八九〇年に訊ねられてホイットマンは次のように答えている。「はい、そのとおりです……。どちらかと言えばますますそうなっています」[108]。多分汎神論の故であろうが、彼は宇宙をとにかく統一されたものと見なした。――それは、「夜の浜辺で一人」という詩の中で表明された確信でもある。

明るく輝く星を見上げる時、私は宇宙と未来の音部記号のことを思う。
広大な類似性がすべてを結びつける、
成長したもの、成長しないもの、小さなもの、巨大なもの、太陽、月、惑星、すべての天体、
広い空間のすべての広がり、
時間のすべての広がり、いのちを持たないすべての形態、
すべての魂、すべての生命体を。
それらがいかに違っていようとも、あるいは別の世界に存在しようとも。
この天体に、あるいはどこかの天体に今までに存在したか、存在するかもしれないすべての同一性。
……………
この広大な類似性は、それらに及び、そして今まで常に及んできた。
今後も永遠に、それらに及ぶであろうし、完全にそれらを抱き取り囲むであろう。

ホイットマンの多世界論は、転生説に対する関心にもつながっている。二つとも『草の葉』の冒頭部分に現れる。

さあ、と私の魂は叫んだ、
私の肉体のために、こんな詩を書こう、（私たちは一つだから）
もし、死んだ後に、私が見えない姿で帰り、
あるいは、ここから遠く離れた他の天体で、
どこかの仲間に対して、歌い始めるならば、
（地球の大地、木々、風、荒れる波と調べを合わせて）
いつも微笑みをたたえながら、私は歌いつづけ、
いつも歌を自分のものにする、――まず最初にここで今私が、
魂と肉体に署名し、これらの歌に私の名前をしるす、
ウォルト・ホイットマンと。★109

多世界論における進化論的思想は、ホイットマンの「大草原の夜」という詩の中に見受けられる。

私は、昼間でないものが見せるものを見るまで、昼間を最もすばらしいものだと考えていた。
私は、静かに私の周りに無数の他の天体が現れるまで、この天体で十分だと考えていた。

空間と永遠に関する偉大な思想が私を満たした今では、私はそれらによって私自身を評価する。
そして、地球の生命にまで進んだ、あるいは、進化を待っている、
あるいは、地球の生命よりはるかに進歩している他の天体の生命に触れた以上、

私は今後それらをもはや無視しない……。

ホイットマンの多世界論はどこからやってきたのか。学者たちは、彼の「自分の歌」という詩の次のような一節の起源として、トマス・ディックあるいはオームズビ・ミッチェルを考えた。

> 私の太陽はさらに太陽を持ち、その周りを従順に回る、
> それは、仲間たちとともに、より高次の軌道の一団に加わり、
> さらに、より大きな一団が続き、それらの中の最大のものを小さな点にしてしまう。[★110]

どちらかの説が無難であろうとなかろうと、ホイットマンの多世界論が、トマス・ペインに由来したということは、可能性は低いが、ありうることである。トマス・ペインは、ホイットマンの父の友人であり、『理性の時代』は彼の父の家族の中では大切なものであった[★111]。ホイットマンが一八七七年に賞賛したペイン[★112]は、ホイットマンの強烈に民主主義的かつ反教権的な感情の重要な源であったと広く認められている。後者は、『草の葉』の序文の中で次のように表明されている。「もはやいかなる司祭も存在しない。彼らの仕事はなされた……。宇宙と預言者の一団が一緒に彼らの代わりをするであろう[★113]」。それにもかかわらず、ホイットマンは、キリスト教に対するペインの多世界論的反論を主張することはなかったように思われる。彼はエマスン宛てに、「教会は一つの巨大な嘘である[★114]」と書いたが、他の文通者には次のように語っている。オランダの改革派教会の代表との対話において、「私は彼に、ただ単にあの宗派に対する私の持続的な信仰だけではなく、すべての宗派に対する完全な信仰を私が持っていること、そしてその一つでも……拒否しようとは思わないことを保証したのだ[★115]」。ホイットマンの全哲学を形容するために、ハワード・マンフォー

ド・ジョウンズが用いた「宇宙的楽観論」という言葉は、ホイットマンの多世界論の心髄を掴んでいるのみならず、いかに彼が、偉大な同時代人で多世界論者であったマーク・トウェインと決定的に違っていたかを示唆している。ジョウンズは同じ傾向を持ったマーク・トウェインのことを「宇宙的悲観論」の主導者と呼んだ。[★116]

トウェインが天文学に興味を持っていたことは、H・H・ワゴナーの一九三七年の論文によって十分に証明された。ワゴナーは、トウェインの反キリスト教と悲観論的世界観が、P・H・ボイントンやS・T・ウィリアムズが主張したように、第一に科学に由来したのか、あるいはM・M・ブラシアが主張したように、一八世紀の哲学者、特にトマス・ペインの著作を読んだことに由来したのかを論じた。[★117] しかし、この問題を多世界論論争の観点から研究する時、科学の影響かペイン(彼自身天文学に強く影響されていた)の影響かというワゴナーの二分法は、必要以上に鮮明であるように思われる。事実、トウェインの人生の多くの時点で、彼の最も基本的な信念の幾つかの定式化や形成において、多世界論的思想が重要な役割を果たしている。また一八五八年頃、トウェインはペインの『理性の時代』を熱心に読んだ。そのことは彼の回想の中にも書かれている。「私は、……それを不安とためらいを持って読んだ。しかし、その大胆さと驚くべき力に驚愕した」。[★118] このことは、なぜ一八七〇年代の三つの機会に、トウェインがペインの多世界論的反論に基づいてキリスト教を攻撃したのかを説明してくれるであろう。

トウェインは、将来の妻に宛てた一八七〇年の書簡の中で、彼がかつて読んだ天文学書について述べるとともに、その関連で彼の宗教的疑問を明らかにしている。

われわれはなんと無意味であることか、われわれの取るに足らぬ小さな宇宙よ!――一つの原子が、他の数え切れない無数の原子世界と一緒にきらきらと光っている……。しかし、その微小片を偉大な世界として悦に入って無駄話をし、その他の微小片を、われわれの帆船を操縦するために、また「幼き」恋人たちの空想を鼓舞するために作られた、実につまらないものとみなしている。われわれの頭上高くその威厳のある軌道を保持している何百万という世界の各々で、キリストは三三年間生きたのか。あるいは、われわれの小さな天体が特に好まれたのか。[★119]

一八七〇年の遅く、トウェインは古代と近代の神概念を比較する論考を作り上げている。そこで彼は、近代的宇宙の広大さに言及した後、次のように述べている。

> 科学によって明らかにされた古代の宇宙と近代の宇宙の相違は、物置小屋の中の埃まみれの光線と天空にそびえる天の川の荘厳なアーチとの相違とちょうど同じである。神は、その各々の次元に厳密に対応していた。彼の唯一の心配は、ひとにぎりの好戦的な放浪者たちに対してであった。彼は、異常で傲慢な人間の行いに悩み、いらだった……。彼はすね、呪い、怒り、嘆き悲しんだ……、しかし全く無駄であった……、彼は彼らを支配することはできなかった。[★120]

これらの文章が多くの読者の感情を害することを明らかに知っていたトウェインは、三〇年以上もの間出版を控えた。結局一九〇七年『ストームフィールド船長の天界訪問からの抜粋』(以下『ストームフィールド』)として出版された原稿もそうであった。[★121] 友人のネッド・ウェイクマン船長の語った話に鼓舞されて、彼はこの仕事に一八六〇年代後半から着手し、一八七三年に修正を加えている。そして、最終的な形になったのは一八七八年のことであった。[★122] E・S・フェルプスの『半開きの門』[★123]の中に見いだされる「ほんの一〇セント」の天国を多少皮肉りながら、トウェインはブラシアが言ったように、「キリスト教の天国のパロディ」[★124]を発表するつもりでいた。このように解釈するならば、それを書き上げたトウェインの興味と、[★125] 一九〇六年にそれを燃やそうとした強い誘惑(それを彼は克服した)とを共に理解することができる。[★126] しかし、それは天国の風刺以上に、キリスト教に対するペインの多世界論的反論の耳障りな言い換えである。

「真の」天国だとストームフィールドがまちがえた「ある」天国に到着した時、彼は門衛たちにどこからやってきたのかと尋ねられる。彼は続けざまに「サンフランシスコ」、「カリフォルニア」、そして「アメリカ」と答えようとするが、「そのような天体は存在しない」という返答に当惑する。「どの世界からやってきたのだ」としつこく尋ねる門衛たちに対してストームフィールドは「もちろん、世界からだよ」と答える。彼らの我慢も限界に達し次のように答える。「世界！　フーム　世界といっても何十億もある！……それから！」。ストームフィールドは問題を考えることをあきらめ、最後に彼の世界の理想的な証明と思われるものを見つける。「それは救世主が救ったものだ」。これもうまくいかない。門衛たちは彼に語る。「救世主が救った世界は、数において天国の門に匹敵するぐらいある。誰もそれを数えることはできない」。数日間大きな地図の中を捜しまわった後に、門衛たちはストームフィールドの惑星を発見する。彼らは最初それが小さなシミではないかと心配したが、それは、顕微鏡検査の結果われわれの惑星であること、そしてそれが天国においては「いぼ」として知られているものであることが証明される。トウェインが心配した『ストームフィールド』に対する非難はすぐには現れなかった。というのは、多分彼のユーモアに富んだ性格のために、読者が彼の反キリスト教的意図を看過したからである。さらに、トウェインのますます辛辣になるキリスト教に対する敵意と、皮肉に満ちた悲観論は、一九〇〇年以降の多くの草稿の中に明らかであるが、それらはいまだ広く認識されていなかった。これらが知られるようになるにつれて、『ストームフィールド』の真の意図がそれだけ一層明らかになったと言える。

世界の複数性の思想に関するトウェインの関心は二〇世紀に入っても続き、晩年の著作の幾つかの中にも見いだされる。例えば、彼はジョージ・ウッドワード・ウォーダー准将(1848-1907)が一九〇一年に出版した『太陽の町』の論評を書いている。この本をウォーダーは、以下のことを証明するために書いた。すなわち、「太陽は熱くもなければ、灼熱のガス状天体でもなく、むしろ宇宙の中で自分で輝くことのできる完全な世界であり、人間の将来の居住地である……。そして、惑星は人間の魂の孵化場であり、太陽は人間の魂が完成に向けて発展成長する場所である」[127]。しかし、ウォーダーが「近代的改良をつけ加えた新イェルサレム」[128]は、トウェインにとって印象に残るものではなかった。A・R・ウォレスの『宇宙における人間の位置』を一九〇三年に読み、トウェインは「世界は人間のために作られたのか」を書いた。これが初めて出版されたのは一九六二年のことである。この短い論考は、その表題を否定的に論ずるために、人間が地上に現れたのが遅かったことを引き合いに出す[129]。死ぬ前に書いた最後の長い作品、一九〇九年の「地球からの書簡」の中でトウェインは、再びキリスト教に対するペインの多世界論的批判の一節を引き合いに出す。神が六日間で宇宙を作ったという『創世記』の記述を論じながら、彼は地球に関して次のように言う。神は「五日間でそれを構築した。――それから？　二〇〇〇万の太陽と八〇〇〇万の惑星を作るために神はたった一日しか必要としなかった！」[130]

一八六〇年から一九〇〇年のアメリカにおけるプロテスタントは、ダーウィン理論をめぐって深く分裂していたが、多世界論をほとんど問題のないものとみなしていたように思われる。事実(前述した通り)、それは末日聖徒派、安息日再臨派、スヴェーデンボリ派、そしてトマス・レイク・ハリスの信奉者たちの教義となっていたのである。多世界論はプロテスタントの中枢ではそれほどの重要性を獲得することはなかったが、多くの派の人々がそれを主張した。こうした一般化の証拠としては、洗礼派信者、メソジスト派信者、会衆派教会信者、および二人の長老派教会信者による出版物がある。

一八七一年『季刊洗礼派』は、エドウィン・T・ウィンクラー(1823-83)師の論考を掲載した。その冒頭の一文および全体にわたるメッセージは、「不信心な天文学者は気違いである」というエドワード・ヤングの主張であった[131]。なぜ天文学が献身を鼓舞すべきか、その理由を述べた後にウィンクラーは、「キリスト教に対する懐疑的反論の根拠とされた……一つの[天文学的]思弁」へと話を進める。すなわちそれは、彼も認めているが、エーブラルト、ヘーゲル、そしてヒューエルによって拒否された世界の複数性という思想である。にもかかわらずウィンクラーは、それを支持し、そのために聖書や科学の主張を引き合いに出している。世界の複数性とキリスト教の緊張を和らげるために、彼は基本的にチャーマーズの方法を採用し、キリストの受肉はわれわれの惑星に特有のことではあるが、その利益は宇宙的であると主張する。

千年の間、世界の運命を変えるであろう……戦いが、マラトンのやや曇った山道で戦われるのと同じように、ここで、この小さな世界のここで、神の御子によって、その成果をすべての時を通じて、すべての世界に分配するという勝利が達成されたのかもしれない。そして、ナザレのイエスの荒れ野の誘惑と苦悩にとって、プレアデスの優しい影響力は春の兆しに満ち……、救済の季節は黄道一二宮すべてに生じたであろう。

ウィンクラーの論考はまた、ブルースター流の終末論的思弁をめぐらせる。すなわち、ある天体の上に、「私の愛したものと失ったものが集められる。そこでは荒れた頬も不死の美によって彩られ、目は不死の栄誉に輝き、そしてある時は愛しく響き、ある時は死の冷淡さに凍えた声は、不死のメロディーの中へと溶け込んでいく」。

シカゴのメソジスト派宣教師で、同種療法《ホメオパシー》の医師アダム・ミラー師(1810-1901)は、ウィンクラーと同じく多世界論を主張することに熱心であった。ミラーが一八七八年に著した『別世界における生命』(シカゴ)は、シカゴのメソジスト派のハイラム・W・トマス師の多世界論の三つの説教や、アダム・クラークとT・L・ハリスの多くの引用を含んでいた。ブルースターからは、復活後われわれは他の惑星において生きるという思想を借りている。この本において最も目新しいものは、太陽熱に関する新理論である。彼はそれを携えて、一八七三年にシカゴで講演を行ったプロクターに挑戦したのである。ミラーの教養の水準は、小惑星の住人を認めていることからわかる。また、解説の筆さばきの

ほどは、彼の著書が増刷されなかった、という事実によって明らかであろう。[★132]

イェール大学を一八三九年に主席で卒業したイーノク・フィッチュ・バー(1818-1907)は、科学者としての生涯を送るつもりでいたのかもしれない。事実、彼は六年間科学を学び、一八四〇年代には天文学に関する二つの専門の論文を発表している。しかし、一八五〇年彼はコネチカット州ハンバーグにおける会衆派教会の聖職者に任命され、残りの生涯をこの地位に捧げた。彼は科学的諸研究を、例えば一八六八年から一八七四年にかけて、アムハーストでの「宗教の科学的裏づけ」についての講義や、科学と宗教を橋渡しする多くの本の中で再三援用している。『天空を見よ、または教区天文学』(1867)はその一冊である。それは、少なくとも二〇版を重ね、「居住者のいる天」について語りながら、「不信心な天文学者は気違いである」ことを読者に納得させようとしている。[★133] バーの多世界論に関する情熱は、一八八五年に『長老派教会会報』に公表され『天の王国』の一章としても出版された「天は居住可能か」において最も明確に見られる。[★134] バーは次のように述べるほど親多世界論者であった。「もし火星に着陸して、人間と同じものを見いださないとすれば、私は失望するであろう。ほぼ同じことが金星に関しても当然言えるだろう」。その後神の遍在を強調した後で彼は、「天体の間に……物理的相違があるからといって、そのどれもが人間と同じレヴェルの知的存在の居住地でないとは言えない」と主張する。幾つかの天体には未だに住人がいないとか、恒星には決して存在しないことを認めてはいるが、バーは読者に次のことを告げる。聖書は「神、聖なる天使……、救われた人間の魂、……悪魔、邪悪な天使、そして失われた魂……が、栄光の唯物主義に基づいて、その本当の居住地を宇宙の深淵の遥か彼方のどこかに持っている」ことを明らかにしている。これらすべては、種々の宗教的教えと結び付けられているが、その最後は皮肉なことに次のようなものである。「それでは、どれだけの謙虚さを持ってわれわれは、……敢えて神の摂理について断言することができるのか……」。

二人の長老派教会の著述家が、多世界論に賛成する議論を展開する本を著した。一八六二年『天における神の栄光』

を出版したウィリアム・ライチ(1818-64)は、グラスゴーの大学を卒業し、一時はJ・P・ニコルの観測助手として働き、一八六〇年にはキングストンのクウィーンズ・カレッジの学長としてカナダにやってきた。★135「最新の天文学的発見と思索に関する研究を、それらによって生じた宗教的問題との関係において提示すること」を意図して書かれたこの本は、科学的な教養とともに神学的な教養を身につけた著者の姿を明らかにしている。彼はラプラスの星雲説を支持し、そしてルヴェリエの火山に関する最新の予言を記載している。ラプラスやルヴェリエの読者である彼はまた、カント、コント、チャーマーズ、ヒューエル、そしてブルースターの宗教的=科学的思想に精通してもいる。多世界論的章句が頻繁に現れ、特に月に注意が払われている。彼は、月の生命に関する観測上の証拠がほとんどないことを認めている。しかし、ハンセンの隠された半球仮説を論じ、月の生命を証明するためではなくて、むしろ見かけ上死んでいる月が無用であるという理由で自然神学を攻撃する人々を批判するためにそれを用いている。

世界の複数性の問題にあてられたライチの最後の章は、優れた分析能力を示すとともに、多世界論論争において中心的地位を占めうることを証明している。彼は、多世界論者の議論を次の四つのカテゴリーに分類する。❶アプリオリあるいは神学的、❷形而上学的、❸聖書学的、❹天文学的あるいは類推的。彼はこれらを注意深く批判し、多くの伝統的議論に特有の欠陥を指摘する。彼の主張によれば、聖書は多世界論と調和しているように見えるが、多世界論の証明のためには使えない。類推的議論は、違いが極端に大きな場合は、無効と見なされる。彼の分析にはヒューエルの影響が明らかであるが、ヒューエルの議論も次に分析され、十分というにはほど遠いと判定されている。このような分析から、ライチの結論が現れてくる。「天文学は蓋然性を与えるが、しかし幾つかの惑星がその歴史上生命の時期を持つであろうという蓋然性だけである」。注意や条件を詳説するなかでライチは、ペインのキリスト教に対する多世界論的攻撃およびその反応について熟考している。ライチは、キリストの複数の受肉を拒否する。それは「キリストが永遠に彼の人間的本性を担うであろうと宣言する聖書」に矛盾するからである。同じ理由から彼は、キリストの磔刑が地球外生命に対する救済を保証するというブルースターの主張を却下する。かくしてライチは、救済が地球人にのみ必要だと主張する。「宇宙は大きなハープであり、各々の天体はそのハープの弦である。しかし、少なくとも一つの弦が調弦されていない……。救済の一つの大きな目的は、われわれの世界のこの不調和な弦を再調整することなのである」。このようにしてわれわれは、啓示から、たとえ地球が「宇宙の物質的中心……」でなくても、「それは依然として霊的中心であること」を理解する。ライチは、論争に対する謹厳で教養高い貢献において評価に値する。

ジャーメイン・ギルダースリーヴ・ポーター(1853-1933)も長老派教会に所属していた。事実、二年間(ニューヨークの)オーバーン神学校で学んだ。しかし、彼が選んだ経歴は天文学であり、それを彼はハミルトン・カレッジでC・H・F・ピータースとともに学び、またベルリンでも学んでいる。一八八四年ポーターは四六歳でシンシナティ観測所の所長に就くが、説教壇よりも観測所を選んだことが、宗教的関心をめぐる著作活動を妨げることはなかった。『われわれの家なる天――天文学者の天国観』(ロンドン、1888)が実例である。彼の天国観からすると、結局それは天使と同様に物質的実在であるということになる。さらにポーターは次のように宣言する。「全宇宙が天国を構成している」のであり、天文学者が夜空を研究する時、聖書に述べられているように「多くの館の輝くランプ」を観測するのであり、そして「天の町それ自身を瞥見するかもしれない……」。「天界の居住可能性」に関する章でポーターは、地球は多分われわれの太陽系において唯一居住者のいる惑星であろうと主張する。しかし、彼は他の系の幾つかの惑星に住人がいるであろうし、他のものは将来そうなるであろうと考え、彼の目的論に根ざす多世界論を救済する。こうしてポーターは、この節で論じたプロテスタントの著述家たちと同様に、天文学と多世界論を非宗教的であるという非難から救おうと努めた。この緊張がこの世紀の最後の一〇年間においても続いていたことは、一八九二年のウィリアム・フレッツの『居住世界は自然の普遍的法則である』(ワシントンDC)と題したパンフレットで示された反キリスト教的論法に明らかである。

これら五人のプロテスタントの著述家たちが、お互いに孤立して著作活動を展開したのに対して、四人のカトリック司祭は、世紀の最後の二〇年の間に実質的な論争に巻き込まれた。ジョージ・メアリ・サール師(1839-1918)の兄弟のアーサーはすでにヒューエル論争に加わっていたが、ジョージは最初期の、しかも最も教養に富み活動的な参加者であり、三つの論考を出版している。ハーヴァードではユニテリアン教徒であったが、そこを卒業後、一八六六年にハーヴァードの観測所の助手になる前に、すでに幾つかの地位についていた。一八六二年カトリックに改宗し、一八六八年には聖パウロ教団の聖職者になるための研究を始めた。[★136]一八八三年には、天文学が地球外生命に関するいかなる決定的な証拠も与えていないと論じる論文を発表した。火星もしくは(それが存在するならば)他の太陽の周りを回る惑星に生命が存在するかもしれないことを認めるが、[★137]霊的なものと物質的なものとの明確な二分法を引き合いに出して、多世界論者の目的論的議論を攻撃する。

一八八九年アメリカのカトリック大学の創設時に、サールはその観測所の所長に選ばれ、一八九〇年「惑星は居住可能か」と題された講義を行っている。多分、一八八九年から一八九四年までカトリック大学で護教学を教えていたジョウゼフ・ポーレ師の影響で、一八八三年の論文以上にこの講義において、注意深くではあるが、多世界論的立場を擁護したのであろう。例えば、彼は次のように述べる。海王星においては、太陽の光は地球の九〇〇分の一の弱さであるが、月光の七〇〇倍の明るさで、読書すら快適である。[★138]「非常に一般的に思われる……世界の複数性に対して熱望」を感じないにもかかわらず、サールはわれわれの太陽系の巨大な惑星と多分太陽が最終的には居住可能になり、火星はその居住可能な時期が終わりつつあるだろうと主張する。一八八三年星雲説を問題にしながら、もし他の太陽が「われわれの太陽のように随伴惑星を持た」ないとするならば、「それは奇妙なことであろう」と述べている。

サールの第三の論文(1892)は、彼の考えを最もよく表している。科学と宗教との間に起こり得る衝突の問題は、別々に取り組むべきであると述べながら、いわゆる近代天文学がキリスト教に対して生みだした二つの困難を分離する。まず、われわれの惑星は、宇宙では「無意味でちっぽけな小片」であるように思われること、そして次に、他の居住可能な世界の中でも、特に、なぜ神はわれわれの惑星において受肉することを選んだのかという問題である。★139 彼は最初の問題を、天文学者にとって距離とか規模は単に相対的なものであると主張することによって退ける。多世界論の問題に立ち帰って、太陽や巨大外惑星が十分に冷えていないという理由でそれらの居住可能性に反対しながら、サールは次のように結論する。われわれには「生命に許された居住地として……われわれの太陽系の全表面の約一万分の一が残されている」。水星や金星は、現時点では生命にとって十分に発展していないと述べ、ただ火星と幾つかの大きな衛星が可能性として残される。火星に関して、人によってはその表面に生命を暗示すると見なす諸条件は、人類が登場するはるか以前に、地上に存在していたと彼は述べる。繰り返し彼が強調するのは、天文学は単に居住可能性の証拠を与えることができるのみであり、決して実際の居住を示す証拠を与えるものではない。そしてそのような主張でさえ、せいぜい蓋然性の問題なのである。事実、われわれの太陽系の「惑星における知的居住者の存在を、天文学者の大多数が実際には信じていない……」と彼は述べる。恒星界に話題を転じてサールは、多数の星系が多分居住可能な惑星を持っていないこと、そして星雲説が技術的問題のある推測であることを指摘する。「あちらこちらにわれわれと同じものが存在するかもしれないが、われわれが持っている抑制と均衡と適応は決して天界の力学の自然的あるいは不可避的な結果ではない。それらは異常な――まさに異常な、あるいはほとんど唯一の――出来事なのである」。このように述べてサールは、居住可能な惑星に関する彼の考えをまとめている。しかし、天文学は人間に似た存在が居住する世界を神が創造した可能性を排除しないが、このことは決して神の受肉が他所でも起きたことを意味するわけではないと強調する。

サールの一八八三年の論文のすぐ後に、聖職者、教授、牧師、そして脚本家であったジャニュアリアス・ド・コンシリオ(1836-98)が、ヒューエル役のサールに反対して、ブルースターの役を演じ始めた。サールについて言及することはなかったが、しかしセッキ神父の親多世界論的表明については敬意を払いつつ、ド・コンシリオは自己の主な主張は「神学的および形而上学的であり、それらは特に聖トマスの最も基本的原理から引き出されたものである……」と述べる。[★140] 彼の第一の主張は、次のようなものである。「創造されるべき種の数は、それぞれのものが存在の大きさや完成度に応じて占めるべき場所によって決められた。すなわち、高い場所を占めている種は、低い所を占めているものよりもより多く創造されたのである」。この考えは、彼の第二の主張にも含まれている。

……人類の持つ最も高度な知性と、〔天使のような〕純粋に霊的な実体のうちで最も低いものの知性との間には、非常に大きな隔たりがあるため、親和性という宇宙法則は、幾つかの中間の種が存在することを必要とし、それによって非常に大きな対照を和らげ、宇宙において最も美しく調和した秩序を実現するのである。

人間と天使の間に存在する中間の種が地球外生命なのである。居住者のいない惑星は神の力の浪費であるという第三の議論を提示する時、ド・コンシリオは神が宇宙を設計したに「違いない」仕方について述べる。それは、思弁的哲学者や神学者がいかにたやすく極端な教条主義に陥るかを示している。神は、「智恵の要求に従おうとするならば、創造するため一定の力から、目的を考慮してすべての可能な善を引きださなければならない。言い換えれば、神は……目標に達するために最も可能性の少ない手段を使わなければならない。そして、聖トマスが築いた智恵に関する基本的な法則に従わなければならないのである」。この文脈において、ド・コンシリオは述べていないが、トマス・アクィナスは多世界論に賛成していたというよりも、むしろそれを拒否していたということは注目に値する。[★141] ド・コンシリオはまた、キリスト教との関係を論じ、地球外生命は「キリストによって、そしてキリストを通じて」創造されたのであり、キリストを通じてその永遠の目的を達成するに違いないと述べている。キリストの受肉と救済は、地球に独得なものであるが、「受肉した知性を持ちながらも、堕落したかもしれない、そして堕落した可能性の高い種……」すべてに対しても及ぶに違いない。

セントルイス大学で教えていたイエズス会士のトマス・ヒューズ(1849-1939)が、その後一八八四年にド・コンシリオに対する反論を出版した。そこで彼は、ド・コンシリオに対して、宇宙に関する「功利主義的」考え方を採用している点ばかりか、研究における幅の狭さ、そして重要でもない事柄の有用性を詳しく記した点をも非難する。ヒューズによれば、もし「われわれの大海に落ちた一滴の雨が全く浪費されるわけではない」[★142]ことの理由を説明できなければ、いかにして居住者のいない惑星を無益だと言うことができるであろうか。ヨブに対する神の最後の応答が響く章句を用いて、ヒューズは同時代の人々に、神の道が人間の知識を越えていることを思い出させる。広い意味で、天は研究とな観想のための高尚な対象を人に与えるという主張にヒューズは同意する。さらに、ド・コンシリオの幾つかの具体的な議論に応え、例えば、物質的なものと霊的なものとの間の溝を埋めるために地球外生命が存在するという主張は成立しないと断じる。なぜならば、人間自身が両者の十分な中間者であるからである。ヒューズの基本的な非難は、彼の反対者が物質的なものを過大評価し、人間とその観想的本性を過小評価することにある。「地球は人間の肉体のためにあり、宇宙は人間の魂のためにある」。決して科学的ではなく、哲学的と言うよりむしろ詩的なヒューズの批判は、ド・コンシリオの結論よりもその議論を問いただす。それにもかかわらず、大ざっぱにみるならば、それはアクイナスの神よりもヨブの神に親近感を覚える人間による反多世界論的抗弁である。

多世界論的議論に対するド・コンシリオの自信がヒューズの批判でゆらがなかったことは、彼の『科学と啓示の調和』(1889)(以下『調和』)の中で多世界論にあてられた五つの章によって明らかにされる。フェリクス、グラトリ、モワニョ、セッキのような大陸の司祭たちによる多世界論的言明を引用した後に、ド・コンシリオは地球外生命に関するいかなる決定的証拠も現在のところ手にしていないことを認める。[★143]そして、他所における生命に関する天文学的証拠についてまとめながら、「惑星、そして太陽ですらその居住方法に関して、ほとんど困難を提示していない……」との結論を引き出し、さらに彼の主要な多世界論的議論を再論し、それらに関するヒューズの批判にはいっさい言及していない。受肉と救済に関する彼自身の初期の議論に、ド・コンシリオはただ「キリストがわれわれの贖罪のために死んだ時、［地球外生命をも］対象に含んでいたのであり、その価値は、無限であり、無数の世界を救済することができるものであった」との確信を付言している。どのようにしてキリストが地球外生命にも「彼自身の知識と教会」を与えたかという問題は、再び未解決のまま残した。ド・コンシリオの『調和』は第一に進化論に対する攻撃が目的であったが、その多世界論的章句は、急進的で魅惑的な科学思想に対してさえ寛大であると読者に受け取られたことを、彼は喜んだかもしれない。

ド・コンシリオの熱狂的多世界論と、サールのややヒューエル的研究との間には、妥協の余地はないように思われた。しかし、両者の折衷的立場が一八九二年の遅くに、パウロ教団長オーガスティン・F・ヒューイット師(1820-97)によって提唱された。彼は、カトリック大学の学部創設にサールおよびポールとともに選ばれ参加したが、彼らとともにコーヒーを飲みながら自己の思想を完成させたのかもしれない。サールの論文のちょうど一か月後に『カトリック世界』に掲載された論文の中で、ヒューイットはサールの主張を擁護するが、しかしそれを彼自身の創案による神学的推測によって補うことを提案する。特にヒューイットは、知的存在の居住する他の世界が過去ないし現在存在するという信念を、「非哲学的、非神学的、そして反聖書的」と呼ぶ。しかし、そのような世界の将来的な存在は「可能であり、あり得ること」とする。★144 種々の新約聖書のテクストを解釈し、受肉と救済が地球に独得なものであるにちがいなく、救済された人類は天において天使に次ぐ最も高い場所を占めることを示していると言う。そして、神は最後の試練の後初めて、惑星に居住者をおくであろう。復活させられた地球の人々の統治の下、これらの惑星人はいかなる試練も経ないが不死であり、人間よりも下位の至福を享受できるであろう。ヒューイットは、彼の立場が多くの困難を解決すると主張しながらも、それが「科学的にも哲学的にも証明され得ないこと、そしてそれが明らかに啓示されたとあえて主張できない」ことを認める。

一八六〇年から一九〇〇年の間にアメリカとヨーロッパにおいて多世界論を扱った宗教的著作を概観してきたが、ここで、いかに広範なパターンが提示されたかという問題に取り組むことができるであろう。例えば、著述家の教派上の関係と、彼らが多世界論論争において主張した立場との間には相関関係が見いだせるであろうか。二五人の身元のわかるプロテスタントの著述家たちが論議されたが、彼らのうち、一九人が多世界論を支持し、四人が反対し、二人は分類を拒否する。[★145] 考察した二七人のカトリックの著述家の中で、一四人が賛成し、一〇人が反対、四人が分類不可能であった。合わせて、この四〇年の間に三三人のキリスト教の著述家が多世界論を支持し、一四人が反対した。これらの節で調べた反、あるいは非キリスト教の著述家たちは、ビュヒナーを除いてすべて多世界論者であった。多世界論の支持者が、また進化論の唱道者でもあったということは、もっともらしいが推測である。(ビュルクにとってそれは「事実」のように思われた)。ここで、この推測とその反対の推測、すなわち、反多世界論者はダーウィンの理論に反対したこととを、ある程度判定することができる。種々の資料から、これらの節で論じられたキリスト教の著述家たちのうち一〇人が、ダーウィン論争の中で、どのような立場を採ったかを決めることは可能である。しかし、これだけの例では数が少なく、断定的なことは言えないが、どちらの推測も正しくないことは明らかである。例えば、ビュルクとヒューズは進化論的思想にも多世界論的思想にも反対したが、他方バー、ド・コンシリオ、そしてシャンツは多世界論を受け入れながらも、ダーウィンの思想を拒否した。さらに、ボワトゥ、ヒューイット、キルワン、ポーレ、そしてサールは進化論に与《くみ》したが、ポーレのみが多世界論を擁護し、他は拒否した。要するに、一九世紀後半の宗教的位相における地球外生命論争は、ある程度ヒューエル論争において見いだされた特徴を保っていた。言い換えれば、接近戦が開始されるまで敵と味方が容易に見分けがつかない夜戦が続いていたのである。

5 科学的著作——「プロクター的多世界論」の流行

この章を締めくくり、次の段階を用意するために、今までに援用したカテゴリーには容易に適合しない一九世紀後半のイギリス、アメリカ、そして大陸における一連の出版物を概観することは有益である。これらの出版物はほとんど、宗教的観点と言うよりも科学的観点から書かれたものだが、月における生命、地球外生命からの信号、あるいは隕石といった特定の問題に焦点を合わせたものではない。これを概観して現れてくる命題は次のようなものである。少なくとも世紀の中頃と比較するならば、世紀の終わり頃に、多世界論はやせ細ったその姿をさらしていた。特に、多世界論者はわれわれの太陽系のほとんどの惑星における地球外生命に対する主張を放棄していた。しかし、遠い過去や、あるいははるか未来に、あるいは他の系の惑星に対する希望は持ち続けていた。しかし、われわれの太陽系との類推からすると、今や広範な惑星的生命ではなく、複数とはいえ、ほんの少数の惑星で発展した生命しか認められなかった。こうした事実によって、他の系の惑星さえも生命の居住地として危険にさらされた。このやせ細った、あるいは「プロクター的多世界論」は、少なくとも火星を生命の居住地として救出しようとする劇的な努力(次章で論じられる)の背景をなしていた。徐々に現れてきたこの立場を「プロクター的多世界論」と呼ぶ時、それは必ずしもプロクターの諸著作が唯一の、あるいは主要な根拠だということを意味してはいない。事実、プロクターの重要性は、彼がヒューエルの天文学的議論を他のほとんどの天文学者よりもまじめに受け取り、それを新しい方向に発展させたことにあるからである。また、すべての天文学者がプロクター的多世界論を受け入れたということでもない。ヒューエル的立場の支持者は時々現れ続けたし、他方広範囲に居住者のいる惑星系を持った伝統的多世界論を主張する著述家たちもいた。

まずイギリスから、そして一八八〇年の論考の中でプロクター的立場を主張したジェイムズ・O・ベヴァン(1930年死亡)から始めよう。プロクターの星雲仮説および生物学における「発展の原理」を認めながら、[★146] ベヴァンは太陽系の幾つかの惑星には今居住者がいるし、他の惑星も今までそうであったか、あるいは将来そうなるであろうと主張する。ある所で彼は、極端な多世界論者たちを、針の頭の上で踊ることができる天使の数について思弁をめぐらせた中世の哲学者たちに喩えている。巧みな喩えである。事実、中世の人々がそのような天使に関する思弁に決して耽っていなかったことを示す最近の研究によって、その説得力は増した。[★147]

さらに印象深い分析が、一八八三年にエディンバラの事務弁護士ウィリアム・ミラーのペンから生み出された。彼をハギンスの共同研究者ウィリアム・A・ミラーと混同してはならない。『天体——その本性と居住可能性』(ロンドン)と題されたミラーの著書は、二世紀にわたる多世界論文献の広範な読書に基づいた体系的分析に富んでいる。それにもかかわらず、そして少なくとも一六の一般に好意的な批評を受けながらも、[★148] それは初版のみで終わった。多分、ミラーの立場がヒューエル派のものであったためであろう。最初の二章は、彼が特別に研究した太陽にあてられているが、太陽における生命に反対する効果的事例を示し、全体の議論のための一段階を準備している。そしてミラーは、四〇頁を費して、当時英語で読める多世界論論争に関する最も詳細な歴史を与えている。そこでは彼自身の反多世界論的立場を伏せたにもかかわらず、頻繁に多世界論を批判することで、確かに彼の全体的な目的を果たした。またミラーは、聖書、神の叡智、目的因、地球生命の充満など、多世界論の用いる九つの哲学的神学的主題を一覧表にした。これらの主題に対する彼の基本的な答えは、それらが宇宙創造における神の設計を知ることができると不当にも決めつけているということである。

太陽および他の星における生命に反対する議論に短く触れた後、ミラーは惑星における生命の問題に進む。彼は、星雲説を受容したために、多重星系の星の周りを回転している惑星上の生命に対する障害を強調せざるを得なかった。生物学における進化論論争の両方の側でよく読まれたにもかかわらず、彼はダーウィンの立場に反対して、「地球は、……特別に人間のために作られた……」と主張する。これに対して、ある章では目的因の認識可能性を放棄しながら、他の章ではそれを受け入れているのは矛盾している、と読者が反論するのは正当であろう。月に話題を転じて彼は、一八八三年までほとんど賛同者のいなかった月の居住者を否定し、彼らに反対する多くの権威者を整理している。水星における生命に反対するためには、ツェルナーの光度測定法の研究を援用し、金星の生命を放棄するためには、プロクターの議論を引用し、例えば、金星の大気は惑星の高温を緩和するというより、むしろ強めるかもしれないという。火星人に反対する議論をミラーは、主に一八八二年にE・W・モーンダーが提示した主張によって立証する。そして、隕石を引き合いに出す多世界論者に対するハーンの不信感を引用する。ミラーの徹底性と、火星以遠の惑星における生命に反対する議論の源と本質は、ともに彼の次のような言葉から明らかである。すなわち、プロクターの木星に関する考え方は「彼の著作の幾つかに見られる。そして、私は六つの著作からそれらを抽出した……」。このプロクターに対する強い信頼にもかかわらず、ミラーは木星や土星の衛星の居住可能性に関するこの著述家の立場を無視し、それらには多分われわれの月と同様生命は存在しない、と簡単にふれるだけである。またミラーは、巨大惑星は最終的に生命を獲得するというプロクターの提案をまじめに考えることもしない。この状況に含まれている皮肉は明白である。すなわち、ミラーの立場はプロクター的多世界論というよりヒューエル的なものであり、しかも、ミラーの著書は、(そのヒューエル的立場の故に)プロクターの雑誌『知識』のおそらくプロクター自身による論評で無視されたにもかかわらず、[★149] ミラーの議論のほとんどとはいわないまでもその多くが事実プロクターの著作に由来するものだったからである。

終わりの章でミラーは、極端な反多世界論的立場を明確に述べている。「われわれは、生命が地球上にのみ存在すると考える」という結論が「愉快に気を紛らわしてくれる……世界の複数性という仮説」を排除することを知りつつ、ミラーは問う。「われわれはそれに代わるきらびやかで高貴ないかなる思想も持たないのか」。彼の答えからは、必ずしも彼の明確な立場はわからないが、なぜ大きな本を書くことになったのかは明白である。

しかし、この世界のみが……生命に適していること、そして人間……のために用意されていることに気付く時、天の父の無限の愛はこの世界に引き寄せられるに違いないと感じるようになるのではないだろうか……。あるいはこの存在、人間が……罪あるものである時、永遠なる御子が……人間の本性を背負うために彼自身を卑しめ……、人間が……その喪失した特権を回復させられる理由を、よりよく理解することができるのではないだろうか。

逸脱や、幾つかの反論の無視、あるいは時々の言い過ぎという欠点を示しながらも、ミラーの著書はもっと広範な読者を確保してもよかった。それが無視された理由の一つは、ヒューエルは教養があり、体系的で、非常に独創的で、すでに有名であったのに対して、このスコットランドの事務弁護士は単に教養があり、体系的であったにすぎないところにあった。しかし最も重要な理由は、多分それがもたらしたメッセージにあったであろう。

プロクターが一八八八年に死んだ時、残された遺産の一つは天文学に興味を持つ読者であった。この読者を対象に、続いて作品を出版した人々の中で、最も成功した二人がアイルランド人のR・S・ボールとJ・E・ゴアであった。二人とも、世界の複数性に関する解説をちりばめることによって、本の魅力を高めていた。ロバート・スタ−ウェル・ボール卿(1840-1913)は、イギリスにおける天文学の指導的普及者としてプロクターの後を継ぐに十分ふさわしい人物であった。若い頃より、オームズビ・ミッチェルの『天体』によって天文学に魅了されたボールは、ダブリンのトリニティ・カレッジで学び、それからロス卿の観測所で経験を積んだ。★150 一八七四年彼はアイルランドの王立天文学者、およびトリニティのアンドルーズ記念講座の天文学教授になった。そして一八九二年には、ケンブリッジのラウンディアン記念講座の天文学と幾何学の教授になり、大学の観測所の所長にもなった。ボールは一般向けの天文学の本を一三冊出版するとともに、アメリカとカナダで三回の講演を含む広範囲な講演旅行によって、プロクターの後に続いた。「イングランド、スコットランド、アイルランド、あるいはウェールズの町で……ロバート・ボール卿が講演をしなかった重要な町はない……。どう控えめに見ても、百万人以上の人々が彼の講演を聞いたのである」[★151]。グールというイギリスの小さな町ですら、千人以上の人々が「別世界」に関するボールの講演を聞いた。

ボールの多世界論に影響を及ぼしたものは、単に天文学だけではなく、進化論的見方の受容ということもあった。ダーウィンの『種の起源』をカレッジ時代に読んだ時、「即座に転向者」[★152]となり、星雲説にも熱中した。彼はこの仮説を後に、『地球の始まり』(1901)において支持し、発展させる。ボールの進化論的多世界論的立場は、最も詳細な天文学の表明である『天の物語』(1885)に明らかである。そこでボールは、「地球を除いて……人間がいかなる天体でも一時間も生きることはありそうに思われない」としても、地上における生命の増殖は、生命が他所にも広く撒かれていることを示していると主張し、次のように続ける。「もし幾つかの天体のより詳細な情報を得ることができれば、われわれは多分それらも生命で満ちていること、しかも特に環境に適応した生命で満ちていることを発見するであろう。形態上奇妙で不思議な生命、……かつてダンテも書いたことがなければ、ドレも描かなかったほど奇妙な生命」[★153]。しかし、彼は決して極端な多世界論者ではなかった。すなわち、彼は月における生命を拒否しているし、木星や土星は大量の内部の熱を生み出しているというプロクターの見方を受け入れて、それらを「居住不可能な大昔の」われわれの地球に相当するものとして提示する。また、水星と火星における生命の問題に言及するが、それは未解決のままにした。彼は、火星の運河に関するスキアパレッリの報告を知っていたが、『星界』の中で次のように解説している。「現時点でわれわれが言い得ることは、〈運河〉は未だに解決されていない非常に神秘的な問題を提示しているということだけだ」。

彼の十全な多世界論的表明は一八九三年の『高い天において』と一八九四年の論文の中に現れる。前者における彼の観点は、地球は成熟に達しているが、幾つかの惑星は「進化の違った様相を示す」という言葉に示されている。つまり、「あるものは、極端に古いものと見なすべき世界として現れるであろう。他方あるものは不完全なあるいは未成熟な状態にあると考えられる」[★154]。この本で彼はまた、月における生命に反対して、多分友人であるG・J・ストーニに由来する次のような主張を付け加えている。月の重力場は余りに弱く、大気の要素を構成するほとんどの高速の分子を維持することができない。彼の進化論的研究方法は、火星における知的生命に関する次の解説において特に明らかである。すなわち、そのような生命の「可能性がどのようにして否定され得るのかわからない」が、地球上の知的生命の期間の短さから考えると、「知的存在によるいかなる別世界の居住も、惑星の歴史から見れば、ほんの短いものでしかない……」ということは明らかである。「それ故に私は、……確率の法則から、そのような生命が、この瞬間にそこに存在することはない、と判断せざるを得ない」。木星の内部の熱は、生命にとって余りにも熱い。他方、遠くはなれた海王星は余りにも冷たすぎる。後者の主張は好奇心をそそる。なぜならば、一八九四年の論文で彼は四つの巨大外惑星における生命を、内部の高すぎる熱の故に拒否しているからである[★155]。また不思議なことは、ブルースターの著作後数十年における多世界論の問題を概観することを目指していたこの論文が、「現代の研究傾向は幾つかの他の天体に生命が存在するという仮説に好意的である」と結論づけていることである。やはり奇妙なことには、スペクトル分析は（彼が述べているように）、他の惑星が地球の生命にとって必要な化学物質を含んでいることを示したとはいえ、他の証拠は太陽、月、そして巨大外惑星の生命に関するブルースターの信念に不利であったし、水星と金星は未解決のまま残されたというのである。ボールが認めているように火星でさえ、多くの困難がつきまとっていた。ボールの重要性は、彼がただ単にプロクターの読者の継承者であったというだけでなく、彼のメッセージを引き継ぐ者でもあったことである。プロクターよりもやや注意深く、宗教的見解においてもより慎ましやかなボールは、印象深い信任状を携えて、プロクターの進化する多世界論的宇宙と、その内部が高温過ぎて(今までのところまだ)居住不可能な木星と土星を擁護したのである。

ジョン・エラード・ゴア(1845-1910)は、ボールと同じく、アイルランド生まれで、ダブリンのトリニティ・カレッジで学んだが、彼の初期の経歴は全く違っていた。一八六八年ゴアはインドでの工学プロジェクトで働くためにアイルランドを出発し、一八七〇年代後半にある程度の恩給と天文学に対する強烈な関心を持って帰国した。彼は人生の残りの三〇年間を、一二冊の天文学の本の著述に捧げた。★156 ゴアによるフラマリオンの『一般天文学』の翻訳が現れたのは一八九四年であるが、同年に『宇宙の諸世界』(ロンドン)を発表することによって多世界論論争にも影響を与えた。その著作の中には、重要な項目として、地球より遠方の惑星の生命に関する三つの論文が含まれていた。心ひかれる幾つかの論考の中でも、最も魅力的なものは、ゴアが水星における生命の可能性を論じたものである。水星の自転周期がその公転周期に等しいという一八八九年のスキアパレッリの報告を受け入れ、また月において生命はその暗い部分と照らされた部分との境界領域近くで可能であろうというジョン・ハーシェルの仮説を水星に適用して、ゴアは水星の同様の部分における生命を立証することができるであろうと述べる。こう主張するにあたってゴアは、水星の大気に対するツェルナーの立証を看過しなければならなかった。しかし、ハーシェルの薄明地帯の居住可能性を受け入れたことは、何の困難も引き起こさなかったであろう。彼によれば、金星にもし居住者がいるならば、その極地帯においてのみである。他方、火星はその赤道地帯に生命を持つであろう。しかし、「もし火星の表面にかつて生命が存在したならば、今は絶滅していると……私は考えたい」。彼は火星より遠方の惑星における生命は、それら予想される内部の熱の故に除外している。ただし、海王星は例外でありうるかもしれない。最初の論考は、次のような考察で終わる。太陽や惑星が冷却するように、「金星は将来多分生命の舞台を形成するであろう……。さらにその後に、……

水星は——日当たりの部分の中心においてすら——動物的生命が居住するに十分なほど冷たくなるであろう」。第二の論考は、木星と土星はそれらの衛星にとって擬似太陽を形成しており、それらの幾つかを居住可能にするであろう、というプロクターの考えを取り上げる。ゴアの第三の論考は、恒星の周りを回る惑星の可能性を扱っている。太陽のスペクトルに似たスペクトルを持った恒星に分析を限定しながら、それらの惑星に関する四つの主張を提示する。第一に、そのような恒星は似たスペクトルを持つのであるから、多分同じように惑星を持つであろう。第二に、距離が非常に離れているが故に、それらの惑星はわれわれの望遠鏡で捉えられる範囲を越えている。第三に、それらの恒星はわれわれのために輝いていないが故に、「それらはある他の目的のために作られた……にちがいない」。第四に、星雲説から、そのような惑星の存在はありそうである。これらの主張は、恒星天文学の指導的専門家によって一八九〇年代になされた太陽系外の惑星を弁護するものとして、特別な関心が寄せられる。われわれの太陽系における生命が、多分現在地球のみに限定されることを認めた後に、ゴアは「われわれの地球に似た惑星がこれらの遠い太陽の周りを回っていることは、非常にあり得ることである」と言う。「私は、一つの惑星という。というのも、明らかに発光する中心の天体からある一つの距離しか存在しないであろうから……。その地点では、惑星の表面全体にわたって生命維持に必要な温度が存在するであろう……」。ヒューエルの居住可能地帯の発想を応用して、ゴアは居住可能惑星の数を割り出す。見ることができる星の数を一億個とし、それの一〇分の一が太陽タイプのスペクトルを持ち、さらにその一〇分の一が適当な大きさであると仮定するならば、「見ることができる宇宙の中には百万個の世界が動物的生命の維持に適している」と報告している。全体として、これは、ボールにもましてゴアが、プロクターの伝統に立っていることを示している。

一九世紀の最後の数十年において最も卓越したアメリカの天文学者は、サイモン・ニューカム(1853-1909)であった。彼は、航海暦事務所の所長であり、六つのアメリカの大学と一一のヨーロッパの大学の名誉学位を授与された人物でもある。最初、父親からラードナーの『科学と芸術に関する一般講義』[★157]を贈られ、科学の幾つかの領域と多世界論論争へと導かれたニューカムは、多くの機会にこの論争に参加した。ハンスンの仮説に対する一八六八年の反論(前に述べた)と、ロウエルの運河観測について晩年に行った攻撃(次章で考察される)の間に、ニューカムは地球外生命の全体的問題に関する論議を少なくとも五つ出版した。これらの中で最も影響力のあったものは、彼の『一般天文学』(1787)に現れたものである。なおこの著作は、多くの版を重ねるとともに、チェコ語、オランダ語、ドイツ語、日本語、ノルウェー語、そしてロシア語に翻訳された。この著作は、「世界の複数性」[★158]と題された節で結ばれるが、そこで彼は、「多くの思想家が[それを]望遠鏡による研究の究極の対象と見なしている」と主張している。それにもかかわらず、彼の提出する結論は、「そのような生命を示す直接的証拠は全く望み薄である……」という「非常に期待はずれのもの」であると。天文学者は「一般の人々と同様にこの主題について知らない」と主張するが、「われわれの思索を導き制限する」ような天文学的情報について述べる。星雲説に関して、本の前半で、決して確かではないと書いているが、「星の中には、……円周軌道で公転している惑星はまれな例外かもしれない」と述べている。また、他所における生命に必要な条件の分析を提示し、知的生命は非常に特殊な環境においてのみ可能であると主張する。彼とプロクターとの類似性は、特に次の主張において明らかである。一万年毎に地球の知的生命を調査すれば、「千回あるいはそれ以上」も否定的な結果となるほど「文明は短い」ので、われわれは千の惑星を調査しても同じ結論を期待せざるを得ないであろう。さらに、再びプロクターと同じく、たとえ千の惑星のうち一つしか居住者がいないとしても、「何十億」という惑星が存在すれば、「この小さな小片は実際かなり多くあり、そして、……多くのものにわれわれより高等な存在者が居住しているかもしれない」と述べている。ニューカムは、基本的に同じ立場を一八九七年、一九〇二年、一九〇四年、そして一九〇五年に出版された論文の中でも表明している。[★159]

チャールズ・A・ヤング(1834-1908)は、アメリカの天文学者の間での評価では、ニューカムのよきライバルであり、天文学的著作の成功においてはニューカムに優った。『天文学要諦』、『一般天文学』、『天文学講座』などの主著のどれも世界の複数性に関する節は含んでいない。ただし彼は、火星における居住可能性といった話題は扱っている。地球外生命問題に関するこのような回避は、一八八二年の論文の中で、それは「不毛な問題」であると表明する彼の信念によるものである。[★160] ニューカムの同時代人で、天文学的に明敏な人物にチャールズ・S・パース(1839-1914)がいた。彼の父は一八六八年から一八七五年にわたってハーヴァードで天文学を教えた。パースは、当時のどのアメリカ人よりも科学的方法に関して最も理解を示していたのだから、多世界論論争に多大な貢献をなすことができたであろう。しかし、彼は自らを次の一つの発言に限定したように思われる。それは、すべての科学的問題が究極的に解決されるかどうかの分析の際に現れるものである。一八八五年に彼は次のように言う。「他の知的種族が他の惑星に存在することを、われわれは確かなことと見なす。――われわれの太陽系でなければ、他の系において。そしてまた、無数の新しい知的種族がまだ発展途上であることをも、われわれは確かと見なす。したがって、概して、宇宙における知的生命が決して尽きないということは、最も確かと見なされるであろう[★161]」。未解決の問題に対する答えを仮定することによって、すべての科学的疑問が解けるかどうかに光をあてようとするパースの試みは、明らかに興味深い皮肉である。また、一八八五年には、デンヴァー大学の天文学者のハーバート・アランゾ・ハウ(1858-1928)が、現時点で地球は多分われわれの太陽系の中で唯一の居住者のいる惑星であるかもしれないが、星雲説と進化論は結合して、「それぞれの惑星は過去において、人間のような被造物の住居であったかもしれないし、また将来そうなるかもしれない[★162]」ことを明らかにすると主張した。

ハウは、最新の本が同じ考えを表明していると述べている。それは、ミシガン大学の地質学者アリグザンダー・ウィンチェル(1824-91)による『世界の生命あるいは比較地質学』であった。アメリカ地質学協会の父と呼ばれることもある有能な創設者であったウィンチェルは、また宗教と科学との関係に関心を持っていた多産な著述家でもあった。その序文で彼はこの本について、「世界の形成、成長、そして衰退の過程に関する思慮に富む見解」[★163]を構築するために、宇宙論、特に星雲説を地質学と融合する試みであると述べている。「別世界における居住可能性」に関する章で彼は、多世界論的文献を概観し、生命は地球とは非常に違った条件下で、かなり別の形態で存在するだろうと主張するに至る。地球外生命は、余分の感覚を持っているかもしれないし、冥王星においては、瞳が「皿ほどの大きさ」であるかもしれない。彼は次のようにさえ問う。「なぜ破壊できない火打石や白金の中に精神的本性が納められないのであろうか」。他の惑星に地球人に似ている存在者が居住できるかどうかというより扱い易い話題に移って、地球は「太陽系の中の居住可能地帯の真ん中に位置している……そのいずれの側でも、物理的条件の厳しさの故に、われわれの太陽系は声と生命のない砂漠でしかないように思われる」と結論を下す。しかし、彼はプロクターと同様に、ほとんどの惑星と太陽が、かつて居住可能であったか、将来はそうなるであろうと主張する。[★164]さらに、すべての星は居住可能地帯を持つという前提から、居住可能世界の数は「無数」であると結論する。

ウィンチェルは、星雲説を含む彼の進化論的宇宙生成論を、キリスト教と和解できるものとして提示した。他方、ハーヴァードのジョン・フィスク(1842-1901)は、『進化論に基づいた宇宙哲学概論』(1874)(以下『概論』)の中で、同様の考えを支持し、無神論者ではなかったが自らを「不信心者」と見なしていた。[★165]ところで、スペンサーの哲学を擁護するために書かれたフィスクのこの『概論』は、惑星の進化に関する分析を含んでいる。そして、それに基づいて彼は、「小さな惑星では、大きな惑星よりもゆっくりとした、そして余り豊かではなく、変化の少ない生命進化がありそうだということは、自然淘汰の理論から導かれるすばらしい推測である」と主張する。「こうして月は、単に死滅した世界ではなく、十分に進化しなかった世界である。より小さな小惑星群は、多分全面的に進化しなかった世界であろう」[★166]。フィスクは、火星の生命に興味を持ち、「火星の穏やかな温度と居住可能な外見は、星雲説から同様に演繹される」と述べている。星雲説と進化論一般に対するフィスクの熱狂と、火星の生命に対する彼の寛大さは、パーシヴァル・

ロウエルに影響を与えた可能性もあり、特に興味深い。ロウエルのハーヴァードでの学部時代は、一八七六年ロウエルが「星雲説」[★167]と題した講演で卒業試験に臨んだ時に頂点に達した。後にロウエルは進化論的宇宙生成論と火星の生命の第一人者になった。

種々のアメリカの生物学者たちもまた、一九世紀後半の多世界論論争に巻き込まれていった。一八八三年の論文でジョン・プラットは、巨大なエネルギー量が生命を益することなく浪費され、また生命に必要な諸条件は比較的制限されていると主張した。彼の反多世界論的立場の根拠は、次の主張に要約されている。「今日、ある程度の熱、光、そして酸素、水素、炭素などすべての化学的要素なくして生命を想像するほど、間の抜けたは思想家はいない……」[★168]。三か月後プラットの考えに言及することなく、チャールズ・モリスは『アメリカン・ナチュラリスト』に論文を発表し、地球外生命は、原形質の形成やさらには炭素の存在なしでも可能であると主張した。特にモリスは、「大気の構成要素がわれわれの大気と同じでなくとも、それと似た単純な化学的複合物から構成されているような他の惑星においては、複雑で不安定な分子への複混合や再混合という同じ過程が活発に行われ、有機的形態が存在することは、可能であり、あり得ることである」と主張した。[★169]原形質の必要性に反対してモリスは、『アメリカン・ナチュラリスト』の著名な編集者エドワード・D・コウプ(1840-97)の主張を支持した。[★170]この論争の主な原因は、その時まで科学者たちが生命の生物化学的特性に関して、比較的初歩的な理解しか持っていなかった点にあった。このような状況は徐々に改善された。例えば、一八九九年植物学者ダニエル・T・マクドゥーガル(1865-1958)は、植物の色は植物がエネルギーを吸収する波長の作用なので、火星の植物が存在するとしても、必ずしも緑色とはかぎらないことを指摘した。[★171]

『太平洋出版天文学会』における一八九四年の論文の中で、「われわれの地球の外の現象を説明する際、われわれは物質の新たな未知の力や特性の存在を仮定すべきではない」[★172]と鉱山技師カール・A・シュテッテフェルト(1838-96)は主張した。彼は、一種の宇宙斉一論を押し進めるとともに、地球外生命が種々の星を周回する惑星に存在するかもしれないが、地球は太陽系において唯一居住者のいる惑星である、という主張の基礎を固めようとしていた。彼の論文は次のような解説で終わるが、それに対して十分な根拠を与えることはなかった。「地球が惑星の中で最も重要な惑星であり、創造の中心であるとした神学者たちの帰納的洞察力をわれわれは賞賛せざるを得ない。彼らの意見は、科学的事実に基づいてはいないけれども、彼らは真理に到達したのである」。数か月後、一つの無作法な返答が「火星の市民からの書簡」という形で現れた。それは、太陽系の生命は火星に限られると主張していた。その主張によれば、地球は余りにも濃い大気を持ち、余りにも温かい気候であり、その重力場は余りにも強く、せいぜい「五つあるいは六つの感覚を持った何らかの貧弱な爬行生物」程度しか居住できないというのである。この惑星間に起こったパロディーは、隕石によってもたらされたと表明されたが、読者はそれが「カミーユ・フラマリオン氏によって受信された」[★173]という注から、その本当の出所を知ったに違いない。

一八九八年エドウィン・C・メースンはシュテッテフェルトと同様の論文を発表し、われわれの太陽系における生命は地球に限定されると主張した。しかし、彼の議論は幾つかの弱点を持っていた。例えば、彼は最も遠い四つの惑星を白熱していると述べている。[★174]しかし木星の衛星がその影に入ると暗くなることは、少なくとも一五年も前から知られていたのである。[★175]メースンは、他の系の惑星における地球外生命を認めたが、それらは「蟻やとんぼ」に似たものであろうと述べている。彼の結論は、シュテッテフェルトを思い出させるものでもある。「われわれの世界は、宇宙のほんの些細な小片ではなく、造物主の最も大切なものであり、人間は実際神の似像である」。シュテッテフェルトとメースンの論文が宗教雑誌ではなく、むしろ天文学雑誌に現れたことは注目に値する。

一八九六年の論文でチャールズ・エトラーは、「広大な全宇宙は、……科学の目に映った巨大な錯覚である」という未確認の科学者の見解に言及し、星は宇宙空間の中に「目的もなく……その熱き血潮を流している」のであり、最終的に死んで行くと述べている。[★176]このいずれ起こるであろう熱死という恐ろしい摂理に打ちのめされた彼は、「われわれの太陽は荒れ狂う炎の炉であり、それ故およそ考え得るかぎりの生命形態を徹底的に破壊するものである」という信念に異議を唱える根拠として、星雲説と、太陽熱が太陽の斬新的な重力崩壊から生ずるという理論における諸問題を引き合いに出す。熱力学と進化論の世紀末的宇宙は、「盲目的かつまごつく力の偶然的相互作用の場である。そこの価値のない存在をめぐる残忍な闘争は、最も〈進歩した〉思想の預言者が確信する宇宙的自殺にふさわしい序幕である」と言うエトラーに共感する人がいたかもしれない。しかし、太陽人に慰めを求めた人はほとんどいなかった。

エトラーが宇宙を悲観的に見ていたのに対して、社会学者に転向した古代植物学者レスター・フランク・ウォード(1841-1913)は、彼の『社会学概論』の宇宙論を扱った章において、宇宙の楽観的あるいは悲観的な見方は、いずれも「改善説」によって有利なように克服されるべきであると主張した。すなわち、改善説とは、人間と社会を改善しようとする力強い取り組みと結び付いた宇宙の本性を、率直に、経験に基づいて受容するものである。[★177] 宇宙は「ある意味偶然である」と見なすべきであると主張する彼は、地球の生命は「単なる不測の出来事、あるいは幾つかの不測の出来事が集中したものである」と述べる。さらに彼は、すべての太陽系の惑星のうちで、多分地球だけに居住者がいるであろうという。もし地球外生命が他の惑星に存在するならば、それらは「この地球に居住する〔存在者〕とは全く異なるであろう。「有機的形態の構造計画は、最初に各タイプにその発展を始めさせた、最初の……全く偶然的な……イニシアティブに完全に依存しているのである」。ある人々は、この偶然性の中に悲観論を見いだすかもしれないが、ウォードはこの「偶然は人類に対する最も重要な希望を背負っている……」と主張する。楽観論者も悲観論者も、行動が麻痺させられている。前者は、宇宙を慈悲に富んだものと見なすからであり、後者は悪意に満ちたものと考えるからである。他方、改善論者は、偶然の宇宙において「〈偶然起こる〉いかなるものも偶然に発見されねばならない」ことを理解している。自らの社会学理論のために、宇宙論的背景を準備しようとするウォードは、火星論争の運河の中へと巻き込まれて行く。[★178]

多世界論論争全体の中で最も非凡な論文の一つが、一八九七年に現れた。しかしそれは、著者トマス・ジェファースン・ジャクスン・シー博士(1866-1962)の代表作ではなかった。ミズーリ生まれのシーがベルリン大学の博士号を持ってシカゴ大学で教え始めた一八九三年には、彼の予見は異常に思われたに違いない。二〇年後、天文学者についてそれまで書かれた最も大仰と思われる伝記の中で、W・L・ウェブはシーの「比類無き発見」について語っている。合衆国下院の報道官チャンプ・クラークの言葉によれば、その発見によって彼は「アメリカにおけるハーシェル、そして現在生きている最も偉大な天文学者」[★179]の地位を確立したのである。しかし、シーの死後すぐにジョウゼフ・アシュブルックが指摘したように、真実は全く別なのであった。アシュブルックは、「自己の経歴が崩壊するのを見、そして五〇年以上も破滅の状態に置かれた人間の痛ましい運命」に対し同情を表明した。[★180]その崩壊の原因が、F・R・モールトンが考えたように、薬のせいであろうと、ミズーリ大学のジョージ・D・パリントンがシカゴ大学学長ハーパーに通知したように、「大いに道義に欠けていた」ためであろうと、あるいはW・A・コグゾールが述べているように、「精神的不安定さ」[★181]のためであろうと、それについてはここで論じる必要はない。ここではただ、シーの経歴の悲劇における初期の一場面を描写するだけでよい。

シーが、一八九六年から一八九九年まで働いていたロウエル天文台で著した一八九七年の論文は、驚くべき結果を告げた。すなわち、彼は大きな長円軌道を描く連星の形成と運動について新たな理論を説明し、そこから、円に近い軌道を持ったわれわれの太陽系が、「何千もの既知の系の中でも独特のもの」[★182]であると結論した。そして、へびつかい座のF七〇連星系においては「その長円運動の規則性を阻害している、ある暗い天体か別の原因が存在する……」ことを数学的に証明したと主張した。さらに彼は驚くべき発見を公表する。

一八九六年から九七年の観測は、以前にどの天文学者が見たものよりも、困難な星を確かに明らかにした。これらの闇に包まれた天体の中で、約六つのものが、……暗いと思われ、色はほとんど黒である。また、外見上は鈍く反射する光によって輝いている……。もし、それらが周回している星の反射した光によって輝いているだけで、実は暗黒星であることが判明するならば、それは恒星の一つとして発見された最初の惑星——暗黒星——であろう。

シーの主張は多くの反応を引き起こしたが、ここではそのうち三つについて述べておこう。へびつかい座のF七〇における暗い天体に関する彼の主張は、彼が以前に『天文会報』に発表したものであるが、それは一八九九年の同誌のF・R・モールトンの論文において否定された。[★183] 同年H・H・ターナーが『天文台』に匿名の論文を発表した。シーの名前は出さないが、論敵の正体を余すところなく暗示しているターナーは、四つの変数からなる一つの法則を提案する。その第一の変数Tは、「完全に実体のないものであるという条件の下に、いかなる手段によっても打ち立てられる科学的名声」の尺度と定義される。変数Jは「研究者が大衆的な新聞や雑誌の悪評に下す評価」を表し、変数J_1は「健全な名声」を意味している。最後に、変数Cは徐々に増大する自己中心癖の尺度である。最終的な方程式は、「$T=(J/J_1)C$」である。[★184] 第三の攻撃はギャレット・パトナム・サーヴィス(1851-1929)からやってきた。彼は、シーがある星の周りを回る暗い天体を目撃したという話を批判して、「外見上は……鈍く反射した光によって輝いていた」六つの天体、しかも「惑星」と呼ばれたそれらは、目撃するにはあまりにも小さすぎる惑星のはずだと主張する。たとえ巨大な木星が最も近い星の距離に動かされたとしても、それは百分の一の薄暗さであり、最も強力な望遠鏡によっても見えないであろう。[★185] シーの主張を否定するにあたって、サーヴィスは惑星が星の周りを回っていることまでは否定しないことを強調している。

サーヴィスは一八九七年の論文のみで多世界論論争に参加したわけではない。事実、彼は一時期プロクターのメッセージと読者のアメリカにおける主要な後継者となったのであり、一九世紀後半の多世界論論争の真打ちにふさわしい人物なのである。コーネル大学で科学を学んだ後、[★186] サーヴィスはジャーナリストとしての経歴を求め、天文学に関する何百という新聞コラムを書いた。また種々の科学小説を書き、例えば一八九八年にはH・G・ウェルズの『宇宙戦争』の続編を出版した。さらに彼は天文学に関する一般人相手の講師として成功を納め、そのプロクター的研究方法は、多くの天文学的著作、特に『別世界』(1901)に明らかである。プロクターの『われわれの世界とは別の世界』に似た題名のこの著作からは、著者の教養がかなり高く、その思索がみごとなほど慎重であることが明らかである。その中で提示された太陽系は、水星と、火星以遠の惑星においては生命を欠いている。そして金星および火星における生命に関しては、賛成論と反対論がすべて慎重に分析される。その後の多世界論論争への貢献の中には、火星の運河論争に関する論文や、一九二八年のスヴェーデンボリの『われわれの太陽系における諸地球について』の編集などもあった。プロクターが一八八八年に死ぬまで展開した立場が新たな世紀が始まっても魅力的であり続けたという事実を、結果的にはサーヴィスもまた物語っているのである。

フラマリオンの影響下にあったフランスにやって来たアメリカやイギリスの読者は、さらに多くの居住者のいる太陽系を見いだすことになった。フラマリオンに促されて、そしてフラマリオンを喜ばせたことには、シャルル・ドロネ(1816-72)は、一八七〇年パリ天文台の所長になる直前に次のように述べた。

惑星がおかれている条件、およびその表面が提示する環境に関する研究は、惑星には地球と同様に居住者がいることを示している。

さらに、星は、……異なる次元の太陽にすぎず、それらの太陽の中で、われわれの太陽が最も偉大なものであるわけではない。これらの太陽の各々が、一群の惑星を持っている……ことは極めてあり得ることである。そして、これら

の惑星に居住者がいる……ことを認めるのは、ごく自然のことである。★187

フェルディナン・エフェ(1811-78)は、一八七三年に彼の『天文学の歴史』(パリ)の最初の章で多世界論の歴史を概観している。彼は、多世界論に対して好意的であった。しかし、ホイヘンスの『コスモテオロス』(1698)がフォントネルの『対話』(1686)を「生んだ」という彼の誤った主張は、彼が多世界論の歴史の輪郭を描くことより、むしろその説を守ることに関心があったことを示している。彼の多世界論に対する愛着の強さはまた、ランベルトやカントから多世界論的章句を引用したり、例えばフラマリオンの『複数性』のような幾つかの本を列挙したりした後に、次のような表明によって著書を締めくくっていることからも明らかである。

[フラマリオンの]著作(『コスモス』1864)について説明した時、われわれは次のように語った。「天それ自身は、もはや人間が創造のアルファにしてオメガであることを人間に信じさせようとはしていないように思われる。ケプラーは語った、天文学の光は火星からわれわれにやってくる。事実、この惑星の観測によって、不朽の天文学者は……ニュートンを万有引力という考えに導いた諸法則に到達した。あー！　火星上の斑点の観測は、多分いつか、生きた力を無限の連続体へと統合する出発点になるであろう」。われわれの予言は、成就しつつあるように思われる。

現在の観点からすれば、エフェは貧しい預言者に違いないが、短期的にはすばらしく見えたのかもしれない。この著作の後ちょうど四年後、スキアパレッリが火星における「運河の発見」を告げたのであった。

エフェの著作は、アメデ・ギユマン(1826-93)によって出版された天文学の通俗書よりも、はるかに狭い範囲で読まれた。ギユマンの『天界』(1864)は、一八七七年までにフランス語で五版、英語で七版を数えた。ギユマンの親多世界論的感情は、一八七二年の英語版に明らかである。そこで彼は、余り論議を尽くすことなく、水星、火星、木星、そして土星における生命を受け入れる。[★188] 太陽と月の生命に関する問題は、大部分未解決のまま残している。そして、前者を支持するためにアラゴを引用しているが、そのような問題は「蓋然性の領域に……永遠に留まるであろう」とも述べている。この主張は、ギユマンの『天界』における次の主張と対照的である。「過ぎ去った時代の迷信的たわごとに……われわれが陥らないかぎり、そして炎の中でも生きることができる想像上の動物の存在を信じないかぎり、太陽を、その上やその中で生命が絶対的に不可能な天体と見なさざるを得ない」。[★189] 同じ著作の中で彼は、フランスの天文学者E・リエを、「太陽表面における低い温度」という「根拠のない仮説」の故に非難する。そして、「これらの遠く離れた領域では、物質もこの世界においてわれわれに示す特性とは違った特性を持っていると想像することによって、最も巨大な天体や最も小さな天体……彗星や星雲、太陽や惑星に……なんとしても住人を住まわせる」多世界論者について不満をもらす。これは、『彗星』(1875)の中でギユマンがフォントネル、ランベルト、そしてアンドルー・オリヴァーを「自然学的小説」の著述家で、彗星の「居住可能性という先入観を奉じる一派」[★190]として非難したのに近い立場である。ギユマンはまた一八九二年に(前に述べたように)、信号を月あるいは火星に送るべきだと提案した人々を非難した。ギユマンの最後の著作は、『別の世界』という多世界論的表題を持っていたが、しかしその締めくくりの二章における地球外生命に関する議論は、特に注意深いものであった。火星に関する章で彼は、火星の運河を受け入れ、それらが「技術的工業的にわれわれよりもはるかに進歩した」居住者によって建設されたものであると述べている。[★191] 最後の章は、他所における生命の可能性は、「ほとんど確実だ」と主張しながらも、われわれの太陽系の地球と火星以外の惑星あるいは衛星に生命を帰することは避けている。

この章の最初に述べた宗教的著述家たちも含め、フランスの多くの知識人によって示された多世界論に対する熱狂を考えると、一八七四年に一人の反多世界論者が当時最も有名なフランス人天文学者の中から現れたという事実は、ひときわ印象的なことである。ドロネの後を継いで理工科大学の天文学の教授になり、一八七六年には黄経局の局長になるエルヴェ・ファイ(1814-1902)がその人である。一八七四年、黄経局の『年報』でファイは、太陽の物理的組成に関する論文を発表した。その最後の章は、地球外生命に必要な諸条件の分析から成っている。「われわれの天体における有機的存在の諸条件は、他の天体にも完全に適用できると……」[★192]考えるべきであると主張した後、ファイは生命にとって熱という条件が決定的に重要であることを強調する。そして、こうした条件は、隕石による生命の伝播というトムスンの理論に重大な疑問を投げかけ、また変光星、小さな星、星団状の星、そして一定の放射線を欠いている星など、種々のタイプの星の周りを回っている惑星の居住者の可能性を危うくすると主張する。天体における生命には、炭素や酸素だけでなく、特殊な地質、大気、気象上の幾つかの諸条件が同時に存在する必要があるということを指摘しながら、われわれの太陽系においてはただ地球と、多分火星と金星のみが居住可能であると結論づけている。

一八八四年ファイは、『宇宙の起源について』の中で、新しい形の星雲説を提案する。その最終章で彼は、再び別世界における生命にとっての必要条件を分析している。彼の星雲説は、太陽系が隕石から濃縮され、外惑星が最後に形成されたという考えばかりでなく、われわれ自身の太陽系に匹敵する太陽系の形成は、稀な事実に違いないという結論も伴っていた。多世界論の立場の中心的主張を崩す最後の切り札として彼は、次のように主張する。物質の原始的で混沌とした集まりの中で、「その周りを回る惑星を持たない単独の星になったものがある。また、あらゆる意味でわれわれの彗星と同じような小さな天体が回る中心的星になったものもある。さらに、偏心的な運動をする連星や三連星になったものもある。最後に、しかし非常に特殊な場合に、ほとんど円軌道を描く惑星に囲まれた星になったものもある」[★193]。多くの競合する星雲説の中で、ファイの説は何年かの間は卓越したものだという評価を保持し、多世界論者の前に立ちはだかった。またファイの分析には、彼の初期の議論の一つを再説したところもある。

多様であって同時に微妙な生命の諸条件は、いかに多くあるかが……わかる……。たとえ多くの場合相互に独立していることのような諸条件を完全に枚挙することができたとしても、実際いかなる天体においてもそれらが結合されて見いだされる機会はほとんどないことがわかるであろう。従って、自然は、あの一つの居住可能な環境を生み出すために、好都合な環境の好運な集まりによって、ここかしこに、無数の世界を形成しなければならなかったのである。

ファイの反多世界論的議論は多くの人の注意を喚起し、それらを論じた人々の中には、クルベ、ド・キルワン、そしてオルトランなどがいた。それにもかかわらず、多世界論論争のフランスにおける局面は、ファイではなくフラマリオンの影響が卓越していた。

フラマリオンの影響の主な源は、一八八二年に彼が創設し、多世界論者のための公開討論の場として機能を果たした雑誌『天文学』であった。例えば、その第一巻には、科学者であり科学編集者でもあったルイ・オリヴィエ博士(1854-1910)の論文がある。彼は、生命の深海への適応性や薄い大気への適応性を示す証拠とともに、地球の進化過程で生じた地質学的諸条件が変化したことを示す証拠を提示する。オリヴィエのねらいは、特に、トムスンによる生命の惑星間伝播に関する理論を受容するならば、進化の法則が宇宙の他の場所でもあてはまることを論じ、地球外生命は種々の惑星において発展できることを示唆する点にあった。★194 生命の多様な環境への適応性は、また一八九一年の『天文学』におけるユリウス・シャイナー博士(1858-1913)の論考においても強調される。ポツダムの卓越した宇宙物理学者で、最初に『天と地』に論考を発表した彼は、フラマリオンの好意により、フランス語と英語で出版することになり、その多世界論的メッセージを強調するために注釈も付した。★195 シャイナーは、歴史的序論の後に、地球の生命の起源を説明するために、今までに三つの仮説が提案されてきたと主張する。❶特別な創造行為説、❷自然発生説、そして❸宇宙からの移入説である。観測からはこれらの仮説の中で一つに決定できないと主張し、第二と第三のものは地球外生命を必然的に伴うが、第一のものはこの問題の解決になっていないと述べる。地球外生命の問題に移って彼は主張する。「基本的に三つの条件がそろわねばならない。すなわち水、酸素と炭酸を含む大気」、そして摂氏〇度から五〇度までの間の「温度……」[196]。彼は、これらの必要条件を一括して十分条件と誤解し、水星、金星そして火星、さらに多分木星、土星そして天王星の居住可能性を主張した。水星の生命のためにシャイナーは、水星が太陽に対して同一面を保ち、その暗い地域と明るい地域の境界域に小さな居住可能地帯を持つとするスキアパレッリの報告を引用している。彼は、フラマリオンが脚注で救った月の生命を否定する。また珪素は、炭素に似ているし、ある惑星ではその機能を果たすと述べる。最後に、太陽は少なくとも三つの居住者のいる惑星に囲まれているので、それぞれの星は、少なくとも一つの居住者のいる惑星を持ち、そうすると居住者のいる惑星は星の数と同じになるはずだ、と主張する。[197]

フラマリオン自身は、『天文学』誌のほとんどすべての号に論文を寄稿した。大半は特に多世界論に関係したものではなかったが、多くの論文において、火星あるいは他の関連諸問題を論じている。それらは、一八九二年の彼の論文「惑星人の男と女」で、「宇宙の壮観によって人間精神に提起される最高の問題と呼ばれたもの、［すなわち］居住者のいる別の世界は存在するのか、もし存在するならば、それらの住民はわれわれに似ているか」[198]という問題に関係していた。情報よりも熱心な勧めに富んでいるこの論文は、生命がただ自分の環境においてのみ可能であると信じている魚の誤りに陥らないよう警告している。フラマリオンによれば、酸素は、生命に必須ではないばかりか、嫌気性の有機体にとっては破壊的なのである。珪素を基礎にした生命というシャイナーの主張を擁護し、地球外生命は男性や女性とは全く似ておらず、特別な感覚器官——電気的、磁気的、赤外線の感覚等々——や、第三、第四の性を持ち、不燃・不死かもしれないと言う。

『複数性』の三〇年後に書かれたこの論文は、世紀の中頃の強固な多世界論を拒否する世紀末の傾向に直面しても、フラマリオンの多世界論に対する情熱が衰えなかったことを示している。この傾向は、英語圏ほど強くはなかったとはいえ、フランス人の間にも浸透していった。例えば、ガスパール・ボヴィエ=ラピエールは、彼の『天文学入門』(1891)の中で地球外生命に関する問題を未解決のまま残し、一方でファイを他方でレスクールとセッキを引用している。[★199] さらに、ギユマンが初期の著作における極端な多世界論を徐々に放棄したことと、ファイ、ド・キルワン等の反多世界論の出現は、フラマリオンでさえ多世界論の先細りを阻止できなかったことを示している。

イタリアの科学者たちの間で多世界論的立場は疑いもなく、一九世紀後半のイタリアの二人の指導的天文学者によって唱道された理論にふさわしい尊敬をもって論じられた。アンジェロ・セッキ(前述)の自信に満ちた多世界論は、一八七八年のセッキの死からちょうど一年後、ジョヴァンニ・スキアパレッリが火星の「運河」を発見したと公表した時、同時代の人々の記憶にまだ新しかった。火星の生命に集中してはいたが、それに限定されていたわけではなかったスキアパレッリの広範な多世界論的著作については、次章で論じる方がよいだろう。

ドイツでは、ヨーゼフ・ポーレ師と彼の同僚たちの議論に明らかなように、多くの形態の多世界論をめぐる論争がなされた。出版物の広がりとメッセージの故に、ポーレは「ドイツのプロクター」と呼ばれよう。では、「ドイツのフラマリオン」はいったいいたのだろうか。デジデリウス・パップは、一九三一年の著書の中で、フラマリオンの幾つかの多世界論的出版物に言及した後、次のように、肯定的に答えている。「M・ヴィルヘルム・マイアーは、〈ドイツのフラマリオン〉であり、彼の『時代の王たちとその家族』(ウィーン、1885)[の中の]他の地球のような星に関する会話の中で、同様の思索の道を旅している」。[★200] マックス・ヴィルヘルム・マイアー(1853-1910)は、その著書だけではなく、種々の他の出版物においても多世界論を主張した。『他の居住世界』(ライプツィヒ、1909)が最も注目すべき著作である。さらに彼は、天文台を管理し、科学に関する公開講座を行ったベルリンの団体ウラニア協会の創設者であるとともに、雑誌『天と地』の編集者でもあった。[★201] 多世界論論争においてこの雑誌の果たした重要な役割は、シャイナーの一八九一年の論文が最初に掲載されたことからも明らかである。さらに、同誌は一八八九年スキアパレッリの論文を、そして一八九三年と一八九六年には、火星における生命を支持するマイアー自身の論文を掲載した。マイアーはまた、地球の生命の起源に関する理論でもよく知られている。爆発した惑星の海から宇宙へと飛び散った有機体が、休眠状態を経て地球に落下したとの説である。[★202]

マイアーの多世界論は、ゲッチンゲン天文台台長ヴィルヘルム・シュール(1849-1901)が一八九九年に一般向けに準備した論文の中で提示したプロクター的立場になぞらえられる。シュールは、すべての惑星に生命を認めるフォントネルの主張を論評することで、この論文を始める。[★203] 読者は、快活で想像的かつ楽観的なあの一七世紀の素人の評価と、冷静で悲観的なこの一九世紀後半の専門家の分析との対照に驚いたに違いない。シュールは内惑星とすべての巨大な外惑星の両方の生命を否定する見解を述べる。例えば、木星は多分赤熱していて、確かに堅い外皮を持たないものとして提示される。われわれの月における生命は否定するが、木星の幾つかの衛星の生命については、その可能性を認める。火星の運河の幅を自然過程による形成の証拠として引用しながらも、火星こそ生命にとって最も好都合な場所と見なす。スペクトル分析は、太陽や星における生命を排除すると述べておきながら、他の太陽の惑星は、場合によっては生命の居住地であるかもしれないと述べて、論文を締めくくる。

シュールの分析を、デュ・プレ、ツェクラー、そしてポーレの分析と結びつけて考えると、一九世紀後半の多くのドイツ人が、限定された、あるいは「プロクター的な多世界論」を受け入れたことがわかる。一九世紀前半に支配的であった多世界論からこのような形態の多世界論への移行は、フランスよりもドイツにおいて著しいが、しかし特にイギリスとアメリカにおいて明らかである。この変化の理由は無数にある。天文学的な理由の一つは、太陽系外の惑星が星雲説に対する批判と、また星雲を島宇宙と見る初期の見方に対する反証の両方によって、危機にさらされたということである。さらに重要なことには、われわれの太陽系に広く散在する生命に関する主張が、徐々に問題であると考えられるようになったことである。しかし、これですべてが説明できるわけではない。すなわち、世紀中頃の確信に満ちた多世界論が徐々に極端であると見なされるようになった時、火星という惑星に集中した劇的で新たな多世界論が、ポーレの言葉を借りれば、「天文学の世界を絶えず動揺と息切れの状態」★204に陥れたのであった。スキアパレッリとともにイタリアで生まれ、フラマリオンのフランスと、ロウエルが擁護したアメリカで非常に急速に広まったこの新たな多世界論は、火星における高度な文明を示す観測上の証拠を主張したのである。これからその話題に移ろう。

第10章 戦いの惑星をめぐる争い

1 運河論争の開始――ジョヴァンニ・スキアパレッリの登場「頭脳によって導かれし最高の視覚に恵まれた凝視者」

一九世紀の中頃に広まっていた、ほとんどの、あるいはすべての太陽系惑星における知的生命の存在に対する確信は、世紀の終わりが近づくにつれ、徐々に風化して行った。しかし、このような傾向は、火星の生命に関する注目すべき事実が利用できるようになるという確信の高まりとともに、ある一部の人々の心の中では逆転していった。地球に最も近いときでさえ、火星の見かけ上の直径は非常に小さく、目から半マイル離れた茶碗でそれを覆うことができる程であるが、戦の神の名を持つ火星は、一八七七年国際的な論争の的になった。すなわち、火星には、必死になって生き残り、われわれに信号を送ろうとしている知的存在が歩き回っているのかという問題が、何十もの本、何百もの望遠鏡、何千もの論文、そして何百万もの人々の注目の的となったのである。

一八七七年から一九一〇年の間の火星に関する思想の歴史が本章の主題であるが、これによって火星の運動と地球の運動の間に存在する多くの周期性が明らかになる。最も重要かつ劇的なものは、およそ七八〇日毎に火星が特にわれわれの地球に近づき、最適の観察が可能になるということである。最接近時に火星は、二五秒以上の角をなすが、最も遠い時にその直径がなす角は四秒以下である。さらに、火星軌道の比較的大きな長円率から生ずるおよそ一五年毎の周期性もある。この第二の要因の故に火星は、その衝(すなわち、太陽からみて地球の反対の側に位置する)の時、われわれに対して三五〇〇万マイルよりも近くに来るか、六三〇〇万マイルよりも遠くにある。また、例えば衝の時、火星は空の上方にあるか下方にあるか、そしてその北極が見えるか南極が見えるかなど、火星の観察に影響を及ぼす他の要因もあるが、決定的な要因は最初の二つである。それらが相互に関連し合って、一八七七年、一八九二年、そして一九〇九年の衝は最もすばらしいものになったのである。

一八七七年以前、火星に関する千以上の図が(ほとんど出版されることなく)作成されたが[★1]、天文学者たちは未だにこの惑星の表面の形態に関して意見の一致に達してはいなかった。そのことは、一八七七年にイギリスの指導的天文学雑誌が、火星の赤色は「鈍い赤い熱[★2]」による発光に起因すると主張する論文を掲載した事実によっても明らかである。一八七七年のすばらしい衝が近づいた時、多くの天文学者たちは大きな期待を持って待った。しかし、間もなくワシントン特別区とイタリアのミラノから報告される驚くべき結果を予感した者は誰もいなかった。

ワシントンでは、アサフ・ホール(1829-1907)が新しくナバル天文台に設置された二六インチ口径の屈折望遠鏡を使って、テニスンの「月を持たない火星」に、二つの小型の月が回っていることを明らかにした。火星は一つあるいは二つ以上の月を持つに違いない[★3]という多世界論の繰り返された思想によって、ホールが火星の月の探究を動機づけられたかどうかは、推測あるいは将来の研究課題に属するが、ホールが多世界論的傾向を持っていたということは、あの発見を報じた彼の論文から二重に明らかである。外の衛星の直径を〇・〇三一秒と測定した後彼は、これが「月面における一八七フィートの距離に対応している」と指摘する。このことから彼は、「ドイツの天文学者が、月の居住者と交信するために、シベリアの平原に炎の信号システムを作ろうとした提案は、決して奇想天外な企画ではなかった[★4]」という。また、彼は「火星の天文学者」には月がどのように見えるのかを詳細に述べている。これらの月がなぜもっと早くに発見されなかったのかを説明するためには、種々の試みがなされた。そして、その中でも最も奇妙なものは一九六〇年頃に提案されたものである。ロシアの天体物理学者I・S・シュクロフスキーは、間接的証拠に基づいて一九五九年に、火星の月は人工衛星であると提案したのである。それから他のロシアの著述家も、一八七七年以前の探究の失敗

を説明するために、このアイデアをとりあげ、火星の月は一八七七年より少し前に軌道に打ち上げられたと主張した。[★5]

一八七七年の第二の驚くべき報告は、ミラノのブレラ天文台からやってきた。ジョヴァンニ・スキアパレッリ(1835-1910)(図10.1)が、八インチ口径の屈折望遠鏡しか利用できなかったにもかかわらず、火星における広範囲の「運河」組織の発見を発表したのである。彼の報告について論ずる前に、スキアパレッリの経歴にふれておくことは有益であろう。彼は、一九一〇年の死に至るまでに多数の業績をあげ、死亡記事では、「イタリアの最も偉大な科学者」、あるいは「ただ単にイタリアの偉大な天文学者というだけではなく、われわれの時代における最も偉大な天文学者の一人」[★6]であったと天文学者たちから賞賛された人物である。彼の運河観測に対する二人の主要な批判者、E・W・モーンダーとE・M・アントニアディすら、彼を「ヨーロッパ大陸における最も卓越した天文学者」とか「現代における第一の惑星天文学者」[★7]と賞賛している。彼が高く評価された理由は、ただ単に彼の研究の量的多さ(二五〇以上の出版物)のためばかりでなく、結論を提示する際の慎重さのためでもある。例えば、ある著述家が彼の運河観測に関して次のように述べている。「スキアパレッリは常に、これら火星に観測されたものが何であるかに関して、どのような理論的結論を支持することも慎しんでいた」[★8]。この点に関して彼は、同じく運河について書いたフラマリオンやロウエルには稀な職人気質を実践していると考えられた。しかし、以下の資料においては、この偉大なイタリアの天文学者が、少なくとも英語圏において信じられているのとは違って、多世界論的立場からそれほど遠ざかっていなかったことを示す、種々の事実が明らかにされるであろう。

トリノ大学で土木工学を学んだ後スキアパレッリは、天文学をベルリンでJ・F・エンケとともに、プルコヴォでオットー・シュトルーヴェとともに研究した。一八六〇年ブレラ天文台のスタッフに加わり、一八六二年には天文台長になった。スキアパレッリの多世界論的信念の起源は知られていない。それは、強く多世界論的立場を主張したエンケか[★9]、また一八世紀のブレラ天文台長であったボスコヴィッチの著作か、あるいはスキアパレッリが他の宇宙における居住者に関する一八八九年の論文の中で、多世界論の支持のために引用しているアンジェロ・セッキから由来するのかもしれない。[★10]利用できた手段はささやかなものであったが、特に、隕石と彗星に関する研究において、スキアパレッリはすぐに堅固な名声を獲得した。その研究の故に、一八七二年イギリス王立天文学協会からゴールド・メダルを贈られた。天文台の望遠鏡設備の改善にいつも腐心していたスキアパレッリは、一八七八年にこのための一つの方法を発見した。しかし、その詳細が明るみに出たのは、彼の非常に多くの書簡が初めて出版された一九六三年においてである。これらの中には、一八七八年の春にローマに出かけて、多くの政府高官の出席を得た山猫学会の会合において、火星に関する発見について述べたことを詳述した、オット・シュトルーヴェ宛ての書簡がある。この機会を捉えてスキアパレッリは、ワシントンの望遠鏡に匹敵するものがあれば、よりよい結果が得られることを強調した。講義は非常に暖かく受け入れられ、数日の後彼はイタリア宮廷に出頭するよう要請された。そこで彼は、シュトルーヴェに語っているように、王と王女に対して「火星はわれわれの世界とほとんど異ならない世界であると思われる。そして、多少フラマリオン的スタイルを用いることによって、私は問題をかなりうまく扱った[★11]」と説明した。巨大望遠鏡に対するスキアパレッリの要望は、山猫学会の支援を得て、下院議会に図られ、彼がその議員たちに講演をした時圧倒的に支持された。続いて上院と国王が承認した。この「非常に興奮する夢のような展開」の結果として、スキアパレッリが書いているように、彼の天文台は一八八六年に一八インチ屈折望遠鏡を入手した。これだけの高揚は、純粋科学に対する政府の関心や国粋主義など、疑いもなく多くの要因によっているが、火星の観測に関する多世界論的観点を際だたせる「フラマリオン的スタイル」にスキアパレッリが熟達していたことも一因だった。

スキアパレッリが一八九〇年代に得た高い評価は、ただ単に彼の隕石と火星の研究によるだけではなく、一八八〇年代に水星と金星の自転周期を彼が確定したことにもよる。彼の確定はいずれも、それ以前の結果とは著しく異なっていたが、一九六〇年代の中頃に重大な誤りが指摘されるまで、広く受け入れられた。ここでは、水星に関する彼の研究を検討してみよう（金星の場合は、ほとんどこれに類似している）。これは、スキアパレッリによる水星と金星の自転周期の確定は、事前の認識はなかったにせよ、彼の火星観測と同様に、地球外生命の思想と深く関わっていた、という推測に対する準備作業になるであろう。水星の小ささと太陽への近さは、その表面の観測や自転周期を確定しようとする試みを妨げると一九世紀には広く認識されていた。世紀の始めに、シュレーターがさまざまな観測を行い、そこから水星の自転周期はわずかに二四時間を越えるくらいであると推測した。この数字は、多世界論的信念ではないとしても、地球との類推に影響されていただろうが、スキアパレッリがこの問題を取り上げた一八八〇年代にはまだ広く受け入れられていた。スキアパレッリは、一〇年間にわたって作成した約一五〇の、主に昼間の図に基づいて水星が二日、三日、あるいは四日以上同じ姿を示すことから、その自転は「一日かかるのではなく、……むしろもっと遅い」[★12]と結論した。これは正しい結論であったが、スキアパレッリはさらに続けて、水星の自転周期はその公転周期と同じであり、それはおよそ八八日であると主張した。これは、水星が月と同様に、いつもその主星に対して同じ側を向けていることを意味する。少し以前にG・H・ダーウィンは、このように振る舞う月の動きは潮力によって説明できること、そしてこの同じ論法がいかに水星にも適用され得るかを明らかにしていた。さらにスキアパレッリは、水星に四七度の秤動［＊天体の公転・自転に際して、回転が完全に一定しないこと］を認めた。すなわち、水星はこれまた月と同様に、その主星（太陽）に同じ顔を正確に向けているのではなく、四七度も前後に動いているというのである。ロウエル、ジャリ＝デロジュ、アントニアディ、マキューエン、リヨー、そしてドルフスなど多くの後の天文学者によってなされた観測は、スキアパレッリによって計算された自転周期と一致した。[★13]しかし、一九六五年にレーダー技術により、水星の自転周期が約五九日であることが明らかにされた。[★14]金星の自転周期がその公転周期と同じであるというスキアパレッリの主張も、また誤りであることが示された。[★15]

どうして、スキアパレッリは水星に関して、かくも大きな誤りに陥ったのであろうか。部分的には、以下の事実によって説明される。❶水星の自転周期が(五八・六五日)が正確にその恒星周期(八七・九七日)の三分の二であること。❷その自転周期の六倍が、合[＊惑星と太陽が黄経を等しくする時]の周期(一一五・八八日)の三倍にほぼ等しいこと。[★16] これらの要因のために、水星はときどき八八日の自転周期のごとき姿を示す。事実、後にスキアパレッリの自転周期を確証したと主張した天文学者たちの観測の幾つかは、これで説明できるが、スキアパレッリの観測に関しては余りあてはまらない。[★17] スキアパレッリの誤りは、理論においてばかりか、観測においてすら、多世界論的傾向によって誤導された多くの天文学者たちの実例に富む本書の歴史的研究によって明らかになるだろう。スキアパレッリの水星観測が、この点に関して、二つの仕方で影響をうけていたことを示す証拠がある。その第一は、幾つかの不整合な観測を、厚い雲の大気のせいにして、却下してしまったことである。[★18] 水星における大気の存在を「ほとんど確かなこと」[★19]として彼が記述しているのは驚くべきことである。なぜならば、ただ単に水星には大気がないからというだけでなく、一〇年以上前になされた水星のアルベド[＊入射光に対する反射光の強さの比]に関するツェルナーの分析によって、そのような大気の存在は有り得ないとされていたからである。

スキアパレッリは、多世界論的傾向によって第二の仕方で誤導されたのかもしれない。八八日の自転周期のみが、長い夜の冷たい暗黒と地球の七倍の強さの太陽輻射の交代劇から水星の一部を救うことを当然彼は知っていた。事実、彼の自転周期は四七度の秤動と相俟って、水星表面の四分の一の部分(秤動地帯)に、同じ地平線から八八日毎に昇り、沈んで、垂直光ほど強烈ではない光を恵む太陽を与える。この点について彼は敢えて強調しないが、この特徴を明らかにするために十分なことを語っている。水星が穏やかな季節の領域を持つことをほのめかし、さらにその惑星に、地球人も「羨ましがる」ような海があるとする。彼が報告したこの惑星におけるある暗い点に関する論議も、多世界論者の二重否定好みを示している。「水星上に、濃縮や、そして多分また凝結の可能な大気が存在するという事実を考慮し、もし誰かが万が一、その暗い点の部分にわれわれの海に似た何かが存在するとの意見を持つとしても、決定的な反論が可能であるとは思わない」[20]。後に彼は、水星の世界について次のように付け加えている。……太陽から光と熱を受け取るが、ただ単にその量において多いというだけでなく、その仕方も地球とは違うのである。そこでは、もし生命が存在するならば、生命はわれわれが慣れ親しんでいるものとは違った諸条件を見いだすのである。したがって、われわれはそれらをほとんど想像することさえできない。ある領域ではほとんど真上に常に太陽が存在し、他の領域では常に存在しないということによって、……地球上に生命の諸要素を植え付けていく大気の循環よりも、より強く、より速く、より規則的な大気の循環が生じるであろう。そして、このために、安定した気温はわれわれのものと同じくらい完全なものが生み出される、あるいはそれ以上かもしれない。

さらに、スキアパレッリの自転周期が、一八八〇年代の彼の観測から単純に現れてきたものでないことは、早くも一八八二年に天文学者フランスワ・テルビに対して八八日周期説を告げていた、という事実によっても示される[21]。

スキアパレッリがまた王と王女の前でも示したこれらの思想は、水星における生命に対する彼の傾向を証明している。水星に関する魅力的かつ一貫した考えを維持するために、幾つかの観測に優位を認め、八八日周期と一致しない他の観測を軽視したかもしれないと推測するとしても、決して彼を詐欺師よばわりするわけでもないし、水星の自転は他の人々が信じていたよりも遅かったという彼の発見の価値が減ずるわけでもない。この推測の別の表現は、「頭脳によって導かれし最高の視覚に恵まれた凝視者……」[22]とエレン・M・クラークがはからずもスキアパレッリを表した二義性に見いだされるだろう。

2 一八七七年から一八八四年の火星の衝
――スキアパレッリの「奇妙な図」とグリーンとモーンダーの反応――

一八七八年スキアパレッリは、彼の「運河」をほとんど本に近い分量の研究論文の中で提示した。[★23] これは、火星の自転の軸を確定することから始まるが、火星上の六二個の特色を持つ場所の測微計による確定に基づいていた。またこれらの確定は、火星の最初の地図の基礎としても役だつものだった。古代の地理学と神話に基づいた彼の新しい命名法は論争を生みだした。なぜならば、一八七七年にはほとんどの天文学者たちが、火星の卓越した観測者たちの名前を用いた体系を使っていたからである。これは、R・A・プロクターが一八六七年に導入したものであり、ナサニエル・グリーンが拡張し、そしてカミーユ・フラマリオンが、プロクターによるイギリスの天文学者たちの名前の過剰な使用を削減するために改作したものである。[★24] 例えば、プロクターとグリーンが「ロキアーの陸地」と名付けたものを、フラマリオンは「セッキの陸地」と名付け、スキアパレッリは「ヘラス」と名付けた。二人のイギリス人が「嘆きの海」と命名したものは、フラマリオンにとっては「ケプラーの海」であり、そしてスキアパレッリにとっては「エリトラエの海」(インド洋)である。プロクターとフラマリオンが、「フィリプスの海」と名付けたものを、グリーンは「モーンダーの海」と名付け、スキアパレッリは「プロメテウスの入り江」を提案した。スキアパレッリはこの研究論文の中で、「海」や「運河」というような言葉の使用が、表面の諸特徴の本性に関する議論を害してはならないと注意している。そして、この命名法は単に、「記憶を助け記述を短縮するための単純な工夫」と見なされるべきであると主張している。しかし、後に続く論争においては、「海」とか「大陸」とかいう地理学的な言葉が正当であるかどうかということには、ほとんど注意が向けられなかった。「運河」という言葉はスキアパレッリが自ら導入したのではなく、一八五九年のアンジェ

図10.1　ジョヴァンニ・スキアパレッリ

図10.2　一九〇八年、フラマリオンのジュヴィシ天文台での
カミーユ・フラマリオン(左)とパーシヴァル・ロウエル
(ロウエル天文台提供)

ロ・セッキの出版物から取ってきたものである。[★25] さらに、イタリア語の「canale」は、第一に「水路」を意味しているが、また「運河」をも意味し得る。しかし、それは通常の英語の翻訳語「運河」より幾分理論的ではない。その相違は、水路は自然物であるが、運河は構築されたものであるという点にある。また、スキアパレッリは自らを「運河」の発見者とは考えず、ただ単に「運河」の体系の発見者と考えていた。この点と、火星の水に関する彼の確信は、次の表明から明らかである。

火星の表面が海と陸から構成されているという仮説には、高い確率が与えられると思われる。しかも、もし「太陽の湖」の東の排水路が本当に消滅したことを疑いのない仕方で確証できれば、このことはほとんど確実なものにまで高められる……。この運河は、一八三〇年にはメードラーによって、一八六二年にはカイザー、ロキアー、ロス、そしてラッセルによって、一八六四年にはカイザーとドーズによって観測されたが、一八七七年には、このように……以前に用いられたいかなるものにも確かに劣らない機器にも全く見えなくなった……。もしこの変化が将来検証されるならば、私の記憶の範囲で、多分中国の黄河の水路が変化したのと似て、この領域における水力学的体制の変化という解釈が最も単純で自然な解釈であると私は信じる。

スキアパレッリのこの研究論文の大部分は、運河の体系とは無関係の専門的議論から成る。しかし、この特徴こそ――彼の地図を見れば無垢のイタリア人たちにも一目瞭然だが――一八八二年のフラマリオンの次のようなスキアパレッリ宛ての書簡を誘うのである。「全世界は、あなたのすばらしい火星観測に興味を持っています[★26]」。

幾人かの天文学者たちとは違い、フラマリオンはスキアパレッリの観測を受け入れることにおいても、そこに地球外生命の証明を見ることにおいても躊躇しなかった。一八七九年から一八八〇年の論文においてこのフランスの天文学者は、多世界論論争を解決しようとして、隕石とスペクトルに関する研究を引用するとともに、最新の火星観測をも引用している。スキアパレッリに直接言及してはいないが、火星研究に言及しながら、「かしこの海岸が、ここと同じように、水の運河のおくりものである……[★27]」ことを明らかにする。火星における重力の小ささについて述べた後、「火星の居住者が、われわれと違った形態をしていること、そしてその大気の中を飛ぶことはほとんど確実である」という。また彼は、火星の月にも「理性を持ったごく小さなもの」を居住させる。彼の雑誌『天文学』の一八八二年号に、フラマリオンは火星に関する三部からなる論考を書いた。そこで彼は、運河を支持し、多くの運河を示す火星の新しい地図を提示した。[★28]スキアパレッリの火星に関する論文の翻訳が同じ号に登場するが、このイタリアの天文学者がフランスの同時代の人物に高い評価を与えていたとは思えない。一八七八年のオット・シュトルーヴェ宛ての書簡の中でスキアパレッリは、初期のフラマリオンの火星の地図に関して次のように述べている。「この地図は、この文学的天文学者による他の多くの地図と同様に、以前の作品の改悪された模倣物でしかない[★29]」。同様にスキアパレッリは、ドイツの詩人、哲学者、言語学者、そして心霊主義者であったヤーコプ・シュミック(1824-1905)がドイツの読者を新しい火星へ導くために書いた一八七九年の著作にも、感激することはなかったであろう。スキアパレッリ自身も心霊主義に熱中していたが、[★30]シュミックの著作の幾つかの主張に悩まされたことは疑いない。その著作の題名と副題は次のようなものであった。『火星——スキアパレッリによる第二の地球』(ライプツィヒ)。

スキアパレッリの運河観測に対する初期の対応は、ロウエルが後に主張したような「宇宙的懐疑主義」でもなかったし、[★31]また広範囲な受容でもなかった。スキアパレッリの最も早い支持者の一人は、ベルギーの火星の専門家フランスワ・テルビ(1846-1911)であった。テルビは、一八八〇年に出版した研究論文の中で、運河は一八六二年にノットとシュミットによって、一八六四年にセッキによって、一八七一年にグレドヒル、レハードレイ、フォーゲル、そしてローゼによって、一八七三年にナベル、ローゼ、トルーヴロによって、さらに一八七七年にはクルルスとニーステンによって観測されたと主張した。[★32] ルイス・ニーステン(1844-1920)は、一八七九年に火星観測を論じた際に、「分離された線というよりも、さまざまな薄い色の大きな斑点の境界のもようなものとして、しばしば〔一二の運河と〕その他多くに対応する痕跡を認めた[★33]」と主張した。

スキアパレッリの運河観測は、イギリスの天文学者たちの間でさまざまな反応を受け取ったが、一八七七年の衝の折、ナサニエル・E・グリーンがライバルとなる地図を描いたことの影響は大きかった。グリーンはイギリスの画家であり、一八八〇年にヴィクトリア女王と王族の絵画の先生に選ばれた人物である。グリーンは、一八七七年八月と九月に、マデリア島で一三インチの反射望遠鏡による火星観測をした後、王立天文学協会による付論とともに、微妙に陰影をつけた地図を出版した。[★34] 一八七八年四月一二日の王立天文学協会の会合においてグリーンは、「スキアパレッリ教授の火星に関する書簡を読みあげ、……幾つかの興味ある図を示した[★35]」と『ネイチャー』が報告した時、英語圏の人々は初めてスキアパレッリの火星研究について知ったであろう。グリーンは、自分の火星が徹底的にスキアパレッリの火星とは違っていることを認め、その会合でこれらの相違に関する三通りの説明を提案した。第一に、スキアパレッリの観測はおよそ一八七七年九月五日の衝の頃から始まり、一八七八年の三月にまで(すなわち、グリーンの観測よりも後まで)及んでいたが、スキアパレッリによって観測された「幾つかの暗い水路」は、「その衝からかなり後になって初めて見られた……大きな物理的変化」であった可能性があるという。第二に画家グリーンは、スキアパレッリの「堅く鋭い線」は観測というよりも、描画技術によるものであろうという。第三にグリーンは、「対物レンズもしくは接眼レンズに、または教授の目に、背景が明るい場合暗い点を引き伸ばし展開しがちな傾向[★36]」があるという。一八七八年一二月一三日の王立天文学協会の会合においてグリーンは、さらに「大気の振動により、一列に並んだ点は、お互いに結び付いているように見える……」という別の説明を提示した。グリーンはまた、フランス系アメリカ人で当時ハーヴァードにいた天文学者エティエンヌ・トルーヴロ(1827-95)が、次のような書簡を寄せたと報告している。「スキアパレッリ氏の観測した運河は、私の観測ではほとんど支持できない」。ハーバート・サドラーは、スキアパレッリが八インチ口径の望遠鏡であれほど細部を観測できたことに対して疑念を付け加えている。[★37] 一八八〇年三月の論文でグリーンは、スキアパレッリの線に関する別の説明を提案した。「幾つかは、……陰影のかすかな色調の境界であろう……。あるいはそれらは、たれ布のような大気の塊と塊の間の空間かもしれない……」。[★38]

一八七九年から一八八〇年の衝の頃、スキアパレッリはイギリスで支持され始めた。グリーンは、スキアパレッリが運河について「ライン川の存在と同様、それらの存在は疑い得ない」と書いてきたと報告したある注の中で、アイルランドの天文学者チャールズ・E・バートン(1846-82)も運河の痕跡を観測したと述べている。[★39] バートンによる運河観測の報告は一八八〇年に出版され始めたが、それは次のような言明を含んでいた。「スキアパレッリ博士は、ここで作られたこれらの図を、〈運河〉と彼の名付けた対象を表すものとして容認した。そして、私の観測に対する最も価値ある裏づけは、J・L・E・ドライアー氏の図によって与えられた……」。[★40] グリーンはバートンの報告に対して、丁寧に応えている。「これらの形態に関するバートン氏の正確な描写によれば、……それらの存在を疑うことは不可能であろう」。[★41] バートンが出版した地図は一二以上の運河を含み、それに関する報告の中で彼は、以前スキアパレッリが観測した多くの運河を一八七九年に「独自に発見した」と述べている。[★42] テルビもまた、運河観測の擁護者として登場する。一八八〇年の『天文台』への書簡において彼は、運河観測は色合いの相違によるものであるというグリーンの主張を攻撃しながら、トルーヴロが九つの運河を発見したと報告していることを付け加えている。[★43] トマス・ウィリアム・ウェブ(1807-85)は、一八七九年の遅くに、グリーンとスキアパレッリの地図を比べながら、グリーンは「絵」を生みだしたが、他方スキアパレッリの地図は「設計図」に似ていると書いている。またウェブは、スキアパレッリは「色盲のため不自由だった」と述べている。[★44] 一八八一年『普通の望遠鏡で見える天体』の第四版を出版した時、ウェブはバートンの火星の地図をよしとしているが、その決定は、この本の中にも表明されている火星に生命が存在するという彼の信念によって影響されたと考えられる。[45] バートンは、運河を観測した王立天文学協会の唯一の会員だったのではない。一八八二年エドワード・B・ナベルも、一八七九年に幾つかの運河を観測したと表明した。[46]

スキアパレッリは、一八七九年から一八八〇年の衝の間に火星を注意深く観測し、長文の報告書を作成するとともに、たとえ個々の図の輪郭に関しては実質的に明確さは減少したにしても、運河を明示する地図をも作成した。この衝の時、彼はまた、「二重化」と呼ぶ新しい現象を目撃する。それを彼は、一八八二年の再度の観測の後一般に明かし、次のように述べる。「方向や以前の位置にはいかなる変化もなく、以前に存在した線の右あるいは左に、別の線が最初のものと平行に同じように生みだされる……。このようにして生みだされた線の間の距離は、弧度法において一二度から一六度の範囲(三五〇から七〇〇キロメートル)で変化する……」。[47] 一八八二年にフラマリオンの雑誌『天文学』に掲載された同様の論文において、その年までに六〇ほどの運河と、二〇ほどの二重化を観測したと述べ、[48] 再び運河の性質に関する思弁に警告を発するとともに、運河とその二重化は決して視覚的な錯覚ではないことを強調している。このような錯覚に対しては予防措置を施して、「私が観測したものは絶対に確かである」と結論する。

スキアパレッリの新しい発見は、瞬く間に広がった。T・W・ウェブは、一八八二年四月一〇日ロンドンの『タイムズ』にそれを発表し、さらに『ネイチャー』の五月四日付けの記事の中でそれについて詳しく論じた。数日後『サイエンティフィック・アメリカン』がそれに言及し、その情報源として『ロンドン・テレグラフ』を引用した。プロクターはウェブの『タイムズ』への書簡に刺激を受け、その新聞に投稿する。そこで彼は、一八六〇年代に作られたドーズの火星の地図は幾つかの運河を示してはいるが、グリーンが言ったように、視覚的錯覚の可能性が排除されるべきではないと述べている。さらにプロクターは、火星の弱い重力は「われわれの天体上に存在するどんなものよりも大きな規模の工学的仕事が、火星の表面において実現されている」と推測されるという。この気の早い思弁は、「しかし、現時点ではそのように考えることは軽率であろう」[49]との条件付きではあった。プロクターの書簡は、一八八二年四月一四日の王立天文学協会の会合において始まった運河論争で話題にされた。その会合でグリーンは、個々の運河が時々各観測者によって異なって観測される(例えば、ドーズやスキアパレッリ)という理由から、運河を承認する前に「大きな注意」が必要であると主張した。グリニッジ天文台のE・W・モーンダーはその時、幾つかの運河を観測したが、その位置は日々移動していたと述べた。他の会員の幾つかの発表の後、モーンダーとグリーンは「運河」がただ単に隣接地域の間の陰の違いを表しているかもしれないとの意見を再び主張した。[★50] 五月一六日、運河に関して当時先導者であったバートンは書簡を書き、その中で微かな筋に関して、「グリーンとモーンダーによって表明された意見、すなわちそれらはさまざまな陰影のある地域の境界であるという意見に、強く引かれる……」と述べている。[★51] これが、運河陣営からのバートンの逃避の前ぶれであったかいなかということは、すぐに無意味なこととなった。彼は数か月後に死亡し、一八八四年にはウェブも続いて亡くなったからである。しかし、テルビは運河の忠実で力強い唱道者であり続け、一八八二年の六月には、ドーズ、バートン、そしてスキアパレッリの地図が、運河に関する立場において高度な一致を示していると述べた書簡を王立天文学協会に送付している。[★52]

その頃、一八八四年の小さな衝が終わり、一八八六年の比較的大きな衝が近づいていた。バートン、ドライアー、ナベル、ニーステン、テルビ、そしてトルーヴロを含む多くの天文学者たちが、スキアパレッリの二重化はさておき、運河に対しては何らかの支持を与えた。これらの支持と、このイタリアの天文学者の卓越した名声こそ、アグネス・クラークが一八八五年に出版した『一九世紀における天文学の歴史』の初版において、スキアパレッリの運河は「十分に確証された……。火星の〈運河〉は現実に存在し、不動の現象である」[★53]と述べた最大の理由であった。しかし、イギリスではグリーンを中心にかなりの反論が展開された。中でも、間もなく運河説の最も活動的な敵手となったのがE・W・モーンダーであった。

エドワード・ウォルター・モーンダー(1851-1928)(図10.4)はロンドンのキングス・カレッジで学んだ後、グリニッジ天文台に写真術と分光学の助手として参加し、そこに四〇年以上にわたって留まり、特に、太陽観測において不動の名声を確立した。さらに一八八一年から一八八七年にかけて『天文台』誌を編集するとともに、一八九〇年には英国天文学協会を設立し、その最初の主宰者の一人として働き、一〇年間その機関誌の編集者も勤めた。[★54] モーンダーが運河の批判者になったことは、二重の意味で驚くべきことであった。第一に、彼自身が述べているように、「私は、スキアパレッリが彼の結果を出版する以前に、〈運河〉や〈オアシス〉といったわれわれに今では馴染み深い幾つかの模様を記録していた……」からである。[★55] 第二に、一八七七年にモーンダーは、ハギンスの火星における水蒸気の(偽りの)分光学的発見に関する確証を見いだしていたからである。[★56] そして彼は、一八八〇年代を通じてずっと、火星における水の存在を示すこの結果を容認し続けていたのであった。モーンダーの懐疑の始まりの手がかりは、一八八二年に『サンデー・マガジン』誌に発表された一連の火星に関する論文の中に含まれている。その中で彼は、科学的根拠から火星における生命に反論した後に、次のように結論している。

……この惑星におけるわれわれの繁栄にとって不可欠な多くの諸条件すべてを、一緒にもたらしたものは単なる幸運ではなかった。もう少し大きな、より明るい天体はわれわれに適さなかった。一方で恒星の世界と無数の太陽と膨大な惑星の筆舌に尽くし難い壮大さをわれわれが見る時、……他方でこの地球が形作られた時の無限の配慮をわれわれが見る時、……われわれは……詩篇作者の歌と一体化し、……叫ばざるを得ない。

「我なんぢの指のわざなる天を観、
なんぢの設けたまえる月と星とをみるに、
世人はいかなるものなれば

これを聖念にとめたまふや
人の子はいかなるものなれば
これを顧みたまふや」。［＊『旧約聖書』詩篇8,3-4］[57]

三〇年後にヴィクトリア研究所のために書いた論文の中でモーンダーは、再び人間に宇宙の中で特別な場所を割り当てている。[58] メソジスト派の牧師の息子であり、自身（アーヴィング派）一二使徒教団として知られている、ペンテコステ派でキリスト再臨派でもある小さな宗派の非常に活動的な一員であった[59]モーンダーが、彼以前のヒューエルのように、多世界論に対する「キリスト教的」反論に向かうのは当然のことにも思える。しかし、印刷物では決してそのような根拠から多世界論に反対したことはなく、そうした宗派的な議論は自らの多くの科学的議論の評価を傷つけることを、彼は明らかに認識していた。事実、『惑星に居住者はいるか』(1913)の第一章で、ヒューエル＝ブルースターの論争には宗教的要素が含まれていたが、宗教と世界の複数性説とは何等関係のないものと見なすと明言している。それにもかかわらず、この反多世界論的著作の最終章の中で彼は、生命の諸条件は非常に複雑であり、他の惑星での生命は非常に稀なことに違いない、事実「われわれの地球は全く独特のものであろう」と述べている。そして彼は、これらの諸条件に依存しない生命に関して、天文学が何らかのことを言い得るのかどうかを自問自答する。天文学は沈黙のままであるが、キリスト教徒は、キリストのメッセージを受容することによって、次のように宣言することを許されるであろう。「私は死者の復活と来るべき世界の生命を期待する」。[60]

3　一八八六年から一八九二年の火星の衝
――スキアパレッリは、火星を覆った「異様な多角形化と二重化」を支持した

スキアパレッリは、一八八六年の比較的小さな衝の間に、一つの二重化を観測しただけだったが、[61]その年は新しい一八インチ屈折望遠鏡が建設され、満たされた気分だった。さらにその年彼は、ルイス・ソロン(1829-87)と一緒に働いていたアンリ・ペロタン(1845-1904)が、ニース天文台の一五インチ屈折望遠鏡を使って、スキアパレッリの一八八二年の地図と一致する場所に多くの運河と幾つかの二重化を観測したのを知った。[62]喜んだスキアパレッリは、テルビにこの「重大ニュース」を書き送り、次のように述べている。「私はこの確証に非常に大きな重要性を帰す。なぜならば、これ以後人々は私をさまざまの場所で嘲ることをやめるであろう。二重化は説明が非常に困難であるが、しかし実際それらの存在は認める必要がある」[63]。一八八六年六月三日発行の『ネイチャー』に掲載された論文の筆者も同じく感動し、ペロタンの観測はスキアパレッリの主張を「十分に証明した」と主張した。[64]イギリスの天文学者ウィリアム・F・デニング(1848-1931)は、同じ『ネイチャー』誌上に、自分の最近の火星観測もまたスキアパレッリを支持していると表明した。[65]さらにアメリカの天文学者ハーバート・C・ウィルスン(1858-1940)は、一八八六年に幾つかの運河を見ることに成功した。[66]一般の新聞雑誌が火星にますます興味を持つようになったことは、『チェインバーズ・ジャーナル』の記事に明らかである。その匿名の筆者は、他のすべての惑星における生命を拒否するが、火星における「巨大な工学的仕事」に関しては結論的に賛成する。そして、スキアパレッリの名前はあげていないが次のように述べている。「最近、地球とのコミュニケーションを計画的に意図したと思われる光が惑星上を動き回るのを発見したとするイタリアの天文学者の話には、多分幾らかの真実があるであろう」[67]。

スキアパレッリは一八八八年の衝を大きな期待を持って待った。彼の新しい望遠鏡が稼働し始めたというだけでなく、ペロタンが一八八七年、運河論争解決への気運の高まりの中、大きさではリック天文台の三六インチ屈折望遠鏡に及ばぬものの、ヨーロッパで最大の三〇インチ屈折望遠鏡を手にいれていたからでもあった。[68] ペロタンは、例えばスキアパレッリによって「リビヤ」と呼ばれた火星の「大陸」に関して、一八八八年五月に次のように発表して評判を呼んだ。「二年前には明確に見られたものが、今ではもはや存在しない。すぐ近くの海が(もしそれが海ならば、)それを完全に浸食したのである」。[69] フランスよりも大きな火星のリビヤの消滅は、単に彼が報告した多くの華々しい変化の一つに過ぎなかった。その年の後半にはリビヤの部分的な再出現も報告している。[70] リビヤの消滅は広範な報道を生みだしたが、スキアパレッリとテルビはペロタンと一致すると主張したものもあったし、[71] 彼らの不一致を主張したものもあった。[72] 一八八八年の衝に関するスキアパレッリの詳細な研究論文は、一八九九年になってやっと現れた。しかし、一八八八年の後半に、彼は火星に関する研究についての、長編ではあったが、多少一般向けの説明をドイツ語で出版した。その中で彼は、一八八〇年代に徐々にリビヤが消滅して行くのを観測したと述べている。そして、大体においで彼はペロタンを支持していた。[73] スキアパレッリは、この説明の中で問題のいかなる「フラマリオン化」[74]の傾向をも明確に回避していたが、フラマリオンは一八八九年の『天文学』にその翻訳を発表した。

当惑させるようなニュースがナヴァルとリックの天文台からやってきた。アサフ・ホールは、一八八八年六月にナヴァル天文台の巨大望遠鏡で行った運河の観測努力は「無駄であった」[75]と報告した。その後リック天文台長のエドワード・S・ホールデンは、一八八〇年代の後半にナヴァル天文台で作成した火星の図を出版した。それには多くの運河が示されていた。[76] これらの諸論文は、ナヴァル天文台のレンズが悪化したという当時広がりつつあった噂に貢献したように思われる。[77] 一八八八年九月のリックからの報告の中でホールデンは、彼と彼の同僚であるジェイムズ・E・キーラーとジョン・M・シェバーリが作成した火星の四二の図について論じた。彼らは七月一六日になってやっと観測を開始したが、幾つかの運河を観測した。しかし、いかなる二重化もまたリビヤの変化も観測しなかった。[★78]

フラマリオンは、リックの観測にいたく動揺した。「これらの観測はわれわれを絶望させた。この神秘的な惑星についてなされる多くの、そして種々の観測に関する分析に対して捧げられる時間と研究と注意が多くなればなるほど、確かな意見に到達することが妨げられる」。さらに彼は次のように述べる。

世界一強力な望遠鏡が火星の研究に用いられた……。しかし、ホールデン、シェバーリ、そしてキーラー各氏によって作成された図は、……ミラノのスキアパレッリ氏やニースのペロタン氏のそれと一致しないことを認める必要がある。では、各々の天文学者が、道徳的な事柄におけるように、物理的な事柄においても「観測の癖」を持っているのか。[★79]

フラマリオンはまた、同じリックの観測者によってほんの少し後に作成された図に関しても意見の一致がないことに注意を喚起する。この点を彼は、『火星』(1892)において繰り返し主張する。そこでも彼は、一八八八年ニースステンとドイツの天文学者O・ローゼによって作成された図は、ペロタンとスキアパレッリの火星の図とはほとんど一致しないと述べている。[★80] これらの不一致に彼が狼狽したのは、すでに一八七六年[★81]になされた彼の主張、すなわち実際の変化が火星に起こったという主張が危うくなるからであった。変化の形跡は火星の生命に対する最も強力な証明であると信じていたが、またスキアパレッリの観測にも熱中し次のように述べる。「われわれはここで敢えて思い起こそう。われわれは、最初に――そして長くフランスにおいてはわれわれだけが――スキアパレッリ氏の観測の能力と確実性を絶対的に信頼すると表明したことを……[★82]」。同じ年にフラマリオンは、運河の幾つかは川であると述べる。[★83]

一八八八年九月にリチャード・プロクターが亡くなったが、それは三冊の出版物の中で火星に関する意見を述べた直後のことであった。四月の論文では、彼が四年前に行った提案、すなわち二重の運河は「客観的な存在」でもなければ、「視覚的錯覚」でもなく、「靄が川床の上にかかった時に時々起きる火星の川の回折像……」[★84]であるとの提案を繰り返す。また、スキアパレッリの地図に関しては否定的意見を述べている。「かつて良い望遠鏡で火星を観測したいかなる人も、スキアパレッリの描いた難解で不自然な図形を受け入れることはできない」。後に一八八八年プロクターは、多くの川を示す火星の地図の改訂版を出版した。[★85] 火星における運河あるいは川は、地球から観測され得るためには、「一五から二〇マイルの幅」でなければならないとの彼の理解は、死後出版された『新旧天文学』の中での火星に関する議論から明らかである。そこで彼は、さらに詳しく彼の回折理論を展開している。[★86]

種々の運河理論を批判してウィリアム・H・ピカリングは一八八八年この論争に参加した。[★87] 運河が「水の運河」であるという仮説は、「最もありそうにないこと」という。ペロタンは北の海を横断している運河について報告しているが、「もしこの観測が正しければ、海は決して海ではなく、また運河は決して運河ではないことは明らかである」。さらに彼は次のように述べる。「考えても見なさい。例えば六〇マイルの幅で三〇〇〇マイルの長さの運河を覆ったり再開したりする労力を……」。彼はまた、プロクターの靄説や、線は氷河の割れ目とする物理学者イポリト・フィゾウの理論を拒否する。フィゾウに対しては、氷は赤くはないし、しかも極冠の融解から判断する限り、火星の温度は広範な氷結には高温過ぎるとのフラマリオンの議論を引用する。[★88] ピカリングは、「縞は植生の違いによる」との考えに好意を示しているのがわかる。そして、この立場が徐々に同意を得て行くのである。

一八八八年の幾つかの著作に関する論評の中でモーンダーは、プロクターの靄のかかった川説を拒否するが、二重運河は「〈運河視覚上の産物〉である」とするプロクターの考えは「より満足を与えるであろう」[★89]と述べている。さらに、幾人かの天文学者たちは、ただ単に運河を観測できなかったが故にではなく、「運河とは説明できない他の模様を観測した」が故に、運河に反対したのだと述べている。彼の論文の中で最も印象深い節は、スキアパレッリがテルビに宛てて書いた書簡の引用から成る節である。

しかし、最も異常で意外であったのは、ボレオシルト地域とその周囲に……起きた変化である……。なんとも奇妙な混乱！　これらはいったい何を意味しているのか。言うまでもなく、この惑星は地球の地理学上の細部と類似した一定の地理学上の特性を保持している……。ある瞬間が来ると、これらすべてが消え失せ、奇妙な多角形化と二重化に置き換わるが、それらは明らかに、ほぼ以前の状態を再現しようとする。しかし、それは粗雑な仮面であり、私に言わせれば、ほとんどバカげたことである。★90

一八八八年の衝に関連する展開を見ると、モーンダーによってなされた次のような重要な一般化がよくわかる。「惑星上の模様に関する一八七七年以前の研究は、ほとんど全く素人の気まぐれに委ねられていた……。一八七七年以来、最も強力な望遠鏡が……火星に向けられ、そして最も熟達した経験豊かな専門の天文学者たちがそれに時間を捧げることを恥じなくなった★91」。この変化が一八八八年まで順調に進行したことは、スキアパレッリに対するフラマリオンの言明によって明らかである。「あなたの諸観測によって、全天空の中で火星はわれわれにとって最も興味ある点になった★92」。またこの変化が火星の居住可能性という話題と密接に結びついていたことは、プリンストンの天文学者チャールズ・A・ヤングの一八八九年の言明によって明らかである。「多分、正反対の意見がかくも積極的にかつ情熱的に戦わされている天文学上の主題は他にはないであろう……★93」。一八九〇年代が始まった時、論争は再び激しさを増した。

一八九〇年六月の衝の時、過去一〇年間で火星は最も近くなったが、地平線近辺に現れるため、観測は困難であった。それにもかかわらず、多くの人々が運河は増えたと報告した。ワシントンのホールは、二六インチ望遠鏡にもかかわらず、再び何の成功も得ることがなかったが、[★94]フィレンツェのジョヴァンニ・ジョヴァンノッツィは四インチ屈折望遠鏡で、シュトラスブルクのヴァルター・ヴィスリツェーヌスは六インチの望遠鏡で、そしてペロンのJ・ギョームは八インチの反射望遠鏡で、運河の観測に成功した。[★95]最も印象的なのは、イギリスのアーサー・スタンレイ・ウィリアムズ(1861-1930)の成果であった。彼は、六・五インチ反射望遠鏡によって、「スキアパレッリの運河のうち四三もの運河が確かに観測された……。しかも、そのうち七つは、明らかに二重になっているのが観測された」と報告した。ウィリアムズはさらに興味あることを付け加えている。「ほとんど毎夜、スキアパレッリの地図は観測の間中参照された……。しかし、幾つかの最良の夜には、地図の参照は観測の終了するまで注意深く避けられた[★96]」。

スキアパレッリは、リック天文台のホールデン、キーラー、そしてシェバーリのグループから次のような報告がやってきた時、喜んだに違いない。

E・S・ホールデンとJ・E・キーラーは常に、運河を暗く、幅広く、そして幾分拡散的な帯として観測した。悪い視界の中では、J・M・シェバーリによってもまたこのように描かれた。しかし、良い条件の下では、J・M・シェバーリはそれらを狭い幅の線として、角度一秒すなわち幅一秒の線として描いた。

四月一二日にJ・M・シェバーリは二本の運河が二重化しているのを観測した。スキアパレッリ教授の観測はこの観測者によって検証されたといえよう。スキアパレッリ教授のほとんどの運河の位置は、われわれの或る一人によって確かめられたのである。[★97]

スキアパレッリはテルビに次のような興奮に満ちた知らせを送った。「太陽の湖」に新しい一群の運河ができている。

さらに「太陽の湖は惑星全体を支配している二重化の原理を逃れることができなかった。すなわち太陽の湖は、黄色い帯によって、等しくない二つの広がりに分割された」。[★98] これらの発見は、フラマリオンによって即座に世間に伝えられた。もちろん十分に修飾された形で。[★99] W・H・ピカリングは、フラマリオンに次のような劇的なニュースを提供した。すなわち、彼は写真によって火星の吹雪を発見したというのである。それは、フランスの著述家の言葉を借りるならば、「アメリカよりも広い地域を二四時間にわたって覆った」。[★100]

この当時運河論争は、一八九〇年に専門家でも素人でも、女性も含め、ともに所属できる組織として設立された英国天文学協会において特に活発になった。その後の数十年にわたって、『会報』、『紀要』、そして会議が、しばしば火星論争の公開討論の場となった。[★101] 一八九〇年一二月三一日の会議において、芸術家で天文学者のグリーンは、スキアパレッリの作図技術を批判して、論争に火をつけた。特に、グリーンの主張するところによれば、ミラノの天文学者と運河を描いた天文学者たちは、「観測したままを描かなかった。言い換えれば、彼らは濃淡の不確かでそして不確定な部分を、明確で鋭い線に変えたのである」という。[★102] さらに、火星のある特定の地域の図に関して、一八七七年に彼自身によって作成された図と一八七九年にモーンダーによって作成された図と、そして一八八二年にベディカーによって作成された図を比較するならば、同じ衝から、スキアパレッリのいくつかの図の中に見られる以上の一致が示されるという。続く論議の中で、モーンダーと当時の英国天文学協会の代表であったウィリアム・ノウブル大佐(1828-1904)は、グリーンに賛成した。他方、サドラーはスキアパレッリに味方した。A・S・ウィリアムズは、多くの天文学者たちが運河を観測した点を強調する論文を出版することによって、論争を続けた。[★103]

一八九一年運河の二重化に関する論争は、ベルギーの雑誌『宇宙と地球』で勃発し、『イングリッシュ・メカニック』に飛び火した。アドルフ・ド・ボエが、眼精疲労のような特殊な環境の下では、薄暗い線が二重に観測されると主張して、論戦の口火を切った。テルビはスキアパレッリに代わって応酬し、H・シュロイスナーは二重化の視覚的＝心理学的理論を支持した。[★104] こうした異議やジョン・リッチーの強調する事実、すなわち優れた能力と機材を兼ね備えた天文学者たちが運河を観測しなかったことにスキアパレッリが悩んだのは疑いない。[★105] しかし、この当時一番彼を悩まし始めたものは、彼の視力の劣化であったかもしれない。一九〇九年、アントニアディに打ち明けている。

……よい雰囲気の中で、私の左目(右目は若干劣っている)の全能力を持ってなされた十分に満足いく観測は、一八九〇年に終了した。一八九二年—九四年—九七年—九九年の衝の間私はまだ観測していたが、しかしもはや図を作成しなかった……。一八九四年(あるいは一八九六年)にかけて私の目は明らかに悪くなった。視界が徐々に暗くなった。ついに一九〇〇年非常に残念であったが、像も歪み始めたのを私は確認した……。私は、一八九〇年以降に行った火星に関する私の観測を出版しないことに決めた。[★106]

スキアパレッリは火星に関して書き続けたが、しかしその頃までに一二あるいはそれ以上の天文学者たちが運河を観測したので、もはやそれら運河の弁護が彼の肩のみにかかるということはなくなった。

一八九二年八月の衝は際立ったものだった。その衝から、そしてその後の四つの衝から溢れでた論文の氾濫状況を如実に物語るものは、フラマリオンが『火星』の第一巻の六〇〇頁余りを一八九二年以前のすべての火星に関する出版物に当てたのに対して、ほぼ同等の大きさの第二巻をこれら五つの衝のみの論議にあてたという事実である。フラマリオンの『火星』の第一巻の登場自体が一八九二年の最も重要な出来事の一つであった。フラマリオンは、多世界論への確信ゆえに同書を書いたことを認めているが、[★107] ほとんどの著作に特徴的な派手な散文や過激な主張は控えている。例えば、運河の二重化を「霞による、……あるいは特に火星大気の中での二重の屈折によるものとして」説明する率直さを示す。運河の観測を受け入れ、次のように言う。「運河[canaux]は、地質学的力によって生み出された表面上の裂け目、もしくは大陸の表面に広く水を供給するため、古い川を居住者が改修したものかもしれない」。火星の生命に関しては、「私の意見では、われわれより優れた種族が火星に実際に居住している可能性は、非常に大きい」と結論する。同書は、多くの雑誌で好意的に批評され[108]、火星研究史の標準的資料となった。

一八九二年から九三年にかけて、百人ほどの人たちが火星に関する論文を出版したり、諸観測を印刷に付し、他の人々の論議に供した。最も好奇心をそそる論文の一つに、アサフ・ホールの論文がある。彼は繰り返し、これまでの衝において運河を観測できなかったことを報告している。しかし一八九二年の報告は、次のような謎に満ちた覚え書を含んでいた。「惑星上の通常の模様は観測できたが、いわゆる運河の二重化は認められなかった……[109]」。リックのホールデンは、キーラーとバーナムの離反や、リックの火星観測に関する歪んだ新聞報道に悩まされながら[110]、次のように表明する。彼のスタッフは多くの運河を観測し、八月一七日には、シェバーリ教授、キャンベル教授(キーラーの後任)、ハッシー(スタンフォードから夏季の間来訪していた)が「三つの完全に独自の図を作成し、そのいずれも運河……ガンジス川が明らかに二重であることを示した[111]」。その年の後半、ホールデンは「暗い地域を横切っている、より暗い縞が存在する……」と報告した[112]。それをある人々は、火星の海を横切る運河と解釈した。ホールデンはしばしば、火星における暗い地域が水であるということに疑いを表明し、今までのところ灼熱する火星というブレットの初期の考えを論駁するいかなる証拠もないと主張する[113]。シェバーリは提案する。もし暗い地域が陸であり、明るい地域が海であると解釈されるならば、暗い地域に観測される色調の変化をうまく説明でき、運河は部分的に消滅した山岳地帯と見なすことができ、その山岳地帯に平行な山脈が二重の「運河」として観測されるのであろう[114]。シェバーリの主張はスキアパレッリの応答を引きだしたが、それに対してシェバーリはさらに応酬した[115]。視覚の鋭さで名高く、そして一八九四年まで運河の反対者であったリックのエドワード・エマースン・バーナード(1857-1923)は、幾つかの運河の観測をしたが、二重のものは一つも観測されなかったと報告した。[★116] さらに、一八九三年バーナードはスキアパレッリを訪問し、このイタリアの天文学者に次のように尋ねた。「あなたの出版された火星の図の中で、運河は非常に強く描かれている。あなたのノートの図は、これらの線をそれほど強く示してはいない。それらがこんなに強く、暗いのは、印刷上の偶然でしょうか」。スキアパレッリは、次のような興味深い反応を示した。「運河はその都度違った顔を見せる。それらは完全に消滅したり、あるいは漠然とした不明瞭なものとなったり、あるいは鉛筆の線のように非常に強く記されるような時もある。私の図の再現は不幸にも読者を誤解させることがある。私はそれらをうまく再現する芸術家を知らない」。[★117] アレゲニー天文台を指揮するためにリックを去ったキーラーは、自分の一八九二年の観測ではスキアパレッリよりもグリーンの方が支持できるとした。プリンストンのヤングもまた、グリーンの火星に関する説明に公に好意を示していた。[★118]

一八九二年の初めに、ハーヴァードの天文台長エドワード・C・ピカリングは、弟ウィリアム・H・ピカリングをペルーのアーレキーパに送り、南の星座と星雲を写真を用いて研究するための観測所を設置させた。間もなく弟のピカリングは予算を大幅に超過したばかりか、衝に入った火星の写真による課題研究を放棄してしまったが、次のようなセンセーショナルな電報を打った。「火星には南極の近くに二つの山岳地帯がある。解けた雪は、北に向けて流れ出す前にそれらの間に集まる。灰色の地域の北方にある赤道付近の山岳地帯で、雪は八月五日に二つの頂上に降り、八月七日に解けた」。[★119] 弟のそのような極端な主張に対して個人的に警告を発したE・C・ピカリングは、ホールデンが公に次のように述べた時、困惑したに違いない。すなわちピカリングの電報はリックでは「驚嘆を持って」受け取られ、「どのようにして彼は、流れが北方に向かうことを知ったのだろうか」という問題が論議された。[★120] そのような電報と新聞報道に言及して、『英国天文学協会会報』は、苦々しく次のように論評した。「われわれのアメリカの仲間たちは、多くの報告者から送られてくる多くのことで頭を悩ませた。そして、心配されるべきは(むしろ望むらくは)、彼らが彼らによってひどく中傷されているということである」[121]。

『天文学と天体物理学』におけるアーレキーパでの火星観測に関するピカリングの四つの報告は、電報よりも抑制のきいたものとはいいがたく、第三の論文で、運河は「今いつの夜にも容易に観測され」、さらに、「変化は今や頻繁で、速くなってきた……。われわれは次に何を観測できるのか全くわからなかった」[122]と書いているように、興奮した調子が横溢していた。第三の論文には次のような発表もあった。「幾つかのよく発展した運河は海を横切っている。もしこれらが本当に水の運河であり水の海であるならば、ここにはある種の不調和が存在するように思われるであろう」。第四論文においてピカリングは、彼自身と同僚のA・E・ダグラスが作成した火星の三七三の図から引き出した「明確な結論」を明らかにする。「雲は疑いもなく惑星に存在する。いわゆる運河も、スキアパレッリ教授によって描かれたように、本当に惑星に存在する」。そして「われわれは、運河が他の運河と結合する所で、ほとんど例外なく現れる多くの黒い点を発見した……」。ピカリングによって「湖」と呼ばれたこれらの点は、ロウエルでは「オアシス」となる。多分彼の最も劇的な結論は次のものである。「二つの非常に暗い地域を除いて、陰のあるすべての地域は……時々緑がかった色を示した」[123]。第三論文の中で彼は、この緑がかった色を生命によるものとした。ピカリングの四つの論文は、もし無批判に受け入れるならば、非常に感銘深いものであったと思われる。一八九三年の論文の中でジョージ・サールは、この著述家を「昨年の火星に関する第一の情報源」[124]であると述べた。しかし、E・C・ピカリングはそれほど感銘を受けなかった。むしろ弟の無分別さに怒り、ペルーから呼び戻し、ソウラン・ベイリを責任者にした。

イギリスでは、英国天文学協会の火星部門の最初の長であったモーンダーが、衝の間に火星を観測しようとする人々への手引を出版した。その中心的なテーマは、暗黙裡にではあるが、グリーンとスキアパレッリの論争を解決する観測を手に入れることであった[125]。二四人以上の観測者によって提示された図に関する報告の中でモーンダーは、渋々「運河」という言葉を使用し、それが「純粋に技術的な意味においてであり、決して地理学的な意味において使用されてはいない」ことを強調し、また「人工的な構造物という意味での〈運河〉は〔存在せず、しかも〕実際そのような途方もない考えが、いかにして流行したのかを理解することは非常に困難である……[126]」と強調した。それにもかかわらずモーンダーは、受け取った数多くの「運河」観測について報告し、合成地図の中で三〇以上の運河を示していた。しかもそれは、幾つかの二重化したものも含んでいた。王立天文学協会によって出版された短い報告には、水平線上の火星の低さが観測を妨げたという嘆きとともに、この惑星上に観測された変化は、「明るい模様と暗い模様が、各々陸と海を示しているという通常の理論[127]」を危うくするものだという示唆が含まれていた。

フランスでは、ペロタンが再び一八九二年に運河を観測したが、しかし彼は火星上の「明るい放射」を捉えることに集中し、同年の夏に三つ観測した。当時ギュズマン賞が発表され、同様の現象がリックから報告されたこともあり、これらの観測は広く注目を集めた。[128] テルビはスキアパレッリ宛てに書簡を書き、フラマリオンの運河支持は「揺れている」と警告したが、一八九二年頃次のように報告している。「フラマリオンは今完全に運河と和解し、私は嬉しい。なぜならば私は、フラマリオンがスキアパレッリ嫌いによって多少説きふせられるのを、残念に思ってきたからである……[129]」。フラマリオンに対するテルビの不安が正しいかどうかはともかく、フラマリオンの運河に関する確信は、一八九二年に自身のジュヴィシ天文台とフラマリオン天文台からの確証によって強まったに違いない。ジュヴィシではレオン・ギオが九インチの屈折望遠鏡を使用し、一晩に一〇の運河を観測した。そして、コロンビアのボゴタにあるフラマリオン天文台からは、J・M・ゴンザレスが多くの運河を四インチ望遠鏡で発見した。しかし、それは作図できないほど束の間のものであった。[130]

ベルギーからはテルビが、以前に「非常に多くの運河と……少なくともフィスンの二重化の存在を確証した[131]」と報告した。また、彼は運河観測の方法を明らかにしている。

幾人かの偉大な観測者によって明らかにされた原理からひらめきを得た。彼らは言う。「しばしば、人は特に求めているものをうまく観測する」。運河が存在するとスキアパレッリが証明した場所に、……われわれは運河を捜し求めている……。手に地図を持ち、われわれは我慢強く頑固にこれらの非常に困難な細部を追跡した。われわれが部分的にせよ成功を勝ち得ることができたのは、……この方法のおかげである。

明らかにこの一節は、テルビの意図とは非常に違う解釈を許すものである。

運河の観測ばかりか、その理論も国際的な注目を引いた。T・W・キングスミルの潮汐理論は、『上海マーキュリー』誌に発表されたが、イギリスとアメリカ両国の雑誌にも採り上げられた。インドのS・E・ピールはイギリスとカナダ両国の天文学グループより前に、地質学的理論を提示した。[★132] アメリカの『サイエンス』の読者は、運河に関して、二つの地質学的理論と一つの視覚的理論のうちから選択することができた。[★133] フランスでは、スタニスラス・ムーニエが、運河の二重化は火星の大気によるとの仮説を示し、印を付けた領域の上に布を吊し、二重の線を生み出すことによって彼の理論を説明した。その理非がどうであれ、ムーニエの理論は即座にイギリスとアメリカの雑誌上で論議された。[★134]

三つの最も重要な理論的論文がイギリスから登場してきた。「火星の気候」について書いたモーンダーは、次のように主張する。火星の極冠の融解の観測や、ハギンスが分光学的に発見し、モーンダー自身が二度確認した水蒸気の存在からは、火星の穏やかな気候が帰結するが、火星の大気の密度の低さと太陽からの遠さを考えると、「火星の赤道でさえ、平均気温は氷点下」となろう。この緊張を緩和するためにモーンダーは、薄い大気のせいで太陽光の反射も少なく、火星はわれわれの惑星以上に太陽から受けた熱をより効果的に保ち、雲が火星の夜の間に形成され、昼の間に集められた熱を保存するだろうという。[★135] 火星の初期の観測者で、卓越した天体物理学者であり、そして『ネイチャー』の編集者でもあったJ・ノーマン・ロキアーは、一八六〇年代からの火星の観測を解釈し、火星が湿っており、雲に覆われているという近年の考えを支持する浩翰な論考を書いた。スキアパレッリの「Canali」を「運河」と翻訳することに抗議しながらも、その「水路」観測を支持した彼は、それらが「本当に水の水路」であり、低く垂れ込めた雲の堤の故に、時々二重に見えると主張した。[136] ロバート・ボール卿は、ガスの動力学理論に基づいた惑星大気のストーニの分析に注意を喚起し、この理論によれば火星の大気が酸素と水蒸気の両者を保持することが是認されると述べる。ロキアーと同様に彼は、スキアパレッリの運河観測を支持する。それにもかかわらず、火星と地球の相違を考えると、知的生命が現在われわれの近くの惑星に存在することは有り得ないであろうと主張した。[137]

火星の生命に関する問題は、これらの出版物のほとんどではないとしても多くのものの根底にあっただけでなく、幾人かの著述家たちによって明言されもした。リチャード・プロクターの娘であるメアリ・プロクターは次のように記している。火星の衝の間「天文学者は……地球で荒れ狂っているような領地争いが、宇宙の彼方でも進行しているであろうという考えから逃げられない[138]」。エレン・クラークは、彼女の姉妹アグネスと同様に、スキアパレッリの観測を支持し、さらに火星に信号を送るという考えが、「理性的な思考の枠外のことである」と述べながらも、[139] 火星における生命の可能性を受け入れた。

この時期最も広く読まれた火星に関する論考は、多分スキアパレッリによって出版されたものであろう。それは、最初イタリア語で現れ、それから縮刷版の形で、そして一連のアメリカとイギリスの雑誌の中にW・H・ピカリングの翻訳の形で現れた。[140] この論考あるいは翻訳は、論議に値する幾つかの特徴を持っている。❶ピカリングは注釈なくこの論考の二つの部分を省略した。その部分でスキアパレッリは、地球外生命に関して、そしてその発見に対する最後で最高の希望である火星に関して、歴史的に発展してきた論議を提示していた。それ故この論文は、英語圏では、多世界論的考えに対して用心深い専門的天文学者であるというスキアパレッリのイメージを不朽のものにした。

❷スキアパレッリの運河の広範囲な受容にとまどった人々は、この論考の中に一つの答えを見いだすかもしれない。運河が現れたのは、まず第一に、論争上新しく観測された事実としてではなく、ほとんど広く受容されていた観測と、スキアパレッリが始めたのではなく、せいぜい洗練したにすぎない仮説から、演繹的に帰結されたものとしてであった。彼の議論は、極冠とその季節的な縮小と拡張の記述で始まる。最初ウィリアム・ハーシェルによって観測された極冠は、次々と何十人という天文学者たちによって観測された。一八九二年南極の冠は直径で一二〇〇マイルから一八〇マイルに縮小したというスキアパレッリの言明は、その正確な定量化という点で非伝統的であった。極冠が雪と氷から成るものであるというスキアパレッリの同定によって、種々の困難が登場してきた。この外見上自然な一歩は、(今知られているように正確には)A・C・ランヤードが冠の主な組成は二酸化炭素であると述べた[★141]後になされたものであるが、それはスキアパレッリの議論における重大な欠陥である。なぜならば、そこから彼は、それらの融解が「巨大な洪水」を引き起こし、順次火星の海、湖そして運河を生み出すと結論したからである。さらに、雪冠の融解はスキアパレッリに、モーンダー同様、火星が多少なりとも地球的な温度を保持していることを確信させた。まとめると、スキアパレッリの主要な議論は次のようになる。「運河と呼ばれる線が、本当に深い溝あるいは窪地であり、……それは液体が流れるためのものであり、[火星の]真の水路学的体系を構成するものであるという結論は、北の雪の融解する間に観測される現象によって証明される」。一八七八年の研究論文では特徴的だった注意深さが、この論考ではなくなっている。「われわれはそれ故に、運河[canali]は実際そのようなものであり、ただ単に名前だけのものではないと結論する」。この推理を支えるために、彼は季節的な変化を含むさまざまな運河の観測を引用している。しかし彼は、どうしてそれらが一八〇マイルもの広さなのか、またなぜ「ほんの少数のものしか同時に見られないのか」ということに関しては、ほとんど説明を与えていない。

❸運河の起源に関して彼は、それらのネットワークは「多分惑星の地質学的状態の初期において決定され、しかも時

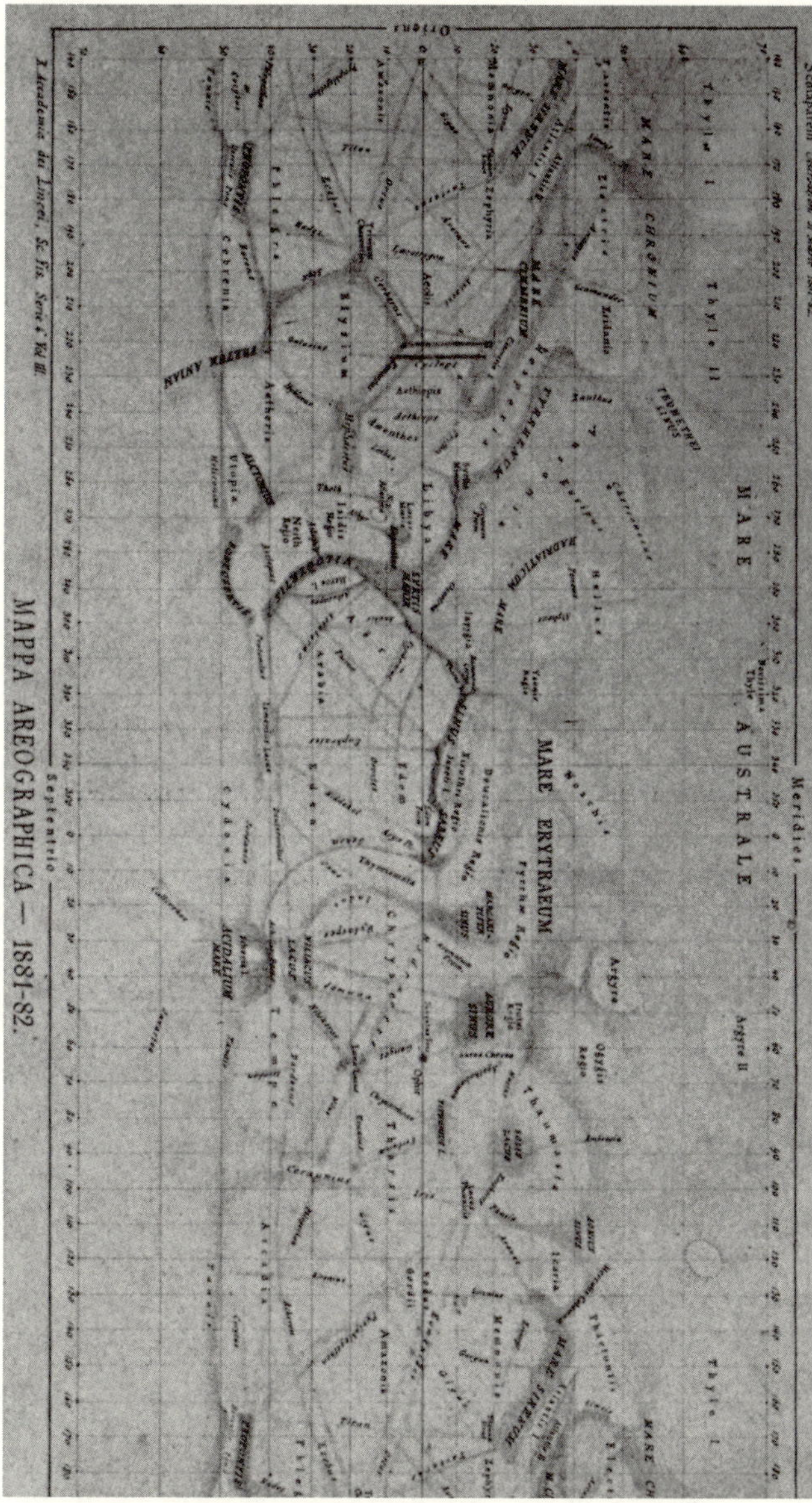

図10.3　1881年から1882年の衝に関するスキアパレッリの報告の中で、彼が示した火星の地図（科学技術研究センター提供）
（The New York Public Library; Astor, Lenox and Tilden Foundation）

の経過の中でゆっくりと形成されてきたものである」と述べている。多世界論者たちの二重否定に依存して、さらに次のように述べている。運河の二重化と幾何学的な特徴によって、「ある人々は、それらの中に知的存在の仕事が見られると考えた……。実際私は、何も不可能なことを含んでいないこの仮説に逆らうことはやめよう」。彼の多世界論は、また次のような意見にも明らかである。運河は、「それによって水が(そしてそれとともに有機的生命が)惑星の乾燥した表面に拡散する……主要な機構である」。

❹二重化について彼は次のように述べている。それは、火星の春分の日頃に始まり、数日あるいは数時間の間に現れたり消えたりする。運河も湖も二重化する。第二の運河は、元の運河から三〇マイルから三六〇マイル離れて現れる。それらは、「八または一〇の観測所で観測され描写された」。そして、二重化に関するどの出版された説明にも満足しなかったが、提示すべきよりよいものを持ってもいなかった。さらに、以上のことを承認した上で、そして「有機的自然に属する力」による説明は、極端に仮説的なものとしてすべて排除した後、次のように述べている。「広大な地域での植生の変化と動物の産出は、もちろんそれ自体非常に小さいが、しかし膨大な量ならば、そのような距離で可視的となるのももっともである」。

スキアパレッリの論考の強さの秘密は、その注目すべき内部的一貫性、優れた設備と技術によって一六年以上にわたって集められた観測資料、そして興味ある副題――火星の生命というものにあった。この論考の魅力は、これらの要因によって説明され得る。さらなる要因としては、それが一つのみごとな火星の衝の直後に、そして次の衝の直前に現れたということである。

4 一八九四年の運河論争
——「当時流行した最も大衆受けする科学的問題に関して一般大衆の側に立った」パーシヴァル・ロウエルの登場

一八九四年一〇月の衝は、論争の質において一八九二年の衝に匹敵し、量においてはそれを凌駕した。地球には前ほど近づかなかったが、火星は水平線のより高いところに登り、観測しやすかった。一八九四年に、決定的でしかも継続的な重要性を持つ三人の天文学者が登場した。それぞれ一八九四年に火星を観測したが、最初の天文学者の主要な貢献は分光器による「観測」から、第二のそれは、太陽の観測と同時に他の観測者を観測することから生まれた。そして、第三の天文学者は、その年が始まった時には存在しなかった天文台から観測を行った。これらの天文学者とは、W・W・キャンベル、E・W・モーンダー、そしてパーシヴァル・ロウエルであった。

母の手一つでオハイオの農場で養育され、ミシガン大学で土木工学を学んだウィリアム・ウォレス・キャンベル(1862-1938)(図10.5)は、ミシガン時代にニューカムの『一般天文学』によって天文学へ導かれ、一八九一年リック天文台のスタッフに加わった。一〇年後には研究所長となり、その後三〇年にわたって君臨した。彼の科学的経歴の最後を飾るものは、カリフォルニア大学学長職と全米科学アカデミーの会長職である。ある死亡記事は次のようにキャンベルの特徴を述べている。「可能な限りの正確さを持った観測結果を求める尊敬すべき熱情は賞賛される……」[★142]。一八九四年には火星に関して多くのことが依然不確かであったが、火星の大気中の水蒸気に関するハギンスの一八六七年の報告は、およそ論争の余地のないものと思われた。しかもそれは、ジャンサン、セッキ、フォーゲル、そしてモーンダーによって確認された。モーンダーは、ハギンスの精密な測定と両立しがたい証拠を掲載した一八九二年の論文の中でさえ、次のように述べている。「私自身それを二つの機会に繰り返した。そしてその正確さにはほとんど疑いを持たない」[★143]。以前の観測者たちが「非常に不利な状況下で」獲得したこの結果の正しさを確信していたキャンベルは、一八九四年の夏に、それを再確認するという「単純で簡単なこと」に、「改良された分光器」[★144]の助けを借りて着手した。その分光器は、乾燥した夏の空気中の高地に設置された優れた望遠鏡に取り付けられた。地球の大気に影響されたスペクトル線を取り除く技術を応用して、彼は空気のない月と火星のスペクトルの比較によって、次のような結論を導いた。一〇回繰り返された彼の観測では、たとえ「用いられた方法によって、火星の大気がわれわれの大気の四分の一しかないということが発見されるとしても」、「火星の大気が水の蒸気を含んでいるという証拠は全くない」。彼の論文は、多くの人々によって、分光学における新参者の研究間違いの報告と見られたかもしれない。しかし、この論文は彼の出発点となった信念への変わらぬ自信を反映する、次のような修正的意見で締めくくられている。「火星の極冠は、大気と水の蒸気の決定的な証拠である……」。

この結論の革命的な波及効果に気付いたキャンベルは「水の」[★145]という言葉を削除しておけばよかったと思ったが、時すでに遅かった。ヘンリ・H・ベイツは、冠は二酸化炭素あるいは何らかの他の塩類からできているであろうから、キャンベルの極冠に基づいた「水の蒸気」という主張は十分な裏付けを欠いていると主張した。多分このベイツからホールデンへ宛てられた書簡を参照してキャンベルは、一八九四年一一月に第二の論文を著した。それによれば、火星の主な特徴の多くは、相当量の水の蒸気を含む比較的厚い大気というものに頼ることなく説明され得る[★146]。例えば、火星の赤色は、大気の効果であるというよりも、むしろ火星の土の色によるものであろう。そうするとまた、なぜ極が赤ではなく白く見えるか説明できる。冠の明るさは、冠から反射した光線が比較的厚い大気を二度通過したという仮説と調和しがたい。もし冠が雪ではなく炭酸の凍った結晶からできているとするならば、これは太陽から遠隔であるが故に、予想される火星の冷たい気候とうまく適合するであろう。ストーニの惑星大気の動力学的理論に関するボールの一八九二年の議論を引用して、キャンベルは火星がその大気の多くを失ってしまっているかもしれないと述べる。

最後に彼は次のように付け加える。月のアルベドと等しいとツェルナーによって測定された火星のアルベドは、暗い地域と明るい地域がともに陸地である火星には容易に適合する。要するに、一八九四年六月の時点でキャンベルの火星に最も類似したものは地球であったが、一一月にはそれは月になったのである。キャンベルを公然と支持した少数の人々の中でホールデンは、自分の同僚の主張を次のように劇的に要約する。「湖、海、(水の)運河、吹雪、洪水、(われわれのような)居住者、そして彼らがわれわれに送る信号等々は、すべて水の蒸気とともに消え失せた」[★147]。キャンベルは、多分驚いたであろうが、彼自身が論争の渦中にいたのである。

一八九四年一〇月ハギンスは、自分の一八六七年の観測が「相当確か」であることを再確認する書簡を書き、その際考慮された諸々の注意に関するキャンベルの記述は不十分であったと主張した[★148]。キャンベルが詳しく自己の立場を説明した後で、ハギンスはその批判を和らげた。しかし、分光学的測定を繰り返し、ハギンスは再び肯定的な結果を報告した[★149]。ジャンサンは、それまで自己の一八六七年の水蒸気の発見に関して十分な説明を出版していなかったが、それを引き続きおこない、それに関する自信を確言した[★150]。ポツダムの天体物理学天文台の所長であったヘルマン・カール・フォーゲル(1841-1907)もまた、一八七三年の自分の火星大気の観測を弁護し、新しい、同様に肯定的な測定を成し遂げた[★151]。最初に『マルタズ・ヴィニヤード・ヘラルド』誌に、そして後に天文学雑誌に現れた反応は、次のように述べている。

マルセアニア(火星狂)がリックの巨大望遠鏡を動かしているものたちを批判した。彼らは病んでいる。彼らによれば、火星は全く大気を持たず、したがって惑星にはいかなる生命も存在しない。これが第一の症候。火星は月と同じく大気を持たない。それは死んだ世界であり、たった二人の共和党上院議員しか養っていないネバダ州と同じく、価値のないものである。これが第二の症候。

もし火星が大気を持つとしても、地球の四分の一程もない。これが第三の症候。

第四の症候は次のようなものである。火星の大気は非常に薄くて、地球からやってきた人間が恒常的に呼吸すれば、元気を失うだろう。

それでは、いったい誰が火星上に「あの」運河を掘ったのか。

誰がいったい、火星上に「あの」信号を作り、「それ」に点火したのか。[★152]

これらの異議(最後のものを除いて)の各々に対してキャンベルは、一八九五年の「火星の分光学的観測に関する論評」の中で答えた。ジョージ・エラリー・ヘールは、天文学者たちの国際的信用を心配し、キャンベルに抑制を促した。[★153] しかし、若き分光学者は数十年後には完全に自信を取り戻し、さらに前進した。最初は彼に従う者はほとんどいなかった。

もしキャンベルがリックに来なかったならば、火星論争はどうなっていたかというのは、好奇心をそそる問題である。ホールデンが最初に呼ぼうとしたのは、モーンダーだった。[★154] もしモーンダーがそれを受けていたならば、キャンベルがこのような研究をなすこともなかったであろうし、伝統的な火星に対して第二の決定的な攻撃がなされることもなかったであろう。この批判も同じく一八九四年に現れたが、それはモーンダーによってなされた。それは、キャンベルの批判とは全く違っていたが、同様に革命的であった。

モーンダーは一八九三年英国天文学協会の火星部会の代表を辞任し、一八九四年同協会の会長になった。火星部会の代表には、二年間バーナード・E・キャメルが就任したが、彼は一八九四年の衝に関する報告の中で、自らが「火星の研究において比較的初心者である」ことを認めていた。[★155] 二二人の観測者から送られてきた火星の一五六の図に関する報告を準備していた時、キャメルは資料の不一致に悩んだに違いない。例えば、一八九四年モーンダーはグリニッジの二八インチ屈折望遠鏡でただ一つの運河を観測したと報告したが、他方A・S・ウィリアムズはその四分の一にみたない口径の反射望遠鏡で六〇の運河を観測した。キャメル自身が運河を観測したからか、観測者の大半（一三人）が少なくとも幾つかの運河を観測したからか、いずれにせよキャメルはスキアパレッリの火星に賛成の結論を下した。「火星の現在の現象は、スキアパレッリの観測と地図の正確さを十分に証明したと思われる……」。

モーンダーがキャメルの主張に失望したことは、疑いない。特に、一八九四年の論文の中で、運河を視覚上の錯覚とする理論を初めて全面的に展開していたからである。「運河」の視覚的証拠の質を認めた上で、モーンダーは「異なった観測者間の記述の大きな相違」や「〈運河〉体系において述べられた変化の大きさとその突然性」などに注意を喚起する。[★156] また、可視性の限界において対象を観測する際の問題も検討する。一八九一年太陽を観測している時モーンダーは、個々には見えない一群の太陽黒点が、結合して一つの線まさしく「運河」[★157]として観測されるのを発見し、次のことを実験より導いた。すなわち、幅が角度三〇秒を超える場合のみ白い紙の上に点を見ることができ、四〇秒以上なら明確に見える。線の場合は、七秒あるいは八秒あれば見えるが、「二本の線の各々が、幅にして四秒しかなく、互いに例えば二〇秒離されている場合、この二本の線は微かな一本の線として見える……」。さらに、「一連の点は、各々が二〇秒で不規則に直線に沿って配置され、各々の平均間隔が点の直径の三倍の場合、容易に連続直線として見られた……」。スキアパレッリや他の人々の描いた運河は、これらの限界値以下なので、運河、その二重化、そして他の観測された諸変化は錯覚であろうと示唆する。彼の結論は次のような重要な警告にある。「われわれが識別できるものが、実際にわれわれが調べている物体の究極的構造であると決めつけることはできない」。

一八九五年モーンダーは、色々な観測者によって長年作成されてきた火星の「太陽の湖」と「目」と呼ばれる地域の図に関する比較研究を出版した。彼は、これらの作図の間に存在する幾つかの相違は「不完全な視覚と不完全な作図」[★158]のせいとしているが、幾つかは惑星における実際の変化を表していると結論する。これらの変化を説明するために彼は、あの地域は「浅い水路が横切っている非常に水平な表面であり、これらの水路の多くが多分非常に狭く、われわれが所有しているどの望遠鏡の力でも別々に認知され得ないであろう……」という。さらに「惑星全体で……しかし、陸と海底のレベル差が非常に小さく……したがって、冬の雪の融解に伴う海のレベルの変化は、浸水地域の拡大に大きな影響を与える」。モーンダーの一八九五年の火星解釈は、二重の意味で皮肉に満ちている。第一に、彼が実際のものとして受け入れた諸変化も、多分錯覚であるが故に、一八九四年に警告した罠に自らはまったように思われる。第二に、水のある火星に関する留保は、キャンベルの結果を彼が受け入れられなかったことを示している。なぜならそれは実質的に、火星の水蒸気に関する分光学的証拠も運河の視覚的観測と同じように錯覚であるという結論を示していたからである。

モーンダーが会長職にあった一八九五年初頭の英国天文学協会の会合において、スコットランドの会員J・オアによる運河に対する反論が発表された。もし運河が幅三三マイル深さ七〇フィートと仮定するならば、それらは結果的に「スエズ運河のおよそ一六三万四〇〇〇倍であり、その建設のためにわれわれの年で一〇〇〇年の間二億人の労働者を必要とする」ことになる。これはありそうにもない。かくしてオアは運河観測の原因として、地質学上の裂け目を選択する。後の論議の中でモーンダーは、この反論を「運河が多分人間の手になるものである……とするバカげた考えにとどめをさすさらなる一撃[★159]」と賞賛した。

モーンダーの一八九四年の運河批判は、キャンベルの論文ほどには注目を集めなかった。その一つの理由は、一般大衆はもちろん、当時の心理学者や哲学者、そして天文学者すら、あまり観測の本質や限界を理解してはいなかったからである。もう一つの理由は、キャンベルとモーンダーが論文を著している間に、世界の関心はスキアパレッリの火星のダイナミックな新しい擁護者に移っていたからである。

一八九三年の中頃には概念的にも地理学的にも火星論争からは数千マイルも離れていたパーシヴァル・ロウエル(1855-1916)(図10.2)が、一八九五年の中頃にはその中心人物となった。名声はロウエルにとって何も目新しいものではなかった。先祖は非常に優れており、彼らの家系はマサチューセッツの二つの町の名前、ロレンスとロウエルに記念として残されている。母方の姓もまた、一九〇三年から一九三三年の間ハーヴァードの学長であったロウエルの卓越した弟、A・ロレンス・ロウエルによって伝えられた。フランスでの二年間を含む勉学の後、ロウエルはハーヴァードに入学したが、それは子供の頃の趣味であった天文学の経歴を積むためではなかった。ハーヴァードでは、数学的才能でベンジャミン・パース教授賞を受賞した。卒業記念講演に選ばれた時は「星雲説」というテーマを選んだ。しかしその後、一七年間は家業に捧げ、さらに二年間の東洋滞在を経て、一八九三年になって初めて天文学上の経歴のスタートを切った。東洋思想に関して四冊の本を著し、中でも最も有名なものは『極東の魂』(1888)である。いったいなぜ彼は一八九三年の秋に日本を離れ、惑星、特に火星の研究に全エネルギーの大半を捧げるようになったのかは、好奇心をそそる問題である。多くの伝記的研究にもかかわらず、この問題は大部分未解決のままである。[★160] 最も繰り返されるのは、スキアパレッリの視力が衰え、ロウエルがこのイタリアの天文学者の有望な火星研究を引き継ごうと思い立ったとする説である。しかしこの説は、一八九三年にはスキアパレッリの視界がそこなわれていることは、公表はもちろん、スキアパレッリ自身さえ知らなかった、という事実によって否定される。[★161] フラマリオンの『火星』(1892)が決定的な要因として働いたという説もある。ロウエルは一八九五年から九六年の冬に、彼自身の最新の火星に関する著作を見せるためにフラマリオンを訪問した。後にフラマリオンはロウエルが次のように語ったと述べている。「われわれに刺激を与えてくれたものは、火星に関するあなたの研究でした……[★162]」。この説明は、少なくとも次の二つの事実と合わない。一八九一年すなわちフラマリオンの著書の出版一年前に、ロウエルは六インチ望遠鏡を日本に運んでいるし、さらにW・L・パトナムに宇宙哲学に関する著作を著す計画を語っているのである。[★163] 精神分析好みの人にアピールしそうな第三の説明が、一九六四年に精神科医C・K・ホフリングによって提出された。彼によれば、ロウエルの火星に関する作品は「無意識的な力によって強く影響され、未解決のエディプス・コンプレックスから［生ずる］不完全に昇華された性倒錯者の衝動の最終形態を取っている」★164。これらの説明には難点があるにしても、ロウエルの天文学および進化論的宇宙論に対する関心は、遅くともハーヴァード時代には始まっていたことは明らかである。進化論的観点は、ハーヴァードのジョン・フィスクから獲得したであろう。フィスクは、以前に述べたように、ロウエルがハーヴァードの学生であった一八七四年に、『宇宙哲学概論』を出版している。他の考えられる要因はR・A・プロクターである。彼の五冊の著書がロウエルの私設図書館に所蔵されており、そのうち二冊（『土星とその系』と『太陽』）は一八七二年のクリスマスに母からロウエルに贈られたものであった★165。ロウエルの進化論的観点への関心は非常に強いものであり、東洋に関する著作の幾つかの中にさえその影響が認められる★166。このような理由から、一八九一年頃ロウエルが進化論的宇宙哲学を出版しようと決心したこと、そしてすぐに火星研究が最適のケーススタディとなると認めたことは、納得できよう。

　火星への情熱の源が何であれ、ロウエルは共同出資による観測所をアリゾナに建設することをハーヴァードに提案した。ハーヴァード大学当局は明らかに、ジェイムズ・リックあるいはチャールズ・ヤーキス天文台とすることを目論んだようで、このボストン人の心中を過小評価したのかもしれない。ロウエルのペンは、小切手帳に向かう時も、一般の雑誌記事を書き上げる時も力強かったが、彼は自身を単なる資金提供者としてではなく、同時に新しい天文台の創設者、主席観測者で理論家、広報担当官、そして台長として思い描いていた。ロウエルとE・C・ピカリングの間はすぐに気まずくなり、共同事業は水に流された。ハーヴァードの学長チャールズ・W・エリオットは、この問題に関連して天文台長《ピカリング》の決定に間違いはなかったということを、一八九四年一一月二三日付けのピカリング宛ての書簡において示唆している。

しかし、パーシヴァル・ロウエル氏は疑いもなく非常に利己的で不可解な人物である。私の意見では、天文台に対する彼の心構えは、全く希望のないものである。幸い彼は、ボストンにおいて同僚から、判断力に欠ける人物と一般に見なされている。数年前この感じが非常に強かったので、実際彼がボストンで快適に暮らすことは不可能であった。[★167]

それにもかかわらず、ハーヴァードは一二インチ望遠鏡をロウエルに貸与し、ロウエルとの共同作業のために、W・H・ピカリングとアーレキーパの彼の助手アンドルー・エリコット・ダグラス(1867-1962)に無給休暇を与えた。[★168] この時期のロウエルとピカリングの連携は、めでたいものではなかったろう。天文学における新参者としてロウエルは、アーレキーパからの火星狂いの助言をほとんど必要としなかったからである。

ダグラスをアリゾナへ急派し、そこでフラグスタッフを観測点に選定し、J・A・ブラシアから一八インチ屈折望遠鏡を借り受けた後、ロウエルは「ロウエル天文台」の構想を公表し始めた。一八九四年五月二二日付けのボストン科学協会での講演で彼は、彼の天文台の「主な対象」が「われわれ自身の諸太陽系の研究〔すなわち〕別世界における生命の諸条件の探究……」であることを説明した。さらに彼は「われわれがこの件に関してすばらしい発見の前夜にいることを信じる強力な理由がある」[★169]という。プロクターの太陽系とスキアパレッリの火星を支持しながら、ロウエルは運河が多分「ある種の知的生物の仕事」であると主張する。ロウエルが最初のフラグスタッフでの観測を行った年の六月一日に、リックのホールデンはロウエルのボストンでの講演を「非常に誤解を招く恐れのある、嘆かわしいものである」と決めつけ、「誇張」や事実と推測との混同、そして「今世紀には……実現されそうもない……希望」を与えたこと、さらには「検証されたら全人類が喜ぶ一部だけ真実な言葉」[★170]を語ることの危険性を警告する論文を完成させた。同じ論文でホールデンは、前に述べたように、ピカリングをアーレキーパからのセンセーショナルな主張の発表の故に痛罵した。「百万長者の望遠鏡」同士の戦いは、二〇年以上の間終わることがなかった。

ロウエルはしばしば、天文台は「見物される所ではなく、観測できる所に[★171]」設置されるべきで、火星は時々ではなく毎夜観測されるべきであることを強調した。ロウエルは天文台稼働の最初の一〇か月間にたった八〇日ぐらいしか観測しなかったが、一一月の遅くまで残ったピカリングと、一八九五年四月に一時的に天文台を閉鎖したダグラスとは、火星に関してほとんど毎夜の観測を行った。[★172]彼らの努力は魅力的な諸結果を生みだした。ロウエルは『火星』(1895)の中で、スキアパレッリによって示された七九の二倍を上回る一八四の運河を目撃したとして列挙しているが、それは結果的にはフラグスタッフから観測された七〇〇より少なかった。一八九四年から一八九五年にかけて発見された二重化は八つのみだったが、何百という観測と何千という火星の図が作成された。[★173]W・G・ホイトによれば、ロウエルは「一八九四年七月遅くには……成熟した科学的理論とみなすものへ自分の考えを」定式化しはじめた。そして、死ぬまで、「さまざまな観測や批判の登場も……彼にその本質的な点を放棄させたり変更させたりすることはできなかった[★174]」。

簡単に言えば、ロウエルの理論は、雪の極冠は交互に融解し、無数の運河を通って赤道地域から反対の半球に向かう水の流れを生み出すというものである。運河そのものは、観測できないが、それが存在することは、周囲の豊かな植生から明らかである。また植生によれば、暗い地域に観測される色の変化が説明できた。しかし、それは少なくともロウエルが、ダグラスとピカリングによる一八九四年七月に始められた暗い地域の運河観測を受け入れ、そこから暗い地域は水ではありえないとの結論に達した後のことである。[★175]火星は水の天体ではないという火星像は、偏光器を用いたピカリングの観測によっても支持された。一八九四年七月ピカリングは、「火星上の恒常的な水の地域は、あるとしても、非常に限定されたものである[★176]」と主張している。ピカリングが一八九二年に湖として観測した、運河の交差する所にある小さな丸い点を、ロウエルは「オアシス」と呼び、融解した極冠から流れだした水から生み出された

「暗黒の波」として見える植生の広がりがあると考えた。火星の直径および質量の小ささから、ロウエルは火星の大気を地球の七分の一の密度であると提示する。[177] これは彼の理論と調和した。大気が密であれば降水が十分で、運河が不要になり、稀薄であれば極の水がなくなるからである。ロウエルの理論は、幾つかの雲を含んでいた。キャンベルは、これを火星の山岳からの反射による放射を説明するのに用いた。[178] ロウエルは『火星』の中で、薄い火星の大気ということから生じる知的生命に対する諸問題を、無頓着にではあるが多彩に論じている。

われわれと同様の身体的構成を持つ生物が、火星を最も不快な居住場所と考えることはかなり確実である。しかし肺と論理が結びつくものではないのは周知のことだし、例えばえらを持った生物が最も優れた人物であることを妨げるものは、世界にもまたその彼方にも存在しないのである。魚は当然、水の外での生活を不可能と考える。同様に、われわれと同じ次元ないしより高い次元の生命が、稀薄な空気故に存在しえないと論ずることは、フラマリオンが楽しそうに表現しているように、哲学者としてではなく、魚として論ずることである。

運河を構築されたものとするロウエルの議論は、従来の地質学的議論ではうまく説明できなかった運河の幾何学的形態に強く依拠している。

少なくとも二つの意味において、ロウエルの理論は強力なものと見なされた。一人の才人が述べているように、ロウエルは「運河が人工的なものであることを確信している。そして誰も彼に反論しない」[179]。さらに、火星人は「肉体的に巨大で、人間より五〇倍も有能で、高い知能を」持ち、「われわれが夢見ることさえできない発明能力がある」[180]とすることによって、ロウエルはいかにして運河が建設されたかを説明できた。しかし、この説明は、彼を重大な反論に晒すことになった。ノーベル化学賞受賞者のスヴァンテ・アレーニウスは次のように反論する。

火星に知的人類が存在するという理論は、非常によく知られたものである。この理論によれば、しかも、これらの生物にわれわれの知性をはるかに凌ぐ、従ってわれわれが推測もできないほどの知性があると仮定すれば、すべてが説明できるかもしれない……。これらの「説明」の難点は、何でも説明するが、それ故実際は何も説明しないということである。[★181]

言い換えれば、運河を建設する超人的火星人というロウエルの考えは、天使が火星の運動を生みだしたという中世の理論と同じ難点がある。他方ロウエルの火星人は、H・G・ウェルズ、クルト・ラスヴィッツ、マーク・ウィックス、そしてエドガー・ライス・バロウズのような科学小説家たちにとって格好の材料となった。[★182]

ロウエルは、彼の観測と理論を相次いで出版した。一八九四年から九五年には、『天文学と天体物理学』と『月刊アトランティック』の両誌をそれぞれ四つの論文で急襲した。一方、『一般天文学』は六つの論文を受け取った。[★183]続いて、ボストンのハンティントン・ホールの満員の聴衆の前で、四つの二月講義を行った。エドワード・エヴェレット・ヘール師は、『国を持たない男』を生みだした筆力をもって、ロウエルの講義を賞賛している。例えば、「ユーモア、機智、論じる主題に関する完全な知識は、同じ話者に期待すべくもないほど」とのコメントは、しばしば転載された。[★184]特にロウエルの理論に名声を与えたものは、一八九五年一二月に出版された『火星』であった。それはちょうど、ロウエルがフラマリオン、スキアパレッリや他の火星熱狂家たちに会うために、そしてサハラ砂漠の澄んだ大気の下での火星観測のために、ヨーロッパに向けて出発した年であった。『年報』の各巻のような詳細な議論がない『火星』は非常によく売れた。事実ロウエルは後に、天文台の税金免除のために論じている。そこから生みだされるものは「よく売れた」[★185]からである。

ロウエルの『火星』に関する無数の論評が現れたが、その幾つかは卓越した天文学者たちによるものであった。『サイエンス』誌上のキャンベルの論評は、ロウエルをその扇情性、先入観、そして先行の天文学者たちを信頼しすぎたことなどの点で非難した。キャンベルは、人類が地球外生命を「こわがって」いるというロウエルの主張を「全くの間違い」と言い、次のように付け加える。「私の考えでは、彼は今流行している最もポピュラーな科学的問題のポピュラーな側面を取り上げた。一般に世界は、火星における知的生命の発見を熱望している。そして、どの擁護者も常に多くの聴衆を獲得する」[★186]。一八九四年五月二二日にボストンで行われたロウエルの講演を引用して、キャンベルは次のように非難する。「ロウエル氏は、講義室から直接アリゾナの彼の天文台に出かけた。そして彼の観測がいかによく彼の観測以前の洞察を確証したかが、この本の中で述べられている」。キャンベルは、「先入観〔からの〕偏向の危険について……活発に書いた」著述家の矛盾に注目し、ロウエルの理論を「スキアパレッリやピカリングその他によって提案された非常に古いものであり、それらの多くはフラマリオン等によって仕上げられた……ものである」と断じる。

キャンベルの見解は多くの天文学者たちによって共有されたが、その中にはホールデンも含まれていた。彼は、一八九五年にキプリングの見方を借りて、ロウエルについて次のように述べている。

まるで無謀な熾天使のように
赤い人間の住む火星の呪縛にしがみつく。[★187]

バーナードのロウエルに対する異議は、基本的にはスキアパレッリやロウエルの運河観測を容認したキャンベルよりも、さらに根本的なものであった。一八九六年の論文の中でバーナードは、リックでの自らの観測に関して、いかなる「直線的なそして鋭い線」も観測されず、むしろ「驚くほどの明確さと、正確に描こうとする試みすべてを迷わせるほど非常に入り組んで小さな、しかも豊富な多くの細部を持った……」火星が観測されたことを強調している。[188] それにもかかわらず、ダグラスが「〈火星〉に関するリック論評」という題名を用いて、キャンベルの論評に応酬した時、キャンベルは彼がリックの同僚たちに相談することなくそれを書いたと報告している。しかし、W・G・ホイトが最近明らかにしたように、ダグラスの応酬はほとんどロウエルによって書かれていた。[189] 他方、天文学仲間にロウエルを支持する者がなかったわけではない。例えば、『一般天文学』の編集者のW・W・ペインとH・C・ウィルスンは、キャンベルの論評と答弁に言及することなく、ロウエル＝ダグラスの応酬を再出版した。[190] さらに、ペインは一八九六年に出版した二本の論文の中で、ロウエルの立場に賛同し、[191] 数年の間ロウエルの論文を出版し続けた。ロウエルは、これを必要としたのかもしれない。なぜならば、ヤーキス天文台を創設した台長であり、『天体物理学紀要』の共同創刊者であったジョージ・エラリー・ヘールが、幾つかのロウエルの投稿論文を拒否したからである。[192] さらに、ヘールはヤーキス天文台の開所式での祝辞で、「ここでなされるべき仕事は全き信頼に値するという名声を得なければならない」と強調した。「われわれがなそうとするものは扇情主義の打破である。残念ながらその悪魔は、明らかに今日の天文学関係の文献の中に存在する」[193]。同年サイモン・ニューカムも同様の所見を表明した。「あらゆる天文学者が、パーシヴァル・ロウエルによって示されたエネルギーと情熱に対する最も高い賞賛を受け入れているが……われわれの大気のような障害となる媒体を通して五〇〇〇万から一億マイルも離れた天体の特徴を、線で描こうと試みる時、最も有能で最も熟練した観測者ですら誤りがちであるという事実を忘れてはならない」[194]。ニューカムはまた次のように警告する。「天文学者は、何も学ぶことができない問題に関して希望のない思弁にエネルギーを浪費する余裕はない……」。プリンストンのヤングは、この時期ロウエルをフラマリオンと結び付け、次のように述べている。「〈他の世界〉の居住可能性の問題に対する極端に大衆的な関心は、……フラマリオン、ロウエル等のかなり扇情的な思弁や意見によって非常に強められた……」[195]。

さらに二人、ニューヨークの記者ギャレット・パトナム・サーヴィスと、天文学者T・J・J・シーがロウエルを支持した。サーヴィスは、『週刊ハーパーズ』における『火星』の論評において、ロウエルの理論を「これまでの中で最も完全なもの」と賞賛し、著者を「豊かな資力、活動的想像力、持続的情熱、事実に対する厳正な顧慮、そして明確な文学的スタイル」を所有するとして賞賛した。[196] 一八九六年七月一六日付け『ダイヤル』誌上でシーは、ロウエルを「優れた文学的技量と主題の明確な理解」を持つと批評し、さらに次のように述べる。彼の運河理論は、「少なくとも以前になされたいかなる解釈よりも、より多くの尊敬に満ちた注意を払われるべきである」。[197] シーの溢れるばかりの賞賛が一般大衆にいかに影響力があったとしても、天文学者たちの間での効果は、シーが彼の論評の出版とほとんど同時にロウエルのスタッフの一員になったという知らせとともに、多分減少したであろう。

ロウエルの『火星』に対して出版された反応は、アメリカにおけるよりもイギリスの方が幾分好意的であった。天体物理学者のW・J・S・ロキアー(1868-1936)は彼の父の『ネイチャー』での論評において、そしてアグネス・クラークは『エディンバラ・レヴュー』において、推奨すべき多くのことを明らかにした。ロキアーは、そのスタイル、論理的性格、そして観測的事実を賞賛し、運河を受け入れ、植生仮説は「反論し難い」であろうと述べている。[198] クラークはロウエルの著書を、フラマリオンの『火星』とスキアパレッリの一八九四年の『天文学と天体物理学』の論文と一緒に論ずる。前者に焦点をあてながら、しかし後者を好んだ彼女は、ロウエルを一八九二年の「大きな火星ブーム」以降に「自由に使えるお金を所有している」人物として登場してきた「純粋に火星の産物」と特徴づける。[199] ロウエルを「楽天的で独創的な」スタイルに「恵まれた観測者」と述べているにもかかわらず、「科学への貢献としては[彼の著書は]ほとんど真剣には受け取れない」と主張した。彼女はスキアパレッリをより好んだのであり、「この奇跡的観測者の運河は……徐々に勝利し、……多分惑星現象の中で最も奇妙な現象でありながら、最も異論の余地のないものの一つである」という。キャンベルの分光学的仕事とダグラスの暗い地域の運河に言及しつつも、彼女は海、大海、そして水蒸気に満ちた大気を持つ伝統的なスキアパレッリの火星を支持した。そのために、彼女は雪冠の中に含まれている水の量を計算したが、それは潅漑のための唯一の源としては不十分であるという。スキアパレッリがすでに破綻していた時に、このイタリアの天文学者の地球外生命に関する保守的態度を受け入れながら、火星の生命に関するロウエルの思弁に対して、次のように警告する。

ロウエルによって自由に操られた、宇宙的知性を持ったアレクサンダーの剣は、科学の武器ではない。自然の探究において紐は切断されるのではなく、解かれるべきである……。潅漑仮説は、……余分なものであり、……承認され難い。それらがすべての形態において虚偽であることが論証されるということではなく、それらが純粋に理論化への扉を開くということである。

『スペクテイター』誌に見られるクラークの論評への不満は、用心深いながらも辛辣である。曰く、他の場所における生命の探索は非常に重要であるが故に、「百万長者の全財産、あるいは金の山が立派にそして正しく消費されるであろう」[★200]。火星が「われわれとは少し違う肉体的存在によって居住可能である」と確信したこの論評者は、ロウエルの著書を歓迎し、さらなる観測は「非常に明快な結果を生み出すが故に、彼らを捉える機会は何百万という宝を捧げるに値するであろう……」と予言する。火星のブームは、まだ去っていなかった。

フラマリオンは、ロウエルの初期の熱中者の一人であり、ロウエルの論文の一つを一八九四年の『天文学』九月号に公表し、「ジュヴィシの天文台と同様に、われわれ太陽系の惑星の表面における生命の諸条件を研究するという重要な考えに鼓舞されて、天文台」を創設した「すばらしいアメリカ人」を賞賛した[★201]。フラマリオンは、ロウエルと同様に、火星の水路学に関心を持ち、一八九五年「火星の大気における水の循環」に関する論文を出版した。フラマリオンの手腕は、『知識』誌に書いたものの中に見いだされるであろう。そこで彼は次のように表明する。「モーンダー氏は、〈われわれが識別できるものが実際にわれわれが調べている物体の究極的構造であると決めつけることはできない〉と考える点で完全に正しい」。それにもかかわらずフラマリオンは、融解した雪から水が運河を通じて流れるということは、「疑う余地なく確認された」と主張した。[★202] しかし、フランス語版ではモーンダーに関する言及は省略され、ロウエルは彼の五つの図とともに言及された。[★203] 一八九五年から六年の冬にロウエルは、パリでフラマリオンと食事をともにした。ロウエルは父に書き送っている。「われわれは一四人いた。そしてすべてのものが、羊毛状の雲が適当に点在する、薄暗い青空の天井の下、一二宮の椅子に座ることができた……。フラマリオンは、この上なく天文学的であった」。[★204] 一八九六年の初め、フラマリオンは彼らの会話を出版した。その中でロウエルは彼に、スキアパレッリの海が実は大草原であり、湖はオアシスであると告げた。[★205] 最初フラマリオンはロウエルの大草原に反対したが、一八九六年五月頃には「非常に浅い」海とする妥協に落ちついた。事実彼は、次のように述べている。「多くの場所でそれらは、湿地以外のものではほとんどありえず、時に乾燥し、時に氾濫する」。ロウエル一辺倒にならないためにフラマリオンは、火星人が「飛ぶ特権を得ているかもしれない」[★206]と主張して、彼らしさを付け加えている。

一八九五年から六年のヨーロッパ旅行の間、ロウエルは「親愛なる火星の師」も訪問した。スキアパレッリに対するこの呼称は、彼が後に書簡の中で用いたものである。[★207] 会話の中で彼らは、疑いもなく、火星の生命に関するスキアパレッリの一八九五年のイタリア語論文について論じている。同論文は、他のいかなる著作よりもこのミラノ人の思弁的傾向を顕著に示すものだった。それほど英語圏では知られていないスキアパレッリの知性の一面も、少なくとも、フラマリオンがこの論文の一部を翻訳出版した一八九八年以降、フランスでは認識されていたに違いない。[★208] スキアパレッリの論文は、全く控えめではあるが、運河が火星の潅漑組織を構成しているという主張で始まる。ピカリング＝ロウエル＝キャンベルと続く一連の批判に晒されて、英語圏の火星から急速に霧散した湖や海をスキアパレッリは放棄しなかったが、見えているのは水路ではなく、その周囲の植生であり、それは多分浅い自然の谷の斜面に沿って一列に並んでいると主張した。ロウエルやフラマリオンと同じほど強く(たとえ、より抑制されていたにせよ)スキアパレッリが多世界論的思弁の衝動を所有していたということは、「神秘的な二重化」という説明にもうかがえる。彼は、これが「知的生物による」という考えは「不合理として退けられるべきではない……」と主張し、火星の技術者たちが水路の通っている浅い谷の斜面に沿って、種々の高さに堤防を築いたとの思弁を巡らしている。春の洪水が始まる時に、「農業大臣が最も高い水門の開放を命じ、上段の運河を水で満たす……。それから、潅漑は二つの(より低い)側面地域に広がり、……谷のこの二つの側面地域の色が変わる。かくして、地球の天文学者は、二重化を認めるのである」。徐々に水は谷のより低い部分へと解放され、谷の最も低い地域を肥やす。そして、単一の「運河」現象を生み出す。さらに彼は、驚くべきことに、次のように述べる。

集団社会主義の組織は、市民相互の利害と普遍的連帯の平行する共同体、即ち社会のパラダイスと見なされ得る真のファランステール[*フーリエの主唱した社会主義的共同生活団体]から帰結するはずである。また、各々の谷が独立した州を形成している人類の偉大な連邦を想像することもできる。全体の利害がその他の利害から分離されることはない。数学、気象学、物理学、水路学、そして建築術は、確実に非常に高い完成度にまで発展している。国際的な諍いや戦争はない。近隣の世界の狂気の居住者たちの間で互いに破壊しあうことに費されるすべての知的努力が、[火星においては]一致して共通の敵、ひどく貧しい自然が折々にもたらす困難に向けられるのである。

フーリエならスキアパレッリの社会主義的火星に歓喜したであろうが、ロウエルはおそらく悩まされたであろう。社会ダーウィニズムの傾向を持ったこの貴族的ボストン人は、一九一一年の講演で、火星を彼自身の非常に特殊な政治目的のために利用し、「適者のみが生き残った」[★209]博愛の寡頭制社会として提示した。この論文においてスキアパレッリが、自身の隠された一面を白日のもとにさらしたと感じていたことは、次のような結論にもうかがえる。「私は、これらの思索をさらに継続する必要を読者に委ねる。そして私自身について言えば、私はヒッポグリフ［＊翼を持った馬］から降りる」[★210]。さらに、フラマリオンに送った原稿の冒頭で次のように書いている。「Semel in anno licet insaire」、その意味は「一年に一度狂気が許される」[★211]。スキアパレッリのこの論文にみられる思弁は、一八九六年、マックス・ウィルヘルム・マイヤーにより大半が訳出され、近年の火星研究をまとめた論文の中で、ドイツの読者にも届けられた。マイヤーは、ロウエルの仕事に非常に感動し、ロウエルの著作から図例のほとんどを選んでいる[★212]。

この論文におけるスキアパレッリの思弁は、種々の意味で驚くべきものである。例えば、一八九四年の後半には、火星の観測のみを出版することにするとテルビに語っている。その理由は、次のような修辞的疑問文に暗示されている。「自尊心のあるものの中で、公然と、世界のすべてのはったりのための舞台となった不運な惑星［火星］について、なお述べる危険を犯すものがいるであろうか。（ロンドンの『パンチ』誌によれば）将来火星は、星狂いの人たちの好奇心にとって、巨大な海蛇や他の似たようなものに代わるものとなろうというのに」[★213]。さらに彼は、運河の性質に関する質問に対して、繰り返し「私は知らない！」[★214]と答えている。またスキアパレッリは、オット・シュトルーヴェに宛てて書いているように、運河は大気の現象であり、火星の磁力の結果であるという見方を、一八九九年頃には「心の中で」受け入れていた[★215]。

ミラノを離れた後ロウエルは、ある人物に会うために、アドリア海にある島のルッシンピッコロという町に旅する。この人物の運河に関する主張は、フラグスタッフからの説と間もなく拮抗し、対立した。ロウエルとほとんど同時代の自尊心の強いこの天文学者は、惑星天文学に貢献するため、優れた視界条件の観測点（ルッシンピッコロ）に天文台を建設した。さらに、「レオ・ブレナー」という偽名とともに、観測もでっち上げた（当時は推測だったが、今日では確かである）。

一八六一年頃財産を失い、自ら命を絶った父の子として、トリエステに一八五五年スピリディオン・ゴプチェヴィックとして生まれたロウエルの招待主は、一八九〇年代には種々の政治的著作によって幾らかの名声を獲得していた。その中には、関わったと(誤って)ほのめかした軍事的闘争に関して物語ったベスト・セラーも含まれていた。彼はまた、裕福な妻を娶り、オーストリア政府から助成金も獲得した。★216 主要な機器として七インチ屈折望遠鏡を使ってブレナーは、一八九四年後半に、火星観測に関する極端な主張を含む論文を出版した。★217 一八九五年に彼は、金星の自転周期を二三時間五七分と三六・二三九六(!)秒と宣言した。そして翌年には〇・二三七七秒追加することによってこれを訂正した。また、一八九六年には、水星(三三時間二五分)と天王星(八時間一七分)の新しい自転周期を発表した。彼の一八九六年から七年の火星観測では、彼が報告しているように、非常に成果に富み、「ただ単に八八のスキアパレッリの運河と一二のロウエルの運河を観測できただけでなく、また六八の新しい運河と一二個の海と四つの橋を発見する」★218 ことができた。火星に関する論文が三つの言語の六つの雑誌に紹介されただけでなく、彼の非常に詳細な火星の地図は、ポーレやフラマリオン等によって出版され賞賛された。かくして彼はドイツ語圏におけるロウエルになった。多世界論の使徒として彼は、四冊の著書のほとんどすべて、特に『世界の居住可能性』(1905)において、地球外生命思想を主張した。彼の主張はまた『天文学評論』に掲載されたが、それは、『天文学情報』のような定期刊行雑誌が、彼の投稿を拒否した時に、論文の発表の場として一八九九年に彼自身が創刊したものである。★219 彼の雑誌が続いた一一年間、彼はそれを自らの天文学的論考、絶え間ない批判的論駁、そして他の天文学者たちによる諸論文(その幾つかは多分盗作されたものであるが)で埋め尽くした。一九〇九年三月の最終号で、博士で教授(いずれでもなかったが)ブレナーは読者に、彼が実は伯爵(ではなかったが)スピリディオン・ゴプチェヴィックであり、天文学を放棄する(実際そうした)決断をしたことを明らかにした。幾らかの政治的なものを出版した後、彼は歴史から完全に消え失せた。したがって、彼の最近の伝記作家は、三つの死亡日と死亡場所のいずれが実際正しいのかすべて怪しいのかを決めることができない。★220

要するに、一八九四年の衝は、種々の登場人物とドラマの発展をもたらした。スキアパレッリの驚くべき観測に対する支持は増し、ロウエルは火星運河を主張するイタリアの天文学者たちの中の最も声高なものにすぎなかった。キャンベルでさえ、たとえ、彼の分光学的測定がホールデンの目には運河に最終宣告を言い渡すものであったとしても、運河の観測を容認し続けた。キャンベルとモーンダーは、観測できなかった点において同類であり、彼らが出版した論文の革命的副産物をただぼんやりと傍観していたにすぎなかった。一般大衆はわけがわからなかった。しかし、次の一五年間にかけて、一八九四年から五年にそれぞれがかすかに見た場所が他の者によっても見られ始めた。後から考えると、この過程の始まりは一八九四年以後の二つの衝の頃であるといえよう。

5 一九世紀最後の衝――なぜスキアパレッリは、火星を「恐ろしく、そしてほとんど吐き気をもよおす主題」と考えていたか

一八九六年一二月と一八九九年一月の火星の衝は、一九世紀の成果の一つとして、地球外生命の発見をあげることができるかもしれないという最後の、そして最高の期待をになっていた。アイオワ州のチャールズ・シティー・カレッジの天文学教授であったサムエル・フェルプス・リーランドは、一八九五年の著作の中で、自信を持って火星に「われわれ自身の文明より高くないとしても、同等の文明」が存在するとしたのである。「このことが確かかどうか知ることは可能であるか。もちろんである」。さらに、四〇インチのヤーキスの屈折望遠鏡が完成に近づいていたので、火星の生命の発見が差し迫っていると信じていた。すなわち、望遠鏡によって「火星の都市を見ることが可能であろう。そして、その港にいる海軍と非常に工業化した都市の排煙を見ることが可能であろう」[★221]。哀れリーランドの予言は満

たされることがなかったが、世紀の終わり頃には運河論争に幾つかの重要な進展があった。最も重要なのは、運河観測に対するモーンダーの批判と、火星の大気中の水蒸気に対するキャンベルの反証が支持を獲得し始めたことである。二人のヨーロッパの天文学者、J・E・キーラーとV・チェルッリが最初の発展の中心にいた。他方、J・E・キーラーとG・J・ストーニは第二の発展に貢献した。同時に、リック＝ロウエル側は一八九七年以降数年間沈黙していた。この年ホールデンは問題の多かったリックの天文台長を辞任した。そしてロウエルは神経的疲労に苦しみ、一九〇一年まで天文学を放棄していた。

一八九五年から六年にロウエルが示したエネルギーは、一八九四年に勝るとも劣らなかった。一八九五年の初め頃、借用した望遠鏡もフラグスタッフの位置も満足のいかないものであることを確信した彼は、二四インチ・クラーク屈折望遠鏡を契約した。それは、一八九六年七月二三日までフラグスタッフで稼働し、一二月の衝のより良い視界を確保するために、同年末まで一時的にメキシコに設置された。種々の意味で、先頃死んだピカリングの後継者と見なされるT・J・J・シーを含め、三人の助手を雇うことによってスタッフを増員し、ロウエルは一八九六年後半に、次のような主張によって第二次の戦線を開いた。すなわち、金星上の「明瞭で、明確な、……やや幅広い線」の組織を発見することによってスキアパレッリの未だ論争中の二二五日という金星の自転周期を、「紛れもなく」確定したと主張した。[★222]ロウエルの論文は広範な懐疑にさらされたが、自信に満ちて主張し、「これらの線の中で、かくも顕著なものを識別できなかったとは、視覚が著しく悪いに違いない」という。しかし、この主張は、ロウエルのつい最近の伝記作家によって明らかにされた事実の光の下では、なおさら興味深い。「彼の助手たちですら、彼と同様にはそれらを見ることはできなかった……」[★223]。ロウエルは、「火星の模様ほど著しい人工性を帯びた組織はない」と強調しているが、この報告をロウエルの運河観測の信用を傷つけるものという批判もあった。事実、S・M・B・ジェミルは、それを「不健全な偽造能力」の証拠であるとみなし、次のように抗議した。「われわれは、あらゆる所で運河の話にさらされている。星の〈偽造の記録盤〉が運河のネットワークを示すということを、(望むらくはロウエル天文台から)保証されたとしても、それはいかなる驚きも生み出さなかったであろう……」[★224]。一九〇二年ロウエルは公に、「金星上におけるスポーク状の模様」に関する彼の報告を取り下げたが、後にはそれらに関する自信を取り戻し、後年にはそれらを弁護したのであった[★225]。

ロウエルは四年間にわたる神経衰弱で観測から遠ざかったが、ダグラスが観測プログラムを継続し、『年報』を編集し、種々の論文を発表した。しかし、徐々にダグラスは多くの火星観測の正確さや、ロウエルの方法論に関して疑念を抱くようになった。事実彼は、二重化した運河は多分「主観的結果」[★226]であろうと公に結論づけ、一九〇一年一月九日の心理学者ジョウゼフ・ジャストロウ宛ての書簡の中では、次のように明らかにしている。「私は、心理学的問題にロウエルが無関心でなければ、ずっと前にあなたに書き送ったことでしょう……。私は、望遠鏡からほぼ一マイル離しておいた……人工的惑星を使って、……幾つかの実験を行いました。即座に、私は幾つかのよく知られた惑星現象が、少なくとも部分的には、非常に疑わしいものと見なされ得ることを発見しました……」[★227]。ジャストロウは答えなかったが、ダグラスは、ロウエルが病気中天文台を監督したロウエルの義理の兄弟のW・L・パトナムに宛てた一九〇一年三月一二日付けの自信に満ちた書簡のせいで手痛い返礼を受けた。この書簡の中でダグラスは、彼のロウエルに対する忠誠を強調したが、しかし次のように嘆いていた。「彼の仕事は、天文学者たちの間では信用されていません。なぜならば彼は、無数の事実の根気良い収集と不可避的結論のみの出版で満足せず、ある思弁を支持するべく、数少ない事実を探し求めることにエネルギーを捧げているからです……。彼を科学者に戻すことは不可能ではないかと心配です」[★228]。ところがパトナムはその書簡をロウエルに見せ、ロウエルはダグラスを解雇したのであった。後にダグラスは、運河観測には「視覚の錯覚」が含まれていると主張する論文を発表した[★229]。

運河観測の支持者だったダグラスの変節ドラマは、彼が七年間も惑星生命の問題のために創設された天文台で過ごしたが故に、そして彼自身多くの運河を報告したが故に、ことさら興味を引いた。さらに注目に値するのは、ウージェヌ・M・アントニアディ(1870-1944)の同様のケースである(図10.6)。彼はフラマリオンのジュヴィシ天文台との広い連携、積年の地球外生命に関する主張、★230 そして多くの運河目撃にもかかわらず、ついにスキアパレッリ、フラマリオン、そしてロウエルの火星に対する最も重要な三人の反対者(キャンベルやモーンダーとともに)の一人として登場したのである。コンスタンティノープルでギリシア人を親に生まれたアントニアディは、一八九〇年代初頭にフラマリオンの『天文学』に印象深い火星の図を送っていたし、モーンダーの英国天文学協会には一八九二年の衝に関する報告を送っていた。一八九三年パリに移り、フラマリオンの天文台で共同作業をするようになって後、一八九六年英国天文学協会の火星部門の代表に指名された。このような立場において彼は、次の一〇の衝に関して、非常に高度な専門的報告を行った。こうした経験は、彼の古典的作品『火星』(1930)をもたらした。★231

一八九四年、四二の運河と少なくとも一つの二重化を観測したアントニアディは、スキアパレッリ主義者としての期待を持って一八九六年の衝を待ったことは疑い得ない。しかし、これらの期待は、火星部門の会員から受け取った報告のばらつきによって揺さぶられたに違いない。彼の批判能力のめばえは、アバディーンのC・ロバーツの観測の評価に関する変化にうかがえよう。最初は、これらを「彼が見たものの中で議論の余地なく最も詳細な図」であると述べたが、後にはロバーツの「驚くべき結論」は多分「ある種の錯覚によって」★232 引き起こされたものとして拒否したからである。一八九七年、アントニアディは『知識』誌では「最も容易に認められる「火星の」諸特徴……、すなわち〈砂時計の海〉」に関して、一六五九年以来作成されてきた図の間に見られる大きな相違について分析し、次のように述べる。「〈海〉と〈湖〉(あるいは〈森〉と〈大洋〉)の置換は、……火星表面学者にとっては、周知の出来事である」。そして、これを説明するために次のような「非常に大胆な、そしてほとんど不合理な仮説」を提示する。「われわれが火星上に目撃したものは、……われわれが一エーカーの土地を耕したりあるいはその植生を破壊したりする時以上に、容易に何百万平方マイルを処理することができる理性的存在の仕業である」。[★233] しかし当時『知識』誌の天文学部門の編集者であり、英国天文学協会の『会報』と『紀要』両誌の編集者でもあったモーンダーは、アントニアディに、これらの変化は錯覚として説明するほうがより満足がいくと述べた。理由がどうあれ、冷静さの典型でもあるような一八九六年の衝に関するアントニアディの報告の中では、フラマリオン的な言明は現れていないのである。さらに、その前に、彼は英国天文学協会に論文を提出し、運河の二重化は望遠鏡の「焦点の誤り」から生ずる視覚的錯覚であると主張している。[★234] この説はすでに他の人々が提出していることを聞いていたが、[★235] さらに拡張し、二重化の知覚はまた、目それ自身の錯覚をも含んでおり、特に「時々途切れ、しかも一様でない適応筋の運動から生ずる複視的振動による錯覚」[★236]を含んでいるという。さらに、一八九八年から一九〇〇年の別の幾つかの出版物の中では、二重化に関する錯覚理論を主張した。それは、スキアパレッリとスタンレイ・ウィリアムズには反対されたが、テオフィル・モロー、W・H・ピカリング、そしてエドウィン・ホームズによって支持された。[★237] しかし、一九〇一年に彼は、二重化を誤り易い望遠鏡の焦点に起因するとする説明からは身を引いたが、その後も二重化は錯覚であると主張し続けた。[★238]

この論争は、幾人かを運河それ自身の探究に向かわせた。例えば、一八九九年にウィリアムズは、「もしわれわれが数マイルの近さまで火星に近づくことができるならば、いわゆる〈運河〉と呼ばれている現象は非常に様相を変え、われわれはもはやそれらを認めないであろうという信念」を表明している。[★239] イギリスにおける運河の指導的観測者であったウィリアムズの真意は、一九〇〇年に彼が運河に関する考えではモーンダーに同意すると述べた時に明らかになった。すなわち、それらは「多分、多くの場合少なくとも、多少とも孤立した点、縞、そして斑点状のものからなる。しかも、これらは地球から見られる場合には線や縞のようなものに見えるはずである」。[★240]

一八九六年の衝に関するアントニアディの英国天文学協会報告は、実際にすべての会員によって見られた「運河」の実在性について直接的には論じていないが、P・B・モレスワース大佐(1867-1908)の意見が含まれている。彼は、セイ

5…………一九世紀最後の衝——なぜスキアパレッリは、火星を「恐ろしく、そしてほとんど吐き気をもよおす主題」と考えていたか

ロンから他の会員をはるかに凌ぐ数の運河〔九六個〕を見たのであり、しかも彼が見た運河は「スキアパレッリによって描かれた明確な線のような外観と鋭い形状」[★241]を欠いていた。さらに、四六個の運河を見たアントニアディは、それらを発見する諸困難を次のように強調している。「もしスキアパレッリの驚異的な諸発見がなかったならば、そして〈運河がそこにある〉という予見がなかったならば、〔私は〕今見られた運河の少なくとも四分の三を看過したことであろう」。また、幾つかの見かけ上の変化は「余りにも細かで複雑なために、われわれの手には届くことがない細部の粗雑な表現」に起因しているとし、二重化に関する錯覚理論を再び主張している。火星の生命に関しては、報告された地域的な色の変化の最も良い説明として植生を推賞する。しかし、運河の人工的起源よりもむしろ地質学的起源を唱える。細い線としての「運河」に関するアントニアディのいや増す懐疑は、一八九九年の衝に関する彼の報告にも明らかである。特に、「かなりの数〔の運河〕は単に広がった影の縁にすぎない」、あるいは別の言葉で表現するならば、幾つかの「いわゆる〈運河〉は異なったアルベドの近接した地域の境界と一致する」という「P・H・ケンプソーン師によってなされた発見」[★242]を強調している点においても明らかである。さらに、運河観測の信頼性を直接攻撃するために、運河というよりむしろ広がった縞を見たというヘンリ・コーダー、アーサー・ミー、そしてT・E・R・フィリプスらによる報告を引きあいに出している。このアントニアディの報告はまた、火星の大気は少しの水蒸気しか含まず、極冠は炭酸から形成されていると主張する点において予言的である。これらの結論を支持するためにキャンベルよりもむしろストーニが引用されている。

アントニアディが運河観測の信頼性を問題にし始めた同じ年に、イタリアの天文学者ヴィンチェンツォ・チェルッリ(1859-1927)が独自に運河に関する批判を開始した。チェルッリはローマで物理学を、ベルリンとボンで天文学を学び、一八九〇年にイタリアのテラマに一五・五インチのクック屈折望遠鏡を設備した天文台を開設した。[★243] 一八九六年の衝の間、この機器で火星を観測した後彼は、運河の視覚的起源に関して三つの主要な議論を定式化した。そして、それらを衝観測に関する幾つかの論文と著書の中で発表した。第一の議論は次のようなものである。月を解像度の低いオペラグラスで観測すれば、「火星の運河と非常に大きな類似性を持った……無数の狭い線の縞模様が見えるであろう……」。かくして結論的には「火星の運河は、望遠鏡で月に観測されるような斑点の並んだものにすぎないのであり」、もっと強力な望遠鏡を用いれば、「火星の運河は線形をなさず、現在の神秘性や話題性も消えてしまうだろう……」。[★244] 第二は一八九七年一月四日、レーテス運河を「最も小さな識別できる点の、複雑でそれ以上解像できない組み合わせに」[★245]解像することに成功した。第三に、彼は運河の存在と両立できない次のような例外を引用する。火星が接近し、しかもその直径に対する角度が七秒から一七秒に増加した一八九六年七月から一二月までの間ですら、彼は運河の視野(幅)においていかなる増加も発見できなかった。[★246] 要するに、チェルッリは運河を、分離した点を線に結び付ける目の性向から生ずる錯覚として説明するのである。一九〇九年に初めて彼は、モーンダーがすでに一八九四年にこの理論を提出していることを知った。[★247]

チェルッリの諸主張は、彼を将来最も有望な後継者と考えるようになっていたスキアパレッリにとって、特に目障りなものであった違いない。例えば、シュトルーヴェへの一八九九年の書簡の中で彼は、自分の仕事について書いた後、次のように述べている。

同じような仕事がパーシヴァル・ロウエル氏によってなされ得たであろうという期待を私は持っていた。しかし彼はひどい病気である。さらに天文学者というより文学者である。したがって、彼は演劇的な事柄や扇情的記事に強く引かれている。テラモのチェルッリはもっとまじめな人間である。おそらく彼は何か確かなことを成し遂げるであろう。特に、もし彼が彼の頭の中にある理論によって観測を判断するというこれまでのような性向に従うことがなければ。[★248]

チェルッリはしかし自論に固執し、それをさらに一九〇〇年『火星の新しい観測(1898-99)——天体望遠鏡の感度に関する光学的解析論』(1898-99)の中で展開した。彼は、彼の最初の著作を批判的に論評したスキアパレッリの反論とともに、フラマリオンの反論に遭遇した。フラマリオンは、チェルッリの月の「運河」に関する主張を論駁するために、裸眼による膨大な月の図を出版していた[249]。チェルッリの出版物は英語には翻訳されなかったが、M・A・オアが好意的に彼の視覚による説明を、『知識』誌の広く再掲された論考の中で提示した。彼女は、モーンダー理論との類似性に言及し、チェルッリは作図技術と「無意識的な模倣」の影響にもっと注意を払うべきだったと述べている[250]。チェルッリの理論はフランスにおいてガストン・ミロショの支持を得た。彼は一九〇一年に、最後の二つの衝の際に三一・七インチのムドン屈折望遠鏡を使って、「小さく、暗く、不規則な塊が数珠つなぎになったような運河[251]」を見たと報告した。また、同年スペインの天文学者ホセ・コマス・ソラとドイツの天文学者アドルフ・ミュラーが、チェルッリの理論に好意的に言及した[252]。二年後、アントニアディは公にモレスワースからの書簡を引用したが、モレスワースは次のように結論づけていた。「熟慮の後私は、運河が本当は連続した線ではないとチェルッリ氏とともに信じるようになりました。思うに、もっと高性能の望遠鏡ならばそれらの多くを非連続的な不規則な印の連鎖として明らかにするでしょう。それらは、結び付けられて直線的な明確な線と考えられたのでしょう[253]」。

一八九六年の衝の間、リックのW・W・キャンベルとアレゲニー天文台のJ・E・キーラーはともに、分光写真術を用いて、火星の大気中における相当量の水蒸気の存在に反対するキャンベルの一八九四年の証拠を調べた。一八九七年キャンベルの報告によれば、「キーラー教授と私はともに、火星と月のスペクトルの間に、ほんの少しの相違も［見いだすことが］なかった[254]」。さらに、キャンベルは論文の結びで次のように述べている。「天文学者たちは、［火星における］生命の問題を解決するために、それを生理学者たちに引き渡した方が賢明であろう。さらに生理学者たちは、それを

図10.4　エドワード・ウォルター・モーンダー

図10.5　ウィリアム・ウォレス・キャンベル

図10.6　ウージェヌ・ミシェル・アントニアディ
（王立天文学協会提供）

法の方が彼自身のものよりも優れていると述べていた。[★255] 当時キャンベルは火星研究から遠ざかっていたが、一九〇八年非常な名声を得て復帰してきた。その間、彼の諸結果の評価は一定せず、例えば一八九九年エヴェレット・ヨウェルが好意的に論評し、G・J・ストーニの諸研究と一致すると述べた時のように、時々注意を引くこともあった。[★256]

以前に述べたように、ジョージ・ジョンストン・ストーニは、一八六〇年代の後半に、気体の運動理論と脱出速度という概念を用いて、諸惑星とその衛星の大気の組成を分析した。当時詳細な結果は出版されなかったが、一八九三年の「火星」という論文の中でそれらを好意的に報告したR・S・ボールのような天文学者たちには知られていた。一八九八年ストーニは、当時分離されたヘリウム・ガスが、(彼の理論と一致して)非常に僅かながらわれわれの大気中に存在するという情報に元気づけられて、ついに彼の分析を出版した。キャンベルの分光学的研究には何等言及していないが、水蒸気はなく、二酸化炭素で覆われた火星に賛成する結論を下している。一八七〇年の未発表の論考に言及しながら、「以前には蓋然的であったが、今や確実である。――すなわち、水は火星においてはいかなる様態においても存在し得ない」[★257]と述べる。この複雑な問題に対して、ストーニによって想定された最初の諸条件と、そこから必然的に仮定された研究方法は、ネブラスカ大学のC・R・クックとイングランド大学のジョージ・ハートレイ・ブライアンの両者によって疑問とされた。彼らの分析は、それぞれ別々になされたが、火星における水蒸気を認める点では一致していた。続いて起きた論争の中で、ストーニ、クック、そしてブライアンはそれぞれ一歩も引かなかった。こうして、新しい世紀が始まった時、火星の大気もその表面も同様に謎につつまれていた。[★258]

アントニアディ、チェルッリ、キャンベル、そしてストーニの出版物は将来重要なものとなったが、一八九五年から一九〇〇年の火星に関する論文のほとんどは、伝統的なものであった。運河の観測とその構造の理論は、ともに急増し続けた。例えば一八九七年、ムドンの三二・七インチ屈折望遠鏡によるペロタンの最新の火星観測についての報告は、以前ニースにおいて得た諸結果と細部が異なるだけだった。[259] ブレナーとフラマリオンは、観測に関する論文発行に特に活発であった。ロウエルが運河の擁護に精力的であったように、フラマリオンは変化する火星を主張する点でエネルギッシュであった。エドウィン・ホームズは、このフランスの天文学者をこの傾向の故に非難し、次のように述べている。「フラマリオン氏は、〈われわれは図上の相違を惑星上の実際の変化と受け取ってはならない〉と言う。しかし、これは彼が実際に継続的に行っていることである」[260]。一八九八年ブレナーは、それまでに一六五の運河を目撃したと主張したが、一八九七年彼の天文台が達成した業績に関して報告し、その年だけで彼は、一七の科学論文と五二の新聞記事と、四〇八頁の著作を出版した[261]と述べている。同年ブレナーは、火星が非常に浸食された惑星であり、そのほとんど平坦に近い表面の上に、火星人たちは低い堤防を作り、運河を形作ったという理論を提出した。さらに彼は、ロウエルの「オアシス」は実際には「ため池」であり、「われわれは最も大きな運河しか見ないが、それより小さな何百万という運河は観測されないままなのである」[262]。この理論とロウエルやピカリングの観測を批判したせいでブレナーは、一連の敵対者との広範囲な、そして熱い論争に巻き込まれ[263]、さらにブレナーの堤防理論は、以前の運河理論すべてとの競争ばかりか、新しい理論とも競争しなければならなかった。例えば、運河が山岳地帯であるという議論を展開したアイルランドのジョン・ジョリーとハーグのM・テオパーベルグの理論や、運河を表面の収縮によって生ずる裂け目と考えたモロー神父の理論とである。[264]

　運河の起源と構造に関するこの一連の精巧な諸理論について最も注目に値することは、一九〇〇年頃それらが運河の錯覚的性格を主張する洗練された理論の挑戦を受けたということである。後者の理論を受け入れるかどうかに、多くの天文学者たちの名声が掛かっていたばかりか、地球外生命に関してこの世紀に最も広範囲に展開された証拠の信憑性も掛かっていた。新しい錯覚理論が、すべてを危機に陥れようとしていた。一九〇〇年にスキアパレッリがアントニアディに次のように告白した心中もうかがえよう。火星は、「私にとって恐ろしく、そしてほとんど吐き気をもよおす主題になった」[265]。

6 二〇世紀の最初の衝と「火星の運河に関する驚くべき伝説」の消滅

一九〇〇年以降の火星の運河論争に関しては、この著作の射程を越えているが、次の二つの主張のもっともらしさを示すならば、十分であろう。最初の主張は、一九〇九年のすばらしい衝の後すぐに、ホセ・コマス・ソラによってなされた。「この記念すべき衝の後に、……火星の運河に関する驚くべき伝説が消滅した」[266]。第二の主張は、アントニアディ、キャンベル、そしてモーンダーが、この解決に重要な役割を果たしたというものである。最初の主張は、火星の運河を支持する者がその後数十年にわたって現れたということを認めれば、留保が必要である。これらの中のひとりに、ウェルズ・アラン・ウェブがいた。彼は、一九五六年の著書の中でエディスン・ペティト、アール・スライファー、そしてロバート・トランプラーを、一九二〇年以降の運河観測の支持者としてあげている。しかし、彼らが直面した挑戦をウェブが次のように記述していることは重要である。「アントニアディは、……火星の運河のネットワークは存在しない、ということを世界に確信させた」[267]。第二の主張もまた、留保を必要とする。この節で論じたいのはアントニアディ、キャンベル、そしてモーンダーが独力で運河を取り壊したということではなく、彼らはチェルッリ、ダグラス、ニューカム、ストーニ、そしてその他を含む救難隊の指導者であったということ、そして彼らの努力は一九一〇年のスキアパレッリの死、一九一六年のロウエルの死という要因に助けられたということである。

一九〇一年ロウエルは健康を回復し、天文台に復帰した。スキアパレッリは一九〇〇年に引退していたが、一九〇四年に激励の書簡をロウエルに書いている。「あなたの植生理論はますます可能性を増している」[268]。フラマリオンは火星

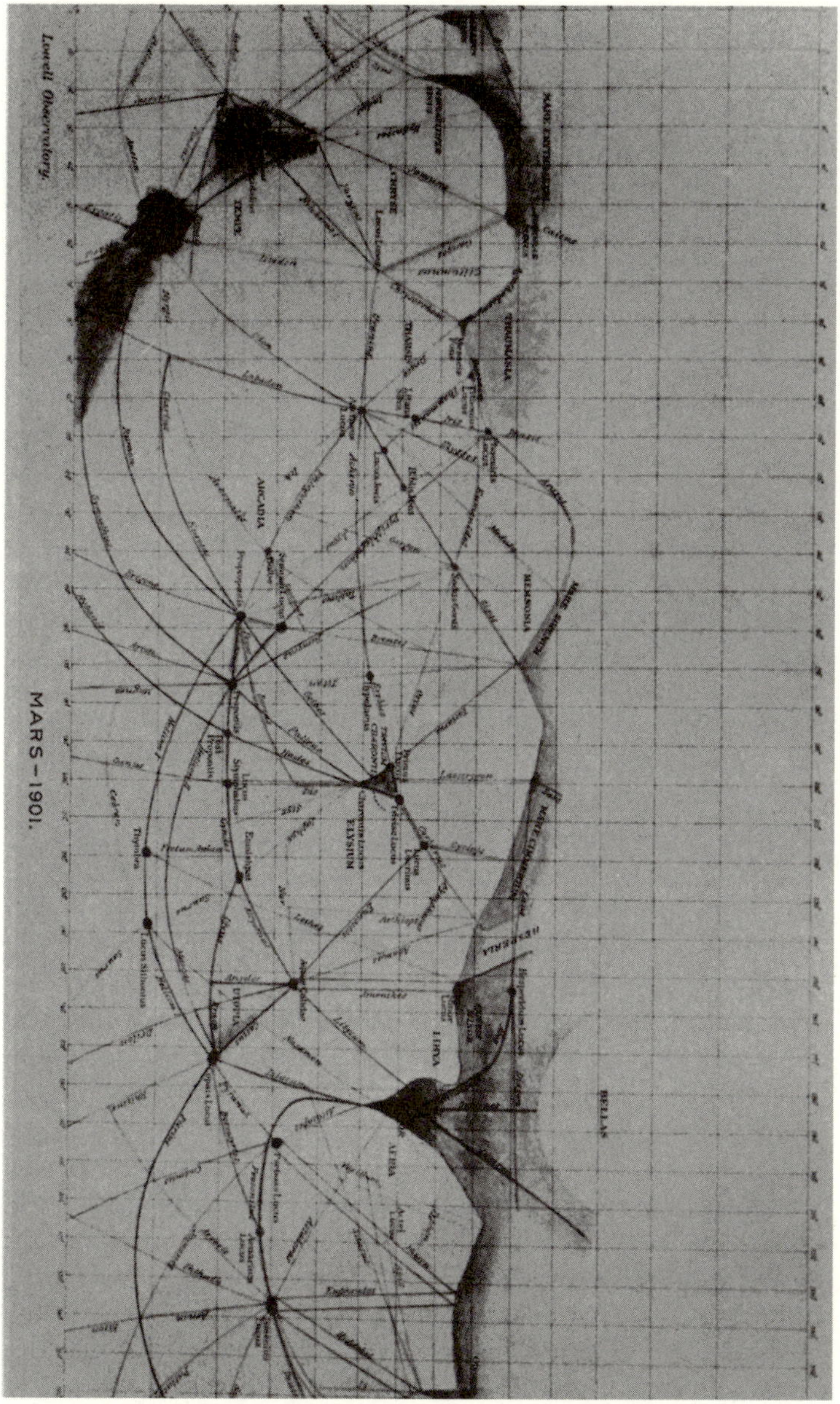

図10.7　1901年に描かれたロウエルによる火星の地図
(『ロウエル天文台紀要』　3(1905),144)

論争において依然活動的であり、一九〇四年には、「ブエノス・アイレス、メキシコ、カラカス、……パリ、サンクト・ペテルブルク、ブダペスト、そしてストックホルムにまで広がり、政治や芸術と同じく会話の題材になっている」[★269]と書いている。フラマリオン、ロウエル、そしてスキアパレッリは、依然として突出していたが、他の天文学者たちも火星の専門家として登場してきた。アントニアディは、ある著述家によって火星に関する「現在最も偉大な権威」と記された[★270]。アントニアディは、一九〇二年の論文の中で自分の立場を要約し、火星における植生とともに運河も受け入れている。しかし、彼は「運河の形に関する錯覚」と呼んだ二つの主な理論を集中的に論じている。❶運河は、「ハーフトーンの境界」に見られるというグリーン＝ケンプソーン理論。❷「惑星表面上の暗黒点は、個々に認識されるには余りにも小さく、網膜上に広がった線を生み出す」[★271]というモーンダーの理論。アントニアディの論文がきっかけとなり、B・W・レインは火星の図を作成した。それは暗い地域を示していたが、いかなる運河も示していなかった。彼は、運河論争に距離を置いている人々に何を見たか描くように頼み、彼らがしばしばスケッチの中に運河を描いていることを発見した。モーンダーは、レインの論文に付した注の中で、この結果を次のように説明した。「一八八二年、……私はスキアパレッリの多くの運河が、他の観測者たちによって火星の海岸線のギザギザとして描かれたものの延長である[こと]を注意しておいた」[★272]。モーンダーはまた、一八九四年の彼の論文を要約し、グリニッジの王立看護学校長であったJ・E・エヴァンズとの協力の下、次のような実験を行ったことを明らかにした。生徒たちが運河を描くかどうかを試験するために、運河が描かれていない火星の図が示された。実施された広範な実験では、モーンダーが一九〇三年六月に王立天文学協会に報告しているように、運河は火星の図上の何も存在しない所で描かれるのであった。結局、運河は「その様な特徴のいかなる印も実際には存在しない所で、全く先入見のない、しかも鋭敏な観測者たちによって見られ得るのである」[★273]。モーンダーの主張によれば、この結果は「運河らしき印象の最も豊かな源は、小さな点のような印を結合しようとする傾向にある」という彼の理論を支持していた。彼は、運河を描いた天文学者たちは「彼らが見たものを描いたのであり、誠実に描いたのである……」ということを強調しているが、運河の実在性には反対するのである。「人類の居住、運河の建設等々……というあの壮大な諸理論が、われわれの実験によってその非存在が宣告されたあの線に基づいていたとは、……全く残念なことである」。王立天文学協会にこの論文を提出してすぐモーンダーは、その内容を英国天文学協会のために要約し、また、妻であり天文学者でもあったアニーとともに行った同様の付加的諸実験について詳述している。[★274]

モーンダーの論文に関する英国天文学協会と王立天文学協会の議論はともに、非常に好意的であった。しかし、英国天文学協会の会合でロウエル支持の会員マーク・ウィックスは意見を異にし、また非常に困惑した。そして、八年後『月から火星へ』[★275]と題した科学小説の中で、運河の反対者たちを攻撃した。王立天文学協会の会合でモーンダーは、その場にたまたま出席していた非常に重要なアメリカ人サイモン・ニューカムを味方にした。一九〇二年一二月の出版物においてニューカムは「運河」観測を受け入れていたが、[★276]報告によれば、その会合において「アメリカの偉大な天文学者ニューカムは、強く「モーンダーの」論文を支持した……」[★277]。四年後、ニューカムは影響力のある論文（後に論じられるが）を発表し、運河観測の錯覚説に賛成した。一九〇三年の終り頃モーンダーは、『天文台』と『知識』の両誌に彼の議論を再論し、前者の中で、一九〇一年の衝に関するアントニアディの英国天文学協会への報告の中に運河の描かれていない地図が含まれていたことは、「画期的なこと」と見なされるべきであると宣言している。その理由は「一八七八年以来、運河ようのものが顕著に見られなかった初めての地図だからである」[★278]。アントニアディの地図の中には、また運河のような図形を示す幾つかの地図も含まれていたことを認めた後に、モーンダーは次のように結論する。「「運河の」巨大なネットワークは信用されなくなった。そしてそれと一緒に、火星の居住者に関する……証拠も消え失せてしまった」。『知識』誌の論文で同様の声明を述べた後、次のように付け加えている。「観測における奇怪な出来事から解放されることは、また思弁における奇怪なことから解放されることでもある」[★279]。

モーンダーは、エドマンド・レジャー(1841-1913)師が一九〇三年五月に出版した運河観測の信頼性に関する博学な分析に接し、喜んだに違いない。一八七七年以来現れてきた運河観測に関する無数の変則的なものを一緒に描き、そしてまたアントニアディ、レイン、モーンダー、そしてピカリングのような錯覚説派の考えを概観することによって、レジャーは幾らかの例外はあるものの、「いわゆる運河が実際には存在しないかもしれないこと」、そして将来の衝においては少なくとも写真術が問題を解決するまでは神経の専門家や眼科医が熟練した観測者と一緒に働く[べきである]と主張した。★[280] しかし、モーンダーはアントニアディが未だ運河観測の錯覚的性格を部分的にしか受け入れていないことに失望したに違いない。一九〇三年七月の論文においてアントニアディはまだ、少なくとも幾つかの運河の「争う余地のない客観的実在」を主張し続けていた。★[281] 一九〇三年の幾つかの出版物においてモーンダーの諸実験へ言及しながらも、アントニアディは幾つかの運河に関して、そしてすべての二重化に関しては眼精疲労ということがあるにしても、「陰影の濃淡」という説明を好んだ。★[282] アントニアディがスキアパレッリに不審の念を抱いていたことは、これらの論文の一つで述べられた次のような批評によってうかがわれる。「ミラノの観測者が〈巨大な堤防〉やこれら〈運河〉の〈洪水〉に関して語り、その開閉は火星政府の農業大臣の手に委ねられていたであろうと語る時、問題となっている言葉の信憑性に暗い影がさす」。★[283] 運河観測において主観的なものと客観的なものを分離しようとするアントニアディの決心は、一九〇一年の衝に関する英国天文学協会の報告の中に見られるであろう。その中には、(モーンダーによって言及された)「この一二五年間の研究によってわれわれに残された確かなデータのみ」★[284]を要約するために作成された地図も含まれていた。この地図は、ほんの数個の運河を広がった縞として示していたが、アントニアディが「火星の地図――すべての確証された、しかし必ずしも客観的ではない細部について」という謎めいた標題を与えた運河だらけの一般の参考地図とは対照的であった。「一九〇〇年から一九〇一年の間に見られた〈運河〉のちょうど半数が……明確でない中間色の縁に対応している」ことを強調したアントニアディは、また次のような書簡をよこしたモレスワースから多く引用している。「私は、チェルッリ氏とともに、運河は非連続的な不規則な印の鎖［である］……と信じたい」[★285]。アントニアディが火星に関して伝統的な考え方を好んだことは、ストーニの二酸化炭素に覆われた乾いた火星を拒否していることから明らかである。こうした火星は、ハギンスとモーンダーの分光学的観測によって論駁されると感じていた。この報告に示された危機感のゆえに、アントニアディは、分析された衝に関して以前は二年以内に報告を出版していたにもかかわらず、一九〇三年の報告を一九一〇年まで遅らせたのであろう。

イギリスに出現した危機感が未だ大西洋を渡っていなかったことは、『一般天文学』の論評の中でなされた一九〇一年のアントニアディの報告に関する次のような主張から理解される。すなわち、アメリカの天文学者たちは、ロウエルの理論に懐疑的ではあったが、彼の観測を問題にすることはなかった[★286]。たとえこの疑わしい主張が正しいとしても、アメリカ人は当時すでにアメリカの雑誌やW・W・ペインやW・H・ピカリングらの議論から前述の錯覚説を唱える出版物について聞き知っていた[★287]。ロウエルは、自分の観測が直接これらの出版物で攻撃されたため、反論したり、運河を写真に撮る努力を始めた[★288]。一九〇五年までにモーンダー＝エヴァンズの論文は、少なくともロシアの一つの雑誌とドイツの三つの雑誌で取りあげられた。また、かなり自由な翻訳によってフランスの雑誌に再録されもした。その中にフラマリオンは、彼らの実験を繰り返した時、本質的にはいかなる運河も描かれなかったという短い声明を挿入した[★289]。フラマリオンはこの実験に関していかなる詳細な情報も提供しなかったが、ロウエルはこの実験をモーンダーの「小さな少年の理論」[★290]に対する反駁として引用している。チェルッリもまた、フランス語の出版物の中で運河に関して自らの錯覚説を論じている。「私にとって、すべての現代の火星表面学は、生理学の驚くべき一章であると思われるようになった……」[★291]。

一九〇五年の初頭にモーンダーは、二〇年間の努力の末に、ついに勝利を得たと感じたであろう。英国天文学協会会長のS・A・ソーンダーは、モーンダーが一九〇三年六月の論文を提出した時、「証明の責任は今や、運河がそこにあると考えた人々にある」[★292]と述べることによって、その業績を特徴づけた。モーンダーは局地戦には勝ったが、戦争に勝ったわけではなかった。甘美な勝利は束の間だった。一九〇五年の中頃フラグスタッフから、争う余地のない証拠に関する報告が流れてきた。新しい英国天文学協会の会長A・C・D・クロンメリンは、それを運河の決定的な証明とみなし、アメリカのある著述家は、「［運河観測の真実性に関する］熱い論争は、はっきりと解決されたと思われる……」と書いた。[★293]

この劇的な展開は一九〇五年五月一一日、ロウエルが、スタッフの一人カール・オット・ランプランド(1873-1951)が、火星における運河の写真撮影に成功した、と発表したことに端を発する。ロウエルがこのニュースを多くの論文で広め、個人的には一九〇五年の夏の終わりにヨーロッパへ伝えた時、興奮したスキアパレッリは、彼に宛てて「私はそれが可能とは決して信じなかった」と書き送り、さらにマーク・ウィックスは、運河の錯覚説は「疑いなくかすんでしまうだろう」[★294]と公然と予言した。一九〇六年末の『火星とその運河』の中でロウエルは、種々の写真の中に「三八の運河と、……そして一つの二重化が数えられた」と報告した。[★295]一九〇七年の衝のもっと良い像を得ようとしてロウエルは、アンデス探検隊に資金提供をした。アムハーストの天文学者デイヴィッド・トッド(1855-1936)の指導のもとにロウエルのスタッフ、アール・C・スライファーが同行した。スライファーのチリでの三か月におよぶこの観測は、一万三〇〇〇個の新しい像を捕えた。一方、ランプランドとロウエルは、フラグスタッフから写真撮影し、三〇〇〇個を確保した。ランプランド、ロウエル、そしてスライファーはこれらの中に、多くの運河を目撃した。トッドは初めいかなるものも見なかったが一九〇七年の後半頃「ほとんどすべての写真に火星の運河が示されている。いわゆる……」と述べ、一九〇八年には「われわれの写真乾板は視覚的錯覚説を主張するものたちを永遠に沈黙させるはずである」[★296]と主張した。ランプランドの火星の写真は、王立写真協会からメダルを受賞したが、錯覚説の人々を沈黙させなかったばかりか、ほとんどの火星の専門家たちを十分に満足させることもなかった。直径が四分の一インチ以下の場合、これらの写真の細部が再生で失われるので、著述家たちは元にはあったとする細部を示す図とともに、それらの写真を出版したのである。図入り写真はさらなる混乱を引き起こすとして非難する雑誌もあった。[297] さらに、専門家がネガを調べた時、たいていは運河を見ることができなかったか、あるいは同じ地域の写真の中に広がった印や異なった図形を見たに過ぎなかった。[298] 要するに、古い問題が蒸し返されたのであり、モーンダーの一八九四年のメッセージが繰り返される必要もでてきた。「われわれが識別できるものが「たとえ写真上であろうと」実際にわれわれが調べている物体の究極的構造であると決めつけることはできない」[299]。

写真術の曖昧性は、一九〇一年ロウエルのスタッフに参加したヴェスト・スライファー(1875-1969)が、スペクトルの中で以前はほとんど研究されていなかった赤色部分の分光写真を確保した一九〇八年に、新しい形で現れてきた。ロウエルとスライファーの主張するところによれば、これらの分光写真は、火星の水蒸気を示す「ほんの少しの」スペクトル線の増強を示していた。ハギンスでさえ水蒸気発見の主張を放棄した直後[300]にやってきたスライファーのこの論文は、驚くべきことではないが、それまで続いていた論争を活気づけた。それは、W・W・キャンベルを乱闘に引き戻し、ついにはホイットニ山の三マイルの頂上に連れ戻したが、再び分光写真が火星の水蒸気の証拠を示すことはなかった。[301] 一九一一年までにこの論争を刺激した二、三〇の論文に関しては、次の対照的な分析をあげれば十分であろう。スライファーとロウエルがスペクトル線の増強を示しているとし、フランク・W・ヴェリ(1852-1927)が測定までした、同じスライファーの分光写真の中に、キャンベル、ヘール、そしてニューカムは何も重要なものを発見しなかったのである。[302] スライファーと天体物理学者ヴェリに関して言えば、両者とも多世界論者であったということが重要かもしれない。事実、ヴェリはスヴェーデンボリ主義者であった。[303] キャンベルに関して言えば、次のことは注目に値する。すなわち、一九二五年にW・S・アダムズとC・E・セント・ジョンが火星の水蒸気に関する新しい分光写真の証拠を出版した時、自分の以前の結果と一致するものはほんの少しであったが、キャンベルはこれらの測定を受け入れたのである。しかし皮肉にも、それもまた錯覚に基づくものであり、約四五の誇張が含まれていたのである。[★304] ロウエルに関しては、論評家たちはキャンベルに対するヘールの次のような不満に同意するかもしれない。「私が特に嫌いなものは、資料の扱いや自分の立場を述べる[ロウエルの]絶対的に非科学的な方法である」。[★305] しかし、またロウエルが惑星のスペクトルを探究する「速度変移」という方法を発表した最初の人物であり、その多世界論によってスライファーは渦巻星雲を研究するようにせき立てられたことを認めなければならない。これらの観測からスライファーは、一九一三年から一四年にこれらの天体の高速度を発見したのである。[★306] 最後に、この論争の中でキャンベルの主張がストーニに取り上げられたということは非常に重要である。ストーニは、運動理論からキャンベルの結論に匹敵するものに早くから達していた。しかし、その時まで彼らの結果が相互に支持しあうと主張することはなかったのである。[★307]

ロウエルのアメリカでの最も卓越した支持者として、科学者のジョルジュ・R・アガシとエドワード・S・モース、そして社会学者のレスター・フランク・ウォードがいた。彼らのすべてが運河観測に成功していた。一九〇六年ピーボディ博物館長のモースは、『火星とその神秘』の中で、火星に関するフラグスタッフでの観測を詳しく述べた。一九〇七年にはウォードが、論文「火星講座」を出版した。それは、ロウエルに語ったところによれば、「国中の多くの、多分数百にも達するであろう論文に複写された……」。[★308] イギリスでは、サー・ノーマン・ロキアー、彼の息子W・J・S・ロキアー、そしてJ・H・ワーシントンの三人の天体物理学者がロウエルを支持した。[★309] E・H・ハンキンとC・E・ヒュースデンも味方だった。『ネイチャー』の論文においてハンキンは、ロウエルの「すばらしい研究」を賞賛し、完璧に真面目に次のように述べている。「多分火星においては、ただ一つの生物のみが存在するであろう。それは巨大な植物であり、その枝あるいは足がちょうどタコの手のように火星を抱き、融解する極冠から水を吸っている……。そして、それがわれわれには火星の運河に見えるのである」。[★310] 水力学の技師であったチャールズ・エドワード・ヒュースデンの貢献は、火星の運河のためのポンプ組織(図10.8)を扱った長い論文と短い著作である。続いて彼は、別の著作の中で金星の水力学を完成した。[★311] ハンキンとヒュースデンの仮説が、今世紀の最初の一五年間になされた火星に関する最も奇妙な図解であったわけではない。以下のドイツ人著述家たちもあげられる。❶ルートヴィヒ・カン。彼は、火星のほとんどが海草で覆われており、運河は流れの早い海流によって引き起こされた境界であると主張した。❷アドリアン・バウマン。彼の提案によれば、火星の暗い地域は陸であり、植物と多分動物的生命によって覆われている。他方黄色い地域は氷から成り、その頂上には火山からの灰がある。またこの火山は運河のように見える裂け目を生み出す。❸フィリプ・ファウトとハンス・ヘルビガー。彼らは、亀裂の入った厚さ一〇〇〇マイルに及ぶ火星の氷のマントルを主張した。[★312]

ハンキンやヒュースデンのような味方を得て、ロウエルはほとんど敵無しに見えた。――しかし、まだ敵対者は存在し、その中には、自然淘汰による進化論の共同発見者であり、八〇歳にしてなおエネルギッシュなアルフレッド・ラッセル・ウォレス(1823-1913)がいた。ウォレスは、『すばらしい世紀』(1898)のために一九世紀の科学を概観し、太陽系内の地球外生命を否定する証拠の増大と、恒星天文学の最新の成果により、新たな分析が可能になると考えた。このことを彼は、一九〇三年の「宇宙における人間の場所」と題した論考の中で素描し、同題の著作において詳述した。[★313] ウォレスの論文は、幾らかの驚くべき主張を含んでいる。すなわち、近年の天文学的発見によれば、人間の宇宙における場所は「特別で多分唯一」であり、「この広大な宇宙の最高の目的は、人間の壊れ易い肉体の中に生きた魂を創造し、発展させること」であるなどという。彼はその議論を次のように要約している。

> 三つの驚くべき事実――われわれが一群の太陽の中心に存在し、その一群が銀河の平面上に正確に位置するばかりか、銀河面の中心に存在しているという事実と、そのように位置づけられた惑星が人類を発展させたという最高の事実とが、無意味な偶然の一致とは今や見なしがたい。

ウォレスの最初の二つの「事実」は、驚くほど広範に当時の天文学の支持を得たが、[314]論文と著作は、本書の8章から10章に登場した多くの人物を巻き込んだ国際的な論争を生みだした。[315]ウォレスは多世界論に対するキリスト教的反論に言及しているが、これがヒューエルらと同じく反多世界論を生む役割を果たしたかどうかは疑わしい。[316]ウォレスの立場とそれが生みだした論争に関する分析は、[317]この著作の範囲を越えるが、ウォレスが一九〇四年に自分の著作に付け加えた重要な付録には言及しておいてもよいであろう。最近注目を引いている[318]この付録は、進化論に基づいて「存在すると想定される多くの世界において、人間あるいは同程度の能力の知性的な存在が、何度も繰り返し発展させられることはなかったとの仮定は……不合理であるとみなす」人々への批判から成っている。この進化論の共同創始者は次のように断じる。すなわち、彼らは、

……地球上、あるいは宇宙に存在する諸要素から、高次の生命形態が発展するために絶対的に不可欠な、非常に複雑でありそうもない諸条件の数に関する証拠を注意深く扱ったようすがない。また、彼らのうち誰一人として、ありそうもない付加的条件のそれぞれとともに、ありそうもなさが途方もなく増加することについて考慮していない。

ウォレスは、知的生命の進化にとって必要な諸条件の数とありそうもなさばかりか、それらが同時に存在し広大な時の流れを越えねばならないことをも強調している。それ故「人間あるいはそれに匹敵する道徳的で知的な存在の進化に関する確率は……何百兆分の一となろう」と述べる。

一九〇七年ウォレスは、『火星は居住可能か』を出版して、ロウエルの『火星とその運河』に応えた。同書でこの偉大な生物学者は、キャンベルとストーニの天体物理学的研究だけではなく、J・H・ポインティングの研究についても

言及し、穏やかな火星の温度を主張した一九〇七年の中頃のロウエル論文に反対した。[★319] ロウエルが、ウォレスの著書は「一人の人間、しかも[知識の]一つの領域では傑出していても、彼自身のものではない他の領域へ迷い込んだ人間」[★320]によるものとして、顧みる必要はないと主張した時、当時の人々が皮肉を感じたことは疑いもない。論争に必須の生物学的観点をもたらし、カール・セーガンがその創意と先見性に「驚かされた」と認めたにもかかわらず、[★321] ウォレスの著作は重大な欠陥をはらんでいた。それは、ロウエルの運河観測に関するウォレスの次のような所見に明白である。「私自身、率直にすべての研究の実質的な正確さを認める」。

一九〇七年頃ロウエルと彼の賛同者たちは、一連の攻撃を乗り切ったが、最も基本的なところ、すなわち、彼らの運河観測の客観性という問題で依然弱みがあった。一九〇七年から八年に、錯覚説に立つ諸論文による本当の電撃攻撃が始まった。一番手、サイモン・ニューカムの論文は、運河観測の「視覚と心理学の諸原理」を独創的に展開して、注目を引いた。導入的な視覚の部分でニューカムは、屈折望遠鏡に関連した収差と回折の効果が、火星上にみられる細い線を実際の幅よ

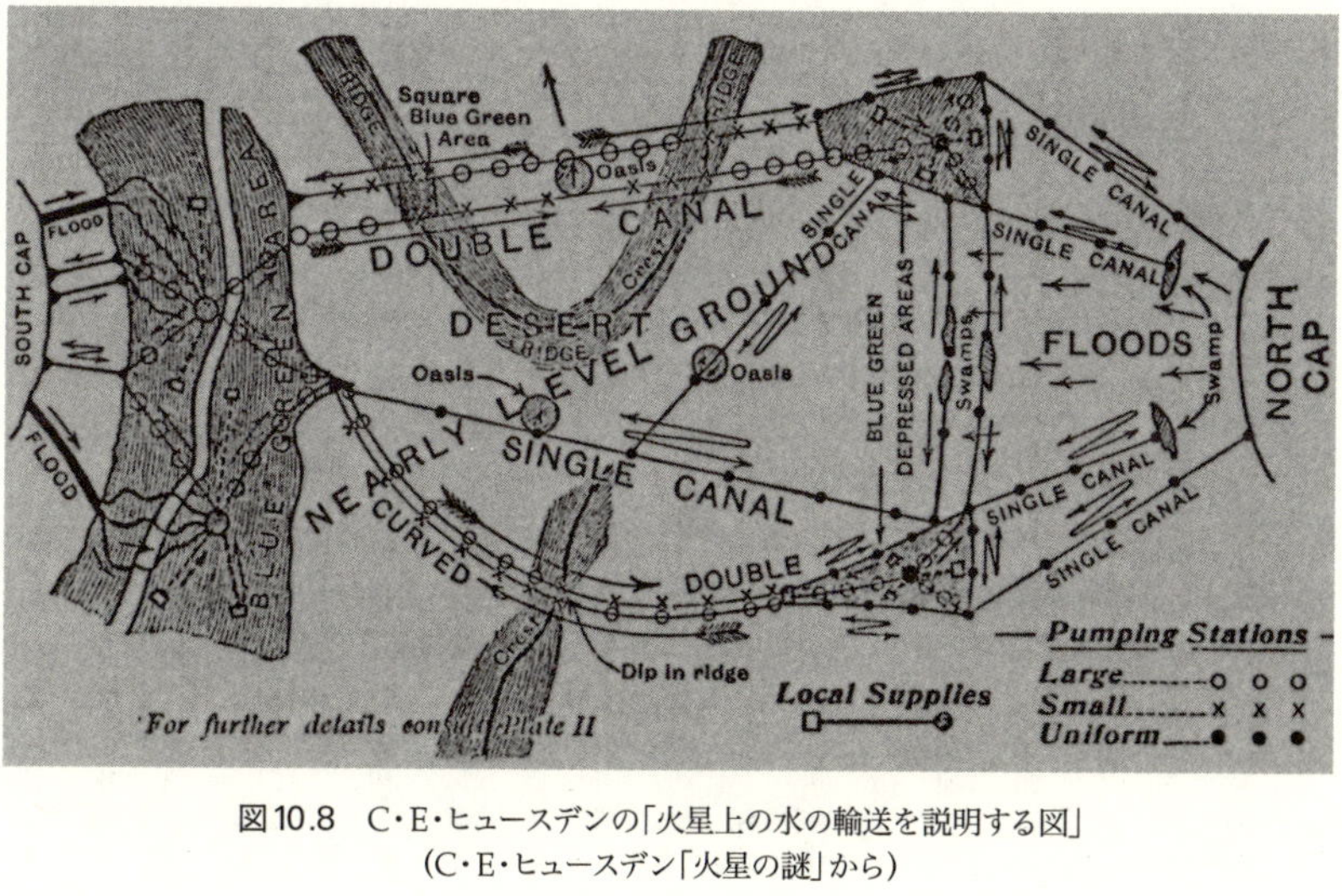

図10.8　C・E・ヒューズデンの「火星上の水の輸送を説明する図」
(C・E・ヒューズデン「火星の謎」から)

りも広く見せる、それはちょうど星が実際よりも大きく見えるのと同じであると主張した。[★322] 次に心理学的要因に話を転じ、「視覚的推理」という用語を導入する。それは、「観測される対象に関して、心が無意識に、光によって網膜上に形成された像から結論を引き出す働き」と定義される。この過程の実例としてニューカムは、非常に細い輝線は網膜上に角度二分から三分の像を投げかけるが、われわれはそれを幾何学的な線として知覚することに注目する。視覚の限界で対象を観測する際の視覚的推理の重要な役割は、次のような実験によって説明される。すなわち、四人の天文学者を含む被験者が、規則的間隔で切断された線が描かれている円盤を透過光で観測した。モーンダーの初期の結果と一致して、これらの観測者は、図から適度に離れている時、連続的な線を見たのである。ロウエルとそのスタッフの仕事を好意的に批評した後、ニューカムは自分の論文の二つの部分を結合し、次のように述べる。ロウエルの運河のアルベドがおよそ周囲のそれの半分であるとの仮説に基づくならば、多分各々の運河が幅約一〇マイルなら観測できるということはあり得る。「しかし、収差、回折、ピンボケなどにより、両側で二〇マイル増加する。つまり見かけ上の幅は、……五〇マイルであろう……」。運河の見かけ上の最小幅を控えめに四〇マイルにし、長さ平均約二〇〇〇マイルの運河が少なくとも四〇〇火星上に存在するというロウエルの主張に従い、ニューカムは、運河の見かけ上の表面積はおよそ火星の表面の六〇パーセントになるであろうと計算する。しかし、このようなことは全く観測されない故に、運河組織の客観性は確証にはほど遠いものであると結論する。ロウエルはニューカムの批判に応酬したが、限られた効果しかもたらさなかった。ニューカムは語り、一九〇七年後半までには一二あるいはそれ以上の雑誌が彼の結果に関する報告を出版した。[★323]

ニューカムの錯覚説の衝撃は、一九〇八年の『週刊ハーパーズ』の論考において、火星の新しい物理学的研究に沿って自ら再論した時、さらに大きくなった。火星表面の温度の最新説とキャンベルの分光写真の結果を引用しながら、ニューカムは次のように主張する。「降雪の代わりに霜が降り、フィートやインチの代わりに例えばミリメートルの単位を、そして嵐や風の代わりにヒマラヤの頂上におけるよりも薄い空気の小さな運動を用いよう。そうすれば、われわれは火星の気象学の一般的な記述を得る」[★324]。火星における生命に関して、ニューカムは次のように結論する。この惑星の諸条件は「非常に低次な生命以外のいかなる形態の生命にも好ましくないものである……」。ロウエルに対するニューカムの如才ない賞賛は、時に度を越すこともある。「特に注目すべきは、ロウエル氏が視覚の限界を試し、惑星上に見られ得るものと見られ得ないものとを画定するために、正確な諸規則を策定したほとんど最初の天文学者であったことである」。この領域でのロウエルの努力は決して取るに足らないものではないが、その様な諸基準の発展に最も貢献した人物はE・W・モーンダーであったことは注意を要する。しかも、モーンダーの一九〇三年の王立天文学協会での講演をニューカムは聞いているのである。

一九〇九年の死の直前に、『エンサイクロペディア・ブリタニカ』の第一一版(1910-11)のために、火星に関する記事を書いたニューカムは、キャンベルやポインティングの天体物理学的研究を要約し、錯覚問題に関する自らの分析を繰り返している。ニューカムは早くから、この論争の多い惑星に関してモーンダーに記事を依頼するよう編集者に提案していたが、ロウエルはニューカムに反対し、編集者にスライファーの分光写真を送った[★325]。記事が現れた時、ロウエルが書いたと誰もが察しのつく、ニューカムの火星に敵対的な非常に長大な脚注が付されていた。

一九〇七年のニューカムの出版とほぼ同時に、当時アリゾナ大学の天文学教授であったA・E・ダグラスは、二つの論文において、火星観測はハロー現象やレイ現象に擾乱されるので、注目の的であるがすべての運河の実在を疑わざるを得ないと論じた[★326]。一九〇七年も遅く、ハーヴァードのソウラン・I・ベイリ(1854-1931)は、ロウエルの運河写真に関する錯覚説的解釈を出版した。その写真の幾つかは最近マサチューセッツ工科大学において展示されたが、この大学からロウエルは一九〇二年に客員教授に任命されている[★327]。一九〇八年コロンビア大学の天文学教授であったハロルド・ジャコービ(1865-1932)は、ロウエル自身の問題の多い金星観測と、ダグラスの幾つかの議論を引用し[★328]、ロウエルの写真とその運河観測の信頼性を攻撃した。

一九〇七年から八年の期間にはまた、ヨーロッパで幾つかの錯覚説の論考が出版された。イギリスでは、E・W・モーンダーと彼の妻が彼らの見解の再論を出版したが、[★329]視覚の限界問題に関する最も優れた分析は、G・J・ストーニによるものである。三つの部分からなるストーニの論文「望遠鏡的視覚」は、火星のように遠くの天体に関して、望遠鏡で見えるものがその惑星の実際の表面形態と一致することはほとんどないと警告している。彼の主張によれば、望遠鏡は火星のような天体の細部を「それ自身とは似ても似つかないものへと」[★330]変えてしまうからである。問題は非常に骨の折れるものであり、「[望遠鏡以前の]天文学者たちが……月に存在するものについて持っていた知識と同じくらいの知識を、現在の天文学者たちが火星に存在するものについて持っている」と想定することは誤りであるとストーニは書いている。イタリアではチェルッリが見解を発表し続け、一九〇七年と一九〇八年に論文を出版した。一九〇八年には、ニューカムの錯覚説を好意的に論じ、運河の証拠としてのロウエルの写真に反論した。[★331]アンリ・ディエルクスは新しいベルギーの天文学雑誌の中で、ロウエルの写真は運河観測の正確さを証明したというフラマリオンの主張に対し反論を始めた。その際に彼は、チェルッリとニューカムの理論を利用した。[★332]要するに、フラマリオン、ロウエル、そしてスキアパレッリの火星は、国際的な攻撃に晒されたのである。

それにもかかわらず、一九〇七年から八年の一連の錯覚に関する論文は、運河観測を受け入れた人々を打ち負かすよりも、修正主義者たちを奮い立たせる方に作用したのであった。ロウエルは、彼のメッセージを遠くそして広く伝え続けた。一九〇八年ロンドンの人々は、公園の小道の光景を自説の運河に比するために、ハイド・パークの上を気球に乗って上がっていく新婚のロウエルを見た。多くの言語をよくしたロウエルは、同年「あら！ 彼は、フランス語でも何と賢いこと」との驚嘆の直中、ソルボンヌで講演した。[★333]他のフランス人たちはロウエルについて、火星の写真[★334]に関するフラマリオンの興奮した記事で知っていた。友達のフラマリオンを訪ねたロウエルを見た人や、フランス天文学協会で講演するロウエルを聞いた人もいた。一九〇四年同協会は、多分フラマリオンの提案で、彼にジャンサン・メダルを授与した。ロウエルは、スコットランドで改宗者を勝ち取った。一八九六年には彼に対して非常に否定的であった『エディンバラ・レヴュー』誌は、一九〇八年には次のように述べている。

自称破壊的批判がフラグスタッフに浴びせかけられた。――曰く、機器の欠陥、複視、視覚的干渉、惑星観測者をだますために神意によって案出された曖昧な生理学的諸法則、催眠暗示等の提案である。多分最後のを除いてすべてが、たとえ忍耐強くとはいかなくとも、真面目に受け取られ、巧妙な方法で試され、そして葬られ、ロウエル氏や彼の助手たちは満足した……。[★335]

ロウエルは非常に有名だったので、彼の南アメリカ探検は「ロウエルのアンデス探検」[★336]で通用した。さらに、錯覚説派の複雑な攻撃も、「運河」の観測を信じ、観測こそ科学の基礎をなすと確信している一般大衆にとって、ほとんど重要性を持たなかった。つまり錯覚説派が必要としたものは、運河の存在を否定する観測上の証拠であった。これを彼らはすぐに得ることになった。

一九〇九年のすばらしい火星の衝は、一九〇九年にほぼ九〇の、そして一九一〇年にも同数の出版物の洪水をもたらした。アントニアディは二四あるいはそれ以上の論文を著した。その多くは、変容する経験の影響を示していた。それは、一九〇九年九月から一一月二七日にかけて、彼が三二・七インチのムドン屈折望遠鏡で火星を観測し、いわゆる運河と呼ばれる多くのものが明確な細部へと解消するのを見た時彼が得たものであった。、アントニアディは、他の観測者の観測と彼自身の観測とを一緒に描いた一九〇九年一一月二三日付けの論文の中で、次のように主張している。巨大望遠鏡の高解像の下で運河が消滅したことから、次の結論が正当化される。

❶［火星の］真の外観は、……地球や月の外観と似ている。
❷良い視界の下では、幾何学的なネットワークのいかなる痕跡も存在しない。そして、
❸惑星の「大陸部分」は、非常に不規則な外観や明暗度を持った無数の薄暗い点によって斑になっている。その散発的な集まりは、小さな望遠鏡の場合、スキアパレッリの「運河」組織に見える。[★337]

そして彼は「われわれは疑いもなく、いまだかつて一つの真正の運河をも火星に見たことはない……」という。おそらく前掲の❸の小さな望遠鏡への言及は、一八八〇年代中頃から、惑星観測にとって大きな望遠鏡は、口径の小さい望遠鏡よりも劣っていると主張した著述家たちに向けられていた。[★338] この論争の背景には、（アントニアディが言及した）ある有名な電報があった。それは、ヤーキスの天文台長E・B・フロストが、ヤーキスの望遠鏡で運河が見られたかどうかを問うフランスの運河信奉者R・ジョンケールからの電報への返信として、送ったものであった。フロストの答えは簡潔であった。「四〇インチ望遠鏡は、運河を見るには余りにも大きすぎる」[★339]。アントニアディは、初めフロストの無礼に激怒したが、すぐに彼の電報の意味を理解し、むしろ優先権を主張し始めた。曰く、フロストの電報の八日前に、ギリシアの出版物において、運河の解消を宣言したと。[★340] また一二月二三日の論文でアントニアディは、E・E・バーナードとA・S・ウィリアムズの書簡を引用し、両者とも運河が細かい模様の集合体であるという自分の考えに同意したことを明らかにした。さらにアントニアディの報告によれば、一八九九年、一九〇一年、そして一九〇三年にムドン望遠鏡で観測していた時、ミロショも火星を同じように観測したという。続いてアントニアディはモーンダーに話題を転じ、われわれの望遠鏡は必ず「惑星表面の究極の構造を明らかにする」という主張を一八九四年に否定した

ことを賛意を持って引用し、「あらゆるものが全くの暗黒であった時代に、巨匠の名にふさわしい解釈によって運河の膠着状態を見抜いた人物」と賞賛した。モーンダー＝エヴァンズの実験に言及し、それが最近リヨンの天文台長シャルル・アンドレによって支持されたことを注意した後、[★341]このギリシアの国際的天文学者は、チェルッリの考えの当時英語で利用できる最も十全な解説を提供し、ニューカムの一九〇七年の論文を要約してもいる。アントニアディは、結論的な意見として次のように述べている。運河のネットワークは、「惑星が実際に地球に最も近づいた時に消滅した……。そして、より微細な細部が絶え間なく見られる時、いかなる直線も確固として保持され得ないという事実が、その消えゆく存在の最終的な反証となる」。これほど広く基礎づけられ、証拠資料に裏づけられた運河の批判がなされたことは、以前にはなかった。アントニアディの分析結果は、一九〇九年一二月二九日モーンダーにより英国天文学協会の会議で発表された。この会議は都合よく、六〇インチのウィルスン山反射望遠鏡を使ってG・E・ヘールによって撮影された火星の幾つかの新しい写真に関する報告で始まった。これらは、ランプランドの写真よりも優れていると判断され、さらにバーナードの火星記述とも一致していた。アントニアディの論文は、特にモーンダーの温かい歓迎を受けた。モーンダーはそれを次のように記述している。それは、会員たちを「火星の〈運河組織〉に関する最も満足のいく結論に導くもの」であり、したがって、会員たちを「火星で働いている驚異的な技師たちの存在という考え……」から解放するものである。[★342]

アントニアディは、一九一〇年一月の論文でも攻撃を続けたが、そこでも国際的な火星研究における指導力を示している。彼は、チェルッリやモーンダーを「〈運河〉問題における最も優れた理論家」と呼び、ミロショ、モレスワース、そしてC・A・ヤング（一八九二年）の観測を、火星に運河のないことを支持するものとして引用している。アントニアディの最も印象的な証拠は、ヘールからの近年の書簡である。ヘールはウィルスン山から、火星上の「膨大で複雑な細部」を観測したが、「狭い直線のいかなる痕跡……」も見られなかったと書き送った。「付け加えるならば、六〇インチ反射望遠鏡での火星観測は、アボット、アダムズ、バブコック、ダグラス(前にロウエル天文台にいた)、エラーマン、ファト、シアーズ、そしてセント・ジョンによってもなされた。そして彼らのすべてが、示された細部の特徴に関して、私と一致したのである[★343]」。アントニアディの一九一〇年の他の出版物は、一九〇三年、一九〇五年、そして一九〇七年の衝に関する英国天文学協会での長い報告を含んでいる。それは、多くの場合彼の十分に成熟した惑星の概念を裏づけるものであった。例えば彼は、一九〇三年の報告では、「運河」という言葉を「縞」と置き換え、一九〇七年の報告では、雲によって時々曖昧になる表面に賛成して、変化する火星表面という考えからは撤退した[★344]。彼の最も強力な声明は、一九〇九年の衝に関する報告に現れている。そこで彼は次のように主張する。ムドン望遠鏡による一九〇九年九月二〇日の最初の火星観測では、

> ……火星をその外部の衛星から見て、調べているように思った。惑星は、鋭く自然に拡散した不規則ながらも確固とした、当惑させるほど非常に多数の細部を見せてくれた。そしてすぐに、スキアパレッリによって発見された運河や二重の運河の幾何学的ネットワークは、巨大な錯覚であることが明らかになった[★345]。

このような観測によって、アントニアディは「時々見られる線は単に複雑な細部の総体に過ぎない[という]モーンダー氏の一八九四年から一八九五年の理論」の正確さを確信した。「〈運河〉誤謬に関する真の理論は、こうしてモーンダー氏に、そして彼のみに負うものである」。一九〇九年の衝に関する報告と、それに続く火星に関する著作は、数十の図を含んでいるが、その中で彼は、ムドンで見た火星をスキアパレッリの描出と対照している(図10.9)。

一九〇九年も遅く、モーンダーは、火星人とその運河に対する三〇年戦争の総決戦が近づいていることを感じ、

一九〇九年一二月に、火星の気温は生命を維持できないとする論文を出版した。不幸にも彼もアントニアディも、今までは火星の大気に関するキャンベルの結論を受け入れていなかった。事実アントニアディは、火星を「生命の存在する、そしておそらく今も居住されている世界」[★346]として記述し続けていた。一九一〇年モーンダーは、一つの長い論文の中で、運河観測に関する三〇年間の批判をまとめ、アントニアディの最近の仕事をついに論争を解決するものとして引用している。[★347]

一九一〇年三月三〇日の英国天文学協会の会議にモーンダーやその他の会員が到着し、パーシヴァル・ロウエルが出席しているのを発見した時、高揚したドラマの雰囲気が漂っていたに違いない。王立研究所で講ずるためにロンドンにいたロウエルは、ほんの二時間前にその会議について知ったばかりだったが、当時英国天文学協会の会長であったH・P・ホリスの招待で、二〇年間運河批判の主な震源地であった協会で講演した。英国天文学協会の雑誌が報告するところによれば、ロウエルの講演は、このアメリカの天文学者のカリスマ性を明らかにした。ホリスはロウエルについて、いかなる英国天文学協会の会議でも思い出すことのできないほど「最も緊張に満ちた三〇分間」を与えてくれたと賞賛している。[★348]ロウエルの講演に続く討議の特徴は、実質よりも礼儀正しさにあったが、論争は英国天文学協会『会報』の次号まで続き、その中でモーンダーは、運河が一九〇三年の小さな写真では見られたが、拡大されたら消えたことに注目した。アントニアディは、ロウエルの書簡に応えて、ムドンの図は、最近のフラグスタッフの図よりも、非常によくヘールの写真と一致することを強調した。そしてM・E・J・ゲウリは、ロウエルがムドンに行き、アントニアディがフラグスタッフに行くことを提案した。[★349]英国天文学協会の会議直後に、ロウエルはフランス天文学協会と王立天文学協会で講演した。そして、彼が前者でより温かい歓迎を受けたのは驚くことではなかった。[★350]

一九一〇年初頭に、多くの出版物が次の二つの主張を発表した。❶諸実験によれば、不規則な斑模様の図は、運河で覆われているように見えること。❷アントニアディ、バーナード、チェルッリ、ヘール、そしてミロショなどの天文学者たちが、運河を拡散した細部へ解消するのに成功したこと。アントニアディは、運河観測に関して陰影のコントラストによる説明を放棄し、自分の権威を正直にモーンダーの下においた。要するに天文学者たちは、モーンダーの一八九四年の声明、すなわち「われわれが識別できるものが実際にわれわれが調べている物体の究極的構造であると決めつけることはできない」ことを真剣に受けとらねばならなくなったのである。すぐに、国際的な一群の天文学者たちが反運河の立場と同盟を結んだ。スペインのJ・コマス・ソラはある論考を次のような主張で結んでいる。「火星の運河に関する驚くべき伝説が消滅した……」[★351]。ルシアン・リベールは、最近の火星研究に関する一九一〇年の論評で、賛意を持ってJ・コマス・ソラの主張を引用し、次のように述べている。「運河の幾何学的ネットワークは、純粋な視覚的錯覚である。火星は以前に描かれたような生命に満ち溢れる世界ではない。それが赤い砂の砂漠であるということになる時はそれほど遠くはない……」[★352]。J・ベルペール神父は、一九一一年にアントワープの天文学協会のために書いた論文の中で、「火星の表面上に直線が見えるという仮説は、ますますその信用を失っている……」[★353]。T・モロー神父は、『別の世界は居住可能か』(1912)の中で同様の結論を主張している。シャルル・ド・キルワンはこれを論評し、次のような主張を支持するために引用している。「火星は砂漠化した惑星のように見える……。生命が存在するとしても、最も低次の隠花植物以外、認められないはずである」[★354]。

一九一〇年スウェーデンのスヴァンテ・アレーニウスは、一対のドイツ語の出版物の中でロウエルの火星を攻撃した[★355]。彼は、アントニアディ、チェルッリ、そしてモーンダーの錯覚説を知っていたが、大部分で運河観測を受け入れ、地震によって引き起こされる裂け目近くの地域における化学的変化という言葉で運河を説明した。また、キャンベルの分光学的研究や種々の物理的考察に基づいて、火星は余りにも寒く不毛であり、居住不可能であると主張した。ロウエルの理論に対する反論は、非常に魅力的である。なぜなら、金星の生命には賛成し、地球外起源の胞子から地球上における生命が生じたとする理論をこの時期に主張しているからである[★356]。

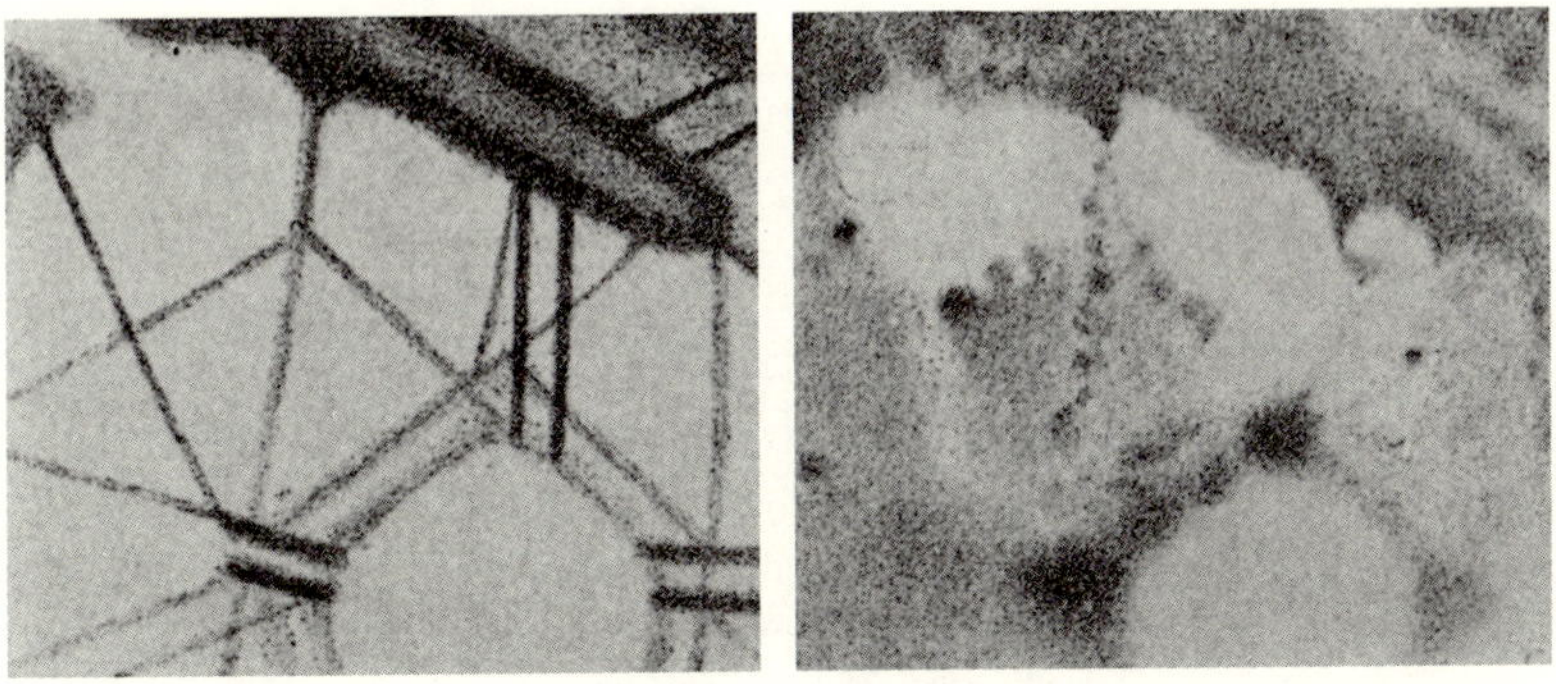

図10.9　スキアパレッリによって表現された火星の一部（左）と、アントニアディによるもの（右）
（アントニアディの『火星』からHermann éditeurs des sciences et des artes 提供）

アメリカでは、運河観測の批判は一九一〇年頃特に激しくなり、同年ヘンリ・パラダインは「火星の神話的運河」について論じ、一九〇九年一二月二九日の英国天文学協会の会議が決定的な転換点を画したと断言した。しかし、次のことは認めていた。「困ったことには、多分、偉大な火星の神話は……科学が付与した膨大な虚偽の一つ［として］存続するであろう……。しかし、温かく漠然とした空想よりも、事実の冷たい正確さを好む人々にとって、今も将来も、火星には運河は存在しないであろう」[★357]。優れた火星人技術者たちが死にかけている惑星を潅漑するために絶望的な努力をしているという劇的な神話で、自らの運河観測を強化しようとしたロウエルの努力について詳述したならば、パラダインは、ただ単に「偽物」を意味するために使った「神話」という言葉をもっと大切にすることができたであろう。ヤーキス天文台の機知に富む台長E・B・フロストは、「火星の居住可能性に関するあなたの考えを三〇〇語で表現して、送ってください」とある記者が電報を打った時、多くのアメリカの天文学者たちの考えを簡潔に表現した。フロストの答えは次のようなものであった。「三〇〇語は不必要である。

りか、モーンダーの錯覚説を支持したことは、アントニアディによって暴露された。アントニアディはアメリカ、イギリス、そしてフランスの読者に対して、バーナードが次のような書簡をよこしたことを告げた。「火星の運河をめぐる混乱を一掃するモーンダーの仕事を評価する点で、私は、あなたの意見に同意する[359]」。

当時のアメリカ人によってなされた運河に関する最も包括的な批判は、リックのロバート・G・エイトケンによるものである。近年の火星研究に関する彼の一九一〇年の論評は、二つの新たに構築された運河、六五九番と六六〇番をロウエルが目撃したという報告を含んでいる[360]。エイトケンはまた、ジョンケールがすべてのロウエルの運河を検証したと報告し、「二三の新しい運河を付け加えた」ことにも言及している。他方エイトケンは、リックで「われわれは運河を見なかった」と主張し、またアントニアディも、バーナードも、コマス・ソラも、ヘールも、そしてウィリアムズも運河を受け入れなかったと記している。エイトケンの論考の特別な重要性は、キャンベルの仕事を支持し、ニューカムの一九〇八年の論考以後、キャンベルの火星と錯覚説派の火星の両方を受け入れた初めての著述家となったことにある。この二つが相互に関係していたことは、エイトケンの次の結論的注から明らかである。「それほど小量の水が、いかにして火星上における幾何学的な運河組織を実際に機能させることができるのかを理解することは困難である」。すぐに、他の著述家たちもこの考えの正しさを認識した。

フラマリオン、ロウエル、そしてスキアパレッリなど火星の幾人かの主唱者たちは、一九一〇年以降、一九六〇年代においてすら現れた。しかし、この章で提出された証拠によれば、およそ一九一二年までに天文学者たちは、運河観測は信用を失ったという合意に到達したことになる。アントニアディ、キャンベル、そしてモーンダーの業績は最も賞賛に値するが、他の要因も荷担した。一九一〇年のスキアパレッリの死、一九一六年のロウエルの死、一九一〇年以後の五つの衝の貧しい内容、第一次世界大戦の開始、そして恒星天文学への関心の増大などである。

さらに、一九二〇年頃から一九四〇年代中頃までの時期における星雲説の広範な否認と、惑星形成の新しい理論の台頭は[★361]、後者が（前者と違って）惑星を従えた星はほとんどないとの主張を伴っていたが故に、われわれの太陽系以外での生命の断念につながり、多世界論的立場をこの二世紀で最も魅力のないものにした。この時代の反多世界論を説明するために、二人のイギリスの天文学者が引用されてよいであろう。一九二八年アーサー・エディントンは次のように述べた。「創造の全目的が、〔地球〕に堅く杭で固定されたとは思わない……。しかし、現時点で、われわれの種族が最高であると主張したい気持は感じる。そして、無数の星々の中の一つの星ですら……太陽の光線の下で生じていることに類似する光景を見おろすことはない[★362]」。一年後、ジェイムズ・ジーンズは、「惑星は非常に稀である……」がゆえに「生命は宇宙のほんの小さな部分に限定されるに違いない」と主張した[★363]。

7 結論——「過去の神話へと退けられた……運河に関する虚偽」

この章を閉じるにあたって、最後にこの運河論争の中心にいた六人の人物、すなわちアントニアディ、キャンベル、フラマリオン、ロウエル、モーンダー、そしてスキアパレッリを見ておこう。一九一三年にアントニアディは次のような運河の墓碑銘を書いた。「新しい運河の発見を記録する大量の著作が今後も書かれるであろう。しかし、将来の天文学者たちはこれらの奇観を笑うであろう。そして、運河に関する虚偽は三分の一世紀の間遅々とした進歩をとげても、その後には過去の神話へと退けられる運命にある[★364]」。アントニアディは、一九一七年、英国天文学協会の火星部門の代表職を辞したが、この惑星に関して書き続け、一九三〇年には彼の古典ともいえる『火星』を出版した。その中で彼は、火星を「老衰」状態にある「巨大な赤い荒野」として提示し、水や植物は残っているかもしれないが、いかなる高次の生命形態も存在しないことはほとんど確かであるという[★365]。専門家たちに多くのことを教授したこの素人が一九四四年に死去した時、P・M・ライヴスは英国天文学協会の『会報』の中で、「火星に関する世界で最も偉大な権威」であったと書いた。皮肉にも、アントニアディの死亡記事に続いたものは、ロウエルの理論の復活に捧げられた新刊書をめぐる、ライヴスによる論評であった[★366]。

W・W・キャンベルは、運河の錯覚説を支持する論文を書いて一九一八年に運河論争に復帰した。W・H・ピカリングとロウエルの火星観測に関して一致しない部分を対置し、次のように結論する。「もしピカリングやロウエルのように恵まれ、能力があり、熱狂的な二人の観測者が一致することができないならば、……通常の観測者たちにとって、……いったいどんな希望があるだろうか[★367]」。H・N・ラッセルに書いているように、死の一年前の一九三七年にもキャンベルは、依然悩んでいた。「私の[火星の]結果の信頼性に関して疑っている……多くの天文学者たちがいる[★368]」。キャンベルは心配する必要はなかった。なぜなら、以後の研究が彼の主張を立証したからである。

一九二五年の死により、フラマリオンの火星論考第三巻の草稿は中断されたが、その中で、六〇年間没頭してきた火星を主張していたということは、死亡する一八か月前に『ニューヨーク・タイムズ』に電信で送った次のようなメッセージからも明らかである。「火星は、地球と同じく生命に満ちている。われわれは居住者を見ることはないが、表面の隆起を観測することができ、結果から原因を引き出さねばならない[★369]」。

ロウエルは、一九一六年の死の直前に、次のように述べている。「[火星における]知的生命に関する理論は、二一年前に初めて明言された。それ以来新たに発見されたあらゆる事実は、それに整合することが明らかになった[★370]」。さらに、一九一六年三月一日に『サイエンティフィック・アメリカン』の編集者に次のように断言している。「判断する資格のある天文学者たちの間では、火星の〈運河〉の存在について意見の相違は存在しない。経験がないかぎり信じられないとか、良好な条件の欠如のゆえにそれを見ることは不可能であると思っている人々だけが反対しているのである」。この書簡が公表された時、W・G・ホイトが注意したように、ロウエルの声明は「単に利己的であるばかりか中傷的でもあった」[★371]。アントニアディの一九一三年の論文に応えてロウエルは、編集者に次のように書き送った。「［運河が］構築されたものであるという理論の責任はスキアパレッリにある」というアントニアディの主張は、「訂正されるべきである。その責任は全く私にある」[★372]。「責任」という言葉の評価は批判的歴史の仕事であるとしても、次のことは注意されてもよいであろう。ロウエルの諸著作は扇情的で偏った声明、および欺瞞の例すら含んでいたが故に、彼は厳しく糾弾されるべきである。それにもかかわらず、アントニアディは一九一三年の論文の中で、スキアパレッリの「火星の農業大臣」について言及し、このイタリアの天文学者の優先権を主張した点で正しかった。さらにフラマリオンはロウエルの死亡記事の中で、次のように再び主張した。ロウエルは、「彼自身の説明に従えば、火星の世界について発見をなすよう、……私の一八九二年の作品『火星』の出版によって、……鼓舞された」[★373]。この文脈でまた、W・H・ピカリングの確かな影響について語り得るであろう。彼とロウエルの親密な連携は、まさにロウエルが火星理論を形成していた時に生じたのである。事実ピカリングは、ロウエルよりも何年も前に火星のマントルを仮定していたが、ロウエルの死後から彼自身が死亡する一九三八年まで再び主張し、ロウエルにも増して過激な宣言をおこなった[★374]。ロウエルの遺産の中で、彼が創設し寄贈した壮大な天文台は決して小さいものではない。今日それは天文学研究の主要な中心の一つである。しかし、最近、一九二九年にロウエルのスタッフに参加し、一九三〇年に冥王星を発見したクライド・トンボーは、ロウエルの火星論争の別の結果を示唆した。すなわち、それは彼の天文台を何年間もの間「実質的に専門的な天文学界から除外」し、その古いスタッフを「天文学社会から追放」状態においたというのである[★375]。

E・W・モーンダーは一九一三年にグリニッジを去り、しばらくの間、理性と宗教の和解のために創られた協会であるヴィクトリア研究所の所長を勤めた。一九一二年にモーンダーは地球外生命の問題に関して、この協会で講演したことがある。反運河、反火星生命の理論を詳述した後、生命にとって不可欠の限定された諸条件と、少なくともそのような諸条件を与える多様な星の体系の欠如の故に、地球以外での生命の確率は非常に少ないと主張した。それゆえに地球は、宇宙の中で居住されている惑星の「よく言ってもせいぜい少数派」に属しているに違いない。[★376] このことが地球生命の「目的や設計」について何を示すかを問いながら、次のように述べる。「〈天を創造し、……地の創造を決意された時〉、神の叡智は、〈言葉が肉となった〉ように、〈この地が居住可能になり、人類の子孫と喜びを分かち合うこと〉を望んだ」。モーンダーは、自分の反多世界論的議論が聴衆からいかなる温かい歓迎も受けなかったことに、失望したに違いない。一人の会員は次のような不満をもらしている。

> モーンダー氏が、別の世界における生命について何かを語ってくれることを期待して、私はこの集会に出席した。そして非常に失望した。確かに、すべての何百万という星は、……なんらかの目的無しには、創造されなかったのか……。そして、太陽系の惑星の中で、われわれが慣れ親しんでいるものとは非常に違うが、しかしそれらが提供する諸条件のもとで栄える生命形態は存在しないのであろうか。[★377]

ヒューエル時代の自然神学的多世界論は、新しい世紀においても生き延びた。このことは、一九一三年にモーンダーが『惑星に居住者はいるか』を出版した時の反響から明らかである。例えば、『月刊ハーパーズ』の編集者ウィリアム・ディーン・ハウエルズは、火星と木星に関して、神は「ただ単に可能であるだけでなく、両者に適した種類の生命を創造すること」[★378]ができなかったかどうかを知りたいと思った。歴史はモーンダーを厳しく扱った。『英国伝記事典』においては看過され、『科学者伝記事典』の中では、火星研究はほとんど言及されず、太陽研究は「平凡な」ものと記され、今やほとんど忘れ去られている。グリニッジの太陽分光学者であり、英国天文学協会の創設者、そしてその『会報』と『天文台』両誌の長期にわたる編集者、そして一連の尊敬される天文学的諸著作と諸論文の著者としての彼の業績評価が試みられることもない。しかし、将来の天文学史の中でモーンダーは、多分最も有名な誤謬から天文学を解放し、観測に関するより洗練された理解の必要性を喚起した中心人物として言及されるに値するであろう。

火星論争に対するモーンダーの貢献を評価するさい、最近の火星の近接写真にいたるその後の情報が、個々の小さな点を線と見なす観測者たちの無意識的傾向から運河は生じる、というチェルッリ＝モーンダー理論を立証したかどうかを問うことは適切である。二つの最近の研究は、この問題に光を当てた。一九七五年古典的な火星地図とマリナー［＊無人火星探査機］の写真を比較し、カール・セーガンとポール・フォックスは次のように述べる。「古典的なロウエルの運河の一部は、火星の地形学上の特徴あるいはアルベドの特徴と一致するが、ほとんどの運河は一致しない。事実、実際に表面上の特徴がないところに多くの運河が存在し、運河の存在しないところに多くの表面的特徴が存在するのである」★379。この結論はモーンダーの特定の理論と一致するわけではないが、観測が実際の惑星の諸特徴を明らかにすると決めつけることに対する彼の一八九四年の警告を無効にするものではない。事実、セーガンとフォックスは、ある意味で、モーンダーの考えを再論しているのである。「運河の大多数は、運河学派の観測者たちによってほとんど自己生成されたもののように思われる。それは、困難な観測条件の下での人間の目-脳-手の連動の不正確さの記念碑である」。第二の、そしてより最近の研究は、R・A・ウェルズの研究である。彼は『火星の天体物理学』(1979)の中で、火星表面の特定の部分と古典的な運河図との間に十分に高い相関関係を報告している。ウェルズは自らの分析を要約して、次のように述べる。「ロウエルの八〇〇に及ぶ運河の広範なネットワークを支持する証拠はないが、マリナーの九つのデータは、スキアパレッリによって初めて観測されたものとよく似たずっと小さな基本的構成を裏づけている」★380。さらに、セーガンとフォックスが約六つから「一〇あるいは二〇は越えない」範囲で相関関係を認めたのに対して、ウェルズは自分の研究では二〇から一〇〇の緊密な連関が見られると主張している。モーンダーよりも洗練されているとはいえ、ウェルズの分析はモーンダー＝チェルッリ理論に基づいているので、かの理論の正しさを証すものと思われよう。しかしモーンダーが予測していた以上に主観的要因が働いている可能性もある。この問題は解決されたわけではなく、天文学者は今後も地球外生命に関連した観測をなす人々を待ち伏せている悪魔を追い払わねばならないのである。事実、最近一九七三年ブルース・C・マレーは次のように示唆している。

それ故、火星に関するこの希望的観測だけが一般的なものというわけではない。それは、科学に非常に深く影響を与えると思う。私は、このような状態からすでにわれわれが脱出しているかどうか確信が持てない。私自身の個人的考えを言えば、われわれはエドガー・ライス・バロウズとロウエルの虜になっているが故に、観測がわけもわからないうちにわれわれを打ち負かし、われわれを無視してわれわれに答えを教えるのであろう。★381

スキアパレッリの運河観測についても、彼が晩年それらについて持っていた考えについても、ウェルズ教授によって論じられている。ウェルズは、彼自身が発見したM・マッジーニの『火星』(ミラノ、1939)の中のチェルッリ宛てのスキアパレッリの書簡の抜粋に基づいて、興味深い推測を明らかにした。関係の公文書資料の中に、スキアパレッリの元の書簡を探す調査はうまく行かず、マッジーニが一九〇七年のある日とした以上に詳しく、書簡の日付を特定できないが、★382ウェルズは、この生き残った抜粋を、「〈ロウエルの遺産〉につきまとう汚点は事前にほとんど根絶されていたかもしれない」という説の論拠と見なし、次のように推測する。スキアパレッリは、この抜粋の中でチェルッリの理論を受け入れているように思われ、ロウエルがもし「愛しい火星の主人」の心変わりを知っていたならば、運河も放棄したかもしれないというのである。ウェルズは述べている。「[スキアパレッリの考えを]公開されたものによってのみ学んだことが、[ロウエルに]致命的一撃を与えたのかもしれない!」

私の研究は、この書簡と推測に光を当てる資料に至った。特に、書簡のより十全な抜粋は、一九〇八年にチェルッリによって出版されたが、彼はそれを一九〇七年七月に受け取ったと述べている。[383] このように、書簡はロウエルの生前に公表されたのであり、さらにその趣旨はドイツの雑誌に要約された。[384] その上、私はスキアパレッリの考えを彼の最後の二年間から再構成することができた。一九〇九年八月二九日に彼は、ロウエルが運河を示したと主張するフラグスタッフの写真が、欺瞞であることを認める書簡を、アントニアディに書いた。[385] しかし、再びアントニアディに手紙を書いた一九〇九年一二月一五日までに、彼の考えは変化していたように思われる。「あなたが(そしてあなたとともに他の人々も)反感を示した多角形化と二重化は、確証された事実であり、それに反対するのは無益なことです。チェルッリ博士は、数週間前に納得されました。私は、彼にロウエル氏によって一九〇七年七月に得られた一連の鮮明な写真を送りました……」[386]。一九一〇年にスキアパレッリは、運河観測を擁護する書簡を二度公表した。アントニアディの議論に対する証拠としてウィルスン山での幾つかの火星の写真を送ってくれたヘールへ宛てた二月一〇日付けの書簡の中で、スキアパレッリは次のように主張している。「一九〇七年のロウエル教授の経験は、写真術が明確に幾何学的線と多角形化を表現できるということを証明しました。このことについてなお疑うことで喜ぶ人もいるでしょうが、フラグスタッフで可能であったものは、確かにまたウィルスン山でも可能でしょう」[387]。一九一〇年五月一九日スキアパレッリは、ドイツの『宇宙』という雑誌の中のアレーニウスの記事に応えて次のように書いている。

私に関する限り、まだ火星の現象に関する合理的で信用できる思想の有機的全体を形成するに至っていない。それは多分、アレーニウスが想像する以上に複雑であろう。しかし、私は彼と或る一点に関して意見が一致していると確信している。すなわち、人は惑星の地質学的構造を考慮に入れねばならない……。私はまた、アレーニウスとともに、火星の線や縞(「運河」という名前は避けるべきである)が、物理的=化学的力の仕業として完全に説明されるであろうと思う。ただ、ある周期的な色彩の変化は別で、これは多分、地球上における大草原の開花などのように、広範囲におよぶ有機的形成の結果であるといえよう。また、私の意見では、幾何学的で規則的な線は、（その存在は未だ多くの人々によって論争されているが）、われわれに現在の所、この惑星上における知的存在について何も教えないと思う。しかし、もし誰かが……これらの存在のために合理的に唱えられるあらゆることを推論するならば、私はそれをよしと判断するであろう。そしてこの観点から、私はロウエル氏のこの問題に関する非常に賢明な議論とともに、高貴な努力および出費と仕事に敬意を表するものである。★388

運河観測に対するこの最後の防衛論は、六週間後に死去したスキアパレッリが依然として彼のヒッポグリフ［＊馬の体に鷲の頭を持ち、翼を持った怪物］にまたがっていたことを示唆している。

運河論争の一般の思想への影響に関する問題をしばらくおくとして、天文学への影響はいったいどのようなものであったのか。幾人かの著述家は、一九三八年のレジナルド・ウォーターフィールドの次のような評価を支持している。

> 今や「運河」の物語は、中傷と誹謗を伴った、長くそして悲しい物語である。多くの人々は、その理論全体が捏造されなければよかったのにと思うだろう。しかし、なされた害がどれほどであろうとも、それは火星の、そして間接的には惑星研究一般に与えた驚くべき刺激によって十分に補われる。肯定するにせよ、否定するにせよ、それは多くの有能な観測者を魅了した。さもなければ、彼らは決して惑星に興味を示さなかったであろう……。スキアパレッリがはからずも放ったピストルは、多くの人々の繊細な感情をおびえさせたが、疑いもなく、発見競争の号砲となった。惑星天文学者たちは未だに成功裡に追究し続けているのである。★389

しかし、ウォーターフィールドの評価は、火星の運河の存在に「いかなる疑義も」抱かず、火星の植生が「非常にありそうである」と信じていた事実に影響されていた可能性もある。[★390] カール・セーガンは一九六六年の著作の中で、運河論争に関する根本的に違った考え方を表明した。

多くの科学者たちにとって、それはあまりにも苦く、益のないもののように思われた。したがって、恒星物理学の進展とともに、惑星天文学から恒星天文学への大脱出が起こったのである。現在惑星天文学者たちが不足している理由は、大半これら二つの要因のせいである。[★391]

本書の歴史的研究では、ウォーターフィールドとセーガンの主張のいずれも支持できる。しかし、証拠の大半はセーガンの評価に味方する。運河論争は多くの利益をもたらしたが、信用の喪失、内部的な不協和音、方法論的な誤解、実際の誤り、また観測に浪費された努力など、天文学界が支払った代価は余りにも高かった。歴史の教訓に習うなら、もし同様の論争が生起する時、天文学者たちはアントニアディ、キャンベル、そしてモーンダーの諸活動を見習うだろう。彼らは運河論争の英雄たちであった。他方、スキアパレッリ、フラマリオン、そしてロウエルはその主謀者でありーーそして犠牲者でもあった。

第11章 結論のでていない論争に関する幾つかの結論

1 一九一七年以前の地球外生命論争の範囲と特徴

これまでの各章の歴史的資料によれば、多くの結論が明らかになるが、そのうちの二つは、一九一七年以前の地球外生命論争の範囲と特徴に関っている。第一に、この論争が今世紀に始まったとか、「宇宙における唯一の知的生命はわれわれの惑星地球にのみ存在するという長年の信念が、最近徐々に消滅している」[★1]とかいう一般に流布した考え方は完全に否定される。この論争は、実は大昔からあり、ほとんどあらゆる世紀において続けられ、そして(付録に記載されているように)、一九一六年までに一四〇冊を越える書物が生みだされている。さらに、これらのほとんどが、一九一七年以前の論考、論文、そして評論とともに、地球外生命を支持したのである。これらを出版した著述家の中には、ささやかな常識しかない人もいたが、多くの人物は議論の余地のないほど卓越した人物であった。一八、一九世紀の第一線の天文学者たちのおよそ四分の三が[★2]、そして最も卓越した知識人のほぼ半分が、この論争に参加したのである[★3]。

多世界論論争は非常に広範囲であり、参加者の多くは聡明であったが、依然未解決であるという点において科学史上の他の多くの論争とは様相を異にしている。地球外生命の証拠を求めて何世紀もの間、何百の主張、何千という出版物、そして何百万人もの信者が生み出されたが、依然一つの確かな証明もない。本章の以下三つの節では、二つの問題に絞って論じる。第一は、議論が多くの場合不備であることが判明したにもかかわらず、どうして多世界論は人を魅了するのかという問題である。第二は、どのような一貫した虚偽が一九一七年以前の多世界論的諸著作の中に発見されるかという問題である。

2 多くの多世界論における反証不可能性、柔軟性、そして説明力の豊かさ

幾つかの多世界論の魅力は、その反証不可能性、柔軟性、そして説明力の豊かさに帰せられるだろう。一般的多世界論の立場は、明らかに反証不可能である。月に生命がないとしても、火星がまだある。火星が不毛ならば、金星が利用可能である。太陽系が地球を除いて生命を欠いていると証明されたら、力点は他の星の周りを回っている惑星に移される。そこでも何等の証拠も見いだされないならば、注意は他の銀河に向けられる。もしこれが失敗するならば、過去と未来に期待する。特殊な多世界論、例えば月の生命を主張するようなものですら、反証は著しく困難であった。月の近い側に生命が観測できなかった時、多世界論者たちは遠い側を要請した。この策が不可能になった時、注意は肺のない月人、月の過去、あるいは昆虫、そしてついには地下の微生物へと向けられた。さらに、地球生命の法則に拘束されない自由な全能の神を想定すれば、多世界論者たちに利用可能な救済技術はほとんど無限に拡張される。多世界論はまた、驚くほどの柔軟性を示し、極端に異なる天文学的、宗教的、哲学的、文学的文脈に適応した。大気を持つ月と持たない月、湿った火星と乾いた火星、液状の木星と固体状の木星など、自在だった。宗教的著述家たちは、まぎれもなく巧妙に多世界論を抱き込んだ。無神論者と福音主義者、原理主義者と自然神学者、心霊主義者とスヴェーデンボリ派の人物——すべての人々が、多世界論を自分たちの要求に柔軟に応えるものと考えた。哲学者たちも同様だった。経験主義者と観念論者、実証主義者と思弁主義者、楽観論者と悲観論者——すべてが都合に応じて多世界論を利用した。一つの頭、二つの性、五つの感覚に制限された登場人物や地球だけの大洪水の筋書、一つの月しかない光景などに束縛を感じていた科学小説の作家たちも、積極的に多世界論を利用した。地球外生命とい

う思想はまた、非常に説明力に富んでいた。月の閃光、火星の線、未知の起源を持つ電波信号、そして古代の彫像における奇妙な像ですら、適当な地球外生命によって、説明され得るし、また説明された。天国と地獄はどこに存在するのか、なぜ悪魔は地球に存在するのか、ある聖句は何を意味しているのか、あるいはいかにして人間は不死たり得るのかなどという問題を説明したいと思っていた宗教的著述家たちにとって、多世界論は非常に魅力的であった。

多世界論の反証不可能性、柔軟性、そして説明力の豊かさが、その魅力に貢献したと主張する場合、これらの諸特徴が今では一般に見捨てられているさまざまな理論の中にどのように存在していたかを検証しておかなければならない。なぜならば、今やこれらの諸特徴は諸理論を評価するための不幸な基準と認められているからである。具体的に、生気論と呼ばれる一つの理論を考察してみよう。有機的物質は内在する非物質的存在によって活性化されるというこの理論は反証不可能である。例えば、生気論的存在を発見する科学的試験が失敗したとしても、それは予期されたこととなる。なぜならば、そうした存在は非物質的であるから。さらに、生気論は非常に高い柔軟性と説明力の豊かさを持っている。例えば、有機的対象がある仕方で行動する場合には、生気論的本質がそう仕向けたと主張され得る。もしそれが別の仕方で行動するならば、非物質的存在が別の種類の活動を引き起こしたと仮定すればよい。このような外見上の強さにもかかわらず生気論は、少なくともここで単純化した様相では、科学者に拒否される。彼らは、それが科学的手段によって検証できないので非科学的であると特に強調する。生気論は、ニュートン力学と対照的である。ニュートン力学は反証可能であり、柔軟性に欠け、ある意味で説明力において劣っている。もしニュートン理論によって計算された軌道あるいは速度を持たないような惑星が存在するならば、彼の理論は反証されるであろう。さらに、ニュートンの理論は引力の逆二乗の場によって支配されている領域にのみ適用されるが故に、他の領域の説明には向かないし、利用できない。

幾人かの現代の科学哲学者たちは、理論を吟味するさい、反証不可能性、柔軟性、そして説明力の豊かさを警戒する。例えば、カール・ポパーは、反証不可能で、説明力の豊かな多くの理論が誤っていたと述べている。[★4] さらに彼は、反証可能性を科学理論の最も大切な条件として提示する。ポパーが彼の考えを発展させたのは本書で述べられた出来事の後であるが、多世界論の初期の反対者たちも、彼の分析と一致する反論をなしている。例えば、ある才人が一九〇五年に次のような不満をもらした。「パーシヴァル・ロウエル教授は、火星上の運河が人工的であると確信している。そして、誰も彼を論駁できない」。[★5] スヴァンテ・アレーニウスは、その十年後に次のように主張した。ロウエルの理論は、「すべてを説明する、それ故実際は何も説明していない」。[★6] 一九二五年、レジナルド・ウォーターフィールドは次のように警告している。ロウエルの運河理論は「すべてを説明するように思われるが」、それにもかかわらず「知的存在を要請する理論は、それ自体、実際にはどのような現象も説明するということが思い出されるべきであろう」。[★7] ここでは、シュレーター、グロイトホイゼン、ヴァインラント、ロウエル、テスラ等が天文学史上の生気論者といえるであろう。

3 経験的証拠の重要性

多世界論者もその敵対者もともに、地球外生命仮説の判定において、経験的証拠の重要性を繰り返し強調した。さらに、ヒューエル、アントニアディ、そしてプロクターの例外はあるものの、多世界論論争において、ほとんどの人が立場を変えなかったということも、明らかな事実である。地球外生命の証拠の発見に失敗したウィリアム・ハーシェルは、新天地を求めた。太陽系の地球以外の生命を否定する証拠が、一八五〇年から一九〇〇年頃徐々に増えていたが、多世界論の陣営からの脱会者はほとんどいなかった。ボードマー、ボスコヴィッチ、G・ナイト、ボーデ、両ハーシェル、アラゴ、ガウス、ブルースター、リード、シムコ、フィプスン、パントン、リアグル、コワトゥ、プライア、ゲッツェ、エトラー、ヴァルダー等が支持した太陽における生命という考えを容認したが、経験的証拠を進んで無視した多世界論者もいない。要約するならば、どの人物も新しい経験的証拠を、その理論の廃棄というより、調整の機会とみなしたのである。

しかし、ある意味で観測に基づく主張がこの論争においては過度の役割を担っていた。これは、単に一般大衆だけではなく、天文学者たちすら、観測の役割や信頼性に関する理解が不十分だったことに起因している。この問題が繰り返されるということは、天文学者エドウィン・ハッブル(1887-1953)が『星雲世界』(1936)や他の諸著作[★8]の中で主張した、天文学における方法論の検討からも明らかである。分析の対象としてハッブルを選ぶことは、彼の天文学への無数の貢献と、『星雲世界』の一九五八年の再版への序文で、アラン・サンデージが次のように述べていることからも正当である。ハッブルの研究方法については若干の変更は必要であろうが、こうした変更は「研究方法の基本的哲学あるいは方向性に関係するものではない。観測に基づく宇宙論に対するハッブルの本来の研究方法は不変である」。またハッブルの著書は、天文学の「科学的方法における創造的インスピレーションの源泉」である。ハッブルの立場は、観測と理論を峻別する二分法にある。この二分法と観測の優位性は、ともに次のような主張に表現されている。「諸観測とそれらの関係を表現する諸法則とは、知識の全体への不朽の貢献である。他方、解釈と理論は背景の拡大とともに変化する」。ハッブルは著書の結論においても同様の点を強調している。「経験的結果を尽くして初めて、われわれは思弁の夢の領域へと踏み込むのである」。

一九五五年イギリスの宇宙論学者ハーマン・ボンディは、あらわにハッブルを攻撃することはなかったが、彼とは著しく異なる立場を提示した。

以下のような意見が広く行き渡っていることは疑いない。天文学の理論は概して空虚な思弁であり、日々最も基本的な主義主張においてさえも変わる……。したがって、その信頼性は非常に低い。対照的に、観測に基づく結果は、この意見に従えば、堅固で反駁され得ない事実であり、正確な不朽の業績である。それは決して変わることがなく、したがってその信頼性は非常に高い。[★9]

ボンディは観測が信頼できない歴史的実例を多く引用し、「これらの意見は、基礎づけられていず、また誤りでもある。その普及は天文学の進歩にとって大きな障害となる」という自己の信念を裏づける。そして、「理論における誤りは、どちらかといえば、観測におけるものよりも少ない」とまで主張している。例えば、一九三一年「ハッブルとヒューメイソンは、……彼らの資料から、星雲の赤方偏移の定数は4.967±0.012であると推測したが、すぐ後に、ほぼ同じ資料から、それは4.707±0.016であるとした……」という。観測に基づく主張が不正確となる傾向をボンディは次のように説明している。そうした主張は、「しばしば、使用されている機器の能力の、まさに限界において獲得されるからである……」。

　ボンディの立場を支持する証拠は、観測に過度の信頼をおいてきた歴史の例をあげるまでもない。特別なケースを引用する前に、これらが、いかさまの観測あるいは観測の解釈の例ではなく、単なる観測、天文学者が言葉の無理のない素直な意味において見たものの報告の実例である点を述べておくことは重要である。一八四〇年代にアイルランドのロス卿とＷ・Ｃ・ボンドが、ハーヴァードで、オリオン星雲が星々へと分解することを報告した時、彼らは理論を主張したのではなく、彼らが観測したと信じたものを発表した。火星の大気における水蒸気を示すスペクトル、あるいは月の変化や形、閃光に関する報告も、理論的なものとしてではなく、観測に基づく主張として提出された。一九六〇年代まで繰り返し確認された水星の自転周期に関するスキアパレッリの測定、そして確認されたことはないが恒星をめぐる光を発しない天体に関するシーの観測も、観測報告の例である。最も印象深い例は、何十人もの天文学者たちによって火星上に観測された線形のネットワークである。火星問題に投入された才能と時間の悲劇的なまでの浪費は、モーンダー、アントニアディ、チェルッリ、ニューカム等のような観測に関する批判的研究が必要であることの証拠である。火星観測に関するより洗練された彼らの理解は、火星の運河論争を解決する上で決定的に重要であった。さらに、そうした理解はこの時期の哲学文献や心理学文献では得られない分析手法を天文学者たちに供給したが、現在でも依然として十分に評価されてはいない。N・R・ハンスン、トマス・クーン、そしてマイケル・ポラーニのような科学哲学者たちが、ある場合にはカント的、ヴィトゲンシュタイン的、あるいはゲシュタルト主義的見方に足場を持って、観測それ自身が持つ問題を認識し、それに答える科学理論を発展させたのは、ついこの二、三〇年のことである。彼らの著作は、観測が理論から完全に分離しているというよりも、むしろ多くの事例において理論と深く関わっていることを示した。より一般的に言うならば、ハッブルによって仮定された観測と理論の二分法が、実際の科学的発展においては稀であった。要するに、地球外生命の証拠を得る得ないにかかわらず、天文学者たちがより一層強力な技術を利用して観測する時、件《くだん》の「火星からのメッセージ」を心にとめておくべきである。

4 再発する虚偽と言葉の乱用

七世紀以上前に、アルベルトゥス・マグヌスは世界の複数性の問題を、「自然において最も驚嘆すべき、そして最も高貴な問題の一つ」と記述した。しかし、この問題の研究は繰り返し粗野な思弁と激しい口論を招いた。これを、ある人々は天文学の第一の醜聞と見なした。いかに頻繁に、多世界論者たちが論理的虚偽と言葉の乱用に陥ったかということである。

論理的かつ、あるいは方法論的虚偽の中でも、最も犯しやすいものの一つが、必要条件を十分条件と見なす誤謬である。大方の分析に従うならば、空気は知的生命にとって必要条件であるが、無数の必要条件の一つにすぎない。一つの天体が居住可能であるためには、すべての必要条件がそろわねばならない。しかし、余りにもしばしば、大気の証拠が惑星の居住者の存在の証明と見なされた。そのような証拠は、生命の十分条件を構成する他の要因と結び付けられた時にのみ決定的となる。生命の発生の必要にして十分な諸条件を知ってはじめて、われわれは惑星の居住可能性の諸証明から現実的居住を推論することが許されるであろう。一世紀前にファイによってなされた言明は、的を射ている。彼は正当にも、多世界論者たちが生命に必須の多くの詳細な諸条件をほとんど認識していないとして反対した。

類推による議論に内包されているものは非常に複雑であり、現在の論理学者たちは依然その効力について論争している。透徹した分析は、一世紀前にC・S・パースによって発表された。「幾つかの点でお互いに非常に似ているものは、他の点においても同様に似ているだろうという仮説ほど実用的論理においてしばしば行われる大誤解はない」[★10]。彼は、類推的な論法の誤りの本質を、ナポレオンが「太陽の権化」であることの証明によって説明した。パースは付け加えて、「もし秘められた類似性を認めるなら、どんな二つを選んでも同程度に似てくる」という。パースの分析は、特定の惑星の地球に対する類似性が、その惑星の居住可能性を証明するという主張に問題を提起するものだったが、ミルの初期の分析と同じく、多世界論者たちからなんらの注目も受けなかった。ミルとパースは、必ずしも類推的論法の有用性すべてを否定した訳ではない。二人ともそのような研究方法を発見の方法として受け入れたが、(特殊な条件下を除いて)証明の方法としては受け入れなかった。しかし、多世界論者たちが、その主張を前者の文脈に制限することはほとんど稀であった。

第三の虚偽は、巨大数の誤用である。多世界論者たちは、顕在的にせよ潜在的にせよ、次のような主張に依拠しているものだ。われわれの銀河の中の何十億という星々を周回する無数の惑星の中で、少なくとも幾つかは居住されているに違いない。フランク・W・カズンズは一九七二年に、このような形式の多世界論的議論の誤りを証明した。彼は説明としてよく知られた次のような推測を用いた。もし猿が十分に長くタイプを打つことができるならば、いつかは『ハムレット』を打ち上げるであろう。タイプ速度等を適当に仮定するならば、このような事態は一〇の四六万乗秒の間に一回起きることを明らかにした。しかし、これは実際上は有り得ないことである。一〇億個の銀河を含んでいる宇宙を考えてみよう。また、その各々の銀河は一〇億個の星々から成り立ち、その各々の星の周りには一〇〇個の惑星が公転しているとしよう。一〇億個の猿をこれらの各惑星に置き、彼らに一五〇億年間タイプを打たせよう(これは宇宙のおよその年齢である)。これですら、必要とされた一〇の四六万乗秒に対して、わずか一〇の四六乗秒のタイプ時間を生み出すだけである。[11]

第四の虚偽は、巨大数の議論とからむ場合も珍しくないが、多世界論者たちの確率論的議論が帰納的蓋然性ではなく、理論的蓋然性であるという認識の欠如による。アーナン・マクマリンは、地球外生命論にこの区別を適用すべきことについて効果的に論じている。[12] 投げられたコインの表の出る確率を予想する場合、非常に多くの試行で表の現れる数を数える方法と、落下の法則のような力学を応用する方法が考えられる。前者の方法が帰納的蓋然性であり、後者が理論的蓋然性である。この区別は、地球外生命の確率論的議論においては稀にしか指摘されないが、重要である。他の星における惑星体系の存在というような問題に関して、天文学が提供する資料は、有意味な帰納的蓋然性を導くには、余りにも乏しい。その結果、そのような議論は理論的蓋然性に傾く。ところが、困ったことに、惑星形成の理論すら未だ十分に仕上げられていないというのが実情である。それにもかかわらず、幾人かの多世界論者たちはこの問題に関して、確率論的主張を重ねている。

第五の虚偽の源泉は、ほとんどの多世界論が本質的に仮説的＝演繹的なものであるという認識の欠如である。言い換えれば、それらの証明は、一般化において徐々に頂点に至る帰納的推論ではなく、仮説の演繹的結論が実際に生起するかどうかを問うことになるのである。例えば、火星に観測された閃光と、火星が居住されているという主張との方法論的関係は、火星の生命を想定すれば、そのような閃光を推論できるかどうかという可能性に依存している。推論が理にかなうと見たら、閃光の観測は火星の生命を指示するものとみなされる。しかし、例えば火星の山が太陽光を反射しているという仮説もまた、閃光を説明する。厳密に言うならば、居住という仮説以外のすべての仮説が論駁された時にのみ、この仮説は確立されたことになる。

第六の虚偽は進化論に対する誤解に起因している。ダーウィン理論の豊かな説明力と強力な経験的裏づけにもかかわらず、進化に関する指導的理論家たちや科学哲学者たちは、ダーウィン理論が、最も広い意味の場合を除いて、予言的なものではないことに同意する。したがって、それは地球の動物に関してすら、一定の集団において進化がどのような方向を取るのかに関して、詳細な予言はできないのである。進化そのものが、予測できない偶然の変化から出現するということが、一つの理由である。ここからローレン・アイズリーは一つの印象的な結論を引き出す。

……すべての宇宙あるいは何千という世界のどこにも、われわれの孤独を分かち合う人間は存在しないであろう。知恵は存在するかもしれない。力も存在するであろう。宇宙のどこかでわれわれ同様に憧憬をもって、奇妙で巧妙な器官の扱う偉大な道具が、われわれの漂流している雲の難破船を空しく凝視しているかもしれない。それにもかかわらず、生命の本質と進化の原理において、われわれは答えを獲得した。すなわち、他所に、そして彼方に人間が存在することは永遠にないであろう。[★13]

アイズリーの優雅な散文は、一般に何らかの形態の知的地球外生命の存在を進化論者たちが支持していることを示すと理解されるべきではない。事実、ジョージ・ゲイロード・シンプスンとシアドウシァス・ドブジャンスキは、A・R・ウォレスが以前に行ったように、進化論に基づいた強力な反多世界論を提出した。[★14]

第七の、そして最後の虚偽は、別世界に関する問題が純粋に科学的なものであるという思い込みである。地球外生命が存在するという主張は原理的には検証できるし、科学的考察も重ねられているにもかかわらず、それは前に述べたように、経験的には反証不可能なのである。さらに、形而上学的諸考察が一七世紀と一八世紀の多世界論者たちに影響したというアーサー・ラヴジョイの主張は、後の著述家たちにもあてはまるであろう。物質、自然、神、生命、善等に関する概念が、地球外生命というような大問題に影響を及ぼすのは、全く驚くことではない。そうした影響が現代の議論においても続いているということは、例えばカール・セーガンや他の人たちが「われわれの環境は、多少とも宇宙の他の地域の代表である」[★15]という「平凡さの仮説」を強調したことによっても明らかである。他の例は、R・B・リーの次のような主張である。われわれは宇宙における他の生命の可能性を分析するために、三つの強力な道具を持っている。「進化論、マルクスとエンゲルスによって開拓された……史的唯物論、そして斉一説[★16]」。強調されるべき点は、形而上学的諸思想は論争に立ち入るべきではないということではない。むしろ、科学的範疇のみで分析され得ると主張するよりも、形而上学的諸思想の影響を率直に認めることである。

言葉の乱用ということも、多くの多世界的著作に明らかなものである。最もありふれた乱用は三つあるが、その一つは観測報告において、地球外生命の証拠に関する言外の意を含んだ用語の使用である。火星に見られた線を「運河」と呼んだ歪みは、用語の危険性に対する警告として役立つ。言葉のごまかしの第二のものは、二重否定によるものである。その優れた例は、月面上に想定された変化に関するフラマリオンの次のような主張である。「植物王国あるいは動物王国、あるいは——いったい誰が知っているであろう——植物的でも動物的でもない、生命体に起因する変化が存在しない……とわれわれは断言することはできない」。現代の多世界論者たちも、こうした欺瞞的表現ゆえに批判されているが、[★17]科学的議論においては受容し難いものである。それは次のような政治声明が受容し難いのと同じである。「もし私が選ばれるならば、五〇パーセント減税の実施は不可能ではない」。あるいは「私の反対者が詐欺師である可能性を否定できない」。第三の乱用は、(すべてを列挙したわけではないが)偏見と大衆受けを狙うものである。W・W・キャンベルは、ロウエルの『火星』の論評において、「巷間に広まっている最も大衆的な科学的問題に関して、一般大衆の側」に立つ著述家の傾向に、特に批判的であった。正確で、魅力的で、かつ理解し易い一般大衆向きの表現の必要性に関しては争う余地はないが、それらしき言葉の乱用は、情報を伝えるよりも影響を与えることに、明確にするよりも改心させることに、著述家の関心がある証拠と見なされよう。

5 天文学史における世界の複数性の思想の位置づけ

この歴史で出会った最も著しい逆説の一つは、以前は詩人の楽しみや自然神学者たちの教説であった地球外生命の思想が、多くの点で科学的天文学の前線、中でも最も傑出した専門家たちの業績に入り込んできたということである。代表的な人物、大ハーシェル、ラランド、フラマリオン、バーナード、ブラシア、ニューカム、そしてロウエルらはすべて、最初は多世界論的著作に引き込まれ、結果としてこの領域を豊かにしたのである。さらに、プルム記念講座の教授職の設置やケンブリッジ大学の天文台建設、ウィリアム・ハーシェルとスキアパレッリによる機器設備の改良、そしてジュヴィシ、リック、ロウエル以下の天文台の設置などに大きな役割を果したものも、この多世界論的関心であったことも検証された。月の変化に関する一八六〇年代と一八七〇年代の報告は、虚偽であったかもしれないが、現実に効果をもたらし、月理学のルネサンスとなった。スキアパレッリの「運河」もまた、短命なものであったが、火星への関心を大いに喚起した。また、恒星天文学の四人の開拓者、ライト、カント、ランベルト、ハーシェルが、深く多世界論と関係していたということは、注目に値する。さらに、一般大衆の人気を集めた著述家の大多数は、、地球外生命の思想で彼らの本を飾り上げることによって、天文学への関心を喚起したことも明らかになった。フラマリオンもプロクターも、ともに最も広範に読まれた一九世紀の天文学の著述家であるが、彼らは多世界論的出版物からスタートし、その後の作品においても、地球外生命に関する論考を散りばめることによって注目をあびつづけた。このような戦略は、フォントネル、ファーガスン、ボーデ、チャーマーズ、ディック、そしてロウエルというような多くの人物のうけのよさにおいても看取される。

別の水準で、多世界論的信念と反多世界論的信念は、種々の理論の定式化と受容に影響を与えた。また、数多くの天文学的観測を促進し、また時には普及させもした。スタンレイ・ジャキは最近、多世界論好みが多くの天文学者に、他の星々を周回する惑星をもたらす宇宙生成論を支持させ、そのような宇宙生成論と矛盾する証拠を否定させた、という主張を展開した。[★18] ウィリアム・ハーシェルの太陽理論が、観測より、地球外生命に場所を与えようとする個人的好みから生じたということは議論の余地もなさそうだ。後の天文学者たちも認めるハーシェルの太陽モデルの魅力も同根であろう。グロイトホイゼンによる月の建造物や道路、そして多くの天文学者たちが主張した見せかけの月の変化は、火星上の海、運河、そしてオアシスと同様に、観測者たちの多世界論的感情に起因するところが大であった。他方ヒューエルは、反多世界論的信念によって、星雲に関する当時主流の考え方の欠点を探究する一八五〇年代の研究を成功に導いた。

天文学と多世界論の相互の影響は数多く、その幾つかは有益なものであったが、多くの場合地球外生命をめぐる論争は、天文学者たちを科学の中心から遠ざけたことは否定しがたい。シュレーター、グロイトホイゼン、ディック、フラマリオン、W・C・ピカリング、ロウエル、ブレナー等による極端な主張は、天文学の真理を歪曲したのみならず、天文学界の信用すらも減じたのである。大衆化された天文学は、しばしば「多世界論化」された天文学となった。他方大衆化の成功は、解明の正確さよりも、主張の大胆さの結果である傾向があった。両者の影響関係は現在においても続いている。今日の天文学者たちは、地球外生命に関する問題が、天文学と関連した最も感情的でイデオロギー的問題である限り、彼らの学問が公の信頼と支持に強く依存していることを自覚し、その先人たちと同じく、学界の信用性に関して警戒を怠らないことが肝要である。

6 地球外生命思想と宗教の相互連関

多世界論と宗教の相互連関は、無数であり多様である。事実、本書で繰り返し述べた重要な結論は、一九〇〇年以前の多くの出版物の中で、一人の著述家の天文学的視点と宗教的視点の間には、いかなる明確な線も引き得ないということであった。一七〇〇年以前には、多世界論はしばしば宗教的理由により反対されたが、一八世紀になると、特に自然神学と理神論的伝統において、多くの著述家たちが宗教的目的のためにそれを利用した。地球外生命は神の慈悲と全能の証拠と見なされたのである。多世界論の魅力と柔軟性はまた、魂の輪廻転生説の主導者の情熱的な反応によく示されている。さらに、ウェズリの抑制にもかかわらず、福音主義者たちはチャーマーズの影響で、多世界論を彼らの出版物と説教の中に取り込んだ。多世界論は、非常に異なった宗教的哲学的体系と結び付いたのみならず、三つの主要な新しい教会グループ、スヴェーデンボリ派、末日聖徒派、そして安息日再臨派の基本的特徴ともなった。一九〇〇年以前のかくも広範な宗教的議論は、数百もの出版物を生んだ。そこには、多世界論と自分たちの信条を和解させようとした主要なプロテスタントとカトリックの人物たちによる議論も含まれている。

地球外生命が一連の宗教的人物たちに受け入れられたからといって、本書で繰り返し説明したように、次の事実が曖昧にされるべきではない。神がこの惑星で受肉し、その罪深き居住者たちの救済のために死んだというキリスト教の信仰は、容易に多世界論との緊張関係から解放されなかった。この緊張が非常に強かったが故に、ペイン、シェリー、エマスン、フラマリオン、トウェイン等は、それをキリスト教を拒否する十分な理由と見なしたのである。さらに、この緊張は多世界論に疑いを投げかけると考えた者もいた。事実、本書で挙げられた証拠のとおり、ヒューエルもモーンダーもともに、全くキリスト教的信念から、多世界論に反対し、重要な科学的議論の探究を始めたのであった。この緊張は、他の多くの科学=宗教論争から、多世界論論争を際立たせた。例えば、ダーウィン論争において、理神論は直接挑戦を受けたと考えたが、キリスト教は間接的にのみであった。他方ヒューエル論争においては、理神論は受け入れられたが、キリスト教と多世界論との和解は論争の的となった。

多世界論論争の宗教的局面の最も顕著な特徴の一つに、それが夜戦に喩えられるということがある。参加者は接近戦が始まるまで、敵と味方を区別することができない。多くの論争における同盟者たちや、百の問題において同意した著述家たちが、地球外生命に関しては一致しない。英国国教会派の人が同派の人に、カトリックの人がカトリックの人に、唯物論者が唯物論者に反論する。最も印象的なのは、ヒューエル論争であった。この論争においては、宗派上の区分が参加者の立場のヒントにはほとんどならなかった。ヒュームとウェズリ、ペインとヒューエル、モーンダーとウォレスのように似ても似つかない者同士が論争の基本的問題に関して同意した。他方ヒューエルとセジウィック、ビュヒナーとシュトラウス、ポーレとサールのように、全体的哲学において近い者同士でも敵対した。この事実は、相互関係を主張するにあたり、歴史家たちを用心深くさせるに違いない。

宗教と多世界論とのもう一つの関係は、「この数世紀にわたって科学は、体系的に、宗教の伝統的関心である領域を奪ってきた」というカール・セーガンの言葉がよく示している。例としてセーガンは、「われわれがある奇跡的な惑星間交渉によって救い出される……」[19]ことを期待するＵＦＯ唱道者たちの傾向をあげている。セーガンの主張は確かに正しいが、さらに多世界論論争の観点からも説明されよう。天国や死後に関する伝統的キリスト教の諸概念に懐疑的な人々は、天使のような地球外生命によって居住された惑星のパラダイスを想像した。さらに、ジェイムズ・スティーヴンとジョン・ハーシェルのような人物は、罪に苦しむ人間が存在する宇宙の全体的善について心配し、そのような信念に慰めを見いだした。フランク・J・ティプラーは最近、幾つかの多世界論的著作における擬似宗教的性格を、セーガン自身と彼のコーネル大学の同僚の電波天文学者フランク・ドレイクによってなされた言明を引用して説明している。空飛ぶ円盤の熱狂者たちの救世主信仰を非難するセーガンは、地球外の電波信号の発見は「今われわれが通過している時代の危険を避けることは可能である、……という極めて貴重な知」をもたらすであろうと述べる。さらに「そのようなメッセージの最初の内容の中に、技術的大失敗を避けるための詳細な処方箋がある可能性がある……」[20]。ドレイクはさらに熱狂的な言葉で書いている。

不死なるものからの信号の発見に……すべての研究の焦点を当てていなかったことにより、われわれは恐ろしい過ちを犯してきたのではないか。不死なるものこそおそらくわれわれが発見しようとしているものであるから……。安全に対する不死なる文明の最もよい保障は、危険な軍事的冒険を冒すことではなく、他の社会を彼ら自身と同じく不死なるものにすることであろう。そうすれば、われわれは、幼稚で技術的に発展途上にある文明に、不死の秘密を行きわたらせることを期待できるであろう。[21]

この一節は、地球外生命論争に関する研究の中で述べられたカール・S・グトケの次のような主張を裏づけている。

多世界論は、かつて異端と考えられたが、今や「現代の神話」となり、一つの「宗教あるいは宗教に代わるもの」になった。★22

7 結論的注釈

この論争における諸問題の解決、あるいは少なくとももより平和的な分析に向けて、いかなる最終的提案が、以上の歴史的資料から可能なのか。例えば、ペインとディック、ヒューエルとブルースター信奉者、モーンダーとロウエル派の人々などの争いから、学ぶべき最も重要なことはいったい何か。最も明確であると思われる点は、この論争においてまさに中心に位置した哲学的、宗教的、そして科学的諸問題の扱いにおける、さらなる謙虚さの必要性である。優れた人物たちの多くが、これらの問題に敢然と立ち向かった。直接であろうと間接であろうと、彼らの著作が最も劇的に証明したことは次のことであろう。われわれの惑星のほとんどの居住者たちが進んで認識しようとしてきたが、宇宙のあり方と神のあり方はどこまでも極めがたい。

原注

第8章

★1 Theodor Appel, "Man and the Cosmos," *Mercersburg Review*, 16 (April 1867), 278-306 : 279. ヒューエルの著作に関するさらに後の論評は、*Southern Review*, 8 (October 1870), 369-85. に現れた。この匿名の論評は、ブルースターとフォントネルの著作を念頭においていると主張しているが、実際にはヒューエルの *Essay* に関する長い批評である。

★2 次の二つが優れた例である。Johann Gottlieb Schimko, *Die Planetenbewohner* (Olmütz, 1856); Hollis Read, *The Palace of the Great King* (Glasgow, 1860, 1859年の原本の復刻), pp.153-72参照。シムコは、惑星が太陽から遠ければ遠いほど、それだけ居住者の知的完成度の水準は高いことを証明しようとしている(p.16)。リードの議論は、自然神学的伝統の内にある。事実、トマス・ディックと同様に、彼は土星の環の居住について詳述している(p.160)。

★3 そのような出版物の例としては、次のものがある。❶匿名 "Are the Planets Inhabited?" *Eclectic Magazine*, 55 (1862), 327-9; ❷匿名 "About the Plurality of Worlds," *Knickerbocker Monthly*, 61 (1863), 395-405; ❸George Leigh, "Are the Planets Inhabited?" *Once a Week*, 9 (July 11, 1863), 80-82; ❹匿名"The Seas and Snows of Mars," *Living Age*, 76 (1863), 537-9, *Spectator* からの再掲。; ❺Pierre Samuel Tzaut, "La pluralité des mondes habités," *Bibliothèque universelle et revue suisse*, nouvell period, 29 (1867), 97-118, 189-209; ❻Robert Hogarth Patterson, "Are There Worlds than One?" *Belgravia*, 6 (October 1868), 523-30; ❼ Georg Holtzhey, "Ueber die Bewohnbarkeit der Weltkörper," *Sirius*, 2 (1869), 52-3; ❽H...t "Ueber die Bewohnbarkeit der Welten," *Sirius*, 2 (1869), 91-3.

★4 Read, *Palace*, pp.155; Schimko, *Planetenbewohner*, pp.30-2.

★5 T.L.Phipson, "Inhabited Planets," *Belgravia*, 3 (October 1867), 63-6 : 65.

★6 J.N.Lockyer, 彼の *Elementary Lessons on Astronomy* (New york, 1879)のアメリカ版 *Elements of Astronomy*, p.69参照。

★7 Mungo Ponton, *The Great Architect as Manifested in the Material Universe*, 2nd ed. (London, 1866), pp.243, 262-6.

★8 J. B. Liagre, "Sur la pluralité des mondes," *Bulletin de l'académie de Belgique*, 2nd ser., 8 (1859), 383-416 : 413.

★9 F.Coyteux, *Qu'est-ce que le soleil; peut-il être habité[?]* (Paris, 1866) 「ポワチエ大学教授」ジョセフ・ルイ・トゥルサールの回答とコワトゥの再回答は、ともに次のものに掲載されている。*Rapport fait les 4 décembre 1866 et 8 janvier 1867 par M.Truessart...à la société académique d'agriculture, belleslettres, sciences et arts* [*de Poitires*] *sur un ouvrage intitulé Qu'est-ce que le soleil? peut-il être habité? par M.Coyteux* (Poitiers, 1867).

★10 William Huggins, "The New Astronomy : A Personal Retrospect," *Nineteenth Century*, 41 (1897), 907-29.

★11 次のもの参照。William McGucken, *Nineteenth Century Spectroscopy* (Baltimore, 1969); Herbert Dingle, "A Hundred Years of Spectroscopy," *British Journal for the History of Science*, 1 (1963), 199-216; Donald H. Menzel, "The History of Astronomical Spectroscopy," *Annals of the New York Academy of Sciences*, 198 (1972), 225-44.

★12 *The Scientific Papers of Sir William Huggins*, ed. Sir William Huggins and Lady Huggins (London, 1909)におけるハギンスの諸論文く

の言及は、それらの著者によれば、何等の修正も加えられていない(p.viii)。

★13　Huggins, *Papers* p.60, またp.493参照。多世界論がハギンスの著作の中に入っている度合いは非常に高い。一八六二年に初めて現れたカミーユ・フラマリオンの *La pluralité des mondes habités* を読むことによってハギンスは、惑星の分光学的研究に着手した、というフラマリオンの主張によって、ある程度の説明は可能であろう。フラマリオンの主張については次のもの参照。*La pluralité,* 33rd ed. (Paris, ca. 1885), p.125, *Les mondes imaginaires et les mondes réels,* 20th ed. (Paris, 1882?), p.572.

★14　Robert Hunt, "The Physical Phenomena of Other Worlds," *Popular Science Review* 4 (1865), 311-23 : 323.

★15　William Carter, "On the Plurality of Worlds," *Journal of Science,* 2 (1965), 227-39.

★16　H.Schellen, *Spectrum Analysis,* translated from the German edition by Jane and Caroline Lassell, ed. William Huggins (London, 1872), p.506とp.488の注参照。ハギンスが同様な考えを持っていたという事実については、シェレンのp.506とHuggins, *Papers,* p.493を比較せよ。

★17　"Water on the Planets and Stars," *Annual of Scientific Discovery for 1896,* p.345.

★18　Jules Janssen, "Life on the Planets," *Popular Scientific Monthly,* 50 (1894), 812-14 : 813.

★19　ドレイパー父子の伝記については次の著作参照。　Donald Flemming, *John William Draper and the Religion of Science* (Philadelphia, 1950).

★20　J.W.Draper, *History of the Conflict between Religion and Science* (New York, 1897), p.179.

★21　J.W.Draper, *History of the Intellectual Development of Europe,* rev. ed., vol. II (New York, 1876), p.279 : p.292.

★22　Draper, *Development,* vol. II, p.336 Friedrich Engels, *Dialectics of Nature* (New York, 1940), p.24参照。ここでエンゲルスは、この原理を「ドレイパーの反理論的なヤンキー頭は認めざるをえなかった」と述べている。

★23　Henry Draper, "Are There Other Inhabited Worlds?" *Haper's Magazine,* 33 (June 1866), 45-54.

★24　S.P.Langley, *The New Astronomy* (Boston, 1889), p.14.

★25　S.P.Langley, "The First 'Popular Scientific Treatise'," *Popular Scientific Monthly,* 10 (April 1877), 718-25.

★26　Isaac Asimov, *Extraterrestrial Civilizations* (New York, 1979), p.35.

★27　George Johnstone Stoney, "On the Physical Constitution of the Sun and Stars," *Proceeding of the Royal Society,* 17 (1869), 1-57.

★28　G.J.Stoney, "Of Atmosphere upon Planets and Satellites," *Royal Dublin Society Scientific Transactions,* 6 (1898), 305-28.

★29　John James Waterston, "On the Physics of Media That Are Composed of Free and Perfectly Elastic Molecules in a State of Motion," *Royal Society Philosophical Transactions,* 183A (1892), 1-80.月と惑星の大気に関するウォーターストンの議論についてはpp.36-8.参照。

★30　F.Zöllner, "Photometrische Untersuchungen über die physische Beschaffenheit des Planeten Merkur," *Annalen der Physik und Chemie, Jubelband* (1874), 624-43 : 639.

★31　Stanley Jaki, *Planets and Planetarians* (Edinburgh, 1978), ch.6.

★32　自然淘汰による進化論が多世界論を支持するかどうかについては次の著作参照。Alfred Russel Wallace, *Man's Place in the Universe,* 4th ed. (London, 1904), pp.326-36.

★33　*The Times* (London) (September 14, 1888), P.5.

★34　Charlotte R.Willard, "Richard A. Proctor," *Popular Astronomy,* 1 (1894), 319-21 : 319.

★35 R.A.Proctor, *The Borderland of Science* (London, 1882), p.v.
★36 J.C.Houzeau and A. Lancaster, *Bibliographie générale de l'astronomie jusqu'en 1880,* vol. II (London, 1964, 1882年版の復刻), p.lxxiv.
★37 彼の偽名使用については次の著作参照。匿名 "Richard Anthony Proctor," *The Critic,* 13 (September 22, 1888), 134. これによれば、偽名のトマス・フォスターとエドワード・クロッドがプロクターに帰せられるが、前者は妥当であり、後者は不当である。というのは前者は *British MuseumCatalogue* 他に見えるからであり、後者に関しては *Knowledge* の一八八八年一〇月一日号にクロッドによるプロクターの死亡記事があることから明らかである。
★38 Willard, "Proctor," p.319.より引用。
★39 "Autobiographical Notes," *New Science Review,* I (April 1895), 393-7.
★40 一八七五年にプロクターは、印刷された一〇〇〇冊が未だ売れ残っていると述べている。次のもの参照。Proctor, *Science Byways* (London, 1875), p.xiii; *Atlantic Monthly,* 34 (1874), 750-1のプロクターの書簡。
★41 Proctor, "Autobiographical Notes," p.396.
★42 A.C.R. [Arthur C.Ranyard], "Richard Anthony Proctor," *Royal Astronomical Society Monthly Notices,* 49 (February 1889), 165.より引用。
★43 [Ranyard] "Proctor," p.163.より引用。
★44 [A.M.Clerke], "[Review of] *Old and New astronomy.* By Richard Proctor," *Edinburgh Review,* 177 (1893), 544-64 : 545.
★45 John Fraser, "Proctor the Astronomer," *English Mechanic,* 18 (December 12, 1873), 322.
★46 W.Noble, "Richard A.Proctor," *Observatory,* 11 (October 1888), 366-8 : 367.
★47 [R.A.Proctor], "Life in Other Worlds," *Knowledge,* 11 (August 1, 1888), 230-2 : 231.
★48 R.A.Proctor, "Other Worlds and Other Universes," *Myths and Marvels of Astronomy,* new ed. (London, 1880), p.135, p137.
★49 R.A.Proctor, *Other Worlds than Ours* (London, 1870), p.4. 以下の参照箇所はこのテクストによる。ただし、第4版(New York, 1890?)で意図的に変更されている箇所については、注記する。ヒューエル論争に言及したものすべてと同様、最後に引用された文章も第4版の序文には存在しない。
★50 L.T.Townsend, *The Stars Not Inhabited* (New York, 1914), pp.143-5.より引用。
★51 Proctor, *Other Worlds,* p.145. この一節は第4版には現れない。
★52 R.A.Proctor, *Saturn and Its System* (London, 1865), pp.156-85.
★53 [R.A.Proctor], "Life in Other Worlds," *Knowledge,* 11 (August 1, 1888), 230.
★54 Proctor, *Other Worlds,* p.242. ここの「違いない」は第4版では「かもしれない」に変えられている。
★55 [Felix Eberty], *The Stars and the Earth; or, Thoughts upon Space, Time, and Eternity* (Lndon, 1846). この著作の或る版を編集したのはプロクターであるが、トマス・ヒルはそれに「推薦文」を書いている。
★56 R.A.Proctor, *The Orbs around Us,* 2nd ed. (New York, 1899), p.vii.
★57 R.A.Proctor, *The Borderland of Science* (London, n.d.), pp.156-7.
★58 R.A.Proctor, *Science Byways* (London, 1875), p.4.
★59 R.A.Proctor, *Our Place among Infinities,* 2nd ed. (London, 1876), p.67.
★60 "Varied Life in Other Worlds," *Open Court,* 1 (1888), 595-600; "Life in Other Worlds," *Knowledge,* 11 (August 1, 1888), 230-2.

★61　E.Clodd, "In Memoriam. Richard Anthony Proctor, "*Knowledge,* 11 (October 1, 1888), 265.

★62　匿名 "Richard A. Proctor," *New York Times* (September 13, 1888), p.1.

★63　私はプロクターに関する28の論考を研究した。引用文はすべて、彼のキリスト教的信念を示している。

★64　R.A.Proctor, *Myths and Marvels of Astronomy* (New York, 1877), p.109.

★65　R.A.Proctor, *The Poetry of Astronomy* (London, 1882?), p.148.

★66　Proctor, *Poetry,* pp.250-4; *Pleasant Ways in Science* (London, 1893), p.iv.

★67　A.F.O'D.Alexander, *The Planet Saturn : A History of Observation, Theory and Discovery* (London, 1962), p.111.　注意すべきことは、ヒューエルの思想がプロクターの土星理論に重要な影響を与えたということである。

★68　Proctor, "Varied Life," p.599.

★69　匿名 "WILL SEE MEN ON MARS," *New York Times* (June 21, 1896), p.22.

★70　R.A.Sherard, "Flammarion the Astronomer, "*McClure's,* 2 (May 1894), 569-77 : 569.

★71　Simon Newcomb, "A Very Popular Astronomer," *Nation,* 59 (December 20, 1894), 469-70 : 469.

★72　Houzeau and Lancaster, *Bibliographie,* vol. II, p.lxxiv.

★73　Camille Flammarion, "How I became an Astronomer, "*North American Review,* 150 (January 1890), 100-5 : 102.　フラマリオンに関する若き三〇年間しか扱っていない。次のもの参照。Flammarion, *Mémoires : biographiques et philosophiques d'un astronome* (Paris, 1911); A.F.Miller, "Camille Flammarion," *Royal Astronomical Society of Canada Journal,* 19 (1925), 265-86; E.Touchet, "La vie et l'oeuvre de Camille Flammarion," *Astronomie,* 39 (July 1925), 341-65; Hilaire Cunny, *Flammarion* (Vienna, 1964), A. Duplay, "La vie de Camille Flammarion," *Astronomie,* 89 (December 1975), 405-19.

★74　Flammarion, "How I Became an Astronomer," p.103.

★75　Sherard, "Flammarion," p.569.より引用。

★76　Flammarion, *Mémoires,* p.215.

★77　Camille Flammarion, *La pluralité des mondes habités,* 33rd ed. (Paris ca. 1885), p.480.　この本には、デンマーク語、英語、ドイツ語、ギリシア語、イタリア語、ポーランド語、ポルトガル語、ロシア語、スペイン語（2）、スウェーデン語への翻訳（時々その訳者と出版日を付した）一覧表が掲げられている。Flammarion, *Mémoires* pp.217-18には、アラビア語、点字、中国語、チェコ語への翻訳も掲げられている。この情報は、少なくとも部分的には誤りである。例えば、フラマリオンの"Charles Powel...Boston...1873, "という言及(Flammarion, *La pluralité,* 33rd ed., p.480)は、疑いの余地がないほど明確であるように思われるが、私は*National Union Catalog*でも、米英の図書館のどのカタログでも、その英訳を確定することはできなかった。このことの唯一納得できる説明は、そのものがないということであろう。デンマーク語、オランダ語、ドイツ語、ポルトガル語、スペイン語、スウェーデン語への翻訳に関しては、明確な証拠がある。

★78　Flammarion, *Mémoires,* p.202.

★79　Flammarion, *Mémoires,* pp.168-88.

★80　C.Flammarion, *Les mondes imaginaires et les mondes réeles,* 20th ed. (Paris 1882?), p.566.　また、次のもの参照。Flammarion, *Mémoires,* pp.203-4.

★81　Flammarion, *Mémoires,* p.202.

★82　Flammarion, *Mémoires,* pp.203-4.

★83 匿名, "Camille Flammarion," *The Times* (London) (June 5, 1925), p.16. また、次のもの参照。Flammarion, *Mémoires,* pp.457-458.
★84 C.Flammarion, *La pluralité des mondes habités* (Paris, 1862), p.7.
★85 Flammarion, *Mémoires,* p.242.
★86 Flammarion, *Mémoires,* p.216.より引用。フラマリオンは、一八六二年に二冊の本を出版した。余り知られていないものは、*Les habitants de l'autre monde* (Paris). これは、特に叩音降霊や霊媒書写など心霊現象に関する著作である。
★87 Flammarion, *Mémoires,* p.242.
★88 Flammarion, *Mémoires,* pp.218-19.
★89 Miller, "Flammarion," pp.272-3.
★90 Flammarion, *La pluralité,* 33rd ed., p.355. 354-5にヒューエルから引用された二つの節のどちらの最後の文も、先行の文に続かないし、ヒューエルの本のどこにも見いだされない。
★91 *Le constitutionnel*の一八六五年五月二三日号のサント・ブーヴの論評から。Sainte-Beuve, *Nouveau Lundis,* vol. X (Paris 1886), p.105で復刻。
★92 Flammarion, *Mémoires,* p.304.
★93 Flammarion, *Mémoires,* p.431.
★94 Camille Flammarion, *The Atmosphere,* trans. C.B.Pitnam, ed. James Glaisher (New York, 1874), p.3.
★95 Kenneth Allot, *Jules Verne* (London 日付なし), pp.108, 152, 215.
★96 C.Flammarion, *Les terres du ciel,* 11th ed. (Paris, 1884), p.7.
★97 R.A.Proctor, *The Poetry of Astronomy* (London, 1882?), pp.250-4.
★98 W.H.M.Christie, "[Review of] *Les terres du ciel,*" *Observatory,* 1 (1878),355-8. また、次のもの参照。*Astronomical Register,* 15 (1877), 121-2.
★99 ジョン・エラード・ゴアによるCamille Flammarion, *Popular Astronomy,* trans. J.E.Gore (New York, 1931, 1907年版の復刻)への序文、p.vii.
★100 Roger Servajean, "Camille Flammarion," *Dictionary of Scientific Biography,* vol.V (New York, 1972), p.21.
★101 C.Flammarion, *Astronomie populaire,* 70th ed. (Paris, 1885), p.199.
★102 Flammarion, *Astronomy,* p.79 サイモン・ニューカムも同じ箇所に言及している。Newcomb, "Popular Astronomer," p.469.
★103 匿名 "[Review of] *Les étoiles,*" *Observatory,* 5 (1882), 265-7 : 266.
★104 Fuldah LeCocq de Lautreppe, "A Poet Astronomer," *Cosmopolitan,* 17 (1894), 146-50 : 150.
★105 Sevajean, "Flammarion," p.22.
★106 I.M.Stefan, "Camille Flammarion et la Roumaine," *Astronomie,* 89 (April 1975), 165-8.
★107 C. Flammarion, *La Planète Mars et ses conditions d'habitabilité,* vol. I (Paris, 1892), p.592.
★108 火星に関する彼の記事については次のものも参照。*New York Times* (March 2, 1924), section IX, p.3 .
★109 Edmund Neison, *The Moon* (London, 1876), p.104.
★110 William Huggins and William Miller, "Observations of the Moon and the Planets," Huggins, *Papers,* p.365.
★111 ストーニの一八六〇年代における研究については次のもの参照。G.Johnstone Stoney, "Of Atmospheres on Planets and Satellites," *Royal Dublin Society Scientific Transactions,* 6, (1898), 305-28.
★112 Edmund Neison, "Hyginus N," *Astronomical Register,* 17 (1879), 199-208 : 199. また、次のもの参照。Neison, "Physical

Changes on the Surface of the Moon," *Quarterly Journal of Science*, n.s., 7 (1877), 1-26 : 5.

★113 Patrick Moore, "The Linné Controversy," *British Astronomical Association Journal*, 87 (1977), 363-8 : 365.

★114 論争の内容や、リンネが事実変化しなかったという証拠については次のもの参照。Moore, "Linné," pp.363-8; Joseph Ashbrook, "Linné in Fact and Legend," *Sky and Telescope*, 20(1960), 87-8; Richard J.Pike "The Lunar Crater Linné," *Sky and Telescope*, 46 (1973), 364-6.

★115 Houzeau and Lancaster, *Bibliographie*, vol. II, pp.1283-5. ここには、一八六六年から一八八〇年までの八〇以上のリンネに関する議論が掲載されている。

★116 W.R.Birt, "Supposed Changes in the Moon - Letter from Schimidt," *Student and Intellectual Observer*, 2 (1869), 48-50.

★117 W.R.Birt, "Report on the Discussion of Observation of Spots on the Surface of the Lunar Crater Plato," *British Association for the Advancement of Science Report 1871* (London, 1872), 60-97; Birt, "Report on the Discussion of Observations of Streaks on the Surface of the Lunar Crater Plato," *B.A.A.S.Report 1872* (London, 1873), 245-301.

★118 Neison, "Changes," pp.12-16.

★119 E.Neison, "The Supposed New Crater on the Moon," *Popular Science Review*, 18 (1879), 138-46.

★120 Camille Flammarion, *Astronomie populaire*, 70th ed. (Paris, 1885), p.196.

★121 W.R.Birt, "Lunar Atmosphere and Vegetation," *English Mechanic*, 14 (1871), 248.

★122 James Nasmyth and James Carpenter, *The Moon : Considered as a Planet, a World, and a Satellite*, 3rd ed. (London, 1885), p.186.

★123 Edmund Neison, *The Moon* (London, 1876), pp.19ff.

★124 Neison, "Changes," p.2.

★125 R.A.Proctor, *The Moon* (London, 1873), pp.263,271-2.

★126 R.A.Proctor, "Supposed Changes in the Moon," *Belgravia*, 37 (1878-9), 304-20 : 318. また、次のものを参照。Proctor, "Changes in the Moon Surface, with Special Reference to Supposed Changes in Linné and Plato," *Quarterly Journal of Science*, 3 (1877), 483-510.

★127 W.R.Birt, "Is the Moon Dead?" *English Mechanic*, 25 (July 27, 1877), 484-5; Neison, "Changes,"pp.20-6.

★128 Joseph Ashbrook, "A Plato Illusion," *Sky and Telescope*, 19 (1959), 92において、月の研究に詳しいジョウゼフ・アシュブルックはプロクターに言及していない。パトリック・ムーア及びその他の権威者たちは、プロクターがリンネにおける変化を受け入れたと見なしている。次のもの参照。Moore, "Linné," p.365.

★129 Timothy Harley, *Moon Lore* (Detroit, 1969, 1885年London版の復刻), pp.227-57.

★130 E.S.Holden, *Handbook of the Lick Observatory* (San Francisco, 1888), p.12. また、次のもの参照。Dorthy Tye, "When Fantasy Becomes History," *Pacific Historian*, 14 (Fall 1970), 96-102.

★131 Simon Newcomb, *Reminiscences of an Astronomer* (London, 1903), p.315.

★132 P.A.Hansen, "Sur la figure de la lune," *Royal Astronomical Society Memoirs*, 24 (1856), 29-90 : 32.

★133 さらに詳しい情報については次のもの参照。Daniel A.Beck, "Life on the Moon? A Short History of the Hansen Hypothesis," *Annals of Science*, 41 (1984), 463-70; N.T.Roseveare, *Mercury's Perihelion from Le Verrier to Einstein* (Oxford, 1982), pp.52-7.

★134 Hervé Faye, "Remarques sur l'hypothèse de l'atmosphère de la Lune ...," *Comptes rendus de l'académie des sciences*, 51 (1860), 445-8.

★135 [John Herschel], "Figure of the Moon and the Earth," *Cornhill Magazine*, 6 (1862), 548-50 : 549. 内在的証拠やウォルター・E・ヒュートン編集の次のものからすると、これがハーシェルのものであると考えられる。 Walter E.Houghton (ed.), *Wellesley Index to Victorian Periodicals*, vol.I (Tronto, 1966), p.332.

★136 W.Leitch, *God's Glory in the Heavens*, 3rd ed. (London, 1867, 第III章); H.Draper, "Are There Other Inhabited Worlds?" *Harper's Magazine*, 33 (June 1866), 45-54 : 50. ヴェルヌについては次のもの参照。 Mark R.Hillegas, "Victorian 'Extraterrestrials'," *The Worlds of Victorian Fiction*, ed. Jerome Buckley (Cambridge, Mass., 1975), 391-414 : 398-9.

★137 ウォトスンの講義は、次のものの中にある。"The Moon a Habitable Globe," *English Mechanic*, 9 (1869), 323; *Astronomical Register*, 7 (1869), 115-16.

★138 R.K.Miller, *The Romance of Astronomy* (London, 1873). これは、次のものにおいて復刻された。 *The Humboldt Library of Science*, vol. II (New York, 1881?), pp.387-439 : 416.

★139 Simon Newcomb, "On Hansen's Theory of the Physical Constitution of the Moon," *American Association for the Advancement of Science Proceedings 1868* (Cambridge, Mass., 1869), 167-71 : 171.

★140 C.Delaunay, "Sur la constitution physique de la Lune," *Comptes rendus de l'académie des sciences*, 70 (1870), 57-61; P.A.Hansen, "Ueber die Bestimmung der Figur des Mondes, in Bezug auf Ansätze der Herren Newcomb und Delaunay darüber," *Berichte über die Verhandlungen (mathematisch-physische Classe) der königlich sächsische Gesellschaft der Wissenschaften*, 23 (1871), 1-12. ニューカムとハンスンとの一八七〇年における会談については次のものを参照。 Newcomb, *Reminiscences*, pp.315-18.

★141 R.A.Proctor, *Other Worlds than Ours* (London, 1870), p.181n. また、次のもの参照。 Proctor, *Saturn and Its System* (London, 1865), pp.209-12; *The Moon* (London, 1873), 298-302; "Note on Mr. Plummer's Replay," *Royal Astronomical Society Monthly Notices*, 23 (1873), 419-20; *Borderland of Science* (London, 1882?), pp.229-34.

★142 Willy Ley Rockets, *Missiles and Men in Space* (New York, 1968), p.31.

★143 William H.Pickering, "Is the Moon a Dead Planet?" *Century* 64 (1902), 90-9 : 90-1.

★144 Ashbrook, "A Plato Illusion," p.92.

★145 Bessie Zaban Jones and Lyle Gifford Boyd, *The Harvard College Observatory : The First Four Directorships, 1839-1919* (Cambridge, Mass., 1971), p.307.より引用。

★146 W.H.Pickering, "The Canals in the Moon," *Century* 42 (1902), 189-95 : 195.

★147 Waldemar Kaempffert, "Life on the Moon," *Munsey's Magazine*, 33 (August 1905), 588-92 : 592.

★148 Jones Boyd, *Harvard*, p.373.より引用。

★149 W.H.Pickering, "Eratosthenes, No.6 : Migration of the Plats," *Popular Astronomy*, 32 (1924), 393-404 : 404.

★150 W.H.Pickering, "Life on the Moon," *Popular Astronomy*, 45 (1937), 317-19.

★151 E.P.Martz, Jr., "Professor William Henry Pickering," *Popular Astronomy*, 46 (1938), 299-310 : 299.

★152 I.S.Shklovskii and Carl Sagan, *Intelligent Life in the Universe*

(New York, 1966), p.308.

★153　Patrick Moore, *Survey of the Moon* (London, 1963), p.185.

★154　George H.Leonard, *Somebody Else Is on the Moon* (New York, 1976).

★155　Victor Meunier, "La Lune est-elle habitable?" *Science et démocratie* 2nd ser. (London, 1866), pp.97-107 : 107.

★156　Howard Sutton, "Charles Cros, the Outsider," *French Review*, 39 (1966), 513-20.

★157　Camille Flammarion, *Mémoires : biographiques et philosophiques d'un astronome* (Paris, 1911), pp.480-1.

★158　*L'Institut : Journal universelle des sciences*, 37 (Juillet 7, 1869), 209-10.

★159　次のもので復刻。Charles Cros, *Oeuvres complétes*, ed. Jean Jacques Pauvert (Paris, 1964), pp.463-77. 編集注記(pp.622-3).

★160　匿名 "Concerning the Means of Communication with the Planets," *L'Italie, Astronomical Register*, 8 (1870), 166-7.

★161　Camille Flammarion, "Idée d'une communication entre les mondes," *Astronomie*, 10 (1891), 282-7 : 282. より引用。英語版"Inter-Astral Communication," *New Review*, 6 (January 1892), 106-14. また、次のもの参照。"Shall We Talk with Men in the Moon? Probably, Says M. Camille Flammarion," *Review of Reviews*, 5 (February 1892), 90.

★162　賞に関する最初の正式な告示は、次のものであったと思われる。"Prix Pierre Guzman," *Comptes rendus de l'académie des sciences*, 131 (1900), 1147. さらに詳しい情報については次のもの参照。C.Flammarion, *La Planète Mars*, vol. II (Paris, 1909), 500-1; Frank H.Winter, "The Strange Case of Madame Guzman and the Mars Mystique," *Griffith Observer*, 48 (February 1984), 2-15.

★163　Flammarion, "Inter-Astral Communication," p.107.

★164　A.Guillemin, "Communication with the Planets," *Popular Science Monthly*, 40 (January 1892), 361-3 : 363. *La nature* から復刻。

★165　[R.H.Hutton], "Telegraphing to Mars," *Spectator*, 69 (August 13, 1892), 218-19 : 218. ハットンの著述活動については次のもの参照。Robert H.Tener, "R.H.Hutton's Editorial Career," *Victorian Periodicals Newsletter*, 7 (December 1974), 6-13 : 12.

★166　[R.H.Hutton], "Do We Need Wider Horizons?" *Spectator*, 69 (August 20, 1892), 253-4. この内容からすると、これがハットンによって書かれたことは明らかである。

★167　J.Norman Lockyer, "The Opposition of Mars," *Nature*, 46 (September 8, 1892), 443-8 : 444 の中の、*Pall Mall Gazette* (August 18, 1892) より引用。

★168　匿名 "The Signals from Mars," *Popular Astronomy*, 3 (1895), 47.

★169　Francis Galton, "Intelligible Signals between Neighboring Stars," *Fortnightly Review*, n.s., 60 (November 1896), 657-64. また、次のもの参照。D.W.Forrest, *Francis Galton : The Life and Work of a Victorian Genius* (New York, 1974), p.238.

★170　Forrest, *Galton*, pp.239-40.

★171　Konstantin Tsiolkovskii, "Can the Earth Ever Inform the Inhabitants of Other Planets about the Existence of Intelligent Beings on IT?" これは *Kaluga Herald (Kaluzkskii Vestnik)* (1896 no. 68)から翻訳され、次のものにおいて出版された。N.A.Rynin, *Interplanetary Flight and Communication*, vol. I, no. 3 (Jerusalem, 1971, 1931年Leningrad版の翻訳), pp.53-5.

★172　A.Mercier, *Conférence astronomique sur la planète Mars* (Orléan, 1902).

★173　ダグラスについては次のもの参照。“The Message from Mars,” *Annual Report of the Smithsonian Institution for 1900* (Washington, 1901), 169-71. ここには，*Boston Transcript* (February 2, 1901)に公刊された彼の不同意が引用されている。ロウエルについては次のもの参照。Percival Lowell, “Explanation of the Supposed Signal from Mars,” *Popular Astronomy*, 10 (1902), 185-94.

★174　D・E・パークスについては次のもの参照。William Graves Hoyt, *Lowell and Mars* (Tucson, Arizona, 1976), p.125.

★175　Nikola Tesla, “Talking with the Planets,” *Collier's Weekly*, 24 (February 9, 1901), 4-5 : 5.

★176　*Colorado Springs Gazette* (March 9, 1901). また，次のもの参照。Inez Hunt and Wanetta W. Draper, *Lightning in his Hand : The Life Story of Nikola Tesla* (Denver, 1964), p.122.

★177　E.S.Holden, “What We Know about Mars,” *McClure's*, 16 (1901), 439-44 : 444.

★178　匿名“Nonsense about Mars,” *Current Literature*, 30 (1901), 257-8.

★179　Sir Robert Ball, “Signalling to Mars,” *Living Age*, 229 (1901), 277-84 : 284.

★180　N.Tesla, “That Prospective Communication with Another Planet,” *Current Opinion*, 66 (March 1919), 170-1. マルコーニについては次のもの参照。“Marconi Sure Mars Flashes Messages,” *New York Times* (September 2, 1921), pp.I, 3.

★181　匿名“Signaling to Mars,” *Scientific American*, 100 (May 8, 1909), 346.

★182　匿名“More about Signaling to Mars,” *Scientific American*, 100 (May 15, 1909), 371.

★183　George Fleming, “Signaling to Mars with Mirrors,” *Scientific American*, 100 (May 29,1909), 407.

★184　Wilfred Griffin, “Signaling to Mars,“ *Scientific American*, 100 (June 5, 1909), 423.

★185　匿名“Prof. David Todd's Plan of Receiving Martian Messeges,” *Scientific American*, 100 (June 5, 1909), 423.

★186　William C.Peckham, “Signaling to Mars,” *Scientific American*, 100 (June 26, 1909), 479.

★187　W.H.Pickering, “Signaling to Mars,” *Scientific American*, 101 (July 17, 1909), 43.

★188　Winthrop Packard, “Signalling to Mars,” *Illustrated World*, 12 (December 1909), 393-8 : 398.

★189　Edgar Lucien Larkin, “Signaling to Mars : Its Impossibility by Means of Light,” *Scientific American Supplement*, 67 (June 19, 1909), 387.

★190　William R.Brooks, “Signaling to Mars,” *Collier's*, 44 (September 24, 1909), 27-8.

★191　T.C.M., “Communicating with Mars,” *Science*, N.S., 30 (July 23, 1909), 117. T.C.M.がアメリカの物理学者トマス・コーウィン・メンデンホールであると，全く別々に私に助言してくれたジョン・バーナム教授とジューン・フルマー教授のおかげである。彼らの助言は，T.C.M.がドイツのDresdenから手紙を書いたという事実に基づいているが，メンデンホールが一九〇九年にヨーロッパに住んでいたことは知られている。

★192　匿名“Communicating with Mars,” *Independent*, 66 (1909), 1042-3 : 1043.

★193　Rynin, *Interplanetary Flight*, vol. I, part 3, p.72.

★194　Simon Mitton (ed.), *The Cambridge Encyclopaedia of Astronomy*

(New York, 1977), p.248.

★195　隕石に関するこれらの出版物および一八〇〇年以前と一九〇一年から一九五〇年の出版物の一覧表については次のもの参照。Harrison Brown (ed.), *A Bibliography of Meteorites* (Chicago, 1953). 隕石に関する決定的な歴史は、未だ書かれていない。しかし、多くの有益な情報が次のものに含まれている。Peter Lancaster Brown, *Comets, Meteorites and Men* (New York, 1974).

★196　Brown, *Comets*, pp.205-6.より引用。

★197　Jöns Jacob Berzelius, "Ueber Meteorsteine," *Annalen der Physik und Chemie*, 2nd ser., 33 (1834), 1-32, 113-48 : 144.

★198　J.J.Berzelius, "On Meteoric Stones," *Philosophical Magazine*, 3rd ser., 9 (1836), 429-41 : 440.

★199　Friedrich Wöhler, "On the Organic Substance in the Meteoric Stone of Kaba," *Philosophical Magazine*, 4th ser., 18 (1859), 160; Wöhler, "On the Composition of the Cape Meteorite," *Philosophical Magazine*, 18 (1859), 213-18 : 213.

★200　Stanislas Cloëz, "Analyse chimique de la pierre météorique d'Orgueil," *Comptes rendus de l'académie des sciences*, 59 (1864), 37-40 : 38.

★201　Marcellin Berthelot, "Sur la matière charbonneuse des météorites," *Comptes rendus*, 67 (1868), 849.

★202　William Thomson, "Inaugural Address," *Nature*, 4 (August 3, 1871), 262-70 : 269.

★203　Silvanus P.Thompson, *The Life of William Thomson, Baron Kelvin of Largs*, vol. II (London, 1910), p.609.

★204　Agnes Gardner King, *Kelvin the Man* (London, 1925), p.100.より引用。

★205　Leonard Huxley, *Life and Letters of Sir Joseph Dalton Hooker*, vol. II (London, 1918), pp.126-7.より引用。

★206　Huxley, *Hooker*, vol. II, p.126n.より引用。

★207　Richard A.Proctor, "Comets and Comets' Tails," *The Orbs around Us* (London, 1899), p.271. *St. Paul's Magazine*の一八七一年九月号からの復刻。

★208　Allen Thomson, "Address," *British Association for the Advancement of Science Report for 1878* (London, 1878), lxxv.

★209　Walter Flight, "Meteorites and the Origin of Life," *Popular Science review*, 16 (1877), 390-401 : 395-6.

★210　Thompson, *Thomson*, vol. II, p.611.より引用。

★211　Thompson, *Thomson*, vol. II, p.1103.より引用。

★212　Thompson, *Thomson*, vol. II, p.1097.

★213　Paul Becquerel, "La vie terrestre provient-elle d'un autre monde?" *Bulletin de la société astronomique de France*, 38 (1924), 393-417 : 399. また、次のもの参照。Harmke Kamminga, "Life from Space - A History of Panspermia," *Vistas in Astronomy*, 26 (1982), 67-86.

★214　H.E.Richter, "Zur Darwin'schen Lehre," *Schmidts Jahrbücher der in - und ausländischen Medicin*, 126 (1865), 243-9 : 249.

★215　H.von Helmholtz, "On the Use and Abuse of the Deductive Method in Physical Science," trans. Crum Brown, *Nature*, II (December 24, 1874), 149-151; *Nature*, II (January 14, 1875), 211-12 : 212.

★216　H.von Helmholtz, "The Origin of the Planetary System," *Selected Writings of Hermann von Helmholtz*, Russell Kahl (ed.) (Middletown, Conn., 1971), 266-96 : 294.

★217　Johann Zöllner, *Über die Natur der Cometen* (Leipzig, 1872), pp.xxv-xxvi.

★218 Helmholtz, "Deductive Method," p.212.

★219 次のもの参照。Becquerel, "Vie," p.400; Flight, "Meteorites," pp.400-1; Svante Arrhenius, *Worlds in the Making* (London, 1908), p.218; John Farley, *The Spontaneous Generation Controversy from Descartes to Oparin* (Baltimore, 1977), pp.142-4 : 142.

★220 Arrhenius, *Worlds*, ch.7. また、次のもの参照。Alphonse Berget, "The Appearence of Life on Worlds and the Hypothesis of Arrhenius," *Annual Report of the Smithsonian Institution for 1912* (Washington D.C., 1913), 543-51; Dick Haglund, "Svante Arrhenius noch Panspermihypotesen," *Lychnos* (1967-8), 77-104.

★221 David Friedrich Weinland, "Korallen in Meteorsteinen," *Das Ausland*, 54 (April 17, 1881), 301-3 : 301. また、次のもの参照。Weinland, "Weiteres über die Tierreste in Meteoriten," *Das Ausland*, 54 (June 27, 1881), 501-8; *Ueber die in Meteoriten entdeckten Thierreste* (Esslingen, 1882).

★222 Otto Hahn, *Die Meteorite (Chondrite) und ihre Organismen* (Tübingen), 1880), pp. 42-4. この節における他の多くのことと同じく、この点はジョン・G・バーク教授によって注意を喚起された。彼は、隕石に関する研究史を完成しつつある。

★223 Francis Birgham, "The Discovery of Organic Remains in Meteor Stones," *Popular Science Monthly*, 20 (1881), 83-7 : 87.

★224 Joseph Pohle, *Die Sternenwelten und ihre Bewohner*, 2nd ed. (Cologne, 1899), p.87.より引用。

★225 Carl Vogt, "Sur les prétendus organismes des météorites," *Comptes rendus*, 83 (1881), 1166-8. ムーニエについては次のもの参照。Vogt, "Péridot artificiel produit en présence de la vapeur d'eau, à la pression ordinaire," *Comptes rendus*, 93 (1881), 737-9.

★226 匿名"Supposed Organic Remains in Meteorites," *American Journal of Science*, 23 (1882), 156.より引用。

★227 匿名"Organic Remains in Meteorites," *Popular Science Monthly*, 20 (1882), 568-9 : 569.

★228 Harold C.Urey, "Biological Materials in Meteorites : A Review," *Science*, 151 (January 14, 1966), 157-66 : 157.

★229 Louis Figuier, *The Tomorrow of Death*, trans. S.R.Crocker (Boston, 1872), p.51.

★230 F.W.Fitch, H. P. Schwarcz, and E. Anders, "Organic Elements in Carbonaceous Chondrites,: *Nature*, 193 (March 24, 1962), 1123-1124.

第9章

★1 L.A.Blanqui, *L'éternité par les asters hypothèse astronomique* (Paris, 1872), p.61. この本の分析に関しては次のもの参照。Alan B.Spitzer *The Revolutionary Theories of Louis Auguste Blanqui* (New York, 1957), pp.34-44;Stanley L.Jaki, *Science and Creation* (New York, 1974), pp.314-19. 伝記的情報に関しては次のもの参照。Samuel Berstein, *Auguste Blanqui and the Art of Insurrection* (London, 1971).

★2 一九世紀の輪廻転生思想に関する文献は少ない。私が大きく参考にしたのは次のものである。❶Edouard Bertholet, *La réincarnation* (Neuchâtel, 1949); ❷D.C.Charlton, *Secular Religions in France 1815-1870* (London, 1963) ❸Camille Flammarion, *Les mondes imaginaires et les mondes réels*, 20th ed. (Paris, ca. 1882); ❹Joseph Head and S. L. Cranston (compiler), *Reincarnation : The Phoenix Fire Mystery* (New

York, 1977).

★3 Camille Flammarion, *Mémoires : biographiques et philosophiques d'un astronome* (Paris, 1911), p.243.

★4 André Pezzani, *La pluralité des existences de l'âme conforme à la doctrine de la pluralité des mondes*, 6th ed. (Paris, 1872), p.xiii. 以下この版による。

★5 Flammarion, *Les mondes* p.573. フラマリオンはこの本を一八六四年にLyonで出版されたものとして引用している。Bibliothèque nationaleのカタログには記載がない。しかし、ペザーニの次の本はこの題を持つ節を含むものとして記載がある。Pezzani, *Exposé d'un nouveau système philosophique* (Paris, 1847).

★6 Flammarion, *Mémoires*, p.217.

★7 Edmond Grégoire, *L'astronomie dans l'oeuvre de Victor Hugo* (Paris, 1933), p.173.

★8 C.Flammarion, "Victor Hugo astronome," *Société astronomique de France Bulletin*, 16 (1902), 171-5. また、次のもの参照。Flammarion, *La Pluralité des mondes habités*, 33rd ed. (Paris, ca. 1855), p.229; Flammarion, *Mémoires*, pp.216-17.

★9 Grégoire, *Hugo*, pp.189-205.

★10 Auguste Viatte, *Victor Hugo et les illuminés de son temps* (Montreal, 1942).

★11 Louis Figuier, *The To-morrow of Death; or The Future Life According to Science*, trans. S. R. Crocker (Boston, 1872), p.3.

★12 Ida M.Tarbell, "Sketch of Louis Figuier," *Popular Science Monthly*, 51 (1897), 834-41 : 841.より引用。

★13 Flammarion, *Les mondes*, p.590. Bibliothèque nationaleには、次のような題を持ったジラールの一八七六年の本が記載されている。Girard, *De la Pluralité des mondes habités et des existences de l'âme* (Paris). 私はそれを見たことはないが、ジラールの*Nouvelles études*と同じ頁数(324)を含むと記載されている事実からすると、多分これらの本は単に標題が違うのみと思われる。

★14 Joseph Félix, *Le Progrès par le Christianisme : Conférences de Notre-Dame de Paris - Année 1863*, 2nd ed. (Paris, 1864), pp.120-1. この言明については次のもの参照。Abbé François Moigno, *Les splendeurs de la foi*, vol. II (Paris, 1877), p.402.

★15 Monseigneur de Montignez, "Théorie chrétienne sur la pluralité des mondes," *Archives théologiques*, 9 (1865), 381-404; 10 (1865), 25-46, 102-43, 262-77, 297-313, 369-85; 11 (1866), 57-68,81-93,161-80. この連載の第二の論考は、E・ローランによるものであるが、多世界論の科学的観点を扱っている。

★16 (9, p.400)この節はピリピ書2,7より引用。

★17 (9, p.402)ルカ書5,2参照。

★18 Flammarion, *La pluralité*, p.380. より引用。この言明が、*Les sources*の一八六二年版に初めて現れたのか、後の改訂版においてであるかは、決めかねている。グラトリは、次の書で不死なる生命の所在に関して天文学的思弁に陥っている。Gratry, *De la connaissance de l'âme*, 5th ed., 2 vols. (Paris, 1874). グラトリの思想については次のもの参照。Théophile Ortolan, *L'astronomie et théologie* (Paris, 1894), pp. 343-59.

★19 G.Bovier-Lapierre, *L'astronomie pour tous* (Paris, 1891), p.310.より引用。

★20 François Moigno, *Les splendeurs de la foi*, vol. II (Paris, 1877), p.402.

★21 ピオジェの著作は非常に少ない。これらの二つ著作に関する記述は、フラマリオンの次の著作に基づいている。Flammarion, *Les mondes*, pp.583-4, 588-9.

★22 Léger-Marie Pioger, "Introduction : Il y a d'autres mondes que le notre," Pioger, *Le soleil,* new ed. (Paris, 1893), pp.1-54. フェリクスからの引用に関してはp.9参照。フレシヌ (1765-1841)からの引用に関してはpp.9-10参照。ブゴー(1824-88)からの引用に関してはpp.14-18参照。モンサブレ(1827-1907)からの引用に関してはpp.31-2参照。

★23 Pioger, *Le soleil,* pp.293-301; Pioger, *La Lune* (Paris, 1883), pp.290-306.

★24 Pioger, *Le soleil,* p.34.

★25 ボワトゥに関する伝記的情報は非常に少ない。この事実は彼の唯一の別の著作と思われるBoiteux, *Notes sur la fonderie de fer* (Frameries, 1903). の題扉に発している。

★26 Jules Boiteux, *Lettres à un matérialiste sur la pluralité des mondes habités et les questions qui s'y rattachent* (Paris, 1876), p.vii. 以下の言及は第2版 (Paris, 1891)による。

★27 Pierre Courbet, "De la redemption et de la pluralité des mondes habités," *Cosmos,* 4th ser., 28 (May 19, 1894), 208-11 (June 2, 1894), 272-6.

★28 Théophile Ortolan, *Astronomie et théologie ou l'erreur géocentrique. La pluralité des mondes habités et le dogme de l'incarnation* (Paris, 1894).

★29 Charles de Kirwan, "Les mondes inhabitables et les mondes peut-être habités,"*Cosmos* (February 19, 1898), 245-9 : 245; (February 26, 1898), 271-3.

★30 Jean d'Estienne, "A propos de habitabilité des astres," *Cosmos* (July 11, 1891), 397-401; (July 18, 1891), 425-7. これは、続いて論じられる次の論文に反対して書かれた。J.Scheiner, "L'habitabilité des mondes," *L'astronomie. Revue mensuelle d'astronomie populaire,* 10 (1891), 221-7. Bibliothèque nationaleには、次の著作が記載されているが、それについて確認することはできなかった。Jean d'Estienne [Charles de Kirwan], *Considérations nouvelles sur la pluralité des mondes* (Paris, 1876).

★31 Jean d'Estienne, "[Review of] *Astronomie et théologie,*" *Revue des questions scientifiques,* 36 (1894), 312-20. オルトランの*Études*に関する彼の論評は次のものである。de Kirwan, "Les mondes"; C.de Kirwan," [Review of] *Lettres à un matérialiste* ... par jules Boiteux," *Revue des questions scientifiques,* 44 (1898), 293-5. "Les astres sont-ils habités?" *Cosmos* (July 24, 1897), 118-22. もその内容、構成、配置からド・キルワンによって書かれたものであろう。

★32 一九〇二年の*The international Catalogue of Scientific Literature*には、三九頁の著作Charles de Kirwan, *Le véritable concept de la pluralité des mondes* (Louvain, 1902). が記載されている。また、次のもの参照。C.de Kirwan, "L'unité de l'universe et de l'homme dans l'unuvers," *Revue des questions scientifiques,* 64 (1908), 581-601; C.de Kirwan, "Les mondes présents, passés ou futurs," *Revue des questions scientifiques,* 3rd ser., 23 (1913), 598-614.

★33 Gabriel Prigent, *De l'habitabilité des astres* (Landerneau, 1892), p.379.

★34 R.M.Jouan, *La question de l'habitabilité des mondes* (Saint-Ilan, 1900), p.466.

★35 C.de Kirwan, "[Review of] *La question de l'habitabilité des mondes" Revue des questions scientifiques,* 50 (1901), 657-8 : 658.

★36 ダーウィン理論の支持者としてのボワトゥについては次のもの参照。Harry W.Paul, "Religion and Darwinism : Varieties of Catholic Reaction" Thomas F.Glick (ed.), *The Comparative Reception of Darwinism* (Austin, 1974), pp.403-36 : 428-9. ド・キルワンについては次のもの参照。

Harry W.Paul, *The Edge of Contingency : French Catholic Reaction to Scientific Change from Darwin to Duhem* (Gainesville, 1979), pp.48-52.

★37 Ralph V.Chamberlin, "Life in Other Worlds," *Bulletin of the University of Utah, Biological Series*, 1. no 6 (February, 1932), 1-52 : 33.

★38 N.A.Perujo, *La pluralidad de mundos habitados ante la fé católica. Estudio en que se examina la habitacion de los astros en relacion con los dogmas católicos, se demeustra su perfecta armonia con estos, y se refutan muchos errores de Mr. Flammarion* (Madrid, 1877).

★39 J.C.Houzeau and A.Lancaster, *Bibliographie générale de l'astronomie jusqu'en 1880*, vol. II (London, 1964, 1882年Bruxelles版の復刻), p. lxxiv ウゾーとランカスターはセッキによる著作三六〇冊を挙げているが、実際には彼はその倍以上の著作を出版した。

★40 A. Secchi, *Descrizione del nuovo osservatorio del collegio romano* (Rome, 1856), p.158.

★41 A. Secchi, *Les étoiles*, vol II (Paris, 1879), p.189. また、次の頁参照。pp.190-1. A.Secchi, *Le soleil*, p.418.

★42 Camille Flammarion, *La planète Mars et ses conditions d'habitabilité*, vol. 1 (Paris,1892), pp.135-6.

★43 Joseph Pohle, *Die Sternenwelten und ihre Bewohner*, 2nd ed. (Cologne, 1899), pp.54-6.

★44 Frederick Albert Lange, *The History of Materialism*, trans. E.C. Thomas, 3rd ed., vol.II (London, 1957), p.265.

★45 Ludwig Büchner, *Force and Matter*, 4th ed. ドイツ語の第一五版からの訳(London, 1884), pp. xx-xxi.

★46 D.F.Strauss, *The Old Faith and the New*, trans. Mathilde Blind, ドイツ語の第六版からの訳。(New York, 1874).

★47 Friedrich Engels, *Dialectics of Nature*, trans. Clemen Dutt (New York, 1971), p.ix のJ・B・S・ホールデンによる序論に、エンゲルスの草稿の中から引用された一節。

★48 Engels, *Dialectics*, p.24. エンゲルスの脚注にも示されているように、彼は次の著作からこの説を引き出してきた。Draper, *History of the Intellectual Development of Europe*.

★49 F.Engels, "Socialism : Utopian and Scientific," *The Marx-Engels Reader*, ed. R.C.Tucker, 2nd ed. (New York, 1978), p.698.

★50 *History of Spiritualism*, vol.II (New York, 1975. 1926年版の復刻), p.186. この中でアーサー・コナン・ドイルは、デュ・プレの心霊主義に対する貢献を次のように記している。「多分かつてドイツ人によってなされた最も偉大なものである」。

★51 Carl Du Prel, *The Philosophy of Mysticism*, vol.II, trans.C.C.Massey (London, 1889), p.273. 多世界論についてはpp.257-91. 参照。

★52 Ernst Haeckel, *Riddle of the Universe*, trans. Joseph McCabe (New York, 1901), p.370.

★53 この議論は次のものに基づいている。J.Ebrard, *Apologetics; or The Scientific Vindication of Christianity*, trans.W.Stuart and J.MacPherson (Edinburgh, 1886). 関連箇所は、明らかに彼の一八六一年の著作からの長い言明を含んでいるが、それに限定されるわけではない。

★54 私はC.E.Luthardt, *Apologetic Lectures on the Fundamental Truths of Christianity*, translated from the 3rd edition by Sophia Taylor (Edinburgh, 1865)を用いた。pp.79-87.参照。

★55 Otto Zöckler, "Der Streit über Einheit und Vielheit der Welten," *Beweis des Glaubens*, 2 (1866), 353-76 : 363.

★56 Otto Zöckler, "Eine oder viele Welten?" *Beweis des Glaubens*, 13 (1877), 639-51 : 639. また、次のもの参照。Zöckler, "Proctors Theorie des Sonnensystems und des Weltgebaudes," *Beweis des Glaubens,* 7 (1871), 516-25;Kreyer, "Die Vielheit bewohnter Welten im Universum," *Beweis des Glaubens,* 5 (1869),129-41,145-51. 編集者たち(ツェックラーは四人の編集者の一人であった)が、この「少々一面的である」論文が、論議を刺激するであろうという脚注を付す必要を感じるほど、この論考は熱狂的な多世界論であった。

★57 Zöckler, "Welten," pp.640-1. ツェックラーに従ったプファフの見方については次のもの参照。Pfaff, *Schöpfungsgeschichte,* 2nd ed. (1876), p.203. フーバーについては次のもの参照。Huber, *Zur Philosophie der Astronomie* (Munich, 1878), pp.49-69. フーバーの著作は、ヘーゲル、シェリング、そしてその追随者たちの反多世界論思想に関して特に価値がある。

★58 Otto Zöckler, *Geschichte der Beziehungen zwischen Theologie und Naturwissenschaft,* 2nd ed., vol.II (Gütersloh, 1879), pp.55-74, 416-39.

★59 ポーレの多世界論的著作には次のものがある。Pohle, "Ueber das organische Leben auf den Himmelskörpern. Ein Nachtrag zu den Abhandlungen über die Weltanschauung des P.Angelo Secchi," *Katholik,* II Hälfte (1884), 337-8; "Das Problem von der Bewohnheit der Himmelskörper im Lichte des Dogmas," *Katholik,* II Hälfte (1886), 42-70, 113-36, 225-48, 336-58, 449-75, 561-84; "Neue Untersuchungen über die Vielheit bewohnter Welten mit besonderer Berücksichtigung einiger Schwierigkeiten gegen die Annahme von vernünftigen Astralwesen auf den bewohnbaren Himmelskörpern," *Natur und Offenbarung,* 33 (1888), 513-33, 595-616; 34 (1888), 139-52, 287-300, 411-26.

★60 Joseph Pohle, *Die Sternenwelten und ihre Bewohner,* 2nd ed. (Cologne, 1899).

★61 Carl Goetze, *Die Sonne ist bewohnt. Ein Einblick in die Zustände im Universum* (Berlin, 1898). この著作の研究は極めて稀であるが、その研究から、この著作が非常に狭い科学的知識の持ち主によって書かれたことがわかる。プライアの立場はポーレが引用しているように、太陽それ自身は「成長する有機体であり、その息は多分輝く鉄の蒸気であり、その血は流動する金属であり、その食べ物は隕石である」というものである。ポーレの引用(p.159)は次の著作による。Preyer, *Naturwissenschaftliche Thatsachen und Probleme* (Berlin, 1880), p.59. 引用は正しいが、その箇所はp.60である。

★62 Pohle, *Sternenwelten,* p.161. ブラウンは多世界論者で、セッキの弟子であった。ポーレはよく彼の考えを引用しているが、それは次の著作による。Braun, *Ueber Kosmogonie vom Standpunkt christlicher Wissenschaft.* 私は第三版(Münster, 1905)を見た。

★63 Pohle, *Sternenwelten,* p.304. この点に関するポーレの確信は、第二版(1899)から第七版(1922)にかけて衰えたように思われる。例えば、これらの版の第一章の最後の節を比較せよ。

★64 文脈からすると、"perfection"がポーレの"Vollkommenheit"の最も適切な訳である。ただし、彼は"completion"あるいは"fulfillment"の意味を含めて用い、大いなる存在の連鎖という思想を示唆している。

★65 Julius Zucht, "Sind die übrigen kosmischen Körper ausser der Erde bewohnt?" *Katholik,* I Hälfte (1886), 337-60. ポーレの反論については次のもの参照。Pohle, "Das Problem."

★66 Adolf Müller, "Die Bewohner der Gestirne," *Stimmen aus Maria-Laach,* 58 (1900), 141-53; 59 (1900), 70-84.

★67 Ludwig Günther, "Naturphilosophische Literatur," *Natur und Offenbarung,* 51 (1905), 493-505. これは、ポーレの著作と次の著作に関する合評である。A.R.Wallace, *Man's Place in the Universe.*

★68 Paul Schanz, *A Christian Apology,* trans. M.F.Glancey and V.J.Schobel, 5th ed., vol. I (Ratisbon, 1891), pp.394-5.

★69　Winwood Reade, *The Martyrdom of Man*, 22nd ed., with introduction by F.Leege (London, 日付なし), p.523.
★70　John Tyndall, "The Belfast Address," *Fragments of Science*, vol. II (New York, 1901), p.210.
★71　John Tyndall, "Additional Remarks on Miracles," *Fragments*, vol. II, pp.41-2.
★72　Frank M.Turner, "The Victorian Conflict between Science and Religion : A Professional Dimension," *Isis*, 69 (1978), 356-76 : 373.
★73　次のもの参照。匿名論評、*Astronomical Register*, 16 (1878), 98-102 : 101. ジェイムズ・クラーク・マクスウェルの論評、*Nature*, 19 (1878), 141-3 : 142. これは彼らの *Paradoxical Philosophy* と呼ばれた著作の続編に対する論評である。
★74　[B.Stewart and P.G.Tait], *The Unseen Universe, or Physical Speculations on a Future State*, 2nd ed. (New York, 1875), pp. ix-x. 分析については次のもの参照。P.M.Heimann, "*The Unseen Universe* : Physics and the Philosophy of Nature in Victorian England," *British Journal for the History of Science*, 6 (1972), 73-9.
★75　ウィリアム・キングドン・クリフォードは、*Fortnightly Review* (June 1875)の中でそれに「かみついた」。また、それは次のものでも批判された。*Journal of Science*, II (1875), 472-86; John W.Chadwick, *Unitarian Review*, 6 (1875), 554-64.
★76　Augustus De Morgan, *A Budget of Paradoxes*, 2nd ed., vol. II (New York, 1954, 1915年版の復刻), p.191.
★77　A.Clissold, *The Devine Order of the Universe as Interpreted by Emanuel Swedenborg with Special Relation to Modern Astronomy* (London, 1877).
★78　R.A.Proctor, "Swedenborg's Vision of Other Worlds" *Myths and Marvels of Astronomy*, new ed. (London, 1881), pp.106-34 : 112.
★79　T.F.Wright, "The Planets Inhabited," *New-Church Review*, 4 (1897), 117-21 : 117.
★80　Josiah Crampton, *The Lunar World*, 4th ed. (Edinburgh, 1863), p.98.
★81　Josiah Crampton, *The Three Heavens*, new ed. (London, 1879), p.190.
★82　Joseph Hamilton, *The Starry Hosts : A Plea for the Habitation of the Planets* (London, 1875), p.38.
★83　Sir Edwin Arnold, "Astronomy and Religion," *North American Review*, 159 (1894), 404-15 : 407-8.
★84　Henry Cotterill, *Does Science Aid Faith in Regard to Religion?* (London, 1886), pp.130-42.
★85　R.A.Proctor, "Science as an Aid to Faith," *Knowledge*, 3 (June 15, 1883), 360-1 : 361.
★86　前にも述べたように、ハットンはヒューエル論争に関して項目二八を書いている。一八七〇年代のハットンの思想については次のもの参照。[R.H.Hutton], "The Dog Star and his System," *Spectator* (Feburary 19, 1876), 241-2; [R.H.Hutton], "A Miniature World," *Spectator* (September 15, 1877), 1144-5. ハットンの *Spectator* における著述活動については次のもの参照。Robert H.Tener, "R.H.Hutton's Editorial Career : Part II. *The Prospective and National Review*," *Victorian Periodicals Newsletter*, 7 (December 1974), 6-13 : 12.
★87　[R.H.Hutton], "Other Worlds than Ours," *Spectator*, 55 (December 30, 1882), 1678-80 : 1679.
★88　R.H.Hutton, "Astronomy and Theology," *Criticisms on Contemporary Thought and Thinkers*, vol. I (London, 1894), pp.288-95 :

288.より引用。

★89　R.H.Hutton, "The Humility of Science," *Aspects of Religious and Scientific Thought*, ed. Elizabeth M.Roscoe (London, 1894), pp.394-401.

★90　[R.H.Hutton], "Telegraphing to Mars," *Spectator*, 69 (August 13, 1892), 218-19.

★91　*The Poems of Arthur Hugh Clough*, ed. F.L.Mulhauser, 2nd ed. (Oxford, 1974), p.193-4 : 194. これは一八六九年初版。

★92　*The Works of Robert Browning*, with an introduction by Sir F.G.Kenyon, vol. VI (New York, 1966, 1912年版の復刻), p.199 これらの数行は一八六九年に初めて出版された。ブラウニング、その他の詩人については次のもの参照。Jacob Korg, "Astronomical Imagery in Victorian Poetry," *Victorian Science and Victorian Values : Literary Perspectives, Annals of the New York Academy of Sciences*, vol. 360 (1981), pp.137-58.

★93　*The Poems of George Meredith*, ed. Phyllis B.Bartlett, vol.I (New Haven, 1978), pp.452-5.

★94　長老ゾシマの死に泣き暮れるアリョーシャが星を見つめるシーンでドストエフスキーは次のように書いている。「神の無数の世界からの糸が存在し、彼の魂をそれらに結び付ける。そして彼の魂は〈他の世界と接触し〉打ち震える」。Feodor Dostoevsky, *Brothers Karamazov*, trans. Constance Garnett, rev. Ralph E. Matlaw (New York, 1976), p.340.

★95　*The Poems and Plays of Alfred Lord Tennyson* (New York, 1938), p.851.

★96　*The Poems and Plays of Alfred Lord Tennyson*, p.838. 一八八六年出版。

★97　Agnes Grace Weld, "Talks with Tennyson," *Contemporary Review*, 63 (1893), 394-7 : 395.より引用。

★98　Weld, "Talks," p.397.

★99　F.B.Pinion, "Introduction" to Thomas Hardy, *Two on a Tower* (London, 1975), p.13.

★100　*The Poems of Conventry Patmore*, ed. Frederick Page (London, 1949), pp.381-2.

★101　Aubrey de Vere, "The Death of Copernicus," *Contemporary Review*, 57 (September 1889), 421-30 : 424.

★102　*The Poems of Alice Meynell* (New York, 1923), p.92. これは一九一三年か、それ以前に出版された。

★103　Ivan Lee Zabilka, *Nineteenth Century British and American Perspectives on the Plurality of Worlds : A Consideration of Scientific and Christian Attitudes* (a 1980 doctoral dissertation at the University of Kentucky).

★104　Jean Bruno Renard, "Religion, science-fiction et extraterrestres," *Archives de sciences sociales des religions*, 50 (1980), 143-64 : 160.

★105　Walt Whitman, *Leaves of Grass : Comprehensive Reader's Edition*, ed. Harold W.Blodgett and Sculley Bradley (New York, 1965), p.271.

★106　これらには次のものが含まれる。❶Alice Lovelace Cooke, "Whitman's Indebtedness to the Scientific Thought of His Day," *Studies in English*, 14 (July 8, 1934), 89-115; ❷Clarence Dugdale, "Whitman's Knowledge of Astronomy," *Studies in English*, 16 (July 8, 1936), 125-37; ❸Joseph Beaver, "Walt Whitman, Star Gazer," *Journal of English and Germanic Philology*, 48 (1949), 307-19; ❹Joseph Beaver, *Walt Whitman - Poet of Science* (Morningside Heights, N.Y., 1951), pp.23-79.

★107　*Walt Whitman*, "A Backward Glance o'er Travel'd Roads," *Leaves*, p.564.

★108 Thomas L.Brasher, "A Modest Protest against Viewing Whitman as Pantheist and Reincarnationist," *Walt Whitman Review*, 13 (1967), 92-4 : 92. より引用。彼の汎神論的、再生説的信念については次のもの参照。Gay Wilson Allen, *Walt Whitman Handbook* (Chicago, 1946), pp.259-77.

★109 Whitman, *Leaves*, p.1. より前の頁。

★110 Whitman, *Leaves*, p.82. ホイットマンの出所について、ダグダーレ("Knowledge," p.131)は、ホイットマンの友人ヘンリ・ホイッタールの著作 *Treatise on the Principal Stars and Constellations* (1850)のトマス・ディックからの引用であるという。ビーバー(*Whitman*, p.195n)はこれを疑問とし、次の著作を挙げている。Mitchel, *A Course of Six Lectures on Astronomy*.

★111 Gay Allen Wilson, *A Reader's Guide to Walt Whitman* (New York, 1981), p.20.

★112 Walt Whitman, "In Memory of Thomas Paine," *Prose Works 1892*, vol.I, ed.Floyd Stovall (New York, 1963), pp.140-2.

★113 Whitman, *Leaves*, p.727. また、次のもの参照。Margaret M.Vanderhaar, "Whitman, Paine, and the Religion of Democracy," *Walt Whitman Review*, 16 (1970), 14-22.

★114 Vanderhaar, "Whitman," p.16.より引用。

★115 Justin Kaplan, *Walt Whitman : A Life* (New York, 1980), p.231.より引用。

★116 Howard Mumford Jones, *Belief and Disbelief in American Literature* (Chicago, 1969), pp.70, 115.

★117 Hyatt Howe Waggoner, "Science in the Thought of Mark Twain," *American Literature*, 8 (1937), 357-70 : 357-9.

★118 Minnie M. Brashear, *Mark Twain : Son of Missouri* (Chapel Hill, N.C., 1934), p.245.より引用。

★119 Dixon Wecter (ed.), *The Love Letters of Mark Twain* (New York, 1949), p.133.より引用。

★120 Albert Bigelow Paine, *Mark Twain : A Biography*, vol.II (New York, 1929), 412.より引用。この論考の日付については次のもの参照。Paine, *Biography*, vol.IV (New York, 1929), p.1532n.

★121 最初*Harper's Magazine* (1907-8)に掲載後、一九〇九年に次の著作に現れた。Mark Twain, *Extract from Captain Stormfield's Visit to Heaven* (New York, 1909).

★122 Dixon Wecter, "Introduction to Mark Twain, *Report from Paradise* (New York, 1952), pp.ix-xxv : xxi *Stormfield*のこの版は一九〇九年版で削除された節を含む。ストームフィールドのモデルとしてのウェイクマンについては次のもの参照。Ray B.Browne, "Mark Twain and Captain Wakeman," *American Literature*, 33 (November 1961), 320-9. ブラウンは*Stormfield*の編集も行った。Mark Twain, *Mark Twain's Quarrel with Heaven*, ed. R.B.Browne (New Haven, Conn., 1970).

★123 Robert A.Rees, "*Captain Stormfield's Visit to Heaven* and *The Gates Ajar*." *English Language Notes*, 7 (March 1970), 197-202.

★124 Brasher, *Twain*, p.208.

★125 一八八〇年代トウェインは、「特に書きたかった唯一の本」であったと述べている。彼の娘スージーの記録やヴェクターの"Introduction", p.xxiより引用。

★126 Wecter, "Introduction," p.xxii.

★127 G.W.Warder, *The Cities of the Sun* (New York, 1903), p.11.

★128 トウェインの出版されていない評論については次のもの参照。Wecter, "Introduction," Twain, *Report*, pp.ix-x.

★129 Mark Twain, "Was the World Made for Man?" *What is Man? and Other Philosophical Writings*, ed. Paul Baender (Berkeley, 1973), pp.106-6.

★130 Mark Twain, "Letters from the Earth," *Philosophical Writings,* pp.401-54 : 413. 一九六二年初版。これを含め、多くのアメリカの著述家に関しては、トマス・ヴェルゲ(ノートルダム大学)に助けられた。

★131 E.T.Winkler, "Religion and Astronomy," *Baptist Quartely,* 5 (1871), 58-74 : 58.

★132 ミラーの主張から、アメリカのすべてのメソジスト派の人々が多世界論者であったと結論づけることが誤りであることは、次の卓越したメソジスト派の神学者の反多世界論的著作によって明らかである。Luther Tracy Townsend (1838-1922), *The Stars Not Inhabited* (New York, 1914).

★133 [Enoch Fitch Burr], *Ecce Coelum; or, Parish Astronomy,* 20th ed. (New York, 日付なし), pp.15, 197. 次の頁も参照p.165. バールについては次のもの参照。Marc Rothenberg, *The Educational and Intellectual Background of American Astronomers* (a 1974 Bryn Mawr doctoral dissertation), p.238-40.

★134 E.F.Burr, "Are the Heavens Inhabited?" *Presbyterian Review,* 6 (1885), 265-67. また、次のもの参照。Burr, *Celestial Empires* (New York, 1885), Chap.16. バールの多世界論的主張については次のもの参照。Burr, "Astronomy as a Religious Helper," *Homiletic Review,* 23 (1892), 202-10, 24 (1892), 394-402.

★135 W.Leitch, *God's Glory in the Heavens,* 3rd ed. (London, 1867) ライチについては次のもの参照。*Dictionary of Canadian Biography,* vol. IX (Toronto, 1976), pp.461-2.

★136 Charles J.Powers, "Father Searle's Distinguished Career," *America,* 19 (1918), 378-80 また、次のもの参照。*Catholic World,* 107 (1918), 713-16.

★137 G.M.Searle, "The Plurality of Worlds," *Catholic World,* 37 (1883), 49-58 : 55-6.

★138 G.M.Searle, "Are the Planets Habitable?" *Astronomical Society of the Pacific Publications,* 2 (1890), 165-77 : 169.

★139 G.M.Searle, "Is There a Companion World to Our Own?" *Catholic World,* 55 (1892), 860-78 : 863-4.

★140 J.De Concilio, "The Plurality of Worlds," *American Catholic Quarterly Review,* 9 (April 1884), 193-216 : 196, 211. ド・コンシリオ及びその他の神父については*New Catholic Encyclopedia.*参照。

★141 Thomas Aquinas, *Summa Theologica,* Part I, Question 47, Article 3.

★142 T.Hughes, "Quid Est Homo? A Query on the Plurality of Worlds," *American Catholic Quarterly Review,* 9 (1884), 452-70 : 458. この論文は、M・G・チャドウィックによって編集された次のものよりかなり短い。Hughes, *The Plurality of Worlds and Other Essays* (New York, 1927), pp.1-24.

★143 J. De Concilio, *Harmony between Science and Revelation* (New York, 1889), p.206.

★144 A.F.Hewit, "Another Word on Other Worlds," *Catholic World,* 56 (October 1892), 18-26 : 18-19. ヒューイットについては次のもの参照。*Catholic World,* 65 (1897), I-XVI.

★145 ここで多世界論者と反多世界論者を正確に定義づけることは、困難である。ここで私は、たとえ必ずしも地球外生命を否定しないとしても、多世界論の伝統的立場に反対している人々を、反多世界論者に分類した。

★146 J.O.Bevan, "Arguments for and against the Plurality of Worlds," *Birmingham Philosophical Society Proceedings,* 2 (May 1880), 162-75 : 171.

★147　ノース・カロライナ州立大学のエディス・D・シラは最近大量の中世の著作を調べたが、このような思弁の証拠は見いだせなかった。

★148　Miller, *Heavenly Bodies*の私のコピーの最後に、一六の論評から復刻された好意的な数節が見いだされる。

★149　匿名"The Heavenly Bodies," *Knowledge,* 3 (June 15, 1883), 361. スタイルは確かにプロクターのものである。

★150　ボールについては次のもの参照。W.Valentine Ball (ed.), *Reminiscences and Letters of Sir Robert Ball* (London, 1915); *Royal Astronomical Society Monthly Notices,* 75 (1915), 230-6.

★151　Hector Macpherson, *Astronomers of To-Day* (London, 1905), p.102.より引用。

★152　Robert S.Ball, *In Starry Realms* (Philadelphia, 1892), p.344.

★153　R.S.Ball, *The Story of the Heavens* (London, 1885), p.80.

★154　R.S.Ball. *In the High Heavens,* new ed. (London, 1894), p.32.

★155　R.S.Ball, "Possibility of Life on Other Worlds," *McClure's Magazine,* 5 (1895), 147-56 : 152. この論文は次のものにも記載された。*Fortnightly Review,* 62 (1894), 718-27; *Litell's Living Age,* 203 (1894), 742-50; *Eclectic Magazine,* 123 (1894), 818-26.

★156　Hector Macpherson, "John Ellard Gore," *Popular Astronomy,* 18 (November 1910), 519-29; *Astronomers,* pp.145-55. しかし、ゴアの多世界論的考えに関するマクファーソンの言明は、全く正しいというわけではない。

★157　Simon Newcomb, *Reminiscences of an Astronomer* (London, 1903), p.19. また、次のもの参照。Arthur Norberg, "Simon Newcomb's Early Astronomical Career," *Isis,* 69 (1978), 209-25.

★158　Simon Newcomb, *Popular Astronomy,* 学校版の七版 (New York, 1892?), pp.528-31.

★159　Simon Newcomb, "The Problems of Astronomy," *Annual Report of the Smithsonian Institution for 1896* (Washington, 1898), 83-93 : 93; 639-40; "Are Other Worlds Inhabited?" *Youth's Companion,* 76 (December 11,1902), 639-40;[Newcomb], "Wallace on Life in the Universe," *Nation* 78 (January 14, 1904), 34-5; "Life in the Universe," *Haper's Magazine,* 111 (August 1905), 404-8.

★160　Charles A.Young, "Astronomical Facts and Fancies for Philosophical Thinkers," *Christian Philosophy Quarterly,* (January 1882), 1-22 : 22.

★161　*Collected Papers of Charles Sanders Peirce,* vol. III (Cambridge, Mass., 1958), pp.45-6.

★162　H.A.Howe, "The Habitability of Other Worlds," *Sidereal Messenger,* 4 (1885), 294-8 : 295.

★163　A.Winchell, *World Life or Comparative Geology* (Chicago, 1883), p.5. ウィンチェルについては次のもの参照。F.Garvin Davenport, "Alexander Winchell : Michigan Scientist and Educator," *Michigan History,* 35 (1951), 185-201.

★164　Winchell, *World Life,* p.507. 初期の*Geology of the Stars* (Boston, 1874)の中でウィンチェルは、星雲説を主張し、そこから「あらゆる惑星は、諸状態の同じ過程を通過することによって、いつか居住可能な状態を獲得するにちがいない」(p.8)と述べている。

★165　Andrew Oldenquist, "John Fiske," Paul Edwards (ed.), *Encyclopedia of Philosophy,* vol.III (New York, 1967), pp.204-5 : 204.

★166　John Fiske, *Outlines of Cosmic Philosophy,* 14th ed., vol. I (Boston, 1892), p.400n. フィスクの立場は、ウィンチェルの次の著作に基づいているところもある。Winchell, *The Geology of the Stars.* フィスクはそれを「明晰で示唆に富む」(p.40n)と賞賛している。フィスクが誤解した、月

に関する言明に関しては、非難している。次のもの参照。Winchell, *World Life,* p.503.

★167 William Graves Hoyt, *Lowell and Mars* (Tucson, 1976), p.17.

★168 John Pratt, "The Cost of Life," *Popular Science Monthly,* 23 (June 1883), 202-7 : 203 プラットの論文は、ピカリングの次の論文において指摘された幾つかの計算間違いを含んでいて、だいなしになっている。W.H. Pickering, "Surface Conditions on the Other Planets," *Science,* 2 (July 6, 1883), 10.

★169 C.Morris, "The Variability of Protoplasm," *American Naturalist,* 17 (1883), 926-31 : 930.

★170 E・T・コウプの思想に関しては次のもの参照。E.T.Cope, "On Archaesthetism," *American Naturalist,* 16 (June 1882), 454-69 : 464ff; "The Evidence for Evolution in the History of the Extinct Mammalia," *Science,* 2 (August 31, 1883), 272-9.

★171 D.T.MacDougal, "Life on Other Worlds," *Forum,* 27 (1899), 71-7 : 76; *Popular Astronomy,* 7 (1899), 420-6.

★172 Carl A.Stetefeldt, "Can Organic Life Exist in the Planetary System outside of the Earth?" *Astronomical Society of the Pacific Publications,* 6 (1897), 91-100 : 91.

★173 [Camille Flammarion], "Can Organic Life Exist in the Solar System Anywhere but on the Planet *Mars?*" *Astronomical Society of the Pacific Publications,* 6 (1894), 214-17.

★174 Edwin C.Mason, "Life on Other Worlds," *Popular Astronomy,* 6 (1898), 520-4 : 522.

★175 W.H.Pickering, "Surface Conditions on the Other Planets," *Science,* 2 (July 6, 1883), 10.

★176 Charles Etler, "Is the Sun Habitable?" *Dominion Review,* 4 (March 1896), 9-15 : 9.

★177 L.F.Ward, "Relation of Sociology to Cosmology," *Outlines of Sociology* (New York, 1923, 1897年版の復刻), pp.21-42. この章は同じ題名で次のものにも記載されている。*American Journal of Sociology,* I (1895), 132-45.; *Dominion Review,* 3 (1898), 141-6, 157-61.

★178 詳細については次のもの参照。William Graves Hoyt, *Lowell and Mars* (Tucson, 1976).

★179 W.L.Webb, *Brief Biography and Popular Account of the Unparalleled Discoveries of T.J.J.See* (Lynn, Mass., 1913), p.257.より引用。

★180 J.Ashbrook, "The Sage of Mare Island," *Sky and Telescope,* 24 (October 1962), 193-202 : 202.

★181 このような主張については次のもの参照。Hoyt, *Lowell and Mars,* p.122; Helen Wright, *Explorer of the Universe : A Biography of George Ellery Hale* (New York, 1966), p.118; John Lankford, "A Note on T.J.J.See's Observations of Craters on Mercury," *Journal for the History of Astronomy,* 11 (1980), 129-32 : 130.

★182 T.J.J.See, "The Recent Discoveries Respecting the Origin of the Universe," *Atlantic Monthly,* 80 (1897), 484-92 : 491.

★183 Forest R.Moulton, "The Limits of Temporary Stability of Satellite Motion, with an Application to the Question of an Unseen Body in the Binary System F.70 Ophiuchi," *Astronomical Journal,* 20 (May 15, 1899), 33-7. シーのモールトンに対する険悪で不誠実な応答のせいで、雑誌の編集者は、シーの不誠実を指摘した。その結果、シーによる将来の論文は歓迎されない、と宣告することにもなった。次のもの参照。*Astronomical Journal,* 20 (1899), 56.

★184 [Herbert H.Turner], "On the Fundamental Law of Increase of Gaseous Reputation," *Observatory,* 22 (1899), 292.

★185　G.P.Seviss, “Are There Planets among the Stars?” *Popular Science Monthly,* 52 (December 1897), 171-6 : 173.

★186　Clyde Fisher, “Garrett P.Serviss,” *Popular Astronomy,* 37 (1929), 365-9.

★187　C.Delaunay, “Notice sur la constitution de l'univers,” *Annuaire du bureau des longitudes pour l'an 1869* (Paris), p.447.　フラマリオンの影響については次のもの参照。C.Flammarion, *Les mondes imaginaires et les mondes réels,* 20th ed. (Paris, 1822?), pp.571-2.

★188　A.Guillemin, *The Heavens,* ed. J.Norman Lockyer, revised by Richard Proctor (London, 1872), pp.66, 186, 205, 227.

★189　A.Guillemin, *The Sun,* trans. A.L.Phipson (New York, 1870), p.297.

★190　A.Guillemin, *The World of Comets,* trans. and ed. by James Glaisher (London, 1877), p.520.

★191　A.Guillemin, *Autres mondes* (Paris, 1892), p.227.

★192　Hervé Faye, “Sur la constitution physique du soleil,” *Annuaire du bureau des longitudes pour l'an 1874,* pp.407-90 : 478.　最終章“Conditions astronomiques de la vie” (pp.476-90)は、“Habitable Worlds,” *All the Year Round,* 32 (may 23, 1874), 127-30.として翻訳された。

★193　Hervé Faye, *Sur l'origine du monde,* 2nd ed. (Paris, 1855), p.299-300.

★194　Louis Olivier, ”La vie et les milieux cosmiques,” *Astronomie,* 1 (1882), 379-84.

★195　最初は次のものとして出版された。Julius Scheiner, “Die Bewohnbarkeit der Welten,” *Himmel und Erde,* 3 (1891), 18-32, 65-78. この論考は、フラマリオンの注を付して、フランスにおいて次のものとして出版された。“L'habitabilité des mondes,” *Astronomie,* 10 (1891), 211-27.　後に、多くの注釈を付して、フラマリオンの次の著作の第一〇章として現れる。*The Dreams of an Astronomer,* trans. E.E.Fournier D'Able (New York, 1922), pp.179-222.

★196　Scheiner, “L'Habitabilité,” p.219.　フラマリオンは注で、最初の二つの条件は制限的過ぎると述べている。

★197　Scheiner, “L'Habitabilité,” pp.226-7.　この主張の明らかな欠点は、先に述べられた*Cosmos* (1891)誌のシャルル・ド・キルワンの論文に記されている。

★198　C.Flammarion, “Hommes et femmes planétaires,” *Astronomie,* 11 (1892), 243-9 : 243.

★199　G.Bovier Lapierre, *Astronomie pour tous* (Paris, 1891), pp.308-12.

★200　D.Papp, *Was lebt auf den Sternen?* (Zurich, 1931), p.333.

★201　M.Wilhelm Meyer, “The Urania Gesellschaft,” *Astronomical Society of the Pacific Publications,* 2 (1890), 143-52.

★202　Willy Ley, *Watchers of the Skies* (London, 1964), pp.490-1.　レイはこれらの思弁が現れた出版物を特定していない。

★203　Wlihelm Schur, “Welche Planeten können lebenden Wesen bewohnt sein?” *Deutsche Revue,* 24 (1899), 280-6 : 280-2.

★204　Joseph Pohle, *Die Sternenwelten und ihre Bewohner,* 2nd ed. (Cologne, 1899), p.298.

第10章

この章で頻繁に引用される雑誌の略号は以下の通りである。

AAP = *Astronomy and Astro-Physics*
AJ = *Astronomical Journal*
ALO = *Annals of the Lowell Observatory*
AN = *Astronomische Nachrichten*
ApJ = *Astrophysical Journal*
AR = *Astronomical Register*
ASPP = *Astronomical Society of the Pacific Publications*
BAAJ = *British Astronomical Association Journal*
BAAM = *British Astronomical Association Memoirs*
CR = *Comptes rendus des séances de l'académie des sciences*
EM = *English Mechanic and World of Science*
PA = *Popular Astronomy*
PSM = *Popular Science Monthly*
RASM = *Royal Astronomical Society Memoirs*
RASMN = *Royal Astronomical Society Monthly Notices*
SA = *Scientific American*
SAFB = *Société astronomique de France bulletin*
SAS = *Scientific American Supplement*
SM = *Sidereal Messenger*

★1 T.W.Webb, "Mars," *Nature,* 27 (December 28, 1882), 203-5; 205に従って、フランスワ・テルビは、彼の歴史的研究である次の著作のために、一〇九二の図表を収集した。François Terby, "Étude comparative des observations faites sur l'aspect physique de la planète Mars depuis Fontana (1636) jusqu' à nos jours (1873)," *Mémoires de l'académie royale des sciences de Belgique,* 39 (1875).

★2 John Brett, "The Physical Condition of Mars," *RASMN,* 38 (December 1877), 58-61 : 59.

★3 火星の月の可能性について、多世界論者の初期の思弁については次のもの参照。William Derham, *Astro-Theology,* 2nd ed. (London, 1715), p.185.

★4 Asaph Hall, "The Discovery of the Satellites of Mars," *RASMN,* 38 (February 1878), 205-9 : 205.

★5 I.S.Shklovskii and Carl Sagan, *Intelligent Life in the Universe* (New York, 1966), pp.373-6. *Astronomy,* 5 (January 1977)における報告によれば、今やシュクロフスキーは地球外生命の反対者になった。

★6 Hector Macpherson, Jr., "Giovanni Schiaparelli," *PA,* 18 (1910), 467-74 : 473; W.Alfred Parr, "Giovanni Schiaparelli," *Knowledge,* n.s., 7 (November 1910), 466. これらの言明は、他の死亡記事においてなされた主張の特徴を示している。例えばPercival Lowell, *PA,* 18 (1910), 457-67; R.A.S., *Royal Society Proceedings,* 83 (1911-12), xxxvii-xxxviii; R.G.Aitken, *ASPP,* 20 (1910), 164-5; G.Celoria, *AN,* 185 (1910), 193-6; 匿名 *Observatory,* 33 (1910), 311-14; A., *ApJ,* 32 (1910), 313-19; E.B.K. [E.B.Knobel?], *RASMN,* 71 (1911), 282-7; Elia Millosevich, *Gli scienziati Italiani,* 1 (1921), 45-67.

★7 E.W.Maunder, *Are the Planets Inhabited?* (London, 1913), pp.61-2; E.M.Antoniadi, *La planète Mars* (Paris, 1930), p.33.

★8 R.A.S., "Schiaparelli," p.xxxviii.

★9 エンケの親多世界論的引用については次のもの参照。James Breen, *The Planetary Worlds* (London, 1854), pp.251-2.

★10 G.Schiaparelli, "Gli abitanti di altri mondi," *Le opere,* 10 vols., vol. X (New York, 1968, 1930年Milan版の復刻), pp.166-9 : 168-9.

★11　G.Schiaparelli, *Corrispondenza su Marte,* vol. I (Pisa, 1963), pp.14-18 : 15.

★12　G.Schiaparelli, "Sulla rotazione di Mercurio," *Opere,* vol. V, pp.323-35 : 327. この論文は最初一八八九年の*AN*に発表された。私の議論はこの論文と、山猫学会における一八八九年の次の発表に基づいている。G.Schiaparelli, "Sulla rotazione e sulla constituzione fisca del pianeta Mercurio," *Opere,* vol. V, pp.337-45. English trans., "The Rotation and Physical Constitution of the Planet Mercury," Edward S.Holden (ed.), *Essays in Astronomy* (New York, 1900), pp.133-42.

★13　Werner Sander, *The Planet Mercury,* trans. Alex Helm (New York, 1963), pp.30-1.

★14　G.H.Pettengill and R.B.Dyce, "A Radar Determination of the Rotation of the Planet Mercury," *Nature,* 206 (June 19, 1965), 1240.

★15　R.B.Dyce, G.H.Pettengill, and I.I.Shapiro, "Radar Determination of the Rotation of Venus and Mercury," *AJ,* 72 (April 1967), 351-9.

★16　詳細については次のもの参照。Clark R.Chapman, *The Inner Planets* (New York, 1977), pp.72-7.

★17　Dyce, Pettengill and Shapiro, "Determination," p.352.

★18　Schiaparelli, "Rotazione," pp.334-5.

★19　Schiaparelli, "Rotation," p.138.

★20　Schiaparelli, "Rotation," pp.140-1.

★21　Edward S.Holden, "Announcement of the Discovery of the Rotation Period of Mercury, by M.Schiaparelli," *ASPP,* 2 (1890), 79-82 : 82.

★22　Ellen M.Clerke, "The Planet Mars," *The Month,* 76 (1892), 185-99 : 188. エレン・クラークは、よく知られたアグネス・クラークの姉妹である。

★23　G.Schiaparelli, "Osservazioni astronomiche e fisiche sull'asse di rotazione e sulla topografia del pianeta Marte ... durante l'opposizione de 1877. - MEMORIA PRIMA," *Opere,* vol. I, pp.11-175. 火星に関するこの論文および一九〇一年以前の他の出版物における論議は、一部次の著作に基づいている。Camille Flammarion, *La planète Mars et ses conditions d'habitabilité,* vol. I (Paris, 1892), vol. II (Paris, 1909). この詳細な、しかし完全ではない一九〇一年までの火星観測に関する研究は、火星に関する歴史的情報とともに、多くの重要な著作のフランス語版を含んでいる。

★24　火星の命名法については次のもの参照。Jurgen Blünck, *Mars and Its Satellites : A Detailed Commentary on the Nomenclature* (Hicksville, N.Y., 1977); Virginia W. Capen, "History of Martin Nomenclature," *Astronomy,* 3 (April 1975), 20-9.

★25　Flammarion, *Mars,* vol. I,pp.135-6. スキアパレッリがセッキの出版物を知っていたことについては次のもの参照。Schiaparelli, "MEMORIA PRIMA," *Opere,* vol. I, pp.62, 64, 71, 168.

★26　Schiaparelli, *Corrispondenza,* vol. I, p.99.

★27　C.Flammarion, "Mars Inhabited, like Our Own Earth," *Kansas City Review,* 3 (1879-80), 86-90,156-60 : 157.

★28　C.Flammarion, "La planète Mars," *Astronomie,* I (1882), 161-75, 206-16, 256-68.

★29　Schiaparelli, *Corrispondenza,* vol. I, p.12.

★30　Arthur Conan Doyle, *The History of Spiritualim,* vol. II (New York, 1975, 1926年版の復刻), pp.13, 190-2. 匿名による次の著作では、スキアパレッリは秘術の信者で、「エウサピオ・パラディノEusapio Paladinoの超自然的力の信奉者であった」と主張されている。匿名"Communication with Mars," *Independent,* 66 (1909), 1042-3 : 1043. パーシヴァル・ロウエルの死亡記事[*SAFB,* 30 (1916), 422-3 : 423]においてフラマリオンは次

のように述べている。「スキアパレッリのように、また私が知っている他の火星観測者のように……ロウエルも心霊的研究に熱心であった」。

★31 Percival Lowell, *Mars and Its Canals* (New York, 1911), p.27.

★32 Flammarion, *Mars*, vol. I, pp.313-14.

★33 Flammarion, *Mars*, vol. I, p.316.より引用。

★34 N.E.Green, "Observations of Mars, at Mederia, in August and September, 1877," *RASM*, 44 (1877-9), 123-40. この覚え書は実際には一八七九年の九月頃に現れた。次のもの参照。*AR*, 17 (1879), 237.

★35 *Nature*, 18 (May 9, 1878), 55. 背景については次のもの参照。John Burnett, "British Studies of Mars : 1877-1914," *BAAJ*, 89 (1979), 136-43.

★36 *AR*, 16 (May 1878), 122-3.

★37 *AR*, 17 (1879), 15-17. この報告は、スキアパレッリによって観測されたものを指す言葉として「運河 canal」という言葉が、英語系の出版物で頻繁に用いられた最初のものと思われる。

★38 N.E.Green, "On Some Changes in the Markings of Mars, since the Opposition of 1877," *RASMN*, 40 (March 1880), 331-2 : 332.

★39 N.E.Green, "Mars and the Schiaparelli Canals," *Observatory*, 3 (1879), 252.

★40 C.E.Burton, "The Canals of Mars," *AR*, 18 (1880), 116.

★41 N.E.Green, "The 'Canals' of Mars," *AR*, 18 (1880), 138.

★42 C.E.Burton, "Physical Observations of Mars," *Royal Dublin Society Scientific Transactions*, ser. 2, I (1877-83), 151-72 : 170, 挿絵VIII参照。

★43 F.Terby, "The Markings on Mars," *Observatory*, 3 (1880), 416.

★44 T.W.Webb, "Mars," *Nature*, 21 (January 1, 1880), 212-13. この主張はスキアパレッリからテルビへの一八七九年の書簡で裏づけられる。その中でスキアパレッリは彼の目が、「色の微妙な変化に対する非常に繊細な感受性を持っている」ことを認めている。次のもの参照。Schiaparelli, *Corrispondenza*, vol. I, p.28.

★45 Flammarion, *Mars*, vol. I, p.351.

★46 *AR*, 20 (1882), 111.

★47 G.Schiaparelli, "Osservazione sulla topografia del pianeta Marte," *Opere*, vol. I, pp.379-88 : 385; English translation, *PSM*, 24 (December 1883), 249-53.

★48 G.Schiaparelli, "Découvertes nouvelles sur la planète Mars," *Opere*, vol. I, pp.389-94 : 392-3.

★49 R.A.Proctor, "Canals on the Planet Mars," *Times* (London), (April 13, 1882), p.12. 次のものに、プロクターはウェブの書簡と彼自身の書簡を載せている。*Knowledge*, 1 (April 14, 1882), 519.

★50 *Observatory*, 5 (1882), 135-7; *AR*, 20 (1882), 110-11.

★51 C.E.Burton, "Canals of Mars," *AR*, 20 (1882), 142.

★52 F.Terby, "Remarkques à propos des récentes observations de M.Schiaparelli sur la planète Mars," *RASMN*, 42 (1882), 382-3.

★53 A.M.Clerke, *Popular History of Astronomy during the Nineteenth Century* (Edinburgh, 1885), p.324.

★54 モーンダーについては次の死亡記事参照。H.P.H. [H.P.Hollis?] *BAAJ*, 38 (May 1928), 229-33, 165-8; *RASMN*, 89 (February 1929), 313-18; E.M.Antoniadi, *SAFB*, 42 (1928), 240-2; A.C.D.Crommelin, *Observatory*, 51 (May 1928), 157-9; 匿名*Nature*, 121 (April 7, 1928), 545-6.

★55 E.W.Maunder, "The 'Canals' of Mars : A Reply to Mr. Story," *Knowledge*, I, n.s. (may 1904), 87-9 : 87.

★56 George B.Airy, "Physical Observations of Mars, Made at the Royal Observatory, Greenwich," *RASMN*, 38 (1877), 34-6.

★57　E.W.Maunder, "Is Mars Habitable?" *Sunday Magazine,* II,n.s. (1882), 102-4, 170-2 : 172;　"The Red Planet, Mars," *Sunday Magazine,* II, n.s. (1882), 30-3.

★58　E.M.Maunder, "The Conditions of Habitability of a Planet : With Special Reference to the Planet Mars," *Journal of the Transactions of the Victoria Institute,* 44 (1912), 78-94 : 94.

★59　モーンダーの宗教関係については次のもの参照。H.P.H., "Maunder," *BAAJ,* 38 (May 1928), 229-33 : 233.　カトリック使徒教会は小さな、幾分秘密主義的団体である。そこでは、聖霊降臨的、かつキリスト再臨的要素が英国国教会の信条や祈祷と結び付けられていた。次のもの参照。P.E.Shaw, *The Catholic Apostolic Church, Sometimes Called Irvingite* (Morningside Heights, N.Y., 1946).　モーンダーの宗教的関心の強さは、彼が次の著作を発表したという事実、および一九一三年から一九一八年まで、信仰と理性の関係を研究することを使命とする協会ヴィクトリア研究所の所長を務めたという事実から明らかである。Maunder, *The Astronomy of the Bible* (London, 1908).

★60　E.M.Maunder, *Are the Planets Inhabited?* (London, 1913), pp.161-2.

★61　Edmund Ledger, "The Canals of Mars - Are They Real?" *Nineteenth Century,* 53 (1903), 773-85 : 775.　スキアパレッリの一八八六年の観測に関する報告については次のもの参照。*Opere,* vol. II, pp.169-229.

★62　Henri Perrotin, "Observations des canaux de Mars," *Bulletin astronomique,* 3 (July 1886), 324-9.

★63　G.Schiaparelli, *Corrispondenza,* vol.I, p.153.

★64　匿名 "The 'Canals' of Mars," *Nature,* 34 (June 3, 1886), 110; *SAS,* 22 (July 10, 1886), 8774で復刻。

★65　W.F.Denning, "The Physical Appearence of Mars in 1886," *Nature,* 34 (June 3, 1886), 104; *SAS,* 22 (July 10, 1886), 877; *Astronomie,* 5 (September 1886), 321ff; Flammarion, *Mars,* vol. I, pp.387-91 で復刻。最後のものはデニングの四つの図表を含んでいる。

★66　H.C.Wilson, "The Planets," *SM,* 7 (1888), 400-4.　この論文においてウィルスンは一八八六年に三つの運河を観測したと報告している。

★67　匿名"Life in Mars," *Chamber's Journal,* 63 (June 12, 1886), 368-70.　火星人の「巨大な土木工事」に関する話は、疑いなく、この論文が次の雑誌の中で復刻された理由である。*The American Architect and Building News,* 20 (August 7, 1886), 66-7.

★68　Edward S.Holden, "Physical Observations of Mars during the Opposition of 1888, at the Lick Observatory," *AJ,* 8 (September 14, 1888), 97-8 : 98.

★69　H.Perrotin, "Les Canaux de Mars. Nouveaux changements observés sur cette planète," *Astronomie,* 7 (1888), 213-15.

★70　H.Perrotin, "Sur la planète Mars," *CR,* 106 (1888), 1718-19.

★71　フラマリオンは論文"Wonders in Mars," *Littell's Living Age,* 178 (1888), 252-6 : 253で次のように述べている。「洪水は、……私自身ばかりか、ペロタンや……スキアパレッリ氏によって……そして［テ］ルビ氏によっても観測された」。

★72　匿名"The Markings of Mars," *Nature,* 38 (October 18, 1888), 601.　他のものについては次のもの参照。匿名 "Inundations on the Planet Mars," *Chamber's Journal,* 5th ser., 5 (August 25, 1888), 529-31; Garrett P.Serviss, "The Strange Markings on Mars," *PSM,* 35 (1889), 41-56.

★73　G.Schiaparelli, "Ueber die beobachteten Erscheinungen auf der Oberflaeche des Planeten Mars," *Opere,* vol. II, 1-46 : 12-13.　初出は *Himmel und Erde* (1888).

★74　Schiaparelli, *Corrispondenza,* vol. I, p.226.

★75 A.Hall, "The Appearance of Mars, June 1888," *AJ*, 8 (August 14, 1888), 79.

★76 Holden, "Mars ... 1888," p.97, 挿絵II参照。

★77 Simon Newcomb, *Reminiscences of an Astronomer* (London, 1903), pp.143-4.

★78 Holden, "Mars ... 1888," p.98.

★79 C.Flammarion, "Observations de Mars faites à l'observatoire Lick à l'aide de la plus puissante lunette du mond," *Astronomie*, 8 (1889), 180-4 : 180.

★80 Flammarion, *Mars*, vol. I, pp.396-7, 411-12.

★81 C.Flammarion, "Les inondations de la planète Mars," *Astronomie*, 7 (1888), 241-53 : 245.

★82 C.Flammarion, "Les inondations," p.252. 彼はまた次の論文でスキアパレッリを支持している。"Un dernier mot sur la planète Mars," *Astronomie*, 7 (1888), 412-22.

★83 C.Flammarion, "Les fleuves de la planète Mars," *SAFB*, 2 (1888),115-15.

★84 R.A.Proctor, "Note on Mars," *RASMN*, 48 (April 1888), 307-8.

★85 R.A.Proctor, "Maps and Views of Mars," *SAS*, 26 (October 13, 1888), 10659-60; *Knowledge*から復刻。

★86 R.A.Proctor, *Old and New Astronomy*, completed by A.Cowper Ranyard, new ed. (London, 1895), pp.544-7. 水蒸気中の屈折に基づいた運河の二重化に関する同様の説明は、ハレの天文学者フェルディナント・マイゼルによってさらに展開された。F.Meisel, "Essai d'une explication optique du dédoublement des canaux de Mars," *Astronomie*, 8 (1889), 461-4. 批判については次のもの参照。J.Schneider, "Sur l'explication optique de dédoublement des canaux de Mars," *Astronomie*, 9 (1890), 49-50.

★87 W.H.Pickering, "The Physical Aspect of the Planet Mars," *Science*, 12 (August 17, 1888), 82-4.

★88 H.Fizeau, "Sur les Canaux de la planète Mars," *CR*, 106 (1888), 1759-62. この論文に対するジャンサンのコメントについては次のもの参照。C.Flammarion, "Les neiges, les glaces et les eaux de la planète Mars," *CR*, 107 (1888), 19-22.

★89 E.W.Maunder, "The Canals of Mars," *Observatory*, 11 (September 1888), 345-8 : 348.

★90 スキアパレッリのテルビくの書簡(June 8, 1888) , Maunder, "Canals," pp.347-8. より引用。強調は引用者。

★91 E.W.Maunder, *Planets*, p.62.

★92 Sciaparelli, *Corrispondenza*, vol. I, p.210 この書簡の日付は、July 10, 1888.

★93 C.A.Young, "The Planet Mars," *Presbyterian Review*, 10 (1889), 400-14 : 413.

★94 匿名 "Observations de Mars à Washington," *Astronomie*, 9 (1890), 410. この注は多分フラマリオンによって書かれたものと思われるが、それは、これが「本当に興味深いものである」というコメントで終わっている。

★95 Flammarion, *Mars*, vol. I, pp.477-81.

★96 A.S.Williams, "Recent Observations of the Canals and Markings on Mars," *BAAJ*, 1 (November 1890), 82-90 : 88.

★97 E.S.H., J.M.S., and J.E.K., "Note on the Opposition of Mars 1890," *ASPP*, 2 (1890), 299-300. この期間のスキアパレッリとホールデンとの間の書簡、およびリック天文台の観測結果に関するスキアパレッリのコメントが含まれている他の書簡については次のもの参照。G.V.Schiaparelli, *Corrispondenza su Marte* (1890-1900), vol. II (Pisa, 1976).

★98 スキアパレッリの書簡(June 12, 1890), F.Terby, "Nouvelles découvertes sur Mars," *Astronomie,* 9 (1890), 401-10 : 408.

★99 C.Flammarion, "Variations cértaines observées sur la planète Mars," *SAFB* (Supplement), 4 (1890), 105-19. この論文は小さな変更を加えられて、"New Discoveries on the Planet Mars," *Arena,* (1890-1), 275-90. として公刊された。

★100 Flammarion, "New Discoveries," p.286. また、次のもの参照。W.H.Pickering, "Photographs of the Surface of Mars," *SM,* 9 (1890), 254-5;[Flammarion], "Observations de Mars faites par M.William Pickering," *Astronomie,* 9 (1890), 410-11; Flammarion, *Mars,* vol. I, pp.464-5. 最後のものは二つの写真を含んでいる。

★101 Norriss S.Hetherington, "Amateur versus Professional : The British Astronomical Association and Controversy over Canals on Mars," *BAAJ,* 86 (1976), 303-8. また、次のもの参照。P.M.Ryves, "Mars Section," "The History of the British Astronomical Association," *BAAM,* 36, part 2 (December 1948), 86-97.

★102 N.Green, "The Canals of Mars," *BAAJ,* 1 (1890-1), 110-13 : 112; pp.113-14.

★103 A.S.Williams, "The Canals of Mars," *BAAJ,* 1 (March 1891), 314-16.

★104 A.de Boë, "Comment une ligne peut être vue double," *Ciel et Terre,* 12 (1891-2), 223-4. シュロイスナーの書簡pp.257,307-9. F・テルビの書簡p.285参照。また、次のもの参照。*EM* (July 24, August 7, 14, and 21, and September 4, 18, 1891). これらの中で、F.R.A.Sと記されたものはウィリアム・ノウブルである。彼の死亡記事[*MNRAS,* 65 (1905), 342-3]によれば、彼はこのイニシャルを約四〇年間*EM*の中で使用していた。

★105 John Ritchie, Jr., "Our Knowledge of Mars," *SM,* 9 (1890), 450-4 : 454.

★106 Eugene M.Antoniadi, *La planète Mars* (Paris, 1930), p.33. より引用。スキアパレッリはテルビに次のように書いている(January 27, 1895)。一八九〇年代彼は火星観測をほとんどできなかったが、それは特に「弱い光に対する感覚が減衰した」ことによる。「この原因は、一八八二年から一八九〇年に行った太陽近辺での水星観測である。私は、この種の危険な観測を完全に止めた」(Schiaparelli, *Corrispondenza,* vol. II, pp.166-7). 他方、ロウエルには次のように書いている。(November 17, 1896).「私の目は依然比較的いいと信じる理由があります……」。また、彼はテルビ宛てに多くの運河観測の成功について書いている。(November 30, 1896), (Schiaparelli, *Corrispondenza,* vol. II, pp.213, 218-19).

★107 Flammarion, *Mars,* vol. I, p.592.

★108 例えば次の論評参照。William J.S.Lockyer, *Nature,* 47 (April 13, 1893), 553-4; Geoffrey Winterwood, *Good Words,* 34 (1893), 677-85. 著者未確認 *BAAJ,* 3 (1892-3), 48.

★109 Asaph Hall, "Observations of Mars, 1892," *AJ,* 12 (February 8, 1893), 185-8 : 187.

★110 E.S.Holden, "A Correction," *ASPP,* 4 (1892), 193-4.

★111 E.S.Holden, "Note on the Mount Hamilton Observations of Mars, June-August, 1892," *AAP,* 11 (1892), 663-8 : 667; Holden, "Lick Observatory Drawings of Mars, 1892," *ASPP,* 5 (June 1893), 133-4.

★112 E.S.Holden, "What We Really Know about Mars," *Forum,* 14 (November 1892), 359-68 : 368.

★113 E.S.Holden, "Mr.Brett on the Physical Condition of Mars," *ASPP,* 2 (1890), 17-18; *Forum,* 14 (November 1892), 365-6.

★114 J.M.Schaeberle, "Preliminary Note on the Observations of the Surface Features of *Mars* during the Opposition of 1892," *ASPP,* 4

(1892), 196-8.

★115 G.Schiaparelli, "Distribution of Land and Water on *Mars*," *ASPP*, 5 (1893), 169-70; Schaeberle, "Remarks on the Surface Markings of Mars," *ASPP*, 5 (1893), 170-3.

★116 E.E.Barnard, "Preliminary Remarks on the Observations of Mars 1892 ...," *AAP*, 11 (1892), 680-4; 挿絵XXXIV参照。

★117 John Lankford, "A Meeting of Giants : Milan, 1893," *Strolling Astronomer*, 27 (1979), 217-19 : 218-19.より引用。

★118 J.E.Keeler, "Physical Observations of Mars, Made at the Allegheny Observatory in 1892," *RASM*, 51 (1892-5), 45-52; C.A.Young, "Observations of Mars at the Halsted Observatory, Princeton," *AAP*, 11 (1892), 675-8.

★119 ピカリングの電報(September 2, 1892) E.S.Holden, "The Lowell Observatory at Arizona," *ASPP*, 6 (1894), 160-9 : 165.

★120 Holden, "Lowell Observatory," p.166. ピカリングの反応とホールデンの回答については次のもの参照。 *ASPP*, 6 (1894), 221-7. アーレキーパへの派遣におけるピカリングたちの関係については次のもの参照。 Bessie Zaban Jones and Lyle Gifford Boyd, *The Harvard College Observatory* (Cambridge, Mass., 1971), pp.297-312.

★121 匿名"The Opposition of Mars," *BAAJ*, 2 (June 1892), 477.

★122 W.H.Pickering, "Mars," *AAP*, ii (1892), 668-75 : 669, 672. 他の火星に関する論文については次の頁参照。 pp.449-53, 545-68, 632, 849-52.

★123 ピカリングの火星上における緑部分の知覚は、多分心理＝生理学的結果だったであろう。 I・S・シュクロフスキーとカール・セーガンはその著作で次のように述べている。「中立的な色彩部分は、明るい色彩部分に沿って観測される」時、「補色を獲得する傾向がある……」(I.S.Shklovskii and Carl Sagan, *Intelligent Life in the Universe* (New York, 1966), p.273).

★124 G.M.Searle, "Recent Discoveries in Astronomy," *Catholic World*, 57 (May 1893), 164-81 : 165.

★125 E.W.Maunder, "Mars Section," *BAAJ*, 2 (1891-2), 423-7.

★126 E.W.Maunder, "Report of the Mars Section, 1892," *BAAM*, 2 (1895), 157-98 : 162-3.

★127 匿名"The Opposition of Mars," *RASMN*, 53 (February 1893), 281-3.

★128 H.Perrotin, "Observations de la planète Mars," *CR*, 115 (1892), 379-81. W・W・キャンベルは、一八九四年以前の放射について報告し、それらを火星の山からの反射と説明している。 W.W.Campbell, "An Explanation of the Bright Projections Observed on the Terminator of Mars," *ASPP*, 6 (1894), 102-12.

★129 Schiaparelli, *Corrispondenza*, vol. II, pp.66, 97.

★130 Flammarion, *Mars*, vol. II, pp.39, 76.

★131 F.Terby, "Physical Observations of Mars," *AAP*, 11 (1892), 478-80 : 478, 555-7.

★132 キングズミルについては次のもの参照。 *Nature*, 47 (December 8, 1892), 133; *PSM*, 43 (1893), 281-2. ピールについては次のもの参照。 *BAAJ*, 3 (1892-3), 223-4; *Canadian Magazine*, 1 (1893), 202-5; *Science*, 21 (May 5, 1893), 242-3.

★133 Hiram M.Stanley, "On the Interpretation of the Markings on Mars," *Science*, 20 (October 21, 1892), 235; Henry W.Parker, "Origins of the Lines of Mars," *Science*, 20 (November 18, 1892), 282-4; C.B.Warring, "The Gemination of the Lines in Mars," *Science*, 20 (September 23,1892), 177-8, with commentary by W.J.Hussey, *Science*, 20 (October 21, 1892), 235.

★134　S.Meunier, “Cause possible de la gémination des canaux de Mars; imitation expérimentale du phénomène,” *CR*, 115 (1892), 678-80, 901-2.　外国の報告については次のもの参照。*Nature*, 47 (1982), 62, 133; *SAS*, 35 (March 25, 1893), 14361-2.

★135　E.W.Maunder, “The Climate of Mars,” *Knowledge*, 15 (September 1, 1892), 167-9.

★136　J.N.Lockyer, “The Opposition of Mars,” *Nature*, 46 (September 8, 1892), 443-8.

★137　R.S.Ball, “Mars,” *ASPP*, 5 (1893), 23-36.　この論考が最初に現れたのは次のものであった。*Goldthwaite's Geographical Magazine* (1892)さらに *Annual Report of the Smithsonian Institution for 1900* (Washington, 1901), pp.157-66で復刻。

★138　匿名“The Planet Mars,” *Review of Reviews*, 6 (1892-3), 196-7.より引用。

★139　E.M.Clerke, “The Planet Mars,” *The Month*, 76 (1892), 185-99 : 199; W.J.Baker, “Do People Live on the Planet Mars?” *Chatauquan*, 17 (1893), 443-8.

★140　G.Schiaparelli, “Il pianeta Marte,” *Opere*, vol. II, pp.47-74.　ピカリングの訳の最初は次のものにおいてである。*AAP*, 13 (1894), 635-40, 714-23; *Smithsonian Institution Annual Report* (1894)で復刻。さらに要約を付したものが*SA*と*Nature* (1899)で復刻。ロシア語訳は*AAP*版からなされた。

★141　A.C.Raynardのコメント参照。　*Knowledge*, 15 (October 1, 1892), 193.

★142　Paul W.Merrill, “William Wallace Campbell,” *RASMN*, 99 (1938-9), 317-21 : 321.　また、次のもの参照。ロバート・G・エイトケンによる死亡記事, *ASPP*, 50 (1938), 204-9. W・H・ライトによる伝記と文献 *National Academy of Sciences Biographical Memoirs*, 25 (1949), 35-74.

★143　Maunder, “Climate,” p.168.

★144　W.W.Campbell, “The Spectrum of Mars,” *ASPP*, 6 (1894), 228-36 : 230-1.　この問題の歴史については次のもの参照。Campbell, ”A Review of the Spectroscopic Observation of Mars,” *ApJ*, 2 (1895), 28-44; “A Review of the Spectroscopic Observations of Mars,” *Lick Observatory Bulletin*, 5, no. 169 (1909), 156-64; David H.DeVorkin, “W.W.Campbell's Spectroscopic Study of the Martian Atmosphere,” *Royal Astronomical Society Quarterly Journal*, 18 (1977), 37-53.

★145　Campbell, “Review,”　(*ApJ*), p.28.

★146　Henry H.Bates, “The Chemical Constitution of Mars' Atmosphere,” *ASPP*, 6 (1894), 300-2; W.W.Campbell, “Concerning an Atmosphere on Mars,” *ASPP*, 6 (1894), 273-83.

★147　E.S.Holden, “The Latest News of Mars,” *North American Review*, 160 (1895), 636-8 : 638.

★148　William Huggins, “Note on the Spectrum of Mars,” *AAP*, 13 (November 1894), 771.

★149　W.Huggins, “The Spectrum of Mars,” *AAP*, 13 (December 1894), 860; W.W.Campbell, “On Selecting Suitable Nights for Observing Planetary Spectra,” *AAP*, 13 (December 1894), 860-1; W.Huggins, “Note on the Atmospheric Bands in the Spectrum of Mars,” *ApJ*, 1 (March 1895), 193-5.　また、pp.207-9.も参照。

★150　J.Janssen, “Sur la présence de la vapeur d'eau dans l'atmosphere de la planète Mars,” *CR*, 121 (1895), 233-7.

★151　H.C.Vogel, “Recent Researches on the Spectra of the Planets. I,” *ApJ*, 1 (1895), 196-209; Lewis E. Jewell, “The Spectrum of Mars,” *ApJ*, 1 (1895), 311-17.

★152 *Martha's Vineyard Herald,* August 25, 1894; "The Latest News about Mars," *PA,* 2 (October 1894), 92で復刻。

★153 DeVorkin, "Campbell," pp.40-1.

★154 Hector Macpherson, *Astronomers of To-Day* (London, 1895), p.195.

★155 B.E.Cammell, "Report of the Section for the Observation of Mars," *BAAM,* 4 (1896), 107-37 : 111. ナサニエル・グリーンは、キャメルによる膨大な報告からこの報告を要約した。(p.137).

★156 E.W.Maunder, "The Canals of Mars," *Knowledge,* 17 (November 1, 1894), 249-52 : 250.

★157 E.W.Maunder, "The 'Canals' of Mars," *Scientia,* 7 (1910), 253-69 : 263.

★158 E.W.Maunder, "The 'Eye' of Mars," *Knowledge,* 18 (March 1, 1895), 54-9 : 56.

★159 J.Orr, "The Nature of 'Canals' of Mars," *BAAJ,* 5 (1895), 209, 討論 (pp.209-10)。 オアに関する情報は稀である。前述の出版物において確定されたオア氏も、運河の視覚理論を一九〇一年に*Knowledge,* 24 (February 1, 1901), 38-9で提示したM・M・オア女史であったかもしれない。

★160 ロウエルの完全な伝記はWilliam Graves Hoyt, *Lowell and Mars* (Tucson, 1976).である。若干の点で意見を異にするが、私がこの細心な研究者に負っていることは何等曖昧にされる必要はない。彼は、ロウエル研究のために次の著作も出版している。*Planets X and Pluto* (Tucson, 1980); *Early Correspondence of the Lowell Observatory* 1894-1916 (Flagstaff, 1973) (microfilmed). 他の伝記については次のもの参照。Louise Leonard, *Percival Lowell : An Afterglow* (Boston, 1921); A.Lawrence Lowell, *Biography of Percival Lowell* (New York, 1935); Ferris Greenslet, *The Lowells and Their Seven Worlds* (Boston, 1946), pp.345-67.

★161 A.L.Lowell, *Lowell,* p.60. 参照。ウィリアム・シーハンは私に、この説明がスキアパレッリのアントニアディ宛て書簡 (1909)と矛盾することを指摘した。この書簡の中で、スキアパレッリは一八九〇年代後半からの弱った視力に関する彼の認識を記録している。次のもの参照。E.M.Antoniadi, *La planète Mars* (Paris, 1930), p.33. また、この章の注106参照。

★162 C.Flammarion, "Recent Observations of Mars," *SA,* 74 (February 29, 1896), 133-4 : 133 (*L'illustration*からの翻訳)より引用。また C.Flammarion, "Percival Lowell," *SAFB,* 30 (1916), 422-3 : 423.も参照。

★163 A.L.Lowell, *Lowell,* p.60.

★164 Charles K.Hofling, "Percival Lowell and the Canals of Mars," *British Journal of Medical Psychology,* 37 (1964), 33-42 : 42.

★165 この情報は、ロウエル天文台のW・G・ホイトによって私に豊富にもたらされた。また、ロウエルはプロクターの次の著作にも負っている。Proctor, *Essays on Astronomy* (1872 ed.); *Myths and Marvels of Astronomy* (1877 ed.); *Poetry of Astronomy* (1881 ed.).

★166 Hoyt, *Lowell,* pp.23-6.

★167 Bessie Zaban Jones and Lyle Gifford Boyd, *The Harvard College Observatory : The First Four Directorships, 1839-1919* (Cambridge, Mass., 1971), p.473より引用。また pp.325-31.も参照。

★168 ダグラスについては次のもの参照。George E.Webb, *Three Rings and Telescopes : The Scientific Career of A.E.Douglass* (Tucson, 1983).

★169 P.Lowell, "The Lowell Observatory," *Boston Commonwealth* (May 26, 1894), 3-4 : 3.

★170 E.S.Holden, "The Lowell Observatory, in Arizona," *ASPP,* 6 (June 1984), 160-9 : 160, 162, 165.

★171 P.Lowell, *Mars* (Boston, 1895), p.v.

★172 この時期の三つの天文台による毎日の運河観測については次のもの

参照。*ALO,* 1 (1898), 101-85.

★173 Lowell, Mars, pp.145-8, 219-20; Hoyt, *Lowell and Mars,* p.63.

★174 Hoyt, *Lowell and Mars,* pp.68-9.

★175 A.E.Douglass, "Canals in the Dark Regions and Terminator Observations," *ALO,* 1 (1898), 253-375, 特にpp.253-8参照。ロウエルはこれらの観測を彼の初期の論文において発表するのを躊躇したように思われる。しかし、暗い地域の運河は、彼の*Mars* (December 1895)の中で容認されている。

★176 W.H.Pickering, "The Seas of Mars," *AAP,* 13 (1894), 553-6 : 554.

★177 Lowell, *Mars,* p.52. ホイトは、ロウエルが後にこれを一二分の一に修正したと述べている。(Hoyt, *Lowell and Mars,* p.74). 現在は、それより一五倍低い。

★178 Lowell, *Mars,* pp.60-75 W.W.Campbell, "An Explanation of the Bright Projections Observed on the Terminator of Mars," *ASPP,* 6 (1894), 103-12.

★179 Hoyt, *Lowell and Mars,* p.89.

★180 Lowell, *Mars,* pp.205-9.

★181 Svante Arrhenius, *The Destinies of the Stars,* trans. J.E.Fries (New York, 1918), p.226.

★182 Wells, *War of the Worlds*とLasswitz, *Auf zwei Planeten*は共に一八九七年に現れた。続いて、ロウエルに献じられたWick, *To Mars via the Moon*は一九一一年に現れ、一九一二年にはBurrough, "Under the Moons of Mars"が現れた。詳細については次のもの参照。Mark R.Hillegas, "The First Invasion from Mars," *Michigan Alumnus Quarterly Review,* 66 (Winter 1960), 107-12; "Martian and Mythmaker : 1877-1938," *Challenges in American Culture,* ed. Ray B.Browner et al. (Bowling Green, Ohio, 1970), pp.159-77; "Victorian 'Extraterrestrials,' " *The Worlds of Victorian Fiction,* ed. Jenome Buckley (Cambridge, Mass., 1975), pp.391-414; Roger Lancelyn Green, *Into Other Worlds* (London, 1958),ch. 9,10; William B.Johnson and Thomas D.Clareson, "The Interplay of Science and Fiction : The Canals of Mars," *Extrapolation,* 5 (May 1964), 37-48.

★183 P.Lowell, "Mars," *AAP,* 13 (1894), 538-53, 645-50, 740, 814-21; *PA,* 2 (1894-5), 1-8, 52-6, 97-100, 154-60, 255-61, 343-8 ; *Atlantic Monthly,* 75 (1895), 594-603, 749-58; 76 (1895), 106-19, 223-35.

★184 E.E.Hale, "Latest News from *Mars,*" *ASPP,* 7 (1895), 116-18 : 117; *SA* (March 2, 1895)からの復刻。これはまた、*Boston Commonwealth*からの復刻。

★185 Hoyt, *Lowell and Mars,* p.97.より引用。

★186 W.W.Campbell, "[Review of] Mars. by Percival Lowell," *Science,* n.s., 4 (August 21, 1896), 231-8 : 232; *ASPP,* 8 (1896), 207-20で復刻。

★187 Hoyt, *Lowell and Mars,* p.90.より引用。

★188 E.E.Barnard, "Micrometrical Measures of the Ball and Ring System of the Planet Saturn ... ," *RASMN,* 56 (January 1896), 163-72 : 166-7.

★189 A.E.Douglass, "The Lick Review of 'Mars,' " *Science,* n.s., 4 (September 11, 1896), 358-9. キャンベルの反応については次のもの参照。Campbell, "Mr.Lowell's Book on 'Mars,' " *Science,* n.s., 4 (September 25, 1896), 455-6; Hoyt, *Lowell and Mars,* pp.91-3.

★190 A.E,Douglass, "The Lick Review of 'Mars,' " *PA,* 4 (October 1896), 199-201.

★191 William W.Payne, "The Planet Mars," *PA,* 3 (1896), 345-8, 385-90.

★192 Helen Wright, *Explorer of the Universe : A Biography of George Elley Hale* (New York, 1966), p.116.

★193 G.E.Hale, "The Aim of the Yerkes Observatory," *ApJ*, 6 (November 1897), 310-21 : 320-1. 私は、この指摘や他の点において、一九八〇年にハーヴァード大学に提出された次の論文に負っている。Nancy E.Gittleson, "The War of the Worlds : Percival Lowell and His Critics".

★194 Simon Newcomb, "The Problem of Astronomy," *Science*, n.s., 5 (May 21, 1897), 777-85 : 784.

★195 C.A.Young, "Is Mars Inhabited?" *ASPP*, 8 (1896), 306-13 : 306.

★196 G.P.Serviss, "Facts and Fancies about Mars," *Haper's Weekly*, 40 (September 19, 1896), 926.

★197 T.J.J.See, "The Red Planet Mars," *Dial*, 21 (July 16, 1896), 42-3.

★198 William J.S.Lockyer, "Mars as Seen at the Opposition in 1894," *Nature*, 54 (October 29, 1896), 625-7.

★199 [Agnes Clerke], "New Views about Mars," *Edinburgh Review*, 184 (1896), 368-85 : 368,370. クラークの著述活動については次のもの参照。Alfred Russel Wallace, *Is Mars Habitable?* (London, 1907), p.21.

★200 匿名"The 'Edinburgh Review' on Mars," *Spectator* in *Littell's Living Age*, 211 (1896), 732-5 : 734から復刻。

★201 C.Flammarion, "La planète Mars," *Astronomie*, 13 (September 1894), 321-9 : 328.

★202 C.Flammarion, "The Circulation of Water in the Atmosphere of Mars," *Knowledge*, 18 (April 1, 1895), 73-5 : 74; *SAS*, 39 (April 27, 1895), 16112で復刻。

★203 C.Flammarion, "La Circulation de l'eau dans l'atmosphere de Mars," *SAFB*, 9 (1895), 169-76.

★204 A.L.Lowell, *Lowell*, p.93.より引用。

★205 C.Flammarion, "Recent Observations of Mars," *SA*, 74 (February 29, 1896), 133-4.

★206 C.Flammarion, "Mars and Its Inhabitants," *North American Review*, 162 (May 1896), 546-57 : 551, 556.

★207 Hoyt, *Lowell and Mars*, p.79 フラマリオンは「火星の親しい友人」として紹介されている。(Hoyt, *Lowell and Mars*, p.329).

★208 G.Schiaparelli, "La vie sur la planète Mars," *SAFB*, 12 (1898), 423-9. イタリア語の原本については次のもの参照。Schiaparelli, *Opere*, vol. II, pp.81-95. 以下のコメントは、フランス語版による。

★209 Hoyt, *Lowell and Mars*, p.289. 火星が置かれた政治的状況については次のもの参照。Hoyt, pp.288-90; Norriss S.Hetherington, "Lowell's Theory of Life on Mars," *Astronomical Society of the Pacific Leaflet*, no.409 (March 1971).

★210 Schiaparelli, "Vie," p.429. ヒッポグリフとは神話上の翼を持った馬。

★211 フラマリオンの Schiaparelli, "Vie," p.429 より引用。フラマリオンの次の翻訳は興味深い。「年に二回(一)嘘をつくことは許される」。

★212 M.W.Meyer, "Die Weltbild des Mars, wie es sich nach den Beobachtungen von 1892 und 1894 darstellt," *Himmel und Erde*, 8 (1896), 15-40. 三年前にMeyerは他にも大きな火星研究書を出版している。 "Die physische Beschaffenheit des Planeten Mars nach dem Zeugniss seiner hervorragendsten Beobachter," *Himmel und Erde*, 5 (1893), 410-26, 461-72, 505-15, 553-64.

★213 Schiaparelli, *Corrispondenza*, vol. II, p.137.

★214 Schiaparelli, *Corrispondenza*, vol. II, p.192, p.259.

★215 Schiaparelli, *Corrispondenza*, vol. II, pp.299-300,313. 二重化が大気によるという一八九二年の提案についてはp.72参照。

★216 Michael Heim, *Spiridion Gopčević : Leben und Werk* (Wiesbaden, 1966) 特にch.11参照。Joseph Ashbrook, "The Curious Career of Leo Brenner," *Sky and Telescope*, 56 (December 1978), 515-16.

★217 Leo Brenner, "Charts of Mars," *BAAJ*, 4 (1984), 439.

★218 Leo Brenner, *Spaziergange durch das Himmelszelt* (Leipzig, 1898), p.144.

★219 Heim, *Gopčević*, p.133.

★220 Heim, *Gopčević*, p.2-3.

★221 S.P.Leland, *World Making* (Chicago, 1895), pp.68-9. 第一七版(1906)の表紙には、Emeritus Professor of Astronomy… in Charles City Collegeと記されている。

★222 P.Lowell, "Detection of Venus' Rotation Period and of the Fundamental Physical Features of the Planet's Surface," *PA*, 4 (December 1896), 281-6 : 282, 284.

★223 Hoyt, *Lowell and Mars*, p.110. 即座に次の二論文がこれを支持した。A.E.Douglass, "The Markings of Venus," *RASMN*, 58 (1898), 382-5; T.J.J.See, "The Study of Planetary Detail," *PA*, 4 (1897), 550-5.

★224 S.Maitland Baird Gemmill, "The Martian Canals," *EM*, 67 (May 27, 1898), 333-4. この論争については、一八九八年の*EM*誌上無数の論文参照。また、次のもの参照。E.M.Antoniadi, "Notes on the Rotation Period of Venus," *RASMN*, 58 (1898), 313-20.

★225 P.Lowell, "The Markings on Venus," *AN*, 160 (1902), 129-32. ロウエルの後の考えについては次のもの参照。Hoyt, *Lowell and Mars*, pp.118-21.

★226 A.E.Douglass, "Observations of Mars in 1896 and 1897," *ALO*, 2 (1900), 441.

★227 Hoyt, *Lowell and Mars*, p.124.より引用。

★228 George E.Webb, *Three Rings and Telescopes : The Scientific Career of A.E.Douglass* (Tucson, 1983), p.49.より引用。

★229 A.E.Douglass, "Illusions of Vision and the Canals of Mars,"; *PSM*, 70 (1907), 464-74; "Is Mars Inhabited?" *Harvard Illustrated Magazine*, 8 (March 1907), 116-18.

★230 E.M.Antoniadi, "La vie dans l'univers," *SAFB*, 52 (1938), 1-14.

★231 次のもの参照。Fernand Baldetによるアントニアディの死亡記事 *SAFB*, 58 (1944)また P.M.R. [R.M.Ryves?]による *BAAJ*, 55 (September 1945), 163-5.

★232 次の二つの論文を比較。E.M.Antoniadi, "Mars Section (First Preliminary Report)," *BAAJ*, 7 (1896), 54-5; "Report of the Mars Section, 1896," *BAAM*, 6 (1898), 55-102 : 65.

★233 E.M.Antoniadi, "The Hourglass Sea on Mars," *Knowledge*, 20 (July 1, 1897), 169-72 : 172.

★234 E.M.Antoniadi, "On the Optical Character of Gemination," *BAAJ*, 8 (1898), 176-8 : 178.

★235 優先論争については次のもの参照。Henry Dierckx, *EM*, 67 (1898), 129, 197, 245-6, 311, 362. アントニアディの反応については次のもの参照。pp.175, 219-20, 333; Flammarion, *Mars*, vol.II, 406-24.

★236 E.M.Antoniadi, "Further Considerations on Gemination," *BAAJ*, 8 (1898), 308-10 : 310.

★237 E.M.Antoniadi, "L'origine optique des géminations de Mars," *SAFB*, 12 (1898), 170-5. 同巻pp.256, 313-15参照。さらにアントニアディの議論およびスキアパレッリの反応についてはpp.312-13参照。モローについてはp.256, 315-23参照。特に次のもの参照。Abbé Moreux, "Vues nouvelles sur la planète Mars," *Revue de questions scientifiques*, 44 (1898), 460-87; Antoniadi, "On Some Subjective Phenomena (Observed on the Martian Canals)," *BAAJ*, 9 (1899), 269-70. ピカリングについては次のもの参照。W.H.Pickering, "Visual Observations of the Moon and Planets," *Annals of the Astronomical Observatory of Harvard College*, 32, pt. II (1900), 155. ウィリアムズとの論争については次のもの参照。A.S.Williams, "Notes on Mars in 1899," *Observatory*, 12 (1899), 226-9; "Considerations on the Double Canals of Mars," *BAAJ*, 10 (1900), 115-29 それぞれの著者については次のもの参照。Antoniadi, *BAAJ*, 10 (1990), 120-1, 305-6; *BAAJ*, 11 (1900), 26-30; Williams, *BAAJ*, 10 (1900), 211-13, 323-6; *BAAJ*, 11 (1900), 114-15; Holmes, *BAAJ*, 10 (1900), 300-3.

★238 E.M.Antoniadi, "Report of the Mars Section, 1898-1899," *BAAM*, 20 (1901), 25-92 : 45.

★239 Williams, "Notes," p.228.

★240 A.S.Williams, "On the Double Canals of Mars," *BAAJ*, 10 (1900), 323-6 : 324.

★241 Antoniadi, "Report, 1896," *BAAM*, p.62.より引用。

★242 Antoniadi, "Report, 1898-1899," *BAAM*, pp.71, 105.

★243 チェルッリの伝記および文献については次のもの参照。Mentore Maggini, "Vincenzo Cerulli," *Memoire dela società astronomica Italiana*, 4 (1927), 171-87.

★244 V.Cerulli, "Les canaux de Mars et les canaux de la lune," *SAFB*, 12 (June 1898), 270-1; "Mascanäle und Mondcanäle," *AN*, 146 (1898), 155-8.

★245 V.Cerulli, *Marte nel* 1896-97 (Collurania, Italy 1898), p.105.

★246 Cerulli, *Marte*, p.115.

★247 E.M.Antoniadi,"Mars Section. Sixth Interim Report for 1909... ," *BAAJ*, 20 (January 1910), 189-92 : 190.

★248 Schiaparelli, *Corrispondenza*, vol.II, p.307. チェルッリに関するスキアパレッリのコメントについてはpp.285, 316-17. 参照。ロウエルについてはpp.206, 286-7, 297, 317. 参照。

★249 スキアパレッリの一八九九年の論評については次のもの参照。*Opere*, vol. II, pp.231-44. フラマリオンの月の図面については次のもの参照。*SAFB*, 14 (1900), 45-50, 93-8, 140-5, 183-8, 227-33, 275-83, 339, 498-506; Flammarion, *Mars*, vol. II, pp.313-37, 460-9.

★250 M.A.Orr, "The Canals of Mars," *Knowledge*, 24 (February 1, 1901), 38-9; *SAS*, 51 (March 20, 1901), 21108-9と*Smithsonian Institution Annual Report for 1900* (1901), 166-9で復刻。

★251 G.Millochau, "Observations de Mars en 1901," *SAFB*, 15 (1901), 437-8 : 438.

★252 J.Comas Solà, "Observations de Mars en 1901," *SAFB*, 15 (1901), 122-7 : 123; A.Müller, "Die Physiologie in der Astronomie," *Die Kultur : Zeitschrift für Wissenschaft, Literatur, und Kunst*, 2 (1901), 280-93 : 287.

★253 E.M.Antoniadi, "Report of the Mars Section, 1900-1901," *BAAM*, 11 (1903), 85-142 : 89.より引用。

★254 W.W.Campbell, "Recent Observations of the Spectrum of Mars," *ASPP*, 9 (April 1897), 109-12 : 111.

★255 J.E.Keeler, "Spectrographic Observations of Mars in 1896-7," *ApJ*, 5 (1897), 328-31.

★256 E.I.Yowell, "Is Aqueous Vapor Present on Mars?" *PA*, 7 (1899), 237-42.

★257 G.J.Stoney, "Of Atmospheres upon Planets and Satellites," *Royal Dublin Society Scientific Transactions*, 6 (1898), 305-28 : 307. 特にpp.306-7, 302-2参照。この論文については次のもの参照。Kenneth R.Lang and Owen Gingerich (eds.), *A Source Book in Astronomy and*

Astrophysics, 1900-1975 (Cambridge, Mass., 1979), pp.88-9.

★258 クックの主張については次のもの参照。C.R.Cook, "On the Escape of Gases from Planetary Atmospheres According to the Kinetic Theory," *ApJ*, 11 (1900), 36-43. ブライアンについては次のもの参照。G.H.Bryan, "The Kinetic Theory of Planetary Atmospheres," *Royal Society of London Philosophical Transactions, 196A* (1901), 1-24. ストーニの反応については次のもの参照。Stoney, "On the Escape of Gases from Planetary Atmospheres According to the Kinetic Theory," *ApJ*, 11 (1900), 251-8, 357-72; "Note on Inquires as to the Escape of Gases from Atmospheres," *Royal Society of London Proceedings*, 67 (1900), 286-91; *Nature*, 61 (1900), 501, 515; 62 (1900), 54, 78, 126, 189.

★259 H.Perrotin, "Sur la planète Mars," *CR*, 124 (1897), 340-6.

★260 E.Holmes, "The Canals of Mars," *BAAJ*, 10 (1900), 300-4 : 303.

★261 Leo Brenner, "Work of the Manora Observatory in 1897," *EM*, 67 (March 4, 1898), 60-1.

★262 Leo Brenner, "On the Canals of Mars," *Observatory*, 21 (1898), 296-9.

★263 Leo Brenner, "On the Impossibility of the Martian Hypothesis of Mr.Lowell," *BAAJ*, 9 (1898), 72-5; "Les canaux de Mars," *SAFB*, 13 (1899), 25-33;　R.du Ligondés and Théophile Moreux, "Les canaux de Mars et l'hypothèse de M.Brenner," *SAFB*, 13 (1899), 174-7; W.H.Pickering, "Les canaux de Mars," *SAFB*, 13 (1899), 170-3; W.W.Payne, "Current Astronomy," *PA*, 6 (September 1898), 359-8. ブレナーの反応については次のもの参照。Brenner, "Meine Mars-Hypothese und ihre Gegner," *Astronomische Rundschau*, 2 (1900), 207-12, 234-41.

★264 J.Joly, "On the Origin of the Canals," *Royal Dublin Society Scientific Transactions*, ser. 2 (1898), 249-68. テオパーベルグについては次のもの参照。Teoperberg, "The Canals of Mars," *Nature*, 55 (January 21, 1897), 280; T.Moreux, "Note on the Physical Constitution of Mars," *BAAJ*, 8 (1898), 278-9.

★265 Antoniadi, *Mars*, p.33.より引用。

★266 José Comas Solà, "Quelques considérations sur la planète Mars," *SAFB*, 24 (1910), 36-7 : 37.

★267 Wells Alan Webb, *Mars, the New Frontier : Lowell's Hypothesis* (San Francisco, 1956), pp.60-1.

★268 Hector Macpherson, "The Problem of Mars," *PA*, 29 (1921), 129-37 : 133.より引用。

★269 C.Flammarion, "Are the Planets Inhabited?" *Harper's Magazine*, 109 (1904), 840-5 : 840.

★270 C.T.Whitmell, の手紙参照。 *EM*, 78 (August 14, 1904), 12.

★271 E.M.Antoniadi, "Recent Observations of Mars," *Knowledge*, 25 (April 1902), 81-4 : 83. アントニアディの"Canaliform illision"という言葉の最初の使用は、次のものにおいてであろう。"Martian Gemination," *EM*, 67 (July 8, 1898), 474.

★272 B.W.Lane, "The Canals of Mars," *Knowledge*, 25 (November 1, 1902), 250-1. またp.276参照。モーンダーの注についてはp.251.参照。

★273 J.E.Evans and E.W.Maunder, "Experiments as to the Actuality of the 'Canals' Observed on Mars," *RASMN*, 63 (June 1903), 488-99 : 497.

★274 E.W.Maunder and Annie S.D.Maunder, "Some Experiments on the Limits of Vision for Lines and Spots as Applicable to the Question of the Actuality of the Canals of Mars," *BAAJ*, 13 (1903), 344-51.

★275 Norriss S.Hetherington, "Amateur versus Professional : The British Astronomical Association and the Controversy over Canals on

Mars," *BAAJ*, 86 (1976), 303-8.

★276 ニューカムは、次の著作の中で「惑星上の点から点に長く延びる縞……」を認め、「それらの幅は何百マイルであるに違いない」と述べている。"Are Other Worlds Inhabited?" *Youth's Companion*, 76 (December 11, 1902), 639-40 : 639.

★277 R.A.S.の論議については次のもの参照。*EM*, 77 (June 19, 1903), 407. B.A.A.の論議については次のもの参照。*BAAJ*, 13 (1903), 333-8.

★278 E.W.Maunder, "A New Chart of Mars," *Observatory*, 26 (1903), 351-6 : 351, 353.

★279 E.W.Maunder, "The Canals of Mars," *Knowledge*, 26 (November 1903), 249-51 : 251.

★280 E.Ledger, "The Canals of Mars - Are They Real?" *Nineteenth Century*, 53 (May 1903), 773-85 : 784-5.

★281 E.M.Antoniadi, "Mars," *EM*, 77 (July 31, 1903), 544-5.

★282 アントニアディの一九〇三年の考えについては次のもの参照。Antoniadi, "Considerations on the Planet Mars," *Knowledge*, 26 (November 1903), 246-9; "On the Instrumentality of Contrast in 'Duplicating' the Spots of Mars," *AN*, 164 (1903), 63-4; *EM*, 77 (1903), 8, 79, 212-13, 504-5, 544-5; 78 (1903), 266-7, 285-6, 312-3, 377. また、錯覚理論は*EM*誌上で多くの他の著述家によって議論された。

★283 Antoniadi, "Considerations," p.246.

★284 E.M.Antoniadi, "Report of the Mars Section, 1900-1901," *BAAM*, 11 (1903), 85-142 : 137, 挿絵VIII参照。

★285 Antoniadi, "Report, 1900-1901," p.89. より引用。一九〇四年モレスワースは運河問題の完全な分析を出版した。その中で彼は、レイン、レジャー、そしてアントニアディを支持した。次のもの参照。Molesworth, "The Markings on Mars : A Plea for Moderate Views," *Monthly Review*, 17 (1904), 46-60.

★286 匿名 "The Study of Mars," *PA*, II (1903), 409-10.

★287 レインの実験は次の匿名論文で議論された。匿名 "Are Martian Canals a Myth?," *Current Literature*, 34 (1903), 79-80; *New York Mail and Express*からの復刻。レジャーの論文は、部分的に次の論文で復刻された。匿名,"Evidence of Life on Mars," *Current Literature*, 35 (1903), 67-71; Ledger, "The Canals of Mars," *SAS*, 55 (June 27, 1903), 22983-4. モーンダーの一九〇三年の*Knowledge*誌上の論文は、次のものに抜粋されている。"Are the Canals of Mars Illusions?", *SA*, 90 (March 12, 1904), 219. また、次のもの参照。W.W.Payne, "The 'Canals' of Mars," *PA*, 12 (1904), 365-75. これは、モーンダーの次の論文を含んでいる。Maunder, "The Canals of Mars : A Reply to Mr.Story," *Knowledge*, n.s., 1 (1904), 87-9. ピカリングはモーンダーを部分的に支持する次の二つの論文を出版した。"Recent Studies of the Martian and Lunar Canals," *PA*, 12 (1904), 77-80; "An Explanation of the Martian and Lunar Canals," *PA*, 12 (1904), 439-42.

★288 P.Lowell, "Double Canals and the Separative Powers of Glasses," *PA*, 12 (1904), 575-9; "Experiments on the Visibility of Fine Lines in Its Bearing on the Breadth of the 'Canals' of Mars," *Lowell Observatory Bulletin*, no.2 (1903), 1-2; ロウエルのモーンダー宛て書簡、*Observatory*, 27 (January 1904), 49.

★289 ロシアとドイツにおける論文については、次のものの一九〇三年から一九〇四年の火星文献を参照。*Astronomische Jahresbericht*, 5 and 6 (1904 and 1905). また、次のもの参照。J.E.Evans and E.W.Maunder, "Expériences contre la réalité des canaux de Mars," *SAFB*, 19 (1905), 274-83. フラマリオンの注についてはP.283. 参照。

★290 P.Lowell, *Mars and Its Canals* (New York, 1911, 1906年版の復

刻), p.202.

★291　V.Cerulli, "L'image de Mars," *SAFB,* 19 (1905), 352-8 : 353.

★292　*BAAJ,* 13 (1903), 338. より引用。

★293　匿名 "Canals of Mars Photographed," *SA,* 93 (August 5, 1905), 107.　クロンメリンについては次のもの参照。Hoyt, *Lowell and Mars,* pp.184-5.

★294　ロウエルの著作の中でも次のもの参照。"First Photographs of the Canals of Mars," *Royal Society of London Proceedings,* 77A (1906), 132-5. スキアパレッリの言明については次のもの参照。P.Lowell, *Mars as the Abode of Life* (New York, 1908), p.155.　ウィックスの言明については次のもの参照。Wicks, "The 'Canals' of Mars - The End of a Great Delusion," *EM,* 82 (November 3, 1905), 298.

★295　P.Lowell, *Mars and Its Canals,* p.277.

★296　D.P.Todd, "The Lowell Expedition to the Andes," *PA,* 15 (1907), 551-3 : 552; "Professor Todd's Own Story of the Mars Expedition," *Cosmopolitan Magazine,* 44 (March 1908), 343-51 : 349.

★297　匿名 "The Newsletter," *Sphere,* 30 (September 14, 1907), 237. また、次のもの参照。Frank Edward Cane, "The Lowell Photograhs of Mars," *EM,* 86 (September 20, 1907), 149.

★298　次のもの参照。Walter H.Wesley, "Photographs of Mars," *Observatory,* 28 (1905), 314-15;　E.M.Antoniadi, "Note on Photographic Images of Mars Taken in 1907 by Professor Lowell," *RASMN,* 69 (December 1908), 110-14.　匿名,"The Question of Life on Mars," *Edinburgh Review,* 208 (1908), 74-94, 90-2.

★299　E・W・モーンダーが最初にロウエルの報告を受け入れた。Maunder, "Progress of Astronomy in 1906," *PA,* 15 (January 1907), 1-12 : 5.　この中でモーンダーは、「ロウエルのすばらしい火星の運河写真」と述べている。

★300　Alfred Russel Wallace, *Is Mars Habitable?* (London, 1907), p.37.

★301　V.M.Slipher, "The Spectrum of Mars," *ApJ,* 28 (1908), 397-404; W.W.Campbell, "The Spectrum of Mars as Observed by the Crocker Expedition to Mt.Whitney," *Lick Observatory Bulletin,* no. 169 (1909).　スライファーについては次のもの参照。W.G.Hoyt, "Vesto Melvin Slipher," *National Academy of Sciences Biographical Memoirs,* 52 (1980), 410-49.

★302　Hoyt, *Lowell and Mars,* pp.127-50 : 142-3; David H.Devorkin, "W.W.Campbell's Spectroscopic Study of the Martian Atmosphere," *Royal Astronomical Society Quarterly Journal,* 18 (1977), 37-53 : 43.

★303　Hoyt, "Slipher," p.432　ヴェリイについては次のもの参照。*National Union Catalog.*　この中でヴェリイは、三冊のスヴェーデンボリ派の冊子の著者として紹介されている。次のもの参照。*An Epitome of Swedenborg's Science,* 2 vols. (Boston, 1927).

★304　Devorkin, "Campbell," pp.50, 53.

★305　Devorkin, "Campbell," p.43. より引用。

★306　Hoyt, *Lowell and Mars,* pp.147-50.

★307　次のもの参照。G・J・ストーニの書簡、*Nature,* 77 (March 19, 1908), 461-2; Charles Lane Poor, *The Solar System* (London, 1908).　この中で、キャンベルとストーニの分析は相互に補完しあっていると述べられている。

★308　G・E・アガシについては次のもの参照。Agassiz, "Mars as Seen in the Lowell Refractor," *PSM,* 71 (1907), 275-82.　E・S・モースについては次のもの参照。Morse, *Mars and Its Mystery* (Boston, 1906); Dorothy G. Wayman, *Edward Sylvester Morse* (Cambridge, Mass., 1942), pp.392-7. L・F・ウォードについては次のもの参照。Ward, "Mars and Its Lesson," *Brown Alumnus Quarterly,* 7 (March 1907), 159-65; Hoyt, *Lowell and*

Mars, pp.217-18.

★309　ノーマン・ロキアー卿については次のもの参照。Hoyt, *Lowell and Mars*, 諸箇所参照。W・J・S・ロキアーについては次のもの参照。A.R.Wallace, *Is Mars Habitable?* に関する論評、*Nature*, 77 (February 13, 1908), 337-9.　J・S・ワーシントンについては次のもの参照。Worthington, "Markings on Mars," *Nature*, 85 (November 10, 1910), 40.

★310　E.H.Hankin, "Life on Mars," *Nature*, 78 (May 7, 1908), 6.

★311　C.E.Housden, "Mars and Its Markings," *BAAJ*, 23 (March 1913), 278-90.　アントニアディの議論についてはpp.347-8, 434参照。ヒューステンの議論についてはp.395参照。また、次のもの参照。Housden, *The Riddle of Mars* (London, 1914); *Is Venus Inhabited?* (London, 1915).

★312　Ludwig Kann, *Neue Theorie über die Entstehung der Steinkohlen und Lösung des Mars-Rätsels* (Heidelberg, 1901); Adrian Baumann, *Erklärung der Oberfläche des Planeten Mars* (Zurich, 1909); Philip Fauth, *Hörbigers Glazial-Kosmogonie* (Minden, 1912); Wiily Ley, *Watchers of the Skies* (London, 1962), pp.295-6, 514-17.

★313　A.R.Wallace, "Man's Place in the Universe," *Fortnightly Review*, 73 (March 1, 1903), 395-411; *Man's Place in the Universe* (London, 1903).

★314　一九〇三年には、島宇宙説は一時的に不評をかっていた。一つには、一〇年前からヒューエルが反対していたからである。さらには、天文学者たちは、霧の中にいる人々が、自身をその周囲の真ん中に位置しているように「見る」のと同様に、星間に存在する曖昧な物質のせいで、太陽が天の川の真ん中に位置すると、誤って信じこんでいるということを依然認識していなかった。

★315　私は、四〇を越す出版物を参照にしたが(翻訳を含むが、復刻を除く)、その総数は倍に達するに違いない。多くの人物が二つ以上の論文を書いているし、彼らの中には、次のような人物も含まれている。A・M・クラーク(2)、フラマリオン(2)、ゴア、ギュンター、モーンダー(5)、モワイ(2)、ニューカム、W・H・ピカリング、H・H・ターナー(2)。

★316　ウォレスは、若い頃不可知論者であった。次のもの参照。A.R.Wallace, *My Life : A Record of Events and Opinions*, vol. I (New York, 1905), pp.226-8.　さらに彼は、一八六〇年代に心霊主義を受け入れた。例えばフィギエやフラマリオン等多くの著述家たちは多世界論と心霊主義の両者を受け入れたが、ウォレスは後者のみに賛成した。彼の心霊主義については次のもの参照。Malcom J.Kottler, "Alfred Russel Wallace, the Origin of Man, and Spiritualism," *Isis*, 65 (1974), 144-92.

★317　最近の分析については次のもの参照。James J.Kevin, Jr., "Man's Place in the Universe : Alfred Russel Wallace, Teleological Evolution, and the Question of Extraterrestrial Life"(一九八五年のノートルダム大学修士論文)。William C.Hefferman, "The Singularity of Our Inhabited World : William Whewell and A.R.Wallace in Dissent," *Journal of the History of Ideas*, 39 (1978), 81-100.

★318　Wallace, *Man's Place in the Universe*, 4th ed. (London, 1904)に対するこの付論 (pp.326-36)におけるウォレスの主張は、次のものにおいて論じられている。Frank J.Tipler, "A Brief History of the Extraterrestrial Intelligence Concept," *Royal Astronomical Society Quarterly Journal*, 22 (1981), 133-45 : 140-1.

★319　A.R.Wallace, *Is Mars Habitable?* (London, 1907), pp.38-77.　また、次のもの参照。J.H.Poynting, "Radiation in the Universe : Its Effects on Temperature and Its Pressure on Small Bodies," *Royal Society Philosophical Transactions*, 202A (1904), 525-52; P.Lowell, "A General Method for Evaluating the Surface-Temperature of the Planets;

with Special Reference to the Temperature of Mars," *Philosophical Magazine,* 6th ser., 14 (July 1907), 161-76; Poynting, "On Professor Lowell's Method of Evaluating the Surface Temperature of the Planets … ," *Philosophical Magazine,* 14 (December 1907), 749-60.

★320 P.Lowell, "The Habitability of Mars," *Nature,* 77 (March 19, 1908), 461.

★321 Carl Sagan, "Hypothesis," Ray Bradbury et al., *Mars and the Mind of Man* (New York, 1973), p.15.

★322 Simon Newcomb, "The Optical and Psychological Principles Involved in the Interpretation of the So-Callded Canals of Mars," *ApJ,* 26 (July 1907), 1-17 : 2-8. ニューカムは最初この論文をワシントンの哲学協会に提出した。報告については次のもの参照。R.L.Faris, "The Philosophical Society of Washington," *Science,* n.s., 25 (March 1, 1907), 343-4.

★323 ニューカムとロウエルのやりとりについては次のもの参照。*ApJ,* 26 (1907), 131-40 (ロウエル), 141 (ニューカム), 142 (ロウエル). 一九〇七年に出版されたニューカムの論文に関する一二の報告書については次のもの参照。*Astronomische Jahresbericht,* 9 (1908), 407.

★324 Simon Newcomb, "Fallacies about Mars," *Harper's Weekly,* 52 (July 25, 1908), 11-12 : 12.

★325 Hoyt, *Lowell and Mars,* pp.329, 141.

★326 A.E.Douglass, "Is Mars Inhabited?" *Harvard Illustrated Magazine,* 8 (March 1907), 116-18; "Illusions of Vision and the Canals of Mars," *PSM,* 70 (May 1907), 464-74.

★327 S.I.Baily, "The Planet Mars," *Science,* n.s., 26 (December 27, 1907), 910-12.

★328 H.Jacoby, "The Case against Mars," *American Magazine,* 65 (1908), 625-8.

★329 Mrs. Walter Maunder, "The 'Highways' and 'Waterways' of Mars," *Knowledge,* n.s., 4 (August 1907), 169-71. E・W・モーンダーによってなされた「*Daily Graphic*への便り」については次のもの参照。*EM,* 85 (1907), 534.

★330 G.J.Stoney, "Telescopic Vision," *Philosophical Magazine,* 6th ser., 16 (1908), 318-39, 796-811, 950-79 : 950.

★331 V.Cerulli, "L'imagine di Marte," *Rivista di astronomia,* 1 (1907), 93-105; "Articoli su Marte di Newcomb e Flammarion. La fotografia canali - risoluzione del Gange", "Polemica Newcomb-Lowell-Fotografie lunari," *Rivista di astronomia,* 2 (1908), 1-23.

★332 H.Dierckx, "Les canaux de Mars existent-ils?" *Gazette astronomique,* 1 (1908), 77-8.

★333 A.L.Lowell, *Lowell,* p.149. より引用。

★334 C.Flammarion, "Photographies de Mars à l'observatoire Lowell," *SAFB,* 21 (1907), 465-8; *SAFB,* 22 (1908), 153-9.

★335 匿名 "The Question of Life on Mars," *Edinburgh Review,* 208 (1908), 74-94 : 74-5. 編集者の「私たち」という用語の再三の使用や、ロウエルの著作*Mars*に関する一八九六年の論評への多くの言及にもかかわらず、Lowell, *Mars and Its Canals*とWallace, *Is Mars Habitable?*に関するこの論評が、アグネス・クラークによって書かれたはずがないことは明らかである。なぜならば、彼女はウォレスの本が出版される以前の一九〇七年に死去しているからである。

★336 Hoyt, *Lowell and Mars,* p.190.

★337 E.M.Antoniadi, "Fifth Interim Report for 1909 … ," *BAAJ,* 20 (December 1909), 136-41 : 136-7.

★338 この論争はしばしば運河論争と交差する。次のもの参照。Antoniadi, "On the Advantage of Large over Small Telescopes in Revealing Delicate Planetary Detail," *BAAJ*, 21 (1901), 104-6. 背景については次のもの参照。John Lankford, "Amateurs versus Professionals : The Controversy over Telescope Size in Late Victorian Science," *Isis*, 72 (1981), 11-28.

★339 Edwin B.Frost, *An Astronomer's Life* (Boston, 1933), pp.217-18. ジョンケールが最初の電報を送ったという事実については次のもの参照。*BAAJ*, 20 (December 1909), 122.

★340 次のものを比較せよ。E.M.Antoniadi, "Third Interim Report for 1909 … ," *BAAJ*, 20 (October 1909), 25-8 : 25; "Fifth report," p.141.

★341 Antoniadi, "Fifth Report," pp.139-40. また、次のもの参照。C.André, *Les planètes et leur origines* (Paris, 1909), pp.36-74.

★342 "Report of the Meeting of the Association … Dec. 29, 1909 … ," *BAAJ*, 20 (December 1909), 119-25 : 123.

★343 E.M.Antoniadi, "Sixth Interim Report for 1909 … ," *BAAJ*, 20 (January 1910), 189-92 : 191-2. より引用。また、次のもの参照。Antoniadi, "On Some Objections to the Reality of Prof. Lowell's Canal System of Mars," *BAAJ*, 20 (January 1910), 194-7.

★344 E.M.Antoniadi, "Report of the Mars Section, 1903," *BAAM*, 16 (1910), 54-104 : 60; "Report of the Mars Section,1907," *BAAM*, 17 (1910), 65-112 : 69.

★345 E.M.Antoniadi, "Report of the Mars Section, 1909," *BAAM*, 20 (1915), 25-92 : 32.

★346 E.W.Maunder, "Some Facts That We Know about Mars," *BAAJ*, 20 (November 1909), 82-9; E.M.Antoniadi, "On the Possibility of Explaining on a Geomorphic Basis the Phenomena Presented by the Planet Mars," *BAAJ*, 20 (November 1909), 89-94 : 94.

★347 E.W.Maunder, "The 'Canals' of Mars," *Rivista di scienza*, 7 (1910), 253-69.

★348 "Report of the Meeting of the Association Held on March 30, 1910 … ," *BAAJ*, 20 (March 1910), 285-94 : 289.

★349 次のもの参照。*BAAJ*, 20 (April 1910). モーンダーについては348-9, アントニアディについては374-7, ゲウリについては385-6参照。

★350 匿名 "Observations de la planète Mars à l'observatoire Lowell. Résumé de la conférence faite par M.Lowell a l'assemblée générale annuelle du 6 avril 1910," *SAFB*, 24 (1910), 214-20; "[Report on the] Meeting of the Royal Astronomical Society, Friday, 1910 April 8," *Observatory*, 33 (1910), 192-5.

★351 J.Comas Solá , "Quelques considérations sur la planète Mars," *SAFB*, 24 (1910), 36-7.

★352 Lucien Libert, "Les Progrès récents dans la connaissance de Mars," *Revue scientifique*, 48 (1910), 553-9 : 559.

★353 Abbé J.Belpaire, "Les canaux de Mars," *Gazette astronomique*, 4 (1911), 6-7,14 : 7.

★354 C. de Kirwan, "Les mondes présents, passés ou futurs," *Revue des questions scientifiques*, 23 (1913), 598-614 : 611.

★355 S.Arrhenius, "Neues Vom Mars," *Kosmos*, 7 (1910), 123-8; "Der Planet Mars nach neueren Untersuchungen," *Deutsche Revue*, 35 (1910), 310-24. また、次のもの参照。"Les conditions physiques sur la planète Mars," *Journal de physique*, 5th ser., 2 (1912), 81-97; *Destinies of the Stars*, trans. J.E.Fries (New York, 1918), pp.180-227.

★356 金星に関するアレーニウスの考え方は、次の論文で論議されている。匿名 "The Limit of Organic Life in Our Solar System," *Current Opinion*, 43 (February 1911), 242-3. 彼の汎種子仮説については次のもの参照。

S.Arrhenius, "Panspermy : The Transmission of Life from Star to Star," *SA*, 96 (March 2, 1907), 196.

★357　H.Paradyne, "The Mythical Canals of Mars," *Harper's Weekly*, 54 (January 15, 1910), 15.

★358　Edwin B.Frost, *An Astronomer's Life* (Boston, 1933), p.217. この出来事については次のもの参照。M.J.Crowe, "Inflation and History : E.B.Frost's Mars Telegram," *Griffith Observer*, 46 (March 1982), 15.

★359　E.M.Antoniadi, "Considerations on the Physical Appearance of the Planet Mars," *PA*, 21 (1913), 416-24 : 418. より引用。次のものからの復刻。*Knowledge* (May 1913); E.M.Antoniadi, "L'aspect physique de la planète Mars," *Ciel et terre*, 32 (1911), 209-22 : 212.

★360　R.G.Aitken, "A Review of the Recent Observations of Mars," *ASPP*, 22 (1910), 78-87 : 79;　P.Lowell, "Mars in 1909 as Seen at the Lowell Observatory," *Nature*, 84 (August 11, 1910), 172-3.

★361　Stanley L.Jaki, *Planets and Planetarians* (Edinburgh, 1978), pp.202ff.

★362　A.S.Eddington, *The Nature of the Physical World* (London, 1928), p.178.

★363　James Jeans, *The Universe around Us* (New York, 1929), pp.320-3.

★364　E.M.Antoniadi, "Considerations on the Physical Appearance of the Planet Mars," *PA*, 21 (1913), 416-24 : 424.

★365　E.M.Antoniadi, *La planète Mars* (Paris, 1920), pp.51-2.

★366　P.M.R. [P.M.Ryves], "E.M.Antoniadi," *BAAJ*, 55 (1945), 163-5 : 165. その本は次のものであった。Donald L.Cyr, *Life on Mars* (El Centro, Calif., 1944).

★367　W.W.Campbell, "The Problem of Mars," *ASPP*, 30 (1918), 133-46 : 146.

★368　DeVorkin, "Campbell," p.49. より引用。

★369　"Flammarion Predicts Talking with Mars," *New York Times* (December 12, 1923), 3.

★370　H.Macpherson, "The Problem of Mars," *PA*, 29 (1921), 129-37 : 133. より引用。

★371　Hoyt, *Lowell and Mars*, p.297.

★372　Hoyt, *Lowell and Mars*, p.294.

★373　C.Flammarion, "Percival Lowell," *SAFB*, 30 (1916), 422-3 : 422.

★374　次のもの参照。W.H.Pickering, "Signals from Mars," *PA*, 32 (1924), 580-1; Campbell, "Problem of Mars".

★375　Clyde W.Tombaugh and Patrick Moore, *Out of the Darkness : The Planet Pluto* (New York, 1980), pp.82, 99.

★376　E.W.Maunder, "Conditions of the Habitability of a Planet : with Special Reference to the Planet Mars," *Journal of the Transactions of the Victoria Institute*, 44 (1912), 78-94 : 94.

★377　これや他の反応については次のもの参照。*Journal of the Transactions of the Victoria Institute*, 44 (1912), 94-102 : 94.

★378　[W.D.Howells], "Editor's Easy Chair," *Harper's Monthly*, 128 (December 1913), 149-51 : 151.

★379　Carl Sagan and Paul Fox, "The Canals of Mars : An Assessment after Mariner 9," *Icarus*, 25 (1975), 602-12 : 609.

★380　R.A.Wells, *Geophysics of Mars* (Amsterdam, 1979), p.451.

★381　Ray Bradbury et al., *Mars and the Mind of Man* (New York, 1973), p.23.　また、マレーは一九六九年頃の例を提示している。運河観測に関する重要な研究については次のもの参照。Lucia Rositani Ronchi and Giorgia Abetti, "Effeti psico-fisiologici nelle osservazioni astronomiche visuali : Il pianeta Marte," *Atti della fondazione Giorgio Ronchi*, 19 (1964), 1-33.

★382 Wells, *Mars*, pp.425-6.

★383 V.Cerulli, "Polemica Newcomb-Lowell-Fotografie Lunari," *Rivista di astronomia*, 2 (1908), 13-23 : 13.

★384 *Astronomischer Jahresbericht*, 10 (1909), 445.

★385 *Antoniadi*, *Mars*, pp.31-2.

★386 *Antoniadi*, *Mars*, p.31. より引用。

★387 ヘールとスキアパレッリの書簡"I canali di Marte," *Rivista di astronomia*, 4 (1910), 113-16 : 116.

★388 "G.Schiaparelli über die Marstheorie von Svante Arrhenius," *Kosmos*, 7 (1910), 303.

★389 R.Waterfield, *A Hundred Years of Astronomy* (New York, 1938), pp.50-1. また、次のもの参照。Hoyt, *Lowell and Mars*, p.309; Otto Sturve and Velta Zebergs, *Astronomy of the 20th Century* (New York, 1962), p.147.

★390 Waterfield, *Astronomy*, pp.424, 429.

★391 I.S.Shklovskii and Carl Sagan, *Intelligent Life in the Universe* (New York, 1966), p.274.

第11章

★1 Marcia S.Smith, *Possibility of Intelligent Life Elsewhere in the Universe*, rev. ed. (Washington, D.C., 1977), p.xiii.

★2 J.C.Houzeau and A.Lancaster, *Bibliographie générale de l'astronomie*, vol. II (London, 1964,1882年Bruxelles版の復刻), p.lxxivの中で挙げられた一八八〇年までで最も旺盛な著述家二三人のリストのうち、少なくとも一七人は多世界論論争の最中に出版した。また、八人の最も旺盛な著述家の中で、次の五人は非常に積極的な多世界論者であった。セッキ(1)、ラランド(2)、フラマリオン(5)、プロクター(7)、グロイトホイゼン(8)。

★3 この主張を判定するために、次の著作の中の氏名一覧を調査した。Franklin Baumer, *Modern European Thought* (New York, 1977). その結果、芸術家や政治家を除外して、二度以上挙げられた人物を「卓越した人物」とするならば、一八世紀および一九世紀の人物の中の四三パーセントが多世界論論争に関与していることを、私は発見した。実際のパーセンテージは、明らかにこれより高い。

★4 Karl Popper, *Conjectures and Refutations* (New York, 1965), pp.34ff.

★5 William Graves Hoyt, *Lowell and Mars* (Tucson, 1976), p.89. より引用。

★6 S.Arrhenius, *Destinies of the Stars*, trans. J.E.Fries (New York, 1918), p.226.

★7 R.L.Waterfield, "Mars," *The Splendour of the Heavens*, ed. T.E.R.Philips and W.H.Steavenson, vol. I (New York, 1925), p.321.

★8 Edwin Hubble, *The Realm of the Nebulae* (New York, 1958, 1936年版の復刻). また、次のもの参照。Hubble, "Points of View : Experiment and Experience," *Huntington Library Quarterly*, 3 (April 1939), 243-50; *The Nature of Science and Other Lectures* (San Marino, Calif., 1953).

★9 Hermann Bondi, "Fact and Inference in Theory and in Observation," *Vistas in Astronomy*, 1 (1955), 155-62 : 156. ボンディに非常に似た考えを、最近効果的に提示したものについては次のもの参照。

Norriss S.Hetherington, "Just How Objective Is Science?" *Nature 306* (December 22/29, 1983), 727-30.
★10 C.S.Peirce, *Essays in the Philosophy of Science*, ed. Vincent Tomas (Indianapolis, 1957), p.134.
★11 F.W.Cousins, *The Solar System* (London, 1972), p.263.
★12 Ernan McMullin, "Persons in the Universe," *Zygon*, 15 (1980), 69-89 : 81-2. この論文は、地球外生命をめぐる現代の議論の中にしばしば見いだされる虚偽に関して、価値ある分析を含んでいる。
★13 Loren Eisley, *The Immense Journey* (New York, 1957), p.162.
★14 G.G.Simpson, "The Nonprevalence of Humanoids," *Science*, 143 (February 21, 1964), 769-75; T.Dobzhansky, "Darwinian Evolution and the Problem of Extraterrestrial Life," *Perspective in Biology and Medicine*, 15 (1972), 157-75; T.Dobzhansky, *Genetic Diversity and Human Equality* (New York, 1973), 97-101.
★15 I.S.Shklovskii and Carl Sagan, *Intelligent Life in the Universe* (New York, 1966), p.357.
★16 Carl Sagan (ed.), *Communication with Extraterrestrial Intelligence (CETI)* (Cambridge, Mass., 1973), p.86. より引用。
★17 David Gelman et al., "Seeking Other Worlds," *Newsweek* (August 15, 1977), 46-53 : 51; Henry S.F.Cooper, Jr., "Profiles : Carl Sagan," *New Yorker* (June 21,1976), 39-83 : 46; (June 28, 1976), 30-61.
★18 Stanley Jaki, *Planets and Planetarians : A History of Theories of the Origin of Planetary Systems* (Edinburgh, 1978). この主張に関してはp.2参照。
★19 Carl Sagan, "UFO's : The Extraterrestrial and Other Hypotheses," Carl Sagan and Donald Menzel (eds.), *UFO's - A Scientific Debate* (Ithaca, 1972), pp.265-75, 272.
★20 Frank J.Tipler, "Additional Remarks on Extraterrestrial Intelligence," *Royal Astronomical Society Quarterly Journal*, 22 (1981), 279-92 : 288. より引用。
★21 Tipler, "Remarks," p.289. より引用。
★22 Karl S.Guthke, *Der Mythos der Neuzeit : Das Thema der Mehrheit der Welten in der Literatur- und Geistesgeschichte von der kopernikanischen Wende bis zur Science Fiction* (Bern, 1983), pp.9-10. また、次のもの参照。William J.O'Malley, "Carl Sagan's Gospel of Scientism," *America*, 144 (February 7, 1981), 95-8; Robert Short, *The Gospel from Outer Space* (San Francisco, 1982).

1908 .... Percival Lowell. *Mars as an Abode of Life*. New York, xix + 288 pp. In: BMC and NUC.
Editions: Reprinted in 1909 and 1910.

1909 .... Percival Lowell. *The Evolution of Worlds*. New York, xiv + 262 pp. In: BMC,BNC,and NUC.
Editions: Reprinted in 1910.

1909 .... Max Wilhelm Meyer. *Bewohnte Welten*. Leipzig, 94 pp. In: NUC.

1910 .... Felix Linke. *Ist die Welt bewohnt?* Stuttgart, 110 pp. In: NUC.

1911 .... Edmond Perrier. *La vie dans les planètes*. 2nd ed., Paris, 126 pp. In: NUC.
Editions: Date of 1st ed.not known.

1911 .... Frank Sewall. *Life on Other Planets as Described by Swedenborg: An Address*. Philadelphia, 20 pp. In: BMC and NUC.

1912 .... Théophile Moreux. *Les autres mondes sont-ils habités?* Paris, 143 pp. In: BNC and NUC.
Editions: Published also in 1914; new ed.in 1923; republished in 1950.

1913 .... Edward Walter Maunder. *Are the Planets Inhabited?* London and New York, 166 pp. In: BMC and NUC.

1914 .... José Comas Solá. *La vida en el planeta Marte según los ultimos datos de la ciencia astrónomica*. Barcelona, 102 pp. Cited in: Antonio Palau y Dulcet, *Manual de librero Hispanoamericano*. 2nd ed., vol.III (Barcelona and Madrid, 1950), p.599.

1914 .... Charles Edward Housden. *The Riddle of the Planet Mars*. New York, 69 pp. In: BMC and NUC.
Editions: 1914 ed.printed in both London and New York.

1914 .... Luther Tracy Townsend. *The Stars Not Inhabited: Scientific and Biblical Points of View*. New York and Cincinnati, 254 pp. In: NUC.

1915 .... Svante Arrhenius. *Stjärnornas öden*. Stockholm, vii + 153 pp. In: NUC.
Editions: English trans.in 1918 as *The Destinies of the Stars*; German trans.1919; French trans.1921; Russian trans.1923.

1915 .... Charles Edward Housden. *Is Venus Inhabited?* London, 39 pp In: BMC and NUC.
Editions: 1915 ed.printed in both London and New York.

1901 ………George W.Warder. *The Cities of the Sun.* New York, 302 pp. In: BMC and NUC.
Editions: Also a 1901 London printing.

1902 ………Charles de Kirwan. *Le véritable concept de la pluralité des mondes*. Louvain, 39 pp. Cited in: *International Catalogue of Scientific Literature: Astronomy*, 4 (1905), 78. See *Revue de questions scientifiques*, 51 (1902), 5-39.

1902 ………A.Mercier. *Conférence astronomique sur la planète Mars...Projet d' études sur les moyens practiques d' éxécution de signaux lumineux de la Terra à Mars*. Orléans, 48 pp. In: NUC.

1903 ………Joseph Hamilton. *Our Own and Other Worlds*. New York and Cincinati, 203 pp. In: BMC and NUC.
Editions: NUC lists a 1903 printing in Toronto and a 1904 printing in New York and Cincinati. BMC lists 1905 and 1917 printings in London.

1903 ………Alfred Russel Wallace. *Man' s Place in the Universe: A Study of the Results of scientific Research in Relation to the Unity or Plurality of Worlds*. London, xii + 330 pp. In: BMC,BNC,and NUC.
Editions: 7 editions by 1908; another in 1914, trans.into German in 1903 and French in 1907.

1904 ………Ludwig Zehnder. *Das Leben im Weltall*. Tübingen, 128 pp. In: NUC.
Editions: 2nd ed.in 1910.

1905 ………Leo Brenner [i.e.,Spiridion Gopčević]. *Die Bewohnbarkeit der Welten*. Berlin and Leipzig, 96 pp. In: Arizona State University Library.

1905 ………William Schuler Harris. *Life in a Thousand Worlds*. Harrisburg, Pa., 244 pp. In: NUC.
Editions: 2 printings in 1905.

1906 ………Svante Arrhenius. *Världarnas utveckling*. Stockholm, 184 pp. In: NUC.
Editions: At least 5 Swedish editions; 1907 German trans.with 7 or more editions; 1908 English trans.as *Worlds in the Making*.

1906 ………Edward Sylvester Morse. *Mars and Its Mystery*. Boston, xvi + 192 pp. In: BNC and NUC.
Editions: Reprinted in 1913.

1907 ………Svante Arrhenius. *Människan inför världsgåtan*. Stockholm, 181 pp. In: NUC.
Editions: Danish trans.in 1908; English trans.in 1909 as *The Life of the Universe*; reprinted in 1914.

1907 ………Percival Lowell. *Mars and Its Canals*. New York and London, 393 pp. In: BMC,BNC,and NUC.
Editions: French trans.in 1909.

1907 ………Alfred Russel Wallace. *Is Mars Habitable?* London, xii + 108 pp. In: BMC and NUC.

from Material and Spiritual Standpoints (a lecture delivered before the Liberal League of Jacksonville, Florida, Feb. 14, 1892), Washington, D.C., 15 pp. In: NUC.

1892 ··········Gabriel Prigent. *De l' habitabilité des astres, ou considérations astronomiques, physiques et météorologiques sur l' habitabilité des quelques astres*. Landerneau, 456 pp. In: BMC and BNC.

1894 ··········Théophile Ortolan. *Astronomie et théologie, ou l' erreur géocentrique, la pluralité des mondes habités et le dogme de l' incarnation*. Paris and Lyon, xii + 434 pp. In: BMC and BNC.

1895 ··········Percival Lowell. *Mars*. Boston and New York, viii + 228 pp. In: BMC,BNC,and NUC.
Editions: 2nd ed.in 1896; possible Chinese trans.

1897 ··········Théophile Ortolan. *Étude sur la pluralité des mondes habités et le dogme de l' incarnation*. 3 vols. Paris, 64 + 64 + 64 pp. In: BNC and NUC.
Editions: 9th ed.in 1908.

1898 ··········Abbé François Xavier Burque. *Pluralité des mondes habités considérée au point de vue négatif.* Montreal, viii + 407 pp. In: BMC and NUC.

1898 ··········Carl Goetze. *Die Sonne ist bewohnt. Ein Einblick in die Zustände im Universum*. Berlin, 94 pp. In: BMC.

1898 ··········Théophile Ortolan. *La fausse science contemporaine et les mystères d' outre-tombe*. Paris, 61 pp. In: BNC and NUC.
Editions: 2nd ed.in 1900; also a 1903 ed.

1899 ··········John E.Bowers. *Suns and Worlds of the Universe. Outlines of Astronomy According to the Philosophy of Emanuel Swedenborg*. London, 219 pp. In: BMC and NUC.

1899 ··········Emilia Ferretti. *El dualismo de la eternidad; revelaciones telepáticas*. Valparaiso, 53 pp. In: NUC.

1899 ··········A.Mercier. *Communications avec Mars.* Orléans, 47 pp. In: BMC.

1900 ··········R.M.Jouan. *La question de l' habitabilité du monde étudiée au point de vue de l' histoire, de la science, de la raison et de la foi*. Saint-Ilan, 478 pp. In: BNC.

1901 ··········Otto Dross. *Mars. Eine Welt im Kampf ums Dasein*, Vienna, vii + 171 pp. In: BNC and NUC.

1901 ··········Ludwig Kann. *Neue Theorie über den Ursprung der Kohle und die Lösung des Marsrätsels*. Heidelberg, vi + 96 pp. In: BMC.

1901 ··········Garrett Putnam Serviss. *Other Worlds: Their Nature, Possibilities, and Habitability in the Light of the Latest Discoveries*. New York, xvi + 262 pp. In: BMC and NUC.
Editions: Reprinted in 1928.

121 pp. In: BMC and NUC.

1877 ············Camille Flammarion. *Les terres du ciel, description astronomique, physique, climatologique, géographique des planètes qui gravitent avec la terre autour du soleil et de l' état probable de la vie à leur surface*. Paris, 604 pp. In: BMC,BNC,and NUC.
Editions: 10 French editions by 1881; additional ed.in 1884; Spanish trans.by 1877; Italian trans.by 1913.

1877 ············Niceto Perujo. *La pluralidad de mundos, habitados ante le fé Catolica.* Madrid, 456 pp. In: BMC.

1878 ············Adam Miller. *Life on Other Worlds*. Chicago, 282 pp. In: NUC.

1879 ············Jakob H.Schmick. *Der Planet Mars, eine zweite Erde, nach Schiaparelli gemeinverständlich dargestellt*. Leipzig, 64 pp. In: BMC and BNC.

1880 ············Otto Hahn. *Die Meteorite (Chondrite) und ihre Organismen*. Tübingen, 56 pp. In: BMC,BNC,and NUC.

1880 ············Karl Du Prel. *Die Planetenbewohner und die Nebularhypothese: Neue Studien zur Entwickelungsgeschichte des Weltalls*. Leipzig, 175 pp. In: BMC,BNC,and NUC.

1881 ············Richard A.Proctor. *The Poetry of Astronomy*. London, vi + 447 pp. In: BMC,BNC,and NUC.
Editions: NUC lists 4 printings.

1882 ············David Friedrich Weinland. *Ueber die in Meteoriten entdeckten Thierreste*. Esslingen, 12 pp. In: BMC and NUC.

1883 ············William Miller. *The Heavenly Bodies: Their Nature and Habitability.* London, 347 pp. In: BMC and NUC.

1883-84·····Abbé Léger-Marie Pioger. *Dieu dans ses oeuvres. Les splendeurs de l' astronomie, ou il y a d' autres mondes que le nôtre*....5 vols. Paris. In: BNC.
Editions: Vols.I and II reprinted in 1893.

1884 ············Manuel Gil y Saenz. *Opuscules sobre mundos habitados ante la Iglesia Catolica*, San Juan, 68 pp. Cited in: *Bibliography of Astronomy 1881-98* (microfilm).

1884-85·····Joseph Pohle. *Die Sternwelten und ihre Bewohner*. 2 vols., Cologne. In: BMC,BNC,and NUC.
Editions: 7 editions by 1922.

1888 ············Jermain Gildersleeve Porter. *Our Celestial Home: An Astronomer' s View of Heaven*. New York, 116 pp. In: BMC and NUC.
Editions: Issued in both New York and London.

1892-1909···Camille Flammarion. *La planète Mars et ses conditions d' habitabilité*. 2 vols., Paris, 608+604 pp. In: BMC,BNC,and NUC.

1892 ············William Fretts. *Inhabitable Worlds Is the Universal Law of Nature as Seen*

1870 ··········Richard A.Proctor. *Other Worlds than Ours*. London, xiv + 324 pp.In: BMC and NUC.

Editions: At least 7 editions by 1893. NUC lists 29 separate printings by 1909.

1871 ··········Louis Figuier. *Le lendemain de la mort*. Paris, 460 pp. In: BMC,BNC,and NUC.

Editions: 10 French editions by 1894 with printings until 1907. English trans.in 1872 with at least 3 later editions; Portuguese trans.in 1877.

1872 ··········Richard A.Proctor. *The Orbs around Us*. London, 340 pp. In: BMC and NUC.

Editions: 1872 ed.issued in both London and New York. Attained 4th ed.by 1886 with printings as late as 1906.

1873 ··········Camille Flammarion. *Récits de l' infini. Lumen, histoire d' une comète dans l' infini*. Paris, 415 pp. In: BMC,BNC,and NUC.

Editions: 5 editions of *Récits* by 1873 with 12 editions published by 1892; English trans.in 1873; Spanish trans.in 1874. *Lumen* was later published separately, 64,000 copies being printed by 1906.

1873 ··········Richard A.Proctor. *The Borderland of Science*. London, vii + 438 pp. In: BMC and NUC.

Editions: NUC lists 3 printings.

1873 ··········Richard A.Proctor. *The Expanse of Heaven*. London, vi + 305 pp. In: BMC and NUC.

Editions: NUC lists 9 printings by 1905.

1874 ··········Abbé Jean Léger-Marie Pioger. *Le dogme chrêtien et la pluralité des mondes habités*. Paris, 488 pp. In: BNC.

1875 ··········Abbé Jean Boudon. *Adam à son origine, roi et unique médiateur de tout l' univers planétaire. Question délicate touchant à la pluralité des mondes habités*. Bar-la-Duc, 212 pp. In: BNC and NUC.

Editions: 2nd ed.in 1878; 3rd ed.in 1879.

1875 ··········Joseph Hamilton. *The Starry Hosts: A Plea for the Habitation of the Planets*. London, 114 pp. In: BMC and NUC.

1876 ··········Jules Boiteux. *Lettres à un materialiste sur la pluralité des mondes habités*. Paris, 516 pp. In: BMC and NUC.

Editions: 3rd ed.in 1898.

1876 ··········Jean d' Estienne [Charles de Kirwan]. *Considérations nouvelles sur la pluralité des mondes*. Paris, 31 pp. In: BNC.

1876 ··········Victor Girard. *Nouvelles études sur la pluralité des mondes habités et sur la existence de l' âme*. Paris, 324 pp. In: BMC and NUC.

1877 ··········Augustus Clissold. *The Divine Order of the Universe as Interpreted by Emanuel Swedenborg with Special Relation to Modern Astronomy*. London,

1856 ………William Samuel Symonds. *Geology as It Affects a Plurality of Worlds.* London. In: BMC and NUC.

1857 ………Rev. Josiah Crampton. *The Testimony of the heavens to Their Creator*. Dublin, 31 pp. In: BMC.

1858 ………Frederick W.Cronhelm. *Thoughts on the Controversy as to a Plurality of Worlds*. London, 24 pp. In: BMC and NUC.

1858 ………[J.J.Larit?]. *Rêvéries et vérités ou de quelques questions astronomiques envisagées sous la rapport réligieux, en résponse à l' ouvrage du Docteur William Whewell sur la pluralité des mondes*. Paris, 318 pp. In: BMC (listed under Whewell).

1859 ………Charles Louis Hequembourg. *Plan of the Creation: or, Other Worlds, and Who Inhabit Them*. Boston, 398 pp. In: BMC and NUC.

1861 ………Joseph Emile Filachou. *De la pluralité des mondes*. Montpellier and Paris, 109 pp. In: BMC and BNC.

1862 ………Camille Flammarion. *La pluralité des mondes habités*. Paris, 54 pp. 2nd ed., Paris, 1864, xx + 550 pp. In: BMC,BNC,and NUC.
Editions: 33 editions by 1880 with reprintings until 1921. German trans.by 1864; Swedish by 1866; Danish by 1868; Spanish by 1875; Portuguese by 1878; Dutch by 1891; Russian by 1896.

1863 ………Nicholas Odgers. T*he Mystery of Being; or Are Ultimate Atoms Inhabited Worlds?* London, vii + 161 pp. In: BMC.

1865 ………Camille Flammarion. *Les mondes imaginaires et les mondes réels*. Paris, vii + 577 pp. In: BMC,BNC,and NUC.
Editions: 14 editions by 1876; reprintings as late as 1925. Spanish trans.in 1873; Portuguese in 1876; probably also Italian and Russian editions.

1865 ………J.André Pezzani. *La pluralité des existences de l' âme conforme à la doctrine de la pluralité des mondes*. Paris, xxxv + 432 pp. In: BMC,BNC,and NUC.
Editions: 6 French editions by 1872; Spanish trans.by 1885.

1866 ………Fernand Coyteux. *Qu' est-ce que le soliel? peut-il être habité?* Paris, 430 pp. In: BMC and BNC.

1867 ………*Rapport fait les 4 décembre 1866 et janvier 1867 par M.Trouessart...à la société académique d' agriculture, belles-lettres, sciences et arts [de Poitiers] sur un ouvrage intitulé* ***Qu' est-ce que le soleil? peut-il être habité?*** *par M.Coyteux. Résponse à ce rapport et notes critiques par F.Coyteux*. Poitiers, 113 pp. In: BNC (under J.Trouessart).

1869 ………Charles Cros. *Étude sur les moyens de communication avec les planètes*. Paris, 16 pp. In: BMC and BNC.

1869 ………Maurice-Martin Antonin Macario. *Entretiens populaires sur la formation des mondes*. Paris, 178 pp. In: BNC.

Editions: 5 editions by 1859 with another printing in 1867. American printings in 1854,1855,1856,1858,and 1861.

1854 ··········David Brewster. *More Worlds than One: The Creed of the Philosopher and the Hope of the Christian*. London, vii + 262 pp. In: BMC,BNC,and NUC.
Editions: 2nd ed.(1854) went through 10 printings by 1871 plus 3 American printings. A 3rd English ed.(1874) was reprinted in 1876 and 1895.

1854 ··········[William Whewell]. *A Dialogue on the Plurality of Worlds*. London, 55 pp. In: NUC.
Editions: Included in the 2nd through 5th editions of Whewell' s 1853 book.

1855 ··········Henry Drummond. *On the Future Destinies of the Celestial Bodies*. London, 65 pp. In: BNC and NUC.

1855 ··········Edward Higginson. *Astro-theology; or The Religion of Astronomy: Four Lectures*. London, xiv + 96 pp. In: BNC and NUC.

1855 ··········William Stephen Jacob. *A Few More Worlds on the Plurality of Worlds*. London, 47 pp. In: BMC.

1855 ··········[Robert Knight]. *The Plurality of Worlds. The Positive Argument from Scripture, with Answers to Some Late Objections from Analogy*. London, 158 pp. In: BMC.
Editions: 2nd ed.in 1878.

1855 ··········Hugh Miller. *Geology versus Astronomy*. Glasgow, 35 pp. In: BMC.

1855 ··········Montagu Lyon Phillips. *Worlds beyond the Earth*. London, vii + 274 pp. In: BMC and NUC.

1855 ··········Rev.Baden Powell. *Essays on the Spirit of the Inductive Philosophy, the Unity of Worlds, and the Philosophy of Creation*. London, xvi + 503 pp.In: BMC and NUC.
Editions: 2nd ed.in 1856.

1855 ··········Thomas Collins Simon. *Scientific Certainties of Planetary Life; or Neptune's Light as Great as Ours*. London, xxiii + 238 pp. In: BMC and NUC.

1855 ··········[William Tarbet]. *Astronomy and Geology as Taught in the Holy Scriptures*. Liverpool, 23 pp. In: BMC.

1855 ··········[William Williams]. *The Universe No Dessert, The Earth No Monopoly*. 2 vols. in I. Boston and Cambridge, Mass., xii + 130 + 239 pp. In: NUC (where it is attributed to Williams).

1856 ··········Rev. John Peat. *Thoughts in Verse on a Plurality of Worlds*. London, 15 pp. In: BMC and NUC.
Editions: A 2nd enlarged ed.in 1856.

1856 ··········Johann Gottlieb Schimko. *Die Planetenbewohner, und ihre aus mathematischen, naturwissenschaftlichen und psychologischen Grunden abgeleitete verschiedene geistige Vollkommenheit*. Olmütz, 68 pp. In: BMC.

Editions: 2nd enlarged ed.in 1820; abridged ed.in 1872.

1818 ....[Henry Fergus?]. *An Examination of Some of the Astronomical and Theological Opinions of Dr.Chalmers as Exhibited in a Series of Discourses on the Christian Revelation*....Edinburgh, 42 pp. In: NUC (which attributes it to Fergus).

Editions: 2nd ed.in 1818.

1818 ....John Overton. *Strictures on Dr.Chalmers' Discourses on Astronomy*....Kent, 27 pp. In: University of Glasgow Library.

1828 ....Samuel Noble. *The Astronomical Doctrine of a Plurality of Worlds*. London, 64 pp. In: BMC and NUC.

1834 ....Alexander Copland. *The Existence of Other Worlds, Peopled with Intelligent and Living Beings, Deduced from the Nature of the Universe*. London, 210 pp. In: BMC and NUC.

1836 ....[Isaac Taylor]. *Physical Theory of Another Life*. London, ix + 321 pp. In: BMC and NUC.

Editions: At least 5 editions with numerous printings by 1871.

1837 ....Thomas Dick. *Celestial Scenery, or The Wonders of the Heavens Displayed*. London, xvi + 559 pp. In: BMC and NUC.

Editions: At least 6 editions were published. Harper's had printed 6 impressions by 1848; Merriam 2 by 1847; Biddle 7 by 1854; Griffin 4 by 1869; and Claxton printed at least 1. This is in addition to numerous printings of Dick's *Works*. BMC lists the printing of the 5th thousand of the 2nd ed.in 1838.

1840 ....Thomas Dick. *The Sidereal Heavens, and Other Subjects Connected with Astronomy*. London, xvi + 584 pp. In: BMC and NUC.

Editions: 4 publishing houses repeatedly issued it between 1840 and 1860. Harper's published at least 2 editions and 7 printings; Biddle published 6 printings; W.Collins printed at least 7,000 copies; Thomas Ward and Co. published at least 2 editions totaling 4,000 copies by 1850; and Griffin produced a printing in 1869.

1847 ....François Édouard Plisson. *Les mondes ou essai philosophique sur les conditions d'existence des êtres organisé dans notre système planétaire*. Paris, vii + 344 pp. In: BMC,BNC,and NUC.

Editions: German trans.in 1851.

1852 ....George Wilson. *Electricity and the Electric Telegraph to Which Is Added: The Chemistry of the Stars*. London, 77 + 50 pp. In: BMC and NUC.

Editions: New ed.in 1854 with printing in 1856 and revised ed.in 1859 with printing in 1860.

1853 ....[William Whewell]. *Of the Plurality of Worlds: An Essay*. London, 279 pp. In: BMC and NUC.

Amsterdam, lvii + 156 pp. In: BNC and NUC (under N.Malebranche).

1771 [Abbé François Xavier de Feller]. *Observations philosophiques sur les systêmes de Newton, de Copernic, de la pluralité des mondes, etc., etc., précédé es d'une dissertation théologique sur les tremblements de terre*....Liege, 181 pp. In: BNC and NUC.
Editions: 2nd ed.in 1778; 3rd ed.in 1788.

1772 Andrew Oliver. *An Essay on Comets, in Two Parts. Part One...and Part Two, Pointing out Some Important Ends for Which These Tails Were Probably Designed: Wherein It Is Shown That Comets May Be Inhabited Worlds...and Even Comfortable Habitations*. Salem, New England, vi + 87 pp. In: BMC,BNC,and NUC.
Editions: 2nd ed.in 1811 with two lectures on comets by Winthrop; French trans.in 1777.

1796 Robert Harrington. *A New System of Fire and Planetary Life, Shewing That the Sun and Planets Are Inhabited*. London, 75 pp. In: BMC and NUC.

1801 Johann Elert Bode. *Allgemeine Betrachtungen über das Weltgebäude*. Berlin, 115 pp. In: BMC and NUC.
Editions: 3rd ed.by 1808.

1801 Paul Gudin de la Brenellerie. *L'astronomie, poëme en trois chants*. Auxerre, 68 pp. In: BMC,BNC,and NUC.
Editions: Expanded ed.(223 pp.) in 1810.

1801 Rev. Dr.Edward Nares. 'ΕΙΣ ΘΕΟΣ, 'ΕΙΣ ΜΕΣΙΤΗΣ; *or An Attempt to Show How Far the Philosophical Notion of a Plurality of Worlds Is Consistent or Not So, with the Language of the Holy Scriptures*. London, xv + 406 pp. In: BMC and NUC.

1813 James Mitchell. *On the Plurality of Worlds. A Lecture in Proof of the Universe Being Inhabited. Read in the Mathematical Society of London*. London, 25 pp. In: BMC and NUC.

1817 Anonymous. *A Free Critique on Dr.Chalmers' Discourses on Astronomy, or An English Attempt to "Grapple" It with Scotch Sublimity*. London, 42 pp. In: BMC.

1817 Thomas Chalmers. *A Series of Discourses on the Christian Revelation, Viewed in Connexion with Modern Astronomy*. Edinburgh, 275 pp. In: BMC,BNC,and NUC.
Editions: 9 editions in 1817 with frequent British and American reprintings as late as 1871; German trans.by 1841.

1817 [Alexander Maxwell]. *Plurality of Worlds; or, Letters, Notes, and Memoranda, Philosophical and Critical, Occasioned by "A Series of Discourses..." by Thomas Chalmers D.D.* London, 221 pp. In: BMC and NUC.

87 pp. Cited in: Otto Zöckler, *Geschichte der Beziehungen zwischen Theologie und Naturwissenschaft*, 2nd ed., vol.Ⅱ (Gütersloh, 1879), p.248.
1721 ……Johann Jacob Schudt. *De probabili mundorum pluralitate*. Frankfurt, xii + 82 pp. In: BMC.
1726 ……William Arntzen. *Dissertatio astronomico-physica de luna habitabili*. Utrecht, 62 pp. In: NUC.
1732 ……Johann Heinrich Herttenstein [sometimes Hertenstein]. *Dissertatio mathematica, sistens similitudinem inter terram et planetas intercedentem*. Strasbourg, 50 pp. In: BNC.
1736 ……John Peter Biester. *An Enquiry into the Probability of the Planets Being Inhabited*. London, 24 pp. In: NUC.
1738 ……Johann Christoph Hennings. *Specimen planetographiae physicae inquirens praecipue an planetae sint habitabiles*. Kiel, 71 pp. In: NUC.
1740 ……Eric Engman. *Dissertatio astronomico-physica de luna non habitabili*. Upsala, 24 pp. In: NUC (under Andreas Celsius).
1743 ……Isacus Svanstedt. *Dissertatio philosophica, de pluralitate mundorum*. Upsala, 18 pp. In: NUC (under Andreas Celsius) and BNC.
1748 ……D.G.S.[David Gottfried Schöber]. *Gedanken vonüdenen vernünftig freyen Einwohnern derer Planeten*. Liegnitz, 72 pp. In: NUC.
1755 ……[Immanuel Kant]. *Allgemeine Naturgeschichte und Theorie des Himmels*. Königsberg and Leipzig, 200 pp. In: BMC,BNC,and NUC.
Editions: 4 German editions by 1808.『天体の一般自然史と理論』[カント全集第10巻]高峯一愚訳，理想社，1966.
1758 ……Emanuel Swedenborg. *De telluribus in mundo nostro solari quae vocantur planetae et telluribus in caelo astrifero*. London, 72 pp. In: BMC,BNC,and NUC.
Editions: German trans.in 1770; English trans.in 1787; French trans.in 1824; Italian trans.in 1886; frequently reprinted.『宇宙間の諸地球』柳瀬芳意訳，静思社，1981.
1760 ……Giovanni Caldonici. *Confutazione teologico-fisica del sistem di Gugl. Derham, che vuole tutti i pianeti, de creature ragionevoli, come la terra, abitati*. Brescia, xx + 344 pp. In: NUC.
1761 ……Johann Lambert. *Cosmologische Briefe über die Einrichtung des Weltbaues*. Augsburg, xxviii + 318 pp. In: BNC and NUC.
Editions: French trans.and condensation in 1770; 2nd ed.in 1787; Russian trans.of this condensation in 1797; English trans.of it in 1800; full French trans.in 1801.
1769 ……[Abbé Jean Terrasson?]. *Traité de l' infini créé, avec explication de la possibilité de la transubstantiation et un petit traité de la confession et de la communion*.

ing to Prove That 'tis Probable There May Be Another Habitable World in That Planet. London, 213 pp. In: BMC,BNC,and NUC.
Editions: Five editions by 1684 with a subsequent printing in 1707; French trans.in 1656; German trans.in 1713.

1646 ··········Henry More. *Democritus Platonissans, or, An Essay upon the Infinity of Worlds*. Cambridge, England, 34 pp. In: BMC and NUC.

1657 ··········Pierre Borel. *Discours nouveau prouvant la pluralité des mondes*....Geneva, 80 pp. In: BMC,BNC,and NUC.
Editions: English trans.in 1658.

1686 ··········[Bernard le Bovier de Fontenelle]. *Entretiens sur la pluralité des mondes*. Paris, 359 pp. In: BMC,BNC,and NUC.
Editions: By Fontenelle's death (1757), it had gone through 33 French printings. By 1800, it had been trans.into English 5 times (1687, 1688,1688,1715,and,1760); also trans. into Danish (1748), Dutch (1768), German (twice: 1751,1780), Greek (1794), Italian (4 times: 1711, 1748, 1765,1780), Polish (1765), Russian (1740), Spanish (1796), and Swedish.
『世界の複数性についての対話』赤木昭三訳，工作舎，1992.

1698 ··········Christiaan Huygens. Κοσμοθεωρος, *sive de terris coelestis earumque ornatu conjecturae*. The Hague, 144 pp. In: BMC,BNC,and NUC.
Editions: 3 Latin editions by 1704; English trans.in 1698 with at least 4 later editions; Dutch trans.in 1699; French trans.in 1702 with 2 later editions; German trans. in 1703; Russian trans.in 1717.

1711 ··········Hareneus Geierbrand [pseudonym of Andreas Ehrenberg]. *Curiöse und wohlgegründete Gedancken von mehr als einer bewohnten Welt*. Jena. Cited in: Otto Zöckler, *Geschichte der Beziehungen zwischen Theologie und Naturwissenschaft*, 2nd ed., vol.Ⅱ (Gütersloh, 1879), p.248.
Editions: 4th ed., Jena, 1718.

1711 ··········Daniel Sturmy. *A Theological Theory of a Plurality of Worlds*. London, 107 pp. In: BMC and NUC.

1714 ··········William Derham. *Astro-Theology; or a Demonstration of the Being and Attributes of God from a Survey of the Heavens*. London, 228 pp. In: BMC,BNC,and NUC.
Editions: 14 English editions by 1777; French trans.in 1729 and German trans.in 1732 that went through 6 editions.

1715 ··········Johann Wilhelm Weinreich. *Disputatio de philosophica pluralitate mundorum*. Torun, 88 pp. Cited in: *Bibliografia Polska*, vol.32 (Cracow,1938), p.323.

1717 ··········Andreas Ehrenberg [sometimes Ehrenberger]. *Die noch unumgestossene Vielheit der Welt-Kugeln, oder: Dass die Planeten Welt-Kugeln seyn*....Jena.,

付録 1917年以前に出版された、世界の複数性の問題に関する著作目録

目録の基準

この目録にある著作は、主として世界の複数性の問題(この話題はほとんどすべての時代で扱われている)や地球外生命の問題(最近はこう呼ばれている)を論じ、西洋世界の主要言語で書かれたノンフィクションである。この基準は、例えばデラムやカントの著作のような1800年以前の出版物については多少ゆるいが、1800年から1916年までの著作については厳格である。

情報

1—引用:可能なかぎり、出版年、著者名、書名、出版地、だいたいの頁数が示されている。

2—所在:もし著書が *British Museum General Catalogue of Printed Books* (BMC), *Catalogue général des livres imprimés de la bibliothèque nationale* (BNC), *National Union Catalog Pre-1956 Imprints* (NUC) にあれば、引用文献の後にそれらが記されている。どのカタログにも記載されていなくても所在が分かっている場合は、それが記されている。もし所在が分からなければ、著作に言及している出版物が記されている。

3—刊本 (*Editions*):各著作の後に続く情報は、刊本と翻訳に関するものである。この情報は網羅的なものではない。もし情報が与えられていなければ、その著作の刊本も翻訳もBMC、BNC、NUCになく、また研究の過程でその著作へのいかなる言及も見られなかったということである。これらの情報は、著作が及ぼした最初のインパクトを調べるために集められたものなので、初版の後長い期間をおいて出版された刊本や翻訳は一般に挙げられていない。

1584 ……Giordano Bruno. *De l' infinito universo et mondi*. Venice, 175 pp. In: BMC and NUC.
Editions: In 1716, John Toland published an English trans. of portions of this book. All subsequent editions were after 1800.『無限，宇宙と諸世界について』清水純一訳，現代思潮社，1967;岩波文庫，1982.

1591 ……Giordano Bruno. *De innumerabilibus immenso et infigurabili; sue de universo et mundis libri octo*; published with *De monade, numero et figura liber consequens quinque de minimo magno et mensura*. Frankfurt, xiv + 655 pp. In: BMC BNC,and NUC.
Editions: NUC lists a 1614 ed.

1622 ……Tomaso Campanella. *Apologia pro Galileo*. Frankfurt, 58 pp. In: BMC,BNC,and NUC.『ガリレオの弁明』澤井繁男訳，工作舎，1991.

1634 ……Johannes Kepler. *Somnium, sue opus posthumum de astronomia lunari*. Zagan and Frankfurt, 182 pp. In: BMC,BNC,and NUC.『ケプラーの夢』渡辺正雄＋榎本恵美子訳，講談社，1972.

1638 ……[John Wilkins]. *The Discovery of a World in the Moone, or A Discourse Tend-*

『神学者と聖職者』*Theologian and Ecclesiastic* 557
『神学と文学』*Theological and Literary Journal* 573
『新教会評論』*New-Church Review* 748
『新世界』*New World* 375
『新天文学』*New Astronomy* 642
『スタンダード』*Standard* 559
『スペクテイター』*Spectator* 61-62, 686-87, 751, 854
『センチュリー』*Century* 681-82
『セントルイス・ミラー』*St.Louis Miller* 691

タ

『大西洋出版天文学会』*Astronomical Society of the Pacific Publications=ASPP* 791
『タイムズ』*Times* 646, 686, 818
『ダイヤル』*Dial* 853
『ダブリン大学雑誌』*Dublin University Magazine* 581
『チェインバーズ・ジャーナル』*Chambers's Journal* 362, 822
『知識』*Knowledge* 647, 660, 782, 855, 862-63, 866, 873
『長老派季刊評論』*Presbyterian Quarterly Review* 571
『長老派教会会報』*Presbyterian Review* 771
『デイリ・アドヴァタイザー』*Daily Advertiser* 373
『哲学紀要』*Philosophical Transactions* 109, 116, 638
『哲学年報』*Annals of Philosophy* 363, 365
『天体物理学紀要』*Astrophysical Journal* 852
『天と地』*Himmel und Erde* 800, 802-03
『天文会報』*Astronomical Journal=AJ* 795
『天文学――一般天文学評論』(『天文学』)*Astronomie: Revue d'astronomie populaire* 673, 800-01, 815, 818, 823, 854, 862
『天文学情報』*Astronomische Nachrichten=AN* 858
『天文学と天体物理学』*Astronomy and Astro Physics=AAP* 832, 850, 853
『天文学評論』*Astronomische Rundschau* 858
『天文台』*Observatory* 795, 817, 820, 873, 896
『天文年鑑』*Astronomisches Jahrbuch* 118, 121

ナ

『ナショナル・レヴュー』*National Review* 568
『ニュー・イングランダー』*New Englander* 530-31
『ニューヨーカー』*New Yorker* 373
『ニューヨーク・クォーターリ』*New York Quarterly* 572
『ニューヨーク・タイムズ』*New York Times* 373, 661, 674, 894
『ニューヨーク・ヘラルド』*New York Herald* 374, 682, 687
『ネイチャー』*Nature* 687, 816, 818, 822, 834, 853, 878
『年報』(フランス黄経局) *Annuaire* 799
『ノウツ・アンド・クウィアリズ』*Notes and Queries* 577
『ノース・ブリティッシュ・レヴュー』*North British Review* 512

ハ

『ハーヴァード・マガジン』*Harvard Magazine* 529
『パトナムズ・マンスリ』*Putnam's Monthly* 584
『パンチ』*Punch* 697
『ピータースンズ・マガジン』*Peterson's Magazine* 584
『百科雑誌』*Journal encyclopedique* 217
『フィガロ・イリュストレ』*Figaro illustrée* 688
『フィロソフィカル・マガジン』*Philosophical Magazine* 696
『フォートナイトリー・レヴュー』*Fortnightly Review* 688
『ブラクウッズ・エディンバラ・マガジン』*Blackwood's Edinburgh Magazine* 341-43, 580
『ブリティッシュ・クォーターリ・レヴュー』*British Quarterly Review* 566
『ブリティッシュ・コントロヴァーシャリスト』*British Controversialist* 578, 580
『ブリティッシュ・レヴュー』*British Review* 340-44
『フレイザーズ・マガジン』*Frazer's Magazine* 539-40
『ベルグラヴィア』*Belgravia* 677
『ペルメル・ガゼット』*Pall Mall Gazette* 687

マ

『マガザン・ピトレスク』*Magasin pittoresque* 667
『マーカンタイル・アドヴァタイザー』*Mercantile Advertiser* 373
『マッククルールズ』*McClure's* 662
『マルタズ・ヴィニヤード・ヘラルド』*Martha's Vineyard Herald* 841
『マンスリ・レヴュー』*Monthly Review* 342-44, 348
『メソジスト季刊雑誌』*Methodist Quarterly Review* 571-72
『メルキュール・ガラン』*Mercur galant* 41

ラ

『ランブラー』*Rambler* 564-65
『力学雑誌』*Mechanics'Magazine* 553
『リテルズ・リヴィング・エイジ』*Littell's Living Age* 540
『ロウエル天文台年報』(『年報』)*Annals of the Lowell Observatory=ALO* 850, 861
『ロンドン・クォーターリ・レヴュー』*London Quarterly Review* 565
『ロンドン・マガジン』*London Magazine* 151, 155
『ロンドン・デイリ・ニューズ』*London Daily News* 481
『ロンドン・テレグラフ』*London Telegraph* 818
『論文と論評』*Essays and Reviews* 518

雑誌新聞索引

ア

『アテナエウム』*Athenaeum* 395, 397, 577
『アドラステア』*Adrastea* 246-47
『アメリカ芸術科学アカデミー会報』*American Academy of Arts and Sciences Memoirs* 185-86
『アメリカン・ジャーナル・オブ・サイエンス』*American Journal of Science* 702
『アメリカン・ジャーナル・オブ・サイエンス・アンド・アート』*American Journal of Science and Art* 553, 556
『アメリカン・ナチュラリスト』*American Naturalist* 791
『一般科学評論』*Popular Science Review* 638, 648
『一般天文学』*Popular Astronmy=PA* 687, 850, 852, 875
『イングリッシュ・メカニック』*English Mechanic and World of Science* 828
『インディペンデント』*Independent* 693
『ウィットネス』*Witness* 541
『ウエストミンスター・レヴュー』*Westminster Review* 546-47
『宇宙』*Kosmos* 899
『宇宙と地球』*Ciel et terre* 828
『英国伝記事典』*Dictionary of National Biography* 896
『英国天文学協会会報』(『会報』) *British Astrnomical Association Journal* 828, 831, 863, 894, 896
『英国天文学協会紀要』(『紀要』) *British Astronomical Association Memoirs=BAAM* 828, 863
『英国博物館目録』*British Museum Catalogue* 265
『エヴァンジェリカル・マガジン』*Evangelical Magazine* 340, 343-44, 348
『エヴァンジェリカル・レヴュー』*Evangelical Review* 571
『エヴァンジェリカル・レポジトリイ』*Evangelical Repository* 569
『エクレクティック・マガジン』*Eclectic Magazine* 540
『エクレクティック・レヴュー』*Eclectic Review* 341-44, 548, 570
『エディンバラ科学雑誌』*Edinburgh Journal of Science* 370
『エディンバラ・ニュー・フィロソフィカル・ジャーナル』*Edinburgh New Philosophical Journal* 362, 365, 376, 542
『エディンバラ・エンサイクロペディア』*Edinburgh Encyclopaedia* 330, 510
『エディンバラ・レヴュー』*Edinburgh Review* 465, 469, 853, 885
『エンサイクロペディア・ブリタニカ』*Encyclopaedia Britannica* 100, 883
『王立天文学協会紀要』*Royal Astronomical Society Memoirs=RASM* 383
『王立天文学協会月報』*Royal Astronomical Society Monthly Notices=RASMN* 647
『オールバニー・デイリ・アドヴァタイザー』*Albany Daily Advertiser* 373

カ

『科学者伝記事典』*Dictionary of Scientific Biography* 896
『カトリック世界』*Catholic World* 778
『カルガ・ヘラルド』*Kaluga Herald* 688
『カレント・リテラチャー』*Current Literature* 691
『季刊洗礼派』*Baptist Quarterly* 769
『キリスト教備忘録』*Christian Remembrancer* 557
『クリア・アンド・エンクワイアラ』*Courier and Enquirer* 375
『クリスティアン・エグザミナー』*Christian Examiner* 536
『クリスティアン・オブザーヴァー』*Christian Observer* 340-44
『クリスティアン・レヴュー』*Christian Review* 572
『クリスティアン・リメンブランサ』*Christian Remembrancer* 362
『月刊アトランティック』*Atlantic Monthly* 850
『月刊ハーパーズ』*Harper's Monthly* 896
『月刊ポピュラー・サイエンス』*Popular Science Monthly=PSM* 702
『コスモス』*Cosmos* 667, 684, 717
『コリアーズ』*Collier's* 690, 693
『コロラド・スプリングズ・ガゼット』*Colorado Springs Gazette* 690
『コーンヒル・マガジン』*Cornhill Magazine* 648, 655, 679

サ

『サイエンス』*Science* 693, 834, 851
『サイエンティフィック・アメリカン』*Scientific American=SA* 691-92, 818, 894
『サザン・クォーターリ・レヴュー』*Southern Quarterly Review* 584
『サタデー・レヴュー』*Saturday Review* 549, 744
『サン』*Sun* 369-70, 373-75
『サンデー・マガジン』*Sunday Magazine* 820
『ジェントルマンズ・マガジン』*Gentleman's Magazine* 109, 348
『ジャーナル・オブ・コマース』*Journal of Commerce* 374
『ジャーナル・オブ・サイエンス』*Journal of Science* 637
『自然研究者』*Der Naturforscher* 228
『時代と季節』*Times and Seasons* 422
『時代の認識』*Connaissance des temps* 127
『上海マーキュリー』*Shanghai Mercury* 834
『週刊ハーパーズ』*Harper's Weekly* 853, 882
『自由批判通信』*Freye Urtheile und Nachrichten* 82, 84

ルター派教会 Lutheran Church　32
霊魂の輪廻 transmigration of souls　209, 240, 243, 245, 389, 670, 705-12, 763
ロシア正教会 Russian Orthodox Church　255-59
ローマ・カトリック教会 Roman Catholic Church　22-26, 29-33, 36, 41, 555, 564, 658, 709, 715, 725
ロマン主義運動 Romantic movement　248

ワ

惑星 planets
　内部の居住者　59, 400-01
　将来の居住可能性　83-87, 521, 541, 544, 574-76, 646, 651-52, 655-59, 729-31, 739-40, 773, 778, 782, 784-85, 788-90

事項索引

ア

悪魔 devil　195, 217, 253, 312, 315, 336, 414, 418, 570
天の川 Milky Way　72-74, 77, 85, 92-93, 96-97, 109, 157, 172, 248, 435, 483, 487, 637
イェール大学における世界の複数性議論 Yale University　171, 187-88, 318-22, 374
宇宙旅行 cosmic voyages　95, 161, 197, 199, 226, 229, 240, 243-44, 389, 654, 669
英国国教会 Anglican Church　150, 518, 524, 557, 559, 563-64, 576, 581, 586, 749, 751
エピクロス哲学 Epicureanism　18-21, 32, 40, 47, 179, 203
大いなる存在の連鎖 great chain of being　87, 131, 133, 143-45, 154, 180, 193, 201, 208-09, 222, 229, 234, 240, 245, 323, 448
オクスフォード大学における世界の複数性議論 Oxford University　58-59, 148, 517-24, 534-35
オリオン星雲 Orion nebula　180, 394, 416, 428, 487, 637, 907

カ

海王星 Neptune　441, 475, 490, 521, 542, 553, 555, 568, 652, 739, 747, 785
火星 Mars　65, 108, 118, 142, 194, 203, 212, 254, 352, 367, 385, 396, 414, 490-92, 506, 540, 661, 672-74, 721-23, 732-39, 771-75, 782, 796
　生命　65, 88, 108, 176, 229, 397, 638, 642, 651, 654, 656, 673, 684-93, 752, 755, 780-900
　大気　108, 367, 644, 654, 834, 840-42, 854-68, 889
　衛星　65, 308, 722, 806
キリスト教　Christianity　23-27, 39, 46, 65, 88, 126, 129, 135-43, 149-55, 163-65, 180-81, 188, 210-15, 226, 234, 253, 261-65, 306, 312-18, 330-43, 365, 397, 409-12, 420-21, 447-59, 475-86, 496, 499, 502, 507-16, 528, 536, 542, 557, 567-79, 587, 658, 664-68, 704-05, 710-19, 727, 733-44, 758-79, 790
金星 Venus　31, 42, 45, 117-21, 142-44, 168, 203, 233, 259, 359-60, 367, 384, 396, 490-91, 506, 540, 638, 650, 737-39, 771, 775, 785, 796, 808-09, 858, 860
　生命　42, 88, 117, 176, 259, 326, 359-60, 397, 434, 441, 638, 651, 685, 755, 890
　大気　45, 117, 259, 384, 441, 644, 782
　月　245-46
　山　117, 121, 203
啓蒙運動 Enlightenment　97, 101, 130, 223, 242, 251, 260
ケンブリッジ大学における世界の複数性議論 Cambridge University　59, 67, 167-69, 356, 537
暦 almanacs　172-79

サ

視差 parallax　152
自然神学 natural theology　50, 58, 83, 89, 101, 129-36, 152-55, 172, 182, 188, 245, 253, 260-62, 320-24, 338-39, 345, 407, 411, 454, 461-65, 487, 493-98, 503, 506, 514-23, 531-33, 541, 544, 559, 576-78, 582, 587, 748-49, 772, 896
終末論 world,theory of end of　209-10, 770
充満の原理 plenitude,principle of　19, 28, 34, 41, 61-62, 70, 77, 85, 95, 97, 217, 227, 401, 562, 573, 750
贖罪と受肉 redemption and incarnation　37, 39, 56, 166, 216, 314-15, 321, 342, 481, 575, 712, 724, 776
新イェルサレム教会 Church of the New Jerusalem　157-58, 161
水星 Mercury　48, 118, 121, 144, 159, 168, 174-76, 203-04, 309, 367, 384-85, 396, 399, 414, 490-91, 521, 645, 650, 775, 785, 796, 808-11, 858
　生命　42, 66, 88, 98, 159, 174, 176, 359, 397, 434, 441, 798, 811
　大気　118, 384, 441, 644
　自転周期　118, 808-11, 858
彗星 comets　43, 50, 59, 74, 94, 99-112, 119, 122, 132, 172, 175, 182-85, 191, 194, 197, 202-06, 210, 225, 228, 235, 239, 248, 345, 350, 370, 397, 429-30, 435, 450, 698, 709, 731, 740, 798-99, 808
　生命　122, 184, 228, 324-26, 355, 359, 388-89, 430, 454
　大気　183-85
スヴェーデンボリ教会 Swedenborgian Church　413
星雲 nebulae　72, 82-85, 93, 100, 109, 247-48, 476, 483, 487-89, 514, 538, 545-51, 581, 637, 652, 656, 730, 740, 803
星雲説 nebular hypothesis　82, 85, 125, 157, 391-94, 404, 461-65, 472-75, 491-92, 521, 539-40, 554, 578-79, 645, 731, 772-75, 782, 787-93, 799, 803, 845, 893
聖書(を引用した) Bible
　反・地球外生命議論　トマス・アクィナス 23; キャトコット 149; ウェズリ 152-53; A. マクスウェル 347; クルツ 450-51; リーヴィト 572
　親・地球外生命議論　スターミ 66; イリヴ 69; ビーティ

リトロ Littrow, Johann Joseph von 357, 361-66, 445
『天界の不思議』*Die Wunder des Himmels* 361, 364
リトンハウス Rittenhouse, David 180-82
『演説』*Oration* (1775) 180-82
リヒター Richter, Hermann E. 700
リヒター Richter, Johann Paul Friedrich →パウル(,ジャン)
リベール Libert, Lucien 890
リヨー Lyot, B. 809
リーランド Leland, Samuel Phelps 859
ルイス Lewis, C.S. 141
ルヴェリエ Leverrier, Urbain Jean Joseph 663, 772
ルキアノス Lucian of Samosata 21
ルクレティウス Lucretius 20, 29, 41, 62, 85, 137, 179, 189, 199, 204, 240, 310, 463, 705
『事物の本性について』*De rerum natura* 20, 27, 82
ルソー Rousseau, Jean-Jacques 195-96
『告白』*Confessions* 195-96
ルータルト Luthardt, Christoph Ernst 734
『護教論録』*Apologetische Vorträge* 734
ルーミス Loomis, Elias 374
レイ Ray, John 51, 151, 172
『創造に現れた神の叡智』*The Wisdam of God Manifested in the Works of Creation* (1691) 52
レイン Lane, B.W. 872, 874
レヴェンタール Leventhal, Herbert 188
レウキッポス Leucippus 18, 219
レオパルディ Leopardi, Giacomo 328, 442-43, 454
『オペレッテ·モラーリ』*Operette morali* 442
レキ Lecky, William 150
レギウス Regius, Henry 38
『自然学の基礎』 *Fundamenta physices* (1646) 38
レジャー Ledger, Edmund 874
レシング Lessing, Gotthold Ephraim 226, 229-31
「惑星居住者」Die Planetenbewohner 229
レスクール Lescoeur, Louis 714, 802
『未来の生活』*La vie future* (1872) 714
レナード Leonard, George H. 683
レノー Reynaud, Jean 664-69, 705-09, 719-20, 735, 761
『地球と宇宙』*Terre et Ciel* (1854) 664, 666, 705, 719
レハードレイ Lehardelay, C. 815
ローアマン Lohrman, Wilhelm 368-69, 430, 675
ロウエル Lowell, A. Lawrence 845
ロウエル Lowell, Percival 118, 683, 788, 790-91, 804, 815, 832, 839, 845-65, 870-905, 913-18
『極東の魂』*The Soul of the Far East* (1888) 845
『火星』*Mars* (1895) 848-53, 913
『火星とその運河』*Mars and Its Canals* 876, 880
ロウズ Rose, H.J. 465
ロウズベルト Roosevelt, Theodore 262
ロウパー Roper, Ralph C. 262
ロオー Rohault, Jacques 38
『自然学概論』*Traité de physique* (1671) 38
ロキアー Lockyer, J.Norman 362, 634, 669, 687, 694, 814, 834-35, 853, 878
『天文学要諦』*Elements of Astronomy* 634
ロキアー Lockyer, William J.S. 635, 853, 878
ロジェ Roger, Jacques 211
ロス卿 Rosse, Lord →パースンズ
ローズィン Rozin, Mikhail 96
ローゼ Lohse, O. 815, 824
ロック Locke, John 53-56, 189, 347, 374
『人間知性論』*Essay Concerning Human Understanding* 53, 56, 101
『自然哲学原理』*Elements of Natural Philsophy* 53
ロック Locke, Richard Adams 357, 374-79, 408, 454, 668
ロード Lord, David Nevins 573-74
ロバーツ Roberts, Brigham H. 421
ロバーツ Roberts, C. 862
ロビンスン Robinson, John 510
ロモノーソフ Lomonosov, Mikhail Vasilyevich 257-59
ロリスン Rorison, Gilbert 583
ロング Long, Roger 167-70
『天文学』*Astronomy* (1742-64) 168

ワ

ワゴナー Waggoner, Hyatt Howe 766
ワーシントン Worthington, J.H. 878
ワーズワース Wordsworth, William 306-09, 407, 454
ワット Watt, Hugh 332

ヤング Young, Charles A.　52, 646, 788-89, 826, 831, 852, 887
『天文学要諦』*Elements of Astronomy*　789
『一般天文学』*General Astronomy*　789
『天文学講座』*Lessons on Astronomy*　789
ヤング Young, Edward　74-76, 97, 136-41, 170, 179, 234, 241, 310, 411, 769
『夜想』*Night Thoughts*　136, 141, 154, 231
ヤング Young, Thomas　306-07, 387
ユエ Huet, Pierre Daniel　212
ユゴー Hugo, Victor　157, 252, 707-08
ユーリ Urey, Harold C.　702
ヨウェル Yowell, Everett I.　868
ヨハネ John (the Evangelist)　24
ヨハネ(ダマスカスの) John of Damascus　259

ラ

ライヴス Ryves, P.M.　894
ライエル Lyell, Charles　390, 537
ライス Rice, Stephen Edmond Spring　583
ライチ Leitch, William　679, 681, 772-73
『天における神の栄光』*God's Glory in the Heavens* (1862)　679, 771
ライト Wright, Theodore F.　748, 761
ライト Wright, Thomas　60, 72-85, 93-101, 129-30, 154, 167, 170, 260, 914
『天の鍵』*Clavis coelestis*　74
『宇宙論についての再考、あるいは特異な見解』*Second or Singular Thoughts upon the Theory of the Universe*　80
『宇宙についての独創的理論あるいは新仮説』*An Original Theory or New Hypothesis of the Universe* (1750)　73-74
ライプニッツ Leibniz, Gottfried Wilhelm　53-58, 70, 82, 92, 95, 192-99, 207-09, 220-24, 240, 534, 735
『弁神論』Théodicée (1710)　54-56, 101, 224
『人間知性新論』*Nouveaux essais sur l'entendement humain*　56-57
ラヴジョイ Lovejoy, Arthur O.　19, 28, 36-38, 209, 912
『大いなる存在の連鎖――観念史の研究』*The Great Chain of Being:A Study of the History of an Idea* (1936)　28, 209
ラーキン Larkin, Edger Lucien　692
ラスヴィッツ Lasswitz, Kurd　850
ラッセル Lassell, William　814
ラッセル Russell, Henry Norris　894
ラードナー Lardner, Dionysius　394-97, 407, 546, 555, 571
『科学と芸術に関する一般講義』*Popular Lectures on Science and Art*　396-97, 788
『蒸気機関車』*Steam Engine*　395
『科学と芸術の博物館』*Museum of Science and Art*　396-97, 546, 580
ラフィネスク Rafinesque, C.S.　73, 80
ラフュマ Lafuma, Louis　36
ラプラス Laplace, Pierre Simon　72, 85, 114, 124-29, 260, 312, 347, 356, 391, 461, 475, 665, 678-79, 695, 705, 731, 772
『天体力学』*Mécanique céleste*　124
『宇宙体系の説明』*Exposition du système du monde*　125-26
ララント Lalande, Jérôme　72, 114, 127-29, 214, 260, 325, 431, 442, 663-64, 913
『天文学概説』*Traité d'astronomie* (1764)　127
『天文学』*Astronomie* (1792)　127-28
ラリ Larit, J.J.　575
『空想と真実、あるいは、ウィリアム・ヒューエル博士の世界の複数性に関する著作に答えて、宗教的観点から考察された天文学的問題』*Rêveries et vérités, ou de quelques questions astronomiques envisagées sous le rapport religieux, en résponse à l'ouvrage du Docteur William Whewell sur la pluralité des mondes* (Paris)　575
ラングレイ Langley, Samuel Pierpont　642-43
ランゲ Lange, Frederick Albert　727
『唯物論の歴史』*History of Materialism*　727
ランゲ Lange, J.P.　736
ランプランド Lampland, Carl Otto　876
ランベルト Lambert, Johann Heinrich (Jean-Henri)　72-73, 92-101, 111-12, 118-29, 154, 223, 244, 260, 354-56, 430, 797-98, 914
『宇宙の配置に関する宇宙論書簡』*Cosmologische Briefe uber die Einrichtung des Weltbaues* (1761)　92- 97, 111, 244
ランヤード Ranyard, Arthur Cowper　660, 836
リー Lee, R.B.　912
リー Ley, Willy　383, 681
リアグル Liagre, Jean Baptiste Joseph　635, 679, 681, 906
リエ Liais, E.　798
リーヴィト Leavitt, Joshua　572
リヴィングストン Livingstone, David　357
リグドン Rigdon, Sidney　421
リチュル Ritschl, Albrecht　232
『義認と和解に関するキリスト教教義の批評的歴史』*Critical History of the Christian Doctrine of Justification and Reconcilation* (1872)
リック Lick, James　678, 846
リッチー Ritchie, John Jr.　829
リッチョーリ Riccioli, Giovanni Battista　35-36
『新アルマゲスト』*Almagestum novum* (1651)　35-36
リード Reade, Winwood　743
『人間の苦難』*Martyrdom of men*　743
リード Reid, Thomas　164

『雑録』*Vermischte Schriften* (1754)
ミューリウス Mylius, W.C.　120
ミラー Miller, Adam　770
『別世界における生命』*Life in Other Worlds* (Chicago, 1878)　770
ミラー Miller, Hugh　505, 538, 541-44, 546
『地質学対天文学』*Geology versus Astronomy*　541-42
ミラー Miller, R.Kalley　680-81
『天文学のロマンス』*Romance of Astronomy* (1873)　680
ミラー Miller, William Allen　635-38
ミラー Miller, William (Millerite)　415-16
ミラー Miller, William (of Edinburgh)　781-83
『天体――その本性と居住可能性』*The Heavenly Bodies: Their Nature and Habitability* (London)　781
ミル Mill, John Stuart　219, 402-03, 517, 519, 909
『論理学体系』*System of Logic*　402-03, 466
ミルトン Milton, John　75, 232, 718
『失楽園』*Paradise Lost*　168
ミルハウザ Millhauser, Milton　518
ミルン Milne, David (Home)　388-89, 454
『彗星について』*Essay on Commets*　388-89
ミレ Milet, Jean　261-62
『神かキリストか』*God or Christ?*　261
ミロショ Millochau, Gaston　866, 886-89
ムーア Moore, Patrick　675, 683
ムーニエ Meunier, Stanislas　702, 834
ムーニエ Meunier, Victor　684
メイオウ Mayo, B.　155
メイオウ Mayo, Herbert　465
メイザー Mather, Cotton　52, 171-72
『キリスト教哲学者』*The Christian Philosopher* (1720)　171
『祝福された神のすばらしき御業』*Wonderful Works of God Commemorated* (1690)　171
メシエ Messier, Charles　685
メストル Maistre, Joseph de　306, 327-28
『サンクト・ペテルブルクの夕べ』*Soirées de Saint-Pétersbourg*　327
メースン Mason, Edwin C.　792
メタニヒ、王子クレメンス Metternich, Prince Klemens　364
メトロドロス Metrodorus of Chios　19
メードラー Mädler, J.H.　357, 368-69, 430, 450, 674-75, 814
メヌル Meynell, Alice　758-59
メランヒトン Melanchthon, Philip　32
メリアン Merian, J.B.　96, 111
メルシエ Mercier, A.　688-89
『火星との交信』*Communication avec Mars* (Orléans)　688-89
メルセンヌ Mersenne, Marin　36
メレディス Meredith, George　753-54
メンデンホール Mendenhall, Thomas Corwin　693
モア More, Henry　38-39, 315
『プラトン主義者デモクリトス、あるいはプラトン的原理から世界の無数性を論ず』*Democritus Platonissans, or, An Essay upon the Infinity of Worlds out of Platonick Principles*　38
『プラトンの精神論』*Psychothasia Platonica* (1642)　38
『無神論に対する防御手段』*Antidote against Atheism* (1653)　39
『神の対話』*Divine Dialogue* (1668)　39
モース Morse, Edward Sylvester　878
『火星とその神秘』*Mars and Its Mystery*　878
モース Morse, Edgar W.　510-11
モース Morse, Jedidiah　185
モーセ Moses　145-46, 422-23
モペルテュイ Maupertuis, Pierre Louis Moreau de　52, 192, 205-06, 222
『宇宙論』*Essai de cosmologie* (1750)　205
『彗星書簡』*Lettre sur la comète* (1742)　205
モリス Morris, Charles　791
モリスン Morison, James　569-70
モールトン Moulton, Forest R.　692, 794-95
モレスコット Moleschott, Jacob　727
モレスワース Molesworth, P.B.　863, 866, 874, 887
モロー Moreux, Théophile　863, 869, 890
『別の世界は居住可能か』*Les autres mondes sont-ils habités?* (1912)　890
モワニョ Moigno, François　714, 741, 777
『信仰の栄光』*Les splendeurs de la foi* (1877-9)　714
モンサブレ Monsabré, Jacques　715
モンシャルヴィル Moncharville, Pierre Julien Brodeau de　58
『存在の証および宇宙の新体系』*Preuves des existence, et nouveau systême de l'univers*　58
モーンダー Maunder, Annie S.D.　873
モーンダー Maunder, Edward Walter　782, 807, 819-44, 855-77, 883-98, 901, 908, 916, 918
『惑星に居住者はいるか』*Are the Planets Inhabited?* (1913)　896
モンティニェ大司教 Montignez, Monseigneur de　711-13
『世界の複数性に関するキリスト教理論』*Théorie chrétienne sur la pluralité des mondes* (1865)　711
モンテーニュ Montaigne, Michel Eyquem de　44
モンリヴォー伯爵 Montlivault, Count de　700
『地球と月の結合に関する推測』*Conjectures sur la réunion de la Lune à la Terre*　700

ヤ

ヤング Young, Brigham　420-21, 424

ボーマー Baumer, Franklin L.　130
『現代ヨーロッパ思想』*Modern European Thought* (1977)
ホームズ Holmes, Edwin　863, 869
ポラーニ Polanyi, Michael　908
ホランド Holland, Henry　552-53
ホリス Hollis, H.P.　889
ボリングブルック Bolingbroke, Henry St.John　143-46, 170
『哲学著作集』*Philosophical Works* (1754)　143, 145-46
ホール Hall, Asaph　362, 722, 806, 823, 827, 830
ホール Hall, Robert　341, 344
ボール Ball, Robert Stawell　783-87, 835, 840, 868
『地球の始まり』*The Earth's Beginning* (1901)　784
『天の物語』*Story of the Heaven* (1885)　784
『星界』*Starry Realms*　784
『高い天において』*In the High Heaven* (1893)　785
『開いている天空』*The Opening Heavens* (1846)
ポール Paul, E.Robert　427, 691, 778
ホールデン Holden, Edward S.　110, 678, 691, 823-31, 840-42, 847, 851, 859
ポーレ Pohle, Joseph　737-43, 774, 779, 802-04, 916
『教義教本』*Lehrbuch der Dogmatik* (1902-5)　737
『星界とその居住者』(『星界』)*Die Sternenwelten und ihre Bewohner* (1884-5)　737-41
ボレル Borel, Pierre　40-42
『世界が多数であることを証明する新論文。惑星には居住者がおり、地球はひとつの星であること、そして地球が第三天界の中心の外にあり、固定した太陽の周りを廻ること。そしてその他めずらしくて好奇心をそそること』*A New Treatise Proving a Multiplicity of Worlds. That the Planets Are Regions Inhabited, and the Earth a Star, and that It Is out of the Center of the World in the Third Heaven, and Turns Round before the Sun Which Is Fixed. And Other Most Rare and Curious Things.*　40-41
ポロノフ Polonoff, Irving I.　82
ホワイト White, Ellen G.　408, 415-19, 428, 454
『族長と預言者の物語』*The Story of Pariarchs and Prophets*　418
『キリストと悪魔の大論争』*Great Controversy between Christ and Satan*　419
ホワイト White, James　416, 418
ボワトゥ Boiteux, Jules　715-17, 721, 725, 779
『居住世界の複数性及びそれに関連した諸問題に関する唯物論者への書簡』*Lettres à un matérialiste sur la pluralité des mondes habités et les questions qui s'y rattachent* (1876)　715
ホーン Horne, George　147-48
ボンディ Bondi, Hermann　906-07
ボンド Bond, W.C.　637, 907

マ

マイア Mayer, J.T.　359-60
マイアー Meier, Georg Friedrich　240
マイアー Meyer, Max Wilhelm　802-03
『他の居住世界』*Bewohnte Welten* (Leipzig, 1909)　802
マイアーズ Myers, F.　470
マイエ Maillet, Benoît de　200
『テリアメ』*Telliamed*　200
マキューエン McEwen, H.　809
マクスウェル Maxwell, Alexander　67, 149-50, 345-48, 454, 458, 563, 721
『世界の複数性――あるいは哲学的批判的手紙、手記、覚え書き　神学博士トマス・チャーマーズの『天文講話』に触発されて』*Plurality of Worlds:or Letters, Notes & Memoranda, Philosophical and Critical;Occasioned by "A Series of Discourses on the Christian Revelation, Viewed in Connection with the Modern Astronomy." By Thomas Chalmers, D.D.*　345-46
マクドゥーガル MacDougal, Daniel T.　791
マクマリン McMullin, Ernan　910
マコリ McColley, Grant　11
マスキリン Maskelyne, Neville　102-04, 113-14
マズグレイヴ Musgrave, Charles　559-60
マーセト Marcet, Jane　388, 394
『自然哲学についての対話』*Conversation on Natural Philosophy*　388
マーチスン Murchison, Roderick　510, 537-38
マッジーニ Maggini, Mentore　898
『火星』*Il pianeta Marte* (Milan, 1939)　898
マーティン Martin, Benjamin　263
マルクス Marx, Karl　730, 912
マルコーニ Marconi, Guglielmo　691
マルサス Malthus, Robert　306, 465
マルブランシュ Malebranche, Nicolas　198, 214-15, 217-18
マレー Murray, Bruce C.　898
マレシャル Maréchal, Sylvain　129
『無神論者辞典』*Dictionnaire des athees*　129
マレット Mallet, David　130-32
マン Mann, Robert James　548-49, 679
ミー Mee, Arthur　864
ミシュレ Michelet, Carl Ludwig　446
ミッチェル Mitchel, Ormsby MacKnight　408, 765
『天体』*Orbs of Heaven*　408, 783
『一般天文学』*Popular Astronomy*　648
ミッチェル Mitchell, James　308
『世界の複数性について』*Of the Plurality of Worlds* (1813)　308
ミッチェル Mitchell, Maria　530
ミュラー Müller, Adolf　742-43, 866
ミューリウス Mylius, Christlob　225-29

ペティト Pettit, Edison 870
ベートーヴェン Beethoven, Ludwig van 241
ペトロニウス Petron 219
ヘニングス Hennings, Johann Christoph 66
ベネデッティ Benedetti, G.B. 32
ベラルミーノ Bellarmine, Robert 214
ヘール Hale, Edward Everett 850
『国を持たない男』*Man without a Country* 850
ヘール Hale, George Ellery 842, 852, 877-78, 887, 889, 892, 899
ベール Bayle, Pierre 41
ベルジュラック Bergerac, Cyrano de 663
ヘルダー Herder, Johann Gottfried 90-91, 241-48, 735
『霊魂の輪廻について』*Ueber die Seelenwanderung* (1785) 243
『人類史の哲学』*Ideen zur Philosophie der Geschichte der Menschheit* (1784-91) 90, 243
『天文学の基礎』*Anfangsgrunde der Sternkunde* 242
『神、対談』*Gott, einige Gespräche* (1787) 245
ペルチュ Pertsch, Georg 65
ベルツェリウス Berzelius, Jöns Jacob 390, 695-96, 702-03
ヘルテンシュタイン Herttenstein, Johann Heinrich 66
ベルトロ Berthelot, Marcellin 696, 702
ベルナルダン·ド·サン=ピエール Bernardin de Saint-Pierre, Jacques Henri 324-25, 328, 669
『自然の研究』*Études de la nature* (1784) 324
『自然の調和』*Harmonies de la nature* (1815) 324-25
ベルヌイ Bernoulli, Johann 54
ヘルビガー Hörbiger, Hanns 879
ベルペール Belpaire, J. 890
ペルーホ Perujo, Niceto Alonso 725
ヘルムホルツ Helmholtz, Hermann von 81, 700-01
ペロタン Perrotin, Henri 822-25, 833, 868
ヘンズロウ Henslow, Ellen 583
ベントリ Bentley, Richard 46-49, 70, 170, 455
『無神論への反証』*A Confutation of Atheism from the Origin and Frame of the World* 48
ポー Poe, Edger Allen 374-75
ホイットマン Whitman, Walt 762-66
『草の葉』*Leaves of Grass* (1855) 762-65
ホイト Hoyt, William Graves 848, 852, 895
『ロウエルと火星』*Lowell and Mars*
ホイヘンス Huygens, Christiaan 43-45, 51, 57, 67-76, 148, 151-55, 168, 172, 180, 187, 191, 202-03, 214, 223, 244, 253, 325, 352, 432, 557, 663, 668
『コスモテオロス』*Cosmotheoros* 43-46, 51, 53, 75, 143, 170, 223, 255-56, 797
『土星の体系』*Systema Saturnium* (1659) 44
『光についての論考』*Treatise on Light* 45
『発見された天の諸世界』*Celestial Worlds Discover'd* 150
ボイル Boyle, Robert 46
ポインティング Poynting, J.H. 880, 883
ボイントン Boynton, P.H. 766
ボヴィエ-ラピエール Bovier-Lapierre, Gaspard 802
『天文学入門』*Astronomie pour tous* (1891) 802
ホーウェス Hawes, G.W. 702
ボウドイン Bowdoin, James 185-86
ポウプ Pope, Alexander 59-61, 70, 75, 130, 135, 143, 170, 175, 310
『人間論』*Essay on Man* 59, 75, 87, 130, 135, 220
ボエ Boë, Adolphe de 828
ボス Boss, Valentin 255
『ニュートンとロシア』*Newton and Russia* 255
ボズウェル Boswell, James 155
ホスキン Hoskin, Michael A. 73, 101
ボスコヴィッチ Boscovich, Roger Joseph 254-55, 401, 807, 905
『大気のある月について』*De lunae atmosphaera* (1753) 254
『自然哲学理論』*Philosophiae naturalis theoria* (1758) 254
ポーター Porter, Jermain Gildersleeve 773
『われわれの家なる天——天文学者の天国観』*Our Celestial Home: Astronomer's View of Heaven* (London, 1888) 773
ボーデ Bode, Johann Elert 72, 114-29, 223, 245-46, 260, 328, 358, 431, 444, 587, 905, 914
『星と宇宙の考察』*Betrachtung der Gestirne und des Weltgebaudes* (1816) 121
『星学の簡潔な解説とそれに属する諸学問』*Kurzgefasste Erläuterung der Sternkunde und den [sic] dazu gehorigen Wissenschaften* (1778) 119-20
『やさしい星学入門』*Deutliche Anleitung zur Kenntniss des gestirnten Himmels* 118-20, 124, 244
『宇宙論』*Allgemeine Betrachtungen über das Weltgebaude* (1801) 120
『天文年鑑』*Astronomisches Jahrbuch* 118, 121, 249
ポーティウス Porteus, Beilby 165, 170, 347, 399
『贖罪に関するキリスト教教義について』*On the Christian Doctrine of Redemption* (1811)
ボードマー Bodmer, Johann Jakob 231, 239-41, 905
『ノア』*Der Noah* (1752) 239
ボナミ Bonamy, Pierre 68
ボネ Bonnet, Charles 123, 154, 205-10, 705-06
『自然についての考察』*Contemplation de la nature* (1764) 154, 207, 210
『輪廻の哲学、あるいは生物の過去と未来について』*La palingénésie philosophique, ou idées sur l'état passé et sur l'état futur des etres vivans* (1769) 209
ポパー Popper, Karl 577, 905
ホフリング Hofling, Charles K. 846

『世界の居住可能性』*Bewohnbarkeit der Welten* (1905) 858
フレミング Fleming, George 692
ブロウディ Brodie, Benjamin Collins 552
ブロウディ Brodie, Fawn 427
プロクター Proctor, Mary 835
プロクター Proctor, Richrad A. 58, 488, 646-63, 667, 671-80, 698-99, 727, 731-37, 741, 747-61, 770, 780-804, 812, 818, 824-25, 835, 846-47, 905, 914
『土星とその系』(『土星』)*Saturn and its System* 648-49, 652, 846
『われわれの世界とは別の世界』(『別の世界』)*Other Worlds than Ours* (1870) 649-54, 660, 663, 796
『われわれの周りの天体』*The Orbs around Us* 653-54
『広大な天界』*The Expanse of Heaven* 654
『科学の周辺』(『周辺』)*The Borderland of Science* 654-55
『無限の中のわれわれの場所』(『無限』)*Our Place among Infinities* 655-57
『科学の小道』(『小道』)*Science Byways* 655-57, 660
『天文学の神話と驚異』*Myths and Marvels of Astronomy*(1877) 658
『われわれの世界とは別の太陽』*Other Suns than Ours* (1887) 659, 846
『太陽たちの宇宙』*Unuverse of Suns* (1884) 659
『天文学の詩』*Poetry of Astronomy* (1881) 659
『感覚の幻覚』*Illusion of the Senses and Other Essays* (1886) 660
『時間と空間のミステリー』*Mysteries of Time and Space* (1883) 660
『新旧天文学』*Old and New Astronomy* 660, 825
『天文学随想』*Essay on Astronomy* 756
『月――その運動、様相、景観、物理的状態』*The Moon: Her Motions, Aspects, Scenery, and Physical Condition* (1873) 677
『太陽』*The Sun*
ブロケス Brockes, Barthold Heinrich 52, 225-27
『神における地球の楽しみ』*Irdisches Vergnügen in Gott* (1721-48) 226
フロスト Frost, Edwin B. 886, 891
プロタゴラス Protagoras 195
ブロドー Brodeau →モンシャルヴィル
ブロンテ Brontë, Emily 357
ブンゼン Bunsen, Robert 635, 640
フンボルト Humboldt, Alexander von 44, 365, 545, 555
『コスモス』*Cosmos* 490
ベーア Beer, Wilhelm 368-69, 430, 674-75
ヘイ Hay, William 141-43, 170, 218
『哲学者の宗教――あるいは宇宙的観点から説明された道徳とキリスト教の諸原理、および宇宙における人間の状況』*Religio Philosophi: or, The Principles of Morality and Christianity Illustrated from a View of the Universe, and Man's Situation in It* 141
ベイカー Baker, Henry 133
『宇宙――人間の高慢を抑えるための詩』*The Universe:A Poem Intended to Restrain the Pride of Man* 133
ベイカー Baker, Thomas 67-68, 170, 347
『学問について』*Reflections upon Learning* (1699) 67, 148
ベイコン Bacon, Francis 347, 461
ベイコン Bacon, Roger 23
ヘイスティ Hastie, William 81
ベイツ Bates, Henry H. 840
ベイツ Bates, Joseph 416-18
ベイリ Bailey, Phillip James 403-04, 544
『フェストゥス』*Festus* 403-04
ベイリ Bailey, Solon I. 832, 883
ペイリ Paley, William 461, 463, 520, 697
ペイン Paine, Thomas 100, 142, 179, 188, 260-65, 306, 312-21, 337, 378, 397, 407, 409, 412, 481, 486, 532, 563, 587-88, 765-67, 772, 916, 918
『理性の時代』*Age of Reason* (1793) 263-64, 306, 313-17, 397, 427, 765-66
『人間の権利』*Rights of Man* 262
ペイン Payne, William W. 852, 875
ベヴァン Bevan, James O. 781
ベーヴィス Bevis, John 263
ヘヴェリウス Hevelius, Johannes 35-36, 115
『月面地図』*Selenographia* 35-36
ベカー Becker, Carl 130
『18世紀の哲学者における天の国』*Heavenly City of the Eighteenth-Century Philosophers* (1932) 260
ヘクェムバーグ Hequembourg, Charles Louis 575, 721
『創造の計画――あるいは、他の世界とそこに居住する人々』*Plan of the Creation; or, Other Worlds, and Who Inhabit Them* 575
ヘーゲル Hegel, G.F.W. 429, 445-49, 452, 454, 458, 734-35, 769
『エンチクロペディ』*Enzyklopädie der philosophischen Wissenschaften* 445
ペザーニ Pezzani, J.André 210, 667, 706-09, 735, 761
『世界の複数性説と一致する魂の存在の複数性』*La pluralité des existences de l'âme conforme à la doctorine de la pluralité des mondes* (1865) 706
『星の本性と運命』*La nature et destination des astres* 707
ベスル Bessel, Friedrich Wilhelm 357, 365-69, 450, 454, 458, 485, 490, 549、738
ペッカム Peckham, William C. 692
ヘッケル Haeckel, Ernst 733, 743
『宇宙の謎』*Die Welträthsel* (1899) 733
ベディカー Boeddicker, Otto 828

『神学の鍵』*Key to the Science of Theology*　424
ブラッドリ Bradley, James　74, 76
プラトン Plato　20-21, 28, 197, 221, 459, 471, 485, 496, 520
『ティマイオス』*Timaeus*　21
フラマリオン Flammarion, Camille　210, 390, 431, 646-49, 660-76, 683-94, 705-25, 733-40, 761, 792-833, 845-75, 884-85, 892-95, 901, 913-16
『一般宇宙生成論』*Cosmogonie universelle*　663
『居住世界の複数性』(『複数性』)*La pluralité des mondes habités* (1863)　663-69, 700, 707-11, 797, 801
『想像的世界と現実的世界』*Les mondes imaginaires et les mondes réels*　663, 669
『月世界へのすばらしい旅行――若き哲学者の書簡』＊草稿 *Voyage extatique aux région lunaires: correspondance d'un philosophe adolescent*　663
『天界の驚異』*Merveilles Célestes*　669, 722
『天文学に関する研究と講義』*Études et lectures sur l'astronomie* (1867-80)　669
『大気』*L'Atmosphere* (1872)　670
『宇宙の歴史』*Histoire du ciel*　670
『無限に関する物語』*Recites de l'infini*　670
『ルーメン』*Lumen*　670
『宇宙のさまざまな地球』*Les terres du ciel*　670-71, 736
『一般天文学』*Astronomie populaire*　671-72, 676, 786
『星々と宇宙の名所』*Les étoiles et curiosités de ciel* (1882)　672
『火星とその居住可能性の諸条件』*La Planète Mars et ses conditions d'habitabilité*　673
『宇宙旅行』*Excursion dans le ciel*　685
『火星』*La planète Mars* (1892)　824, 829, 845, 853, 895
フラマリオン Flammarion, Ernest　664
フラムスティード Flamsteed, John　46, 157
ブランキ Blanqui, Louis August　704-05
『天における永遠――天文学的仮説』*L'éternité par les astres:hypothèse astronomique* (1872)　704
フランクリン Franklin, Benjamin　52, 172-75
『暦』*Almanack*　172-75
ブランスヴィック Brunschveicg, Léon　36
ブラント Blount, Charles　69, 170
『理性の神託』*Oracles of Reason* (1693)　69
フーリエ Fourier, Charles　414, 429, 435-40, 454, 668, 706, 856
『四つの運動についての理論』*Theorie des quatres mouvements*　435
プリジャン Prigent, Gabriel　721-22, 725
『星の居住可能性について』*De l'habitabilité des astres* (1892)　721
プリソン Plisson, François Édouard　431-33, 454, 458, 666, 717
『世界』*Les mondes*　431
ブリッジウォーター伯爵 Bridgewater, Eighth Earl of (Francis Henry Egerton)　338, 463, 583
フリードリヒ大王 Frederick the Great　93, 191, 204-05
フリノウ Freneau, Philip　177-79
『アメリカ独立戦争の間に書かれ出版された詩』*Poems Written and Published during the American Revolutionary War* (1809)
『1795年版マンマス天文暦』*The Monmouth Almanac, for the Year M, DCC, XCV*　177
プリュシュ, ノエル・アントワヌ Pluche, Noël-Antoine　214
『自然の様相』*Spectacle de la nature*　198
ブリーン Breen, James　529
『惑星の世界』*The Planetary Worlds*　529
ブルーアー Brewer, Ebenezer Cobham　564
『科学における神学』*Theology in Science*　564
ブルク Brooke, John Hedley　458-59, 480-81, 506, 509, 515, 588
ブルース Bruce, Jacob Daniel　256
ブルースター Brewster, David　49, 100, 330, 382, 465, 469, 509-50, 557-84, 650-57, 664, 669, 748-49, 770-75, 785, 821, 906, 918
『複数の世界――哲学者の信条とキリスト教徒の希望』*More worlds than one: the creed of the philosopher and the hope of the christian*　512, 516
プルタルコス Plutarch　21
『月面について』*De facie in orbe lunae*　21
ブルック Brooke, Henry　133
『宇宙の美』*Universal Beauty* (1735)　133
ブルックス Brooks, William R.　693
フルード Froude, James Anthony　558
『信仰のネメシス』*Nemesis of Faith*　558
ブルーノ Bruno, Giordano　26-32, 44, 69, 75, 191, 215, 574, 578, 641, 668, 736, 744-45
『聖灰日の晩餐』*La cena de la ceneri* (1584)　29
『無限の宇宙および諸世界について』*De l'infinito universo et mondi* (1584)　29
『無数のもの』*De innumerabilibus, immenso et infigurabili* (1591)　29
プルーマー Plumer, William Swan　575
プルーム Plume, Thomas　46, 170
フルルノワ Flournoy, Theodore　693
ブレイク Blake, William　140, 157
フレシヌ Frayssinous, Denis de　715
フレッツ Fretts, William　773
『居住世界は自然の普遍的法則である』*Inhabited Worlds Is the Universal Law of Nature* (Washington D.C., 1892)　773
ブレット Brett, John　830
ブレナー(コプチェヴィッツ) Brenner, Leo(Spiridion Gopčević)　857-58, 869, 915

『宇宙の起源について』*Sur l'origine du monde* (1884) 799
ファウト Fauth, Philip 879
ファーガス Fergus, Henry 345
ファーガスン Ferguson, James 98-102, 113, 167, 170, 176, 416, 427, 914
『アイザック・ニュートン卿の諸原理に基づく天文学』*Astronomy Explained upon Sir Isaac Newton's Principles* 98-102, 510
『若き紳士淑女のための易しい天文学入門』*Easy Introduction to Astronomy for Young Gentleman and Ladies* (1768) 100
ファト Fath, E.A. 888
ブイエ Bouillier, Francisque 215
『デカルト哲学の歴史』*Histoire de la philosophie Cartesienne* (1868)
フィギエ Figuier, Louis 210, 703, 708-09, 715-20, 761
『死の翌日、あるいは科学に従った未来の生』(『死の翌日』) *Le Lendemain de la mort, ou la vie future selon la science* (1871) 708, 719
フィシャー Fischer, Ernst Gottfried 121, 248-50
フィスク Fiske, John 790, 846
『進化論に基づいた宇宙哲学概論』(『概論』)*Outlines of Cosmic Philosophy Based on the Doctrine of Evolution* (1874) 790, 846
フィゾウ Fizeau, Hippolyte 825
フィプスン Phipson, Thomas Lamb 634, 906
フィラシュ Filachou, Abbé Joseph Emile 710-11, 717, 725
『世界の複数性について』*De la pluralité des mondes* (Paris, 1861) 710
フィラストリウス Philastrius of Brixen 564
フィリプス Phillips, Montagu Lyon 554-55, 565, 577
『地球の彼方の世界』*Worlds beyond the Earth* 554
フィリプス Phillips, T.E.R. 864
フェザストンハーフ Featherstonhaugh, G.W. 583
フェリクス Félix, Joseph 710-11, 715, 741, 777
フェルプス Phelps, E.S. 767
『半開きの門』*The Gates Ajar* 767
フェルプス Phelps, William Wine 425
フェレ Feller, François Xavier de (Flexier de Revel) 212-14, 219, 222
『ニュートン、コペルニクス、および世界の複数性の体系についての哲学的考察』*Observations philosophiques sur les systêmes de Newton, de Copernic, de la pluralité des mondes* (1771) 212, 214
『唯一の真の宗教』*Seule religion véritable* (1754)
『哲学的教理問答』*Catéchisme philosophique* 214
フォイエルバッハ Feuerbach, Ludwig 447-48, 454, 727
『キリスト教の本質』*Das Wesen des Christentums* 448
フォークト Vogt, Carl 702, 727
フォーゲル Vogel, Hermann Carl 815, 839, 841
フォスター Foster, John 341-44, 575
フォースター Foster, Thomas →プロクター
フォックス Fox, Paul 897
フォーブズ Forbes, Duncan 147-48, 588
『宗教的不信の源に関する所見』*Reflexions on the Sources of Incredulity with Regard to Religion* (1753) 147
フォーブズ Forbes, James David 538-41
フォーブズ嬢 Forbes, Miss 513
フォンタヌ Fontanes, Louis de 220
フォントネル Fontenelle, Bernard le Bovier de 37-44, 68-70, 80, 93-94, 128, 143, 155, 187-206, 215, 224, 244-45, 256-57, 310, 325, 399, 431-32, 446, 450, 459, 485, 557, 570, 642, 663, 666, 798, 803, 914
『世界の複数性についての対話』(『対話』) Entretiens sur la pluralité des mondes 41-42, 61, 128, 143, 190, 207, 215, 223-24, 252-57, 265, 660, 797
ブゴー Bougaud, Emile 715
プーシュキン Pushkin, Aleksandr 257
フッカー Hooker, Joseph Dalton 698
ブドイス Buddeus, Johann Franz 150-51
ブドン Boudon, Jean 717
『最初のアダム、王、そして惑星宇宙全体の唯一の仲介者。居住世界の複数性に関する困難な問題』*Adam à son origine, roi et unique médiateur de tout l'univers planétire. Question deélicate touchant à la pluralité des mondes habités* (Bar-le-Duc, 1875) 717
フーバー Huber, Johannes 736
プファフ Pfaff, Friedrich 736
フラー Fuller, Andrew 314, 344, 347, 427, 532, 570, 575
『福音、それ自身の証』*The Gospel Its Own Witness* 314, 570
プライア Preyer, William 701, 738, 906
プライアー Prior, Matthew 64
『ソロモン——世界の虚しさについて』*Solomon on the Vanity of the World* (1718) 64
ブライアン Bryan, George Hartley 868
フライト Flight, Walter 699, 701
ブラウニング Browning, Robert M. 752
『環と聖書』*The Ring and the Book* 752
ブラウン Braun, Carl 738-39, 743
ブラウン Browne, Moses 134-35
ブラーエ Brahe, Tycho 29-32, 578
ブラシア Brashear, John A. 357, 847, 913
ブラシア Brashear, Minnie M. 766-67
ブラックモー Blackmore, Richard 62-64, 70
『天地創造』*The Creation* 62-64
プラット Pratt, John 791
プラット Pratt, Orson 421
プラット Pratt, Parley P. 421, 424

バーロウ Barlow, Peter 560
バロウズ Burroughs, Edgar Rice 850
ハーン Hahn, Friedrich von 246
ハーン Hahn, Otto 701-03, 738, 782
『隕石(コンドライト)とその有機体』*Die Meteorite (Chondrite) und ihre Organismus* 701
ハーン Hahn, Roger 126
『ラプラスの宗教観』*Laplace's Religious Views*
ハンキン Hankin, E.H. 878-79
ハンスン Hanson, N.R. 908
ハンスン Hansen, Klaus J. 427
ハンスン Hansen, Peter Andreas 383-84, 454, 535, 642, 679-81, 788
ハント Hunt, Robert 638
パンドゥラ Panduro, Hervas y 431
パントン Ponton, Mungo 634, 906
ピウス九世 Pius IX, Pope 726
ヒエロニムス Jerome, Saint 564
ピオジェ Pioger, Jean Léger-Marie 714-15
『死後の生活、あるいはキリスト教に従った未来の生活』*La vie après le mort ou, la vie future selon le Christianisme* (1872) 715
『キリスト教の教えと居住世界の複数性』*Le dogme chrétien et la pluralité des mondes habités* 715
『天文学の栄光、あるいはわれわれの世界とは別の世界の存在』(第1巻『太陽』Le soleil)*Les splendeurs de l'astronomie ou il y a d'autres mondes que le notre* (1883-4) 715
ビーカースタッフ Bickerstaff, Isaac →ウェスト
ピカリング Pickering, Edward C. 681, 831-32, 846
ピカリング Pickering, William H. 681-83, 692-94, 825, 828-35, 847-55, 860, 863, 869, 874-75, 894-95, 915
『月』The Moon (1901) 681
『一般天文学』*Popular Astronomy* 683
ヒギンスン Higginson, Edward 567-68
『天文神学——あるいは、天文学の宗教』*Astro-Theology;or, The Religion of Astronomy* 567
ビースター Biester, John Peter 66
『惑星に居住者のいる可能性の研究』*Enquiry into the Probability of the Planets Being Inhabited* 66
ピーターズ Peters, C.H.F. 773
ヒチコク Hitchcock, Edward 329, 544, 584
『地質学の宗教』*Religion of Geology* 544
ビーチャー Beecher, Lyman 318
ヒッポリュトス Hippolytus 22
ビーティ Beattie, James 164-70, 329, 347, 398-99
『真理の不変性について』*Essay on the Immutability of Truth* (1770) 164-65, 329
『キリスト教証験論』*Evidences of the Christian Religion* (1786) 164-65
ピート Peat, John 561-62
『世界の複数性に関する詩的考察』*Thoughts, in Verse, on a Plurality of Worlds* 561
ヒューイット Hewit, Augustine F. 778-79
ヒューエル Whewell, William 339, 365-66, 379, 381, 397, 404, 407, 455-588, 634, 637, 643-58, 666, 669, 717, 729, 735-36, 748-58, 770,-87, 821, 880, 896, 905, 916, 918
『世界の複数性について——つの試論』(『試論』)*Of the Plurality of Worlds:An Essay* 379, 456, 458, 464, 473-74, 480-98, 505-16, 524-88, 634
『天文学と一般自然学』*Astronomy and General Physics Considered with Reference to Natural Theology* 461, 464, 469, 472, 510
『自然宗教についての対話』*Dialogues Concerning Natural Religion* 461
『帰納的科学の歴史』*History of the Inductive Sciences* 466-69, 511, 545-46
『帰納的科学の哲学』*Philosophy of the Inductive Sciences* 466-69, 511
『造物主のしるし』*Indications of the Creator* 469-71
『世界の複数性に関する対話』*Dialogue on the Plurality of Worlds* 482, 505, 515, 526-27, 533-40, 547, 553, 581
ヒューエル夫人 Whewell, Mrs.William (Lady Affleck) 474, 516
ヒューズ Hughes, John 61
ヒューズ Hughes, Thomas M. 777-79
ヒュースデン Housden, Charles Edward 878-79
『火星の謎』*Riddle of Mars* 881
ヒュスロプ Hyslop, J.H. 693
ピュタゴラス Pythagoras of Samos 219, 361, 485, 727
ビュヒナー Büchner, Ludwig 727-28, 733, 743, 779, 916
『力と物質』*Kraft und Stoff* (1855) 727
ビュフォン Buffon, Georges Louis Leclerc, Comte de 205, 210-13, 220, 325, 461
『博物誌』*Histoire naturelle* (1749) 210
『補遺』*Supplement* (1775) 210-12
ヒューム Hume, David 145, 155-56, 339, 347, 462, 511, 916
『自然宗教をめぐる対話』*Dialogues Concerning Natural Religion* 155-56
ヒューメイソン Humason, Milton 907
ビュリダン Buridan, Jean 23
ビュルク Burque, François Xavier 723-25, 779
『否定的観点から考察された居住世界の複数性』*Pluralité des mondes habités considérée au point de vue de négatif* (Montreal, 1898) 723
ピョートル大帝 Peter the Great 256
ヒル Hill, Thomas 536
ヒル Hill, William 318
ピール Peal, S.E. 834
ファイ Faye, Hervé 679, 799-800, 802, 909

(1762) 148
バークリ Berkeley, George　53-54, 70
『ハイラスとフィロナスの三つの対話』*Three Dialogues between Hylas and Philonous* (1713)　53
『アルシフロン，あるいは取るに足らない哲学者』*Alciphron, or the Minute Philosopher* (1732)　53
ハーゲドルン Hagedorn, Friedrich von　226, 231
ハーシェル Herschel, Caroline　376
ハーシェル Herschel, John　369-88, 394, 399, 407, 454, 463-66, 486-87, 517, 524-26, 535-38, 555-59, 586-87, 635, 642, 652, 656, 664, 679, 681, 697, 748, 786, 794, 906, 917
『天文学論考』*Treatise on Astronomy*　380-82, 386
『天文学概説』*Outlines of Astronomy*　380-84, 386
ハーシェル夫人 Herschel, Mrs.John　376
ハーシェル Herschel, William　72, 89, 95-129, 167, 170, 187, 246, 260-61, 307-25, 337, 346, 350, 356, 369, 388, 399, 404, 413, 429, 450, 476, 487, 514, 555, 569, 583, 634, 649, 665, 735, 836, 905-06, 913-14
バシリウス Basil the Great　259, 719
パース Peirce, Benjamin　845
パース Peirce, Charles Sanders　514, 789, 909
パスカル Pascal, Blaise　36-37, 62, 125, 129, 220, 330, 478, 484, 666
『パンセ』*Pansées*　36-37, 129, 330
パスツール Pasteur, Louis　697
ハズリット Hazlitt, William　332
パースンズ(ロス卿) Parsons, William (Lord Rosse)　526, 535, 538, 549, 559-60, 637, 783, 814, 907
ハチンスン Hutchinson, John　147
『モーセの原理』*Moses's Principia* (1724-7)　147
ハッシー Hussey, W.J.　830
ハットン Hutton, Richard Holt　155, 339, 347, 686-87, 751-52, 761
パップ Papp, Desiderius　802
ハッブル Hubble, Edwin　100, 906-08
『星雲世界』*Realm of the Nebulae* (1936)　906
ハーディ Hardy, Thomas　756-58
『塔の上の二人』*Two on a Tower* (1882)　756
ハーディング Harding, K.L.　359-60, 685
バート Birt, William Radcliff　675-78, 682
パトナム Putnam, W.L.　845, 861
パトモア Patmore, Coventry　758
バトラー Butler, Samuel　34, 315
バートラム Bartram, John　187
ハートリ Hartley, Thomas　158
バートン Burton, Charles E.　817-19
バートン Burton, Robert　36
『憂鬱の解剖』*Anatomy of Melancholy*　36
ハナ Hanna, John　191
ハナ Hanna, William　332
バーナード Barnard, Edward Emerson　357, 693, 830-31, 886-92, 913
バーナム Burnham, Frederic B.　458-59, 480, 509
バーナム Burnham, Sherburne W.　830
バーニ Burney, Fanny　109
バネカー Banneker, Benjamin　176
パネス Paneth, F.A.　73
バーネット Burnet, Thomas　51, 212
ハーパー Harper, William R. 794
バビネ Babinet, Jacques　555-56
バブコック Babcock, H.　888
パーマー Palmer, Robert　210
『18世紀のフランスのカトリック教徒と不信仰者』*Catholics and Unbelievers in Eighteenth Century France* (1939)
ハミルトン Hamilton, Joseph　749-50, 761
『星の主人』*The Starry Hosts* (1875)　749
『われわれ自身の世界と別の世界』*Our Own and Other Worlds* (New York, 1904)　750
ハミルトン Hamilton, William Rowan　388
ハーモン Harmon, Ellen G.　416
ハラー Haller, Albrecht von　52, 87, 225-27, 230
パラケルスス Paracelsus (Theophrastus Bombastus von Hohenheim)　29
パラダイン Paradyne, Henry　891
ハラム Hallam, Henry　583
ハリー Halley, Edmond　59, 74, 76, 157, 170, 185, 261
ハーリ Harley, Timothy　678
『月の伝説』*Moon Lore* (1885)　678
ハリス Harris, Thomas Lake　408, 413-15, 454, 770
『星のきらめく天の詩』*A Epic of the Starry Heaven* 413
『キリスト教の奥義』*Arcana of Christianity*　414-15
ハリスン Harrison, Frederic　751
パリンゲニウス Palingenius　29
パリントン Purinton, George D.　794
ハリントン Harrington, Robert　307
『火と惑星の生命の新体系——太陽と惑星には居住者がおり，気温は地球と同じであることを明らかにする』*New System of Fire and Planetary Life: Shewing That the Sun and Planets Are Inhabited, and That They Enjoy the Same Temperament as Our Earth* (London, 1796)　307
バルザック Balzac, Honoré de　429, 434-35
『ルイ・ランベール』*Louis Lambert*　434
『セラフィタ』*Seraphita*　434-35
バルテルミ Barthélemy, Jean Jacques　219-20
『若きアナカルシスの紀元前四世紀中期のギリシアへの旅』*Voyage de jeune Anacharsis en Grèce dans le milieu du quatrieme siècle avant l'ére vulgaire* (1788) 219-20
バルフォア Balfour, Robert　330

ニコルス Nichols, John　69
『18世紀の秘話』*Literary Anecdotes of the Eighteenth Century*　69
ニコルスン Nicolson, Marjorie Hope　34, 161
『英語の暦と〈新天文学〉』*English Almanacs and the 'New Astronomy'*
『月への旅行』*Voyages to the Moon* (1960)
『トマス・ペイン, エドワード・ネアズ, およびピオッツィ夫人の傍注』*Thomas Paine, Edward Nares, and Mrs.Piozzi's Marginalia* (1936)
ニーステン Niesten, Louis　815-16, 819, 824
ニーチェ Nietzsche, Friedrich　729
ニューカースル公爵夫人　Newcastle, Duchess of　34
ニューカム Newcomb, Simon　362, 662, 678, 680, 787, 852, 870,-87, 892, 908, 913
『一般天文学』*Popular Astronomy* (1787)　788, 839
ニュートン Newton, Isaac　20, 46-51, 59, 70-77, 85, 88, 94-98, 114, 124-26, 132, 137, 147-48, 154, 157, 172-74, 182-92, 209, 212, 256, 260, 334, 347, 435, 441, 478, 485, 498, 513, 797
『光学』*Optiks*　48
『プリンキピア』*Mathematical Principles of Natural Philosophy and His System of the World*　46-49, 182
ニューベリー Newbery, John　100
ニレーン Nyren, Magnus　157
ネアズ Nares, Edward　67, 314-16, 328, 347, 398-99, 721
『唯一の神、ただ一人の中保者――あるいは、世界の複数性という哲学的概念がどこまで聖書の言葉と合致するかを示す試み』ΕΙΣ　ΘΕΟΣ, ΕΙΣ　ΜΕΣΙΤΗΣ;*or, An Attempt to Shew How Far the Philosophical Notion of a Plurality of Worlds Is Consistent, or Not So, with the Language of the Holy Scriptures* (London)　314
ネイスミス Nasmyth, James　382, 387, 634, 676
『月――惑星、世界、衛星』*The Moon:Considered as a Planet, a World, and a Satellite* (1874)　676
ネイスン Neison, Edmund　674, 677-78
『月』*The Moon*　677
ネイピア Napier, Macvey　469
ネケール Necker, Anne-Louise-Germaine→スタル夫人
ネケール Necker, Jacques　323-24
『宗教道徳講義』*Cours de la morale religieuse*　323
ネルヴァル Nerval, Gérard de　252
ノウブル　Noble, Samuel　397-98
『新[イェルサレム]教会のための訴え』*Appeal in Behalf of the ...New [Jerusalem]Church*　397
『世界の複数性に関する天文学的学説』*Astronomical Doctrine of a Plurality of Worlds*　397-98
ノウブル Noble, William　828
ノット Knott, G.　815

ハ

バー Burr, Enoch Fitch　771, 779
『天空を見よ、または教区天文学』*Ecce Coelum; or Parish Astronomy*　771
『天の王国』*Celestial Empires*　771
パイ Pye, Samuel　145-46
『モーセとボリンブルック』*Moses and Bolingbroke* (1765)　145
『太陽系, あるいは惑星系のモーセ的理論』*Mosaic Theory of the Solar, or Planetary, System* (1766)　146
ハイネ Heine, Heinrich　429, 451-54
『告白』*Confessions*　452
バイロン卿 Byron, Lord (George Gordon)　309-13
『カイン――一つの神秘』Cain:A Mystery (1821)　309
ハウ Howe, Herbert Alonzo　789
バウアーズ Bowers, John E.　748, 761
『エマヌエル・スヴェーデンボリの哲学による宇宙における太陽と世界』*Suns and Worlds in the Universe According to the Philosophy of Emanuel Swedenborg* (London, 1899)　748
ハーヴィ Hervey, James　154, 179
『瞑想と観想』*Meditations and Contemplations* (1745-7)　154
ハウェイス Haweis, Mr.　687
パウエル Powell, Baden　444, 517-24, 534-35, 548-49, 565, 568, 574, 577, 679, 681, 735
『帰納的哲学の精神、世界の統一性、創造の哲学に関する試論』*Essays on the Spirit of the Inductive Philosophy, The Unity of Worlds, and The Philosophy of Creation* (London)　518-19, 524, 565, 568
ハウエルズ Howells, William Dean　896
バウマン Baumann, Adrian　879
バウムガルトナー Baumgartner, H.　736
パウル Paul, Jean　250-52
『五級教師フィクスラインの生活』*Leben des Quintus Fixlein*　250-52
『ズィーベンケース』*Siebenkäs*　251-52
バーガム Birgham, Francis　702
ハギンス Huggins, William　488, 491, 635-39, 651-52, 820, 839, 841, 875, 877
バーク Burke, Edmund　145
バーグ Burgh, James　174-75
『世界の造物主への賛歌』*Hymn to the Creator of the World* (1750)　174
バークス Birks, Thomas Rawson　503-05
『近代天文学』*Modern Astronomy*　504
ハクスリー Huxley, Thomas Henry　546-48, 556, 697-98
『科学とキリスト教の伝統』*Science and Christian Tradition*　547
パークハースト Parkhurst, John　147-48, 347
『英語・ヘブライ語辞典』English and Hebrew Lexicon

『創造された無限について』*Traite de la infini créé* (1769)　214-18
『セトス』*Sethos*　215
デラム Derham, William　50-52, 58, 66, 70, 75, 84, 136, 151, 170, 172, 179, 187, 252-53
『宇宙神学、あるいは天を概観することによる神の存在と属性の証明』*Astro-Theology, or A Demonstration of the Being and Attributes of God from a Survey of the Heavens*　51-52, 223, 252-53
『自然神学』*Physico-Theology*　51
テルビ Terby, François　811, 815, 819, 825-28, 833
トアルド Toaldo, Giuseppe　93
トウェイン Twain, Mark　762, 766-69, 916
『ストームフィールド船長の天界訪問からの抜粋』(『ストームフィールド』)*Extract from Captain Stormfield's Vision to Heaven* (1907)　767-68
トゥーマー Toomer, Joseph　584
トウランド Toland, John　69, 170
『ジョルダーノ・ブルーノの書、無限の宇宙と無数の世界について』*Account of Jordano Bruno's Book of the Infinite Universe and Innumerable Worlds* (1726)　69
ド・コンシリオ De Concilio, Januarius　775-79
『科学と啓示の調和』(『調和』)*Harmony between Science and Revelation* (1889)　777-78
ドーズ Dawes, William R.　814, 818-19
ドストエフスキー Dostoevsky, Feodor　252, 754
『カラマーゾフの兄弟』*The Brothers Karamazov* (1879-80)　754
トッド Todd, David P.　692, 876
トドハンター Todhunter, Isaac　456-61, 505-09, 534, 554, 582-86
ドネリー Donnelly, Ignatius　691
ドブジャンスキ Dobzhansky, Theodosius　912
トマス Thomas, Hiram W.　770
トマス・アクイナス　Thomas Aquinas　23-24, 253, 740, 776
『神学大全』*Summa Theologica*　194
ドミニ Dominy, Nathaniel　188
トムスン Thomson, Allen　699
トムスン Thomson, James　132, 179
『四季』*The Sesons*　132, 231
トムスン Thomson, Thomas　307
『化学の体系』*System of Chemistry* (1807)　307
トムスン Thomson, William (Lord Kelvin)　81, 654, 696-701, 730, 746, 800
ド・モーガン De Morgan, Augustus　73, 345,-46, 533-34, 747
『パラドクス集』*Budget of Paradoxes*　534, 747
ドライアー Dreyer, J.L.E.　817, 819
ドラマンド Drummond, Henry　567
『天体の将来の運命について』*On the Future Destinies of the Celestial Bodies*　567
トランプラー Trumpler, Robert　870
トルーヴロ Trouvelot, Etienne　815-19
ドルトン Dalton, John　307
ドルバック d'Holbach, Baron (Paul Henri Thiry)　203-04
『自然の体系』*La système de la nature* (1770)　204, 329
ドルフス Dollfus, A.C　809
ドレイク Drake, Frank.　917
ドレイパー Draper, Henry　635, 640, 642, 680-81
ドレイパー Draper, John William　635, 640-42
『ヨーロッパの知的発展の歴史』*History of the Intellectual Development of Europe* (1863)　641
『科学と宗教の闘争の歴史』*History of the Conflict between Religion and Science* (1874)　641
トレルチュ Troeltsch, Ernst　130
トロイト Troyte, Arthur Henry Dyke　583
ドロネ Delaunay, Charles　680
ドロール Delord, Taxille　436
トロロプ Trollope, Anthony　585
『バーチェスター・タウアーズ』*Barchester Towers*　585
ドワイト Dwight, Timothy　306, 318-22, 328, 357, 374-78, 427, 453, 530-31
『神学、解説と擁護』*Theology Explained and Defended* 318-22
トンプスン大佐 Thompson, Col.　362
トンボー Tombaugh, Clyde W.　895

ナ

ナイト Knight, Gowin　128, 184-85, 905
『すべての自然現象は二つの単純な活動原理、つまり引力と斥力によって説明されることを証明する試み』*An Attempt to Demonstrate That All the Phenomena of Nature May Be Explained by Two Simple Active Principles, Attraction and Repulsion* (1754)　184
ナイト Knight, Robert　563-64, 721
『世界の複数性――聖書に基づく積極的な主張、並びにアナロジーによる最近の反論に対する答え』*The Plurality of Worlds:The Positive Argument from Scripture, with Answer to Some Late Objections from Analogy*　563
ナベル Knobel, Edward B.　815, 818-19
ナポレオン一世 Napoleon I (Bonaparte)　124, 126, 140, 360, 705, 909
ナポレオン三世 Napoleon III　667
ニコラウス・クザーヌス　Nicholas of Cusa　25-32, 44, 191, 431
『知ある無知』*De docta ignorantia*　25-26
ニコル Nichol, John Pringle　394-95, 407, 511, 555, 772
『天界の構造』*Views of the Architecture of the Heavens*　394, 648
『太陽系の現象と秩序』*Phenomena and Order of the Solar System*　395

Series of Discouses on the Christian Revelation Viewed in Connection with the Modern Astronomy 331
『神の知恵、力、善について』*On the Wisdon, Power, and Goodness of God* 339
チャールトン Charleton, Walter 40
ツァッハ Zach, Francis Xavier von 362
ツィオルコフスキ- Tsiolkovskii, Konstantin 688
ツィンママン Zimmerman, E.A.W. 362
ツェクラー Zöckler, Otto 456, 735-37, 743, 803
ツェルナー Zöllner, Johann Karl Friedrich 645, 701, 841
ツフト Zucht, Julius 742-43
デイヴィ Davy, Humphry 306, 389-90, 394
『旅の慰め』*Consolations in Travel, or The Last Days of a Philosopher* 389-90、669-70
ディエルク Dierckx, Henri 884
ティーゲ Tieghem, P.E.L.Van 701
『植物学論』*Traité de botanique* 701
ディック Dick, Steven J. 18, 24, 28, 30, 38
『世界の複数性——デモクリトスからカントにいたる地球外生命論争の起源』*Plurality of Worlds:The Origins of the Extraterrestrial Life Debate from Democritus to Kant* 9, 28
ディック Dick, Thomas 340, 349-57, 375-78, 400, 407-08, 410, 416, 427, 454, 570, 587, 656, 765, 914, 918
『キリスト教哲学者』*Christian Philosopher*(1823) 349-50, 355
『天界の風景』*Celestial Scenery;or, The Wonders of the Planetary System Displayed;Illustrating the Perfection of the Deity and a Plurality of Worlds*(1830) 350, 352-57, 377
『宗教哲学——あるいは宇宙の道徳法則の説明』*The Philosophy of Religion;or, An Illustration of the Moral Laws of the Universe* (1826) 350-51
『未来国家の哲学』*The Philosophy of a Future State* (1828) 350-51, 357, 427
『知識の普及による社会改良について』*On the Improvement of Society by the Diffusion of Knowledge* (1833) 350-51
『人類の精神的啓蒙と道徳的改良について』*On the Mental Illumination and Moral Improvement of Mankind* (1836) 350, 352
『強欲の悪と罪に関する論考』*An Essay on the Sin and Evils of Covetousnes*(1836) 350, 352
『星の世界』*As Illustrative of the Character of the Deity and of an Infinity of Worlds* (1840) 354-56
『実践的天文学者』*Practical Astronomer*(1845) 356
ティティウス Titius, Johann Daniel 210
ディディエ Didier, Pierre-Paul 664
テイト Tait, Peter Guthrie 659, 745
『未知の宇宙あるいは将来の状態に関する物理学的考察』(スチュワートとの共著、『未知の宇宙』)*The Unseen Universe, or Physical Speculations on a Future State* (1875) 659, 745-46
ディドロ Diderot, Denis 200-04
『盲人書簡』*Lettre sur les aveugles* 200-01
『百科全書』*Encyclopédie* 200-03
ティプラー Tipler, Frank J. 917
テイラー Taylor, Isaac 399-402, 414, 454, 745
『別の生命に関する自然学的理論』*Physical Theory of Another Life* 399-401, 745
『神憑りの博物誌』*Natural History of Enthusiasm* 399
ディレンバーガー Dillenberger, John 155
『プロテスタント思想と自然科学』*Protestant Thought and Natural Science* (1961) 154
ティンダル Tyndall, John 744-45
テオドレトス Theodoret, Bishop of Cyprus 22
テオパーベルグ Teoperberg, M. 869
デカルト Descartes, René 37-46, 52, 57, 83, 147, 154, 157, 190, 215, 260
『哲学原理』*Principia philosophia* 37
デスティエンヌ Estienne, Jean d' →キルワン
テスラ Tesla, Nikola 690-94, 905
テナール Thenard, Louis Jacques 695
デニス Dennis, John 62
テニスン Tennyson, Alfred 404-07, 454-55, 562, 754-56, 761, 806
『悪魔と貴夫人』*The Devil and the Lady* 404
デニング Denning, William F. 822
デモクリトス Democritus 18, 219
デュエム Duhem, Pierre 9, 23, 26
『宇宙の体系』*Le système du monde*
デュ・セジュール Du Sejour, A.P.D. 254
デュータン Dutens, Louis 154
『古代人に帰される諸発見の起源の研究』*Inquiry into the Origin of the Discoveries Attributed to the Ancients* 154
デュ・プレ Du Prel, Carl or Karl 731-33, 740, 743, 803
『宇宙における存在をめぐる闘い——天文学の哲学の試み』*Der Kampf ums Dasein am Himmel:Versuch einer Philosophie der Astronomie* (1873) 731
『惑星の居住者と星雲説——宇宙の発展史に関する新研究』(『惑星の居住者』) *Der Planetenbewohner und die Nebularhypothese:Neue Studien zur Entwicklungsgeschichte der Weltalls* (Leipzig, 1880) 731
『神秘哲学』*Die Philosophie der Mystik* (1885) 731-32
デュポン・ド・ヌムール Du pont de Nemours, Pierre Samuel 322-23, 706
『宇宙の哲学』*Philosophie de l'universe* (1796) 322
デュラール Dulard, Paul-Alexandre 214
テラソン Terrason, Jean 214-19

スタイルズ Stiles, Ezra 187
『文学日記』*Literary Diary* 187
スターミ Sturmy, Daniel 66
『世界の複数性の神学的理論』*A Theological Theory of a Plurality of Worlds* 66
スタル夫人 Staël, Madame de 252, 306, 323
『コリンヌ』*Corinne* (1807) 323-24
スチュアート Stewart, Balfour 659, 745
『未知の宇宙あるいは将来の状態に関する物理学的考察』(テートとの共著、『未知の宇宙』)*The Unseen Universe, or Physical Speculations on a Future State* (1875) 659, 745-46
スチュアート Stewart, Dugald 510
スティーヴン Stephen, James 480, 482, 484, 495, 498-503, 507, 917
スティール Steele, Richard 61-62
ストウ Stowe, Harriet Beecher 357
ストーニ Stoney, G.Johnstone 643-45, 675, 785, 835, 840, 860-84
スパッランツァーニ Spallanzani, Lazzaro 210
スフラーヴェサンデ s'Gravesande, Willem Jacob 249
スペンサー Spencer, Herbert 637, 736, 790
スミス Smith, H.J.S. 534-35
スミス Smith, J.Lawrence 702
スミス Smith, Joseph 408, 415, 420-28, 454
『モルモン教典』*Book of Mormon* 420
『教義と契約』*The Doctrine and Covenants* 421
『高価な真珠』*The Pearl of Great Price* 421-23
スミス Smyth, William Henry 387-88, 407, 511, 679, 681
『天体の周期』*Cycle of Celestial Objects* 387
スミード夫人 Smead, Mrs. 693
スライファー Slipher, Earl C. 870, 876
スライファー Slipher, Vesto Melvin 877-78, 883
セーガン Sagan, Carl 683, 881, 897, 901, 912, 917
セジウィック Sedgwick, Adam 469, 537, 588, 916
セッキ Secchi, Angelo 635, 639, 647, 725-27, 737, 740, 776-77, 802, 808, 814-15, 839
『星々』*Les étoiles* (1870) 726
『太陽』*Le soleil* (1870) 726
セメル Semmel, Bernard 150
『メソジスト革命』*Methodist Revolution* 150
セルシアス Celsius, Anders 65
セント・ジョン St. John, C.E. 877, 888
ソロー Thoreau, Henry David 412
『ウォールデン』*Walden* 412
ソロン Thollon, Louis 822
ソーンダー Saunder, S.A. 875

タ

ダーウィン Darwin, Charles 89, 155, 201, 391-92, 465, 507, 517-20, 544-46, 587-88, 645-46, 656, 697-702, 725-36, 748, 769, 779, 782, 911, 916
『種の起源』*The Origin of Species* (1859) 463, 469, 506, 509, 544, 546, 587, 645, 748, 784
ダーウィン Darwin, Erasmus 306, 310
『植物園』*The Botanic Garden* 310
ダーウィン Darwin, George 809
ダグラス Douglass, Andrew Ellicott 689-90, 832, 847-48, 852-53, 861, 870, 883, 888
ダゲソー Aguesseau, H.F.d' 218
ターナー Turner, Frank M. 745
ターナー Turner, Herbert H. 795
ターナー Turner, Sharon 398
『聖なる世界歴史』*Sacred History of the World* 398
ダノ Daneau, Lambert 32
ターベト Tarbet, William 566-67
『聖書が教える天文学と地質学』*Astronomy and Geology As Taught in the Holy Scriptures* 566
ダランベール Alembert, Jean le Rond d' 58, 200-05, 222, 529
ダルキエ Darquier, Antoine 96
ダン Donne, John 61, 337
ダンテ Dante, Alighieri 160-61, 718, 784
『神曲』*Divine Comedy* 160
タンピエ Tempier, Etienne 23
チェイニ Cheyne, George 171-72
チェインバーズ Chambers, Ephraim 170
『百科事典』*Cyclopaedia* 253
チェインバーズ Chambers, Robert 391-94, 469-70, 474
『創造の自然史の跡』*Vestiges of the Natural History of Creation* 391, 393, 458, 469-71, 473, 507, 512, 518, 539, 550-52
『説明』*Explanations* 470
チェインバーリン Chamberlin, Ralph V. 11
チェルッリ Cerulli, Vincenzo 860, 865-68, 875, 884, 887-90, 897-99, 908
『火星の新しい観測 (1898-1899)——天体望遠鏡の感度に関する光学的解析論』*Nuove osservazioni di Marte (1898-1899):Saggio di una interpretazione ottica delle sensazioni areoscopiche* (Collirania, 1900) 866
チャイルド Child, George W. 661
チャドウィク Chadwick, Owen 517
チャーマーズ Chalmers, Thomas 141, 307, 314, 322-51, 377-78, 397-400, 407-08, 419, 427, 430, 451-53, 459-65, 478-84, 498-99, 504, 510-15, 532, 539-41, 558, 561, 570-75, 582-83, 656, 666, 669, 735, 770-72, 914-15
『天文講話』*Astronomical Discourse (1817) 307, 332*-38, 340, 344-46, 475, 570
『現代天文学から見たキリスト教の啓示について』*A*

『キリスト教精髄』*Le génie du Christianisme* (1802) 327
シャトレ Châtres →モンシャルヴィル
シャトレ夫人 Châtelet, Madame du　190, 193
シャニュ Chanut, Pierre　37
シャリス Challis, James　538
ジャリ＝デロジュ Jarry-Desloges　809
シャルリエ Charlier, C.V.L.　81
ジャンサン Janssen, Jules　635, 639-40, 839, 841
シャンツ Schanz, Paul　742-43, 779
『キリスト教の弁明』*Apologie des Christentums*　742
ジュアン Jouan, R.M.　721-25
『歴史、科学、理性、そして信仰の観点から研究された世界の居住可能性に関する問題』*La question de l'habilitabilité des mondes étudiée au point de vue de l'histoire, de la science, de la raison et de la foi*　722
シュクロフスキー Shklovskii, I.S.　806
シュット Schudt, Johann Jacob　65
シュテッテフェルト Stetefeldt, Carl A.　791-92
シュテフンス Steffens, Henrich　448-49
シュトゥルム Sturm, Christoph Christian　241-42, 399
『自然界における神の御業について』*Betrachtungen über die Werke Gottes im Reiche der Natur* (1772)　242
シュトラウス Strauss, David Friedrich　729-30, 733, 743, 916
『イエスの生涯』*Das Leben Jesu* (1835)　729
『古い信仰と新しい信仰』*Der alte und neue Glaube* (1872)　729-30
シュトルーヴェ Struve, Otto W.　450, 807-08, 815, 857, 865
シュトルベルク Stolberg, Friedrich Leopold　248
シューバート Schubert, Gotthilf Heinrich von　450
シューバルト Schubart, Christian Benjamin　234
シュミック Schmick, Jakob Heinrich　815
『火星——スキアパレッリによる第2の地球』*Der Planet Mars:Eine zweite Erde, nach Schiaparelli* (Leipzig, 1879)　815
シュミット Schmidt, J.F.Julius　675, 678, 815
シュライアマハー Schleiermacher, Friedrich　306
シュール Schur, Wilhelm　803
シュレーター Schröter, Johann Heironymous　72, 114-18, 124, 129, 223, 246, 250, 260, 328, 346, 350, 358-61, 366-67, 445, 672, 685, 809, 905, 914
『月面地形図集』*Selenotopographische Fragmente, zur genauern Kenntniss der Modflache*　115-16, 358
『土星図集』*Kronographische Fragmente* (1808)　118
『水星図集』*Hermographische Fragmente* (1815-16) 118
シュロイスナー Schleusner, H.　828
ショイヒツァー Scheuchzer, Johann Jacob　223
『自然学あるいは自然科学』*Physica oder Natur-Wissenschaft* (1729)　223
ジョヴァンノッツィ Giovannozzi, Giovanni　827
ショウペンハウアー Schopenhauer, Arthur　449, 454
『付録と追加』*Parerga and Paralipomena*　449
ジョウンズ Jones, Edward T.　427
ジョウンズ Jones, Howard Mumford　766
ジョウンズ Jones, Kenneth Glyn　84
ジョウンズ Jones, William　147-48
ジョージ二世 George II,King　51
ジョージ三世 George III,King　100, 113
ジョフルワ·サンティレール Geoffroy Saint-Hilaire, Etienne 467, 471, 519
ジョリー Joly, John　869
ジョンケール Jonckheere, R　892
ジョンスン(アメリカの宗教家) Johnson, Samuel　188
ジョンスン(イギリスの文筆家) Johnson, Samuel　143, 145
シラー Schiller, Friedrich　247
ジラール Girard, Victor　709, 721
『居住世界の複数性および魂の存在に関する新たな試論』*Nouvelles études sur la pluralité des mondes habités et sur les existences de l'âme* (Paris, 1876) 709
『魂の輪廻転生と、宇宙の内懐に抱かれた生命の無限の進化』*La transmigration des âmes et l'évolution indéfinie de la vie au sein de l'univers* (Paris, 1888) 709
シリマン Silliman, Benjamin　318
ジーンズ Jeans, James　893
シンプスン Simpson, George Gaylord　912
シンプスン Simpson, Richard　564
スヴァンステット Svanstedt, Isacus　65
スウィンデン Swinden, Tobias　69, 74, 167, 312
『地獄の本性と場所についての研究』*Enquiry into the Nature and Place of Hell* (1714)　69
スヴェーデンボリ Swedenborg, Emanuel　157-62, 170, 178, 244-45, 345-47, 390, 398, 413-15, 434-35, 575, 658-59, 668, 746-48, 915
『天界の秘義』*Arcana coelestia*　158
『哲学と鉱物の書』*Opera philosophica et mineralia* (1734)　157
『動物王国の経済』*Oeconomia regni animalis*　158
『動物王国』*Regnum animale*　158
『神の保護と愛について』*De cultu et amore Dei*　158
『われわれの太陽系における諸地球について…』*De telluribus in mundo nostro solari...* (1758)　158
『われわれの太陽系における諸地球について』(『諸地球』)*Earths of Our Solar System*　158-61, 414, 796
スキアパレッリ Schiaparelli, Giovanni　254, 683, 722-23, 739, 784, 786, 797, 804-74, 884-901, 907, 913-14
スコット Scot, Michael　22
スコット Scott, Patrick　362
『月の愛』*Love in the Moon*　362

786
コウプ Cope, Edward D.　791
コウルディング Colding, Ludwig　444
ゴウルドスミス Goldsmith, Oliver　100
コウルリッジ Coleridge, Samuel Taylor　313, 454
『談話』*Table Talk*　313
コグゾール Cogshall, W.A.　794
コーダー Corder, Henry　864
コタリル Cotterhill, Henry　750-51, 761
ゴーデ＝フォン・エーシュ Gode-von Aesch, Alexander　248
『ドイツ・ロマン主義における自然科学』*Natural Science in German Romanticism*　248
ゴドウィン Godwin, Francis　34
ゴドウィン Godwin, Parke　436
『シャルル・フーリエの学説の概要』*Popular View of the Doctrines of Charles Fourier*　436
ゴトシェット Gottsched, Johann Christoph　223
『哲学の第一根拠』*Erste Grunde der gesammten Weltweisheit* (1731)　224-25
ゴプチェヴィック Gopčević, Spiridion→プレナー
コプランド Copland, Alexander　398-99
『別の世界の存在』*The Existence of Other Worlds*　398-99
コプランド Copland, Patrick　398
コペルニクス Copernicus, Nicolaus　27, 29, 51-55, 172, 180, 256, 411, 443, 450, 475, 664
『天球の回転について』*De Revolutionibus*　255
コマス・ソラ Comas Solá, José　866, 870, 890, 892
コリングウッド Collingwood, R.G.　97-98
ゴールトン Galton, Francis　686-89, 694, 752
コワトゥ Coyteux, Fernand　635, 906
コーン Cohn, Ferdinand　701
ゴンザレス Gonzalez, J.M.　833
コンディヤック Condillac, Etienne Bonnot de　218-19
『論理学』*La logique* (1780)　218
コント Comte, Auguste　429, 440-41, 446, 454, 751, 772
『実証哲学講義』*Cours de philosophie positive*　440
『実証政治学体系』*Système de politique positive*　441

サ

サイモン Simon, Thomas Collins　554-55, 568, 721
『惑星の生命の科学的確実性――あるいは、海王星の光は地球と同じぐらいである』*Scientific Certainties of Planetary Life: or, Neptune's Light As Great As Ours*　554-55
サイモンズ Symonds, William Samuel　542-44, 546
『世界の複数性に影響を与えるものとしての地質学』*Geology As It Affects a Plurality of Worlds*　542
サーヴィス Serviss, Garrett Putnam　795-96, 853
『別世界』*Other Worlds* (1901)　796
サウス South, Robert　34
サドラー Sadler, Herbert　817, 828
サートン Sarton, George　126
サバイン Sabine, Edward　526
サマヴィル Somerville, Mary　390, 530
『自然諸科学の関係』*Connexion of the Physical Science*　390
サール Searle, Arthur　529-30, 774-75, 778-79, 916
サール Searle, George Mary　761, 774, 832
ザルトーリウス Sartorius→ヴァルタスハウゼン
サンデージ Sandage, Allan　906
サント＝ブーヴ Sainte-Beuve, Charles Augustin　212, 669
シー See, Thomas Jefferson Jackson　794-95, 853, 860
シアーズ Seares, F.H.　888
ジェイコブ Jacob, William Stephen　527-29, 548-49
『世界の複数性についてもう一言』*A Few More Words on the Plurality of Worlds*　527
シェイファー Schaffer, Simon　114
ジェイムズ James, Henry　157
ジェイムズ James, William　415
『宗教経験の諸相』*Varieties of Religous Experience*　415
ジェニンズ Jenyns, Soame　162
シェーバー Schöber, David Gottfried　65
シェバーリ Schaeberle, John M.　824, 827, 830
ジェファースン Jefferson, Thomas　187
ジェミル Gemmill, S.Maitland Baird　860
ジェラール（グランヴィル）Gérard, Jean-Ignace-Isidore (Granvill, J. J.)　436-40, 454
『他の世界』*Un autre monde*　436
シェリー Shelley, Percy Bysshe　310-13, 328, 378, 407, 454, 481, 916
『縛を解かれたプロミーシュース』*Prometheus Unbound* (1820)　311
『女王マブ』*Queen Mab*　311
シェリング Schelling, Friedrich　360, 448-49, 735
シェレン Schellen, Heinrich　635, 639
ジェンキン Jenkin, Robert　67-68, 170
『キリスト教の合理性と確実性』*The Reasonableness and Certainty of the Christian Religion*　67
シャイナー Scheiner, Julius　720, 800-01, 803
ジャキ Jaki, Stanley L.　82, 85, 914
ジャケル Jaquel, Roger　94
ジャコービ Jacoby, Harold　883
ジャストロウ Jastrow, Joseph　861
ジャック Jacque, James　96
シャツベルク Schatzberg, Walter　223, 225
シャトブリアン Chateaubriand, François-René de　326, 707, 718
『殉教者』*Les martyrs* (1809)　326

クッピス Cuppis, M. Pompolio de　684
グトケ Guthke, Karl S.　223, 227, 247-48, 917
クヌーツェン Knutzen, Martin　82
クライスト Kleist, Ewald von　226, 231
「神の賞賛」Praise of the Godhead　231
クライン Klein, Hermann J　675-76
クラウズ Clowes, John　158, 161
『惑星と呼ばれるわが太陽系のさまざまな地球について．星界の諸地球について．あわせて今まで見られ聞かれてきたものに基づく、それらの居住者および霊魂と天使についての報告』*Concerning the Earths in Our Solar System Which Are Called Planets; and Concerning the Earths in the Starry Heavens; Together with an Account of Their Inhabitants, and Also of the Spirits and Angels There; From What Has Been Seen and Heard*　159
クラーク Clark, Champ　794
クラーク Clarke, Adam　316-17, 770
『注釈』*Commentary*　316-17
クラーク Clerke, Agnes M.　111, 488, 649, 819, 835, 853
『19世紀における天文学の歴史』*Popular History of Astronomy during the Nineteenth Century* (1885)　819
クラーク Clerke, Ellin M.　811, 835
グラッドストーン Gladstone, William　729
グラトリ Gratry, Auguste　714, 777
『由来』*Les Sources*　714
クラフ Clough, Arthur High　752
グランヴィル Grandville, J.J. →ジェラール
クランプトン Crampton, Josiah　560-61, 749, 761
『月世界』*Lunar World* (1863)　749
『三つの天界』*Three Heavens* (1871)　749
『天の証』*Testimony of the Heavens*　560
グリグズ Griggs, William N.　375-76
クリスティー Christie, W.H.M.　671
クリソウルド Clissold, Augustus　658, 747-48, 761
『宇宙の神的秩序』*The Devine Oder of the Universe*　747
グリフィン Griffin, Wilfred　692
グリマルディ Grimaldi, F.M.　35-36
クリューガー Krüger, Johann Gottlob　223
『自然論』*Naturlehre* (1740)　223
グリーン Green, Nathaniel E.　812, 816-19, 828, 831-32
グルー Grew, Nehemiah　51, 172, 313
『聖なる宇宙論』*Cosmologica sacra*　313
クルツ(ジョン・ヘンリ) Kurtz, Johann Heinrich (John Henry)　449-51, 454, 458, 734
『天文学と聖書』*Die Astronomie und die Bibel*　450
クルベ Courbet, Pierre　717, 800
クルルス Cruls, L.　815
グレイ Gray Thomas　133
グレイシャー Glaisher, James　670
クレイトン Clayton, Robert　149
グレゴリ Gregory, David　59
『自然学的幾何学的天文学原理』*Astronomiae physicae et geometricae elementa* (1702)　59
グレゴリ Gregory, Olinthus　167, 169-70
『天文学哲学講義』*Lessons Astronomical and Philosophical* (1793)　169
グレゴワール Grégoire, Edmond　326, 707
グレドヒル Gledhill, J.　815
クレメンス(アレクサンドリアの) Clement of Alexandria　564
クレメンス(ローマの) Clement of Rome　564
クロ Cros, Charles　684-85
『惑星との交信の方法に関する論考』Études sur les Moyens de communication avec les Planètes　684
グロイトホイゼン Gruithuisen, Franz von Paula　121, 350, 357-68, 376, 430, 444-45, 454, 587, 905, 914
クロウリ Croly, George　559
クロエ Cloëz, Stanislas　696, 702-03
クロプシュトック Klopstock, Friedrich Gottlieb　231-39, 241, 419, 718
『救世主』*Der Messias*　231-35, 239
「回復」Die Genesung　235
クロンヘルム Cronhelm, Frederick William　560
『世界の複数性に関する論争について』*Thoughts on the Controversy As To a Plurality of Worlds* (London)　560
クロンメリン Crommelin, A.C.D.　876
クーン Kuhn, Thomas　908
ゲイ Gay, John　61
ゲウリ Gheury, M.E.J.　889
ケストナー Kästner, Abraham　228-29
ゲッツェ Goetze, Carl　738, 906
ゲーテ Goethe, Johann Wolfgang von　157, 248
『ヴィンケルマンについての話』*Rede über Winckelmann*
『ファウスト』*Faust*　403
ケプラー Kepler, Johannes　27, 29-33, 44, 52, 114, 148, 191, 256, 441, 485, 578, 797
『コペルニクス天文学の概要』*Epitome astronomiae Copernicanae* (1618-21)　31
『夢』*Somnium*　31, 33, 148
ゲラート Gellert, Christian Fürchtegott　241
『道徳講義』*Moralische Vorlesungen* (1770)　241
ケルヴィン Kelvin, Lord→トムスン
ゲルステンベルク Gerstenberg, H.W.von　247
ゲンズィヘン Gensichen, J.F.　89
ケンプソーン Kempthorne, P.H.　864
ケンプフェルト Kaempffert, Waldemar　682
ゴア Gore, John Ellard　671-72, 783, 786-87
『宇宙の諸世界』*Worlds of Space* (London, 1894)

カドワース Cudworth, Ralph 39
カーペンター Carpenter, James 676
『月——惑星、世界、衛星』(ネイスミスとの共著) *The Moon:Considered as a Planet, a World, and a Satellite* (1874) 676
カーライル Carlisle, Harvey 466
カーライル Carlyle, Thomas 252
ガリレオ Galilei, Galileo 27, 29, 31-33, 52, 214, 256, 260, 485, 574, 668
『星界の報告』*Siderius nuncius* 29, 33
カリン Cullen, Paul 555
カールス Carus, William 562
カルデ Kardec, Allan 667
『交霊研究』*Revue spirite* 667
カン Kann, Ludwig 879
カンディト Conduitt, John 50
カンテミール Cantemir, Antiokh 256-57
カント Kant, Immanuel 18, 20, 60, 72-73, 81-100, 122-29, 154, 157, 223, 227, 242-45, 250, 260, 456-61, 467, 511, 520, 565, 665, 668, 730-35, 755, 772, 797, 908, 914
『天界の一般自然史と理論』*Allgemeine Naturgeschichte und Theorie des Himmels* (1755) 81-82, 242-44, 363
『神の存在証明のための唯一可能な根拠』*The One Possible Basis for a Demonstration of the Existence of God* (1763) 89
『美と崇高の感情に関する考察』*Observations on the Feeling of the Beautiful and Sublime* (1764) 90
『純粋理性批判』*Critique of Pure Reason* 81, 83, 90, 93, 459, 466, 730
『歴史について』*On History*
『実践理性批判』*Critique of Practical Reason and Other Writings in Moral Philosophy* (1788) 91
『判断力批判』*Critique of Judgement* (1790) 91
『哲学的神学についての講義』*Lectures on Philosophical Theology*
『人倫の形而上学の基礎づけ』*Fundamental Principles of the Metaphysic of Morals* (1785) 91
『実践的見地における人間学』*Anthropology from a Pragmatic Point of View* (1798) 92
『哲学的神学講義』*Lectures on Philosophical Theology* (1817) 92
カンパネッラ Campanella, Tommaso 32-33
『ガリレオの弁明』*Apologia pro Galileo* (1622) 32-33
ギオ Guiot, Léon 833
キケロ Cicero, Marcus Tullius 22
キプリング Kipling, Rudyard 851
キャップ Cappe, Newcome 162-63, 170
キャトコット Catcott, Alexander 67, 147-50, 347
『創造について』*On the Creation* 148
キャニング Canning, George 332
キャブル Cabell, James Branch 449
キャメル Cammell, Bernard E. 842-43
ギャリスン Garrison, William Lloyd 357
キャンベル Campbell, William Wallace 638, 640, 830, 839-44, 851-70, 877-83, 889-94, 901, 913
ギャンボル Gambol, Robert 132
『宇宙の美』*Beauties of the Universe* (1732) 132
キュヴィエ Cuvier, George 519
ギュズマン Guzman, Madame 685-86, 833
ギュズマン Guzman, Pierre 685
ギュダン・ド・ラ・ブルネルリ Gudin de la Brenellerie, Paul 325-26
『天文学』*L'astronomie* 325
ギユマン, アメデ Guillemin, Amédée 686, 797-98, 802
『天界』*Le ciel* (1864) 797-98
『彗星』*Les comètes* (1875) 798
『別の世界』*Autres mondes* 798
ギュンター Günther, Ludwig 742
ギョーム Guillaume, J. 827
ギョーム (オヴェルニュの) William of Auvergne 22
キーラー Keeler, James E. 823-24, 827, 830-31, 860, 866, 868
キリスト Christ, Jesus 27, 32, 37, 39, 47, 50, 56-57, 68, 78, 142, 160-69, 216, 226, 232-34, 251-53, 313-36, 388, 403-04, 411-19, 428, 450, 498, 504-05, 515, 542, 561-64, 576, 582, 669, 712-19, 724, 741-42, 770-78
キール Keill, John 59, 170
『真正天文学入門』*Introduction ad veram astronomiam* (1718) 59
ギルバート Gilbert, Davies 465
キルヒホッフ Kirchhoff, Gustav Robert 635, 640
キルヒャー Kircher, Athanasius 44, 214, 244
ギルフィラン Gilfillan, George 569-71
『文学者たち』*Gallery of Literary Portraits* (1845) 570-71
『天文学のキリスト教的意味』*Christian Bearings of Astronomy* 570
キルワン(ジャン・デスティエンヌ)Kirwan, Charles de (Jean d'Estienne) 720-25, 779, 800, 802, 890
キング King, Edward 166-67, 316, 347, 399
『至高存在への賛歌。東方の歌をまねて』*Hymns to the Supreme Being. In Imitation of the Eastern Songs* 166
『数篇の批評』*Morsels of Criticism* (1788) 167
キングスミル Kingsmill, T.W. 834
クザン=デプレオ Cousin-Despréaux, Louis 325
『自然講義』*Leçons de la nature* 325
グシフ Gussew, H. 679-80
クセノファネス Xenophanes 219
クック Cook, C.R. 868
グッド Good, Mason 356

『火星は居住可能か』*Is Mars Habitable?* (1907)　880
ウッド Wood, R.W.　691-92
ウテンホーフェ Utenhove, J.M.C.　96
エアリ Airy, George B.　526, 538
エイトケン Aitken, Robert G.　892
エイムズ Ames, Nathaniel　175
エヴァンズ Evans, Ifor　312
エヴァンズ Evans, J.E.　872, 875, 887
エウセビオス Eusebius　22
エジャトン Egerton, Francis　583
エジャトン Egerton, Francis Henry →ブリッジウォーター伯爵
エティンガー Oettinger, F.C.　161
エディントン Eddington, Arthur S.　893
エトラー Etler, Charles　792-93, 906
エドワーズ Edwards, Jonathan　318
エピクロス Epicurus　18-19, 22, 38-39, 82-83, 200, 705, 727
エフェ Hoefer, Ferdinand　797
『天文学の歴史』*Histoire de l'astronomie* (Paris, 1873)　797
エーブラルト Ebrard, Johann　734, 769
『聖書に対する信仰と自然研究の成果』*Der Glaube an die heilige Schriften und die Ergebnisse der Naturforschung* (1861)　734
『護教論』*Apologetik* (1874-5)　734
エマスン Emerson, Ralph Waldo　157, 357, 408-13, 428, 481, 765, 916
エラーマン Ellerman, Ferdinand　888
エリオット博士 Elliot, Dr.　429, 540
エリオット Eliot, Charles W.　846
エリザベータ Elizabeth, Empress of Russia　256
エールステット Oersted, Hans Christian　429, 443-44, 454, 520, 522-23
『自然の魂』*The Soul in Nature*　443, 520
エルズワース Ellsworth, Samuel　176
エーレンベルク Ehrenberg, Andreas　65
エンケ Encke, J.F.　807
エンゲルス Engels, Friedrich　641, 730-31, 912
『自然弁証法』*Dialectics of Nature*　730
『空想的社会主義から科学的社会主義へ』*Socialism:Utopian and Scientific*　731
オア Orr, J.　844
オア Orr, M.A.　866
オイラー Euler, Leonhard　205-07, 222, 254
『ドイツ王女への書簡』*Lettres à un princesse d'Allemagne* (1768-72)　206
『神の啓示の救済』*Rettung der Göttlichen Offenbarung* (1747)　205
オーエン Owen, Richard　393-94, 454, 467, 471-72, 496, 507, 522-23, 547, 588, 646
『四肢の本性について』*On the Nature of Limbs*　393, 471
『魚の解剖』*Anatomy of Fishes*　471
『脊椎動物の骨格の元型と相同関係について』*On the Archetype and Homologies of the Vertebrate Skeleton* (1848)　471
オグデン Ogden, Uzal　265
『理神論の解毒剤』*Antidote to Deism*　265
オジャーズ Odgers, Nicholas　746-47
『存在者の神秘――あるいは究極の原子は居住世界か』*The Mystery of Beings ; or, Are Ultimate Atoms Inhabited Worlds?* (London, 1863)　746
『宇宙瞥見』*Glance at the Universe*　746
オッカム Ockham　→ウィリアム・オッカム
オーバート Aubert, Alexander　107
オリヴァー Oliver, Andrew　184-85, 798
『彗星論』*Essay on Comets* (1772)
オリヴィエ Olivier, Louis　800
オリゲネス Origen　328, 564, 719, 724
オルトラン Ortolan, Théophile　718-21, 725, 761, 800
『天文学と神学』*Astronomie et théologie*　718, 720-21, 723
『居住世界の複数性と受肉の教義の研究』(『受肉の教義』)*Études sur la pluralité des mondes habités et dogme de l'incarnation* (Paris, 1897)　720-21
『現代の擬似科学と死後の神秘』*La fausse science contemporaine et les mystères d'outre tombe* (Paris, 1898)　720
オルバース Olbers, Wilhelm　360-66
オルムステッド Olmsted, Denison　219, 322, 374, 530-33, 695
オレーム Oresme, Nicole　24
オングストローム Angstrom, Anders J.　635

カ

ガイエルブラント Geierbrand, Harenus →エーレンベルク
カイザー Kaiser, Gerhard　814
ガウス Gauss, Carl Friedrich　357, 360-66, 376, 545, 906
カウデリ Cowdery, Oliver　421
カヴール Cavour, Camillo　442
ガサンディ Gassendi, Pierre　20, 39-40, 52, 260
カステッリ Castelli, Michelangelo　442
カズル Cazre, Pierre de　39
カズンズ Cousins, Frank W.　910
カーター Carter, William　638
カーデン Carden, James　562
ガーデン Garden, Alexander　187
カドニチ Cadonici, Giovanni　252-53, 255
『イギリス人, ウィリアム・デラムの体系に対する神学的・自然学的反論』*Confutazione teologica-fisica del sistema di Guglielmo Derham inglese* (1760)　252
カトラー Cutler, Manasseh　188

to Prove That 'tis Probable There May Be Another Habitable World in That Planet 33-34, 223
『新惑星論』*Discourse Concerning a New Planet* 34
ウィルズ Wills, James 581-82
ウィルスン Wilson, Alexander 107, 113
ウィルスン Wilson, George 550-52
『電気と電信――また、星の化学――星とその居住可能性に関する議論』*Electricity and the Electric Telegraph:Together with the Chemistry of the Stars;An Argument Touching the Stars and Their Inhabitability* (London) 550
ウィルスン Wilson, Herbert C. 822, 852
ウィルスン Wilson, John 343-44, 556
ウィンクラー Winkler, Edwin T. 769-70
ウィンスロプ Winthrop, John 182, 184, 186
ウィンチェル Winchell, Alexander 789-90
『世界の生命あるいは比較地質学』*World Life or Comparative Geology* 789
ヴィンツェ Vince, Samuel 356
『天文学体系』*Complete System of Astronomy* 356
ウェイクマン Wakeman, Ned 767
ウェイド Wade, Ira O. 191
ウェザリル Wetherill, Charles 73
ウェスト West, Benjamin 176
『ビカースタッフの1778年用…ボストン暦』*Bickerstaff's Boston Almanack for ... 1778* 176
ウェズリ Wesley, John 140, 150-57, 170, 210, 346, 565, 915-16
『創造における神の叡智の概観、あるいは自然哲学概説』*A Survey of the Wisdom of God in the Creation, or a Compendium of Natural Philosophy* (1763) 150-55
『日記』*Journal* 151
ウェブ Webb, Thomas William 359, 817-19
『普通の望遠鏡で見える天体』*Celestial Objects for Common Telescopes* (1881) 817
ウェブ Webb, W.L. 794
ウェブ Webb, Wells Alan 870
ウエブスタ Webster, Daniel 409
ヴェーラー Wöhler, Friedrich 696, 702
ヴェリ Very, Frank W. 877
ウェルギリウス Vergilius 741
ウェルズ Wells, H.G. 689, 850
『宇宙戦争』*War of the Worlds* 689, 796
ウェルズ Wells, R.A. 897-98
『火星の天体物理学』*Geophysics of Mars* (1979) 897
ウェルド Weld, Agnes Grace 755
ヴェルヌ Verne, Jules 670, 680
『地球から月へ』*From the Earth to the Moon* 680
『月一周』*Around the Moon* 680
ヴェーレルト Wöhlert, Hans 234
ウォーカー Walker, Adam 308, 310
『通俗哲学の体系』*System of Familiar Philosophy* (1802)
ヴォクラン Vauquelin, L.N. 695
ウォーダー Warder, George Woodward 768-69
『太陽の町』*The Cities of the Sun* (1901) 768
ウォーターストン Waterston, John James 644
ウォーターフィールド Waterfield, Reginald L. 900-01, 905
ウォッツ Watts, Isaac 67-68
『天文学と地理学の第一原理』*The First Principles of Astronomy and Geography* 68
ウォード Ward, Lester Frank 793, 878
『社会学概論』*Outlines of Sociology* 793
ウォトスン Watson, John 680-81
ウォトスン Watson, Richard 318
『聖書に対する弁明』*Apology for the Bible* 318
ヴォリロン Vorilong, William 25-27
ウォリン Warren, Samuel 331, 580-81
ウォールシュ Walsh, Edward 399, 454
ヴォルテール(アルウェ) Voltaire, (François-Marie Arouet) 52, 58, 155, 189-99, 204-05, 222, 325, 334, 642, 663
『哲学書簡』*Lettres philosophiques* (1733) 189-90
『ニュートン哲学の基礎』*Elements de la philosophie de Newton* (1738) 190
『オイディプス』*Oedipe* (1718) 189
『アンリアード』*Henriade* (1723) 189
『形而上学提要』*Traité de metaphysique* (1734) 190
『必要な釈明』*Eclaircissements necessaires* 191
『人間論』*Discours en vers sur l'homme* (1738) 191
『ガンガン男爵の旅行』*Le voyage du baron de Gangan* (1739) 191
『ミクロメガス』*Micromegas* (1752) 191-95, 199, 257
『ザディグ、あるいは運命』*Zadig, ou la destinée* (1747) 192-93
『カンディード』*Candid* 54, 192, 195-96
『メムノン、あるいは人間の知恵』*Memnon ou la sagesse humain* 192
『寛容論』*Traité sur la tolerance* (1763) 196
『哲学辞典』*Dictionnaire philosophique* (1764) 197
『無知な哲学者』*Le philosophe ignorant* (1766) 198
『すべて神の中に』*Tout en Dieu* (1769) 198
ヴォルフ Wolff, Christian 53, 58, 70, 82, 95, 160, 192, 199, 203, 222-23, 253, 257, 668
『普遍学原理』*Elementa matheseos universae* (1735) 58, 192
ウォールポウル Walpole, Horace 265, 481
ウォレス Wallace, Alfred Russel 646, 769, 879-81, 912, 916
『宇宙における人間の位置』*Man's Place in the Universe* (1903) 769
『すばらしい世紀』*Wonderful Century* (1898) 879

人名・著作索引

ア

アイズリー Eiseley, Loren 911-12
アイマー Eimer, Manfred 310
アーヴィング Irving, Edward 566
アウグスティヌス Augustine of Hippo 22, 260, 451, 564, 722, 741
『神の国』*The City of God* 22
アヴラーモフ Avramov, Mikhail Petrovich 256
アーガイル侯爵 Argyll, Duke of (George Douglas Campbell) 699
アガシ Agassiz, George R. 878
アシュブルック Ashbrook, Joseph 118, 794
アダム Adam 26-27, 33, 39, 142, 216, 226, 234, 321, 327, 347, 418, 513, 559, 578, 581, 712, 718, 722
アダムズ Adams, George 167-69
『実験自然哲学講義』*Lessons on Natural and Experimental Philosophy* (1794) 168
アダムズ Adams, John 186-87, 265
アダムズ Adams, John Couch 680
アダムズ Adams, W.S. 877, 888
アディスン Addison, Joseph 61-62, 76
アナクサゴラス Anaxagoras 111
アーノルド Arnold, Edwin 750, 761
アブラハム Abraham 422-23
アペル Appel, Theodor 634
アボット Abbot, Charles G. 888
アミーチ Amici, G.B. 410
アラゴ Arago, François 361, 376, 428-34, 569, 587, 663, 684, 798, 906
『やさしい天文学』*Astronomie populaire* 429-31
アリストテレス Aristotle 20-24, 27
『天体論』*De Caelo* 21, 24
『形而上学』*Metaphysics* 21
アルウェ Arouet, François-Marie→ヴォルテール
アルベルトゥス・マグヌス Albertus Magnus 22-23, 908
アレーニウス Arrhenius, Svante 81, 161, 701, 849, 890, 899, 905
『宇宙の生命』*The Life of the Universe* (1909)
アーンツェン Arntzen, William 65
アントニアディ Antoniadi, Eugene Michael 807, 809, 829, 862-75, 885-95, 899, 901, 905, 908
『火星』*La planète Mars* (1930) 862
アンドレ André, Charles 887
イエイツ Yates, Frances A. 32
イエイツ Yeats, William Butler 157
イリヴ Ilive, Jacob 69, 167, 170
イール Hire, P.de la 203
イレネウス Irenaeus 564
イングマン Engman, Eric 65
ヴァイセ Weisse, Christian Hermann 451, 736
ヴァインラント Weinland, David Friedrich 701-03, 905
ヴァーグナー Wagner, Rudolf 366
ヴァータニアン Vartanian, Aram 215
『ディドロとデカルト』*Diderot and Descartes* (1953)
ヴァルタスハウゼン Waltershausen, Wolfgang Sartorius von 366
ヴィア Vere, Aubrey de 751, 758
ウィストン Whiston, William 59, 61, 70, 74, 94, 170, 183
『地球新論』*New Theory of the Earth* (1696) 59
『宗教の天文学的原理』*Astronomical Principles of Religion* 59
ヴィスリツェーヌス Wislicenus, Walter 827
ウィックス Wicks, Mark 850, 873, 876
『月から火星へ』To Mars via the Moon (1911) 873
ヴィトゲンシュタイン Wittgenstein, Ludwig 908
ヴィニ Vigny, Alfred Victor de 252
ヴィーラント Wieland, Christoph Martin 239-41
『事物の本性について』*Die Natur der Dinge* (1752) 240
『十二の道徳的書簡』*Zwölf moralische Briefe* (1752) 240
『叙事詩ノアの美しさについて』*Abhandlung von den Schönheiten des epischen Gedichts Der Noah* (1753) 240
『故人から遺された友人への書簡』*Briefe von Verstorbenen an hinterlassene Freunde* 240
ウィリアム(オッカムの) William of Ockham 23
ウィリアムズ Williams, Arthur Stanley 827-28, 843, 863, 886, 892
ウィリアムズ Williams, S.T. 766
ウィリアムズ Williams, William 574-75, 721
『宇宙は不毛の地ではない――地球だけに生命が存在するのではない――創造の統一的計画に関する科学的説明』*The Universe No Desert; The Earth No Monopoly; Preceded by a Scientific Exposition of the Unity of Plan in Creation* 574
ウィリアムスン Williamson, Hugh 183-84
ウィルキンズ Wilkins, John 33-34, 42, 455, 533, 557
『月の世界の発見、あるいはその惑星に居住可能な別の世界があり得ることを証明しようとする論考』*The Discovery of a World in the Moone, or, A Discource Tending*

訳者あとがき

本書は *THE EXTRATERRESTRIAL LIFE DEBATE 1750-1900 The idea of a plurality of worlds from Kant to Lowell*, MICHAEL J. CROWE, Cambridge University Press 1986 の全訳である。ただし第二版も参照し、その補遺を含む。スティーヴン・J・ディックの『世界の複数性――デモクリトスからカントにいたる地球外生命論争の起源』(一九八二)を引き継いで、カント以降一九〇〇年までの地球外生命論争を追及した、きわめて緻密なそして良心的な労作である。注も親切であり、参考文献も豊富に指示されているので、これから地球外生命について考えようとする人にとっては豊富な手がかりを与えられるであろう。

翻訳の方針は、日本語訳だけで明確に意味が理解できるように仕上げることとした。人名の表記はできるだけ原音に近い表現を当てようと努めたが、慣例もあり、必ずしも一貫することはできなかった。翻訳の担当は、第一部山本啓二、第二部鼓澄治、第三部吉田修である。翻訳の依頼をうけて後、十年間にわたって相互に連絡をとりつつ、また必要に応じて検討会を開き、できるだけ読みやすいものにするため訳語や文体の統一を目指した。とてつもない作業であった。最後に鼓澄治が通読した。

この間、聖母被昇天学院女子短期大学助教授スティーヴン・ブラウン先生には訳者一同多大なお世話になった。何回も検討会に出席され、われわれの質問に丁寧に答えていただき、個別の質問にも快く的確に教示された。大阪女子大学名誉教授梅原義一先生には英文学の方面で有益なアドバイスをいただいた。京都外国語大学教授清瀬卓先生にはイタリア関係でさまざまなご教示をいただいた。その他多くの方々のお世話になった。篤くお礼申し上げる。

ハイゼンベルクは死にのぞんで、これからは生命論と宇宙論の時代になると予言したそうであるが、現代は確かに宇宙の時代である。地球外生命に関する関心は世界的なものである。近世ヨーロッパの地球外生命論争を貫く動機をなしているのはやはりキリスト教つまりキリスト教の創造説や救済説である。神の全能からすると地球以外でも生命が創造され、キリストの贖罪はそうした存在にも届くのか、あるいは逆にキリストの唯一性は多世界論と矛盾するのかという問いが根本にある。いずれにしても宇宙論はギリシア以来西洋の伝統の奥底にあるものであろう。地球外生命探求の情熱は現代においても遺憾なく発揮されている。アメリカでは地球外生命の証拠を求めて宇宙船を飛ばしているし、宇宙からの信号を解読するネットワーク（http://planetary.org: http:// setiathome. ssl. berkeley. edu）も組織されている。ひょっとしたらという気持ちになる。

マイケル・J・クロウの『地球外生命論争』の翻訳を十川さんから依頼されたのはほぼ十年前の一九八九年のことであった。二、三年で仕上げるように言われたのであるが、私一人ではとても無理だと思った。しかし三人なら可能であろうと気楽に引き受けたのであった。これが直接的なきっかけである。しかしこうした一見想像に属するとも言えるような、科学的とは言いにくい主題に関する著作をも翻訳してみようという気持ちが起こった理由を少し述べてみよう。私事にわたって恐縮であるが、私は岡山県倉敷市の水島工業地帯に近いところの農村に生まれ育った。私が生まれたころはまったくの農村であった。しかし水島には三菱の飛行機工場があり、米軍の爆撃をこうむった。この水島に工業地帯が作られ始めたのは昭和三五年ころからであろう。小学生のころ小さな舟で釣りに海へ出たものだが、盛んに港湾工事が行われていたのを思い出す。工業地帯の発達とともに昔ながらの農村に精神的にも風景の点でもさまざまの変化が起こってきた。風景の点では、川がコンクリートで「整備」され、川端の柳やさまざまな植物は消滅し、川底の藻はゴミとなり、かつては食器さえ洗っていた川が単なる排水路となり、道路が舗装され、やはり昔の道ばたのタンポポやツクシは見られなくなった。こうした風景の無機化は精神のあり方にも影響を及ぼした。営利観念が支配し、共同体は蝕まれた。しかし他方で工業地帯は明るい世界の告知者でもあり、因習的な農村社会に射し込む光でもあった。工業化はさまざまな意味で近代日本の必然であったし、西洋はわれわれにとって運命であった。

私は現在一応哲学を専攻し、西洋の文化を全体として理解したいという大それた願望を持っているが、ひょっとしたら地球外生命という科学と想像の間の子のような存在をめぐる猛烈な論争の中に西洋の精神を理解する手がかりがあるのではないかと思ったのであった。西洋の科学はデカルト以来堅固な土台の上に立つ確実な知と見なされてきたかも知れないが、西洋文化における知の全体に属するものとして、地球外生命に関する科学、文学、哲学、宗教、その他さまざまの知を眺めてみると、西洋の知もあながち明晰判明な知というわけでもないことに気づく。ニーチェの洞察が想起される。明晰判明な知はいわば氷山の一角であり、その背後にはとてつもない意志が動いているのである。それは宇宙の彼方までを視野におさめようとする。本書が「宇宙と神はどこまでも極めがたい」という言葉で結ばれていることは示唆的である。むしろ西洋の精神はどこまでも極めがたく、どこまでも深く巨大な衝動を蔵していると思われるのである。

平成十一年　盛夏　京都にて

訳者代表　**鼓　澄治**

著訳者略歴

マイケル・J・クロウ
Michael J. Crowe

一九五八年、ノートルダム大学にて博士号取得(人文学および科学)。一九六五年、ウィスコンシン大学にてPh. D取得(科学史)。現在、ノートルダム大学科学哲学教授。主な著書は本書のほかに *A History of Vector Analysis: The Evolution of the Idea of a Vectorial System* (Notre Dame, Indiana: University of Notre Dame Press, 1967), *Theories of the World from Ptolemy to Copernicus* (New York: Dover, 1990), *Modern Theories of the Universe from Herschel to Hubble* (New York: Dover, 1994)など。
また編者としてジョン・ハーシェルの論文・手紙をまとめ、刊行している。

鼓　澄治
TSUZUMI, Sumiji

一九四九年岡山県倉敷市に生まれる。京都大学大学院文学研究科博士課程修了。現在立命館大学文学部非常勤講師。主な著書『罪と赦し』(私家版)、訳書「光についての論考」(『ホイヘンス』朝日出版社)。
e-mail: tsuzumi@ma8.seikyou.ne.jp
URL: http:// ha8. seikyou.ne.jp/home/tsuzumi/

山本啓二
YAMAMOTO, Keiji

一九五三年長野県大野市に生まれる。京都産業大学外国語学研究科修士課程修了。専門はアラビア学および科学史。現在京都産業大学助教授。著書：*Abū Maʿšar: The Abbreviation of the Introduction to Astrology*, Leiden, 1994(共著)、*Abū Maʿšar: On Historical Astrology*, 2 vols, Leiden, 2000(共著)。邦訳書：S・J・テスター著、『西洋占星術の歴史』(恒星社厚生閣、1997年)ほか。

吉田　修
YOSHIDA, Osamu

一九五三年岐阜県関市に生まれる。京都大学大学院文学研究科博士課程修了。専門はドイツ哲学。現在愛知産業大学助教授。主な論文「『純粋理性批判』の叙述方法とその前提」など。

地球外生命論争

1750-1900

III

（分売不可）

発行日　二〇〇一年三月一〇日

著者　マイケル・J・クロウ

翻訳　鼓　澄治＋山本啓二＋吉田　修

編集　十川治江

ブックデザイン　鈴木一誌＋仁川範子

DTPオペレーション　大西由華＋蒲谷孝夫

組版校閲　前田年昭

印刷　株式会社フクイン

製本　田中製本印刷株式会社

発行者　中上千里夫

発行　工作舎

editorial corporation for human becoming

〒150-0046 東京都渋谷区松濤2-21-3

phone: 03-3465-5251　fax: 03-3465-5254

URL: http://www.kousakusha.co.jp

e-mail: saturn @kousakusha.co.jp

ISBN-4-87502-347-2